철도신호기술사

공학박사 • 철도신호기술사 서석철 저

도서출판 세화

머리말

최근의 철도신호시스템은 신뢰성, 가용성, 유지보수성, 안전성과 전자화, 자동화를 구현하고자 기존의 전기·전자기술에 정보통신 기술을 활용하여 시스템을 개발하고 발전시키고 있습니다. 이러한 기술은 한국철도신호기술의 세계화를 실현하기 위해 국제규격인 IEC(국제전기기술위원회 : International Electrotechnical Commission), IEEE(전기전자공학자협회 : Institute of Electrical and Electronics Engineers)) 등의 국제표준규격을 준수할 것을 요구하고 있습니다. 이에 따라 철도신호기술사 자격을 취득하기 위해 공부해야 할 분야도 기본분야인 철도신호, 철도토목, 철도수송, 철도관제, 철도운영은 물론 정보통신, RAMS, EMI/EMC, 신교통시스템과 최신 트랜드인 ERTMS/ETCS, CBTC 등의 이론을 습득해야 하므로 그 양이 더욱 많아졌습니다.

이 책은 기본적인 내용을 체계적으로 이해할 수 있도록 단원별로 기출문제를 철저히 분석하여 수록하였습니다. 또한 실전에 대비하기 위하여 기출문제를 중심으로 간략하고 명쾌하게 서술할 수 있도록 구체적인 이론을 제시하여 수험생이라면 어떤 식으로 문제의 내용을 터득하여 합격에 이를 수 있는지를 체계적으로 도와줄 수 있도록 하였습니다.

말콤 글래드웰의 '아웃라이어'라는 책을 보면 1만 시간의 법칙이 나옵니다. 어떤 분야에서든 전문가가 되기 위해서는 1만 시간 정도를 투자해야 한다는 법칙입니다. 철도신호기술사는 신호분야의 최고의 자격증입니다. 이를 위해서는 인생의 삶의 과정에서 끈기 있게 시간을 투자하여, 노력하는 자세가 필요합니다. 철도신호기술사를 공부하는 과정은 자기 자신과의 싸움입니다. 시험을 포기하지 않고 열심히 노력한다면 언젠가는 합격할 수 있습니다.

끝으로 이 수험서를 펴내기까지 많은 격려와 조언을 해주신 모든 분께 진심으로 감사드리며 이 책의 내용이 더 충실해질 수 있도록 독자 여러분의 많은 지도와 편달을 바랍니다.

저자 서석철

차례

제1장

철도 일반

01 건축한계, 구축한계, 차량한계에 대하여 설명(115-10)

02 건축한계의 기본개념 및 곡선구간의 건축한계 적용을 설명(111-25)

03 신호설비 설치 시 건축한계에 대하여 설명(120-25)

04 분기기 설치 시 본선 구간의 경우, 신축이음매가 있는 경우, 완화곡선이 있는 경우의 3가지에 대하여 각각 몇 m 이상 간격을 두고 분기기를 설치하여야 하는지 설명(126-10)

05 슬랙(Slack)의 개념과 산출식에 대하여 설명(130-10)

06 캔트(Cant)에 대하여 설명(118-10)

07 노스 가동 분기기와 일반 분기기의 특성을 비교하여 설명(25)

08 노스 가동 분기기의 조정 시 주의 사항에 대하여 설명(10)

09 분기기의 종류 중 특수분기기에 대하여 설명(25)

10 정거장의 선로배선 시 고려해야 할 기본조건에 대하여 설명(99-10)

RAILWAY SIGNALLING PROFESSIONAL ENGINEER

제1장

철도 일반

01 건축한계, 구축한계, 차량한계에 대하여 설명하시오.(115－10)

① **건축한계**는 철도건설규칙에 따르면 구조물을 설치해서는 안 되는 공간이다.
차량한계 내의 차량이 안전하게 운행될 수 있도록 선로상에 설정한 일정한 공간 이다. 곡선에서는 직육면체의 차량 운행으로 인한, 편기에 대한 확폭치수와 캔트에 의한 차량의 기울기 및 슬랙을 감안하여 직선구간 건축한계보다 넓게 확대하여야 한다.

② **구축한계**는 철도에서 구조물과 건축한계 사이에 전기, 신호, 통신, 통로 등의 시설 설치에 필요한 여유공간이다.

③ **차량한계**는 차량의 길이와 너비 높이의 한계로 차량을 제작할 때 일정한 크기 안에서 제작토록 규정한 공간이다. 차량한계보다 건축한계가 크고 건축한계보다 구축한계가 큰 개념이다.

02 건축한계의 기본개념 및 곡선구간의 건축한계 적용을 설명하시오.(111－25)

곡선구간의 건축한계

직선구간의 건축한계에 다음의 공식에 의하여 산출된 양과 캔트에 의한 차량 경사량 및 슬랙량을 더하여 확대하여야 한다.

① 곡선에 의한 확대량

전동차 전용선인 경우 $W = \dfrac{50,000}{R}$

여기서 W : 선로중심에서 좌우측으로의 확대량(밀리미터)
R : 곡선반경(미터)

② 캔트 및 슬랙에 따른 편기량

곡선 내측 편기량 $A = 2.4C + S$

곡선 외측 편기량 $B = 0.8C$

A : 곡선 내측 편기량(밀리미터)

B : 곡선 외측 편기량(밀리미터)

C : 설정 캔트(밀리미터)

S : 슬랙(밀리미터)

③ **건축한계 확대량**은 다음 각호의 구분에 따른 길이 내에서 체감하여야 한다.
- 완화곡선의 길이가 26m 이상인 경우 : 완화곡선 전체의 길이
- 완화곡선의 길이가 26m 미만인 경우 : 완화곡선구간 및 직선구간을 포함하여 26m 이상의 길이
- 완화곡선이 없는 경우 : 곡선의 시·종점으로부터 직선구간으로 26m 이상의 길이
- 복심곡선의 경우 : 26m 이상의 길이. 이 경우 체감은 곡선반경이 큰 곡선에서 행한다.

④ 부득이 건축한계 내에 시설할 경우 차량한계에 저촉되지 않도록 설계하여야 한다.

03 신호설비 설치 시 건축한계에 대하여 설명하시오.(120－25)

① 건축한계는 철도건설규칙 14조에 따른다.

② 곡선구간의 건축한계는 직선구간의 건축한계에 다음의 공식에 의하여 산출된 양과 캔트에 의한 차량 경사량 및 슬랙량을 더하여 확대하여야 한다. 다만, 가공전차선 및 그 현수장치를 제외한 상부에 대한 건축한계는 이에 의하지 아니한다.

㉠ 곡선에 의한 확대량

일반적인 경우 $W = \dfrac{50,000}{R}$

(전동차 전용선인 경우 $W = \dfrac{24,000}{R}$)

여기서 W : 선로중심에서 좌우측으로의 확대량(밀리미터)
R : 곡선반경(미터)

㉡ 캔트 및 슬랙에 따른 편기량

곡선 내측편기량 $A = 2.4C + S$

곡선 외측편기량 $B = 0.8C$

여기서 A : 곡선 내측 편기량(mm)
B : 곡선 외측 편기량(mm)
C : 설정캔트(mm)
S : 슬랙(mm)

㉢ 건축한계 확대량은 다음 각호의 구분에 따른 길이 내에서 체감하여야 한다.

- **완화곡선의 길이가 26m 이상인 경우** : 완화곡선 전체의 길이
- **완화곡선의 길이가 26m 미만인 경우** : 완화곡선구간 및 직선구간을 포함하여 26m 이상의 길이
- **완화곡선이 없는 경우** : 곡선의 시·종점으로부터 직선구간으로 26m 이상의 길이
- **복심곡선의 경우** : 26m 이상의 길이. 이 경우 체감은 곡선반경이 큰 곡선에서 행한다.

㉣ 부득이 건축한계 내에 시설할 경우 차량한계에 저촉되지 않도록 설계하여야 한다.

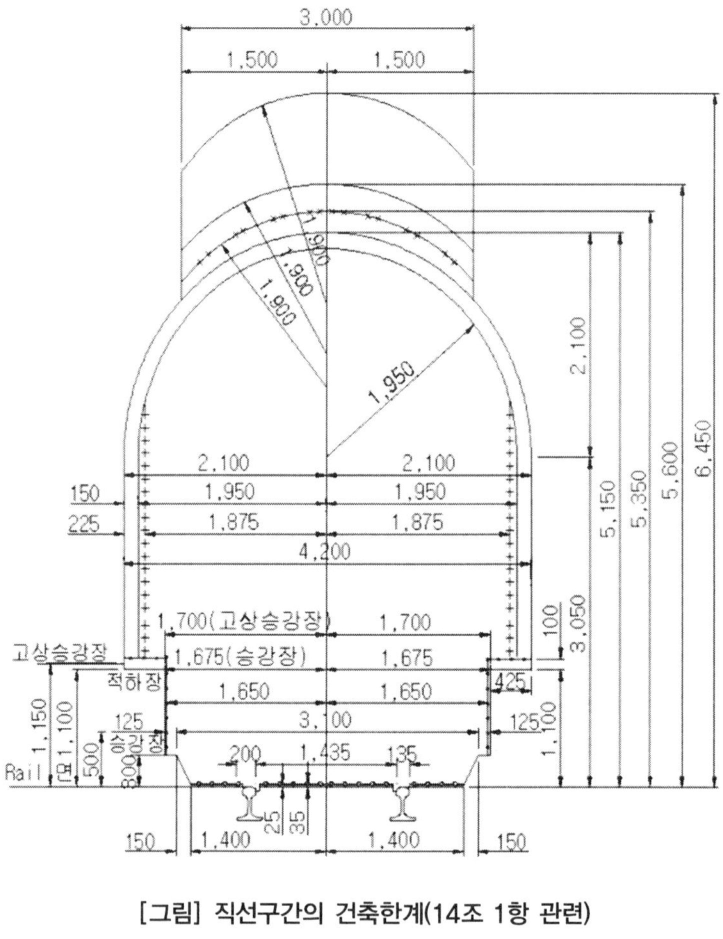

[그림] 직선구간의 건축한계(14조 1항 관련)

04 분기기 설치 시 본선 구간의 경우, 신축이음매가 있는 경우, 완화곡선이 있는 경우의 3가지 에 대하여 각각 몇 m 이상 간격을 두고 분기기를 설치하여야 하는지 설명하시오.(126－10)

분기기 설치조건

- 완화곡선 또는 기울기 변환 개소에는 설치할 수 없다.
- 기울기 구간은 15/1000 이하 개소에 부설하여야 한다.
- 노반강도가 균질한 구간에 설치한다.
- 분기기는 가능한 구조물 신축이음이 없는 라멘구조에 설치한다.
- 노반강성이 **서로 다른 구조물로부터 50m 이상 떨어지어 설치**한다.

고속철도 분기기 설치조건

- 교량인접 토공 구간 분기기 설치는 **교량상판 길이가 30m 미만일 경우는 20m 이상 이격, 교량 상판길이가 30m 이상 80m 미만일 경우는 50m 이상 이격, 교량상 판길이가 80m 이상일 경우는 100m 이상 이격**되어야 한다.
- **종곡선, 완화곡선 및 장대레일의 신축이음의 시·종점으로부터 100m 이상 이격**하여야 한다.
- 고속분기기의 연속분기기 시·종점 간 거리는 V/2 이상(V는 분기선측에 대한 허용속도)과 최소 50m 이상 이격되어야 한다.
- 유치열차의 본선 일주 방지를 위하여 부본선 및 측선 등 차량유치선은 양방향에 안전측선(분기기)을 설치하여야 한다.
- 분기곡선과 이에 접속하는 곡선의 방향이 서로 반대될 때는 켄트의 체감 끝에서 5m 이상의 직선을 삽입하여야 한다.

일반철도 분기기 설치조건

- 교량 부근 및 거더의 신축이음과 분기기의 경합은 가능한 한 회피한다.
- 화물전용선, 전동차 전용선, 중요정거장 부근으로 열차 운행속도가 제한되는 경우 등 설계속도에 따라 분기기를 거더 신축이음부를 경합시킬 수 있으며 이때에도 분기기 스위치레일부 및 크로싱과의 경합은 회피한다.
- 분기기는 거더의 신축에 따른 과도한 레일응력이 발생하지 않도록 거더의 받침 배치, 거더의 길이 등을 고려하여 계획한다.

05 슬랙(Slack)의 개념과 산출식에 대하여 설명하시오.(130－10)

슬랙(SLACK)

철도차량은 자동차와 달리, 2개 또는 3개의 차축을 대차에 강결(强結)시켜 고정차축이 구성되어 곡선을 통과할 때 전후 차축의 위치이동이 불가능할 뿐 아이라 차륜에는 플랜지(Flange)가 있어 곡선부를 원활하게 통과하지 못한다.

곡선부에서는 직선부보다 궤간을 확대해야 한다. 이처럼 곡선부에서의 궤간확대를 슬랙이라고 하고 일반적으로 곡선의 안쪽 레일을 궤간 바깥쪽으로 확대하며 슬랙량은 다음 계산식을 사용한다.

$$S = \frac{2400}{R(\text{곡선반경m})} - S'$$

S : 슬랙량

S' : 현지사정에 따라결정되는 조정상수(0 ~ 15mm)

슬랙은 다음 기준에 따라 점진적으로 감소해야 한다.

- 전환 곡선이 제공되는 경우, 전체 길이에 걸쳐 점진적인 감소가 수행되어야 한다.
- 전환 곡선이 제공되지 않는 경우, 원형 곡선의 끝에서 곡선을 통과하는 차량의 최대 휠베이스 이상의 길이 구간에서 느슨함이 점진적으로 감소해야 한다. 단, 분기기 곡선의 경우에 요건이 적용되지 않을 수 있다.

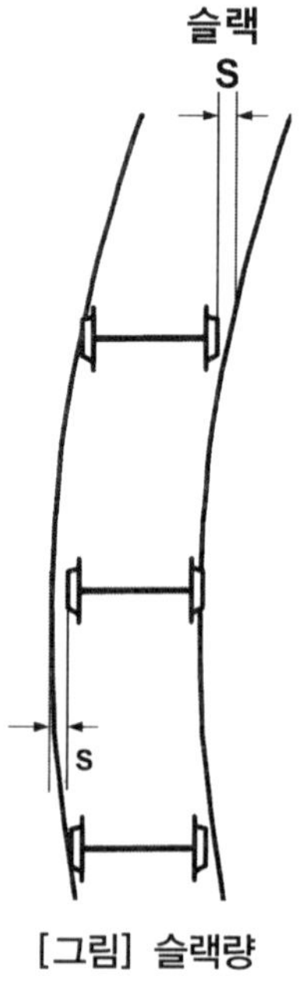

[그림] 슬랙량

06 캔트(Cant)에 대하여 설명하시오.(118－10)

개념

철도차량이 곡선 지점을 원활하게 통과할 수 있도록 안쪽 레일을 기준으로 바깥쪽 레일을 높게 부설하는 것을 말하며, 중력을 궤도의 중심으로 끌어들이기 위해 곡선의 바깥쪽 레일을 안쪽 레일보다 높게 함으로써 운동 때 원심력에 의한 중력 방향으로의 이탈을 막는 역할을 한다.

캔트체감거리

캔트는 다음과 같은 체감거리(선로의 캔트가 단계적으로 줄어드는 거리)를 부설한다.

① 완화곡선이 있는 경우에는 그 곡선 전체의 거리,
② 완화곡선이 없는 경우에는 표준 캔트의 600배 이상의 거리,
③ 복심곡선이 있는 경우에는 반경이 큰 곡선상에서의 캔트 차의 600배 이상의 거리,
④ ②와 ③의 경우로서 시·도지사가 정하는 부득이한 경우에는 표준 캔트의 450배 이상의 거리로 정한다(12조).

캔트량 산출

$$\text{캔트량} = \frac{\text{궤간} \times \text{속도}^2}{0.127 \times \text{곡선반경}}$$

$$C = \frac{11.8\,V^2}{R} - C'$$

C' : 캔트 조정량(0 ~ 100mm)

07 노스 가동 분기기와 일반 분기기의 특성을 비교하여 설명하시오.(25)

개요

경부고속선 본선과 기존선/고속선 인터페이스 구간의 노스 가동 분기기(movable point crossing) 부설은 열차 속도 제한 완화 및 승차감 향상을 가져왔다. 즉 고속용 노스 가동 분기기는 분기각이 작고 리드 곡선 반경이 크기 때문에 분기기에서의 열차 속도제한이 기존 25~55km/h에서 100~130km/h로 향상된다. 또한 탄성 포인트와 분기용 PC 침목을 사용함에 따라 궤도 틀림 및 승차감이 향상되며 기존 크로싱 결선부를 노스 가동형 레일로 연결함에 따라 열차 주행의 원활화가 실행된다.

노스 가동 분기기와 일반 분기기의 특성 비교

[분기기 특성 비교]

구분	일반 분기기	노스 가동 분기기
규격 분류	F8 ~ F15	F18.5 ~ F65
열차 통과 속도	25 ~ 55(km/h)	100 ~ 230(km/h)
분기기 길이	26 ~ 47(m)	68 ~ 193 (m)
노스부 결선	고정식으로 결선부가 존재하며, 열차 진동 및 재료 손상 가능	가동식으로 결선부가 존재하지 않음에 따라 열차 주행 원활
구성 및조립 방법	볼트에 의한 조립식 또는 망간 크로싱	고망간 크래들 및 크로싱 노스 레일
포인트	관절식 또는 탄성 포인트	탄성 포인트
선형	리드부만 곡선	포인트에서 크로싱 후단까지 일정한 곡율 유지
사용 기준	F10 ~ F15 : 본선 F8 ~ F10 : 측선	F46 : 고속선 상하 건넘선, 통과역 F26 : 기존선/고속선 연결선, 역 인접부 상하 건넘선 F18.5 : 역 인접 상하 건넘선, 정차역 구내
안전성 및 승차감	선로 취약부로서 열차 진동이 많음	기존 분기기에 비해 안전성 및 승차감이 크게 개선됨
유지보수	궤도 유지보수 주기가 짧음	유지보수가 경제적임

08 노스 가동 분기기의 조정 시 주의 사항에 대하여 설명하시오.(10)

Finger(doigt)

휘어졌을 때 반드시 교체해야 한다. 이는 동 합금으로 구성되어 있으므로 이를 다시 펴면 파손의 위험성이 있다. 따라서 SNCF의 경우에는 펴는 것은 금지되어 있다.

롤러

간격간의 중앙 부분에 롤러가 존재하는지를 반드시 확인한다.

업무 분담 문제

노스 가동 분기기의 제작사에 의한 공장 시험에도 불구하고 현장에서의 분기기 조정 시에 발생 가능한 문제점에 대비하기 위해서는 반드시 궤도팀과 관련 분기기 설치팀은 신호팀에 의해 실행되는 설치에 따른 분기기의 기계적 조정에 함께 입회하여 문제점이 발생하거나 문제점 발생 가능한 요인을 상호 협의하여 즉각적으로 수정, 조치해야 한다.

뽈베 설치 구간의 침목 간격

뽈베가 설치된 구간은 일반적인 침목의 기본 간격보다 좌·우로 50mm씩 확장하도록 설계한다. 뽈베가 설치된 구간의 침목 간격을 기본 침목 간격보다 넓힘으로써 뽈베의 정확한 동작 실행 및 전기적 조정을 원활히 수행할 수 있도록 보장해야 한다.

소모품

철편, finger, 활핀(4mm, 연동관 고정용)은 소모품 형식으로 필요시 항상 교체할 수 있어야 한다. 특히 활핀은 한 번 사용 후에는 반드시 새것으로 교체해야 한다. 철편은 기본 레일과 텅레일의 간격 교정을 위해 필요로 하며 Vcc와 Vpm의 철편은 크기가 다르게 주어진다.

유지보수

노스 가동 분기기의 원활한 유지보수를 위해서는 분기기의 설치 시 실행된 기계적, 전기적 조정 결과에 따라 제시된 설계도의 수정, 분기기 구성 부품의 크기 변경 및 교체에 대한 원인 및 결과, 또는 설계도의 규격에 부합되지 않는 부분 및 관련 기준에 부합하지 않는 부분 등을 반드시 명기해야 한다. 특히 분기기 관련 설계도와 실제 설치된 분기기 각부에 대한 측정값이 다른 부분은 관련 사유 등을 상세하게 표시해야 한다.
또한 각각의 노스 가동 분기기에 대한 유지보수표를 작성하여 관련 데이터의 비교 결과, 참조 결과, 변경 결과 등을 항상 지각할 수 있도록 한다. 이러한 사항이 상세하게 기록되지 않는 경우, 최악의 상황에는 분기기 전체의 교체를 유발할 수도 있다.

Note 노스 가동 분기기 관련 유지보수는 분기기 설치 이후 6개월부터 시작되며 특별한 문제점이 없는 경우에는 1년에 2회 실행한다.

09 분기기의 종류 중 특수분기기에 대하여 설명하시오.(25)

개요

열차의 운행방향을 전환하는 분기기의 종류는 일반적으로 다음과 같이 분류된다.

- 선로 모양에 의한 분류
- 사용 레일에 의한 분류
- 크로싱 각도에 의한 분류

분기기의 종류

① **선로 모양에 의한 분류** : 보통 분기기와 특수 분기기로 구분된다.

㉠ **보통 분기기** : 편개분기, 양개분기, 진개분기, 내방 및 외방분기기

ⓐ **편개분기기** : 가장 많이 사용되는 분기기로서 직선 레일에서 옆으로 분기

ⓑ **양개분기기** : 직선 레일에서 좌, 우 양쪽 같은 각도로 분기

ⓒ **진개분기기** : 직선 레일에서 좌, 우 다른 각도로 분기

ⓓ **내방, 외방분기기** : R300 이상의 곡선레일에서 곡선 안쪽 또는 바깥쪽에 설치되는 분기기

㉡ **특수 분기기** : 다이아몬드크로싱, 싱글 슬립스위치, 더블 슬립스위치, 건늠선, 시서스크로싱, 탈선 분기기, 승월 분기기

ⓐ **다이아몬드크로싱** : 두 개의 선로(Rail)가 동일 장소의 평면에서 교차되는 분기기로서 고정식과 가동식이 있음.

ⓑ **싱글 슬립스위치** : 다이아몬드크로싱 한쪽에 레일 하나를 더 설치하여 열차의 운전 방향을 추가한 분기기

ⓒ **떠블슬립스위치** : 다이아몬드크로싱의 양쪽에 레일을 추가하여 열차의 운전 방향 2개를 추가한 분기기

ⓓ **건늠선** : 두 개의 선로(Rail)를 연결하기 위한 분기기, 편개분기기 2개로 구성되며 가장 많이 사용되는 분기기 임.

ⓔ **시서스크로싱** : 동일 장소에 건늠선 두 개를 대칭으로 설치, 4개의 분기기와 한 개의 다이아몬드크로싱으로 구성됨.

ⓕ **탈선분기기** : 단선구간에 있어서 부정 출발하는 열차를 탈선시켜 대형사고(충돌사고)를 예방하는 분기기

ⓖ **승월분기기** : 분기기의 텅레일을 강제로 밀치고 통과하는 분기기(안전측선에서 사용)

② **사용레일에 의한 분류** : 37kg, 50kg, 60kg 분기기가 있으나, 37kg 분기기는 현재는 사용하지 않음.

③ **크로싱 각도에 의한 분류** : 8번, 10번, 12번 15번 .... 46번(KTX용) 분기기.

10 정거장의 선로배선 시 고려해야 할 기본조건에 대하여 설명 (99－10)

① 본선과 본선의 평면교차는 피해야 하며 특히 도착열차의 도입선을 교차시키는 것은 위험하다.

② 정차장 구내의 투시가 양호하도록 해야 한다.

③ 통과 열차가 통과하는 본선은 직선 또는 반경이 큰 곡선으로 해야 한다.

④ 본선상의 분기기는 그 수를 줄이고 배향 분기기로 해야 한다.

⑤ 분기기를 구내에 산재시키지 말고 가능하면 집중 배치해야한다.

⑥ 반대 방향의 열차가 서로 안전하게 착발하도록 해야 한다.

⑦ 객차와 화차의 입환 및 기관차의 운행은 본선을 횡단하지 않도록 해야 한다.

⑧ 각개의 작업은 서로 타 작업을 방해하지 않도록 하고 2종 이상의 작업이 동시에 수행될 수 있도록 한다.

⑨ 장래 역 확장에 대비해야 한다.

⑩ 측선은 가능한 한 본선의 한쪽에 배선하여 본선 횡단을 줄여야 한다.

⑪ 사고 발생의 경우를 대비해서 비상연결선을 설치할 필요가 있다.

제2장

궤도회로 장치

01 AF 궤도회로에서 사전단락(Pre - shunt)과 사후단락(Post - shunt)의 발생 영향 및 대책(120-10)
02 AF - 900 series 궤도회로와 "S, "I", "O" 케이블 본드(126-25)
03 AF궤도회로장치의 구성장치별 기능(115-10)
04 Axle Counter의 기능 및 장단점(111-25)
05 KTX - 산천의 귀선 전류 고조파가 일반선 TI - 21형 AF궤도회로에 미치는 영향을 분석(117-25)
06 경부고속철도 UM71 궤도회로장치의 기능 및 설비구성(111-25)
07 고속철도 ATC장치에서 궤도회로 및 케이블 루프를 통하여 차상으로 전송되는 정보(115-25)
08 경부고속철도에 설치된 유절연 궤도회로의 설치조건 및 장비 구성과 구성도(25)
09 고속철도 양방향 운행을 위한 UM71 AF궤도회로장치의 정보전송, 방향제어방식, 방향계전기, 거리조정기(127-25)
10 고속철도 UM71 AF궤도회로장치에 사용되는 보상용 콘덴서의 설치목적, 효과, 설치기준(127-10)
11 고전압임펄스 궤도회로장치의 구성도를 도시하고, 구성품 중에서 임피던스본드의 구조 및 특성(114-25)
12 궤도회로 사구간 보완회로(112-10)
13 궤도회로 연장 100[m] 구간에서, 레일 간 전압이 5[V]이고, 누설전류가 0.1[A]일 때 궤도회로의 누설 콘덕턴스(130-10)
14 궤도회로의 점퍼선 설치 시 유의사항(121-10)
15 궤도회로의 한류장치(124-10)
16 궤도회로장치의 원리 및 구성 방법(115-25)
17 동일한 레일체결장치가 레일 좌우로 체결되어 있는 경우, 레일체결장치 1개의 전기저항(r)과 도상의 km당 누설저항값(R)과의 상관관계식을 도출(117-10)
18 레일 간의 누설컨덕턴스의 개념과 수분에 대한 영향(120-25)
19 레일에 좌우로 같은 레일체결장치가 체결된 경우, 레일체결장치 1개의 전기저항(r)과 도상의 km당 누설저항 값(R)과 상관관계식(117-10)
20 연동장치 쇄정조건의 중요한 요소인 궤도회로 단락저항 및 단락감도(130-10)
21 열차위치 검지방법으로 광케이블을 이용한 분산형 음향 검지시스템(25)
22 열차위치 검지 방법 3가지(120-10)
23 전차선 구간에서 고전압 임펄스 궤도회로의 전류 불평형의 원인과 불평형률(121-25)
24 전철화 구간의 임펄스 궤도회로 경계구간에 설치하는 임피던스본드의 원리, 자기포화 원인과 대책(130-25)

25 철도신호시스템 연동검사 시행 전 사전 검토사항으로 궤도회로의 단락감도(124-25)

26 철도신호장치의 안전측 동작 개념인 Fail Safe, Fail Proof, Fail Soft의 개념 및 적용(129-25)

27 호남고속철도 콘크리트 궤도의 전기적 특성을 구하기 위한 3가지 측정방법(117-25)

28 서울도시철도 5~8호선에 양방향 신호시스템을 구축하기 위한 궤도회로 개량방안(25)

제2장

궤도회로 장치

01 AF 궤도회로에서 사전단락(Pre-shunt)과 사후단락(Post-shunt)의 발생 영향 및 대책에 대하여 설명하시오.(120-10)

개요

Pre-Shunt, Post-Shunt는 무절연 AF궤도회로의 경계지점에서 발생한다.

Pre-Shunt

궤도회로의 경계지점의 전방에서 발생하며, ATC 장치는 궤도회로 구간에 열차가 점유되었을 때에만 속도코드가 송출되므로 문제점이 없으나 Pre-Shunt의 길이와 열차속도와 관련이 있으므로 적절한 조정이 필요하다.

Post-Shunt

궤도회로의 경계지점의 후방에서 발생하며 Post-Shunt가 너무 길어 후방궤도가 늦게 낙하하면 후속 열차가 늦어질 수 있으므로 적절한 조정이 필요하다.

사전단락(Pre-shunt)과 사후단락(Post-shunt)의 영향 및 대책

① AF무절연 궤도회로 구간에서 발생하는 필연적인 현상으로 궤도회로 경계지점 (송전단/수전단)에서 열차가 다음번 궤도회로 구간에 진입하기 전에 미리(Pre-) 궤도회로가 낙하하여 단락(Shunt)이 발생하는 구간 및 회로가 Pre-Shunt(사전단락)이며, 열차가 경계구간을 통과한 후에도 지나온(Post-) 궤도회로가 계속 낙하(Shunt)하는 현상이 Post-Shunt 현상이며, 그 구간의 길이는 대체로 20m 정도이다.

② 이는 무절연궤도회로 구간에서 전방의 ATC 속도코드가 궤도회로 경계를 넘어, 서로 혼신되는 것을 방지하려는 방법이었다.

③ 그러나 열차운전 속도에 따른 Timing이 문제가 된다. 열차속도가 저속인 경우, 사전단락(Pre-Shunt)이 일어나 전방 궤도회로를 낙하시킴으로써 현재 주행하고 있는 궤도회로의 속도코드를 01 Code로 만들어 비상정지를 유발하며, 반대로 열차가 통과하였으나 계속하여 궤도회로가 낙하하고 있으면(Post-Shunt) 후방 구간을 01km/h 구간으로 만들어 후속 열차의 진행을 방해한다.

④ 이를 방지하기 위하여서 AF 궤도회로의 송신 레벨과 단락감도를 조정하여 열차통과/속도/Timing과 일치시켜 원활한 열차운전을 기하고 있다. 단락감도(0.06Ω)가 나쁜 경우, 레일을 연마하는 작업도 하게 된다.

02 AF-900 series 궤도회로와 "S, "I", "O" 케이블 본드에 대하여 설명하시오.(126-25)

AF-900 궤도회로

1. 케이블 본드

AF-900 궤도회로는 궤도회로를 구성하는 궤도와 전기적으로 연결하기 위하여 궤도회로 송수신기와 임피던스적으로 접속시켜 주는 역할을 궤도 커플링 유닛이 수행하고 있으며 "S"와 "I" 본드는 궤도회로 경계를 정의하는 절연 조인트가 없는 영역에서 사용에 사용하고 "O" 본드는 궤도회로 경계를 정의하기 위해 각 레일에서 절연 조인트가 사용되는 영역에 사용된다. "S, I, O"의 본드에는 전기적 결합을 위해 궤도 커플링 유닛이 설치된다.

① **트랙 커플링 유닛** : AF-900 커플링 유닛은 궤도 신호를 카드 파일 수신기 및 송신기 회로와 인터페이스 한다. 이들은 또한 궤도회로 반송파 주파수를 조정하기 위한 기능을 제공한다. 궤도 커플링 유닛은 내후성 인클로저에 보관되며 두 개의 독립적이고 격리된 신호 커플링 회로로 구성된다. 각 회로에는 궤도 루프에 필요한 주파수 조정을 위한 자체 변압기와 점퍼 조정 커패시터 뱅크가 있다.

② **S본드** : "S"본드는 선로 회로 경계를 정의하는 절연 조인트가 없는 영역에서 사용

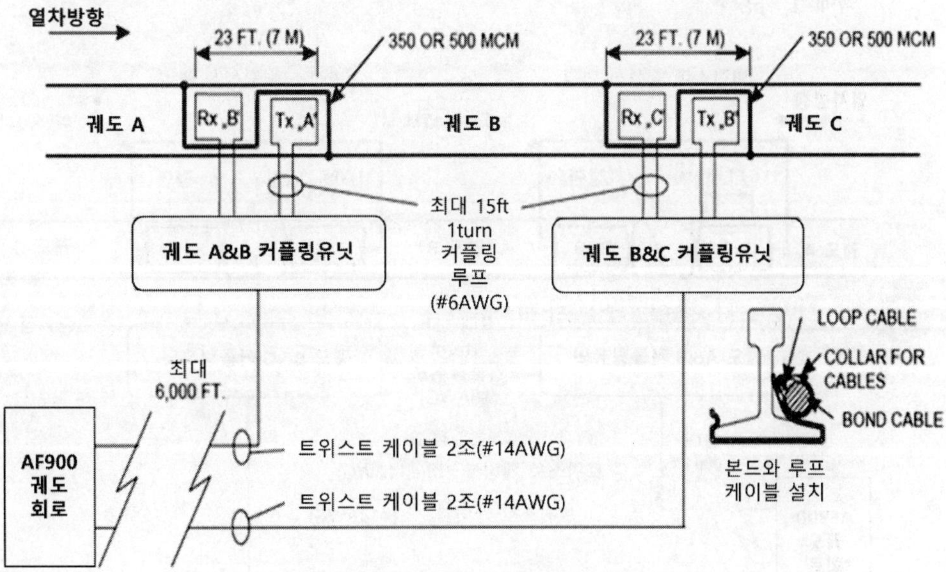

[그림] "S" 궤도케이블 본드 적용

③ I본드 : "I"본드는 궤도 회로 경계를 정의하는 절연 조인트가 없는 영역에서 사용

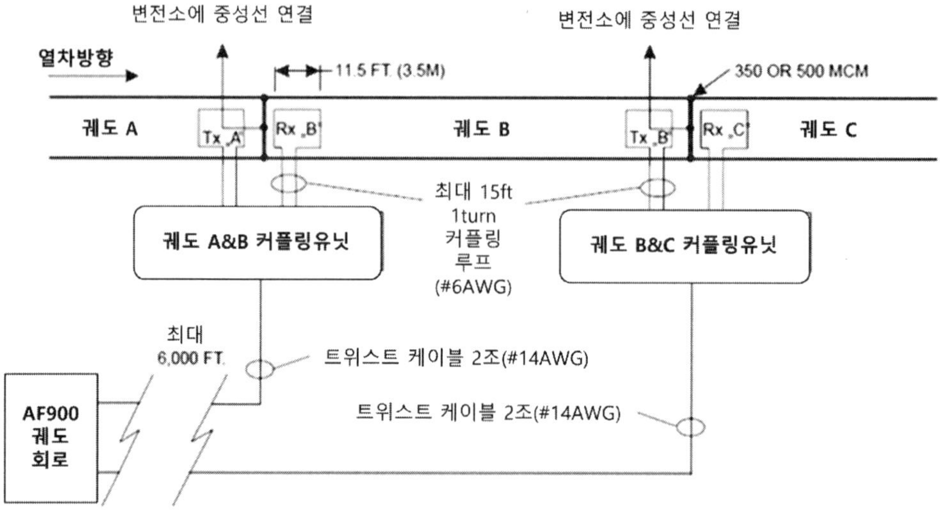

[그림] "I" 궤도케이블 본드 적용

④ O본드 : "O" 본드는 궤도회로 경계를 정의하기 위해 각 레일에서 절연 조인트가 사용되는 영역에서 사용

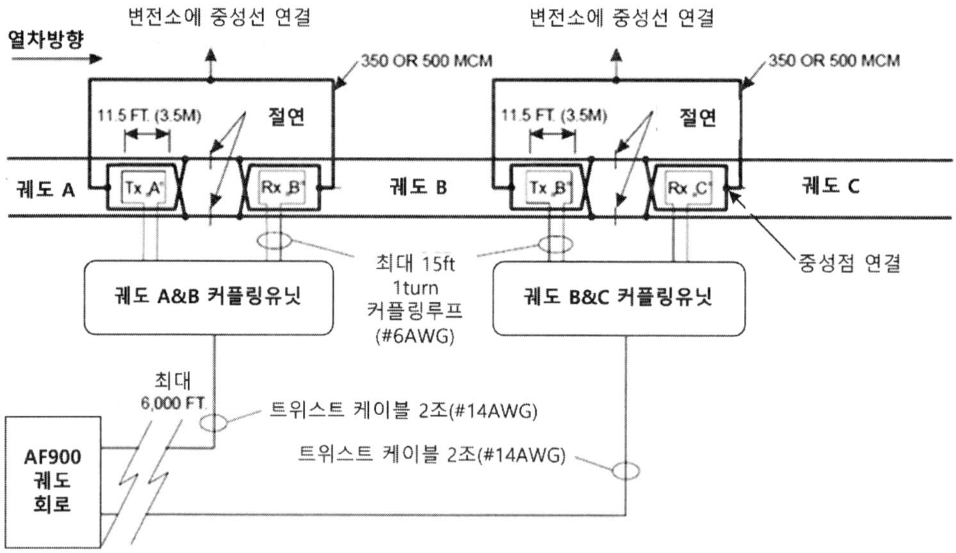

[그림] "O" 궤도 케이블 본드 적용

03 AF궤도회로장치의 구성장치별 기능에 대하여 설명하시오.(115－10)

TI20 궤도회로 구성도

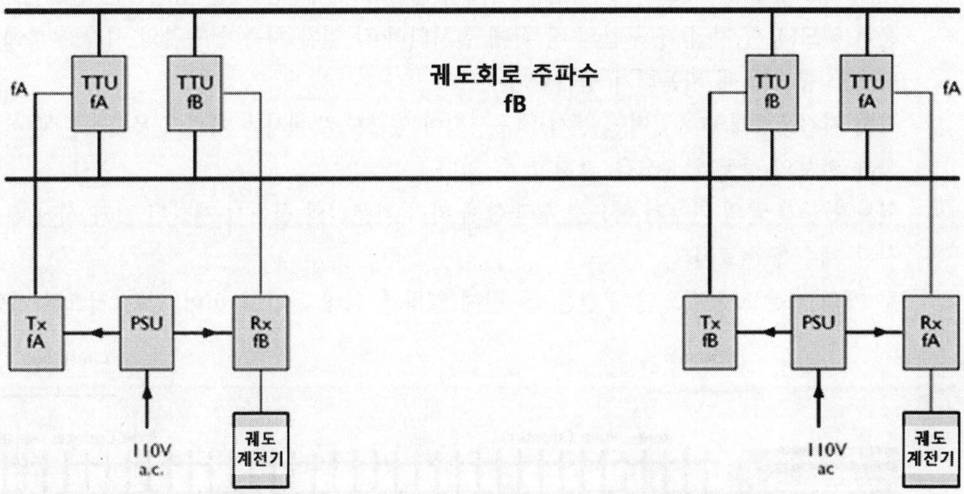

동작 개요

Tx fB 모듈에서 궤도회로 주파수를 만들어 TTUfB 로 보내면 궤도를 타고 수신측 TTUfB 에 신호가 도달하여 수신기 RxfB 가 동작하여 궤도계전기를 동작시키며 해당 구간에 열차가 점유되면 RxfB에서 출력이 출력되지 않아 궤도계전기는 낙하하게 된다.

장치별 기능

① PSU : 전원공급장치
② TTU : 궤도튜닝 유닛
③ TX : 송신기
④ RX : 수신기

04 Axle Counter의 기능 및 장단점을 설명하시오.(111－25)

기능

Axle Counter는 궤도의 두 지점 사이에서 열차가 지나가는 것을 감지하는 철도 장치이다. 카운터 헤드(감지 지점)가 구간의 각 끝에 설치되며 각 열차 차축이 구간의 시작 부분에서 카운터 헤드를 통과할 때 카운터가 증가한다.

감지 지점은 2개의 독립적인 센서로 구성되어 있으므로 센서는 차축이 통과하는 순서와 시간에 따라 열차의 방향과 속도를 감지할 수 있다.

열차가 구간 끝의 카운터 헤드를 통과함에 따라 카운터의 끝에서 계산된 값과 시작 부분에서 계산된 계수가 비교된다.

두 개의 카운트가 같으면 구간은 두 번째 열차를 위해 구간이 비어 있는 것으로 판단된다.

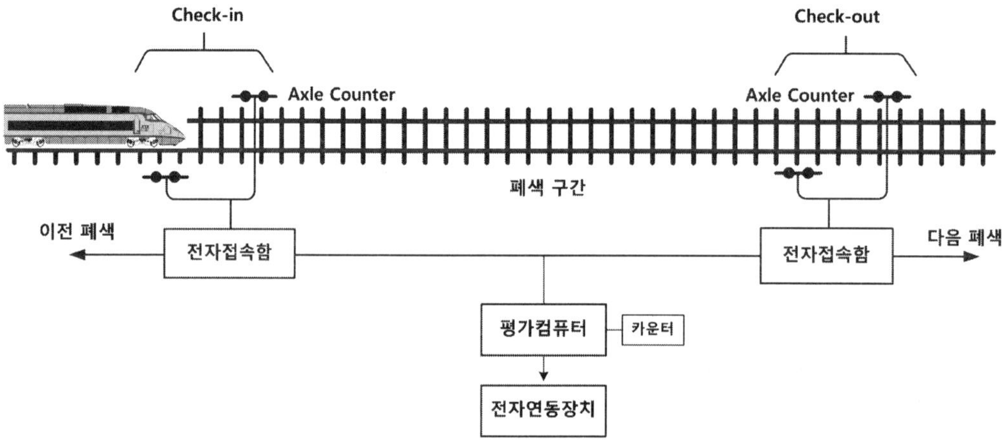

[그림] Axle Counter 시스템 구성도

이는 중앙에서 위치한 안전에 중요한 '평가컴퓨터'에 의해 수행되며 차륜의 감지는 현장의 레일에 부착되어 있다. 감지 지점은 전용 케이블을 통해 또는 통신 전송 시스템을 통해 평가컴퓨터와 연결된다.

이는 감지 지점이 평가컴퓨터로부터 상당한 거리에 위치하게 한다. 중앙 집중식 연동 장비를 사용할 때 유용하지만 신호 장비와 장비 캐비닛이 선로변에 분산될 때는 유용성이 떨어진다.

장·단점

① 장점

- 절연 레일 조인트를 설치하지 않아도 된다.
- 견인력 본딩 및 임피던스본드를 설치하지 않아도 된다.
- 설치와 유지보수비용이 저렴하다.
- 궤도에 습기 문제가 있는 경우에도 유용하다. 일반적으로 휠 센서는 방수기능이 있다.

- 레일 헤드 녹, 기름 등 오염에 문제가 없다.
- 습식 터널과 철골 구조물에서도 유용하다.
- 장거리 구간에서도 사용할 수 있다.

② **단점** : 전원 장애와 같은 여러 가지 이유로 구간에 얼마나 많은 차축이 있는지 잊어버릴 수 있다. 따라서 시스템을 재설정하려면 수동 재지정이 필요하다. 이 수동 재지정은 신뢰할 수 없는 인간의 요소가 필요하다.

05 KTX – 산천의 귀선 전류 고조파가 일반선 TI – 21형 AF궤도회로에 미치는 영향을 분석하고 대책을 설명하시오.(117 – 25)

현황

국내에서 운영되는 KTX 산천 고속차량에서 발생하는 전자파에 의한 문제점을 검토하고 이에 대한 국내 운영현황을 파악하는 데 그 목적이 있다.

검토

① 고속차량에서 발생하는 전자파의 종류와 크기 및 검측방법에 대한 검토와 발생 원인에 따른 이동 경로를 파악하여 이에 대한 분석을 통한 시뮬레이션 분석방안을 검토하였다.

② 철도차량의 운행에 있어서 궤도회로는 차량위치 검지를 통한 신호기 제어, 선로전환기 제어, 차량의 간격 조정, 차량접근 예고를 통한 충돌사고 예방 등 안전운행을 위한 필수적인 시스템이다. 따라서 철도차량과 궤도회로의 전자파 적합성(Electromagnetic Compatibility, EMC)의 확인은 철도차량의 운행에 있어서 필수적이다.

③ 철도차량과 궤도회로의 전자파 적합성을 위해 전자파 잡음의 발생 원인 차량에 대한 전자파/고조파 특성 및 전자파의 영향권에 있는 궤도회로의 전자파 특성분석이 필요하다. 전기차량에서 발생한 고조파 전류는 급전계통의 임피던스 특성에 의해 특정 고조파에서 공진 되어 고조파 전류 확대 현상을 일으켜 각종 문제를 일으킨다.

즉 고조파 전류는 인접 통신선에서의 유도장애를 발생시켜 철도신호장애의 원인이 될 뿐만 아니라 전원계통에 유입되는 경우에는 전력용 콘덴서의 과열 및 진동을 유발해 해당 계전기를 오동작시킬 위험성을 지니고 있다.

④ 호남선 구간에 대한 체계적이고 신뢰성이 높은 귀선 전류 및 귀선 전류 고조파의 측정방법을 제시하였으며 이에 따른 시험 결과를 토대로 귀선 전류 고조파에 대한 이동 경로를 확인하였다. 현장계측을 통하여 확보된 계측자료를 분석함으로써 KTX 산천 차량이 하행선주행 시 인접 궤도인 상행선의 C타입 AF궤도회로에 부정단락을 유발하는 고조파인 1,980Hz의 유입경로를 파악함으로써 신규로 도입되는 고속차량과 AF궤도회로는 고조파를 최소화할 수 있는 기능을 수반 하도록 하여 신뢰성을 확보하고 열차의 안전운행과 정시성을 확보하고자 한다.

전기철도 구간 귀선전류 고조파 측정방법

호남선 구간 중 귀선전류가 최대치를 나타낼 것으로 예상되는 변전소 및 전력구분소 부근 중 그림과 같이 측정이 쉬운 신흥리 보조 급전 구분소 인근에서 KTX산천(10량 1편성) 시험열차를 투입하여 상/하선 임피던스본드 출력단 위치에서 계측시스템을 구성하여 계측용 데이터수집 프로그램이 설치된 노트북 컴퓨터에 연결하여 열차운행 시 반대편 선로에 전달되는 귀선전류를 측정하였다.

또한, 그림과 같이 KTX산천 전기차량의 1차측 변압기 접지단자에서 귀선전류와 귀선 전류고조파를 측정하여 실제 차량에서 발생한 귀선전류와 레일에 흐르는 귀선전류를 비교하였다.

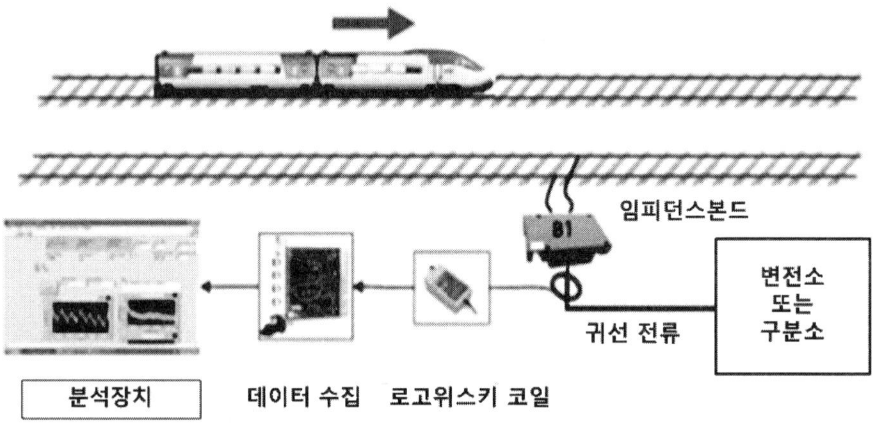

[그림 00] 궤도회로 임피던스 1차 전류 측정방법

전기철도 구간 귀선전류 고조파 측정결과

① 귀선전류 고조파 이동 경로

TI－21 AF궤도회로는 그림과 같이 '무절연'형으로 인접 궤도회로와의 전기적 분리는 2개의 Tuning unit를 사용하여 약 20m 궤도구간에 인덕턴스 동조 회로를 구성하는 방식을 사용한다.

또한, B1 임피던스 본드를 궤도회로에 설치해서 궤도회로 사용주파수를 차단하여 신호의 흐름을 유지하고, 차량의 귀선전류 고조파는 접지와 연결된 임피던스본드를 통해 흘러나가게 한다. 그림은 KTX산천에서 발생하는 33차 고조파(1,980Hz)가 하선 임피던스본드 ①과 ②를 거쳐 매설접지선 G1을 통하여 횡단 접지선과 연결되어 반대편 매설접지선인 G2지점으로 흘러 상선 임피던스 ③과 ④를 통하여 튜닝유닛 수신단에 영향을 미치는 것으로 확인되었다.

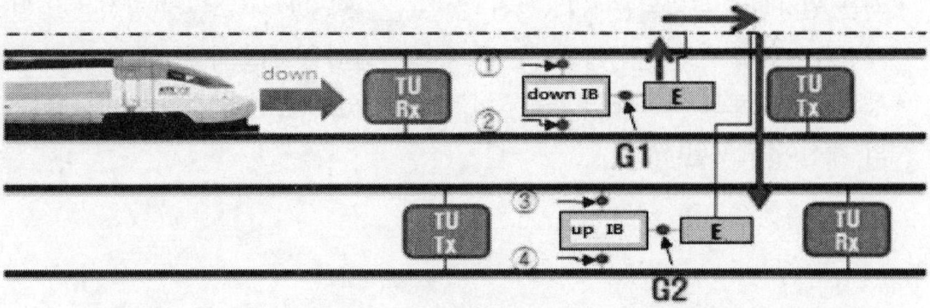

[그림 00] KTX-산천이 하행으로 운행 시 귀선전류의 이동 경로

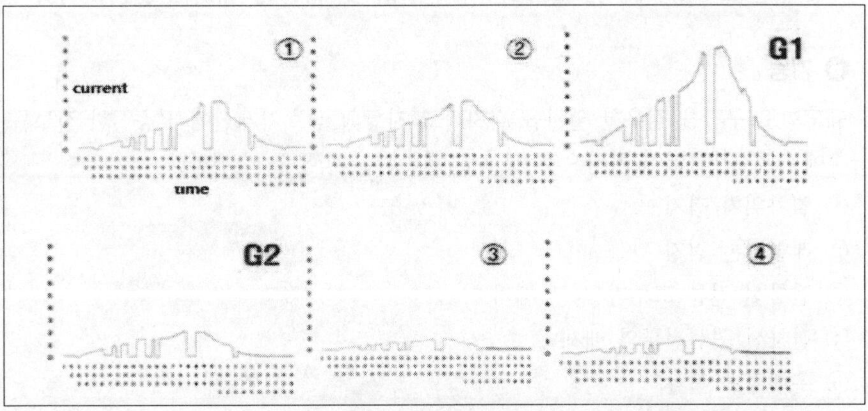

[그림 2] KTX-산천이 하행으로 운행 시 귀선전류 측정 그래프

결론

① KTX산천 차량이 일반철도 구간 하행 운행 시 발생하는 귀선전류 고조파의 이동 경로를 확인한 결과 귀선회로인 공동접지회로와 반대편 임피던스본드를 통하여 상선측에 위치한 1,980[Hz] C타입 궤도회로 주파수에 영향을 준 것으로 확인하였고

② 또한, KTX산천 고속차량이 호남선 하선 주행 시 상선으로 전도되는 고조파 전류가 상선 주행 시보다 상대적으로 그 크기가 매우 크다는 것을 확인할 수 있었다.
이런 결과의 원인은 호남선 신흥리 급전보조 구분소 구간이 상선측에만 공동접지선이 매설되어 있어서 하선 열차주행에 따라 횡단 귀선로를 통해 상선측으로 유입되는 귀선전류가 많기 때문이란 것을 확인하였다.

③ 궤도회로 부정 동작 발생 당시 문제가 되는 C타입 궤도회로 수신기를 모든 잡음에 대한 해석 능력을 가진 디지털식으로 교체하면서 더는 부정동작은 발생하지 않았지만, 고조파를 발생하는 KTX산천 차량이 계속해서 운행하는 한 안전 측면에서 완전하게 해소되지는 않았다.

대책

- 현재 선로변 공동접지방식을 한쪽에서 양쪽 방향 모두 설치하는 것이 차량과 신호 간 전자파간섭을 최소화할 수 있을 것으로 판단되었다.

- 최근 원강선에 투입되는 KTX산천 차량은 전력변환 시 스위칭 방식을 9 펄스에서 13 펄스로 개량하여 궤도회로에서 사용하는 주파수와 간섭을 최소화할 수 있도록 설계되었으며,
- 향후 궤도회로도 고조파 영향을 최소화할 수 있도록 현행 주파수 방식에서 코드분할방식으로의 개선이 요구된다.

06 경부고속철도 UM71 궤도회로장치의 기능 및 설비구성을 설명하시오.(111-25)

¤ 고속철도 UM-71 궤도회로장치의 구성 및 특성에 대하여 설명하시오.

기능

궤도회로 구간을 점유한 열차를 검지하고 지상의 신호기계실에서 송신한 정보를 인접 반송주파수에 의한 간섭없이 차량으로 정보를 전송하는 임무를 수행한다.

① 열차위치 검지
② 레일절손 검지
③ 전차선 전류 고주파 성분 제거
④ 전차선 귀선전류의 배제
⑤ 운행정보 전달

구성도

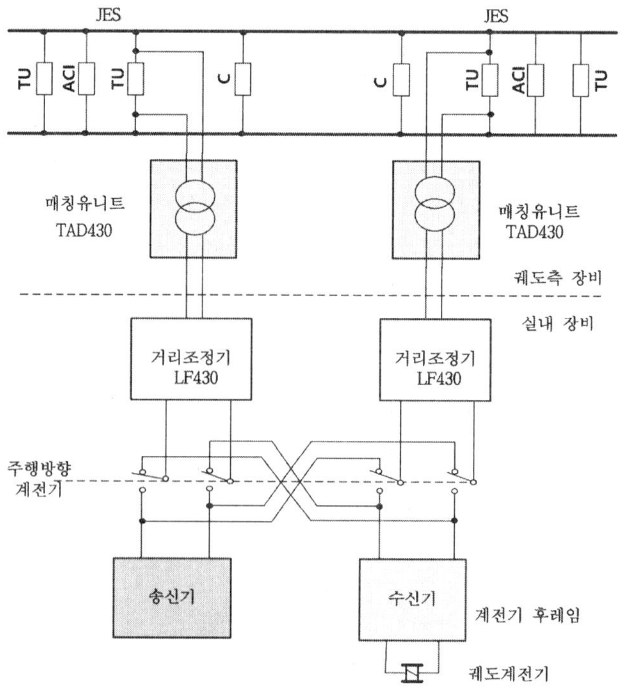

① 실내설비

㉠ 궤도회로 송신기 : 반송주파수(2,040Hz, 2,400Hz, 2,760Hz, 3,120Hz)별로 4종류가 사용되며 신호, 반송주파수 변조 기능 및 변조신호 증폭 기능을 가진다.

㉡ 궤도회로 수신기 : DC 24V를 사용하며 수신되는 코드신호의 품질과 진폭을 최종 분석하고 신호의 가부에 따라 궤도계전기를 여자 혹은 무여자 시킨다.

㉢ 궤도계전기 : NS124, 4.0.4 Type으로 15℃에서 코일 저항을 가지며 최대 여자전류는 64mA, 최소 리셋전류는 20mA이다.

㉣ 거리 조정기 : 한 궤도회로의 송신기와 수신기의 케이블의 길이가 같게 구성되도록 전류를 감쇄시키기 위하여 사용하며 운행정보전송을 위한 회로의 발전을 쉽게 한다.

㉤ 방향계전기 : 열차의 운행방향을 결정해주는 계전기이다.

② 실외설비

㉠ 동조유닛(TU : Turning Unit) : TU의 임피던스는 주파수와 관계되어 캐패시터에 의해 결정되며, ACI와 동조회로를 구성하여 최대 임피던스값을 이용한다.

㉡ 공심유도자(ACI : Air Core Inductor) : LC 공진회로의 Q값 개선 및 전차선 귀선전류 재조정에 사용된다.

㉢ MU(Matching Unit) : 궤도와 궤도송신기, 수신기 사이의 임피던스 정합에 사용한다.

㉣ 보상콘덴서(25uF) : 선로의 캐패시터를 증가시켜 길이의 인덕턴스를 보상하여 전송을 개선한다.

특성

① 4개의 궤도주파수를 사용한다.

② 주파수 변조방식(FM)을 사용한다.

③ Tuning Unit는 현장에 설치된다.

④ 궤도회로 길이는 50m~1,500m이다.

⑤ 신호기계실에서 7.5km까지 제어할 수 있다.

07 고속철도 ATC장치에서 궤도회로 및 케이블 루프를 통하여 차상으로 전송되는 정보에 대하여 설명하시오.(115－25)

연속정보(궤도회로) : 28bit로 구성

- 폐색구간 길이 전송
- 평균적 구배값
- 현 구간 추천 속도
- 현 구간 최고속도
- 다음 구간 추천 속도

불연속정보(케이블 루프)

- 운행선로 변경(Change of track)
- ATC 지역으로의 진출, 진입
- 간헐적 속도제어
- 절대 정지점 제어정보
- 차량 내 기압보상장치 동작 정보
- **전차선 사구간 정보**
  - 견인력 또는 회생제동
  - 회로 개폐기 강제 개방
  - 회로 개폐기 투입과 견인력 시작

08 경부고속철도에 설치된 유절연 궤도회로의 설치조건 및 장비 구성에 대하여 설명하고, 구성도를 그리시오.(25)

설치조건

역 구내 등 특수한 환경 때문에 무절연 AF 궤도회로를 구성하기 어려운 경우 유절연 AF 궤도회로를 구성한다.

특히, 상선과 하선 사이, 본선과 측선 사이 또는 측선과 측선 사이 등 분기기를 포함하는 구간의 궤도1과 궤도2 사이에는 때때로 주파수의 반전이 일어나기 때문에 무절연 방식을 사용할 수 없게 된다.

예를 들면 궤도1에 주파수 2,040㎐를 사용하면 인접한 궤도 2에 2,400㎐의 주파수를 사용하여 전기적으로 절연하는 것은 불가능하여 유절연 방식의 사용이 불가피하다. 다음과 같은 경우에 유절연 궤도회로를 사용한다.

① 분기구간에 2개의 궤도회로가 인접할 때
② 주파수 V1F1 또는 V1F2가 주파수 V2F1 또는 V2F2와 인접할 때
③ 역 구내에서 전기적 절연개소(JES)의 길이를 감소시킬 때
④ 궤도회로가 설치되어 있지 않은 궤도와 인접할 때
⑤ 궤도회로가 분기궤도와 인접할 때

장비 구성

① **궤도 송신기** : 신호주파수를 반송파와 변조하여 증폭시킨 후 현장으로 송신한다.

② **궤도 수신기**

㉠ 현장 레일로부터 수신되는 궤도회로용 AF는 BPF 필터부를 거쳐 증폭 및 복조를 하며 정류 회로를 통하여 직류 24V를 만들어 궤도계전기를 동작시킨다.

㉡ 궤도회로 수신기는 4가지 반송주파수에 따른 4종류의 수신기를 사용하여 수신되는 코드 신호의 품질과 진폭을 분석하고 이 신호가 정확할 때만 궤도계전기를 여자 시키며, 부정확할 경우는 궤도계전기를 낙하시킨다.

㉢ 궤도에서 수신된 신호는 불필요한 주파수 제거에 필요한 40Hz 대역여파기에 입력하여 수신기는 다음과 같은 기능을 한다.

- 단락검지를 하기 위한 임계값 검사(160mV 낙하, 200mV 동작)
- 25.68Hz 변조주파수의 검지 기능

㉣ 2가지 조건은 수신된 신호가 송신기에 의해 전송을 유효하도록 최소 2초가 필요하며 이 때 궤도계전기에 전원을 공급하게 된다.

㉤ 입력변압기는 저항조정기를 통해 수신기 입력에 정합시키기 위한 신호레벨을 생성시킨다.

③ **궤조절연** : 궤도회로를 구성하기 위하여 레일을 전기적으로 분리하기 위한 레일이음매부에 설치하는 절연물

④ **임피던스본드** : 전철구간의 궤도회로 경계점에 설치하여 전차선 귀선전류는 다음 궤도회로 구간으로 보내고 신호전류는 1개의 궤도회로 내에만 흐르게 하는 기기.

⑤ **동조유닛(Tuning Unit)** : UM71 궤도회로에서 사용하는 동조유닛으로 BU 타입과 BA 타입의 2가지로 분류한다. BU 타입은 무절연 궤도회로에, BA 타입은 유절연 궤도회로에 사용된다. BU 타입은 궤도에 직접 연결하여 선로의 자갈도상에 매설하며 BA 타입은 공심유도자(ACI)에 연결해 병렬공진회로를 구성하여 주파수에 동조된다.

⑥ **MU(Matching Unit)** : 궤도와 UM71 궤도회로장치의 송신기나 수신기 사이의 임피던스 정합에 사용되며 주파수와는 관계가 없는 기기이다. 정합변성기는 플라스틱 기구함에 수용되어 있으며 선로변에 설치한다.

⑦ **공심유도자(ACI : Air Core Inductor)**

- LC 공진회로의 Q값 개선
- 전차선 귀선전류 재조정에 사용

⑧ **임피던스본드**

◘ 유절연 궤도회로 구성도

① 임피던스본드 사용

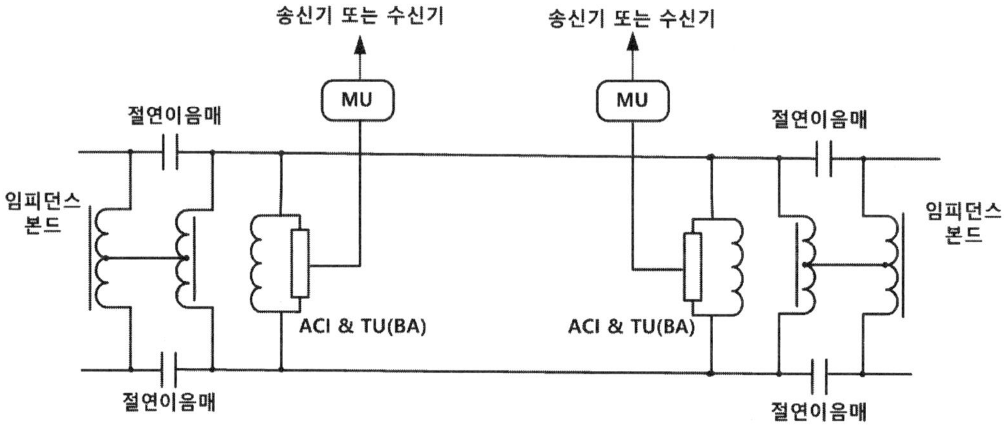

② ACI 사용

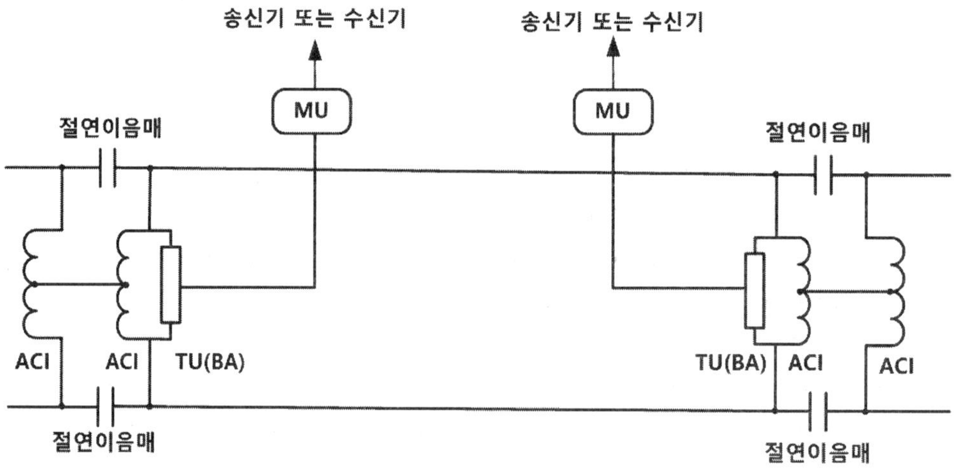

09 고속철도 양방향 운행을 위한 UM71 AF궤도회로장치의 정보전송, 방향제어방식, 방향계전기, 거리조정기에 대하여 설명하시오.(127－25)

⌑ 고속철도 궤도회로(UM71)에서 사용된 방향계전기의 역할을 설명하시오.

◘ UM71 AF궤도회로장치의 정보전송

- 연속정보(궤도회로) : 28bit로 구성
- 폐색구간 길이 전송

- 평균적 구배값
- 현 구간 추천 속도
- 현 구간 최고속도
- 다음 구간 추천 속도

방향제어방식

UM71C형 궤도회로는 한 선로에서 신호에 의한 열차의 양방향운전이 가능하도록 궤도회로의 송, 수신 단을 절체 할 수 있는 방향 선택회로(ORT)가 설치되어 있다.

방향계전기

복선구간에서 양방향 운전을 시행할 때 궤도회로의 송신부와 수신부의 방향을 열차의 진행 방향과 일치시켜야 한다. 따라서 이와 같은 특수성을 고려하여 그림과 같이 궤도회로의 송·수신부를 바꿀 수 있도록 하는 계전기 회로를 말하며 거리조정기의 케이블 길이는 같게 한다.

거리조정기

UM71 거리 조정기는 하나의 궤도회로 송신기와 수신기 케이블의 길이가 같게 구성되도록 거리를 조정하는 UM71 궤도회로 구성 요소. 전류를 감쇄시키기 위하여 사용되며 케이블의 길이는 0.5km, 1km, 2km, 4km이다. 거리 조정기는 운행정보 전송을 위한 회로의 반전을 쉽게 한다. 거리 조정기는 각각의 송, 수신회로에 설치되고 6,750m의 이론적인 정숫값에 각 송·수신케이블의 균등한 길이를 고정한다. 거리 조정기에 의하여 제공된 정숫값은 조정이 가능하며 길이는 6.5~7km 사이로서 케이블 내 궤도회로 신호의 전송을 개선한다.

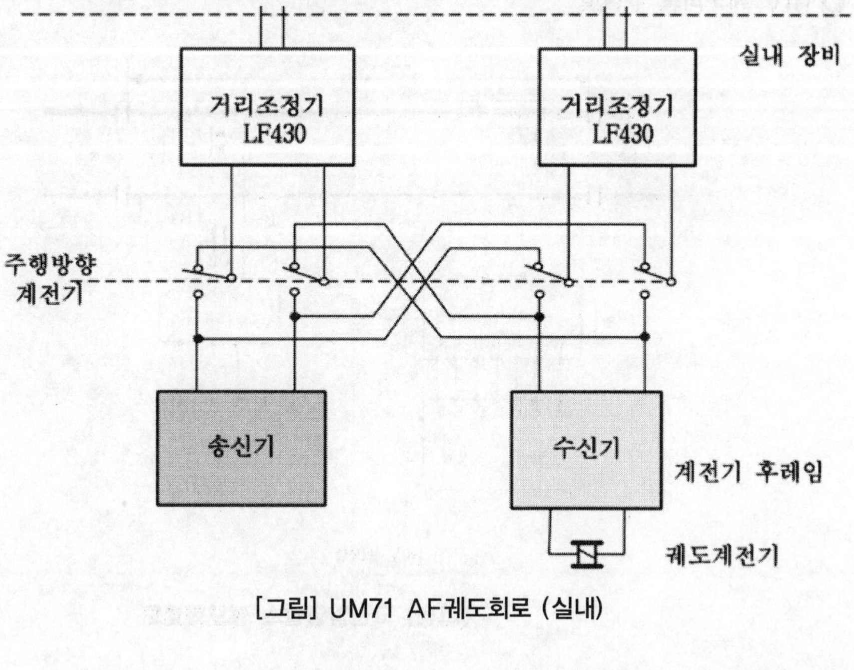

[그림] UM71 AF궤도회로 (실내)

10 고속철도 UM71 AF궤도회로장치에 사용되는 보상용 콘덴서의 설치목적, 효과, 설치기준을 설명하시오.(127－10)

보상 콘덴서

선로의 캐패시터를 증가시켜 레일의 임피던스를 보상(길이의 인덕턴스를 보상)하여 전송하므로 신호의 감쇠 현상을 줄인다.

설치기준

100m 간격으로 일정하게 설치

- 궤도회로 길이의 연장.
- 궤도회로에서 열차로의 완벽한 전송을 허용할 수 있는 강력한 레일의 신호전류 획득.

보상콘덴서 전송특성 효과

- 궤도회로 길이가 연장되는 효과가 있다.
- 궤도회로에서 열차로 완벽한 전송을 하도록 레일의 신호전류를 획득한다.

11 고전압임펄스 궤도회로장치의 구성도를 도시하고, 구성품 중에서 임피던스본드의 구조 및 특성에 대하여 설명하시오.(114－25)

HIV 궤도회로 구성도

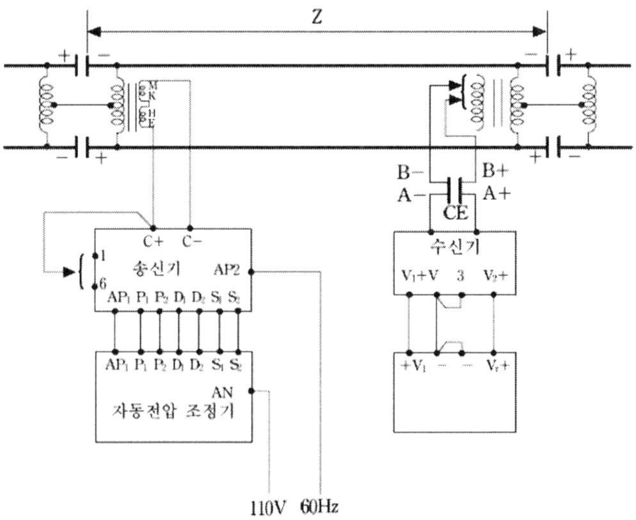

[그림] 고전압임펄스 궤도회로도

임피던스본드

① 구조 : 내철형의 성층 철심에 1차 코일과 2차 코일이 감겨 있어 1차 코일은 2개로 나누어져 각 코일에 흐르는 귀선전류에 의해서 발생하는 자속이 서로 상쇄되도록 배치되어 있다. 도체로써는 평각 구리선이 사용되고 권수는 5~10회 정도이다. 2차 코일은 평형의 구리선으로써 권수는 1차 코일과 같은 권수이며 1차 코일 사이에 삽입한다. 3차 코일을 설치하여 콘덴서를 접속하는 예도 있다.

철심에는 전차전류의 불평형 전류에 의하여 리액턴스가 변화하거나 포화하지 않게 공간을 두었는데 그사이에는 파이버를 삽입하여 부착하였다. 임피던스본드를 궤도에 접속할 때는 전차전류의 전류량에 적합한 충분한 굵기의 점퍼선을 사용하여야 한다.

② 특성

- 교류와 비전철구간에서 유절연 복궤조 궤도회로 방식에 사용
- 임펌스 정펄스(3)와 부펄스(1)의 적정 비율인 3 : 1 분리에 의한 안정적인 궤도회로 구현

12 궤도회로 사구간 보완회로에 대하여 설명하시오.(112-10)

사구간(Dead Section)

궤도회로의 사구간(Dead Section)이란 궤도회로를 구성하는 궤도 일부분에 열차가 점유하여도 궤도계전기가 낙하하지 않는 구간을 말하며 선로의 분기 교차지점, 크로싱 부분, 교량 등에 있어서는 좌우의 레일 극성이 같게 되어 열차에 의한 궤도회로의 단락이 불가능한 곳이 생기게 되는 구간을 사구간이라 한다.

사구간의 길이는 7[m]를 넘지 않도록 해야 하고, 7[m]가 넘는 곳에서는 사구간 보완회로를 구성해야 하며 사구간이 1,210[mm] 이상이면 사구간 상호 또는 다른 궤도회로와는 15[m] 이상 떨어지도록 하여야 한다.

역 구내 분기부는 모터카 등 짧은 차량 운행으로 궤도계전기가 순간적으로 여자할 경우에 부정동작이 될 수 있어 이 경우에 사구간의 길이를 3[m] 미만으로 한다.

부정동작 우려가 있을 때 시소계전기로 완방시간 2초 정도를 삽입하여 궤도계전기를 늦게 낙하시킬 필요가 있다.

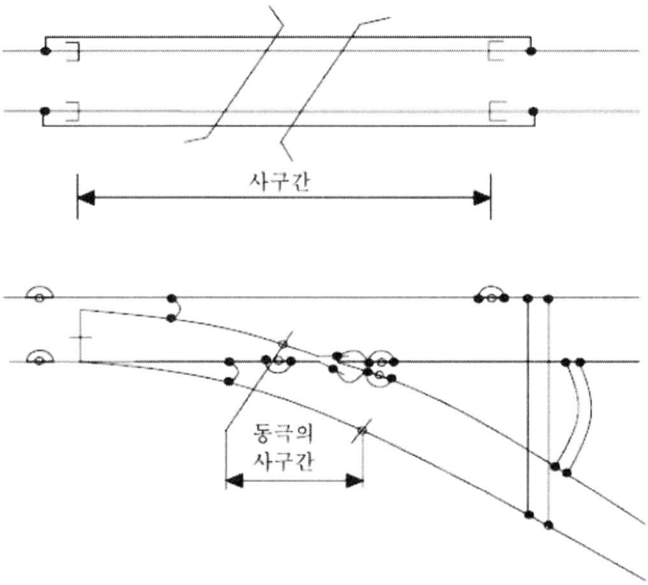

[그림] 궤도회로의 사구간

사구간 보완회로

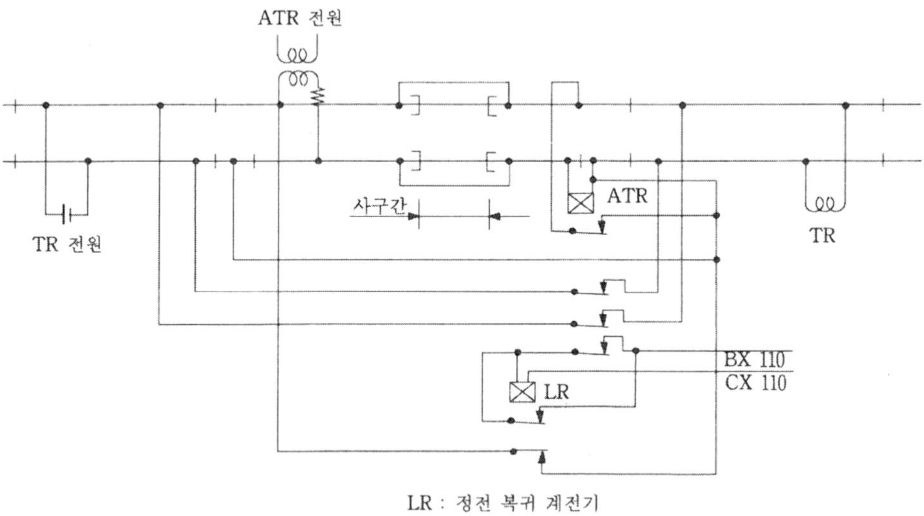

[그림] 사구간 보완 회로

사구간 보완회로는 1량 이상의 차량이 완전히 들어갈 수 있는 사구간이 발생하는 구간에 설치하는 특별한 궤도회로 구성 방법이다.

사구간을 포함하는 궤도회로의 양단에 짧은 복귀회로와 자기 유지회로를 설치하고 있는 것이 특징이며, 차량이 진입하면 궤도계전기는 낙하하고 차량이 사구간에 빠져도 자기 유지회로가 차단하고 있으므로 궤도계전기는 복귀되지 않는다.

또한 차량의 맨 뒤쪽 차축이 복귀회로를 통과할 때 이 차축을 통하여 전류를 보내 궤도계전기를 동작시켜 자기 유지되도록 구성한다. 만약, 정전 시에는 궤도계전기가 낙하하여 자기 유지회로가 차단되지만, 정전 회복 후 자동으로 복귀시키는 회로로 구성되어 있다.

13 궤도회로 연장 100[m] 구간에서, 레일 간 전압이 5[V]이고, 누설전류가 0.1[A]일 때 궤도회로의 누설 컨덕턴스를 구하시오.(130－10)

누설컨덕턴스 (Leakage Conductance) : 단위 G 또는 S[S/km]

- 통상, 절연체가 완벽한 절연이 되지 못하여, 일부 절연 불량 등으로
  - 미소량이나마 전류가 누설(누설 전류)되어서 나타나는 저항성 손실 유형
- 특히, 전송선로에서 나타나는 저항성 손실의 유형
  - 도선 그 자체 저항 및 누설 전류에 의한 누설 콘덕턴스
    사용주파수, 절연물의 유전율, 사용 전압 및 유전 손실 등에 의해서 결정
- 누설컨덕턴스 $= \dfrac{\text{누설전류}}{\text{레일간 전압}} = \dfrac{0.1}{5} = 0.02[\text{s/km}]$

14 궤도회로의 점퍼선 설치 시 유의사항에 대하여 설명하시오.(121－10)

개요

궤도회로의 어느 한 곳으로부터 떨어진 같은 극성의 다른 레일 상호간을 접속시키는 전선을 점퍼선(Jumper Wire)이라 한다.

궤도회로에 점퍼선을 설치하는 방법에 따라 **직렬법, 병렬법, 직·병렬법** 등으로 구분하고 있으나 **직렬법이 안전도가 가장 높으며** 병렬법이나 직·병렬법은 안전도가 다소 떨어지는 방법이다

유의사항

① 가급적 송전·착전 단에 가까운 위치에 설치할 것

② 충분한 용량의 양선으로 설치할 것

③ 병렬 궤도회로에서는 이중으로 설치 할 것

④ 사구간 규정을 유의하여 설치할 것

⑤ 레일 접촉면을 깨끗이 연마하여 용접제로 견고하게 부착할 것.

15 궤도회로의 한류장치에 대하여 설명하시오.(124－10)

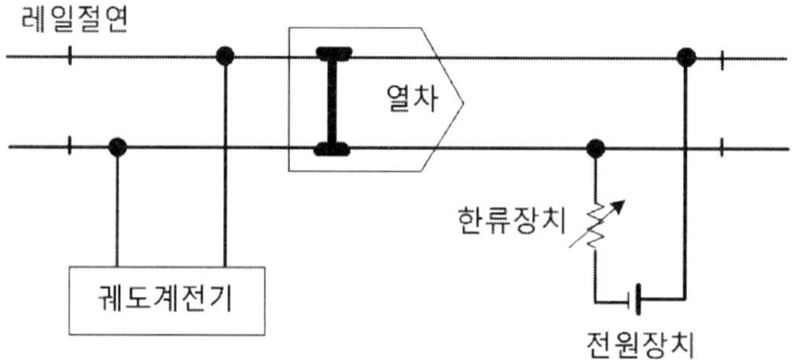

[그림] 직류 궤도회로 구성도

개요

한류장치(Current Limiting Equipment)는 열차의 차축에 의하여 궤도회로의 전원을 단락하였을 때 직류 궤도회로에서는 전원장치에 과전류가 흐르는 것을 제한하고 전압을 조정하기 위해서 설치한다.

또한 교류 궤도회로에서는 2원형 궤도계전기의 회전역률의 위상을 조정해 주는 중요한 역할을 한다. 이러한 한류장치는 직류 궤도회로에서는 가변저항기(저항자)가 사용되고 교류 궤도회로에서는 저항 또는 리액터가 사용된다.

한류장치의 기능

① 단락 시 과전류에 의한 회로의 소손을 방지한다.
② 궤도회로의 단락 감도를 향상시킨다.
③ 2원형 계전기의 회전위상각도를 조장한다.
④ 궤도계전기에 가해지는 방해 전원을 억제한다.

궤도회로 한류장치의 종류

한류장치는 DC 전철화 구간의 직류 궤도회로에서는 궤도저항자를 주로 사용하고 있으며 수도권 교류 전철화 구간에서는 궤도리액터와 궤도저항을 병행하여 사용된다.

① **바이어스 궤도회로** : 저항자 사용
② **교류 궤도회로** : 저항자 및 리액터(Transformer) 사용
③ **고압임펄스 궤도회로** : Transformer(리액터, 수신기) 사용
④ **AF궤도회로** : 저항자, 콘덴서 사용

착전 전압 조정

① **착전전압 조정** : 맑은 날 기준 정격전압의 1.1~1.3배로 조정
② 궤도계전기 정격전압 1.42V 일 때 1.56~1.85V로 조정

16 궤도회로장치의 원리 및 구성 방법에 대하여 설명하시오.(115-25)

궤도회로장치의 원리

궤도회로장치는 레일을 일정한 구간으로 나누어 인접 궤도회로와 독립된 회로를 구성하기 위하여 경계구간에 궤조절연을 설치하고, 궤도회로 내의 레일이음매 부분의 접속저항을 최소화하기 위하여 본드로 양단 레일을 접속한 다음 한쪽에는 전원을 연결하고 다른 한쪽에는 궤도계전기를 설치하여 그림과 같이 전기회로를 구성한 것이다.

구성방법

구성기기는 다음과 같다.

- **전원장치** : 직류 또는 교류 전원을 공급
- **한류장치** : 열차 차축에 의해 궤도가 단락되었을 때 과전류를 제한
- **궤조절연** : 레일을 전기적으로 구분하는 데 사용
- **레일본드** : 레일이음매부의 전류가 잘 흐를 수 있도록 전기회로를 구성
- **점퍼선** : 궤도회로의 어느 한 곳으로부터 떨어진 동일 극성의 다른 레일 상호 간을 접속시키는 전선

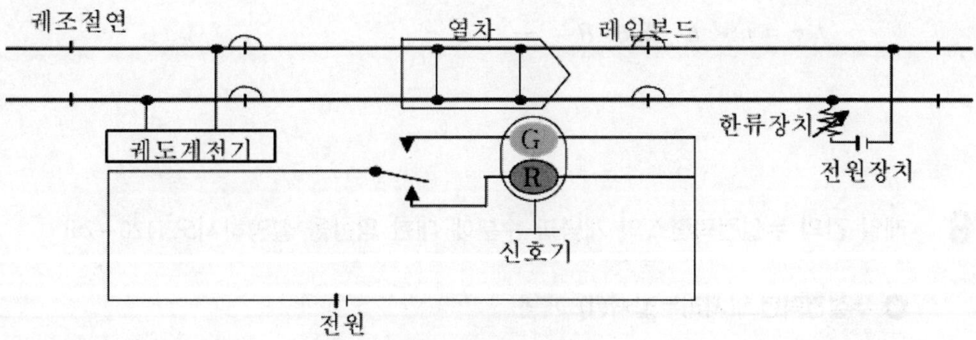

[그림] 궤도회로 구성

17 동일한 레일체결장치가 레일 좌우로 체결되어 있는 경우, 레일체결장치 1개의 전기저항(r)과 도상의 km당 누설저항값(R)과의 상관관계식을 도출하시오.(단, 1km당 침목 개수는 n으로 가정) (117-10)

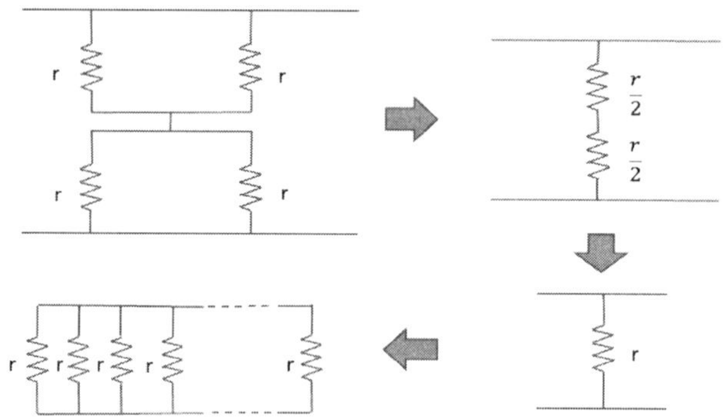

위 그림에서

$$\frac{1}{R} = \frac{1}{r} + \frac{1}{r} + ... + \frac{1}{r} = \frac{n}{r}$$

$$\therefore r = n \times R \quad \text{또는} \quad R = \frac{r}{n}$$

18 레일 간의 누설컨덕턴스의 개념과 수분에 대한 영향을 설명하시오.(120-25)

누설컨덕턴스(사리누설저항) 개념

① 송전단의 레일 사이에 송출된 전력은 레일의 전압강하나 자갈의 누설에 따라 약해지면서 수전단에 도달한다. 그 감쇠의 정도는 궤도회로의 종류, 사용하는 기기의 특성, 조정상태 등에 의하여 변하게 된다. 예를 들면 도상이 비나 눈에 의하여 수분을 함유하면 누설컨덕턴스가 증가하여 감쇠가 늘고, 궤도계전기의 전압이 낮아진다.

② 그 반대로 건조하면 전압이 상승한다. 누설컨덕턴스는 레일 간의 누설전류를 흐르게 하는 「누설저항」으로 [그림]에 표시한 바와 같이 저항과 같이 표시한다. 즉 누설컨덕턴스가 작으면 누설저항은 크고, 누설컨덕턴스가 크면 누설저항은 작다.

누설컨덕턴스의 단위는 S(지멘스)/km, 누설저항의 단위는 Ω (옴)·km이다. 선로의 방향에는 레일 저항 R과 레일인덕턴스 L이 있으며 침목방향에는 누설컨덕턴스 G와 정전용량 C가 있지만, 보통 C는 무시할 수 있고, 직류인 경유는 L과 C는 불필요하다.

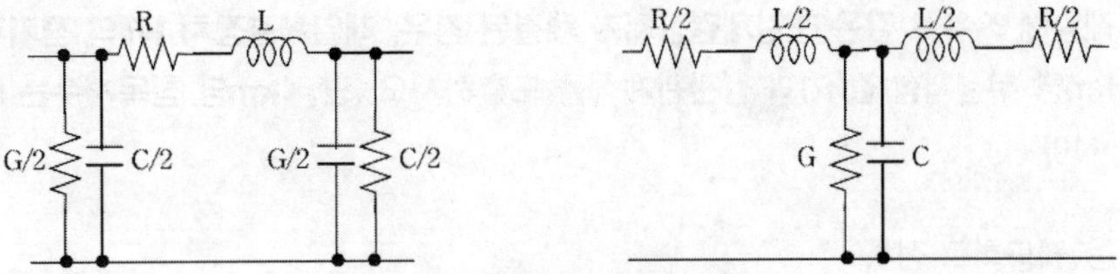

[그림] 궤도회로의 등가회로

◘ 수분에 대한 영향

날씨에 대한 영향은 다음과 같다.

구분	날씨		비고
	계속해서 건조	호우·장마·눈	
누설인덕턴스	작음(0.01~0.1S/km)	작음(0.3~1S/km)	
누설저항	큼(100~10Ω·km)	작아짐(3~1Ω.km)	
감쇄량	적음	많아짐	
궤도계전기 전압	높음	낮아짐	

◘ AF 궤도회로장치의 적정 누설저항 값

① 자갈도상 : 3Ω·km 이상

② 콘크리트도상 : 8Ω·km 이상

③ AF궤도회로의 선로 누설저항 : 4~8 Ω·km

19 레일에 좌우로 같은 레일체결장치가 체결된 경우, 레일체결장치 1개의 전기저항(r)과 도상의 km당 누설저항 값(R)과 상관관계식을 도출하시오.(단, 1km당 침목개수는 n으로 정함) (117−10)

① 궤도회로 정수

- 직렬부분 레일임피던스 ①
- 병렬부분 사리누설저항(컨덕턴스) ②
- 레일정전용량 ③

② **궤도회로 회로정수는 1km당** 숫자로 표시한다.

- DC 구간이나 60Hz의 상용주파수 궤도회로에서는 정전용량의 영향은 없고 무시
- AF 및 고주파 궤도회로에서는 경시해서는 안 되며
- 궤도회로가 기상 조건에 안전 동작을 하도록 설계하는 값으로 활용함

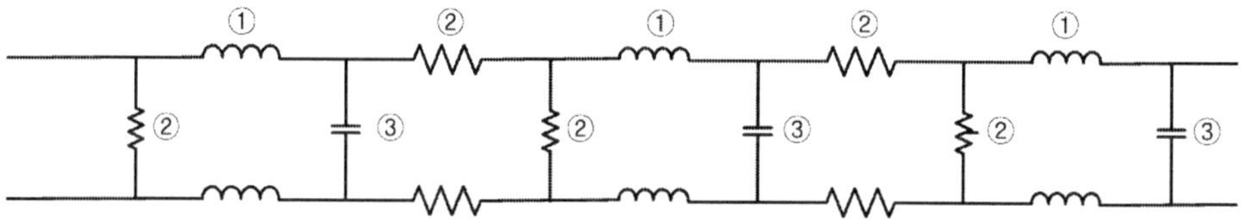

[그림] 궤도회로 회로정수 소자

③ **사리누설저항(Conductance)** : 궤도회로의 레일에 흐르는 전류는 계전기를 여자 시키는 외에 침목, 자갈 등을 통하여 대지로 누설한다. 이것은 양 레일 간의 저항이 극히 적기 때문에 이런 저항을 사리누설저항 또는 컨덕턴스라 하며 다음과 같은 원인에 의해 변한다.

- 도상이 비나, 눈이 녹아버려서 수분을 포함하면 누설컨덕턴스가 증가하며 궤도계전기의 전압이 저하된다.
- 누설컨덕턴스가 작으며, 누설저항은 높으며 누설컨덕턴스가 크면 누설저항은 낮아진다.
- 누설저항과 누설컨덕턴스는 역수 관계이다.
- 누설컨덕턴스의 단위는 S(Siemens)/km, 누설저항의 단위는 Ω/km
- 궤도회로에서 Rail 간의 전압이 10V, 누설전류가 1A이면

  누설컨덕턴스 1A ÷ 10V = 0.1S

  누설저항 10V ÷ 1A = 10Ω 역수 관계

④ **레일임피던스** : 임피던스는 레일과 이음매판의 접촉상태에 따라 영향이 크며

- **선로방향** : 레일저항 R(Ω/km), Rail Inductance L(H/km)
- 침목방향으로 누설 컨덕턴스G(S/km), 정전용량C(F/km)이 있으나
- Rail임피던스 Z (Ω/Km)는 대체로 0.3 ~0.7(Ω/km)이다.

> ※ 50kg Rail 1m당 저항값(Ω/m)은 0.3×10^{-4}0.0000316[Ω/M]
> 레일임피던스Z = R+ j ω L[Ω/m]
> 누설 아드미던스Y = G - j ω C[Ω/m]

여기서 원활한 전송특성을 확보하기 위해서는 R과 L의 값을 줄이고 1/G의 값을 크게 하고, C값을 줄일 필요가 있다.

현실적으로 R값에 대해서는 레일본드 등으로 레일저항에 가까운 저항값으로 줄이고 있으나 주파수특성에 기인하는 L 또는 C값은 조정이 불가능한 실정이며 G값에 대해서는 궤간절연 도상재질, 누수 등 사용할 때 반영하면 상당한 값으로 조정 할 수 있다

20 연동장치 쇄정조건의 중요한 요소인 궤도회로 단락저항 및 단락감도에 대하여 설명하시오.(130－10)

단락저항

열차가 선로 위를 굴러갈 때 두 레일에 작용하는 저항은 레일면 2개소의 접촉저항과 기관차 차축저항으로 이루어지나 대부분은 레일면의 접촉저항이다. 차축이 복수라도 단순한 병렬 구성은 되지 않고 열차의 운전상태, 레일면의 상태, 레일 간 전압 등에 따라 복잡하게 변화한다.

단락감도

단락감도는 궤도회로 기능의 양부를 판단할 목적으로 궤도회로 내의 임의의 레일 사이를 저항으로 단락하여 궤도계전기의 여자 상태를 시험한다. 폐전로식에 있어서는 궤도계전기의 무여자접점이 떨어지려 할 때의 단락 저항값을, 개전로식에 있어서는 무여자접점이 접촉하려 할 때의 단락 저항값을 나타낸다. 궤도의 단락감도는 임피던스본드 및 AF 사용구간에서는 맑은 날 0.06Ω 이상, 그 밖의 구간에서는 맑은 날 0.1Ω 이상이 되어야 한다.
궤도회로 내의 임의의 점 X에 있어 단락감도(Rm)는 다음 식(1)으로 표시한다.

$$R_m = \frac{1}{(F-1)G} = \frac{1}{(\frac{V_{UP}}{V_{DN}}-1)G} \quad \cdots\cdots(1)$$

여기서, F : 동작 전압/낙하 전압
G : X점에서 본 회로 전체의 임피던스
V_{UP} : 계전기 동작 전압[V]
V_{DN} : 계전기 낙하 전압[V]

21 열차위치 검지방법으로 광케이블을 이용한 분산형 음향 검지시스템에 대하여 설명하시오.(25)

◉ 개요(광케이블과 DAS 원리)

① 광케이블 센싱은 반영구적, 장거리 송신이 가능하며, 전자기파와 무관한 장점이 있는 장치로서, 현재 다양한 분야에 적용되고 있다. 특히, 최근에는 네트워크와 가볍고, 비전도성이고 부식되지 않는 장점을 이용하여 철도분야의 상태기반 감시시스템으로 다양한 플랫폼으로 개발 중이다.

② 광센서는 크게 포인트형 센서와 분산형 센서로 나누어진다.

㉠ FBG(Fiber Bragg Grating)는 대표적인 포인터 센서로서 변형율과 온도에 의해 회전격자와 굴절률의 변화에 Bragg 파장이 변동하는 원리를 센서로 이용한다.

㉡ 분산형 센서는 광섬유의 다양한 산란(Scattering)이 발생하고 산란 특성을 이용하기 위하여, 역방향 산란인 후방산란(backscattering)으로 Raman, Brillouin, Rayleigh 3종류의 산란광을 사용한다.

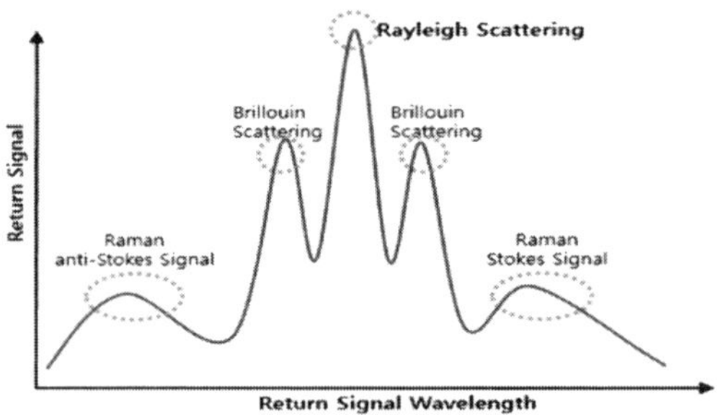

[그림 1] Raman, Brillouin, Rayleigh 3종류의 산란광

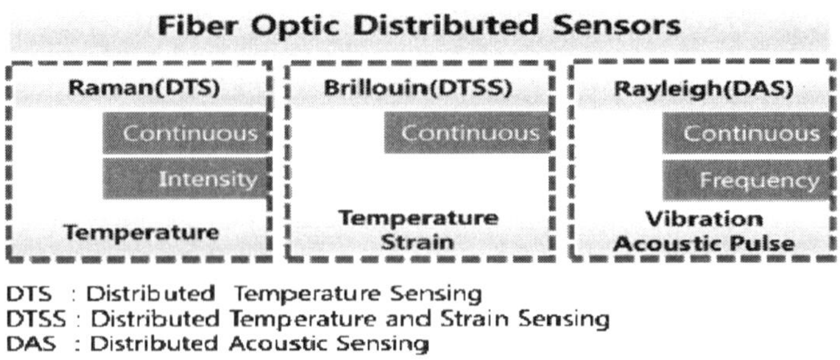

[그림 2] 광케이블 종류와 특성

DAS 기본이론

DAS 시스템은 Rayleigh 산란을 이용하며, 광통신 케이블을 센서로 사용한다. 또한 센서 케이블에서 일어나는 음향 간섭은 미세한 늘림이나 눌리므로 나타난다.

DAS 시스템은 [그림3]의 기본이론으로 간섭 레이저 펄스를 광케이블에 보내며, 광섬유 내의 반사광을 검출하여 반사광에 포함된 각 간섭 지점에 대한 정보를 얻게 되는데 레이저 광의 되돌아오는 시간을 거리로 계산하여 산란 위치를 정확히 찾아낼 수 있다. 또한 실시간 처리가 가능하여 사고 예방이 가능하다.

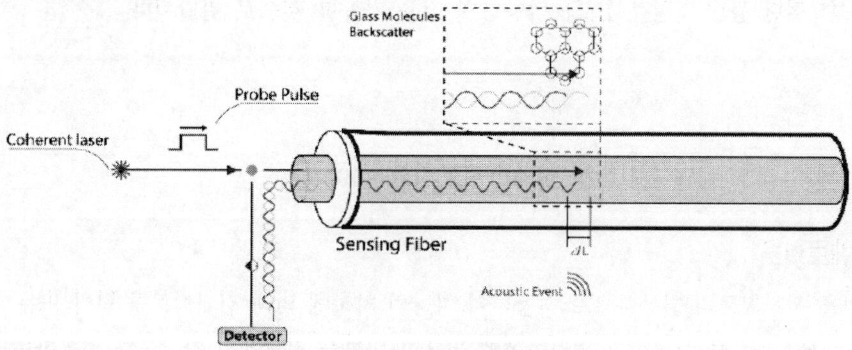

[그림 3] DAS 기본이론

철도응용

광섬유 케이블을 이용한 철도분야의 감시시스템의 적용은 비전도성이며, 전자기장의 영향을 받지 않으며, 장거리 송신이 가능하므로 철도 분야에서 다양하게 쓰일 수 있다. 철도 응용범위는 다음과 같다.

① **열차추적** : 열차위치, 속도, 도착시간, 안내방송, 철도건널목
② **시설물 감시** : 레일절손, 레일이음매 이완, 차륜마모, 팬터아크, 낙석
③ **안전·보안** : 외부침입자, 작업자, 가축무리, 케이블 도난

기대효과

① 기존 궤도회로를 대체하는 실시간/저비용 열차위치 검지기술 확보
② 열차 및 시설물의 상태를 광범위하게 통합적으로 감시 기능구현

광케이블과 분산형 음향 검지시스템 설명

① 광케이블 센싱은 반영구적, 장거리 송신이 가능하며, 전자기파와 무관한 장점이 있는 장치로서, 현재 다양한 분야에 적용되고 있다.
② 최근에는 네트워크와 가볍고, 비전도성이고 부식되지 않는 장점을 이용하여 철도분야의 상태기반 감시시스템으로 다양한 플랫폼으로 개발 중이다.

③ 분산형 음향계측 DAS 시스템은 음향 측정 기술을 응용하여 케이블이 설치된 지중 또는 해저의 외력에 의한 사고의 사전감시 이외에 고, 저압 가스관의 리키지(Leakage), 위치추적(Tracking) 검출 및 펜스 등 경계선의 보안(침입, 절단 등)에 적용하고 있다.

④ 또한 최근 광섬유 케이블을 이용한 철도분야 감시시스템의 적용은 비전도성으로, 전자기장의 영향을 받지 않으며, 장거리 송신이 가능하므로 철도 분야에서 다양하게 쓰일 수 있다. 그중 철도차량, 레일에서 발생하는 진동, 인장력, 하중과 같은 요인으로 발생 가능한 레일 크랙, 차량 탈선, 변전 장비의 열화, 기기고장, 전차선로의 급전사고, 철도 선로 내 보안(침입, 낙석, 절단 등), 지진감시, 등 다양하게 적용 가능할 것으로 판단된다.

22 열차위치 검지 방법 3가지를 설명하시오.(120－10)

궤도회로

레일을 전기회로의 일부분으로 사용하여 차량의 차축에 의해 전기회로를 단락 또는 개방함으로써 열차의 유무를 검지하고 열차운행에 필요한 정보를 지상에서 차상으로 전송하는 장치. 사용전원에 따라 교류, 직류, 임펄스, 가청주파수 및 코드 식으로 구분한다.

차축검지기

차축검지기는 전자기 유도방식으로 열차의 차륜을 검지하고, 이렇게 검지 된 정보는 차축검지 유닛을 통하여 차축검지 제어기로 전달한다. 차축검지 유닛은 차축검지기에 의해 구분된 지역으로 차량이 진입, 진출할 때 차축 검지를 통해 열차를 검지하고 검지정보의 처리를 위해 차축검지 제어기로 정보를 전달된다. 열차가 차축검지기 지역 내로 진입하면 차축검지 제어기는 전자기 유도 변화로 열차의 차축 수를 카운팅한다. 차축검지 제어기는 차축검지기 지역 내의 진출 차축의 개수와 진입 차축 개수 차이를 근거로 하여 폐색구간의 점유상태를 결정한다.

차상 기반 위치 검지

지상신호장치의 도움 없이 차량이 자신의 위치를 연속적으로 파악하기 위하여, GPS, 관성센서, 속도센서 등의 사용하여 열차의 위치를 검지한다.

지상·차상 복합 열차위치검지 방법

지상에 무선 AP를 설치하거나, 유도루프를 설치하고 차상장치에 의해 위치를 검지하는 방법

트랜스폰더(Transponder)

① 트랜스폰더 위치 시스템은 무선인식(RFID : Radio Frequency Identification) 기술을 이용한 것으로 리더기에서는 요청 신호를 계속해서 보내주며 트랜스폰더는 이를 받아,

② 미리 지정된 자신의 위치데이터를 리더기에 전송하는 방식이다.
③ 열차시스템에서는 차량에 리더기를 달고 선로에 일정 구간마다 위치정보가 들어있는 트랜스폰더를 설치하여,
④ 열차와 트랜스폰더의 송수신을 통해 위치검지를 하게 된다.
⑤ 이 방식은 궤도회로와 마찬가지로 연속으로 위치를 검지할 수 없으나 타코미터와 같은 기술과 혼용 시 절대위치 보정용으로 사용할 수 있다.

23 전차선 구간에서 고전압 임펄스 궤도회로의 전류 불평형의 원인과 불평형률을 구하시오. (121－25)

전류 불평형 원인

복궤조 궤도회로는 좌우 2개의 레일이 전기적으로 평형을 이루는 것이 필요하다. 평형한 궤도회로에서는 [그림 00]과 같이 신호전류는 좌우 역방향으로 같은 크기로 흐르며, 전동차 전류는 좌우 같은 방향으로 같은 크기로 흐른다. 그런데 불평형 한 궤도회로에서는 좌우 레일에 흐르는 전류의 값이 다르므로 신호전류는 구간 밖으로 유출되고 전차전류는 임피던스본드의 임피던스를 저하하거나 레일 사이에 잡음을 발생시키며 임피던스본드 자체에 불평형도 포함된다.

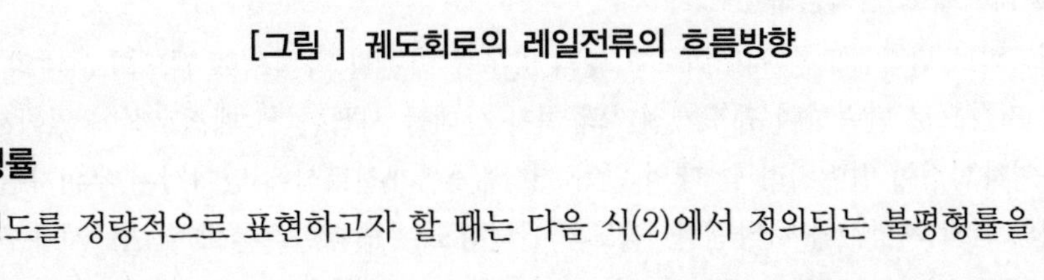

[그림] 궤도회로의 레일전류의 흐름방향

불평형률

불평형 정도를 정량적으로 표현하고자 할 때는 다음 식(2)에서 정의되는 불평형률을 사용한다.

$$U_B = \frac{|I_1 - I_2|}{I_1 + I_2} \times 100$$

여기서 U_B : 불평형률[%], I_1, I_2 : 각 레일의 전류

24 전철화 구간의 임펄스궤도회로 경계구간에 설치하는 임피던스본드의 원리, 자기포화 원인과 대책에 관하여 설명하시오.(130－25)

¤ 교류 전철구간에서 궤도회로 전류 불평형의 원인 및 영향에 대하여 설명하시오.(134－25)

임피던스본드의 원리

① 전철구간에서는 전차선의 귀선전류와 신호전류가 동일 궤도를 공용한 전기회로로 구성

② 신호전류는 1개의 궤도회로에만 흘려야 하고 귀선전류는 변전소까지 연속적으로 회로가 구성되어 있어야 하므로 신호전류를 차단하고 귀선전류를 흐르게 하는 임피던스본드를 복궤조 궤도회로의 경계점에 설치

③ 전차전류는 변전소까지 회로 구성 ; 신호전류는 1개의 궤도회로 내에만 전류가 흘러 전차전류는 코일의 반반씩 반대 방향으로 흐르므로 철심은 자화하지 않으나 신호전류는 코일이 감겨진 방향으로만 흐르므로 임피던스의 자화현상 발생

자기포화 원인과 대책

① **원인** : 임피던스본드에 사용되고 있는 철심은 불평형 전류가 규정치 이상으로 커지면 자속밀도가 지나치게 커지고 자기적으로 포화하는 성질이 있으며, 철심이 포화하면 여자임피던스(임피던스본드 자체의 임피던스)가 저하되어 정상적인 변압기의 기능을 발휘하지 못하여 궤도계전기의 전압이 낮아지게 되는 현상을 말한다.

② **대책** : 전류 불평형이 기준치 이내에 있도록 조정하여 자기포화가 발생하지 않도록 조치

25 철도신호시스템 연동검사 시행 전 사전 검토사항으로 궤도회로의 단락감도에 대하여 설명하시오.(124－25)

궤도회로 단락감도

궤도회로 단락감도는 궤도회로 기능의 양부를 판단할 목적으로 궤도회로 내의 임의의 레일 사이를 저항으로 단락하여 궤도계전기의 여자 상태를 시험한다. 폐전로식에 있어서는 궤도계전기의 무여자접점이 떨어지려 할 때의 단락 저항값을, 개전로식에 있어서는 무여자접점이 접촉하려 할 때의 단락 저항값을 나타낸다. 궤도의 단락감도는 임피던스본드 및 AF 사용구간에서는 맑은 날 0.06Ω 이상, 그 밖의 구간에서는 맑은 날 0.1Ω 이상이 되어야 한다. 궤도회로 내의 임의의 점 X에 있어 단락감도(Rm)는 다음 식(1)으로 표시한다.

$$R_m = \frac{1}{(F-1)G} = \frac{1}{\left(\frac{V_{UP}}{V_{DN}}-1\right)G} \qquad \cdots\cdots (1)$$

여기서, F : 동작 전압/낙하 전압
G : X점에서 본 회로 전체의 임피던스
V_{UP} : 계전기 동작 전압[V]
V_{DN} : 계전기 낙하 전압[V]

단락감도 기준

① 궤도회로 단락은 실제로 열차의 차륜에 의해서 단락되고 그때의 단락저항은 레일 표면과의 접촉저항에 따라 다르게 된다.
② 실제 결과에 다소 여유를 보아 다음과 같은 기준이상을 갖도록 조정한다.
  ㉠ 임피던스본드 및 AF 사용구간 : 맑은 날 0.6Ω 이상
  ㉡ 기타구간 : 맑은 날 0.1Ω 이상
③ 단락감도의 측정 위치
  ㉠ 직류궤도회로 송전단 레일 위
  ㉡ 교류궤도회로 착전단 레일 위
  ㉢ **병렬 궤도회로** : 병렬 부분의 끝 레일

26 철도신호장치의 안전측 동작 개념인 Fail Safe, Fail Proof, Fail Soft의 개념 및 적용 사례에 대하여 설명하시오.(129-25)

Fail Safe

Fail Safe 설계 이론은 가능한 모든 고장이 시스템을 가장 안전하거나 가장 제한적인 상태에 놓이게 하는 방식으로 시스템과 장비를 만드는 것이다.

- 고장이 나면 안전하게 정지하는 시스템은 Fail Passive
- 고장이 나도 경고음을 송출하고 추가로 작동할 수 있게 설계한 경우는 Fail Active
- 고장이 나도 재작동까지 혹은 이후의 설비보전이 이루어질 때까지 안전하게 작동하게 설계하는 것은 Fail Operation

Fail Safe 적용

정상상태	여건 변동	Fail Safe(안전 측)
운행 중인 열차	➡	정지
진행신호	➡	정지신호
궤도회로 여자	➡	궤도회로 낙하
계전기 여자	➡	계전기 낙하

• 궤도회로 폐전로식
• 계전기 회로는 무여자 시 기기를 쇄정하는 방식
• 전원과 계전기의 위치를 양단으로 하는 방식
• 계전기는 양선(⊞, ⊟) 모두를 제어하는 방식
• 계전기는 무여자시 전원을 차단하는 방식
• 위상제어 방식

Fail Proof

운전원이 조작 실수를 하더라도 피해를 주지 않도록 하는 설계방법이다. 기계를 다루는 초보자나 미숙련자가 사용 방법을 완전히 숙지하지 않고 기계를 사용하더라도 사고가 나지 않도록 설계한다. 즉 인간의 실수가 직접적으로 고장 또는 사고로 이어지지 않도록 하는 설계원리이다.
• 운전조작반을 잘못 취급하더라도 진로가 설정되는 안는 원리
• 위험한 행동에 대하여는 쇄정으로 방호

Fail Soft

• 시스템에서 일부 장치가 고장이 나거나 결함이 발생하더라도 가능한 고장의 영향을 최소화하여 전체적인 시스템의 기능은 유지할 수 있도록 해서 작동을 지속할 수 있게 하는 설계. 분류상 페일 세이프의 설계 개념에 속한다.
• 신뢰성이 높은 시스템이나 장치의 구축에 있어서, 배려해야 할 중요한 사항의 하나로써, 「Fail Soft」기술이 있다. 이 사고방식은 구성하는 기기의 한 부분에 고장이 발생했을 때, 그 영향을 최소한으로 막기 위하여, 고장부분의 기능 저하를 감수하고서라도, 본래의 기능은 유지하는 방식이다.
과거의 사례로써, 운행관리시스템에서의 「진로제어계의 고장이 나면 CTC를 통한 진로의 수동설정」 등이 다시 인용되고 있다.
• ATS-P 시스템에서 열차제어방식

27 호남고속철도 콘크리트 궤도의 전기적 특성을 구하기 위한 3가지 측정방법을 설명하시오.(117-25)

콘크리트 궤도 전기적 특성을 구하기 위해 3가지 측정 방법

① 양쪽 끝에서 절단된 궤도에서 측정하는 방법
  ㉠ Zcc/Zco 방법
  ㉡ 세 가지 단락회로 방법(3cc)
② 절단되지 않고 용접된 레일에서 측정하는 방법
③ 3가지 이중 단락회로 방법(2×3cc)

"Zcc/Zco" 측정방법

개방회로 및 폐쇄회로에서 임피던스 측정을 통해 확인된 길이의 궤도 구간에 대한 R, L, G, C 파라미터를 측정할 수 있다.

① Zcc 측정
  ㉠ L 지점에 단락회로 설치
  ㉡ 1A (저항기 = 1Ω)로 증폭기 조정
  ㉢ 각 주파수(2,040, 2,400, 2,760, 3,120Hz)에 대해 다음과 같은 값 기록
  Zcc(단락회로 임피던스), V(측정 전압), I(측정 전류)
② Zco 측정
  ㉠ L 지점에서 단락회로 제거
  ㉡ 약 30V로 증폭기 조정(저항기 : 10Ω 또는 100Ω)
  ㉢ 각 주파수(2,040, 2,400, 2,760, 3,120㎐)에 대해 다음과 같은 값 기록
    • Zco(개방회로 임피던스)(복소수 형태)
    • V(측정 전압) 및 I(측정 전류)

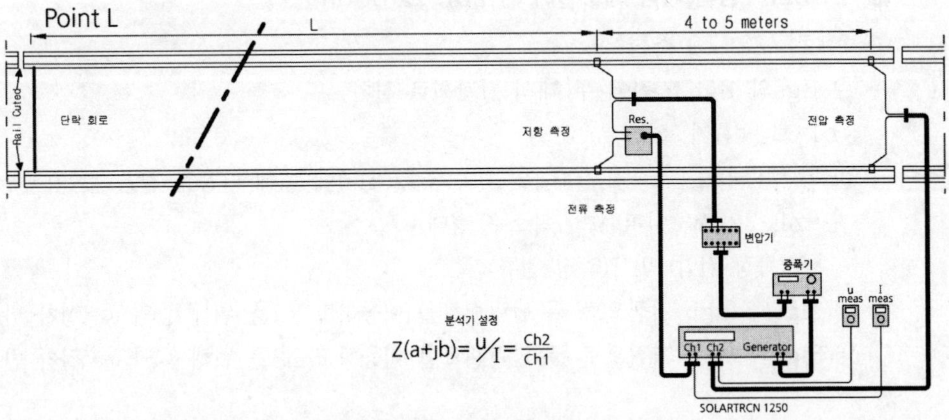

[그림] Zcc/Zco 측정방법

"3cc" 방법(시험 궤도길이 : 600~800m)

L, 2L, 3L 거리의 단락회로에서 이루어지는 Z1, Z2, Z3의 3가지 임피던스 측정을 통해 확인된 길이의 궤도에 대한 R, L, G, C 파라미터를 측정할 수 있다.

① Z1 측정

㉠ lg 지점에 단락회로 설치

㉡ 1A로 증폭기 조정

㉢ 각 주파수(2,040, 2,400, 2,760, 3,120Hz)에 대해 다음과 같은 값 기록

- Z1, Z2, Z3(임피던스, 복소수 형태)
- V(측정 전압) 및 I(측정 전류)

② Z2 측정 : 단락회로를 2×lg 지점으로 이동하고 Z2를 위해 Z2 측정과 Z3측정 절차를 반복

③ Z3 측정 : 단락회로를 3×lg 지점으로 이동하고 Z3를 위해 Z2 측정과 Z3측정 절차를 반복

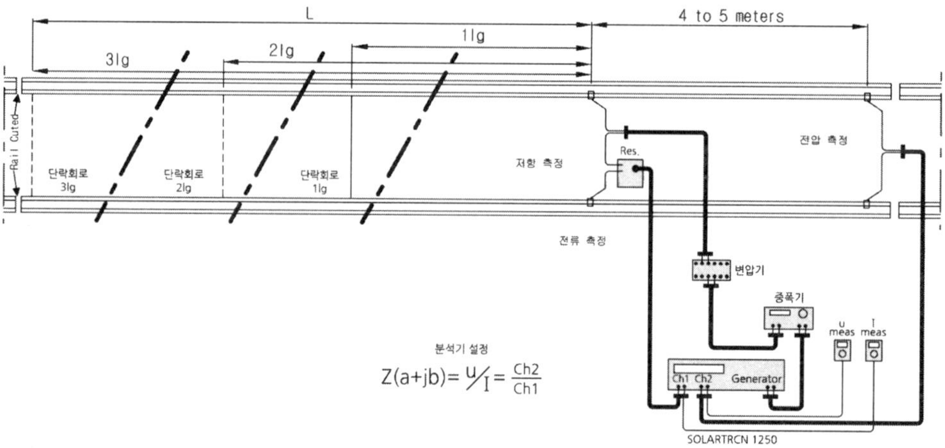

[그림] "3cc" 측정방법

"2×3cc" 방법(시험 궤도길이 : 1,200~2,000m)

① 2×Z1, Z2, Z3 측정

㉠ 1lga와 1lgb 지점에 두 개의 단락회로 설치

㉡ 1A로 증폭기 조정

㉢ 각 주파수(2,040, 2,400, 2,760, 3,120Hz)에 대해 다음과 같은 값 기록

- Z1, Z2, Z3(임피던스, 복소수 형태)
- V(측정 전압) 및 I(측정 전류)

㉣ 2lga와 2lgb 지점으로 두 단락회로를 이동하고 Z2를 위해 ㉡와 ㉢ 절차 반복

㉤ 3lga와 3lgb 지점으로 두 단락회로를 이동하고 Z3를 위해 ㉡와 ㉢ 절차 반복

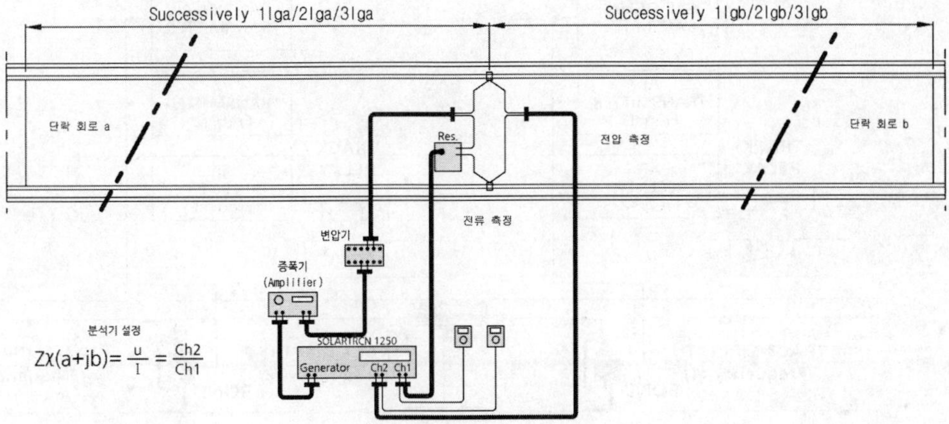

[그림] "3cc" 측정방법

28 **서울도시철도 5~8호선에 양방향 신호시스템을 구축하기 위한 궤도회로 개량방안을 제시하시오.(25)**

개요

서울도시철도 5~8호선은 열차운행에 필요한 ATC 정보를 속도코드방식으로 지상의 AF 궤도회로장치에서 차량의 차상장치로 전송하고 있는 ATC/ATO 차상신호시스템이다.

궤도회로 동작 원리

① 궤도회로 내에 열차의 존재가 검지 될 때, 속도 명령신호가 그 궤도회로에 대해서만 레일로 전송된다. 이 신호는 다음의 그림과 같이, 트랙의 진출점(송전측)으로부터 송신된다. AF 차상 반송파는 트랙 속도 Logic 회로에 의해 선택된 저주파수 코드에 의해 켜지고 꺼진다. 트랙 속도 Logic 회로는 적절한 안전거리와 열차운행 흐름을 유지하기 위해 적당한 열차속도를 결정하는 선행 궤도회로로부터 입력된 정보를 이용한다. 이 속도제어신호는 예정된 폐색구간이 열차에 의해 점유되었을 때만 송신된다.

② 속도명령신호는 Bond 또는 Loop에 의해 트랙에 적용된다. 레일의 차상신호 전류는 그 열차의 첫 번째 차축 앞에 탑재된 열차의 차상 안테나(수신 코일)에 의해 감지되는 자기장을 생성한다.

③ 열차가 궤도회로를 점유할 때 궤도회로는 전류를 단락시키고 수신기는 이 단락전류를 검지하게 된다.

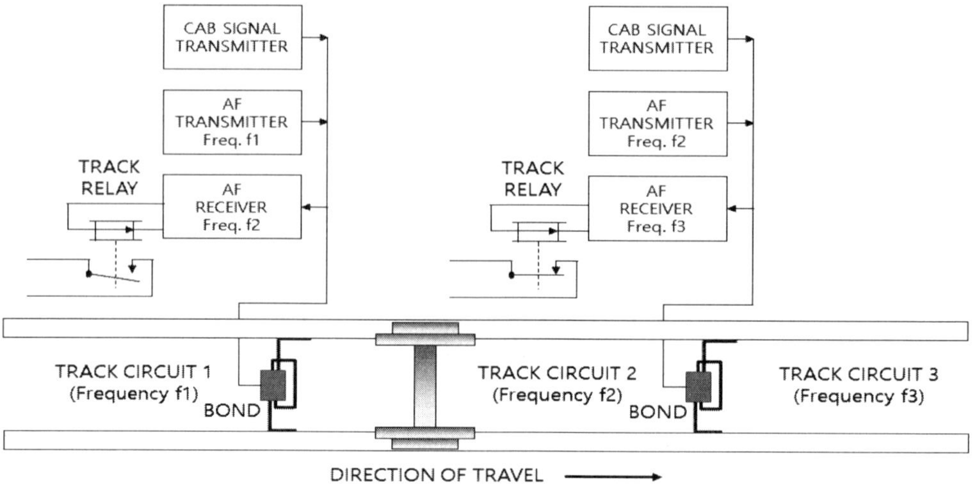

[그림] AF 궤도회로 구성도

양방향 신호시스템 구축 방안

① 양방향 궤도회로의 적용 조건

㉠ **기계실측** : 송신기 출력과 수신기 입력의 교차결선이 불가능하므로 교차결선이 가능하도록 변경하고, 송신기와 미니본드 및 수신기와 미니본드 사이의 전기적인 조건이 상이 하므로 전기적인 조건이 분리되도록 구성 필요

㉡ **현장측** : 미니본드에서 궤도주파수의 송신부에 해당하는 부분과 수신부에 해당하는 튜닝의 권선 및 허용전류치(NI) 값이 전기적으로 상이 하므로 수신 튜닝회로가 송신 튜닝회로로 방향을 변경하여 연결 시 신호가 포화하는 것을 방지하기 위해 송신 튜닝회로와 같게 제작하여 전기적으로 같아야 함.

② 양방향 궤도회로를 적용을 위한 구현 방안

㉠ **기계실측** : 교차 결선용 방향 계전기 설치 및 거리 조정기 설치

㉡ **현장측** : 미니본드 신규 제작 설치

③ **양방향 궤도회로장치의 개량방안** : 다음 그림과 같이, 송신기와 수신기 각각에 방향계전기와 거리조정기 회로를 추가 설치하고, 미니본드는 궤도주파수에 해당하는 부분만 기존 미니본드의 송신부에 해당하는 부분과 같게 수신부를 제작하여 신규 미니본드 설치

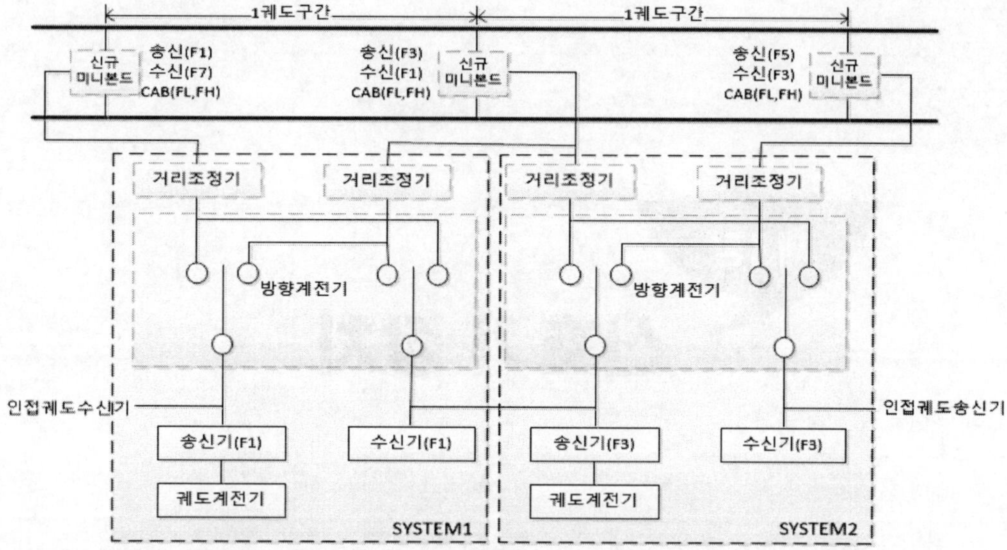

[그림] 서울도시철도 5~8호선의 개량 AF 궤도회로 구성도

제3장

신호기 장치

01 5현시 ATS 지상자의 최소 응동거리는 400mm, 차상 BPM 보드의 주파수 검지시간은 9.6ms 일 때 직선부의 열차 최고속도를 산출(121-10)

02 신호기 설치 위치 결정방법(115-10)

03 신호기와 전차선 절연구분장치의 설치위치(115-10)

04 신호기의 정위(121-10)

05 신호기장치의 시설기준(115-25)

06 신호제어설비의 구성을 위한 일반 조건(129-10)

07 열차 안전운행을 위한 신호시스템의 시인성 확보와 비상대응을 위한 운전설비 기능 강화 대책(112-25)

08 유도신호기의 설치기준 및 현시 조건, 운전 방법(115-10)

09 임시신호기의 종류와 설치위치(124-25)

10 절대신호와 허용신호의 개념에 대하여 정의하고, 종류 및 특징(115-10)

11 철도신호 제어방식 중 지상신호방식과 차상신호방식(132-25)

12 철도신호케이블의 절연저항 측정방법 및 대상, 케이블 접속 및 단말처리 방법(130-25)

13 폐색신호기의 정위 및 확인거리(124-10)

14 유도신호기의 설치기준과 설치방법에 대하여 설명(106-25)

15 중계신호기와 원방신호기의 설치기준에 대하여 설명(106-25)

제3장

신호기 장치

01 5현시 ATS 지상자의 최소 응동거리는 400mm, 차상 BPM 보드의 주파수 검지시간은 9.6ms 일 때 직선부의 열차 최고속도를 산출하시오.(121 – 10)

열차 최고속도

$$열차속도(V) = \frac{이동거리(L)}{시간(S)}$$

$$= \frac{400\text{mm}}{9.6\text{ms}} = \frac{[400\text{mm} \times 0.000001]\text{km}}{9.6 \times (\frac{0.001}{3600})\text{h}}$$

$$\fallingdotseq 150(\text{km})$$

02 신호기 설치 위치 결정방법에 대하여 설명하시오.(115 – 10)

설치 위치 결정방법

① 신호기 설치는 설계상세도면에 의하여 설치하되 건식위치를 정확히 측정하여 건축한계에 저촉되지 않도록 설치하여야 한다.

② 신호기는 부득이한 경우를 제외하고는 열차진행방향을 기준으로 소속선의 상부 또는 좌측에 설치하는 것을 원칙으로 하여야 하며, 신호기 확인거리는 철도설계지침 및 편람(신호제어편)에서 정한 거리 이상 확보하여야 한다. 단, 역방향 장내신호기는 우측에 설치할 수 있다.

③ 신호기 설치는 궤조절연 설치개소와 동일 위치에 설치하는 것을 원칙으로 하여야 하며, 부득이한 경우 다음과 같이 조정한다.

㉠ 유절연개소

ⓐ 역 구내 : 안쪽 6m 바깥쪽 2m 이내

ⓑ 역 간 : 안쪽 12m 바깥쪽 2m 이내

㉡ 무절연 개소 : 동조구간 내 송신 튜닝유니트에서 5m 지점에 설치하며 유절연 개소의 절연위치와 같게 동작하도록 하여야 한다.

④ 신호기는 레일면 상부로부터 최하위 신호현시 렌즈의 중심까지의 높이는 다음과 같이 설치한다.

㉠ 주 본선의 장내, 출발, 구내폐색, 엄호신호기 : 4,200mm 이상

㉡ 부 본선의 장내, 출발, 구내폐색, 엄호신호기 : 3,300mm 이상

㉢ 폐색신호기 : 3,300mm 이상

㉣ 그 외 신호기 : 철도설계지침 및 편람(신호제어편)에 따른다.

⑤ 신호등은 LED를 이용하고 정격 전압의 ± 20% 이내로 조정하여야 한다.

⑥ 신호기를 설치하는 경우에는 전차선 절연구분장치와 신호기와의 관계를 고려하여 열차의 운행에 지장이 없는 개소에 설치하여야 한다.

⑦ 장내, 출발, 유도, 엄호, 입환 신호기에는 이를 제어하는 설비를 갖추어야 한다.

⑧ 신호기의 모양과 치수는 철도신호제어표준도에 따른다.

⑨ 상치신호기는 동일방향으로 병행하여 운전하는 선로가 2 이상 인접하였을 때 동일지점에 설비할 때는 선로를 식별할 수 있도록 한다. 또한 동일지점에 설치할 때는 선로의 배열순으로 한다.

⑩ 열차진행방향이 같은 두 선로에서 장내, 출발, 엄호, 폐색신호기의 신호현시 확인이 편리하게 하려면 녹색과 청색으로 구분 사용할 수 있다.

⑪ 해안가 및 고가구간에 있는 신호기는 강풍에 의한 피해가 없도록 설치하여야 한다.

03 신호기와 전차선 절연구분장치의 설치위치에 대하여 설명하시오.(112-10)

절연구분장치(Section Insulator)

전차선을 전기적으로 절연시켜 구분함으로써, 사고 시나 작업 정전 시 해당 구간만을 정전시킴으로써 열차운행에의 영향을 최소화하기 위한 장치로 운전보안 확보, 선로운용, 급전계통 운용 및 보수를 고려하고, 구분장치의 설치위치 선정에는 팬터그래프의 섹션 오버(Section Over)에 의한 사고방지를 위하여 신호기와의 위치를 충분히 고려하여야 한다.

설치위치

① 신호기와의 관계를 고려하여 섹션직하에서 팬터그래프가 정지하는 위치는 피한다.

② 상구배, 역의 발차지점 등의 역행구간은 피한다.

③ 보수의 면에서 곡선, 터널, 교량 위 등은 피해야 하며 구분장치의 설치위치는 다음에 의한다.

- 복선구간에서 장내신호기 부근에 설치하는 구분장치는 장내신호기와 일치시키거나 또 그 내측에 시설한다.

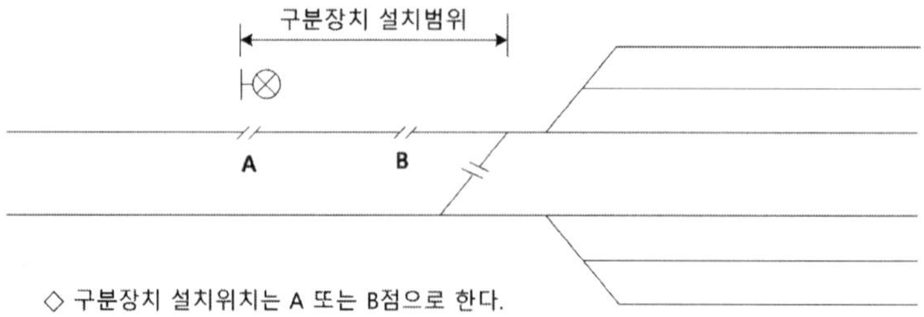

◇ 구분장치 설치위치는 A 또는 B점으로 한다.

- 복선구간에서 출발신호기 부근에 설치하는 구분장치는 입환하는 역단 분기기에서 인상 열차 길이에 50[m]를 가산한 길이 이상 이격한다.

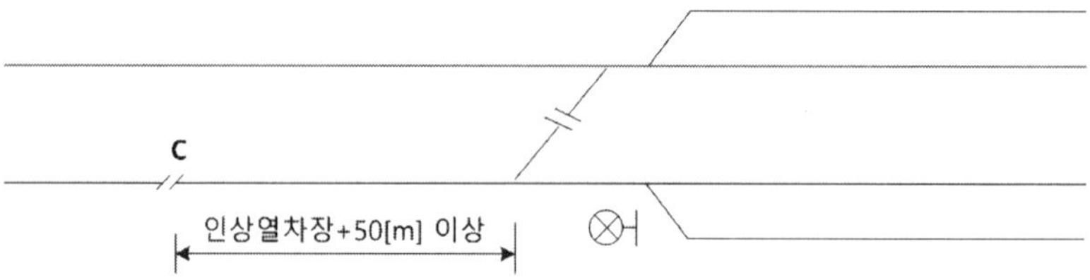

◇ C 지점에 설치 한다.

- 위의 이격거리를 택하였을 때 구분장치와 그 전방의 폐색신호기까지의 거리가 당해 선구를 운전하는 열차장에 50[m]를 더한 값 이하일 경우에는 폐색신호기의 내측에 시설한다.

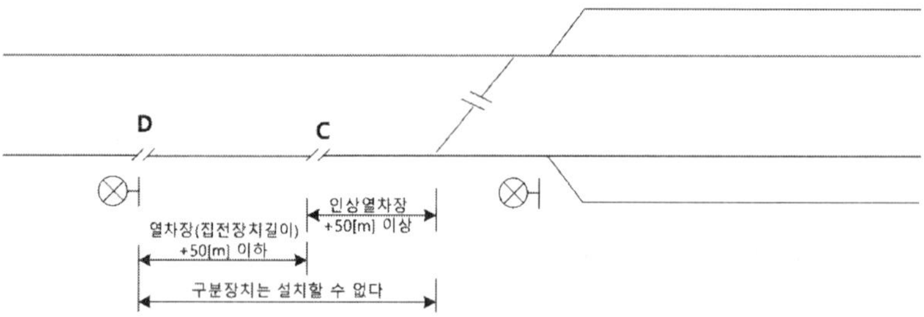

◇ D 지점에 설치 한다.

- 단선구간에서 장내신호기 부근에 설치하는 구분장치는 장내신호기 외측에 당해 선구를 운전하는 열차장에 50[m] 를 더한 값 이상 이격한 위치에 설치하며 입환하는 구간은 복선구간에 따른다.

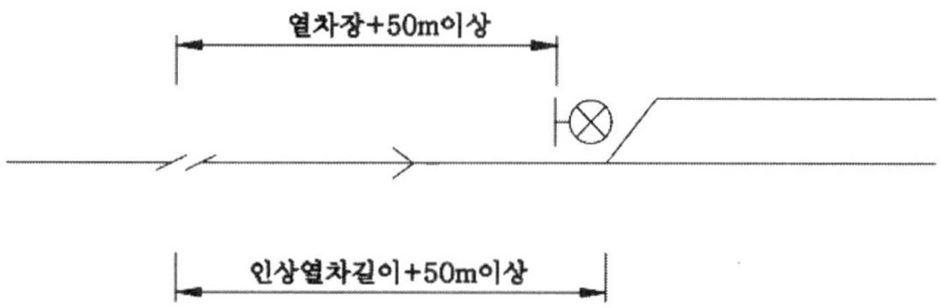

- 정거장 간에 설치하는 구분장치는 폐색신호기 위치와 일치시키든지 또는 안쪽방향으로 한다.

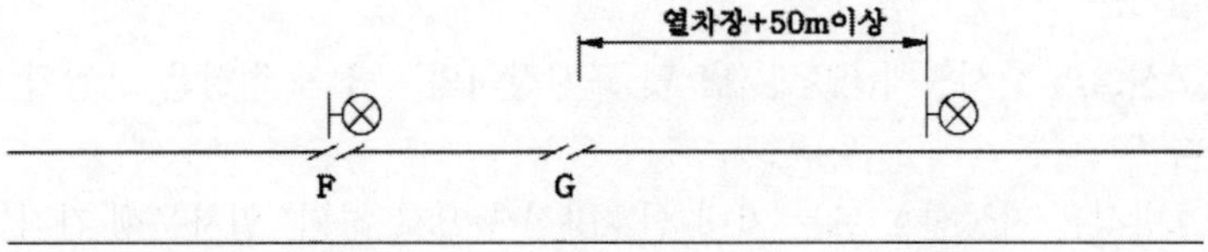

※ F 나 G 점에 설치한다.

- 출입고선에 설치하는 구분장치는 차량정지표지에서 전방 20[m] 이격한 위치에 시설한다.

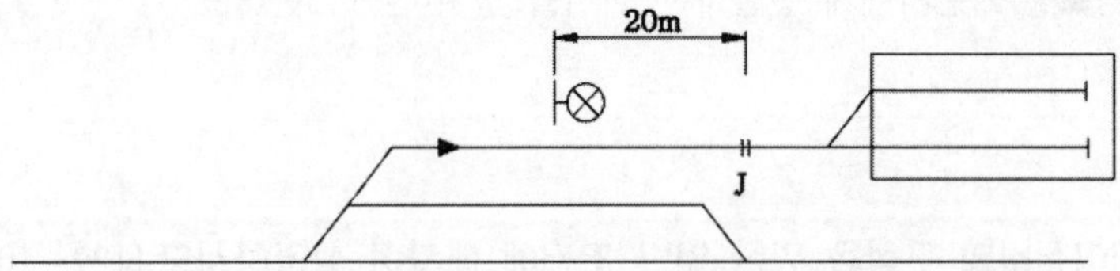

※ 설치위치는 J 점에 설치한다.

- 절연구분장치는 변전소 앞 및 구분소 앞에 설치함을 원칙으로 한다. 다만 부득이한 경우 급전조건·차량의 성능 및 지형조건을 고려하여 선정한다.

04 신호기의 정위에 대하여 설명하시오.(121－10)

◆ 신호기 정위

신호기의 정위란 열차가 신호기를 통과하지 않으면 평상시 신호기 취급 전의 신호기 현시 상태를 말한다.

① **정지 정위식** : 장내·출발·엄호, 입환신호기, 단선구간 폐색신호기

② **소등 정위식** : 유도신호기

③ **주의 정위식** : 원방신호기

④ **진행 정위식** : 복선구간 폐색신호기

⑤ **복선 자동폐색 구간의 장내·출발신호기**

㉠ **주 본선에 소속된 것** : 진행신호 현시. 다만, 특별히 지정하거나 폐색방식을 변경하여 대용 폐색방식 또는 전령법을 시행할 때는 정지신호 현시

㉡ **부 본선에 대하는 것** : 정지신호 현시

05 신호기장치의 시설기준에 대하여 설명하시오.(115－25)

시설기준

① 철도신호의 현시장치(現示裝置) 및 표시장치의 구조와 형상은 오인될 우려가 없도록 하여야 한다.

② 신호방식은 지상신호 또는 차내 신호방식 등으로 하되, 열차운행 간격, 선로용량(선로상에서 운행할 수 있는 1일 최대 열차 횟수) 등과 열차운행의 안전성 및 효율성을 고려하여 최적의 방식을 선정하여야 한다.

③ 차내 신호방식 및 통신기반 열차제어시스템을 채택한 구간에서는 열차운행에 필요한 각종 신호정보를 기관사에게 전달하는 설비를 설치하여야 한다.

06 신호제어설비의 구성을 위한 일반 조건에 대하여 설명하시오.(129－10)

- 안전성과 신뢰성이 입증된 범용 설비로 구성해야 하며, 가용성과 유지보수성 등을 고려하여야 한다.
- 외부 기상 조건 영향과 노선 제한 최고속도 운행 시를 고려하여 신호인식에 지장을 받지 않는 신호방식을 선정하여야 한다.
- 궤도회로나 무선 또는 기타 장치를 통하여 열차검지가 가능하여야 한다.
- 실시간으로 자기진단 기능을 가져야 하며, 고장 발생 시 고장정보를 역(Local) 및 관제실 해당 감시설비로 즉시 전송하여야 한다.

07 열차 안전운행을 위한 신호시스템의 시인성 확보와 비상대응을 위한 운전설비 기능 강화 대책을 설명하시오.(112－25)

시인성 확보 대책

- 국내 철도 안전표지가 해외 사용 표지에 비교할 때 디자인, 크기, 색상 면에서 시인성이 떨어짐
- 원색 조합 및 시인성이 높은 색채계획을 수립하여, 시인성 증진, 숫자 및 문자의 크기 확대를 통한 가독성 향상 등의 개선방안을 도출
- 의미 전달성 부족
  - 해외사례와 비교할 때 표자 픽토그램 디자인이 모호하게 설계되어 표지의 내용을 직관적으로 이해가 어려우므로 새로운 디자인이 필요하다.
- 분류체계의 부재
  - 표지의 설치목적, 지시 행동에 따라 표지의 형상 또는 색상 등을 통일 필요
  - 원거리 표지의 개략적인 목적 파악이 가능하도록 설계 필요

운전설비 기능 강화 대책

- 철도 안전표지 디자인 개발을 통하여 표지 시인성 및 의미 전달성을 강화하여 기관사의 표지 오인, 지나침 등으로 인한 위험요인을 예방
- 시인성 및 의미전달성을 향상시킬 수 있는 색상조합을 찾아내고, 표지 설치위치, 계절변화 등의 변수를 고려하여 주변 환경의 색상으로부터 표지를 분리시킬 수 있는 방안 검토 필요
- 분류체계 부재 등의 문제점 해소가 필요하다.

08 유도신호기의 설치기준 및 현시 조건, 운전 방법에 대하여 설명하시오.(115－10)

① 유도신호기는 장내신호기에 진행을 지시하는 신호를 현시할 수 없을 때 그 신호기의 방호구역에 열차를 진입시키고자 할 때 설치한다.

② 동일 선로에서 분기하는 열차의 진로에 대하여 장내신호기가 2기 이상 설치된 경우 각각 별도로 설치한다.

③ 유도신호기는 장내신호기 하위에 설치한다.

④ 장내신호기에 진로표시기가 있는 경우 신호기와 진로선별등 사이에 설치한다.

⑤ 비자동구간에서 유도신호기를 설치할 때는 장내신호기의 방호구역에 궤도회로를 설치한다.

09 임시신호기의 종류와 설치위치에 대하여 설명하시오.(124－25)

임시신호기(Temporary Signal)

선로고장이나 그 외의 이유로 열차가 정상 속도로 운전할 수 없을 때 임시로 설치하여 제한속도로 서행하기 위한 신호기

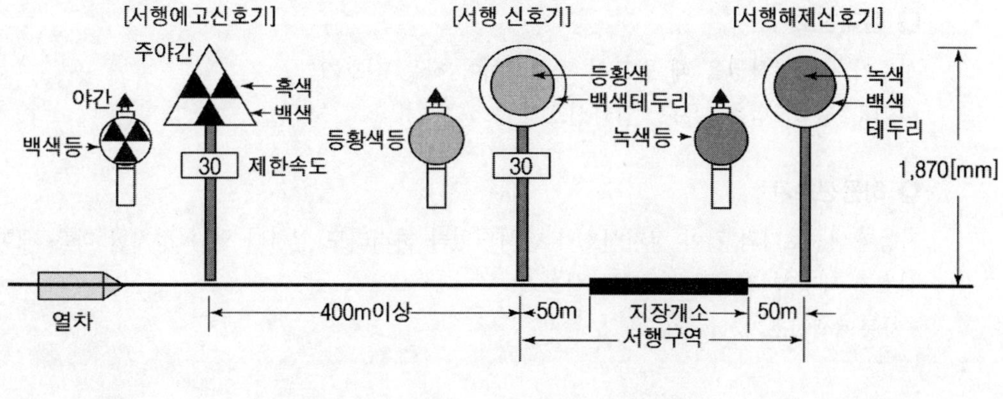

① **서행예고신호기(Slow Speed Advance Notice Signal)**

- 열차의 전방에 서행신호가 있음을 예고하는 신호기.
- 서행신호기로부터 400m (외방)이상 지점에 설치하며 구간 초고속도 130km/h 열차운행 시 70m, 지하 구간은 200m 이상의 거리 확보

제동거리 $L = \frac{V^2}{7.2\beta} + \frac{V}{3.6} \times t + L$

서행예고신호기 설치위치 선정 시에도 제동거리를 고려하여 설치한다.

130km/H의 구간은 700m, 터널구간은 200m 이상의 거리

② **서행신호기(Slow Speed Signal)**

- 서행 구간을 통과하려는 열차에 대하여 그 구간을 서행할 것을 지시하는 신호기
- 서행구간 50m 앞에 설치, 서행운전 지시

③ **서행해제 신호기(Slow Speed Release Signal)** : 서행구간을 벗어나는 열차에 대하여 서행이 해제되었음을 지시하는 신호기

❖ 서행예고신호기는 서행신호기로부터 400m 이상, 서행신호기는 서행구역 즉 지장 개소로부터 전후 50m 되는 개소에 설치됩니다.

❖ 임시신호기 형태·색 및 신호방식

구 분	서행신호	서행예고신호	서행해제신호
주 간	백색테두리의 황색원판	흑색삼각형 무늬 3개의 3각원판	백색테두리의 녹색원판
야 간	등황색 등	흑색삼각형 무늬 3개의 백색등	녹색등

10 절대신호와 허용신호의 개념에 대하여 정의하고, 종류 및 특징을 설명하시오.(115－10)

절대신호기

신호기가 정지하였을 때 반드시 정지하여야 하는 신호기

- 장내, 출발, 엄호, 유도, 입환신호기

허용신호기

자동폐색신호기와 같이 정지신호가 현시되었다 하더라도 열차가 일단 정지한 다음 제한속도로 신호기 내방에 진입할 수 있는 신호기

- 자동폐색신호기

11 철도신호 제어방식 중 지상신호방식과 차상신호방식에 대하여 설명하시오.(132－25)

지상신호방식

지상신호방식은 선로변에 장내, 출발, 폐색, 중계, 엄호, 입환신호기 등과 같은 상치신호기를 설치하고, 궤도회로의 열차점유조건이나 진로 구성 조건에 의하여 지상의 신호기에서 지시속도를 현시하면, 기관사가 신호를 확인한 후 신호현시에 적합한 제한속도 이하로 열차를 운행하는 방식이다.

차상신호방식

지상신호에 의한 열차의 수동운전은 고속주행 시 신호기 확인에 어려움이 있고 기상조건이나 지리적 조건으로 인해 기관사가 신호현시를 오인할 수 있는 문제점을 해결하기 위하여, 지상신호기에 대한 지시속도를 차상으로 이동시켜 차내의 운전실에서 신호감시 및 열차제어가 가능하도록 개선한 것이 차상신호방식이다.

지상/차상신호방식 비교

구분	지상신호방식	차상신호방식
적용방식	• ATS장치 사용 • 신호현시에 의한 점제어 • 기관사의 백업 기능	• 고정폐색 ATC속도코드방식 • 고정폐색 DTG 방식 • 이동폐색(MBS)방식
운전취급	• 신호기의 지시속도 현시에 따라 기관사가 수동으로 속도제어 • 수동운전에 의한 기관사의 오인으로 신호기를 잘못 진입할 수 있다.	• 차내운전실에 제한속도 및 운전정보가 현시되며 자동화 운전이 가능하다. • ATO운전으로 기관사의 오인은 없으며 피로도가 경감된다.
적합성	• 지상신호기에 다른 운행제어로 고속도, 고밀도 운전에 적합하지 않다. • 차상으로의 정보전송이 없으므로 분기부가 많은 정거장 구내에 적합하다.	• 차내신호를 통해 운행제어를 하므로 고속도/고밀도 운전에 적합하다. • 분기부가 많은 정거장구내에는 차상전송설비 설치비용이 많이 든다.
시공성 보수성	• 시스템 국산화가 가능하며, 시스템설치 비용이 저렴하다. • 현장설비의 가중으로 건축한계를 고려하여야 하며, 유지보수가 가중된다.	• 실내설비 중에는 해외제품이 많이 사용되고 있으며 설치비용이 비싸다. • 신호설비가 집중적으로 설치되므로 건축한계와 무관하며, 유지보수 효율이 높다.
안전성 신뢰성	• 악천후로 신호현시 확인이 곤란한 경우 안전도가 떨어진다. • ATO 운전할 수 없다.	• 운전실에 신호가 현시되므로 기후적인 영향을 받지 않아 안전성과 신뢰성이 높다. • ATO 운전이 가능하다.

12 철도신호케이블의 절연저항 측정방법 및 대상, 케이블 접속 및 단말처리 방법에 대하여 설명하시오.(130－25)

절연저항 측정방법 : 1,000V 이상 절연저항계로 측정 ➡ 1MΩ 이상

① 배터리를 체크
② 측정기의 Dial을 MΩ 위치에 전환
③ 절연저항계의 붉은 선을 전로 또는 기기 충전부(단자)에 접속
④ 절연저항계의 검정선을 접지선에 접속
⑤ 스위치를 넣고 눈금을 읽는다. (눈금이 정지할 때)

측정 대상

① **신호기 회선**은 계전기실 단자(블럭단자 개방)⇔현장신호기(신호등 제거)까지 측정한다.
② **발리스 케이블**은 LEU(단자개방) ⇔ 접속함(단자개방)까지 측정한다.
③ **선로전환기 회선**은 계전기실단자(블럭단자 개방)~현장 선로전환기(제어계전기 및 회로제어기 제거)까지 측정한다.
④ **궤도회로 회선**은 계전기실 단자(블럭단자 개방)⇔현장(케이블 햇드 또는 임피던스본드)단말까지 측정한다.
⑤ **폐색회선**(600V)은 배전반(단자 개방)⇔폐색기구함(단자 개방)까지 측정한다.
⑥ **전원케이블**은 배전반(단자 개방)⇔기구함 및 접속함(단자 개방)~단말까지 측정한다
⑦ **ATS 회선**은 장치⇔단말까지 측정한다.
⑧ **경보장치 2420케이블** 측정은 건널목제어유니트 단자⇔2420기구함 단자까지 측정한다.
⑨ **전동차단기 회선**은 제어유니트 단자에서 전동차단기 내부 단자까지 측정한다.

케이블 접속 및 단말처리방법

① 케이블의 접속은 레진형 접속자재를 사용하여 접속하는 것을 원칙으로 하며 필요에 따라 열수축관을 이용하여 접속할 수 있다.
② 케이블 접속개소는 케이블이 구부러진 개소나 횡단개소는 피한다.
③ 케이블 접속개소에는 접속표를 설치한다.
④ 케이블의 접속개소는 트로프 내에 수용하거나 또는 트로프 하면에 매설하고 트로프 뚜껑에 적색으로 "J"자로 표시한다.
⑤ 케이블의 단말은 배선에 필요한 치수를 심선 절연에 손상을 주지 않도록 벗겨내고 꼬임을 풀고 비닐테이프로 절취부에서 30mm 정도 외피와 같은 두께로 감는다.
⑥ 케이블 단말을 배선단자에 접속할 때는 압착단자를 한다.
⑦ 계전기실 단말랙, 접속함 등에 케이블 심선을 단자에 접속할 때는 선명찰에 단자번호, 회선명,기기명 등을 기입하고, 선명찰을 선명하게 설치하여야 한다.

13 폐색신호기의 정위 및 확인거리에 대하여 설명하시오.(124－10)

폐색신호기 정위

- 복선구간 : 진행신호 현시
- 단선구간 : 정지신호 현시

폐색신호기 확인거리

600m 이상(폐색구간 거리)

14 유도신호기의 설치기준과 설치방법에 대하여 설명하시오.(106－25)

유도신호기란

장내신호기에 진행을 지시하는 신호를 현시할 수 없는 경우 유도를 받을 열차에 대하여 그 신호기의 안쪽으로 진입할 수 있는 것을 지시

유도신호기 설치기준

① 유도신호기는 장내신호기에 신호를 현시할 수 없을 때, 그 신호기의 방호구역에 열차를 진입시키고자 할 경우에 설치한다.

② 동일선로에서 분기하는 열차의 진로에 대하여 장내신호기가 2기 이상 설치된 경우 각각 별도로 설치한다.

③ 비자동 구간에 유도신호기를 설치하는 경우에는 장내신호기의 방호구역에 궤도 회로를 설치한다.

유도신호기의 설치위치

장내신호기 하위에 설치하며 이 경우 신호기구와 진로선별등 사이(신호기구 바로 밑)에 설치한다.

① 유도신호기 설치

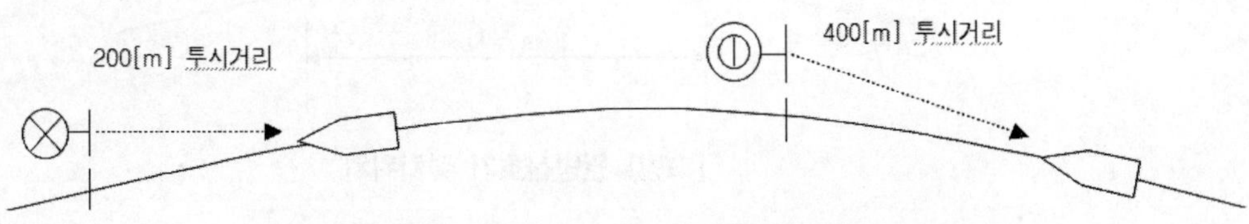

[그림] 투시거리가 중단되는 경우 유도신호기 설치위치

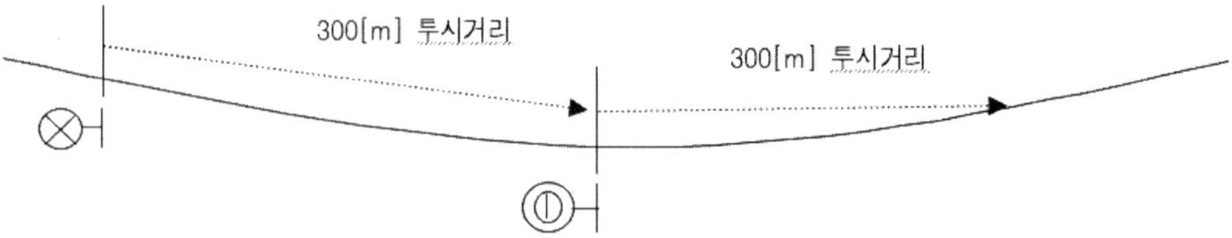

[그림] 투시거리가 연속될 경우 유도신호기 설치위치

② 유도신호기 현시조건

- 유도신호기는 도착선에 열차 또는 차량이 있어 같은 진로상의 장내신호기가 정지신호를 현시하여도 유도를 받을 열차에 대하여 신호기 안쪽으로 진입할 것을 지시하는 신호기.
- 유도신호기의 현시 시 반드시 장내신호기 앞에서 정지한 후 25(km/h) 이하로 운전속도를 제한한다.

③ 유도신호기 운전조건

- 소등(무현시) 정위식 신호기 : 평상시 소등되어 있으며 정거장 도착 본선에 열차를 유도진입 시킬 때에만 신호를 현시하는 신호기로 유도신호기가 있음.
- 같은 진로상의 장내신호기가 정지신호를 현시하여도 유도를 받을 열차에 대하여 신호기 안쪽으로 진입할 것을 지시하는 신호기이다.
- 정거장 도착선에 열차가 있는 경우, 효율적 운행을 위한 진입허용 개소
- 해당 장내신호기 하단에 설치하며, 유도구간 안으로의 진입 가부

15 중계신호기와 원방신호기의 설치기준에 대하여 설명하시오.(106－25)

원방신호기 설치

원방신호기는 장내신호기의 바깥쪽 400m 이상의 지점에 설치한다.

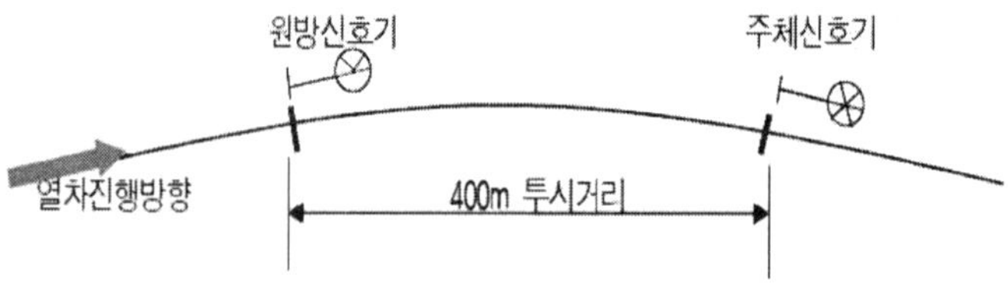

[그림] 원방신호기 설치위치

중계신호기

① 주체 신호기로부터 확인거리를 확보한 지점에 설치한다.

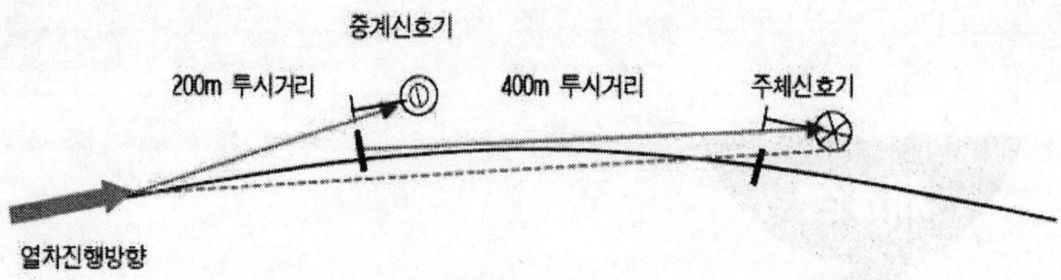

[그림] 투시거리가 연속될 경우 중계신호기의 설치위치

② 반복식 정거장에서 추진 운전하는 열차에 대하는 것은 열차가 정지해야 할 위치의 후방에서 그 중계신호기의 현시를 확인할 수 있는 위치에 설치한다.

설치기준

① **설치기준** : 장내, 출발, 폐색, 엄호신호기의 확인거리가 부족한 경우(600m, 곡선 장애물이 있을 때)보충하기 위해 설치.

② **설치위치**

㉠ 주체 신호기의 투시거리가 200m 이하인 경우, 부족분 400m이상이 확보되는 지점

㉡ 주체 신호기로부터 확인거리를 확보한 지점에 설치

㉢ 반복식 정거장에서 추진 운전하는 열차에 대한 것은 열차정지위치 후방에서 해당 중계신호기의 현시를 확인할 수 있는 위치에 설치

㉣ **중계신호기** : 일반용 4,200mm 이상, 특수용 2,000mm 이상으로 한다.

제4장

연동장치

01 다음 그림과 같이 A역에서 B역으로 반대선 운전(하행⇒상선) 시 입환신호기(52L)의 진행 현시 조건을 순서대로 설명(117-25)
02 신호분야 건설 및 개량 후 시행하는 연동검사의 시행 절차 및 내용에 대하여 설명(117-25)
03 신호용 삽입형 무극선조계전기(121-10)
04 연동도표 기본조건(123-10)
05 연동도표 기재 사항(118-25)
06 연동도표 작성 시 궤도회로의 분할방법, 명칭부여(127-25)
07 연동도표의 "쇄정"란에 표기된 [51단 4A]에 대하여 설명(126-10)
08 연동도표의 작성시기와 주의사항(118-10)
09 연동장치 연쇄(Chain Interlocking)의 종류 3가지를 설명(120-10)
10 연동장치에 사용되는 전기쇄정법 중 철사쇄정, 접근쇄정, 보류쇄정, 폐로쇄정, 표시쇄정에 대하여 설명(25)
11 연동장치의 결선도를 작성할 때, 일반적인 작성원칙(121-10)
12 연동장치의 설계조건(124-10)
13 자동진로설정(Automatic Route Calling - 연동장치의 연속진로설정)에 대하여 설명(118-10)
14 전자연동장치 기능에 대하여 설명(112-25)(124-25)
15 전자연동장치 연동논리부의 연동처리 성능에 대하여 설명(117-25)
16 전자연동장치의 구성 및 기능을 설명(112-25)
17 전자연동장치의 낙뢰 피해 예방법(25)
18 전자연동장치의 안전측 동작처리 절차, 부정출력발생 시 차단 조건과 차단회로의 동작에 대하여 설명(114-25)(120-25)
19 전자연동장치의 정거장 규모에 의한 분류 및 주요 구성품에 대하여 설명(114-10)
20 전자연동장치의 집중형과 분산형에 대한 기능 및 특징을 설명(120-25)
21 진로를 제어할 때 연동장치의 동작과정에서 진로조사를 하는 목적에 대하여 설명(126-10)
22 철도신호용 계전기의 개리력(복원력)에 대하여 설명(120-25)(121-25)
23 철도신호용 계전기의 종류 및 장단점에 대하여 설명(118-25)
24 철도신호공사 시공관리절차서에 의한 연동도표 작성 및 승인에 대한 업무흐름도를 작성하고 그 내용을 설명(108-25)(109-25)

25 전자연동장치(SSI : Soild State Interlocking)와 선로변기능모듈(TFM : Trackside Functional Module)의 구성도를 설명하고, MPM(Multi - Processor Module), PPM(Pannel - Processor Module), PM(Point Module), UM(Universal Module) 각각의 기능을 설명(127-25)

26 고속철도 전자연동장치(IXL) SSI 큐비클의 구성기기에 대하여 설명(127-25)

27 철도신호설비의 전자화 문제점에 대하여 설명(25)

제4장

연동장치

01 다음 그림과 같이 A역에서 B역으로 반대선 운전(하행 ⇒ 상선) 시 입환신호기(52L)의 진행 현시 조건을 순서대로 설명하시오.(117－25)

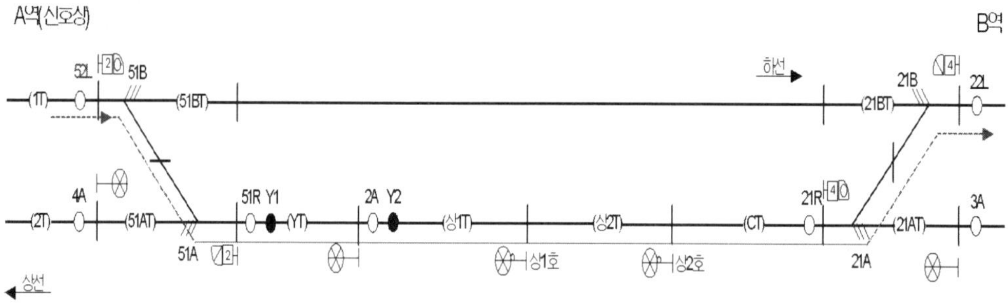

개요(입환신호기 반대선 진로)

일반철도 복선구간의 신호장(소)에서 역간 차단작업 등 이례적인 사항 발생 시 반대 선으로 열차를 상대역으로 진출할 수 있도록 설치한 운전 보완설비를 말한다.

입환신호기 현시 조건

① A역에서 B역으로 반대선 운전(하행⇒상선) 시 입환신호기(52L)의 진행 현시조건은 다음과 같다.

㉠ B역 21R 입환신호기 진로 취급

㉡ A역 52L 입환신호기 Y2 진로 취급

㉢ A역과 B역간 폐색 궤도회로 여자조건 조사(상1T, 상2T, CT)

㉣ B역 출발(입환표지 포함 : 3A, 22L)신호기 정지신호 현시 조건과 반대선으로 진입하는 입환표지(21R) 현시 조건 확인

㉤ 위 ③항 및 ④항이 동시에 만족 시 폐색신호기(상1호, 상2호) 정지현시
주1) 폐색신호기 정지 현시는 4SBR 여자조건으로 정지

㉥ 위 ⑤항 만족 시 A역의 입환신호기(52L)가 진행현시

㉦ A역 입환신호기(52L)가 진행 현시된 후 열차가 A역을 출발하여 B역의 입환표지(21R) 진로로 진입하여 구분진로(21BT)가 해정된 후 B역의 출발신호가(3A) 진행 현시되어야 한다.

㉧ 이때 A역에서 출발한 열차가 B역 입환신호기(21R) 내방에 도착한 것을 확인 후 4SBR이 낙하하여야 한다.

② 연동도표 표기(A역) 방법

명 칭	진로방향	취급버튼			쇄 정		신호제어 및 철사쇄정	진로(구분) 쇄정	접근 또는 보류 쇄정	
		출발점		도착점						
입환신호기	1T → 상1T	52L	B역	Y2	51	[51R][2A]	51BT 51AT YT 4SBR	(51BT)(51AT)(YT)(4SBR)	1T	30초

◆ 4SBR(Signal Block Relay) 정의

① B역에서 A역으로 진출하는 출발(입환표지 포함)신호기 정지신호 현시와 21R 입환신호기 현시조건 및 관련 궤도회로 여자조건
- 4SBR2 : B역 CT, 21R 현시조건

② A역에서 B역으로 반대선 운전 시 역간의 궤도회로 여자조건 구성
- 4SBR1 : 상1T, 상2T 여자 조건

③ 입환신호기(52L)을 반대선으로 취급하면 위 ①항 및 ②항이 동시에 만족 시 4SBR계전기가 동작하여야 하며 역간 폐색신호기를 정지현시 시켜야 한다.

④ 4SBR 계전기 여자조건으로 52L 입환신호기는 진행현시 되어야 한다.

02 신호분야 건설 및 개량 후 시행하는 연동검사의 시행 절차 및 내용에 대하여 설명하시오. (117-25)

◆ 개요

연동검사는 장치의 종합적인 기능을 확인하기 위하여 행하는 검사로 소정의 주기에 따라 실시하는 경우와 설비의 신설, 개량으로 인하여 사용개시 하는 때에 따라서 구분된다.

◆ 검사의 시행 절차 및 내용

① 연동검사 시행계획 수립 : 주관부서장은 관련 부서장 및 운영회사의 운영부서장과 협의하여 연동검사 시행계획을 수립한다.

② 연동검사자 및 입회자 지정 : 주관부서장은 신호설비 절체 또는 연동검사 시행계획 수립 시 책임검사자, 보수자, 입회자 등을 지정하고 이례 사항 발생 시 조치계획 등이 포함되어야 한다.

③ 사전점검

㉠ 책임검사자는 연동검사 시행 전, 관계자와 합동으로 신호설비의 종합점검을 완료한 후 연동검사를 시행하여야 하며, 연동검사 시행 전 다음 사항을 확인하여야 한다.

㉡ 조작반, 계전기실 및 현장의 작업요원과 건널목 등의 안전요원 배치 상태

㉢ 준비물

- 통신도구(무전기, 휴대전화기 등)
- 시험도구(단락동선, 테스터, 주파수카드측정기, 5mm 철편, 수동핸들, 초시계, ATS 측정기 등)
- 공/기구(파이프렌치, 멍키스패너, 개인공구 등)

④ 연동검사 시행

㉠ **책임검사자(보조검사자)** : 관련규정 및 연동검사 시행요령에 의거 연동검사를 시행하여야 한다.

- 건축한계를 측정하여야 한다.
- 분기부의 궤도회로 경계 절연 차량접촉한계 측정 및 연동조건 반영 여부를 확인하여야 한다.
- 연동도표에 표시된 신호기, 입환표지, 조작반 등의 위치가 현장과 같은지 확인하여야 한다.
- 궤도회로 단락시험을 하여야 한다.
- 선로전환기 전환시험을 하여야 한다.
- 신호기 및 진로선별등 현시 시험을 하여야 한다.
- 신호 및 진로 조건 검사를 하여야 한다.
- ATS 동작 시험을 하여야 한다.
- 건널목 경보장치 동작 시험을 하여야 한다.

㉡ **관련부서 입회자** : 연동검사 시행 시 참여하고 이례사항 발생 시 적극적으로 협조하여야 한다.

㉢ 감리자 및 시공자

- 선로전환기 전환시험(철편삽입 시험포함)을 하여야 한다.
- 신호 현시상태를 확인하여야 한다.
- 궤도회로 단락시험을 하여야 한다.
- ATS 지상자 동작 상태를 확인하여야 한다.
- 건널목 동작 상태를 확인하여야 한다.
- 안전요원을 배치하여야 한다.

⑤ 사용개시

㉠ 연동검사 관계자 합동으로 신호설비 기능을 종합적으로 확인 후 사용개시

㉡ 주관부서장은 작업완료 후 신호시설물 쇄정상태, 인원, 장비의 철수 및 사용중지표지 등의 철거를 확인하여야 한다.

㉢ 열차에 의한 확인

- 신호기, 선로전환기, 궤도회로 등의 이상 유무 및 해당진로를 확인하여야 한다.
- ATS 정상 동작상태를 확인하여야 한다.
- 폐색장치 기능상태를 확인하여야 한다.
- 역 구내 연동조건을 사용하는 건널목의 동작상태를 확인하여야 한다.

⑥ **기록** : 연동검사 완료 후 책임검사자(보조검사자), 감리단장, 관계 역장 또는 운영부서장은 연동도표에 서명 날인하여야 한다.

검사 종류

① 궤도회로 단락시험

② 선로전환기 전환시험

③ 선로전환기 철사쇄정 시험

④ 선로전환기 수동스위치 동작 확인

⑤ 선로전환기 5mm철편 삽입 확인

⑥ 신호기 현시, 계열시험 및 진로선별등 확인

⑦ 선로전환기 연동전환 시험

⑧ 신호제어 시험

⑨ 진로제어 시험

⑩ 접근 및 보류 쇄정 시험

⑪ 폐색제어 시험(단선)

⑫ 자동진로 설정(TTB) 동작시험

⑬ CTC 및 LOCAL 전환시험

⑭ 유도신호기

⑮ ATS 동작시험

⑯ 건널목 동작시험(역 구내 연동조건 사용 건널목)

⑰ 기타 조작반 표시 시험

⑱ 정전시험(연동장치 신설시)

⑲ 연동도표의 대조(전자연동장치 DB 방식)

⑳ ATP 동작시험

㉑ 승차장 비상정지 버튼 동작시험

㉒ **시설물 개량 및 단계별 공사의 연동검사** : 변경(신설 또는 이설 등)된 설비의 기능 확인 등 변경된 설비와 관련된 항목만 시험

결론

- 신호설비에 있어서 연동검사는 매우 중요하다. 연동검사가 완벽하게 완료되어야 열차가 진입할 수 있고, 탈선 등의 사고를 방지하게 된다.
- 특히 철도공사 구간에서는 열차가 운행 중에 연동검사를 실시하여야 하므로 매우 위험하다. 해당구간에 열차가 운행되는 경우, 선로전환기의 개통방향을 확인하고 Key Bolt로써 잠금조치를 하여야 하며, 사전에 관련부처와의 협의는 물론, 정하여진 시간 내에 검사를 완료할 수 있도록 사전준비를 철저히 하여야 한다.
- 수신호 체계의 확립 및 정거장 간의 폐색, 건널목 보안에 대한 확고한 조치가 수립되어야 하고 이러한 내용을 기관사, 운전취급자, 건널목 근무자가 숙지하여야만 열차 사고를 예방할 수 있다.

03 신호용 삽입형 무극선조계전기에 대하여 설명하시오.(121－10)

무극선조계전기(Line Relay)

영구자석의 N극과 S극이 철편을 같은 힘으로 흡인하는 것과 같이 자속의 극성과 관계없이 동작하는 계전기를 말하며 구조적으로는 전자석과 접점부로 구성되며, 전류에 의해서 자속이 만들어지고, 극성과 관계없이 동작하며, 접점은 NR 접점이 4개, N 접점이 4개, R 접점이 4개가 표준으로 되어있다.

04 연동도표 기본조건에 대하여 설명하시오.(123－10)

기본조건

① 열차 사고를 방지하기 위하여 열차안전운행을 보증하여야 한다.
② 자동으로 열차에 대한 진로 구성이 되어야 한다.
③ 각 장치의 운용과 조작이 간단해야 한다.
④ 시스템의 일부 고장 시에도 전체시스템에 이상이 없어야 하며 기기의 고장 시에는 반드시 안전측으로 동작해야 한다.
⑤ 연동장치 고장 시에도 선로전환기의 단독전환 등 열차운행을 수동으로 확보할 수 있어야 한다.

05 연동도표 기재 사항을 설명하시오.(118-25)

연동도표 표기 사항

배선 약도에 기점을 좌측으로 한다.

① 소속선명 및 역명 또는 신호장(소)명

주1) 운전취급실을 2개소 이상 가진 구내에 있어서는 각 운전취급실명을 표기한다.

주2) 역명 밑에 역 키로정을 표시한다. (건교부 고시 철도거리표에 의한다)

② 운전취급실의 위치

㉠ 역간 폐색방식(자동, 연동, 통표 폐색)

㉡ 연동장치의 종별(전기, 전자)

㉢ 설비방식[열차집중제어장치(CTC), 신호원격제어장치(ERC), 단독취급역 등]

③ 리버배열도(기계연동장치)

④ 연동범위 내가 아니더라도 신호제어설비(전철쌍동기, 단동기, 전철표지 등)가 설치되는 곳까지 배선의 약도를 그리되 각 신호설비의 위치는 선로평면도 위치와 유사하도록 작성한다.

⑤ 본선의 양단에 선로의 기점, 종점 및 인접 역명, 인접구간 열차제어장치

주1) 인접구간 열차제어장치는 인접 역명 다음 괄호 안에 열차제어장치 명을 기재한다.

[예 00역(1선 : ATC 2선 : ATP/ATS), 00역 : ATP/ATS]

주2) 열차제어장치가 역간에서 변경되는 경우는 "l"를 사용하여 열차제어장치 명을 기재한다. [예 00역 ATS/ATP]

⑥ 홈 및 역 구내건널목 필요에 따라 본 역사 및 과선교

⑦ 열차운전 방향 및 선로명칭 또는 필요에 따라 선로번호 및 지점명칭.

⑧ 신호기(입환표지 포함), 진로표시기, 선로표시 표지 및 무유도 표지의 번호

⑨ 연동 관계가 있는 선로전환기, 탈선기와 그의 번호

주1) 노스가동형 선로전환기는 명칭 앞에 영문자 N을 붙인다. [예 N22]

주2) 쌍동 이상의 NS형 선로전환기에서 표시회로가 분리된 선로전환기는 명칭 뒤에 영문자 D를 붙인다. [예 21AD, 21BD]

⑩ 현장 취급 선로전환기(에스케이프식이 아닌 추붙음 전환기를 제외함) 및 종별 약호

⑪ 열차, 차량 정지표지 및 차량접촉한계표지

⑫ 전차선 구간의 연동도표는 선로배선약도에 전차선 비가선 부분을 표기한다.

주1) 역명 옆에 EL이라고 표기하여 전차선 구간임을 표기한다 : 00역(EL) 연동도표

주2) 선로배선도에 비가선 부분은 가선구간보다 선로배선도를 진하게 표기한다.

⑬ 궤도회로명 및 그의 경계

주1) 궤도회로명에는 ( )를 붙인다.

주2) 차량접촉한계에 의해 저촉되는 궤도회로 경계절연표시는 일반 경계절연 표시보다 진하게 표시한다.

⑭ 리버 취급소외에 있는 전철리버에 붙어 있는 전기쇄정기, 전철쇄정기, 선로전환기, 회로제어기

⑮ TTB 및 본선과 부본선의 표시

주1) TTB에는 신호기명칭에 밑줄을 친다. [예 3A]

주2) 본선과 부본선의 표시는 도착선로 도착점 압구 전에 화살표 표시를 한다.
[예 본선(〉), 부본선(〉〉)]

※ 본선과 부본선의 구별은 주로 사용하는 선로를 본선으로 본다.

⑯ 선로 양단에 열차진행방향 표시(단선 : ▶◀, 복선 : ▶ 또는 ◀)

⑰ 역간 첫 번째 폐색신호기의 위치(상, 하행) 및 명칭

⑱ 기타 특히 필요한 것.

06 연동도표 작성 시 궤도회로의 분할방법, 명칭부여에 대하여 설명하시오.(127－25)

궤도회로의 분할

① 장내, 출발, 입환신호기(입환표지 포함. 이하 같다) 등의 위치

② 도착선에 대해서는 차량접촉한계. 단, 장내신호기에서 출발신호기까지의 사이에 선로전환기가 없는 경우에는 나누지 않는다.

③ 도착선의 유효거리 이내에 선로전환기가 있는 경우는 그 선로전환기를 포함하는 궤도회로를 설치할 수 있다.

④ 차량을 유치하는 선로 및 차량이 대기하는 선로에 대해서는 필요에 따라 구간을 나누어 열차운전 및 입환작업에 지장이 없도록 한다.

⑤ 선로전환기를 포함하는 구간의 분할은 다음에 의하고 최소의 궤도회로 수로 하여 구내작업에 지장이 없도록 설치한다.

⑥ 동시 운전 작업이 될 수 있도록 나눈다.

⑦ 열차운전 및 입환작업의 빈도에 따라 진로구분쇄정을 하고 그 구분마다 나눈다.

⑧ 구내본선 및 입환선군 또는 인상선군과 연결되는 측선은 궤도회로를 구성한다.

⑨ 건널목경보장치의 제어 및 궤도회로의 제어 길이 등 부득이한 경우에는 궤도회로를 분할 할 수 있다.

궤도회로의 명칭

① 최 외방 선로전환기와 장내신호기와의 사이에 설치하는 궤도회로 명칭 :
단선 및 복선인 경우 기점쪽을 XT, 종점쪽을 YT로 하고 부득이 궤도회로를 분할 할 때는 X1T, X2T, …, Y1T, Y2T,… 등으로 표기한다.

② 선구를 달리하는 개소가 있는 경우 주요 선구를 기준으로 위 기준에 의하여 표기한 후 다른 선구의 장내신호기 내방궤도 명칭은 X1T, X2T, 또는 Y1T, Y2T 등으로 표기한다.

③ 2복선 이상인 경우 기점쪽 1A에는 XT, 1B는 X1T, 종점쪽 2A는 YT, 2B는 Y1T 등으로 표기하고, 부득이 궤도회로를 분할 할 때는 사용된 도착선 취급버튼의 명칭 중 다음에 사용하지 않은 명칭의 궤도명으로 표기한다.

④ 구내본선 및 측선 궤도회로 중 분기부를 포함한 궤도회로는 선로전환기 명칭과 일치시킨다. 다만, 한 개의 궤도회로에 다수의 선로전환기가 설치될 경우 선로전환기 최하위 번호로 표기한다.

⑤ 그 외 본선 궤도회로 명칭은 선로번호로, 기타 측선은 도착선 취급버튼 명칭과 같게 표기한다.

⑥ 접근궤도회로는 연동폐색구간은 기점쪽을 1AT, 종점쪽을 2AT로 하며 접근구간 내의 궤도회로를 분할 할 필요가 있을 때는 1A1T, 2A2T, … 로, 기타 구간은 폐색궤도회로 명으로 표기한다.

⑦ 자동폐색구간의 궤도 회로명은 다음의 예와 같이 표기한다.
- **궤도회로 표기방법은** : B(폐색) 10(구간명) 13(궤도순서) ⇒ B1013T
- 위 경우 복선 이상에서 하선은 짝수, 상선은 홀수로 표기한다.

07 연동도표의 "쇄정"란에 표기된 [51단 4A]에 대하여 설명하시오.(126－10)

개요

① 정거장 구내의 열차운전이 안전하게 이루어지도록 여러 가지 방법의 쇄정이 연동장치에 의해 이루어지고 있으며,

② 이러한 연동장치가 어떤 조건으로 제어되는지 일목요연하게 알 수 있도록 도표로 표시한 것이 연동도표이다.

③ **연동도표 쇄정란에** : [ ]를 붙인 것은 다른 운전취급실 또는 **상호쇄정임**을 표시한다.
[51단 4A]는 4A신호기가 정위일 때 한하여 21호를 정위로 쇄정하는 것을 표시한다.

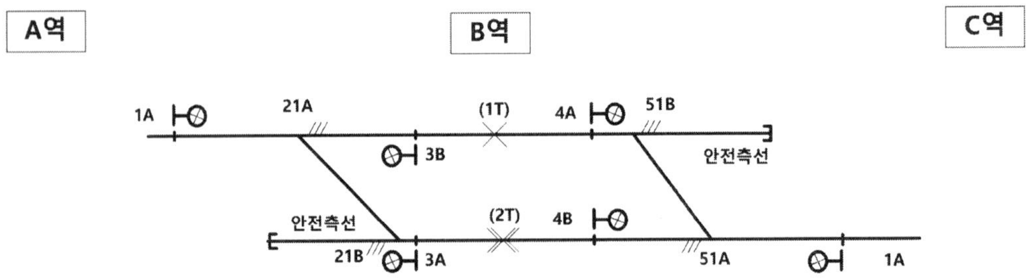

[그림] 선로약도

[51단 4A]의 설명......설계편람 인용

① [51단 4A]는 4A 출발신호기가 정위(정지신호)인 때에만 51호 선로전환기를 정위로 쇄정하는 것을 말한다.

② 이는 단선 운행구간에서 4A 출발신호가 진행 현시조건이 되려면 반드시 51호 선로전환기가 반위로 동작하여야 하며,

③ 4A 출발조건은 B역~C역 간의 열차가 없는 조건과 C역의 출발신호가 정위(정지신호) 상태의 두 조건을 만족하여야 한다.

④ 4A출발신호가 진행현시가 되기 전까지는 연동장치는 안전측 동작을 위하여 안전측선으로 방향이 개통되어 안전운행을 할 수 있다.

예 A역에서 1T궤도로 진입하는 열차는 4A출발신호가 정지 일 때 불가피하게 1T에도 정지하지 못하고 과주하게 된다면 열차는 안전측선으로 진입하여 사고를 최소화할 수 있게 된다.

⑤ 따라서 [51단 4A]는 안전측 동작을 위해 필요한 조치이다

08 연동도표의 작성시기와 주의사항에 대하여 설명하시오.(118－10)

작성 시기

정거장에 연동장치를 신규로 설치하거나 개량하는 경우에는 연동도표 작성기준에 의거하여 연동도표를 작성하여 승인을 받아야 한다.

- 역구내 연동장치 신설 및 개량
- 신호기, 입환표지, 신설(폐지) 또는 진로변경
- 궤도회로 신설 또는 폐지
- 신호설비가 설치되는 선로전환기 신설 또는 폐지

• 기타 연동조건 변경

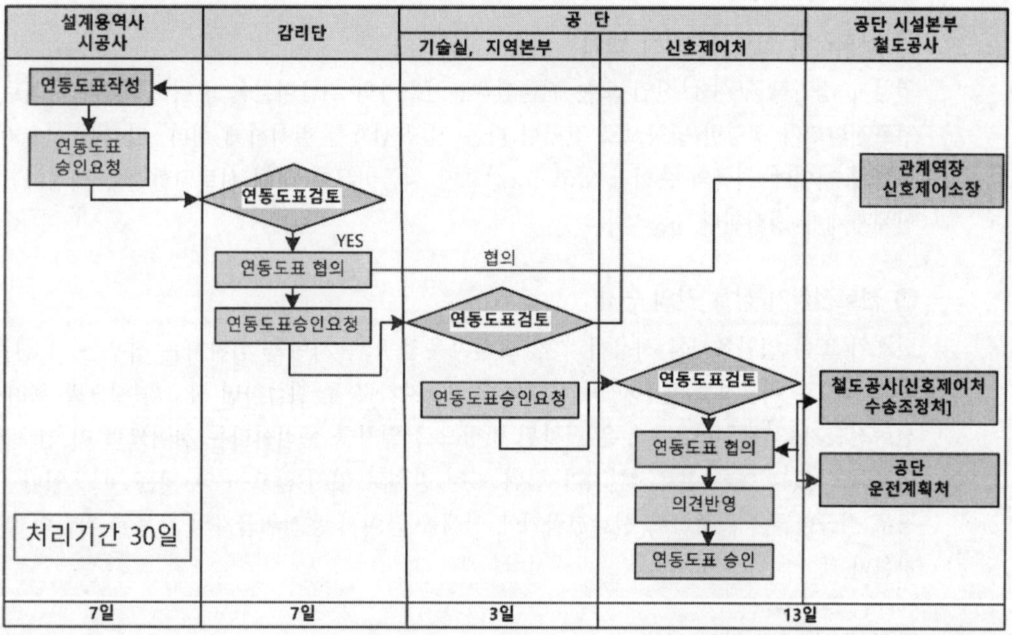

⊙ 주의사항

• 어느 때, 어느 곳에서 누가 작성한다고 하더라도 같은 사항은 똑같이 기재하여 읽을 수 있도록 작성해야 한다.
• 진로가 완전히 구성되어 있어야 한다.
• 진로 상에는 열차 또는 차량이 없어야 한다.
• 진로를 방해하려는 열차의 운전 가능성이 없어야 한다.

⊙ 연동도표 기재사항

• 소속선로 명 및 정차장
• 배선약도(기점 측을 좌측으로 한다)
• 연동장치의 종류 또는 구분
• 연동표
• 작성 연월일 및 작성부서명

09 연동장치 연쇄(Chain Interlocking)의 종류 3가지를 설명하시오.(120-10)

신호기와 선로전환기의 연쇄

열차가 정거장 구내에 진입 또는 진출할 때 신호기의 취급버튼을 반위로 하면 그 진로의 관계 선로전환기가 정당한 방향으로 전환한 다음 진행 신호를 현시하게 된다. 따라서 신호기와 선로전환기 사이에 취급의 순서가 있고 또 신호기 취급버튼에 의해 선로전환기를 쇄정하기 때문에 연쇄관계가 성립된다.

선로전환기 상호 간의 연쇄

신호기 또는 입환표지를 사용하지 않고 열차운전 또는 차량을 입환하는 경우는 각 선로전환기를 단독으로 취급하는 경우가 되기 때문에 취급자가 잘못 취급하면 사고를 일으킬 우려가 있다. 선로전환기를 취급한다는 것은 전환된 방향으로 열차를 운전한다는 것이므로 이 선로전환기와 근접하고 있는 다른 선로전환기가 정위 또는 반위로 있지 않으면 안 되는 것도 있다. 이 같은 경우 취급버튼을 집중하여 선로전환기에 연쇄를 붙여서 운전취급자의 잘못된 취급의 위험을 방지한다.

신호기 상호 간의 연쇄

신호기 상호 간에 연쇄하지 않고 열차를 운전하게 되면 중대사고가 일어나기 때문에 상호연쇄를 하여야 한다. 신호기 상호 간, 신호기와 입환표지 간 또는 입환표지 상호 간에 연쇄하여야 한다.

10 연동장치에 사용되는 전기쇄정법 중 철사쇄정, 접근쇄정, 보류쇄정, 폐로쇄정, 표시쇄정에 대하여 설명하시오.(25)

철사쇄정

철사쇄정이란 선로전환기가 있는 궤도회로를 열차가 점유하고 있을 때 그 선로전환기를 전환할 수 없도록 하는 것으로서 본선과 측선의 중요한 선로전환기에 적용된다.

접근쇄정

① 접근쇄정이란 다음 각호의 경우 해당 진로의 선로전환기 등을 일정 시간 동안 전환할 수 없도록 하는 것을 말한다.

㉠ 신호기에 진행을 지시하는 신호를 현시하고 신호기의 바깥쪽 일정 구간에 열차가 진입하였을 경우

㉡ 열차가 신호기의 바깥쪽 일정 구간에 진입하고 나서 신호기에 진행을 지시하는 신호를 현시하였을 때

② 접근 궤도회로가 구성된 신호기 및 입환신호기에는 접근쇄정을 설치한다. 다만, 접근궤도 회로가 구성되어 있어도 열차의 제동거리를 확보하지 못하면 보류쇄정으로 한다.

보류쇄정

신호기(입환표지 포함)에 진행을 지시하는 신호를 현시한 후 열차가 해당 진로에 진입하든가 또는 신호기(입환표지 포함)에 정지신호를 현시한 후 상당 시분을 지날 때까지 진로 내의 선로전환기 등을 전환할 수 없도록 하는 것을 말한다.

① 접근쇄정을 시행하지 않을 때는 보류쇄정을 설비한다.
② 보류쇄정의 해정시분은 접근쇄정의 해정시분에 따른다.

폐로쇄정

신호기와 입환신호기를 소정의 위치에 설비할 수 없는 경우 열차 및 차량정지표지에서 신호기와 입환신호기까지의 궤도회로 내에 열차가 점유하고 있을 때 취급버튼을 정위로 쇄정하는 것을 말하며 다음 각호의 신호기에는 폐로쇄정을 설비한다.

① 신호기를 소정의 위치에 설치할 수 없는 관계로 그 위치에 열차정지 표지를 설비한 경우
② 지형 기타 사유로 인하여 신호기 취급자로부터 열차 또는 차량의 유무를 확인하기 곤란한 신호기

표시쇄정

① **신호정자 표시쇄정** : 신호정자를 반위에서 정위로 복귀할 때 신호기가 정지신호를 현시한 후가 아니면 정자를 정위로 할 수 없는 쇄정

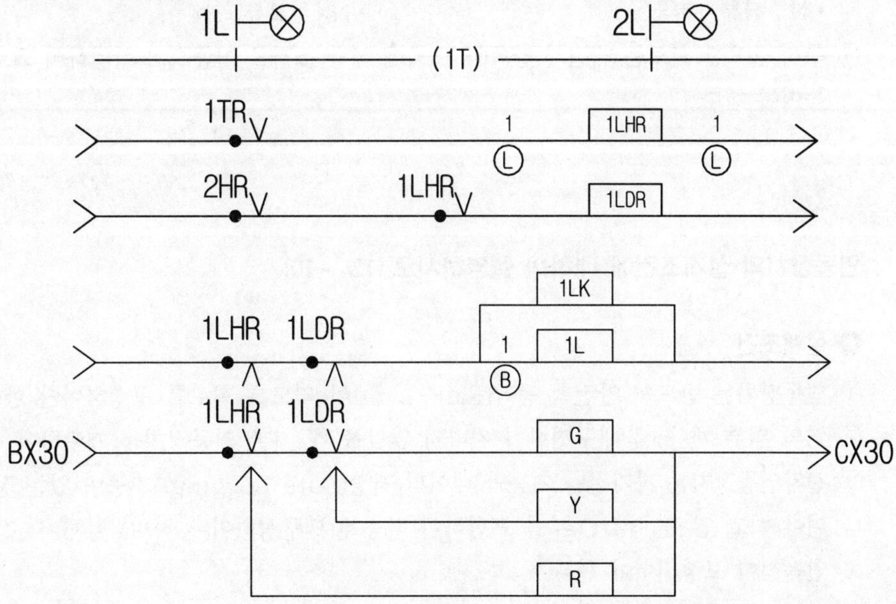

② **전철정자 표시쇄정** : 선로전환기가 완전히 정위 또는 반위로 전환하여 쇄정 되지 않으면 정자를 정위 또는 반위로 할 수 없도록 하는 쇄정
즉 정자를 취급하였을 때 동력 선로전환기가 전환하여 표시를 구성할 때까지는 정자를 원래 상태로 할 수 없는 쇄정

11 연동장치의 결선도를 작성할 때, 일반적인 작성원칙을 설명하시오.(121－10)

작성원칙

① 진로선별회로는 망상회로로 하고 좌행 및 우행회로로 구분한다.
② 진로조사회로는 망상회로로 하고 병렬이 곤란한 회로는 직렬조건을 삽입한다.
③ 신호제어회로는 직렬회로로 하고 주신호와 입환신호 회로를 분리한다.
④ 선로전환기의 단동취급시에는 취급버튼 2개를 동시에 누르는 것으로 한다.
⑤ 계전기의 배선은 각 회로에서 사용하는 전류의 2배 이상을 허용하는 난연성 전선 또는 동등 이상의 전선으로 한다.
⑤ 결선도에서의 전원표기는 직류전원의 경우는 B와 C, B와 N, 교류전원의 경우는 BX와 CX, BX와 NX로 표시한다. 또 전원은 플러스를 결선도의 좌측으로 마이너스를 우측으로 작성하는 것을 원칙으로 하며 기호는 아래와 같다.

- B : 직류, 정극(+)
- C : 직류, 공통극(com)
- N : 직류, 부극(－)
- BX : 교류(+)
- CX : 교류, 접지측
- NX : 교류(－)

⑥ 특히 중요한 회로는 계전기 양쪽(＋, －)에 해당 조건을 이중으로 삽입하여 회로의 보안도를 높여야 한다.

12 연동장치의 설계조건에 대하여 설명하시오.(124－10)

설계조건

① 연동장치는 반드시 안전측 동작(Fail－safe)이 되도록 회로를 구성하여야 한다.
② 역의 일부 개량 시 내구연한이 지나지 않았을 때 기존 연동장치를 개수하여 사용한다.
③ 전자연동장치는 자기진단 기능과 데이터 저장(Data Logging) 기능이 있는 장치로 구성하여야 하고 입·출력(I/O)부를 포함하여 다중계로 구성하여야 하며, 절체 시 정보의 일치와 연속성이 보장되어야 한다.
④ 전압 변동 및 순간 정전 시에도 연동장치가 이상 없도록 무정전 전원설비를 갖추어야 한다.

13 자동진로설정(Automatic Route Calling－연동장치의 연속진로설정)에 대하여 설명하시오.(118－10)

자동진로설정(제어)장치(ARC : Automatic Route Control)

모든 열차의 진로와 입환 진로를 컴퓨터에 수록하여 각 역 구내의 진입, 진출 진로에 대한 신호기 및 선로전환기의 제어를 열차가 제어구간에 진입하는 것에 따라 자동으로 행하는 장치로 설정하게 하는 설비를 자동진로설정(제어) 장치라고 하며 연동장치에 추가로 부설하여 사용한다.

연속 자동진로설정(TTB)

- 자동진로제어로 설정된 궤도에 열차가 진입하면 연동장치에 의해 프로그램된 진로를 설정하는 제어방법.
- 같은 진로를 연속하여 여러 열차가 통과하여야 할 때 반복적인 진로설정 없이 한 번의 진로설정으로 여러 열차의 취급이 가능하다. 또한 운영자가 일정한 제한 조건으로 연속제어로 설정된 진로를 취소할 수 있다.

14 전자연동장치 기능에 대하여 설명하시오.(112－25)(124－25)

개요

전자연동장치는 열차의 운행과 차량의 입환 작업을 안전하고 신속하게 수행하기 위해 신호기, 선로전환기, 궤도회로 등의 신호보안장치를 컴퓨터 소프트웨어로 데이터베이스화하여 로직을 상호연쇄하고, 열차의 진로취급이나 신호설비 취급시 오작동 및 부정동작을 방지하기 위한 장치이다.

요구조건

① 연동조건의 처리부분은 시스템의 일부분에 고장이 발생하여도 전체시스템에 이상이 없도록 다중화가 되어야 하며 기기의 고장 시에는 항상 안전측으로 동작하여야 한다.
② 전자연동장치는 열차번호에 의한 열차추적 등을 실행하는 기능과 현장의 신호기, 선로전환기 등을 제어하는 연동부분으로 하드웨어(H/W)와 소프트웨어(S/W)로 구성하여야 한다.
③ 전자연동장치는 전자기파의 침입방지가 되는 랙에 수용하는 구조로 제작하여야 한다.
④ 랙 간 및 연동처리모듈 간은 내부 데이터링크에 의해 서로 연결되어야 한다.
⑤ 자기진단기능이 있는 장치로 구성하여야 한다.
⑥ 낙뢰, 서지 등으로 인한 전자연동장치 피해가 없도록 구체적 낙뢰설비를 갖추어야 한다.

기능

① 열차 운행표(Train Diagram)의 저장 및 열차번호에 의한 열차추적 수행기능
② 자동 및 수동진로의 설정 및 해정
③ 선로전환기 단독전환
④ 관제설비와 상호 통신 기능
⑤ 선로 변 설비 및 각 주변장치와의 인터페이스(Interface) 기능
⑥ 임시속도의 설정에 의한 속도제한 기능
⑦ 비상정지 기능
⑧ 기타 필요한 기능

15 전자연동장치 연동논리부의 연동처리 성능에 대하여 설명하시오.(117－25)

연동처리 성능

① 연동논리부 CPU모듈은 정해진 시간 내에 처리결과를 출력하여야 하는 실시간 시스템으로 구성하고 사용되는 운영체제는 성능이 입증된 상용 실시간운영체제를 사용하여야 한다.
② 연동논리부에 입력되는 정보(입력모듈, 표시제어부)의 변화로부터 그에 대한 정당한 출력을 발생하기까지 소요되는 시스템 동작 주기는 200msec 이하여야 한다.
③ 하드웨어 또는 소프트웨어 오류로 인하여 시스템이 더 이상 정상적인 처리를 수행할 수 없어 동작이 중단되는 경우가 발생하지 않도록 하여야 한다.
④ 1, 2계 두 시스템은 표시제어부의 취급 요구 정보와 입력된 데이터에 대하여 두 시스템이 동시처리하고 현장의 제어출력은 주계에서만 출력하여야 한다.
⑤ 1, 2계의 입력모듈로 입력되는 데이터를 상호 비교하여 같은 경우에만 정상적인 입력 데이터로 처리하고 서로 다른 경우에는 입력포트 단위로 안전측(off)으로 고정하고 계속 운용되도록 하여야 한다.
⑥ 주계와 부계의 처리결과를 비교하여 일치할 때 주계의 출력을 제어하여야 한다. 처리결과가 상이할 경우 2회까지 반복 처리한 후 불일치할 때 해당 출력에 대하여 안전측으로 제어되도록 하여야 한다.
⑦ 연동논리부 시스템의 고장이 검지 되면 부계로 처리 및 출력을 전환하고 모든 출력은 안전측으로 처리한 후 1, 2계의 데이터 비교 없이 단독으로 운전하여야 한다.
⑧ 1, 2계 시스템 상호 간 통신이 불가능할 때는 부계는 고장으로 처리하고 주계 단독으로 운전하여야 한다.
⑨ 연동논리부 주부계 절체 소요시간은 출력을 기준으로 하여 20msec 이내이어야 하며 절체 순간 및 절체 후 시스템의 상태에는 변화가 없어야 한다.

⑩ 열차운전취급에 영향을 미치는 신호설비의 제어명령은 역제어(Local)모드인 경우는 표시제어부에서, 중앙집중제어(CTC) 모드의 경우에는 CTC로부터 수신된 정보만 제어되도록 하여야 하며 유지보수부 등 기타 장치로부터의 제어명령은 처리되지 않아야 한다.

⑪ 최초 기동 및 CPU모듈의 초기화 스위치를 작동할 때 각 모듈에 대한 자기 진단, 1, 2계의 연동데이터 비교 후 기동되어야 하며 기동에 소요되는 시간은 20초 이내이어야 한다.

⑫ 전자연동장치의 제어모드는 필요한 역에 대하여 원격제어모드(RC)를 추가할 경우 상호 제어모드전환은 다음과 같이 구성하여야 한다.

㉠ 정상적인 제어모드 전환시는 CTC와 RC, RC와 Local, CTC와 Local상호 간에 제어권을 가진 측에서 원하는 모드버튼을 클릭한 후 제어권을 획득하고자 하는 측에서 해당 모드버튼을 클릭하여 전환되도록 한다. 다만 CTC 사령설비에서는 RC와 Local의 구분 없이 모두 Local로 한다.

㉡ 비상전환기능은 RC 또는 Local에서 상대측의 승인 없이 일방으로 제어권을 획득할 수 있도록 한다.

㉢ CTC구간에서 해당역의 표시제어부 또는 통신장치부에 설치된 비상 CTC 전환스위치 취급 시는 CTC로 제어모드의 전환 요구 신호를 송신하여야 한다.

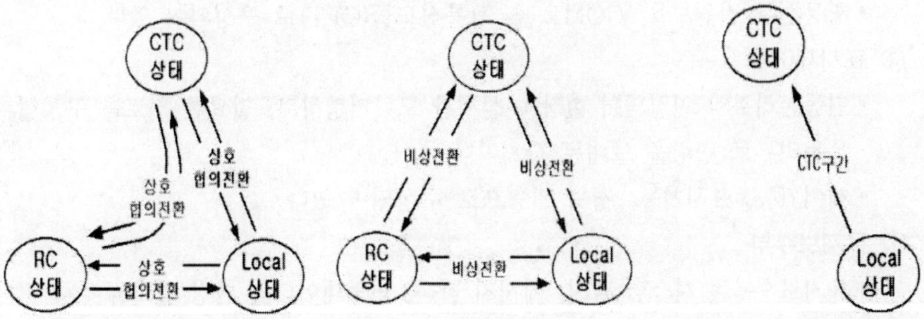

정상 전환시 비상전환시 CTC비상전환스위치취급시

㉣ 운전취급 컴퓨터의 최초 기동 및 재기동 시의 제어모드는 기존의 제어모드를 유지하여야 한다.

㉤ 제어모드의 변경에 관한 모든 처리 사항은 메시지로 기록하여야 한다.

⑬ 역구내 신호기 일괄 정지 기능을 구현하여야 한다.

㉠ 철도설계지침 및 편람 KR S-06030의 연동도표 작성 기준에 따라 역구내 신호기 일괄 정지 기능을 구현하여야 한다.

㉡ 역구내 비상사태 발생 시 역 구내 신호기를 일괄정지가 가능하도록 취급 버튼을 취급하면 역 구내의 현시된 신호기는 모두 정지가 현시되어야 한다.

16 전자연동장치의 구성 및 기능을 설명하시오.(112-25)

전자연동장치의 구성 및 기능

① 중앙처리장치(연동논리부)

- 시스템은 2중계로 구성되어 입력에 대한 연동 DB를 구동하여 열차제어에 필요한 계전기를 제어하고 표시제어 정보 송·수신, 유지보수 컴퓨터에서 통신라인을 통하여 연동DB 업데이트와 현장 상태 표시, 표시제어 컴퓨터와 필요한 데이터를 송수신하는 기능을 제공한다.
- 전원모듈, CPU모듈, IF모듈, 입력모듈, 출력모듈, 선로전환기 제어모듈, 버스확장모듈, 정류 등으로 구성된다.

② 광통신부

- 광통신부는 연동논리부와 연결되는 모든 통신라인으로 인입될 수 있는 서지 및 낙뢰를 미연에 방지하고자 광 점퍼 코드를 사용하여 광 절연을 하는 장치이다. 연동논리부에서 출력된 모든 통신라인은 광통신부로 연결되고 여기서 표시제어부로 연결되는 라인은 표시제어부용 광통신 서브랙에서 광통신으로 변환되어 표시제어부의 광 변환장치로 신호가 전달된다. 여기에서 전기적 신호로 변환되어 표시제어부 컴퓨터와 연결된다.
- 광통신부 전원모듈, COM모듈, 광통신모듈(OPT)로 구성되어 있다.

③ 표시제어부

- 연동논리부와 연결되어 현장을 실시간 모니터링하고, 필요한 진로를 구성할 수 있도록 연동논리부로 명령을 보내는 장치이다.
- 제어기능, 표시기능, 경보 기능으로 구성되어 있다.

④ 유지보수부

- 유지보수부는 시스템 감시, 메시지 기록, 연동데이터의 변경 및 오류검증, 상태재현, 각종 자료 인쇄기능을 갖는다.
- 운영체제와 모든 응용 프로그램은 표시제어부와 같은 방식으로 하며 시스템 감시화면은 표시제어부 역 구내 화면을 동일하게 표시한다.

전자연동장치의 기능

① 열차 운행표(Train Diagram)의 저장 및 열차번호에 의한 열차추적 수행기능
② 자동 및 수동진로의 설정 및 해정
③ 선로전환기 단독전환
④ 관제설비와 상호 통신 기능
⑤ 선로 변 설비 및 각 주변장치와의 인터페이스(Interface) 기능
⑥ 임시속도의 설정에 의한 속도제한 기능
⑦ 비상정지기능
⑧ 기타 필요한 기능

17 전자연동장치의 낙뢰 피해 예방법에 대하여 설명하시오.(25)

낙뢰 피해 예방법

전자연동장치의 두뇌인 연동논리부는 외부와 전기적으로 완전히 분리되어 전차선 지락, 낙뢰, 전기·전자유도에 영향을 받지 않도록 다음 사항을 고려하여 설계한다.

① 절연트랜스 설치
- 서지 이행율 1/1,000
- 효율 95% 이상
- 1차측 보호전류 500A 2,000회

② 전자연동장치 UPS전원을 별도로 설치하고 내부 절연트랜스를 사용
- 입력부와 By-Pass 회로에 절연트랜스 설치
- 입출력부 EMI필터 설치

③ 랙 배선 분리
- 외부배선과 내부배선 간의 이상전압 유기 방지
- 각종 전원선은 트위스트(Twist) 처리하여 디커플링

④ 보안기 접지
- 통신용 보안기(14P) : 접지
- 신호용 보안기 : 접지

18 전자연동장치의 안전측 동작처리 절차, 부정출력발생 시 차단 조건과 차단회로의 동작에 대하여 설명하시오.(114-25)(120-25)

¤ 전자연동장치의 부정출력 차단에 대하여 설명하시오.

부정출력의 차단 조건

부정출력 차단은 연산처리의 오류, 하드웨어의 소손, 기타 외부요인 등으로 인하여 CPU모듈 또는 입, 출력모듈 스스로 안전측 처리가 불가능한 부정출력 또는 입력이 검지 될 때 이를 외부에서 강제적으로 차단하기 위한 회로로서 다음과 같은 경우에 동작하여야 한다.

① 제어회로에 사용되는 무극선조계전기가 CPU모듈의 제어와 무관하게 여자접점이 구성되는 경우
② 전철제어계전기(WR)가 CPU모듈의 제어와 무관하게 반대측 접점이 구성되는 경우
③ 출력모듈에서 안전측 처리가 불가능한 부정 출력이 발생하는 경우
④ 선로전환기 제어모듈에서 사용하지 않은 출력 또는 안전측 처리가 불가능한 부정출력이 발생하는 경우
⑤ CPU 모듈에서 정상적인 연산처리가 되지 않을 경우

⑥ 시스템의 동작이 정지되거나 고장으로 정상운용이 불가능한 경우
⑦ 기타 안전측 동작에 위반하여 위험한 상태의 출력이 발생하는 경우

부정출력 차단회로 동작

① 부정출력의 발생으로부터 부정출력 차단회로가 동작하여 차단에 소요되기까지의 시간은 2초 이내이어야 한다.
② 부정출력 차단회로 동작 후 부정출력의 원인이 해소되더라도 시스템 스스로 복구되지 않아야 하고 부정출력의 원인이 해소되지 않았으면 사용자가 확인취급을 하더라도 복구되지 않아야 한다.
③ 부정출력 차단회로 동작 시에는 외부계전기 동작용 전원을 차단하고 출력모듈에 의하여 출력 중인 데이터는 삭제되어야 한다.
④ 부정출력 차단회로 동작 시에도 출력제어와 관계되지 않은 모든 기능은 정상이어야 한다.

19 전자연동장치의 정거장 규모에 의한 분류 및 주요 구성품에 대하여 설명하시오.(114-10)

¤ 전자연동장치를 선정할 때 각 역 연동도표의 진로 수에 따른 선정기준 설명

규모에 의한 분류

① **소형역** : EIS-S - 60 진로 이하일 때 설치
② **중형역** : EIS-M - 61~140 진로일 때 설치
③ **대형역** : EIS-L - 141~300 진로일 때 설치
④ **특대형역** : EIS-XL - 301 진로 이상일 때 설치

주요 구성품

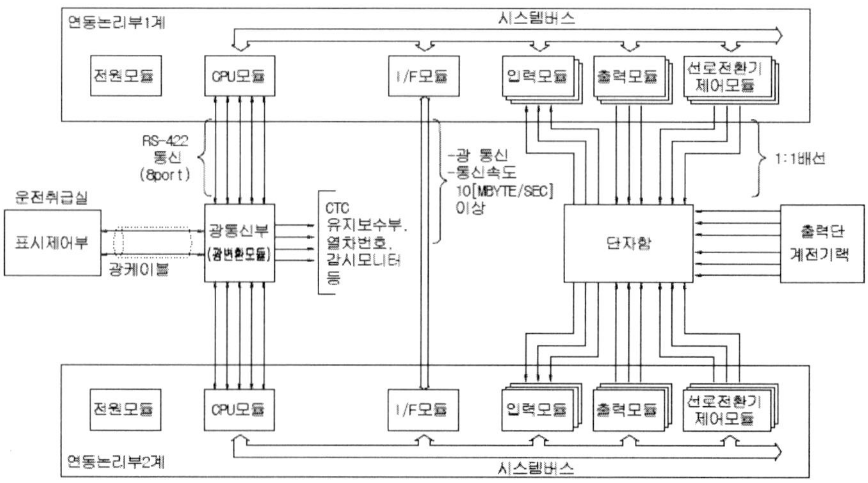

① **연동논리부** : CPU 모듈, 인터페이스모듈, 출력모듈, 입력모듈, 서비스 모듈로 구성되며 실시간 운영체제로 연동처리, 버스 및 입출력모듈제어, 외부장치와 통신, 시스템 감시 및 절체 기능을 갖고 있다.

② **광통신부** : 광통신부는 표시제어부, CTC, 원격제어, 열차번호 송수신, 유지보수부, 기타 외부장치와의 광통신을 위한 장치이며, 표시제어부와의 통신은 직접 광케이블을 이용한 광통신을 사용하고, 주변장치와 통신방식은 RS-422를 표준으로 하고 있다.

③ **표시제어부** : 표시제어부는 운전취급실 설비로 광통신을 사용하여 연동논리부와 접속되어 연동논리부로부터 역 구내의 신호기, 선로전환기, 궤도회로, 진로의 상태, 열차번호 및 운행상황 등 현장설비의 상태를 수신하여 실시간으로 모니터링을 할 수 있다. 표시제어부의 컴퓨터는 산업용으로서 2중계로 구성되어 있으며, 자동절체 기능은 없고, 운영자가 필요시 수동으로 절체 할 수 있다.

④ **유지보수부** : 유지보수부는 연동논리부와 접속되어 역 구내 화면표시, 시스템 감시, 연동데이터의 변경 및 오류검증, 상태 재현한다.

- 시스템의 운영정보와 고장정보를 기록하고 자료 인쇄기능을 한다.
- 유지보수부는 출력제어는 할 수 없으며, 시스템 운영상황을 실시간으로 모니터링 및 저장함으로 유지보수의 효율을 향상시킨다.
- 유지보수부는 기기별, 시간별, 종별, 메시지 관리, Logging 데이터 관리, Logging 데이터 재생이 가능하며, 유지보수자에게 정보를 제공한다.

⑤ **인터페이스 계전기 랙**

- CPU의 제어출력으로 선로전환기, 신호기 등의 분기 선로 현장설비를 동작시키기 위해 계전기 동작을 통하여 제어한다.
- CPU의 연산처리 결과 출력모듈에서 전원(DC24V)을 전송하여 해당 제어계전기를 여자 시킨다.
- 출력모듈에 의해 제어된 계전기는 여자접점에 의하여 현장설비의 전원을 On/Off 한다.
- 계전기의 접점을 통하여 입력모듈로 현장설비의 상태정보를 전송한다.

20 전자연동장치의 집중형과 분산형에 대한 기능 및 특징을 설명하시오.(120－25)

개요

• 전자연동장치는 중앙처리장치, 표시제어부, 데이터 전송장치, 입출력장치 등으로 구성
• 현장설비의 제어방식에 따라 집중형과 분산형으로 구분.
• 집중형은 한 곳에 현장제어부에서 다수의 현장설비를 제어하고,
• 분산형은 여러 곳으로 분산된 현장제어부에서 그룹의 현장설비를 제어하는 방식이다.
• 중앙처리장치는 분산제어방식일 경우 여러 대의 마이크로컴퓨터로 이루어지며,
• 집중식 제어방식일 경우 단일의 마이크로컴퓨터로 구성되고 Fail－Safe 기능의 마이크로컴퓨터에 의해 안전성을 확보하고 있다.

전자연동장치 분류

① 집중형 전자연동장치

• 집중형 전자연동장치는 연동장치를 신호기계실의 한 장소에 집중배치하여 제어하는 방식
• 2중화로 구성된 한 곳의 현장제어부에서 입출력부에 계전기를 직접 사용하여 현장의 선로전환기 및 신호기 등과 1 : 1로 연결하여 제어하는 구조이다.
• 집중형 전자연동장치는 일반적으로 가장 많이 사용하고 있는 방식이다.
• 집중형 전자연동장치는 시스템의 집중화로 유지보수 및 시스템 장애발생시 진단 점검이 쉽다.

② 분산형 전자연동장치

• 분산형 전자연동장치는 입출력부에 현장제어모듈을 두어 광 통신방식으로 제어하는 구조
• 연동장치 설치역과 인근 다수의 역을 제어하고 연동논리부는 운전취급자의 진로요청에 따라 연동기능을 수행한다.
• 각 연동역에는 연동논리부가 설치되며, 기기 집중역에는 현장제어부(전자단말기)가 설치된다.
• 모든 연동논리 처리는 연동논리부에서 처리되며, 연산 된 정보는 광 통신망을 통해서 각 기계실에 설치된 현장제어부로 전달되고,
• 현장제어부는 현장에 설치된 분기기 및 신호기의 제어처리를 수행한다.
• 현장제어부는 복수 개의 모듈로 구성되며, 시스템의 안전성과 가용성을 위하여 이중화로 구성되어 결함이 발생할 때 즉시 예비계로 절체되어 정상동작이 유지된다.
• 장치별 제어명령을 현장 제어함에 송신하여 제어함에서 선로전환기, 신호기 등의 현장 신호설비를 제어한다.

- 궤도회로 점유정보와 현장의 진로 관련 정보를 입력받아 조작표시반과 유지보수부, CTC장치에 전송한다.
- 분산형 구조의 전자연동장치는 현장기기의 이설 및 증설 시에도 유연하게 대응할 수 있는 장점이 있다.

집중형과 분산형 전자연동장치 비교

구분	집중형 전자연동장치	분산형 전자연동장치
장치구조	• Rack 실장형으로 마이그로프로세서 PCB 구조이다. • 연동장치 집중배치로 한 곳에 넓은 설치 면적이 필요하다.	• Rack 실장형으로 마이그로프로세서 PCB 구조이다. (동일) • 시스템의 분산화로 설치 면적이 적게 소요된다
운영체계	• 프로그램에 의한 논리회로 구성 및 데이터 처리를 한다. • 정보의 처리 및 결과에 대한 운영 기록유지, 보수관리 기능을 한다.	• 집중형과 동일
확장성	• 분산형에 비해 불리하다	• 현장설비의 이설 및 증설 시에 확장성이 쉽다.
안전성	• 시스템 2중화로 주계 고장시 부계로 자동 절체되어 지속적으로 운영 • 안전 측 동작구현 및 자기진단 기능에 의한 고장 조기발견이 가능	• 집중형과 동일
시공성	• 다중 케이블 및 전선관로 시설시공으로 공사기간이 과다 소요된다. • 현장 시설물과의 인터페이스용 계전기가 필요하다.	• 그룹별 담당 분산제어기를 현장에 설치하므로 가설물 설치가 필요 • 인터페이스용 계전기가 불필요(궤도계전기 제외)
유지보수성	• 기기집중화로 시스템 점검이 용이 • 케이블 집중화로 각 케이블의 파손 우려 및 주기적 점검이 필요 • 케이블 집중화로 인한 서지 및 낙뢰로 인한 유도전압 인입이 가능.	• 자체 통신점검 기능으로 고장개소 판단이 용이하며, 시스템 간 통신케이블 포설 필요. • 외부 서지, 정전 및 전자유도 간섭배제로 시스템을 안정화 됨.
경제성	• 다중 케이블 포설 및 전선관로 시설로 투자비가 증액됨.	• 다중 케이블 포설 및 전선관로 시설 축소로 투자비가 절약됨.

구분	기기 집중 설치식	기기 분산 설치식
장치구조	• Rack 실장형 • Micro processor PCB 구조	• 기기집중 설치식과 동일
운영체계	• 프로그램에 의한 논리회로 구성 • 열차운행기록 및 유지관리 기능, 데이터처리	• 기기집중 설치식과 동일
확장성	• H/W 및 S/W 변경처리	• 기기집중 설치식과 동일
안전성	• 시스템고장 시 2중계 자동 Back-up으로 지속적인 운영상태 유지 • Fail-Safe 구현 및 자기진단기능에 의한 고장 조기 발견	• 기기집중 설치식과 동일
설치면적	• 시스템 집중화로 기기분산식 설치보다 넓은 면적 소요	• 시스템 분산화로 설치면적 분산
케이블 포설	• 다중 케이블 및 기기집중화로 인한 케이블 인입수량 및 인입구 면적소요 및 인입용 맨홀 필요	• 분산제어기와 소량의 광케이블 포설로 인한 다중케이블용 전선관로 불필요
유지 보수성	• 기기집중화로 시스템관리와 점검 쉽다. • 케이블 집중화로 인한 서지 및 낙뢰로 인한 유도전압 인입 가능 • 케이블 집중화로 각 케이블의 손상우려 및 주기적점검 필요(전압강하, 피복손상, 유도 등)	• 시스템 간 광케이블(통신용) 포설 및 자체 통신점검 기능으로 주기적 케이블 점검 불필요 및 고장개소 판단 용이 • 외부서지, 정전 및 전자유도 간섭배제로 시스템 안정화
경제성	• 다중 케이블 포설 및 전선관로 시설로 투자비 증가	• 다중 케이블 포설 및 전선관로 시설 축소로 투자비 절약

21 진로를 제어할 때 연동장치의 동작과정에서 진로조사를 하는 목적에 대하여 설명하시오.(126-10)

진로조사 목적

진로조사 회로를 사용하는 목적은 보류쇄정 회로를 더 간단하게 만드는 것이며, 이 회로는 진로상의 모든 선로전환기가 목적한 방향으로 개통되었는지를 조사하는 회로이다.

① 하나의 신호기에는 하나의 진로조사회로가 있다. 진로조사회로는 신호기의 이름을 따서 명명된다.

② 진로조사회로는 일반적으로 전원이 차단된다. 모든 유리한 조건이 제공되는 경우 신호 버튼을 누르고 진로 버튼을 누르면 픽업 된다.

③ 충돌하는 신호기의 쇄정을 하기 위해 ALSR의 강상 접점 또는 충돌하는 신호기의 진로조사회로의 낙하 접점이 진로조사회로에서 입증된다.

④ 진로조사회로에서 진로에 있는 모든 선로전환기의 중첩 및 격리가 증명된다.

⑤ CH IN은 진로조사회로에서도 입증되었으므로 일단 확인이 완료되고 진로가 쇄정되면 크랭킹을 통해 추가 경로를 기계적으로 변경해서는 안 된다.

⑥ 장내신호기 회로에서 진로조사회로 강상 접점은 진로와 선로전환기가 정당한 방향으로 개통되었음을 입증한다.

⑦ 진로조사회로 낙하 접점은 ALSR 회로에서 입증되었다. 이는 진로조사회로가 선택되는 즉시 ALSR을 삭제하는 데 사용된다(예 확인되는 즉시 진로를 쇄정하는데 사용된다). ALSR 회로에서 진로조사회로의 낙하 접점은 경로를 해제하기 전에 신호 버튼이 정규화되도록 한다.

22 철도신호용 계전기의 개리력(복원력)에 대하여 설명하시오.(120－25)(121－25)

복원력(Restoring force)

- 평형을 이루고 있는 장치에서 외력에 의해 평형이 깨어졌을 때 원래 상태로 돌아가려는 힘을 말한다. 가장 대표적인 예는 스프링(용수철)에서 작용하는 탄성력을 들 수 있다.
- 복원력이 존재하는 경우 장치는 아주 높은 확률로 Harmonic Oscillation(조화 진동)을 하게 된다. 용수철을 당겼다 놓았을 때 하는 가장 이상적인 진동을 생각하면 된다. 이는 $F = -kx$, $E = \frac{1}{2}kx^2$ 라는 가정을 바탕으로 하는데, x가 충분히 작을 경우 대체로 이 식은 어느 장치에서나 근사적으로 만족된다.

주) F는 복원력, k는 용수철 상수

계전기의 흡입력과 개리력(복원력)

① 계전기는 전자석에 의한 철편의 흡입력을 이용하여 접점을 개폐하는 기능.

② 계전기의 동작원리는 봉상의 철심에 코일을 감아서 여기에 스위치와 전원을 연결한다.

③ 스위치를 닫으면 코일에 전류가 흘러서 봉상의 철심은 전자석이 되어 철편을 흡인하는 원리를 이용 한 것이다.

계전기의 개리력(開離力)

① 계전기는 여자 시 전자석에서 강한 자력으로 흡인력을 발생시켜 접점이 강상상태로 접촉하도록 유지한다.

② 계전기가 여자하여 접점이 강상하고 있는 동안에 접점의 접촉이 약하게 되면 회로에 영향을 미친다.

③ 이처럼 계전기가 여자 하여 접점이 강상하여 접촉을 지속적으로 유지하지 못하고 이탈되는 현상을 '개리력'이라 한다.

④ 따라서 어느 정도의 진동이 가해져도 안전하게 동작할 수 있도록 접점의 압력과 추종량, 간극 등의 값을 충분히 확보하는 것이 중요하다.

23 철도신호용 계전기의 종류 및 장단점에 대하여 설명하시오.(118-25)

신호용 계전기 종류

무극선조계전기, 유극선조계전기, 시소계전기 등

① 직류용 계전기

- **무극선조계전기** : 자속의 극성과 관계없이 여자전류의 유무에 의해서만 동작
- **완동계전기** : 여자(동작)시 늦게 동작하는 계전기.
- **시소계전기** : 일정 시분 늦게 여자 하도록 완동성의 계전기
- **완방계전기** : 계전기가 늦게 낙하하는 계전기
- **궤도연동계전기** : 연동자가 있는 계전기
- **직류유극(선조)계전기** : 극성이 있는 계전기
- **자기유지계전기** : 전류가 없어도 유지한 상태를 유지
- **BIAS형계전기** : 전류가 한 방향으로 흐를 때만 동작

② 교류용 계전기

- **교류 일원형 계전기** : 전류 유무에 의해 동작
  Coil에 교류가 흐르면 철심의 국부 Coil에 의해 하방부터 상방으로 이동되어 자계가 발생하여 알미늄 판을 상방으로 회전하여 접점을 개폐하며 전류의 유무에 의해 서만 동작
- 교류 이원형 계전기 : 위상차 이용 계전기
  회전력은 국부코일의 자속과 궤도코일의 자속 크기와 그 사이에 위상차의 정현파에 비례한다. **즉 위상 차이에 의해 동작하는 계전기**

장점

- 입력회로와 출력회로가 완전히 절연되어 있다.
- 한 개의 계전기에 여러 개의 접점을 사용할 수 있으므로 다수의 전기제어가 가능하다.
- 완동과 완방 등의 시간특성을 비교적 간단한 회로로 구현할 수 있다.
- 간단한 설계
- 견고한 작동
- 원거리 배선의 비용 절약
- 다중 패키징 및 기능 옵션
- EMI/RFI 내성

단점

- 제어에 대한 입력 사용전압이 크다.
- 계전기 구조상 동작 속도가 비교적 느리다.
- 기계적으로 접점이 개폐되므로 마모가 발생할 수 있다.

24 철도신호공사 시공관리절차서에 의한 연동도표 작성 및 승인에 대한 업무흐름도를 작성하고 작성하고 그 내용을 설명하시오. (108, 109-25)

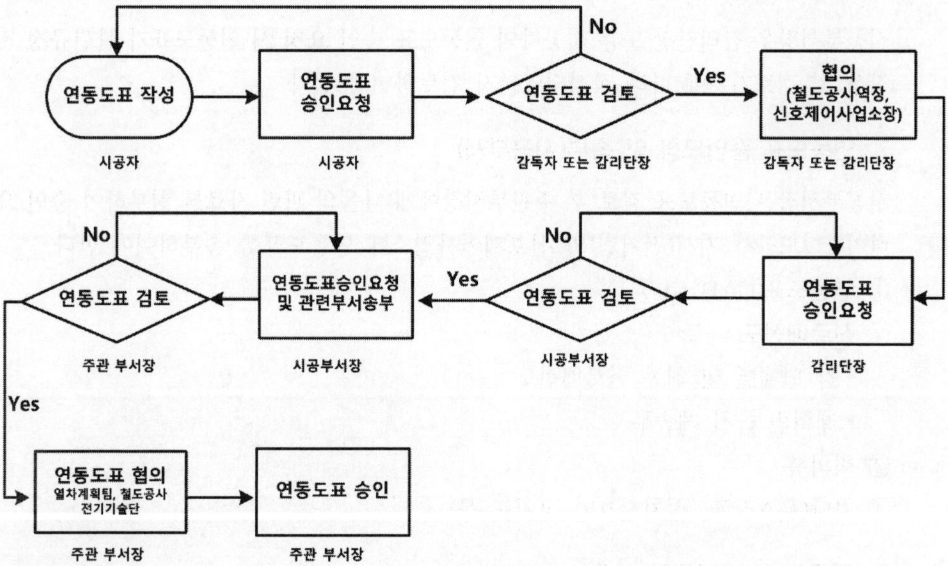

1. 연동도표 작성(시공사)

시공자는 선로배선도 및 현장조사한 자료를 가지고 관련규정 및 연동도표 작성 및 검토 기준에 따라 작성하여야 한다.

2. 연동도표 승인요청(시공사)

시공자는 절체일정을 감안하여 최소한 운행선변경 절체 30일전 감리단장 또는 시공부서장(직접 감독시)에게 연동도표를 승인요청 하여야 한다.

3. 연동도표 검토(감리단)

감리단장 및 감독자(직접감독시)는 연동도표가 관련규정 및 연동도표 작성 및 검토 기준에 따라 작성되었는지 검토하여야 한다.

4. 연동도표 협의(감리단)

- 감리단장 및 감독자는 연동도표 검토후 철도공사 해당역장(관리역장) 및 신호제어사업소장과 협의한다.
- 해당역장 및 신호제어사업소장과 협의시 회의록을 작성하여야 한다.

5. 연동도표 승인 요청(감리단)

감리단장은 검토 및 협의 완료 후 시공부서장에게 연동도표를 승인요청 하여야 한다.

6. 연동도표 검토(시공부서)

시공부서장은 감리단장 또는 시공자의 연동도표 승인 요청 시 연동도표가 관련규정 및 연동도표 작성 및 검토기준에 따라 작성되었는지 검토하여야 한다.

7. 연동도표 승인요청 및 송부(시공부서)

시공부서장은 연동도표 검토 후 주관부서장에게 다음의 관련 자료를 첨부하여 승인 요청 하여야 하며, 철도공사 지사(전기팀)와 신호제어사업소에 연동도표를 송부하여야 한다.

① 연동도표(CAD file)

② 선로배선도

- 각 단계별 및 최종 선로배선도
- 계획변경 시 재송부

③ 회의록

④ 기타(유효장표, 상치신호기 장치표 등)

8. 연동도표 검토(주관부서)

- 주관부서장은 시공부서장이 승인 요청한 연동도표가 관련규정 및 작성기준에 따라 작성되었는지 검토하여야 한다.
- 주관부서장은 승인 요청한 연동도표를 시설본부장 및 철도공사사장 (전기기술단장)에게 의견을 조회하여야 하며 위 7항의 자료를 첨부하여야 한다.

9. 연동도표 승인(주관부서)

- 주관부서장은 관련부서장(시설본부장, 철도공사사장)의 의견을 종합하여 연동도표를 승인한다.
- 연동도표 승인 후 시공부서 및 관련부서(시설본부, PM본부 및 철도공사)에 배부한다.

25 **전자연동장치(SSI : Soild State Interlocking)와 선로변기능모듈(TFM : Trackside Functional Module)의 구성도를 설명하고, MPM(Multi-Processor Module), PPM(Pannel-Processor Module), PM(Point Module), UM(Universal Module) 각각의 기능을 설명하시오.(127-25)**

¤ 고속철도에서 사용 중인 선로변 기능모듈(TFM : Track Function Module)에 대하여 설명하시오.

구성도

① 2개의 패널 프로세서 모듈(PPM)
② 연동처리 기능의 3개의 멀티프로세서 모듈(MPM)
③ 진단처리 기능의 1개의 DPM
④ 데이터 링크 모듈(DLM)과 장거리 전송터미널(LDT) : TFM과의 통신 및 기계실내 다른 SSI 와의 통신

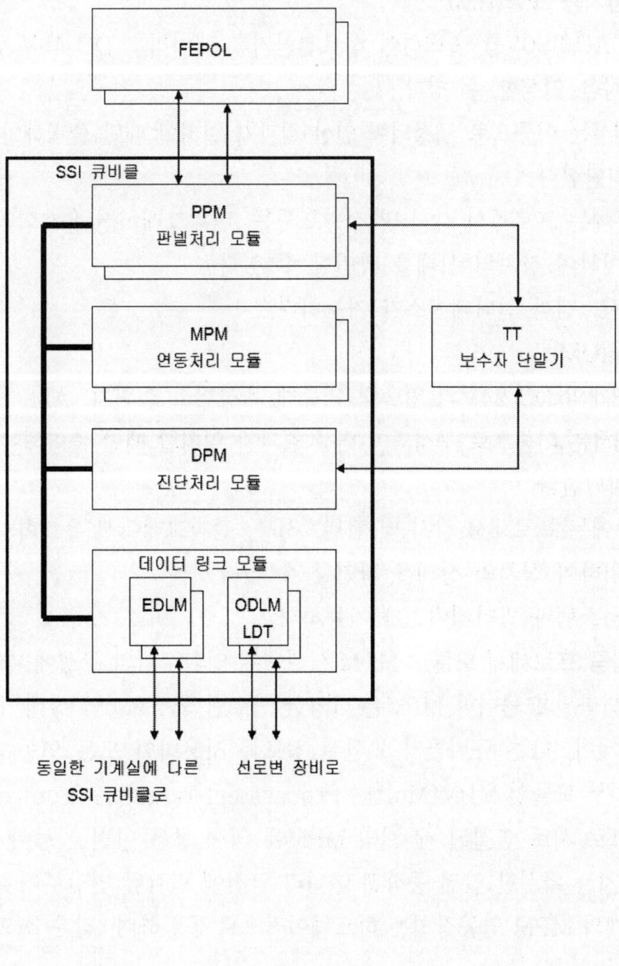

TFM 기능

SSI 큐비클은 연동논리를 처리하는 연동시스템으로 역에 위치한다. 한 역(Station)에는 역의 크기 및 역 제어 범위에 있는 연동 기계실(IEC)의 수와 복잡성에 따라 2~3개의 SSI 큐비클이 설치된다. SSI 큐비클은 FEPOL로부터 수신한 제어 명령의 연동논리를 처리하여 현장의 TFM을 제어하며, 현장설비의 제어 상태를 TFM으로부터 수신하여 FEPOL로 전송하는 임무를 수행한다. 연동 프로세싱 장치는 2 out of 3 방식으로 3중화되어 있어 사용 중에 하나의 장치가 고장 나더라도 작업의 중지 없이 안전하게 작업을 계속 수행할 수 있으며, 장치를 계속 운용하면서 고장 난 장치를 보수할 수 있어 시스템의 유용성을 보장할 수 있다. 또한 큐비클 내의 모든 모듈을 진단하고 관리하는 진단모듈이 있어 각 모듈의 상태 및 통신 상태를 감시할 수 있다. SSI 큐비클은 내부 데이터 링크(IDL)를 통해 큐비클 간의 통신이 이루어지며, 선로변 데이터 링크(TDL)를 통해 현장의 TFM과 통신한다.

전자연동장치(SSI)의 입출력을 송수신하는 장치로 선로전환가용 모듈(PM), 범용모듈(UM), 범용모듈절체기로 분류할 수 있으며 기술적 특징은 다음과 같다.

① **선로전환기용 모듈(PM)**

- 4개의 AC 380V를 출력하여 선로전환기를 제어하고 DC 48V 입출력을 통해 선로전환기의 방향을 인식할 수 있다.
- 프로세서는 이중으로 구성되어 연산 결과가 일치할 때만 출력해야 하고 불일치 시에는 출력을 차단한다.
- 전면부에는 프로세서 감시 및 전원표시등, 컨피그레이션 유효화와 어드레스 유효화 표시등을 설치하여 장치의 상태를 확인할 수 있다.
- 기존 시스템과 인터페이스가 가능하다.

② **범용모듈(UM)**

- 각각 8개의 DC 24V의 입출력을 통해 쇄정취소 스위치, AM, SM 등을 제어할 수 있다.
- 프로세서는 이중으로 구성되어 연산 결과가 일치할 때만 출력해야 하고 불일치 시에는 출력을 차단한다.
- 전면부에는 프로세서 감시 및 전원표시등, 컨피그레이션 유효화와 어드레스 유효화 표시등을 설치하여 장치의 상태를 확인할 수 있다.
- 기존 시스템과 인터페이스가 가능하다.

③ **MPM(다중 프로세서 모듈)** : MPM은 관련된 입환구역의 구성에 따라서 파라미터화 될 수 있는 컴퓨터화된 모듈이다.MPM은 다양한 선로변 구성요소의 상태, FEPOL 및 보수자 단말기부터의 제어, 다른 큐비클과 교환된 정보를 사용하여 모든 연동 조치를 관리한다.

연동장치부 모듈인 MPM(Multi－Processor Module)은 2 out of 3 이중화(Redundant) 시스템으로 서로 연결된 세 개의 MPM에 의해 모든 안전 기능이 이뤄진다. 이러한 2 Out of 3 배치는 확실한 안전 동작뿐 아니라 안전에 민감한 연산부에 대하여 내고장성을 부여한다. 세 개의 MPM 연동장치는 하드웨어적으로 동일하며, 같은 소프트웨어를 사용한다. 각각의 모듈은 계속해서 나머지 두 개의 모듈의 출력 상태와 동적 기억장치의 내용을 자신과 비교하면서 스스로 점검한다.

고장이 나면 오동작이 일어나지 않도록, 각 모듈은 한번 고장이 났다고 판단되면 또다시 오동작을 일으킬 수 없도록 완전히 "셧다운(Shut-down)"된다. 이것은 안전 퓨즈 회로 형태로 되어있다.

각 모듈의 처리결과에 불일치가 탐지되면 모듈은 자신의 안전회로로 자기진단을 실시하거나, 또 다른 모듈과 같이 세 번째 모듈의 안전회로를 기동한다. 이런 방법을 통해 각 모듈의 고장을 검지하여 안전 측으로 동작한다.

"셧다운"된 모듈은 선로변 장치 및 내부 데이터 링크, PPM(Panel Processor Module)과 통신할 수 없다. 따라서 나머지 두 개의 모듈은 더 이상 방해를 받지 않고 "2개 중 2개 (2 out of 2)"의 구성 하에서 정상적으로 동작하게 된다.

이때 신호취급자에게 경보를 주게 된다. 유지보수자는 열차운영에 방해 없이 오동작 모듈을 제거하고, 새로운 모듈을 설치하여 시스템을 동작시킨다.

전원공급장치에 고장이 발생하거나 이상전압이 발생할 경우, 시스템은 전통적인 방식으로 오프라인 상태로 된다. 모든 신호는 최대한 제한을 가하는 상태로 복귀되고 선로전환기는 마지막 상태로 쇄정된다. 저장된 기능은 적어도 6시간 지속된다. 전원이 복구되면 특별한 데이터 손실이 없는 한 자동으로 시스템이 원상회복된다. 만약 데이터 손실이 있을 때, 유지보수자가 직접 재가동하여야 한다.

④ **PPM (패널 프로세서 모듈)** : 이 모듈은 FEPOL과 SSI 큐비클에서 수용된 3개의 연동 모듈(MPM)간의 인터페이스를 제공한다. 운영자나 자동 스케줄 체계의 통제를 받는 진로 취급하는 CTC 또는 LCP에 의해 PPM으로 요청될 수 있다. PPM은 지속적인 운전과 가용성을 위해 이중으로 구성되었으며 이중화된 두 개의 모듈이 계속해서 동작한다. 두 개의 모듈 모두가 모든 입력자료를 받고 연동모듈에 송신 시 이 두 개의 모듈이 번갈아 가며 송신을 한다. 이들은 또 다른 모듈이 작동을 지속해서 확인하여, 하나의 모듈에 고장이 발생하는 경우, 다른 모듈이 시스템 운영에 장애가 없이 시스템을 계속 작동할 수 있도록 한다.

⑤ 2중화 절체기(PM, UM_ASC)

- 2중화 절체기는 모듈 종류별로 기능 및 정보처리 내용이 다르므로 모듈당 각각 1개로 구성하여 설치한다.
- 고장검지 및 알람에 대하여 각종 신호설비 감시장치와 인터페이스가 가능하도록 통신포트(RS-485C)를 제공한다.
- 절체기 내의 프로세서는 이중으로 구성되어 운전한다.
- 모듈의 배치순서와 같게 배치하여 유지보수자의 편리를 도모한다.
- 모듈에 연결된 기존 시스템의 입출력을 감시하고 주계 모듈 고장 시 예비계로 자동 절체되어 기능에 이상이 없다.
- 절체기 자체 고장 시에도 주계의 출력은 유지된다.

26 고속철도 전자연동장치(IXL) SSI 큐비클의 구성기기에 대하여 설명하시오.(127-25)

SSI 큐비클의 구성

하나의 SSI 캐비닛은 2개의 패널처리 모듈(PPM : Panel Processor Module), 3개의 다중처리 모듈(MPM : Multi Processor Module), 1개의 진단모듈(DIA : Diagnostic Module), 데이터링크(EDLM, ODLM, LDT)로 구성된다.

① **패널처리 모듈(PPM)** : 역정보전송장치인 FEPOL과 인터페이스 되어 사용자를 위한 각 화면표시 시스템인 제어 콘솔, 유지보수 콘솔, 감시 콘솔 등과 직렬 접속으로 통신할 수 있도록 처리한다.

② **다중처리 모듈(MPM)** : 연동장치 다중처리 모듈은 SSI를 위한 모든 안전 기능을 수행하며 2-out-of-3의 다중 시스템으로 연결되어 있다. 2 out of 3 방식은 같은 3개의 시스템을 병열 운용 중 각 시스템의 출력 중 2개 이상이 일치하면 참값으로 보팅하여 출력하는 구조로, 하나가 고장 나더라도 작업 중지 없이 안전하게 작업을 계속 수행할 수 있으며 장치를 계속 운용하면서 고장이 난 장치를 보수할 수 있어서 시스템의 가용성(Availability)을 향상시키는 방식이다.

③ **진단모듈(DIA)** : 진단모듈은 데이터 링크를 통해서 메시지를 분석하고, 또한 유지보수 단말기(ISSI TT)로 모든 장애를 보고한다.

④ **광통신 모듈(ODLM)** : 광통신 모듈은 광섬유 데이터 링크를 통해 TFM 클러스터를 출입하는 데이터를 안전하게 전송하도록 해주는 통신 장치이다.

⑤ **전기통신 모듈(EDLM)** : 전기통신 모듈은 전기적 직렬 데이터 링크(G) 유형 EIA485를 통해 TFM 클러스터를 출입하는 데이터를 전송하도록 해주는 통신 장비이다.

⑥ **장거리 단말기(LDT)** : 장거리 단말기는 전화 네트워크를 통해 SSI와 멀리 떨어진 TFM 사이에 데이터를 안전하게 전송할 수 있도록 해주는 통신 장비이다.

27 철도신호설비의 전자화 문제점에 대하여 설명하시오.(25)

개요

전자연동장치는 1980년대 스웨덴에서 세계최초로 설치 운용된 이래 마이크로컴퓨터를 이용한 신호시스템을 널리 사용

전자화의 장점

① 계전기로 구성된 설비에 비하여 저렴하고 크기 작음
② 신뢰성이 높고, 소비전력 적음
③ 유지보수 및 고장진단이 간편하다.

전자화의 문제점

① 하드웨어

- 전자화에 따른 통일된 구성방법 확립되지 않고, 안전성, 신뢰성 분석 어려움
- 고집적 회로소자를 사용하여 고장모드 예측 곤란
- 열화, 마모의 고장, 오동작 발생 쉽고, 파급효과 크다
- 예비시스템의 고장발견에 어려움

② 소프트웨어

- 에러 없는 완벽한 소프트웨어 개발 보장할 수 없고, 검증 법이 없어 안전도 및 신뢰도 파악에 어려움
- 기억장치, 버스선(Bus Line)등 하드웨어와 연관된 고장 시 상태 파악, 대책수립에 어려움

③ 전자기 환경

- 고집적, 소형화, 고속 처리화된 전자부품을 낮은 레벨의 신호로 동작하기 때문에 전자 잡음이나 전원변동에 매우 취약
- 레일을 신호경로로 사용하기 때문에 주변장치와 신호체계간 신호전자파 방해현상(EMI : Electro Magnetic Interference)이 심각해 질 수 있음
- 고압 및 저압기기의 공존으로 써지(Surge) 및 임펄스성 잡음 발생 가능성

결론

① 점차 기술의 일부분을 소화해 마이크로 일렉트로닉화(전자화)기능은 구현되고 있으나, 구현기능의 검증, 외부 잡음 등의 외란 등에 대처에 어려운 실정이다.

② 신기술의 확보를 위한 신호설비의 기술 분석과 개선 방안이 연구 발전시켜야 할 과제이다.

제5장

선로전환기 장치

01 MJ81형 선로전환기의 내구성 시험에 대하여 설명(129-10)

02 NS형 선로전환기에서 전동기 기동력(기동토크) 발생을 위해 사용되는 콘덴서의 이상 유무 판단법(130-10)

03 경부고속철도에 설치된 BWG 분기기의 HDD(Holding Down Device)와 선로전환기와 의 관계에 대하여 설명(117-10)

04 고속선로 노스가동형 분기기에 사용되는 밀착쇄정장치의 개요, 기능 및 구성(127-25)

05 전기선로전환기 선정 시 고려해야 될 사항을 5가지 이상 제시(111-10)

06 전기선로전환기(NS형)의 구성 및 동작원리(112-25)(132-25)

07 선로전환기를 동작방식에 따라 구분하여 설명(115-25)

08 전기선로전환기의 시공방법에 대하여 설명(124-10)

09 차상선로전환기의 구성 및 취급방법(115-25)

10 차상선로전환장치의 설치 및 조작방법에 대하여 설명(124-25)

11 고속철도 분기기에서 사용되는 밀착쇄정장치(Vcc : chair housing lock)의 개요, 기능 및 구성에 대하여 설명(25)

RAILWAY SIGNALLING PROFESSIONAL ENGINEER

제5장

선로전환기 장치

01 MJ81형 선로전환기의 내구성 시험에 대하여 설명하시오.(129－10)

내구성 시험

① 정격의 1.1배 전압을 가하여 무부하의 상태에서 선로전환기를 2,000회 (매분 5~6회 비율) 이상 연속 전환해도 각부에 이상이 없어야 한다.

② 정격전압에 3,923N±10%(단상 3,530N±10%)의 부하를 걸어 선로전환기를 200,000회 (매분 5－6회 비율) 이상 연속 전환하여도 각부에 이상이 없어야 한다.

③ 정격에 있어서 동작간의 동작을 방해한 상태로 10분 이상 연속 방치하여도 각부에 이상이 없어야 한다.

주) (1) 내구성 시험은 신규업체 참여시, 성능에 영향을 미치는 설계변경 시, 제조방법 변경 시 및 기타 필요하다고 인정되는 경우 시행한다.

(2) 내구성시험 유효기간은 3년으로 하며, 내구성시험에 사용된 선로전환기는 납품할 수 없으며 제작사가 유효기간 이상 보관하여야 한다.

02 NS형 선로전환기에서 전동기 기동력(기동토크) 발생을 위해 사용되는 콘덴서의 이상 유무 판단법에 대하여 설명하시오.(130－10)

콘덴서의 이상 유무 판단법

- 콘덴서가 운전 중에 단선되면 소모전류가 7~9A가 흐르고 일단 정지 후에는 기동이 안 되며 전류가 11A가 흐른다.
- 콘덴서가 운전 중에 단락되면 전동기는 정지되고 전류가 35A가 흐르며, 휴즈가 단선된다.
- 콘덴서는 20년 또는 40만회 사용 후에 교환한다.

03 경부고속철도에 설치된 BWG 분기기의 HDD(Holding Down Device)와 선로전환기와 의 관계에 대하여 설명하시오.(117－10)

HDD 기능

BWG 분기기 크로싱부에 설치된 HDD는 열차가 고속으로 주행할 때 노스레일이 흔들리거나 처지는 것을 방지하기 위하여 노스레일을 고정해주는 분기기 부속장치이다.

HDD와 선로전환기와의 관계

- HDD(Holding Down Device)는 가동 크로싱부에만 설치되며, LCP에서 전환시험을 위해서는 동작모드가 자동으로 설정되어야 한다.
- HDD의 동작모드가 수동으로 있는 상태에서 전원이 투입된다면 노스레일을 쇄정하고 있는 HDD의 고정바는 동작하지 않는다. 또한
- 선로전환기의 전환 모터는 동작하나 HDD의 고정바에 의해 고정된 노스레일로 인해 쇄정 불가, 불일치 표시등이 발생하고 이와 같은 현상은 분기부 레일과 선로전환기 모터에 무리한 힘을 가하게 된다.
- HDD에 의한 노스레일 해정은 가동 크로싱부의 하이드로스타 선로전환기의 동작 전 1.5~2초 이내에 이루어져야 하며 동작에 관한 결과는 현장에서만 확인할 수 있다. 이것은 HDD에는 동작 완료에 대한 표출정보가 없는 것에 기인한다.

04 고속선로 노스가동형 분기기에 사용되는 밀착쇄정장치의 개요, 기능 및 구성에 대하여 설명하시오.(127－25)

개요 및 구성

노스가동형 분기기에서 기본 분기기와 가동분기기의 접속상태를 고착 유지토록 하여, 철도 차량 분기기의 선로 방향을 정확하고, 안정적으로 전환해 저속 및 고속에서도 철도 차량의 진행 속도의 가감 없이 진행 방향을 전환할 수 있도록 보장하도록 쇄정하는 쇄정장치를 말한다.

기능

① 첨단부 밀착쇄정기는 분기기 첨단부의 밀착쇄정을 위한 설비로 열차운행 중 밀착 및 쇄정상태가 유지되어야 한다.

② 크로싱부 밀착쇄정기는 분기기 크로싱부의 밀착쇄정을 위한 설비로 열차운행 중 밀착 및 쇄정상태가 유지되어야 한다.

③ 외함은 풍하중과 결빙 충격에 견딜 수 있는 구조로 제작되고 고정되어야 한다.

④ 덮개는 스프링식 잠금장치가 부착되어 쉽게 여닫을 수 있어야 한다.
⑤ 밀착쇄정기가 필요한 개소에는 제작도면과 같이 절연체를 설치하여야 한다.
⑥ 밀착쇄정기는 결빙이나 눈을 용융하는 히팅장치를 설치할 수 있는 구조이어야 한다.
⑦ 밀착 쇄정기는 비상시 선로전환기의 수동조작에 의해 정상 동작이 가능하여야 한다.

첨단부 밀착쇄정장치(VCC) 특성

노스분기기를 기본레일에 기계적으로 밀착쇄정 시키고, 전기적으로 표시를 CTC/LCP에 전송한다.

- **쇄정기능** : 기계적 고정으로 강력한 2중 쇄정
- **구동장치** : 별도 구동장치 필요
- **별도장치** : 히티장치, 쇄정감시장치 내장
- **벌림량** : 국철(145mm), 고속철(115mm)
- **밀착조정** : 0.5mm(첨단 500mm 구간)

05 전기선로전환기 선정 시 고려해야 될 사항을 5가지 이상 제시하시오.(111－10)

종류

① **일반철도** : NS형, NS－AM형, MJ－81형, KPM－16 등
② **고속철도** : MJ－81형, 하이드로스타, S700K 등

선정조건

① 기능 및 동작의 정확성
② 열차 운행에 적합한 전환력과 밀착력의 보유와 안전성
③ 기온 급변에 대한 안정성
④ 부품의 모듈화와 시공의 용이성
⑤ 설치 공간과 보수의 용이성

06 전기선로전환기(NS형)의 구성 및 동작원리에 대하여 설명하시오.(112－25)(132－25)

¤ NS형 전기 선로전환기의 구성에 대하여 설명하시오.

구성

전기선로전환기는 제어장치, 전동기, 전환부, 쇄정부, 표시장치, 외함 등으로 구성되어 있으며, 동작은 아래 그림과 같은 순서로 이루어진다.

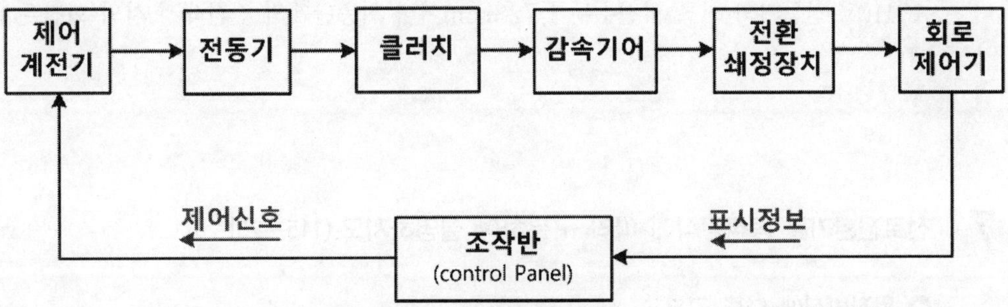

[그림] 선로전환기 동작순서

구성

전기선로전환기는 모터가 있는 전환장치와 쇄정장치로 구성되어, 전기적인 힘으로 선로전환기의 전환 및 쇄정 과정이 이루어지는 선로전환기이다.

클러치

클러치는 전동기의 회전력을 전달하고 전동기가 회전 또는 정지할 때 기어(Gear)에 충격을 주지 않도록 관성을 흡수하는 역할을 한다. 과부하 또는 전환도중에 방해를 받았을 때 전동기를 보호하기 위하여 설치하는 것으로써 NS형 전기선로전환기는 마찰클러치(Friction Clutch)가 사용되고 있다.

마찰클러치는 특수 그리스가 봉입된 다중 합판식 클러치로 회전 마찰판과 고정 마찰판을 서로 겹쳐 스프링으로 눌러 마찰 회전력을 전달하는 방식으로써 쉽게 회전력을 가감할 수 있다.

쇄정장치

NS형 전기선로전환기의 해정, 전환, 쇄정의 세 가지 작용을 하는 동작부에서 전환기어(Gear)가 1회전 하는 동안 하부 롤러(Roller)에 의하여 삽입된 쇄정간의 쇄정자를 해정하고 동작간을 움직여 첨단레일(Tongue Rail)을 전환시킨 다음 삽입된 쇄정간으로 동작간 및 쇄정간을 쇄정한다.

전동기

전동기(Motor)는 콘덴서 기동형 단상 유도전동기로써 2상 4극으로 기동력이 크고 정격전압의 80[%]에서도 동작이 확실하게 이루어져야 하고 베어링은 밀봉형 볼 베어링(Ball Bearing)을 사용하므로 급유가 필요 없는 구조이다.

선로전환기에 사용되는 AC 단상 유도전동기는 일정한 속도를 유지하는 것이 특징이며, 기동시의 토크를 보완하기 위하여 진상용 콘덴서를 사용한다.

AC110V 전동기의 최초 회전수는 1,728rpm이며 최종단계의 전환쇄정 시의 회전은 11.1rpm이다.

07 선로전환기를 동작방식에 따라 구분하여 설명하시오.(115-25)

동작방식에 다른 구분

클러치는 전동기의 회전력을 전달하고 전동기가 회전 또는 정지할 때 기어(Gear)에 충격을 주지 않도록 관성을 흡수하는 역할을 하며, 과부하 또는 전환 도중에 방해받았을 때 전동기를 보호하기 위하여 설치하는 것으로써 NS형 전기선로전환기에서는 마찰클러치, NS-AM 전기선로전환기에서는 전자클러치가 사용되고 있다.

① **마찰클러치형** : 마찰클러치는 특수 그리스가 봉입된 다중 합판식 클러치로 회전 마찰판과 고정 마찰판을 서로 겹쳐 스프링으로 눌러 마찰 회전력을 전달하는 방식으로써 쉽게 회전력을 가감할 수 있다.

② **전자클러치형** : 전자클러치는 영구자석을 이용한 비접촉 구조로 입력측에는 영구자석을 출력측에는 도체(히스테리시스제)를 마주 보게 한 구조로입력측과 출력측의 회전 차이에 의하여 발생하는 와류 전류에 의하여 전달 토크가 발생한다.

③ **MJ81형** : 노스가동분기기는 크로싱번호가 큰 분기부(일반적으로 18번 분기 이상)에서 사용하는 선로전환기로서 분기각이 작고 리드곡선 반경이 커서 열차속도제한을 없애고 승차감을 높일 수 있으므로 주로 고속열차 운행구간 또는 기존선과 고속열차의 연결선 구간 및 고속화 구간의 본선에 사용되고 있다.

④ **하이드로스타형** : 하이드로스타 시스템은 분기기의 동작, 전환, 쇄정, 감시시스템을 유압식으로 하는 선로전환기이며, 첨단부, 가동크로싱부, 밀착검지기(IE2010), 선로전환기함 및 부속자재로 구성된다.

08 전기선로전환기의 시공방법에 대하여 설명하시오.(124-10)

설치

① 전기선로전환기는 소속하는 분기부가 정위로 개통해 있는 측(첨단레일이 붙은 쪽)에 설치함을 원칙으로 하고 보수점검 및 구내 작업상 안전한 위치에 설치해야 한다.

② 대향 좌측에 설치할 때는 주쇄정간이 아래쪽에 오도록 하고 대향 우측에 설치할 때는 주 쇄정간이 위쪽에 오도록 설치한다. (우상좌하)

③ 건축한계와의 관계는 설치 시 레일 내측에서 선로전환기 중심까지 1,200mm 이상을 표준으로 하고 편개분기는 직선레일에 평행(양개분기는 분기각도의 2등분선에 평행)하고 밀착조절간이 직선측 레일(분기각도의 2등분선)에 직각이 되도록 설치한다.

④ 레일간격간은 시설측의 궤간 정정 후 텅레일의 선단에서 약 300mm의 위치 절연이 있는 것은 너트가 위에 오도록 설치한다.

⑤ 전기선로전환기는 깔판에 볼트로 체결하고 스크류 스파이크로 고정시킨다.
- 신설하는 분기부는 조립시에 설치한다.
- 가설 분기부는 시설측에서 침목을 교환한 후에 설치한다.

⑥ 밀착조절간의 설치는 다음에 의한다.
- 밀착조절간의 옵셋은 롯트의 중심선과 죠 부분이 평행하고 꼬이거나 구부러지는 일이 없도록 한다.
- 롯트를 설치하여 정반위 모두 균등한 밀착력이 되도록 조정한다. (전기선로전환기 표준 밀착력은 기본레일이 움직이지 않은 상태에서 첨단 1mm 벌리는데 100kg 이상으로 조정하고 모자형과 60KN탄성형은 첨단 0.5mm 벌리는데 100kg 이상으로 조정한다.
- 밀착조절간은 지지금구(브라켓트)와 통나사 6각 너트부와의 사이에 3mm 이상의 조정범위를 갖도록 한다.

⑦ 첨단간 설치
- 롯트의 절연위치는 전기선로전환기에서 먼쪽 레일측이 되도록 하고 텅레일 첨단의 동정에 맞추어 설치한다.
- 조정쇠는 조정 여유 나사부의 중앙이 되도록 고정한다.

⑧ 접속간을 설치한다.

⑨ 접속간, 밀착조절간과 레일 밑면과의 여유거리는 15mm 이상으로 한다.

⑩ 밀착조절간과 동작간을 접속하여 밀착을 조정하는데 선로전환기에 무리한 힘이 가해지는가를 알기 위하여 수동핸들로서 전환하여 확인하여야 한다.

⑪ 취부 당시는 각 부에 틀림이 생길 우려가 있으므로 쇄정간의 쇄정홈 부분에 주의하여야 한다.

⑫ 전기선로전환기는 기본레일과 평행으로 놓고 움직임을 방지하기 위하여 4개소의 취부위치에 주의하여야 하며, 본체 구멍과 보판 및 침목의 구멍이 일치하지 않으면 흔들릴 요소가 되므로 주의하여 뚫어야 한다.

⑬ 전기선로전환기 쇄정간의 쇄정홈 간격을 첨단간 조정쇠의 동정에 맞추어 조정하고 쇄정자와 쇄정홈의 간격은 좌우 균등하게 유지시키며 그 간격의 합은 4mm 이하로 한다.

09 차상선로전환기의 구성 및 취급방법에 대하여 설명하시오.(115－25)

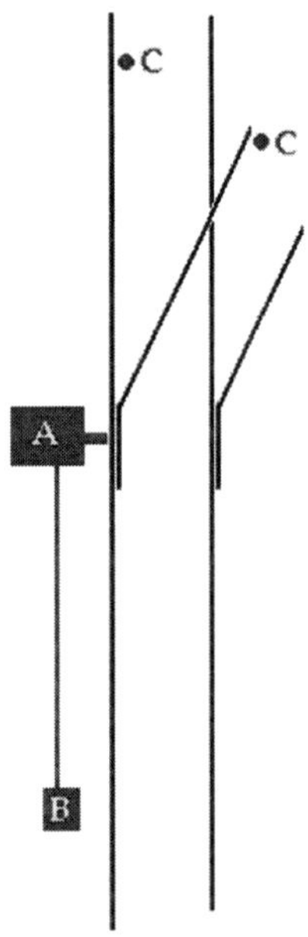

[그림] 차상선로 전환기 배치

구성

차상선로전환장치는 대향으로 쇄정을 하고 있으며 배향 시에는 할출(割出)이 가능한 구조로 한다. 제어방식으로는 차상전환장치용, 계전연동용으로 사용할 수 있으며, 차상전환장치용에는 전동기 상부에 차상선로전환기의 전환방향을 표시하는 개통 방향표시등을 붙일 수 있고 계전연동용에는 개통방향 표시등 없이 사용할 수 있는 구조로 한다.

취급방법

차상에서 조작리버를 좌, 우로 당김으로써 전기회로가 구성되며 진행방향으로 분기기를 전환하는 장치이다. 조작리버는 조작 후 직립으로 자동 복귀되는 구조이다.

① 대향 진입의 경우 수송원이 차에 매달려 가다가 B의 레버를 치면서 지나가면
② A의 선로전환기가 전환이 된다. 이 때 B에서 A까지는 레버 조작 후 전환되기에 충분한 시간을 벌기 위해 수십m 떨어져 있다.
③ 반면에 배향 진출의 경우 레일 옆에 있는 레일 스위치 C를 차량의 플랜지가 밟게 되면 해당 방향으로 자동적으로 전환된다.

10 차상선로전환장치의 설치 및 조작방법에 대하여 설명하시오.(124－25)

설치

① 조작리버는 차상선로전환장치로부터 대향방향 40m 지점, 레일스위치는 배향방향 40m 지점에 설치한다.
② 차상선로전환장치는 해당 궤도회로 구간 내에 차량이 있을 때는 작동하지 않도록 설비하고, 전환 시분은 2초 이내로 하여야 한다.
③ 조작리버와 개통방향 표시등은 해당 선로전환기 번호를 알 수 있도록 표지판을 설치하거나 주기를 기입하여야 한다.

④ 수동전환핸들을 취급하는 중에는 전동기에 전원이 입력되지 않도록 설비한다.
⑤ 개통방향 표시등은 차상선로전환장치에 이상이 있을 때는 적색등이 점멸하도록 하며, 왼쪽 개통 시 청색 등, 오른쪽 개통 시 등황색 등으로 현시한다.
⑥ 레일스위치의 로라는 레일 두부와 수평이 되도록 설비한다.
⑦ 전동기의 슬립전류는 마찰연축기가 미끄러지기 시작하여 1분 이상 경과한 후 측정하였을 때 AC220V 용은 6.5A, AC105용은 13.5A 이하이어야 한다. 다만, 동작전류의 1.2배 이하로 하여서는 안 된다.
⑧ 차상선로전환장치 내 롤러는 스토퍼의 단면에 완전히 밀착하여야 하며, 단자판은 기름 등이 묻지 않도록 청결하여야 한다.

취급방법(조작방법)

차상에서 조작리버를 좌, 우로 당김으로써 전기회로가 구성되며 진행방향으로 분기기를 전환하는 장치이다. 조작리버는 조작 후 직립으로 자동 복귀되는 구조이다.

① **대향운전 할 경우**
- 차상에서 분기기의 개통방향을 볼 수 있으므로 진행방향과 다를 때 조작하여 진행방향으로 차상선로전환기를 동작시켜 개통방향표시등에 의하여 전환을 확인하고 진입해야 하며
- **조작방법** : 리버표시등 및 개통방향표시등 확인 ➡ 조작리버 조작 ➡ 선로전환기 개통방향 표시등 확인 ➡ 진입의 순으로 한다.

② **배향운전 할 경우** : 차량의 진행에 의해 차륜이 배향측 레일스위치의 리버를 밟으면 분기기의 개통방향이 다를 때에만 분기기는 자동전환 한다.
③ **반복운전 할 경우** : 배향으로부터 반복운전 할 경우는 궤도회로 구간을 지나 차량이 조작리버 위치를 지나갈 때까지 조작리버 취급에 의해 개통방향 표시등을 확인 후 진입해야 한다.
④ **이선으로부터 후속 운전할 경우** : 후속차량은 다른 차량이 완전히 궤도회로 구간을 통과할 때까지 기다리고 그 후 확인하고 진입해야 한다.
⑤ **도중전환방지** : 차량이 궤도회로 구간에 있을 때는 차상취급 또는 배향측 레일스위치를 조작해도 분기기는 전환되지 않는다. 단, 차상선로전환기의 전환 도중에 차량이 들어온 경우는 전환 방향으로 밀착할 때까지 동작한다.
⑥ **수동전환일 경우** : 정전시 또는 고장 등으로 개통방향표시등이 소등되어 있을 때는 수동전환 핸들로 필요한 방향으로 전환할 수 있다.

11 고속철도 분기기에서 사용되는 밀착쇄정장치(Vcc : chair housing lock)의 개요, 기능 및 구성에 대하여 설명하시오.(25)

◐ 개요(동작과정)

분기기를 전환 취급했을 경우 기계적으로 해정 ➡ 전환 ➡ 쇄정의 순서로 동작하며, 각 단계별로 접점을 동작시켜 전기회로를 구성하도록 한다.

- **해정** : 쇄정자(C Clamp)의 회전운동으로 텅레일이 전환될 수 있도록 하는 동작
- **전환** : 직선운동에 의한 텅레일의 이동 동작
- **쇄정** : 직선운동으로 텅레일이 이동하여 기본레일에 밀착 후 쇄정자(C−Clamp)의 회전운동으로 텅레일이 고정위치에 지속 되도록 기계적으로 쇄정하는 동작
- **Vcc** : 분기기 첨단에 부설되는 첨단밀착 쇄정장치
- **접점종류** : 개방접점 2개, 밀착접점 2개

◐ 기능

V.C.C 는 분기기 텅레일의 좌·우 전환에 따른 각각의 Switch point를 고정시켜 주는 금속장치로, 포인트 좌·우측에 대칭형으로 설치되어 있으며, 텅레일 좌우전환에 따라, 텅레일을 기본레일에 쇄정을 시키며, 텅레일의 밀착여부를 Controller(디텍터)를 통해 감지하도록 되어있다.

◐ 구성

- 기본(Stock) 레일에 지지하기 위한 주강재 틀(Frame)
- 틀(Frame)을 침목에 체결하는 VCC상판(Seat Plate)
- 텅(Tongue) 레일 끝에 지지하는 합성재료 슬리브와 같이 공급되는 미끄럼판(Sliding plate)
- 주강재 locking clamp “C”
- 연직방향으로 움직일 수 있도록 포인트 위에 신축성 있게 볼트 결합된 주강재의 이동 shoe

Memo

제6장

열차간격

01 Distance To Go 시스템에서 안전구간 및 위험지점을 설명(111-25)

02 CBTC(Communication Based Train Control)로 운영하는 선로와 ATC(Automatic Train Control)로 운영하는 선로 간 열차 상호운행을 위한 차상신호장치 설계 및 안전 확보 방안에 대하여 설명(126-25)

03 RF-CBTC(Radio Frequency Communication Based Train Control) 시스템으로 운영되는 노선에 RF-CBTC 차상신호장치를 장착하지 않은 차량이 진입할 때도 안전성을 보장하며 운영할 수 있는 지상신호장치 보완방안에 대하여 설명(114-25)

04 CBTC(Communication Based Train Control) 무선 방식을 사용하는 고무차륜 AGT(Automated Guideway Transit)에서 열차 위치 검지방법에 대하여 설명(126-25)

05 무선통신기반 열차제어시스템(CBTC : Communication Based Train Control)을 통한 무인운전 구간에서 열차와 지상 간 통신 기능 불능으로 열차 위치정보 상실 시 운행 복구를 위한 대처방안에 대하여 설명(129-25)

06 통신기반 열차제어(CBTC)시스템의 지상장치에서 차상장치로 전송하는 정보 및 차상장치에서 지상장치로 전송하는 정보에 대하여 설명(114-25)

07 RF-CBTC 열차제어시스템의 흐름도를 그리고 설명(111-25)

08 고속철도구간의 폐색 분할에 대한 검증 시행 항목인 인체공학적인 조건 및 안전제약 조건에 대하여 설명(111-25)

09 과주여유거리(Overlap)에 대하여 설명(118-10)

10 광역·도시철도 급행화의 필요성 및 기존 인프라를 활용한 급행화 기술에 대하여 설명(114-25)

11 도시철도 구간에 적용되는 철도신호제어시스템의 특성 및 시스템 설계 시 운영 측면의 검토사항에 대하여 설명(130-25)

12 속도 중심 제어방식과 거리 중심 제어방식에 대하여 설명(132-10)

13 열차 위치 추적 방법 중 Moving Block에 대하여 설명(132-10)

14 열차 주행 성능 시뮬레이션(TPS : Train Performance Simulation)에 입력되는 데이터에 대하여 설명(123-10)(126-25)

15 열차안전을 위한 안전측선, 피난선, 탈선 선로전환기에 대하여 설명(132-10)

16 열차의 역간 운행 시 평균속도와 표정속도에 대하여 설명하고 계산식을 제시(121-10)

17 열차제동거리의 개요 및 공주거리, 실제동거리와의 관계를 계산식으로 설명(112-25) (115-25)(130-25)

18 운전선도(Run Curve)에 대하여 설명하고, 운전선도 작성 시 필요한 자료, 운전선도의 활용 기준 및 종류에 대하여 설명(126-25)

19 운전시격을 단축하는 방법에 대하여 설명(112-25)(115-25)

20 이동폐색의 위험도를 위험별로 제시하고 발생 가능한 원인을 열거하여 설명(127-25)

21 정거장에서 안전측선을 설치하는 조건과 생략하는 조건에 대하여 설명(114-10)

22 철도신호제어시스템의 간격제어장치 및 진로제어장치에 대하여 설명(114-25)

23 최고속도 130km/h인 여객열차의 제동거리를 산출하시오.(단, 감속도 β = 1.25m/s2, 공주시간 t = 4sec, 여유거리 = 50m, 속도 조사오차 = 2km/h) (127 - 10)

24 표정속도의 정의 및 향상 방법에 대하여 설명(115-10)(118-25)

25 열차제어측면에서 운전시격을 결정하는 요소 5가지(100-25)

26 4현시 자동폐색구간의 최소운전시격을 구하는 방법에 대하여 설명(105-25)

27 역간 구간과 정차장 부근에서의 최소운전시격을 산출하는 방법을 설명(106-25)

28 폐색분할 시 고려할 사항에 대하여 설명(25)

제6장

열차간격

01 Distance To Go 시스템에서 안전구간 및 위험지점을 설명하시오.(111－25)

○ 안전구간/위험지점

아래 그림에서 열차는 위험지점을 어떤 상황에서도 통과해서는 안 되며, 위험지점은 선행열차에 의해 점유된 궤도의 시작 부분 또는 후속열차가 통과해서는 안 될 궤도구간의 시작 부분이다. 이러한 이유로 위험지점에 안전구역을 둔다.

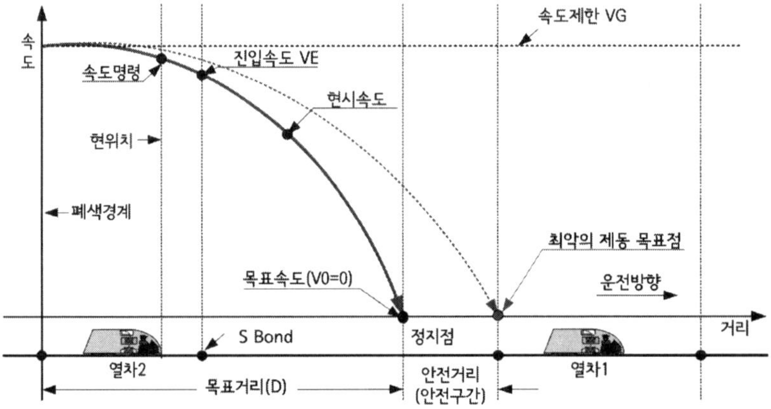

[그림] 안전구간과 제동곡선

○ 안전구간

지능형열차제어시스템은 하나 또는 그 이상의 적색 허용이동권한을 가진 폐색을 각 차량과 장애물 사이에 유지하게 시킴으로써 안전한 열차 이격거리를 보장한다. 적색 폐색의 길이는 비상제동 적용으로 생길 수 있는 최악의 고장 상태를 대비하여 결정되어야 한다. 그 결과 열차가 비상정지 시 위험을 감수하지 않는 충분한 거리를 확보하게 된다.

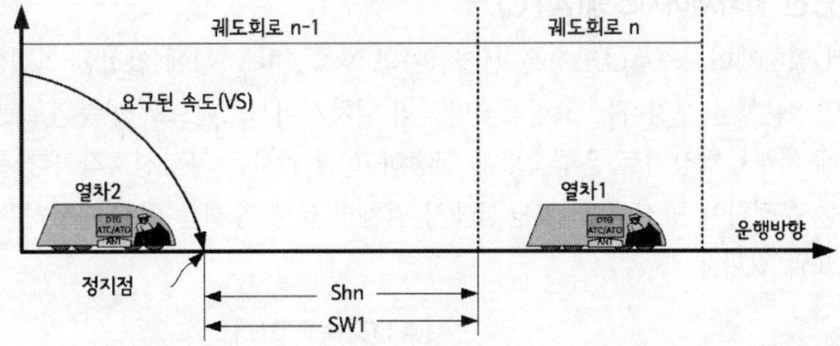

[그림] 안전구간

02 CBTC(Communication Based Train Control)로 운영하는 선로와 ATC(Automatic Train Control)로 운영하는 선로 간 열차 상호운행을 위한 차상신호장치 설계 및 안전 확보 방안에 대하여 설명하시오.(126－25)

신분당선 열차제어시스템(CBTC)

① 무선통신기반 열차제어(CBTC)시스템은 무인운전·이동폐색 시스템을 구현하는 가장 현실적인 방법으로 열차의 위치를 궤도회로가 아닌 무선통신을 열차의 목적지, 속도, 방향 등을 전송하여 열차를 통제한다.

② 지상－차상 간의 양방향 무선통신으로 궤도회로보다 더 정밀하게 열차의 위치를 파악할 수 있으며, 무인운전을 위한 차상설비 감시와 제어를 할 수 있다. 신분당선 CBTC시스템의 기본 구성은 그림과 같다

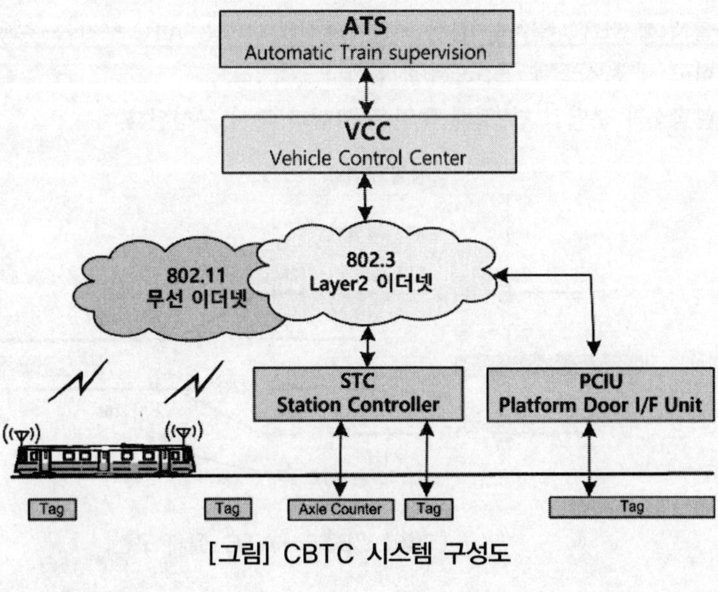

[그림] CBTC 시스템 구성도

분당선 열차제어시스템(ATC)

분당선 열차제어시스템(ATC)은 선행열차와 후속열차 사이에 일정한 거리(폐색)을 확보하여 열차의 안전운행을 보장하는 고정폐색방식의 열차제어시스템으로 연속된 속도코드(Speed Code)를 통해 차상신호장치로 운행속도를 전송하고, 기관사는 차상신호장치 감시하에 허용속도 이하로 수동 운전하는 방식이다. 분당선에서 열차의 운행 통제를 위해 사용하는 분당선 ATC속도코드는 표와 같다.

[ATC 속도코드]

속도제한(km/h)	주파수(Hz)	열차운전
0	20.4	Stop
0	No Code	Stop and Go(15km/h)
25	5.0	ATP 수동
40	6.6	ATP 수동
60	8.6	ATP 수동
70	10.8	ATP 수동
80	13.6	ATP 수동
25	3.2	Yard Mode
Yard Cancel	16.8	Stop and Go(15km/h)

절체 구간의 구성

① 신분당선 CBTC 열차는 주박·경정비 등을 위해 CBTC 구간에서 ATC구간을 통과하여 분당 차량기지로 운행하거나 신분당선에서 영업운행을 위해 다시 ATC구간에서 CBTC구간으로 진입한다.

② 이를 위해 CBTC 열차는 절체 구간에서 CBTC 또는 ATC 구간을 운행할 수 있는 모드로 변경하고 해당 시스템 구간으로 진입한다.

③ 신분당선과 분당선 간 절체 구간은 그림과 같이 구성된다.

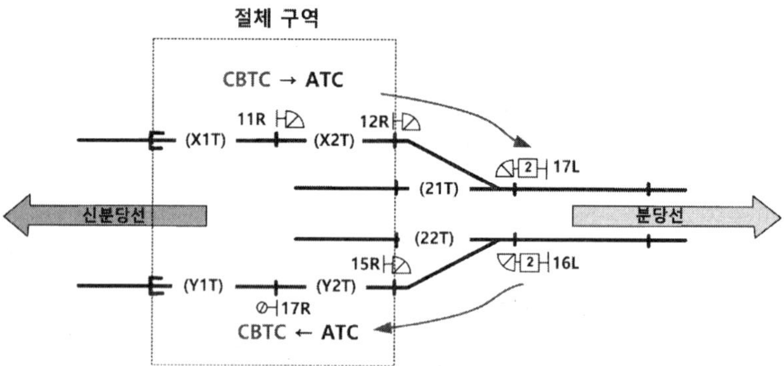

[그림] CBTC-ATC 절체 구간

차상신호장치 설계

① 차상신호장치 구성 : 차상신호장치는 지상ATP장치로부터 수신된 명령을 해석하여 열차의 이동거리한계, 허용속도 범위 내에서 열차를 안전하게 제어하고, 열차의 위치, 속도 진행 방향 등을 지상 ATP로 전송하며, ATC구간에서는 STM(Specific Transmission Module)을 통해 속도코드를 수신하여 열차의 속도를 감시하고 통제한다. ATC 구간을 운행하기 위한 차상신호장치의구성은 그림과 같다

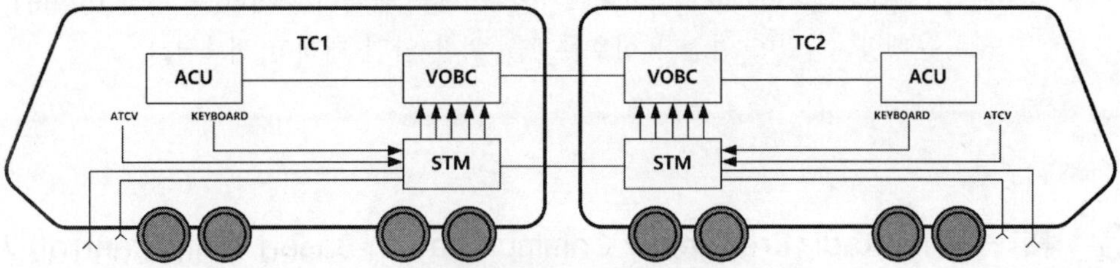

[그림] 차상신호장치의 구성

② 열차운행 모드

㉠ CBTC구간에서 열차 운행모드는 무인(DRIVERLESS), 자동(AUTO), 수동(ATPM), 제한적 수동(RM)모드가 있다.

㉡ RM(Restricted Manual)모드는 시스템이나 설비에 장애가 있는 경우 사용하는 모드로써 기관사가 수동으로 열차를 운전한다.

㉢ 차상신호장치는 열차의 속도를 25km/h 이하로 제한하며 CBTC 제어 영역이 아닌 지역에서도 사용 가능한 운행모드이다. ATC구간에서의 운행을 위해 제한된 수동모드 하위에 ATCM(ATC Manual)모드를 설계하여 궤도회로에서 지시하는 속도코드에 따라 열차가 운행할 수 있도록 설계하였다.

③ 차상신호장치와 STM 간 인터페이스

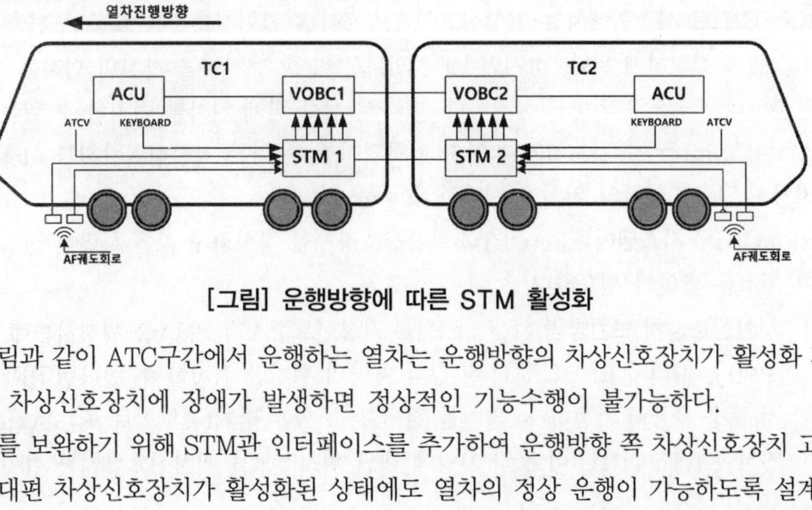

[그림] 운행방향에 따른 STM 활성화

㉠ 그림과 같이 ATC구간에서 운행하는 열차는 운행방향의 차상신호장치가 활성화 되어, 해당 차상신호장치에 장애가 발생하면 정상적인 기능수행이 불가능하다.

㉡ 이를 보완하기 위해 STM관 인터페이스를 추가하여 운행방향 쪽 차상신호장치 고장 또는 반대편 차상신호장치가 활성화된 상태에도 열차의 정상 운행이 가능하도록 설계하였다.

안전확보 방안

① 이종 열차시스템 간 상호운행에 있어 가장 큰 고려사항은 한쪽 시스템의 장애가 다른 노선으로 확대되는 것을 방지하고 최대한 안전을 확보해야 하는 것이다.

② 상호운행에 있어 안전을 가장 위협하는 문제는 기관사가 정지신호를 무시하고 진행하는 경우로 일반적으로 탈선분기기를 설치하여 예방한다. 그러나 신분당선과 분당선은 지하에서 연결되는 공간적인 문제로 탈선분기기가 설치되지 않았다.

③ 따라서 궤도회로 주파수가 무신호인 경우 열차는 완전히 정지한 후 다시 15km/h 이하의 속도로 운행할 수 있어 안전한 상호운행을 위한 안전 대책이 필요하다.

03 RF-CBTC(Radi• Frequency Communication Based Train Control) 시스템으로 운영되는 노선에 RF-CBTC 차상신호장치를 장착하지 않은 차량이 진입할 때도 안전성을 보장하며 운영할 수 있는 지상신호장치 보완방안에 대하여 설명하시오.(114-25)

서론

RF-CBTC(무선통신기반 열차제어) 시스템의 지상신호시스템은 차상신호시스템과 무선통신을 통하여 열차의 위치를 검지한다. 모든 열차위치를 종합하여 각각의 열차가 이동할 수 있는 거리를 차상신호시스템에 전송하고, 이를 바탕으로 차상신호시스템은 목표속도를 결정하여 효율적인 운행을 하게 된다. 따라서 열차제어 신호시스템에서는 열차의 위치 파악이 무엇보다 중요하다. 하지만 RF-CBTC 시스템에 RF-CBTC 비 장착 차량이 혼용 운영되면 열차의 위치 파악이 불가하므로 전체 운영 및 안전에 심각한 문제를 초래하게 된다.

본론

RF-CBTC 시스템에서는 차상신호시스템에서 직접위치를 계산하고 무선을 통하여 지상신호시스템에 전달하게 된다. 하지만 RF-CBTC 비 장착 차량은 자신의 위치를 직접 계산할 수 없을뿐더러 무선으로 전송도 불가하다. 따라서 선로 변에 열차를 검지할 수 있는 장치(궤도회로나 Axle Counter)를 설치하거나 이미 설치되어 있는 다른 지상신호장치를 이용하여 RF-CBTC 지상시스템에 열차의 위치를 전달하여야 한다.

RF-CBTC 시스템에 RF-CBTC 차상신호장치를 장착하지 않은 차량이 진입하는 것에 대비하여 새로운 방안이 필요하다.

① **지상신호장치 보완방안** : RF-CBTC 지상신호장치가 PMA를 생성하는데 열차의 위치는 필수이다. 따라서 RF-CBTC 비 장착 차량의 위치만 검지할 수 있다면 RF-CBTC 시스템에서 혼용 운용이 가능하다. 열차를 검지할 수 있는 장치(궤도회로 또는 Axle Counter)를 추가하여 RF-CBTC 비 장착 차량에 대한 위치정보를 지상신호장치가 검지하도록 연동한다.

㉠ 지상신호기 설치 : RF-CBTC 차상신호시스템을 장착하지 않은 차량에 대한 제어는 지상신호기를 설치하여 운전자 책임하에 운행을 하게 된다.

RF-CBTC Only	RF-CBTC with other signal system.		
Not Use	Red	Green	Yellow
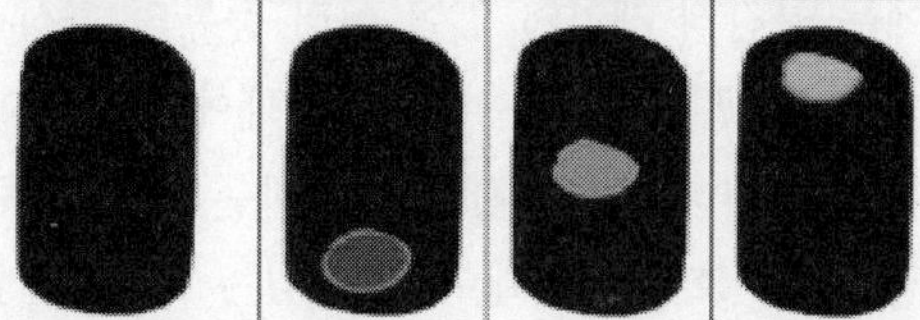			
Logic Block	Stop	Go	Go slowly

RF-CBTC 시스템만으로 동작할 시 신호등을 모두 소등하여 운전자의 혼란을 방지하며, RF-CBTC 시스템과 다른 신호시스템이 혼용 운영되면 RF-CBTC 지상신호장치에 의해 Red PMA에 적색 신호등을 현시하여 열차를 정지시킨다. 그리고 Yellow PMA는 황색 신호등을 현시하여 주의 운전을 하게 하고 Green PMA는 녹색 신호등을 현시하여 열차가 정상 운행을 하도록 한다.

㉡ PMA(Permissive Movement Authority) 생성 : RF-CBTC 시스템만 운영될 때와 RF-CBTC 장착 차량과 이종 신호시스템 차량이 혼용 운영 시 지상신호장치가 생성하는 PMA는 다음 그림과 같다.

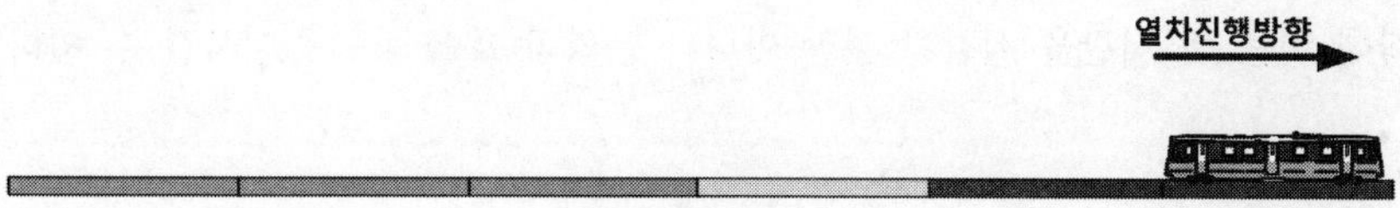

(a) RF CBTC Only

(b) RF CBTC with other Systems

RF-CBTC만 운영하면 지상신호장치는 열차의 길이 및 특성에 따라 안전한 PMA를 생성한다. 따라서 열차의 위치를 정밀하게 파악하고 그림의 (a)와 같이 1개의 블록에 열차가 있고 열차 후방의 약 1개 블록을 안전거리(Red PMA)로 확보한다. 반면에 이종 차상신호시스템과 혼용 운영될 경우, 지상신호장치는 이종 차상신호시스템 차량의 위치를 차량의 실제 위치가 아닌 열차위치 검지장치의 위치로 검지하여 그림의 (b)와 같이 약 3개의 블록에 열차가 있다고 검지하고 후방의 약 1개 블록을 안전거리로 확보한다.
RF-CBTC 시스템 차량과 약 3배의 점유 블록의 차이를 나타내며 실제적으로는 열차검지장치의 설치 간격에 따라 차이는 줄어들거나 늘어날 수 있다.

② **차상신호장치 혼용** : 열차가 운행하는 노선에 따라서 차상신호장치를 각각 설치하여 각 노선의 신호시스템에 따라 차상신호장치를 동작시킴으로써 RF-CBTC시스템 구간과 아닌 구간에서도 차상신호장치의 보호를 받으며 운행할 수 있다. 하지만 차상신호장치 혼용에는 다음과 같은 문제점이 발생하게 된다.

㉠ 기존 열차에는 공간적 제약이 있어 여러 종류의 차상신호장치 설치가 불가하다. 열차는 이미 제작 시부터 모든 공간을 배분한 상태에서 제작이 되기 때문에 이미 제작된 열차에 새로운 장치를 설치하도록 공간을 확보하는 것은 어렵다.

㉡ 여러 종류의 차상신호장치를 제어할 수 있는 또 하나의 새로운 장치가 필요하다. 각 노선의 시스템에 따라 차상신호장치를 자동 또는 수동으로 제어하는 새로운 장치가 있어야 한다. 이 장치를 새롭게 제작하고 적용하여 운행하기에는 다소 어려움이 따른다.

결론

간선철도 및 도시철도의 노선이 확대됨에 따라 두 철도차량의 혼용운영의 필요성이 대두되고 있다. 따라서 기존에 설치되어 있거나 Fall-back 시스템으로 설치되는 열차검지장치(궤도회로 또는 Axle Counter)를 활용하여 RF-CBTC 시스템이 다른 신호 시스템과 혼용하는 방안은 무엇보다 중요하다.

지상장치 보완을 통한 혼용 운영방안은 간선철도 및 도시철도 등이 운행되고 있는 기존 노선(ATS, ATC, ERTMS LEVEL 1등)에 RF-CBTC 시스템과 혼용 운용 적용 시 차량에 추가적인 차상신호장치의 설치 없이 기존의 시스템을 유지하면서 지상 신호시스템의 구조변경을 최소화해 비용 및 시간을 절감할 뿐만 아니라 운영의 효율성도 증대시킬 수 있다.

04 CBTC(Communication Based Train Control) 무선 방식을 사용하는 고무차륜 AGT(Automated Guideway Transit)에서 열차 위치 검지방법에 대하여 설명하시오.(126-25)

열차위치 검지 방식

CBTC 시스템에서 열차위치를 결정할 때 사용되는 일반적인 기술은 발리스, 차내 센서와 결합하여 사용되는 유도루프 및 위성 위치확인 시스템(GPS)이며, 다른 한 가지 시스템은 확산 스펙트럼 무선에 기반을 둔 삼각망(Triangulation) 기법을 사용한다.

① **발리스를 이용한 방법** : 위성중계기의 태그 또는 비콘으로도 알려진 발리스는 짧은 거리에 걸쳐 데이터를 전송하기 위해 제작된 소형 무선주파수장치이다.

② **유도루프(Induction Loop)와 차내 센서(Onboard Sensor)를 이용한 방법** : 유도루프 시스템에서, 초반에 설치된 와이어의 루프는 안테나 역할을 하며, 데이터를 열차에 설치된 안

테나에 전송한다. 루프는 주로 열차~현장 통신매체의 역할을 하면서, 열차의 위치를 결정하는 데 도움을 주도록 사용될 수 있다.

CBTC 시스템에서, 루프는 약 80ft마다 서로 엇갈리는 구조로 내장 시스템이 이 교차지점을 검출하게 되면, 발리스를 통과하고 있는 열차와 거의 유사하게 그 위치를 결정한다.

③ GPS(Global Position System)를 이용한 방법 : "네비게이션"을 유도하는 것에서부터 주말 여행자들이 여행하게 하는 것까지 많은 응용장치에서 사용되는 것으로 잘 알려진 바와 같이, 위성 위치확인 시스템(GPS)은 미국 국방성이 소유하고 있는 24개의 위성 집단에 의존한다.

④ 라디오 랭깅(Radio Ranging)을 이용한 방법 : 샌프란시스코의 Bay Area Rapid Transit (BART)와 김포경전철에 설치된 진보된 자동 열차제어시스템(AATCS)으로 본 연구의 대상이 되는 CBTC 시스템과는 다른 위치 확인 방법을 사용한다.

05 무선통신기반 열차제어시스템(CBTC : Communication Based Train Control)을 통한 무인운전 구간에서 열차와 지상 간 통신 기능 불능으로 열차 위치정보 상실 시 운행 복구를 위한 대처방안에 대하여 설명하시오.(129－25)

통신불능 복구방안은 다음과 같은 대처방안이 있다.

① 보호구역 설정 : 선로 두 지점 사이에 통신두절 열차가 안전하게 이동 할 수 있는 안전 경로 생성

② 열차결합 : 통신 가능 열차 투입 후 통신 두절 열차결합 후 견인

③ 백업모드 사용 : 열차 검지 보조수단 사용으로 열차 위치 검지

상세내용

① 보호구역 설정

통신 불능 상황에서 기관사가 관제사의 통제 없이 수동모드로 열차를 이동한다면 지상 장치가 인지하고 있는 열차의 마지막 위치와 실제 열차 위치가 다른 유령열차가 된다. 이러한 이유로, CBTC 시스템에서 관제사의 보호 없이 통신두절 열차를 이동하여서는 안 된다.

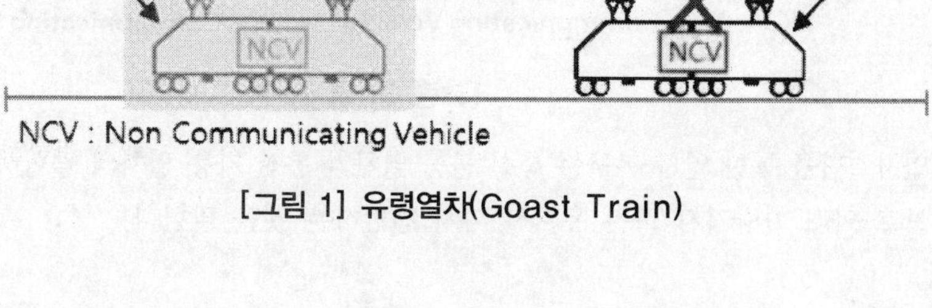

[그림 1] 유령열차(Goast Train)

관제사의 요구에 의해 특정 구역에 보호구역을 설정하여 통신불능 열차가 해당 구역에서 안전하게 운행하도록 한다. 보호구역은 정상운행 중인 CBTC 열차가 진입할 수 없는 구간으로 특정 열차의 보호를 위하여 설정하는 구역이다. 보호구역이 설정되면 해당 구간에 이동 권한 설정 및 선로전환기 전환이 불가능하다.
보호구역 설정 전 관제사는 운전정리를 통해 이동 경로에 어떠한 열차도 존재하지 않도록 해야하며, 목적지까지 통신불능 열차의 이동을 관제사가 기관사와의 통신(무전기 등)을 통해 승인한다. 열차가 목적지에 도착했을 때 보호구역을 수동 해제 할 수 있다.

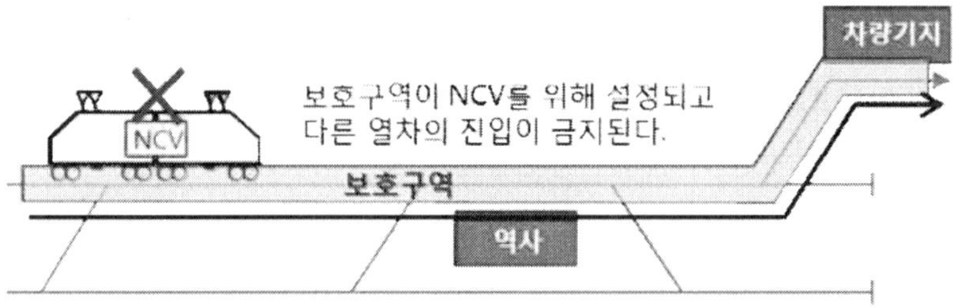

[그림 2] 보호구역설정

보호구역 설정 기능은 대부분의 CBTC 시스템에서 적용하고 있는 기본기능으로, 설계가 매우 단순하다는 장점이 있다. 하지만 최종 목적지가 출발지로부터 많이 떨어져 있는 경우 선로의 많은 부분이 보호구역 설정으로 폐쇄되고 이는 승객서비스에 심각한 영향을 초래한다. 이런 단점을 극복하기 위하여, 열차가 목적지에 도착하기 전까지 역 간마다 좁은 구역에 보호구역을 수동으로 설정하여 운행에 영향을 최소화 할 수 있다.

② 열차결합(Coupling)

열차결합(Coupling) 이란 견인 열차에 의한 구원운전을 의미하는 것으로 열차의 자력운행이 불가한 경우 고장 열차의 검수고 이동 및 요지보수 조치를 위하여 정상 열차와 고장 열차 두개의 열차 편성을 연결하는 것이다. 열차결합을 위하여 다음의 2단계를 거쳐야 한다.
Step 1. 열차 간 물리적인 체결(결합)
Step 2. 단일열차 인식을 위한 논리적 처리

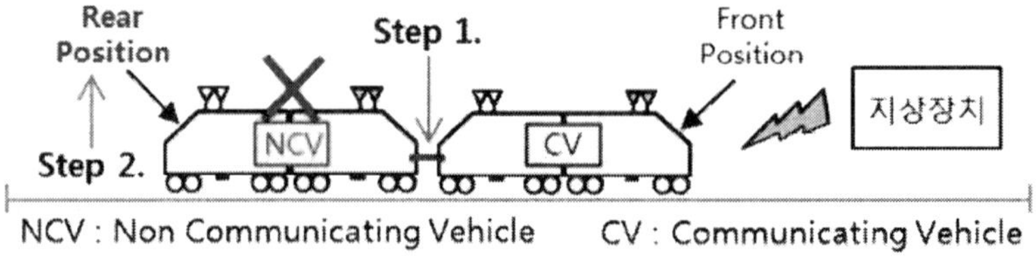

[그림 3] 열차결합

열차결합을 통한 열차 복구는 통신 불능 열차가 통신 가능 열차와 결합하여 CBTC 시스템의 보호 아래 차량기지 또는 유치선 까지 견인하는 것을 말한다.

③ 백업(Fall-back)모드

백업모드는 보조의 열차 검지설비를 추가로 설치하여 열차의 위치를 검지하는 것이다. 보조 열차 검지설비는 차축검지장치와 궤도회로장치가 있으나, 통상 CBTC 시스템에서는 비용이 상대적으로 저렴한 차축검지장치를 사용한다.

정상적인 운영상태에서 모든 열차는 CBTC 시스템으로 운영되지만, 열차의 통신이 불능 상태일 경우, 관제사의 판단에 따라 백업모드로 전환하여 보조검지 설비를 이용하여 열차 유무를 검지할 수 있다.

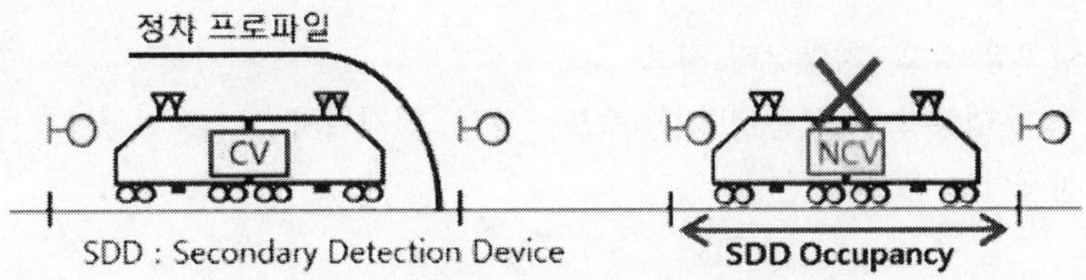

[그림 4] 백업모드

06 통신기반 열차제어(CBTC)시스템의 지상장치에서 차상장치로 전송하는 정보 및 차상장치에서 지상장치로 전송하는 정보에 대하여 설명하시오.(114-25)

지상 ➡ 차상 전송 정보

① 선행열차 위치정보, 제한속도, 운전방향, 행선지, 목표거리
② 열차번호, 운전시간, 다음 역 정차시간, 출입문 정보
③ 경계속도, 선로제한 정보
④ 지정운전모드, 이동권한
⑤ 모드전환
⑥ setup
⑦ 출입문 제어정보
⑧ 임시속도제한 정보
⑨ Key-up, Down 정보
⑩ Reset 정보
⑪ 분기기, 연동장치 정보
⑫ 승객안내 정보
⑬ 불연속 정보를 포함한 기타 정보 등

차상 ➡ 지상 전송 정보

① 열차번호, 행선지
② 편성정보
③ 운전모드, 운행모드
④ 정위치 정차 정보
⑤ 출입문 정보
⑥ 속도"Zero" 정보
⑦ 이동권한
⑧ 차량고장 정보, 차량상태 정보
⑨ 현재 운행상황 정보(운행방향, 속도, 시간, 현재위치)
⑩ 지상제어의 응답

07 RF-CBTC 열차제어시스템의 흐름도를 그리고 설명하시오.(111-25)

RF-CBTC의 개요

① 무선통신을 기반으로 차상장치와 지상장치 사이의 연속적인 양방향통신을 제공하여 열차를 제어하는 시스템으로 IEEE 1474.1에서 규정하는 최소 요구조건을 만족.
② CBTC 시스템은 무선통신을 기반으로 열차를 제어하는 시스템으로 궤도회로가 없으며 보다 많은 제어와 상태 정보를 전달한다.
③ RF-CBTC는 무선주파수(RF : Radio Frequency)를 이용하여 차상과 지상장치 간 무선 데이터 통신을 하며 ISM 밴드인 2.4GHz를 이용한 802.11b 방식의 이더넷 구성으로 실시간 연속 양방향통신이 가능하며, 지상과 차상 간 각종 정보를 송신한다.
④ RF-CBTC시스템은 ATP/ATO 제어정보를 DCS 전송망으로 선로변 제어설비인 AP로 송수신하고, 차상장치는 TCMS/VOBC로 속도를 제어하는 시스템으로 구성된다.

RF-CBTC 열차제어시스템의 흐름도

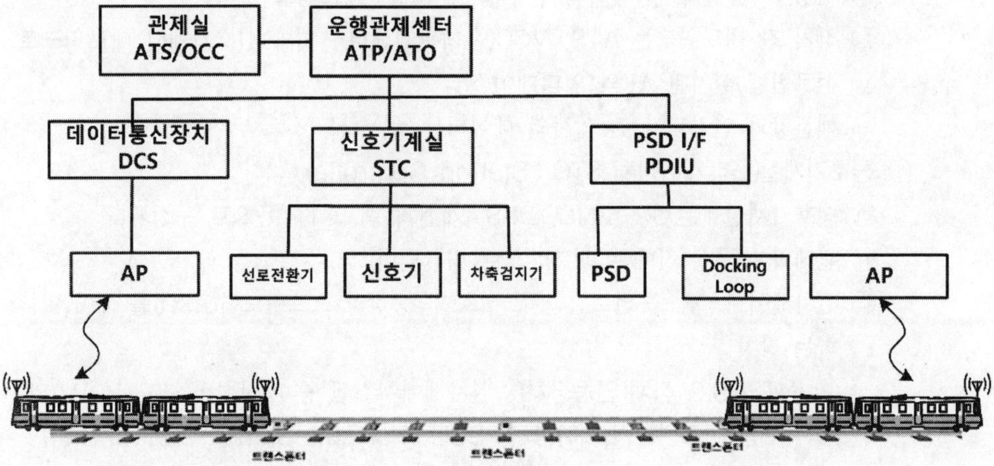

시스템 구성

① 관제실 : ATS(Automatic Train Supervision)

㉠ ATS는 열차 자동 감시장치로 ATS의 기능은 강력한 열차조정으로 종합적인 열차관리를 열차운행계획 서버(SRS)가 담당하며, 열차운행제어, 열차조정 등의 기능을 수행한다.

㉡ 관제-현장 간 인터페이스 구축은 관제설비인 ATS가 중앙제어 및 감시하고,

㉢ 열차운행 계획 서버(SRS), 데이터 로거(DL : Data Logger), 각종 Console, 통합관제(OCC), 통신장치(DCS) 등으로 구성된다.

㉣ OCC(Operator Control Center)는 통합관제로 신호, 전력, 기계설비 등 타 설비와의 인터페이스는 모두 고속 광통신을 통하여 이루어지며, 타 설비의 네트워크망은 각각 독립적으로 구성이 되어 OCC Host 설비와는 별도로 존재한다.

㉤ 백본망(Backbone)은 네트워크에서 핵심을 이루고 있는 주요한 라인이며, 회선 간 데이터를 전송할 수 있는 대규모 전송 회선을 말하며, 소형 회선들로부터 데이터를 모아 빠르게 전송된다.

② 운행관제센터(ATP/ATO)

㉠ 운행관제센터는 열차제어시스템 중 ATP기능을 담당하는 핵심 설비로 이동폐색시스템에서 진로연동, 열차 간 안전한 이격과 열차자동운행이 무선 통신에 따라 실시간 제어를 한다.

㉡ 열차의 위치는 지상에 일정한 간격으로 설치한 트랜스폰더를 사용하여 열차의 절대위치를 인식하도록 하며, 트랜스폰더로부터 수신한 위치정보를 토대로 열차에 설치된 속도센서(타코메터)를 이용하여 연속적으로 거리를 인식한다.

㉢ 운행관제센터는 선로변 지상무선장치(AP)를 통하여 연속적으로 열차의 차상신호장치(VOBC)와 통신하여 열차의 추진 및 제동인가, 속도제한 설정 및 제동율, 역 정차 그리고 출입문 개/폐 명령을 내린다.

③ 데이터 통신시스템 : DCS (Data Communication System)

㉠ 지상, 차상설비 간 데이터 전송을 담당하는 네트워크 설비

㉡ 장치 간 네트워크는 ATS, VCC(운행관제센터), 일반 신호기계실 네트워크로 구성.

㉢ 선로변에 설치된 AP와 인터페이스

㉣ 백본망과 연결되어 전 역사의 데이터를 송/수신.

④ 신호기계실(역 제어장치 STC : Station Controller) :

㉠ 신호기계실에는 SC, LMC, DCS, 계전기 랙, CTF 등으로 구성된다.

㉡ 관제와 기계실 간에는 백본망으로 링크되며,

㉢ 열차제어시스템 중 선로전환기, 신호기, 승강장 스크린도어(PSD)를 제어 및 감시역할을 하는 장치

ⓐ INTERSIG 장치(연동장치) : 열차제어시스템 중 지상설비(STC/PDIU)의 서브장치

ⓑ 휴대용 선로전환기 제어장치(PSCU : Portable Station Control Unit) : 휴대용 역 제어장치로 관할 구내 선로전환기 등 지상장치를 제어감시하는 장치

ⓒ 승강장 출입문(PSD : Platform Screen Door)

- 승강장에 가동문과 고정벽을 설치하여 차량의 출입문과 연동, 개폐할 수 있도록 만든 승강장 안전장치
- PSD구성은 PSD종합제어반에서 PSD개별제어반, 승무원 조작반과 승강장 조작반으로 제어명령과 상태정보를 송수신한다.

ⓓ 승강장 출입문 인터페이스 장치(PDIU : Platform Door Interface Unit)

- 열차와 PSD간의 인터페이스 계통도는 VCC와 STC/PDIU에서 차상VOBC와 차상 PDCU로 제어명령과 상태정보를 송신하고,
- 열차제어시스템 중 승강장 스크린도어를 제어 감시하는 장치로 열차의 ATP/ATO 기능을 수행하기 위하여 VCC와 연계하여 동작한다.

⑤ 현장설비

㉠ 지상무선통신장치 : AP(Access Point)

ⓐ AP는 유선과 무선을 잇는 다리 역할을 하며 CBTC 열차제어시스템에서 지상과 차상장치 간 무선통신을 위한 장치

ⓑ CBTC AP는 2.4GHz로 열차위치정보와 속도 관련 정보를 송수신하고, 차내 화상정보전송치는 차상AP가 5.5GHz를 통해 대형 표시반으로 송신한다.

ⓒ 선로변의 무선통신장치(Access Point)는 250m 간격으로 설치되며, 지상-차상 간 정보를 송수신.

㉡ 트랜스폰더(Transponder)

ⓐ 열차의 위치를 바로잡아주기 위해 RFID 방식을 이용하여 선로의 절대위치를 차상에 전달한다.

ⓑ 위성중계기(902~928MHz/60bit) 태그는 선로변에 25m 간격으로 설치되어 열차의 위치정보를 제공

㉢ 정위치 정차 근접판(Proximity Plate) : 승강장 레일 사이에 설치되어 열차의 정위치 정차를 지원

㉣ 차축검지기(Axle Counter) : 열차의 차륜 수와 이동방향을 인지하여 열차의 위치를 검지하고 지상과 차상 간 통신장애 발생 시 분기부 내 블록의 점유 여부를 확인하는 설비

⑥ 전동차 종합 추진장치/차상장치 (TCMS : Train Control & Monitoring System)/VOBC

㉠ ATC/ATO의 시스템에서 전동차는 운행정보만 Display 하였는데 Distance to Go(차량연산제어방식)에서는 전동차가 제어 및 표시기능을 가지고 운행정보와 차량 자체의 고장정보를 저장 차상장치와 인터페이스 하여 양방향통신 등으로 무인운전이 가능하게끔 되어 있다.

㉡ 지상장치와 차상장치에 적응한 센서를 통해 차상VOBC로 정보를 송수신하는 차상장치로 구성하였다.

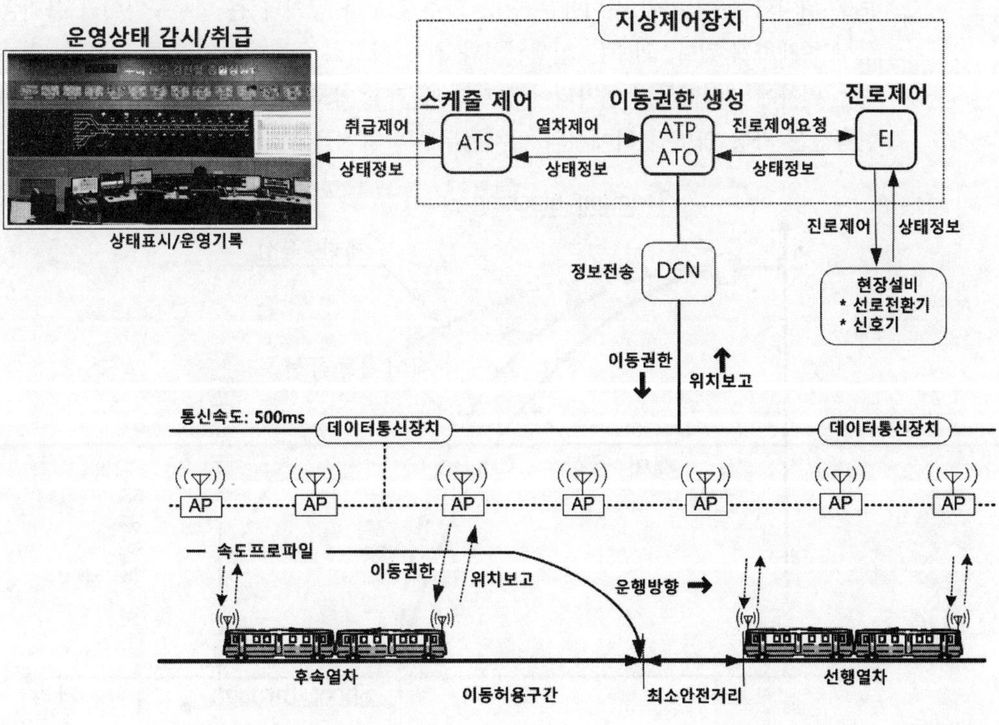

08 고속철도구간의 폐색 분할에 대한 검증 시행 항목인 인체공학적인 조건 및 안전제약 조건에 대하여 설명하시오.(111－25)

인체공학적인 조건

① **운전자 반응시간** : 이는 운전자가 운전석에 표시된 경보를 보고 이를 인식하여 열차에 제동 명령을 가하기 위해 운전자에게 할당된 시간을 의미하는데, 이전의 신호시스템에 대해서 이 시간은 운전자가 신호를 볼 수 있는 가시 시간에 해당한다.

② **상용제동 하에서의 열차의 정지거리** : 추천하는 상용제동으로 정의되는 특수한 제동 명령으로 정의된다.

안전제약 조건

① **과주구간의 역할** : 과주구간(overlap)의 역할은 실행 위치의 지나침에 대한 어떤 위험을 보상하기 위해 보호 위치와 실행 위치 사이에 충분한 여유거리를 제공하는 것이다.

보호 위치와 실행 위치 사이에는 항상 과주 값보다 같거나 큰 과주구간이라 불리는 거리가 항상 존재하게 된다. 과주는 실행위치와 최대 정지위치 사이의 거리를 말하며, 최대 정지위치는 열차에 비상제동이 인가되어 정지할 때 가장 악조건 하에서의 정지위치에 해당하며, 제한곡선은 가장 악조건 하에서의 열차선두부의 궤적을 나타낸다.

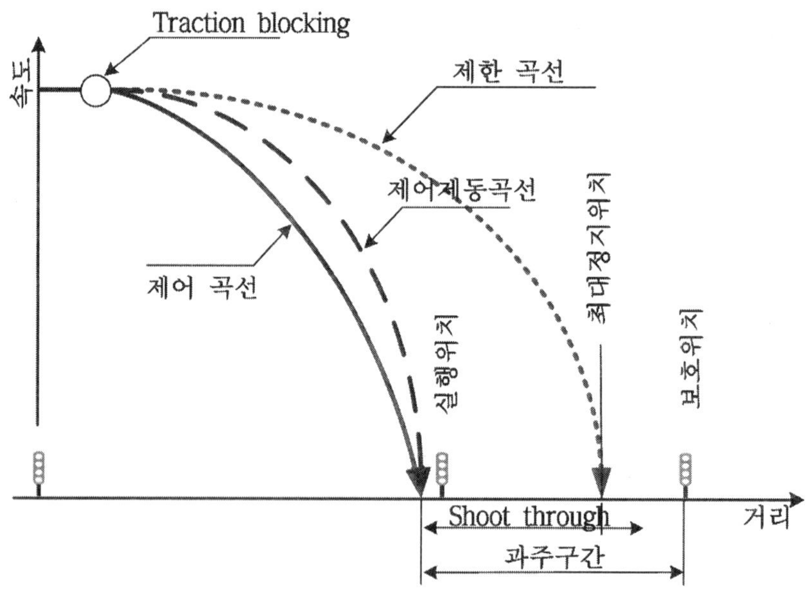

[그림] 과주구간 과주의 정의

㉠ 주행기록계 오차 : 열차는 주행기록계에 의해 얻어진 위치보다 앞쪽에 있게 되는데, 그 값은 최근의 리셋팅 위치 이후로 Eodo×space가 된다.

㉡ 속도계 오차 : 열차의 실제속도는 측정값보다 Evit% 만큼 크게 된다.

㉢ 거리기준 오차 : 거리기준이 완전하지 않아서 열차는 그 실제위치보다 Dref 만큼 뒤에 있게 된다.

㉣ 폐색구간에 진입 시 정보수집 불능 : 새로운 정보는 tcapt 시간보다 훨씬 큰 전송감지 timer(tstr)에 의해 설정된 시간 동안 정보를 받지 못하게 되는데, 그래서 timer 시간제한이 비상제동을 유발하게 된다.

09 과주여유거리(Overlap)에 대하여 설명하시오.(118－10)

⊙ 과주여유거리

열차 또는 차량을 소정의 정지 위치에 정지시키지 못하여 그 위치를 지나칠 때 사고를 방지하고자 설비한 구역의 거리

① 안전측선 및 탈선 선로전환기가 설치된 경우는 고려하지 않아도 된다.

② 열차의 진입선로에 대한 출발신호기 또는 정차위치로부터 200m(전기동차 전용선의 경우 150m)이상의 여유거리가 있을 때

⊙ 동시 진입이 가능한 경우

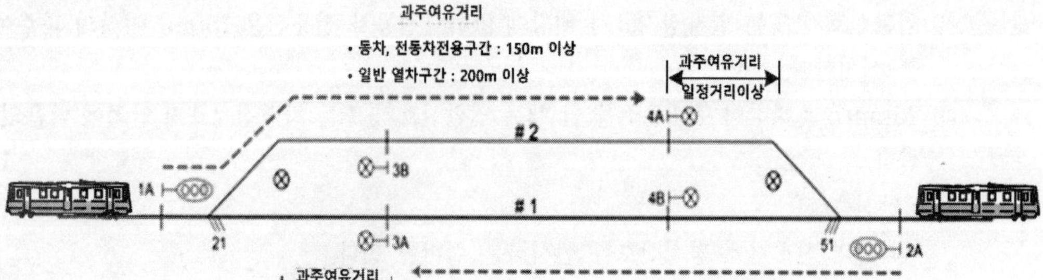

[그림] 역 구내 운행속도가 25km/h인 경우

동시 진입·진출이 가능한 경우

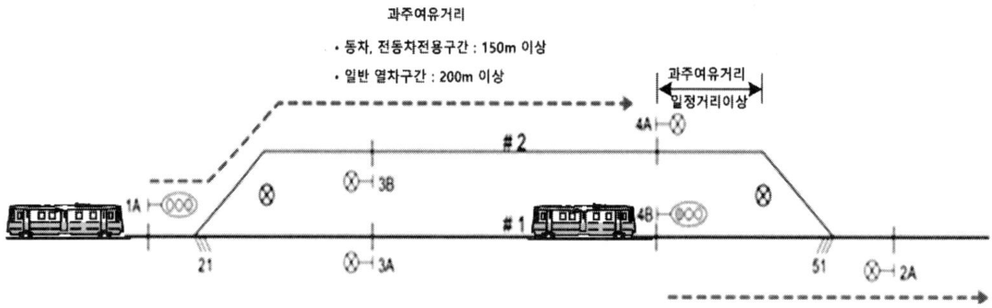

[그림] 역 구내 운행속도가 25km/h인 경우

과주여유거리(Overrunning allowable distance)

① 정거장에서 열차의 도착을 목적으로 부설된 유효장의 객차 전용선 및 전동차선은 (대피선, 착발선, 도착선 등의 본선 유효장)

$$도착열차의 최대길이 + C(20m)$$

C : 과주여유거리(5m) + 제동 여유길이(5m) + 신호주시거리(10m) 등의 합계

② **화물열차 과주여유거리** : 20m 전후 각 10m)

③ **여객열차 과주여유거리** : 4량 편성 이하 10m, 5량 편성 이상 20m

과주에 의해 다른 열차에 지장을 줄 우려가 있을 때

① 과주여유거리 내의 선로전환기와 신호기, 입환신호기 상호 간에는 쇄정한다.

② 입환신호기 또는 열차정지표지 내방에 20m (전동차 전용선은 150m) 이상의 과주여유거리를 설치한다.

③ 25km/h 초과하여 구내운전을 할 때는 입환신호기 또는 차량정지표지 안쪽에 다음의 설비를 한다.
   - 안전측선
   - 외방의 신호기에 경계신호를 현시하는 설비를 한다.

④ 외방의 신호기에 경계신호를 현시하는 설비를 한다.

⑤ 구내 운전속도 이하로 운전할 때는 안전측선, 과주여유거리를 생략할 수 있다.

10 광역·도시철도 급행화의 필요성 및 기존 인프라를 활용한 급행화 기술에 대하여 설명하시오.(114−25)

급행화의 필요성

우리나라의 광역·도시철도 출·퇴근 시간은 약 55분으로 OECD 평균보다 17분이 더 소요되는 것으로 나타나고 있다. 2010년 기준 우리나라 광역·도시철도의 표정속도는 38km/h로 해외 선진국 대비 60~80% 수준(파리권 53.2km/h, 런던권 45.3km/h, 동경권 58.3km/h)으로, 표정속도 향상을 통한 시간 경쟁력 확보가 요구되고 있다.

기존 인프라를 활용한 급행화 기술

① 저비용 급행화 운영기술 : 기존 도시·광역철도의 인프라 개량 없이 패턴조합 운행 등 열차운행방식을 변경하는 급행화 방안 검토 필요

㉠ 기존철도 운행 개선 최적화를 통한 급행화 운영기술 개발 필요

㉡ 수요자(승객) 요구를 반영하는 빅데이터 기반 급행열차 이용행태 분석에 기초한 급행열차 운행계획 수립 필요

㉢ 통행시간 변화를 추정하기 위해서는 완·급행 혼합운행 열차 스케줄을 수립해야 하고, 이 스케줄은 혼잡을 고려한 실제 운용이 가능한 스케줄로 작성되어야 함.

② 급행화 인프라 개량 기술

㉠ 도시 외곽에서 도심 내부로 기존철도 인프라를 활용한 출·퇴근 시간 단축을 위해서는 도시·광역철도 터널구간에 대한 인프라 개량 기술개발이 필요함.

㉡ 도시 외곽 광역철도 노선 위주의 급행화 (부본선이 이미 설치되어 있어 현 운행체계 아래에서 급행열차 도입 및 확대가 쉬움) ➡ 도시 내부까지 연결되는 도시철도 구간에 대한 급행화도 함께 추진되어야 급행화 효과가 상승함 ➡ 도시철도 노선이 대부분 터널구간이므로 기존 열차의 운행 차단 없이 **기존 도시·광역철도 지하구간에 대피선 설치 등 시설개량 기술개발이** 요구됨

③ 급행화에 따른 신호시스템 및 차량제어 성능향상 기술 : 기존 노선에서의 급행화를 위해서는 차량 및 신호시스템 측면에서의 아래와 같은 기술개발이 필요함

㉠ 기존 노선에서의 급행화는 노선에 설치되어 있는 대피선 및 주박선을 모두 운영노선으로 활용함으로, 차량 고장이 나면 고장 차량을 유치할 수 있는 예비선이 없어 상당한 운영 차질이 예상되므로 운행 중 차량의 운용고장을 최소화할 수 있는 고장 사전진단 기술개발이 필요

㉡ 급행화를 위한 기본 조건인 가감속도 성능 및 최대속도 성능 등 차량의 성능을 향상시켜 운행시간을 단축할 방안의 연구 추진 필요

㉢ 도시 광역철도의 급행화를 위해서는 효과적인 선로 이용이 필요한데 복선구간에서 양방향으로 운행하여도 정상 속도를 낼 수 있는 양방향 신호시스템의 구축이 필요함.

11 도시철도 구간에 적용되는 철도신호제어시스템의 특성 및 시스템 설계 시 운영 측면의 검토사항에 대하여 설명하시오.(130－25)

도시철도신호시스템의 특성

도시철도는 단일 도시교통권역에서 단거리 노선을 저속 (150km/h이하)으로 지하철, 경전철, 모노레일 등 같은 편성의 열차가 운행되며, 근래에는 운영비 절감, 자동화 수준, IT기술 등의 발전으로 기관사 없이 무인운전까지 가능하도록 운행되는 추세로 발전하고 있다. 그 특성은 다음과 같다.

항 목	설 명
특성	• 단일 형태의 열차 • 짧은 운전시격(90초 이하) • 단일 선로 • 역과 역 사이가 짧은 거리
2. 영업선	• 신분당선, 파리14호선
3. 특징	• 최고속도 150km/h 이하 • 무인운전 • 높은 건설비

- 운전시격과 역간 간격이 짧은 것이 특징이다.
- 열차 위치 검지 기술인 궤도회로장치를 사용하지 않는 대신에 무선을 이용하여 열차 위치 검지, 열차제어 및 무인으로 열차를 운행이 가능한 열차제어시스템이 적용된다.
- 도시철도는 짧은 노선 연장, 낮은 열차 운행 속도, 고장,장애 및 사고에 대한 신속한 대응이 가능하고, 기관사가 없는 무인열차 운행이 가능하기 위하여, 승강장안전설비, 차내 및 선로변 영상감시장치, 관제실의 원격감시 및 제어 기술 등 다양한 안전설비가 도입되어 건설비가 비싸지게 된다.

운영측면의 검토사항

① 도시철도건설규칙에 의거하여 차상신호시스템(차내신호시스템)을 적용하여야 한다.

② 도시철도 신호제어시스템의 제작사는 대부분 외국업체로 열차제어시스템의 특성이 상이하여 상호운전이 불가능하므로 신설 또는 개량하는 차상신호시스템은 표준화된 설비가 적용되도록 하여야 한다.

③ "도시철도 신호제어시스템 표준화"를 반영하여 설계에 적용하여야 한다.

④ 전동차의 직결운행 계획이 있을 때 상호운전이 가능한 차량의 차상시스템에 대해 검토하고 최적의 열차제어시스템이 구축되도록 하여야 한다.

12 속도 중심 제어방식과 거리 중심 제어방식에 대하여 설명하시오.(132-10)

속도 중심 제어방식

① Speed Step 신호시스템 : Speed Step 제어방식은 지상의 신호기에 의해 단계적으로 속도를 감속하여 안전을 확보하는 속도 중심의 제어방식으로 ATS장치가 이에 해당한다.

- ATS 장치는 보통 기관사가 지상신호기를 현시하고 신호기의 정보에 의하여 순차적으로 속도를 감속하며, 지상신호기가 제한하는 속도 이상의 경우 경고음(Alarm)을 발한 후 비상으로 제동하는 고정폐색(Fixed block)식 신호체계이다.
- 이러한 신호체계는 열차 간의 운행간격이 길어 안전운행만을 필요로 하는 시대의 신호체계이다.

거리 중심 제어방식

① Distance to go 신호시스템 : 속도중심의 제어방식인 Speed Step 신호시스템과는 달리 거리 중심의 제어방식인 Distance to go 신호시스템은 열차의 제어는 기계에 의하여 자동으로 감속하여 안전을 확보하는 시스템으로 철도운행의 고밀화에 적합한 시스템이다.

- 속도중심의 제어방식에 비해 제동거리가 짧아서 선로를 보다 고밀도로 이용할 수 있는 시스템이다.
- 이 방식 역시 고정폐색 단위로 제어되므로 고정폐색식 제어방식이라고 하며 시스템 제작사에 따라 다르지만, ATP 혹은 ATC 장치 모두가 이에 해당한다.

② Moving Block 신호시스템

- Moving Block Signalling System 역시 거리 중심의 제어방식이나 지상으로부터 연속정보를 수신함으로써 열차 스스로 가속 가감이 가능하므로 Distance to go Signalling System에 비해 선로를 보다 고밀도로 이용할 수 있다.
- 이 방식은 운행조건에 대한 정보를 고정폐색 단위가 아닌 연속적으로 수신함으로써 이동폐색(moving block) 방식이라고 한다.

13 열차 위치 추적 방법 중 Moving Block에 대하여 설명하시오.(132-10)

이동폐색방식(moving block system)

① 1개 폐색구간에 1개 열차라는 고정폐색구간의 개념과는 관계없이 선행열차와 후속열차 상호간의 위치 및 속도를 무선신호 전송매체에 의하여 파악하고 차상 컴퓨터에 의해 열차 스스로 운행 간격을 조정하는 폐색 방식이다.

② 고정폐색과는 달리 이동 폐색 신호에서 열차는 컴퓨터 시스템에 의해 정의된 대로 선로의 어느 특정 위치로 이동할 수 있는 권한을 부여받는다.

③ 이동 폐색 신호는 각 열차 주변의 빈 선로를 효과적으로 안전하게 유지하며, 빈 선로는 해당 열차와 함께 이동한다. 이 기술은 해당 열차의 폐색 성능과 속도에 맞게 조정되어 다양한 상황에서 선로용량을 최적화할 수 있다.

④ 이동 폐색 신호는 고정 폐색 신호와 비교하여 철도 노선의 선로용량을 증가시킬 수 있지만, 실제로는 주로 열차 제동성능 및 시간표 제한으로 인한 제약이 여전히 존재한다. 이는 이동 폐색 신호가 제공하는 선로용량 증가가 노선마다 다르다는 것을 의미한다.

Moving Block Signalling

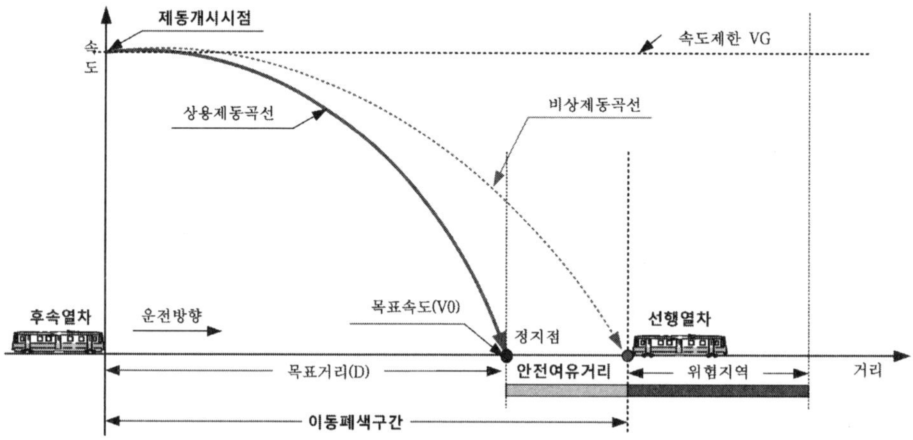

Moving Block 기술의 전반적인 목표는 모든 철도 시장 부문에 적용할 수 있는 Moving Block 원칙을 기반으로 고용량, 저비용, 고신뢰성 신호 시스템을 정의하는 작업을 계속하는 것이다. 높은 선로용량은 열차 성능 매개변수에서 인프라를 분리할 수 있는 Moving Block 원칙의 사용을 기반으로 한다. 낮은 비용은 선로변 열차 감지 및 선로 측 신호의 사용을 줄임으로써 달성된다. 높은 신뢰성은 선로변 열차 감지 및 선로측 신호와 관련된 선로변 장비의 감소로 인해 달성된다.

이동폐색 운전 시 폐색제어

이동 폐색시스템은 매우 짧은 간격으로 현재위치를 무선 폐색 센터로 전송하는 정확한 열차 내 위치 시스템이 필요하다. 보고된 모든 위치와 함께, 열차는 또한 열차의 완전성(무결성)을 확인해야 한다. 이러한 데이터를 통해, 무선 폐색 센터는 열차의 후단을 보호하기 위한 위험지점을 계산한다.

이어지는 열차의 위험지점과 이동 권한 사이에는, 전통적인 고정 폐색시스템에서 폐색 과주여유거리와 동등한 안전거리가 주어진다. 두 번째 열차가 첫 번째 열차 뒤에 정차하면 두 열차 사이의 최소 안전거리이다. 선로전환기가 이동 폐색에서 서로 이어지는 두 개의 열차 사이에서 전환할 경우, 선로전환기는 전환하기 위한 추가적인 시간이 필요하다. 이 시간은 두 번째 열차의 이동 권한을 갱신할 때 무선 폐색 센터에 의해 계산된다.

무선 폐색 센터는 항상 서로 겹치는 이동 권한을 차단해 충돌 등의 사고를 안전하게 예방할 것이다. 열차가 후진할 수 없는 역세권 밖의 노선 구간에서는, 고정 폐색시스템에서 방향 쇄정과 유사하게 작동하는 추가적인 방향 제어가 필요하다. 반대되는 움직임이 해당 구간을 통과하거나 열차 순서가 변경될 수 있는 다음 위치로부터 해당 구간으로 진입할 권한이 있는 한, 열차는 해당 구간으로 진입해서는 안 된다.

14 **열차 주행 성능 시뮬레이션(TPS : Train Performance Simulation)에 입력되는 데이터에 대하여 설명하시오.**(123-10)(126-25)

¤ TPS(Train Performance Simulation : 열차성능 모의시험)에 대하여 설명하시오.

개요

열차주행성능 프로그램은 선로의 시 종점 구간에서 역간 소요시간, 표정속도, 소비 전력량 등을 구하기 위해 열차 운행조건, 선로조건, 속도제한조건 등을 설정하여 동력차의 성능 및 특성 자료를 입력하여 주행 Simulation을 하는 Software를 말한다.

입력 데이터

- 차량데이터 : 편성, 성능, 특성, 사용동력
- 선로데이터 : 정거장(역명, 거리, 정차시간, 승/하차 하중)
  선로특성(거리, 구배, 곡선반경, 터널구간, 분기기, 제한속도)
- 운전조건 : 최고속도, 표정속도, 회복 여력
- 운전모드 : 정속운전, 타행운전(Coasting), 자동운전(ATO)
- 신호관련data : 폐색구간 거리, 구간별 지시속도, 고정속도

출력 데이터

- 운전(곡)선도
- 각 정거장의 운행시간표, 운행시격
- 총소요 에너지, 구간별 소요 에너지
- 각 구간의 열차속도

활용

건설하고자 하는 선정노선의 제원을 입력하여 가상으로 열차운전을 시행, 결과물의 높은 신뢰성을 바탕으로 신설선의 철도계획 단계에서 최적의 노선을 결정하는 기법으로 많이 활용되고 있으며, 신분당선, 우이~신설 경전철, 부산~김해 경전철, 서울 7호선 연장구간에 활용되었다.

15 열차안전을 위한 안전측선, 피난선, 탈선 선로전환기에 대하여 설명하시오.(132-10)

피난선

• 열차의 제동이 불가하여 역으로 위험한 열차가 급경사에서 제동이 되지 않는 화차가 내려올 때 역에 진입하지 못하도록 만들어진 선로로써
• 단선 정거장 선단에 안전측선이 없을 때
• 열차 상호 간 방호가 필요한 경우로서 안전측선 설비가 없을 때 설치
• 영동선 동점-철암역 간 동점역에 피난선이 있다.

탈선 선로전환기

• 탈선 선로전환기는 역 구내 배선을 할 때 공간 확보 등의 이유로 안전측선을 설치하지 못할 때 텅레일만 설치하고 리드부 및 크로싱부를 설치하지 않는 분기기를 말한다.
• 유사시 탈선은 되더라도 대형 열차 충돌을 방지하는 데 목적이 있고 완전한 분기기 구성은 되지 못하고 첨단의 전환기능만 가지고 있다.

16 열차의 역간 운행 시 평균속도와 표정속도에 대하여 설명하고 계산식을 제시하시오.(121-10)

평균속도

① 열차가 A역을 출발해서 B역에 도달할 때까지의 거리를 소요시간으로 나눈 값
② 평균속도 = A역과 B역간의 거리 / A역과 B 역간의 소요시간

표정속도

① 열차가 시점 역을 출발해서 종점 역까지 갈 때의 거리를 정차시분을 포함한 총소요 시간으로 나눈 값
② 표정속도 = 구간거리 / 정차시분을 포함한 구간 소요시간
③ 정차시분, 정차장 수 등을 줄여서 운전시분을 단축하게 해, 표정속도를 향상
④ 역간 거리가 짧고 정차역의 수가 많을 때는 차량의 가·감속 성능을 향상하는 것이 표정속도를 높이는 방법이다.

17 열차제동거리의 개요 및 공주거리, 실제동거리와의 관계를 계산식으로 설명하시오.

(112－25)(115－25)(130－25)

¤ 열차제동거리에 대하여 설명하시오.(25)

¤ 열차의 제동거리에 대하여 설명하시오.(25)

개요

열차의 제동거리는 상대 제동거리와 절대 제동거리로 나눌 수 있다.

상대 제동거리 상에서의 열차간격은 선로용량의 최댓값이다. 그러나 여기에는 근본적인 문제점이 있다. 연동장치를 통과할 때 두 열차 사이의 선로전환기를 움직이는 것은 불가능하다. 두 열차 사이의 선로전환기를 움직일 때는 두 번째 열차는 선로전환기가 새로운 위치에서 쇄정될 때까지 제동하여야 한다. 또 다른 문제는 첫 번째 열차가 사고일 때 두 번째 열차는 정지할 기회가 없으므로 첫 번째 열차와 경합하게 된다. 이러한 문제점 때문에 **상대 제동거리의 열차간격은 철도수송에서는 채택될 수 없는 이론적인 아이디어일 뿐**이다.

실 제동거리에서의 열차간격

실 제동거리에서의 열차간격은 후속열차와 선행열차 사이의 제동거리는 두 번째 열차와 추가 안전거리[그림 2]를 합한 것과 같다.

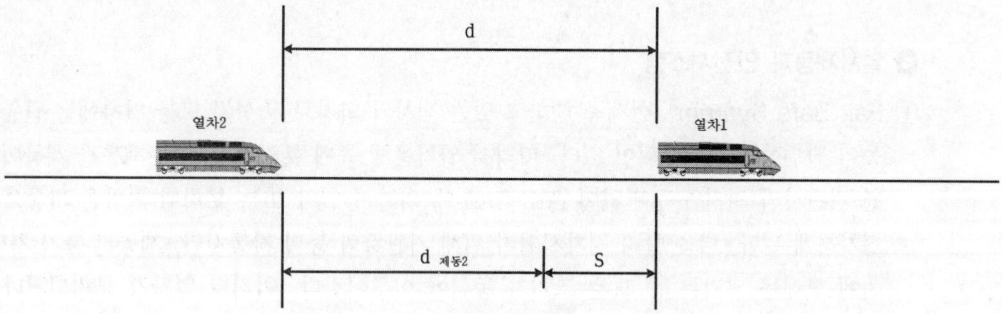

열차의 제동거리 = 제2 열차제동거리 + 안전거리

$$d = d_{제동2} + S$$

d열차 간의 거리

$d_{제동1}$제1 열차의 제동거리

$d_{제동2}$제2 열차의 제동거리

S안전거리

[그림] 실제동거리에서의 열차간격

실제동거리에서의 열차간격은 열차간격의 가장 적합한 원칙과 관계된다고 볼 수 있다. 문제점은 단지 지금까지 실제 철도운행에서 이 원칙의 도입을 회피하여 종단지역의 안전에 적합한 기술로서는 부족하였다. 그러나 무선통신 운행기술의 발전과 더불어 절대 제동거리에서의 열차 간격이 폭넓게 도입되고 있다. 절대 제동거리에서의 열차간격은 이동폐색에서 사용되고 있다.

실제동거리 공식

$$D(m) = \frac{V2^2 - V1}{7.2\beta} + \frac{V_1}{3.6} \times t + S$$

- V_2 : 제동 초속도(km/h)
- V_1 : 제동 종속도(km/h)
- t : 공주시간(sec)
- β : 제동 감속도(km/h/sec)
- S : 안전거리

안전거리

- 열차의 제동거리 종단과 위험지점의 시작점 간의 거리.
- 열차 간 안전거리는 제동거리에 대한 불확실성을 고려한 안전마진을 포함하고 있다. 안전마진은 열차 간 충돌을 방지하기 위해 꼭 필요한 안전장치이다.

열차제동과 안전시스템

① Fail Safe System : 현재 운행하고 있는 객차와 화차로 조성된 모든 열차에는 관통 공기제동이 필수적으로 장착되어 있다. 따라서 열차운행 중에 분리가 되거나 제동관 계통이 파손되면 기관사의 의지와 상관없이 Fail Safe에 의하여 열차 또는 분리된 차량은 자동으로 비상정차하게 된다. 더욱 빨리 정차시키기 위해 기관차의 동력 자동차단, 제동관 충기 차단, 레일 위에 모래를 뿌리는 등 모든 조치가 동시에 이루어진다. 이처럼 열차가 분리되거나 제동관 계통에 문제가 발생하면 치명적이기 때문에 안전측으로 동작(정차)하는 것이 Fail Safe System이다.

② Trans Lock System : 운행 중인 열차에 위험이 발생했을 때는 기관사뿐만 아니라 후부차량에서 차장이나 승객도 비상정차가 가능하게 만든 것이 바로 관통공기제동이다. 철도와 같이 사고가 발생하면 그 피해가 크게 나타나므로 어떻게든 사고는 막아야 하므로 후부 객차나 완급차에 차장변 등 비상변을 설치하여 열차에 위험이 발생 시는 누구라도 열차를 비상정차시킬 수 있게 한 것이다. 이처럼 사고 발생과정에 기관사뿐만 아니라 복수로 사고 발생과정에 개입하여 도미노 이론이 일어나지 못하도록 하는 것이 Trans Lock System이다.

18 **운전선도(Run Curve)에 대하여 설명하고, 운전선도 작성 시 필요한 자료, 운전선도의 활용 기준 및 종류에 대하여 설명하시오.**(126-25)

운전선도(Train Running Diagram)

① 평상시의 운전에 있어서 동력차 성능 및 운전조건을 고려하여 실제 운전의 표준이 되도록 작성한 『거리-속도곡선』『거리-시간곡선』『거리-온도상승곡선』『거리연료(전력)소비량곡선』등 열차의 운전 상태를 나타낸 선도를 말함. 【속도 정수 사정 기준규정】

② 열차의 운전상태, 운전속도, 주행거리, 운전시분, 전력소비량 등의 상호관계를 열차운행에 수반하여 변화하는 상태를 역학적으로 도시한 것을 운전선도(Run curve)라 한다.

- **시간기준 운전선도** : 시간을 횡축으로 하고 종축에 속도, 거리, 구배, 전력량을 표시하여 작도한 것으로, 열차의 속도나 전력소비량의 계산과 작도는 편리하나 이용범위가 좁아 실제 운전지침으로는 불리하다.
- **거리기준 운전선도** : 거리를 횡축으로 하여 종축에 속도, 시간, 전력량 등을 표시하여 작도한 것으로, 열차의 위치가 명확하고, 임의지점 위치에 운전속도와 소요시간을 구하는데 편리하여, 운전선도라 하면 보통 이 거리기준 운전선도를 말한다.

운전곡선도 작성

운전곡선도는 열차의 편성량에 따른 열차의 주행저항, 차륜 단면적, 중량, 혼잡율, 제동율 등의 제반 요건을 계산하고 단위편성 톤(ton)당 가속력과 열차운전 속도의 관계를 나타내는 가속력 곡선과 선로의 구배, 곡선 등의 변화에 따른 사항을 고려하여 작성한다.

운전곡선도 필요 데이터

① 운전곡선도는 기본적인 자료의 입력에 따른 컴퓨터(Computer)에 의하여 계산, 작성되며 입력되는 기본적인 자료는 다음과 같다.

② 열차편성에 따른 단위편성 당 주행저항, 중량, 제동율 등의 조건에 의하여 계산된 속도별 가감속도 자료

③ 선로의 상, 하선 주행거리별 선로조건에 의한 제한속도 자료

④ 열차의 최고 운전속도 및 정거장의 정차시분 자료

운전선도 사용 목적에 의한 분류

운전선도는 주로 신선 건설이나 전철화, 동력 차종 변경, 선로의 보수 및 개량 시의 역간 운전시분 설정 외에 동력차의 성능 비교, 견인정수의 비교, 운전시격의 검토, 신호기의 위치결정, 사고조사, 선로개량 계획 등의 자료가 된다.

① **계획운전선도** : 동력차 견인력과 열차저항의 관계에서 열차운전속도의 결정, 운전시분의 사정, 연료 소비량 및 전력소비량 결정 등 주로 운전계획에 사용하는 것이다.

② **실제운전선도** : 숙련된 운전 실력을 기초로 하여 운전속도와 시분, 전동기의 전류, 전차선 전압, 전력 소비량 등을 도시한 것으로 동력차의 조정기준에 따라 작도한 것이며 특히 이를 기준 운전선도라고도 한다. 동력차 조정기준기법과 견인정수 및 운전시분의 검사 등에 사용하며 승무원의 표준운전법 습득에 사용한다.

③ **가속력선도** : 열차의 속도를 높이기 위한 동력차 인장력과 이를 방해하는 열차저항과의 차이가 가속력으로 표시된다. 즉 가속력의 대소는 열차의 속도 변화를 좌우하게 된다. 이처럼 동력차 인장력과 열차저항의 관계에서 인장력과 속도 관계로 가속력 특성을 나타내는 선도를 말한다. 운전선도의 직접 작도법의 기초자료이다.

④ **구배별 속도곡선도** : 동력차의 가속력과 각종 구배의 속도와의 관계를 역행·타행별로 속도곡선을 작도한 것으로 간접 작도법의 운전선도를 작성할 때 기초자료가 되며 속도곡선 형상이 버들가지 모양이라 하며 일명 유선도라고도 한다.

19 운전시격을 단축하는 방법에 대하여 설명하시오.(112－25)(115－25)

¤ 운전시격 단축방안을 설명하시오.

운전시격 단축방법

① 제동거리가 짧은 고성능 동력차 사용
② 정차시간 단축
③ 도착선을 2개 이상으로 설치, 회차시간 단축
④ 장내신호기 전방에 유도신호기 설치
⑤ 역 구내에 구내폐색신호기 설치

세부내용

① 고성능 동력차 사용 :
- 속도 가감이 쉬운 고성능 동력차를 사용하여 제동거리를 짧게 하거나 정차시간을 단축 할 수 있다.

② 정차시간 단축 :
- 열차가 정거장에 정차하는 시간을 단축한다..

③ 도착선을 2개 이상으로 설치, 회차시간 단축 :
- 정거장에 있어서 도착선을 2개로 하고, 선행열차가 1번 선에 도착하면 후속열차는 2번 선에 도착하도록 한다.

④ 장내신호기 전방에 유도신호기 설치 :
- 열차운행이 복잡하고 열차를 장내 신호기 앞에 정차할 기회를 적게 함으로서 시간을 단축하고 여객에게 편의를 줄 수 있다.

- 선행열차가 일정지점을 지나면 장내신호기에 유도신호기를 현시하고, 시속 15[Km/h] 이하로 진입을 허용하는 방법이다.
- 그러나 15[Km/h]의 제한속도의 주행시간 및 감속운전 시간이 많은 경우 여객에게는 편리하나, 운전시격 단축에는 별 효과가 없다.

⑤ 역 구내에 구내폐색신호기 설치 :

- 정거장의 장내와 출발신호기 간에 폐색신호기를 건식하여 운전시격을 단축하는 방법이다.
- 선행열차가 후미가 구내에 폐색 신호기를 넘어서면 후속 장내신호기는 주의 신호를 현시하게 하여 운전시격을 단축하게 된다.

20 이동폐색의 위험도를 위험별로 제시하고 발생 가능한 원인을 열거하여 설명하시오.(127－25)

위험 요인	가능한 원인
1. 궤도 상태가 잘못 지워짐	1. 선로변 초기화 시 디스패처 상호작용 2. 선로변 초기화에 잘못된/구식 정보 사용 3. 입환 영역 비활성화 4. 기관사가 열차의 무결성을 확인 5. 고장 난 열차의 복구
2. 열차 위치 에러	1. 임무 종료 시 신뢰 구간 감소 2. 연계 정보의 결여
3. 열차 길이 에러	1. 실제보다 짧은 열차 길이 보고 2. 실제보다 긴 열차 길이 보고
4. 냉간 이동 감지가 위치를 잘못 확인	1. 냉간이동감지의 잘못된 측면 오류
5. 이동 미검지	1. 정지 후 롤백 2. NP("전원 없음") 모드에서의 이동 3. 레벨 3구역 입구 4. 임무 종료 후 5. 열차 무결성 상실 6. 추진력 있는 열차
6. 궤도검지기의 궤도 미점유를 잘못 표시함	1. 궤도검지기의 잘못된 고장
7. 열차운행 중 선로전환기 이동	1. 통신 장애 후 선로전환기 이동

21 정거장에서 안전측선을 설치하는 조건과 생략하는 조건에 대하여 설명하시오.(114－10)

안전측선설치하는 조건

① 2개 이상의 열차 또는 차량을 동시에 진입, 진출시킬 때 열차의 진로에 지장 우려가 있는 개소

② 본선 또는 중요한 측선이 다른 본선과 평면교차 또는 전환할 때 열차 상호 간 충돌 가능성을 고려하여 방호할 필요가 있는 개소

- 대향열차를취급할 때
- 같은 방향 열차를 취급할 때

③ 구내운전으로 차량이 과주(Over Run) 하여 다른 열차에 지장을 줄 우려가 있는 개소

④ 안전측선의 길이는 안전측선을 설치하는 분기기의 차량접촉한계에서 75m 이상을 기준으로 하며, 안전측선과 인접 선로 간의 궤도 중심 간격은 5.5m 이상 확보한다.

안전측선 생략 조건

① 방호를 위해 신호기 외방의 신호기가 경계신호를 현시하는 장치를 설비하였을 때

② ATS설비 신호기 또는 열차정지 장치의 위치에서 전방으로 200m 이상의 과주여유거리를 설정했을 때(동차 및 전동차는 150m 이상) 단, 정거장 내 측선의 경우는 입환신호기 또는 차량정지 표지의 전방으로 50m 이상의 과주여유거리를 설치했을 때 또는 구내운전속도를 25km/h 이하로 설정 되었을 때

③ ATC를 설치했을 때 : 한쪽의 장내 신호가 진행 신호현시일 때 다른 쪽의 장내신호기가 반드시 정지신호현시 되도록 연동장치를 설치하여, 동시 진입이 되지 않도록 하는 경우 안전측선은 불필요하다

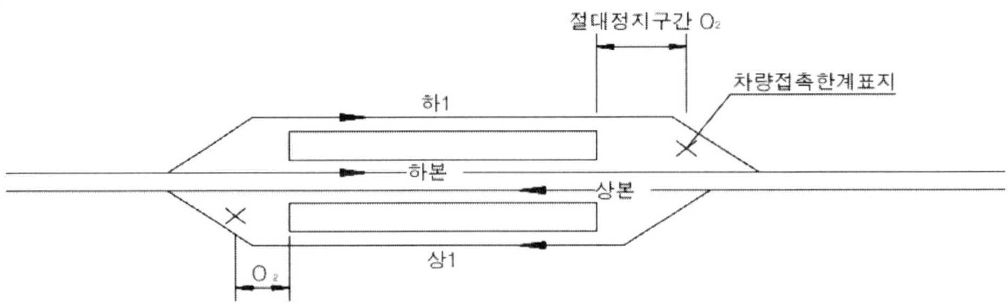

[그림] ATC를 설치한 경우

22 철도신호제어시스템의 간격제어장치 및 진로제어장치에 대하여 설명하시오.(114-25)

간격제어장치

① 열차는 일직선상에서 운행하기 때문에 다른 열차와 충·추돌할 위험이 있다. 열차 사이의 충·추돌을 피하고자 열차의 속도에 따라 제동거리를 확보해야 한다.

② 열차의 제동거리는 열차속도, 열차의 위치 및 열차의 주행 방향에 따라 달라진다. 열차가 다른 열차에 접근하여, 열차 간의 거리가 짧아질수록 열차의 속도는 낮아져야 한다. 궁극적으로 열차 간에 충·추돌을 피할 수 있는 거리를 확보하여야 하며, 이는 열차 간의 상대속도에 의해서 제동거리를 계산할 수 있다.

③ 열차간격 제어는 선행열차의 위치, 선로조건에 의해 생성된 속도곡선에 따라 열차의 속도제어를 하는 것이라 할 수 있다. 열차간격 제어는 열차의 이동권한, 제동거리, 속도감시 및 제동으로 이루어진다.

진로제어장치

진로제어장치는 진로제어, 진로의 해정, 진로의 연속제어로 구분할 수 있다.

① **진로제어** : 진로제어는 진로요청, 진로설정, 진로쇄정 및 진로입증의 단계를 거친다.

- 진로요청은 원격제어나 역 자체 조작판에 의해 진로제어를 요청하는 단계로 이 진로 요청이 이루어지면 해당 진로에 대해 기본 조건을 검사한 후 진로설정단계로 넘어간다.
- 진로설정 단계는 진로요청 단계의 기본 조건이 만족하였을 때 진로 구성에 필요한 모든 선로전환기를 정위 또는 반위로 전환하여 진로를 구성한다. 또 진로쇄정 단계는 선로전환기의 전환이 완료되면 안전한 진로의 확보를 위하여 진로쇄정을 수행한다.
- 진로 입증은 진로와 관계된 모든 설비가 정확하게 동작했는지를 확인한 후에 열차자동제어장치나 신호기 또는 입환표지 등으로 진로 정보를 제공하여 해당 진로를 현시할 수 있도록 한다.

② **진로의 해정** : 열차가 당해 궤도회로를 점유한 후 전방 궤도회로를 점유하고 다시 당해 궤도회로를 벗어나서 순차적으로 점유와 비점유 상태가 되면 진로는 자동으로 해정한다.

③ **진로의 연속제어** : 같은 진로를 연속하여 여러 열차가 통과하여야 할 때 반복적인 진로설정 없이 한 번의 진로설정으로 여러 열차의 취급이 가능해야 한다. 또한 운영자가 일정한 제한 조건으로 연속제어로 설정된 진로를 취소할 수 있다.

23 최고속도 130km/h인 여객열차의 제동거리를 산출하시오.(단, 감속도 β = 1.25m/s2, 공주시간 t = 4sec, 여유거리 = 50m, 속도 조사오차 = 2km/h) (127 – 10)

● 최고속도 130[km/h]에서 속도오차 2km/h를 합하면 132[km/h]이다.

감속도 β가

$\beta = 1.25[\mathrm{m/s^2}] = 1.25 \times 3.6 = 4.5[\mathrm{km/h/s}]$ 일 때

제동거리 L은

L = 실 제동거리 + 공주거리 + 여유거리

$$L = \frac{V^2}{7.2\beta} + \frac{Vt}{3.6} + \text{여유거리}$$

$$= \frac{16,900}{7.2 \times 4.2} + 130 \times \frac{4}{3.6} + 50$$

$$= 521.6 + 144.4 + 50 \fallingdotseq 716$$

제동거리는 716[m]이다

24 표정속도의 정의 및 향상 방법에 대하여 설명하시오.(115 – 10)(118 – 25)

¤ 표정속도의 정의와 표정속도 향상방안에 대하여 설명하시오.

● 표정속도 정의

표정속도(Commercial speed 또는 Scheduled speed)는 교통수단의 운행 거리를 정차시간을 포함한 소요시간으로 나눈 값을 의미한다.

① 열차가 시점 역을 출발해서 종점 역까지 갈 때의 거리를 정차시분을 포함한 총소요 시간으로 나눈 값

② 표정속도 = $\dfrac{\text{구간거리(km)}}{\text{정차시분을 포함한 구간 소요시간}}$ km/h

$$V = \frac{(n-1)L}{(n-2)t + T}$$

(n : 정거장수, L : 역간 평균거리km, t : 평균정차시간, T : 총주행시간)

표정속도 향상방안

① 정차시분을 단축하거나 정차역의 수를 줄인다.

② 통근열차와 같이 역간거리가 짧고 정차역의 수가 많은 경우 가·감속도를 크게 하여 표정속도를 향상한다.

③ 폐색 취급시간 단축 및 폐색구간 축소 등 신호체계의 현대화를 통한 표정속도의 향상도 있다.

④ 표정속도의 향상을 위해서는 궤도구조의 강화, 선형개량, 기관차의 견인력 증강, 정거장의 대피선, 교행선 증설 등이 필요하다.

⑤ 표정속도를 높게 하는 방법

- 역간 평균거리를 길게
- 정차시분을 단축
- 역간주행 주행시간을 단축(적게)

⑥ 표정속도를 35km/h로 유지하기 위하여(지하철)

- 역간거리를 1KM 이상
- 정차시분을 30초 이내
- R450이하의 급 곡선을 최소화

결론

- 주어진 선로에서 표정속도를 향상시키는 방법은 신속한 열차 승객조작과 차량의 가감속 성능 개량을 (고성능의 가 감속)고려하며,
- 표정속도 향상은 운영경비 절약과 직결되므로 R/H, 비R/H 표정속도 이원관리로 표정속도 향상의 좋은 방법이다.

25 열차제어측면에서 운전시격을 결정하는 요소 5가지를 기술하고 설명하시오. (100－10)

운전시격의 결정요인

[최소운전시격을 단축하는 방법]

- 고성능 동력차의 사용
- 도착선의 상호사용
- 유도신호기의 설치
- 역구내 폐색신호기 건식
- 타임 시그널의 사용

① **고성능 동력차 사용** : 속도가감이 쉬운 고성능 동력차를 사용하여 제동거리를 짧게 하거나 정차시간을 단축할 수 있다.

② **도착선의 상호사용** : 정거장에 있어서 도착선을 2개로 하고, 선행열차가 1번 선에 도착하면 후속열차는 2번 선에 도착하도록 한다.

③ **유도 신호기의 설치**

- 열차운행이 복잡하고 열차를 장내 신호기 앞에 정차할 기회를 적게 함으로서 시간을 단축하고 여객에게 편의를 줄 수 있다.
- 선행열차가 일정지점을 지나면 장내신호기에 유도신호기를 현시하고, 시속 15[Km/h] 이하로 진입을 허용하는 방법이다.
- 그러나 15[Km/h]의 제한속도의 주행시간 및 감속운전 시간이 많은 경우 여객에게는 편리하나, 운전시격 단축에는 별 효과가 없다.

④ **구내의 폐색 신호기 건식**

- 정거장의 장내와 출발신호기 간에 폐색신호기를 건식하여 운전시격을 단축하는 방법이다.
- 선행열차가 후미가 구내에 폐색 신호기를 넘어서면 후속 장내신호기는 주의 신호를 현시하게 하여 운전시격을 단축하게 된다.

⑤ **타임 시그널 방법** : 선행열차와 후속열차와의 간격을 제동 거리에 상당하는 신호기를 많이 설치하는 것이다.

26 4현시 자동폐색구간의 최소운전시격을 구하는 방법에 대하여 설명하시오.(105－25)

4현시 구간의 운전시격

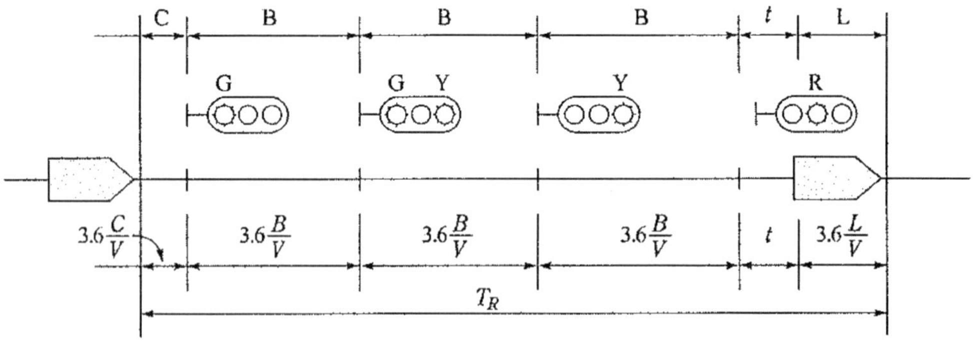

4현시 폐색구간의 최소운전시격

① 4현시 자동폐색구간의 운전시격은 다음과 같다.

$$T_R = \frac{3.6}{V}(3B + L + C) + t \quad \cdots\cdots (4-3)$$

여기서, $2B = (b + k)$라 하면 다음과 같이 된다.

$$T_R = \frac{3.6}{V}\frac{3}{2}(b + k) + L + C + t \quad \cdots\cdots (4-4)$$

n 현시식 자동폐색구간의 운전시격은 다음과 같다.

$$T_R = \frac{3.6}{V}\frac{n-1}{n-2}(b + k) + L + C + t \quad \cdots\cdots (4-5)$$

단, $(n-$[2]$B = b + k$이다. 따라서 n→∞라면 $\frac{n-1}{n-2} \fallingdotseq 1$이 되므로

$$T_R = \frac{3.6}{V}(b + k + L + C) + t \quad \cdots\cdots (4-6)$$

가 운전시격의 극한값이다.

그러나, 4현시식 이상의 자동폐색식으로서 신호기를 많이 설치하여 신호현시를 복잡하게 하더라도 운전시격은 비례하므로 최소가 되지 않는다.

27 역간 구간과 정차장 부근에서의 최소운전시격을 산출하는 방법을 설명하시오.(106-25)

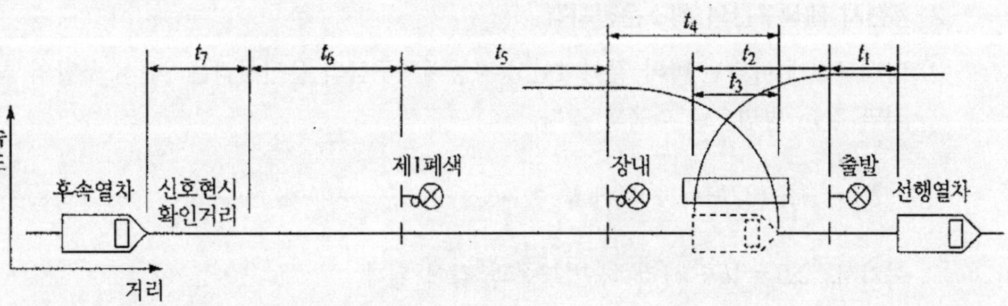

1. 3현시 폐색구간의 최소운전시격

① 아래 그림과 같이 역 사이에 설치된 3위식 자동폐색구간에서 항상 진행신호로 운행하는 경우의 최소운전시격은 다음과 같다.

$$T_R = \frac{2B + L + C}{\frac{1000 \times V}{3,600}} + t = 3.6 \times \frac{2B + L + C}{V} + t \quad \cdots\cdots (4-1)$$

여기서, TR : 열차 사이의 최소운전시격[sec]
B : 폐색구간의 길이 [m]
L : 열차길이 [m]
C : 신호현시 확인에 요하는 최소거리[m]
t : 선행열차가 1의 신호기를 통과할 때부터 3의 신호기가 진행신호를 현시할 때까지의 시간[sec]
V : 열차속도[km/h]

② 폐색구간의 길이와 그 구간을 운행하는 열차의 제동거리와의 관계는 $B = b + k$가 된다. 여기서 b는 제동거리[m]. k는 안전제동여유거리[m]이다.
따라서 이것을 식 (4-1)에 대입하면 최소운전시격 TR은 다음과 같이 된다.

$$T_R = \frac{3.6}{V} 2(b + k) + L + C + t \quad \cdots\cdots (4-2)$$

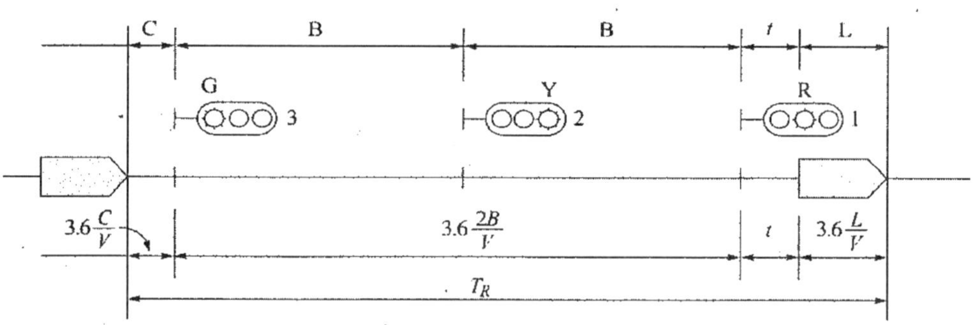

[그림] 자동신호 3현시 구간의 운전시격

2. 4현시 폐색구간의 최소운전시격

① 아래그림에 나타낸 바와 같이 4현시 자동폐색구간의 운전시격은 3현시 구간의 최소 운전시격과 같은 방법으로 다음과 같다.

$$T_R = \frac{3.6}{V}(3B + L + C) + t \quad \cdots\cdots (4-3)$$

여기서, $2B = (b + k)$라 하면 다음과 같이 된다.

$$T_R = \frac{3.6}{V} \frac{3}{2}(b + k) + L + C + t \quad \cdots\cdots (4-4)$$

n 현시식 자동폐색구간의 운전시격은 다음과 같다.

$$T_R = \frac{3.6}{V}\frac{n-1}{n-2}(b+k)+L+C+t \quad \cdots\cdots (4-5)$$

단, $(n-\boxed{2}B=b+k$이다. 따라서 $n \to \infty$라면 $\frac{n-1}{n-2} \fallingdotseq 1$이 되므로

$$T_R = \frac{3.6}{V}(b+k+L+C)+t \quad \cdots\cdots (4-6)$$

가 운전시격의 극한값이다.

그러나, 4현시식 이상의 자동폐색식으로서 신호기를 많이 설치하여 신호현시를 복잡하게 하더라도 운전시격은 비례하므로 최소가 되지 않는다.

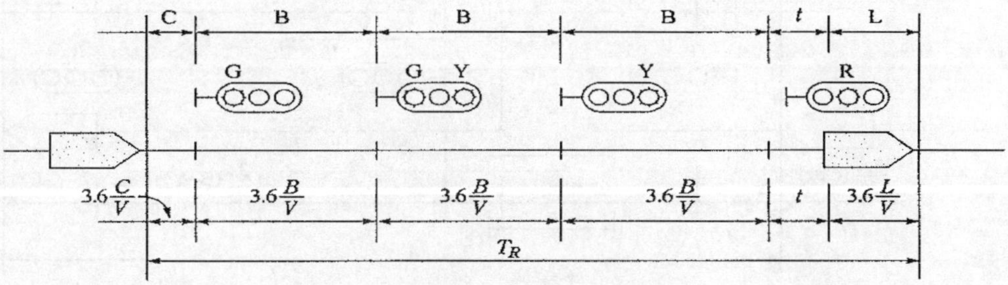

[그림] 4현시 구간의 운전시격

3. 정거장에 진입할 때의 최소운전시격

① 아래그림에서와 같이 정거장에 진입할 경우의 운전시격을 구해 보면 다음과 같다.

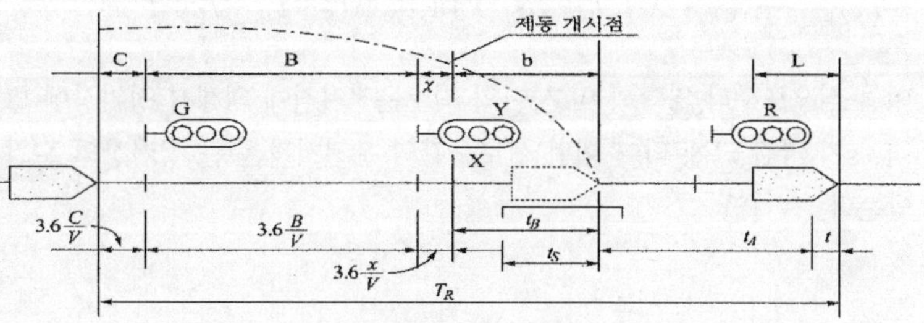

[그림] 정거장에 진입할 때의 운전시격

$$T_{S1} = 3.6 \times \frac{C+B+X}{V} + t_B + t_S + t_A + t \quad \cdots\cdots (4-7)$$

여기서. Ts : 정거장에 있어서의 운전시격[sec]

C : 신호현시의 확인 최소거리[m]

B : 폐색구간의 길이[m]

X : 제동개시지점과 장내신호기간의 거리[m]
장내의 내방은 (+)부호, 외방은 (−)부호
tB : 제동시간[sec]
ts : 정차시간[sec]
tA : 열차가 출발하여 출발신호기를 넘을 때까지의 시간[sec]
t : 신호현시가 변화하는 데 필요한 시간[sec]

4. 정거장에서 진출할 때의 최소운전시격

① 정거장에 진입할 때의 최소 운전시격에서와 같은 방법으로 정거장으로부터 열차가 출발 할 경우의 운전시격은 그림과 같다.

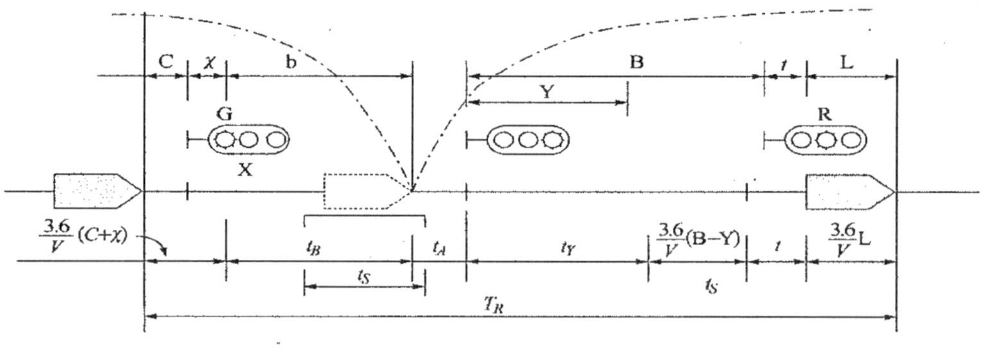

[그림] 정거장에 진출할 때의 운전시격

ty를 출발신호기를 넘어서 속도 V가 될 때까지의 시간이라 하면 이 경우의 최소운전시격은 다음과 같다.

$$T_{S2} = \frac{3.6}{V}(C+X+L+B-Y)+t_B+t_S+t_A+t_y+t \quad \cdots\cdots (4-8)$$

이들 식으로부터 명확히 역 사이의 최소운전시격에 의해서 정거장에 발착하는 경우의 운전시격 ts가 약간 크게 되어 어떤 선로구간의 운전시격은 큰 정거장의 운전시격보다 크게 제한을 받는다.

28 폐색분할 시 고려할 사항에 대하여 설명하시오(25)

1. 선로조건

① 곡선구간 통과에 따른 속도제한
② 하구배의 제동거리 및 상구배의 구배저항 영향
③ 분기 선로의 속도제한
④ 선형 및 종단 조건

2. 차량성능

① 열차의 가속력 및 감속력
② 열차의 공주시간 및 공주거리
③ 열차 저항 및 열차의 길이
④ 사용제동거리를 결정하는 상용제동 특성

3. 정거장

① 정거장 중심 및 정차위치
② 역 정차시간 및 여객 승하차 시간
③ 대피선 및 통과선의 사용여부(역의 운전경로)

4. 신호설비

① 신호시스템의 최소운전시격 및 최고허용속도
② 식별이 용이한 신호기 건식위치
③ 폐색구간의 신호현시 단계

제7장 열차제어시스템 (ATP, ATS, ATO, CBTC)

01 "IEC 62267 : AUGT 안전요구사항"에 규정되어 있는 무인운전(DTO : Driverless Train Operation)과 완전 무인운전(UTO : Unattended Train Operation)에 대해 비교 설명하고, DTO에 비해 UTO 시스템에서 갖춰야 할 안전 요구조건 및 설비에 관해 기술(132-25)
02 자동열차제어장치(ATC : Automatic Train Control)의 역할을 정의하고 제어방식에 따른 분류에 대하여 설명(129-25)
03 ATC(Automatic Train Control) 장치와 ATP(Automatic Train Protection) 장치의 장·단점을 비교하고, 차상신호 방식의 필요성을 설명(120-25)(132-25)
04 Distance To Go 시스템에서 안전구간 및 위험지점을 설명(111-25)
05 ATC(Automatic Train Control) 폐색구간 분할 설계 시 고려사항과 속도코드 결정에 대하여 설명(132-25)
06 열차자동운전장치(ATO)의 개요와 구성요소인 열차 정보송수신장치(TWC)의 기능에 대하여 설명(114-25)
07 ATO(유인운전)를 계획하고 있는 관제실에 갖추어야 할 기능 및 설비구성을 설명(111-25)
08 ATO(Automatic Train Operation)장치의 효과와 운전모드에 대하여 설명(115-25)
09 열차자동방호장치(ATP) 구성 및 기능을 설명(112-25)
10 열차자동방호장치(ATP)에 사용되는 발리스(Balise)에 대하여 설명(112-10)
11 열차자동방호장치(ATP)의 발리스 설치위치 및 원칙에 대하여 설명(121-25)(111-10)
12 열차자동방호장치(ATP)의 발리스(Balise) 텔레그램 입력 시 주의사항에 대하여 설명(117-10)
13 열차자동방호장치(ATP : Automatic Train Protection)의 발리스(Balise)와 선로변제어유닛(LEU : Lineside Electronic Unit) 간의 인터페이스에 대하여 설명(114-10)(132-10)
14 ATS(Automatic Train Stop)장치 운용 구간에 ATP(Automatic Train Protection)장치를 추가하여 구축, 운용하는 경우 공통점과 차이점을 설명(115-25)
15 ATS, ATC, CBTC 시스템의 운전패턴도와 신호방식, 특징을 설명(127-10)
16 GTX(Great Train eXpress)에 대하여 설명(123-10)(132-25)
17 IEC 62290-1에 따른 도시철도 열차제어시스템에 대한 자동화 등급(GoA : Grade of Automation)에 대하여 설명(129-25)
18 CBTC 또는 ERTMS 시스템에서 적용하는 MRSP(Most Restrictive Speed Profile) 생성 시 고려사항에 대하여 설명하고, 고려사항을 기반으로 MRSP를 생성하시오.(111-25)(117-25)(126-25)
19 RF-CBTC 시스템에서 통신 Time-Out 원인 및 방지대책에 대하여 설명(129-10)(130-25)(132-10)
20 CBTC(Communication Based Train Control) 시스템에서 사용되는 안전제동모델(Safety Braking Model)의 목적 및 구성요소를 기술(129-25)
21 무선통신 열차제어시스템(RF-CBTC)의 장점과 단점을 설명(120-10)
22 무선통신 기반 열차제어 시스템 구간을 운행 중인 열차의 무결성(Train integrity) 정보와 무결성 정보 수신에 따른 Safety Rear End 및 열차 길이를 결정하는 방법에 대해서 서술(25)
23 무선통신기반 열차제어 시스템 CBTC(Communication Based Train Control) 구성 방안 중 IL-CBTC(Inductive Loop-Communication Based Train Control)와RF-CBTC (Radio Frequency-Communication Based Train Control)를 설명(132-10)
24 CBTC(Communication Based Train Control)로 운영중인 노선과 ETCS(European Train Control System) Level-2로 건설되는 노선 간 혼용 운영 방안에 대하여 설명(25)
25 CBTC(Communication Based Train Control)로 운영하는 선로와 ATC (AutomaticTrain Control)로 운영하는 선로 간 열차 상호운행을 위한 차상신호장치 설계 및안전 확보 방안에 대하여 설명(126-25)

26 무선통신기반 열차제어시스템에서 지상설비 시운전 시험의 종류 및 방법에 대하여 설명(25)
27 무선통신기반 열차제어시스템(CBTC : Communication Based Train Control)의 개념도를 그리고 기본 구성에 대하여 설명(111-25)(129-10)
28 무선통신을 기반으로 하는 열차제어시스템의 성능요구사항에 대하여 설명(124-10)
29 무선통신 기반 열차제어 시스템의 신뢰 구간을 고려한 열차 위치 및 거리 계산 방법에 관하여 서술(25)
30 무선통신기반 열차제어시스템(RF - CBTC)의 열차 속도제어 알고리즘에 대하여 설명(25)
31 통신기반 열차제어시스템(CBTC)의 특징 및 구성요소에 대하여 설명(123-10)
32 경부고속철도에 사용되는 불연속정보전송장치의 구성도 및 설치개소에 대하여 설명(10)(25)
33 경부고속철도에 설치된 TFM - PM의 구조를 그리고, 출력감시(Output Monitoring)에 대하여 안전측면에서 설명(25)
34 경부고속철도에서 사용하고 있는 열차제어시스템(TVM - 430)에 대하여 지상설비와 차상설비로 구분하여 설명(111-25)(121-25)
35 고속선로를 운행하는 열차 또는 차량은 ATC 기능을 확보하고 차내 신호현시 조건에 따라 운전한다. 다만, 관제사의 승인을 받아 ATC에 의하지 않고 운전하는 경우를 설명(120-25)
36 고속철도 UM71 AF궤도회로장치에 사용되는 보상용 콘덴서의 설치목적, 효과, 설치기준을 설명(127-10)
37 고속철도 궤도회로(UM71)에서 사용된 방향계전기의 역할을 설명(118-10)
38 고속철도에서 사용하는 TVM430의 차상장치 구성에 대하여 설명(123-10)
39 과주방지용 ATS(Automatic Train Stop)에 대하여 설명(120-10)
40 국내에 설치된 승강장안전문(PSD)의 동작 신호방식에 따른 분류 3가지에 대하여 설명(25)
41 국제전기전자협회(IEEE)에서 정의된 CBTC 표준요구사항인 IEEE1474 - 1,2,3,4에 대하여 설명(112-10)
42 도시철도 AT·시스템에서 TWC를 이용한 전동차 출입문 및 승강장안전문(PSD) 제어방식에 대하여 설명(130-25)
43 KRS SG 0069-15(도시철도용 무선통신기반 열차제어시스템)에서 설명하는 열차운전모드 8가지에 대하여 설명(118-25)(134-25)
44 도시철도용 무선통신기반 열차제어시스템의 지상설비와 차상설비 간 연계동작시험의 종류 및 목적에 대하여 설명(129-25)
45 무인운전 시스템에서 차상 ATO(Automatic Train Operation) 장치의 미주 및 과주에 대한 인칭제어 기능과 시퀀스(Sequence)에 대하여 설명(126-25)
46 무인운전(Manless Operation)시스템에서 차상 ATP의 동적 프로파일 생성 및 프로파일의 종류 5가지에 대하여 설명(117-25)(124-25)(126-25)(129-25)
47 무인운전(UTO) 방식을 도입함에 따라 필요한 철도교통관제시스템의 열차 및 역·현장 설비 제어 기능에 대하여 설명(130-25)
48 무인운전시스템[UTO(GOA4) : Unattended Train Operation]에서 ATP, ATO, ATS의 주요 기능 및 특징에 대하여 설명(117-25)
49 무인운행을 위한 관제시스템의 자동열차감시장치(ATS : Automatic Train Supervision)의 시스템 운영모드 3가지 및 운영방법에 대하여 설명(126-25)
50 무인으로 운전하는 도시철도의 신호장치(ATO)와 승강장안전문(PSD)간의 인터페이스 현황 및 개선방안에 대하여 기술(25)
51 철도 자동화운전레벨(GOA : Grade of Automation)을 설명하고, GOA4의 일반적 안전 요구사항에 대하여 설명(124-10)(124-25)
52 철도노선간 연계운영을 위한 열차제어시스템의 기술요건에 대하여 설명(124-25)
53 철도신호 원격제어 장치(ERC - I : Electric Remote Control System - I)에 대하여 설명(132-25)
54 철도신호의 열차제어시스템 종류에 대하여 설명(115-25)(124-25)
55 열차제어장치의 기능시험 중 Cold Start 및 Warm Start에 대하여 설명(124-10)
56 열차의 무인운전 모드에서 자동출입문 제어의 안전설계 개념에 대하여 설명(123-10)
57 차상 중심의 열차 자율주행에 대하여 설명(25)

제7장

열차제어시스템 (ATP, ATS, ATO, CBTC)

01 **"IEC 62267 : AUGT 안전요구사항"에 규정되어 있는 무인운전(DTO : Driverless Train Operation)과 완전 무인운전(UTO : Unattended Train Operation)에 대해 비교 설명하고, DTO에 비해 UTO 시스템에서 갖춰야 할 안전 요구조건 및 설비에 관해 기술하시오.** (132-25)

개요 : 무인운전의 개념

무인운전이란 기관사가 승차하지 않고 차량의 운전 및 운행에 필요한 모든 제어가 관제실, 차상장치 및 열차제어장치의 유기적인 결합으로 이루어지는 운전방식이다. 무인운전은 열차운전 시격의 감소, 주행속도의 향상 및 운영비 절감 등의 장점이 있는 반면에 사고 발생 시 대처능력이 떨어지고 승객들이 두려움을 느낄 수 있으며, 초기 투자비용이 높아질 수 있다. 이러한 단점을 극복하기 위해서는 무인운전 시스템은 안전성, 경제성 및 신뢰성을 갖추어야 한다.

DTO와 UTO의 비교

DTO 및 UTO 모두 기관사가 운전하지 않는 무인운전 시스템을 말한다. 그러나 DTO에서는 비상시를 대비하여 승무원(Staff)이 열차 안에 승차하여 운행하는 시스템을 말한다. 두 가지 모두 다음과 같은 기능을 시스템이 담당한다.

① 열차의 안전운행 보장(안전경로 보장, 안전 차간거리 보장, 안전속도 보장)
② 열차의 운행(가속 및 제동제어)
③ 가이드웨이 감시(장애물과의 충돌방지, 사람들과의 충돌방지)

UTO의 안전 요구조건

DTO에 비해 완전 무인운전(UTO : Unattended Train Operation)을 위해 갖춰야할 안전 요구조건으로는 다음과 같은 기능들이 시스템에 의해 이루어져야 한다.

① 승객 환승 감시(승객도어제어, 차간 또는 승강장과 열차 간 인명상해방지, 안전한 출발조건 보장)
② 열차운행(셋인/셋오프 운전, 열차상태 감시)
③ 비상상태 검지 및 관리(열차진단 수행, 화재/연기 탐지, 탈선검지, 비상사태처리(호출/대피, 감시)

UTO를 위해 갖춰야 할 설비

이를 위한 설비로서는 다음과 같은 것들이 있다.

① 승객 환승 감시를 위한 설비로 역사에 스크린도어 혹은 장애물 검지장치 설치.
② 관제실에서의 승객, 여객 감시를 위해 차량 및 역사에 CCTV 설치
③ 열차의 운행상태를 감시 및 제어할 수 있는 관제실과 열차와의 양방향통신망 구축
④ 승객과 관제실 간에 통신장치 구축

02 자동열차제어장치(ATC : Automatic Train Control)의 역할을 정의하고 제어방식에 따른 분류에 대하여 설명하시오.(129－25)

ATC 역할

차내신호 방식을 사용하며 선행열차의 위치를 파악하여 후속열차에 안전한 운행속도와 정지신호 등을 지시하여 충돌과 추돌을 방지한다. 연속제어 방식이기 때문에 선행열차의 거리에 따라 민감하게 반응하므로 선로이용률이 높다. 절대 안전시스템의 한 종류로서 연속하여 속도를 확인, 열차의 안전사고를 사전에 방지한다.

Speed Step ATC(S－ATC)

S－ATC 시스템은 그림과 같이 선행열차의 위치에 따라 궤도회로별 허용속도를 지상에서 차상으로 전송하면 차량은 수신된 허용속도 이하에서 운행하게 된다. S－ATC를 아날로그 ATC라고 하는데 이것은 허용속도 정보를 반송주파수와 속도코드에 의한 주파수변조로 정보가 가공되어 아날로그 신호가 차상으로 전송되기 때문이다.

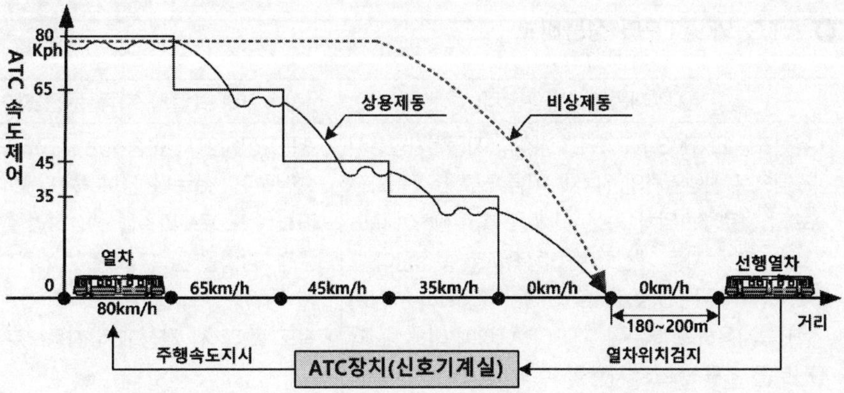

Distance to go(D-ATC)

D-ATC는 열차운행을 위한 궤도회로별 제한속도를 전송하는 것은 S-ATC와 같으나 차량의 제동곡선 생성을 위해 이동권한(목표거리) 및 구배 등의 정보가 지상에서 차상으로 전송되며 차상컴퓨터는 이런 정보들을 반영하여 제동곡선에 생성하는 차이점이 있다.

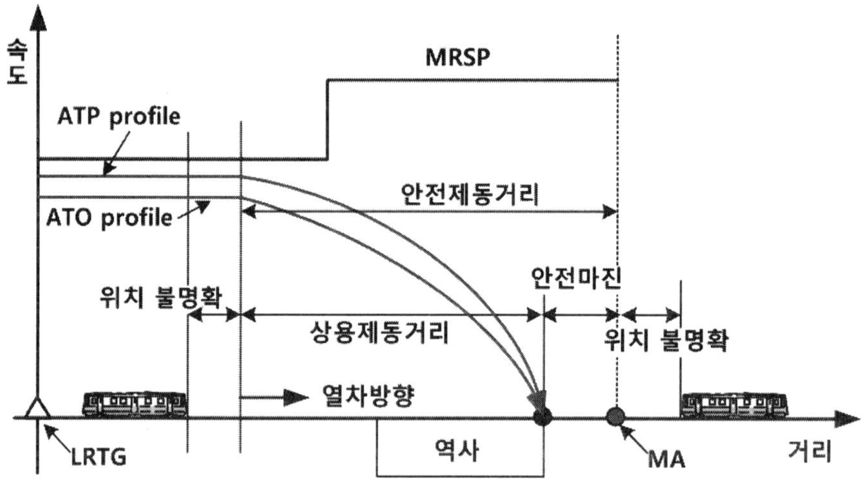

03 ATC(Automatic Train Control) 장치와 ATP(Automatic Train Protection) 장치의 장·단점을 비교하고, 차상신호 방식의 필요성을 설명하시오.(120-25)(132-25)

¤ ATC(Automatic Train Control)와 ATP(Automatic Train Protection)의 성능 및 장단점을 설명하시오.

ATC 와 ATP의 성능비교

ATP(자동열차방호장치)	ATC(열차 자동 운전 제어 방식)
• 유럽표준 ERTMS/ETCS L1 방식의 자동열차방호시스템으로 선행열차의 위치에 따른 신호현시(속도정보)와 선로정보(위치, 곡선, 구배 등)를 수신하여 속도 프로파일을 자동 계산하여 허용속도로 운전한다. • ATP의 경우는 Distance to Go(차상거리 연산기능)를 사용하기 때문에 ATS나 ATC에 비해 좀 더 선로를 효율적으로 사용할 수 있다.	• ATC 장치에서 전송하는 속도코드 이하로 속도를 설정하여, 선로의 정보(곡선, 구배)와 운전모드에 따라 속도 프로파일을 생성하여 출발, 가속, 무동력 운전, 감속을 연속적으로 시행하고, 정거장에 정위치 정차 • 속도 초과 시 차상에서 자동으로 감속 및 정지

ATC의 장단점

① 장점

- 높은 데이터 전송 용량과 성능
- 높은 수준의 무결성을 바탕으로 지속적인 차량 감시
- 진단 및 유지보수의 번거로움 완화

② 단점

- 기상악화 조건 시 운행에 지장 초래
- 표정속도 및 운전속도 단축 곤란
- 시설물 현장에 산재하여 있어 유지보수 곤란
- 설비비 고가
- 운행 빈도가 낮은 구간에서는 투자비에 비해 실효성 적음

차상신호의 필요성

- 열차운행의 안전 확보 및 속도향상
- 유지보수 인력 최소화
- 선로용량 증대 및 철도경쟁력 강화
- 국경 없는 열차 안전운행 가능
- 신호시스템의 통합 및 관련 기술사양의 표준화

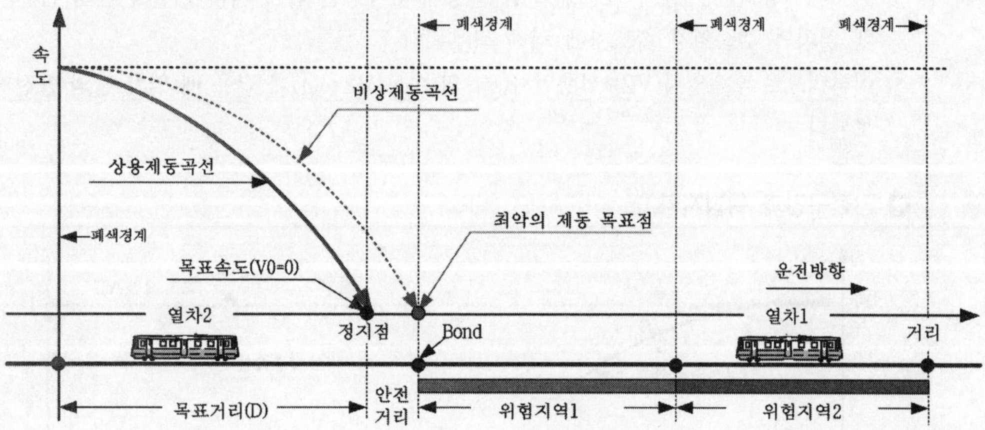

[그림] ATC 운전패턴도

04 Distance To Go 시스템에서 안전구간 및 위험지점을 설명하시오.(111－25)

Distance To Go 시스템

① 거리중심제어방식에서 열차는 자신의 운행 누적거리를 연산하고 노선상의 주행위치를 정확히 파악하여 목표 정지점 또는 선행열차와 간격을 제어하는 방식.

② 거리중심제어방식에는 고정폐색 Distance To Go 방식과 이동폐색 Distance To Go 방식이 있다.

고정폐색 Distance To Go 방식

① 고정폐색 Distance To Go 방식은 AF궤도회로를 이용하여 일정구간마다 여러 폐색 구간으로 분할하고 분할된 궤도회로 단위로 운행하는 열차의 검지하는 방식.

② 고정폐색 Distance To Go 방식은 디지털 ATC방식을 의미한다.

③ 열차가 자신의 운행위치를 스스로 연산하고 목표제동곡선을 작성하여 안전운행거리를 확보하는 차상연산방식이다.

이동폐색 Distance To Go 시스템

① 이동폐색 방식의 Distance To Go 방식은 궤도회로가 없으므로 선로상에 운행하는 열차는 무선통신에 의하여 데이터(정보)로 열차를 제어하는 방식.

② 이동폐색방식은 제동거리가 짧고 곡선 형태의 제동을 하기 때문에 열차 간의 안전거리는 선행 열차와 후속열차 속도차에 의해 좌우된다.

③ 이론적으로 후속열차(V2) 선행열차(V1)의 속도(V2=V1)가 같을 때 열차 간의 안전거리는 확보된다.

안전구간과 위험지역

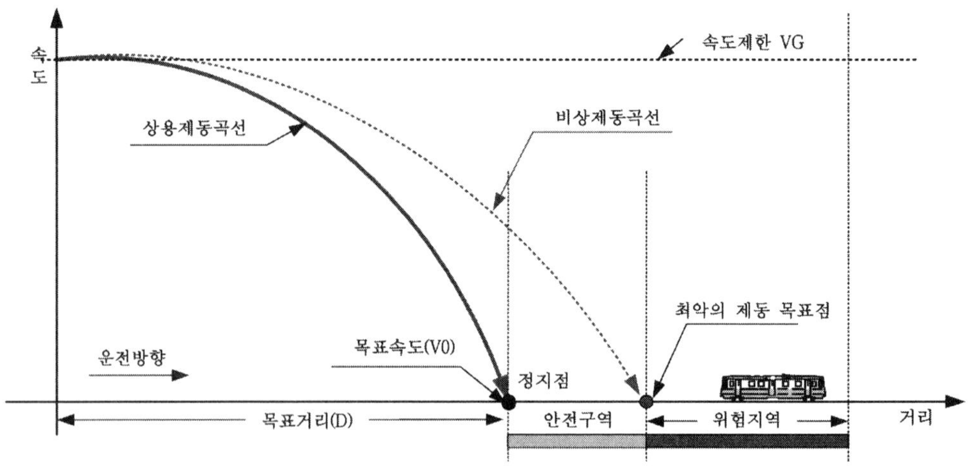

① 안전구간

㉠ 각 궤도회로 구간에서 단계적인 속도제어 없이 일정하고 탄력적인 속도로 운행 후에 목표 지점까지 한 번의 제동으로 정지한다.

㉡ 궤도회로에 의하여 열차의 점유구간이 설정되고, 궤도회로 S－본드에서 목표정지점까지의 안전거리를 안전구간이라 한다.

㉢ 최소안전거리(안전구역)는 점유한 궤도회로의 시작부분부터 정지점까지이다.

㉣ 목표 정지점까지 열차의 최소 안전거리는 선로상의 거리 연산에 의한다.

② 위험지역

㉠ 위험지역은 선행열차 위치(점유)에 따라 결정된다.

㉡ 궤도회로(S－Bond)에서 선행열차 후미까지가 위험지역에 속한다.

③ 열차간격제어기능

㉠ 안전구역(최소한의 안전거리)으로 열차운전 제어를 보증하며, 충돌은 위험지점의 결정을 기반으로 방지된다.

㉡ 안전구역에 대한 파라미터는 각각의 모든 궤도구역에 대하여 설정되고 ATP에 저장된다.

05 ATC(Automatic Train Control) 폐색구간 분할 설계 시 고려사항과 속도코드 결정에 대하여 설명하시오.(132－25)

폐색구간 분할 시 고려할 사항

① 공주시분

② 가속도, 감속도

③ 열차저항, 열차 길이

④ 각 역의 정차시분

⑤ 선형 및 종단도

⑥ 상·하선의 간격

⑦ 역의 운전경로

⑧ 최소 운전시격

속도코드의 결정

열차자동제어장치 구간의 열차 속도코드는 차량 및 선로의 조건에 따라 단계별로 설정한다. 주요 검토 내용은 다음과 같다.

① **속도코드의 결정** : 속도코드는 최고속도로부터 몇 단계를 거쳐 제동에까지 이르게 되나 단계별 속도에서 그다음 속도단계까지 저하하는 제동거리가 비슷하도록 구간을 결정하는 것이 가장 이상적인 방식으로 단계별 속도를 구하는 계산식은 아래와 같다.

$$V_2 = \sqrt{\frac{V_1^2}{2} + (V_1 - \sqrt{\frac{V_1^2}{2}}) \times t \times \beta}$$

V_2 : 단계별 속도 (km/h)

V_1 : 열차의 최고속도 (km/h)

t : 공주시분(Sec)

β : 열차의 감속도 (km/h/s)

② **속도코드의 변화계열** : 승객이 충격을 받지 않고 속도를 줄일 수 있는 단계를 결정하여 속도 변화계열을 결정한다.

③ **속도 패턴** : 현재의 속도에서 어떻게 속도를 줄여 정차할 것인가를 패턴으로 결정한다.

④ **제한속도와 속도코드의 부여** : 하구배에서 제한속도를 부여한다.

06 열차자동운전장치(ATO)의 개요와 구성요소인 열차 정보송수신장치(TWC)의 기능에 대하여 설명하시오.(114－25)

ATO의 개요

① 역간 열차의 출발, 가속, 주행, 감속 및 정위치 정차, 출입문 제어 등 열차 자동방호장치의 제조건 하에서 자동 운행기능을 수행하는 장치이다.

② 열차가 정거장을 발차하여 다음 정거장에 정차할 때까지 가속, 감속 및 정거장에 도착할 때 정위치에 정차하는 일을 자동으로 수행하게 하며 열차자동제어장치(ATC)의 기능도 함께 하고 있다. 열차에 발차 지시가 주어지면 자동으로 가속되고 주행 구간의 규정 속도에 이르면 다시 타력 운전으로 열차를 운행하게 한다. 자동 운행 중 ATC에 의해 속도제한을 받으면, 자동으로 상용제동이 동작하며, 속도제한이 해제되면 가속된다. 또 열차속도가 제한속도 이하로 떨어지면 제동을 풀어 준다. 그림과 같이 정거장에 접근한 열차는 제동 개시점을 통과한 다음 정차 패턴에 따라 속도 조사를 하여 제동기를 가감하면서 정거장의 정해진 위치에 자동으로 정차하게 된다.

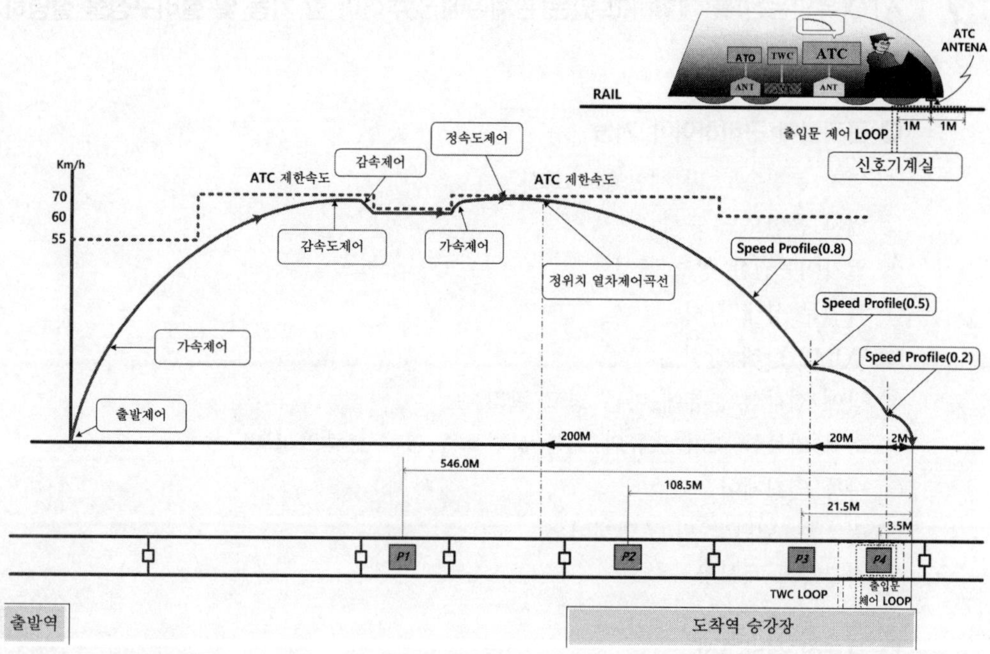

TWC의 기능

① 열차자동제어장치(ATC)/열차자동운전장치(ATO) 신호시스템의 차상설비에서 열차번호, 행선지 등의 정보를 지상설비에 전달하여 주는 장치.

② 차량과 현장 설비 간의 양방향 통신을 하는 정보 교환 장치로 차내 설비와 현장 설비의 2개의 시스템으로 분리되며 차량과 현장 설비의 정보 교환은 현장에서는 정거장의 특정한 위치에 차량과 현장설비 간 정보전송장치(TWC) 루프 코일을 설치하고 차량에서는 차량의 하부에 루프 안테나를 설치하여 무선으로 정보 통신을 하는 장치이다.

③ 무선으로 송수신된 정보는 차내 설비인 열차자동제어장치(ATC), 열차자동운전장치(ATO), 열차제어감시장치(TCMS : Train Control Monitor System)와 연결되어 열차운전을 제어하고, 현장 설비는 TWC 유닛이 신호기계실의 주 컴퓨터와 연결되어 정보를 주고받음으로써 열차 자동 운전에 필요한 각종 일을 처리하게 된다.

07 ATO(유인운전)를 계획하고 있는 관제실에 갖추어야 할 기능 및 설비구성을 설명하시오.(111−25)

관제실에 구비하여야 기능

① 열차 운전속도 및 제한속도 표시
② 열차 운전모드 표시
③ 열차이동권한 정보 표시
④ 출입문 상태 감시
⑤ TCMS 상태 감시
⑥ 장애 심각성 분류에 따른 경고 관리
⑦ 회복 가능한 열차 오류와 회복 불가능한 열차 오류의 식별
⑧ 수동 인칭제어
⑨ 전조등, 냉난방 및 조명제어
⑩ 차상장치 재설정

관제실 설비구성

① 주컴퓨터
② 운영자컴퓨터
③ 운영자 콘솔
④ 열차 실시간 감시 콘솔
⑤ 프로그램 콘솔
⑥ 유지보수 콘솔
⑦ Local ATS 장치

08 ATO(Automatic Train Operation)장치의 효과와 운전모드에 대하여 설명하시오. (115-25)

ATO 장치 효과

일반적인 효과는 다음과 같다.

① 최적화된 운전을 통해 운전시격을 단축하여 선로용량을 증가
② 수동운전 시 발생할 수 있는 다양한 변수(경고음, 상용제동 개입 등)를 보다 일정하고, 예측이 쉬운 운행 시간으로 정시성 확보
③ 타력운전을 최대한으로 사용하도록 운전패턴을 설정하고, 최적의 속도프로파일에 따라 열차가 운행하도록 운전패턴이 설정되어 에너지 소비량이 최소화된다.
④ 기관사가 가속 및 감속을 자주 수행해야 하는 부담 경감과 함께 상용제동의 개입이 최소로 억제되고, 매끄럽고 단일성 있는 운전으로 승차감을 개선하여 더 일정한 주행 품질을 제공한다.
⑤ 열차추진 및 제동설비 마모 저감으로 유지보수비 감소
⑥ 운용기관의 운영효율성 증대로 경제적인 비용 감소

운전모드

① 수동모드 : 말 그대로 자동운전(ATO)을 사용하지 않고, 일반적인 ATC 노선처럼 ATC 시스템에 의하여 속도제어를 받는 방식이다. 이때 ATO는 TWC와 연동되며, 열차의 운전 상태를 지속해서 감시하지만, 운전에 개입하지 않는다.
② ATO모드 : STO(Semi-Automatic Operation)이라고도 한다. 승무원이 출입문을 닫은 후 DPS를 취급하면 다음 역에서 출입문이 열리기까지의 모든 과정이 자동으로 진행된다. 서울 지하철 5, 6, 7, 8 노선과 지방의 지하철 노선이 이런 방식을 통해서 열차를 관리하고 있다.
③ 완전자동모드 : 말 그대로, 사람 없이 열차가 자동으로 운전을 하고 문을 여는 것이다. 두 가지로 분류되는데, 안전요원이 탑승한다면 DTO(Driverless Train Operation), 안전요원이 없다면 UTO(Unattended Train Operation)다.
국내에서는 부산 도시철도 4호선(경전철)이 최초의 ATO 기반 무인운전 노선이 되었으며, 초기에는 안전 문제로 인해 DTO 방식을 채용했으나 후에 UTO 방식으로 완전히 전환했다. 다른 무인운전 DTO 방식 노선들도 UTO 전환이 가능하도록 준비를 해놓았으며, 인천 도시철도 2호선과 서울 경전철 우이신설선 등이 UTO 운전을 하고 있다.

09 열차자동방호장치(ATP) 구성 및 기능을 설명하시오.(112-25)

구성

① 지상설비와 차내설비로 구분한다.
② 지상설비는 발리스(Balise)와 선로변 제어유닛(LEU)으로 구성한다.
③ 차내설비는 발리스 전용 모듈(BTM)과 안테나장치(ACU), 차내컴퓨터, 운전자인터페이스(MMI), 입출력장치, 차상기록장치, 타코미터 등으로 구성한다.

기능

ATP는 열차검지, 선행열차와 후행 열차 사이의 거리유지, 진로연동 및 속도제한 등을 통해 안전한 열차운영을 유지하는 ATC 하부시스템으로 폐색구간 경계지점에 설치한 지상자(발리스, 비콘, 루프 등)를 통하여 열차 간 운행정보를 상호 교환하여 최소제동거리를 확보함으로써 운전시격의 단축, 선로용량 증가 및 열차 추돌에 따른 열차보호를 실행하는 장치이다.

- 열차 운행 간격 단축 (단제동, Distance to go)
- 운행속도 향상 (최대 500km/h – 기존 ATS : 최대 160km/h)
- 안전도 향상 (지상신호 ➡ 차상신호, 안전 최고 수준–SIL4, 국제기준)

10 열차자동방호장치(ATP)에 사용되는 발리스(Balise)에 대하여 설명하시오.(112-10)

발리스 개요

발리스는 차내 서브시스템에 텔레그램을 보내는 전송장치로써 정보를 단방향(Up-link)으로 전송하는 지상장치이다. 고정 발리스는 항상 발리스 자체에 저장된 텔레그램을 송신하고, 가변 발리스는 지상 신호기의 현시 내용을 전송받은 선로변 제어유닛(LEU)으로부터 정보를 받아 텔레그램으로 변환하여 송신한다. 만일, 발리스로부터의 케이블이 손상되었을 때는 디폴트(default) 텔레그램을 전송한다.

11 열차자동방호장치(ATP)의 발리스 설치위치 및 원칙에 대하여 설명하시오.(121-25)(111-10)

¤ 열차자동방호장치(ATP) 구간의 발리스 설치기준에 대하여 설명하시오.

발리스 설치위치

① 발리스의 설치 위치는 발리스 전송시스템의 설계 시 정확한 위치가 명확하게 제시되어야 한다.

② 선로의 특정한 환경에 따라 발리스의 배치가 허용되지 않는 경우들이 있을 수 있으므로 선로변 금속물, 현장 요구사항 및 안전성 규제 등을 검토하여 설치위치를 선정하여야 한다.

③ 선로전환기들과 레일이음매 가까이에 있는 발리스로부터의 혼선(Cross-Talk)의 위험이 있으므로 설치위치를 정확히 하여야 한다.

발리스의 설치 원칙(기준)

① 가변정보전송장치는 궤도절연에서 17m 이상 이격하고 고정정보전송장치는 신호기 방향으로 3m 이상 떨어져 설치하여야 한다. 단, 무절연 AF궤도회로구간에서는 TU에서 13.8m 전방에 가변정보전송장치를 설치한다.

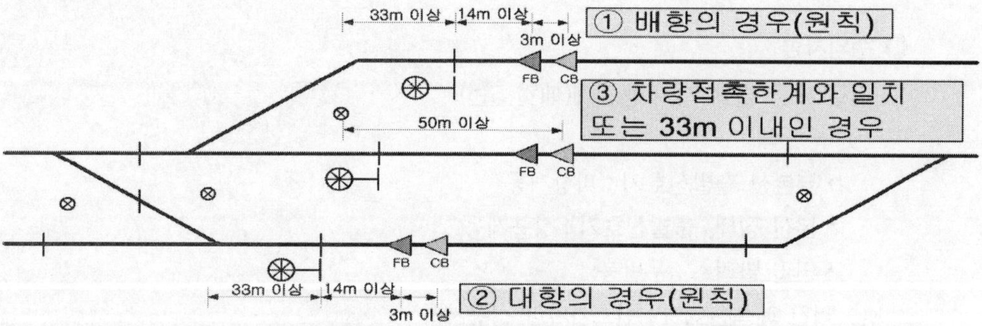

② 열차 진행방향에서 가변정보전송장치, 고정정보전송장치 순으로 설치하여야 한다.

③ 연속된 두 개의 정보전송장치는 3m 이상 거리를 두고 설치하여야 한다.

④ 침목을 중심으로 가로방향으로 설치하는 것이 표준이며, 선로조건에 따라 세로방향으로 설치할 수 있다.

⑤ 발리스에 텔레그램을 입력하기 위한 단자가 있는 경우 발리스에 습기가 유입되지 않도록 플러그로 단자를 봉인하여야 한다.

⑥ 정보전송장치와 선로변제어유닛간의 케이블 접속은 케이블헤드 등을 설치하여 접속하여야 한다.

⑦ 인필 정보전송장치 설치는 다음에 의한다.

㉠ 장내신호기용

- 구내폐색신호기가 있는 경우 : 궤도절연 위치에서 300m 지점
- 구내폐색신호기가 없는 경우 : 폐색신호기 1호 주 내방 50m 지점

㉡ 출발신호기용
- 승강장이 있는 경우 : 승강장 끝부분
- 열차정지표지가 있는 경우 : 열차 정지표지 위치
- 열차정지 표지가 없는 경우 : 주 가변정보전송장치로부터 후방 50m 떨어진 위치

㉢ 역방향 운전설비를 설비한 구간의 역방향 장내신호기는 궤도절연 위치에서 1,200m 지점

⑧ ATP/ATS의 연계구간의 운전모드 전환을 위한 정보전송장치 설치 시에는 예고용과 전환용 정보전송장치 사이에는 ATS 지상자가 없는 개소에 설치하여야 한다.

⑨ 역 구내 또는 조차장 내 ATP차량 검수의 시험용 발리스 설치는 차량을 출고하는 구간에 필요시 설치한다.

⑩ 선로변제어유닛(LEU)과 발리스(헷드)간 발리스 케이블은 접속점이 없도록 설치하는 것을 원칙으로 한다.

12 열차자동방호장치(ATP)의 발리스(Balise) 텔레그램 입력 시 주의사항에 대하여 설명하시오.(117－10)

주의사항

① 연결 오류 발생 시 제동관계(패킷 5번)

㉠ 역 구내
- 부본선 출발신호기 : 비상제동
- 본선 장내, 출발신호기 : 상용제동
- 인필 발리스 : 무반응

㉡ 역간 폐색신호기 : 신호기마다 상용제동

② 열차이동을 위한 거리, 속도, 완해속도 등 열차의 이동권한 전송(이동권한 : 패킷 12번)

㉠ 해당 신호기가 정지일 때 인필 발리스는 해당 신호기까지 열차운행이 가능하도록 이동권한 전송

㉡ 모든 현시에서 다음의 완해속도 적용
- 장내·출발·구내폐색·엄호 신호기(역방향 신호기 포함) : 15km/h
- 열차출발에 사용할 수 있는 입환 신호기 : 15km/h
- 폐색신호기 : 25km/h

③ 측선 이동에 따른 이동권한 축소 보상(재위치 정보 : 패킷 16번) : 측선 이동에 따른 이동권한 축소를 보상하기 위한 이동권한 전송으로 초기 목표지점까지 이동할 수 있도록 함.

④ 이동권한 내 존재하는 열차운행 허용 속도(속도제한정보 : 패킷 27번)

㉠ 차종별 제한속도 구분 : 고속과 저속열차로 구분하여 속도제한을 적용하며 기본은 저속열차 기준을 적용

㉡ 역 구내 진입 예고 속도 표출 : 폐색 2호 주와 1호 주에서 장내진로 중 가장 제한적인 속도 정보 전송

㉢ 곡선 시/종점 입력 구분 : 곡선개소 시점은 곡선표지, 종점은 실제 종점위치를 입력 기준으로 적용

⑤ 전방 운행선로의 지리적 정보를 아이콘(ICON)으로 표현(아이콘정보 : 패킷44 : 6번)

㉠ 터널, 교량 아이콘 : 20m 이상의 구조물에서만 아이콘을 표출

㉡ 역사 아이콘 : 상하 본선 출발신호기 사이의 거리를 역사 길이로 입력

⑥ ATC 레벨 전환정보(패킷 44 : 102) : 레벨 전환명령(패킷 41번)과 함께 사용하며 ATP모드에서 STM(ATC)모드로 변경할 때 고속선(TVM)의 상, 하선 정보를 구분하기 위해 사용

⑦ 열차의 운행 진로상의 전방에 존재하는 정보(선로조건 : 패킷 68번)

㉠ 절연구간 : 해당 구간 운행속도 기준 11초 이상 거리에서 동작정보를 제공하고 타행 표지에서 전원 차단

㉡ 터널기밀장치 : 해당구간 운행속도 기준 10초 이상 거리에서 동작정보를 제공

⑧ 차상 MMI 텍스트 메시지(패킷 72번) : 지장물 검지 고장검지시 차상 MMI에서 〈Intrusion Detector(Rock or Car)〉 메시지 표출

13 열차자동방호장치(ATP : Automatic Train Protection)의 발리스(Balise)와 선로변제어유닛(LEU : Lineside Electronic Unit) 간의 인터페이스에 대하여 설명하시오.(114-10)(132-10)

◘ 인터페이스 사항

① 선로변제어유닛과 발리스는 전송케이블을 통하여 통신한다.

② 발리스 케이블은 케이블헤드를 거쳐 선로변제어유닛에 연결된다.

③ 인필발리스를 설치하는 경우 신호계전기실 내의 선로변제어유닛과 발리스 케이블헷드 간의 케이블 설치는 선로변제어유닛에서 가까운 발리스(메인, 인필) 케이블헷드 간에는 케이블 4회선을 설치하고 케이블 헷드간은 케이블 2회선을 설치한다.

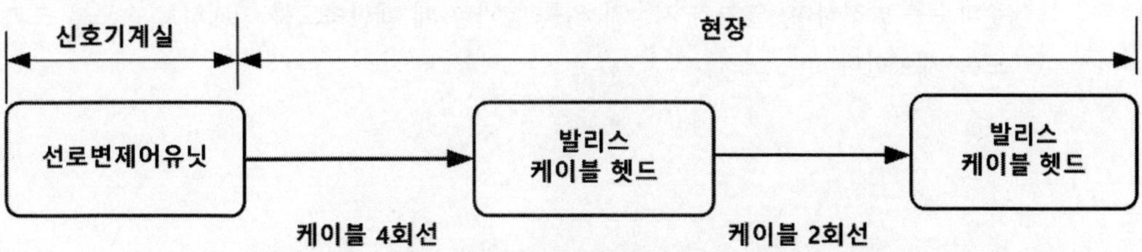

[그림] 선로변제어유닛과 발리스 단자함 간 케이블 설치도

14 ATS(Automatic Train Stop)장치 운용 구간에 ATP(Automatic Train Protection) 장치를 추가하여 구축, 운용하는 경우 공통점과 차이점을 설명하시오.(115－25)

공통점

① ATP장치는 지상설비에서 결정된 해당 속도정보를 Beacon(지상자) 원리를 이용하여 열차로 전송하고 속도초과 시 경보 및 정지하는 기능은 ATS와 같다.

② 두 방식 모두 점제어 방식이며 접속된 Data를 기억, 연속적인 Check를 한다.
다만 ATS는 아날로그 방식, ATP는 디지털 방식이다.

차이점

① ATP는 Distance to go 기능 및 양방향정보통신기능 등의 기능적인 차이점이 있지만 근본적으로 ATS는 Non－Vital 설비이고 ATP는 Vital 설비이다.

② ATS는 지상자를 제거하거나 전파를 차단하여도 차상장치는 이를 검지하지 못하는 결정적 결함이 있어 단순히 기관사의 Back up 기능에 국한된다.

③ ATP는 열차 내 데이터베이스에 Balise의 설치 위를 기억하고 있어 수신을 못 하면 시스템 이상으로 판단 열차를 정지시키는 Fail Safe Vital 설비이다

15 ATS, ATC, CBTC 시스템의 운전패턴도와 신호방식, 특징을 설명하시오.(127－10)

ATS

① **개요** : 열차자동정장치(ATS)는 지상의 신호기에서 지시속도신호를 현시하는 지상신호방식이며, 단계적인 속도신호를 현시하는 Speed Step 속도 제어방식으로서 과속운행 시 비상제동을 체결하는 안전운행 중심의 시스템.

② **ATS 운전패턴** : ATS는 폐색구간마다 신호기를 설치하고 단계적인 제한속도신호를 신호기에 현시하면 기관사가 신호기의 현시정보에 따라 제한속도 이하로 가감속 운전하는 방식

③ **신호방식 및 특징** : ATS장치는 궤도조건에 의해서 신호기를 현시하고 지상자에서 관련 속도 주파수를 발진하여, 열차가 지상자 위를 통과할 때 제한속도를 인지하고 속도를 초과하지 않도록 제어한다.

ATC

① 개요 : 열차자동제어장치(ATC)는 궤도회로를 통해 차상에서 속도제어정보를 연속적으로 수신하여 열차운행을 제어하는 차상신호방식

② ATC 운전패턴 : ATC장치는 지상으로부터 속도제어정보를 지속적으로 전송하여 실시간으로 허용속도를 인지하여 차상의 운전실에 표시하고 실제 운행속도와 비교하여 허용속도를 초과하면 제동을 체결하거나 허용속도 내로 스스로 감속제어를 한다.

③ 신호방식 및 특징

- ATC는 지상ATC와 차상ATC로 구분되어 속도 연산에 필요한 데이터를 지상→차상으로 전송하며 열차의 운행을 제어하는 시스템.
- 차상ATC는 지상으로부터 전송되는 신호정보를 수신하여 처리하고 TCMS(열차종합제어장치)와 인터페이스 하여 TCMS에서 신호정보를 통해 열차운행을 제어한다.

CBTC

① 개요

- 통신기반 열차제어시스템(CBTC)은 이동폐색시스템을 의미한다.
- 궤도회로에 의하지 않고 선로상의 운행위치를 열차 스스로 판단하여 열차 상호 간 안전거리를 탄력적으로 이동전진하는 이동폐색 시스템이다.

② CBTC 운전패턴 : CBTC 이동폐색방식은 궤도회로를 이용하지 않고 무선통신(Radio)을 기반으로 선행열차의 운행위치와 운행속도 등을 파악하여 폐색구간이 자유롭게 전진 이동하면서 연속적으로 설정된다.

③ 신호방식 및 특징

㉠ CBTC시스템은 정밀한 거리제어와 컴퓨터 기반 제어를 하며, 지상-차상간 무선통신을 이용하여 폐색제어를 한다.

- 무선통신을 이용하여 열차위치정보 및 열차제어정보를 전송한다.
- 지상-차상간 고속·고성능 통신링크의 연속적인 양방향 무선통신을 한다.
- 열차무선데이터의 실시간 전송으로 열차운행상태를 실시간 원격 감시한다.

16 GTX(Great Train eXpress)에 대하여 설명하시오.(123－10)(132－25)

¤ 수도권 광역 급행 철도 GTX(Great Train eXpress)에 대하여 설명하시오.

GTX

대한민국 수도권의 교통난 해소와 장거리 통근자들의 교통복지 증진을 위해 수도권 외곽에서 서울 도심 주요 3개 거점역인 서울역·청량리역·삼성역을 방사형으로 교차, 30분대에 연결하는 것을 목표로 계획 중인 광역급행철도이다. 2009년 4월 14일 경기도에서 최초 제안했다. A노선, B노선, C노선 D노선, E노선, F노선이 공사 또는 준비하고 있다.

기대효과

- 수도권 생활권 광역화에 따른 장거리 통행수요에 대처하고, 수도권의 글로벌 경쟁력 강화
- 출퇴근 시간을 30분대 이내로 단축하여 수도권 주민의 빠르고 쾌적한 이동을 통해 삶의 질을 향상

운영 개요

① 전기 : AC 25,000V

② 선로 : 복선

③ 차량 : 8량 1편성

④ 속도

- 설계 최고속도 : 200km/h
- 운영 최고속도 : 180km/h
- 표정속도 : 100km/h

17 IEC 62290－1에 따른 도시철도 열차제어시스템에 대한 자동화 등급(GoA : Grade of Automation)에 대하여 설명하시오.(129－25)

¤ 도시철도용 자동화 운전기술(GoA : Grade of Automation)에 대하여 설명하시오.(25)

¤ 국제규격 “IEC 62267 : AUGT 안전요구사항”인 자동화등급에 대하여 설명하시오.

¤ KS C IEC 62267에 따른 AUGT의 열차운전 자동화 등급에 대하여 설명하시오.(10)

자동화 등급

GoA 0 － 완전수동 유인운전(TOS), 현장 가동, 자동화 없음

GoA 1 － 비자동 유인운전(NTO), 수동, 기관사가 모든 열차 운행을 제어한다.

GoA 2 – 반자동 작동(STO), 시동 및 정지가 자동화되어 있지만, 운전실에 앉은 운전자가 출입문을 조작하고 비상 시 운전한다.

GoA 3 – 무인 열차 운행(DTO), 출발 및 정지가 자동화되어 있지만, 승무원이 열차 내에서 출입문을 조작한다.

GoA 4 – 무인 열차 운행(UTO), 출발, 정지 및 출입문이 모두 자동화되어 승무원이 탑승할 필요가 없다.

자동화 등급	열차 운행	설명	SAE 수준
GOA1	수동	기관사는 출발 및 정지, 문 작동, 비상사태 또는 갑작스러운 우회 처리를 제어한다. 인적 오류로 인한 감독 신호는 ETCS L1과 같은 열차 보호 시스템에 의해 보호된다.	1
GOA2	반자동 (STO)	출발 및 정지는 ETCS L2 또는 3 와 같은 고급 열차 보호 시스템을 사용하여 자동화되지만 기관사가 문을 조작하고 필요한 경우 열차를 운전하고 비상사태를 처리한다. 많은 ATO 시스템은 GoA2이다. 이 시스템에서는 열차가 역에서 역으로 자동으로 운행되지만 운전실에는 문 닫힘, 열차 앞 선로의 장애물 감지 및 비상 상황 처리를 담당한다. GoA3 시스템과 마찬가지로 GoA2 열차는 직원이 탑승하지 않으면 안전하게 운행할 수 없다.	2
GOA3	기관사 없음 (DTO)	출발과 정지는 자동화되어 있지만 비상 시 열차 승무원이 문을 조작하고 열차를 운전한다. 이 시스템에서는 열차가 역에서 역으로 자동으로 운행되지만 비상상황 처리를 담당하는 직원이 항상 열차에 있다. GoA3 시스템에서는 직원이 탑승하지 않으면 열차를 안전하게 운행할 수 없다.	3&4
GOA4	무인 (UTO)	출입문의 시작, 닫힘 및 열림은 모두 열차 내 직원 없이 완전히 자동화된다. 역에는 플랫폼 안전문을 설치하는 것이 좋다. 이 시스템에서 열차는 문 닫힘, 장애물 감지 및 비상 상황을 포함하여 항상 자동으로 작동할 수 있다. 차내 직원은 고객 서비스와 같은 다른 목적으로 제공될 수 있지만 안전한 운영을 위해 필요하지는 않다. 컴퓨터 고장 시 열차를 수동으로 운전할 수 있는 제어장치가 제공되는 경우가 많다. CBTC는 GoA4의 기본 조력자 기술로 간주한다. 예를 들면 국내에는 신분당선, 용인경전철, 김포경전철 등과 밀라노 지하철 4, 5호선, 토리노 지하철, 파리 지하철 14호선, 바르셀로나 지하철 9호선, 시드니 지하철, 코펜하겐 지하철 등이 있다.	5

18 CBTC 또는 ERTMS 시스템에서 적용하는 MRSP(Most Restrictive Speed Profile) 생성 시 고려사항에 대하여 설명하고, 고려사항을 기반으로 MRSP를 생성하시오.

(111－25)(117－25)(126－25)

¤ CBTC 또는 ERTMS 시스템에서 언급되는 MRSP(Most Restrictive Speed Profile) 생성 시 고려사항에 대하여 설명하고, 고려사항을 기반으로 MRSP를 생성하시오.

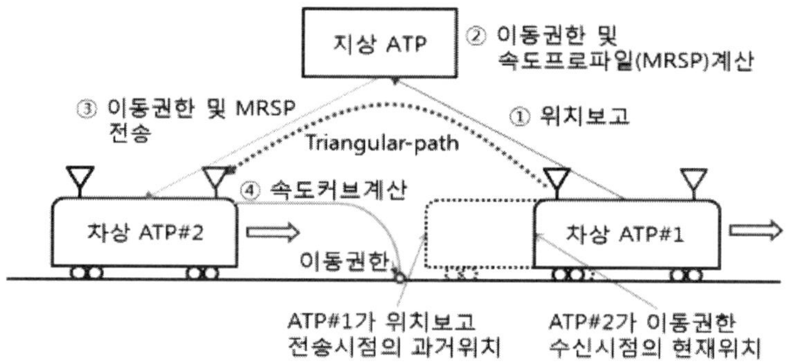

[그림] 열차제어시스템 열차간격제어경로(Triangular-path)

MRSP를 생성 할 시에 고려하여야 할 사항

① 안전 열차 길이(Safety Train Length) : 차량 무결성 정보, Under Reading 및 Over Reading이 고려된 열차 길이

② 선로의 제한속도

③ 관제 감시제어설비에서 설정한 임시 제한속도

④ 차량의 성능저하(제동시스템)에 따른 속도제한

위에서 기술한 고려사항을 기준으로 MRSP는 다음과 같은 단계로 생성될 수 있다.

Step 1. 선로의 제한 속도와 임시 제한속도 생성

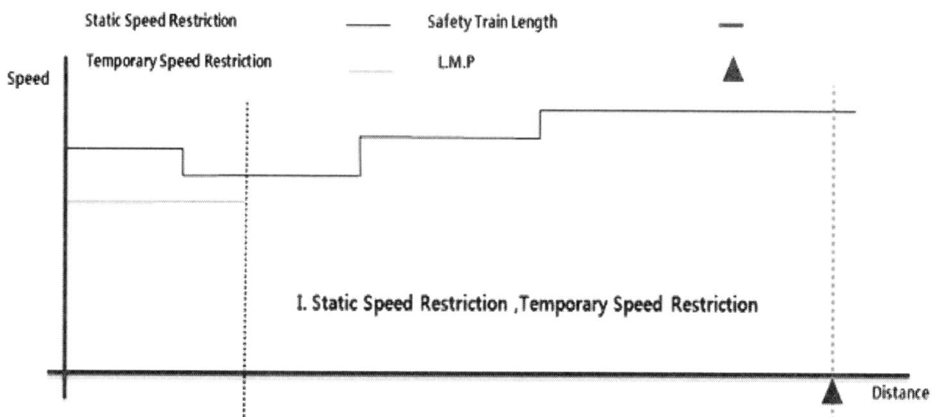

Step 2. 예비 MRSP 정보 생성

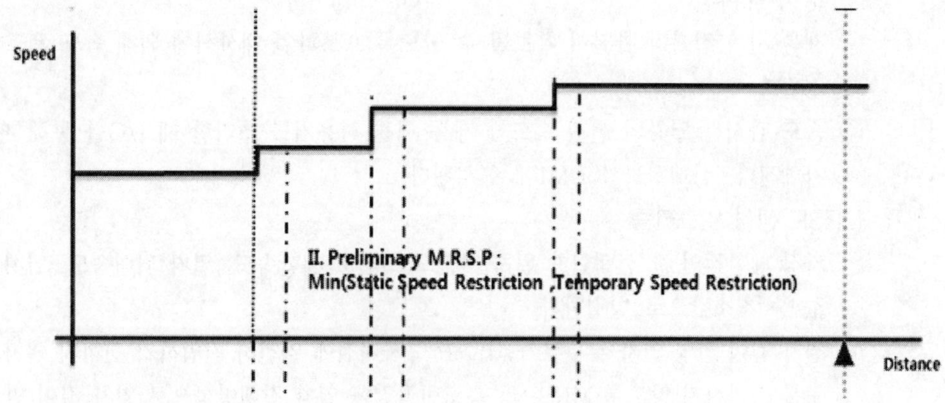

Step 3. 안전열차 길이를 고려한 MRSP 생성

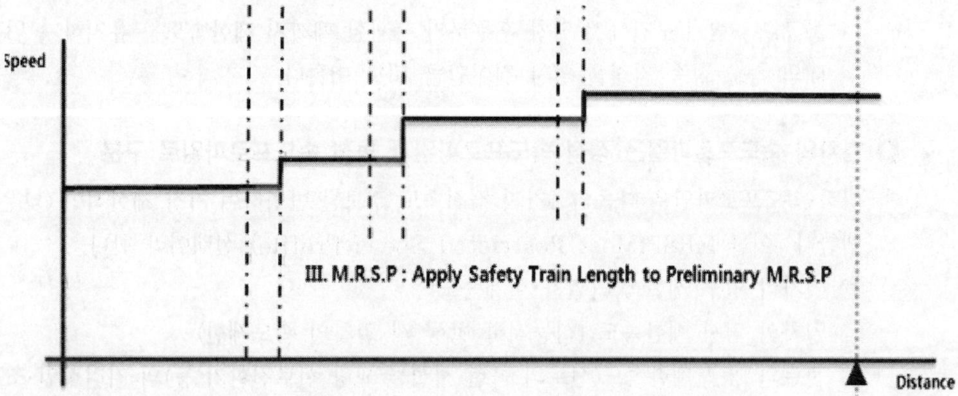

최종적으로 속도가 증가하는 변곡점에서만 안전열차 길이를 반영하여 최종 MRSP를 생성한다. 추가로 차량 성능저하(제동력 상실 등)에 따른 속도 정보를 동적으로 반영하여야 한다.

MRSP(Most Restrictive Speed Profile)

① 정적속도 프로파일은 운행구간에 맞는 정적속도 프로파일을 제공하는 기능이다.

② MRSP는 열차위치에 따른 해당구간의 선로 제한속도, 임시 제한속도와 열차 최대속도, 축하중 제한속도, ETCS모드 제한속도 중에 가장 최소값을 선택하여 결정되며 이때 MRSP는 열차 길이 정보를 반영하여 결정된다.

③ 전반적인 프로파일 생성 및 ATP 방호 절차

㉠ MMI에서 열차 최대속도, 열차 종류를 입력한다.

㉡ 정적속도 프로파일은 열차 최대속도, 구간별 구배 및 커브, 터널 여부 등 지리적인 제한속도, 모드 별 제한속도, 열차 축중에 따른 제한속도로 구성된다.

㉢ 열차 운행구간에서 이동권한까지 중 정적속도 프로파일에서 가장 제한적인 값이 MRSP로 선택된다.

㉣ 제동 시 안전거리 마진이 확보될 수 있도록 프로파일 계산식에 의해 속도 프로파일이 결정된다.

㉤ 속도 감시는 열차의 현재 속도가 제동 체결 허용치를 초과할 때 I/O를 통해 제동명령이 가해진다. 상태정보가 DMI에 현시된다.

④ MRSP 생성 알고리즘

㉠ 가장 제한적인 값 선택열차 위치 기준으로 선로 제한속도, 열차 최대속도, 임시 제한속도 값 중 최소값으로 설정한다.

㉡ 열차 길이 반영 열차 후두부가 MRSP 증가지점에 완전히 진입하기 전까지 열차가 제한속도를 초과하지 않도록 MRSP의 속도변곡점을 열차 진행방향으로 열차 길이 만큼 이동시켜 MRSP를 생성한다.

㉢ MRSP 전체 구간에 대해 현재 구간과 다음 구간을 비교하여 다음 구간의 제한속도 값이 클 경우, 현재 구간에서 열차 후두부가 통과할 때까지 제한속도를 유지하기 위해 MSRP 내의 속도 상승 지점을 열차 길이만큼 뒤로 미룬다.

열차의 속도프로파일은 정적 속도프로파일과 동적 속도프로파일로 구분

① 정적 속도프로파일은 다음의 4가지 정적속도 정보를 반영하여 가장 제한적인 (낮은) 값을 선택한다. 이를 MRSP(Most Restricted Speed Profile) 선택이라 한다.

㉠ 열차의 영구 제한속도(열차 설계속도)

㉡ 열차의 임시 제한속도 (성능저하 발생 시 열차의 속도제한)

㉢ 선로의 영구 제한속도(선로의 곡선 시설물 교량 선로전환기 등)의 지리적인 조건으로 인한 속도제한

㉣ 선로의 임시 제한속도(선로변작업자 선로시설물 고장, 기상 강풍 등) 의 운영조건으로 인한 속도제한

② 동적 속도프로파일은 정적 속도프로파일의 제한상태에서 열차의 특성(가감속)을 반영하여 제동곡선을 생성한다.

- 차상장치는 지속해서 타겟 리스트(즉, MRSP의 속도 감소, LoA, EoA, SR 모드에서의 최대 거리)를 감독한다. 타겟의 종류에 따라 차상장치는 특정 곡선을 계산한다.

19 RF-CBTC 시스템에서 통신 Time-Out 원인 및 방지대책에 대하여 설명하시오.

(129-10)(130-25)(132-10)

¤ RF-CBTC(Radio Frequency-Communication Based Train Control) 시스템의 Time-Out 현상 원인에 대하여 설명하시오.

Time-Out 원인

ATS와 열차(VOBC)사이에는 무선통신이 연속적으로 이루어져야 하나 무선통신이 간헐적 또는 연속적으로 응답이 없어 통신 두절이 되는 현상을 Time out이라고 부른다. 연결 Time out과 읽기 Time out이 있다.

- 전파환경이 좋지 않은 구간에서 발생
- 차상신호장치의 불필요한 데이터 소거
- 슬립/슬라이드 구간 환경 개선

방지대책

① **지상무선장치(AP) 전파환경 개선** : AP의 전파환경에 대한 분석을 시행하여, 환경 개선(간섭원 제거)

② **차상신호장치 초기화(Reset) 시행** : UTO 특성상 24시간 운용되는 경우가 있어 누적된 불필요한 데이터를 소거

③ **슬립/슬라이드 요인 제거**

- 슬립/슬라이드 구간 열선 설치
- 살사장치 개선 및 이상기후 등 비상단계별 안전요원 배치

20 CBTC(Communication Based Train Control) 시스템에서 사용되는 안전제동모델(Safety Braking Model)의 목적 및 구성요소를 기술하시오.(129-25)

안전제동모델

① CBTC 시스템에서 사용되는 안전제동모델은 과속에 의해 차량이 감속 혹은 정지해야 하는 목표지점(Target Point)을 과주(Overrun)하여 비상제동에 의해 정지하더라도, 차량이 침범할 수 없는 이동권한 한계 지점(Movement Authority Limit)을 결정하기 위해 사용된다.

② CBTC 시스템에서 사용되는 안전제동 모델은 차량의 이동을 표현하는 3개의 곡선(ATP Profile 곡선, 과속 감지 곡선, 비상제동 곡선)으로 구성되며, 비상제동력에 의해 차량이 정지하는 과정을 기술하기 위해 5개의 구간(A ~ E)으로 구분된다. 아래 그림은 CBTC 시스템에서 사용되는 안전제동모델에서 고려되어야 하는 요소를 설명한다.

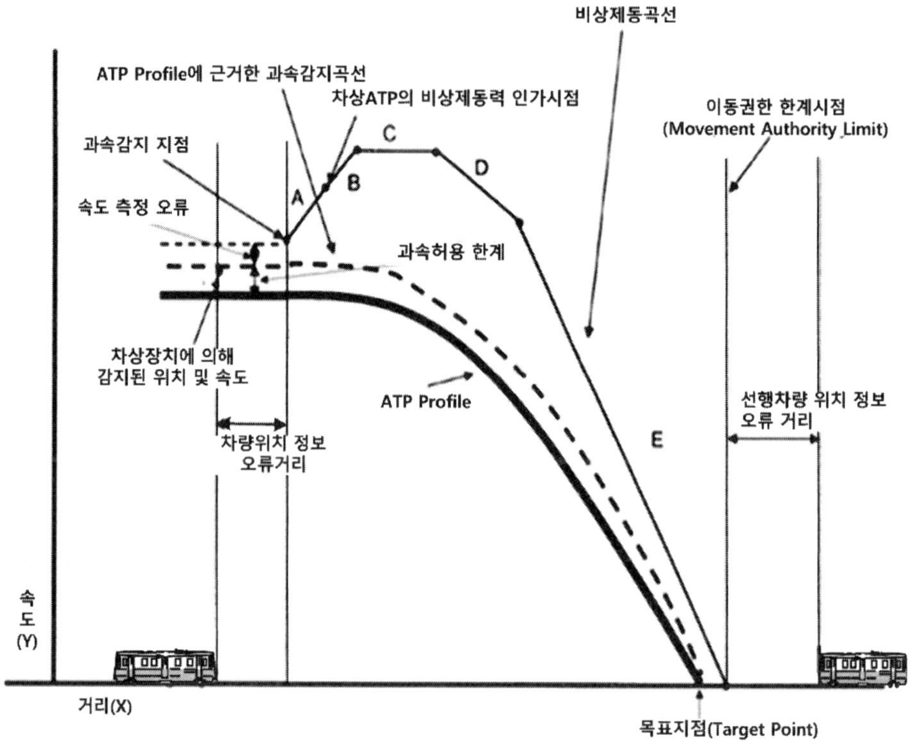

각 구간(A~E)의 내용은 다음과 같다.

구간	내용
A	차상 ATP에 의해 차량의 과속이 검지되고 비상제동 명령을 위한 확인 작업이 이루어지는 구간으로 차량의 견인력이 차단되지 않은 구간이다. (견인력에 의해 차량이 과속중인 구간이다.)
B	차상 ATP에 의해 비상제동 명령이 발생되는 구간이며 A구간과 마찬가지로 차량의 견인력이 차단되지 않은 구간이다. (A구간과 마찬가지로 견인력에 의해 차량이 과속중인 구간이다.)
C	비상제동 명령에 의해 차량의 견인력이 차단된 구간이며, 차량의 비상제동력은 적용되지 않는 구간이다.(견인력에 의한 차량이동 구간이 아니며, 타력에 의한 차량이동 구간이다.)
D	비상제동 명령이 차량의 제동계통에 전달되어 차량의 제동을 담당하는 제동장치가 가동되는 단계로 100%의 비상제동력이 적용되지 않은 구간이다.
E	차량의 제동장치에 의해 100% 비상제동력이 적용되어 차량이 비상제동력에 의해 정지하는 구간이다. (가장 급격하게 감속되는 구간이다.)

21 무선통신 열차제어시스템(RF – CBTC)의 장점과 단점을 설명하시오.(120 – 10)

◐ 장·단점

장점	단점
• 90초의 운전시격 • 양방향 고속, 고성능 통신링크 • 연속적인 ATP 기능성 제공 • 작동모드의 광범위한 선택 • 열차제어 성능 제어 • 높은 시스템 가용성, 신뢰성, 접근성 제공 • 실시간 원격감시 • 정확한 역정차 기능 • 열차의 연속적인 위치 확인과 자동진로 설정 • 다양한 운영 설정 • 완전한 양방향 운전 • 융통성 있는 열차의 제어 수준 제공 • 향상된 디스플레이 제공 • 최신의 컴퓨터와 통신 하드웨어 사용 • 높은 수준의 언어 소프트웨어 채택 • 광범위한 통신 연결시험 • 대체 시스템 궤도회로의 상태를 감시 추적 • 고장이 나면 대체 시스템은 주요 프로세서와 별개로 작동 • 전력 소비가 낮다 • 전도성 전자기 간섭으로부터 개선 • 적은 궤도로 선로용량 증대 • 안전이 증가한 설계 • 지상의 현장설비 제거 • 기존 시스템과 병합 용이 • 새로운 응용설비 추가 가능	• 통신에 혼선과 간섭, 해킹에 노출될 우려가 있다. • 차내 프로세서의 고장으로 철도의 넓은 지역에 대한 주요한 제어 불가 • 높은 정도의 프로세서의 집중으로 인해 관제건물의 사고에 취약하다. • 상대적으로 낮은 대역폭을 보이며 마모, 파손행위에 피해를 보기 쉬운 자기유도통신을 사용 • 시스템 고장이 나면 시간 소비 • 응용설비는 거의 소프트웨어 위주로 되어 있다. • 인터페이스 시리즈나 수용 시 가능한 면허 프로그램 필요

22 무선통신 기반 열차제어 시스템 구간을 운행 중인 열차의 무결성(Train integrity) 정보와 무결성 정보 수신에 따른 Safety Rear End 및 열차 길이를 결정하는 방법에 대해서 서술하시오.(25)

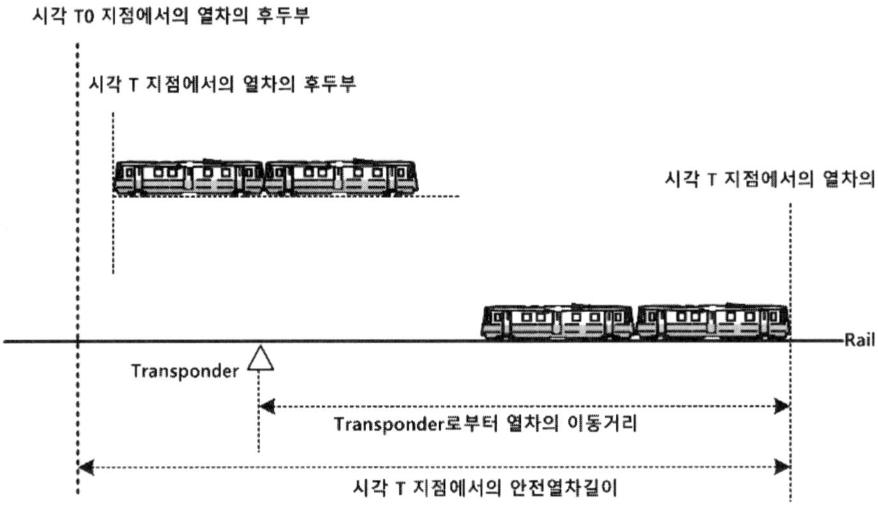

T0 : 열차의 무결성정보가 열차에 의해 확인된 지점
T : 지상설비가 열차의 길이를 확정한 지점

① 무선통신 기반 열차제어 시스템을 운행 중인 열차의 위치정보는 특정 Transponder(또는 발리스)를 기준으로 지상 설비로 제공된다. 지상 설비는 수신된 열차의 위치보고를 기반으로 열차의 길이를 계산하여 열차의 Safety Rear End를 결정한다. 이때 반드시 확인되어야 하는 정보가 열차 무결성 정보(Train Integrity)로써 지상 설비는 열차 무결성 정보가 수신되기 전까지 해당 열차의 Safety Rear End를 확정하지 않는다.

② 열차 무결성 정보는 차량에 장착된 열차 무결성 감시 장치 또는 운전자에 의해 확인되어 진다. 만일 열차 무결성 정보가 운전자에 의해 확인되면 반드시 열차 정지상태에서 확인돼야 한다.

③ 열차로부터 열차 무결성 정보를 수신한 시점을 T1이라고 하고 열차로부터 위치보고서를 받아 열차의 위치를 계산하는 시점을 T2이라고 할 때 T1 시점에 열차 무결성 정보가 확인되었다면 지상설비는 이후 T3 시점에 전송되는 열차 위치보고에 대하여 열차의 Front End를 결정하여 해당 Front End를 열차 방호의 지점으로 사용한다.

④ 그러나 T3 시점에 열차 무결성(Train Integrity) 정보가 수신되지 않았다면 지상 설비는 해당 열차의 Safety Rear End를 갱신하지 않고 유지한다. 따라서 열차 무결성 정보가 수신되기 전까지 열차의 길이는 T0 시점의 Safety Rear End와 T3 시점의 Front End 지점까지 길어지게 된다.

23 무선통신기반 열차제어 시스템 CBTC(Communication Based Train Control) 구성 방안 중 IL-CBTC(Inductive Loop-Communication Based Train Control)와 RF-CBTC(Radio Frequency-Communication Based Train Control)를 설명하시오.(132-10)

IL-CBTC

궤도 사이에 루프 케이블을 설치하여 25m마다 교차시켜 열차위치를 계산한다. 디지털 대역확산 시스템(DSSS)은 독립된 안테나 또는 누설 동축 케이블 안테나를 사용한다. 무선버전은 열차의 위치 파악을 위하여 선로변에 트랜스폰더를 사용한다.

RF-CBTC

공중파를 사용하여 열차위치를 검지하고 이를 폐색에 사용하는 방식으로 무선통신을 이용한 CBTC시스템을 RF-CBTC 시스템이라고 하며 이는 지상에 위치하는 제어장치가 열차로부터 현재의 위치와 속도를 주기적으로 수집하고, 선행열차와 속도제한 지점까지의 거리를 열차로 전송하여, 차상의 제어장치가 열차 성능에 맞는 최적의 속도제어를 하는 것이다.

24 CBTC(Communication Based Train Control)로 운영 중인 노선과 ETCS(European Train Control System) Level-2로 건설되는 노선 간 혼용 운영 방안에 대하여 설명하시오.(25)

개요

① 유럽철도는 현재까지 열차제어시스템을 ETCS 레벨2로 구축하면서 대부분이 기존 설비와 혼용하여 운영해 왔으며, 무선 관련 인프라가 잘 갖추어져 있는 유럽에서도 보통은 레벨0, STM에서 ETCS 레벨2로 변경하였다.

하지만 이 노선에 운용되는 차상장치가 모두 한 번에 개량되지 못함에 따라 ETCS 레벨2 차상장치가 장착되지 않은 차량을 위하여 레벨0, STM 지상 장치를 철거하지 않고 혼용하여 운영되고 있다.

- 대도시 등의 도심구간을 위한 CBTC 시스템과 도시와 도시 간을 운용하는 ETCS 시스템을 혼용 운영하는 방안이 주목받고 있다.

  영국 Thameslink와 Crossrail 노선을 위해 계획된 열차제어시스템이 설명된 적이 있으며, 이 두 프로젝트 모두 열차가 도심지에서 도심 인근의 철도노선을 통과하도록 하고 도심지 핵심 구간에서 고밀도 열차운행(시간당 열차 24대 : 운전시격 2.5분)을 제공하는 것이 목적이다. 하지만 핵심 구간의 열차제어 기술 선택에 관해 근본적으로 서로 다른 의사결정을 내렸다.

② 영국의 두 노선을 소개하고 핵심구간에서의 열차제어시스템 선택에 있어 고려되었던 사항을 확인함으로써 운영노선의 특성에 맞추어 혼용 운영 방안을 마련한 사례를 살펴보면 다음과 같다.

CBTC와 ETCS 혼용 운용을 위한 기본적 개요

① 열차제어시스템은 역과 본선에서 운행되는 열차의 최적 운행을 돕기 위한 설비를 말한다. 유럽의 ETCS(European Train Control System)시스템의 기본적인 목적은 철도운영자에게 방대한 크기의 철도망에서 각기 다른 차량이 함께 쓰일 수 있는 상호 운용성을 제공하는 것이라 할 수 있다.

- CBTC(Communication Based Train Control)는 무인운전 기술과, 같은 노선 내 동일 차량을 기반으로 최적의 효율성을 도출함으로써 도심 대중교통 깊이 자리 잡고 있다고 할 수 있다.
- 물론 각각의 열차제어시스템은 위에서 언급된 도심지 또는 도시와 도시 간 연결노선 적용에 필요조건들은 갖추고 있다.
- 이러한 주요 필요조건들은 ETCS의 상호운용성과 도심 내 고밀도 상태의 노선에서 기능을 실현할 수 있는 무인자동운전 체계라 할 수 있다.

② CBTC와 ETCS의 주요 특징

- 차상장치에서의 이동권한에 대한 속도감시는 두 시스템 모두 유사한 기능이다. 하지만 이동권한을 생성하고 제공하는 방식이 두 시스템의 주요 차이점이라 할 수 있다.
- CBTC는 단(짧은) 처리체계와 통신주기에 최적화되었으며, 그로 인해 선로정보(Track Data)가 시스템을 설정하는 주요 요소가 된다. ETCS는 상호호환성과 국경을 넘나드는 교통수단에 좀 더 초점을 맞추고 있으며, 그로 인해 차량과 지상간의 유동적이고 포괄적인 통신 용어를 사용하고 있다.
- 결과적으로, 두 방식의 융합에 대한 수요가 지속해서 증가하고 있는 도심을 통과하는 열차제어시스템으로써 제안되고 있다.
- 또한, PSD 조작을 포함한 ATO의 기능을 통한 ETCS에 보완하는 방식의 실현 가능성은 연구하고 있으며 다수의 시뮬레이션을 통하여 검증되기도 하였다.
- 하지만 CBTC와 ETCS의 혼용은 예상하는 것보다 더 나아간 기능과 성능적 이점을 가져올 것으로 여겨진다.

CBTC와 ETCS 간의 전환

- CBTC와 ETCS 모두 기능적인 측면에서 열차 기능(Dual－fitting)은 특정 편성에 대한 도시철도로서의 성능을 극대화해야 하면 적용이 가능할 것으로 판단된다.
- 이러한 사례는 도심 외곽에 있는 통근열차 노선의 역과 도시철도 노선에 추가적인 역을 통하여 연결할 때 적용된다.
- 역과 열차 간의 간격이 짧은 노선의 중심부는 CBTC가 적합하지만, 일반/고속열차가 운행하는 역간의 거리가 먼 경우에는 ETCS와 국가 고유 열차제어시스템이 적합할 것이다.
- 그러므로 원활한 열차운행을 위해서는 시스템 간 연결구간에서의 전환절차가 필요하다.
- 대체로 하나의 열차제어시스템으로부터 다른 열차제어시스템으로 원활한 전환절차를 위해서는 전환절차 이전에 비활성화 되어있는 열차제어시스템의 특정한 준비단계가 필요하다.
- 해당 단계 동안, 차상장치는 지상 열차제어정보를 수신하여 열차제어 권한을 필요할 때 넘길 수 있도록 준비해야 한다.
- 실제 적용 시 전환절차는 운행 중 혹은 열차가 정차해 있을 때 전환이 될 것이다.
- 이는 ETCS가 이미 규정되어 있는 전환절차를 가지고 있으므로 ETCS에서 CBTC로의 전환과 CBTC에서 ETCS로의 전환절차 모두에 적용이 가능할 것으로 판단된다.
- EVC는 STM의 기준 인터페이스를 통하여 전환절차를 수행하며 각각의 레벨전환 발리스를 통하여 절차를 개시하게 될 것이다.
- 하지만 특수한 시나리오 또한 고려해야 한다, 예를 들어, CBTC 체계가 아닌 열차의 기능구현, 자동전환 절차 장애, EVC 장애, CBTC 및 ETCS 구간 내 혹은 두 시스템체계가 적용되지 않는 구간에서의 전환절차 시행 등이 있을 것이다.

결론

- 유럽이 경험하고 있는 열차제어시스템의 향후 방향에 대해 거론하였다.
- 이는 먼 미래가 아닌 현재에 앞선 미래에서 다가올 우리나라의 고민과도 비슷할 것이다.
- 우리나라에서 경험하고 있는 고민과 시행착오를 조금 더 빨리 경험하고 있는 유럽의 사례를 토대로 조금 더 앞서 향후 방향을 고민함으로써 더 나은 결정을 내릴 수 있는 방안을 마련할 필요가 있을 것이다.
- 세계적으로 앞서고 있는 우리나라의 IT기술과 목표한 바를 기한 내 이루는 신속성을 가지고 있는 우리나라의 저력을 고려한다면 현재는 차이 나고 있는 현대 철도의 기술을 그들과 경쟁할 수 있는 수준까지 이른 시일 안에 이룰 수 있을 것이라 저자는 판단한다.
- 또한 철도라는 복합 산업분야에 정량적인 목표를 세운다는 것은 어려울 것이며, 조금 더 앞선 기술을 개발할 수 있다는 도전적인 목표를 가지고 이행하는 것이 우선이라 생각된다.

25 CBTC(Communication Based Train Control)로 운영하는 선로와 ATC (AutomaticTrain Control)로 운영하는 선로 간 열차 상호운행을 위한 차상신호장치 설계 및안전 확보 방안에 대하여 설명하시오.(126-25)

개요

신분당선에서 정비 등을 위해 분당차량기지를 이용할 때 발생하는 경우이다.

신분당선 열차제어시스템(CBTC)

- 무선통신기반 열차제어(CBTC)시스템은 무인운전·이동폐색 시스템을 구현하는 가장 현실적인 방법으로 열차의 위치를 궤도회로가 아닌 무선통신을 이용해 수신하고 열차의 목적지, 속도, 방향 등을 전송하여 열차를 통제한다.
- 지상-차상 간의 양방향 무선통신으로 궤도회로보다 더 정밀하게 열차의 위치를 파악할 수 있으며, 무인운전을 위한 차상설비 감시와 제어를 할 수 있다. 신분당선 CBTC 시스템의 기본 구성은 그림과 같다.

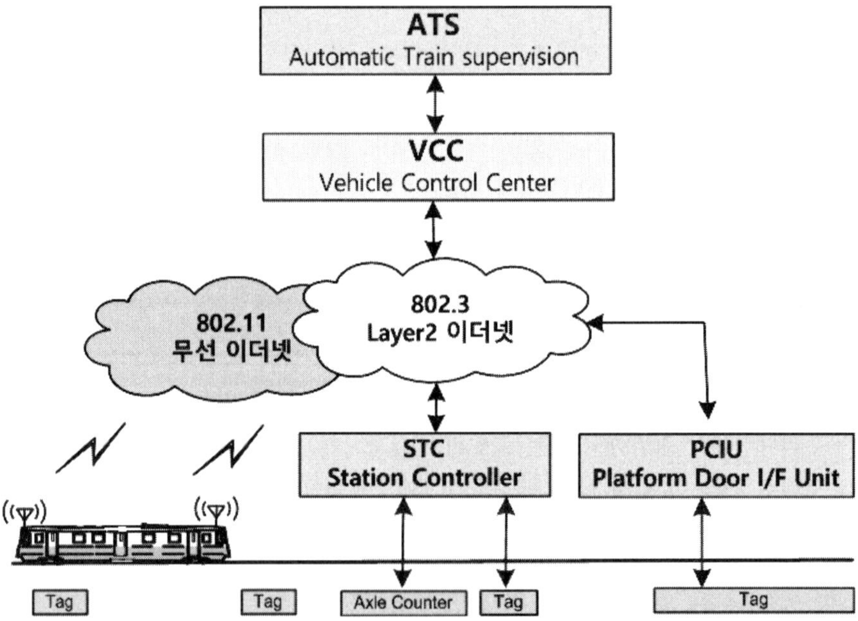

[그림] CBTC 시스템 구성도

분당선 열차제어시스템(ATC)

분당선 열차제어시스템(ATC)은 선행열차와 후속열차 사이에 일정한 거리(폐색)를 확보하여 열차의 안전운행을 보장하는 고정폐색방식의 열차제어시스템으로 연속된 속도코드(Speed Code)를 통해 차상신호장치로 운행속도를 전송하고, 기관사는 차상신호장치 감시하에 허용속도 이하로 수동 운전하는 방식이다. 분당선에서 열차의 운행 통제를 위해 사용하는 분당선 ATC속도코드는 표 1과 같다[1].

[ATC 속도코드]

속도제한(km/h)	주파수(Hz)	열차운영모드
0	20.4	Stop
0	No Code	Stop & Proceed(15kph)
25	5.0	Manual Mode with ATP
40	6.6	Manual Mode with ATP
60	8.6	Manual Mode with ATP
70	10.8	Manual Mode with ATP
80	13.6	Manual Mode with ATP
25	3.2	Yard Mode
Yard Cancel	16.8	Stop & Proceed(15kph)

절체구간의 구성

- 신분당선 CBTC 열차는 주박·경정비 등을 위해 CBTC구간에서 ATC구간을 통과하여 분당 차량기지로 운행하거나 신분당선에서 영업운행을 위해 다시 ATC구간에서 CBTC구간으로 진입하여야 한다.
- 이를 위해 CBTC열차는 절체구간에서 CBTC 또는 ATC 구간을 운행할 수 있는 모드로 변경하고 해당 시스템 구간으로 진입한다.
- 신분당선과 분당선간 절체구간은 그림과 같이 구성된다.

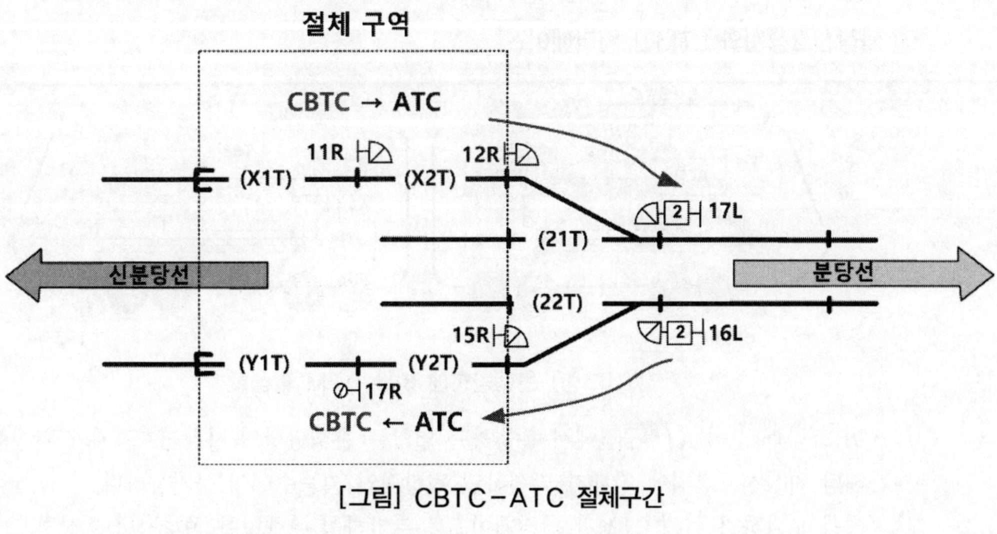

[그림] CBTC-ATC 절체구간

차상신호장치 설계

① **차상신호장치 구성** : 차상신호장치는 지상ATP장치로부터 수신된 명령을 해석하여 열차의 이동거리한계, 허용속도 범위 내에서 열차를 안전하게 제어하고, 열차의 위치, 속도진행 방향 등을 지상 ATP로 전송하며, ATC구간에서는 STM(Specific Transmission Module)을 통해 속도코드를 수신하여 열차의 속도를 감시하고 통제한다. ATC 구간을 운행하기 위한 차상신호장치의 구성은 그림과 같다

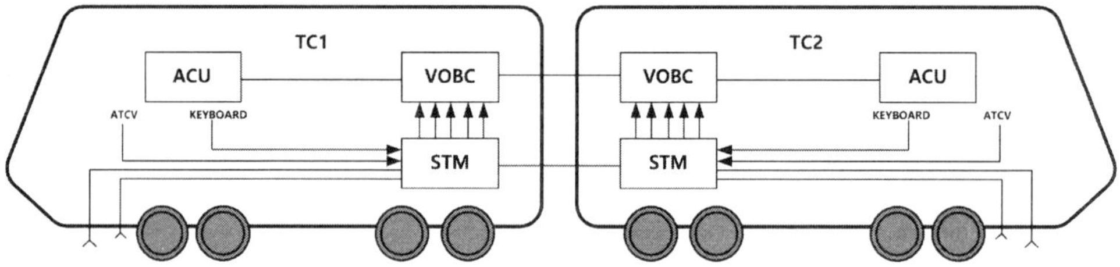

[그림] 차상신호장치의 구성

② 열차운행모드

- CBTC구간에서 열차 운행모드는 무인(Driverless), 자동(AUTO), 수동(ATPM), 제한적 수동(RM)모드가 있다.
- RM(Restricted Manual)모드는 시스템이나 설비에 장애가 있는 경우 사용하는 모드로써 기관사가 수동으로 열차를 운전한다.
- 차상신호장치는 열차의 속도를 25km/h 이하로 제한하며 CBTC 제어영역이 아닌 지역에서도 사용 가능한 운행모드이다. ATC구간에서의 운행을 위해 그림과 같이 제한된 수동모드 하위에 ATCM(ATC Manual)모드를 설계하여 궤도회로에서 지시하는 속도코드에 따라 열차가 운행할 수 있도록 설계하였다.

③ 차상신호장치와 STM간 인터페이스

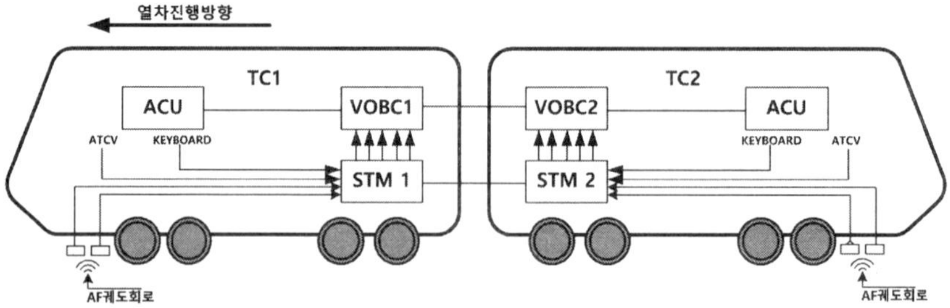

[그림] 운행방향에 따른 STM 활성화

- 위 그림과 같이 ATC구간에서 운행하는 열차는 운행방향의 차상신호장치가 활성화 되어, 해당 차상신호장치에 장애가 발생하면 정상적인 기능수행이 불가능하다.
- 이를 보완하기 위해 STM간 인터페이스를 추가하여 운행방향 쪽 차상신호장치 고장 또는 반대편 차상신호장치가 활성화된 상태에도 열차의 정상 운행이 가능하도록 설계하였다.

안전 확보 방안

① 이종 열차시스템 간 상호운행에 있어 가장 큰 고려사항은 한쪽 시스템의 장애가 다른 노선으로 확대되는 것을 방지하고 최대한 안전을 확보해야 하는 것이다.

② 상호운행에 있어 안전을 가장 위협하는 문제는 기관사가 정지신호를 무시하고 진행하는 경우로 일반적으로 탈선분기기를 설치하여 예방한다. 그러나 신분당선과 분당선은 지하에서 연결되는 공간적인 문제로 탈선분기기가 설치되지 않았다.

③ 이를 보완하기 위해, 궤도회로 주파수가 무신호가 되도록 하여, 열차가 완전히 정지한 후 다시 15km/h 이하의 속도로 운행할 수 있도록 안전한 상호운행을 위한 안전 대책이 필요하다.

26 무선통신기반 열차제어시스템에서 지상설비 시운전 시험의 종류 및 방법에 대하여 설명하시오.(25)

¤ 도시철도에 설치되는 열차제어시스템 지상설비의 본선시운전 시험의 종류 방법(KRS SG 0069-15)

지상설비 운행시험 종류

① **지상설비 운행시험** : 본 시험은 열차제어시스템 지상설비의 동작상태가 적합한지 확인하는 것을 목적으로 한다.

㉠ 연동기능 확인시험

㉡ 열차보호기능 확인시험

㉢ 통신기능 확인시험

② **자동열차감시장치 운행시험** : 본 시험은 자동열차감시장치의 동작상태가 적합한지 확인하는 것을 목적으로 한다.

㉠ 자동열차감시장치 상태 확인시험

㉡ 자동열차감시장치 동작 확인시험

③ **무선통신 동작시험** : 본 시험은 무선통신장치의 동작상태가 적합한지 확인하는 것이 목적이다.

㉠ 무선통신 지속성 시험

㉡ 무선통신망 이중화 동작 확인시험

지상설비 시험방법

① 연동기능 확인시험

㉠ 선로전환기 쇄정 동작확인시험

㉡ 선로전환기 진로 쇄정 동작확인시험

㉢ 대향진로 설정 제한 동작확인시험

㉣ 복구 블록 예약동작 확인시험

② 열차보호기능 확인시험

㉠ 열차 이동 추적 동작확인시험

㉡ 비상정지 동작확인시험

③ 통신 기능시험

㉠ 지상설비 통신이상 확인시험

㉡ 지상설비 간 핸드오버 동작확인시험

자동열차감시장치 운행시험

① 자동열차감시장치 상태 확인시험

㉠ 전체 선로 정보표시기능 확인시험

㉡ 차상설비 알람의 기록 및 표시기능 확인시험

㉢ 지상설비 알람의 기록 및 표시기능 확인시험

㉣ 통신네트워크 감시 및 진단기능 확인시험

㉤ 자동열차감시장치 데이터 로깅 및 보고서 생성 시험

② 자동열차감시장치 동작 확인시험

㉠ 자동열차감시장치 로그온·로그오프 기능 확인시험

㉡ 열차 운휴처리 명령 확인시험

㉢ 열차 정지 및 출발 명령 확인시험

㉣ 열차제어시스템 차상설비 절체 및 초기화 명령 확인시험

㉤ 속도제어 명령 확인시험

㉥ 비상제동 초기화 명령 확인시험

㉦ 시스템 정지(비상제동) 명령 확인시험

㉧ 진로 취소 명령 확인시험

㉨ 역 대기 명령 확인시험

㉩ 역 개방 및 폐쇄 명령 확인시험

㉪ 선로전환기 전환 기능 확인시험

㉫ 회차명령 확인시험

㉬ 열차복구 명령 확인시험

㉭ 열차 출입문 개방 및 폐쇄 확인시험

무선통신 동작시험

① 무선통신 지속성 시험

㉠ 저속통신 지속성 시험

㉡ 중속통신 지속성 시험

㉢ 고속통신 지속성 시험

② 무선통신망 이중화 동작 확인시험

㉠ 이중화로 설계된 무선통신망의 정상 동작을 확인하는 시험이다.

㉡ 이중 설계된 무선통신망 중 일부의 손실이 발생하더라도 무선통신은 연속적으로 동작하여야 한다.

27 무선통신기반 열차제어시스템(CBTC : Communication Based Train Control)의 개념도를 그리고 기본 구성에 대하여 설명하시오.(111－25)(129－10)

CBTC 개념도

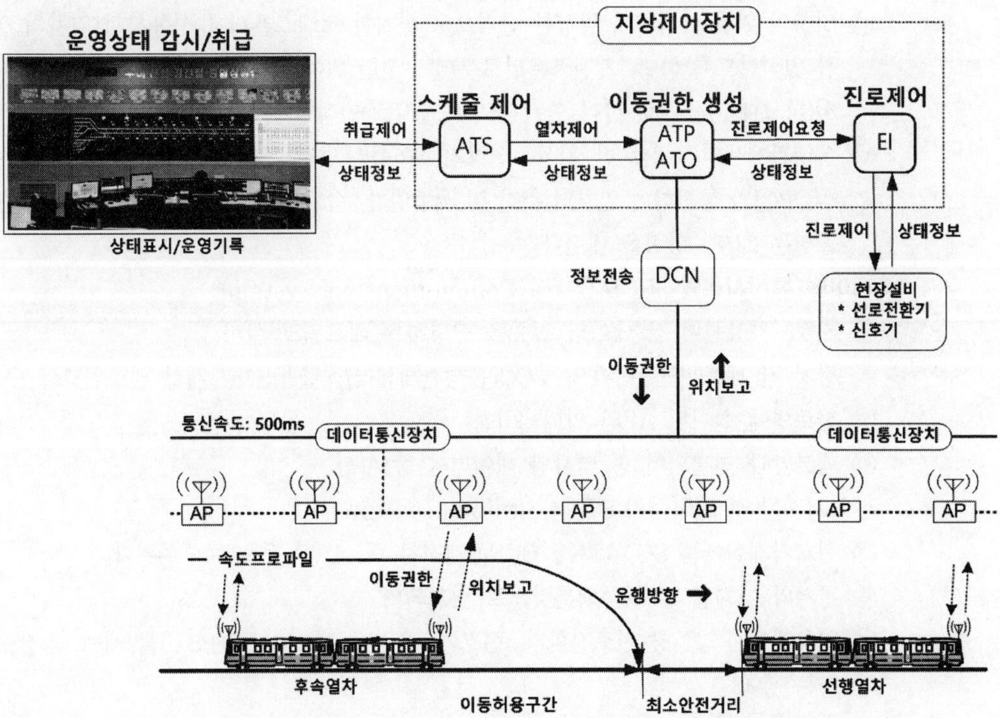

시스템 구성

① **관제실** : ATS(Automatic Train Supervision)

㉠ ATS는 열차자동 감시장치로 ATS의 기능은 강력한 열차조정으로 종합적인 열차관리를 열차운행계획 서버(SRS)가 담당하며, 열차운행제어, 열차조정 등의 기능을 수행하며,

㉡ 관제-현장 간 인터페이스 구축은 관제설비인 ATS가 중앙제어 및 감시하고,

㉢ 열차운행 계획 서버(SRS), 데이터 로거(DL : Data Logger), 각 종 Console, 통합관제(OCC), 통신장치(DCS) 등으로 구성.

㉣ OCC(Operator Control Center)는 통합관제로 신호, 전력, 기계설비 등 타 설비와의 인터페이스는 모두 고속 광통신을 통하여 이루어지며, 타 설비의 네트워크망은 각각 독립적으로 구성이 되어 OCC Host 설비와는 별도로 존재한다.

㉤ 백본망(Backbone)은 네트워크에서 핵심을 이루고 있는 주요한 라인이며, 회선 간 데이터를 전송할 수 있는 대규모 전송 회선을 말하며, 소형 회선으로부터 데이터를 모아 빠르게 전송된다.

② **운행관제센터(ATP/ATO)**

㉠ 운행관제센터는 열차제어시스템 중 ATP기능을 담당하는 핵심 설비로 이동폐색시스템에서 진로연동, 열차 간 안전한 이격과 열차자동운행이 무선통선에 의하여 실시간 제어를 한다.

㉡ 열차의 위치는 지상에 일정한 간격으로 설치한 트랜스폰더를 사용하여 열차의 절대위치를 인식하도록 하며, 트랜스폰더로부터 수신한 위치정보를 토대로 열차에 설치된 속도센서(타코메터)를 이용하여 연속적으로 거리를 인식한다.

㉢ 운행관제센터는 선로변 지상무선장치(AP)를 통하여 연속적으로 열차의 차상신호장치(VOBC)와 통신하여 열차의 추진 및 제동인가, 속도제한 설정 및 제동율, 역 정차 그리고 출입문 개/폐 명령을 내린다.

③ **데이터 통신시스템** : DCS (Data Communication System)

㉠ 지상, 차상설비 간 데이터 전송을 담당하는 네트워크 설비

㉡ 장치 간 네트워크는 ATS, VCC(운행관제센터), 일반신호기계실 네트워크로 구성.

㉢ 선로변에 설치된 AP와 인터페이스

㉣ 백본망과 연결되어 전 역사의 데이터를 송/수신.

④ **신호기계실(역 제어장치 STC : Station Controller)**

㉠ 신호기계실에는 SC, LMC, DCS, 계전기 랙, CTF 등으로 구성된다.

㉡ 관제와 기계실 간에는 백본망으로 링크되며,

㉢ 열차제어시스템 중 선로전환기, 신호기, 승강장 스크린도어(PSD)를 제어 및 감시역할을 하는 장치

ⓐ **INTERSIG 장치(연동장치)** : 열차제어시스템 중 지상설비(STC/PDIU)의 서브장치

ⓑ **휴대용 선로전환기 제어장치(PSCU : Portable Station Control Unit)** : 휴대용 역 제어장치로 관할구내 선로전환기 등 지상장치를 제어감시하는 장치

ⓒ 승강장 출입입문(PSD : Platform Screen Door)

- 승강장에 가동문과 고정벽을 설치하여 차량의 출입문과 연동, 개폐 할 수 있도록 만든 승강장 안전장치,
- PSD구성은 PSD종합제어반에서 PSD개별제어반, 승무원 조작반과 승강장 조작반으로 제어명령과 상태정보를 송수신 한다.

ⓓ 승강장 출입입문 인터페이스 장치(PDIU : Platform Door Interface Unit)

- 열차와 PSD간의 인터페이스계통도는 VCC와 STC/PDIU에서 차상VOBC와 차상PDCU로 제어명령과 상태정보를 송신하고,
- 열차제어시스템 중 승강장 스크린도어를 제어 감시하는 장치로 열차의 ATP/ATO 기능을 수행하기 위하여 VCC와 연계하여 동작한다.

⑤ 현장설비

㉠ 지상무선통신장치 : AP(Access Point)

ⓐ AP는 유선과 무선을 잇는 브릿지 역할을 하며 CBTC 열차제어시스템에서 지상과 차상장치 간 무선통신을 위한 장치

ⓑ CBTC AP는 2.4GHz로 열차위치정보와 속도관련 정보를 송수신하고, 차내 화상정보전송치는 차상AP가 5.5GHz를 통해 대형 표시반으로 송신합니다.

ⓒ 선로변의 무선통신장치(Access Point)는 250m 간격으로 설치되며, 지상-차상간 정보를 송수신.

㉡ 트랜스폰더(Transponder)

ⓐ 열차의 위치를 보정해주기 위해 RFID 방식을 이용하여 선로의 절대위치를 차상에 전달한다.

ⓑ 트랜스폰더(902~928MHz/60bit)태그는 선로변에 25m 간격으로 설치되어 열차의 위치정보를 제공

㉢ 정위치 정차 근접판(Proximity Plate) : 승강장 레일 사이에 설치되어 열차의 정위치 정차를 지원

㉣ 차축검지기(Axle Counter) : 열차의 차륜의 수와 이동방향을 인지하여 열차의 위치를 검지하고 지상과 차상간 통신장애 발생시 분기부내 블록의 점유여부를 확인하는 설비

⑥ 전동차 종합 추진장치/차상장치 (TCMS : Train Control & Monitoring System)/VOBC

㉠ ATC/ATO의 시스템에서 전동차는 운행정보만 Display 하였는데 Distance to Go(차량연산제어방식)에서는 전동차가 제어 및 표시기능을 가지고 운행정보와 차량자체의 고장정보를 저장 차상장치와 인터페이스 하여 양방향 통신 등으로 무인운전이 가능하게 되었음.

㉡ 지상장치와 차상장치에 적응한 센서를 통해 차상VOBC로 정보를 송수신하는 차상장치로 구성되었음.

28 무선통신을 기반으로 하는 열차제어시스템의 성능요구사항에 대하여 설명하시오.(124-10)

CBTC 성능요구사항

① 본선 및 사용자가 달리 지정한 구간에는 자동열차보호기능, 자동열차운전기능, 자동열차감시기능 및 열차진로제어기능을 갖춘 열차제어시스템을 설치하여야 하며, 열차제어시스템은 열차제어시스템 구성도('6. 검사 및 성능시험')를 참조하여 구성되어야 한다.

② 열차제어시스템은 무인으로 운전하는 정상적인 상태에서 다음과 같은 열차운전모드를 지원하여야 한다.

- 완전자동운전모드
- 자동운전모드
- 수동운전모드
- 비상운전모드
- 기지운전모드
- 무인회차모드(사용자 요구 시)
- 대기모드(사용자 요구 시)
- OFF모드(사용자 요구 시)

③ 열차제어시스템의 차상설비는 열차에 전원을 투입하면 자동으로 활성화되어야 하며, 자기진단 절차를 자동으로 시작해야 한다.

④ 열차가 정차 중일 때, 열차 운전자는 필요시 열차운전대 시험을 시행하는 것이 가능해야 한다.

⑤ 열차제어시스템 차상설비는 열차 운전 중 지상설비로부터 열차이동권한정보와 열차제한속도 정보를 받아 표시장치에 이를 현시하고, 열차목표속도를 결정하여 열차속도를 제어하여야 한다.

⑥ 열차 운전 중 제한속도와 주행속도를 계속 비교하여 실제 주행속도가 제한속도를 초과하면 제동을 지령하기 위한 속도감시기능을 가져야 한다.

⑦ 자동열차보호장치의 보호 아래 출입문 개폐 제어 기능을 가져야 한다.

⑧ 열차 운전 중 출입문이 개방되면 제동을 지령하는 출입문감시기능을 가져야 한다.

⑨ 역정지 위치와 열차운전방향이 일치되지 않으면 즉시 제동을 지령하는 운전방향 감시기능을 가져야 한다.

⑩ 실제 주행속도의 정확한 정보 확인을 위하여 속도검지장치의 감시기능을 가져야 한다.

기술적 성능요구사항

① **열차제어데이터 서비스** : 열차제어정보 전송 지연 시간은 폐색센터와 열차이동국 간 무선구간에서 300msec 이내 전달

② **음성통화서비스** : 음성통화 호 접속시간은 1초 이내, 호접속 성공률은 평균 99% 이상

③ **데이터 서비스** : 데이터 수신 성공률은 평균 99% 이상

④ **영상 서비스** : 영상정보 성공률은 평균 99% 이상

⑤ **공통사항** : 핸드오버 성공률은 끊김이 없이 전달, 평균 99% 이상

29 **무선통신 기반 열차제어 시스템의 신뢰 구간을 고려한 열차 위치 및 거리 계산 방법에 관하여 서술하시오.(25)**

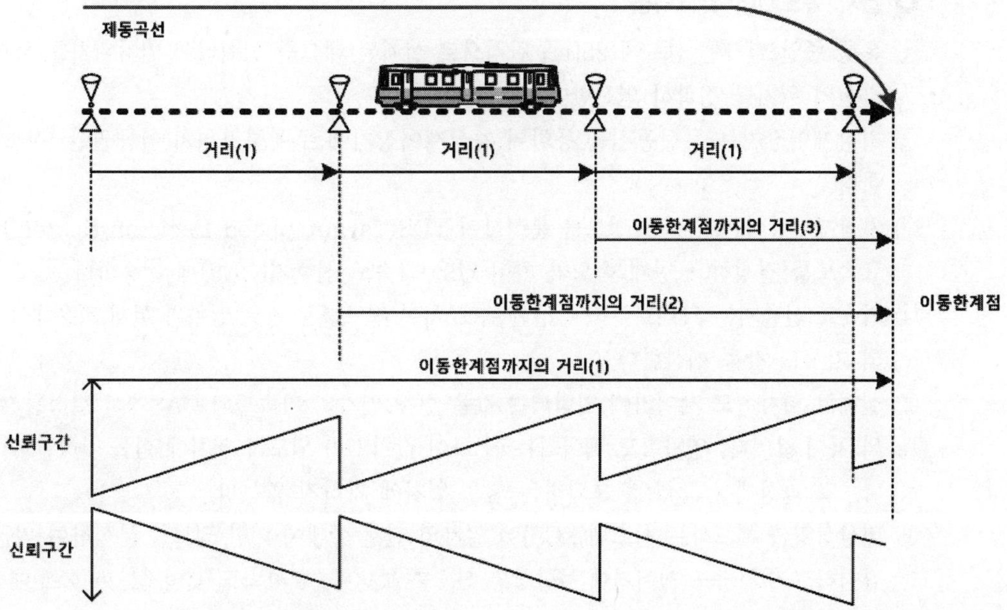

① 무선통신 기반 열차제어 시스템에서 열차의 위치보고서를 수신할 시 선로 변 지상설비는 열차 위치에 대한 신뢰 구간을 반영하여 모든 위치 관련 정보를 사용해야 한다. 열차 위치의 신뢰 구간은 열차가 위치를 확인할 수 있는 Transponder(또는 Balise)로부터의 거리를 말하며 이때 신뢰 구간은 Transponder(또는 Balise) 위치 허용 오차 및 주행 기록계(Odometer)의 정확도를 고려해야 한다.

② 신뢰 구간은 열차가 Transponder(또는 Balise)를 지나며 위치를 바로잡은 이후 열차의 이동 거리에 따라 증가하며 다음 Transponder(또는 Balise)를 지날 때 Transponder(또는 Balise)의 위치 허용 오차를 반영하여 재설정 되어야 한다.

③ 신뢰 구간을 반영하여 열차의 최대 안전 Front End를 계산할 경우는 신뢰 구간에 따른 Under-Reading Error를 반영하여 계산되어야 하며 열차의 최소 안전 Front End를 계산할 경우는 신뢰 구간에 따른 Over-Reading Error를 반영하여 계산되어야 한다. 열차의 안전 Rear End를 계산할 때도 같은 방법을 사용하나 안전 Rear End는 반드시 열차의 무결성 정보와 함께 계산되어야 한다.

④ 열차가 특정 Transponder(또는 Balise)를 지났을 때 이전까지의 신뢰 구간을 Q_LOCACC(1)이라 하고 이후의 신뢰 구간을 Q_LOCACC(2)라 할 때 열차가 특정 Transponder(또는 Balise)를 지난 후 다음 Transponder(또는 Balise)까지의 거리 Distance = ±[Q_LOCACC(1) + Q_LOCACC(2)]와 같이 정해진다.

30 무선통신기반 열차제어시스템(RF-CBTC)의 열차 속도제어 알고리즘에 대하여 설명하시오.(25)

열차 속도제어 알고리즘

① 운행 중인 열차는 선로에 25[m] 간격으로 설치된 태그를 인식하여 열차위치를 보정하면서 자신의 위치를 정확히 연산한다.

② 지상제어장치는 무선통신을 통하여 차상제어장치에 주행허가위치(이동권한) 정보를 전송한다.

③ 차상제어장치는 수신된 정보를 분석하여 TDS(Target Speed Decision System)에서 목표속도를 결정하고 현재 속도와 차이 값을 가속도 산출기(CAS)에 전송한다.

④ 가속도 산출기는 TDS로부터 수신한 속도 차이 정보를 근거로 열차가 현재 적용해야 할 최적의 가속도 값을 계산한다.

⑤ 실제로 열차속도 제어기에 입력되는 값은 현재 열차의 가속도와 CAS에서 결정된 가속도와의 차이 값이다. 열차속도 제어기는 이 차이 값이 0이 되도록 열차에 힘을 가하는 역할을 한다. 그 과정에서 Jerk를 초과하는 힘은 열차에 가하지 않는다.

⑥ 비상상황을 체크하는 시스템(ECS)이 열차의 현재 상태에 대한 정보를 분석하여 위급상황을 감시하고 열차속도 제어기에 돌발상황 신호를 보낸다. 열차속도 제어기는 신호에 대해 Jerk에 관계없이 급제동한다.

31 통신기반 열차제어시스템(CBTC)의 특징 및 구성요소에 대하여 설명하시오.(123-10)

¤ 한국철도표준규격인 "도시철도용 무선통신기반 열차제어시스템(KRS SG 0069-15)"에서 정의된 열차제어시스템의 특징에 대하여 설명하시오.

열차제어시스템의 특징

열차제어시스템은 아래와 같은 특징을 갖추어야 한다.

① 궤도회로 유·무와 관계없이 열차위치를 높은 정밀도로 검지하고, 열차위치정보의 오차를 바로잡아 열차위치를 결정하여야 한다.

② 열차위치를 실시간으로 추적하여야 하며, 열차이동을 승인하는 열차이동권한을 연속적으로 지령하여야 한다.

③ 열차제어시스템의 지상설비와 차상설비간 정보전송은 신뢰할 수 있는 연속적인 양방향 무선통신을 적용하여야 한다.

④ 열차제어시스템의 지상설비와 차상설비는 바이탈(vital)기능을 처리하여야 한다.

CBTC의 구성요소

1. 지상설비 구성

① 지상자동열차보호장치는 다중계로 구성되며, 주계에 문제가 발생하면 예비계로 자동절체되어 열차운영에 지장이 없어야 한다.

② 지상자동열차보호장치는 전원모듈, CPU모듈, 통신모듈, 입출력모듈로 구성되며, 열차제어영역 당 1식이 설치되어야 한다.

③ 지상자동열차보호장치용 입출력모듈은 승강장에 설치되어 있는 PSD와 연계되며, 필요한 경우 역별로 설치한다.

④ 지상자동열차보호장치는 자기진단기능을 보유하여야 하고 각종 모듈 및 단위장치별로 고장검지회로를 채택하여 고장 표시를 할 수 있어야 한다.

⑤ 지상자동열차보호장치의 변경, 증설 및 유지보수가 쉬워야 한다.

⑥ 계약자(시스템 공급자)는 제안하는 다중화 구성의 범위, 정체 조건 및 절차 등에 대한 기술사항을 상세히 제시하여야 하며, 높은 가용성을 확보하기 위한 기술적인 구현 자료를 제시하여야 한다.

2. 차상설비 구성

① 차상설비는 차상자동열차보호장치와 차상자동열차운전장치로 구성되며, 열차의 선두차량과 후미차량에 1식이 설치되는 편성이중계 구조로 한다.

② 차상자동열차보호장치와 차상자동열차운전장치는 전원모듈, CPU모듈, 통신모듈, 인터페이스모듈, 입출력모듈로 구성된다.

③ 차상자동열차보호장치는 선로에 일정한 간격으로 설치된 태그(Tag) 그룹을 검지하여 열차위치와 열차진행방향을 결정하고, 차상자동열차운전장치는 역 근처와 승강장에 설치된 태그(Tag)를 검지하여 정위치정차를 수행한다. 태그를 검지하는 태그 안테나와 리더기는 열차의 선두차량과 후미 차량에 1식이 설치되고, 차상설비와 연결한다.

④ 차상자동열차보호장치는 열차의 정차위치에 설치된 정위치용 정차판을 검지하는 검지센서를 이용하여 정위치정차를 판단한다. 정위치용 정차판을 검지하는 검지기는 열차의 선두차량과 후미 차량에 1식이 설치되고, 차상설비와 연결한다.

⑤ 차상 자동열차보호장치와 차상 자동열차운전장치는 차륜에 설치되어 있는 속도센서를 이용하여 열차의 현재 속도와 현재 위치를 연산하여 사용한다.

⑥ 각 장치는 자기진단기능을 보유하여야 하고 각종 모듈 및 단위장치별로 고장검지 회로를 채택하여 고장 표시를 할 수 있어야 한다.

⑦ 열차를 구성하는 차량수가 적으면 발주자와 계약자가 협의하여 차상설비의 설치위치와 설치수량을 조정할 수 있다.

⑧ 계약자는 제안하는 다중화 구성의 범위, 정체 조건 및 절차 등에 대한 기술사항을 상세히 제시하여야 하며, 높은 가용성을 확보하기 위한 기술적인 구현 자료를 제시하여야 한다.

⑨ 계약자는 차상설비와 연계하는 태그(Tag) 안테나, 리더기, 정위치 정차판 검지센서, 속도센서 등에 대한 기술사항을 상세히 제시하여야 한다.

32 경부고속철도에 사용되는 불연속정보전송장치의 구성도 및 설치개소에 대하여 설명하시오.(10)(25)

불연속 전송 및 구성품 용도

이 시스템은 연속정보에 더해 비 안전 측 동작(Non-Failsafe) 정보를 열차에 불연속으로 전송하는 궤도에 설치된 케이블 루프를 사용한다.

① 불연속정보전송 시스템은

- TVM BES 캐비넷에 있는 지상 송신기
- 보통 7m인 두 케이블 루프에 전원을 공급하는 선로변 정합 변압기(TAD 125)
- 최초 차축 앞과 각 루프의 축 위쪽에 설치된 불연속 센서 2개는 각 2 루프에서 전송된 신호를 독립적으로 검지함.

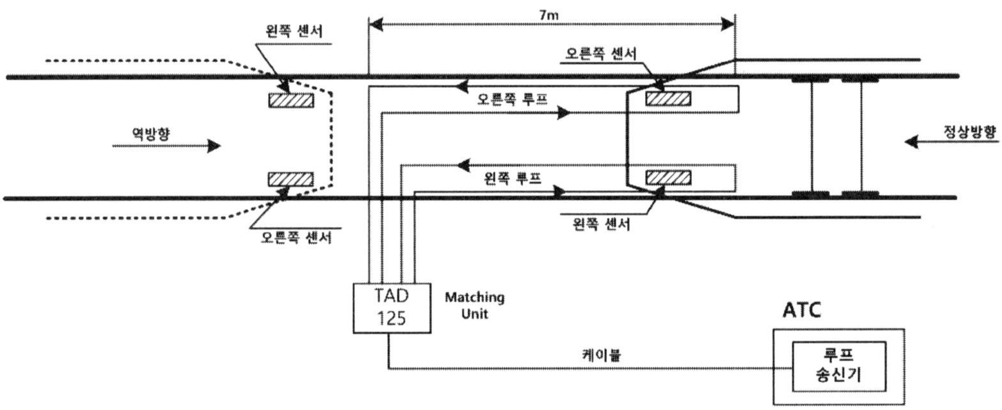

[그림] 불연속 루프

불연속 전송 운영 원리

송신기는 궤도의 각 2 루프에 위상 편이 변조(Phase Shift Key)에 의해 변조된 주기적인 신호를 발생시킨다.

이 신호는 180° 위상 편이에 의해 변조된 62.5 kHz의 기준 서브 반송파와 125kHz 반송파의 합이다. 위상 편이의 유무가 전송할 메시지를 부호화 시킨다.

지상에서 차상으로 전송되는 불연속정보

① ATC 지역에서 ATS 지역으로의 진/출입 정보
② ATS 지역에서 ATC 지역으로의 진/출입 정보
③ 양방향운전을 허용하기 위한 운행방향 변경정보
④ 터널 진·출입 및 정지, 마커 상의 과주 정보
⑤ 절대정지 제어정보
⑥ 전차선과 관련된 정보(절연구간 및 팬터그래프 하강구간)
⑦ 차축온도검지장치 경보용
⑧ 궤도회로 주파수 채널 변경 정보(건넘선용)

불연속정보전송의 설치 개소

① 절대정지구간
② 터널구간
③ 운전모드 정체 구간
④ 건넘선 구간
⑤ 차축온도검지장치 설치구간
⑥ 사구간
⑦ 팬터그래프 하강구간

33 **경부고속철도에 설치된 TFM-PM의 구조를 그리고, 출력감시(Output Monitoring)에 대하여 안전측면에서 설명하시오.**(111-25)(121-25)

선로전환기용 모듈(PM)

- 4개의 AC 380V를 출력하여 선로전환기를 제어하고 DC 48V 입출력을 통해 선로전환기의 방향을 인식할 수 있다.
- 프로세서는 이중으로 구성되어 연산 결과가 일치할 때만 출력해야 하고 불일치 시에는 출력을 차단한다.
- 전면부에는 프로세서 감시 및 전원표시등, 컨피그레이션 유효화와 어드레스 유효화 표시등을 설치하여 장치의 상태를 확인할 수 있다.
- 기존 시스템과 인터페이스가 가능하다.

출력감시 Fail Safe

선로전환기 모듈의 위험원은 도중전환, 전환상태 및 상태검지실패, 밀착실패, 쇄정실패, 불일치로 구분할 수 있으며, 이러한 위험원에 대비하기 위하여, 선로전환기 제어의 비정상적인 출력에 대하여 실시간으로 감시하고 비정상 출력 발생 시 선로전환기가 전환되지 않도록 출력을 차단하는 Fail-Safe가 적용되도록 선로전환기 모듈은 아래 그림과 같이 구성되어 있다.

차단 계전기(Insulation Relay) 감시

차단 계전기(Insulation Relay)를 이용하여 AC 380[V] 전원 회로를 개방함으로써 출력 인터페이스의 차단 능력을 시험한다. 두 시험 사이의 지연 시간은 2시간이지만, 시험은 선로전환기 제어 중에만 수행된다. 두 제어(control) 간의 시간이 2시간 이상인 경우에 두 시험 사이의 지연은 2시간 이상이다. 만약 선로전환기가 자주 제어된다면(〈 2시간), 시험 주기는 2시간이 된다. 선로전환기가 거의 제어되지 않는 경우(〉 2시간), 시험은 모든 제어(control)에서 수행된다.

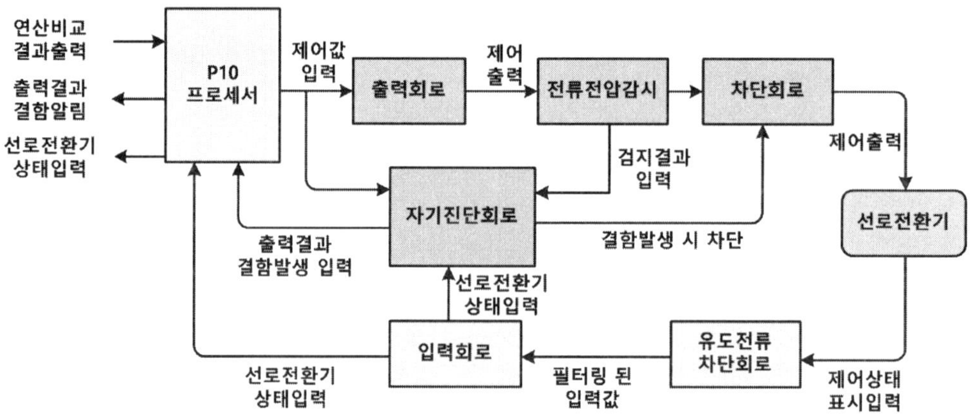

[그림] Fail-Safe를 적용한 선로전환기 제어 모듈

34 경부고속철도에서 사용하고 있는 열차제어시스템(TVM-430)에 대하여 지상설비와 차상설비로 구분하여 설명하시오.(120-25)

지상설비

두개의 중앙장치가 있어서 backup 기능을 제공한다.
하나의 장치가 입력을 받아들이고, 정보를 처리해서 출력하는 동안, 다른 하나는 초기화된 대기상태에서 운전상태의 중앙장치가 고장 나는 경우, 임무를 넘겨받아서 동작할 수 있게 되어있다. 고장이 나면 또는 외부 명령에 따라 절체장치가 한 중앙장치에서 다른 쪽으로 작업을 옮기는 역할을 한다.
각각의 장치는 그림과 같이 병렬로 정보를 처리하는 두 개의 프로세서로 구성되어 있다. 한쪽의 프로세서가 결과를 비교해서 일치하지 않으면 출력을 제어하여 동력을 차단한다.

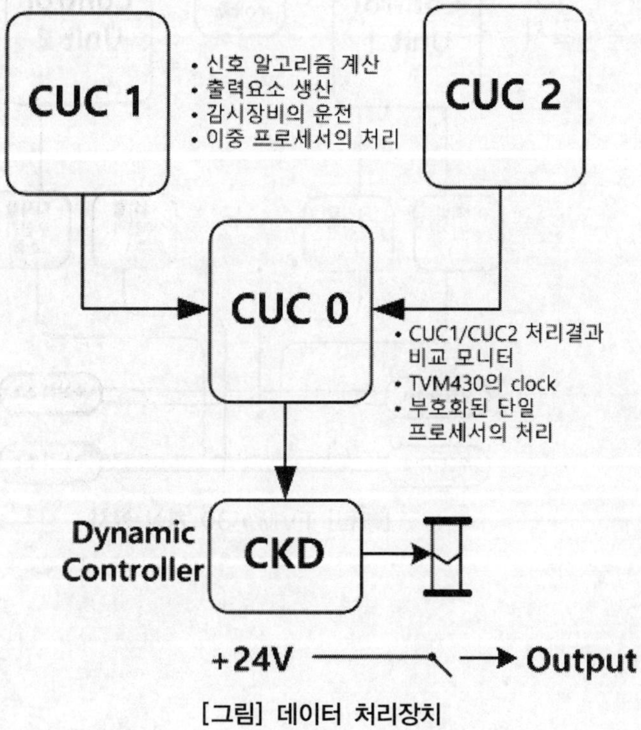

[그림] 데이터 처리장치

차상설비

메시지는 1초에 여러 차례 받아들여져서 Decode 된다. 컴퓨터는 이 정보를 검사하여 속도제어 그래프를 계산한다. 이 계산은 궤도회로의 경계 부분을 통과할 때마다 수행된다. 아래 그림은 차상장치의 구조를 보인다. 양측 레일 가까운 곳에 센서가 있고 각각 디지털 수신기(Receiver)에 연결된 두개의 날개를 갖고 있다.

신호처리 계통은 두 개의 같은 유닛(디지털 수신기)이 있어서 센서로부터의 신호를 받아들인다. 프로세서의 소프트웨어는 같은 알고리즘으로 되어있지만 두 개의 자료 수집 경로가 서로 동기화되어있지 않기 때문에 다른 동작을 한다. 중앙 유닛은 두 개의 디지털 수신기로부터 받아들인 결과를 비교하여 메시지의 정확성을 확인한다. 하나의 신호처리 경로는 각각의 중앙 유닛과 연계되어 있다. 두 개의 중앙 유닛들은 한 개의 프로그램된 (Coded) 프로세서에 연결되어 동시에 동작한다. 그중에서 한 개만이 스위치에 의해 선택되어 디스플레이를 표시하기 위한 전원을 공급한다.

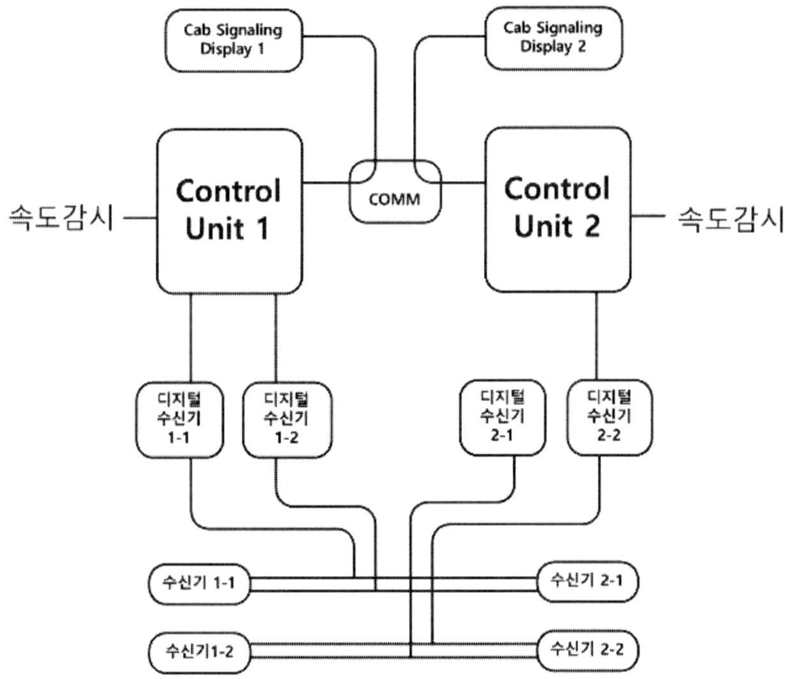

[그림] TVM 430 차상 장치

35 고속선로를 운행하는 열차 또는 차량은 ATC 기능을 확보하고 차내 신호현시 조건에 따라 운전한다. 다만, 관제사의 승인을 받아 ATC에 의하지 않고 운전하는 경우를 설명하시오.(127-10)

ATC 예외운전

① 운전 중 ATC 장치에 고장이 발생하였을 경우

② 뒤 운전실 또는 다른 차량을 열차 후부에 연결하고 추진으로 운전할 경우

③ 대용폐색방식 또는 전령법으로 운전할 경우

④ 사고 등 이례적인 사태 발생으로 이를 복구하기 위하여 공사열차 또는 구원열차를 운행할 경우

단, 속도제어 차단장치와 열차속도 제한장치를 차단하여야 한다.

36 고속철도 UM71 AF궤도회로장치에 사용되는 보상용 콘덴서의 설치목적, 효과, 설치기준을 설명하시오.(127-10)

설치목적

UM71C형 AF궤도회로에서 주파수 레벨이 감쇄되는 것을 보상하기 위해 레일 사이에 설치하는 콘덴서

보상콘덴서 설치기준

① 보상콘덴서의 설치 간격은 F1(2,040, 2,400Hz)의 경우 60m, F2(2,760, 3,120Hz)의 경우 80m를 원칙으로 한다.

② 보상콘덴서의 용량은 25㎌으로 한다.

③ 콘덴서를 제 위치에 설치할 수 없을 때는 ±3m의 허용범위 안에 설치할 수 있으며, 그다음 콘덴서는 제 위치에 설치한다.

④ 콘덴서는 분기의 첨단 끝에서 5m 이내에 설치할 수 없으며, 5m 이외의 개소와 크로싱부에 설치할 때는 용접을 하여야 한다.

⑤ 분기부를 제외하고는 볼트 취부식으로 한다.

⑥ 공심유도자를 SVaC로 설치했을 때는 첫 번째 콘덴서 위치에 콘덴서 대신 양극자 블록장치(DB)를 설치한다.

37 고속철도 궤도회로(UM71)에서 사용된 방향계전기의 역할을 설명하시오.(118－10)

방향계전기

복선구간에서 양방향 운전을 시행하면 궤도회로의 송신부와 수신부의 방향을 열차의 진행 방향과 일치 시켜야 한다. 따라서 이와 같은 특수성을 고려하여 그림과 같이 궤도회로의 송·수신부를 바꿀 수 있도록 하는 계전기 회로를 말하며, 거리조정기의 케이블 길이는 같게 한다.

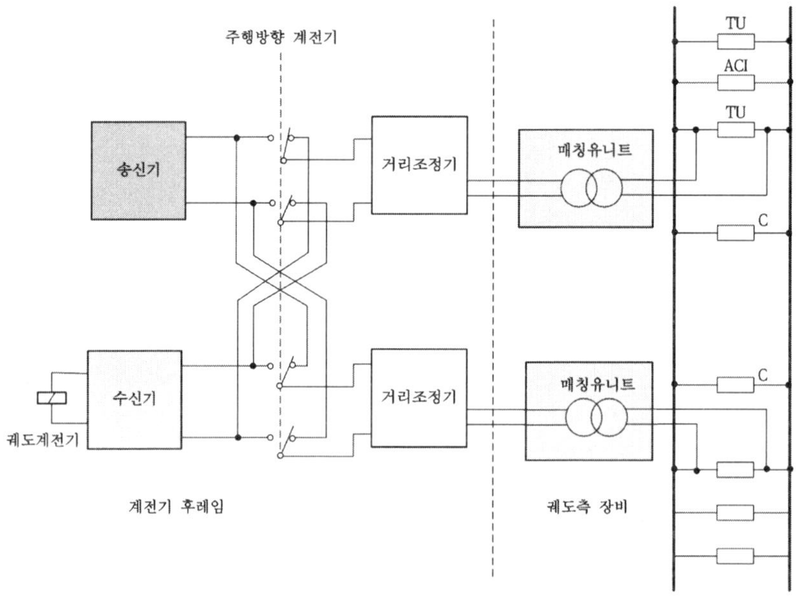

[그림] UM71 궤도회로 방향계전기

UM71C형 궤도회로는 한 선로에서 신호에 의한 열차의 양방향운전이 가능하도록 궤도회로의 송, 수신단을 절체 할 수 있는 방향선택회로(ORT)가 설치되어 있다.

38 고속철도에서 사용하는 TVM430의 차상장치 구성에 대하여 설명하시오.(123－10)

차상장치 구성

① 정보처리 유닛(차상논리장치)

② 운전실 표시장치

③ 타코메터

④ 수신안테나(연속정보, 불연속정보 감시센서)

열차의 차축 회전수를 검지하여 열차의 주행속도와 운행누적거리를 계산한 결과를 차상논리장치에 전송하는 기능을 한다.

➲ 차상장치의 주요 기능

① 궤도를 통해 수신된 속도신호정보 실시간 처리하여 허용속도를 운전실에 표시한다.
② 속도제어곡선을 생성하여 자동으로 열차제어를 한다.
③ 열차제동곡선을 생성하며, 허용속도 초과 시 자동으로 제동장치가 작동한다.

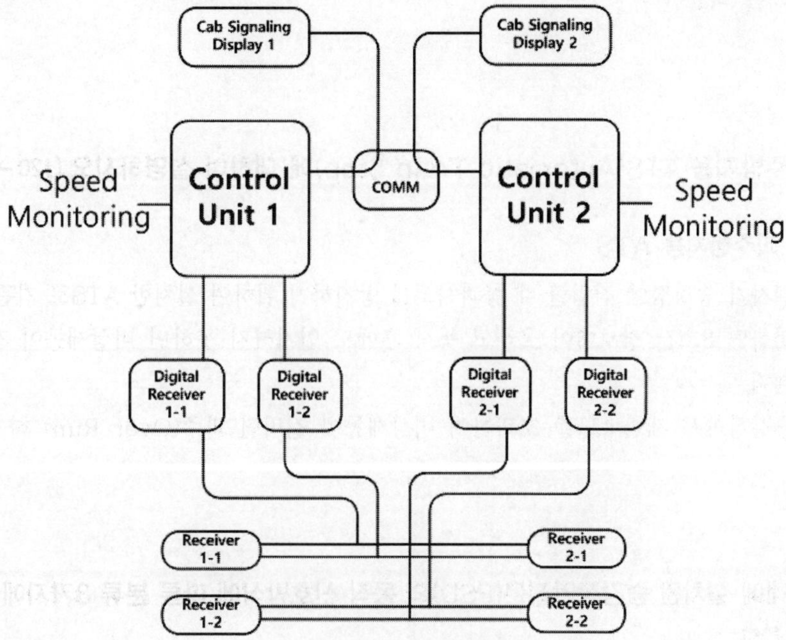

[그림] TVM430 차상장치

차상신호장치는 그림과 같이 직렬로 연결된 2개의 수신기와 이를 복조화시키는 디지털 수신기 2조와 제어컴퓨터 2조에 연결되어 운전석에 2조의 차내신호를 표시하는 장치로 구성되어 있다. 메시지는 1초에 여러 차례 받아들여져서 Decode 된다. 컴퓨터는 이 정보를 검사하여 속도제어 그래프를 계산한다. 이 계산은 궤도회로의 경계부분을 통과할 때마다 수행된다. 그림은 차상장치의 구조를 보여준다.

양측 레일 가까운 곳에 센서가 있고 각각 디지털 리시버(Receiver)에 연결된 두 개의 날개를 갖고 있다.

신호처리 계통은 두 개의 같은 유닛(디지털 수신기)이 있어서 센서로부터의 신호를 받아들인다. 프로세서의 소프트웨어는 같은 알고리즘으로 되어있지만 두 개의 데이터수집 경로가 서로 동기화 되어있지 않기 때문에 다른 동작을 한다. 중앙 유닛은 두 개의 디지털 수신기로부터 받아들인 결과를 비교하여 메시지의 정확성을 확인한다. 하나의 신호처리 경로는 각각의 중앙 유닛과 연계되어 있다. 두 개의 중앙 유닛들은 한 개의 프로그램된(Coded) 프로세서에 연결되어 동시에 동작한다. 그중에서 한 개만이 스위치에 의해 선택되어 디스플레이를 표시하기 위한 전원을 공급한다.

안전성

차상장치와 지상장치에 있어서 항시 데이터는 수집 단계에서부터 부호화된 (Coded) 정보에 의해, 처리단계에서는 부호화되거나 복사된 정보에 의해, 출력단계에서는 재입력에 의해 검증된다. 검증은 매 사이클마다 전자화된 Fail-Safe 제어유닛 부호로부터 얻어진 암호와 주어진 데이터를 비교한다.

39 과주방지용 ATS(Automatic Train Stop)에 대하여 설명하시오.(120-10)

과주방지용 ATS

- 열차가 승강장에 진입할 때 통과사고를 방지하기 위하여 설치한 ATS로 기관사가 속도제한 초과하면 3초간 경보벨이 울리고 동작 후에도 인지하지 못하면 비상제동이 자동으로 체결되는 설비
- 승강장에서 제한속도를 초과하여 비상제동이 걸리면 과주(Over Run) 하게 된다.

40 국내에 설치된 승강장안전문(PSD)의 동작 신호방식에 따른 분류 3가지에 대하여 설명하시오.(25)

ATO(Automatic Train Operation)방식

① 전동차가 정위치에 정차하면

② ATO 제어 신호기계실에서 전동차와 승장장 안전문에 개/폐 신호 동시 송출하며, 상호 유기적으로 연동하여

③ 전동차와 승강장안전문이 동시 개/폐된다.

R/F(Radio Frequency) 제어 방식

전동차와 승강장안전문에 차상 R/F 장치와 지상 R/F 장치 설치하는 방식이다. 이는

① 전동차가 정위치에 정차하면

② 전동차 출입문이 개/폐 되고

③ 차상 R/F 장치에서 지상 R/F 장치 신호 송출하여

④ 승강장안전문이 개/폐 된다.

출입문 검지 센서(Door-Sensor)제어 방식

① 전동차가 정위치에 정차하면

② 전동차 출입문이 개방되고

③ 승강장안전문 선로측 상부에 설치된 출입문 검지센서(Door-Sensor)가 검지하면

④ 승강장안전문이 개/폐 된다.

41 국제전기전자협회(IEEE)에서 정의된 CBTC 표준요구사항인 IEEE1474-1,2,3,4에 대하여 설명하시오.(112-10)

CBTC 표준요구사항]

① 열차제어시스템은 지상자동열차보호장치, 차상자동열차보호장치, 차상자동열차운전장치, 전자연동장치 및 자동열차감시장치로 구성한다.

② 열차제어시스템은 기능별로 모듈화 또는 다중화하여 어느 한쪽 계의 고장 시에도 절체되어 정상 동작하여야 하며 하드웨어는 모듈 및 부품 단위로 호환성이 있어야 한다.

③ 한 장치의 결함 또는 고장이 다른 장치의 고장 또는 오동작을 유발하지 않아야 한다.

④ 열차제어시스템은 자기진단 기능을 보유하여야 하고, 각종 모듈 및 하부장치별로 고장 표시를 할 수 있어야 한다.

⑤ 각 모듈은 통신·알람 상태 확인 및 시험을 할 수 있는 기능과 포트를 내장하여야 한다.

⑥ 열차제어시스템은 운전계획에 의한 최소 운전시격으로 운전 시 설비의 용량 및 처리 속도가 충분한 여유가 있도록 하드웨어와 소프트웨어를 구성해야 하며, 시스템 설계 단계에서 각 시스템에 대한 하드디스크, 메모리 등도 충분한 용량을 갖도록 설계하여야 한다.

⑦ 열차제어시스템 지상설비와 차상설비간 정보송·수신내용 및 필요한 입·출력 신호를 확인하고 분석할 수 있는 기록장치를 제공하여야 하며, 기록장치의 차·지상 설치위치, 기록해야 하는 정보 및 신호, 저장용량, 분석프로그램 등을 제시하여야 한다.

42 도시철도 ATO 시스템에서 TWC를 이용한 전동차 출입문 및 승강장안전문(PSD) 제어방식에 대하여 설명하시오.(130－25)

PSD 제어방식

① TWC를 이용한 ATO(Automatic Train Operation)방식
  ㉠ 전동차가 정위치에 정차하면
  ㉡ ATO 제어 신호기계실에서 TWC를 통해 전동차와 승장장안전문에 개/폐 신호 동시 송출하며 상호 유기적으로 연동하여
  ㉢ 전동차와 승강장안전문 동시에 개/폐한다.

② R/F(Radio Frequency) 제어방식 : 전동차와 승강장안전문에 차상 R/F 장치와 지상 R/F 장치 설치하는 방식이다.
  ㉠ 전동차가 정위치에 정차하면
  ㉡ 전동차 출입문이 개/폐되고
  ㉢ 차상 R/F 장치에서 지상R/F 장치 신호 송출하여
  ㉣ 승강장안전문이 개/폐 된다.

③ 출입문 검지 센서(Door－Sensor)제어 방식
  ㉠ 전동차가 정위치에 정차하면
  ㉡ 전동차 출입문이 개방되고
  ㉢ 승강장안전문 선로측 상부에 설치된 출입문 검지 센서(Door－Sensor)가 검지하면
  ㉣ 승강장안전문 개/폐 된다.

43 KRS SG 0069-15(도시철도용 무선통신기반 열차제어시스템)에서 설명하는 열차운전모드 8가지에 대하여 설명하시오.(118－25)(134－25)

열차운전모드 8가지

① **완전자동운전모드** : 무인운전을 수행하는 것으로서 DTO에 필요한 열차간 안전간격제어, 열차가 감속제어, 장애물·운영자와의 충돌방지와 UTO에 필요한 출입문제어, 자동출발, 정위치 정차, 장치기동·정지, 열차 내 장치상태감시, 비상사태 검지·조치 등을 자동으로 처리하는 것을 의미한다.

② **자동운전모드** : 열차운전자의 출발버튼 조작만으로 자동열차보호장치에 의해 계산된 목표거리를 운전자의 조작없이 열차의 가속·정속주행·감속, 정위치 정차 등을 자동으로 처리하는 것을 의미한다.

③ **수동운전모드** : 열차제어장치는 열차운전자의 열차 가·감속 제어를 감시하며, 운전자는 열차출발, 열차출입문제어, 위험사항에 대한 대처 등에 대해서 책임을 진다.

④ **기지운전모드** : 수동운전모드와 유사하며, 열차제어장치는 운영자가 설정한 기지 내 열차운행 최고속도(25km/h) 이하로 열차속도를 감시한다.

⑤ **비상운전모드** : 열차제어시스템 차상설비가 동작하지 않는 상태에서 열차운전자가 열차이동에 대해서 책임을 진다.

⑥ **무인회차모드** : 자동운전모드에서 설정되며, 운영자의 취급 없이 자동으로 열차회차를 수행한다.

⑦ **대기모드** : 완전자동운전모드에서만 설정되는 모드로서 열차 내 주요 장치의 전원을 차단하여 열차의 전력 소모를 줄이는 것이 목적이다.

⑧ **OFF모드** : 영업운행을 종료한 열차를 안전한 구역에 정차한 후 추진장치의 전원을 차단하고 다른 장치의 전원은 공급되는 상태이다.

44 도시철도용 무선통신기반 열차제어시스템의 지상설비와 차상설비 간 연계동작시험의 종류 및 목적에 대하여 설명하시오.(129－25)

연계동작시험의 종류 및 목적

① **지상설비 운행시험** : 이 시험은 열차제어시스템 지상설비의 동작상태가 적합한지 확인하는 것을 목적으로 한다.

㉠ 연동기능 확인시험
㉡ 열차보호기능 확인시험
㉢ 통신기능 확인시험

② **자동열차감시장치 운행시험** : 이 시험은 자동열차감시장치의 동작상태가 적합한지 확인하는 것을 목적으로 한다.

㉠ 자동열차감시장치 상태 확인시험
㉡ 자동열차감시장치 동작 확인시험

③ **무선통신 동작시험** : 이 시험은 무선통신장치의 동작상태가 적합한지 확인하는 것이 목적이다.

㉠ 무선통신 지속성 시험
㉡ 무선통신망 이중화 동작 확인시험

45 **무인운전 시스템에서 차상 ATO(Automatic Train Operation) 장치의 미주 및 과주에 대한 인칭제어 기능과 시퀀스(Sequence)에 대하여 설명하시오.**(126-25)

¤「한국철도표준규격 KRS SG 0069-15(도시철도용 무선통신기반 열차제어시스템)」의 자동열차운전장치 기능에서 정의된 열차 기상(Awake)/휴면(Sleep), 인칭(Inching)제어에 대하여 설명하시오.

✧ 무인운행을 위한 관제시스템 중 자동열차감시장치(ATS : Automatic Train Supervision)에서 차상신호장치를 이용하여 무인으로 열차를 기동(Awake) 및 정지(Sleep)시키는 방법에 대하여 설명하시오.

¤ 관제시스템의 자동열차감시장치(ATS : Automatic Train Supervision)에서 차상신호장치를 이용하여 무인으로 열차를 기동(Awake) 및 중지(Sleep)시키는 기능에 대하여 설명하시오

인칭제어 기능

차상자동열차운전장치가 자동인칭에 실패한 후, 자동열차감시장치에 자동인칭 실패를 알렸을 때 자동열차감시장치가 해당 차상자동열차운전장치에 원격 인칭(관제사에 의해 원격 자동/수동 인칭선택)을 명령하는 메시지이다.

인칭제어 시퀀스(Sequence)

① 자동인칭

㉠ 선로에 설치된 위치검지용 지상자에서 수신한 지점 신호와 열차속도 및 정지 목표점까지의 거리 등을 평가하여 정위치에 정지하도록 추진 및 제동장치에 역행 및 제동지령을 출력하며, 목표제어 정도는 정위치 정지점 기준을 목표치로 한다.

㉡ 정위치정차에 실패(미주, 과주)하였을 경우, 운전자의 개입 없이 자동으로 열차를 정위치 정지점에 정차하도록 재시도하는 기능이다.

② 수동인칭 : 자동인칭 실패 시 자동열차감시장치 운영자의 지령에 따라 인칭 동작을 수행하는 기능이다.

기동방법(Awake)

① 완전자동운전(UTO) 시스템에서 차량운행은 시스템에 의한 자동화를 의미하므로 기관사가 열차를 기동하는 역할을 시스템으로 자동 처리해야 한다.

② 차량기지 유치선이나 본선 주박역에 대기하는 열차는 영업운행 개시 전에 관제사에 의한 열차 기동절차를 갖게 된다.

③ 해당 편성번호를 지정하고 기동(Wake-Up) 코멘드를 전송하면 차량은 차량 기동전원을 투입하고(팬터그래프 투입) 자체적으로 정적진단테스트를 진행하고 진단종료 결과를 관제에 전송하고 진로개통에 따라 출발하게 된다.

정지(Sleep)방법

① 영업종료 후에는 스케줄에 따라 차량기지 유치선이나 트랜스존 또는 본선 주박역으로 이동하여 관제사의 코멘드에 따라 대기모드(Sleep−Mode)로 전환하는 절차를 거치게 된다.

② 대기모드로 전환하면 그 결과를 관제시스템에 피드백하고 차상신호장치의 전력소모 최소화를 위해 단일계만 배터리 전원으로 차량위치정보를 지속적으로 지상과 관제시스템에 전송하게 된다.

정지 명령

자동열차감시장치가 열차의 Sleep을 위하여 차상자동열차운전장치로 보내는 열차 정지 명령이다

46 무인운전(Manless Operation)시스템에서 차상 ATP의 동적 프로파일 생성 및 프로파일의 종류 5가지에 대하여 설명하시오.(117−25)(124−25)(126−25)(129−25)

¤ 무선을 이용한 무인운전시스템에서 차상 ATP(Automatic Train Protection)의 동적 프로파일 생성 원리 및 생성되는 프로파일의 종류 5가지에 대하여 설명하시오.

¤ 무인운전 신호시스템에서 차상 ATP(Automatic Train Protection)의 동적 속도 프로파일 생성 방법 및 생성되는 프로파일의 종류에 대하여 설명하시오.

ATP 속도 프로파일 생성 절차

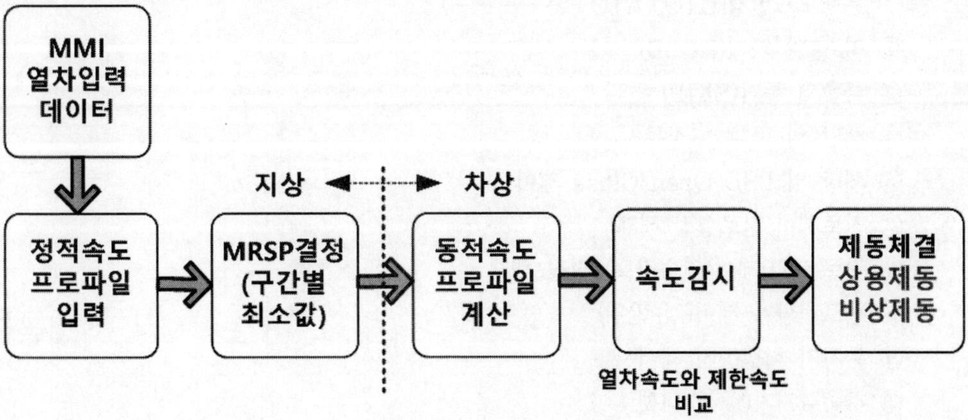

동적 프로파일 생성 종류

① 비상제동 제한값 : MRSP + 비상 제동 임계치 값

② 상용제동 제한값 : MRSP + 상용 제동 임계치 값

③ 경고 제한값 : MRSP + 경고속도 임계치 값

④ MRSP 제한값 : 열차 위치 기준으로 선로 제한속도, 열차 최대속도, 임시 제한 속도 값 중 가장 최소값

⑤ 허용 제한값 : MRSP + 허용속도 임계치 값

MRSP(Most Restrictive Speed Profile 최대제한속도 프로파일) 생성

① ATP는 지상에서 열차운행제어에 필요한 이동권한(MA)과 함께 정적속도프로파일(MRSP)을 생성하여 실시간으로 열차에 전송한다.

② ATP 에서는 IEEE 1474.3의 정의에 따라 MRSP를 지상에서 생성하여 차상으로 전송하고 차상에서 수신한 MRSP와 선로데이터 및 열차정보를 이용하여 목표지점까지의 동적속도프로파일을 생성한다.

47 무인운전(UTO) 방식을 도입함에 따라 필요한 철도교통관제시스템의 열차 및 역·현장 설비 제어 기능에 대하여 설명하시오.(130－25)

무인운전(UTO) 관제장치의 역/ 열차제어기능(관제사에 의한 역/현장설비 제어 기능)

① 운행모드변경(UTO, ATO－－－－－－)

② 역 출발 억제(HOLD)

③ 다음역 통과(SKIP)

④ 해당 역 PSD 고장무시

⑤ 해당 역 PSD Open/Close 제어

⑥ 진로제어(진로설정/해제)

⑦ 진로 TTB제어(연속진로) 설정/해제

⑧ 선로전환기 제어(정/반위)

⑨ 분기기 히팅장치 제어

⑩ 차축검지기(ACE)리셋

⑪ 구간 비상 정지(해당 존 CESB)

⑫ 블록제어(해당블록 임시속도/진입금지)

⑬ 블록별 구분진로 비상해정

48 무인운전시스템(UTO(GOA4) : Unattended Train Operation)에서 ATP, ATO, ATS의 주요 기능 및 특징에 대하여 설명하시오.(117－25)

ATP 기능

차상 자동열차보호장치는 열차 위치 및 속도 결정, 구름방지, 영속도 측정, 과속검지, 속도제한 등의 자동열차보호 기능을 수행하여야 한다.

① **장치 기동 및 시험** : 전원을 인가하는 동안 또는 열차제어시스템의 제어영역에 진입하기 전에 바이털 장비에 대해 필요한 모든 시험을 시행하는 기능이다.

② **운행종료** : 열차가 영업서비스 종료 후에 운영요원의 조치에 의해 안전한 위치에서 차상에 설치된 차상 자동열차보호장치를 종료(전원차단)시키는 것으로 열차위치정보를 전송하지 않는다. 열차가 운행을 종료한 후 안전한 주박위치에 열차를 장시간 정차는 sleep모드로 전환하는 경우, 다른 장치의 전원은 모두 차단되지만 차상 자동열차보호장치는 전원을 계속 공급하여 열차위치정보를 전송하여야 한다.

③ **열차운전모드 변경** : 열차의 운전 모드를 관리하는 기능이다.

④ **열차운전방향 변경 연동**

㉠ 열차제어장치의 제어구역에서 열차의 이동방향을 변경하기 위한 조건과 과정을 규정하는 것이다.

㉡ 요청된 열차 이동방향을 할당하는 기능이다.

⑤ **역출발 승인(안전조건)** : 안전한 역 출발을 위해 필요한 모든 필요조건을 확인하는 기능이다.

⑥ **역출발 승인(운전조건)** : 역 출발을 인가하기 위해 작동상의 제약사항으로 인해 필요한 모든 필요조건을 확인하는 기능이다.

⑦ **역출발 명령** : 요구된 운영 및 안전조건이 충족될 때 열차에게 역 출발 명령을 하는 기능이다.

⑧ **역간에 정차한 열차의 출발 승인** : 정상상태에서 역간에 열차가 정차하였을 때 차량의 기능을 점검 후 차상자동열차운전장치에 출발을 명령하는 기능이다.

⑨ **열차위치 초기화** : 다음과 같은 열차를 보고하는 위치를 초기화하는 기능이다.

㉠ 주박위치에서 정차하고 있는 열차,

㉡ 열차제어장치 제어영역으로 진입하는 열차

㉢ 열차위치검지 실패 후 다시 복구 중인 열차

⑩ **열차 길이 결정** : 열차에서 입력받은 열차길이를 관리하는 기능으로 고정데이터이다.

⑪ **열차위치 계산** : 일단 열차위치가 초기화되면, 열차의 물리적 방위 및 선로의 정의된 방위와 관련된 위치의 불확실성을 결정하는 기능이다.

⑫ **열차분리(끊어짐) 검지(Train integrity)** : 열차무결성(열차의 끊어짐)을 감시하는 것으로서, 열차에 장치된 열차무결성장치는 무결성정보를 검지하면 차상자동열차보호장치에게 보고하는 기능이다.

⑬ **목표지점 결정** : 설정된 열차이동권한한계에 기반하여 열차가 정지해야 할 목표지점을 설정하는 기능이다.

⑭ **동적속도프로파일** : 지상자동열차보호장치로부터 수신한 MRSP와 선로데이터 및 열차정보를 이용하여 목표지점까지의 동적속도프로파일을 생성하는 기능이다.

⑮ **열차허용 속도 결정** : 열차의 현재 위치에서 인가된 허용속도를 결정하는 기능이다.

⑯ **열차속도 결정** : 실제 열차속도를 결정하는 것으로 불확실성을 포함한다.

⑰ **영속도 상태 결정** : 열차 영속도를 결정하는 기능이다.

⑱ **열차주행방향 결정** : 열차의 이동방향을 결정하는 기능이다.

⑲ **열차속도 감시** : 동적속도프로파일의 열차제한속도와 실제 열차속도를 비교하여 열차의 과속상태를 감시하는 기능이다.

⑳ **열차 구름 보호 및 역방향 이동 방향 감시** : 열차가 롤백의 경우를 감시하는 기능이다.

㉑ **이동권한 미갱신 대응** : 미리 정의된 시간 내에 열차이동권한을 수신하지 못하면 열차이동의 안전성을 위해서 상용 만제동을 인가하여 열차를 정차시켜야 한다. 열차가 정차하는 동안에 새로운 이동권한을 수신하면 인가된 제동을 해제한다.

㉒ **비상제동 해제** : 일단 열차가 정차하면 원격으로 비상제동 적용을 해제하는 기능이다. 이는 시스템이 시작한 비상제동은 물론 직원 조치에 따른 비상제동도 해제하는 것을 포함한다.

㉓ **열차출입문 개방 연동** : 열차가 해당역에 진입하도록 허가받을 때, 안전한 승객 이동을 보장하는 데 필요한 모든 상태를 고려하여 열차출입문 개방을 허가하는 기능이다.

㉔ **열차출입문 개방금지** : 열차출입문을 개방할 수 없는 조건에서 열차출입문 개방명령이 있을 시 이 명령이 작용하지 않도록(disable) 하는 기능이다.

㉕ **출입문 개방연동 오버라이드(무효화)** : 고장복구 등의 목적으로 지상에서 원격명령으로 출입문 개방을 명령하면 출입문 개방조건을 만족하지 않은 상태에서 출입문을 개방하는 기능이다.

㉖ **출발연동 오버라이드(무효화)** : 고장복구 등의 목적으로 지상에서 원격명령으로 출발을 명령하면 출발조건을 만족하지 않은 상태에서 열차를 출발시키는 기능이다.

㉗ **역간에 정차 중인 열차의 출입문 상태정보 상실 대응** : 열차가 제공한 출입문 닫힘(또는/및 쇄정)상태를 감시하고 열차를 정차시키는 기능이다.

㉘ **열차 정위치정차위치 정차 확인** : 정위치 정차 여부를 판별하기 위한 기능으로 열차는 정차지점의 허용한계 내에 하여야 한다.

㉙ **검지 된 차내장치 장애 대응** : 운행에 영향을 미치는 열차장비 고장에 반응하는 것이다.

㉚ **화재/연기 검지 대응** : 화재 또는 연기 발생을 자동열차감시장치에 보고하고 열차를 다음 역 또는 선택적으로 다음 대피 지점에 정차하기 위해 차내 화재/연기 검지기를 감시하는 기능이다.

㉛ **비상제동명령 대응** : 지상자동열차보호장치로부터 비상제동 및 비상제동해제 명령을 수신하여 적용하고, 비상제동 관련 상태정보를 지상자동열차보호장치로 전송하는 기능이다.

㉜ **데이터 입력 및 현시** : MMI를 이용하여 운전대에서 운영자가 취급한 정보를 입력받거나, 차상자동열차보호장치가 수행한 상태정보를 MMI를 이용하여 운영자에게 표시하는 기능이다.

ATO 기능

차상자동열차운전장치는 열차 Awake/Sleep, ATO 프로파일 결정, 인칭제어, 열차속도 조절, 출입문 제어 및 차내(장치) 현시 데이터 인터페이스를 수행하여야 한다.

① **열차 기동(Awake)** : 안전한 위치에 정차하고 있는 열차가 영업운전에 들어가기 전에 자동열차감시장치의 원격 조치로 열차의 장비에 동력을 공급하고 운전대를 기동하는 기능이다.

② **열차 정지(Sleep)** : 열차가 영업운행을 마친 후 안전한 지역에 정차하고 있으면 자동열차감시장치의 원격 조치로 열차를 슬립모드로 대기시키는 기능이다.

③ ATO 프로파일 결정

㉠ 다음 요소를 고려하여 자동운전을 위한 속도프로파일을 결정하는 기능이다.

- 정차 지점(목표지점)
- 운전모드
- 제동성능(속도 및 반응시간)
- 저크 제한
- 열차시격조정 및 운전 전략
- 철도차량 반응시간을 포함한 시스템 반응시간

㉡ ATO 프로파일 작성 시에는 열차 길이, 열차 유형에 따른 최대안전속도 등의 모든 관련 열차의 특성과 구배, 레일점착 등의 궤도특성을 고려하여야 한다.

㉢ 속도제어 알고리즘을 설계할 경우, 저크는 최소로 유지되어야 하며, 속도조정, 시격조정, 신호 점검 혹은 역 정지로 인한 모든 제동 요구사양을 고려하여 저크를 설정하여야 한다.

④ 자동인칭

㉠ 선로에 설치된 위치검지용 지상자에서 수신한 지점 신호와 열차속도 및 정지 목표점까지의 거리 등을 평가하여 정위치에 정지하도록 추진 및 제동장치에 역행 및 제동지령을 출력하며, 목표제어 정도는 정위치 정지점 기준을 목표치로 한다.

㉡ 정위치정차에 실패(미주, 과주)하였을 경우, 운전자의 개입 없이 자동으로 열차를 정위치 정지점에 정차하도록 재시도하는 기능이다.

⑤ **수동인칭** : 자동인칭 실패 시 자동열차감시장치 운영자의 지령에 따라 인칭동작을 수행하는 기능이다.

⑥ **열차속도 조절** : 열차의 현재 속도와 열차운행프로파일을 비교하여 추진 및 제동 신호를 송출하는 기능이다.

⑦ **출입문 열림 명령** : 출입문 열림 조건이 충족될 때 열차 출입문과 승강장 스크린도어(설치된 경우)에 출입문 열림을 명령하는 것이다.

⑧ **출입문 닫음 명령** : 역에서 열차 출입문과 승강장 스크린도어(설치된 경우) 닫음을 명령(요청)하는 것이다.

ATS 기능

① 열차 시각표의 생성과 실시간 편집을 위한 설비를 제공해야 한다.
② 미리 설정된 열차 시각표에 따라 본선과 차량기지에 있는 열차이동 제어 및 감시하여야 한다.
③ 자동진로설정 기능을 제공해야 하며, 다음의 경우에 진로제어 명령을 내려야 한다.
   ㉠ 선로 비점유 구간으로 열차의 운행에 영향을 주지 않을 경우
   ㉡ 진로제어 명령에 영향을 줄 수 있는 부적절한 진로가 없을 때
④ 자동열차감시장치 운영자가 다음의 열차조정제어를 수행할 수 있도록 해야 한다.
   ㉠ 시각표 조사
   ㉡ 열차 출발모드의 선택
   ㉢ 열차출발 조정
⑤ 자동열차조정기능을 수행하기 위해서 차상자동열차운전장치로 필요한 속도제어정보를 자동으로 전송할 수 있어야 한다.
⑥ 다음은 열차가 역에서 출발하지 못하게 하여야 한다.
   ㉠ 열차가 역에 진입하여 정차하기 위해서 감속 중인 경우
   ㉡ 선로를 부분적으로 운행할 경우
   ㉢ 견인력이 손실된 경우
⑦ 자동열차감시장치의 자동기능에 장애가 발생하면 운영자가 진로 제어, 시발역에서의 열차출발, 열차 보류 제어, 승객 정보 등을 수동으로 처리할 수 있어야 한다.
⑧ 운영자는 비상시 승강장 스크린 도어를 수동으로 조작할 수 있어야 한다.
⑨ 차상자동열차운전기능이 자동인칭에 실패한 후, 운영자는 해당 열차에 대한 원격 인칭 제어가 가능하여야 한다.
⑩ 차상장치에 의한 출입문 자동 열림/닫힘과는 별도로, 운영자에 의한 해당 차내장치에 대한 원격 출입문 제어가 가능하여야 한다.
⑪ 대기모드 상태의 열차기동을 위한 Awake제어와 열차의 대기모드 전환을 위한 Sleep제어가 가능하여야 한다.
⑫ 운영자가 고장 상황을 빨리 인식할 수 있도록 열차제어장치, 열차 및 기타 시스템의 상태를 감시하고 운영자에게 현시하여야 한다.
⑬ 운영자의 개입이 필요한 열차제어장치 고장 및 허용범위를 초과하는 현상 등의 정보가 전송되면 이를 진단한 정보를 현시하여야 하며, 관련된 정보는 최소한 다음 사항을 포함하여야 한다.
   ㉠ 지상 및 차내장치의 고장
   ㉡ 확인되지 않은 열차가 제어영역으로 진입
   ㉢ 열차이동권한 위반
   ㉣ 데이터 통신채널 손실
   ㉤ 야간 작업지원(모터카 운행) 등

⑭ 열차이동 및 승강장과 열차에 있는 승객안전이 관련된 사항에 대하여 운영자가 적절한 조처를 할 수 있도록 하여야 한다.

⑮ 실시간 제어, 열차가속, 열차타행 및 열차제동의 협조를 통하여 전력에너지 최적화를 지원하여야 한다.

⑯ 열차위치정보를 토대로 한 열차도착정보 등을 정차장 및 열차에 설치된 승객안내장치가 이용할 수 있도록 인터페이스를 제공하여야 한다.

⑰ 열차에 탑승하여 열차운전을 관리할 운영자를 확인 후 열차운행을 할 수 있도록 승인하여야 한다.

49 무인운행을 위한 관제시스템의 자동열차감시장치(ATS : Automatic Train Supervision)의 시스템 운영모드 3가지 및 운영방법에 대하여 설명하시오.(126-25)

운영모드 3가지

① 정상운영모드(Full Auto Mode) : 정상운영모드에서는 어떠한 이벤트(고장, 사고 등)가 발생했을 때 그 정도가 미미해 지속 운행이 가능하거나, 해당 이벤트가 차량 시스템의 고장일 경우 중앙관제센터의 원격제어 또는 열차 내 운영자를 통해 복구 후 정상 운행을 지속할 수 있는 운영상태.

② 수동운영모드 : 수동운영모드에서는 발생한 고장의 복구가 불가할 경우 해당 고장에 대한 승객 안전성 확보를 우선 판단한다. 승객 안전에 직접 영향을 미치지 않는 고장일 경우에는 중앙관제센터의 지시에 따라 빠른 고장 조치 후 제한적으로 열차를 운행한다. 발생한 고장이 차량 시스템의 고장일 경우 기본적으로 종착역까지의 운행을 권장하지만, 그 고장이 승객 편의성에 미치는 영향 등을 종합적으로 판단해 일정 역까지 연장 운행 후 대기 차량과 교체할 수 있다.

③ 비상운영모드 : 비상운영모드는 발생한 고장이 승객 안전에 직접적인 영향을 주는 경우로서, 차량 시스템 고장은 승객하차 후 기지 환송을 전제로 하며 해당 고장의 정도에 따라서 즉시 승객하차 또는 다음 역 하차로 구분한다. 승객하차 후 자력으로 기지 환송이 불가능할 경우 구원 운전 절차에 따른다.

50 무인으로 운전하는 도시철도의 신호장치(ATO)와 승강장안전문(PSD)간의 인터페이스 현황 및 개선방안에 관하여 기술하시오.(25)

서론

도시철도에서 승강장안전문의 장애는 승객 민원과 열차지연에 상당한 영향을 미친다. 수동운전 환경에서 신호장치와 승강장안전문 간 인터페이스는 열차출입문과의 정확한 연동에 초점을 맞추어 구현되었다. 승강장안전문에 이례 사항이 발생할 경우, 기관사에 의해 상황판단과 조치에 따라 운행지연을 최소화할 수 있다. 그러나 무인운전 환경에서 승강장안전문의 장애는 현장에서 즉시 대처할 수 없어 열차지연 발생 확률이 높다.

무인운전환경에서 열차지연을 최소화하기 위해서는 관련 정보가 종합관제에 전달되어 관제사의 초동 조치가 가능하도록 시스템이 구축되어야 한다.

본론

① **승강장안전문 시스템 구성** : 각 역사에 설치된 PSD제어기는 신호장치와 인터페이스 되어 출입문 상태를 감시하고 제어한다. 승강장안전문 시스템의 구성은 다음 그림과 같다.

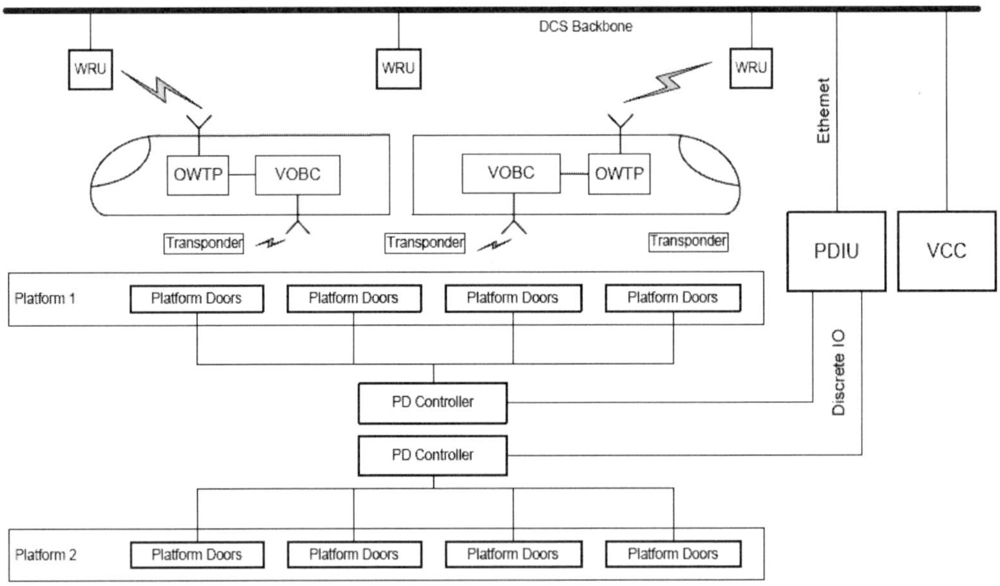

[그림] 승강장안전문 시스템의 구성도

② **승강장출입문 인터페이스 항목** : 신호장치와 PSD제어기는 실선으로 연결되며, 신호장치에서 PSD제어기로 전달되는 신호는 출입문 열림 명령 또는 닫힘 명령이 전달된다.

출입문 열림 명령은 해당 노선에서 운행되는 열차 종류에 따라 명령이 필요하다. 즉 6량, 8량, 10량 등을 운행 편성에 따른 열림 명령이 별도로 전달된다.

PSD제어기에서 신호장치로 보고되는 정보는 크게 3가지로 도어 닫힘&쇄정, 도어열림 및 로컬제어 정보이다. 이렇게 한 개의 실선으로 전체 도어의 상태를 전달하는 방법은 다음과 같은 문제를 발생시킨다.

- 먼저 한 개의 문이 열리지 않은 경우, 신호장치는 이를 알 수 없어 승객 승하차가 불가능한 문이 발생하며, 관제에서 문제를 파악할 수 없다.
- 또한, PSD 고장을 도어 열림 정보로 전달하여 전체 도어가 닫힘(쇄정) 상태에서 고장이 발생하면 열차가 승강장으로 진입할 수 없거나, 운행 중인 열차가 정지하는 상황이 발생한다.

③ **승강장안전문 감시 시스템** : 승강장안전문의 고장에 대응하기 위해 최근 종합관제에는 승강장안전문 모니터링 시스템이 설치되고 있다. 감시 시스템은 PSD 제어기를 통해 도어상태 정보를 받고 화면에 표출하여, 장애 발생 시 알람 등을 통해 관제사가 장애 개소를 신속히 파악할 수 있도록 한다. 이러한 시스템은 무인으로 운영되는 노선에서 필요하다. 그러나 감시 시스템은 별도의 시스템과 통신망 구축이 필요하다.

④ **인터페이스 및 기능 개선방안** : 무인운전 환경에서 승강장안전문 운영에 있어 최상의 방법은 도어를 개별 제어하는 것이다. 그러나 출입문의 수가 많은 중량전철에서 개별 제어를 적용하는 것은 큰 비용이 소요되며 현실적이지 않다. 따라서 다음과 같은 방안의 적용이 필요하다.

- PSD 제어기에서 신호장치로 전달하는 열림 정보와 고장정보를 분리해야 한다.
  정보가 분리되면 전체 도어가 닫힌 상태에서 고장이 발생하더라도 열차의 진입을 허용할 수 있다.
- 또한, 도어열림 정보는 도어열림, 전체 도어열림, 비상도어열림 정보 등으로 세분화가 필요하다.
  전체 도어열림정보는 전체 도어가 열리지 않는 상태를 신호시스템 및 관제사가 인지할 수 있도록 할 수 있고 신호시스템은 이럴 때 열차의 출발을 억제해 승객이 승하차하지 못하는 상황을 방지할 수 있다.
- 마지막으로, 별도로 구축된 감시 시스템의 기능을 운영자콘솔 및 대형표시반에 반영하여 집중적인 관제 업무가 가능하도록 개선이 필요하다.
  이러한 기능개선을 위해서는 PSD 제어기와 신호장치 간 데이터 통신 등의 인터페이스를 추가하여 전달하면 효율적으로 구현이 가능할 것으로 판단된다.

결론

국내 모든 노선에 좀 더 향상된 기능과 인터페이스를 적용하기 위해서는 승강장안전문 관련 인터페이스 사양과 기능에 대한 표준화 및 규격화가 필요하다.

51 철도 자동화운전레벨(GOA : Grade of Automation)을 설명하고, GOA4의 일반적 안전 요구사항에 대하여 설명하시오.(124-10)(124-25)

철도 자동화운전레벨

GoA 0 - 완전수동 유인운전(TOS), 현장 가동, 자동화 없음

GoA 1 - 비자동 유인운전(NTO), 수동, 기관사가 모든 열차 운행을 제어한다.

GoA 2 - 반자동 작동(STO), 시동 및 정지가 자동화되어 있지만, 운전실에 앉은 운전자가 출입문을 조작하고 비상 시 운전한다.

GoA 3 - 무인 열차 운행(DTO), 출발 및 정지가 자동화되어 있지만, 승무원이 열차 내에서 출입문을 조작한다.

GoA 4 - 무인 열차 운행(UTO), 출발, 정지 및 출입문이 모두 자동화되어 승무원이 탑승할 필요가 없다.

안전 요구사항

[IEC-62267 AUGT 안전요구사항]

차상 설비	지상 설비
• 탈선검지장치 • 비상제동 요청장치 • 지장물검지장치 • 화재/연기검지장치 • 운전모드 스위치 검지장치 • 자동분리/결합검지장치 • 승강장 틈새 검지장치 • 승강장 틈새 감시장치 • 열차상태 감시 및 시험장치	• 침입자 감시장치 • 승강장 지장물 감시장치 • 화재/연기검지장치 • 승강장 틈새 검지장치 • PSD 틈새 검지장치 • 비정상적인 상황 검지장치(재난대비...) (돌풍, 지진, 홍수 등)

52 철도노선간 연계운영을 위한 열차제어시스템의 기술요건에 대하여 설명하시오.(124-25)

열차제어시스템의 기술요건

① 열차제어시스템의 기술요건(제18조) : 제7조의 철도시설의 필수요건 충족을 위해 고려해야 할 열차제어시스템의 기술요건은 다음 각호와 같다.

㉠ 안전성

㉡ 차상신호장치 기능

㉢ 지상신호장치 기능

㉣ 차상통신장치와 지상통신장치 간 무선통신 기능

㉤ 차상신호장치와 지상신호장치 간 무선 인터페이스

㉥ 차상신호장치 인터페이스

㉦ 지상신호장치 인터페이스

② **기술요건의 세부내용(제19조)** : 시행자 등은 열차제어시스템을 다음 각호에 맞게 설치하여야 한다.

㉠ 안전성은 안전 기능별 위험측고장률 10^{-8}/시간 미만이어야 하며 다음 각항의 표준을 충족해야 한다.

- IEC 62278, 철도적용－RAMS 사양 및 입증
- IEC 62279, 철도적용－제어 및 보호시스템에 관한 소프트웨어
- IEC 62280, 철도적용－전송시스템에서의 안전필수 통신
- IEC 62425, 철도적용－철도신호용 안전 필수 전자시스템

㉡ 차상신호장치는 다음 각 목에 대하여 ETCS SRS의 해당 사양을 충족해야 한다.

- 지상신호장치로부터 전송된 신호정보 판독
- 차량특성 정보 설정 기능
- 차량 운전모드 설정 기능. 주행거리측정 기능
- 발리스에 의한 열차 위치측정 기능
- 정적 및 동적 속도프로파일의 계산
- 동적 속도프로파일에 대한 열차보호
- 기존 신호장치(고속철도 TVM－430, 일반철도 ATS) 정보의 판독을 통한 차량의 운행 안전 확보
- 차량운전정보 표시(DMI) 기능
- 차량운행정보 기록(JRU) 기능

㉢ 지상신호장치는 다음 각 목에 대하여 ETCS SRS의 해당 사양을 충족해야 한다.

- 차상신호장치가 정상 동작할 수 있도록 신호정보 생성
- 발리스에 따른 기준 위치 및 선로정보 전송
- 기존 지상신호장치(CTC, 연동장치 등)로부터 수신한 신호정보의 처리
- 이동권한의 생성 및 전송

㉣ 열차제어시스템이 레벨2 이상이면 차상통신장치와 지상통신장치는 데이터통신 기능과 무선통신 암호관리 기능에 대해 다음 각항의 표준을 충족해야 한다.

- 한국정보통신기술협회(이하 "TTA"라 한다)의 표준 TTAK.KO06.0438(LTE 기반 철도통신시스템 구조)
- TTAK. KO－06.0437(LTE 기반 철도통신시스템 요구사항)
- TTAK.KO－06.0457(LTE 기반 철도통신시스템과 기존 철도통신 시스템(VHF, TRS－ASTRO/TETRA)과의 연동규격)

㉤ 차상신호장치와 지상신호장치 간 무선 인터페이스는 ETCS SRS의 발리스 무선 인터페이스 사양을 충족해야 한다.

ⓑ 차상신호장치는 다음 각 목에 대하여 ETCS SRS의 해당 사양을 만족하고 기존신호장치(고속철도 TVM-430, 일반철도 ATS)와 인터페이스 되어야 한다.
- 차상컴퓨터장치(KVC)와 무선통신장치 간 인터페이스
- 차상컴퓨터장치(KVC)와 차량장치(주행거리계, 제동장치 등)간 인터페이스

ⓢ 지상신호장치는 다음 각호에 대하여 ETCS SRS의 해당 사양을 만족하고 기존신호장치(연동장치, CTC)와 인터페이스 되어야 한다.
- 무선폐색센터(RBC)간의 인터페이스
- 무선폐색센터(RBC)와 무선통신장치간 인터페이스

53 철도신호 원격제어 장치(ERC-I : Electric Remote Control System-I)에 대하여 설명하시오.(132-25)

원격제어 장치

ERC-I 신호원격제어장치는 전기계전연동장치가 설치된 역의 신호기, 선로전환기 등의 신호보안장치로부터 전송된 정보를 마이크로 프로세서(Micro Processor)를 내장한 시스템을 이용하여 인접역에서 취급하고, 주재에서 실시간으로 원격감시하는 원격제어장치이다. 이 장치의 구성은 다음과 같다.

① **제어역장치** : 제어역에 설치되며 각종 제어 명령을 처리하여 피제어역의 연동장치를 동작시키며 피제어역의 표시정보를 수신받아 제어역 표시반의 표시등을 구동시켜야 한다.

② **피제어역장치** : 피제어역에 설치되어 제어역 장치로부터 제어정보를 수신하여 연동장치를 동작시키고, 표시정보를 검지(Scanning)하여 제어역 장치로 송신하여야 한다.

③ **주재감시장치** : 원격제어장치를 컴퓨터에 의하여 원격감시하며, 실시간으로 고장정보를 분석하고 종별, 시간별, 특정시각의 장치별 상태 검색 및 출력을 할 수 있어야 한다.

⑤ 본 장치는 **안전측동작**(Fail-safe)의 원칙에 의하여 설계, 제작되어야 하며 한 개 또는 여러 개의 부품 또는 모듈, 장치에 고장이 발생하거나 통신데이터, 연산오류, 소프트웨어 작성오류 등의 어떤 상황에서도 오동작 또는 열차 운행에 위험한 출력이 발생하지 않아야 한다.

⑥ 모든 장치는 기능별로 **모듈화, 2중화** 하여 어느 한쪽계의 고장 시에도 절체되어 정상 동작하여야 하며 하드웨어는 모듈 및 부품 단위로 호환성이 있어야 한다.

⑦ 한 장치의 결함 또는 고장이 다른 장치의 고장 또는 **오동작을 유발하지 않아**야 한다.

⑧ 시스템은 **자기진단**(Self-diagnostic)기능을 보유하여야 하고 각종 부위별 및 단위장치별로 고장검지 회로를 채택하여 고장 표시를 할 수 있어야 한다.

⑨ 낙뢰, 전차선 지락 등 **이상전압으로부터 장치가 보호**되도록 하여야 하며 사용된 부품 및 모듈 등은 과전압, 과전류 입력에 따른 내성, 신뢰성, 내구성이 보장되어야 한다.

54 철도신호의 열차제어시스템 종류에 대하여 설명하시오.(115－25)(124－25)

¤ 열차제어시스템의 종류에 대하여 설명하시오

열차제어시스템의 종류

열차제어시스템은 열차자동정지장치(ATS), 열차자동방호장치(ATP), 열차자동제어장치(ATC), 무선통신기반 열차제어시스템(CBTC)로 분류할 수 있다.

① **열차자동정지장치(ATS)** : 지상신호현시 방식에서 정지신호현시를 무시하고 운행하거나 현시에 따른 제한속도 이상으로 운행하면 설정시간 이내에 제동 또는 지정속도로 감속조작을 하지 않으면 자동으로 열차를 안전하게 정지시키는 장치이다. 전자의 방식을 점제어식이라 하고, 후자의 방식을 속도조사식이라 한다. 이런 열차자동정지장치는 지상에 콘덴서와 코일로 된 백색의 지상자를 사용하고 있으며, 차상장치는 지상자 위를 통과하면 공진으로 동작하게 된다.

② **열차자동방호장치(ATP)** : 열차자동방호장치는 궤도회로가 아닌 별도의 Balise 또는 루프코일을 이용하여 열차운행에 필요한 이동권한, 제한속도, 구배 등의 정보를 디지털로 지상에서 차상으로 전송하는 방식이며 Distance－to－go 기능에 의한 차내신호방식이다.

현재 운용 중인 ATP 시스템은 유럽의 ETCS Level 1을 국내에 도입한 것으로 지상장치에는 기존 신호장치와 인터페이스 되어 가변정보를 생성하는 선로변 제어유닛(LEU)과 지상정보를 차상으로 전송하는 발리스(Balise)로 구성된다. 차상장치는 바이털 컴퓨터, 입출력장치, 운전표시장치, 자료기록장치 안테나 및 정보변환 모듈 등이 있다.

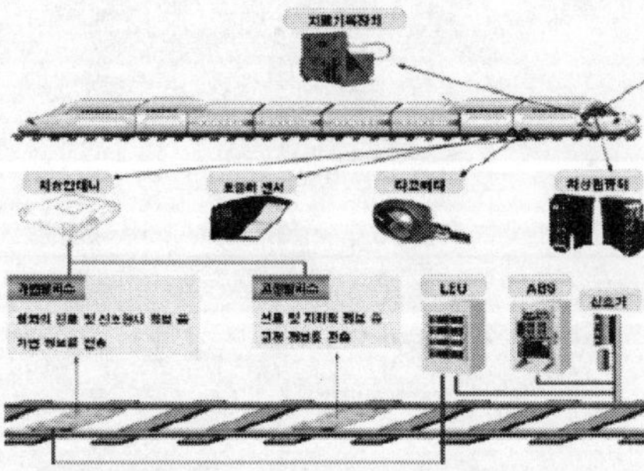

Fig. 1 Configuration of ATP(KORAIL)

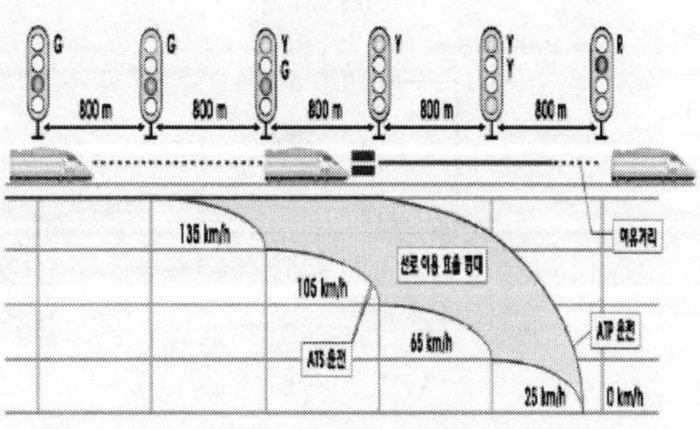

Fig. 2 －ATP Control Curve

③ **열차자동제어장치(ATC)** : 열차자동제어장치는 궤도회로 즉 레일을 통해 열차제어정보를 차상으로 전송하는 방식으로 Speed Step 방식의 ATC(S－ATC)와 Distance to go 방식의 ATC(D－ATC)로 구분된다.

S－ATC 시스템은 Fig. 3과 같이 선행열차의 위치에 따라 궤도회로 별 허용속도를 지상에서 차상으로 전송하면 차량은 수신된 허용속도 이하에서 운행하게 된다. S－ATC를 아날로그 ATC라고 하는데 이것은 허용속도 정보를 반송주파수와 속도코드에 의한 주파수변조로 정보가 가공되어 아날로그 신호가 차상으로 전송되기 때문이다.

D-ATC는 열차운행을 위한 궤도회로 별 제한속도를 전송하는 것은 S-ATC와 같으나 차량의 제동곡선 생성을 위해 이동권한(목표거리) 및 구배 등의 정보가 지상에서 차상으로 전송되며 차상컴퓨터는 이런 정보들을 반영하여 제동곡선에 반영하는 차이점이 있다.

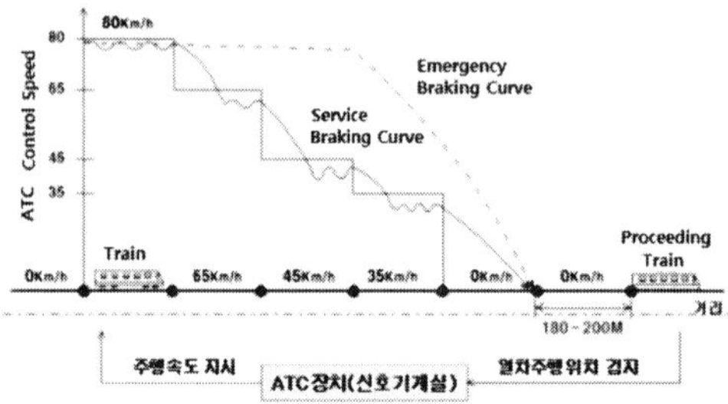

Fig. 3 S-ATC Control Curve

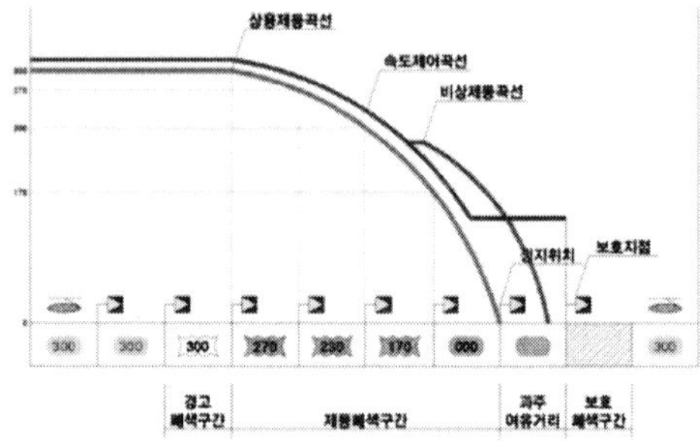

Fig. 4 D-ATC Control Curve

④ **무선통신기반 열차제어시스템(CBTC)** : CBTC는 IEEE 1474.1 규격에 따라 제작되는 열차제어시스템으로 궤도회로를 사용하지 않고 열차의 위치를 검지해야 하여 안전을 확보하며, 양방향 무선통신을 이용하여 열차의 정보를 주고받으며, 자동운전 기능을 갖는 시스템으로 정의된다. CBTC 시스템은 크게 자동열차감시장치(ATS), 지상ATP/ATO, 차상ATP/ATO로 구성된다. Fig. 5는 분당선 MBS 연구개발 사업의 CBTC 구성도이며, Fig. 6은 KRTCS(도시철도)의 시스템의 시스템 구성도이다.

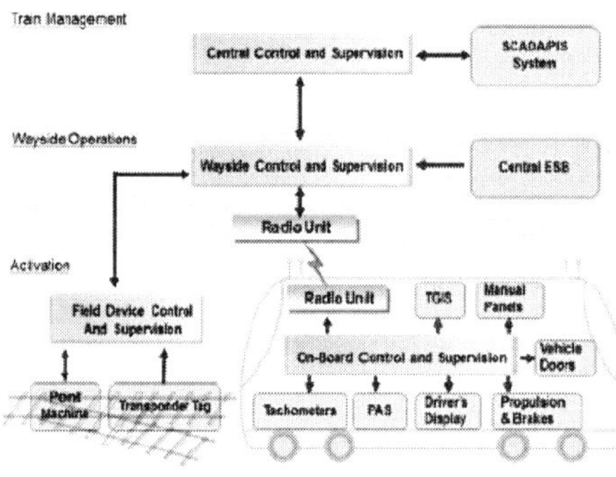

Fig. 5 CBTC system configuration

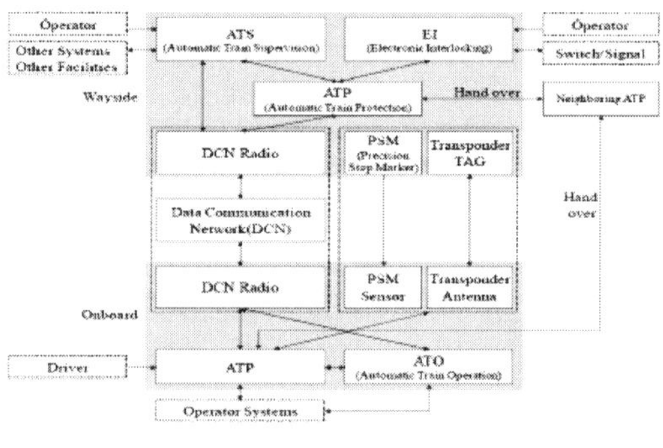

Fig. 6 Configuration of KRTCS[1]

⑤ **열차자동운전장치(ATO)** : 열차자동운전장치(ATO)는 Fig. 7에서 보듯이 열차제어시스템인 ATC 제한속도 이내에서 열차의 출발, 정속운행, 정위치 정차 등을 제어하는 장치로 열차제어시스템의 성격과 차이가 있어 분류에서 제외한다. 또한 ATO장치는 ATC, ATP 장치와 인터페이스하여 시스템을 구성할 수 있으므로 ATC/ATO, ATP/ATC와 같이 열차제어시스템에 추가사항으로 표시하는 것으로 한다.

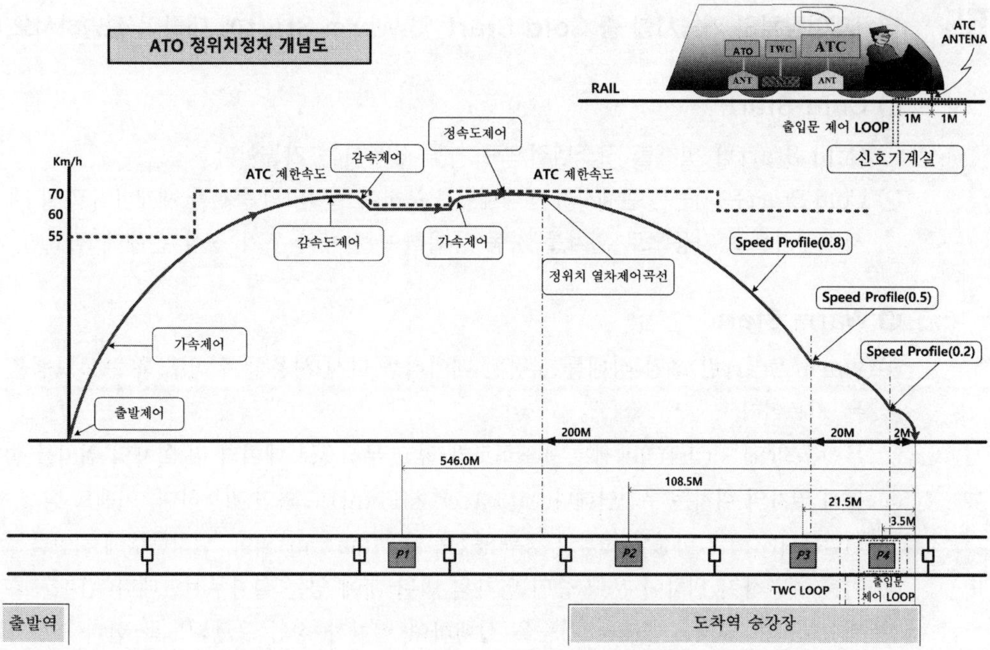

⑥ 열차자동감시 장치(ATS : Automatic Train Supervision)

㉠ 열차 상태 감시 및 열차운영패턴을 유지하기 위해 열차운행명령에 대한 적절한 통제를 실행한다.

㉡ 열차스케줄을 관리와 열차를 자동 감시

㉢ 주요 기능은 주로 실시간 열차성능감시, 경보의 오동작 기록, 진로설정, 스케줄설계, 열차 배차

- 현장의 자동장치에 의한 통제
- TTC프로그램에 의한 자동통제

㉣ ATC의 하위 시스템의 하나인 ATS는 운전 계획된 운행방식을 유지하기 위하여 열차운행지시를 적절히 제어하며 전체시스템의 상황을 감시하는 기능이 있다.

⑦ 유럽열차제어시스템(ERTMS/ETCS), KTCS

- ERTMS/ETCS는 열차제어에 있어서 서로 다른 시스템의 호환성을 구현하기 위하여 기능별 차이점은 정보를 무선장치와 발리스를 통해 수신하는 방법과 데이터의 양을 표준화하는 방법이다.
- ERTMS/ETCS는 1, 2, 3의 3가지의 다른 기능 레벨이 있으며 각각의 주요 차이는 정보를 수신하는 방법(무선 또는 발리스)과 수신되는 데이터의 양이다.
- 그중 레벨과 관계없이 같은 기본적인 기능이 제공되는 것은 이동권한의 부여, 열차위치 검지 및 속도 감시 부분이다.

55 열차제어장치의 기능시험 중 Cold Start 및 Warm Start에 대하여 설명하시오.(124-10)

Cold Start

① Cold Start란 열차를 시스템적으로 자동 등록하는 기능이다.
② Cold Start는 기능은 관제사가 명령제어를 통하여 열차와의 통신을 재개하려고 할 때 사용한다.
③ 시스템적으로 자동으로 열차를 자동 등록하여 열차의 조기 정상 운행에 필요한 기능이다.

Warm Start

① Warm Start란 초기 상태를 설정된 데이터를 다시 사용할 수 있도록 프로그램을 재실행하는 기능이다.
② 무인운전(RF-CBTC)에서는 궤도회로가 없고 무선으로 데이터 및 열차의 위치를 송수신한다.
③ 특히 열차의 위치는 무선안테나(AP : Access Point)로 확인 가능하며, 이벤트 발생 시 특정 무선안테나(AP)가 비정상 동작일 경우 통신두절(Time Out)되어, 열차운행에 지장을 줄 수 있다.
④ 이를 예방하기 위하여 운행 중인 열차의 범위 내에 있는 열차무선안테나(AP)를 초기 상태로 재실행하는 Warm Start 기능을 실행하여 열차가 정상 운행되도록 한다.

56 열차의 무인운전 모드에서 자동출입문 제어의 안전설계 개념에 대하여 설명하시오.(123-10)

차량 출입문 제어

최소한 다음의 조건들이 충족되었을 때 지상신호장치와의 인터페이스를 통해 차량의 출입문이 개방되어야 한다.

① 열차 지정된 허용치 내에서 정차위치에 적절하게 정차하고 있음
② 열차의 출입문 개방 위치는 지정된 정차위치가 있음
③ 차량에 의해 제로속도(Zero Speed) 검지됨
④ 승강장에 승하차용 출입문이 설치되었으면 승객용 출입문은 승강장 승하차용 출입문과 상호 연계하여 작동되어야 한다.

무인운전 조건

① 무인운전의 경우 다음 각호의 기준에 적합하여야 한다.
  ㉠ 승객과 관제실 간에 통신장치를 구축할 것
  ㉡ 열차운행 중에 제동장치의 성능을 주기적으로 감시할 수 있도록 종합제어장치와 신호장치가 상호작용할 것
  ㉢ 열차의 출입문이 열린 상태에서는 열차가 출발하지 아니하도록 할 것

② 관제실에는 무인운전의 안전확보를 위하여 운행 중인 모든 차량을 감시할 수 있는 장치를 설치하여야 한다.

무인운전에서 출입문제어 명령

무인운전시스템(Driverless(DL) Mode)에서 출입문 제어 명령은 신호시스템인 VOBC에서 출력되고, 유인운전시스템(AUTO, ATPM 모드 등)에서는 TCMS에서 열림 조건을 출력, 승무원에 의해 최종 개폐.

무인운전 안전 설계개념

① 출입문 장애물 검지 재개폐회수를 5회 이상 필요
② 모터검지 방식과 쎈서 검지방식을 병용하여 검지시간 단축

57 차상 중심의 열차 자율주행에 대하여 설명하시오.(25)

개요

① 열차 중심 지율주행 차량은 열차 상호간 무선통신에 의해 정보를 교환하고 열차 스스로 안전거리를 반영한 운전곡선에 따라 운행하는 기술.
② 열차 스스로 선, 후행 열차 간의 간격제어와 선로전환기를 제어하며 운행하는 기술
③ 열차조성 및 분리 (두 대의 열차를 한 대의 열차처럼 가상 연결) 운행하는 기술
④ 연동장치의 개입 없이 지능화된 열차제어로 지역마다 설치되는 연동장치가 필요 없어 시스템이 단순화되고 운전관리, 유지보수 비용이 적게 드는 신뢰성 있는 열차제어기술.

열차 자율주행시스템의 구성

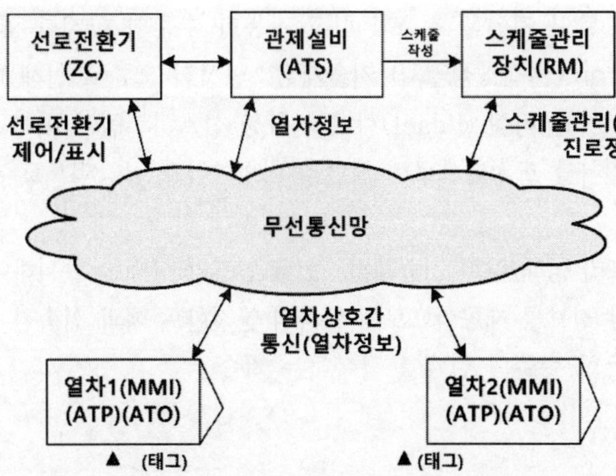

* MMI(Main Machine Interface) : 기관사 인터페이스 장치

① 지상장치

㉠ 선로전환기(정보 송수신기 통신안테나 포함)

㉡ 태그

② 차상장치

- **차상컴퓨터 (ATP(자동열차방호). ATO(자동열차운전))**
  - ATP 장치는 열차의 안전한 간격제어와 분기제어, 안전한 출발제어, 비상상황에 대한 대응 등 승객의 안전과 관련된 안전기능을 담당한다.
  - ATO 장치는 ATP제어 하에 열차의 자동운전과 정위치 정차, 출입문제어와 같은 비안전 기능을 담당한다.
- **태그리더기** : 지상에 설치된 태그의 인식장치
  (자율주행 구역을 벗어나 운행할 때 연계 신호장치로 절체를 위한 예비 실행 전환)
- **타코메타, 속도센서 등** : 차량의 실제 운행속도 검출을 위한 설비

무선통신장치

- 기지국
- 안테나

관제설비

- ATS(Automatic Traffic Supervision) 장치 (열차 감시 설비)
- 스케즐 작성 관리장치

자율주행열차의 해결해야 할 과제

① 열차관제기술

㉠ **열차 간 합의 기반 경합 인지 및 해소 방안 기술** : 지능화된 열차 간 합의를 바탕으로 실시간 지연을 공유함으로써 경합상황을 예측하고 이를 해소하기 위해 스스로 경로 및 스케즐을 조정함으로써 지연을 최소화 하고 자동화 수준의 한계를 극복하는 기술

㉡ **Drone-Train(원격조정열차) 기술개발** : 일시적 오류로 인해 비상제동 체결 시 원격의 관제에서 열차를 리셋 (Reset)하거나 차상 신호시스템이 회복 불가능한 경우 관제에서 원격으로 열차를 조정함으로써 지연을 최소화하고 궁극적으로 자동화 범위 한계를 극복하는 기술

㉢ **실시간 인프라 상태 감시 기술개발** : 선로 인프라 상태를 감시하여 주행 중인 열차에 실시간으로 해당 정보를 제공함으로써 열차의 안전한 주행과 신속한 판단을 통해 지연을 최소화하고 자동화 수준의 한계를 극복하는 기술

㉣ **자율주행 철도관제 기술개발** : 변화된 패러다임의 열차 중심의 관제기술을 비롯하여 열차 중심의 열차제어기술, 열차 중심의 편성제어기술을 지원할 수 있는 열차감시, 스케줄 생성, 운영자 개입 및 제어 등의 새로운 관제기술

② **열차 중심 열차제어기술**

㉠ **열차중심의 간격 및 분기제어 기술개발** : 기존 연동장치(IXL)의 연동논리를 단순화 하여 선로변 지역제어기에 통합하고 이를 열차가 수행함으로써 제어성능의 한계를 극복하는 기술

㉡ **T2T(Train－to－Train), T2I(Train to Infrastrure)통신 및 통신보안기술** : 지능화된 열차간 합의를 위한 열차 대 열차 간 통신(T2T), 열차가 선로변설비제어에 필요한 열차 대 선로변 설비간 통신(T2I)를 지원하는 통신 및 통신보안기술

③ **열차 중심 편성제어기술**

㉠ **열차 간 무선통신(Radio) 연결 열차 이동 기술개발** : 두 대의 열차를 안전하게 물리적 연결기 없이 결합하고 분리하도록 하는 기술, 즉 제동거리 이하로 좁혀진 선, 후행 열차 간 추돌이 일어나지 않도록 방호하며 선행열차는 후미열차의 후미부를 포함하여 자신의 열차로 인식하며 방호하는 기술

㉡ **열차 간 통신(Radio TCN) 기술개발** : 가상 연결된 두 열차간 통신(TCN)을 무선으로 연결하고 열차의 TCMS와 연계함으로써 무선으로 연결된 두 대의 열차를 단일열차로 구동하는 기술

㉢ **예측 가능한 열차제동 기술 개발** : 가상 연결된 열차 간 제동거리 이하의 제동을 위해서 열차의 최악의 제동거리(Worst－case braking distance)에 추가, 필연적으로 발생할 수밖에 없는 최선의 제동거리(Base－case braking distance)를 정의하고 이들의 편차를 간소화 하는 제동기술

㉣ **열차 간 무선통신의 연결 무결성 확보기술 개발** : 가상 연결된 열차의 의도치 않은 논리적 연결의 훼손으로 인해 분리된 열차의 후미부가 충, 추돌 또는 탈선의 상황이 발생하지 않도록 연결의 무결성 여부를 검지하고 방호하는 기술

제8장

ERTMS/ETCS, KTCS

01 철도통합무선통신망(LTE-R)에서 핸드오버(Hand Over)의 개념과 절차에 대하여 설명(123-10)

02 열차자동방호장치(ATP)의 발리스 텔레그램 입력시 주의사항을 설명(117-10)

03 일반 및 고속철도용 열차제어시스템(KTCS : Korean Train Control System)의 일반기능 중 기존 열차제어시스템과의 호환성에 대하여 설명(129-10)

04 ERTMS/ETCS Level 1에서 사용되는 지상-차상 유로발리스 전송시스템에 대하여 설명(25)

05 ERTMS/ETCS Level-2 시스템의 일반조건 및 장치별 기능에 대하여 설명(130-25)

06 ERTMS/ETCS 시스템의 구축효과에 대하여 설명(111-10)

07 ERTMS/ETCS 임무 신뢰성 목표에서 정량적 요건인 품질 요구사항과 각각의 고장에 대하여 설명(127-25)

08 ERTMS/ETCS(European Railway Traffic Management System/European Train Control System) Level 1, 2, 3의 기본개념 및 특징에 대하여 설명(112-25)(126-10)

09 ERTMS/ETCS에서 사용하는 모드 중 Full Supervision(FS), On Sight(OS) 및 Stand By(SB) 모드에 대하여 설명(25)

10 ETCS에서 무선으로 전송되는 데이터를 암호화 및 복호화하는 안전전송유니트(Safety Transmission Unit)에 대하여 설명(112-10)

11 In-fill Balise 설치가 필요할 경우, 설치방안 3가지에 대하여 설명(118-10)

12 일반·고속철도용 한국형 무선기반 열차제어시스템(KRTCS)을 기존 운영노선 혹은 신규 노선에 적용하기 위한 전제조건에 대하여 설명(114-25)

13 KTCS(Korean Train Control System)시스템 구성 및 인터페이스에 대하여 설명(124-25)

14 자동열차보호장치(ATP : Automatic Train Protection)의 발리스(Balise)와 선로변제어 유니트(LEU : Lineside Electronic Unit) 장치 간의 인터페이스 A, C1, C6, S에 대하여 설명(111-25)(118-25)

15 일반 및 고속철도용 열차제어시스템(KTCS : Korea Train Control System)의 구성 및 기능에 대하여 설명(120-25)(129-25)

16 「한국철도표준규격 KRS SG 0070-22(일반 및 고속철도용 열차제어시스템(KTCS))」의 지상장치 구성품별 주요기능에 대하여 설명(121-25)(129-25)

17 KTCS-2 열차제어시스템에서 사용되는 지상-차상 발리스의 기능 및 전송하는 텔레 그램의 종류에 대하여 설명(130-10)(121-25)

18 한국형 열차제어시스템 KTCS-2와 KTCS-3를 비교하여 설명하고, KTCS-3 구현에 필요한 기술에 대하여 설명(124-25)

19 한국형 열차제어시스템(KTCS-2) 도입으로 기대되는 효과를 설명(118-25)

20 한국형 열차제어시스템 KTCS-2(Korean Train Control System-2)에서 사용하고 있는 무선폐색센터(RBC : Radio Block Center)에 대하여 설명(121-25)

21 한국형 열차제어시스템(KTCS-2 : Korean Train Control System-2)에서 사용하고 있는 폐색정보전송유니트(BITU : Block Information Transmission Unit)에 대하여 설명(126-25)

22 철도통합무선망(LTE-R : Long Term Evolution - Railway)에서 열차제어서비스의 가용성과 신뢰성을 보장하기 위한 핸드오버(Hand-Over), 주파수대역 및 전송방식을설명(10)

23 ATP(Automatic Train Protection) 시스템 중 선로변제어유니트(LEU : Line side Electronic Unit)에 대하여 설명(132-10)

24 다음 그림에서 RBC/RBC 간 핸드오버 시에 핸드오버 RBC 및 인수 RBC의 역할과 핸드오버 통신, 처리 및 감시 과정에 대하여 설명(25)

25 선로변 금속물 등에 의해 발리스장치에서 발생 될 수 있는 혼선(Cross-Talk)의 원인 및 방지대책에 대하여 설명(25)

26 열차 양방향운행의 개념을 설명하고, 단방향운행을 하고 있는 ETCS 레벨 1 구간에서 A역과 B역간에 양방향운행을 위한 개량범위에 대하여 설명(117-25)

27 차상과 지상의 Balise 기본 기능에 대하여 설명하고, 지상 Balise의 동작순서를 그림으로 나타내시오(114-25)

28 크로스 토크 (cross-talk)에 대한 정의 및 발리스의 크로스 토크 보호 방법에 대하여 Subset-036을 기준으로 설명(25)

29 ERTMS/ETCS ATP장치의 차상설비 구성요소에 대하여 설명(111-25)

30 KTCS-2 규격중 일반사항에 대하여 설명(127-25)

제8장

ERTMS/ETCS, KTCS

01 철도통합무선통신망(LTE－R)에서 핸드오버(Hand Over)의 개념과 절차에 대하여 설명하시오.(123－10)

핸드오버 개요

이동 단말이 통신하고 있는 서비스 기지국 영역(셀)을 벗어나 다른 기지국 영역(셀)으로 진입할 때 통신을 유지할 수 있도록 통신로(기지국－이동전화 연락통로)를 이동하는 목표 기지국으로 변경해주는 것을 핸드오버라고 한다.

철도통합무선망(LTE－R)에서 단말기가 통화 중인 기지국의 서비스권을 벗어나 인접 기지국의 서비스권으로 이동할 때 기지국 간에 통화로를 자동적으로 전환 연결시킴으로써 지속적으로 통화가 유지되도록 하는 기능으로 X2핸드오버와 S1핸드오버가 있으며, X2핸드오버는 DU, RRU 간을 S1핸드오버는 MME간을 의미한다.

핸드오버 절차

① 핸드오버 준비 단계 (Handover Preparation) : 핸드오버의 유형에는 기지국 내 섹터 간 핸드오버, 기지국간 핸드오버 서비스, IP 서브넷 간 핸드오버 등이 있다. 핸드오버 관련 요구사항으로는 핸드오버 시 150msec 이내의 접속, 단절이 이루어져야 한다. 단, IP 서브넷 간 핸드오버를 의미하는 IP 서브넷 간 핸드오버는 MIP(Mobile IP)의 특성상 수초의 접속 단절이 발생하지만 IP 망에서의 고속 핸드오버를 이용하여 1초 이내로 제한하고 있다.

② 핸드오버 실행 단계 (Handover Execution) : 핸드오버 실행 단계는 단말이 실제로 핸드오버를 실행하는 단계로, 단말은 서비스 기지국에 접속되어 있는 무선 링크를 끊고 목표 기지국으로 무선 링크를 설정하여 새로운 셀로 접속한다. 핸드오버 준비 단계에서 서비스 기지국과 목표 기지국 간에 패킷 발송을 위한 자원이 할당되고, 목표 기지국에서 새로운 단말을 위한 자원이 할당되어 핸드오버를 지원할 준비를 마치면, 서비스 기지국은 단말에게 Handover 명령 메시지를 전달함으로써 핸드오버 실행을 명령한다.

③ 핸드오버 완료 단계 (Handover Completion) : 핸드오버 완료 단계는 단말이 목표 기지국으로 무선 접속을 성공적으로 마친 후 사용자 베어러의 경로를 목표 기지국으로 변경하는 단계이다. 핸드오버 실행 단계에서 DL 패킷을 발송하던 발송 베어러는 경로 변경 후 해제된다. 핸드오버 완료 단계 이후에는 UL/DL 트래픽 모두 새로운 베어러 경로를 통해 전송된다.

02 열차자동방호장치(ATP)의 발리스 텔레그램 입력시 주의사항을 설명하시오.(117－10)

텔레그램 입력 시 주의사항

① 링킹 오류 발생 시 제동관계(패킷 5번)

㉠ 역구내

- 부본선 출발신호기 : 비상제동
- 본선 장내, 출발 신호기 : 상용제동
- 인필 발리스 : 무반응

㉡ 역간 폐색신호기 : 매 신호기마다 상용제동

② 열차이동을 위한 거리, 속도, 완해속도 등 열차의 이동권한 전송(이동권한 : 패킷 12번) : 해당 신호기가 정지일 때 인필발리스는 해당 신호기까지 열차운행이 가능하도록 모든 현시에서 완해속도 적용

③ 측선이동에 따른 이동권한 축소 보상(재위치 정보 : 패킷 16번) : 측선 이동에 따른 이동권한 축소를 보상하기 위한 이동권한 전송으로 초기 목표지점까지 이동이 가능하도록 함

④ 이동권한 내 존재하는 열차운행 허용속도(속도제한정보 : 패킷 27번)

- 차종별 제한속도 구분 : 고속과 저속열차로 구분하여 속도제한을 적용하며 기본은 저속열차 기준을 적용
- 역구내 진입 예고속도 표출 : 폐색 2호주와 1호주에서 장내 진로 중 가장 제한적인 속도정보 전송
- 곡선 시/종점 입력 구분 : 곡선개소 시점은 곡선표지, 종점은 실제 종점 위치를 입력 기준으로 적용

⑤ 전방 운행 선로의 지리적 정보를 아이콘(ICON)으로 표현(아이콘정보 : 패킷44 : 6번)

- 터널, 교량 아이콘 : 20m 이상의 구조물에서만 아이콘을 표출
- 역사 아이콘 : 상·하 본선 출발신호기 사이의 거리를 역사 길이로 입력

⑥ ATC 레벨전환정보(패킷 44 : 102) : 레벨전환명령(패킷 41번)과 함께 사용하며 ATP모드에서 STM(ATC)모드로 변경할 경우 고속선(TVM)의 상,하선 정보를 구분하기 위해 사용

⑦ 열차의 운행 진로상의 전방에 존재하는 정보(선로조건 : 패킷 68번)

- 절연구간 : 해당 구간 운행속도 기준 11초 이상 거리에서 동작정보 제공하고 타행 표지에서 전원 차단
- 터널기밀장치 : 해당구간 운행속도 기준 10초 이상 거리에서 동작정보 제공

⑧ 차상 MMI 텍스트 메시지(패킷 72번) : 지장물 검지 고장검지시 차상MMI에서 〈Intrusion Detector(Rock or Car)〉메시지 표출

03 일반 및 고속철도용 열차제어시스템(KTCS : Korean Train Control System)의 일반기능 중 기존 열차제어시스템과의 호환성에 대하여 설명하시오.(129－10)

일반고속철도용 한국형 열차제어시스템 실용화

- 국내의 경우 고속철도 열차제어시스템 등 독자적인 열차 신호제어시스템 기술(브랜드)을 보유하지 못한 실정으로 경부고속선 1단계(서울~대구) 구간 시스템 교체 시기가 다가오고 있으나 핵심 부분은 국산화가 되어 있지 않다.
- 일반철도는 열차자동방호장치(ATP)를 도입하여 설치 운영하고 있으며 무선제어방식으로 개선을 고려하고 있다.
- 지상신호기 방식의 신호체계로는 고속화, 고밀도 열차운행, 국제 경쟁력 확보에 한계점에 도달하여 차상신호방식의 무선방식 열차제어로 한 단계 발전하는 것이 시급하다.

일반고속철도용 한국형 무선기반 열차제어시스템의 개념

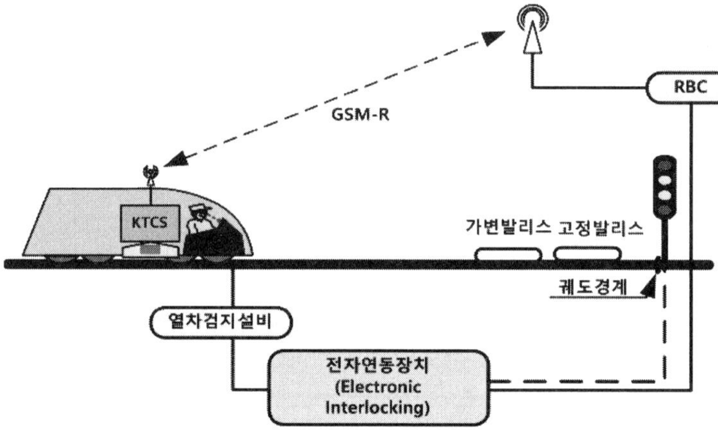

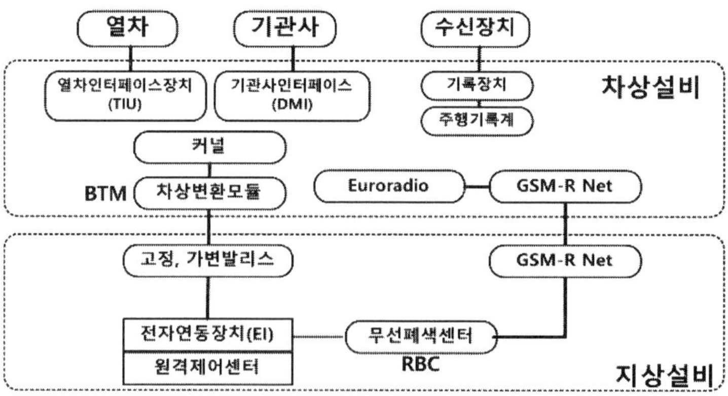

- 일반고속철도용 한국형 무선기반 열차제어시스템은 선행열차의 위치 정보를 지상의 무선제어장치로 전달하고 이 정보는 LTE-R 무선망을 통하여 차량의 차상장치로 전달하여 위치 정보에 따른 이동권한에 의해 이동할 수 있는 거리를 실시간으로 연산하여 지시 속도 내에서 열차가 운행되는 원리이다.
- 이 시스템은 최악의 경우 무선이 끊어지더라도 궤도회로에 의해 열차위치 검지 및 열차 추돌, 충돌 등 사고 방지가 가능하여 안전 확보가 가능하고,
- 기존 노선에 일반, 고속철도용 KRTCS를 적용하면 신호기 및 선로변 장치, 가변발리스 등이 필요 없게 되어 설비를 간소화하게 됨은 물론 자동화된 시스템으로 기관사는 열차운행 업무에만 좀 더 집중할 수 있어 궁극적으로 열차 안전 운행에 도움을 줌으로써 인간 오류를 근본적으로 방지하여 대구 사고 등을 원천적으로 방지할 수 있게 된다.

KTCS 열차제어시스템 호환성

① 기존 신호체계와 상호 운용성

- 기존 철도가 신호시스템이 구축된 노선을 개량하거나 타 노선과 연계 노선은 기존 신호체계와의 상호운용성을 확보할 수 있다.
- 국가 철도의 경우 대부분 철도 노선이 연계 운행을 고려하고 있고, 상호운용성이 확보되지 못하면 차상장치 2개를 탑재하여야 한다.

② 열차 분리, 결합 등 사고 방지 기술 및 안전 확보

- 화차, 객차 등 자체 전원장치가 없는 차량은 물론 무궁화 여객열차 등의 열차 분리, 결합에 대한 검지, 제어 기술이 없다.
- 특히, 고장에 의한 열차 분리와 정상적인 열차 분리를 구분하는 Fail-safe가 검증된 기술이 있어야 한다.
- 객차, 화차, 작업차 등은 KTX, 전동차와 달리 편성량(열차 길이)이 수시로 바뀌고 이는 무선제어 기술에서 잘못된 입력 요소로 작용하여 오류 시 제동거리 등이 틀리게 되어 사고 발생 우려가 있다.
- 이러한 점을 고려하여 KTCS에서는 궤도회로장치로 열차 분리, 결합 등에 대한 안전 확보가 가능하게 하고 있으며, 이미 국산화된 기술이며 세계적으로 널리 쓰이고 있는 기술이다.

③ 무선제어 신호시스템 미장착 열차의 안전운행 기술 확보 필요

- 무선제어방식을 도입할 시 객차, 화차, 모터카 등 미장착 열차에 대한 열차 검지를 위한 무선제어 장치가 필요하다.
- 객차, 화차 등은 자체적인 전원이 없어 전원장치도 개발이 필요하다.

④ **국가적 재난(전시, 재난 등) 발생할 때 대응책 필요** : 전시 또는 재난 시 전기 두절 대비 군수품, 구호품 수송 필요하여 철도공사가 디젤기관차를 못 없애는 것처럼, 무선 두절 등에 대비하여 궤도회로 등을 이용한 열차 운행 설비를 유지할 필요가 있다.

⑤ LTE－R(무선망)이 먼저 전국에 구축 필요 : 철도무선통신망 구축이 선행되어야 열차제어를 무선으로 수행할 수 있다.

검토

- 속도와 운행패턴, 목적이 다른 열차를 운행하는 노선과 기존에 이미 신호체계가 구축된 노선을 개량하는 경우, 기존 노선을 서로 다른 신호시스템 체계로 운영하려면 다양한 전제 조건 및 면밀한 적용 계획을 중장기 계획으로 수립하여야만 효율적으로 안전하게 열차 운행 목적을 달성할 수 있음을 알 수 있다.
- 새로운 신호시스템을 도입하는 것은 단순히 신호시스템의 변경이 아니라, 운영체계를 바꾸는 작업이므로 개발단계부터 이러한 점을 고려해야만 실제 적용에 있어 문제점을 최소화하고 새로운 신호시스템을 확대해 나갈 수 있다.

04 ERTMS/ETCS Level 1에서 사용되는 지상－차상 유로발리스 전송시스템에 대하여 설명하시오.(25)

개요 및 구성

유로발리스 전송시스템은 점 제어 방식의 시스템으로서, 선로변 설비 및 열차 간 안전 관련 정보를 전송하는 차상으로 전달하는 역할을 담당하고 있다. 지상 설비는 선로변 정보(구배, 곡선, 터널 위치, 교량 위치, 전차선 정보)를 가진 고정형 유로발리스와 신호기 현시 정보를 데이터 형식으로 변환해 주기 위한 선로변제어유니트(LEU)와 인터페이스 하여 현시 정보에 따라 데이터가 가변하는 가변형 유로발리스로 구성된다. 차상 설비는 유로발리스의 정보를 차상에서 읽기 위한 안테나인 BTM과 인터페이스 어댑터를 통하여 차상 설비인 EVC와 인터페이스 하기 위한 ERTMS/ETCS 커널로 구성된다.

정보전송

차상 전송 설비는 발리스 활성화에 사용되는 신호를 제공하며, 이 프로세스를 텔레파워링(Tele－Powering)이라 부른다. 차량에 장착된 BTM은 이 신호를 에어 갭을 통하여 유로발리스로 전송한다.

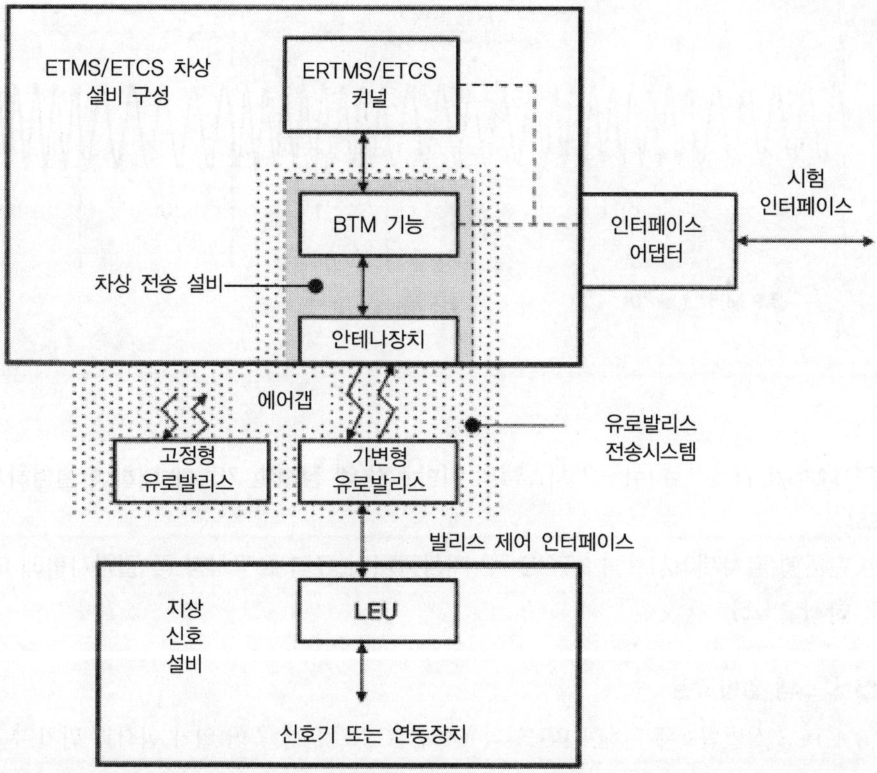

상응하는 유로발리스를 안테나 장치가 통과하거나 이를 통해 정지 상태가 될 때 발리스가 신호를 수신하면, 해당 신호는 전원을 공급하고 열차로의 데이터 전송을 시작한다.

업링크 데이터는 주파수변위방식(Frequency Shift Keying－FSK)에 사용되는 두 개의 주파수를 생성한다. 두 개의 주파수는 논리 0에 대해서는 약 3.9MHz, 논리 1에서는 4.5MHz가 된다. 이를 위해 Tele－Powering은 27.095MHz를 차상 설비에서 지상설비로 전송하며, 지상의 유로발리스가 차상으로 정보를 전송하는 Up－Linking 주파수는 3.9~4.5 MHz이다. 평균 데이터 속도(mean data rate)는 약 565 kbit/s이다.

평균 데이터 속도는 연속된 데이터 1,500bit의 길이로 나눈 1,500으로 정의된다. 모든 연속된 1,500bit에 대해, 평균 데이터 속도는, 전체 허용오차 ±2.5%로 564.48kbit/s가 되어야 한다. 차상으로 전송하는 텔레그램 길이 즉 데이터양은 유로발리스 하나당 표준 유로발리스는 1,023bits이며, 소형은 314bit이다. 또한, 유로발리스는 열차 속도가 500km/h까지 데이터 전송이 가능하다. 아래 그림은 유로발리스에서의 FSK Up－Linking 정보 예시를 보여준다.

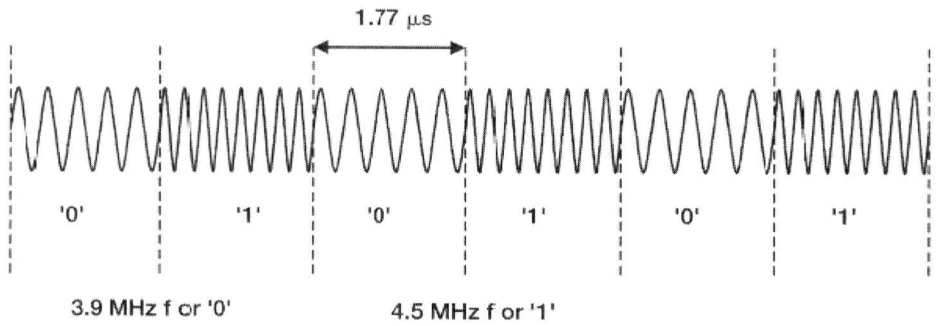

05 ERTMS/ETCS Level－2 시스템의 일반조건 및 장치별 기능에 대하여 설명하시오.(130－25)

¤ 한국형 열차제어시스템 KTCS－2 지상장치의 규격 요구사항 중 일반사항에 대하여 설명하시오.(25)

시스템 일반조건

① ETCS 식별번호에 의해 RBC 영역에서 ETCS로 운행 중인 열차 인식과 위치 추적이 가능하여야 하며 선로정보를 이용하여 이동권한 및 정적속도 프로파일(SSP)을 생성하고 각 열차로 전송할 수 있어야 한다.

② 한국형 열차제어시스템(KTCS－2)은 ATP, ATS 구간에서 레벨전환이 자동으로 이루어지도록 하여야 한다.

③ RBC 경계에서 다른 RBC와 핸드오버가 자동으로 이루어져 제어권전환이 되어야 한다.

④ 시스템은 자기진단(Self－diagnostic)기능을 보유하고 각종 모듈 및 단위 장치별로 고장검지 회로를 채택하여 고장 표시를 할 수 있어야 한다.

⑤ 각 모듈은 전원이 투입된 상태에서 분리되어도 분리된 모듈 또는 다른 장치에 손상이 없고 예비계로 절체 되어 장치의 운용에 지장이 없어야 한다.

⑥ 장비들은 열차의 진동 및 풍압에 의하여 고장, 오동작, 이완, 탈락하지 않도록 설계되어야 한다.

장치별 기능

① 무선폐색센터(RBC : Radio Block Center)

㉠ 무선폐색센터는 외부 지상 장치(CTC, 해당구간 전자연동장치, 인접 RBC 등)와 차상컴퓨터장치(KVC : Korean Vital Computer)에서 수신한 정보를 바탕으로 열차운행 가능범위를 연산하여 차상으로 메시지를 전송한다.

㉡ 무선폐색센터에서 전송하는 메시지의 주요 목적은 무선폐색센터 관할 영역 내의 열차가 안전하게 운행할 수 있도록 이동 권한을 부여하는 것이다.

㉢ 무선폐색센터에 대한 상호 운영을 위하여 무선폐색센터와 차상컴퓨터장치 사이에 LTE-R 무선통신으로 교환하는 데이터는 메시지 형식을 따른다.

② 안전전송유닛(STU : Safety Transmission Unit)

㉠ 안전전송유닛(STU)은 LTE-R의 무선구간 내 송수신되는 무선폐색센터(RBC) 및 차상컴퓨터장치(KVC)의 정보를 암복호화하여 신뢰성 및 보안성을 확보하기 위한 장치이다.

㉡ 본 장치는 지상 안전전송유닛, 차상 안전전송유닛으로 구분되며 각 장비는 무선폐색센터 및 차상컴퓨터장치에 수용된다.

③ 암호키 관리센터(KMC : Key Management Center)

㉠ 암호키 관리센터는 차상컴퓨터와 무선폐색센터 사이 양방향 메시지 암호화 및 복호화에 필요한 키를 관리한다.

㉡ 암호키 관리센터는 키 관리 기능들에 책임이 있는 기능적 개체로서 암호화 키의 적용, 생성, 저장, 보안 배포 및 철회, 복구, 삭제, 소멸 등을 적용 할 수 있어야 한다.

㉢ 암호키는 철도운영기관의 관할 및 감독 하에 결정된 일정한 기간에 따라 만료되며 주기적으로 변경되어야 한다.

㉣ 암호키 관리센터는 철도운영기관에서 요구하는 국가 보안 적합성 인증을 받아야 한다.

④ 전원공급장치(정류기)

㉠ 전원공급장치(정류기)는 지상장치의 전원공급용으로 출력을 공유하도록 이중화로 구성하여 부하분담에 의한 무순단 절체가 가능하여야 한다.

㉡ 전원공급장치(정류기)는 지상장치 시스템 랙 별로 설치하여야 한다.

⑤ 발리스

㉠ 발리스는 지상의 정보를 텔레그램 형태로 차상컴퓨터장치에 단방향(Up-link)으로 송신하는 전송장치이다.

㉡ 상세사양은 Subset-036, Subset-085, KRSA-4001-R0(2014. 10. 22)에 따라 제작된 제품사양에 따른다

06 ERTMS/ETCS 시스템의 구축효과에 대하여 설명하시오.(111－10)

ERTMS/ETCS의 효과

① **유지보수 인력 최소화 및 비용절감** : 레벨(Level) 2, 3단계에서는 무선통신 방식에 근거한 정보의 교환으로 신호기 및 궤도회로 등의 지상설비의 필요성이 감소한다. 따라서 구매, 설치, 유지보수 및 예비품 등에 대한 비용이 절감된다. 레벨(Level) 1의 경우에는 규격화된 사양, 제품에 대한 다수 제작사의 경쟁 등에 의한 제품 개발 비용의 절감을 예측할 수 있다.

② **운영의 최적화 및 선로용량 증대** : 열차운영의 효율성이 증가됨에 따라 열차운행 시간이 감소하며, 그 결과로 열차운행의 최적화를 달성할 수 있다. 안정성을 유지하면서도 선로용량을 증대시키고 운전시격의 단축을 달성할 수 있다.

③ **상호호환 운전** : ERTMS/ETCS 시스템 기능과 텔레그램 형식이 표준화되어 있어 다른 노선, 단계, 시스템, 공급자 등에 의해서 구축된 ERTMS/ETCS 시스템 구간에서도 정상적인 운행이 가능하다. 따라서 지속적으로 설비의 표준화를 기할 수 있고 융통성 있는 시스템 개량이 가능하다.

④ **안전도의 증가** : 열차의 운행은 운행속도 및 위치에 따라 지속적으로 감시된다. 기관사가 열차의 안전운행을 무시하는 경우에는 ATP장치가 이를 기관사에게 경고하고 다음 단계로 열차제동 등 열차보호장치가 작동하게 된다.

- 열차운행의 안전확보 및 속도향상
- 유지보수 인력 최소화
- 선로용량 증대 및 철도경쟁력 강화
- 국경 없는 열차 안전 운행 가능
- 신호시스템의 통합 및 관련 기술사양의 표준화
- 기존의 신호 시스템과의 호환성
- 높은 수준의 무결성을 바탕으로 지속적인 차량

07 ERTMS/ETCS 임무 신뢰성 목표에서 정량적 요건인 품질 요구사항과 각각의 고장에 대하여 설명하시오.(127－25)

신뢰성 목표

① 열차제어시스템(KTCS－2)의 고장을 정의하고, 정의된 각각의 고장에 대하여 발생확률을 정량적으로 제시하고 요구하는 신뢰도 정량목표 이상임을 입증하여야 한다.

② 신뢰성관리의 최소단위는 현장교체 최소단위(LRU)로 하며, 독립안전평가(ISA)기관의 평가를 받아야 한다.

③ 무선폐색센터(RBC)의 고장유형별 목표는 다음 사항을 만족하여야 한다.

㉠ 이동불능고장 MTBF－ITKR 3.5×10^{8}hours 이상

㉡ **이동불능고장률 2.86×10^{-9}/hour**

㉢ 서비스고장 MTBF－STKR 4.0×hours 이상

㉣ **서비스고장률 2.50×10^{-8}/hour**

㉤ 경미한고장 MTBF－MTKR 1.0×105hours 이상

㉥ **경미한고장률 1.00×10^{-5}/hour**

④ 고장유형별 정의는 다음과 같다.

㉠ 이동불능고장(Immobilizing Failure) : 노선 내 2대 이상의 열차가 육안모드(On sight)로 전환하여 운행하는 고장

㉡ 서비스고장(Service Failure) : 운행 지연이 발생하거나 노선 내 1 이상의 열차가 육안 모드로 전환하여 운행하는 고장

㉢ 경미한고장(Minor Failure) : 위 고장을 제외하고 교정유지보수를 발생시키는 모든 고장

08 ERTMS/ETCS(European Railway Traffic Management System/European Train Control System) Level 1, 2, 3의 기본개념 및 특징에 대하여 설명하시오.

(112－25)(126－10)

¤ 유럽열차제어시스템(European Train Control System)의 레벨 1, 2, 3에 대하여 설명하시오.

Level 1

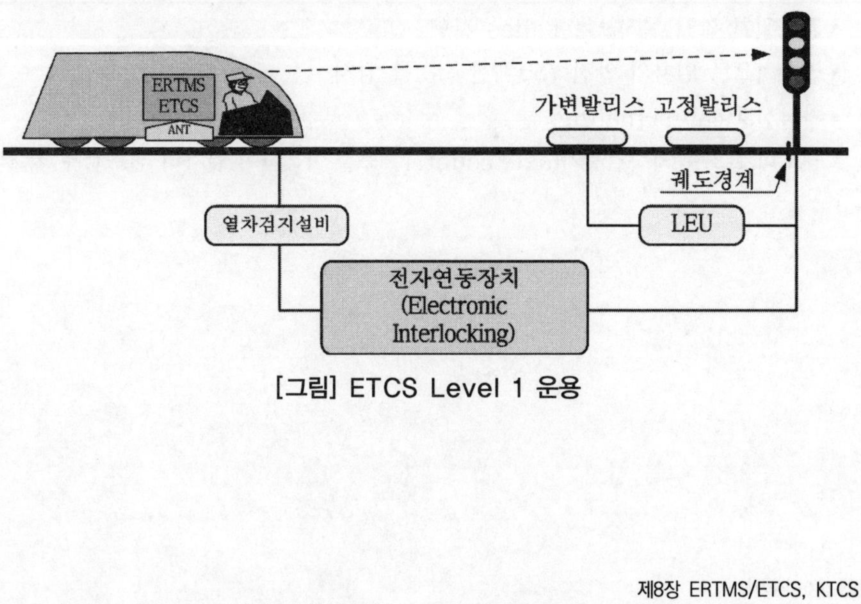

[그림] ETCS Level 1 운용

- 열차에 대한 정보전송과 위치검지를 위한 Balise (Euro-Balise) 설치
- 열차속도 프로파일을 이용하여 열차속도를 연속적으로 감시
- 차상신호(cab signaling : 운전자에 의한 신호현시 확인/준수 필요)
- 궤도회로를 이용하여 열차의 선로점유 및 열차무결성(train integrity) 확인
- 고정폐색을 적용하여 열차간 안전간격 확보
- 인필이나 통신장비를 추가로 설치하여 해당 balise에 열차가 도착하기 전에 신호현시 변화정보를 전송받음(추가사항)

Level 2

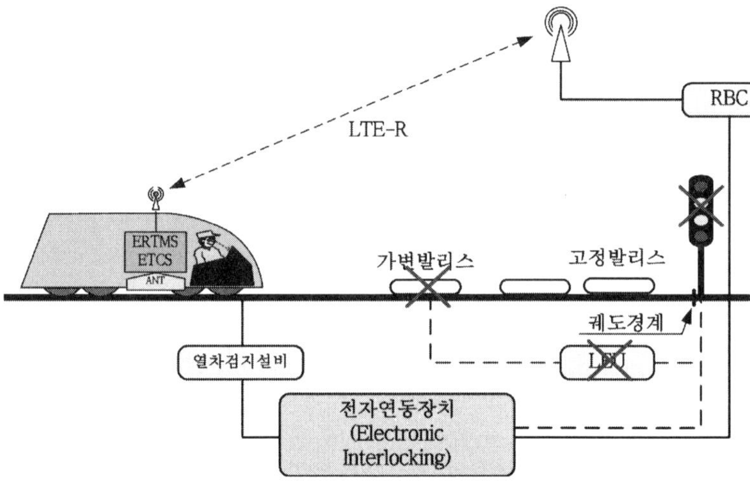

[그림] ETCS Level 2 운용

- 무선통신(GSM-R)을 이용하여 열차와 무선폐색센터(RBC : Radio Block Center)사이에 양방향 정보전송
- 열차위치 확인 목적으로 balise 사용
- 연속적으로 열차의 안전속도(제한속도)를 감시
- 차상신호(cab signaling)
- 궤도회로 또는 차축검지기(axle counter) 등을 이용하여 열차의 선로점유 및 열차 무결성 확인

Level 3

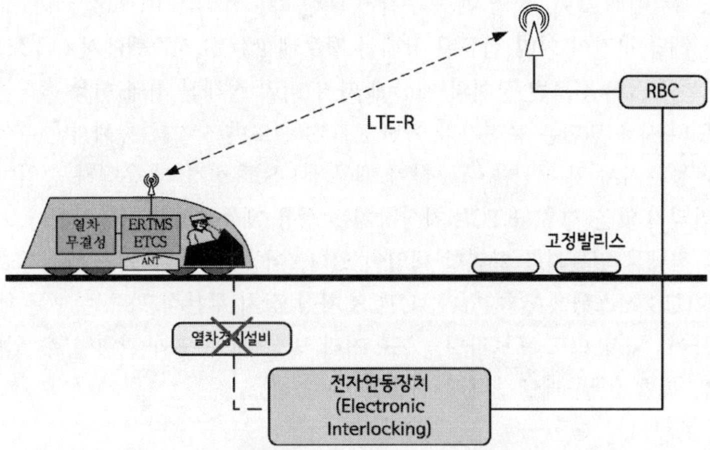

[그림] ETCS Level 3 운용

Level 3은 Level 2에 대해서 다음과 같은 차이점이 있음

- 차상신호장치의 열차위치정보 및 열차무결성을 토대로 선로점유상태 파악(열차는 내장된 열차 무결성 감시장치를 이용할 수 있어야 함)
- RBC에서 열차 안전간격 보장(고정폐색, 가상폐색, 이동폐색)
- ETCS 차상장치를 장착한 열차만이 Level 3 선로에서 운행될 수 있음

09 ERTMS/ETCS에서 사용하는 모드 중 Full Supervision(FS), On Sight(OS) 및 Stand By(SB) 모드에 대하여 설명하시오.(Subset－026, V2.3.0 기준)(25)

Full Supervision(FS) 모드

이 모드에서는 이동에 필요한 모든 정보를 ETCS 차상장치에서 활용할 수 있다. FS 모드는 운전자가 선택할 수 없다. ETCS 차상장치(예. 레벨 1에서 주신호 발리스 그룹)가 이동권한(MA) 및 이와 관련된 일관성 있는 프로파일 데이터(정적 속도 프로파일 및 구배 프로파일) 전체를 수신하여 평가가 이루어질 경우, 자동으로 FS 모드로의 전환이 진행된다. ETCS 차상장치는 동적 속도 프로파일에 대해 바이탈 컴퓨터(EVC)에서 계산된 제동곡선(brake curve)에 따라 해당 이동을 감시한다. ETCS 차상장치는 운전표시장치(DMI)에 최대 허용 속도, 허용 거리 주행 만료 길이 및 목표 속도를 보여준다. 이동 시 안전에 관한 책임은 전적으로 ETCS 시스템에 달려 있다. 운전자는 MA 종료 지점에서 권한 종료(End of Authority－EoA) 준수와 FS 모드로 전환 시 속도 제한사항을 준수하는지 여부에 관한 책임만을 지닌다. FS 모드는 ETCS 레벨 1, 레벨 2 및 레벨 3에서 사용할 수 있다.

On Sight(OS) 모드

OS 모드는 예를 들어, 진입 궤도 구간에 대한 궤도점유검지(track vacancy detection) 정보가 없거나 해당 구간이 이미 점유된 상태인 경우에 ETCS 시스템에서 OS 모드를 제공한다. OS 모드에서는 ETCS 선로변 장치의 예상에 따라 미리 정해진 최대 허용 속도를 초과해서는 안 된다. 이 모드의 사용 권한은 운전자가 아닌 ETCS 선로변 장치를 통해서만 주어진다. 이 모드는 운전자에게 높은 수준의 책임을 요구하기 때문에 OS로 변경 시 운전자 승인이 있어야 한다. 5초 안에 승인되지 않을 경우, ETCS 차상장치는 상용 제동장치를 가동시킨다. OS 모드에서 운전자는 선로에 장애물 있는지를 확인할 책임이 있다. 이동 시 다른 모든 실행 조치에 관한 책임은 전적으로 ETCS 시스템에 달려 있다. ETCS 차상 장치(부분적으로)는 모든 행동을 감시한다. 이는, 예를 들어, 동적 속도 프로파일, 목표 거리 및 최대 속도와 관련될 수 있다. OS 모드는 ETCS 레벨 1, 레벨 2 및 레벨 3에서 사용할 수 있다.

Stand By(SB) 모드

SB 모드는 차상장치 모드로서, 운전대를 작동시키고(Cold Start) ETCS 차상장치를 부팅 한 후 시작한다. 운전대가 종료된 경우에도 SB 모드로 진입한다.

자기 진단(self-test) 및 주변장치 시험이 SB 모드에서 수행된다. 필요한 열차 데이터를 입력할 수 있다. 해당 시험과 입력 결과가 운전자에게 표시된다. 차량의 정지 상태 관리 기능이 수행된다. SB 모드는 ETCS 레벨 0, 레벨 1, 레벨 2 및 레벨 3 그리고 STM에서 사용할 수 있다.

10 ETCS에서 무선으로 전송되는 데이터를 암호화 및 복호화하는 안전전송유니트(Safety Transmission Unit)에 대하여 설명하시오.(112-10)

안전전송유닛(STU)

① 안전전송유닛(STU)은 LTE-R의 무선구간 내 송수신되는 무선폐색센터(RBC) 및 차상컴퓨터장치(KVC)의 정보를 암복호화하여 신뢰성 및 보안성을 확보하기 위한 장치이다.

② 이 장치는 지상 안전전송유닛, 차상 안전전송유닛으로 구분되며 각 장비는 무선폐색센터 및 차상컴퓨터장치에 수용된다.

③ 지상 안전전송유닛은 UDP 멀티캐스트 방식을 사용하여 지상 RBC 장치와 인터페이스 한다.

④ 지상 안전전송유닛은 차상 KVC로부터 전송받은 메시지를 지상 RBC 장치의 1계 및 2계에 동시 전송한다.

⑤ 지상 안전전송유닛의 1계 및 2계는 지상 RBC 장치의 1계 및 2계와 스위치, 허브의 중계없이 직접 연결하여 인터페이스 한다.

⑥ 지상 안전전송유닛(STU)과 차상 안전전송유닛(STU)은 통신세션이 구축된 후 서로 매 1초마다 장비의 동작 상태 확인 메시지를 전송하여야 하며 3초간 메시지를 수신받지 못한 경우 통신세션을 종료하여야 한다.

⑦ 지상 무선폐색센터의 1계 및 2계는 안전전송유닛(STU)과 물리적으로 연결되어 있지만 주계에서만 메시지를 전송한 안전전송유닛(STU)과 인터페이스 한다.
⑧ 차상 안전전송유닛(STU)은 지상 안전전송유닛(STU)으로부터 전송받은 메시지를 차상 컴퓨터장치(KVC)의 1계와 2계로 전송하여야 한다.
⑨ 지상 안전전송유닛(STU)은 별도의 무선 인터페이스장치를 사용하여 LTE-R 네트워크 망에 접속하며 지상 무선폐색센터(RBC)가 지정한 안전전송유닛과 인터페이스 한다.
⑩ 암호화 키를 저장할 수 있어야 한다.

11 In-fill Balise 설치가 필요할 경우, 설치방안 3가지에 대하여 설명하시오.(118-10)

인필발리스

가변 및 고정발리스와 하드웨어가 같으며, 인터페이스는 가변발리스와 같다. 주 신호기(장내, 출발, 폐색) 가변발리스 일정 지점 전방에 설치하여 전방의 신호조건을 미리 알려주는 역할을 수행한다.

설치방안 3가지

① **장내신호기 전방** : 장내신호기 전방에 접근쇄정과 연계하여 안전성을 향상시키기 위해 2개의 인필(In-fill) 발리스가 필요하며, 1개의 인필(In-fill) 발리스는 폐색신호기와 연계하여 설치한다.
② **출발신호기 전방** : 출발신호기 전방에 인필(In-fill) 발리스를 설치하여 열차운전성능을 향상하여야 하며, 효율적인 시공을 위해 현장여건을 고려하여 인필(In-fill) 발리스를 설치한다.
③ **승강장 궤도** : 승강장에 정지하는 열차의 성능 및 안전성은 승강장과 출발신호기 사이에 인필(In-fill) 발리스를 설치하여 열차가 정지상태에서 선로속도까지 즉시 올릴 수 있도록 조기에 이동권한(MA)을 제공하기 위해 열차가 정차장으로 진입하고, 출발신호기가 진행신호를 현시하고 열차가 정지하였던 동안 출발 열차 진로가 취소되면 출발신호기로의 이동권한(MA)을 제공한다.
④ **접근쇄정 취급** : 역 구내로 진입 및 진출하는 열차의 안전 운행과 열차제동거리 확보를 위해, 열차 진행 경로의 접근쇄정 동작 분기기 전방에 시작 신호기(장내·출발신호기 등)설치 위치에 설치한다.
⑤ **적시 이동권한(MA) 제공** : ERTMS/ETCS 차상신호시스템 차상장치를 탑재한 열차가 최대허용속도로 연속적으로 운전하는 것을 보장할 수 있도록 열차가 상용제동거리(SBD : Service Brake Distance)에 도달하기 전에 수행되어야 하는 이동권한(MA)을 즉시 주기 위해 인필(In-fill) 발리스를 설치한다.

12 일반·고속철도용 한국형 무선기반 열차제어시스템(KRTCS)을 기존 운영노선 혹은 신규 노선에 적용하기 위한 전제조건에 대하여 설명하시오.(114－25)

도입 전제조건

① **신설, 개량 시 기존 신호체계와 상호운용성 확보** : 철도를 최초로 건설하는 노선에서는 어떤 신호체계를 선택하든 관계없으나, 이미 철도가 구축된 노선을 개량하거나 타 노선과 연계되는 신설 노선은 기존 신호체계와의 상호운용성을 확보하여야 기존 차량도 신설 노선에 운행할 수 있다. 국가 철도의 경우 대부분 철도 노선이 연계 운행을 고려하고 있고, 상호운용성이 확보되지 못하면 차상장치 2개를 탑재해야 하는 불합리가 발생한다.

- 건설 및 설계 중인 일반(화물)철도 노선 ATP로 반영
- KTX, 화물, 여객열차 등 680량 이상 제어(기관)차 개조 완료

② **열차 분리, 결합 등 사고방지 기술 및 안전 확보** : 화차, 객차 등 자체 전원장치가 없는 차량은 물론 무궁화 여객열차 등의 열차 분리, 결합에 대한 검지 및 제어 기술이 없다. 무선이나 기타 기술로 열차를 검지하고 차량의 연결, 분리하는 기술이 필요하다. 특히, 고장에 의한 열차 분리와 정상적인 열차 분리를 구분하는 Fail－safe가 검증된 기술이 있어야 한다. 객차, 화차, 작업차 등은 KTX, 전동차와 달리 편성량(열차 길이)이 수시로 바뀌고 이는 무선제어 기술에서 잘못된 입력요소로 작용하여 오류 시 제동거리 등이 틀리게 되어 사고 발생 우려가 있다. KRTCS에서는 이러한 점을 고려하여 궤도회로장치로 열차 분리, 결합 등에 대한 안전 확보가 가능하게 했으며, 이미 국산화된 기술이며 세계적으로 널리 쓰이고 있는 기술이다.

③ **무선제어 신호시스템 미장착 열차의 운행 확보 기술 필요** : 무선제어방식을 도입할 시 객차, 화차, 모터카 등 미장착 열차에 대한 열차 검지를 위한 무선제어 장치가 필요하다. 객차, 화차 등은 자체적인 전원이 없어 전원장치도 개발이 필요하다.

④ **건널목 경보장치 제어를 위한 대체 기술 필요** : 전국적으로 976개의 2종 이상(차단기 설치) 건널목이 존재하고 있으며, 현재는 궤도회로를 이용하여 건널목을 제어하고 있다. 무선으로 건널목에 열차 진입을 알리는 기술개발이 선행적으로 필요하다.

⑤ **국가적 재난(전시, 재난 등)발생 시 대응책 필요** : 전시 또는 재난 발생 시 전기 두절 대비 군수품, 구호품 수송이 필요하여 철도공사가 디젤기관차를 못 없애는 것처럼, 무선 두절 등에 대비하여 궤도회로 등을 이용한 열차 운행 설비를 유지할 필요가 있다.

⑥ **LTE－R(무선망)을 전국에 구축 필요** : 대규모의 예산이 소요되는 철도무선통신망 구축이 선행되어야 열차제어를 무선으로 수행할 수 있게 된다.

⑦ **반달리즘(테러 등)에 대한 대책 수립** : 완전 무선방식을 적용하여 무인자동운전으로 여객, 화물, KTX 운행 시, 테러 등에 대한 대책이 있어야 한다. 차 내외 영상감시설비 등 부가적인 안전설비 구축 비용이 필요하고 이는 전국망 영상감시시스템 구축 비용, 유지보수 등에 막대한 비용 투자가 있어야 한다.
전용주파수 사용 때에도 재밍(전파 혼선) 등을 이용하여 고의로 열차 운행에 악영향을 미칠 가능성을 배제하지 못하므로 이에 대한 대책도 마련되어야 한다.

결론

속도와 운행패턴, 목적이 다른 열차를 운행하는 노선과 기존에 이미 신호체계가 구축된 노선을 개량하는 경우, 신설 노선과 기존 노선을 서로 다른 신호시스템 체계로 운영하면 다양한 전제조건 및 면밀한 적용 계획을 중장기 계획으로 수립하여야만 효율적으로 안전하게 열차 운행 목적을 달성할 수 있다. 새로운 신호시스템을 도입하는 것은 단순히 신호시스템의 변경이 아니라, 운영체계를 바꾸는 작업이므로 개발단계부터 이러한 점을 고려해야만 실제 적용에 있어 문제점을 최소화하고 새로운 신호시스템을 확대해 나갈 수 있다는 점을 고려해야 한다.

13 KTCS(Korean Train Control System)시스템 구성 및 인터페이스에 대하여 설명하시오.(124-25)

시스템 구성

KTCS-2 열차제어시스템은 유럽열차제어시스템 ETCS 표준규격 Subset 2.3.0d Baseline2 요구사항을 적용한 한국형 LTE-R 무선통신 기반의 열차제어 시스템으로 구성은 크게 지상의 무선폐색센터(RBC)와 차량의 차상컴퓨터장치(KVC)로 나누어지며, RBC는 전자연동장치로부터 열차점유정보를 수신하여 열차의 이동권한을 생성하고, 안전전송유니트(STU)를 통해 LTE-R 무선통신망을 경유하여 차상 STU가 정보를 수신하며, 최종적으로 이동권한 등의 정보를 KVC에 송신하는 구조이다.

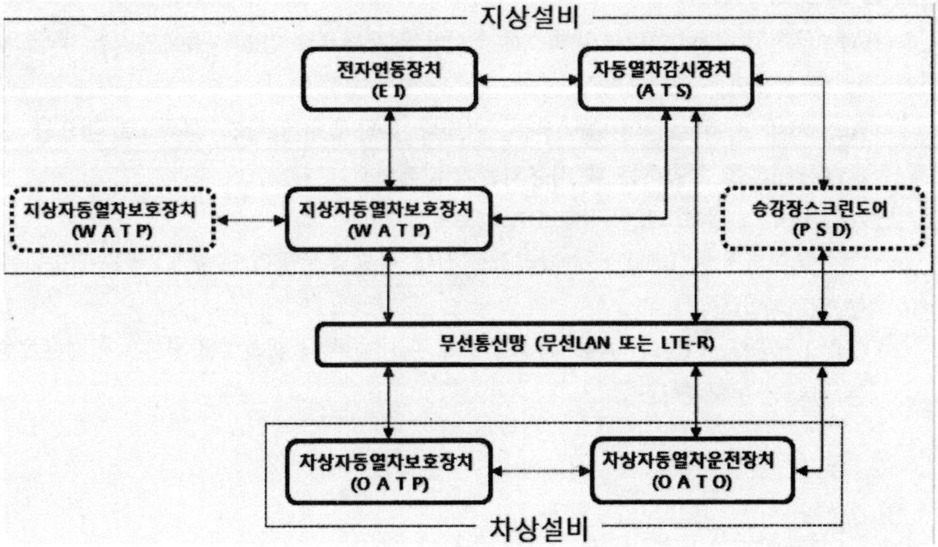

장치 간 인터페이스

① RBC ~ CTC 간 인터페이스는 Ethernet을 사용하며, TCP/IP 기반의 프로토콜
② RBC ~ STU 간 인터페이스는 Ethernet을 사용하며, UDP/IP 기반의 프로토콜
③ STU ~ KVC 간 인터페이스는 RS-422 Serial을 사용하며, 115,200bps 통신 속도
④ TCI ~ STU 간 인터페이스는 Ethernet을 사용하며, TCP/IP 기반의 프로토콜
⑤ EIS ~ RBC 간 인터페이스는 Ethernet을 사용하며, UDP/IP 기반의 프로토콜
⑥ RBC ~ 인접 RBC 간 인터페이스는 Ethernet을 사용하며, TCP/IP 기반의 프로토콜
⑦ 지상 STU ~ 차상 STU 간의 통신은 LTE-R 무선통신

14 자동열차보호장치(ATP : Automatic Train Protection)의 발리스(Balise)와 선로변제어 유니트(LEU : Lineside Electronic Unit) 장치 간의 인터페이스 A, C1, C6, S에 대하여 설명하시오.(111-25)(118-25)(126-10)

인터페이스

- A : 차상안테나와 발리스 간 인터페이스
- C : LEU와 가변 발리스 간 인터페이스
- S : 현장 신호정보와 LEU 간 인터페이스

모든 인터페이스

- A1 : 무전원 응동, 업링크 발리스에서 안테나 유닛으로 업링크 유로발리스 텔레그램을 전송하는 데 사용되는 인터페이스
- A4 : 차내 장치로의 데이터 전송, 안테나 유닛에서 업링크 발리스로 필요한 전력(Tele-powering)을 전송하는 데 사용되는 인터페이스
- A5 : 발리스 텔레그램 저장과 Interface
- C1 : 데이터전송, LEU 에서 발리스로 상향 링크 유로발리스 텔레그램을 전송하는 데 사용되는 인터페이스.
- C4 : Interface C1의 차단, Balise 통과 중 LEU에서 텔레그램 전환을 억제하기 위해 사용되는 선택적 인터페이스

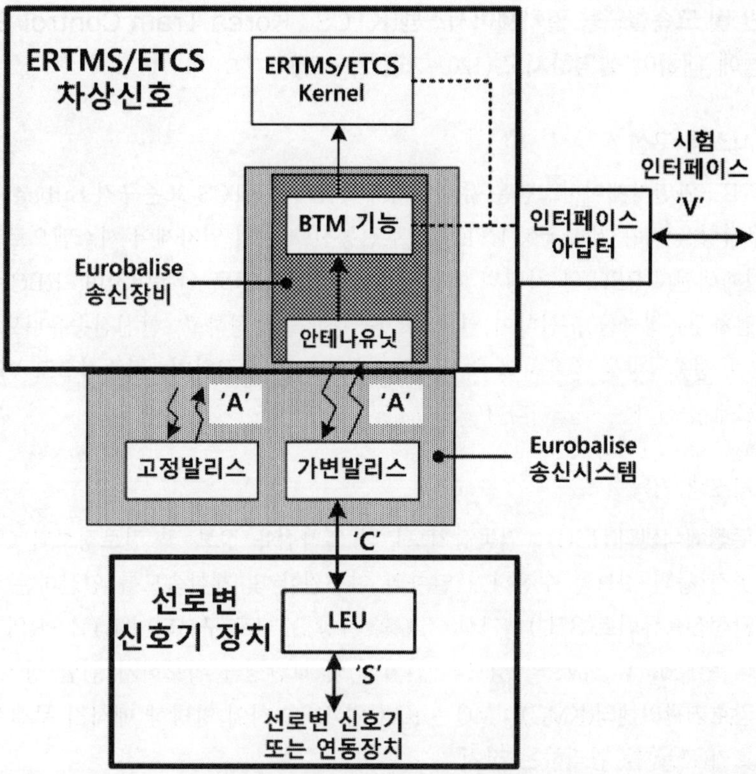

[그림] 지/차상 Balise 인터페이스

- C6 : 전원공급, 제어되는 업링크 발리스(LEU에서 전송)의 직렬 인터페이스('C1') 입력회로를 바이어싱하는데 사용되는 인터페이스
- S : 비표준화된 신호기 또는 연동장치와 LEU 간의 인터페이스
- 'V1' : BTM 기능의 다양한 속성을 테스트하기 위해 사용되는 인터페이스이다. 특히 Eurobalise 송신 시스템을 테스트하기 위해 설계된 특정 하위 집합이 포함되어 있다. 인터페이스가 운영 장비에 통합되어 있을 필요는 없다. 표준화된 인터페이스를 제공하기 위해 회사 고유의 어댑터(운영 장비 외부에 허용됨)가 사용된다.
- 'V2' : 시험 중 시간 및 주행 기록계 정보를 BTM 기능으로 전송하는 인터페이스이다. 이 인터페이스는 운영 장비에 통합될 필요가 없다. 표준화된 인터페이스를 제공하기 위해 회사 고유의 어댑터(운영 장비 외부에 허용됨)가 사용된다.
- 'V4' : 이 인터페이스는 안테나 유닛의 종방향 속도와 주행 방향에 대한 정보를 제공하는 한 쌍의 구형파 신호로 구성된다. 이 인터페이스는 테스트 중에 사용되며, 위의 인터페이스 'V2'를 사용하는 대신 사용된다. 인터페이스는 운영 장비에 통합될 필요가 없다. 표준화된 인터페이스를 제공하기 위해 회사별 어댑터(운영 장비 외부에 허용됨)가 사용된다.

15 일반 및 고속철도용 열차제어시스템(KTCS : Korea Train Control System)의 구성 및 기능에 대하여 설명하시오.(120－25)(129－25)

시스템 구성

KTCS－2 열차제어시스템은 유럽열차제어시스템 ETCS 표준규격 Subset 2.3.0d Baseline2 요구사항을 적용한 한국형 LTE－R 무선통신 기반의 열차제어 시스템으로 구성은 크게 지상의 무선폐색센터(RBC)와 차량의 차상컴퓨터장치(KVC)로 나누어지며, RBC는 전자연동장치로부터 열차점유정보를 수신하여 열차의 이동권한을 생성하고, 안전전송유니트(STU)를 통해 LTE－R 무선통신망을 경유하여 차상 STU가 정보를 수신하며, 최종적으로 이동권한 등의 정보를 KVC에 송신하는 구조이다.

시스템 기능

① **무선폐색센터(RBC)** : 연동장치로부터 열차점유 정보 및 진로정보와 CTC로부터 임시속도 설정 등의 정보를 수신하여 열차의 이동권한 및 제한속도를 연산하는 장치

② **안전전송유니트(STU)** : 지상 STU와 차상 STU로 구분되며 LTE－R의 무선구간 내 송수신되는 RBC 및 KVC의 정보의 신뢰성 및 보안성을 확보하기 위한 장치

③ **암호키관리센터(KMC)** : MC는 KVC와 RBC 사이 양방향 메시지 무결성 검증에 필요한 암호키(Key)를 관리하는 장치

④ **폐색정보전송장치(BITU)** : 폐색구간의 궤도회로 점유정보와 건널목고장검지정보, 낙석/차량검지정보 등의 안전설비 정보를 전자연동장치에 전송하는 장치이며, 현장장치와 역장치로 구분

⑤ **발리스** : 궤도상에 설치되는 지상자로 가변정보 또는 선로속도나 구배 등 고정정보를 차상으로 전송하는 장치이며 KTCS－2 설비 구간에서는 열차 위치보정, 링킹, 레벨 전환 및 RBC 핸드오버 경계용으로 사용된다.

⑥ **차상컴퓨터장치(KVC)** : 지상의 RBC와 무선(LTE－R) 매체를 이용하여 보안전송유니트(STU)를 통하여 제어 및 상태정보를 송·수신하며 이동권한 및 열차간 안전거리 간격 확보를 위해 열차운행을 관리하는 차상의 컴퓨터장치이다.

⑦ **발리스 전송 모듈(BTM)** : 선로와 열차 간의 불연속 정보전송을 위한 차상장치로 차상안테나를 통해 수신된 발리스의 텔레그램을 KVC로 전송하는 장치이다.

⑧ **열차운행정보 기록장치(JRU)** : 열차 내 KVC와 인터페이스 하여 열차 주행 시 발생하는 이벤트에 대한 KVC의 메시지를 기록하는 장치이다.

16 **「한국철도표준규격 KRS SG 0070-22(일반 및 고속철도용 열차제어시스템(KTCS))」의 지상장치 구성품별 주요기능에 대하여 설명하시오.**(121-25)(129-25)

¤ ERTMS/ETCS ATP장치의 차상설비 구성요소에 대하여 설명하시오.(25)

¤ 한국형 열차제어시스템(KTCS-2)의 지상장치 구성 및 기능에 대하여 설명하시오.(25)

지상장치 구성품별 주요 기능

① 무선폐색센터(RBC)

㉠ 무선폐색센터 1계와 2계 사이의 절체는 무순단 절체가 가능하여야 한다.

㉡ 무선폐색센터의 기능 및 인터페이스 요구사항은 SUBSET-026(Ver 2.3.0), SUBSET-108(Ver 1.2.0)내의 관련 조항을 준수하여야 한다.

㉢ 무선폐색센터와 인접 무선폐색센터 간의 핸드오버 관련 기능 및 인터페이스 요구사항은 SUBSET-026(Ver 2.3.0), SUBSET-108(Ver 1.2.0), SUBSET-039(Ver 2.3.0) 내의 관련 조항(붙임1, 붙임2)을 준수하여야 한다.

㉣ 무선폐색센터와 CTC 간의 인터페이스 관련 요구사항 및 인터페이스 프로토콜은 당사자 간 협의에 의해 규정된 기준을 따른다.

㉤ 무선폐색센터와 전자연동장치 간의 인터페이스 관련 요구사항 및 인터페이스 프로토콜은 당사자 간 협의에 의해 규정된 기준을 따른다.

㉥ 무선폐색센터와 지상 보안전송유니트 간의 인터페이스 프로토콜은 당사자 간 협의에 의해 규정된 기준을 따른다.

② 발리스

㉠ 발리스는 텔레그램 수집, 저장, 전송 및 에러처리, 무전원 응동의 기능을 통해 차상장치에 운전조건을 제공한다.

㉡ 발리스는 차상안테나와 유도결합을 기초로 하여 열차가 발리스를 통과할 때 차상안테나에서 유도되는 27.095MHz ±5 KHz 주파수 신호를 전송받아 전력을 공급받는다.

㉢ 발리스는 전송받은 전력으로 564.48 kbit/s ±2.5 %의 전송률로 3.951 MHz, 4.516 MHz로 변조된 주파수의 텔레그램을 차량에 전송한다.

㉣ 1개의 발리스에 최대 텔레그램 정보는 1023 bits를 초과할 수 없다.

㉤ 발리스를 통해 전송되는 텔레그램 정보는 고정발리스용 정보와 가변발리스용 정보로 구분하여 구성한다.

㉥ 발리스의 기능 및 인터페이스 요구사항은 SUBSET-026(Ver 2.3.0), SUBSET-108(Ver 1.2.0), SUBSET-036(Ver 3.1.0)내의 관련 조항을 준수하여야 한다.

㉦ KTCS 레벨 1인 경우, 고정 발리스와 가변 발리스를 사용하여야 한다.

㉧ KTCS 레벨 2인 경우, 고정 발리스를 사용하여야 한다.

③ 지상 보안전송유니트(STU)

㉠ 지상 무선폐색센터와 통신이 가능하여야 한다.

㉡ 차상 보안전송유니트와 통신이 가능하여야 한다.

㉢ 통신회선은 다중계로 구성되어야 한다.

㉣ 고장이 발생하면 확인이 가능하도록 표시 기능이 있어야 한다.

㉤ 동작 상태는 전면에서 육안으로 식별이 가능해야 한다.

㉥ 암호키를 저장할 수 있어야 한다.

㉦ 지상 보안전송유니트와 차상 보안전송유니트 간의 보안전송관련 기능 및 인터페이스 요구사항은 SUBSET-037(Ver 3.2.0)내의 관련 조항(붙임3)을 준수하여야 한다.

④ 선로변제어유니트(LEU)

㉠ 지상 신호기의 현시상태 등의 정보를 판독하여 텔레그램을 생성하고 가변발리스로 전송하여야 한다.

㉡ 선로변제어유니트는 지상 신호기의 현시상태를 검지하기 위한 인터페이스 방식으로 신호등 현시상태 검지방식 또는 계전기 접점 검지방식을 사용할 수 있다.

㉢ 선로변제어유니트는 고장여부를 검지할 수 있어야 한다.

㉣ 선로변제어유니트와 발리스는 전송케이블을 통하여 통신한다.

㉤ 발리스 전송케이블은 케이블 헷드를 경유하여 선로변제어유니트와 연결된다.

㉥ 선로변제어유니트의 기능 및 인터페이스 요구사항은 SUBSET-026(Ver 2.3.0), SUBSET-108(Ver1.2.0), SUBSET-036(Ver 3.1.0), SUBSET-040(Ver 2.3.0) 내의 관련 조항을 준수하여야 한다.

차상장치 구성품별 주요기능

① 차상컴퓨터장치(KVC)

㉠ 열차로부터 입력되는 동작 전원이 정격입력전압 ±30%의 전압 변동이 발생하여도 이상없이 동작하여야 한다.

㉡ 차상컴퓨터장치를 구성하는 각 장치로 전원공급이 가능해야 한다.

㉢ 다중계로 구성되어야 한다.

㉣ 고장이 발생한 경우 확인이 가능하도록 표시 기능이 있어야 한다.

㉤ 동작 상태는 전면에서 육안으로 식별이 가능해야 한다.

㉥ 각종 제어 신호 생성 출력 및 입력된 신호를 해석하며 내부 인터페이스를 제공하여야 한다.

㉦ 외부 장치인 발리스전송모듈, KVC운행정보기록장치, 주행거리계, 도플러레이더센서 및 운전자 표시장치, 차상 보안전송유니트 간의 인터페이스를 제공하여야 한다.

㉧ 차상컴퓨터장치의 기능 및 인터페이스 요구사항은 SUBSET-026(Ver 2.3.0), SUBSET-108(Ver1.2.0), SUBSET-040(Ver 2.3.0), SUBSET-041(Ver 2.1.0) 내의 관련 조항(붙임1)을 준수하여야한다.

ⓩ 차상컴퓨터장치와 열차간의 인터페이스 요구사항은 SUBSET－034(Ver 2.0.0)내의 관련 조항을 준수하여야 한다.

ⓧ 차상컴퓨터장치와 차상 보안전송유니트 간의 인터페이스 프로토콜은 당사자 간 협의에 의해 규정된 기준을 따른다

② 운전자표시장치(DMI)

㉠ 운전자표시장치는 차량의 운전실에 설치되어 차상컴퓨터장치에서 전송되는 데이터를 운전자에게 표시하는 기능을 가지고 있다. 차상컴퓨터장치에서 운전자표시장치로 전송되는 정보는 열차의 안전운행에 필요한 정보로 운전자표시장치는 수신된 데이터를 운전자가 식별 가능한 기호, 숫자, 글자, 그림으로 표현하여 화면에 표시하는 기능을 제공한다.

㉡ 운전자표시장치는 운전자에게 현재 열차의 운행속도 및 부가정보를 표시하여 운행을 지속할 수 있도록 한다.

㉢ 운전자표시장치는 열차의 모드에 따라 열차의 실제속도, 제한속도 등과 같은 속도 관련 정보와 제동정보 표시, 현재의 모드정보, 레벨정보, 인지정보 등과 같은 운전정보를 표시하며, 텍스트 메시지를 통해 현재의 운행정보 및 고장정보를 표시한다.

㉣ 모니터전원 상태표시정보 관련 운전자표시장치 전면 전원 상태표시등을 통해 전원 상태를 표시한다.

㉤ LCD 백라이트(Backlight) 밝기조절관련 운전자표시장치는 운영자의 편의를 위하여 운전자표시장치 전면 판넬에 위치한 조도센서를 통해 LCD 백라이트의 밝기가 자동으로 조절되며, 운전자의 취급으로 수동으로도 동작할 수 있다.

㉥ 오디오 기능 관련 운전자표시장치 조작 시 Sound Box와 연동하여 소리를 출력할 수 있다.

㉦ 기타 인터페이스 관련 USB 포트를 이용하여 운전자표시장치 장치의 S/W 업로드를 할 수 있다.

㉧ 운전자표시장치 화면상의 표시정보 목록 및 기본사양은 SUBSET－033(Ver 2.0.0)내의 관련 조항을 준수하여야 한다.

㉨ 운전자표시장치 화면상의 표시정보 세부 사양 및 형상은 ERA/ERTMS/015560(Ver 2.3), ERTMS/ETCS Driver Machine Interface 내의 관련 조항을 준수하여야 한다.

③ 발리스전송모듈(BTM, Balise Transmission Module) 및 안테나

㉠ 발리스전송모듈은 발리스를 구동하기 위한 전력파를 생성하기 위해 BTM 안테나로 명령을 송신하고, 또한 안테나를 통해서 수신한 지상 발리스의 데이터를 해석하여 차상컴퓨터장치로 전달해야한다.

㉡ 발리스전송모듈은 안테나와의 인터페이스를 제공하여야 한다.

㉢ 발리스전송모듈은 안테나의 정상 상태를 확인하기 위해 주기적인 테스트 기능을 제공하여야 한다.

㉣ 안테나는 차량 하부에 설치되어 운행 중 지상에 설치된 발리스의 신호를 무선으로 수신하여야한다.

- 주파수 : 4.234 MHz ±175 KHz
- 전송방식 : FSK
- 전송률 : 564.48 kbit/s ±2.5%
- 텔레그램 길이 : 1,023 또는 341 bits

㉤ 안테나는 지상에 설치된 발리스의 전력공급을 위해 전력파를 송출하여야 한다.

㉥ 안테나는 수신된 신호를 발리스전송모듈로 전송하여야 한다.

㉦ 발리스전송모듈의 기능 및 인터페이스 요구사항은 SUBSET-026(Ver 2.3.0), SUBSET-108(Ver 1.2.0), SUBSET-036(Ver 3.1.0), SUBSET-040(Ver 2.3.0) 내의 관련 조항을 준수하여야 한다.

⑧ 특정전송모듈(STM)

㉠ 특정전송모듈은 기존 열차제어시스템(열차자동정지장치(ATS), 열차자동제어장치(ATC)) 차상장치와 인터페이스하여 열차제어 기능의 표시·제어 정보를 차상컴퓨터장치로 바이패스하여 제공하거나 기존 열차제어시스템 차상장치 기능을 모두 구현하여 차상컴퓨터장치에 제공할 수 있어야한다.

㉡ 특정전송모듈과 차상컴퓨터장치 간의 인터페이스 방식은 특정전송모듈 기능의 구현 조건에 따라 적합한 방식으로 구현되어야 한다.

㉢ 기존 열차제어시스템 지상설비 설치 노선 진입·운영 등 특정전송모듈의 활성화가 가능하고 정상적인 레벨 STM 전환 절차가 수행된 경우, 차상컴퓨터장치는 레벨 STM으로 동작하여야 한다.

⑨ 차상 안전전송유니트(STU)

㉠ 차상컴퓨터장치와 통신이 가능하여야 한다.

㉡ 지상 보안전송유니트와 통신이 가능하여야 한다.

㉢ 통신회선은 다중계로 구성되어야 한다.

㉣ 고장이 발생한 경우 확인이 가능하도록 표시 기능이 있어야 한다.

㉤ 동작 상태는 전면에서 육안으로 식별이 가능해야 한다.

㉥ 암호키를 저장할 수 있어야 한다.

㉦ 차상 보안전송유니트와 지상 보안전송유니트의 보안전송관련 기능 및 인터페이스 요구사항은 SUBSET-037(Ver 3.2.0)내의 관련 조항(붙임3)을 준수하여야 한다.

㉧ 차상 보안전송유니트와 차상컴퓨터장치간의 인터페이스 프로토콜은 "당사자간 협의에 의해 규정된 기준"을 따른다.

⑩ KVC운행정보기록장치(JRU)

㉠ 차상컴퓨터장치와 통신이 가능하여야 한다.

㉡ 차상컴퓨터장치로부터의 정보는 전원이 차단되어도 유지되어야 한다.

㉢ 저장된 운행기록 정보를 다운로드 가능해야 한다.

㉣ KVC열차운행정보저장장치의 저장된 운행기록정보의 목록, 기록 형식, 기록 주기는 SUBSET－027(Ver 2.3.0) 내의 관련 조항을 준수하여야 한다.

㉤ KVC운행정보기록장치의 설계는 IEC 62625－1 등을 참고할 수 있다.

㉥ KVC운행정보기록장치는 차량내 유사기능을 담당하는 장치와 통합 할 수 있다.

⑪ 주행거리계(Odometer)

㉠ 차상컴퓨터장치와 인터페이스가 가능하여야 한다.

㉡ 차량에 설치하여 이동속도와 이동거리를 측정할 수 있어야 한다.

⑫ 열차 인터페이스 유니트(TIU) : 차상컴퓨터장치와 제동 제어, 운전실 제어, 판토그래프 제어, 기밀시스템 제어, 주회로차단기 제어관련 인터페이스가 가능하여야 한다.

17 KTCS－2 열차제어시스템에서 사용되는 지상－차상 발리스의 기능 및 전송하는 텔레 그램의 종류에 대하여 설명하시오.(130－10)(121－25)

◎ 발리스의 기능 및 텔레그램 정보 종류

① 발리스는 텔레그램 수집, 저장, 전송 및 에러처리, 무전원 응동의 기능을 통해 차상장치에 위치정보와 궤도 및 신호정보 등을 제공한다.

② 발리스는 차상 안테나(CAU)와 유도결합을 기초로 하여 열차가 발리스를 통과할 때 차상 안테나에서 유도되는 27.095MHz 주파수 신호를 전송받아 전력을 공급받는다.

③ 발리스는 전송받은 전력으로 564KBit/s의 전송률로 3.95MHz, 4.52MHz로 변조된 주파수의 텔레그램을 차량에 전송한다.

④ 발리스에 저장되어 전송되는 텔레그램 정보는 다음과 같다.

㉠ **가변발리스(CB)** : 위치 및 지리정보, 열차의 목표속도 정보, 열차진로, 이동권한, 구배, 링크데이터 정보

㉡ **고정발리스(FB)** : 국가 값, 고정장애물 정보(터널, 교량, 정거장, 건널목, 전차선절연구간, 낙석, 지장물, 공사 구간, 임시속도제한)

⑤ 1개의 발리스에 최대 텔레그램 정보는 1,023bit를 초과할 수 없다.

⑥ 발리스는 LEU로부터 텔레그램을 수신하기 위하여 업 링크 인터페이스 'C1'(LEU로부터 데이터전송)을 사용한다. 단, 발리스가 인터페이스 'C1'에서 LEU로부터 유효신호를 감지할 수 없을 때 발리스는 기본 텔레그램(디폴트 텔레그램)을 송신한다.

⑦ LEU로부터 가변 텔레그램이 입력되지 않을 경우에는 디폴트 텔레그램을 전송해야하고, 다른 텔레그램으로의 전환 시에는 이전 텔레그램과 새로운 텔레그램 사이에 삽입되는 비트열의 길이는 75~128비트 사이에 있어야 한다.

⑧ 발리스와 LEU간 외부 인터페이스 기준은 C1(LEU에서 발리스로 업 링크 유로 발리스 텔레그램을 전송), C6(LEU에서 전송되는 제어된 업 링크 발리스의 직렬 인터페이스(C1) 입력회로들을 바이어싱)과 같고 현장에서 설치되어 사용 중인 LEU에 연결 시 인터페이스에 이상 없어야 한다.

18 한국형 열차제어시스템 KTCS-2와 KTCS-3를 비교하여 설명하고, KTCS-3 구현에 필요한 기술에 대하여 설명하시오.(124-25)

한국형 열차제어시스템(KTCS-2 : Korea Train Control System)

① KTCS-2는 유선에서 무선으로 열차제어정보 전송하는 무선폐색센터(RBC)를 설치하여, 열차점유정보 및 이동권한 정보를 전송하고 있다.

② 전라선 익산-여수엑스포(180km) 구간에서 시범사업을 수행하였으며, KTCS-2는 '무선폐색센터'에서 철도전용무선망(LTE-R)을 활용해 열차에 새로운 제어정보(이동권한 및 위치정보) 생성 시마다 이를 즉시 전송, 200km/h 이상의 고속선에 대응할 수 있다.

③ 신호제어정보가 '변경'될 때마다 '무선'으로 열차에 전송할 수 있게 되는 것이다. 이는 신호기 등 각종 설비의 설치가 줄어들어 건설비 및 유지·보수비용을 절감하고, 실시간으로 열차에 제어정보를 전송해 차량 운행의 안전성과 효율성을 높일 것으로 기대된다.

④ 레벨2도 ▲800m 단위의 열차위치 검지 ▲열차분리 검지 ▲레일절손 금지 등의 기능을 수행하는 고정폐색형 궤도회로를 사용한다.

⑤ KTCS-2에서 핵심 장치는 레벨1에서 선로변 제어유닛(LEU)과 신호기 등을 대체하는 무선폐색센터(RBC, Radio Blok Center)이다.

⑥ RBC는 발리스로부터 정상적으로 정보를 받는지 여부, 그리고 RBC가 차상장치에 제어정보를 제대로 보내는지 등 인터페이스 시험 과정 전체를 데이터로 저장해 오류 발생 시 바로 확인할 수 있다.

한국형 열차제어시스템(KTCS-3 : Korea Train Control System)

① KTCS-3에서는 ETCS 기반의 이동폐색(Moving Block)과 열차자동운전기술을 도입할 예정이다.

② 현재 국내 고속선에 적용된 고정폐색의 경우 1개 폐색 당 1,500m의 길이를 갖고 있으며, 열차 제동거리와 안전거리 등을 고려하여 7개 폐색(약 10.5km)의 간격을 유지한다.

③ 궤도회로를 사용하지 않고 차상장치 중심의 이동폐색 열차제어 기술을 적용하게 되면 0.5초마다 실시간으로 열차 위치 정보를 전송하고, 열차 위치를 80m 내외로 정밀하게 검지하기 때문에 열차간격을 줄이고, 건설·유지비용도 절감시킬 수 있다.

④ 이동 폐색을 적용하게 되면 궤도회로 등 지상설비를 최소화해 건설비를 절감할 수 있을 뿐만 아니라, 고속열차의 제동거리와 안전거리를 고려하더라도 7.8km 거리를 유지할 수 있어 기본보다 2.9km 운전시격을 단축하게 된다.

⑤ KTCS-3를 도입하면 선행열차는 궤도회로를 사용하지 않고 차상장치를 통해 LTE-R 통신망을 이용, RBC에 이동권한을 보내면, 후행열차는 이 정보를 수신받아 자동으로 열차간격·속도를 제어할 수 있게 되어, 고속선에서도 '열차자동운전'을 실현할 수 있다.

KTCS-2 & KTCS-3 한국형 열차제어시스템 비교 검토

항목	KTCS-2	KTCS-3
대 상	일반철도 및 고속철도	도시/일반/고속철도
운행설계속도	350km/h 이하	350km/h 이하
최대운행 가능모드	수동운전(GOA1)	자동운전(GOA2)
안전등급	SIL4 인증	시스템 개발 중
폐색방식	고정폐색방식(궤도회로 사용)	이동폐색방식(궤도회로 없음)
통신방식	LTE-R방식 (700MHz)	LTE-R방식 (4세대 무선통신기반 철도전용 통신망)
위치정보	필요(위치 및 선로정보 정보용) 발리스	필요(위치 및 선로정보 정보용) 발리스(200m)
열차제어방식	RBC(무선폐색센터 구축)	RBC(무선폐색센터 구축)
상호연계성	• KTCS-M 차상신호 연계 불가 • KTCS-3 차상신호 연계 가능	• KTCS-M, 2 차상신호 연계 불가
설치현황	• 전라선 익산~여수엑스포 시범사업(LTE-R) * 현재 220km/h~250km/h 성능 검증완료	시스템 개발 중
추진현황	진행중	미래형
제작사	지상 : 대아티아이, 차상 : 현대로템, 테크빌	지상 : 대아티아이, 차상 : 현대로템

KTCS-3 구현에 필요한 기술

① 신호기술 표준화

- 유럽의 신호표준규격(ETCS Level 1, 2)이 세계적으로 준용되어 사용 중에 있으며, 향후 ETCS Level 3 단계의 표준규격 제정 예정
- ETCS Level 3급의 신호시스템 개발 시, 개발 참여업체로 하여금 UNISIG 및UIC를 통해 표준화 참여 추진

② **통신기술 표준화** : 국제철도연맹(UIC)은 미래철도통신시스템으로 FRMCS*를 정의하고, 이동통신 표준화기구(3GPP)를 통해 기술규격 마련 중
- FRMCS : Future Railways Mobile Communications Systems
- 3GPP : 3rd Generation Partnership project

19 한국형 열차제어시스템(KTCS-2) 도입으로 기대되는 효과를 설명하시오.(118-25)

한국형 열차제어시스템(KTCS-2)

① KTCS-2, 유선에서 무선으로 열차제어정보 전송 "RBC, 핵심 기능 담당"
② KTCS-2에서 핵심 장치는 레벨1에서 선로변 제어유닛(LEU)과 신호기 등을 대체하는 무선폐색센터(RBC, Radio Blok Center)이다.
③ 차상컴퓨터, 무선전송모듈, 무선신호제어장치, LTE-R 고정국·이동국
④ 철도통합무선망(LTE-R)을 이용한 열차제어시스템(KTCS-2) 국산화
⑤ 레벨2도 ▫800m 단위의 열차위치 검지 ▫열차분리 검지 ▫레일절손 금지 등의 기능을 수행하는 기존의 궤도회로를 적용한다.

철도통합무선망(LTE-R)의 표준 및 성능검증

① 일반 및 고속철도용 철도통합무선망 단체표준 제정(4종)
② 고속철도 운영환경(350km/h) 시험인프라 구축
③ 다른 무선 기종 간 연동을 위한 상호연동
④ 철도통합무선망용 차상단말기 및 휴대단말기 성능검증
⑤ 강릉KTX(평창 동계 올림픽) 사업화를 거쳐 국내 구축 완료

개발 성과

① 일반 및 고속철도용 무선기반 열차제어시스템의 표준사양서 확정
② 일반 및 고속철도용 무선기반 열차제어시스템의 국산 기술 확정
③ 열차제어시스템의 성능검증 밀 안전성 인증(SIL 4) 획득
④ 일반 및 고속철도용 철도통합무선망 표준 제정
⑤ 일반 및 고속철도용 철도통합무선망의 성능검증 및 국가통합인증 획득
⑥ 철도통합무선망(LTE-R) 및 LTE-R기반 열차제어시스템의 국가 철도망 구축

활용계획 및 기대효과

① LTE-R기반 열차제어시스템의 시범사업을 거쳐 사업화 확대로 국가철도망의 단일화, 표준화 및 국산화

② 현재 운영 중인 시스템과 상호운용성 확보로 운행 중단 없이 시스템 설치 및 개량 가능

③ 국내 철도무선망의 일원화 및 국산장비 활용으로 철도 안전운행 향상

④ 운전시격 단축으로 운행효율 향상

⑤ 국내기술 적용으로 외국기술 종속 탈피 및 수입절감

⑥ 선로용량 증대 및 철도경쟁력 강화

⑦ 신호시스템의 통합 및 관련 기술사양의 표준화

20 한국형 열차제어시스템 KTCS-2(Korean Train Control System-2)에서 사용하고 있는 무선폐색센터(RBC : Radio Block Center)에 대하여 설명하시오.(121-25)

무선폐색센터(RBC) 개요

- 무선폐색센터는 열차와 LTE-R 무선네트워크를 연결시킨 지상장치로, 현재 열차위치정보는 연동장치를 통해 입력된다.
- 무선폐색센터는 관할영역을 제어하고 열차이동권한을 생성하며, LTE-R을 통해 열차의 이동권한을 차상으로 전송한다.
- 무선폐색센터는 인근 무선폐색센터와 연결되어 열차가 현재 무선폐색센터 영역에서 다음 무선폐색센터 영역으로 이동시 연속적인 열차제어의 수행을 위해 핸드오버를 수행한다.
- 무선폐색센터는 ERTMS/ETCS Balise 2규격을 준수하며, 신뢰성 및 가용성을 위해 2중계장치로 구성된다.
- 무선폐색센터는 안전성 최고등급 레벨인 SIL 4등급을 요구한다.
- 무선폐색센터의 제어용량은 최대 인터페이스 포인트 수 1,500개와 최대 20편성의 열차를 한 제어영역내에서 동시에 제어할 수 있다. 대략적으로 선구로 보면 80km 연장을 하나의 무선폐색센터가 제어한다.
- 무선폐색센터 랙 내부에 설치되는 유지보수컴퓨터는 RBC의 유지보수를 위한 설비로써 고성능의 IPC와 KVM 스위치로 구성된다.

무선폐색센터(RBC : Radio Block Center) 구성

① 정류기

- 전원공급용 정류기는 병렬2중계로 구성.
- 무순단 절체가 가능하며, 외부로부터 AC220V을 입력하여 DC24V를 출력한다.

② **RBC 서브랙** : 열차를 제어하기 위한 로직을 생성하는 서브랙으로서, 전원보드, 제어보드, 통신보드, ISO(절연)보드로 구성된다.

③ **유지보수컴퓨터**

- 유지보수컴퓨터는 KVM 스위치와 고성능 산업용 컴퓨터로 구성.
- RBC 유지보수를 위한 MMI소프트웨어가 탑재

④ **L3 스위치** : L3스위치는 로컬 네트워크 구성을 위하여 2개의 네트워크 스위치로 구성되며 보안전용 엔진을 탑재하고 있다.

무선폐색센터(RBC : Radio Block Center) 기능

무선폐색센터는 열차의 안전한 주행을 위한 기능을 수행하며, KTCS－2 차상장치인 KVC와의 실시간 무선통신을 통해 기능이 실행되며 주요 기능은 다음과 같다.

① **무선통신 관리기능(무선폐색센터 구축)** : RBC와 차상장치간 무선통신 관리 기능

② **이동권한 전송** : 열차전방 궤도상태를 확인하여 열차가 안전하게 운행할 수 있는 지점까지 이동권한을 부여하는 기능

③ **열차운행 안전 기능** : 열차의 안전한 운행을 위한 정보전송 기능

④ **열차모드 변경승인** : 열차의 모드변경 절차에 따른 모드 변경 승인 기능

⑤ **레벨전환 절차수행** : 하위 레벨 연계운영을 위한 레벨 전환 기능

⑥ **핸드오버 절차 수행** : 타 공구 RBC와 연계운행을 위한 핸드오버 기능

21 한국형 열차제어시스템(KTCS－2 : Korean Train Control System－2)에서 사용하고 있는 폐색정보전송유니트(BITU : Block Information Transmission Unit)에 대하여 설명하시오.(126－25)

폐색정보전송장치(BITU)

① 폐색정보전송장치(BITU : Block Information Transmission Unit)는 궤도회로 점유정보 및 건널목 고장정보, 낙석 검지정보 등을 수신하여 전자연동장치로 송신하며 역장치와 현장장치로 구분된다.

② 역장치는 신호계전기실에 설치되며, 역장치와 전자연동장치간 연결은 신호용 40P 케이블로 연결하여 역장치에서 출력되는 궤도정보 접점을 이용하여 전자연동장치로 전송한다.

③ 역장치는 16개(최대 48개)의 현장장치 정보를 수신할 수 있다.

④ 현장장치는 폐색제어유니트에 인접하여 설치하며, 제어케이블을 통하여 궤도점유 정보를 수신받는다.

⑤ 현장장치는 폐색제어유니트, 지장물검지장치, 건널목 제어장치 등 외부장치로부터 정보를 수신할 수 있다.

⑥ 전자식 자동폐색장치와 같은 방식으로 바이탈(Vital) 정보를 수신하는 경우에는 BITU를 반영하지 않는다.

22 철도통합무선망(LTE-R : Long Term Evolution - Railway)에서 열차제어서비스의 가용성과 신뢰성을 보장하기 위한 핸드오버(Hand-Over), 주파수대역 및 전송방식을설명하시오.(10)

핸드오버(Hand Over)

Subset-026 5.15장에 정의된 내용으로 RBC는 열차에 핸드오버 지점까지의 이동권한이 주어졌을 때 인접 RBC로 열차 정보를 전달한다. 핸드오버 절차를 시작하면 RBC는 인접 RBC로 진로정보 요청을 하며, 인접 RBC는 RBC로부터 진로정보 요청을 수신하면 경계지점 이후의 진로정보(RRI)와 MA/구배/정적 속도 프로파일을 함께 전송해야 한다. 열차 후미가 경계 발리스 진입 시 열차위치를 RBC로 보고하고 이를 수신한 RBC는 인접 RBC로 경계지점 통과를 알린 후 열차와의 통신 세션을 종료하도록 요청해야 한다.

주파수대역

① UP Link : 718 ~ 728MHz
② Down Link : 773 ~ 783MHz

전송방식

LTE-FDD(Long-Term Evolution Frequency-Division Duplex)
FDD는 상향링크(UL)와 하향링크(DL)가 서로 다른 주파수 채널 짝으로 구성된다. 이렇게 만들어 놓은 통신 채널을 이른바 '풀 듀플렉스' 라고 부르는데, 그냥 양방향 통신이 가능하다.
쌍방향 통신은 그 특성상 UL과 DL 둘 중 하나만 끊겨도 통신망으로서의 가치를 상실하게 된다.
어차피 전파 자원을 이용할 때 혼선을 막기 위해 화이트 스페이스를 두는 것은 보통이지만, 절대 끊겨서는 안 될 두 대역폭이 각각 가져야 할 화이트 스페이스와 UL과 DL 간의 간섭을 최소화하기 위한 Guard Band 간격까지 고려하면 주파수 분배의 유동성이 떨어지고 낭비가 생기는 것은 필연이다.

23 ATP(Automatic Train Protection) 시스템 중 선로변제어유니트(LEU : Line side Electronic Unit)에 대하여 설명하시오.(132－10)

개요

선로변 제어유닛(LEU, Line side Electronic Unit)은 신호설비의 상태를 검지하여 조건에 맞는 텔레그램을 정보전송장치인 발리스(Balise)로 전송하는 장치를 말한다.

기능

① 텔레그램 선택 기능
- 신호현시 상태정보 수신(Interface 'S')
- 비교논리구조(2 out of 2) 에 의한 신호현시 상태정보 비교(1차 비교)
- 전송될 텔레그램의 신뢰성 확보를 위해 선택된 텔레그램의 비교(2차 비교)
- SRS 2.3.0 표준안에서 정의된 텔레그램 선택

② 텔레그램 전송 기능
- FFFIS Interface 'C' 규정에 따른 논리적, 전기적 인터페이스
- 비교논리 구조(2 out of 2)의 시스템을 통해 두 개의 채널로 텔레그램 전송

③ 신호설비 정보 수신 기능
- 기존 설비에 영향이 없는 무결성
- Vital 한 신호현시 상태정보 입력
- 다양한 신호설비의 정보 수용
- 신호처리보드의 유연한 확장성(최대 12개의 신호정보 입력 가능)

④ 안전측 동작 기능
- 에러 정의
- 에러 검출
- 안전측 동작

⑤ 텔레그램 저장 기능
- 현장 프로그래밍이 가능한 노트북 및 휴대용 단말장치(TPG)를 사용
- 안전한 저장기능을 위한 에러검출가능
- 보안성을 위한 암호화된 사용자 로그인
- 표준안에 기반을 둔 바이너리파일 저장
- 장문(1023), 단문(341)의 텔레그램 선택 가능
- 완전한 비교 논리 구조(2 out of 2) 시스템 구성을 위한 채널별 텔레그램 저장

24 다음 그림에서 RBC/RBC 간 핸드오버 시에 핸드오버 RBC 및 인수 RBC의 역할과 핸드오버 통신, 처리 및 감시 과정에 대하여 설명하시오.(25)

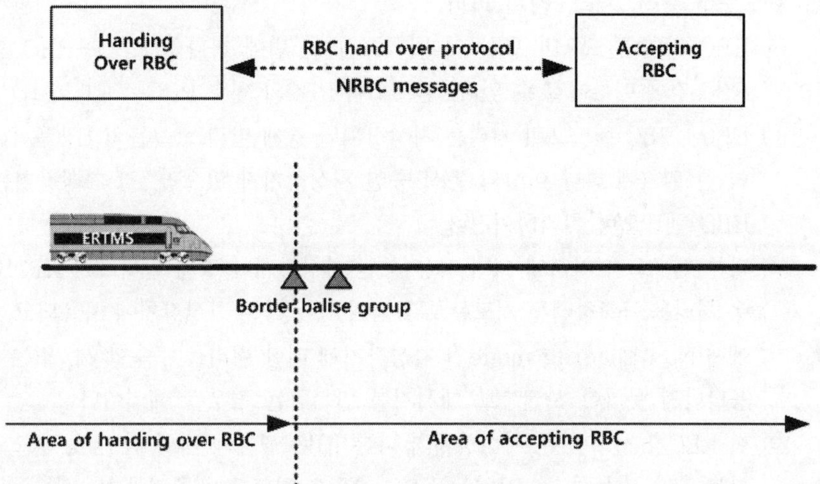

① 핸드오버 RBC 및 인수 RBC의 역할

㉠ 핸드오버 RBC는 필요할 때, 즉 열차가 경계로 이동할 때 효율적인 핸드오버를 위해, 진로 관련 정보를 요청할 책임이 있고, 이때 수신할 진로 관련 정보의 양을 제한한다.

㉡ 핸드오버 RBC는 인수 RBC로부터 수신한 진로 관련 정보를 자신의 구역에 적용되는 규칙대로 사용할 책임이 있다. 이 규칙에는 진로 관련 정보가 폐기된 상황도 포함된다.

㉢ 수신한 진로 관련 정보를 ETCS 차상 장치로 전송할 책임이 있으며, 인수 RBC가 진로 관련 정보에 대한 확정을 요청한 경우, 핸드오버 RBC는 차상으로부터의 응답을 나타내는 확정 메시지로 인수 RBC에 반드시 응답해야 한다.

㉣ 만약 인수 RBC와의 통신이 끊어졌다면, 핸드오버 RBC는 안전 조치에 대한 책임을 진다. 필요시에는 인수 RBC로의 전환을 취소할 수 있다.

㉤ 인수 RBC는 핸드오버 RBC로부터 사전통보를 수신한 뒤부터 진로 관련 정보를 핸드오버 RBC에 전송해야 한다. 자신의 규칙에 따라서 필요할 때마다 진로 관련 정보를 전송할 책임이 있으며, 진로 관련 정보는, 만약 이전에 받은 것이 있다면, 그것에 의해 제한된다.

㉥ 인수 RBC는 진로 관련 정보를 이에 대한 확정 요청과 함께 보낼 수 있다. 핸드오버 RBC로 보내는 어떤 진로 관련 정보이라도, 해당하는 ETCS 차상 장치로 핸드오버 RBC의 규칙에 따라 전송된다고 추측한다.

ⓢ 인수 RBC는 "border passed" 조건이 만족한 후에 "책임 인수" 메시지를 보내야 한다. 필요시에 RBC－RBC 핸드오버 처리를 취소할 수 있으면, 필요한 경우 "life sign"을 보내야 할 책임이 있다.

② 핸드오버 통신, 처리, 감시 과정

㉠ RBC 간의 핸드오버 통신 시에는 오직 한 번에 하나의 RBC－RBC 통신만이 한 쌍의 RBC 간에 이루어질 수 있다. 핸드오버 RBC와 인수 RBC는 ETCS ID에 의해 식별된다.

㉡ RBC－RBC 핸드오버 처리는 차상장치와 경계 발리스 그룹의 ETCS ID로 식별된다. 만약 한 열차에 하나 이상의 통신 중인 차상장치가 있으면, 각 차상장치는 각각의 RBC－RBC 핸드오버 처리하여진다.

㉢ 다른 핸드오버 처리에 이미 사용 중인 차상장치나 경계 발리스의 ETCS ID를 통해 새로운 처리를 구축하려는 시도는 무효하다. 단, 다른 차상장치에 사용되고 있는 경계 발리스에서 Non Leading mode인 차상장치에 대한 처리를 구축할 시, 또는 핸드오버 RBC가 응답받지 못하여 사전통보 메시지를 반복하는 경우는 예외이다.

㉣ 한 RBC가 서로 다른 차상장치와 다른 RBC 경계에 대해 인수 및 핸드오버 RBC로 동작하는 것은 가능하다. RBC는 RBC－RBC 핸드오버 처리를 할 때, 두 번째가 시작되기 전에 첫 번째 RBC－RBC 핸드오버 처리를 완료할 수도 있고, RBC－RBC 핸드오버 처리를 동시에 제어할 수도 있으며, RBC 간에 역할이 반대인 대로 핸드오버 처리를 동시에 할 수도 있고, 열차를 핸드오버 하지 않고 취소할 수도 있다.

㉤ RBC 간의 안전 연결이 끊어졌을 때, 진행 중인 핸드오버 처리를 중지하지 않고, 안전 연결에 대한 재구축은 이것에 책임 있는 RBC에서 요청된다. 안전 연결에 대한 재구축이 실패할 경우, RBC－RBC 핸드오버 처리는 RBC들에 의해 중지된다.

㉥ RBC/RBC 핸드오버 처리 진행 중에 제한된 진로 관련 정보 손실을 일으킬 수 있는 안전 연결 손실을 감지하기 위해 통신 상태를 감시한다. 안전 연결 손실이 감지되면 핸드오버 RBC는 자신의 규칙에 따라 필요한 대응을 해야 한다.

ⓢ 인수 RBC는 핸드오버 처리가 진행 중이고, 어떤 NRBC 메시지를 보낸 후 일정 시간이 지났을 때, 합당한 NRBC 메시지를 전송해야 한다. 핸드오버 RBC는 첫 진로 관련 정보 NRBC 메시지를 받았을 때부터 임무 인수 NRBC 메시지를 받을 때까지, 또는 처리가 취소될 때까지 RBC－RBC 통신을 감시해야 한다.

25 선로변 금속물 등에 의해 발리스장치에서 발생 될 수 있는 혼선(Cross-Talk)의 원인 및 방지대책에 대하여 설명하시오.(25)

정의

대개 어떤 통신 회선의 전기 신호가 다른 통신 회선과 전자기(電磁氣)적으로 결합하여 다른 통신 회선에 대하여 악영향을 미치는 현상을 말한다.

① 전자공학에서 발생하는 누화(crosstalk)

- 회로, 회로의 일부분, 채널 등으로부터 원하지 않은 전하 커플링, 유도 커플링, 저항 커플링이 생기는 것.
- 하나의 회로나 전송시스템의 채널에 전송된 신호가 다른 채널에 의도하지 않은 효력을 발생시키는 것.

② 통신이나 전화 통신의 경우, 누화는 통화 연결시 신호음의 일부분이 누설되는 것으로 식별할 수 있다.

발리스 내장 크로스 토크 (누화) 보호

① Eurobalise 송신 시스템은 설치 요건과 관련된 모든 제약이 고려되어야 하며, 신호 레벨에 기초한 크로스 토크에 대한 보호를 보장해야 한다.

② 유로 발리스 전송시스템에 대한 고유 크로스 토크 보호를 결정하는 요소는 다음과 같다.

- 발리스 입·출력에 대한 특성의 적절히 적용
- 외부 케이블이나 금속 매슈의 근접 발리스에 대한 설치 요구 이행
- 발리스 제어 인터페이스 케이블의 전기 및 회사별 설치 요구 이행
- BTM 기능 수신기의 전계 강도 임계값 Vth의 최소값이 되도록 적용.

③ 발리스 입출력 특성 및 필드 적합성에 대한 최악의 경우를 고려해야 한다. 차상 송신 장비 및 공극 전파에 대한 최악의 경우를 고려해야 한다.

④ 발리스 설치 X, Y, Z 축과의 최소 이격거리에 적합하도록 설치하여야 한다.

26 열차 양방향운행의 개념을 설명하고, 단방향운행을 하고 있는 ETCS 레벨 1 구간에서 A역과 B역간에 양방향운행을 위한 개량범위에 대하여 설명하시오.(117-25)

양방향운행 개념

① 선로작업, 유지보수, 차량고장 등으로 정상방향으로 열차가 운행할 수 없을 경우 반대방향 선로를 이용하여 열차가 안전하게 운행 할 수 있도록 신호체계를 구성하는 것.

② 상·하선 선로 구분 없이 선로의 양방향으로 열차 운행이 가능하도록 구현함.

③ 반대방향 선로에 열차가 운행할 때도 정상적인 신호체계에 의해 안전하게 열차운행이 가능하며, 속도를 초과하거나 안전에 문제가 발생할 경우 자동으로 열차를 정지시켜 사고를 예방할 수 있음.

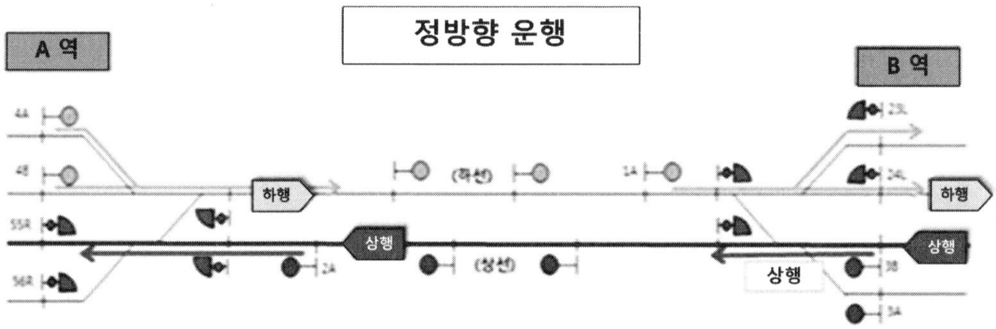

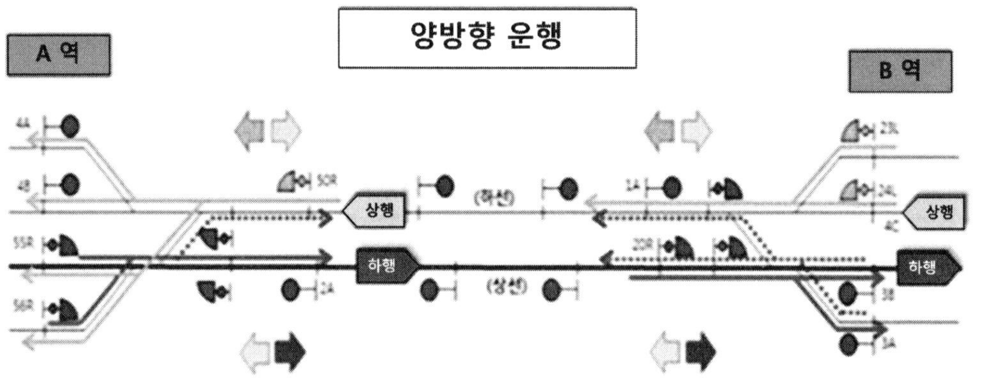

양방향운행을 위한 개량범위

① 역방향용 발리스(출발 및 장내, 인필발리스 포함) 설치

② ATP 텔레그램 변경

③ 입환(출발 및 장내)신호기 설치

④ 입환문자용 진로선별등 설치

⑤ 폐색장치 결선 변경
⑥ 케이블 신설

장점

① 차단작업 및 이례사항 등으로 해당선로를 정상적으로 운영할 수 없을 경우, 정상적인 신호체계를 통해 반대선로 열차 운행 가능
② 이례사항 발생 대비 역방향 운행의 신호시스템 구축으로 인적오류 예방 및 운행효율성 향상

양방향 폐색 특이사항(참고)

(역방향운전은 역간 1폐색구간으로 구성)

① **역방향 운전취급은 신호취급과 폐색취급을 분리**
- 먼저 폐색취급을 한 후에 신호기 취급(역방향 출발)
- 운전취급자의 오취급에 의한 운행장애 예방 및 열차안전운행 확보

② **열차운행에 의한 역방향 폐색해정** : 도착역 역방향 장내신호기 내방에 완전히 진입한 후 폐색 일괄해정

③ **역방향 폐색 취소** ➡ 도착역에서 취소취급시 해정됨
㉠ 상대역 정상방향 출발취급을 하지 않고 폐색구간에 열차가 없는 경우에 한하여 역방향 폐색취급 가능
㉡ 출발신호기 역방향진로와 정상방향 진로는 상호해정(동시 진행 안됨)
㉢ **장내신호기의 신호제어조건에 역방향 폐색조건 삽입(DIR)**
- 역방향 장내신호기는 역방향 폐색취급이 완료된 후에만 취급 가능
- 정방향 장내신호기는 역방향 폐색취급이 해정된 상태에서만 취급 가능

㉣ 역방향 폐색취급시 해당구간 폐색신호기는 정지현시 및 폐색취소 시 정상신호 현시

④ **폐색방향 표시등**
평상 시 : 백색, 취급 시 : 황색점멸, 폐색구성 : 황색점등, 열차진입 : 적색

⑤ **신호기의 진행등 색 구분** : 역방향 장내신호기는 기존선과 동일하게 청색을 사용하고, 출발신호기는 구분 없이 녹색 현시

27 차상과 지상의 Balise 기본 기능에 대하여 설명하고, 지상 Balise의 동작순서를 그림으로 나타내시오.(114－25)

기본 기능

발리스는 차내 서브시스템에 텔레그램을 보내는 전송장치로서 정보를 단방향(Up－link)으로 전송하는 지상장치이다. 고정 발리스는 항상 발리스 자체에 저장된 텔레그램을 송신하고, 가변 발리스는 지상 신호기에서 현재 신호기 현시내용을 전송받는 선로변 제어유닛(LEU)으로부터 텔레그램을 수신한다. 만일, 발리스로부터의 케이블이 손상되었을 때는 디폴트(default) 텔레그램을 전송한다.

텔레그램으로 국가 값, 터널, 교량, 정거장, 건널목, 전차선 절연구간, 낙석, 지장물, 공사 구간, 임시속도제한 등을 전송한다.

동작 순서

상향링크 Balise는 안테나장치로부터의 플럭스가 최소자속에 도달했을 때 작동하기 시작한다. 그런 다음 호환성을 위해 수신된 Tele－powering 신호의 변조 종류에 따라 적절한 전송 모드를 선택한다. Eurobalise는 KVB, Ebicab 또는 RSDD에 의해 활성화될 때는 무음이어야 한다. 이러한 시스템으로부터의 Tele－powering 신호는 On－toggling 50kHz 변조 27MHz 신호이다.

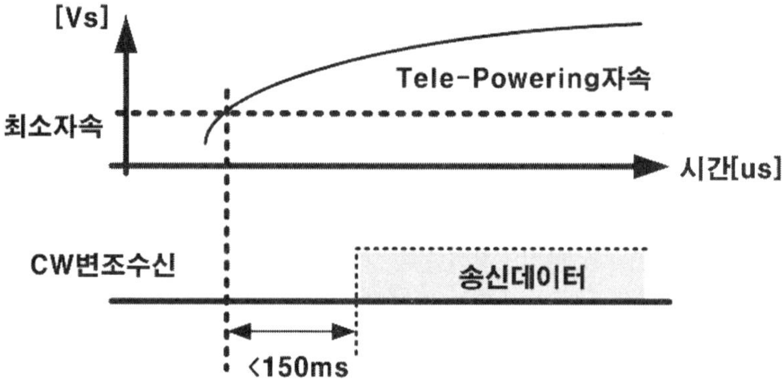

[그림] 발리스 기동 다이어그램

Tele－powering 신호가 CW이면 업링크 Balise는 제한 시간 150μ s(TBAL) 이내에 FSK 변조를 사용하여 인터페이스 'A1'에 데이터를 전송해야 한다.

28 **크로스 토크 (cross-talk)에 대한 정의 및 발리스의 크로스 토크 보호 방법에 대하여 Subset-036을 기준으로 설명하시오.**(111-25)

누화(crosstalk)의 정의

- 회로, 회로의 일부분, 채널 등으로부터 원하지 않은 전하 커플링, 유도 커플링, 저항 커플링이 생기는 것.
- 하나의 회로나 전송 시스템의 채널에 전송된 신호가 다른 채널에 의도하지 않은 효력을 발생시키는 것.
- Crosstalk 이란 전기 신호의 파장의 크기에 비해서 두 개의 회로나 도선 사이의 거리가 충분히 가까울 때, 두 회로나 도체 사이에 일어나는 전기적 간섭 현상을 말한다. 즉, 인접 선로 간에 Inductive/Capacitive Coupling에 의해 원치 않는 에너지가 교류되어버리는 현상을 의미한다.

발리스 송신시스템의 크로스토크 보호

- Balise 필드 적합성 요건 충족
- Balise 입력-출력 특성의 충족
- 외부 케이블 또는 금속 질량에 근접한 Balise의 설치 요건 충족
- Balise 제어 인터페이스 케이블에 대한 전기 및 회사별 설치 요구사항 충족
- 크로스토크 보호구역에서 활성화된 Balise로부터 수신된 가능한 상향링크 신호를 올바르게 처리하기에 충분히 높은 BTM 기능 수신기의 전계 강도 임계값 Vth의 최소값 충족
- 차상안테나 유닛에서 생성되거나 두 번째 차상 안테나 유닛에서 생성된 텔레파워 필드(같은 열차에 있는 인접한 위치에 있을 수 있음) 최악의 경우 텔레파워 필드 상태에서 크로스토크 보호구역의 Balise에 도달하며, 이는 업링크 신호가 첫 번째 안테나 유닛에서 올바르게 수신되지 않을 정도로 충분히 낮은 수준일 것

29 ERTMS/ETCS ATP장치의 차상설비 구성요소에 대하여 설명하시오.(123-25)

ATP장치의 차상설비

① **차내컴퓨터** : 차상컴퓨터(Evaluation Unit)는 자체 변환기에 의해 전력을 공급받으며 안테나, 차내표시반, 속도측정장치, 및 제동장치와 연결되어 있다.

② **차내표시반**

㉠ 차내표시반(Indication Panel)은 표시반과 데이터반 등 2개의 패널로 구성되어 있으며 운전실마다 설치한다.

㉡ 차내표시반은 1개의 Box에 2개의 표시유니트가 내장되며 주표시반에는 최고속도를 보조표시반에는 목표속도를 표시하게 되며 시스템운용을 위해 필요한 여러 가지의 표시등과 버튼이 포함되어 있다.

㉢ 기관사가 열차의 특성을 입력할 수 있도록 구성되어 있으며 입력데이터는 다음과 같다.

- 최대허용속도(10km/h 단위)
- 열차길이(100m 단위)
- 열차감속력[m/s^2]
- 열차종별(여객 열차, 화물 열차, 디젤동차, 전기동차 등)

③ **안테나** : 안테나는 차량전부의 하부에 설치하며 차내 컴퓨터와 연결된다.
차상설비가 동작을 시작하면 이 안테나에서는 지상자에 전원을 공급하거나 정보를 수신한다.

④ **기록장치** : 기록장치는 열차로부터의 정보나 지상으로부터 제공된 정보를 저장하며 고장이 발생 할 때에 비 휘발성 메모리에 저장된 정보는 휴대용 마이크로컴퓨터로 읽어 고장 수리, 분석에 활용된다.

30 KTCS-2 규격중 일반사항에 대하여 설명하시오.(127-25)

KTCS-2

① KTCS-2 개요

㉠ KTCS-2는 유럽형 열차제어시스템의 Level 2를 국산화한 시스템을 의미한다.

㉡ Level 1 : 기존의 궤도회로와 신호기를 사용하고 선로에 정보전송장치(발리스)를 설치하여 차량에 열차운전조건을 전송하는 방식.

㉢ Level 2 : 선로변 신호기를 사용하지 않고 실시간 무선통신을 이용하여 열차운전 조건을 전송하는 방식

㉣ Level 3 : 도시철도에 적용되는 CBTC시스템과 유사한 시스템으로 열차검지를 위한 궤도회로나 열차운행을 위한 신호기를 사용하지 않는 방식으로 현재 유럽에서 시험 중에 있다.

② KTCS-2 열차위치검지 설명

㉠ 열차의 위치 검지는 선로변에 설치된 궤도회로 정보를 폐색정보 전송장치(BITU : Block Information Transmission Unit)가 연동장치에 전달.

㉡ 연동장치는 무선폐색센터(RBC : Radio Block Center)로 전달된다.

㉢ 무선폐색센터에서는 수신된 정보를 기반으로 무선폐색센터 제어영역에 운영 중인 KTCS-2 차상장치에게 이동권한을 LTE-R 무선통신망을 이용하여 전달한다.

KTCS 지상장치

① 무선폐색센터(RBC : Radio Block Center)

㉠ 무선폐색센터는 열차와 LTE-R 무선네트워크를 연결시킨 지상장치로, 현재 열차위치 정보는 연동장치를 통해 입력된다.

㉡ 무선폐색센터는 열차의 안전한 주행을 위한 기능을 수행하며, KTCS-2 차상장치인 KVC(차상신호 컴퓨터장치 : Korean Vital Computer)와 실시간 무선통신을 통해 기능이 실행된다.

㉢ 무선폐색센터(RBC) 구성

- 무선폐색센터는 전원공급을 위한 정류기부와
- 주요 연산로직 생성을 위한 RBC 서브랙,
- RBC 유지보수를 위한 유지보수 컴퓨터
- 로컬 네트워크 인터페이스를 위한L3스위치부로 구성된다.

㉣ 무선폐색센터(RBC) 기능

- 안전한 열차 이격을 관리하는 이동권한 생성
- 차상장치와 무선통신 관리
- 열차운행모드 변경 승인
- 하위레벨 연계운영을 위한 레벨 전환
- 타 공구 RBC와의 연계운행을 위한 핸드오버,
- 각종 열차의 안전운행을 위한 정보전송 기능

② 안전전송 모듈 (STU : Safety Transmission Unit)

㉠ 안전전송유닛은 무선폐색센터와 차상KVC 간 암/복호화를 통해 메시지 안전전송 및 무결성을 제공하는 장치로 상호운영성을 확보한다.

㉡ 한국형 열차제어시스템(KTCS-2)는 LTE-R무선망을 통해 열차제어신호정보가 송수신되기 때문에 정보의 신뢰 및 보안이 반드시 필요하다.

㉢ 정보의 신뢰와 보안을 위해서는 지상 RBC와 차상 KVC간의 안전한 메시지 송수신을 위한 안전세션 연결이 구성되어야 하며,

㉣ 연결된 세션에서 상호간 인증키를 통해 송수신된 메시지를 암/복호화 해서 메시지를 송수신 한다.

③ 암호화 전송키 관리센터(KMC : Key Management Center)

㉠ KMC(Key Management Center)는 국가 보안 적합성 인증 획득을 통해 안전하고 신뢰성 있는 시스템으로 구축된다.

㉡ 암호키 관리센터는 암호화 키를 생성, 저장, 배포, 복구, 삭제, 보관, 관리기능을 수행.

㉢ KMC는 크게 시스템 관리모듈, 키 관리 모듈, ETCS KMC모듈, I/F모듈로 구성,

㉣ 키 관리 모듈에는 키 생성, 키 백업, 키 복구, 키 삭제 기능이 탑재된다.

㉤ KMC는 K-KMC를 생성하고, RBC와 KVC등의 Entity들에 전달한 전송키 및 인증키 생성하여, 전송키 및 인증키는 KMC가 관리하고, 안전전송 유닛에 Off-line방식으로 키를 전달한다.

④ 블록정보 전송장치(BTU : Block Information Transmission Unit)

㉠ BITU는 신호 및 안전설비에 대한 상태정보를 광통신을 통해 연동장치와 인터페이스 하기 위한 장비로써 궤도, 건널목 지장물, 낙석, 신호기, 열차위치, 진로상태를 실시간 모니터링 한다.

㉡ BITU는 신호기계실에 설치되어 전자연동장치와 인터페이스 되는 역장치와 현장에 설치되어 현장시설물과 인터페이스 되는 현장장치, 신호기계실에서 BITU전체를 감시할 수 있는 감시장치로 구성된다.

㉢ BITU는 현장과 신호기계실 간 인터페이스 방식은 통신분야에서 제공하는 광 링 네트워크 구성으로 인터페이스 되어 통신의 안전성을 확보한다.

㉣ BITU 역장치는 신호기계실의 연동장치에 폐색구간의 궤도회로 점유정보, 건널목지장물 검지정보, 낙석검지정보 등을 송신하고,

㉤ 현장장치는 신호기계실의 역장치로 폐색구간의 궤도회로 점유정보, 건널목 지장물검지 정보, 낙석검지정보 등을 송신한다.

㉥ 역 장치와 현장 장치 간은 이중계 광 Ethernet 링 네트워크 통신으로 구성되며, 역 장치는 기존에 설치되어 있는 연동장치로부터 계전기 접점으로 구내 열차운행정보 수신한다.

㉦ BITU 감시장치는 역간 폐색구간 및 역구내 열차운행상태를 실시간으로 감시한다.

Memo

제9장

전기철도, 접지, 전원, 전식

01 공용(공통)접지방식의 설계기준과 신호분야 접지시공 방안 및 시공상의 유의점을 설명(117-25)
02 공용접지 방식의 장·단점을 설명(121-10)
03 단상 및 3상 전원의 반파, 전파 정류회로에 대하여 설명(120-25)
04 대지 누설전류와 레일전위에 대하여 설명(121-25)
05 무정전전원장치(UPS) 구성 및 특성을 설명(112-10)
06 전기철도 AT급전방식과 BT급전방식에서 선로 주변 통신선에 유도장해를 감소시키는 원리에 대하여 설명(115-10)
07 전기철도 구간에서 구분장치를 설치하는 목적과 전기적 구분장치를 설치하는 위치에 대하여 설명(114-25)
08 접지시설의 설치기준 및 보호대책에 대하여 설명(115-10)
09 직류 전철 구간에서 전식방지와 배류기 설치에 대하여 설명(124-25)
10 대지 누설전류와 레일전위에 대하여 설명(121-25)
11 철도건널목 경보장치의 제어방법(연속제어식, 점제어식)을 설명(111-10)
12 건널목보안장치의 경보시간과 제어거리 산출방법(112-10)
13 기존 철도건널목 제어설비의 개선점 및 지능화 방안 제시(25)
14 철도신호설비의 접지 설치기준에 대하여 설명(118-25)
15 철도신호용 전원장치 중 정류기의 성능시험방법에 대하여 설명(10)
16 철도신호제어설비 접지 관련하여 다음 사항을 설명(10)
17 축전지 설페이션 및 메모리 현상에 대하여 설명(130-25)
18 철도신호제어설비는 상용전원 정전 시에도 지상신호설비는 1시간 이상, 신호관제실에는 3시간 이상 축전지 또는 예비전원을 공급하여 전원공급이 되어야 한다. 축전지 용량 산출 방법 및 전원실(축전지실 포함) 설치 조건에 대하여 설명(134 - 25)
19 철도에서 적용하고 있는 축전지(Ni - CD, Ni - MH, Li - FePO4, 연축전지)에 대하여 비교 설명 (134 - 25)
20 무정전 전원장치(UPS)의 소요 용량의 결정에 대하여 설명(25)

제9장

전기철도, 접지, 전원, 전식

01 공용(공통)접지방식의 설계기준과 신호분야 접지시공 방안 및 시공상의 유의점을 설명하시오.(117-25)

공통접지방식의 설계기준

① 등 전위를 위한 접지
- 매설접지선 및 본딩선 설치
- 전차선로 지지물과 구조물에 연속적으로 접속된 지중 매설 접지선 설치

② 방법
- 공통접지선과 모든 궤도간을 횡단 접속
- 공통접지선간 등전위 접속

③ 보호선용 접속선 접속방법
- 접속선 간격 : 표준~1,200m, 최소~800m 이상, 최대~2,000m 이내
- 임피던스 본드 중성점에 접속
- 보호선용 접속선 선종 및 길이 제한 : 70mm^2 이상, 100m 이하
- 250m 정도의 간격으로 접지 단자함을 설치

④ 공통접지선 및 본딩선 굵기
- 공통접지선 : 연동연선 35mm^2 이상
- 본딩선 : F-GV 70mm^2×1C×2가닥

⑤ 공통접지선과 본딩선의 횡단접속 및 선종
- 임피던스본드 중성점을 이용하여 횡단접속
- 선종 : F-GV 70mm^2×1C×2가닥

접지시공 방안

① 접지대상 신호시설물
- 신호기주, 신호기구류(수지형 제외), 신호기용 작업대 및 사다리
- 접속함, 기구함 및 폐색제어유니트
- 전기연동장치 및 전자연동장치의 계전기랙, 궤도랙, 분선반랙, 폐색랙, LDTS
- 전원장치 등

② **공통접지 활용 방안** : 전력분야에 시공한 접지 단자함에 아래와 같은 접지선을 포설하여 역구내 및 역간 신호시설물을 같은 방법으로 접지토록 설계한다.

- 일반 신호시설물 : F-GV $35mm^2$×1C
- 전차선 귀선용 임피던스 본드(B2-500) : MLFC $80mm^2$×1

시공상의 유의점

① 보호용 기기의 입력측 케이블 및 접지선에는 써지 전류가 흐르면 다른 회선이나 기기에 유도에 의한 영향을 주지 않도록 다음 사항에 유의하여야 한다.

- 다른 회선과 이격시킨다.
- 주 회선에서 분기하여 보호용 기기에 이르는 회선은 가급적 짧게 한다.

② 뇌에 의한 상습 피해 지구에서는 보안기 2개를 병렬로 사용한다.

③ 보안기는 계전기 접점과 병렬로 사용하여서는 안 된다.

④ 보안기 S24B형을 CR이나 FR회로에 설비하는 경우를 제외하고 다른 회로에 사용할 때에는 회로저항이 20 Ω 이상이 되도록 하여야 한다.

⑤ 보호용 기기는 이동되지 않도록 하여야 한다.

02 공용접지 방식의 장·단점을 설명하시오.(121-10)

공용접지(Common Grounding)

① 공용접지는 여러 다른 시설인 통신시스템, 전기설비, 제어설비 및 피뢰설비와 같은 여러 설비를 하나의 접지전극에 공통으로 구성하여 사용하는 접지방식이다.

② 하나의 부지 내에서 접지선 혹은 철골구조를 이용하는 것으로 각각 접지전극을 연접하여 공용접지를 구성하고 접지가 있어야 하는 모든 설비를 이 공통접지에 접속한다.

③ 이러한 공용접지를 구성하는 방법은 접지전극을 연결하는 것 혹은 접지선을 모으거나 건축의 철골 구조체를 이용하여 연결하는 방법 등이 있다.

공용접지 장점

① 접지극의 연접으로 합성저항의 저감 효과

② 접지극의 연접으로 접지극의 신뢰도 향상

③ 접지극의 수량 감소

④ 계통접지의 단순화

⑤ 철근, 구조물 등을 연접하면 거대한 접지전극의 효과

공용접지 단점

① 계통의 이상전압 발생시 유기전압 상승
② 피뢰침용과 공용이므로 뇌서지에 대한 영향을 받을 수 있다.
③ 다른기기 계통으로부터 사고파급
④ 잡음 발생 가능성

03 단상 및 3상 전원의 반파, 전파 정류회로에 대하여 설명하시오.(120-25)

단상 반파정류

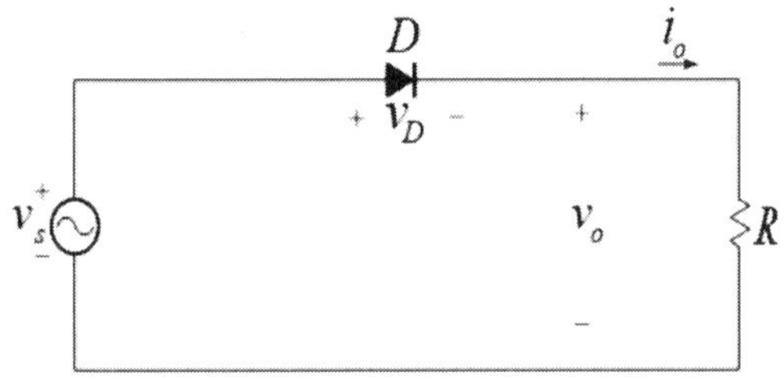

① 교류가 순방향으로 흐를 때는 다이오드가 도통되어 전류가 흐르고,
② 교류가 역방향으로 흐를 때는 다이오드가 차단되어 전류가 흐르지 않는다.

전압은 $v_o = v_s = \sqrt{2}\,V\sin\omega t = \dfrac{\sqrt{2}\,V}{\pi}$ 이고,

흐르는 전류$i_o = \dfrac{v_o}{R} = \dfrac{\sqrt{2}\,V\sin\omega t}{R} = \dfrac{\sqrt{2}\,V}{2R}$ 가 된다.

단상 전파정류

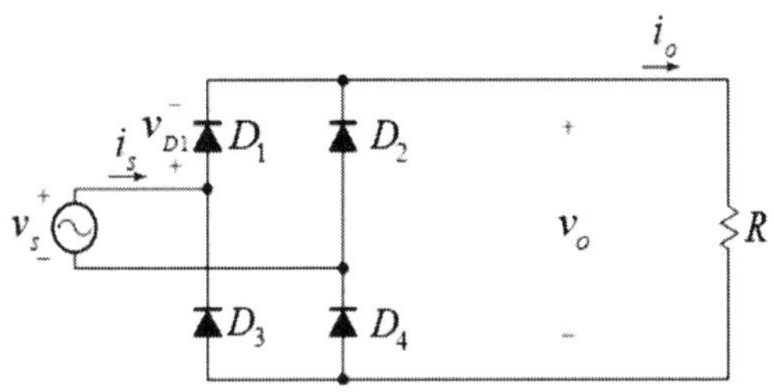

① D_1과 D_2는 캐소우드가 연결되어 있고
② D_3와 D_4는 애노우드가 연결되어 있다.

③ 교류의 양의 파형은 D_1과 D_4를 통해 흐르고, 음의 파형은 D_2와 D_3를 통해 전류가 흘러 R에 나타나는 전류와 전압은 전파가 정류된다.

전압 $v_o = \frac{1}{\pi}\int_o^{\pi} \sqrt{2}\, V sin\omega t\, d(\omega t) = \frac{2\sqrt{2}\,V}{\pi}$가 되고

전류 $i_o = \frac{v_o}{R} = \frac{2\sqrt{2}\,V}{\pi R}$ 이 된다.

3상 반파정류

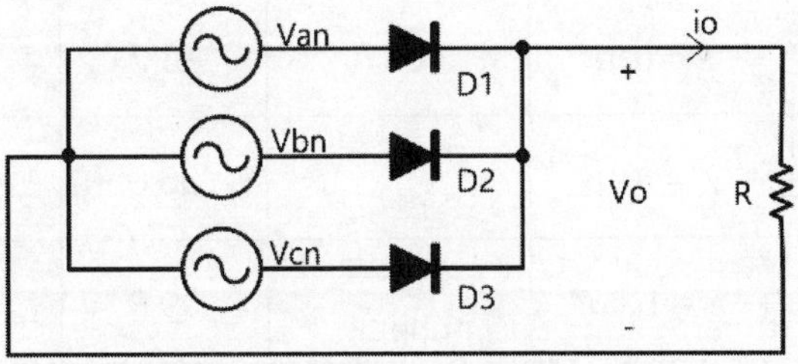

3상 반파 정류기의 작동은 반파 정류의 원리를 기반으로 하지만 단 하나의 교류가 아닌 3개의 교류를 사용한다. 교류의 각 위상은 개별적으로 정류되어 각 위상에 직류를 생성한다. 그런 다음 이러한 직류를 결합하여 3상 직류 출력을 얻는다.

3상 전파정류

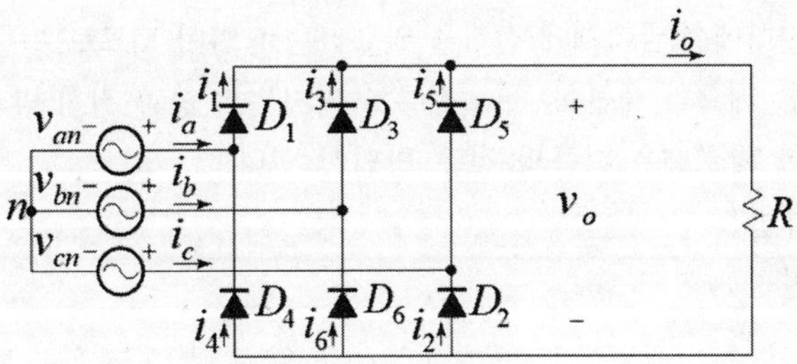

① D_1, D_3, D_5는 캐소우드가 연결되어 있고

② D_2, D_4, D_6는 애노우드가 연결되어 있다.

③ 3상 세 개의 파형중 1번째 양의 파형은 D_1 ➡ D_6를 통해 전류가 흐르고, 2번째 파형 중 양의 파형은 D_1 ➡ D_2를 통해 흐르며 3번째 파형중 양의 파형은 D_3 ➡ D_2의 다이오드를 통해 전류가 흐르며,

④ 3상 음의 파형은 D_3 ➡ D_4, D_5 ➡ D_4, D_5 ➡ D_6의 순서로 다이오드가 개통되어 부하저항 R에 전압과 전류가 나타난다.

⑤ 전압은 $v_o = \dfrac{3\sqrt{6}\,V_P}{\pi} = 2.34\,V_P,\ v_o = \dfrac{3\sqrt{2}\,V_L}{\pi} = 1.35\,V_L$ 이고

전류는 $i_o = \dfrac{v_o}{R} = \dfrac{3\sqrt{6}\,V_P}{\pi R} = \dfrac{3\sqrt{2}\,V_L}{\pi R}$ 이 된다.

정류회로 종합정리

다이오드	Ed(평균값)	PIV	효율(%)	맥동률	주파수
단상반파	$\frac{\sqrt{2}}{\pi}E = 0.45E$	$\sqrt{2}\,E_s$	40.6	121	$f_0 = f_i$
단상전파	$\frac{2\sqrt{2}}{\pi}E = 0.9E$	$2\sqrt{2}\,E_s$	81.2	48.2	$f_0 = 2f_i$
3상반파	$\frac{2\sqrt{2}}{2\pi}E = 0.9E$	커질수록 나쁘다.	96.8	18.3	$f_0 = 3f_i$
3상전파	$\frac{3\sqrt{2}}{\pi}E = 1.35E$	커질수록 나쁘다.	99.8	4.2	$f_0 = 6f_i$

04 대지 누설전류와 레일전위에 대하여 설명하시오.(121－25)

대지 누설전류

누설전류는 지하매설 금속체에 전식을 일으키는 요인이 되므로 누설전류 경감대책을 마련하여야 하며 누설전류 개요와 계산식, 누설전류로 미치는 영향과 전식 방지책을 다음과 같이 나타내었다. 이에 대한 방호책은 다음과 같은 방법이 있다.

- 선택적 배류법
- 강제 배류법

레일전위

주행레일이 견인 귀선전류를 전달하기 위하여 사용될 때 동작조건 또는 고장조건에서 발생하는 주행레일과 접지 사이의 전압을 말한다.

레일 전위의 특징

① 부하전류가 클수록 높게 된다.

② 레일의 고유저항이 클(레일의 단면적이 작은)수록 높게 된다.

③ 레일의 대지절연저항이 클(레일의 누설 어드미턴스가 작은)수록 높게 된다.

④ 부하점과 변전소 또는 흡상선과의 거리가 큰(레일의 통전거리가 긴)만큼 높게 된다. 또, 교류구간과 직류구간에 따라서도 레일전위 발생의 양상이 다르다.

⑤ 교류구간에는 급전전압이 직류의 10배 이상(25kV) 높기 때문에 귀선전류가 거의 1/10이 되지만 레일의 임피던스가 직류저항의 약 10배로 되어 직류구간과 거의 같은 정도의 레일전위가 발생한다.

⑥ 교류구간에는 전차선과 레일의 상호 유도작용에 의하여 레일전위를 발생시키는 전류분이 귀선전류의 거의 1/2이 되지만 직류구간에서는 귀선전류의 전부가 레일 전위 발생의 요소로 된다.

귀선용 레일전위에 대한 방호

① 레일의 대지전위는 직류와 교류 모두 대체로 30V 전후로서 문제가 되지 않는다.

② 그러나 조건에 따라서 50V, 100V 이상의 전위가 발생하는 경우가 있기 때문에 50V 이하로 낮추는 대책이 필요하다.

③ 레일전위가 약 50V 이상 상승하면 인체에 위험을 줄 수 있기 때문에 레일과 홈 사이의 전위차를 억제하고 인체에 위험을 방지하기 위하여 레일전위 억제장치로 역구내에서의 레일전위를 낮추고 있다.

④ 열차가 역에 정차하고 있을 때 다른 열차가 역행상태로 통과하면 정차중인 열차의 레일전위도 상승하기 때문에 홈과 차체간의 전위차가 발생하여 승객에게 위험을 줄 수 있다.

⑤ 또한 접지사고가 발생하면 레일전위의 상승은 더욱 크게 된다.

05 무정전전원장치(UPS) 구성 및 특성을 설명하시오.(112－10)

UPS 구성

UPS는 정전, 순시전압 저하, 서지, 전압변동, 주파수 변동 등에 대비하여 중요부하에는 안정된 정전압 정주파수 특성을 유지하는 교류전력을 공급하는 시스템이다.

구성도는 아래와 같다.

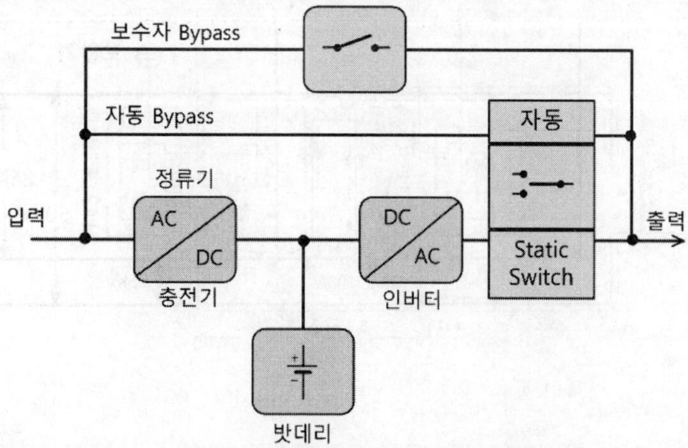

[그림] 무정전전원장치(UPS) 구성도

특성

① 무정전전원장치는 설비의 입력 전원을 연속 공급하여야 하며, 절체 시 무순단 자동절체가 가능하다.
② 정전 시 무정전전원장치의 출력전압 변동범위는 정격전압의 10% 이내에 유지한다.
③ 전자연동장치에는 입력 전원을 안정시키고 전원공급이 중단되면 소프트웨어 데이터를 보호하기 위하여 무정전전원장치를 설치한다.
④ 고속철도의 신호제어설비 전원공급은 무정전전원장치를 통하여 공급한다.
⑤ 무정전전원장치의 고장 발생 시 역 조작판에 고장상태를 표출토록 하여야 한다.
⑥ 전원을 공급하면서 동시에 축전지를 부동충전하여야 하며 정상 운전 중 상용전원의 동기주파수 지정범위를 벗어나거나 입력위상과 바이패스 전원의 위상각이 5°를 벗어나면 해당표시등이 점등되고 부하용 전원에서 인버터로 절환 된다.
⑦ 인버터가 운전 상태에서 내부온도가 65℃ 이상이거나 고장이 발생할 때 자동으로 인버터를 바이패스로 넘기고 경고등과 경보음이 작동된다.
⑧ 상용 또는 예비전원이 정전되면 축전지의 직류전원이 인버터로 입력되어 부하에 전원을 공급하고 축전지의 방전시간 동안 정상적으로 전원을 공급하게 된다.

06 전기철도 AT급전방식과 BT급전방식에서 선로 주변 통신선에 유도장해를 감소시키는 원리에 대하여 설명하시오.(115－10)

전기철도 AT급전방식

통신유도장해를 보다 경감하기 위하여 AT－AT의 중간에서 보호선용접속선(CPW)에 의하여 비절연보호선과 레일을 접속하여 귀선전류를 원활하게 흐르도록 하여 유도장애를 감소시킨다.

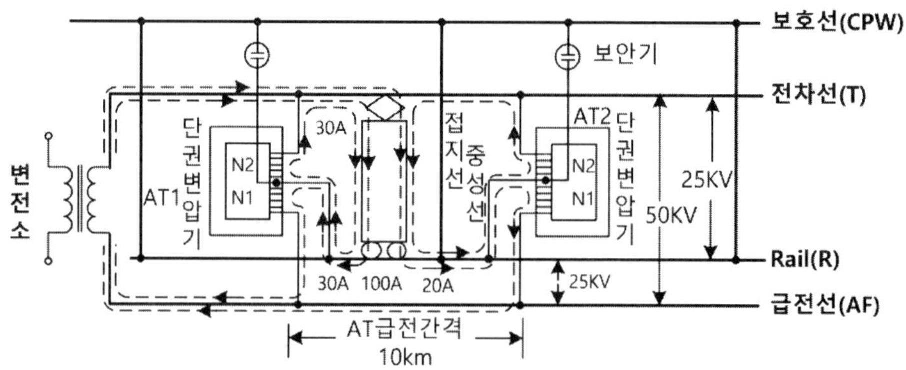

전기철도 BT급전방식

흡상변압기(Booster Transformer) 급전방식은 전차선과 부급전선을 시설하고 약 4km마다 흡상변압기를 직렬로 시설하여 레일에 흐르는 귀선전류를 부급전선에 흡상시켜 전차선 전류에 의한 통신선의 유도장해를 감소시켜주는 목적으로 사용된다.

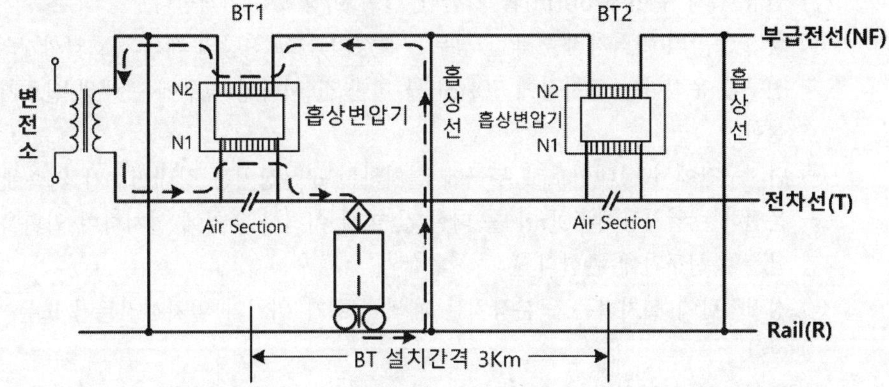

07 전기철도 구간에서 구분장치를 설치하는 목적과 전기적 구분장치를 설치하는 위치에 대하여 설명하시오.(114-25)

설치 목적

① 전기차의 운전계통에 대응하여 상하선별, 방향별로 구분

② 큰 역 구내, 차량기지는 본선으로부터 분리하여 계통을 구별

③ 역구내의 선로배선과 반복운전의 가능성 및 전기차고로부터 본선에의 출입방향을 고려하여 구분

④ 보수작업구간을 설정하기 쉽도록 구분

⑤ 보호 계전기의 사고 검출 능력에 상응

설치 위치

전차선의 전기적 구분장치는 운전보안 확보, 선로운용, 급전계통 운용 및 보수를 고려하고, 구분장치의 설치위치 선정에는 팬터그래프의 섹션오버(Section Over)에 의한 사고방지를 위하여 신호기와의 위치를 충분히 고려하여야 한다.

① 신호기와의 관계를 고려하여 섹션 바로 밑에서 팬터그래프가 정지하는 위치는 피한다.

② 상구배, 역의 발차지점 등의 역행구간은 피한다.

③ 보수의 면에서 곡선, 터널, 교량위 등은 피해야 하며 구분장치의 설치위치는 다음에 의한다.

㉠ 복선구간에서 장내 신호기 부근에 설치하는 구분장치는 장내신호기와 일치시키거나 또 그 내측에 시설

㉡ 복선구간에서 출발신호기 부근에 설치하는 구분장치는 입환을 시행하는 역단분기기에서 인상 열차 길이에 50[m]를 가산한 길이 이상으로 이격한다.

㉢ 상기 ②항의 이격거리를 택한 경우 구분장치와 그 전방의 폐색 신호기까지의 거리가 당해 선구를 운전하는 열차장에 50[m] 를 더한 값 이하일 경우에는 폐색 신호기의 내측에 시설한다.

㉣ 단선구간에서 장내신호기 부근에 설치하는 구분장치는 장내신호기 외측에 당해 선구를 운전하는 열차장에 50[m] 를 더한 값 이상 이격한 위치에 설치하며 입환을 시행하는 구간은 복선구간에 준한다.

㉤ 정거장간에 설치하는 구분장치는 폐색 신호기 위치와 일치시키든지 또는 안쪽방향으로 한다.

㉥ 출입고선에 설치하는 구분장치는 차량정지표지에서 전방 20[m] 이격한 위치에 시설한다.

08 접지시설의 설치기준 및 보호대책에 대하여 설명하시오.(115－10)

접지설비 설치기준

① 사고 시 발생되는 이상전류(낙뢰·고장전류)로 인한 인체 감전, 기기파손, 전력·전자장비 오동작 및 파손(보호계전기 동작 확보) 등의 방지를 위하여 매설접지를 시설하여야 한다.

② 설치기준은 다음과 같다.

[토공구간 접지설비 설치기준]

구분	일반철도	고속철도
매설 접지선 (CU 35mm^2)	• 상선 1회선 매설	• 상선 1회선 매설
절연 접지선 (F－GV 70mm^2)		• 상하선 공동관로내 2회선 포설
접지단자함	• 250m 간격으로 설치	
본딩선		• 250m
접속선		• 필요 개소에서 분기

[터널구간 접지설비 설치기준]

구분	일반철도	고속철도
매설 접지선 (CU 35mm^2)	• 상,하선 2회선 매설	• 상,하선 2회선 매설
절연 접지선 (F-GV 70mm^2)		• 상하선 공동관로 내 2회선 포설
접지단자함	• 250m 간격으로 설치	
본딩선		• 250m
접속선		• 필요 개소에서 분기
구조물 접지	• 접지용 평철설치 200mm^2 이상	• 접지용 평철설치 200mm^2 이상

[교량구간 접지설비 설치기준 및 설치현황]

구분	일반철도	고속철도
절연 접지선 (F-GV 70mm^2)	• 상,하선 공동 관로 내 2회선 포설	• 상,하선 공동관로 내 2회선 포설
접지단자함	• 필요개소에서 절연접지선과 T분기 후 접속	
접속선		• 필요개소에서 분기
구조물 접지	• 매교각마다 시설 • 교량 신축 이음매장치 접지	• 매교각마다 시설 • 교량 신축 이음매장치 접지

㉠ 고속철도 매설 접지 저항 : 1km 당 1Ω 이하

㉡ 일반철도 매설 접지 저항 : 1km 당 1Ω 이하

보호대책

No	유입경로	보호대책
1	CTC 전원 입력측회로	절연변압기 사용하고 접지
2	제어 및 표시회로	보안기와 중계선륜 설치 및 접지
3	주랙, 표시랙, 표시판, 열차집중제어반	목대 등 절연물설치
4	ATS-S형 지상자 제어계전기	3극 피뢰기 설치 접지는 외함
5	교류입력측 회로	보안기 S-220 또는 S-600 보안기 접지
6	정류기(ATS용) 출력측 회로	보안기 S-24A형 보안기 접지
7	운전방향 계전기회로	보안기 S-24B형 보안기 접지
8	폐색회로	S14P 선간에 약전용 보안기 사용 접지
9	교류입력측 회로	보안기 S-220 보안기 사용 접지
10	제어회로	기계실과 현장 사이의 단자에 HS형 보안기 사용 접지
11	건널목 직류전원(DC24)	전원 케이블간에 S-220보안기 사용 접지
12	궤도회로	교류, 직류궤도회로 송,착전에 T200, 300, 2500형 보안기 사용

09 직류 전철 구간에서 전식방지와 배류기 설치에 대하여 설명하시오.(124－25)

개요

변전소에서 만들어진 직류전류는 전차선을 통하여 전동차를 구동시키고 레일을 경유하여 변전소로 귀환하게 된다. 따라서 레일로 전류가 흐르는 과정에서 누설전류가 발생하여 주위 환경에 영향을 미치게 되는 것을 전식이라 하며 이를 방지하기 위한 설비를 전식방지 설비라 한다.

방지대책

① 전차선측 대책

㉠ 귀선의 저항을 작게 한다.

- 레일 본드 : 레일과 레일사이의 접속저항을 감소시킨다.
- 크로스 본드 : 좌, 우측 레일의 전압 분포를 균일하게 연결

㉡ 레일의 절연을 증가한다. ➡ 레일과 대지 간 절연

㉢ 변전소 간격을 좁힌다.

- 누설전류 감소, 전압강하 감소, 전력손실 감소
- 변전소 수가 증가하면 설비비가 증가하는 단점도 존재

② 지중관로측 대책

㉠ 선택 배류법 : 귀선과 등전위의 전류만 흘려보낸다.

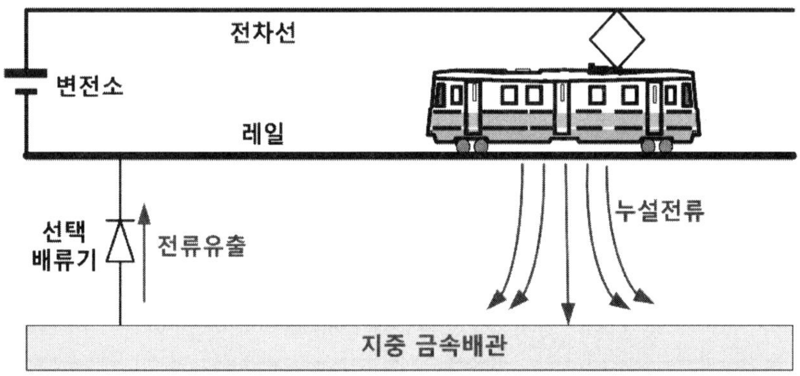

[그림] 선택배류 시스템

㉡ 강제 배류법 : 누설되는 전류와 같은 크기의 전류를 반대로 흘려 누설전류를 상쇄시킨다.

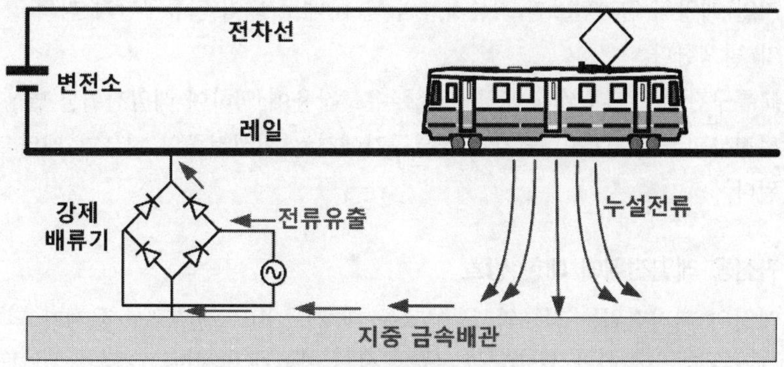

[그림] 강제배류 시스템

㉢ 매설관을 대지와 절연한다.

㉣ 매설관에 누설전류가 흐르지 못하게 매설관 위에 저전위 금속을 매설한다.

10 대지 누설전류와 레일전위에 대하여 설명하시오.(121-25)

● 대지 누설전류

누설전류는 지하매설 금속체에 전식을 일으키는 요인이 되므로 누설전류 경감대책을 마련하여야 하며 누설전류 개요와 누설전류로 미치는 영향과 전식 방지책은 다음과 같은 방법이 있다.

- 선택적 배류법
- 강제 배류법

● 레일전위

주행레일이 견인 귀선전류를 전달하기 위하여 사용될 때 동작 조건 또는 고장 조건에서 발생하는 주행레일과 접지 사이의 전압을 말한다.

● 레일 전위의 특징

① 부하전류가 클수록 높게 된다.

② 레일의 고유저항이 클(레일의 단면적이 작은)수록 높게 된다.

③ 레일의 대지 절연저항이 클(레일의 누설 어드미턴스가 작은)수록 높게 된다.

④ 부하점과 변전소 또는 흡상선과의 거리가 큰(레일의 통전거리가 긴)만큼 높게 된다. 또, 교류 구간과 직류구간에 따라서도 레일전위 발생의 양상이 다르다.

⑤ 교류구간에는 급전전압이 직류의 10배 이상(25㎸) 높기 때문에 귀선전류가 거의 1/10이 되지만 레일의 임피던스가 직류저항의 약 10배로 되어 직류구간과 거의 같은 정도의 레일전위가 발생한다.

⑥ 교류구간에는 전차선과 레일의 상호 유도작용에 의하여 레일전위를 발생시키는 전류분이 귀선전류의 거의 1/2이 되지만 직류구간에서는 귀선전류의 전부가 레일 전위 발생의 요소로 된다.

귀선용 레일전위에 대한 방호

① 레일의 대지전위는 직류와 교류 모두 대체로 30V 전후로서 문제가 되지 않는다.

② 그러나 조건에 따라서 50V, 100V 이상의 전위가 발생하는 경우가 있기 때문에 50V 이하로 낮추는 대책이 필요하다.

③ 레일전위가 약 50V 이상 상승하면 인체에 위험을 줄 수 있기 때문에 레일과 홈 사이의 전위차를 억제하고 인체에 위험을 방지하기 위하여 레일전위 억제장치로 역구내에서의 레일전위를 낮추고 있다.

④ 열차가 역에 정차하고 있을 때 다른 열차가 역행상태로 통과하면 정차중인 열차의 레일전위도 상승하기 때문에 홈과 차체 간의 전위차가 발생하여 승객에게 위험을 줄 수 있다.

⑤ 또한 접지사고가 발생하면 레일전위의 상승은 더욱 크게 된다.

11 철도건널목 경보장치의 제어방법(연속제어식, 점제어식)을 설명하시오.(111－10)

연속제어식

1. 연속제어법

궤도회로를 이용하는 방법은 경보 개시점과 경보 종점 사이에 궤도회로를 만들어 열차 점유에 따라 궤도계전기가 무여자하는 특성을 이용한 것으로서 특히 단선구간의 제어에는 궤도연동계전기를 사용하였으나 현재는 궤도계전기를 사용한다.

궤도회로 방식은 회로의 구성방식이 간단하고 보수가 쉬우며, 연속제어식이므로 안전도가 가장 높고 입환차량 등에 의한 제어에도 효과적으로 사용할 수 있다.

① **복선구간의 제어** : 궤도회로를 이용한 복선구간의 경보제어회로는 열차의 진행 방향에 따라 경보 개시점과 경보 종점에 각각 다른 궤도회로를 구성하여 열차 점유 시 궤도계전기의 무여자접점을 이용하여 경보하도록 하는 방식으로서 비자동, 비전철 구간에 주로 사용된다. [그림 4]

㉠ 평상시(열차가 건널목 경보구간에 없을 때) APR, BPR, R1, R2는 여자상태이다.

㉡ 열차가 A방향에서 AT에 진입할 때 궤도계전기 ATR이 낙하되어 APR을 낙하시키고 APR 낙하로 R1이 낙하하여 경보가 시작된다. 또한 R1이 낙하하면 약 3초 후에 R2가 낙하되어 차단기가 하강하게 된다.

㉢ 열차가 AT 구간을 벗어날 때 궤도계전기 ATR 이 여자하여 APR을 여자시키고 APR 여자 조건을 R1, R2가 여차하여 경보가 끝나면 차단기는 상승하여 평상시 상태로 복귀된다. B방향에서 열차가 진입할 때도 같은 원리로 BTR, BPR, Rl, R2가 동작된다.

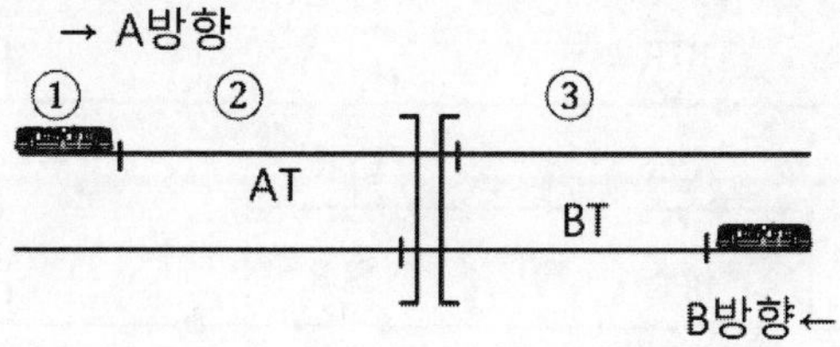

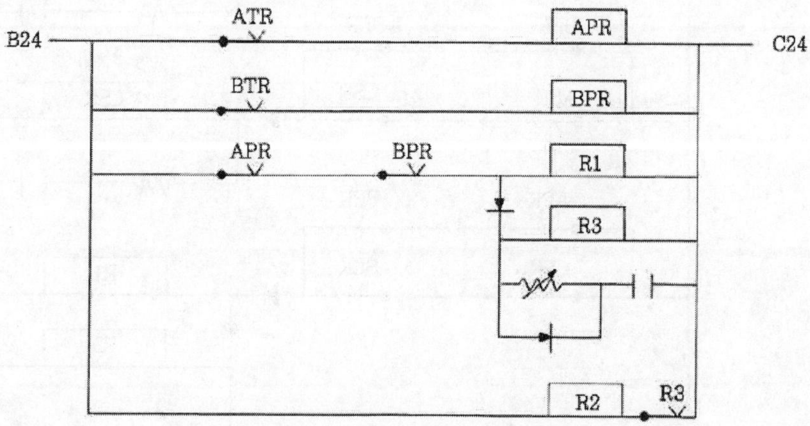

[그림] 복선궤도회로식 경보 로직

② **단선구간의 제어** : 단선구간의 궤도회로식 경보제어회로는 궤도연동계전기를 사용하거나 궤도계전기만을 사용하여도 궤도연동계전기와 동일한 효과로 사용할 수 있다.

㉠ 평상시(열차가 건널목 경보구간에 없을 때)APR, BPR, R1, R2는 여자상태이며, SLR 및 CSR은 낙하상태이다.

㉡ 열차가 A방향에서 AT에 진입할 때 ATR의 낙하로 APR이 여자되어 CSR낙하조건으로 R1이 낙하하고 R1 낙하로 정보가 시작되며, R2가 낙하하여 차단기가 하강한다. 또한 APR 낙하 및 CSR낙하조건으로 SLR이 여자한다.

㉢ 열차가 AT 및 BT를 동시에 점유하고 있을 때 BTR이 낙하하여 BPR이 낙하된다.

㉣ 열차가 AT를 완전히 지난·후 BT를 점유할 때 ATR 이 여자하여 APR 이 여자한다. 그리고 APR 여자 및 SLR 여자조건으로 R1이 여자되어 경보가 중단되고 R2 여자로 차단기는 상승하게 된다.

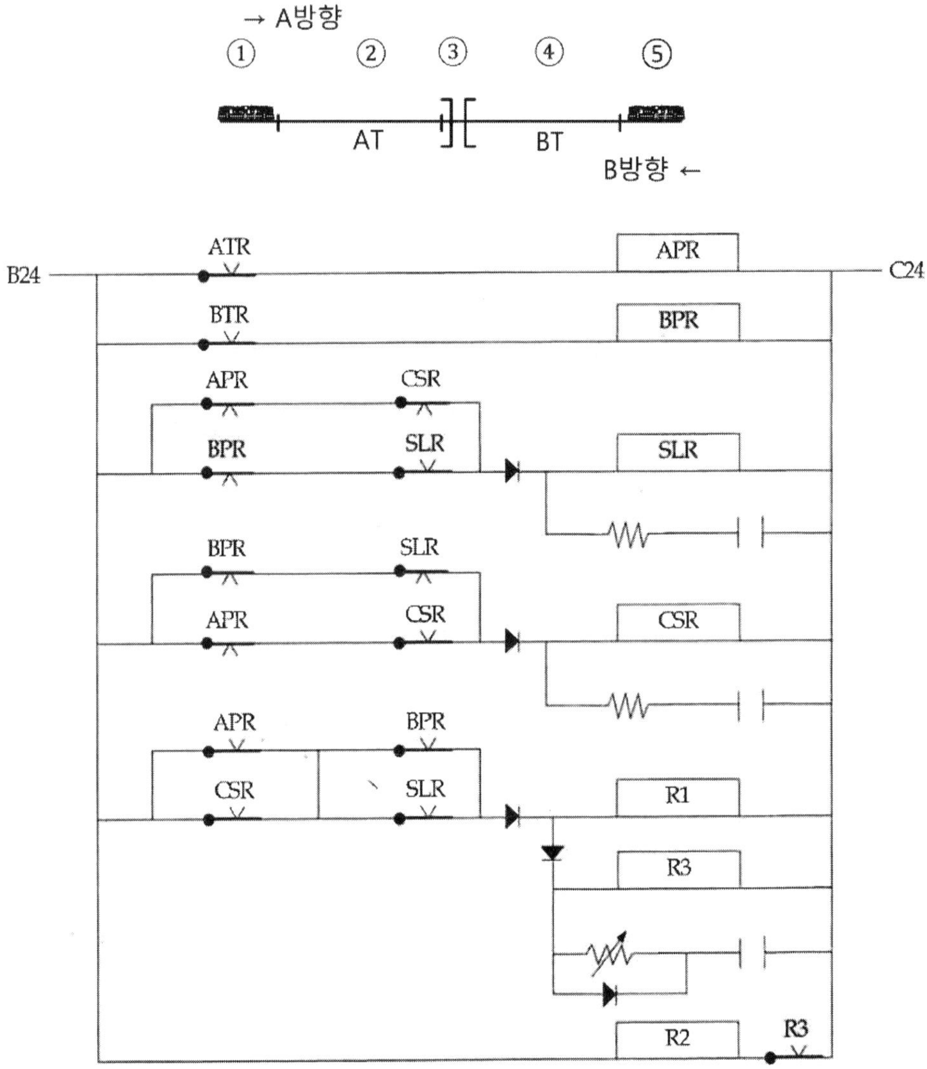

[그림] 단선궤도회로식 경보제어회로

ⓜ 열차가 BT를 완전히 벗어날 때 BTR이 여자되어 BPR이 여자하고 BPR 여자로 SLR이 낙하되어 평상상태를 계속 유지한다. 열차가 B방향에서 진입할 때도 같은 원리로 동작한다.

2. 점제어법

건널목 제어자는 발진주파수가 2420(201) 형은 20[kHz] ± 2[kHz] 이내이며2440 (401) 형은 40[kHz] ± 2[kHz] 이내의 고주파를 레일에 통하게 한 것으로 근거리에서 감쇠되며 제어자는 발진부, 여파부, 입·출력 변성기, 계전기 및 단자반으로 구성되며 본체 이면에는 출력을 10단계로 조정할 수 있는 가변 인덕턴스로 되어 있다. 아래 그림은 건널목 제어자의 결선도를 나타낸 것이다.

즉 AC 전원에서 정류한 직류 전원을 사용하고 트랜지스터를 사용한 LC 발진회로 에 의해 20[kHz]또는 40[kHz]를 발진하여 T3변성기를 경유 그 일부를 귀환시켜 출력단자에 출력을 보내고 있다.

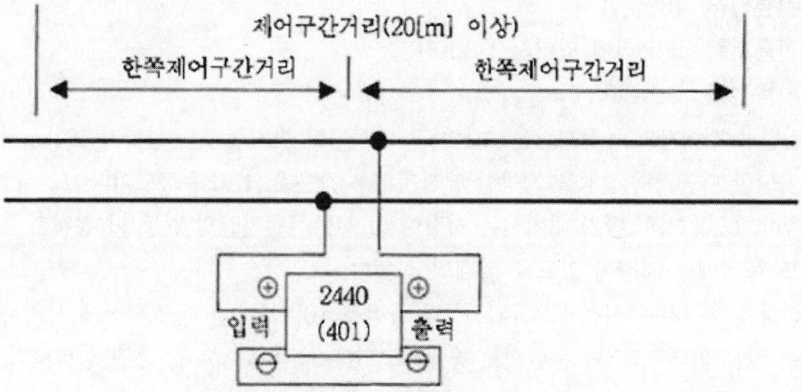

(a) 개전로식(401형)

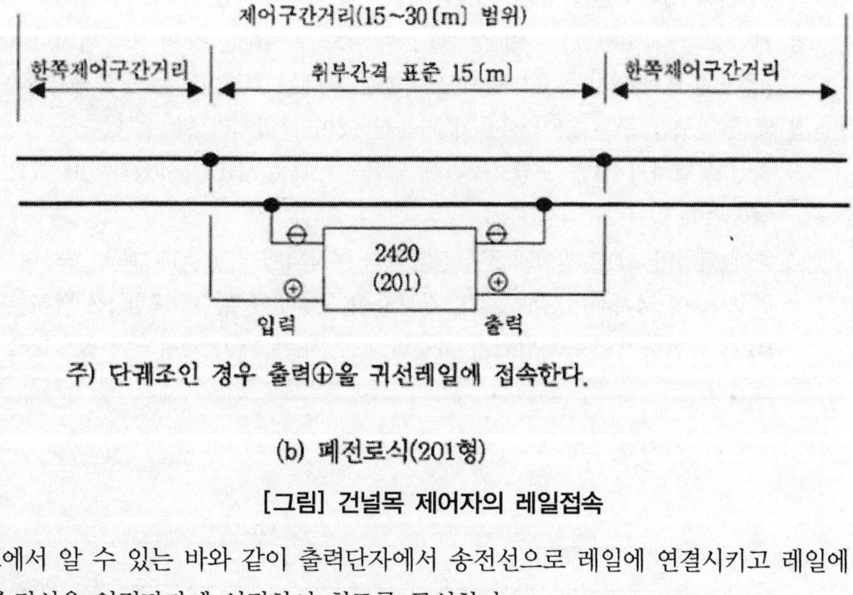

주) 단궤조인 경우 출력⊕을 귀선레일에 접속한다.

(b) 폐전로식(201형)

[그림] 건널목 제어자의 레일접속

결선도에서 알 수 있는 바와 같이 출력단자에서 송전선으로 레일에 연결시키고 레일에 연결된 다른 수전선을 입력단자에 연결하여 회로를 구성한다.

입력단자에 들어오는 귀환전압은 대역여파기(BPF)를 통하여 규정 주파수만을 같은 트랜지스터로 증폭한 다음 T3 변성기를 통하여 다이오드로 전파정류하여 계전기를 여자시킨다. 따라서 출력 또는 입력단자 사이를 열차의 차축으로 단락하면 계전기는 무여자된다. 이것은 폐전로식으로서 경보제어의 시점에 사용된다.

개전로식은 위 그림(a)의 입출력단자의 ⊟단자를 연결하고 출력단자 ⊞를 한쪽 레일에, 입력단자 ⊞를 다른 쪽 레일에 연결하여 구성한다. 이것은 경보제어의 종점에 사용된다.

계전기는 삽입형 직류무극 선조계전기를 사용하는데 정격은 다음과 같다.

- **선륜전류** : 13[mA]
- **선륜저항** : 20[℃]에 있어서 1,800[Ω]
- **사용전압** : DC 24[V]

건널목 제어자의 동작시간은 수신하고 나서부터 정위접점 구성까지 171[ms] 정도이고 입력을 차단한 다음 정위접점을 개방할 때까지의 시간은 224[ms] 정도이다. 또 사용온도가 − 20[℃]부터 +60[℃]의 범위 내에서는 지장이 없으며 전원전압의 변동 이 정격의 ±20[%] 일 경우에도 동작에는 지장이 없도록 설계되어 있다.

건널목 제어자는 시점용(20[kHz])과 종점용(40[kHz])을 동일지점에 설치하여도 상호 간섭하는 일은 없다. 그러나 콘덴서로 공진하고 있는 임피던스본드, 공진 임피던스 등의 영향을 받으므로 이들과 약 40[m] 이상의 거리를 두면 이와 같은 영향을 받지 않는다.

① **복선구간의 제어** : 건널목 제어자를 이용하여 복선구간을 제어할 경우에는 경보종점에 401형 제어자를 [그림 7]과 같이 상·하선에 따로 설치하는 것이 이상적이라 할 수 있다.
차단공사 등으로 열차가 역방향으로 운행할 때에는 경보장치는 동작하지 않으며 자동, 비전철 및 전철구간 구분 없이 사용이 가능한 것이 특징이라 할 수 있다.

㉠ 평상시 열차가 건널목 경보구간에 없을 때 ADC, BDC는 여자되어 있고 CDC, DDC는 낙하되어 있다.

㉡ 하행 열차가 ADC 제어지점에 진입하면 여자되어 있던 ADC가 낙하하며 따라서 APR 낙하로 R1이 낙하되어 경보종 및 경보등이 동작하게 된다. 또한 R1 낙하 후 약 10초 후에 R2가 낙하하여 전동차단기가 하강한다. APR은 계속 낙하되어 있으므로 경보작동은 지속된다.

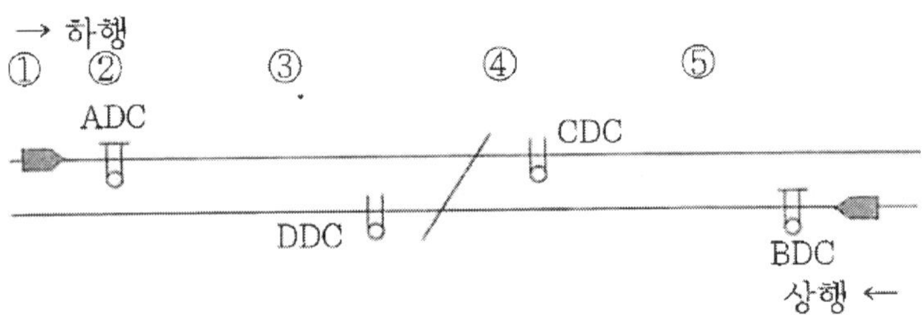

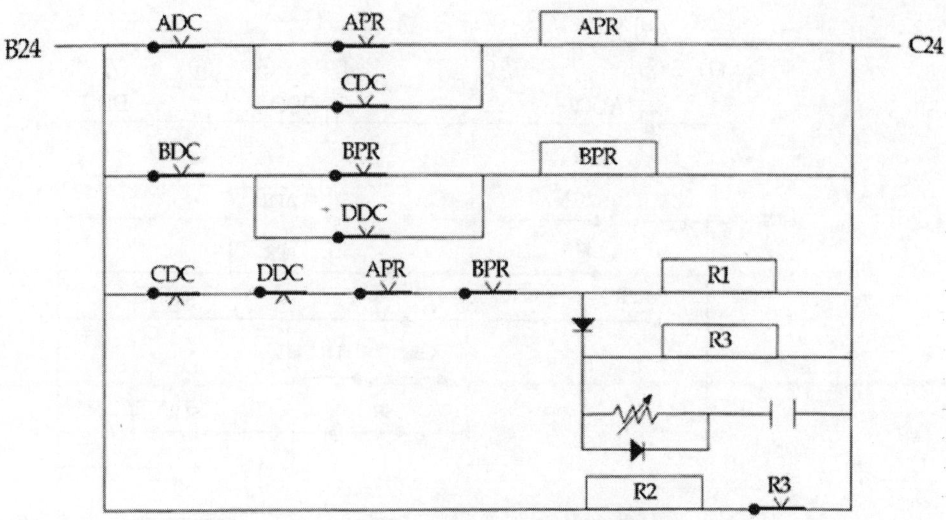

[그림] 복선 제어자식 경보제어회로

ⓒ 열차가 ADC 제어지점을 완전히 벗어나더라도 APR은 계속 낙하되어 있으므로 경보작동은 지속된다.

ⓔ 열차가 CDC 제어지점에 진입할 때 CDC가 여자되어 APR이 여자된다.

ⓜ 열차가 CDC 제어지점을 완전히 벗어날 때 여자되어 있던 CDC가 낙하되며, 따라서 Rl, R2가 여자되어 경보 및 차단기는 평상상태로 복귀된다. B방향에서 열차가 진입할 때에도 같은 원리로 동작하게 된다

② **단선구간의 제어** : 건널목 제어자를 이용한 단선구간 제어는 건널목 경보장치 제어회로 중 가장 복잡하다.

ⓐ 평상시 열차가 건널목 경보구간에 없을 때는 ADC 및 BDC는 여자되어 있고 2440 인 CDC는 낙하되어 있다. 따라서 APR, BPR, SR, Rl, R2가 여자되어 있으며 SLR, CSR, CPR은 낙하되어 있다.

ⓑ 하행 열차가 ADC 제어지점에 진입하면 여자되어 있던 ADC가 낙하되고 따라서 APR 낙하로 SR이 낙하되며 R1 이 낙하되어 경보종 및 경보등이 동작한다. 또한 Rl낙하 일정시간 후에 R2가 낙하하여 전동차단기가 하강하게 된다.

ⓒ 열차가 ADC 제어지점을 완전히 통과한 후 CDC 제어지점에 도달하지 않은 중간에 있을 때 열차의 통과로 ADC는 여자되고, SR 낙하접점으로 SLR이 여자한다.

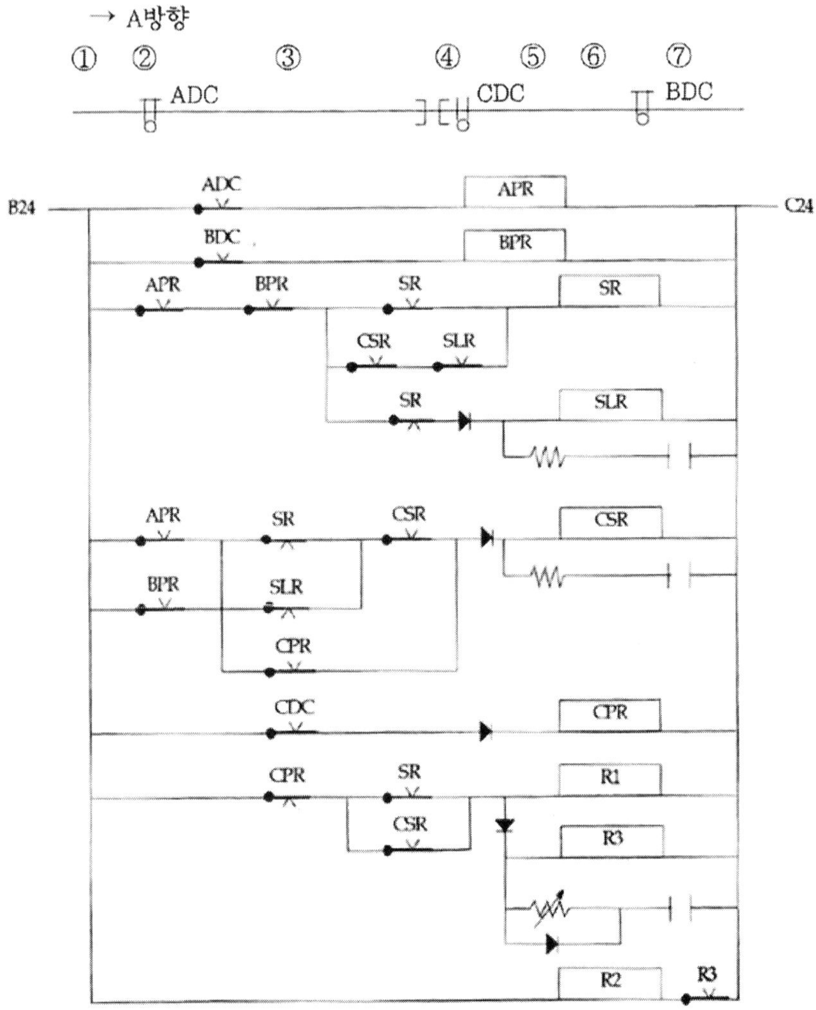

[그림] 단선용제어기(SC) 방식

㉣ 열차가 CDC 제어지점에 진입함으로써 CDC는 여자된다. 따라서 CPR이 여자되며 CPR 여자로 CSR 이 여자한 후 CSR 의 자기접점 및 SR의 낙하조건으로 자기유지 하게 된다. 또한 CSR 동작접점과 이미 여자되어 있는 SLR 동작접점으로 SR이 여자하여 자기유지 하게 되고 이어서 SR 여자조건으로 SLR은 낙하하게 된다. 즉 이 과정에서 CSR과 SR은 여자되고 SLR은 낙하된다.

㉤ 열차가 CDC 제어지점을 완전히 통과한 후 BDC 제어지점에 도달하지 않은 중간 지점에 있을 때 CDC 제어지점 통과 완료와 동시에 여자되어 있던 CDC는 낙하하 여 CPR이 낙하하고 CPR 낙하조건 및 SR, CSR 여자 조건으로 R1이 여자하여 경보가 끝나게 되며, 전동차단기가 상승하게 된다.

ⓑ 열차가 BDC 제어지점에 진입할 때 BDC 낙하로 BPR이 낙하하여 SR이 낙하된다.

ⓢ 열차가 BDC 제어지점 통과를 완료할 때 BDC가 여자되어 BPR이 여자된다. 동시에 SR 낙하조건으로 SLR은 순간 여자되어 SR을 여자시킨 후 CSR과 같이 낙하되어 평상시 상태로 복귀된다. B방향에서 열차가 진입할 때도 같은 원리로 동작하게 된다.

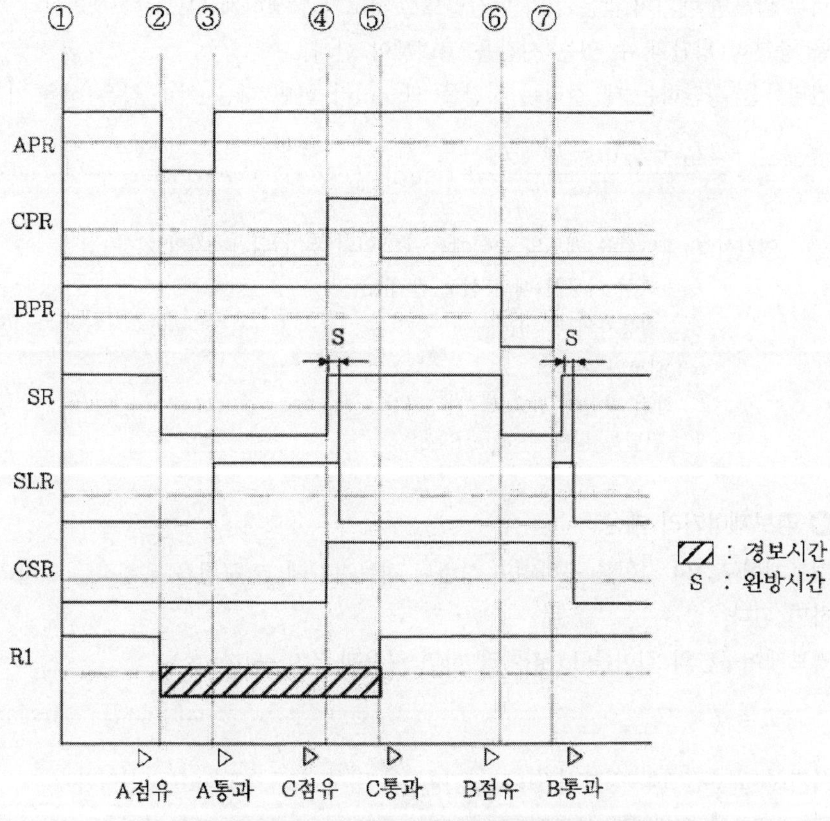

[그림] 단선구간 완방계전기를 이용한 타임차트

12 건널목보안장치의 경보시간과 제어거리 산출방법을 설명하시오.(112－10)

경보시간 계산

건널목의 경보시간은 건널목을 통행하는 보행자와 모든 차량을 기준으로 계산한다. 경보시간이 너무 짧으면 예기치 않은 열차의 진입으로 사고가 발생하게 되므로 통행인이나 차량 등이 건널목을 충분히 횡단할 수 있는 시간을 고려해야 한다.

건널목을 횡단하는 데 걸리는 시간을 T[sec]라 하면 다음 식과 같은 식을 가정할 수 있다.

$$T = \frac{2L_1 + L_2(n-1) + L_3}{V} + t[\mathrm{sec}] \quad \cdots\cdots (1)$$

여기서 L_1 : 바깥쪽 궤도의 중심에서 통행인의 정지 위치까지의 거리[m]

L_2 : 복선 이상인 때의 선로 간격[m]

L_3 : 자동차의 길이[m]

n : 선로의 수

t : 안전 확인에 필요로 하는 시간[sec]]

V : 건널목 횡단 속도[m]/sec]

경보제어거리 계산

경보제어구간의 길이를 구하려면 산출된 경보시간에 그 구간을 운행하는 열차의 최고속도를 곱하면 된다.

경보제어구간의 길이를 L[m]이라 하면 다음과 같이 된다.

$$L = T \times V_{max} \quad \cdots\cdots (2)$$

여기서 T : 건널목 경보시간[sec], V_{max} : 열차 최고속도[m]/sec]이다.

어느 구간에 운행되는 열차의 최고속도가 150[km/h]이고 경보시간을 30[sec]]라 하면 제어구간의 길이 L은 다음과 같이 계산할 수가 있다.

$$L = 30[\mathrm{sec}]150[\mathrm{km/h}] = 1250.1[\mathrm{m}]$$

이 구간을 저속열차가 50[km/h]로 주행할 경우의 경보시간은

$$1250.1[\mathrm{m}]50[\mathrm{km/h}] = 89.99 \fallingdotseq 90[\mathrm{sec}]$$

가 되어 최고속도 운행열차와의 경보시간의 차이는 60[sec]가 된다. 이처럼 경보제어시간이 문제가 되므로 정시간 경보장치가 필요하다.

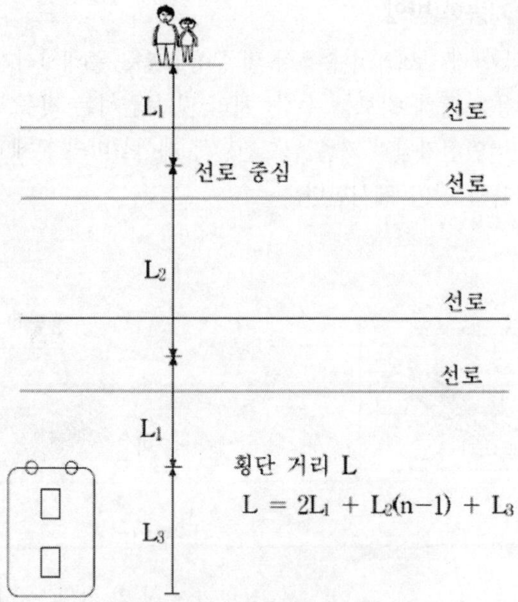

[그림] 건널목 횡단거리의 계산

13 기존 철도건널목 제어설비의 개선점 및 지능화 방안을 제시하시오.(25)

◘ 기존 철도건널목 제어설비의 개선점

① 사고사례 분석, 위험도 분석, 국내외 연구사례 및 기존의 지장물 검지장치 등을 검토하여 보면, 기존 장치들의 개선점으로는 다음과 같은 사항을 들 수 있다.

㉠ 철도건널목 보안 장치의 오류 발생 시 주행 중인 열차 운전자가 철도건널목 상태를 판단하여 대처할 수 없다.

㉡ 안개, 비 등 악천후에 따른 가시거리 변화에 의한 운전자의 상황 파악이 어렵다.

㉢ 노약자(노인, 휠체어, 보행 보조의 배터리카 등), 보행자 및 이륜차의 체류에 대한 검지 능력이 부족하다. 따라서 검지성능이 우수하고 현행장치의 문제점을 해결할 수 있는 새로운 철도건널목 지장물 검지장치의 개발이 요구되고 있다.

㉣ 열차와 철도건널목간 정보전송의 필요성이 높아지는 반면 현재의 통신수준은 낮다.

철도건널목 지능화 방안

지능화란 교통의 안전, 보안, 수송용량 및 운용효율을 증대시키기 위해, 센서, 컴퓨터 및 디지털 통신 기술의 적용을 통해 정보를 수집, 처리 및 보급하는 것을 말한다. 철도건널목 사고방지를 위한 안전원칙 및 안전지침과 기존 철도건널목 제어설비의 문제점 등을 기반으로 철도건널목 지능화 방안을 다음과 같이 제시한다.

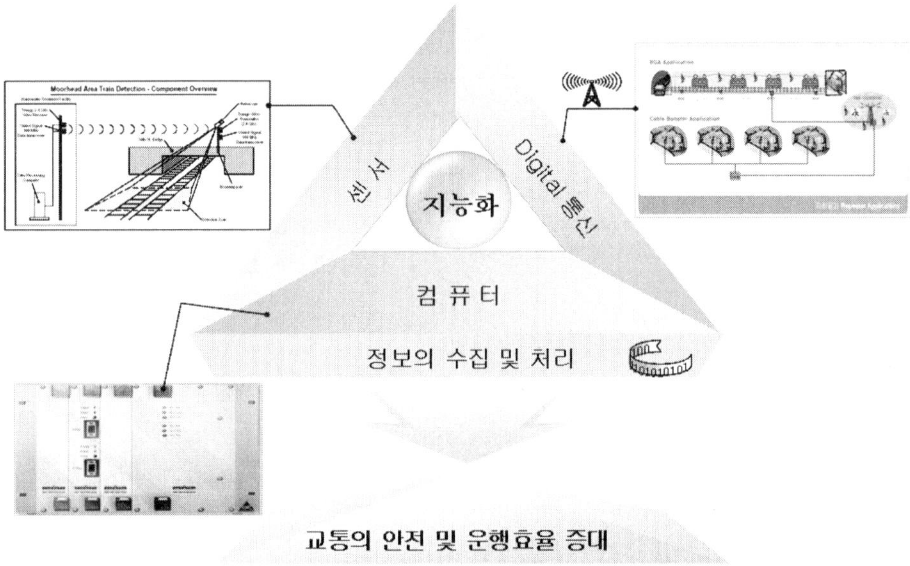

[그림] 지능화의 정의

① **첫 번째**는 최신의 지능화된 기술을 적용하여 영상처리에 의한 철도건널목 지장물을 검지하고 무선통신에 의해 연속적인 정보를 전송한다.

② **두 번째**는 관련제어장치들과의 연계를 통해 열차와의 연계 및 도로교통제어기와의 연계를 구축하고,

③ **세 번째**는 다각적으로 정보를 제공하기 위해 도로측 운전자에게 철도건널목 정보를 제공하고, 열차운전자에게 철도건널목 상황정보를 제공한다.

④ 철도건널목 지능화 시스템은 철도건널목과 열차간 양방향 무선링크를 구성하여 철도건널목 사고방지 및 피해를 저감시키기 위한 다양한 정보를 열차와 철도건널목 접근 도로측에 제공한다.

⑤ 철도건널목으로부터 열차로 전송하는 정보로는 철도건널목 지장물(차단기 내에 존재하는 자동차 및 보행자)에 대한 철도건널목 이벤트(경고메시지) 및 영상정보가 있으며, 열차로부터 철도건널목으로 전송하는 정보로는 열차관련 정보(진행방향, 속도, 도착예정시간 등)가 있다.

⑥ 열차에서 수신된 철도건널목 지장물 영상정보는 운전실 내의 모니터링 장치에 현시되고 운전자가 철도건널목 상황을 인지하여 철도건널목 진입전에 열차를 정지시킨다. 철도건널목으로 수신된 열차관련 정보는 도로측의 실시간 정보 현시 장치 및 인접 교차로 도로교통 신호제어기로 전송되며 도로측 운전자 또는 보행자에게 열차의 철도건널목 접근 상황을 알려주고 열차 접근시 철도건널목 차단기내에 정체된 차량의 신속한 해소를 유도한다.

위와 같은 부분을 포함한 건널목 지능화 시스템의 구성 예는 다음 그림과 같다.

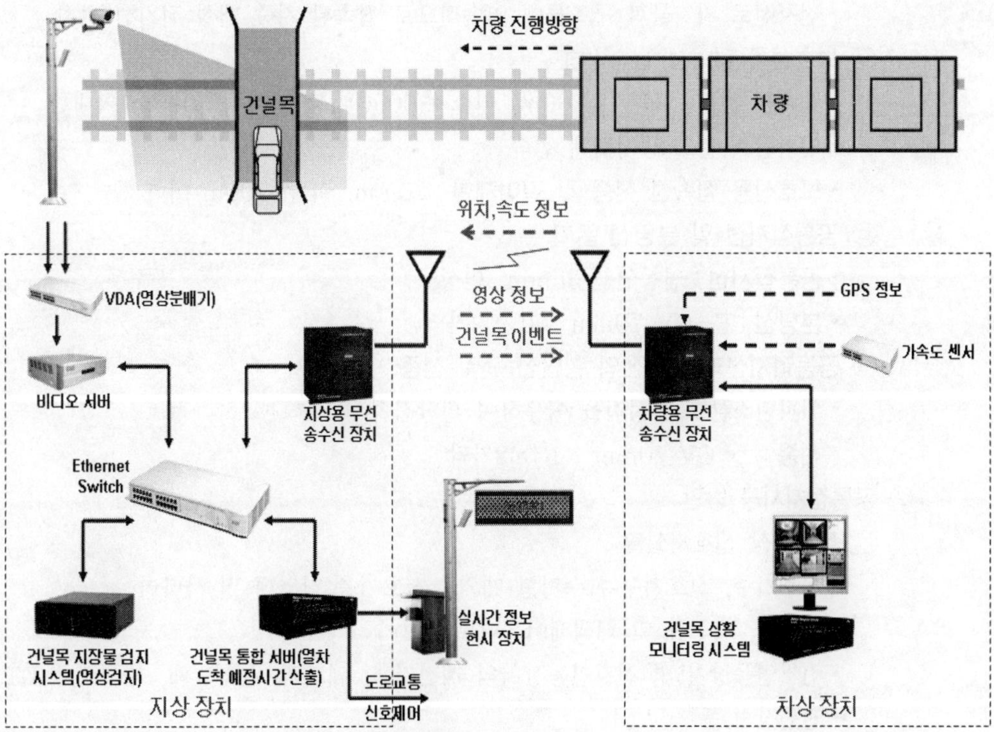

[그림] 철도건널목 지능화 시스템의 구성 예

14 철도신호설비의 접지 설치기준에 대하여 설명하시오.(118－25)

신호시스템의 접지 설치기준

① 공통접지 방식의 설계

㉠ 등전위를 위한 접지

- 매설접지선 및 본딩선 설치
- 전차선로 지지물과 구조물에 연속적으로 접속된 지중 매설 접지선 설치

㉡ 보호선용 접속선 접속방법

- **접속선 간격** : 표준~1,200m, 최소~800m 이상, 최대~2,000m 이내
- 임피던스 본드 중성점에 접속
- **보호선용 접속선 선종 및 길이제한** : $70mm^2$ 이상, 100m 이하

㉢ 공통접지선 및 본딩선 굵기

- **공통접지선** : 연동연선 $35mm^2$ 이상
- **본딩선** : F－GV $70mm^2 \times 1C \times 2$가닥

㉣ 공동접지선과 본딩선의 횡단접속 및 선종

- 임피던스본드 중성점을 이용하여 횡단접속
- **선종** : F－GV $70mm^2 \times 1C \times 2$가닥

② 공통접지시공 방안

㉠ 접지대상 신호시설물

- 신호기주, 신호기구류(수지형 제외), 신호기용 작업대 및 사다리
- 접속함, 기구함 및 폐색제어유니트
- 전기연동장치 및 전자연동장치의 계전기랙, 궤도랙, 분선반랙, 폐색랙, LDTS
- 전원장치 등

㉡ **공통접지 활용 방안** : 전력분야에 시공한 접지 단자함에 아래와 같은 접지선을 포설하여 역구내 및 역간 신호시설물을 같은 방법으로 접지토록 설계한다.

- **일반 신호시설물** : F－GV $35mm^2 \times 1C$
- 전차선 귀선용 임피던스 본드(B2－500) : MLFC $80mm^2 \times 1$

15 철도신호용 전원장치 중 정류기의 성능시험방법에 대하여 설명하시오.(10)

➲ 성능시험 방법

출력전압 변동율시험은 정격부하로 입력전압 최소 때의 출력전압(Ve)과 입력전압 최대 때의 출력전압(Vf)을 측정하고 다음과 같이 계산한다.

$$\text{출력전압 변동률} = \frac{Vf - Ve}{Vf} \times 100 = 1.0\% \text{ 이내} \quad \cdots\cdots (1)$$

또 맥동전압 시험은 입, 출력전압과 전류를 정격치로 유지하고 출력단자에서 맥동전압을 측정한다. 효율시험은 입력전압을 규정치로 유지하고 출력측을 조정하여 출력전압과 전류를 정격치로 놓았을 때 효율은 다음 식에 의하여 산출하며 교류전력은 효율계로 측정한다.

$$\text{효율} = \frac{\text{직류전력(출력)}}{\text{교류전력(입력)}} \times 100$$

16 철도신호제어설비 접지 관련하여 다음 사항을 설명하시오.(10)

➲ 접지대상 신호제어설비

① 신호기의 철재부분, 기구함, 접속함, 제어유니트의 외함
② 무절연가청주파수 궤도회로(AF)장치의 튜닝유니트
③ 전원배전반 2차측
④ 실내설비의 각종랙(일반철도 전자연동장치 제외)
⑤ 건널목안전설비(경보기, 차단기, 제어유니트)
⑥ 신호기능실에는 낙뢰(이상전압)에 대한 보호설비

➲ 공통접지, 통합접지의 특성비교

공통접지는 등전위(EQUIPOTENTIAL BONDING, 등전위 시스템)이론에 근거하여, 접지시스템 구성을 이루는 것이고, 통합접지는 접지들을 하나로 묶는 것, 즉 여러 접지들을 서로 전기적으로 연결을 하는 것을 지칭 하는 것 말한다.

공통접지	통합접지
• 고압 및 특고압 접지계통과 저압접지계통이 등전위가 되도록 접지하는 방식	• 전기설비접지, 통신설비접지, 피뢰설비 접지, 수도관, 가스관, 철골, 철근 등과 같이 전기설비와 무관한 계통외도 전부 모두 함께 접지하여 그들간에접지 차이가 없도록 함으로써 인체의 감전 우려를 최소화하는 방식을 말한다. • 통합접지의 본질덕인 먹적은 건뭉내에 사람이 접촉할 수 있는 모든 도전부가 항상 간은 대지전위를 유지할 수 있도록 등전위를 형성하는 것이다.

접지저항 저감대책

접지저항을 저감시키기 위한 방법으로는

• 접지극의 크기를 키우는 방법,
접지판의 면적을 증대시켜 표면접촉저항을 낮게 유지하는 방법이다.

• 접지극을 병렬로 접속시키는 방법,
접지봉의 연결개수 또는 접지극의 면적을 증가시켜 저감시키는 방법이다.

• 망상접지공법(Mesh)을 활용하는 방법,
공장이나 빌딩, 발전소 등 고장전류가 큰 개소에 채택되며, 서지임피던스 저감 효과가 대단히 크므로 안정성이 뛰어나다.

• 접지극 주위의 토양을 개량하는 방법 등이 있다

17 축전지 설페이션 및 메모리 현상에 대하여 설명하시오.(130－25)

배터리 셀페이션 현상

납 축전지를 방전상태에서 오랫동안 방치하여 두면 극판의 황산납이 회백색으로 변하며 내부저항이 대단히 증가하여 충전시 전해액의 온도상승이 크고 황산의 비중 상승이 낮으며 가스의 발생이 심하다. 그러므로 전지의 용량이 감퇴하고 수명이 단축되는 현상을 말한다.

배터리 메모리효과

배터리 메모리효과는 니켈－카드뮴 충전식 배터리에서 관찰되는 효과로 충전량을 줄인다. 니켈－카드뮴 배터리가 부분적으로만 방전된 후 반복적으로 재충전되면 점차 최대 에너지 용량을 잃는 상황을 말한다. 배터리는 더 작은 용량을 “기억”하는 것처럼 보인다.

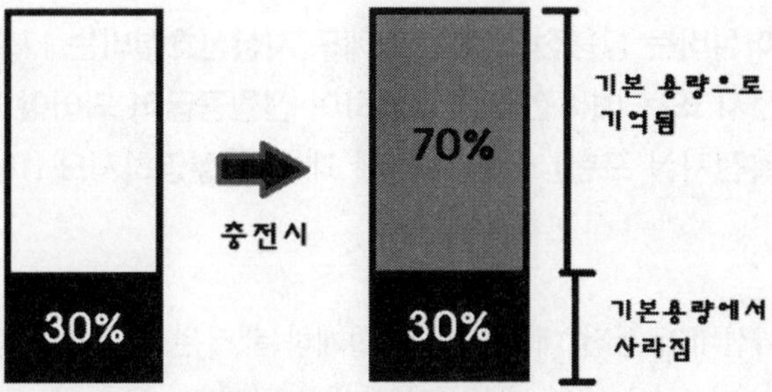

1960년대 엔지니어들이 위성에 사용된 배터리가 시간이 지남에 따라 용량을 잃는다는 사실을 발견하였다.

메모리 효과는 NiCd 기반 배터리와 같은 일부 유형의 셀에서 나타난다. 리튬 이온과 같은 다른 유형은 이러한 문제가 없다.

NiCad가 거의 소모되기 전에 충전하면 배터리가 충전한 용량을 "기억"하므로 배터리 용량이 줄어든다. 메모리 효과는 NiCad를 대부분 소모하기 전에 반복적으로 충전하는 경우에만 문제가 된다.

셀페이션 현상의 원인

① 방전상태로 장시간 방치
② 전해액 부족으로 극판이 공기중에 노출
③ 전해액이 파라핀 등 불순물이 혼입된 경우
④ 충전 부족 상태에서 장시간 사용
⑤ 불충분한 충전이 반복되는 경우

대책

① 축전지관리를 철저히하고 정기적인 충방전시험을 시행한다.
② **회복 충전** : 정도가 가벼우면 20시간의 충전전류로 과충전을 시행하고 회복되지 않으면 충방전 시험을 수회 반복한다.

18 철도신호제어설비는 상용전원 정전 시에도 지상신호설비는 1시간 이상, 신호관제실에는 3시간 이상 축전지 또는 예비전원을 공급하여 전원공급이 되어야 한다. 축전지 용량 산출 방법 및 전원실(축전지실 포함) 설치 조건에 대하여 설명하시오.(134-25)

개요

철도신호제어설비의 정전 대응 시간을 설계하는 것은 축전지의 종류, 종지전압, 운영조건 등에 따라서 결정되며, 이에 대한 계산식과 상세한 설계 Data는 각 축전지 회사의 Catalog (방전전류표)에 제시된 자료를 참고로 한다.

산출방법

① **축전지 수량 계산** : 교류입력전압이 AC 220V 인 경우

- 직류정격전압/축전지 1Cell당 정격전압 = 220/1.2 = 184 Cell
- Ni-Cd인 경우 종지전압 1.0V(184Cell인 경우 종지전압 184V)

② **직류 최대 방전전류(부하를 10kw로 가정)** : 부하용량 × 역률/인버터 효율 × 직류최저전압

= 10,000[W] × 0.8[%]/0.90[%] × 184V

= 48.3A

③ **축전지 용량**

- 방전종지전압 1.0V, 1시간, 방전전류 48.3A인 경우, Ni-Cd 제원표 H,M,L range 중, 방전시간이 30분에서 3시간용인 M range(중간방전형)의 SBM84(62.8A)를 선택할 수 한다. 62.8≥48.3A
- 방전종지전압 1.0V, 3시간, 방전전류 48.3A인 경우, Ni-Cd 제원표 H,M,L range 중, 방전시간이 3시간용인 L range(대용량)의 전지를 선택한다.

환경조건

신호전원실에는 신호제어설비 보호를 위한 냉방설비를 하여야 한다.

19 철도에서 적용하고 있는 축전지(Ni－CD, Ni－MH, Li－FePO4, 연축전지)에 대하여 비교 설명하시오.(134－25)

각 축전지에 대한 비교표는 다음과 같다.

구 분	연축전지	알카리(Ni－CD)	니켈수소(Ni－MH)	인산철(LiFePO4)
정격전압	2.0	1.2V	1.2V	3.2V
활물질	양극 PbO_2 음극 Pb	NiOOH Cd	NiO(OH) MH	LiFePO4 LixC6
과. 충, 방전	극판 활물질의 탈락, 황화현상으로 수명 단축	과 충 방전 특성이 우수, 성능에 영향이 없음	과 충 방전 특성이 우수, 성능에 영향이 없음	과 충 방전 특성이 우수, 성능에 영향이 없음
자기 방전	0.5%/일	10%/월	30%/월	15%/월
전해액 보충	매 4 개월	매 18 개월	매 18 개월	매 18 개월
비중 측정	3개월에 1회	－	－	－
가스 발생	가스 발생	－	－	－
기대 수명	5－7년	15년	15년	10년
메모리 효과	없음	없음	있음	없음
가격	저가	고가	고가	보통

20 무정전 전원장치(UPS)의 소요 용량의 결정에 대하여 설명하시오.(25)

1. 정상 용량

설계 및 고려조건 들을종합검토 하여 아래의 정산용량으로 무정전 전원장치의 소요용량을 산출 적용을 원칙으로 한다.

$$\mathrm{Pr} \geq \alpha\beta(Pk + Pt)$$

Pr : 무정전 전원장치 소요용량(KVA)
α : 부하의 수용률
β : 고조파 전류에 의한 여유계수
Pk : 부하용량 총합
Pt : 시설계획에 의한 차후 증설 부하

2. 과전류 내량을 고려한 용량

$$\mathrm{Pr} \geq \frac{Pb + Ps}{r}$$

Pr : 무정전 전원장치 소요용량(KVA)
Pb : 부하용량 총합(출력용량의 합)(KVA)
Ps : 최대돌입용량(기동되는 부하의 정격 용량을 제외한 순수 돌입용량)
r : 과부하 내량계수(1.2~1.5)

3. 돌입 용량을 고려한 용량

$$\mathrm{Pr} \geq \frac{Ps}{0.5}$$

Ps : 최대돌입용량(기동되는 부하의 정격 용량을 제외한 순수 돌입용량)

4. 부하용량 100KVA일때 UPS 용량 선정의 예

$\mathrm{Pr} \geq 0.9 \times 1.25(100+20) \fallingdotseq 135[\mathrm{KVA}]$
$(\alpha = 0.9,\ \beta = 1.25,\ Pt = 20\mathrm{KVA},\ Ps = 25\mathrm{KVA})$
$\mathrm{Pr} \geq (100+25)/(1.2\ \ 1.5) \fallingdotseq 83\ \ 104[\mathrm{KVA}]$
$\mathrm{Pr} \geq 25/0.5 = 50[\mathrm{KVA}]$

상기 세 가지 조건을 만족하는 용량은 135KVA 이상이나 UPS의 용량 구조상 135KVA 이상에서는 150KVA를 선정하는 것이 바람직하다.

Memo

제10장

EMI, EMC, EMS, 서지

01 EMI(Electromagnetic Interference)/EMC(Electromagnetic Compatibility) 문제해결 방안에 대하여 설명(112-25)

02 고조파 경감 대책에 대하여 설명(118-10)

03 교류전철화 구간에서 발생하는 유도장해의 유형과 대책에 대하여 설명(115-25)

04 국제전기표준회의(IEC)에 정의된 EMI(Electro Magnetic Interference), EMS(Electro Magnetic Susceptibility), EMC(Electro Magnetic Compatibility)의 개념을 설명(132-10)

05 낙뢰 및 지락으로 인한 시스템 보호 대책인 서지방지기(SPD : Surge Protective Device)의 선정기준에 대하여 설명(132-10)

06 낙뢰, 또는 서지 등 이상전압으로부터 전자식건널목제어장치를 보호하기 위한 기기보호용 보안기, 잡음필터의 설치 위치를 설명(127-10)

07 서지(Surge)의 유입경로 및 방지대책을 설명(121-25)

08 전철 구간에서 발생하는 고조파에 대하여 발생원 측, 계통 측, 피해 기기 측으로 구분하고 이에 대한 경감 대책에 대하여 설명(129-25)

09 철도신호설비의 보호기기인 서지방지기의 종류와 장치별 설치장소에 대하여 설명(117-25)

제10장

EMI, EMC, EMS, 서지

01 EMI(Electromagnetic Interference)/EMC(Electromagnetic Compatibility) 문제해결 방안에 대하여 설명하시오.(112－25)

EMI 문제해결 방안

① 필터의 설치

전도잡음과 방사잡음을 필터링하는 기법으로 필터는 대역여파기로 고속스위징회로로 동작하며 발생하는 잡음을 억제한다. 전원쪽에 설치한다.

② 차폐 쉴드를 설치

차폐선, 고투자율 금속케이스 등을 사용하여 잡음발생원과 잡음의 영향을 받는 기기를 서로 차단하여 내부의 잡음이 외부로, 외부의 잡음이 내부로 들어가는 것을 차단한다.

③ 적절한 접지 설치

전위차를 없애기 위하여 접지회로에 가급적 전류가 흐르지 않도록 균형을 유지하며, 임피던스를 최대한 낮추어 전위차가 발생하지 않도록한다.

④ 회로의 분리 배치

회로내에서 성격이 다른 배선, 부품간의 영향으로 인한 잡음은 입력과 출력, 디지털과 아날로그, 고속과 저속, 고압과 저압, 고임피던스와 저임피던스 등의 회로를 분리하여 배치한다.

⑤ 내성이 강한 부품 선정

잡음이 많이 발생하는 부품은 피하고 내성이 강한 부품을 사용한다.

⑥ 서지흡수기 설치

잡음장애를 방지하기위하여 서지흡수기, 노이즈방지용 변압기를 사용하여 외부로부터 유입되는 노이즈를 차단한다.

EMC 문제해결 방안

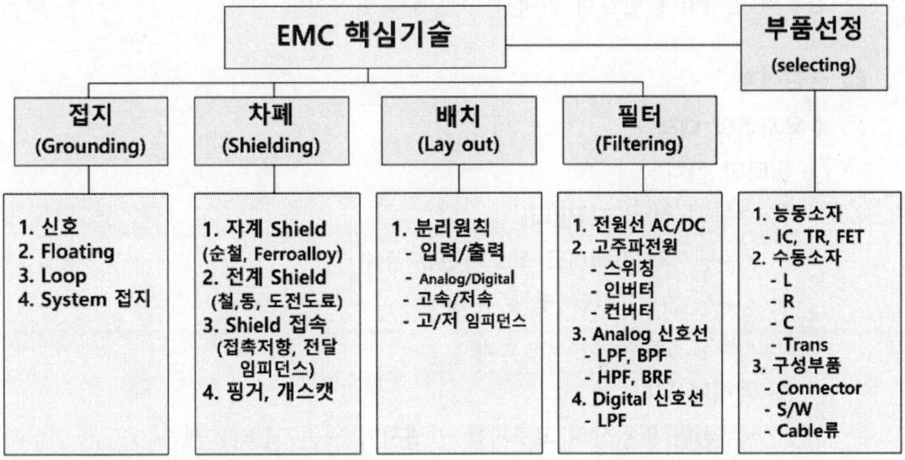

① Noise Source 파악 분석

㉠ 전자기기의 내부 주파수 분석

- 사용 Clock?
- 분주 Clock?
- 메모리 동작사이클?
- 데이터 전송율?
- 스위칭전원 주파수?

㉡ 전도성 Noise인지 방사성 Noise인지 구분

㉢ 공통모드 Noise인지 차등 모드 Noise인지 구분(접지는 넓고 짧게) : 공통모드 Noise는 대부분 케이블에서 방출됨으로 케이블을 분리하거나 이동하여 분류 가능

02 고조파 경감 대책에 대하여 설명하시오.(118－10)

발생 개요

① **전력변환장치 사용** : 변환장치(정류기, 인버터 등)내의 전력전자에 의한 고조파는 2차 부하측의 DC, AC 변환 시의 구형파가 전원으로 유입되어 발생한다.

② **전기용접기/아크로** : 3상 단락, 2상 단락, 아크 끊김과 같은 극단적인 변동의 Arc로 사용이 반복될 때 발생이 제3 조파에서 현저하며 변압기를 Δ 결선을 해도 흡수가 안 된다.

③ **변압기의 여자전류** : 변압기의 자화특성(히스테리시스 현상)인 여자전류에 의해 고조파가 발생하며 제3 조파 성분이 추가된다. 이것은 변압기 내에 Δ 결선을 두어 흡수된다.

④ **과도현상** : 전압의 순시 동요, 계통 서지, 개폐 서지 등에 의한 일시적 현상에 의해 발생한다.

⑤ **송전선의 코로나** : 전선의 전위경도 교류 21[kV/cm] 이상 시 코로나 발생이 발생하며, 교류 전압의 반파마다 전압의 최대치 부근에서 발생한다.

경감대책

① 수용자측의 대책

㉠ 필터의 설치

ⓐ 수동형 필터(교류필터)

- 콘덴서와 리액터로 고조파전류 흡수
- 구성 간단, 취급 및 보수 용이
- 특정 주파수에는 큰 효과

ⓑ 액티브 필터

- 부하와 역위상의 고조파를 발생시켜 기존 고조파 제거
- 변동하는 고조파에 대응할 수 있다
- 전압변동의 저감 및 역률 개선 효과도 있다.
- 고차 고조파의 개선 효과는 낮다.

㉡ **변환장치의 다펄스화** : 펄스 수를 늘릴수록 고조파 전류는 현저히 감소, 3상(6 펄스) 보다는 6상(12 펄스), 6상보다는 12(24 펄스)의 변환장치를 사용.

② 기기 자체의 고조파 내량 증대

㉠ 리액터의 용량 증대

㉡ 통신선을 케이블화하고 연피접지

③ **PWM 방식 채용** : GTO나 Power Transistor 등의 소자를 사용하여 인버터나 컨버터의 입출력 파형을 다수의 입출력 파형을 다수의 펄스로 변환하여 사용

④ **변압기의 Δ 결선** : 제 3고조파를 Δ 결선 내에서 순환회로를 구성하여 외부에 고조파가 나타나지 않도록 한다.

03 교류전철화 구간에서 발생하는 유도장해의 유형과 대책에 대하여 설명하시오.(115-25)

서론

교류전차선에 근접한 통신선에는 정전 유도와 전자 유도 때문에 위험 전압과 잡음전압이 발생한다. 위험전압은 통신선과 대지 간의 전압이 문제, 잡음전압은 선간전압이 문제이다.

통신 유도장해

① **정전 유도** : 전차선과 통신선과의 이격거리를 크게 하면 급감한다. 통신선과 접지선 간에 유기되는 전압은 380V 이하, 고도의 보호된 선로에서는 650V 이하, 전류는 10mA 이하가 되도록 제한한다.

② **전자 유도** : 전자 유도는 전차선의 전류와 귀선 전류의 불평형에 의해 전자적으로 유기되는 전자 유도에 의해서 통신선에 잡음을 주는 잡음전압이 발생한다. 전자 유도전압은 평상시 60V, 전차선 지락 사고 등의 이상 시에는 일반적으로 300V, 최대 430V 이하가 되도록 제한한다.

③ **고주파 유도** : 전기차에서 발생하는 잡음전압 정류기형 전기차의 정류작용에 의해서 전차선 측에 고조파를 발생하여 통신선에 잡음을 일으킨다.

통신 유도장해 경감 대책

① 전철측의 대책

㉠ **흡상 변압기에 의한 방법** : 흡상 변압기는 권선비 1 : 1의 변압기로 약 4km마다 선로에 배치하고, 그 1차측을 전차선에 접속하고 2차측은 부급전선에 접속한다. 흡상 변압기는 대지를 흐르는 귀선 전류를 가능한 한 작게 하고 강제로 부급전선에 흡상시켜 기유도 Amp-Km를 최대한 작게 하려고 설치한다.

㉡ **단권변압기에 의한 방법** : 단권변압기를 약 10km로 배치하고 권선의 중앙을 레일에 접속한다. 단권변압기는 1단을 전차선에, 다른 1단을 급전선에 접속하여 전차선에 접속하여 전차선과 급전선에 전류를 흐르게 하여 레일에는 거의 전류가 흐르지 않아 기유도 Amp-Km가 작게 되고 전자 유도가 경감된다.

② 통신선측의 대책

㉠ 정전 유도

- 전차선과 통신선의 이격거리를 증대시킨다.
- 통신선을 케이블화 한다.
- 통신선에 배류 코일을 설치하여 전하를 대지로 방류한다.

㉡ 전자 유도

- 통신선을 차폐 케이블화하여 지하에 매설한다.
- 통신선에 차폐 코일을 삽입하여 전자 유도 전압을 소멸 시킨다.

- 통신선에 중화 코일을 삽입하여 기기의 평형도를 향상하고 잡음전압의 경감을 도모한다.
- 통신선에 절연 중계 코일을 삽입하고 피유도 구간을 분할하여 유도전압을 제한한다.
- 통신선과 대지 간에 여파 배류 코일을 삽입하여 기본파 및 특정 고조파를 낮춘다.
- 통신선의 경로를 별도 경로로 하여 전자 유도의 영향이 없도록 한다.

③ **전기차측의 대책** : 정류기형 기관차의 변압기 2차측에 콘덴서와 저항을 조합한 필터를 병렬로 접속하여 전차선로에 흐르는 고조파 성분을 낮춘다.

결론

철도에는 근접한 통신선이 많은 만큼 교류 전차선에 근접하고 있는 통신선에 정전 유도 및 전자 유도에 의해 위험 전압이나 잡음전압을 유기한다. 이 때문에 전기차에 필터의 설치, 통신선의 케이블화, 절연중계 코일의 삽입, 전차선로에는 흡상변압기나 단권변압기 등의 대책이 필요하다.

04 국제전기표준회의(IEC)에 정의된 EMI(Electro Magnetic Interference), EMS(Electro Magnetic Susceptibility), EMC(Electro Magnetic Compatibility)의 개념을 설명하시오.(132－10)

EMI(Electro Magnetic Interference) : 전자 방해 (전자 간섭, 전자 장해)

전파 및 고주파가 잡음으로서 전자기기 등에 영향을 미치는 현상. 또는 영향을 미치는 전자파.

① **전도 잡음** : 케이블 및 기판 배선을 거쳐 전달되는 잡음
- **차동 (differential) 모드 잡음 (일반 상태 잡음)** : 전원 라인 사이에서 발생하여 전류와 같은 방향으로 흐르는 잡음
- **공통모드 잡음** : 금속 상자 등을 거쳐 부유 용량 등을 통해 신호원으로 되돌아오는 잡음

② **방사 잡음** : 공기중으로 방출되는 잡음

EMS (Electro Magnetic Susceptibility) : 전자파 내성

전자파로 인한 방해, 간섭 (EMI : 전도 잡음 및 방사 잡음)을 받아도 장해를 일으키지 않는 능력, 내성

EMC (Electro Magnetic Compatibility) : 전자 양립성 (전자파 적합성)

EMI＋EMS. 방출(Emission) 대책과 내성(Immunity)의 적합성, 그에 대한 대책

05 낙뢰 및 지락으로 인한 시스템 보호 대책인 서지방지기(SPD : Surge Protective Device)의 선정기준에 대하여 설명하시오.(132－10)

◆ 서지방지기 선정기준

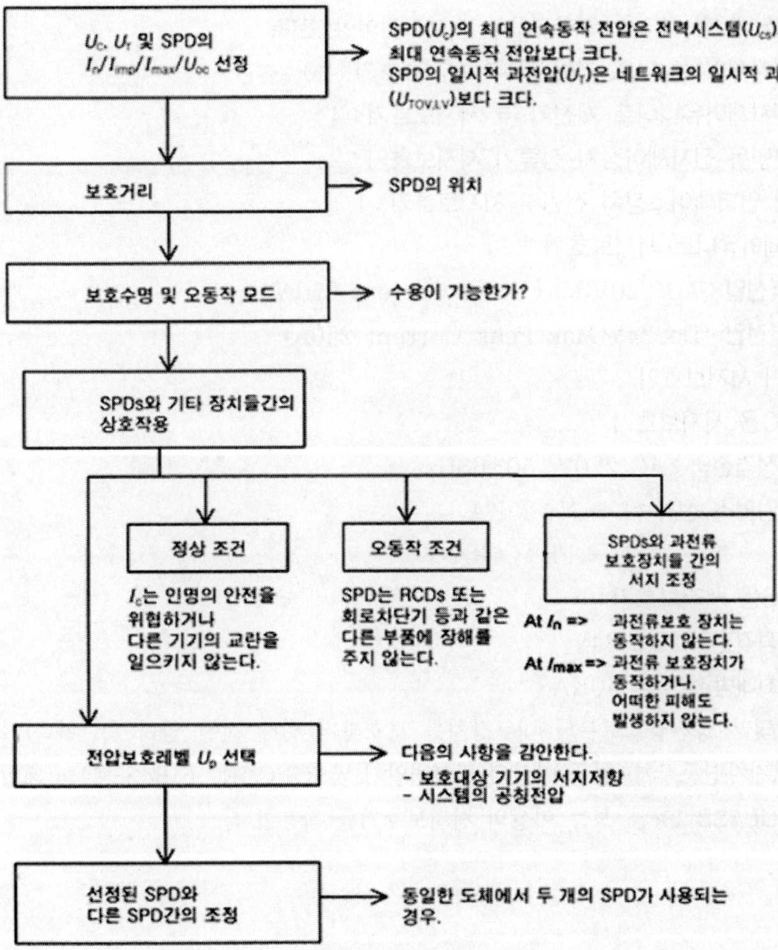

06 낙뢰, 또는 서지 등 이상전압으로부터 전자식건널목제어장치를 보호하기 위한 기기보호용 보안기, 잡음필터의 설치 위치를 설명하시오.(127－10)

설치 위치

① 전자제어유니트, 정류기함 및 역 인터페이스장치에 서지보호기를 설치하여 외부로부터 유입되는 낙뢰 및 서지의 영향으로부터 보호되어야 한다.

㉠ 전자제어유니니트 기능감시부 서지보호기 : 20

㉡ 전자제어유니니트 계전기 부 서지보호기 : 4

㉢ 건널목 전자제어장치 정류기 서지보호기 : 2

㉣ 역 인터페이스장치 전원부 서지보호기 : 1

② 전자제어유니트 서지보호기

- 정격전압 : AC 220V(Max Peak Current 250A)
- 정격전압 : DC 24V(Max Peak Current 250A)

③ 정류기 서지보호기

㉠ AC용 서지보호기

- 정격전압 : AC 220V, 50~60Hz
- 임펄스 전류 : L － N : 25KA
  N － PE : 50KA

㉡ DC용 서지보호기

- 정격전압 : DC 24V
- 최대방전전류 : 40KA

④ 낙뢰 및 이상전압으로부터 내부장치를 보호하기 위해 전원 입력 측(1차측) 에 KRS SG 0015(전자연동장치) 동등 이상의 절연변압기 및 KS C IEC 61643－11의 저압 서지보호장치의 CLASS 1등급 성능 이상의 서지보호기를 적용한다.

07 서지(Surge)의 유입경로 및 방지대책을 설명하시오.(121－25)

서지의 유입경로

No	설비명	유입경로
1	CTC장치(신호원격제어장치 포함)	전원회로, 제어회로, 통신회선
2	연동장치	전원회로 및 제어회로
3	건널목안전설비	전원회로, 통신회선
4	폐색장치	전원회로 및 통신회선
5	직류 궤도회로장치	송·수신부

방지대책

No	유입경로	방지대책
1	CTC 전원 입력측회로	절연변압기 사용하고 접지
2	제어 및 표시회로	보안기와 중계선륜 설치 및 접지
3	주랙, 표시랙, 표시판, 열차집중제어반	목대 등 절연물설치
4	ATS－S형 지상자 제어계전기	3극 피뢰기설치 접지는 외함
5	교류입력측 회로	보안기 S－220 또는 S－600 보안기 접지
6	정류기(ATS용) 출력측 회로	보안기 S－24A형 보안기 접지
7	운전방향 계전기회로	보안기 S－24B형 보안기 접지
8	폐색회로	S14P 선간에 약전용 보안기 사용 접지
9	교류입력측 회로	보안기 S－220 보안기 사용 접지
10	제어회로	기계실과 현장 사이의 단자에 HS형 보안기 사용 접지
11	건널목 직류전원(DC24)	전원 케이블 간에 S－220보안기사용 접지
12	궤도회로	교류, 직류 궤도회로 송,착전에 T200, 300, 2500형 보안기 사용

08 전철 구간에서 발생하는 고조파에 대하여 발생원 측, 계통 측, 피해 기기 측으로 구분하고 이에 대한 경감 대책에 대하여 설명하시오.(129－25)

고조파 발생원

① 전력전자소자를 이용하는 부하

㉠ 정류기(SCR, Diode, IGBT 등)

- SCR 정류기 : DC Drive, 무정전 전원장치 등
- Diode 정류기 : 가변전압 가변주파수 장치(VVVF, VSD), SMPS(OA 기기, LED, 경관 조명 등)

㉡ 사이리스터 제어 : Heater 제어, Dimmer, 항공 유도등 등

㉢ Cyclo－conveter : 압연용 전동기, 시멘트용 전동기, 교류식 전기철도차량용 전동기

② 아크를 이용하는 부하(아크로, 용접기, 방전등)

③ 자화 특성을 이용하는 부하(변압기, 전동기 등)

④ 과도현상에 의한 것 등이다

계통 측

중성선 과열 및 대지전위(N－G) 상승

피해 기기 측

① 발전기나 회전기, 변압기의 손실 증대로 인한 과열 및 정격용량 감소

② 콘덴서, 직렬 리액터의 과열 및 과전압 발생

③ 역률 저하

④ 이상 공진에 의한 고조파 과전압에 따른 기기의 영향

⑤ 보호계전기의 오동작이나 기기류의 오차 (특히 정지형 보호계전기)

⑥ 지시계기, 적산계기의 오차

⑦ 사이리스터 장치에서의 제어 불안정

⑧ 통신회로에서의 잡음 및 유도장애

09 철도신호설비의 보호기기인 서지방지기의 종류와 장치별 설치장소에 대하여 설명하시오. (117−25)

◘ 적용

신호설비의 뇌해대책은 다음 설비에 적용하며 그림 시공 "예" 참조.

① TTC 장치(신호원격제어장치 포함) : 전원회로, 제어회로, 통신회선
② 연동장치 : 전원회로 및 제어회로
③ 폐색장치 : 전원회로 및 통신회선
④ 직류 궤도회로장치 : 송, 수신부
⑤ 기타 필요 개소

◘ 종류, 적용회로 및 설치장소

종류	적용회로	보호방법	시공방법
보안기 중계선륜	제어 및 표시회로	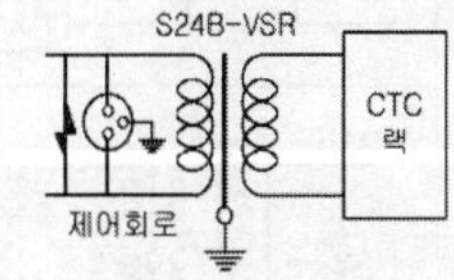	제어회선 및 표시회로에서 CTC랙에 진입하는 뇌써지를 줄이고 임피던스 정합과 유도전압을 줄이기 위하여 보안기와 중계코일을 사용하며 별도로 접지한다.
3극피뢰관	ATS−S형 지상자 제어계전기	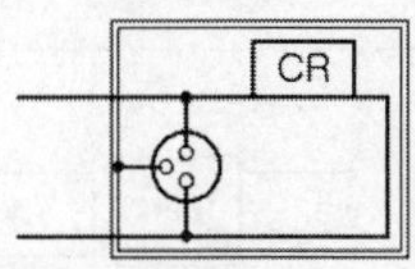	ATS−S형 지상자 제어계전기가 가공케이블에 의해 진입하는 뇌써지에 의해 파손되는 것을 방지하기 위하여 배선과 제어 계전기 및 배선간에 보안기를 설치한다. 이경우 접지는 외함에 한다
보안기 S−220	교류입력측 회로	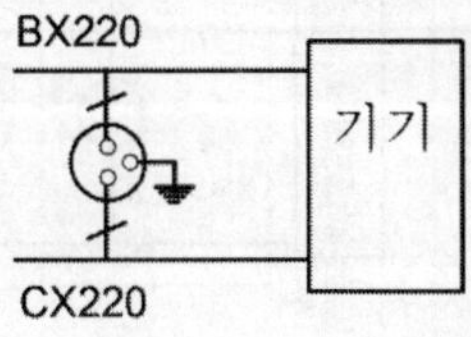	고압배선에서 선조변압기를 경유하여 진입하는 뇌써지에 의해 선조변압기, 정류기 등의 파손 및 전원휴즈의 용단을 방지하기 위하여 배선간에 보안기를 사용한다. 또한 접지는 다음의 것을 제외하고 생략한다. 저압 전원으로 한전의 변압기와 절연변압기와의 거리가 가공으로 100m이상일 경우 보안기를 접지한다.
		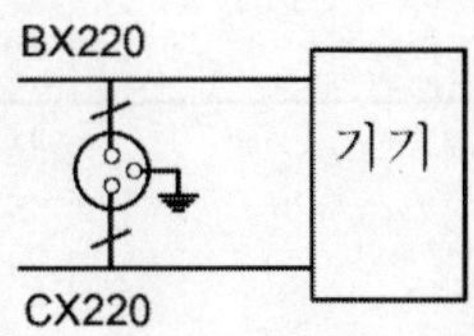	600V전원용

보안기 S-600	정류기(ATS용) 출력측 회로	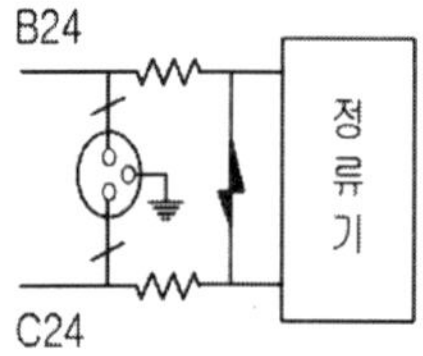	가공케이블 (일부 가공포함)에서 진입하는 뇌써지에 의한 피해방지를 위하여 배선과 대지 및 배선간에는 보안기를 설치한다. 다만, 일부 가공이라 함은 지중케이블의 일부가 100m이상 가공으로 된 것을 말하며 교량상이나 트로프에 수용한 경우는 포함되지 않는다.
보안기 S-24A형	운전방향 계전기회로	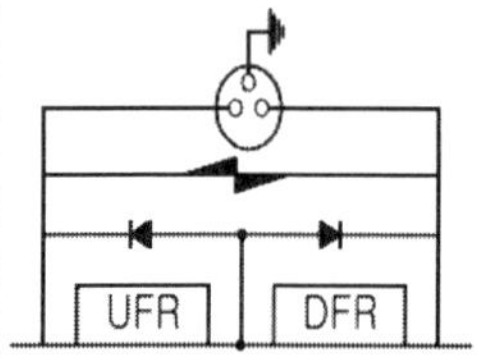	방향리버 회로에 가공케이블 또는 가공전선을 사용한 경우는 FR의 피해를 방지하기 위하여 보안기를 사용하고 접지한다
보안기 S-24B	폐색회로	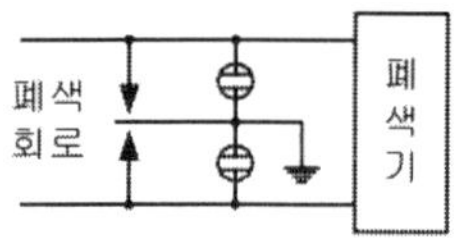	보안기의 피뢰관에는 약전용을 사용하고 휴즈는 사용하지 않는다.
S14P	교류입력측 회로	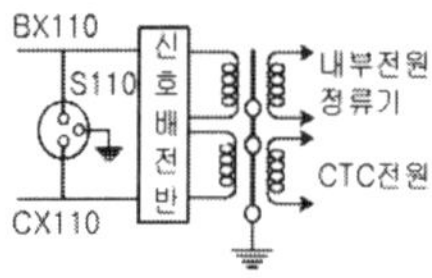	
보안기 S-220	제어회로	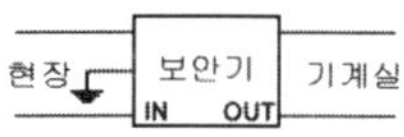	HS0245 (DC24V용), HS0605 (AC60V용), HS2205 (AC220V용)중 사용회로에 적합한 보안기를 설치한다.
HS0245 HS0605 HS2205	직류전원측 회로 (DC-24V)	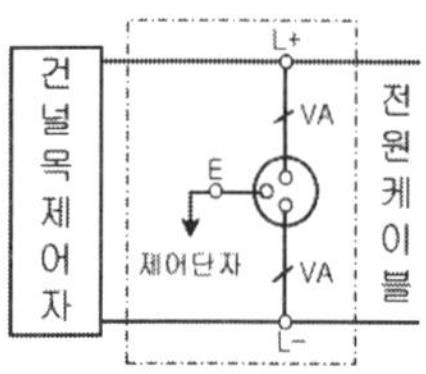	직류전원 케이블에서 침입하는 뇌써지에 의한 제어자의 파손을 방지하기 위하여 전원케이블과 기기간에는 보안기를 설치한다. 접지는 제어자 보안단자에 접속하고 바리스타는 직류전원의 잡음을 차단하기 위한 것이다
보안기 S-220형	궤도회로		교류전철구간의 궤도회로 및 직류 궤도회로의 송,착전에는 필요시 궤도회로용 보안기를 설치한다.

설치위치

① 보안기

㉠ S110형

- 현장 신호기구함 (자동절체반이 있는 경우) : 저판
- 현장 신호기구함 (자동절체반이 없는 경우) : 단자반 또는 기기취부반의 이면
- 신호계전기실 내는 배전반 또는 그 부근
- 건널목 제어자인 경우는 수용함의 저판

㉡ S-24A형

- 신호계전기실 내는 배선반의 하부 또는 이면
- 신호기구함 내는 단자반 또는 기기취부반 이면

㉢ S-24B형

- 신호계전기실 내는 통신 분선반 내 또는 그 부근에 설비한 보안기 취부판
- 신호기구함 내는 단자반 또는 기기취부반의 하부

㉣ 궤도회로용

- T200, T300, ST0405는 기기실 랙 또는 기구함 내 하면
- T2500은 착전 측 궤도 내

㉤ 연동장치 제어회로용 (HS0245, HS0605, HS1105) : 신호계전기실 분선반 랙 전면 (블록단자설치 위치)

㉥ 폐색회선용(S14P) : 폐색제어랙 전면 또는 신호계전기실 분선반랙 전면 (블록단자 우측)

② 써지방호용 절연트랜스 : 신호계전기실 기기설치대

③ 중계코일 : 통신 분선반 내 또는 부근에 설비한 취부한 보안기 (S-24B형)와 같이 설치한다.

제11장

RAMS

01 Fail – safe, Fail – Proof, Fail – Soft의 정의와 적용사례에 대하여 설명(124-25)

02 IEC 62278의 위험도 분석, 위험도 평가 및 수용에 대하여 설명(25)

03 IEC 62425에서 정의하고 있는 신호 시스템의 안전도 향상을 위한 SIL 4(Safety Integrity Level 4)의 GP(Generic Products), GA(Generic Applications), SA(Specific Applications)에 대하여 설명(117-25)(118-25)

04 IEC61508규격의 기능안전(Functional Safety)에 대하여 설명하고, 기능안전평가에서 확인하는 일반적인 사항은 무엇인지 설명(114-10)

05 RAMS의 개요 및 IEC 62278에서 정의된 RAMS 관련 수행업무에 대하여 설명(114-25)(112-25)

06 RAMS의 수명주기 단계를 나열하고 단계별 목적을 설명하시오(118-25)(120-25)

07 RAMS의 요소 중 신뢰성(Reliability), 가용성(Availability), 유지보수성(Maintainability), 안전성(Safety)에 대하여 설명(120-25)

08 RCM(Reliability Centered Maintenance)을 적용하여야 하는 필요성과 목적에 대하여 설명(123-10)

09 이중계 회로에서 두 채널에 동시 고장을 발생시키는 공통원인고장(CCF : Common Cause Failure)을 방지하기 위한 방법을 설명(127-10)

10 SIL 4(Safety Integrity Level 4) GA(Generic Application) 인증을 받은 차상 및 지상 열차자동방호장치(ATP)에 대하여 SA(Specific Application) 인증을 받기 위하여 독립 안전성 평가자에게 설계, 제작 및 설치, 본선 시험 및 시운전 단계별로 제출하여야 하는 소프트웨어 목록을 IEC 62279 기반으로 설명(117-25)(126-10)

11 THR(Tolerable Hazard Rate)과 SIL(Safety Integrity Level)의 관계를 설명(120-25)

12 TI21 궤도회로에 적용된 Fail Safe에 대하여 설명(127-25)

13 가치공학(VE)의 유형 및 가치추구 척도에 대하여 설명(115-10)

14 고장모드 및 영향 분석(Failure Mode and Effect Analysis)에 대하여 설명(112-25)

15 생애주기비용 LCC(Life Cycle Cost)의 구성항목 및 LCC와 VE(Value Engineering)의 차이점에 대하여 설명(120-10)

16 생애주기비용(Life Cycle Cost)에 대하여 설명(117-25)(118-25)

17 설계 VE(Value Engineering) 수행시, 설계자가 제시하여야 할 자료 및 검토자가 수행하는 업무절차를 설명(111-25)

18 신뢰도 평가에서 사용하는 가속수명시험에 대하여 설명(121-10)

19 신뢰성 3대 요소와 모델을 제시(10)

20 신뢰성 모델에 대하여 입출력 블록도를 그리고 설명(121-25)

21 철도신호 시스템의 이중계 개념에서 Cold – Standby System, Hot – Standby System, Warm – Standby System, 2 out of 2 System, 2 out of 3 System에 대하여 설명(121-25)

22 신뢰성 향상을 위해 신호시스템 설계단계에서 수행할 결함허용(Fault Tolerance) 방식검토에 대하여 설명(124-25)

23 신호설비의 신뢰성 향상 방법에 대하여 설명(124-25)

24 안전 무결성 레벨(Safety Integrity Level)에서 고장률(FR : Failure Rate)과 허용기능위험률(THR : Tolerable Hazard Rate)에 대하여 레벨별로 설명(114-10)

25 열차제어시스템에 대한 안전성 활동 과정에서 위험원 분석 및 평가 시 고려하여야 할 중대 위험 요소에 대하여 설명(130-10)

26 열차제어시스템의 궁극적인 목표와 Fail-Safe 원칙에 대하여 설명(111-25)

27 철도 RAMS(Reliability, Availability, Maintainability, Safety)에 대하여 설명하고, IEC 62278에서 언급하고 있는 RAMS 수행업무 절차에 대하여 설명(129-10)

28 신호설비 결함의 원인과 분류에 대하여 설명(112-10)

29 신호설비의 결함허용 시스템(Fault Tolerance System)에 대하여 설명(115-10)

30 신호설비의 안전성 기술의 종류를 나열(120-10)

31 철도신호 시스템의 설계 시 선행 검토되는 신뢰도(Reliability), 고장확률, 고장률 공식에 대하여 설명(132-25)

32 신호시스템의 안전성을 확보하기 위해 시행하는 Hazard Analysis 중, PHA, SHA, SSHA 및 O&SHA의 분석 목적에 대하여 설명(111-25)

33 철도신호에서 사용하는 안전측 동작 구성방식 6가지를 설명(120-10)(129-25)

34 철도신호제어설비를 신설하여 사용개시 후 발생할 수 있는 고장에 대하여 설명(115-25)

35 철도신호제어설비의 결함 극복 방법에 대하여 설명(112-10)

36 다음 용어를 설명하시오.(134-10)

1) SIL(Safety Integrity Level) 2) GA(Generic Application) 3) SA(Specific Application)

37 시스템 VE(Value Engineering) 수행 목적에 대하여 설명(134-10)

38 서버(Server)의 솔루션으로 사용하는 FT(Fault Tolerant)와 HA(High Availability)에 대하여 다음 사항을 설명.(134-25)

1) 정의 2) 구현방법 3) 장·단점

39 철도신호제어설비 신뢰성 분석을 위한 고장모드 영향분석(FMEA : Failure Mode and Effects Analysis)에 대하여 다음 사항을 설명(134-25)

1) 목적 2) 실시시기 3) 효과

제11장

RAMS

01 Fail-safe, Fail-Proof, Fail-Soft의 정의와 적용사례에 대하여 설명하시오.(124-25)

Fail Safe

인간 또는 기계 등의 시스템에서 일부의 과오나 실수, 오조작이 있더라도 다른 고장 발생을 방지하고 안전하게 작동할 수 있는 구조의 설계

- 고장이 나면 안전하게 정지하는 시스템은 페일 패시브(Fail Passive)
- 고장이 나도 경고음을 송출하고 추가적으로 작동이 가능하게 설계한 경우는 페일 액티브(Fail Active)
- 고장이 나도 재작동까지 혹은 이후의 설비보전이 이루어질 때까지 안전하게 작동하게 설계하는 것은 페일 오퍼레이션(Fail Operation)

  예 궤도회로

Fool Proof

기계를 작동, 사용할 때 휴먼에러를 막고 고장이 발생하지 않도록 한 설계(본래 의 뜻은 "바보라도 해낼 수 있다" 의역하면 누구라도 다룰 수 있게 하여 고장을 방지하고 안전하게 작동하는 것이라 이해하면 된다)

예 철사쇄정

Fail Soft

- 시스템에서 일부장치가 고장나거나 결함이 발생하더라도 가능한 고장의 영향을 최소화하여 전체적인 시스템의 기능은 유지할 수 있도록 해서 작동을 지속할 수 있게 하는 설계. 분류상 Fail Safe의 설계 개념에 속한다.
- 신뢰성이 높은 시스템 또는 장치의 구축에 있어서, 배려해야 할 중요한 사항의 하나로써, 「Fail Soft」 기술이 있다. 이 방식은 구성하는 기기의 한 부분에 고장이 발생했을 때, 그 영향을 최소한으로 막기 위하여, 고장 부분의 기능저하를 감수하고서라도, 본래의 기능은 유지하는 방식이다.

  과거의 사례로써, 운행관리시스템에서의 「진로제어계의 고장 날 때 CTC를 통한 진로의 수동설정」 등이 다시 인용되고 있다.

예 ATS-P 시스템에서 열차제어방식에 도입된 폐색단위로 설비된 기기에 고장이 발생하여도, 현시에 대한 추종성은 지장이 있지만, 열차 운전상의 고장은 허용 가능한 구성으로 되어 있다. 전원장치 2중계

02 IEC 62278의 위험도 분석, 위험도 평가 및 수용에 대하여 설명하시오.(25)

위험도(Risk)

① 위험도(risk) : 위험사건의 발생확률과 그에 따른 결과 심각도로서 예상 손실 평가"

② 위험요인 : 잠재위험 요인이 사고로 발전할 위험도 즉 발생빈도와 발생강도를 평가하고 위험도가 허용할 수 있는 범위를 벗어났을 때 위험감소 대책을 세운다.

③ 위험수준 평가 : 허용범위 내로 끌어 내리는 과학적이고 체계적인 위험 평가 방법

위험도 분석방법(FTA)

FTA기법은 시스템의 고장을 발생시키는 정상사상(Top Event)과 하위사상과의 논리적인 부울대수(Boolean Alebra)를 사용하여 나뭇가지 모양의 그림으로 고장나무(Fault tree)를 만들고 시스템의 고장확률을 구하여 문제가 되는 부분을 찾아내어 시스템의 신뢰성을 개선하는 개량적 고장해석 방법이다.

FMEA 분석 방법

① 단일부품, 재료, 장비고장이 그 영향이 시스템이나 설비에 어떤 영향을 미치는가를 상위수준으로 분석하는 방법이다.

② 하나의 부품이 고장이 난 경우 고장을 모드별로 분류하고 전체시스템이나 작업자에 어떠한 영향을 미치는가를 도표화하여 분석한다.

③ 이 기법은 상향식(Bottom-Up)이고 정성적인 위험성 분석기법이다.

위험도 평가(HAZOP : Hazard and Operability) 기법

시스템의 안전성을 평가하는 기법으로 위험원 분석을 정성적인 방법으로 하며, 전담팀이 기본설계부터 상세설계, 운전과정까지의 위험요소에 대한 위험도 등급에 따른 등급별로 정성적 평가를 한다.

철도위험도 평가에 관한 세부 기준

① 위험관리 절차 : 철도운영자 등은 철도사고 및 장애 등을 유발하는 잠재된 위험요인을 발견하고, 이를 평가 및 관리하기 위해 문서화된 위험관리 절차를 수립, 실행 및 유지하여야 한다.

② **위험도 평가 절차** : 철도운영자 등은 지속적인 위험요인의 식별, 위험도 분석, 평가 및 안전대책 등에 대한 관리사항을 결정하기 위해 문서화된 절차를 수립, 실행 및 유지하여야 한다.
③ **위험도 관리 기준** : 철도운영자 등은 위험도를 관리하기 위해 수용가능, 경감수용가능, 수용불가 등의 기준을 수립, 실행 및 유지하여야 한다.
④ **설계단계 위험도 평가의 활용** : 철도운영자 등은 철도차량과 철도시설의 설계단계부터 식별한 위험요인, 위험도 평가 및 결정된 안전대책 등의 적정성을 확인하고, 이에 대한 결과물을 운영단계에 활용하여야 한다.
⑤ **위험도 평가 등의 문서화** : 철도운영자 등은 식별된 위험요인, 위험도 평가 및 결정된 안전대책 결과를 항상 최신의 것으로 문서화하고 유지하여야 한다.

03 IEC 62425에서 정의하고 있는 신호 시스템의 안전도 향상을 위한 SIL 4(Safety Integrity Level 4)의 GP(Generic Products), GA(Generic Applications), SA(Specific Applications)에 대하여 설명하시오.(117－25)(118－25)

¤ IEC 62425의 인증 중 일반적용(General Application)과 상세적용(Specification Application) 인증에 대하여 설명하시오.

GP(일반제품 안전 증명)

일반제품으로 여러 가지 응용에 독립적으로 재사용 될 수 있는 단품에 대한 인증을 말한다.(CPU 보드, 정류기 등)

GA(일반적용 안전 증명)

① GP인증을 받은 일반제품을 사용하여 제작된 시스템(전자연동장치, LEU, ATP, RBC 등)에 대한 인증을 말한다.
② 소프트웨어와 하드웨어가 복합된 열차제어시스템의 컴퓨터에서 발생할 수 있는 작은 결함이 열차 사고로까지 이어질 수 있으므로 결함의 검지 및 안전측 동작방안을 설계단계부터 반영하여 열차제어 시스템을 제작하여야 한다.
③ 특별히 열차제어시스템의 하드웨어의 안전성에 대하여 검토한다. 국제규격 IEC 62425에서 언급된 안전사양을 실제화한 사례 중심으로 열차제어시스템의 기능 안전 확보에 대한 적용성을 보인다.

SA(특정적용 안전 증명)

① GA를 인증한 장치들로 구성된 전체시스템에 대한 인증을 말한다.
② IEC 62425 규격[1]에서 열차제어시스템의 안전성 승인을 위해서는 시스템의 안전성을 입증할 수 있는 문서(Safety Case, '종합안전대책기술서'라는 용어를 사용)를 제시하도록 하고

있고, 이 제시된 문서들의 평가를 통해 열차제어시스템의 안전성을 평가 및 인증을 하도록 하고 있다.

③ 열차제어시스템의 안전성 평가는 적용한 안전성 활동 절차의 적절성과 준수여부의 확인과 시스템에 관련된 리스크가 적절한 수준으로 낮아졌는지를 확인하는 두 가지 모두를 필요로 한다.

④ 즉, 먼저 안전계획서의 적합성과 안전계획서와의 일치성을 확인 및 검증하는 것이 필요하다. 그러므로 열차제어시스템의 안전성 평가는 계획된 프로젝트 활동이 안전계획서에 제시된 방식과 절차에 따라 수행되고 있는지, 또 수행되었는지 확인이 되어야 한다.

⑤ 이러한 안전성 평가를 위한 절차적인 내용을 확인 및 평가하는 것을 안전심사 (Safety Audit)라 한다.

⑥ 이 안전성 평가 가이드라인에는 종합안전대책기술서의 상세한 목차 및 내용, 작성지침 및 작성 예 등이 포함될 예정이며, 안전성 평가를 위한 체크리스트의 도출, 문서 확인 및 검증과 더불어 추가적인 시험기를 제작하여보다 효율적이고 충분한 안전성 평가기술이 확립되고 평가체계가 구축되도록 하여야 한다.

04 IEC61508규격의 기능안전(Functional Safety)에 대하여 설명하고, 기능안전평가에서 확인하는 일반적인 사항은 무엇인지 설명하시오.(114-10)

기능안전(Functional Safety)

- 기능안전이란 운용자 오류, 하드웨어 및 소프트웨어 고장, 환경적 변화 등에 대한 안전한 관리를 포함, 주어진 입력에 대하여 정확히 동작하는 안전 관련 시스템에 의존하는 하나의 시스템의 전체적인 안전성의 일환이다.
- 기능안전은 기존의 제품안전 안전평가 방법보다 더 높은 수준의 안전평가로 기술이 발전하고 복잡해짐에 따라 예기치 않는 위험이 발생될 확률이 커져가는 현대사회에서 안전을 보장하기 위해 사용할 수 있는 대표적인 평가방법이다.

기능안전 규격

- EN50126(IEC 62278) : RAMS
- EN50128(IEC 62279) : 소프트웨어
- EN50129(IEC 62425) : 시스템 안전
- IEC 61508 : 전기, 전자 또는 프로그램이 가능한 전자(E/E/PE : Electric, Electronic or Programmable Electronic)시스템 및 제품의 전체 수명주기를 아우르는 일반 규격

기능안전 평가

- 낮은 수준의 SIL은 기능안전에 관해 인증받은 사내 전문가가 있는 경우에 한해서만 업체의 자체평가가 가능하다.
- 하지만 높은 단계의 SIL은 제3자 평가가 요구된다.
- 일반적으로 기능 안전 평가는 몇가지 체크포인트 평가로 구분된다.
- 체크포인트별 요구사항이 충족되지 않을 경우, 체크포인트는 되풀이하여 반복될 수 있다.
- 각 체크포인트에서, 수명주기 문서들이 평가되며, 수명주기 활동 출력 문서를 갖추지 못했을 경우 체크포인트는 반복되어야 한다.

안전 평가에서 확인하는 일반적인 사항

- 안전규격 검토 및 안전설계 경영 시스템 심사
- 하드웨어와 소프트웨어의 요구 규격 검토 및 시험계획의 타당 검토 및 검증
- 하드웨어 디자인 및 소프트웨어 디자인 검토
- 하드웨어 및 소프트웨어 검증 시험의 입증시험
- 타당성 검토 시험 및 결과의 입증시험
- 사용자의 문서 및 설명서에 대한 검토
- 전체 기술 문서 및 전체 수명주기 자료 검토

05 RAMS의 개요 및 IEC 62278에서 정의된 RAMS 관련 수행업무에 대하여 설명하시오. (114－25)

¤ 철도신호시스템에 적용하는 RAMS에 대하여 설명하시오.(112－25)

RAMS 개요 및 수행업무

신뢰성, 가용성, 유지보수성, 안전성의 조합을 의미하는 두 문자로 RAMS를 정의하고 있으며, 철도가 신뢰할(dependable) 수 있기 위해서 안전성 및 가용성 요구사항이 서로 상충하는 관계를 잘 이해하여야 하고 이 두 가지 안전성 및 가용성 목표를 만족하기 위해서는 모든 신뢰성 및 유지보수성 요구사항을 만족하며, 운영 및 유지보수 활동을 관리해야 한다고 기술하고 있다. RAMS 목표 요소는 다음과 같다.

① **안전성** : 사망, 상해, 직업적인 질병, 장치 및 자산의 손상 또는 상실, 환경 손상을 일으킬 수 있는 상태가 아님

② **서비스 신뢰성** : 철도시스템이 서비스 임무를 수행할 수 있는 능력

③ **가용성** : 철도시스템이 요구되는 기능을 수행할 수 있는 상태에 있을 능력

④ **수명주기 비용** : 철도시스템의 수명주기 동안 발생하는 누적 비용

06 RAMS의 수명주기 단계를 나열하고 단계별 목적을 설명하시오.(118-25)(120-25)

¤ IEC 62278의 설비 수명주기를 순서대로 나열하고 각 단계의 수행사항을 설명하시오.

수명주기 단계

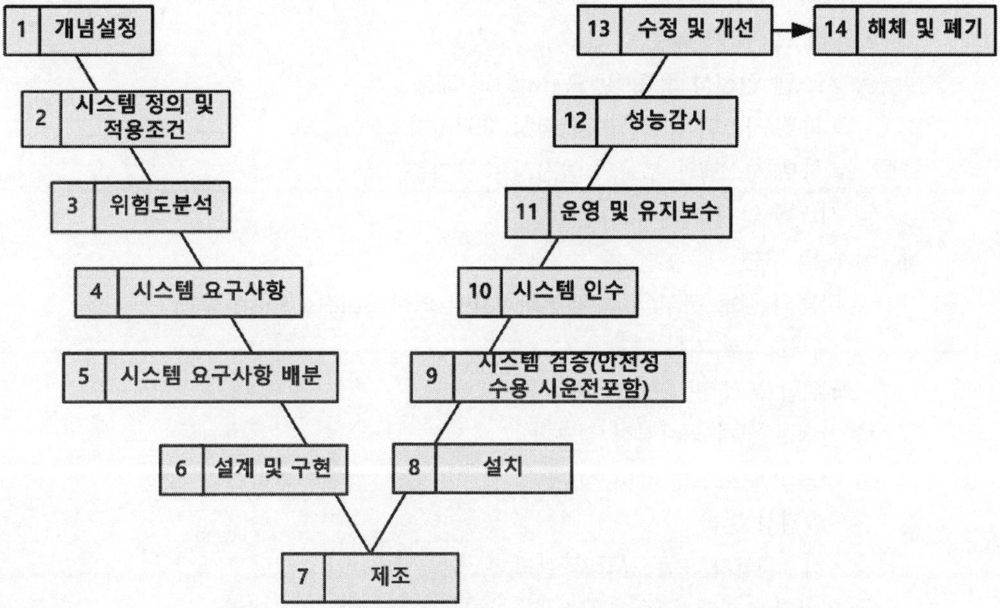

[그림] EN 50126-1에 따른 "V 표시"의 시스템 수명주기

① 개념설정
- 이전에 달성된 안전성 성능 사전검토
- 프로젝트의 안전성 관련 사항 검토
- 안전성 정책과 안전성 목표 검토

② 시스템 정의와 적용조건
- 안전성에 관한 과거 경험데이터 평가
- 사전 위험 상태 조건 수행
- 전 Safety Plan 구축
- 위험도 기준의 허용도 정의
- 기존 설비제약조건의 안전성 영향 확인

③ 위험도 분석
- 시스템 위험 상태 및 안전성 위험도 분석수행
- 위험 상태 기록의 설정
- 위험도 평가(Risk Assessment) 수행

④ 시스템 요구사항
- 시스템 안전성 전체 요구사항 구체화
- 안전성 수용기준(전체) 정의
- 안전성 관련 기능적 요구사항 정의
- 안전성 관리 수립

⑤ 시스템 요구사항 배분
㉠ 시스템 안전성 목표 및 요구사항의 배분
- 하부 시스템과 부품의 안전성 요구사항
- 하부 시스템과 부품의 안전성 수용기준

㉡ 시스템 안전성 계획 갱신

⑥ 설계 및 구현
㉠ 다음의 검토/분석/시험/데이터평가에 의한 Safety Plan 구현
- 위험 상태 기록
- 위험 분석 및 위험도 평가

㉡ 안전성 설계 의사결정 정당화
㉢ 다음의 프로그램 제어 착수
- 안전성 관리
- 하부계약자 또는 공급자 관리

㉣ 일반적인 안전성 증빙 문서(Generic Safety Case) 마련
㉤ 일반적인 응용 안전성 증명 마련(필요시)

⑦ 제조
- 검토/분석/시험/데이터 평가에 의한 안전성 계획 구현
- 위험 상태 사용

⑧ 설치
- 설치 프로그램 구축
- 설치 프로그램 구현

⑨ 시스템 검증(안전성 수용, 시운전포함)
- 시운전 프로그램 구축
- 시운전 프로그램 구현
- 특정 적용 Safety Case 마련

⑩ 시스템 인수 : 특정 적용 Safety Case 평가

⑪ 운영 및 유지보수
- 상시 안전성 중심 유지보수 착수
- 상시 안전 성능 감시 및 Hazard Log 유지보수 수행

⑫ 성능 감시 : 성능 및 안전성 통계량 수집/분석/평가/사용

⑬ 수정 및 개조 : 변경 및 개선을 위한 안전성 관련 사항 고려

⑭ 해체 및 폐기
- 안전성 계획 수립
- 위험요소 분석 및 위험도평가 수행
- 안전성 계획 구현

07 RAMS의 요소 중 신뢰성(Reliability), 가용성(Availability), 유지보수성(Maintainability), 안전성(Safety)에 대하여 설명하시오.(120-25)

¤ 신호제어설비 선정 시 중점적으로 고려할 사항 중 안전성과 신뢰성, 가용성과 유지보수성, 호환성과 확장성에 대하여 설명하시오.

신뢰성(Reliability)

① 정성적 신뢰성 : 주어진 조건과 기간 동안 요구되는 기능을 수행할 수 있는 아이템의 능력

② 정량적 신뢰성(척도) : 시스템이나 기기, 부품 등이 주어진 기간 동안 주어진 조건으로 규정된 기능을 수행할 확률

③ 척도
- MTBF/MDBF : 평균고장간격(시간) / 평균 고장 간격(거리)
- MTBSF/MDBSF : 평균 서비스 고장간격(시간) / 평균 서비스 고장간격(거리)

가용성(Availability)

① 정성적 가용성 : 아이템이 요구되는 기능을 수행할 수 있는 상태에 있을 능력

② 정량적 가용성(척도) : 아이템이 요구되는 기능을 수행할 수 있는 상태에 있을 확률
- 주어진 조건 하에서.
- 주어진 순간 또는 주어진 기간 동안에
- 필요한 외부 자원이 제공되고 있다는 가정하에서.

③ 척도
- 가용성 : 가동시간 / (가동시간 + 비가동시간)

유지보수성(Maintainability)

① 정성적 유지보수성 : 아이템의 능력
- 규정된 사용 조건 하에서
- 아이템이 요구되는 기능을 수행할 수 있는 상태로 복구되는 또는 유지되는 (능력)
- 규정된 조건 하에서 그리고 명시된 절차 및 자원을 사용하여 유지보수가 수행될 때

② **정량적 유지보수성(척도)** : 정비도 : 주어진 유지보수 활동에 대한 확률
- 한 아이템에 대해 주어진 사용 조건 하에서
- 명시된 시간 간격 내에서 수행 가능할
- 명시된 조건 하에서, 그리고 명시된 절차와 자원을 사용하여

③ **척도**
- MTTR : 평균 수리 시간

안전성(Safety)

① 수용 불가능한 피해 리스크가 없는 상태(EN50126-1)

② 사망, 부상, 직업병, 장비 또는 자산에 대한 손상 또는 소실, 환경에 대한 피해를 야기할 만한 조건이 없는 상태 (MIL-STD-882D)

③ **척도**
- 평균 안전 고장 간격
- SIL : 안전 무결성 레벨

08 RCM(Reliability Centered Maintenance)을 적용하여야 하는 필요성과 목적에 대하여 설명하시오.(123-10)

RCM 수행 목적

① 예방정비에 대한 설계 우선순위와 지침 설정

② 장비의 고유 안전도 및 신뢰도 보장

③ 성능저하가 발생하였을 때 장비의 안전도 및 신뢰도를 고유 수준으로 복구

④ 고유 신뢰도가 부적절한 행위에 대한 설계지향의 자료 획득

⑤ 상기 항목을 최소 비용으로 실현

RCM 필요성

① 신뢰성을 바탕으로 한 유지보수 즉, RCM을 적용하여야 하는 이유는 기존의 예방정비 위주의 유지보수는 과잉 정비로 인한 비용의 낭비 요소가 많다.

② 부품이나 정비 주기에 대한 신뢰도가 부족한 측면이 있다.

③ 과학적이고 체계적인 신뢰성 개념의 정비 체계를 갖추어야 시스템의 고장내용이나 부품의 교환 등 정비내용을 정확하게 기록/유지하여 그 자료를 분석할 수 있다.

④ 분석 결과를 정비정책에 반영해 감으로써 안전성 확보, 가용성 향상을 보장하는 신뢰성 개념의 정비를 할 수 있기 때문이다.

09 **이중계 회로에서 두 채널에 동시 고장을 발생시키는 공통원인고장(CCF : Common Cause Failure)을 방지하기 위한 방법을 설명하시오.**(127－10)

공통원인고장 방지

① 신호 케이블의 분리 및 프린트 회로 기판의 패턴 거리 확보 : 다중 채널 간의 단락을 방지할 목적

② 최적의 기술, 설계, 원리의 다양성 적용 : 장애가 양쪽 채널에 영향을 줄 가능성을 감소 목적. 구성요소의 전자파 간섭에 대한 다른 민감도, 프로그래밍 오류의 위험을 줄이기 위해 소프트웨어의 다양성을 적용

③ CCF 고장을 포함하는 고장 모드 및 영향 분석 : 설계의 중요한 부품을 식별하고 두 채널에서 장애가 발생할 가능성 감소

④ 환경에 미치는 영향에 대한 적절한 설계 : 환경적인 측면은 두 채널에 동시에 영향을 미칠 수 있다. 예를 들어 EMC 설계의 성능 시험 및 승인 － 양쪽의 채널에 영향을 주는 장애의 가능성이 저감

No	CCF 대처	평점	비고
1	분리	15	
2	다양성	20	
3.1	설계 : 과전압 전류 등으로부터 방호	15	
3.2	설계 : 잘 증명된 부품	5	
4	평가/분석	5	
5	역량/교육	5	
6.1	환경적 : EMC	25	
6.2	환경 : 다른 영향	10	
	Total	100	

10 **SIL 4(Safety Integrity Level 4) GA(Generic Application) 인증을 받은 차상 및 지상 열차자동방호장치(ATP)에 대하여 SA(Specific Application) 인증을 받기 위하여 독립 안전성 평가자에게 설계, 제작 및 설치, 본선 시험 및 시운전 단계별로 제출하여야 하는 소프트웨어 목록을 IEC 62279 기반으로 설명하시오.**(117-25)(126-10)

소프트웨어 목록

① 설계단계 소프트웨어 목록

- S/W 품질보증 계획
- S/W 형상관리 계획
- S/W V/V 계획
- S/W 요구사항
- S/W 요구 시험 사항
- S/W 확인보고서(S/W Req)

② 제작단계 소프트웨어 목록

- S/W구조 사양
- S/W & H/W 통합시험 계획서
- S/W 설계 사양
- S/W 통합시험 계획
- S/W 데이터 준비 계획서
- S/W 데이터 시험 계획서
- S/W 확인보고서(S/W설계)

③ 설치단계 소프트웨어 목록 : S/W 유지보수 계획서

④ 본선 시험단계 소프트웨어 목록

- S/W 데이터 시험보고서
- S/W 통합 시험 결과 보고서

⑤ 시운전 단계 소프트웨어 목록

- S/W & H/W 통합 시험 결과보고서
- S/W 검증 보고서

SIL (Safety Integrity Level)

① 철도용품의 안전성에 대한 국제표준으로 제품에 대한 안전성 평가를 하여 품질, 안전성, 신뢰성을 검증 확보를 목표로 하며(안전 무결성 기준), GA 및 SA로 나뉨

- GA(Generic Application) 인증 : 제품 개발 시점
- SA(Specific Application) 인증 : 개발된 제품이 특정 노선에 설치되는 시점

② 안전 무결성 등급(SIL)은 안전기능에 정해지는 하드웨어적 고장 무결성(Random Failure Integrity)과 시스템적 고장의 무결성(Systematic Failure Integrity) 정도를 나타내는 지표 SIL 등급이 높을수록 시스템의 신뢰성이나 효율성이 더 높음

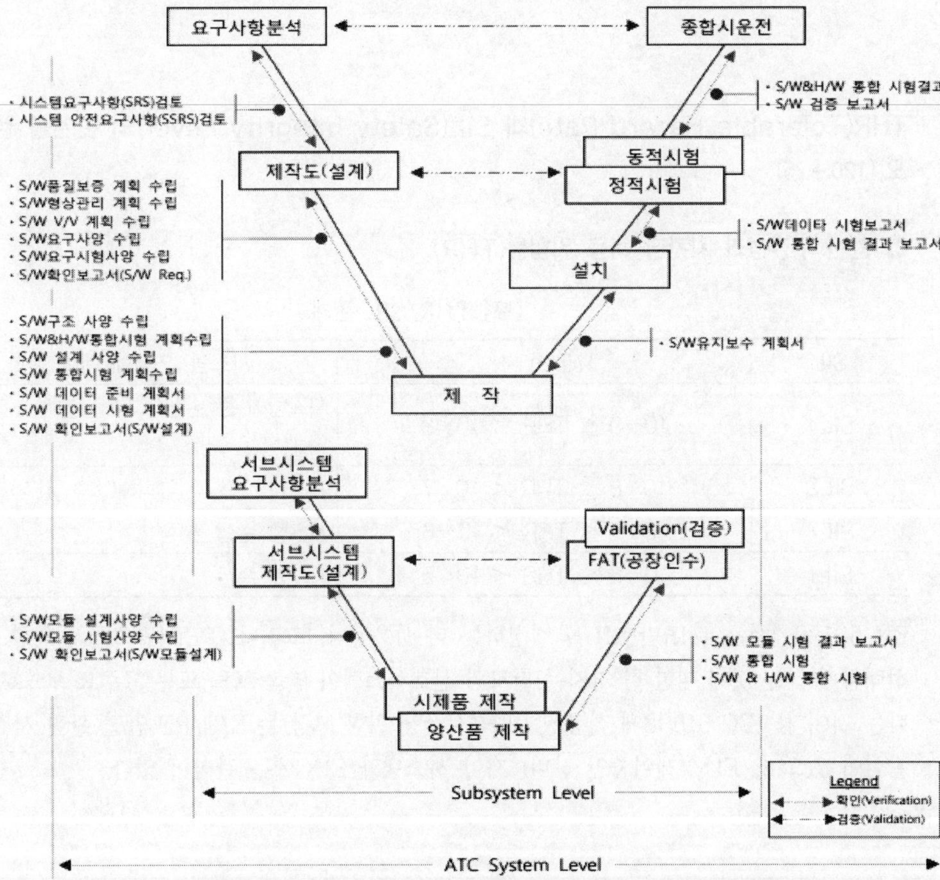

[그림] 시스템 수명주기 단계별 소프트웨어 품질보증 활동

ISA 평가 절차

① 요구조건의 식별과 평가 절차의 수립

- 발주자 요구사항, 법적 요구사항 및 국제규격의 요구조건을 식별하여 평가 기준과 평가 절차를 수립

② 프로세서 평가와 심사

- 설계, 제작, 설치 및 시험단계에 걸쳐 품질 및 안전 관리 활동이 수립된 계획과 요구조건에 적합하게 시행되는지 평가. 수행조직과 인원의 적정성에 대한 심사가 포함된다.

③ 문서의 평가

- 각 단계에서 작성되는 문서들과 분석 결과의 적합성을 평가한다.

④ 위험한 종결과 안전보고서 검토

- 시스템 또는 부품공급자가 제시하는 안전보고서(Safety Case)의 검토를 통해 위험원의 종결과 안전관리 활동의 완전한 수행 여부를 판단한다.

11 THR(Tolerable Hazard Rate)과 SIL(Safety Integrity Level)의 관계를 설명하시오.(120－25)

◆ 안전 무결성과 시간당 허용 위험률(THR)

[표] THR/SIL 관계

SIL	THR(h−1)	시스템, 인명에 대한 결과
SIL4	10−9 ≤ THR < 10−8	시스템에 큰 손실, 다수인명 피해(다수사망)
SIL3	10−8 ≤ THR < 10−7	시스템 손실, 인명피해(소수 사망)
SIL2	10−7 ≤ THR < 10−6	시스템 손실, 부상
SIL1	10−6 ≤ THR < 10−5	사소한 손상

EN 50129에서는 THR만 SIL을 결정하는 데 사용된다. 그러나, PFD(필요한 위험한 고장)를 선택하지 않는 것에 대한 한 가지는 철도의 신호시스템이 연속 모드 또는 고수요 모드로 작동한다는 것이다. IEC 61508에 사용된 PFH(시간당 위험 고장)는 E/E/PE 안전 관련 시스템에만 관심이 있으며, EUC(제어중인 장비) 제어 시스템과 EUC에는 관심이 없다.

12 TI21 궤도회로에 적용된 Fail Safe에 대하여 설명하시오.(127－25)

◆ Fail Safe 정의

기기나 장치가 오동작을 일으켰을 때는 반드시 안전 측으로 동작하도록 설계된 방식. 고장이 인명을 위협하는 곳에는 반드시 적용한다. 철도의 자동신호는 정전이 되면 정지 신호가 현시되도록 설계되어 있다. AF 궤도회로에는 Fail Safe 기능이 수신PCB에 그 기능이 설계되어 있다.

◆ 수신PCB 구성도

- 송신PCB에서는 궤도회로주파수와 4.8Hz 구형파가 합성되어 현장으로 송출된다.

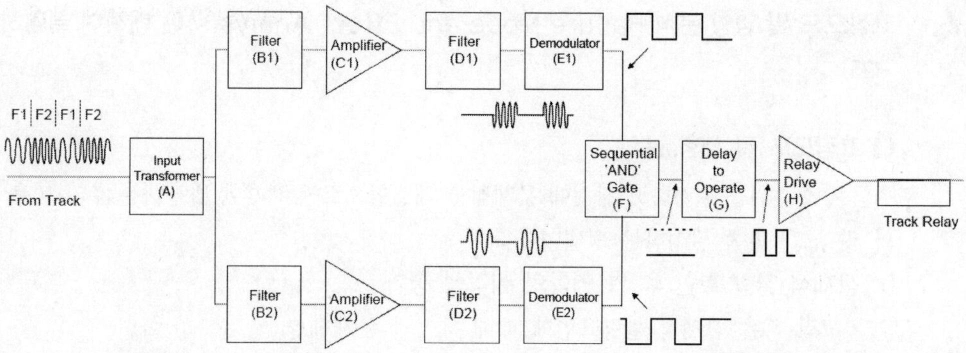

Receiver Block Diagram Fig. 2.2

- 입력된 신호는 필터－증폭기－필터－복조기에 의해 구형파 상파가 형성되며, 또 다른 입력신호는 필터－증폭기－필터－복조기에 의해 구형파 하파가 형성되어 두 주파수가 서로 반상 상태로 존재하는 경우에만 시켄스 "AND" 게이트에 의해 합성된다. 이 신호가 2초 이상 계속 존재 할 경우에만 증폭기를 통해 출력 계전기가 동작 된다.

3가지 AND 조건

① 궤도회로 주파수
② 4.8Hz 구형파 상파
③ 4.8Hz 수형파 하파

13 가치공학(VE)의 유형 및 가치추구 척도에 대하여 설명하시오.(115－10)

가치공학(VE)의 유형

① 기능을 올리고 비용을 내린다.
② 기능은 일정하고 비용을 내린다.
③ 비용이 일정해도 기능을 높인다.
④ 비용이 다소 올라가도 기능이 큰 폭으로 높인다.

가치추구 척도

가치(Value)는 기능(Function)과 비용(Cost)의 균형으로 측정한다. 가치지수(Value Index)를 구하기 위해서는 기능을 수치화할 필요가 있다. 기능을 수치화하기 위해서는 기능을 평가해서 상응하는 금액을 부여한다.

$$V(Value) = \frac{F(Function)}{C(Cost)}$$

14 고장모드 및 영향 분석(Failure Mode and Effect Analysis)에 대하여 설명하시오.(112−25)

고장모드 및 영향 분석

위험 우선순위를 결정하고 사전에 문제점을 해결함으로써 사후에 발생하는 추가 비용 발생 최소화 및 고객 만족 달성하는 방법이다.

① **잠재적 결함 확인 후 그 영향의 심각성 평가**
- 고장 혹은 잠재적 불량요인에 대해 해석과 문제해결
- 고장검출 방법 및 시스템 기능을 감시할 때 기초자료로 사용

② **잠재적 설계, 공정상 결함의 중요도 인식** : 설계단계 혹은 공정단계에 있어서 변경점이나 기술관리 측면에서 실시

③ 주요 신뢰성 중점 관리 항목의 확인, 결정

④ **결함의 영향 제거 또는 감소를 위한 부문별 대책 수립의 근거** : 잠재 결함 및 고장모드를 미리 제거할 수 있는 체계적인 방법(매뉴얼) 강구

⑤ 설계, 생산 문제점 검증을 통한 효율 높이기

⑥ 제품의 중대사고 예방－고객의 불만 방지

15 생애주기비용 LCC(Life Cycle Cost)의 구성항목 및 LCC와 VE(Value Engineering)의 차이점에 대하여 설명하시오.(120−10)

생애주기비용(LCC : Life Cycle Cost)

- 생애주기비용(LCC)이란 시스템의 탄생에서 종말에 이르기 전 과정에 소요되는 전체비용의 종합을 의미한다.
- 설계단계, 조달단계, 시공단계, 유지관리단계, 폐기처분 단계까지 시스템의 생명주기 동안에 발생되는 전체비용의 총합이다.
- 시스템의 경제적 주기에 걸쳐서 발생하는 비용을 일정한 기준을 적용하여 등가 환산한 값으로 평가하는 방법이다.

LCC 구성항목

LCC는 초기투자비와 운영 및 유지관리비, 폐기비용으로 구성된다.

① **초기투자비** : 기획비(계획비용, 예타비용 등), 설계비용(기본, 실시), 건설비(공사, 감독)

② **운영 및 유지보수비** : 일반관리비, 운영, 일상수선, 청소유지비 등

③ **폐기처분비** : 잔존가치, 폐기비용 등

LCC와 VE의 차이점

- LCC 분석은 최소한의 기능과 기술적인 요구조건을 충족하는 실현 가능한 대안 중에서 가장 비용이 적게 드는 대안을 선택하고자 사용되는 방법이지만,
- VE 기법은 기능 자체에 초점을 맞추어 불필요한 기능을 제거하여 비용을 절감하는 것이다.

16 생애주기비용(Life Cycle Cost)에 대하여 설명하시오.(117-25)(118-25)

생애주기비용

① 시설물의 생애주기(Life Cycle)란 시설물의 생산에서 철거에 이르는 전 과정을 나타내는 용어로 일반적으로 기획(Planning), 설계(Design), 입찰 및 계약(Bidding & Contract), 시공계획(Pre-Construction), 시공(Construction), 인도(Commissioning), 운영(Running), 그리고 폐기처분(Demolition) 등의 과정을 일컫는다.

② 일반적으로 생애주기비용(Life Cycle Cost)은 제품의 생산, 사용, 폐기, 처분에 이르는 전체 생애주기에 걸쳐 발생하는 비용을 합한 총비용 즉 기획, 설계, 입찰 및 계약, 시공계획, 시공, 인도, 운영 및 폐기처분 등에 드는 모든 비용의 총계를 지칭한다. 또한 Life Cycle Costing은 이러한 총비용을 산정하는 방법 및 순서를 말한다.

설계 VE와 LCC분석과의 관계

① LCC분석은 최소한의 기능과 기술적인 요구조건을 충족시키는 실현 가능한 대안 중에 가장 비용이 적게 드는 대안을 선택하는 것이며,

② 설계VE는 기능자체에 초점을 맞추어 필수 불가결한 기능과 그렇지 않은 기능을 가려냄으로써 불필요한 기능을 제거하여 비용을 절감하기 위한 것이다.

17 설계 VE(Value Engineering) 수행시, 설계자가 제시하여야 할 자료 및 검토자가 수행하는 업무절차를 설명하시오.(111－25)

¤ 철도 신호 설계 VE(Value Engineering)수행 시 설계자가 제시하여야 할 자료와 검토 업무 절차에 대하여 설명하시오

설계자가 제시하여야할 자료

① 당초 설계와 제안된 설계와의 차이점 설명, 각각의 장단점, 기능이 변경되었으면 그 타당성 변경에 의한 시설물의 성능에 미치는 영향 및 그와 관련된 객관적인 자료
② 제안이 채택되었을 때 변경된 설계기준 또는 시방서의 목록
③ 제안을 채택하여 실시하는 경우 각각의 제안사항에 대한 사업비에 미치는 분석자료
④ 수정 설계비용, 시험 및 심사비용 등 제안을 채택할 때 발주자가 부담할 가능성이 있는 비용의 설명 및 견적
⑤ 제안된 변경사항이 생애주기비용에 미치는 영향에 대한 예측
⑥ 제안사항이 설계도는 시고에 미치는 영향
⑦ 기타 제안의 우수성을 판단하는데 필요한 자료

검토자 수행 업무절차

① 제안 내용을 설계자문위원회에 부의
② 심의 결과 통보(승인, 재검토, 기각)
③ 승인 ➡ 실행계획 ➡ 수정설계
④ 재검토 ➡ 보완 ➡ 수정 제안
⑤ 기각 ➡ 향후 반영

18 신뢰도 평가에서 사용하는 가속수명시험에 대하여 설명하시오.(121－10)

가속수명시험의 정의

시험시간을 단축시킬 목적으로 부품에 가해지는 스트레스의 수준을 사용조건보다 높임으로써 인위적으로 고장시간을 단축시키는 방법이다. 특히 단순 부품과 재료의 신뢰도 정보를 신속하게 얻고자하는 제조 기업에서 널리 사용되며, 가속시험의 결과는 부품 및 하위시스템에 대한 신뢰도 평가로 사용되고 있다.

가속수명시험의 절차 및 목적

가속수명시험의 절차는 다음 그림과 같으며, 가속수명시험의 궁극적인 목적은 정상 사용조건에서의 수명(평균수명, B10 수명 등)을 추정하기 위해 사용된다.

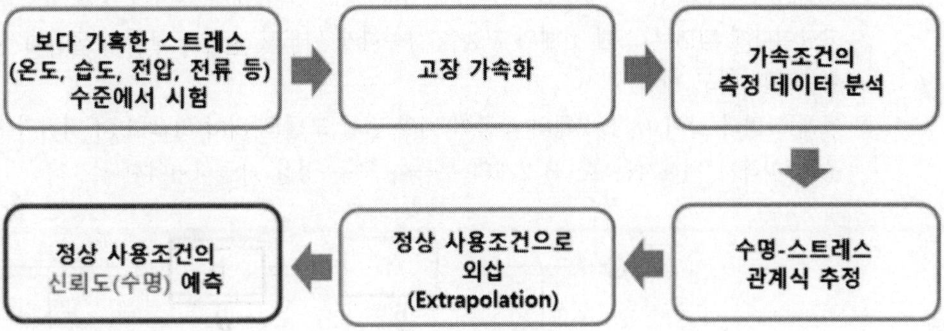

가속시험의 특징

① 시간가속 : 간헐적의 반복회수를 증가, 연속적인 동작으로 시간 가속
② 스트레스가속 : 스트레스를 엄하게 해서 단시간에 강제적으로 열화 시키는 방법
③ 판정가속 : 열화고장을 대상으로 할 때 특성Parameter의 수명 종지점을 실제열화 Level보다는 엄하게 하면 단시간에 수명을 판정할 수 있다.

19 신뢰성 3대 요소와 모델을 제시하시오.(10)

① 3대 요소 : MTBF. MTTF, MTTR
　㉠ MTBF(mean time between failure) : 평균고장간격시간
　㉡ MTTF(mean time to failure) : 평균고장수명
　㉢ MTTR(mean time to repair) : 평균수리시간
② 모델
　㉠ 직렬계 : 구성요소의 신뢰도보다 낮고 시스템이 복잡하면 더욱 낮다
　㉡ 다중계 : 동일 기능 복수를 병행사용(다중계, 병렬계, 대기 다중계)

20 신뢰성 모델에 대하여 입출력 블록도를 그리고 설명하시오.(121－25)

직렬결합모델의 신뢰도

① 조립품이나 컴포넌트, 시스템 등을 구성하고 있는 여러 개의 소자나 부품 중 어느 하나라도 고장이나게 되면 시스템 전체의 기능을 상실하게 되도록 소자나 부품이 결합된 것을 직렬 결합 모델이라고 한다.

② 아래 그림과 같이 A, B 2개의 부품이 직렬 결합 모델로 되어 있으면 이 기기가 제대로 기능을 발휘하기 위해서는 A, B 2개의 부품이 모두 정상 작동하여야한다.

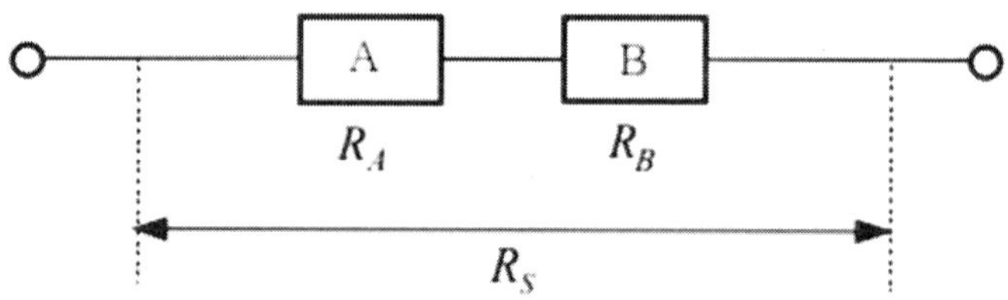

[그림] 직렬 결합 모델

③ 고장률 λ_i 인 부품이 여러 개 직렬연결된 시스템의 MTBF는 다음과 같다.

$$MTBF_s = \frac{1}{\lambda_s}$$

여기서, $\lambda_s = \sum_{i=1}^{n} \lambda_i = \lambda_1 + \lambda_2 + \ldots\ldots + \lambda_n$

병렬결합모델의 신뢰도

① 아래 그림은 부품을 여분으로 한 개 더 부가시켜서 부품 2개 중 어느 한 개만 작동하면 전체가 기능을 발휘할 수 있도록 결합한 형태이다.

② 이 같은 설계를 병렬설계라 하며 용장설계, Redundancy설계, 여유설계, 과잉설계 등으로 불린다. 병렬설계는 전체의 신뢰도를 크게 증대시킬 수 있다.

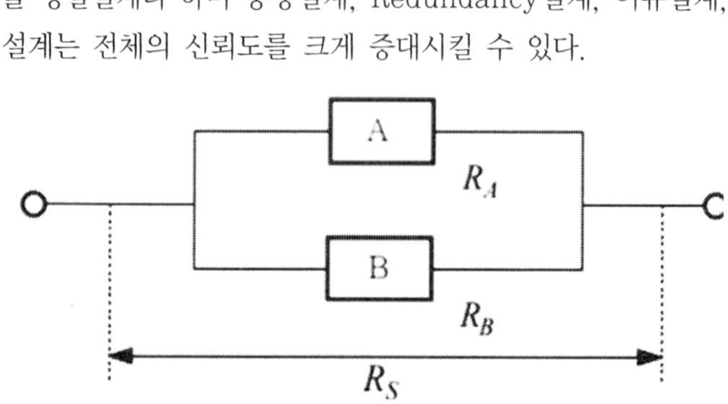

[그림] 병렬결합모델

③ 고장률 λ_i 인 부품이 여러 개 병렬 연결된 시스템의 MTBF는 다음과 같다.

$$MTBF_s = \frac{1}{\lambda_s} = \frac{1}{\lambda_1} + \frac{1}{\lambda_2} - \frac{1}{\lambda_1 + \lambda_2}$$

m/n 다중계

m/n 다중계는 구성요소 중 적어도 m개가 정상적으로 작동하면 시스템이 정상적으로 작동하는 다중계이며 신뢰성 블록도는 아래 그림과 같다.

m/n다중계의 시스템 신뢰도는 $R = \sum_{i=m}^{n} \binom{n}{i} R_0 (1-R_0)^{n-i}$ 이다.

m/n 다중계는 직렬계보다 신뢰도가 높게 되지만 같은 기능을 갖는 여분을 여러 개 사용함에 따라 비용과 중량 등의 증가를 가져온다. 따라서 시스템의 신뢰도를 높이기 위해서는 시스템을 다중계로 구성하거나 구성요소 각각의 신뢰도를 향상시키는 방법을 사용한다.

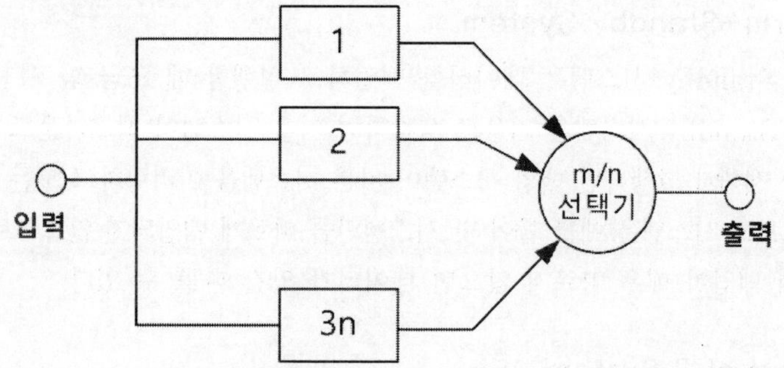

대기 다중계

대기 다중계는 구성요소의 하나만을 사용상태로 두고 다른 것은 변환되어질 때까지 대기상태에 있는 다중계를 말한다. 아래 그림은 두 개의 구성요소로 이루어진 대기 다중계의 신뢰성 블록도를 나타낸 것이다.

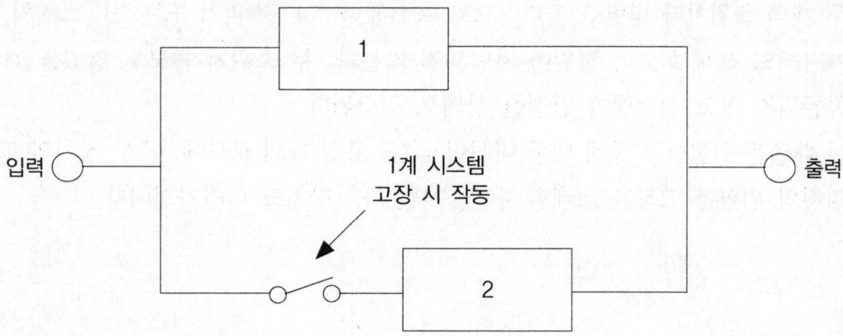

21 철도신호 시스템의 이중계 개념에서 Cold-Standby System, Hot-Standby System, Warm-Standby System, 2 out of 2 System, 2 out of 3 System에 대하여 설명하시오.(121-25)

Cold-Standby System

Cold Standby는 한 시스템을 다른 같은 기본 시스템의 백업으로 사용하는 중복 방법이다. Cold Standby 시스템은 기본 시스템에 장애가 발생한 경우에만 호출된다.

Hot-Standby System

Hot Standby는 하나의 시스템이 같은 기본 시스템과 동시에 실행되는 중복 방법이다. 기본 시스템에 장애가 발생하면 Hot Standby 시스템이 즉시 인계되어 기본 시스템을 교체한다. 그러나 데이터는 여전히 실시간으로 미러링 된다. 따라서 두 시스템 모두 같은 데이터를 갖는다.

Warm-Standby System

Warm Standby 시스템은 데이터를 백업하고 실행할 때 조금 더 사전 예방적이다.
Warm Standby 시스템을 거울로 생각하면 거울 시스템이 백그라운드에서 지속해서 실행되므로 기술 재해가 발생하면 백업 시스템이 기본 시스템을 미러링하고 모든 것이 다시 정상이 된다! 그러나 보조 시스템은 예를 들어 핫 시스템만큼 빠르게 백업되지 않으므로 기술적 오류가 발생하기 전에 백업이 매우 빠르지 않으면 데이터가 약간 다를 수 있다.

2 out of 2 System

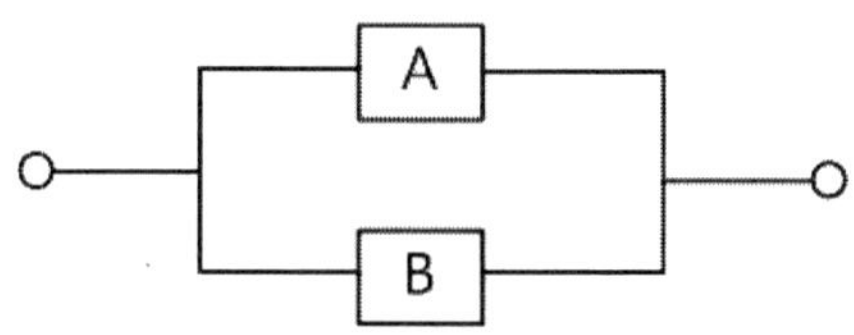

두 개의 스위치가 병렬로 물리적으로 표시된다. "A" 스위치 또는 "B" 스위치 중 하나의 전원을 차단해도 전체 회로의 전원이 차단되지 않는다. 두 스위치가 모두 열렸을 때만 회로에 전원이 공급되지 않고 시스템이 안전한 상태로 전환된다.
이 배열은 위험한 고장에 대한 내성이 없다. 용접 폐쇄 모드에서 "A" 장치의 고장 자체가 시스템 전체의 위험한 고장을 초래할 수 있으며, "B" 장치도 마찬가지이다.

2 out of 3 System

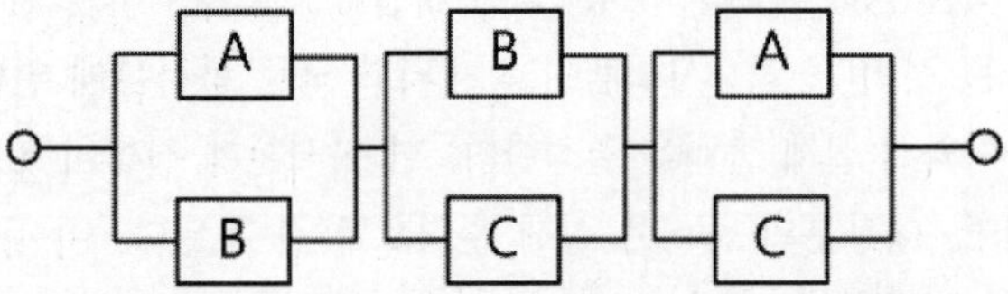

위 배열에서 두 개의 스위치가 투표를 통해 셧다운을 일으키면 셧다운이 발생한다. 위의 그림과 같이 각 스위치가 두 개의 접점을 가져야 하므로 이 배열은 개념적으로 시각화하기 위한 작은 하드웨어이다. 한 스위치에서 위험한 용접-폐쇄 고장 모드가 발생하더라도 나머지 두 스위치는 여전히 프로세스를 안전한 상태로 이동할 수 있다.

22 신뢰성 향상을 위해 신호시스템 설계단계에서 수행할 결함허용(Fault Tolerance) 방식검토에 대하여 설명하시오.(124-25)

¤ 시스템 결함허용 기법의 종류에 대하여 설명하시오.

결함 허용 시스템(Fault Tolerant System)

시스템을 구성하는 부품 일부에서 결함(Fault) 또는 고장(Failure)이 발생하여도 정상적 혹은 부분적으로 기능을 수행할 수 있는 시스템이다. 결함 허용 시스템은 부품의 고장이 발생하면 부분적인 기능을 사용할 수 없게 되고, 계속해서 부품의 결함이나 고장이 발생하면 점진적으로 사용할 수 없는 기능이 향상하며, 치명적인 결함이나 고장이 발생하면 시스템이 정지한다. 이런 측면에서 결함 감내 시스템은 단계별 성능저하(Graceful Degradation) 특징이 있다. 장애 허용 개념이 고려되지 않은 일반 시스템에서는 부품에서 사소한 결함이나 고장이 발생해도 시스템의 동작이 정지된다.

결함의 검지, 진단, 복구

① 결함 감지(Fault Detection) : 시스템 내 Fault 발생 시 해당 모듈은 Fault 상태로 진입하고, 모듈 상태를 분석하여 어느 모듈이 Fault를 유발했는지 감지한다.

② 결함 진단(Fault Diagnosis) : Fault가 일시적(Tansient)인지, 영구적(Hard)인지 파악하여 영구적일 때 해당 모듈을 시스템 구성에서 제거할지 판단한다.

③ 결함 통제 / 복구(Fault Isolation / Recovery) : 결함으로 인한 타 모듈에 오류 파급을 차단한다.
Fault 유발 모듈을 시스템에서 제거하여 시스템을 재구성한다.

결함허용 기법

① **다중화에 의한 장애 마스킹** : 시스템에 내결함성을 부여하는 한 가지 방법은 시스템에 중복성을 도입하는 것이다. 즉, 시스템이 복제되고 모든 복사본에 입력이 공급된다. 모든 복사본의 출력을 가져와서 실제 출력을 결정한다. 한 복사본에 결함이 있으면 다른 복사본과 다른 출력이 생성되며, 대부분의 출력은 실제 출력으로 간주 된다. 이 유형의 정책은 시스템에서 하나의 오류만 해결할 수 있다.

② **프로세스를 활용한 복원** : 데이터의 고장을 방지하기 위해 프로세스를 복제하여 그룹을 만드는 방식으로 그룹의 구성과 결함 있는 시스템의 합의로 손실된 데이터를 복구하는 방법이 있다.

③ **신뢰성 멀티캐스팅 방법** : 여러 개의 프로세스 그룹이 동일 데이터를 공유하는 상황에서 갱신하고 싶은 경우, 일반적인 멀티캐스팅 환경 (방송 같은 경우)에서는 일단 송신만 하면 끝이나, 신뢰성 멀티캐스팅 환경에서는 잘 받았다는 확인을 받음으로써 항상 신뢰성을 보장해주는 방식이다.

④ 복구 방법(Recovery)

- **복구** : 프로세서 진행 중 충돌이 발생하거나 사이트 오류가 발생하면 원래의 상태로 복구시킨다.
- **안정적 저장** : 어떠한 상황에서도 복구할 필요가 있는 정보를 항상 안전하게 저장한다.

23 신호설비의 신뢰성 향상 방법에 대하여 설명하시오.(124－25)

신호설비의 신뢰성 향상 방법

① 고신뢰도의 부품을 채용한다.

② 시스템의 다중계를 채용한다.

③ 고장을 조기에 발견하여 즉시 고친다.

시스템 2 중계

① Hot Standby(상위시스템)

② 대기 이중계 시스템(Hot Standby Sparing System)

신호설비의 다중화

① **병렬2중계** : 2개의 같은 기기를 병렬로 접속하여 시스템을 구성하여 평상시 양계를 동작시켜 한쪽의 기기고장으로부터 전체적인 기능이 상실되지 않도록 하는 방법

② **대기2중계** : 2개의 기기하나를 예비로 대기시켜 고장과 동시에 전환하는 방법.
즉, 두 시스템이 동시에 동작하고 있다가 주 모듈에서 고장이 발생하면 자동으로 절체 되어 대기 모듈이 주 모듈로서 동작을 수행하는 시스템으로 주요 기능은 결함 검출기능과 절체기능이 있다.

③ 3중계(2 Out of 3) : 병렬2중계, 대기2중계에서 1계가 이상 시 발생하여 오동작하는 경우, 오동작의 발생을 정확히 판단하기 곤란한 경우에 제3자에 해당하는 또 다른 계를 사용함으로써 신뢰도를 높이도록 하는 방법.

24 안전 무결성 레벨(Safety Integrity Level)에서 고장률(FR : Failure Rate)과 허용기능 위험률(THR : Tolerable Hazard Rate)에 대하여 레벨별로 설명하시오.(114-10)

안전 무결성 레벨(SIL)과 허용 위험률(THR)

허용 위험률은 시스템의 안전 무결성에 대한 체계적이고 무작위적인 고장 모두에 대한 목표 측정값이다. 위험 분석을 수행하기 위해 다음 단계를 따라야 한다. 안전 무결성은 네 가지 개별 수준 중 하나로 지정되어 있다. 레벨 4는 안전 무결성 수준이 가장 높고 레벨 1은 가장 낮다. 레벨 0은 안전 요건이 없음을 나타내기 위해 사용된다. 안전무결성(SIL)은 품질 및 안전 관리 및 기술 안전 조건과 같은 요소의 질적 평가를 다루어야 한다.

SIL	저레벨 THR/hour/기능	고레벨 THR/hour/기능
4	$10^{-5} \geq 10^{-4}$	$10^{-9} \geq 10^{-8}$
3	$10^{-4} \geq 10^{-3}$	$10^{-8} \geq 10^{-7}$
2	$10^{-3} \geq 10^{-2}$	$10^{-7} \geq 10^{-6}$
1	$10^{-2} \geq 10^{-1}$	$10^{-6} \geq 10^{-5}$

25 열차제어시스템에 대한 안전성 활동 과정에서 위험원 분석 및 평가 시 고려하여야 할 중대 위험 요소에 대하여 설명하시오.(130-10)

열차 운행 안전 중대 위험 요소

- 열차 운행 중 충돌, 탈선 사고
- 열차 화재 사고
- 각종 재해에 의한 열차 운행 중지 사고
- 건널목 사고
- 위험물 적재 열차의 탈선 사고
- 선로공사 및 유지보수 작업 시의 사고 등

26 열차제어시스템의 궁극적인 목표와 Fail-Safe 원칙에 대하여 설명하시오.(111-25)

열차제어시스템의 목표

열차운행을 직접적으로 제어하기 위하여 궤도회로, 연동장치 및 열차자동제어장치 등을 유기적으로 결합하여 하나의 시스템으로 구성되며, 열차제어시스템은 안전성과 신뢰성, 확장성, 경제성, 연계성, 유지보수의 편리성이 적용되어, 열차안전운전 및 운행계획에 적합한 장치가 되어야 한다.

Fail-Safe 원칙

인간 또는 기계 등의 시스템에서 일부의 잘못이나 실수, 오조작이 있더라도 다른 고장의 발생을 방지하고 안전하게 작동할 수 있는 구조의 설계

- 고장이 나면 안전하게 정지하는 시스템은 Fail Passive
- 고장이 나도 경고음을 송출하고 추가로 작동할 수 있게 설계한 경우는 Fail Active
- 고장이 나도 재작동까지 혹은 이후의 설비보전이 이루어질 때까지 안전하게 작동하게 설계하는 것은 Fail Operation

27 철도 RAMS(Reliability, Availability, Maintainability, Safety)에 대하여 설명하고, IEC 62278에서 언급하고 있는 RAMS 수행업무 절차에 대하여 설명하시오. (112-25)(129-10)

철도 RAMS

① 철도 시스템은 시스템 설계 시 다른 성능 목표와 함께 RAMS 목표를 구체적으로 정의하고 하부시스템에 할당해야 한다.

② RAMS 관리는 철도 운영 시 발생 가능한 시스템 장애와 인명사고 및 물적 손실을 초래할 수 있는 부품 고장 및 위험 요소들을 식별한다.

③ 이후 이를 적절한 수준으로 관리하기 위하여 철도 시스템의 계획부터 설계, 제작, 시험 및 운영단계에 이르기까지 전 생명주기에 걸쳐 적용되는 프로세스 및 단계별 활동을 의미한다.

RAMS 수행업무 절차

① 생명주기 각 단계에서 RAMS 관리를 위한 절차와 실시항목을 규정한다.

② RAMS 요구사항과 그 요구사항이 충족되는 것을 확인하는 절차를 규정한다. 이를 위하여 필요한 분석, 작성해야 할 문서를 규정한다.

③ 대상 장치 시스템이 안전에 미치는 영향을 평가하는 위험 분석을 규정한다.
단, 위험 분석을 수행할 것을 요구하고는 있으나 수치에 관해서는 규정하지 않는다.

④ RAMS 관리를 위한 일련의 과정에 있어서 관련 조직과 관계자의 역할 및 자격 등에 대해서는 유럽의 체제를 전제로 한다.

28 신호설비 결함의 원인과 분류에 대하여 설명하시오.(112－10)

결함의 원인

결함의 원인은 부품의 외적 요인 또는 시스템 개발과정에서 여러 가지 원인으로 발생할 수 있으며 다음과 같은 것들이 있다.

① 설계상의 실수 : 알고리즘, 설계구조, 하드웨어, 소프트웨어에서의 부정확한 명시가 원인이 될 수 있다.

② 구현상의 실수 : 하드웨어나 소프트웨어의 사양을 구체적으로 실현하면서 이 과정에서 저질 부품의 선정, 조잡한 구성, 소프트웨어 코딩의 실수 등이 원인이 될 수 있다.

③ 외란 : 방사선, 전자기 방해, 운영자 실수, 환경변화 등이 원인이 될 수 있다.

④ 부품의 결함 : 제조상의 결함, 부품의 결함, 부품의 노후 등 부품 불량이 원인이 될 수 있다

결함의 분류

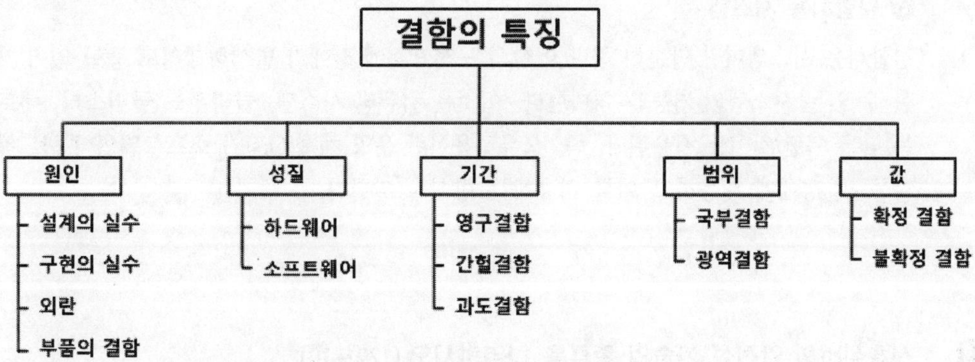

결함의 분류는 그림과 같이 발행하는 원인, 성질, 기간, 범위, 값에 따라 분류할 수 있으며 결함은 일시적인 행태(temporary behavior)와 출력행태(output behavior)에 따라 분류되기도 한다. 일시적인 행태에 따라 결함은 다음과 같이 세 가지로 분류할 수 있다.

① 영구적 결함(Permanent Fault) : 결함이 고쳐지거나 고장의 영향을 받는 부분이 교체되지 않는 한 시간이 지나도 사라지지 않고 지속되는 결함
② 간헐적 결함(Intermittent Fault) : 결함이 물리적으로 오류를 일으키는 결함능동(Fault-Active) 상태와 그렇지 않은 결함수동(Fault-Passive) 상태를 반복하는 결함
③ 일시적 결함(Transient Fault) : 어느 정도의 시간이 지나면 사라지는 결함

예를 들면 간헐적 결함들은 회로상의 느슨한 결함 때문에 야기될 수 있고,
일시적 결함은 불안정한 환경의 영향 때문에 일어날 수 있다. 일시적 결함의 예는 적절하게 차폐되지 않은 메모리에 전자기적 간섭이 발생하면 메모리칩에 구조적인 해를 입히지 않고서도 메모리의 내용이 바뀌며, 메모리가 다시 쓰일 때 결함은 사라지게 된다.
결함 대부분은 일시적 결함이고 단지 소수만이 영구적 결함이라는 사실이 많은 실험을 통하여 나타났다. 그러나 일시적 결함들은 종종 시스템이 오류나 고장이 일어났다는 것을 알아차리기 전에 사라지기 때문에 발견하기가 어려운 점이 있다.

29 신호설비의 결함허용 시스템(Fault Tolerance System)에 대하여 설명하시오.(115-10)

결함허용 시스템

결함허용 시스템이란 단순히 하나 이상의 구성요소에 장애가 발생하더라도 중단 없이 계속 작동할 수 있는 시스템의 기능을 의미한다. 이것은 컴퓨터 시스템, 클라우드 클러스터, 네트워크 또는 다른 어떤 것이든 적용된다. 즉, 오류허용이란 운영 체제(OS)가 소프트웨어나 하드웨어의 오작동 및 장애에 대응하고 이를 허용하는 방식을 말한다.

30 신호설비의 안전성 기술의 종류를 나열하시오.(120-10)

① 안전측 동작(Fail safe) : 폐회로, 계전기 중력 낙하
② 위험측 고장의 저감 : 카본접점 사용, 이상전류에 대한 휴즈 사용 등
③ 완벽한 검증(Full proof) : 쇄정법, 인식오류 방지 등
④ 고장완화(Fail soft) : 허용신호, 경보 등의 계속점등 등
⑤ 다중화 : 신호 필라멘트 이중화(LED화), 전원이중화, 2중계, 2 out of 3
⑥ 예비계(Back up) : 주 기능고장 시 대행, 예비전원, 대용폐색 등
⑦ 고장진단, 회복 : 단심검지, 밀착검지장치, ATC원격복구장치 등
⑧ 안전여유 : 정격치보다 낮은 값 유지기준 등

31 철도신호 시스템의 설계 시 선행 검토되는 신뢰도(Reliability), 고장확률, 고장률 공식에 대하여 설명하시오.(132-25)

① **신뢰도 R(t)** : 신뢰도(reliablility)란 '시스템, 기기 및 부품등이 정해진 사용조건에서 의도하는 기간에 정해진 기능을 수행할 확률'이라고 정의한다. 즉 신뢰도란 한마디로 말하여 '고장나지 않을 확률'이라고 말할 수 있으며 신뢰성은 신뢰도라고 하는 확률로 표시될 수 있다. 신뢰도 함수 R(t)는 다음과 같이 고장률이 사용 시간에 관계없이 일정하다고 할 때 지수분포가 된다.

$$R(t) = e^{-\lambda t}$$

② **불신뢰도 F(t)** : 신뢰도와의 합이 1임으로 F(t) = 1-R(t)

③ **평균고장률 λ** : 이와 같은 지수분포를 특징지어 주는 것은 λ, 즉 평균고장률이 되며 이 λ의 역수 $1/\lambda$ 은 시간의 단위를 가지게 되므로 고장발생시까지의 평균작동시간, 즉 평균수명을 나타내게 된다. 따라서 이것을 MTTF(Mean Time To Failure)라 부르며 고장수리를 하여 사용하는 기기의 경우에는 MTBF(Mean Time Between Failure)라고 부른다.

$$\text{평균고장률}(\lambda) = \frac{r(\text{그기간중의총고장수})}{T(\text{총동작시간})} = \frac{1}{MTBF}$$

- MTTF : 평균고장시간 ; 평균수명으로 MTBF와 다른점은 시스템을 수리하여 사용할 수 없는 경우 MTTF라 한다.
- MTTR : 평균수리시간
- MTBF : MTTF+MTTR ; 평균수명으로 시스템을 수리해가면서 사용하는 경우

④ **고장밀도 함수 f(t)** : 단위시간당 고장 나는 제품의 비율을 나타냄으로,

$$f(t) = \lambda \cdot e^{-\lambda t}$$

32 신호시스템의 안전성을 확보하기 위해 시행하는 Hazard Analysis 중, PHA, SHA, SSHA 및 O&SHA의 분석 목적에 대하여 설명하시오.(111-25)

분석 목적

① 시기 : PDR(Preliminary Design Review : 예비설계 검토) 단계

② PHA(Preliminary Hazard Analysis) : 시스템 예비 위험 분석 (System Preliminary Hazard Analysis : PHA)에는 시스템의 설계, 설치 및 운영에서 다루어야 하는 모든 주요 잠재위험을 포함하며 주요 분석은 다음과 같다.

㉠ 사고로 이어질 수 있는 모든 잠재적 위험 및 위험한 사건 식별

㉡ 식별된 위험한 사건의 심각도에 따라 순위를 정한다.

㉢ 필수 유해 요인 통제 및 후속 조치 식별

③ SHA(System Hazard Analysis) : 시스템 위험 분석(System Hazard Analysis : SHA)은 다음 사항을 분석한다.

㉠ 시스템이 시스템 사양 및 기타 관련 문서에 포함된 안전 요구사항을 준수하는지 확인한다.

㉡ 서브시스템 인터페이스 및 시스템 기능 결함과 관련된 위험을 식별한다.

㉢ 소프트웨어 및 특히 서브시스템 인터페이스의 전체 시스템 설계와 관련된 위험을 평가한다.

㉣ 확인된 위험 요소를 제거하고 관련 위험을 수용 가능한 수준으로 통제하기 위해 필요한 조치를 권고한다.

④ SSHA(Sub-System Hazard Analysis) : 서브시스템 유해 요인 분석(Sub-System Hazard Analysis : SSHA)의 목적은 설계 초기에 가능한 오류를 식별하고 분석하여 교체 가능한 부품(LRU)에서 확인된 중요한 오류를 제거, 최소화 또는 제어할 수 있는 적절한 조치를 하는 것이다.

⑤ O&SHA(Operating and Support Hazard Analysis) : 운영 및 지원위험분석(Operating and Support Hazard Analysis : O&SHA)은 다음 사항을 분석한다.

㉠ 운영 및 운영 작업 관점에서 안전 초점을 제공한다.

㉡ 설계, 하드웨어 오류, 소프트웨어 오류, 사람의 실수, 타이밍 등으로 인해 발생하는 작업 또는 운영상의 위험을 식별한다.

㉢ 사고의 위험을 평가한다.

㉣ 운영 작업 위험을 줄이기 위해 설계 시스템 안전 요구사항(SSR)을 식별한다.

㉤ 모든 작동 절차가 안전한지 확인한다.

33 철도신호에서 사용하는 안전측 동작 구성방식 6가지를 설명하시오.(120-10)

¤ 철도신호 시스템 설계 시 적용하는 안전측 동작회로 구성방식 6가지에 대하여 설명하시오.(129-25)

① 궤도회로 폐전로식 : 열차의 유무를 검지하는 궤도회로는 상시 전기회로가 구성된 폐전로 전기회로 방식으로 해당 구간에 열차가 진입하면 차륜에 의해 전기회로가 단락되어 착전단에 충분한 전류가 흐르지 못하여 궤도계전기가 낙하하고 신호기가 적색으로 정지를 현시하게 된다.

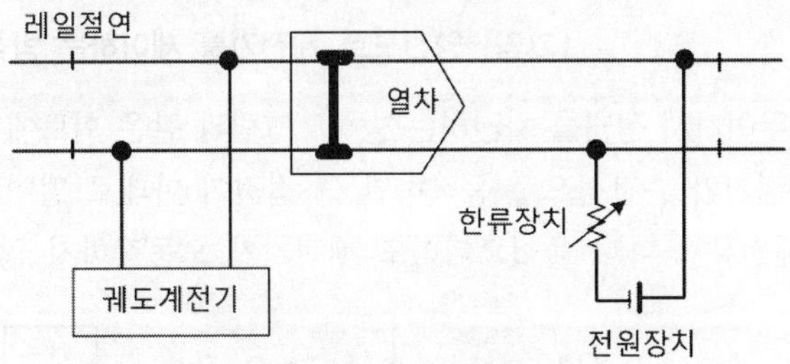

[그림] 폐전로식 궤도회로

② 계전기 회로는 무여자시 기기를 쇄정하는 방식 : 미세전류 혼촉에 대한 방호방식으로 제어접점이 아래로 움직이면 전원을 차단함과 동시에 계전기를 단락한다. 따라서 미세전류가 흘러도 피제어계전기는 오동작하지 않으므로 한선 또는 양선 어느 쪽이나 안전측으로 동작한다.

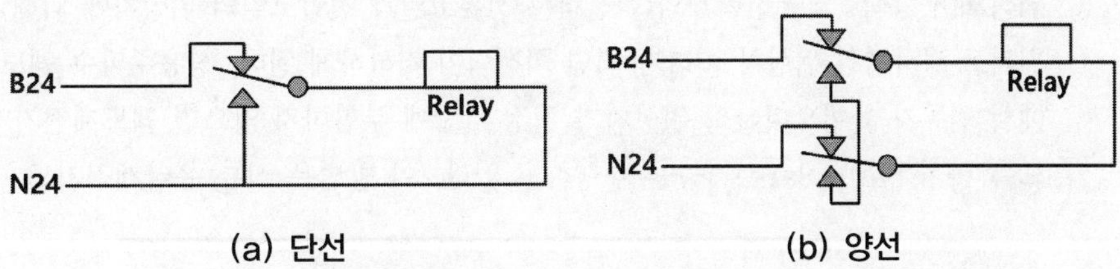

[그림] 양단을 단락하여 쇄정하는 방식

③ 전원과 계전기의 위치를 양단으로 하는 방식 : 정거장으로 접근하는 열차가 있을 때 진로 내의 선로전환기를 전환하지 못하게 하는 접근표시 계전기 회로로, 상시 폐전로 회로로 구성하며 동종의 신호케이블이 단락하였을 때는 계전기는 무여자 되고, 접근 열차가 있을 때 쇄정회로가 안전 측으로 동작하도록 그림과 같이 전원과 피제어 계전기의 위치를 양단으로 하는 방식이다.

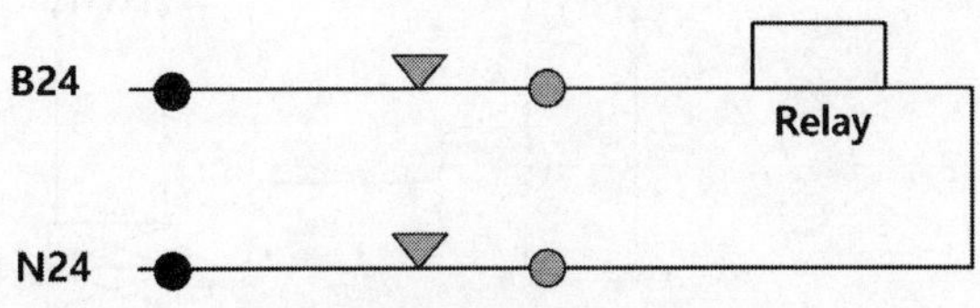

[그림] 전원과 계전기의 위치

④ **계전기는 양선(⊞, ⊟) 모두를 제어하는 방식** : 제어조건을 양선으로 넣어, 회로의 혼촉, 미세한 전류에 대해서 Fail-Safe로 하는 방식으로 한 선 제어인 경우, 점선과 같은 혼촉, 미세한 전류가 있으면 제어조건의 유무와 관계없이 오동작하게 되나 제어조건을 양선으로 하면 한 선이 혼촉 되더라도 오동작을 피할 수 있어 Fail-Safe가 가능하다.

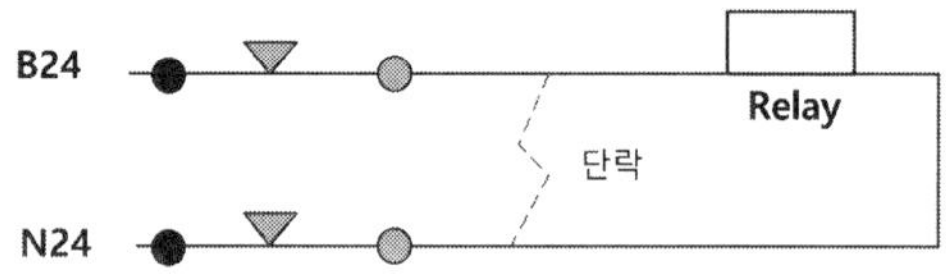

[그림] 양선으로 계전기를 제어하는 방식

⑤ **계전기는 무여자시 전원을 차단하는 방식** : 그림과 같은 회로에서 한쪽 선에 미세전류가 흘러 들어와 계전기가 순간적으로 동작하면 그 접점이 아래로 떨어져 전원을 차단하고 단락하게 된다. 미세전류가 다시 들어오더라도 계전기가 오동작하지 않는 Fail-Safe 구조이다.

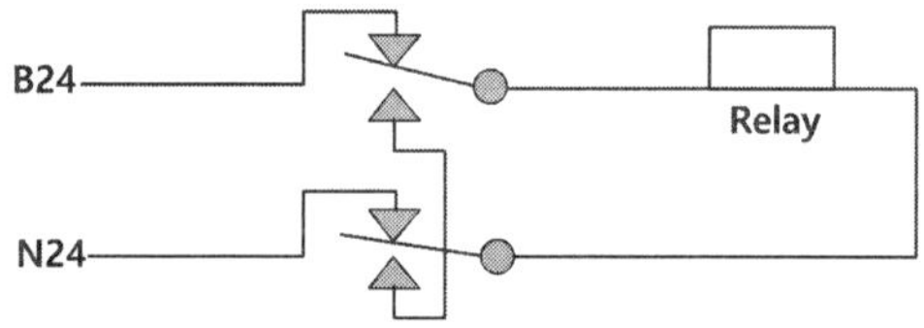

[그림] 전원 차단 방식

⑥ **위상제어 방식** : 교류전력계의 회전력은 전류코일과 전압코일의 위상차에 의해 변화하게 되는 원리로 정하여진 위상차 이하가 되면 회전력이 저하하게 된다. 상용주파수 궤도회로에서 외부에서 전류가 들어오더라도 위상차가 일정 각도에 부합하지 않으면 궤도계전기가 동작하지 않도록 하여 Fail-Safe 기능을 수행하고 있다. 이 방법은 직류 유극계전기도 같은 방식이다.

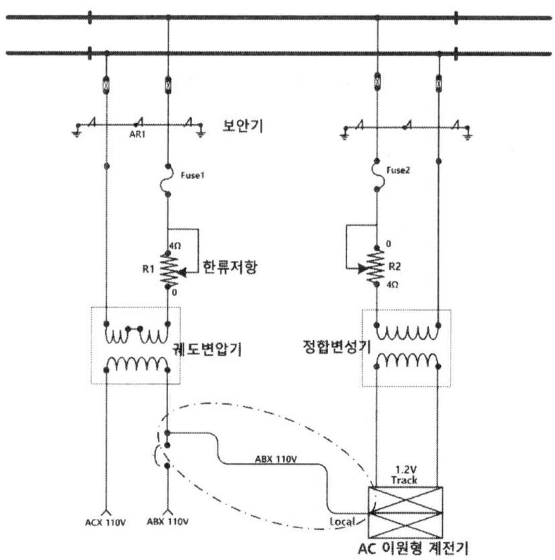

[그림] 위상제어 방식

34 **철도신호제어설비를 신설하여 사용개시 후 발생할 수 있는 고장에 대하여 설명하시오.** (115-25)

¤ 철도신호제어설비의 고장률 곡선(Bathtube-Curve)을 도시하고, 설명하시오.

① 욕조곡선의 정의 : 고장률이 시간변화에 따라 높은 값에서 점차로 낮은 값으로 감소하여 일정한 값을 얼마 동안 유지한 후 점차로 높아지는 제품의 수명을 나타내는 데 쓰이는 곡선을 말한다. 신뢰도에서 고장률(주1)의 곡선이 마치 욕조와 같은 모양을 나타낸다 해서 붙여진 명칭이다.

② 욕조곡선

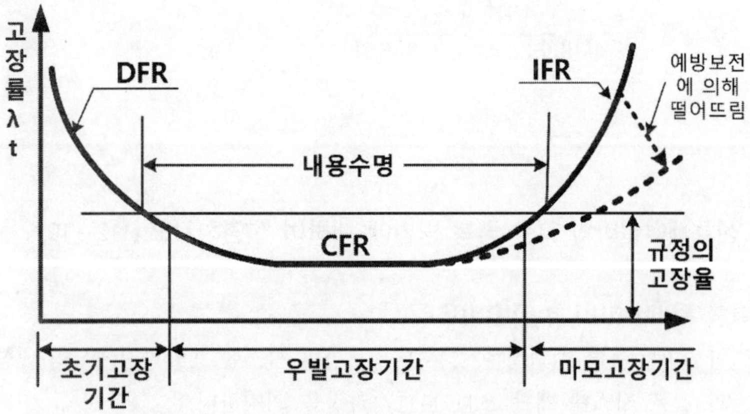

- DFR(초기고장, 감소형) : Decrease Failure Rate
- CFR(우발고장, 일정형) : Constant Failure Rate
- IFR(마모고장, 증가형) : Increase Failure Rate

㉠ 초기고장 (DFR, 감소형) : 설계나 제조상의 결함, 불량 부품 혹은 사용 조건, 환경의 부적합에 의해 사용개시 후 비교적 초기 스트레스에 견디지 못하게 되어 고장이 발생하는 구간

- 설계, 원자재, 가공, 조립, 사용 오류에서 생기는 결함에 기인하는 것이 대부분
- 대책 : 철저한 품질관리, 보전예방활동, 디버깅(debugging, 초기에 일어나기 쉬운 결함을 찾아내어 발생하지 않도록 함) 및 번인테스트(Burn in Test, 일상 조건 속에서 시행하는 시험) 등의 안정화 활동이 필요하다.

㉡ 우발고장 (CFR, 일정형) : 시간의 경과와 더불어 시스템 또는 제품이 안정화되면서 사용 조건의 우발적인 변화에 기인하여 발생하는 고장

- 고장이 언제 발생할지 예측할 수 없지만, 고장률이 거의 일정함
- 설계 한계 초과(과중한 부하, 조작), 진동 및 충격, 안전계수 낮음, 디버깅 중 발견되지 않은 고장, 혹사 및 사용자의 잘못, 천재지변 등

• 대책 : 설계의 근본적인 변경 필요(신뢰성 높은 부품, 재료 사용), 극한 상황을 고려한 설계, 예방보전 및 개량보전 시행

㉢ 마모고장 (IFR, 증가형) : 일정 기간이 지난 이후 마모 또는 노후에 기인하여 시스템 또는 설비의 고장률이 증가하는 기간에 나타나는 고장

• 사전의 검사나 감시로 예지할 수 있는 고장
• 장시간 사용으로 기계적인 변화와 열화 등이 원인이 되어 발생하는 고장으로 기계 자체 수명과도 직결
• 대책 : 예지 보전 및 사후 보전

③ 고장률

$$\text{고장률} = \frac{\text{1년의 장애수}}{\text{설비수} \times 24\text{시} \times 365\text{일}}$$

35 철도신호제어설비의 결함 극복 방법에 대하여 설명하시오.(112－10)

결함 회피(Fault avoidance)

① 결함회피는 높은 신뢰성을 갖는 부품선정과 시스템 개발과정에서의 세심한 신호경로의 계산 등과 같은 시스템 개발 초1111111기과정을 의미하며,

② 결함회피의 목적은 시스템 고장 발생확률을 줄이는 데 있다.

③ 세심한 결함회피는 시스템에서도 결국 결함은 발생하고 시스템의 고장을 초래한다.

결함 마스킹(Fault masking)

① 결함 마스킹은 오류가 시스템의 정보구조로 들어가는 것을 방지하는 여하의 과정이다.

② 오류 정정 기억장치를 시스템이 데이터를 사용하기 전에 기억장치의 데이터를 정정하는 것이다.

결함 허용(Fault tolerance)

① 결함이 일어난 후에 시스템의 임무를 연속적으로 수행하도록 하는 시스템의 능력이다.

② 결함허용의 궁극적인 목적은 어떠한 결함으로부터 시스템의 고장을 방지하는 것이며,

③ 고장은 오류에 의해 직접적으로 발생하므로 결함허용과 오류허용이란 말을 종종 혼용하기도 한다.

36 다음 용어를 설명하시오.(134 – 10)

SIL(Safety Integrity Level)

① 철도용품의 안전성에 대한 국제표준으로 제품에 대한 안전성 평가를 하여 품질, 안전성, 신뢰성을 검증 확보를 목표로 하며(안전 무결성 기준), GA 및 SA로 나뉨

- GA(Generic Application) 인증 : 제품 개발 시점
- SA(Specific Application) 인증 : 개발된 제품이 특정 노선에 설치되는 시점

② 안전 무결성 등급(SIL)은 안전기능에 정해지는 하드웨어적 고장 무결성(Random Failure Integrity)과 시스템적 고장의 무결성(Systematic Failure Integrity) 정도를 나타내는 지표

- SIL 등급이 높을수록 시스템의 신뢰성이나 효율성이 더 높음

GA(Generic Application)

1. GA 일반적용 안전 증명

① GP인증을 받은 일반제품을 사용하여 제작된 시스템(전자연동장치, LEU, ATP, RBC 등)에 대한 인증을 말한다.

② 소프트웨어와 하드웨어가 복합된 열차제어시스템의 컴퓨터에서 발생할 수 있는 작은 결함이 열차 사고로까지 이어질 수 있으므로 결함 검지 및 안전측 동작방안을 설계단계부터 반영하여 열차제어 시스템을 제작하여야 한다.

③ 특별히 열차제어시스템의 하드웨어의 안전성에 대하여 검토한다. 국제규격 IEC 62425에서 언급된 안전사양을 실제화한 사례 중심으로 열차제어시스템의 기능 안전 확보에 대한 적용성을 보인다.

SA(Specific Application)

1. SA 특정 적용 안전 증명

① GA를 인증한 장치들로 구성된 전체시스템에 대한 인증을 말한다.

② IEC 62425 규격[1]에서 열차제어시스템의 안전성 승인을 위해서는 시스템의 안전성을 입증할 수 있는 문서(Safety Case, '종합안전대책기술서'라는 용어를 사용)를 제시하도록 하고 있고, 이 제시된 문서들의 평가를 통해 열차제어시스템의 안전성을 평가 및 인증을 하도록 하고 있다.

③ 열차제어시스템의 안전성 평가는 적용한 안전성 활동 절차의 적절성과 준수여부의 확인과 시스템에 관련된 리스크가 적절한 수준으로 낮아졌는지를 확인하는 두 가지 모두를 필요로 한다.

④ 즉, 먼저 안전계획서의 적합성과 안전계획서와의 일치성을 확인 및 검증하는 것이 필요하다. 그러므로 열차제어시스템의 안전성 평가는 계획된 프로젝트 활동이 안전계획서에 제시된 방식과 절차에 따라 수행되고 있는지, 또 수행되었는지 확인이 되어야 한다.

⑤ 이러한 안전성 평가를 위한 절차적인 내용을 확인 및 평가하는 것을 안전심사 (Safety Audit)라 한다.

⑥ 이 안전성 평가 가이드라인에는 종합안전대책기술서의 상세한 목차 및 내용, 작성지침 및 작성 예 등이 포함될 예정이며, 안전성 평가를 위한 체크리스트의 도출, 문서 확인 및 검증과 더불어 추가적인 시험기를 제작하여보다 효율적이고 충분한 안전성 평가기술이 확립되고 평가체계가 구축되도록 하여야 한다.

37 시스템 VE(Value Engineering) 수행 목적에 대하여 설명하시오.(134－10)

목적

VE는 보다 적은 비용으로 같은 기능 얻거나, 같은 비용으로 기능을 개선하여 불필요한 기능과 비용을 없애고 운영비용이나 수익을 최적화하기 위해 대체안을 개발하기 위함이다

① 사용자의 요구(User's needs) 만족
② 기능에 의한 활동(Funtion Approach)
③ 조직적인 활동(Organized study)
④ 최저생애비용에 의해 의사결정
⑤ 창조적 사고(Creative Thinking)에 의한 활동

VE활동

① **원가절감형** : 본래의 기능수준을 유지하면서 대상물에 포함되어 있는 불필요, 중복, 과잉 기능을 찾아서 제거하고, 설계착상의 변경으로 같은 기능 수준을 유지하면서도 값이 싸고 생산성을 높일 수 있는 대체 소재를 활용하여 가치를 보증하는 VE활동

② **기능향상형** : 대상의 기능분석을 통해 불필요, 중복, 과잉 기능을 찾아내 제거하고 소재의 변경이나 설계착상의 변경을 통해 원가의 상승없이 기능만을 향상시켜 가치를 보증하는 VE활동의 형태

③ **혁신형** : 분자인 기능을 월등히 향상시키면서도 분 모인 Cost는 오히려 획기적인 절감을 이룩할 수 있는 이상적인 가치를 보증하는 VE활동의 형태

④ **기능강조형** : 가치결정 요소인 분모와 분자인 C와 F가 모두 변하되 분모인 Cost의 상승에 비해 분자인 기능의 향상이나 다양성이 월등히 개선 가치를 보증하는 VE활동의 형태

38 서버(Server)의 솔루션으로 사용하는 FT(Fault Tolerant)와 HA(High Availability)에 대하여 다음 사항을 설명하시오.(134－25)

1. 정의 2. 구현방법 3. 장·단점

FT(Fault Tolerant)

1. 정의

결함 감내 시스템(Fault tolerant system)은 시스템을 구성하는 부품의 일부에서 결함(fault) 또는 고장(failure)이 발생하여도 정상적 혹은 부분적으로 기능을 수행할 수 있는 시스템이다. 결함감내 시스템은 부품의 고장이 발생하면 부분적인 기능을 사용할 수 없게되며, 계속적으로 부품의 결함이나 고장이 발생하면 점진적으로 사용할 수 없는 기능이 증가하며, 치명적인 결함이나 고장이 발생하면 시스템이 정지한다. 이런 측면에서 결함감내 시스템은 단계별 성능저하(graceful degradation) 특징이 있다. 장애 허용 개념이 고려되지 않은 일반 시스템에서는 부품에서 사소한 결함이나 고장이 발생해도 시스템의 동작이 정지된다.

2. 구현방법

① **이중화** : S/W, H/W 시스템의 중요한 구성요소를 복제하여 한 구성요소가 실패 또는 오류가 발생하면 다른 구성요소가 인계하여 시스템을 계속 실행할 수 있는 방법이다.
② **체크포인트** : S/W 시스템의 상태를 주기적으로 저장하여 오류가 발생할 겨우 시스템을 이전 상태로 복원할 수 있도록 하는 방법이다.
③ **오류 검지 및 수정** : 오류가 문제를 일으키기 전에 오류를 검지하고 수정하는 방법이다.
④ **오류예측** : 시스템의 오류를 예방하거나 완화하기 위해 적절한 조치를 취할 수 있도록 알고리즘 또는 경험적 접근법을 사용하여 가능성이 높은 시기를 예측하는 방법이다.
⑤ **로드 벨런싱** : 워크로드의 구성요소를 분산하여 단일시스템에 과도한 부하가 걸리지 않도록 하는 방법이다.

3. 장·단점

① 장점
㉠ 향상된 신뢰성
㉡ 가용성 향상
㉢ 다운타임 감소
㉣ 향상된 성능

② 단점
㉠ 복잡성 증가
㉡ 비용 증가
㉢ 성능 저하

㉣ 오버헤드
㉤ 잘못된 정보

HA(High availability)

1 정의

- 시스템을 장애 없이(중단 시간 없이) 오랫동안 가용한 상태로 운영할 수 있는 성질이다.
- 장애 허용은 장애가 생기더라도 시스템이 이상 없이 동작할 수 있도록 보장하는 특성이고, 고가용성은 빠르게 복구하는 특성이다.

2. 구현방법

활성(Active)－대기(Standby), 활성(Active)－활성(Active), 전용대기, 상호 대기 등으로 구축되며 다음과 같은 유형이 있다.

① Hot Standby－ 가장 대중적인 유형－ Active/Passive 또는 Active/Standby 형태로 가동 시스템과 백업 시스템으로 구성
② Mutual Takeover－ 2개의 시스템이 각각 고유한 업무를 수행하다가 하나에 장애가 발생하면 다른 시스템이 그 업무까지 수행하는 방식
③ Concurrnet Access
- 여러 개의 시스템이 동시에 병렬 처리하는 방식으로 시스템 전체가 Active 한 시스템에 장애가 발생하여도 다른 시스템으로 Fail－over 하지 않고 가용성 보장
- L4, L7 스위치 사용해서 병렬 처리

3. HA 한계점

① External Disk 자체장애발생 시 HA Solution으로 해결 못함.
② 장애 발생 시 시스템이 Down 되지 않는 경우 자동 Failover가 되지 않음
③ 시스템 성능이 저하 되는 경우에 자동감지가 불능
④ DB 및 Application 이 Down되는 경우에는 일반적으로 Failover하지 않음
⑤ DB 및 Application 자체 Bug일 경우 Failover가 의미 없음
⑥ HA구성에 따른 정보교환으로 시스템의 안정성, 보안성, 성능에 Overhead가 존재

HA(High availability)는 고가용성으로 소프트웨어에 기반한 서버 부하 감소 아키텍쳐이다. **FT(Fault tolerance)**는 downtime이 zero(0)임을 보장하는 아키텍쳐로, 두 개의 같은 시스템으로 구성된다

39 철도신호제어설비 신뢰성 분석을 위한 고장모드 영향분석(FMEA : Failure Mode and Effects Analysis)에 대하여 다음 사항을 설명하시오.(134-25)

1. 목적 2. 실시시기 3. 효과

1. 목적

잠재되어 있는 각종 문제점들을 요인별로 분석하여 각각의 영향들이 어떠한 형태로 발생될 것인가라는 관점에서 접근하는 신뢰성 기법으로 위험순위를 결정하고 사전에 문제점을 해결함으로써 사후에 발생하는 추가비용발생 최소화 및 고객만족달성

2. 실시시기

사용 시점	설계	진행
제품 설계 선정	시작	시작
제품설계 & 사업계획	Up date	–
제품/프로세서 개발	완료	Up date
양산/사업화		지속 Up date

3. 효과

제품의 품질, 신뢰성, 안전성을 향상시켜 회사이미지 개선과 경쟁력 향상에 기여함으로써 고객만족 증대.

- 제품에 대한 노하우를 체계적으로 이해
- 설계, 제조, 조립공정의 개선을 통한 제품결함 사전 제거
- 고장을 줄이기 위한 활동을 문서화 시켜서 추적 가능성 확보
- 향상된 품질제공으로 고객 만족 증진
- 제품에 대한 품질 신뢰성 및 안정성 증진
- 기업 경쟁력 확보

제12장

철도수송수요, 선로용량, 철도차량

01 철도 선로용량 분석 기법 중 운전시격 결정에 영향을 미치는 요인과 단축방안에 대하여 설명(10)

02 선로용량 증대를 위한 운전시격에 가장 큰 영향을 주는 요소가 자동회차(AutoTurn - Back) 운전시간이다. 아래 그림을 이용해 자동회차 운전시격의 요소를 설명하고 연속회차 운전시격 산출 방법 및 노선 설계 시 운전시격을 단축하는 방안에 대하여 설명(10)

03 선로용량(Line Capacity)과 운전시격(Headway)에 대하여 설명(112-25)(118-10)

04 선로용량과 밀접한 관련이 있는 4가지 변수에 대하여 설명(111-25)

05 선로용량을 정의하고, 신호측면에서 선로용량 증대방안을 설명(115-10)

06 선로용량을 증대시키기 위한 방안을 신호, 선로, 차량, 정거장 분야별로 구분하여 설명(120-25)

07 선로용량의 정의, 결정조건, 조사방법, 변경요인을 설명하고, 선로용량이 부족할 경우 나타나는 현상에 대하여 설명(126-25)

08 철도 건설에 있어서 수송계획에 대하여 설명(117-25)

09 열차의 역간 운행 시 평균속도와 표정속도에 대하여 설명하고 계산식을 제시(121-10)

RAILWAY SIGNALLING PROFESSIONAL ENGINEER

제12장 철도수송수요, 선로용량, 철도차량

01 철도 선로용량 분석 기법 중 운전시격 결정에 영향을 미치는 요인과 단축방안에 대하여 설명하시오.(10)

단축 방안

① **고성능 동력차 사용** : 최소운전시격을 단축하여 선로이용률을 최대한으로 높이기 위해서는 속도 가감이 용이한 고성능 동력차를 사용하여 제동거리를 짧게 하거나 정차시간을 단축하는 방법이 필요하다.

② **도착선 상호사용** : 운전시격을 단축시킬 수 있는 방안으로는 정거장의 도착선을 2개 이상 설치하여 선행열차가 1번 선에 도착하면 후속열차를 2번 선에 도착하게 하는 방법이 있다.

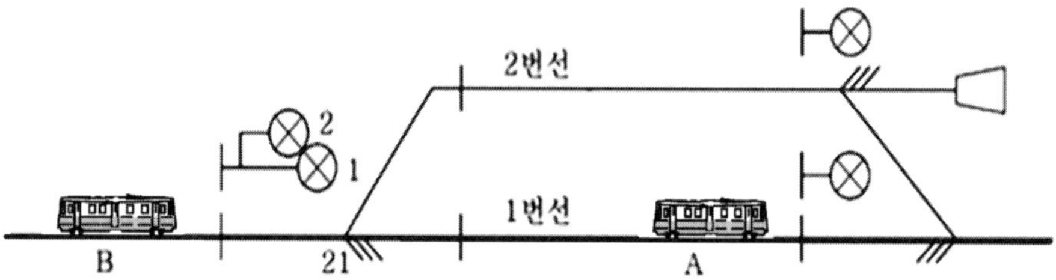

[그림] 도착선의 상호 사용

③ **유도신호기 사용** : 열차가 장내신호기 전방에 정지하는 횟수를 적게 하려고 열차운행이 빈번한 역 구내에서는 유도신호기를 설치한다.

④ **구내폐색신호기 설치** : 역 구내에서도 구내폐색신호기를 설치하든가 타임 시그널(Time Signal)을 사용함으로써 운전시격을 최소한으로 줄일 수 있다.

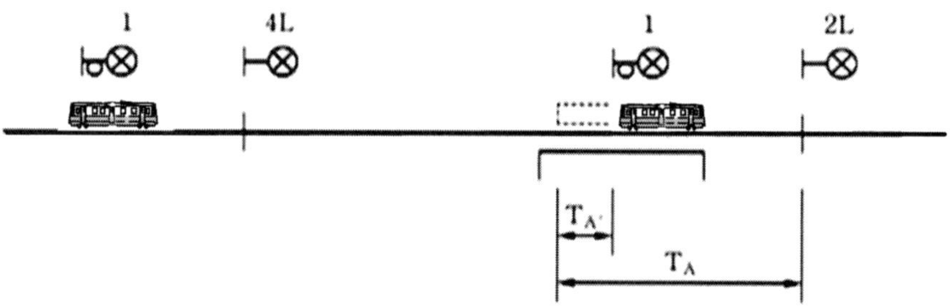

[그림] 구내폐색신호의 설치

02 **선로용량 증대를 위한 운전시격에 가장 큰 영향을 주는 요소가 자동회차(Auto Turn-Back) 운전시간이다. 아래 그림을 이용해 자동회차 운전시격의 요소를 설명하고 연속회차 운전시격 산출 방법 및 노선 설계 시 운전시격을 단축하는 방안에 대하여 설명하시오.** (115-10)

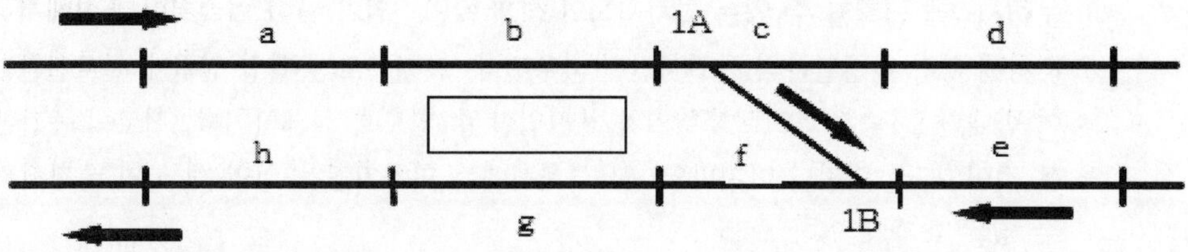

① **자동회차 관련요소** : 위의 그림과 같은 선도에서 자동회차 운전의 방향은 a-b-c-e-f-g-h 궤도를 거쳐 진행하며, 열차가 도착 승강장 b에 정차 후 승객이 하차하면, 기관사는 열차의 자동회차 모드를 선택한다. 출입문이 닫히고, 열차는 e 궤도 즉 회차 지점으로 자동운전을 한다. 열차가 회차 지점에 도착 후 즉 열차의 후미가 선로전환기 1B 지점을 완전히 벗어나야 한다. 회차 지점에서 열차는 자동으로 진행방향을 바꾸어 선로전환기 1A/B 가 정위로 전환된 후 g 궤도 즉 출발 승강장을 향해 자동운전을 한다. 이러한 동작을 자동회차 운전이라고 한다. 이때 운전자는 열차가 자동으로 도착 승강장을 출발하여 회차지점을 거쳐 도착 승강장을 향해 운전하는 동안 반대편 운전석으로 이동할 수 있어 열차가 출발 승강장에 도착하기 전에 기관사가 출발 준비를 완료할 수 있어 운전시격을 단축할 수 있다.

② **연속회차 운전시격 산출** : 위의 그림에서와 같이 선행열차가 b 궤도 즉 도착 승강장에서 출발하여 e 궤도 회차 지점을 지나 다시 g 궤도 출발 승강장으로 이동할 동안 다음 열차는 b 도착 승강장에서 대기하여 선행열차가 완전히 선로전환기 1A/B를 벗어난 뒤에야 출발할 수 있다. 그러므로 연속회차 운전시격은 선행열차가 회차 지점을 거쳐 선로전환기 1A/B를 벗어난 후 선로전환기 1A/B가 다시 정위방향으로 설정될 때까지 걸리는 시간을 연속회차 운전시격으로 볼 수 있다.

㉠ **연속회차 운전시격**

t2 : 열차가 출발하여 궤도 b를 지나는 시간

t3 : 열차가 궤도 b를 지나는 시간

t4 : 열차가 선로전환기 1A/B 지점을 지나 e 궤도에 멈추는 시간

tx : 열차가 회차지점 e 궤도에서 방향을 바꾸어 출발하기 위한 준비시간, 이때 선로전환기 1A/B가 정위로 전환되는 시간을 포함한다.

t3-6 : 열차가 회차지점 e 궤도에서 출발하여 선로전환기 1A/B를 지나는 시간

t7 : 열차가 출발 승강장 즉 g 궤도에 완전히 도착하는 시간. 이때 열차의 후미가 선로전환기 1A/B를 모두 빠져나와야 한다.

ty : 선로전환기 1A/B가 다시 정위방향으로 전환되어 다음열차가 도착역을 출발할 수 있도록 준비가 되는 시간 그러므로,

연속회차 운전시격 = t2 + t3 + t4 + tx + t3 − 6 + t7 + ty 로 표시할 수 있다.

③ **운전시격을 단축할 수 있는 회차지점의 설계 방안** : 위와 같이 연속적인 운전에서 선행열차의 회차에 따라 후행열차의 운전시간이 좌우된다. 그러므로 승강장 앞쪽에 선로전환기를 설치하여 반대편 빈 승강장으로 후행열차가 진입할 수 있도록 설계하거나, 선로의 중간에서 회차하는 것이 아닌, 터미널(마지막역) 역 설계시에는 회차지점을 여러 개 두면 운전시격을 단축할 수 있는 효과가 있다.

03 선로용량(Line Capacity)과 운전시격(Headway)에 대하여 설명하시오.(112−25)(118−10)

선로용량 개요

① 철도 선로 구간에서 수송 능력을 증강하는 방안으로 열차운행 회수의 증대, 열차편성 차량 량수의 장대화 등 수단이 필요하다. 열차운행회수를 증대시키려면 한 선구에 운행할 수 있는 열차 회수에는 선로조건에 따라 일정한 한계가 있다. 이 일정한 한계를 선로용량이라 한다.

② 선로용량은 철도선로 상에 주야간 구별 없이 1일 24시간 실제 운행 가능한 최대 열차운행회수의 한도를 말한다. 그러나 1일 24시간 중 0~4시 또는 0~5시 정도는 선로유지보수 이용, 열차지연 및 열차설정 불능시간 등 불용시간을 고려하여 선로용량을 검토해야 한다.

③ 단선철도는 편도 열차회수를 표시하는 것이나 상·하행 열차 횟수의 합계를 표시하는 경우도 있다. 일반적으로 단선구간에서는 특정한 두 정거장간 선로용량을 당해선 전 구간의 선로용량으로 하고 있다.

- 단선 구간의 선로용량 N의 간이 산정식은 다음과 같다.

$$N = \frac{1,440}{(t+s)} \times f$$

t : 역간 평균 운전시간,

s : 대향(對向) 열차가 통과한 후 분기기를 전환하여 발차할 수 있기까지의 소요 시간인 열차 취급 시간

④ 복선철도는 상선, 하선별 1일 열차운행 횟수를 선로용량으로 표시한다.

$$N = \frac{2 \times 1,440}{t} \times f$$

t : 열차 최소 시격(분),
f : 선로 이용률

운전시격

한 선로에서 선행열차와 후속열차 사이의 상호운행 간격 시간을 운전시격(Head Way)이라 하는데 그 최소값을 최소운전시격이라 한다.
선행열차와 후속열차 상호 간의 최소운전시격은 운전시격도에 의하며, 실제 운전할 수 있는 최대 총 열차 횟수는 신호기의 간격, 신호현시 계통, 착발선 수, 차량성능, 정차시분 등을 감안하여야 한다.

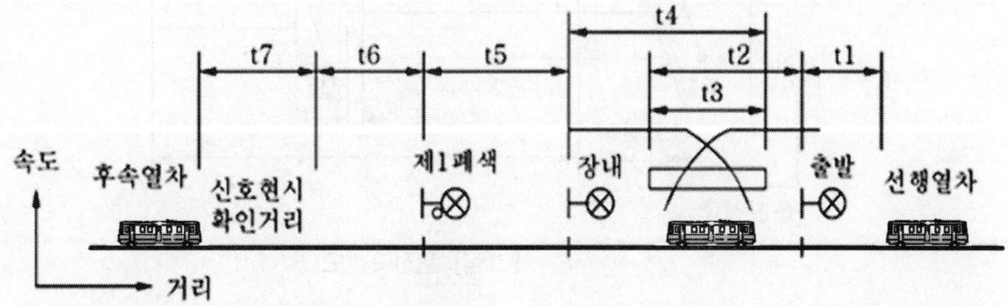

1선 착발의 경우로 3현시인 경우 최소운전시격은 착발선이 1개 선로이고 선행 열차가 출발신호기를 지난 시점을 유념하여 최소운전시격도는 시간곡선에 의한 최소 운전시격의 조사도에 표시한 바와 같고 이때의 최소운전시격(TR)은 다음 식에 의해 표시된다.

TR = t1 + t2 + t3 + t4 + t5 + t6 + t7

여기서,
t1 : 신호현시가 변화하는 시분
t2 : 선행열차가 발차 후 그 후부가 출발신호기의 안쪽에 진입할 때까지의 시분
t3 : 정차시분
t4 : 열차의 앞부분이 장내신호기의 안쪽에 진입 후 정차할 때까지의 시분
t5 : 열차가 후방 제1폐색 신호기와 장내신호기와의 사이를 주행하는 시분
t6 : 열차가 계획속도에 의해 제1폐색 신호기의 신호현시(이 경우 주의신호 45km/h)로 감속하는데 필요한 거리를 계획속도로 주행하는 시분
t7 : 승무원이 신호현시를 확인하고 제동할 때까지의 시분(약3초)

열차는 상시 진행신호를 확인하면서 운전해야 하므로 후속열차가 그림의 위치 즉 폐색신호기의 확인 지점에 도착한 시점에 선행열차는 출발신호기 안쪽에 진입하고 장내신호기, 폐색신호기의 신호현시도 변화하지 않으면 안 된다. 따라서 그림에 표시한 바와 같이 선행열차에 이어서 후속열차의 시간곡선을 작성하여 최소운전시격(TR)을 정한다.

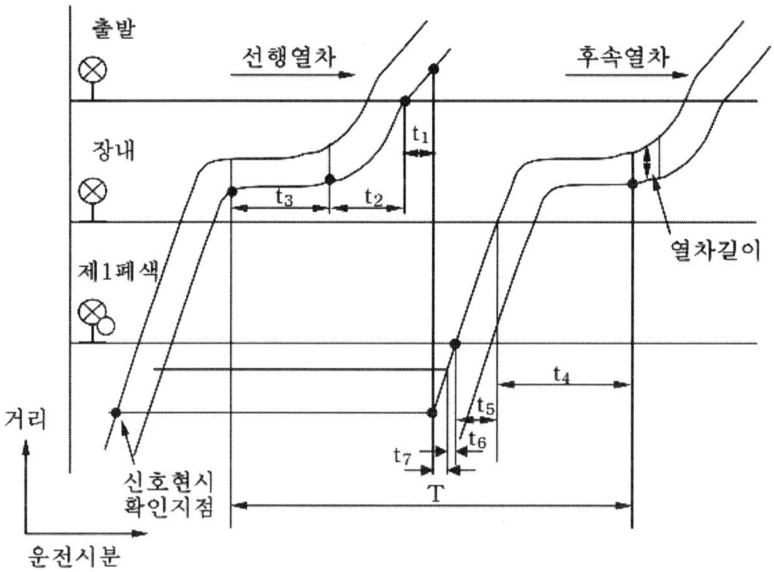

[그림] 운전곡선도

- **최소운전시격** : 운전시격 중에서 최소로 되는 운전시격으로 선행열차 운전상황에 따라 일정구간을 통과하는 모든 지점에 계산 및 시험 중에서 최대로 되는 값을 그 구간의 최소운전시격으로 한다. 거리상의 간격은 후속열차의 그 시점의 속도에서 선행열차까지의 필요한 제동거리와 안전을 위한 여유거리를 합한 거리만큼이다. 신호현시 측면에서는 후속열차는 항상 간격거리 확보(제어)를 위하여 감속제동을 필요로 하지 않고 진행을 지시하는 신호현시에 따라 운전할 수 있는 것을 조건으로 한다. 최소운전시격을 결정하는 요소는 "열차간격제어방식, 폐색구간 길이, 열차편성 길이, 가속도, 감속도, 구내배선"등이다.

04 선로용량과 밀접한 관련이 있는 4가지 변수에 대하여 설명하시오.(111-25)

선로이용률에 영향을 주는 변수

① 선구 물동량에 따른 열차 종별의 다소
② 역간 거리 및 운전시간의 장단에 따른 열차 지연 정도
③ 여객열차와 화물열차 회수비(고속열차와 저속열차)
④ 계획 선로 유지보수 시간(1일 4시간)
⑤ 불용시간 발생 등

이상과 같은 영향으로 실제 열차 설정시간이 감소한다.

05 선로용량을 정의하고, 신호측면에서 선로용량 증대방안을 설명하시오.(115-10)

¤ 선로용량(Track Capacity)에 대하여 설명하시오.

선로용량 개요

① 철도 선로 구간에서 수송 능력을 증강하는 방안으로 열차운행 회수의 증대, 열차편성 차량 량수의 장대화 등 수단이 필요하다. 열차운행회수를 증대시키려면 한 선구에 운행할 수 있는 열차 횟수에는 선로조건에 따라 일정한 한계가 있다. 이 일정한 한계를 선로용량이라 한다.
② 선로용량은 철도 선로상에 주야간 구별 없이 1일 24시간 실제 운행 가능한 최대열차운행 횟수의 한도를 말한다. 그러나 1일 24시간 중 0~4시 또는 0~5시 정도는 선로 유지보수 이용, 열차 지연 및 열차 설정 불능시간 등 불용시간을 고려하여 선로용량을 검토해야 한다.
③ 단선철도는 편도 열차회수를 표시하는 것이나 상·하행 열차 횟수의 합계를 표시하는 때도 있다. 일반적으로 단선 구간에서는 특정한 두 정거장 간 선로용량을 해당선 전 구간의 선로용량으로 표시하고 있다.
④ 복선철도는 상선, 하선 별 1일 열차운행 횟수를 선로용량으로 표시한다.

신호분야 선로용량 증대방안

- 신호시스템 개량(ABS, CTC, ATC, ATP)
- 연속 차상신호의 도입
- 폐색신호를 추가하여 폐색구간의 길이를 감소
- 이동폐색의 도입(폐색길이를 가능한 최소로 조정)
- 연동신호기의 위치, 접근 및 해정 지점의 최적화

06 선로용량을 증대시키기 위한 방안을 신호, 선로, 차량, 정거장 분야별로 구분하여 설명하시오.(120－25)

선로용량 증대

① 열차 운용 측면
- 열차 종별의 단순화(실 운행 열차 속도별의 단순화)
- 정차시간 단축
- 열차운행 방면별 중련 운행, 결합, 분리 운영
- 열차설정시 불용시간을 최소화
- 열차장을 장대화

② 시설 측면(철도 건설 측면)
- 단선을 복선화, 2복선화 등
- 교행 대피시설의 확대(무인신호장 등)
- 선로 기울기의 완화
- 분기기 고번화
- 선로속도의 향상

③ 차량 측면
- 차량 가감속도의 성능 향상
- 차량 최고속도 향상
- 저상 및 고상승강장 혼용에 대한 출입문 개량

④ 전기, 신호 측면
- 전철화 확장
- 폐색구간 단축(신호기 간격 조정)
- 신호시스템 개량(ABS, CTC, ATC, ATP(Level 2 or Level 3(Moving Block System) 등 도입개량)

⑤ 정거장의 개량
- 교행설비 및 대피선을 신설하면 열차의 대기시간을 단축할 수 있다.
- 기관차 견인력이 큰 것으로 대체하여 회차의 견인정수를 증대시킴으로써 각 역 대피선의 유효장을 연장한다.
- 견인력만큼 1회 운행 객차 수를 늘리고 객차 수가 증가된 만큼 승강장을 연장한다.
- 정거장 정차시간 및 통과속도를 향상시킨다.
- 종단역 입환시간을 단축시킨다.

07 **선로용량의 정의, 결정조건, 조사방법, 변경요인을 설명하고, 선로용량이 부족할 경우 나타나는 현상에 대하여 설명하시오.**(126−25)

선로용량 정의

① 열차운용 측면

- 선로 용량(Track Capacity)은 하루에 열차를 몇 번 주행시킬 수 있는가를 나타내는 수치이다.
- 단선 구간의 선로용량 N의 간이 산정식은 다음과 같다.

$$N = \frac{1,440}{(t+s)} \times f$$

t는 역간 평균 운전 시간, s는 대향(對向) 열차가 통과한 후 분기기를 전환하여 발차할 수 있기까지의 소요 시간인 열차 취급시간으로 자동신호 구간에서는 1분, 비자동 구간에서는 2.5분으로 계산하며, f는 1일 24시간 중 열차를 운행시키는 시간대의 비율로 55~75%로 계산한다.

- 복선 구간은 동일 속도 열차 설정의 평행 다이어그램인 경우에는 다음과 같다.

$N = \dfrac{2 \times 1,440}{t} \times f$ 는 열차 최소 시격(분), f는 선로 이용률이다.

- 급행열차와 완행열차가 있는 일반적인 복선 선로(경부선, 서울 지하철 9호선 등)는 다음과 같이 계산된다.

$$N = 2 \times [\frac{1,440}{(hv_h + (r+u+1)v_l}] \times f$$

h = 급행열차 상호 시격
r = 역에 먼저 도착하는 완행열차와 나중에 도착하는 급행열차와의 필요한 최소 시격
u = 급행열차 통과 후 완행열차 발차 시까지 필요한 최소 시격
v_h = 전체 열차에 대한 급행열차의 비율,
hv_h = 급행열차가 점유하는 시간
v_l = 전체 열차에 대한 완행열차의 비율,
$(r+u+1)$ = 완행열차가 점유하는 시간

선로용량 변경요인

① 열차운용 측면

- 단일열차 운용
- 정차시간 단축
- 열차 중련, 결합, 분리운영
- 열차장을 장대화

② 시설 측면
- 단선을 복선화, 2복선화 등
- 교행 대피시설의 확대
- 선로 기울기의 완화
- 정거장구내 시설개량
- 선로속도의 향상

③ 차량 측면
- 차량 가감속도의 성능 향상
- 차량 최고속도 향상

④ 신호측면
- 폐색구간 단축
- 신호시스템 개량

선로용량이 부족시 나타나는 증상

① 열차의 표정속도 저하
② 열차의 지연회복 불가
③ 수송서비스 저하
④ 열차 정거장 대기
⑤ 선로 유지보수 작업 곤란

선로용량 부족 해소방법

- 노선 확장
- 복합열차 투입

일반철도에서 여객열차와 화물열차가 혼용할 경우 선로이용률 계산

① 계산 예

㉠ 1일 열차지연에 따른 추정손실시분 : 100개 열차×1.81분 = 181분
㉡ 1일 선로 보수시간 : 245분
㉢ 1일 열차취급 시분에 의한 열차설정상 출발시 지장으로 인한 불용시간 100개 열차×1.5 = 150분
㉣ 총 불용시간 = 181 + 245 + 150 = 576분(40%)
㉤ 열차설정 가능 시간 = 1,440 − 576 = 864분(60%)

② 선로이용률 표

㉠ 일반철도 여객, 화물 혼용구간일 경우 : 60

㉡ 전동열차 전용선구간 평행다이어일 경우 : 75%,
규격다이어일 경우 : 60~75%

KR C – 13020 정거장 배선

③ **저속열차와 고속열차를 혼용**하는 노선의 경우 선로용량을 결정하는 요소 중 하나가 선구내의 열차대피시설인 부본선 설치 정거장의 비율(개수)인데 이는 저속열차가 고속열차를 대피할 시설이 적을수록 저속열차의 대기시간이 길어져 선로용량이 저하될 수 있기 때문임

선로용량 영향인자

① 최소 안전시격 : 선로용량에 가장 크게 영향

선행/후속열차 간 제동거리와 최소한의 여유거리를 합한 값

* 열차운행 속도, 폐색구간 길이, 신호기 투시거리 등에 영향, 열차운행속도와 반비례 관계

② 최소운전시격

㉠ 선행열차 중간 역정차, 후속열차 통과 경우 등 속도가 다른 열차의 안전 이격거리(시간)

- 선행열차가 정차 후 후속열차가 출발하여 정상 진행신호 조건으로 운행할 수 있는 여유거리

㉡ 고속 전용선에서 무정차 통과 운행 기준 3분 시격(통상 4분) 운행

㉢ 전동열차 전용선에서 같은 정차패턴 적용 시 3분 시격 운행

㉣ 일반열차의 경우 정차패턴, 운전시각 등에 의해 선구 별 차이 발생

③ 폐색방식(신호시스템)

㉠ 고정폐색방식 : 운전시격과 신호현시 등을 고려한 방식

- 지상신호방식(ATS) : 폐색구간 진입전 전방정보를 알 수 없어 상황이 변해도 정보 자동업데이트 불가
- 차상신호방식(ATC) : 폐색구간속도와 열차속도 동시 현시, 전방 상황변화시 속도 정보 자동업데이트

㉡ 이동폐색방식 : 전자기반 및 통신기반 시스템, 폐색구간이나 신호현시 존재하지 않음

- ATP(열차자동방호시스템), MBS(지능형열차제어시스템)

④ 선로이용율

- 선구별 효율적 열차설정, 운전을 위한 1일(24×60 =1,440분) 실제 열차 설정 가능 범위
- 여객 전용선 또는 여객/화물 혼용여부 등 선구의 특성에 따라 달라짐

⑤ 국가별 선로이용율

UIC 기준 : 60%(Recommended Value), UIC CODE 406 R – Capacity (2004)

노선 형태	혼잡시간	일일 기준	비 고
도시철도 여객전용선	85%	70%	고수준의 선로이용을 유지 위해 일부 지연열차 운행중지 가능
고속철도 전용선	75%	60%	
혼용 일반선	75%	60%	단위사간당 이종 속도종별 열차수가 적을 경우 높을 수 있음

㉠ 일본(야마기시 방식) : 60%

- 일반 운행선(복선 및 단선구간) : 60%,
  전동열차전용선(통근전철구간) : 60~75%

㉡ 한국철도공사 : 60%(철도청 시절부터 일본방식 준용)

- 일반선 : 60%(14.4시간),
  고속선 : 고속열차 영업운행시간적용 : 17시간(5 : 30 ~ 23 : 30)
- 40%(불용시분) : 선로보수16.7%, 기타(다이아설정공간, 열차운행 탄력 여유) 23.3%로 구성

  ➡ 선로이용율 일괄 적용에 따른 논리적인 문제점 등에 대한 해소방안 강구 필요

08 철도 건설에 있어서 수송계획에 대하여 설명하시오.(117–25)

철도수송수요 예측

1. 철도 수송수요 예측 목적

- 열차가 주행하는 선로와 각역의 필요 용량을 정하여 필요 차량을 확보하고 열차 다이어그램의 기초하여 열차운영계획을 작성하며,
- 필요한 요원 조치, 차량 수용설비, 변전용량의 확보 등을 계획하는 데 목적이 있음.

2. 수송수요 예측 기법

① 과거 추세 연장법

② 요인분석법

③ 원 단위법

④ 중력 모델법

⑤ OD표 작성법

철도 수송능력의 산정

1. 열차의 수송능력

철도의 수송능력은 일반적으로 1일 최대 설정 가능한 열차횟수를 나타내는 선로용량으로 표시한다.

① 파동 피크시 1시간 또는 1일당 수송인 수, 톤(ton)수를 산정하여 평균승차효율로 차량 정원 (고속 70%, 통근열차 150%) 산정

② 적재 톤(ton) 수로부터 수송차량 수를 산정

③ 열차편성과 열차 수를 산정

2. 선로용량

① **한계용량** : 기존선 수송능력의 한계 판단
임의의 선로구간에서 운전 가능한 최대열차회수, 즉 이론적 한계용량이며 현실적인 선로용량을 계산하는 과정이 필요

② **실용용량** : 한계용량 × 선로이용률
열차운전의 유료시간대, 시설보수시간, 운전취급시간 등을 고려하여 구한 용량으로 일반적인 의미의 선로용량

③ **경제용량** : 수송력 증강대책, 선로의 열차 횟수
열차운전을 원활히 하여 최저의 수송원가를 갖는 1일 최적의 열차운행 횟수

④ **선로용량(1일)** : 단선 70~100회, 복선 120~140회
복선전철(일반열차 혼용) 200~280회, 복선 전차전용선 340~430회

3. 선로용량 선정 시 고려할 사항

① 열차의 운행속도 및 운전시분, 여유시분, 속도 차

② 열차 종별의 순서 및 배열

③ 역간 거리 및 구내 배선

④ 신호시스템의 신호체계 방식

⑤ 선로시설 및 보수시간

⑥ 선로의 유효시간 대 열차운전 여유 시분

4. 선로 이용률에 영향을 주는 조건

① 선로 물동량의 종류

② 주요 도시로부터의 거리와 시간

③ 여객열차와 화물열차의 횟수 비례

④ 열차 시간대 별 집중도

⑤ 열차운전의 여유시분

⑥ 열차횟수 및 인접 역간 운전 시분 차

09 열차의 역간 운행 시 평균속도와 표정속도에 대하여 설명하고 계산식을 제시 하시오.(121－10)

평균속도의 정의

① 개요

- 일정구간의 운전 거리를 중간의 정차역 등에서의 정차시분을 제외한 순수 주행시간으로 나눈 속도를 말한다.
- 순수 운행한 거리를 운행한 시간으로 나눈 속도로서, 정거장간의 거리가 길수록 평균속도는 올라간다.

② 계산식

$$평균속도 = \frac{역간거리(M)}{순주행시간(분)} \times \frac{60}{1000}$$

$$= \frac{60}{100} \times \frac{운전거리(m)}{순수주행시간(분)}(km/h)$$

표정속도의 정의

① 개요 : 표정속도는 특정 선로에서의 총 주행거리와 시발역에서부터 종착역까지의 주행한 시분과 각역의 정차시분을 계산에 넣어 표시한 것을 표정속도라 함.

② 계산식

$$표정속도 = \frac{구간거리(km)}{정차시분을 포함한 구간 소요시간} km/h$$

$$V = \frac{(n-1)L}{(n-2)t + T}$$

(n : 정거장수, L : 역간 평균거리km, t : 평균정차시간, T : 총주행시간)

Memo

제13장

운전, 운영, 관제설비

01 “철도교통관제 운영규정” 제2조(정의)에서 정한 운전정리의 정의 및 종류에 대하여 설명(117-10)

02 「철도교통관제 운영규정」(국토교통부고시 제2017 - 603호)에서 정의하는 관제설비와 관제업무에 대하여 설명(129-10)

03 CBTC(Communication Based Train Control)로 운영중인 노선과 ETCS(European Train Control System) Level - 2로 건설되는 노선 간 혼용운영 방안에 대하여 설명(126-25)

04 고밀도 및 다종(多種)운행 구간의 열차운행관리시스템의 기능에 대하여 설명(132-10)

05 광역철도 구간에서 급행 및 완행열차의 혼용운행 시 고려사항에 대하여 설명(115-25)

06 관제실의 TTC(Total Traffic Control) 시스템에 대한 운전모드 3가지를 설명(120-10)

07 도시철도 완행 및 급행열차의 혼용 운행 시 고려사항에 대하여 설명(121-25)

08 도시철도 운행시스템에서 외란에 의한 열차운행 지연 발생 시 열차 간격을 제어하는 방법에 대하여 설명(129-25)

09 도시철도의 열차제어 방법 중에서 열차자동재정렬(Auto Jog) 기능에 대하여 설명(123-10)

10 도시철도의 종합관제 기계실설비의 기술성능 요구사항 중 열차운행제어컴퓨터(TCC)서버의 요구사항에 대하여 설명(127-25)

11 무인운전(UTO : Unattended Train Operation)에 의한 철도 운영 시 무인 중복 유치 기능에 대하여 설명(132-10)

12 열차 자율주행의 목표와 특징에 대하여 설명(123-10)

13 열차의 안전한 운행을 감시하고 제어하기 위한 온라인(스케쥴) 및 오프라인 열차운행 계획 방법에 대하여 설명(126-25)

14 열차집중제어장치(CTC)와 운전집중화장치에 대하여 각각 설명(121-10)

15 열차집중제어장치(CTC)의 주요 구성 및 기능을 설명(112-25)(114-25)(117-25)(120-25) (114-10)(129-10)

16 자동열차감시장치(ATS, Automatic Train Supervision)에 대하여 설명(10)

17 자동진로제어장치(PRC : Programmed Route Control)의 진로제어 기능과 구조에 대하여 설명(124-25)

18 정거장 구내에서 진로를 확보하고 열차를 안전하게 운행하기 위한 기본 요구조건에 대하여 설명(130-10)

19 정거장에서 2 이상의 열차가 도착, 출발할 경우 상호 지장 우려가 있을 때는 동시에 진입 또는 진출시킬 수 없다. 예외의 경우에 대하여 설명(126-10)

20 관제설비 중 열차운행관리시스템의 기능에 대하여 설명(120-25)(123-10)

21 관제설비시스템 중 운행관리용 컴퓨터의 기능에 대하여 설명(124-10)

22 철도교통관제설비의 안전성 및 효율성 향상을 위한 기술발전방향에 대하여 설명(117-25)

23 철도교통관제센터 업무의 무(無) 중단 운영을 위한 방안을 제시(121-25)

24 실시간 철도안전 통합 감시제어시스템의 구성, 주요기능 및 기존 관제시스템(CTC)과의 차이점에 대하여 설명(25)

25 철도교통관제에서 관제업무 독립성을 확보하기 위한 방안과 선로배분 지침의 업무 프로세스에 대하여 설명(121-25)

26 철도안전법 시행규칙 제76조의3(관제업무종사자의 준수사항)에 규정되어 있는 운전업무종사자, 여객승무원 등에게 제공하여야 할 정보 및 철도사고 등 발생 시의 조치사항에 대하여 설명(111-25)

27 열차운행 선로지장작업 업무세칙 중 교통관제센터장의 관제승인 사항에 대하여 설명(127-10)

28 철도교통관제센터에서 복선 역방향 폐색취급 및 표시기준의 복선 역방향 폐색조건을 설명 (134 – 10)

29 열차운행을 위한 신호설비의 합리적 발전 방향을 설명(25)

30 열차운행을 위한 양방향 운전제어에 대하여 설명(25)

31 기존선 철도와 고속철도 혼용에 대한 문제점 및 분야별 대책에 대하여 설명(109 – 25)

32 운전취급규정에 의하면 정거장에서 2이상의 열차착발에 있어서 상호지장 할 염려가 있을 때는 동시에 이를 진입 또는 진출시킬 수 없도록 하고 있다. 다만 예외로 하는 경우가 있는데 , 이 경우들을 설명 (106 – 25)

33 철도교통 관제시스템의 고도화를 위한 통합감시시스템 관점에서의 아키텍처 구성 요소별 블록 기능을 제시하고 설명 (134 – 25)

34 종합관제 기계실 설비의 기술성능 요구사항 중 열차운행제어컴퓨터(Train Control Computer) 서버의 요구사항에 대하여 설명 (134 – 25)

제13장

운전, 운영, 관제설비

01 **"철도교통관제 운영규정" 제2조(정의)에서 정한 운전정리의 정의 및 종류에 대하여 설명하시오.(117－10)**

운전정리 정의

철도사고 등으로 열차운행에 혼란이 발생하거나 혼란의 염려가 있을 경우 열차의 운행조건 및 일정 등을 변경하여 열차가 정상적으로 운행할 수 있도록 행하는 수단이다.

운전정리 종류

① **운전휴지** : 열차운행을 일시 중지하는 것
② **운행순서변경** : 먼저 운행할 열차의 운행시각을 변경하지 않고 운행순서를 변경하는 것
③ **운행선로변경** : 소정의 열차운행방향을 변경하지 않고 운행선로를 변경하는 것
④ **단선 운행** : 복선구간에서 사고 등 기타로 한쪽의 선로를 사용할 수 없는 경우 다른 방향의 선로를 사용하여 상·하행열차를 운행하는 것
⑤ **운행시각 변경** : 계획된 열차운행 시각을 앞당기거나 늦추는 것
⑥ **열차합병** : 운행 중 2 이상의 열차를 1개 열차로 편성하여 운행하는 것
⑦ **특발** : 지연열차의 도착을 기다리지 아니하고 따로 열차를 조성하여 출발시키는 것
⑧ **교행변경** : 단선구간에서 열차의 교행 정거장을 변경하는 것
⑨ **대피변경** : 복선구간에서 열차의 대피정거장을 변경하는 것
⑩ **열차번호변경** : 소정의 열차번호를 변경하는 것
⑪ **폐색구간 또는 폐색방식 변경** : 신호, 차량 등에 장애가 발생하여 폐색구간 또는 폐색방식을 변경하는 것
⑫ **임시서행** : 철도사고 등으로 열차속도를 낮추어 운행하는 것
⑬ **임시정차** : 철도사고 등의 발생, 부상자 긴급 후송, 선로의 긴급수리 등을 위하여 열차를 임시로 정차시키는 것
⑭ **편성차량변경** : 열차 소정의 철도차량 연결 량 수를 변경하는 것
⑮ **임시열차운전** : 철도사고 등에 따른 구원열차, 임시열차의 운행을 승인 또는 지시하는 것
⑯ **운행시각 변경** : 계획된 열차운행 시각을 앞당기거나 늦추는 것
⑰ 그 밖에 철도교통의 안전과 질서유지에 필요한 사항

02 「철도교통관제 운영규정」(국토교통부고시 제2017-603호)에서 정의하는 관제설비와 관제업무에 대하여 설명하시오.(129-10)

관제설비

관제업무를 수행하기 위하여 국토교통부장관이 관제기관에 설치한 시설로 열차집중제어장치(CTC : Centralized Traffic Control System), 대형표시반(DLP ; Digital Lighting Processing Panel), 주컴퓨터, 제어(관제)콘솔, 열차무선설비 및 관제전화 설비 등을 말한다.

관제 업무

① 선로사용계획에 따라 철도차량의 운행을 제어·통제·감시
② 철도시설의 운용상태 및 철도차량 등의 운행과 관련된 조언과 정보의 제공
③ 철도차량 등의 적법운행 여부에 대한 지도·감독
④ 철도보호지구에서 안전법 제45조 제1항 각호의 어느 하나에 해당하는 행위를 할 경우 열차운행 통제 업무
⑤ 철도사고등 발생 시 사고복구 지시
⑥ 철도교통관제시설의 관리
⑦ 기타 국토교통부장관이 철도차량의 안전운행 등을 위하여 지시한 사항

03 CBTC(Communication Based Train Control)로 운영중인 노선과 ETCS(European Train Control System) Level-2로 건설되는 노선 간 혼용운영 방안에 대하여 설명하시오.(126-25)

개요

① 유럽철도는 현재까지 열차제어시스템을 ETCS 레벨2로 구축하면서 대부분이 기존 설비와 혼용하여 운영해 왔으며, 무선 관련 인프라가 잘 갖추어져 있는 유럽에서도 보통은 레벨0, STM에서 ETCS 레벨2로 변경하였다.
하지만 이 노선에 운용되는 차상장치가 모두 한 번에 개량되지 못함에 따라 ETCS 레벨2 차상장치가 장착되지 않은 차량을 위하여 레벨0, STM 지상 장치를 철거하지 않고 혼용하여 운영되고 있다.

- 대도시 등의 도심구간을 위한 CBTC 시스템과 도시와 도시 간을 운용하는 ETCS 시스템을 혼용 운영하는 방안이 주목받고 있다.
  영국 Thameslink와 Crossrail 노선을 위해 계획된 열차제어시스템이 소개된 적이 있으며, 이 두 프로젝트 모두 열차가 도심지에서 도심 인근의 철도노선을 통과하도록 하고 도심

지 핵심구간에서 고밀도 열차운행(시간당 열차 24대 : 운전시격 2.5분)을 제공하는 것이 목적이다. 하지만 핵심구간의 열차제어 기술 선택에 관해 근본적으로 서로 다른 의사결정을 내렸다.

② 영국의 두 노선을 소개하고 핵심구간에서의 열차제어시스템 선택에 있어 고려되었던 사항을 확인함으로써 운영노선의 특성에 맞추어 혼용 운영 방안을 마련한 사례를 살펴보면 다음과 같다.

CBTC와 ETCS 혼용 운용을 위한 기본적 개요

① 열차제어시스템은 역과 본선에서 운행되는 열차의 최적 운행을 돕기 위한 설비를 말한다. 유럽의 ETCS(European Train Control System)시스템의 기본적인 목적은 철도운영자에게 방대한 크기의 철도망에서 각기 다른 차량이 함께 쓰일 수 있는 상호운용성을 제공하는 것이라 할 수 있다.

- CBTC(Communication Based Train Control)는 무인운전 기술과, 같은 노선 내 동일 차량을 기반으로 최적의 효율성을 도출함으로써 도심 대중교통 깊이 자리 잡고 있다고 할 수 있다.
- 물론 각각의 열차제어시스템은 위에서 언급된 도심지 또는 도시와 도시 간 연결노선 적용에 필요조건들은 갖추고 있다.
- 이러한 주요 필요조건들은 ETCS의 상호운용성과 도심 내 고밀도 상태의 노선에서 기능을 실현할 수 있는 무인자동운전 체계라 할 수 있다.

② CBTC와 ETCS의 주요 특징

- 차상장치에서의 이동권한에 대한 속도감시는 두 시스템 모두 유사한 기능이다. 하지만 이동권한을 생성하고 제공하는 방식이 두 시스템의 주요 차이점이라 할 수 있다.
- CBTC는 짧은 처리체계와 통신주기에 최적화되었으며, 그로 인해 선로정보(Track Data)가 시스템을 설정하는 주요 요소가 된다. ETCS는 상호호환성과 국경을 넘나드는 교통수단에 좀 더 초점을 맞추고 있으며, 그로 인해 차량과 지상 간의 유동적이고 포괄적인 통신용어를 사용하고 있다.
- 결과적으로, 두 방식의 융합에 대한 수요가 지속해서 증가하고 있는 도심을 통과하는 열차제어시스템으로써 제안되고 있다.
- 또한, PSD 조작을 포함한 ATO의 기능을 통한 ETCS에 보완하는 방식의 실현 가능성은 연구하고 있으며 다수의 시뮬레이션을 통하여 검증되기도 하였다.
- 하지만 CBTC와 ETCS의 혼용은 예상하는 것보다 더 나아간 기능과 성능적 이점을 가져올 것으로 여겨진다.

CBTC와 ETCS 간의 전환

- CBTC와 ETCS 모두 기능적인 측면에서 열차 기능(Dual-fitting)은 특정 편성에 대한 도시철도로서의 성능을 극대화해야 하여야 적용이 가능할 것으로 판단된다.
- 이러한 사례는 도심 외곽에 있는 통근열차 노선의 역과 도시철도 노선에 추가적인 역을 통하여 연결할 때 적용된다.
- 역과 열차 간의 간격이 짧은 노선의 중심부는 CBTC가 적합하지만, 일반/고속열차가 운행하는 역 간의 거리가 먼 경우에는 ETCS와 국가 고유 열차제어시스템이 적합할 것이다.
- 그러므로 원활한 열차운행을 위해서는 시스템 간 연결구간에서의 전환절차가 필요하다.
- 대체로 하나의 열차제어시스템으로부터 다른 열차제어시스템으로 원활한 전환절차를 위해서는 전환절차 이전에 비활성화 되어 있는 열차제어시스템의 특정한 준비단계가 필요하다.
- 해당 단계 동안, 차상장치는 지상 열차제어정보를 수신하여 열차제어 권한을 필요할 때 넘길 수 있도록 준비해야 한다.
- 실제 적용 시 전환절차는 운행 중 혹은 열차가 정차해 있을 때 전환이 될 것이다.
- 이는 ETCS가 이미 규정되어 있는 전환절차를 가지고 있으므로 ETCS에서 CBTC로의 전환과 CBTC에서 ETCS로의 전환절차 모두에 적용이 가능할 것으로 판단된다.
- EVC는 STM의 기준 인터페이스를 통하여 전환절차를 수행하며 각각의 레벨전환 발리스를 통하여 절차를 개시하게 될 것이다.
- 하지만 특수한 시나리오 또한 고려해야 한다, 예를 들어, CBTC 체계가 아닌 열차의 기능구현, 자동전환 절차 장애, EVC 장애, CBTC 및 ETCS 구간 내 혹은 두 시스템체계가 적용되지 않는 구간에서의 전환절차 시행 등이 있을 것이다.

결론

- 유럽이 경험하고 있는 열차제어시스템의 향후 방향에 대해 거론하였다.
- 이는 먼 미래가 아닌 현재에 앞선 미래에서 다가올 우리나라의 고민과도 비슷할 것이다.
- 우리나라에서 경험하고 있는 고민과 시행착오를 조금 더 빨리 경험하고 있는 유럽의 사례를 토대로 조금 더 앞서 향후 방향을 고민함으로써 더 나은 결정을 내릴 방안을 마련할 필요가 있을 것이다.
- 세계적으로 앞서고 있는 우리나라의 정보통신기술과 목표한 바를 기한 내 이루는 신속성을 가지고 있는 우리나라의 저력을 고려한다면 현재는 차이나고 있는 현대 철도의 기술을 그들과 경쟁할 수 있는 수준까지 이른 시일 안에 이룰 수 있을 것으로 판단 된다.
- 또한, 철도라는 복합 산업 분야에 정량적인 목표를 세운다는 것은 어려울 것이며, 조금 더 앞선 기술을 개발할 수 있다는 도전적인 목표를 가지고 이행하는 것이 우선이라 생각된다.

04 고밀도 및 다종(多種)운행 구간의 열차운행관리시스템의 기능에 대하여 설명하시오.(132-10)

열차운행관리시스템의 주요 기능

① **열차운행 상황의 감시** : CTC중앙장치에서 수집한 각 역의 점유정보 등을 기초로 하여 운행표시반 (선로 지도)에 열차의 점유위치, 열차번호 등을 표시한다.

② **진로제어** : 운행제어에 필요한 정보는 DIA 정보로서 보조기억장치에 미리 기억된다.

③ **여객(열차)안내제어** : 진로제어의 데이터로부터 열차는 역으로의 접근, 운전지연 등의 정보가 얻어지게 되기 때문에 이것을 기초로 자동방송, 행선지안내 등을 한다.

④ **운행이상 시의 처리제안** : 운행이상이 발생한 경우 처리장치의 논리에 기초하여 운행수정의 판단을 하고 보통은 복수의 수정순서를 디스플레이에 표시하여 제안함으로써 관제사의 판단을 지원한다.

⑤ **기록** : 열차의 운행실적 기록, 제어반 등 각종 조작의 기록, 고장발생상황의 기록 등을 자동으로 작성한다.

⑥ **각 기기의 상황 감시** : 운행관리에 관계하는 각종 기기의 동작상황은 물론 역장치 등의 이례상황도 감시할 수 있다

⑦ **각 현장으로의 운행상황의 표시** : 역, 보수 사무소 등 필요한 개소에 운행사항을 표시한다. 관제실의 역 제어모드 중 PRC(Programmend Route Control)와 ARC(Automatic Route Control)의 차이는 ARC는 단순히 스케줄 표에 등록된 진로에 대해 자동 제어를 하는 기능이지만, PRC의 경우에는 진로자동제어 기능 뿐 아니라 시각표를 참조하여 열차운행 간격을 자동으로 조정하는 기능까지 포함된 것이다. (정차시각 또는 신호(진로)제어로 조정)

05 광역철도 구간에서 급행 및 완행열차의 혼용운행 시 고려사항에 대하여 설명하시오.(115-25)

급행 및 완행열차의 혼용운행 시 고려사항

급행열차와 완행열차는 정차역 수가 달라 표정속도가 다르므로 교행역의 선정과 교행시간을 고려한 운전시격 선정이 중요하다.

① 수송수요

㉠ 급행열차 운행하는 노선의 통행조사 등을 통한 급행수송 수요의 예측 분석.

㉡ 완행열차의 대피시간 증가와 완행 감축운행으로 인한 혼잡 등 승객에게 미치는 불편 사항.

㉢ 완행열차 전용운행 완·급행 혼용운행이 전체 이용효율에 미치는 영향 검토.

② 정거장

㉠ 대피선 또는 교행선의 확충 필요 개소 및 부지확보 가능성 검토

㉡ 완행·급행 구분을 위한 승객의 안내 및 이용편의시설

ⓒ 완행·급행 여객시설의 분리 설치
ⓓ 안전하고 효율적인 대피선 등 정거장 배선
ⓔ 연결 노선과의 환승시설 및 타 교통수단과의 연계조치

③ 차량
ⓐ 완행·급행 혼용에 따른 운행차량의 성능 검토
ⓑ 완행·급행의 운행비율에 따른 예비열차 학보
ⓒ 신호체계와 연계한 완행·급행 구분하는 방법

④ 신호
ⓐ 통과역과 정차 역을 종합적으로 고려한 폐색구간의 효율적인 설정
ⓑ 현대화된 신호설비를 도입하여 완행열차와 급행열차 간의 운행 간격 단축
ⓒ 열차운행시격 자동조절 시스템을 도입하여 완행·급행열차의 교행에 정시성 확보
ⓓ 일부 시스템 장애로 인하여 다수 열차운행에 영향이 없도록 시스템 구축

⑤ 선로
ⓐ 안전하고 효율적인 배선으로 분기기 설치 시 곡선, 기울기 등 제약조건 완화
ⓑ 궤도보수체계 및 안전관리 확보
ⓒ 급행운행으로 고려하여 곡선구간 캔트, 완화곡선 등 설정 완화
ⓓ 궤도 열화에 따른 보강 대책

⑥ 보수체계
ⓐ 완벽한 열차다이어 편성, 숙지
ⓑ 차량 혼용에 적합한 선로시설 제공
ⓒ 궤도 열화 주기의 분석과 궤도 강성의 확보

06 관제실의 TTC(Total Traffic Control) 시스템에 대한 운전모드 3가지를 설명하시오.(120−10)

운전모드

① TTC모드 : 열차의 운전제어 및 감시, 운행관리가 2중의 설비로 구성된 TTC컴퓨터의 계획된 프로그램에 의하여 수행하는 방식이다.

② CTC모드 : TTC방식을 사용할 수 없을 때 단순히 중앙에서 집중제어 및 표시만 가능한 것으로 기본시스템에 의하여 유지된다.
이 방식은 제어반 키보드(Key board)에 의한 제어와 열차점유상황 등을 대형표시반(LDP)을 활용하여 감시한다.

③ Local 모드 : 이 방식은 사령실과 현장이 분리된 것으로 현장의 역제어반(LCP : Local Control Panel)에 의한 단독 제어하는 방식이다.

07 도시철도 완행 및 급행열차의 혼용 운행 시 고려사항에 대하여 설명하시오.(121－25)

급행 및 완행열차의 혼용운행 계획 시 고려사항

급행열차와 완행열차는 정차역 수가 달라 표정속도가 다르기 때문에 추월역의 선정과 추월시간을 고려한 운전시격 선정이 중요하며, 분야별 고려사항은 다음과 같다.

① 수송수요
- ㉠ 급행열차 운행하는 노선의 통행조사 등을 통한 급행수송 수요의 예측 분석.
- ㉡ 완행열차의 대피시간 증가와 완행 감축운행으로 인한 혼잡 등 승객에게 미치는 불편.
- ㉢ 완행열차 전용운행 완·급행 혼용운행이 전체 이용효율에 미치는 영향 검토.

② 정거장
- ㉠ 대피선 또는 추월선의 확충 필요 개소 및 부지확보 가능성 검토
- ㉡ 완행·급행 구분을 위한 승객의 안내 및 이용 편의 시설
- ㉢ 완행·급행 여객시설의 분리 설치
- ㉣ 안전하고 효율적인 대피선 등 정거장 배선
- ㉤ 연결노선과의 환승시설 및 타 교통수단과의 연계 조치

③ 차량
- ㉠ 완행·급행 혼용에 따른 운행차량의 성능 검토
- ㉡ 완행·급행의 운행비율에 따른 예비열차 확보
- ㉢ 신호체계와 연계한 완행·급행 구분하는 방법 검토

④ 신호
- ㉠ 통과역과 정차역을 종합적으로 고려한 폐색구간의 효율적인 설정
- ㉡ 현대화된 신호설비를 도입하여 완행열차와 급행열차 간의 운행간격 단축
- ㉢ 열차운행시격 자동조절 시스템을 도입하여 완행·급행 열차의 추월에 정시성 확보
- ㉣ 일부 시스템 장애로 인하여 다수 열차운행에 영향이 없도록 시스템 구축

⑤ 선로
- ㉠ 안전하고 효율적인 배선으로 분기기 설치시 곡선, 기울기 등 제약조건 완화
- ㉡ 궤도보수체계 및 안전관리 확보
- ㉢ 급행운행을 감안하여 곡선구간 캔트, 완화곡선 등 설정 완화
- ㉣ 궤도 열화에 따른 보강 대책 검토

⑥ 유지보수체계
- ㉠ 완벽한 열차다이어 편성, 숙지, 순회 시 점검 철저
- ㉡ 차량 혼용에 적합한 선로시설 유지
- ㉢ 궤도 열화주기의 분석과 궤도 강성의 확보

기존선 도시철도 급행 및 완행열차의 혼용운행 계획 시 고려사항

① 도시철도 급행화 우선순위 결정

㉠ 우선순위 선정

② 기존 시스템에서의 표정속도 향상

㉠ 신호, 궤도설비 개량, 차량성능 향상

- 폐색구간 변경과 ATC코드의 다단화
- 곡선제한속도 향상
- 기본선형 개량과 캔트량 수정
- 차량가감속도와 최고속도 성능 향상
- 역간 정차 시간 단축

③ 운영개선을 통한 급행열차 운행

㉠ 운전계획의 재검토

- 기존 다이아에 급행운전 추가(비첨두시)
- 선택적 정차방식 운영
- 기존 시설(2홈3선식) 활용
- 신호설비 개수

④ 급행열차 운행의 다양화

㉠ 급행열차 운행

- 추월선(대피선) 신설
- 복복선 건설
- 급행열차 유형과 서비스의 다양화

08 도시철도 운행시스템에서 외란에 의한 열차운행 지연 발생 시 열차 간격을 제어하는 방법에 대하여 설명하시오.(129－25)

열차간격 제어방법

① ATS(Automatic Train Supervision) 또는 TTC(Total Traffic Control)가 가진 열차 운행계획과 실시간 수집되는 열차운행실적 정보를 바탕으로 외란의 크기에 따라 제어대상 열차를 선택하고, 열차의 운행간격이 현재 노선의 운행상황에 적합하도록 정차시간을 조절하여 열차간격을 제어한다. 이러한 알고리즘은 동시외란과 순차외란 상황에 적용하여 시뮬레이션한 결과, 열차의 간격편차를 감소시킴으로써 열차가 점차 정상 운행간격으로 회복되어 안정된 노선운영을 유지할 수 있다.

② 제안한 방법은 기존 도시철도 관제시스템인 ATS 또는 TTC 장치의 입출력 정보를 이용하여 간편하고 효과적으로 실시간 열차간격을 제어할 수 있으며, 열차의 정차시간을 조절하여 간격을 제어하기 때문에 기존 차량 시스템의 ATO 기능개선이 불필요하고 역간 운행시간이 짧은 상용 도시철도 노선에 적합하다. 또한 성능지표가 최소가 되도록 열차간격 제어 알고리즘의 파라미터 K를 선정함으로써 대기 승객 증가율이나 계획된 운행간격 상황에 따른 최적제어가 가능하며, 실제 발생 가능한 복합외란 상황에서도 안정한 제어 성능을 보였다.

09 도시철도의 열차제어 방법 중에서 열차자동재정렬(Auto Jog) 기능에 대하여 설명 하시오.(123－10)

열차자동재정렬(Auto Jog) 기능

① 신분당선 열차제어시스템에서는 열차 지연 최소화 및 최소 고객 하차 공간 (휠체어 통과 가능 공간 65cm) 확보를 위해 인칭제어(Auto Jog) 기능을 적용하였으며, 이 기능은 관제사의 개입 없이 열차제어시스템에 의해 자동으로 3회 수행된다.

② 열차의 자동 인칭제어에 관한 것으로, 더 상세하게는 자동 무인운전 열차가 역사에 정위치 정차에 실패할 경우, 선로환경 및 제동특성에 의한 미주나 과주가 발생 시(예 열차 slip/slide 발생, 과제동 등) 자동 인칭 제어를 통해 열차가 정위치 정차할 수 있도록 하는 것이다.

③ 완전자동 무인운전 시스템에는 승강장안전문(PSD)이 설치되어 열차가 미주 또는 과주가 발생하면 승객의 안전한 하차를 위해 열차 출입문과 PSD 간 재정렬이 필요하다.

④ UTO시스템에는 기관사가 탑승하지 않으므로 정위치 정차 허용범위 내로 열차를 진입도록 시스템적으로 노치를 잠시 가속하여 정위치 정차하도록 한다.

10 도시철도의 종합관제 기계실설비의 기술성능 요구사항 중 열차운행제어컴퓨터(TCC)서버의 요구사항에 대하여 설명하시오.(127－25)

TCC 기능

- 실시간으로 열차운행을 감시 및 제어
- 현장신호설비를 자동 또는 수동으로 제어
- 열차운행계획에 의한 열차 운행 자동 제어
- 열차운행상황을 기록 및 관리

TCC 구성 및 기능

구 성	중요 기능	주요상세기능
TTC 서버	제어기능	• 자동 및 수동 진로 제어 • 열차정보 설정 및 열차위치 설정 등 열차제어
	관리기능	• 열차 운행모드 변경 및 관리 • 스케줄 및 운행실적 등 열차운행 관리 • 시스템 감시 및 고장 관리
DCC	스케줄 생성기능	• 열차 운영계획 작성/수정 • 열차 운행실적 관리
IFS	EIE/WATC간 I/F기능	• EIE 및 WATC와 표준 LAN (IEEE 802.3, 100Mbps) 통신에 의한 데이터 송/수신을 위한 네트워크 연결 • EIE 및 WATC와 LAN 이중계 통신 연결
LCC	신호기기실의 열차운행관리 기능	• TTC 장애 시 LCC에 의한 Local 모드로 열차운행 제어관리 • 이중계 동작
각종 콘솔	제어 및 화면표시 기능	• 운영자 콘솔 : 열차 운행 감시 및 제어 • 스케줄 콘솔 : 열차운행 Dia. 작성 및 운행 실적 분석 • 감시제어 콘솔 : 차량, 지상 및 관제실 주요설비 동작상태 표시 • LDP : 열차 운행 현황 표시

열차운행제어컴퓨터(TCC)서버의 요구사항

구분	장치별 기능설명 및 요구사항	비고
사령실 설비	TCC, MSC, CDTS, LDP : 최신, 최적화된 FT System 제어	• 설비수의 감소 • 장애포인트 감소 • 최적시스템
DTS	컴퓨터화된 PC기반 Dual System : Ethernet기반, 사용자 화면 및 로깅	• 전송데이터 확인 • 시스템 모니터링 • 장애결과 Replay
MSC	진보된 MSC기능 : 보고서 및 Backup, TCC기능 구현	• TTC장애 시 Backup • 시스템 기능
LDTS	IFC(LDTS+New I/F System) • 컴퓨터화된 PC기반 Dual System. • Ethernet기반, 사용자 화면 및 로깅	• 전송데이터 지연 • 시스템 모니터링 • 장애결과 Replay
OS & S/N	사용자 중심의 OS 및 S/W : 다양한 User Interface	
정차	ATo LOOP에 의한 정위치 정차 : 차상과 지상 장치간 무선통신	

연동장치	전자연동장치	• 다양한 형태의 현장 모니터링 • 입환진로제어 • 2 out of 3
로컬 제어	로컬제어 콘솔에 의한 제어 : 자동(스케줄) 및 수동제어	• 제어의 자동화 • 현장설비 모니터링

11 무인운전(UTO : Unattended Train Operation)에 의한 철도 운영 시 무인 중복 유치 기능에 대하여 설명하시오.(132－10)

KTCS-M(신림선)의 경우

① 기지 내 유치선 열차 정차 간격은 7m이다.

② ATP에 의한 지상 안전 마진은 12m이다. 신림선의 위치 정확도 ±5m이고, 역 구름(roll－back) 허용 한계가 2m이므로, 열차의 충돌 또는 추돌을 피할 수 있는 안전한 열차 간격은 12m이다.

③ 이동 폐색은 주행 거리에 비례하여 위치 정확도 오차가 커지고, 트랜스폰더 태그를 인식하는 순간 위치 정확도 오차는 초기화된다.
따라서, 기지 내의 유치선 공간 한계 내에 안전하게 열차를 정차시키기 위하여, 트랜스폰더 태그(Px)를 설치한다.

④ 유치선 열차 정차 간격 7m에 정차하기 위해, 트랜스폰더 태그를 최대 34m(권장 17m) 이내 간격으로 설치하여, 열차 위치 정확도를 향상시킨다. 이로 인해 확보된 안전을 기반으로 지상 안전 마진을 2m로 단축하여 방호하며, 안전한 기지 내 유치선 열차 정차를 수행한다.

12 열차 자율주행의 목표와 특징에 대하여 설명하시오.(123－10)

열차 자율주행의 목표와 특징

① 열차의 최소 운전시격 단축 30% : 90초 ➡ 60초

② 제어설비 단순화를 통한 비용 절감 : 20%

③ 새로운 열차운영 및 제어시스템 패러다임 설계

④ 열차자율주행기반 제어핵심 기술

㉠ 차상중심 개발 ATP

- 차상중심 분산형 기능 및 성능요구사양 ATP 설계
- ATP 차상중심 분산제어 알고리즘 개발(1)

㉡ 차상중심 분산형 및 분기제어기 전자연동장치
- 전자연동장치 분산형 및 분기제어기 기능 및 성능요구사양 설계
- 차상중심 분산형 제어 알고리즘 전자연동장치

13 열차의 안전한 운행을 감시하고 제어하기 위한 온라인(스케쥴) 및 오프라인 열차운행 계획 방법에 대하여 설명하시오.(126-25)

열차스케줄 시스템 개요

- 열차스케줄 시스템은 현행되는 열차운행에 대한 계획을 토대로 오프라인 스케줄을 생성하여 온라인으로 등록 후 CTC기능의 핵심 요소인 자동진로제어에 대한 정보를 제공하며, 열차운행 계획/실적 및 열차운행 흐름을 관리하는 기능을 가지는 시스템이다.
- 온/오프라인 열차그래프를 통하여 계획 변경 및 실시간 실적, 예측 그래프 작성 등을 통한 표현이 가능하며 열차그래프 자체만으로 열차스케줄 관리를 제공하는 시스템이다.

온라인 열차스케줄 관리

온라인 열차스케줄은 현시각 운행되는 열차들의 계획 대비 운행실적을 검토하여 열차운전의 안전을 관리하며 열차운전정리를 위한 기반이 된다.

또한 자동진로 및 실시간 열차그래프 작성의 기반이 되기도 한다.

① **온라인 ID 예약 적용** : 오프라인으로 작성된 스케줄을 6개월 분량을 편리하게 등록하여 온라인으로 자동 적용될 수 있도록 등록 관리한다.

② **온라인 열차스케줄 ID 변경** : 오프라인 스케줄을 유사시에 온라인으로 현 시각 변경을 할 수 있도록 오프라인 스케줄을 관리한다.

③ **온라인 열차스케줄 수정** : 사용자가 원하는 특정 열차 스케줄을 검색하여 원하는 정보를 수정한다.

④ **온라인 열차스케줄 복사** : 온라인상의 열차스케줄 중 사용자가 복사하기를 원하는 열차 스케줄을 복사할 수 있게 해 놓은 (기존의 열차스케줄을 이용해서 만듬으로 생성보다는 빠른 생성이 가능하다.)

⑤ **온라인 열차스케줄 생성** : 임시열차 투입이 필요하면 열차스케줄에 임시열차 스케줄을 경합이 없도록 작성하여 반영한다. 이렇게 작성된 열차스케줄을 이용하여 자동진로 설정 시스템이 자동진로제어 수행이 가능하게 하여, 열차의 정시 운행 및 안전운행을 할 수 있도록 열차스케줄 작성시스템을 제공한다.

임시열차는 온라인 및 오프라인 열차 스케줄에서도 생성할 수 있다.

⑥ **열차운행 패턴설정** : 열차스케줄 생성이나 수정시 여러 패턴 중 사용자가 원하는 패턴을 검색하여 검색한 패턴을 이용하여 새로운 열차스케줄 생성이나 수정에 사용한다.

⑦ **운휴열차 관리** : 온라인으로 운행되는 열차 중 운휴로 등록할 열차를 운휴시키고 복귀시키는 기능을 가지며, 운휴열차를 검색 관리한다.
⑧ **진입예고 열차관리** : 진입예고 열차관리는 운행대기 중인 열차를 관리하는 기능으로 열차정리 및 운행대기 열에 임시열차 등록을 통한 운행 대기열을 조정함으로써 운행순서를 정할 수 있다.

오프라인 열차 스케줄 관리

• 오프라인에서 다음 사항을 관리한다.
열차스케줄 ID 관리, 열차스케줄 ID간 열차 복사, ID에 복사, 열차스케줄 관리, 열차스케줄 수정, 열차스케줄 복사, 열차스케줄 생성, 열차스케줄 경유역 인쇄, 열차스케줄 삭제, 열차스케줄 인쇄

14 열차집중제어장치(CTC)와 운전집중화장치에 대하여 각각 설명하시오.(121－10)

열차집중제어장치

① 한 지점에서 광범위한 구간의 다수의 신호설비를 집중제어하는 설비를 말한다.
② 일정구간 단위로 신호설비의 취급과 열차운전의 지령을 집중하여 시행하는 것이 유리한 구간에 설비한다.
③ 신설할 경우 다음 각호의 기본설비를 갖추어야 한다.
  ㉠ 주컴퓨터는 2중계로 구성하고 계절체 시 정보지연 및 현장 정보의 손실이 발생되지 않도록 한다.
  ㉡ 네트웍은 2중계로 구성하고 고장시에도 주컴퓨터 및 주변기기는 계절체없 이 정상기능을 유지하여야 한다.
  ㉢ 운영 데이터는 최소 24시간 이상 보관하여 필요시 프로그램에 의한 재현 또는 프린터로 출력할 수 있어야 한다.
  ㉣ 신호기는 4초 이내, 선로전환기는 10초 이내에 현장 제어표시가 이루어지도록 한다.

운전취급집중화 장치

① 운전취급 거점역에서 해당구간의 여러 역을 운전취급할 수 있는 설비를 말한다.
② 원활한 운전취급을 위하여 해당구간의 역은 전자연동장치를 설치하는 것을 원칙으로 한다.
③ 비상시 무인역은 신호계전기실 등에 설치된 '유지보수용 컴퓨터'로, 직원배치역은 '모니터형 간이 조작판'을 설치하여 운전취급할 수 있도록 한다.
④ 피 제어역을 3개소 이상 운전취급집중화 할 경우에는 운전취급집중화장치를 설치하여야 하며, 피 제어역의 표시제어부는 설치하지 않는다.

15 열차집중제어장치(CTC)의 주요 구성 및 기능을 설명하시오.(112－25)

¤ 열차집중제어장치(CTC : Centralized Traffic Control)의 구축효과와 주요기능에 대하여 설명하시오.

¤ 열차집중제어장치(CTC)의 효과와 CTC 관제실의 기술 발전 방향에 대하여 설명하시오.

¤ 열차관제설비 필수 구성 요소와 기능에 대하여 설명하시오.

¤ 열차집중제어장치(CTC : Centralized Traffic Control)의 효과에 대하여 설명하시오.(114－25)(117－25)(120－25)(114－10)(129－10)

CTC의 기능

현대의 철도와 같이 고밀도로 운행되는 다양한 운전형태의 선구에 있어서는 CTC 장치에서 운행관리를 할 경우 운전관제요원의 진로취급 횟수가 대단히 많게 되고 복잡함도 증가하여 조작이 뒤따라 주지 못하는 상황이 생길 수 있으므로, 매일 같은 조작이 되풀이되고 반복되는 다음과 같은 기본 기능은 자동으로 처리되도록 설비되어 있다.

- DIA에 따라 운행하는 정상적인 열차의 진로설정
- 지연 등 DIA 혼란의 감시, 각종 기록 작성 등의 업무
- 사고 시 운전정리 업무
- 승객안내관련 기기의 제어

운행관리 시스템의 주요 기능

① 열차운행 상황의 감시
② 진로제어
③ 여객(열차)안내제어
④ 운행이상 시의 처리 제안
⑤ 기록
⑥ 각 기기의 상황 감시
⑦ 각 현장으로의 운행상황의 표시

CTC 주요 구성

CTC설비는 관제실설비와 컴퓨터와 네트워크설비, 전원설비, 접지설비, 현장설비로 구성되어 있으며 시스템 구성도는 다음과 같다.

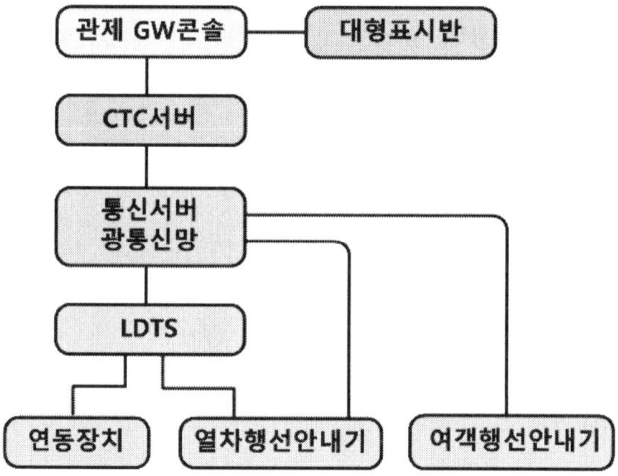

[그림] CTC 시스템 구성도

① 관제실설비

㉠ 주관제 콘솔

- 콘솔 컴퓨터
- 칼라 모니터
- MMI 모니터
- 관제 콘솔
- 라인 프린터
- 각종 보고서 및 실적출력용 프린터

㉡ 선관제 콘솔

- 콘솔 컴퓨터
- 칼라 모니터
- MMI 모니터
- 관제 콘솔
- 각종 보고서 및 실적출력용 프린터

㉢ 표시반

- 모자이크 방식
- 프로젝트 방식

㉣ 보수자용 콘솔

- 콘솔 컴퓨터
- 칼라모니터
- 관제콘솔
- 로깅프린터

② 컴퓨터 및 주변설비
㉠ 주컴퓨터
㉡ 실적관리 컴퓨터
㉢ 네트워크장비
㉣ 유지보수 콘솔
㉤ 통신관리 컴퓨터
㉥ 전원관리설비
㉦ 항온항습기
㉧ 접지설비

③ 현장설비
㉠ 역정보전송장치(LDTS)
㉡ 전기, 전자연동장치
㉢ 역조작판

철도교통관제센터 설치 기대 효과

① 철도 수송경쟁력 향상
㉠ 통합지휘체계 구축으로 긴급 상황 발생 시 신속한 대처와 정확성, 안전성 향상
㉡ 수송능력 향상으로 수송수요 변화 시 고객 수요에 신속 대응으로 서비스 향상

② 운영효율 향상
㉠ 전국을 한 장소에서 통제관리가 가능함으로써 종합적인 열차운행 상황 파악 및 최적의 운행관리 가능
㉡ 관제실 간 중복업무 감소, 인력 운영 효율화
㉢ 인공지능형 시스템 구축으로 자동진로 제어기능 확보, 지시 및 보고업무 자 동화, 운행실적 관리 전산화

③ 수송능력 확보
㉠ 표준 네트워크 구축, 기능별 하드웨어 구성, 데이터베이스 공유를 위한 분산제어시스템 구축으로 확장성 확보
㉡ 기존 표시패널을 스크린형으로 대체하여 설치 공간의 최소화로 신설선구 추가 수용이 쉽고, 향후 수용을 대비한 공간 확보 가능

④ 설비의 운용관리 최소화
㉠ 설비의 증·개수가 용이
㉡ 유지보수의 간소화로 운용비용 최소화

철도교통관제설비 기술발전 방향

① **중앙집중화** : 최신의 통신기술을 이용하여 철도운영기관이 관할하고 있는 모든 철도망 또는 국가적 규모의 철도망을 하나 또는 소수의 철도교통관제센터에서 일괄하여 제어함으로써 열차의 운영효율을 극대화한다.

㉠ 관할지역이 넓어지는 만큼 정확한 열차운행 제어업무를 위해 열차 무선통신망을 강화한다.

㉡ 대규모 역에 대한 감시제어업무까지 철도교통관제센터로 수용하여 전체적인 열차 관제업무의 효율을 꾀한다.

② **기능통합** : 고객의 수용에 대응하여 운행계획이 작성되며 정확한 열차운행 제어기능 외에 열차운행과 직접적인 관련이 있는 다음과 같은 기능들을 유기적으로 결합하여 데이터 일원화에 의한 제어의 신속화 및 인력운용 효율을 향상시킨다.

㉠ 전력설비 및 시설물 유지보수와 관련된 집중감시제어기능을 열차 관제실에 통합함으로써 관계 부서 간 정보 교환이 용이하도록 하고 열차운영의 정확성을 향상한다.

㉡ 고객서비스 향상을 위하여 여객안내기능을 강화하고 열차스케줄 변경 시 변경내용이 실시간으로 여객안내시스템에 반영되도록 한다.

㉢ 수송계획 시스템 및 운영정보 시스템 등과 연계하여 수송계획 작성 및 차량, 승무원 운용기능을 관제시스템에 통합하여 변경된 운영계획 데이터가 운행제어시스템에 실시간으로 반영되도록 한다.

③ **업무 자동화** : 철도교통관제센터에서의 대규모 집중 감시제어 및 정보공유에 따른 관제사의 업무 분담을 줄이고 오 조작을 방지하기 위하여 다음과 같은 업무들을 자동화한다.

㉠ 컴퓨터에 의하여 진로제어업무를 자동화한다.

㉡ 일상적으로 수행하여야 하는 진로제어 조작업무 및 보고자료 작성업무 등을 전산화하여 자동처리 함으로서 관제원의 업무 부담을 최소화하고 열차운전정리 등의 업무에 전념할 수 있도록 한다.

㉢ 컴퓨터 및 그래픽 단말기 등을 이용하여 간단한 조작으로 열차다이아 작성, 수정기능을 수행토록 한다. 생성된 열차 스케줄은 통신망을 통하여 관계부서에 신속, 정확하게 전달되도록 한다.

㉣ 관제사 업무 중 많은 비중을 차지하고 있는 정보연락 업무의 대부분을 정보통신망을 이용하여 신속, 정확하게 전송함으로써 열차운영관련 업무의 처리속도를 향상시킨다.

㉤ 열차 병목구간 해소업무를 자동화하여 운전정리 효율을 향상한다.

④ **시스템 구성** : 철도교통관제센터를 효율적으로 운영하고 기술발전에 대응하여 시스템 개량, 확장이 용이하도록 다음과 같은 개념에서 구축한다.

㉠ **시스템 표준화** : 시스템의 호환성, 상호 운용성 및 인터페이스 확보를 위하여 범용 컴퓨터를 채택하고 소프트웨어, 네트워크 및 사용자 인터페이스 등을 표준화한다.

㉡ 시스템 신뢰도 향상 철도교통관제센터의 신뢰도를 향상시키기 위하여 이중화 등에 의한 고장허용 시스템으로 구축한다.

ⓒ **분산제어** : 대규모 철도교통관제센터일수록 시스템 이상 시 열차운행에 미치는 영향이 커지므로 제어 범위를 나누어 분산제어 하는 방식이 유리할 수 있다. 분산제어방식은 특히 대규모 광역 철도망에 대하여 통합관제시스템을 구축하면 선로 구간별로 분산제어 시스템을 설치하여 통합할 수 있어 단계적인 시스템으로 구축한다.

ⓔ 분산처리다수의 서버에 프로그램을 분산하여 처리하도록 함으로써 시스템 호환성 및 확장성을 향상시킨다.

⑤ **철도교통관제 시스템에 스마트 시스템 도입**

ⓐ RAM 활동의 일부인 유지보수성 분석을 통하여 신규로 도입하고자 하는 스마트 관제시스템의 가용성을 정량적으로 분석한다.

ⓑ 통합감시와 진단기술, 운영상태 감시, 예방정비, 효율적인 유지보수를 통합 관리해 원천적인 장애의 발생빈도를 낮출 수 있으므로 궁극적으로는 시스템의 가용성을 높일 수 있도록 한다.

16 자동열차감시장치(ATS, Automatic Train Supervision)에 대하여 설명하시오.(10)

개요

① ATS는 차내연산방식이 도입되면서 개발된 시스템으로 복잡한 CTC시스템을 대신하여 관제 신호기계실에 별도의 장치 없이 간소화된 컴퓨터시스템으로 그 모든 기능을 수행한다.

② 현장의 신호기계실에는 LATS(Local ATS)가 설치되며 LATS에서도 열차스케줄에 의해 역 단위로 자동으로 운전정리가 가능하다.

③ 평상시에는 CATS(Central ATS)에 입력된 열차스케줄에 대해 자동으로 운전정리가 된다.

ATS시스템의 기능

① **사용자 인터페이스**

ⓐ 워크스테이션을 통한 열차운행에 필요한 제어모드를 설정

ⓑ 열차운행 감시와 열차서비스 향상을 표시

ⓒ 열차스케줄의 입력과 수정이 가능하며, 열차운행계획을 자동으로 전산처리한다.

② **자동진로 설정기능**

ⓐ 열차운행스케줄(열번)에 의해 해당 진로설정 지점(트리거 포인트)에 열차가 진입하면 진로를 자동으로 제어

ⓑ 진로경합(통과열차우선)등의 모순을 검지하여 안전운행이 되도록 한다.

ⓒ 자동회차 기능

③ 열차식별 확인

㉠ 열차식별정보는 미확인 열차를 식별하기위해 사용됨.
이선진입 경보, 기지출고 라인업

㉡ 승무원이 차상인터페이스를 통해 열차고유 ID를 입력 및 수정할 수 있다.

④ **열차운전시격 및 열차자동 조정** : 실시간으로 열차의 운행상태를 감시하고, 역정차시간과, 역간 주행속도 등을 자동으로 조정하여 전반적인 열차운행을 조정한다.

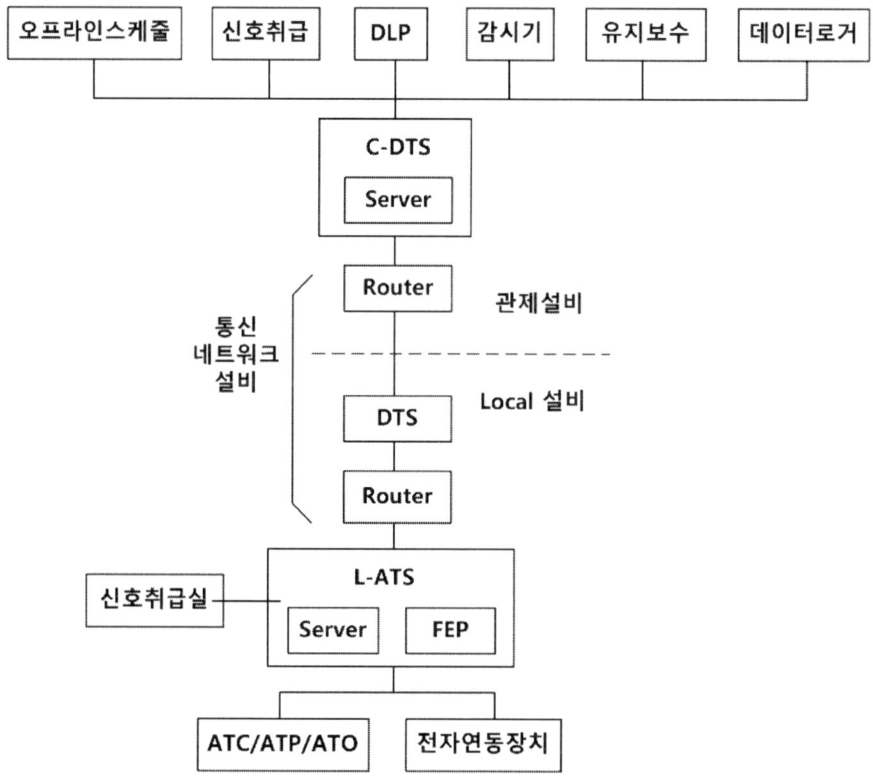

⑤ **열차운행제한** : 열차리셋, 열차정차, 진로취소, 승강장 대기설정, 시스템의 대기설정 및 정리, 블록폐쇄, 임시제한 속도 등

⑥ **역 정차 기능** : 열차는 정해진 운행계획에 따라 자동으로 설정된 시간 동안 정차 또는 통과한다.

⑦ **정보서비스** : ATS는 자체진단 기능과 시스템 성능분석 및 보고기능을 갖고 운영자에게 전반적인 시스템 운영정보를 제공한다.

결론

- ATS 시스템은 전반적인 관리기능을 제공하는 설비로서
- 전체 시스템의 감시, 열차상태 감시, 열차 운영패턴을 유지하기 위해 열차운영명령에 대한 적절한 통계를 실행하는 기능을 제공하며
- 전반적인 운영을 감시하는 설비이다.

17 자동진로제어장치(PRC : Programmed Route Control)의 진로제어 기능과 구조에 대하여 설명하시오.(124－25)

PRC

PRC는 EDP(정보처리장치)로부터의 실행 DIA를 기본으로, CTC로부터 입력된 대상 선구 내 열차의 운행 상황 정보에 의해 각 열차의 출발 시각과 진로 등을 판단하고 CTC를 통해서 해당 열차의 진로를 제어한다. 또한 PRC에서 사용하는 DIA는 EDP에서 작성하고 편집하는데 비교적 작은 규모의 시스템에서 PRC로 DIA로 작성하는 것도 있다.

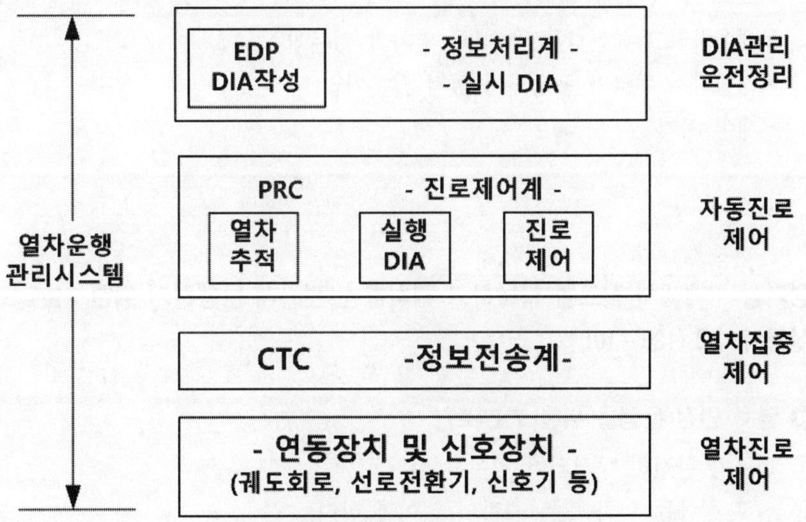

[그림] 열차운행관리시스템 PRC

PRC진로 제어 구조

PRC는 개념적으로 열차 추적과 DIA관리 및 진로 제어의 3가지 기능을 조합하여 진로제어를 한다.

① **열차 추적** : PRC가 진로를 제어하려 할 때 열차가 어디에 있는지 또한 그 열차는 어떤 열차(할당된 열차번호)인지를 인식할 뿐만 아니라 열차의 진행에 따라 낙하(열차 있음), 상승(열차 있음)하는 궤도회로의 정보를 바탕으로 열차로서의 합리성을 체크한다. 이 기능을 열차 추적이라고 한다.

② **EDP** : EDP(정보처리장치)는 PRC가 자동진로제어하는 선구의 기본적인 기능으로 매일 행해지는 DIA 변경을 반영한 실시간 DIA를 작성하고 당일분의 실시간 DIA를 PRC로 보낸다.

③ **DIA** : PRC가 진로를 제어하려 할 때 그 기본이 되는 데이터가 DIA이다. DIA에는 열차별, 역별로 착발선과 출발시각, 열차종별, 통과, 정차 구분 등의 데이터가 있으며 착발선에서 장내 진로와 출발 진로를 제어할 수 있고 출발시각으로 출발 제어 타이밍을 제어할 수 있다.

또한 통과 열차일 때는 출발 진로를 먼저 제어한 다음에 장내 진로를 제어하는 등 제어 순서를 판별할 수 있다.

④ **진로 제어** : 열차 추적 결과 열차가 미리 예정된 지점에 왔을 때 DIA로부터 제어해야 할 진로를 읽어내고 아래 사항을 체크한 뒤 해당 진로를 제어해도 지장이 없다고 판단될 때는 진로 제어 정보를 작성하고 CTC를 통해서 연동장치로 제어정보를 보낸다. 제어하려고 할 때 진로 등에 지장이 생겨 진로 제어를 할 수 없을 때는 이것을 경보하고 열차 취급자에게 알린다. 이상과 같이 PRC는 열차 추적에 의해 열차를 인식하고 미리 정해진 지점에 열차가 왔을 때 DIA로부터 해당 열차의 진로와 출발시각에 관한 데이터를 읽어 내고 해당 진로의 지장 등을 체크한 뒤 진로를 제어한다.

- 제어하려고 하는 진로에 다른 열차가 없는가?
- 경합하는 진로가 구성되어 있지 않은가?
- 제어 시기

18 정거장 구내에서 진로를 확보하고 열차를 안전하게 운행하기 위한 기본 요구조건에 대하여 설명하시오.(130-10)

열차 안전 운행을 위한 기본조건

① 진로가 완전히 구성되어 있어야 한다.

② 진로 상에는 열차 또는 차량이 없어야 한다.

③ 진로를 방해하려는 열차의 운전 가능성이 없어야 한다.

19 정거장에서 2 이상의 열차가 도착, 출발할 경우 상호 지장 우려가 있을 때는 동시에 진입 또는 진출시킬 수 없다. 예외의 경우에 대하여 설명하시오.(126-10)

열차의 동시 진출·입 금지 예외 경우

① 안전측선·탈선선로전환기·탈선기가 설치되어 있는 경우

② 열차를 유도하여 서행으로 진입시키는 경우

③ 단행기관차로 운행하는 열차를 진입시키는 경우

④ 다른 방향에서 진입하는 열차들이 출발신호기 또는 정차위치로부터 200m(동차·전동차의 경우에는 150m) 이상의 여유거리가 있는 경우

⑤ 같은방향에서 진입하는 열차들이 각 정차위치에서 100m 이상의 여유거리가 있는 경우

20 관제설비 중 열차운행관리시스템의 기능에 대하여 설명하시오.(120-25)

¤ 열차 운행 관리시스템의 기본 구성도를 그리고 주요 기능을 설명하시오.(123-10)

개요

열차운행관리시스템의 목적은 다수의 열차를 효율적으로 운행하는 것을 목적으로 하는 시스템이다. 과거의 열차제어는 운전사령이 각 역에 지시를 내려 각 역이 개별적으로 진로설정을 하는 방식이었다. 이 방식은 운전상황의 파악이나 특히 사고 시의 복구 등에 큰 어려움이 많았다. 그래서 다수의 역을 포함한 선로 전구간을 중앙의 관제실에서 일괄제어할 수 있는 시스템이 필요했고 개발된 시스템이 열차운행관리시스템이다.

구성도

열차운행관리시스템은 EDP, PRC, CTC, 연동장치 및 신호장치 등을 모두 포함하고 있는 시스템으로 아래의 계층도에서 볼 수 있듯이 위 장치들을 정보처리계, 진로 제어계, 정보전송계, 진로제어계로 구분할 수 있다.

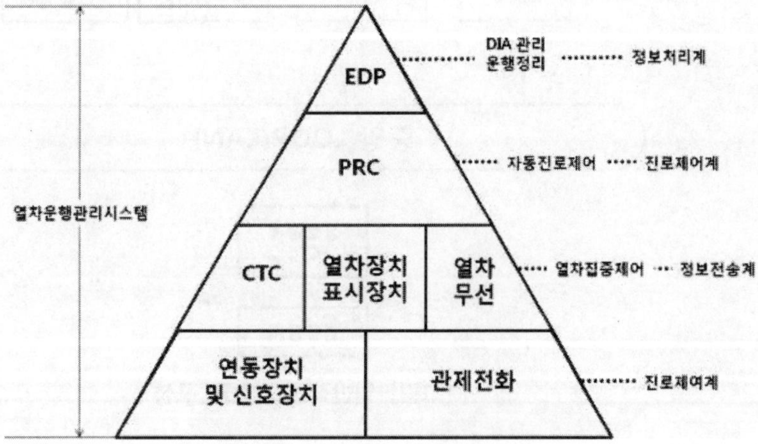

[그림] 열차운행관리시스템 개요도

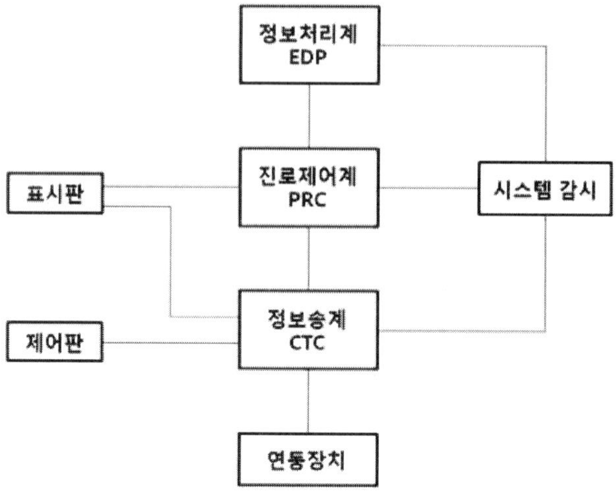

[그림] 열차운행관리시스템의 기본구성

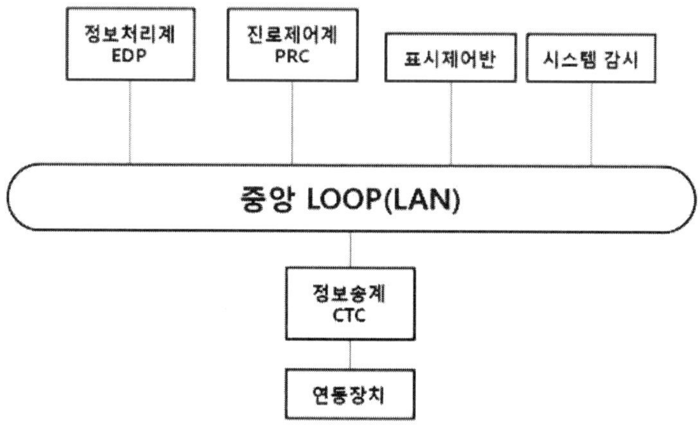

[그림] 일반적인 시스템 구성

주요 기능

열차운행관리시스템의 주요 기능은 아래와 같다.

① **열차운행상황의 감시** : CTC중앙장치가 수집한 정보를 운행표시반에 표시한다.

② **진로제어** : 매일 운행제어에 필요한 정보는 DIA 정보로 보조기억장치에 미리 기억된다.

③ **여객안내제어** : 진로제어의 데이터로부터 열차의 접근, 지연 등의 정보를 얻어 자동으로 방송, 행선지 안내 등을 한다.

④ **운행이상 시의 처리 제안** : 운행이상이 발생한 경우 기초 논리에 기초하여 복수의 수정순서를 디스플레이에 표시해 운전 정리원의 판단을 돕는다.

⑤ **기록** : 열차의 운행실적, 각종 조작, 고장 발생상황을 자동으로 기록한다.

⑥ **각 기기의 상황감시** : 각종 기기의 동작상황 및 기타 장소의 이례상황을 감시한다.

⑦ **각 현장으로의 운행상황 표시** : 역, 보수 사무소 등 필요한 개소에 운행상황을 표시한다.

21 관제설비시스템 중 운행관리용 컴퓨터의 기능에 대하여 설명하시오.(124-10)

열차운행관리용 컴퓨터의 기능

운행관리시스템은 열차 운행 횟수가 많아지면서 관제사의 진로설정 및 지시가 매우 복잡해졌다. 하지만 반복되는 작업에 대해서 자동화가 이루어져 있어 시스템이 자동제어를 하여, 관제사가 이를 감시하는 형태로 설비되어 있다. 운행관리용 컴퓨터 기능은 다음과 같다.

① CTC 서버와 같은 규격의 스케줄관리 서버와 조정(Regulation) 컴퓨터로 구성된다.

② 스케줄관리 서버는 DIA-DB, LOG-DB등 필요한 모든 데이터를 데이터베이스(Database)로 구축하고 관리하여야 한다.

③ 조정(Regulation) 컴퓨터는 경합검지 및 자동제안 등의 조정(Regulation) 기능을 구역별로 담당하여야 한다.

④ 운행관리용 컴퓨터는 현장의 열차운행 상태, 조건 등을 연산하여 최적의 운행방안과DIA 등을 작성, 실행(처리)할 수 있게 하여야 한다.

⑤ 조정 컴퓨터는 인접한 조정 컴퓨터의 기능 정지를 감지하여 백업(Backup) 기능을 수행할 수 있어야 한다.

22 철도교통관제설비의 안전성 및 효율성 향상을 위한 기술발전방향에 대하여 설명하시오. (117-25)

현황 및 문제점

① 2006년에 개발되어 운영 중인 현재의 관제센터는 감시 및 제어 기능은 자동화 되어 있으나, 열차스케줄 관리, 경합해소, 백업관제 등의 기능은 미비하여 보완이 필요하며,

② 또한, 철도관제를 위한 국가 시스템이 없어 한국철도공사의 열차운영시스템(XROIS)을 통해 관제업무를 수행함에 따른 불편함이 상존하고 있다.

③ 관제시스템에 인공지능, 빅데이터 등 접목 및 열차운행관리시스템(TMS) 도입으로 새로운 안전개념과 친환경 철도관제의 고도화 방안이 필요한 실정임.

기존 관제설비의 안전기능 개선

① 전국철도망 전 구간을 실시간으로 열차의 정상운행 진로를 검증하여 시스템에 의한 이선진입을 예방하여 관제사의 휴먼에러를 방지하기 위한 진로검증시스템 도입
② 일반철도 관제설비에도 고속선 관제시스템에 적용된 안전기능을 확대 적용
③ 항공과 같이 열차번호와 열차위치정보를 열차에서 직접 수신받아 관리하고, 관제센터와 현장정보를 실시간 동기화하도록 열차위치 추적 시스템 개선
④ 관제시스템과 안전설비(지진검지, 지장물 끌림검지 등) 간 자동연동체계를 구축하고, 철도안전통합감시망을 구성하여 열차운행 안전성 향상방안 마련
⑤ 열차운행 진로별 색상 차등 표시, 장애화면 표출방식 개선, 진로취급 미리보기, 관제화면의 자율성 부여 등 **시스템의 시인성**을 **향상**하고,
⑥ 선로작업 시, 모바일 앱을 통한 작업승인 등 **관제승인 및 이력관리 자동화**로 업무**효율성 향상** 추진

열차운행 관리 자동화 도입

① 철도운영자와의 열차 스케줄 형식을 표준화하고 **선로배분시스템과 연계**하여 관제사 개입 없는 **열차운행스케줄 관리 자동화**
② **열차경합 및 지연 발생 시**, 유효성 및 파급효과를 실시간으로 연산·처리하여 **최적의 운행패턴**으로 **열차운행 자동 조정**
③ 기관사에게 **관제지시, 적정 운전속도, 운행간격** 등 **최상의 운전지원 정보**를 **제공**할 수 있는 **운전지원시스템 도입**

최신기술 접목

① 기능추가 등 S/W **부분수정이 자유**로운 **개방형 플랫폼**으로 개선하고, 관제운영에 필요한 외부 시스템들과 통합 추진
② 열차운행, 사고, 차량, 승무, 설비 등 각종 **철도정보를 빅데이터와 연계,** 통계분석 관리하여 **정책 판단 자료로 활용**
③ AI 등 4차 산업과 연계하여 정부부처, 철도 종사자나 승객 등이 필요한 **맞춤형 관제 정보를 시스템에서 자동으로 선별하여 신속히 전달**
④ **열차운행정보와** 선로작업 등 **현장정보를 관제시스템에 통합**하여 관제 업무를 지원할 수 있는 **관제운영시스템 구축**

기대효과

① 로컬인력 제로화로 인건비 등 예산절감 가능
② 시스템고도화로 에너지절감 등 편익 발생
③ **무중단 운영 및 시스템 고도화에 따른 열차충돌 및 지연 예방**

23 철도교통관제센터 업무의 무(無) 중단 운영을 위한 방안을 제시하시오.(121－25)

비상대응계획 수립 운영

① 관제업무수행자는 관제센터 관제시설에 치명적인 고장·장애가 발생한 경우와 관제센터에 대한 테러(사이버 테러를 포함한다. 이하 같다), 지진, 정전 등의 발생으로 관제 기능의 일부 또는 전부가 상실된 경우 등으로 구분하여 정상적으로 관제업무를 수행할 수 있도록 비상대응계획을 수립하여야 한다.

② ①항에 따라 수립하는 비상대응계획에는 다음 각호의 사항이 포함되어야 한다.

㉠ 관제시설 구성요소의 치명적인 고장·장애시 관제업무의 지속성에 관한 사항

㉡ 역 운전취급자 또는 예비관제실로 가장 안전하고 신속한 관제업무의 책임 이양

㉢ 비상대응계획과 관련된 관계기관 간 합의서(협약서)

㉣ 군·경, 구조·구호기관 및 철도운영자, 유지보수자 등 관계기관 연락처

㉤ 관제시설의 구성요소별 복구 우선순위 등

③ 관제업무수행자는 ①항에 따라 수립한 비상대응계획에 따라 해당연도에 실시할 비상대응연습·훈련계획을 1월 말까지 국토교통부장관에게 제출하여야 하며, 비상대응연습·훈련을 실시한 후 결과를 평가하여 비상대응연습·훈련을 실시한 날부터 30일 이내에 국토교통부장관에게 제출하여야 한다.

④ 국토교통부장관은 관제업무종사자의 비상대응 역량 강화 등을 위하여 필요하다고 인정하는 경우에는 ①항에 따라 정한 비상대응계획을 변경하거나 비상대응연습·훈련을 추가로 실시하도록 할 수 있다. 이 경우 관제업무수행자는 특별한 사유가 없는 한 이에 따라야 한다.

24 실시간 철도안전 통합 감시제어시스템의 구성, 주요기능 및 기존 관제시스템(CTC)과의 차이점에 대하여 설명하시오.(25)

시스템 구성

① IoT, ICT 기술을 활용하여 분산 관리되고 있는 안전정보를 통합하여 실시간으로 감시 및 분석하고 위험을 예측하는 시스템으로,

② 다음 그림과 같이 안전관제 플랫폼, 의사결정지원시스템, 안전검지정보 인터페이스장치, 유/무선 통신설비, 안전검지장치로 구성된다.

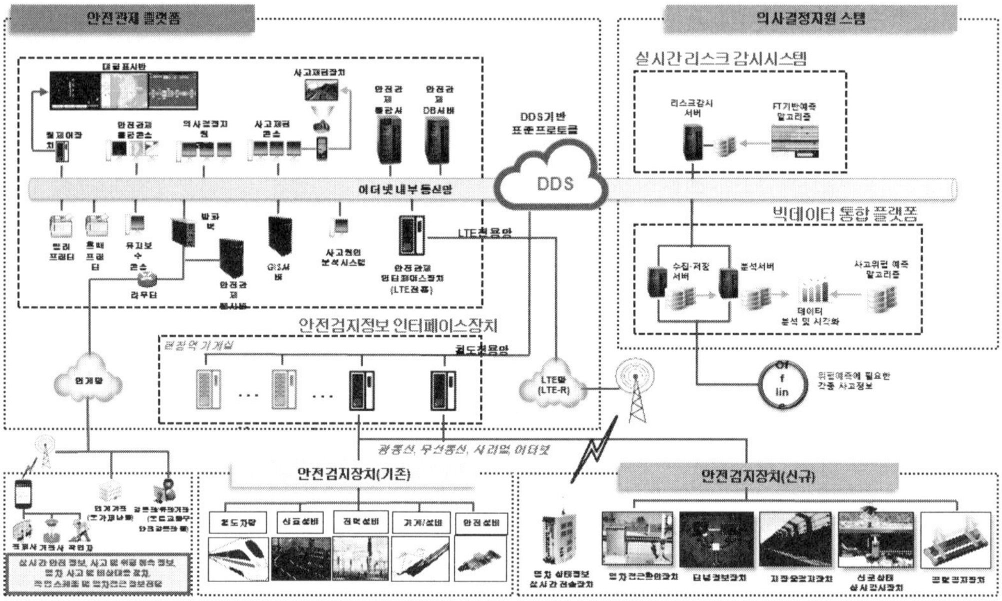

주요 기능

① 실시간 감시

- 차량, 선로, 신호, 통신, 전력, 건널목, 작업현장 등의 사고 유발원인을 기존 운영설비와 감시설비*로 실시간 감시
- 열차운행정보 기록장치(TCMS), 전력(SCADA), 안전설비(지장물검지, 차축온도검지 등)

② 실시간 위험정보 제공

- 실시간 감시 데이터와 off-line 데이터*를 통합 분석하여 즉각적인 위험**은 관제사에게 경보 제공

  * off-line 데이터 : 사고·장애이력, 유지보수, 선로검측데이터, 과거 기상정보 등

  ** 위험 : 차축온도 급상승, 신호장치 고장, 선로 장애물 등

- 실시간 리스크 분석, 빅데이터 기반의 위험예측을 통한 중장기적인 위험 정보는 콘솔을 통하여 사용자가 관리할 수 있도록 정보 제공

③ **안전정보 종합관리** : 통합된 안전 정보를 기반 철도운영 안전도를 평가하여 실시간 안전지수(SI : Safety Index) 제공 및 관리

기존 관제시스템(CTC)과의 차별성

CTC는 현장정보에 대한 통합 감시 및 종합적인 안전 분석 기능이 없고, 개별적인 현장 정보로 열차의 운행안전을 판단 ➡ 정보 공유 및 사고 위험 사전 경고에 따른 사고 예방을 기대하기 어려움

기대효과

현장의 안전정보를 기관사와 관제사에게 실시간으로 제공하여 사고를 예방하고 열차의 안전운행을 보장

25 철도교통관제에서 관제업무 독립성을 확보하기 위한 방안과 선로배분 지침의 업무 프로세스에 대하여 설명하시오.(121－25)

관제업무 독립성 확보 방안

① 관제업무수행자는 관제업무종사자가 전문적이고 객관적인 판단에 따라 관제업무를 적정하게 수행할 수 있도록 관제업무의 독립성 및 공정성을 보장하여야 한다.

② 관제업무수행자는 관제업무의 독립성을 확보하기 위하여 관제기관을 독립적으로 운영하여야 한다.

③ 관제업무수행자는 관제업무의 공정성을 확보하기 위하여 다음 각호에서 정한 바에 따라야 한다.

㉠ 관제업무에 대한 의사결정은 반드시 관제운영조직에 명시된 인원 (철도운영자등에게 알려진)에 의하여 수행할 것

㉡ 관제업무 의사결정의 투명성을 확보하고, 관제업무 수행에 있어서 선로사용자 간에 차별을 두지 말 것

㉢ 철도를 운행하는 철도차량에 대한 현상태, 예측정보는 선로사용자, 철도운영자 등에게 공정하게 제공할 것

㉣ 철도운영자등이 불평등한 관계에서 불이익을 받지 않도록 할 것

선로배분 지침의 업무프로세스

① 연간 선로배분 기본계획 수립 및 통보

㉠ 선로배분 시행자 : 14개월전

㉡ 철도운영자 : 13개월 전까지 제출

㉢ 기본계획 : 12개월 전 국토부장관 승인

㉣ 확정된 기본계획 : 11개월 전까지 선로사용자에게 통보

② 선로작업계획의 제출 및 통보

선로작업계획 : 배분개시일 11개월 전까지 선로배분 시행자에게 제출

③ 선로사용 신청 : 선로배분 적용개시일 7개월 전까지 선로사용 신청서를 작성하여 선로배분 시행자에게 선로사용을 신청

④ 연간선로 사용계획의 확정 및 통보

㉠ 열차운행계획을 반영한 연간선로 사용계획을 작성하여 선로사용자와 협의한 후 철도교통관제센터의 장에게 선로배분 적용개시일 5.5개월 전까지 검토를 요청

㉡ 철도교통관제센터의 장은 ㉠항에 따라 연간선로 사용계획의 검토를 요청받으면 검토요청일로부터 10일 이내에 의견을 선로배분 시행자에게 제출하여야 한다.

㉢ 선로배분 시행자는 ㉠항에 따라 열차운행계획을 작성하는 과정에서 연계·환승조건 반영 등 효율적인 선로배분을 위해 필요하다고 판단되는 경우에는 철도운영자의 참여를 요청할 수 있다.

㉣ 선로배분시행자는 ㉠항에 따라 작성된 연간선로 사용계획에 대하여 선로배분 적용개시일 5개월 전까지 국토교통부장관에게 승인을 요청하여야 한다.

㉤ 선로배분시행자는 확정된 연간선로 사용계획에 대하여 선로배분 적용개시일 4개월 전까지 선로사용자 및 철도교통관제센터의 장에게 통보하여야 한다.

㉥ 선로사용계획을 조정·확정하는 과정에서 역간운행시간, 열차의 종류 및 운행순서, 정차역 등을 다르게 하여 선로용량이 늘어나는 경우 이를 해당 노선·구간에 대한 새로운 선로용량으로 본다.

26 **철도안전법 시행규칙 제76조의3(관제업무종사자의 준수사항)에 규정되어 있는 운전업무종사자, 여객승무원 등에게 제공하여야 할 정보 및 철도사고 등 발생 시의 조치사항에 대하여 설명하시오.**(111－25)

제공해야할 정보

① 열차의 출발, 정차 및 노선변경 등 열차 운행의 변경에 관한 정보

② 열차 운행에 영향을 줄 수 있는 다음 각목의 정보

㉠ 철도차량이 운행하는 선로 주변의 공사·작업의 변경 정보

㉡ 철도사고 등에 관련된 정보

㉢ 재난 관련 정보

㉣ 테러 발생 등 그 밖의 비상상황에 관한 정보

"국토교통부령으로 정하는 조치사항"

① 철도사고 등이 발생하는 경우 여객 대피 및 철도차량 보호 조치 여부 등 사고현장 현황을 파악할 것

② 철도사고 등의 수습을 위하여 필요한 경우 다음 각목의 조치를 할 것

㉠ 사고 현장의 열차운행 통제

ⓛ 의료기관 및 소방서 등 관계기관에 지원 요청
ⓒ 사고 수습을 위한 철도종사자의 파견 요청
ⓔ 2차 사고 예방을 위하여 철도차량이 구름 방지 조치 지시
ⓜ 안내방송 등 여객 대피를 위한 필요한 조치 지시
ⓗ 전차선(電車線, 선로를 통하여 철도차량에 전기를 공급하는 장치를 말한다)의 전기공급 차단 조치
ⓢ 구원(救援)열차 또는 임시열차의 운행 지시
ⓞ 열차의 운행간격 조정

③ 철도사고 등의 발생 사유, 지연시간 등을 사실대로 기록하여 관리할 것

27 열차운행 선로지장작업 업무세칙 중 교통관제센터장의 관제승인 사항에 대하여 설명하시오.(127－10)

◆ 관제승인 사항

① 작업과 관련한 공사열차 이동
② 사고 등 이례사항 발생 시 긴급한 작업 또는 열차서행
③ 긴급한 사유로 인한 통과열차의 임시정차
④ 긴급한 사유로 인한 작업 취소
⑤ 운전취급규정 제71조의 규정에 따른 운전정리
⑥ 운용모드 전환 승인(CTC ⇔ 로컬)

◆ 고속선 관제사(추가 시행사항)

- 작업자 보호조치 및 해제
- 공사열차 및 차단장비 진로제어 및 신호 취급
- 고속선 진로제어, 고속선 진출입 신호기 제어
- 가볍고 짧은 공사열차 또는 장비의 진로제어 특별취급

◆ 전기관제사

- 전차선로 단전작업 계획 확인
- 전차선로 급·단전 협의 및 조치

28 철도교통관제센터에서 복선 역방향 폐색취급 및 표시기준의 복선 역방향 폐색조건을 설명하시오.(134-10)

① 역방향으로 폐색을 취급하면 방향쇄정에 의하여 정방향의 폐색신호기는 정지로 현시하여야 하며 폐색취급 취소 시에는 즉시 현시 계열에 따라 현시되어야 한다.

② 방향쇄정 시에는 역간 및 상대역 장내신호기 내방 첫 번째 궤도가 여자 되었을 때에만 방향쇄정이 완료되어야 한다.

③ 역방향으로 열차가 폐색구간을 운행시 정방향의 신호기 내방을 지나가면 정방향의 신호기는 신호현시계열에 따라 자동 현시되어야 한다.

④ 역방향으로 운행하는 열차는 ATP모드로 운행하여야 한다.

⑤ 역방향 신호설비를 하는 경우 폐색주파수 송수신 케이블은 상하선을 분리하여 상호 간섭이 없도록 하여야 한다.

A역		역간	B역	
취급내용	출발폐색등		취급내용	장내폐색등
		① 역방향 전방구간 확인		
② 폐색승인 요청	황색점멸		③ 장내폐색등	황색점멸
			④ 폐색승인	황색점등
⑤ 출발폐색등	황색점등		⑥ 장내폐색등	황색
⑦ 출발신호기 취급	황색			
⑧ 열차출발	적색	열차운행 (출발/장내 폐색등 적색 유지)	⑨ 장내폐색등	적색
			⑩ 열차 구내 진입 장내 폐색등	소등(백색)
⑪ 출발폐색등	소등(백색)			

① 폐색승인, 출발신호기, 장내신호기 취급상태에서는 폐색취소 불가

② 폐색승인, 출발신호기 진행취급. 장내신호기 정지(취급안함) 상태에서 폐색취소
➡ 폐색취소(황색 점멸)시 출발신호기 정지(진로는 유지)

③ 출발신호기 취소 후 폐색을 취소취급하는 경우 폐색취소 완료(폐색등 소등)
➡ 출발신호기 취소(정지)시 폐색표시등 황색유지

29 열차운행을 위한 신호설비의 합리적 발전 방향을 설명하시오.(25)

◐ 현대철도에서의 열차운행 특성

현대철도에서의 열차운행의 특징은 고속, 고밀도 운전이다. KTX와 같은 고속철도는 물론, 일반철도도 200km/h 이상으로 운행하고자 선로의 직선화, 고속열차의 도입 등 여러 가지 방법을 도입하고 있다.

열차의 운행속도가 160km/h를 초과하면 기관사가 신호기 현시를 확인하며 운전하는 수동운전은 불가능하므로, 차상신호방식(ATP, ATC)으로 전환하여 컴퓨터 장치가 직접 열차를 운전하고 기관사는 시스템을 Monitoring 하는 방식으로 전환할 수밖에 없다. 따라서 현재의 지상신호시스템은 열차자동제어시스템으로 개량하여 대응하여야 한다.

◐ 열차제어 장치의 신뢰성 확보

열차자동제어장치가 고장이 나는 경우, 불가피하게 수신호, 수동운전 취급을 하게 되며, 이 경우, 중대사고가 발생하게 된다. 열차운전제어장치는 절대 안전성뿐만 아니라 고장이 없는 고신뢰성을 확보하기 위하여 많은 투자가 필요하다.

◐ 열차운행 안전장치의 적극 도입

고속 운전에서의 비상제동거리를 고려하여 각종 운전 장애 요인을 사정에 검지, 사고를 미리 방지하는 시스템을 구축하여야 한다.

◐ 도시철도 경전철의 무인 운전화

선로 형태가 단순하거나 변형의 우려가 없는 도시철도, 경전철에서는 될 수 있는 대로 무인운전시스템을 도입하여야 한다. 무인운전시스템을 도입하기 위해서는 열차운행에서 발생할 수 있는 각종 사고의 개연성을 사전에 방지하는 Default 값을 설정하고 이상이 발생할 때 비상절차에 의한 안전 대응이 가능하게 한다.

◐ 결론

앞으로의 신호시스템은 그 명칭도 열차제어시스템으로 개정되어야 하고 고속, 고밀도 운전제어설비의 역할을 담당하여야 한다.

30 열차운행을 위한 양방향 운전제어에 대하여 설명하시오.(25)

양방향 운전제어의 목적

- 복선 선로에서는 상선·하선을 지정하고 평상시 지정된 선로에서 일정한 방향으로 열차를 자동 운행제어하여 정시성 확보를 하지만, 한 선로의 고장으로 일정구간 운행이 불능할 경우 신호시스템에 의해 단선 선로를 양방향 자동운행제어를 함으로서 열차운행을 원활하게 유도하는 데 있다.
- 양방향 운전에 있어서 역간 거리가 짧을 때 다음 분기구간까지 역방향 운행구간이 짧아지므로 효과적이며, 역간거리가 길 경우 도중 진로를 변경할 수 있는 교차(시서스) 분기선로가 필요하다.

역방향 운행 사유

- 역방향으로 관계 신호기를 진행신호로 취급하면 궤도회로의 송신과 수신의 전송로가 반대 방향으로 바뀌게 되며,
- 역방향으로 운행하는 열차의 선두부에서 궤도회로로부터 전송되는 신호정보를 정상적으로 수신하여 자동운전제어를 가능하게 한다. 따라서 관계되는 지장 진로와도 연쇄하여 안전운행을 보장한다.
- 복선구간의 선로에서 궤도시스템의 부분고장으로 1개의 선로를 사용할 수 없을 때 단선으로 양방향으로 자동운행제어하는 시스템이 필요하다.

양방향 신호시스템 구축할 때 고려해야 할 사항

① 도중 분기기가 설치된 지점 간의 열차 진행 방향 쇄정
② 궤도회로의 송신·수신 방향 변환에 따른 수신 레벨 영향
③ 역방향 열차운행을 위한 자동신호 설정
④ 열차 진행선로 변경을 위한 건넘선의 위치선정
⑤ 양방향 운행 건넘선에 대한 연속적인 전력공급 방안
⑥ 건널목 및 양방향 운행선이 실시되는 기존선 역의 열차접근 경보
⑦ 양방향 열차운행 구간에서의 선로변 작업자에 대한 안전 확보

양방향(역방향) 운전제어과정

- 역방향 운전제어는 평상시 정 방향으로 신호정보를 전송하던 송신과 수신을 서로 반전시켜 열차운행 방향의 반대쪽에서부터 레일을 통해 신호정보가 송신하여 운행하는 열차의 선두부에서 지속적으로 신호정보를 수신하도록 하는 것이다.
- 이와 같이 정방향과 역방향 어느 쪽이든 진로가 제어되면 궤도회로로부터 신호정보의 전송방향이 반전되어 신호시스템에 의하여 양방향 자동운전제어가 가능하게 하는 시스템이다.

31 기존선 철도와 고속철도 혼용에 대한 문제점 및 분야별 대책에 대하여 설명하시오.(109－25)

개요

- 서울(용산)~금천구청간 기존철도, 금천구청에서 기존철도(ATS, ATP)구간과 고속선(ATC) 전용구간으로 운행된다.
- 기존철도구간에 열차제원 및 RKATHR 특성이 서로다른 열차의 투입으로 열차안전에 영향을 끼칠 수 있다.

열차제어시스템의 상이한 문제점

1. 기존선 철도(ATS)

① ATS(열차자동정지 장치)의 구성

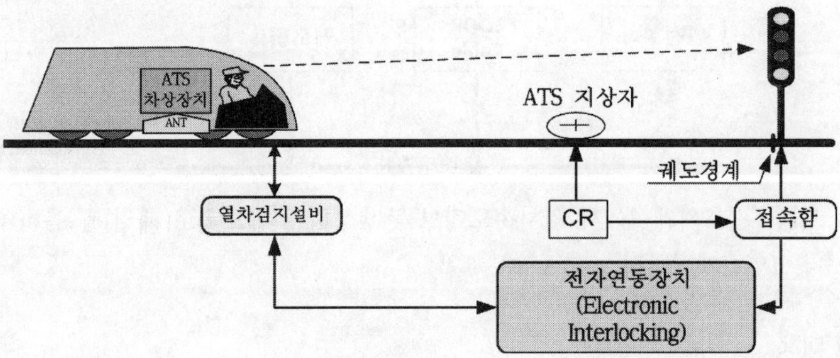

② 기능설명

㉠ ATS는 악천후시 또는 기관사의 인적사고를 방지하기위하여 허용속도 이상으로 운행시 기관사에게 경보 및 비상제동을 체결한다.

㉡ ATS는 아날로그방식으로 단순히 기관사의 지원, 예비(대체) Back Up용이다.(NV 설비) 경보의 복귀가능이 가능하여 사고의 개연성이 많다.

2. 기존선 철도(ATP)

① ATP(열차자동방호 장치 ERTMS/ETCS Level 1) 구성

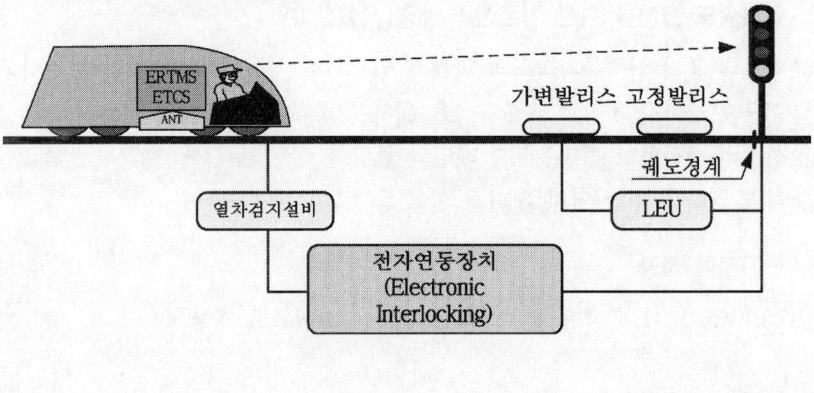

② ATP 기능 : 기존선 신호제어 시스템에 추가적으로 선로변에 발리스(CB, F1)를 설치하고 LEU(선로변제어유니트)를 설치하여 인터페이스 한다.
③ 디지털방식이며, Vital 설비이다.

3. 고속선 ATC(TVM 430)

① TVM 430 구성도

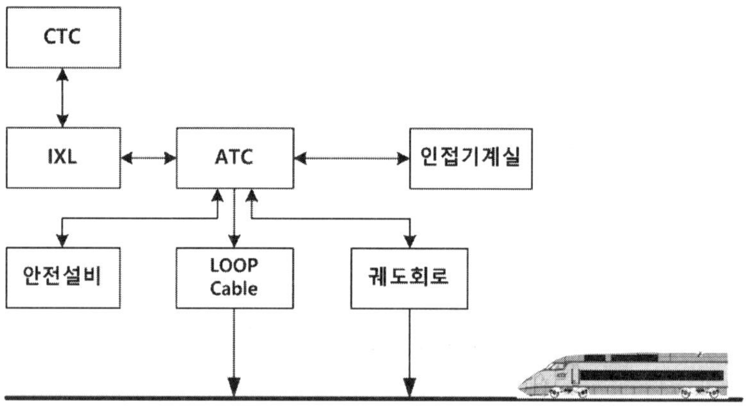

② 기능 : 신호기계실에서 열차속도정보를 생성하여 궤도회로(레일)을 통하여 차상으로 전송한다. (연속제어방식)

대책

1. 기존선 운영시 : ATP시스템으로 통합운행(신호분야)

① ERTMS/ETCS시스템의 가장 큰 장점은 호환성에 있다. 어떤 열차제어시스템이든 ATP(ERTMS/ETCS)만 장착하면 운행이 가능하다.
② 기능별 차이점은 정보를 무선장치와 발리스를 통해 수신하고 데이터의 양을 표준화 함.
③ 기존선 운행 시는 여객, 화물, KTX, 산천, ITX 등 모든 차량을 ATP시스템으로 운행을 추진
④ 고속선도 KRTCS 프로젝트인 LTE-R을 개발, 시험 중으로 향후에는 기존선, 고속선 모두 LTE-R을 적용하여 무선통신을 통한 열차의 검지 및 제어가 이루어져야 한다.

2. 열차속도 향상을 위한 기존선의 개량(시설분야)

① 기본의 분기기는 통과속도의 한계가 있으므로 가동 크로싱 형의 분기기로 개량
② 궤도는 승차감 향상과 속도향상을 위하여 장대레일로 개량
③ 선로의 직선화와 선형 개량, 레일의 중량화
④ 각역 정차를 위한 역의 대피선 설치 등

3. 전기분야 개량

① 250(km/h)급 한국형 전차선로 KaKo 시스템으로 개량

② 전차선로 사전이도 설정(Ae－Sag)으로 집진성능 향상

③ 전차선로 영구신장조성(Pre－Stretch)하여 장력을 균일화하게 한다.

4. 고속선－기존선 연결선 구간

① 문제점

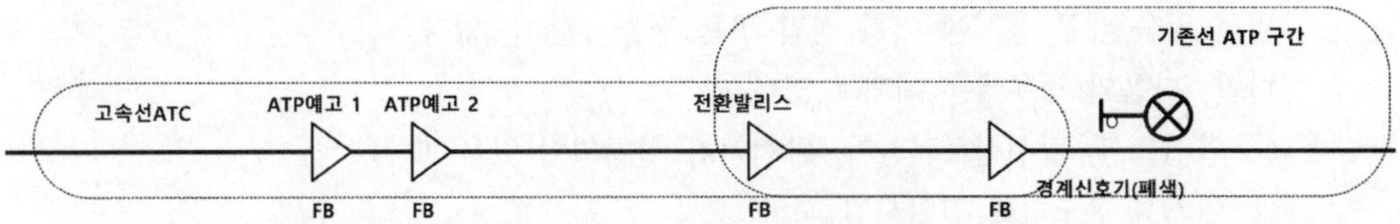

• 고속선에서 기존선 진입 시 고정발리스로 130km/h로 운행 : 경계신호가 진행에서 주의나 정지로 현시되면 열차운행속도(130km/h)로 인하여 경계신호기 모진의 위험이 있다.

② 대책

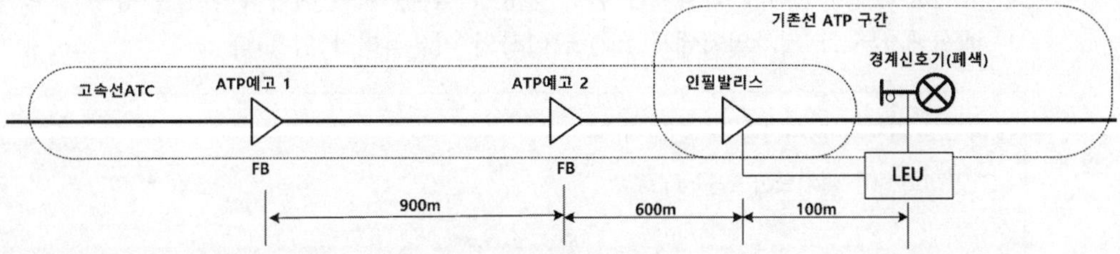

• 인필 발리스 설치로 경계신호기 현시대로 운행

향후 무선통신제어(기존시스템과 상호호환)

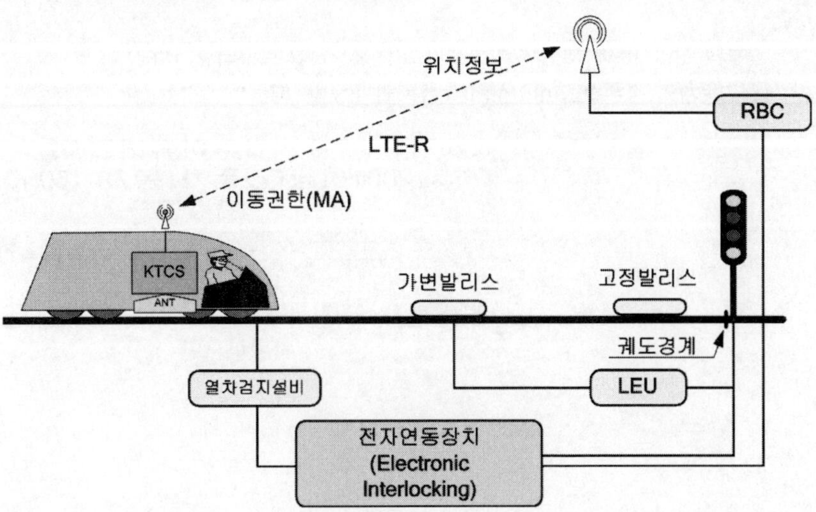

① 기존설비에 추가적으로 무선통신을 설비하여 호환성을 유지

② 신설노선에는 궤도회로와 신호기를 철거한 CBTC방식으로 설치

32 **운전취급규정에 의하면 정거장에서 2이상의 열차착발에 있어서 상호지장 할 염려가 있을 때는 동시에 이를 진입 또는 진출시킬 수 없도록 하고 있다. 다만 예외로 하는 경우가 있는데, 이 경우들을 설명하시오.**(106－25)

제41조【열차의 동시진입 및 동시진출】정거장에서 2 이상의 열차착발에 있어서 상호 지장 할 염려 있을 때는 동시에 이를 진입 또는 진출시킬 수 없다.
다만, 다음의 경우에는 예외로 있다
① 안전측선, 탈선선로전환기, 탈선기가 설치되어 있을 때
② 열차를 유도하여 진입시킬 때
③ 단행열차를 진입시킬 때
④ 열차의 진입선로에 대한 출발신호기 또는 정차위치로부터 200m (동차, 전동열차의 경우는 150m)이상의 여유거리가 있을 때
⑤ 동일방향에서 동시에 진입하는 열차 쌍방이 정차위치를 지나서 진행할 경우 상호 접촉되는 배선에서는 그 정차위치에서 100m 이상의 여유거리가 있을 때

[참 고] 열차의 동시진입 및 진출의 예

○ 안전측선이 설치되어 있을 때

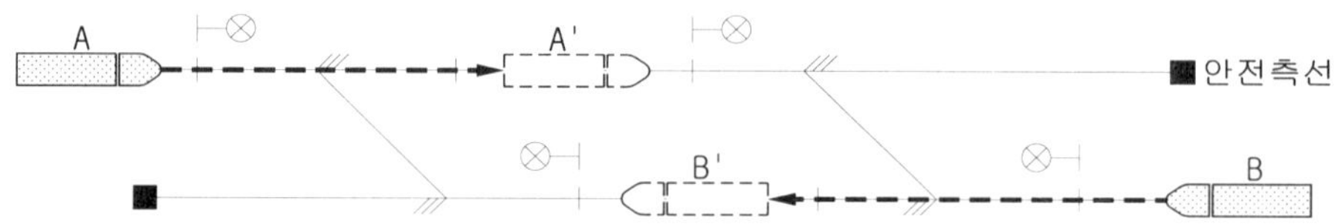

○ 열차의 진입선로에 대한 출발신호기 또는 정차위치로부터 200m (전기동차의 경우 150m)이상의 여유거리가 있을 때

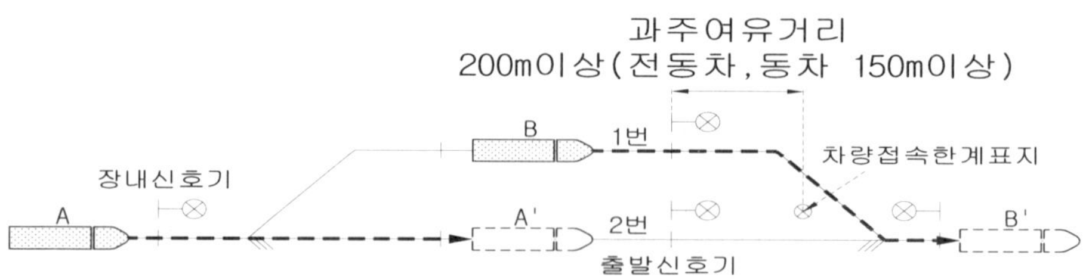

○ 동일방향에서 열차가 동시에 진입 시

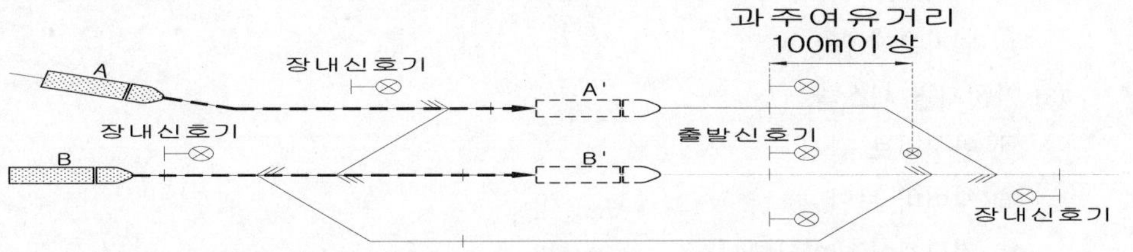

33 철도교통 관제시스템의 고도화를 위한 통합감시시스템 관점에서의 아키텍처 구성 요소별 블록 기능을 제시하고 설명하시오.(134-25)

철도교통관제시스템의 고도화는 그림과 같이 5개 분야로 구성되어 있으며 세부 내용은 다음과 같다.

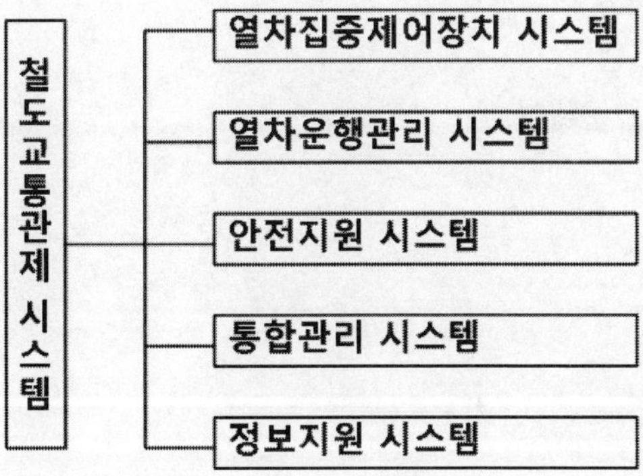

① 열차집중제어장치 시스템
- ㉠ 현장정보표시 및 제어
- ㉡ 열차위치추적 및 열차번호관리
- ㉢ 열차운행계획(스케줄)
- ㉣ 자동진로제어설정(ARS)
- ㉤ 운영/유지보수 및 차단 작업 관리
- ㉥ 자동열차운전(ATO)

② 열차운행관리 시스템
- ㉠ 경합검지 및 해소/운전정리
- ㉡ 관제운영 정보관리
- ㉢ 의사결정지원

ⓡ 운행에너지 절감 및 기관사 지원

ⓜ 마이크로시뮬레이션

ⓑ 열차운행예측

③ 안전지원 시스템

ⓖ 안전정보 감시

ⓝ 사이버 보안

ⓓ 접근제어(데이터베이스)

ⓡ 접근제어(네트워크)

ⓜ 접근제어(시스템)

④ 통합관리 시스템

ⓖ 시스템 감시

ⓝ 서버지원 및 통합로그 관리

ⓓ RAM통합관리

ⓡ 교육훈련/시험 및 개발

ⓜ 자동패치관리

ⓑ 신호정보분석 시스템

⑤ 정보지원 시스템

ⓖ 인트라넷 그룹웨어

- 업무관리
- 전자결재
- 이메일
- 지식관리
- 일정관리
- 인사/근태
- 게시판
- 문서관리

34 종합관제 기계실 설비의 기술성능 요구사항 중 열차운행제어컴퓨터(Train Control Computer) 서버의 요구사항에 대하여 설명하시오.(134-25)

일반사항

① 컴퓨터 서버는 철도 및 도시철도 제어관제분야에서 상업 운용실적거나 신뢰성 및 안전성이 입증된 H/W 구조와 OS 를 구축하여야 한다.

② 컴퓨터는 안전성이 확보된 OS 환경을 제공하여야 하며, 99.999% 이상의 가용성을 지원하여야 한다.

③ Operating 시스템은 보안성이 우수한 전용 OS를 사용하여야 하며 서버의 안전성을 위해 OS Disk 는 2중화로 구성이 되어야 한다, 또한 소프트웨어 Language는 C 언어 또는 C++ 등 동등 이상의 언어를 사용하여야 한다.

④ 컴퓨터 시스템은 기본적으로 On-Line 상태에서 열차운행에 따른 변화된 상황을 실시간 처리할 수 있어야 하고, Program에 의한 자동처리 중에도 주요파트(CPU, Memory, I/O 모듈, Disk)에 대하여 유지보수를 위한 사용자 개입 및 교체가 가능하여야 한다.

⑤ 컴퓨터는 성능 저해가 될 수 있는 주변의 전원간섭, 잡음간섭 등으로 부터 보호될 수 있어야 한다.

⑥ 컴퓨터는 시스템 장애 시 CPU 및 Memory 상의 데이터가 손실되지 않아야 하며, 무중단 절체가 가능하여야 한다.

⑦ 서버는 Rack 타입으로 구성하여 시스템의 확장성이 용이하고, 외부의 충격과 먼지 등으로부터 보호할 수 있어야 한다.

⑧ 컴퓨터시스템은 주변장치 및 데이터 통신장치의 부분적인 고장에도 불구하고, 독립적으로 지속적인 동작을 하여야 하고, 다음의 조건을 구비하여야 한다.

㉠ 열차운행을 위한 제어 및 감시기능을 확보에 충분한 고속처리기능을 갖춘 CPU를 구비하여야 한다.

㉡ CPU는 다중 Program 처리가 가능하여야 하고, 다수의 사용자가 동시에 작업이 가능하여야 한다.

㉢ 시스템의 높은 신뢰성과 이상발생시 대처할 수 있어야 한다.

㉣ 시스템의 확장성이 용이하여야 한다.

㉤ 부분적으로 고장이 발생하여도 시스템이 정지하지 않아야 한다.

㉥ 중대한 고장으로 시스템이 정지하였더라도 신속하게 장애를 제거하여 시스템의 기능을 회복시킬 수 있는 수단을 강구하여야 한다.

⑨ 데이터베이스 관리시스템(DBMS)은 실시간 처리 및 대용량 처리를 지원하는 범용제품이거나 그 이상의 품질을 보증하는 제품이어야 한다.

⑩ 서버에 대한 하드웨어 사양의 제원 및 주요사양을 상세히 제시하여야 한다.

⑪ 원활한 기술지원을 위하여 납품 후 일정기간(10년) 이상 부품수급 및 유지보수(OS 포함) 지원이 가능한 제조사 공급 증명원 및 기술지원 확약서를 제출하여야 한다.

TCC 서버 성능사항

① TCC 서버는 Hardware 나 Software 고장이 발생할 경우에 컴퓨터 자체에서 Redundancy fh 운용될 수 있는 FT(Fault Tolerant) 시스템으로 구성되어야 한다.
② TCC 서버는 통신장치를 통하여 현장정보의 수신 등 주변장치간의 Interface 기능을 수행하여 열차운행 상태에 관한 모든 정보를 감시하고, 출력장치에 표시하며, 시스템 상태의 관리 기능이 있어야 한다.
③ 운용자가 Oerator Console 등에서 취급한 조작내용과 결과는 발생 즉시 기록 및 저장이 되어 운용자의 요구 시 확인을 할 수 있어야 한다.
④ TCC 서버(상용 및 예비)가 비정상적으로 정지(Down)될 때 그때까지 Memory에 기억하고 있는 열차운행관련 각종 실적들을 자동으로 저장되어 보호될 수 있는 방안을 강구하여야 한다.
⑤ 컴퓨터의 Real Time Clock 은 Master Clock 으로부터 정보를 받아 시간 교정을 하는 구조로 구성하여야 한다.

Memo

제14장

노면전차(TRAM), 경전철

01 경량전철 노선선정을 위한 계획단계 시 고려사항을 설명(121-10)
02 경량전철의 노선 형태 중 셔틀(Shuttle) 방식과 루프(Loop) 방식에 대하여 설명(124-10)
03 고무 타이어를 사용하는 열차 운행구간의 가이드 휠 수축 검지기(Guidance Wheel Deflation Detector)에 대하여 설명(123-10)
04 고무차륜 형식 및 철제차륜형식 자동안내궤도차량(Automated Guideway Transit)의 특징 및 장단점에 대하여 설명(114-25)
05 국내에서 사용 중인 고무차륜과 철제차륜 경전철(AGT : Automated Guideway Transit)의 특징 및 장, 단점에 대하여 설명(114-25)
06 노면전차 건설 및 운전 등에 관한 규칙(국토교통부령 제1201호, 2023.3.31.)에서 정하는 신호기 설치기준 및 노면전차 신호기에 대하여 설명(130-10)
07 노면전차 운전에서 속도제한에 대하여 설명(121-10)
08 트램(TRAM) 교통의 우선신호(Signal Priority) 방식과 이에 대한 시스템 구성을 설명(121-25)
09 트램(TRAM) 신호시스템의 제어기능에 대하여 설명(111-25)
10 다음 그림을 보고 트램(Tram)교통 운영시스템에서 트램신호 진로설정 제어를 할 수 있는 방법 4가지를 우선순위 별로 설명(126-25)
11 도시철도 분류 중 경전철의 종류와 기대효과에 대하여 설명(132-25)
12 도심의 환경문제 및 교통난 해소 목적으로 트램(Tram)을 도입 및 준비 중이다. 트램의 장점 및 단점과 분기기 제어 기술에 관하여 설명(130-25)
13 모노레일 시스템에서 과좌식과 현수식에 대하여 설명(124-25)
14 모노레일 시스템에서 차량고장 시 승객대피 방안에 대하여 설명(124-10)
15 모노레일의 특징과 장점 및 단점에 대하여 설명(115-25)(124-10)
16 자기부상열차의 특징 및 원리에 대하여 설명(115-25)
17 경전철의 장단점을 중전철과 비교하여 기술(25)
18 LIM(Linear Induction Motor) 방식 전철의 특징에 대하여 설명(10)
19 트램(Tram) 관제시스템의 주요 기능에 대하여 설명 (134 - 25)
20 트램(Tram) 운전구간의 안전확보 방안에 대하여 설명 (134 - 25)

제14장

노면전차(TRAM), 경전철

01 경량전철 노선선정을 위한 계획단계 시 고려사항을 설명하시오.(121 – 10)

노선선정 고려사항

① 주택 밀집 지역 및 도시의 중심부, 주요 간선도로를 통과하여 노면교통을 흡수하도록 한다.
② 수송수요를 정확히 예측할 수 있게 하여 건설비 및 운영비를 합리적으로 예측할 수 있도록 한다.
③ 도로나 공공용지를 이용하고 사유지를 피하여 건설비 경감과 민원 발생이 적게 되도록 한다.
④ 도시계획과 합치시켜 장래 도시발전에 대응한다.
⑤ 시종점과 중간에서 타노선과 환승이 가능하게 한다.
⑥ 역간거리는 1km 내외로하고 외곽지역은 표정속도 향상을 위해 길게 한다.
⑦ 문화재, 학교, 병원, 종교시설, 군부대 등 이설이 곤란한 곳은 피한다.
⑧ 외곽지역의 뉴타운과 개발 예정지를 거쳐 인구 분산을 유도한다.
⑨ 타 교통기관과 접속 및 연계수송이 원활하게 한다.

02 경량전철의 노선 형태 중 셔틀(Shuttle) 방식과 루프(Loop) 방식에 대하여 설명하시오.(124 – 10)

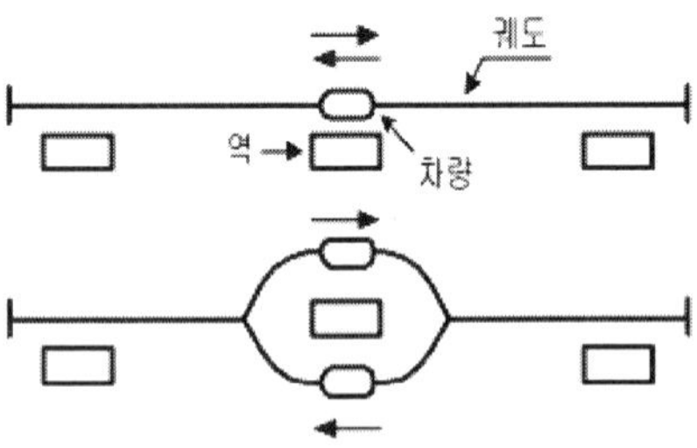

(a) 셔틀(Shuttle) 방식

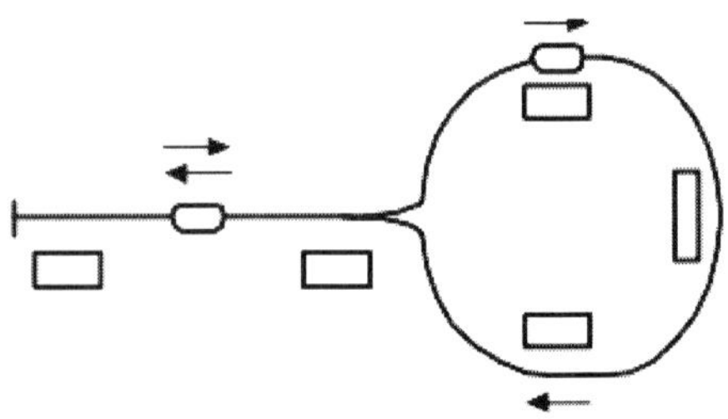

(b) 셔틀 루프방식

◐ 셔틀(Shuttle) 방식

단선궤도로 열차를 왕복시키는 노선형태이며, 단순하고, 시스템 측면에서도 가장 간단하다. 단선 셔틀운행이라도 중간역에서 대기선을 확보하면 양방향 운행이 가능하며 운영예로는 싱가폴 창이공항, 말레이시아 KL 공항에서와 같이 노선연장이 짧은 곳(약 2 km 이내)에서 운영하고 있다.

◐ 셔틀 루프방식

싱가폴의 Pukit Panjang 노선 및 일본 동경 부근 유까리오까 선이 좋은 적용 예이다. 이 방식은 대규모 주택단지와 가장 가까운 철도역 등 주요 교통 집산지 간을 연결하는 경량전철 시스템에서 볼 수 있다. 주택단지 내는 노선을 루프 모양으로 설치하고 단지에서 약간 떨어진 철도역 등 주요 교통 집산지까지는 이 루프선으로 연결시켜 철도역까지의 구간을 최단거리 단선으로 연결하여 궤도 총연장을 단축하고 건설비를 저감시킬 수 있는 노선 형태이다

03 고무 타이어를 사용하는 열차 운행구간의 가이드 휠 수축 검지기(Guidance Wheel Deflation Detector)에 대하여 설명하시오.(123－10)

◐ 가이드 휠 수축 검지기

고무 타이어 AGT의 수송 시스템용 운송 차량은 평행한 궤도에서 이동하는 휠과 구조물을 안내하기 위한 고정 가이드 바와 구름 접촉하는 팽창된 타이어를 갖추는 지지구조물로 설비된다. 도로 위에는 공기가 빠지거나 평평한 고무 타이어의 표시를 제공하기 위한 장치가 설비며, 이는 하나의 타이어 공기 감소에 대응하는 설정 위치로부터 궤도에 대한 지지구조물의 측 방향 오프셋을 검출한다. 상기 센서는 오프셋의 양이 미리 결정된 값을 초과하면 알람을 제공하는 회로에 연결된다.

04 고무차륜 형식 및 철제차륜형식 자동안내궤도차량(Automated Guideway Transit)의 특징 및 장단점에 대하여 설명하시오.(114-25)

AGT의 특징

고가 등의 전용궤도를 주행하기 위해 차체 경량화를 도모하고자 알루미늄제나 FRP(섬유강화플라스틱) 철제차륜을 부착한 소형차량이 가이드웨이를 따라 주행하는 경량전철 시스템이다.

장점

① 주로 15~20km의 도시 구간을 운행하며 수송 능력이 우수하고 건설비, 인건비가 적다.
② 시간당 4천~4만 명 수송이 가능하여 지하철도와 비슷하며 버스보다 월등히 높다.
③ 무인자동운전 기능을 갖추고 있어 인건비가 지하철도의 50% 수준이다.
④ 고무바퀴식은 타이어로 달리기 때문에 소음과 진동이 적어 승차감이 좋을 뿐만 아니라 노선 주위에서도 민원 발생 요인이 적다.
⑤ 철제차륜식은 겨울에 눈이 내려도 운행중단이 발생하지 않는다.
⑥ 건설 및 유지비용이 저렴하고 저공해 환경 친화성 신교통수단이다.

단점

최고 운행속도가 지하철(80~90km/h)보다 다소 떨어지는 60~70km/h이다.

05 국내에서 사용 중인 고무차륜과 철제차륜 경전철(AGT : Automated Guideway Transit)의 특징 및 장, 단점에 대하여 설명하시오.(114-25)

철제차륜의 특징

기존 도시철도에 사용되는 철제레일과 철제차륜을 사용하여 운행되는 차량시스템으로 신호시스템에 의해 승무원 없이 자동운전 할 수 있는 시스템이다.

고무차륜의 특징

기존 도시철도에 사용되는 철제레일 대신 콘크리트 또는 철판 형태의 평면 궤도 위를 일반자동차와 유사한 고무바퀴로 주행하는 차량시스템으로 독립된 안내궤도를 따라 컴퓨터에 의해 승무원 없이 자동운전 할 수 있는 시스템이다.

철제차륜 AGT의 장점

① 승객 하중에 따른 주행 안전성이 좋다.
② 초기건설비용 및 유지보수비 등 사업비 절감 효과가 있다.

③ 관절 대차 사용으로 급곡선 주행 성능이 우수하다.
④ 레일을 이용하여 궤도회로, 귀선전류를 이용할 수 있다.

철제차륜 AGT의 단점

① 차량의 실내 소음 저감 대책이 필요하다.
② 강설, 강우 시 레일면이 미끄러워 정위치정차에 어려움이 있다.

고무차륜 AGT의 장점

① 운행 중 주행 소음과 진동을 줄일 수 있어 승차감이 향상된다.
② 급커브와 급경사에서도 운전효율이 높다.
③ 건설비가 비교적 저렴하며, UTO운전이 가능하므로 운영경비가 저렴하다.
④ 점착력이 높아 가감속 성능과 정위치정차 제어의 정밀도가 높다.
⑤ 측면 철제빔에 의해 유도되므로 궤도 구조상 탈선이 불가능하다.
⑥ 정상기후 조건에서 정시성 확보가 가능하다.

고무차륜 AGT의 단점

① 주행륜과 안내륜이 별도로 있어 분기 안내 레일이 있어야 한다.
② 차륜마모에 따른 분진대책과 겨울철 결빙대책이 필요하다.
③ 1축 대차를 사용하므로 축중으로 인한 차량 크기에 제한이 있다.

06 노면전차 건설 및 운전 등에 관한 규칙(국토교통부령 제1201호)에서 정하는 신호기 설치기준 및 노면전차 신호기에 대하여 설명하시오.(130-10)

신호기 설치기준

① 노면전차의 운전자가 노면전차 신호기와 신호표지를 명확히 구분·인식할 수 있어야 하고, 시계 운전구간에서는 노면전차의 운전자가 야간에도 노면전차 신호기와 신호표지를 인식할 수 있도록 하여야 한다.
② 노면전차 정지신호까지의 가시거리가 제동거리보다 짧을 때는 중계신호기(주신호기에 종속되어 그 신호 상태를 중계하는 신호기를 말한다)를 설치하여야 한다.

노면전차 신호기

① 다음 각호의 장소에는 일반 신호기를 설치하여야 한다.
- 노면전차의 운전자와 자동차 등의 운전자가 서로 다른 신호를 따라야 하는 곳
- 단선의 노면전차 선로 구간 중 노면전차가 양방향으로 통행하는 구간의 안전을 확보할 필요가 있는 곳

② 노면전차 운행 선로가 나누어지는 곳(이하 "분기부"라 한다)에는 분기부 신호기를 설치하여야 한다.
③ 노면전차 신호기는 노면전차 운행 방향의 오른쪽에 위치하도록 설치하되, 지장물 등으로 인하여 불가피한 경우에는 위치를 다르게 할 수 있다.
④ 노면전차 신호기는 보행자, 자동차 등의 신호기와 명확히 구분되도록 하여야 한다.

07 노면전차 운전에서 속도제한에 대하여 설명하시오.(121－10)

노면전차 건설 및 운전 등에 관한 규칙 제40조(속도제한)

① 도로연계형 선로를 운행하는 노면전차는 해당 도로의 최고속도 및 시속 70km를 초과해서 운행할 수 없다.
② 다음 각 호의 어느 하나에 해당하는 경우에는 시속 15km 이하로 운행하여야 한다.
　㉠ 선로전환기가 쇄정되어 있지 아니한 곳을 운행할 때
　㉡ 퇴행운전(최초로 진행한 방향과 반대방향으로 운전하는 것을 말한다)을 할 때
　㉢ 같은 차로 내에서 선행하는 노면전차 또는 자동차 등과의 거리가 100m 이하일 때
③ 노면전차 운영자는 안전운전에 필요한 속도제한 기준을 정하여야 한다. 이 경우 다음 각호의 사항을 고려하여야 한다.
　㉠ 곡선 구간 : 노면전차의 성능 및 승객의 승차감
　㉡ 내리막길 구간 : 제동거리 및 제동성능

08 트램(TRAM) 교통의 우선신호(Signal Priority) 방식과 이에 대한 시스템 구성을 설명하시오.(121－25)

¤ 트램(TRAM)의 우선신호(Signal Priority)에 대하여 설명하시오.(10)

트램 우선신호

트램 우선신호는 트램이 정차 없이 교차로를 통과하기 위해 통행 우선권을 부여하는 방식으로서, 신호 제공방식에 따라 고정식 우선신호와 능동식 우선신호로 구분된다. 트램의 주행 특성상 정시성, 안전성 등의 확보를 위해 우선신호 적용이 필요하다.

- 교차로에서 다른 차량보다 트램에 통행의 우선권을 부여
- 트램의 교차로 무정차 및 운행 정시성 확보
- 교차로에서 정차 없이 다음 정류장까지 운행하는 정류장 단위의 운행전략 적용

시스템 구성

- 진행 권한을 주기 위한 트램 우선 신호시스템
- 자동차, 보행자, 자전거 멈춤 신호
- 트램 검지기
- 교통 제어기(Traffic Regulator)

시스템 제어순서

능동식 트램 우선신호 제어의 제어순서는 다음과 같다.

① 신호운영센터에서 계산된 최적 신호 시간을 받아서 고정식 우선신호 수행
② 트램차량이 트램정류장에 진입 (정류장이 없는 링크에서는 검지기 Check-In)
③ 신호제어기로 우선신호제어 요청
④ 능동식 우선신호 제어가 필요한지 판단해서 트램의 정류장 정차시간을 계산하고, 트램정류장의 트램 전용 신호등을 제어 (정류장이 없는 링크는 하류부 교차로에서 능동식 우선신호 제어)
⑤ 트램차량이 출발한 이후, 정지선 검지기를 통해 트램차량이 교차로 정지선에 정차했는지 확인하고, 링크진출 검지기로 트램차량이 교차로를 통과했는지 확인한 후에 일반신호로 복귀
⑥ 트램 통과 확인

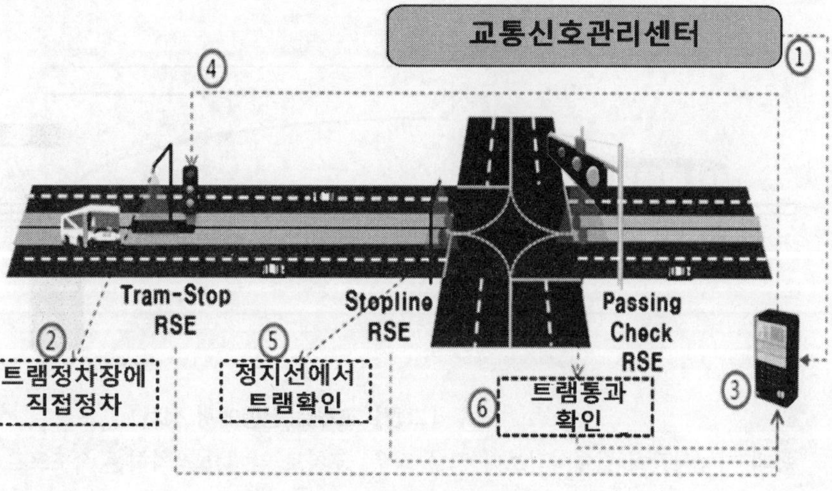

[그림] 우선신호 제어순서

09 트램(TRAM) 신호시스템의 제어기능에 대하여 설명하시오.(111－25)

개요

트램은 도로상에 부설된 레일을 따라 움직이는 전동차로 국내에도 트램의 적용이 확대될 것이 예상되며 자동차와 혼용 운행하는 특성에 맞추어, 트램 신호시스템이 레일을 따라 운행하기 위한 지상제어설비 및 도로를 운행하기 위한 도로교통설비와 인터페이스하는 시스템을 구성하고, 분기구간 및 교차로에서 사고를 최소화 할 수 있는 제어기능을 구현하여 트램의 안전성 및 가용성을 향상시키는 것이 필요하다.

제어기능

① **교차로제어** : 트램 신호시스템은 교차로구간 약 200m 전방에서부터 도로교통신호기로부터 통과 가능한 시간을 수신한다. 또한, 교차로까지 남은거리, 그리고 현재 트램속도를 이용하여 교차로 통과에 필요한 시간을 계산한다.

필요시간(T) = 남은거리(△S) / 속도(V)

수신한 통과 가능한 시간과 계산된 필요시간을 비교하여 트램이 교차로를 통과할지 정차할지를 사전에 판단한다.

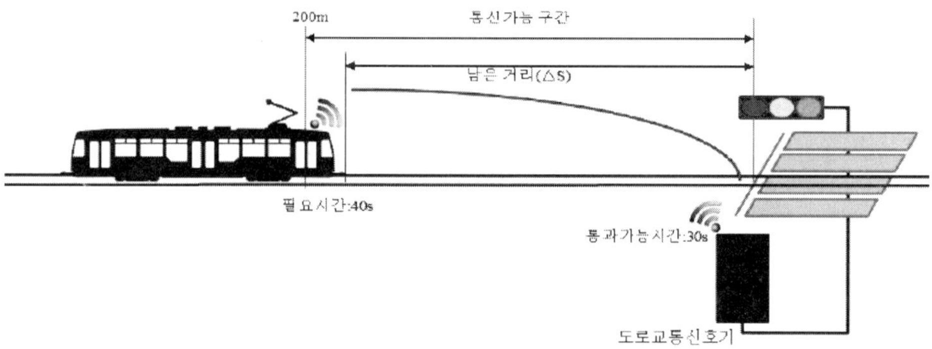

[그림] 교차로 전방에서 정차

통과 가능시간이 필요시간보다 적을 경우, 교차로 앞에서 정차하는 속도프로파일을 기관사에게 제공한다.

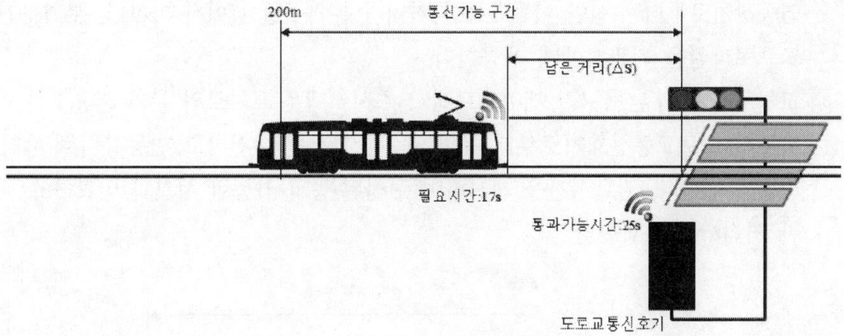

[그림] 교차로 통과

통과가능 시간이 필요시간보다 많을 경우, 교차로를 통과하는 속도프로파일을 기관사에게 제공한다.

② 분기구간 제어 : 트램 신호시스템은 분기구간 약 200m 전방에서부터 연동장치로부터 이동가능한 거리를 수신한다. 이동가능한 거리가 분기구간 전까지지면 분기구간 진입 전에 정차하고, 분기구간 넘어서까지 이동 가능한 거리가 수신되면 분기구간을 통과하여 이동하게 된다.

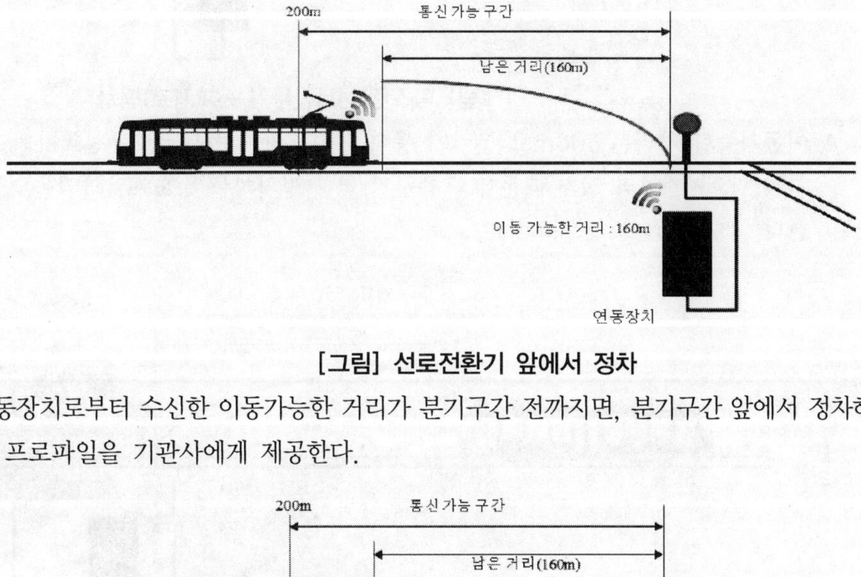

[그림] 선로전환기 앞에서 정차

연동장치로부터 수신한 이동가능한 거리가 분기구간 전까지지면, 분기구간 앞에서 정차하는 속도 프로파일을 기관사에게 제공한다.

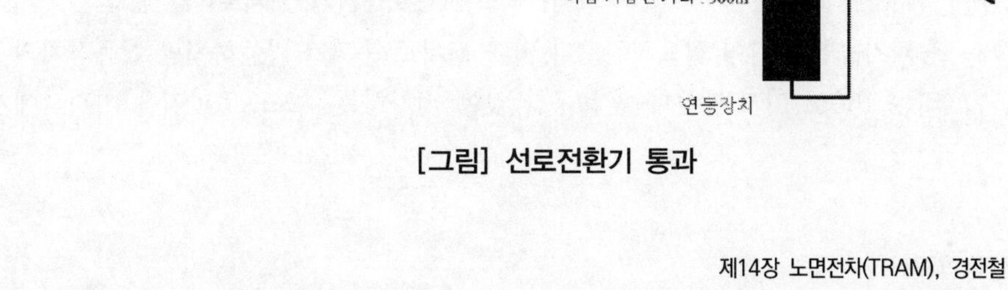

[그림] 선로전환기 통과

연동장치로부터 수신한 이동가능한 거리가 분기구간 넘어서 까지면, 분기구간을 통과하는 속도프로파일을 기관사에게 제공한다.

③ **교차로와 분기 혼용구간 제어** : 트램 신호시스템은 교차로와 분기 혼용구간 약 200m 전방에서부터 도로교통신호기로부터 통과가능한 시간을 수신하고 연동장치로 부터 이동가능한 거리를 수신한다. 필요시간을 계산하여 수신된 통과 가능한 시간과 비교하고, 수신된 이동가능한 거리까지 통합한다.

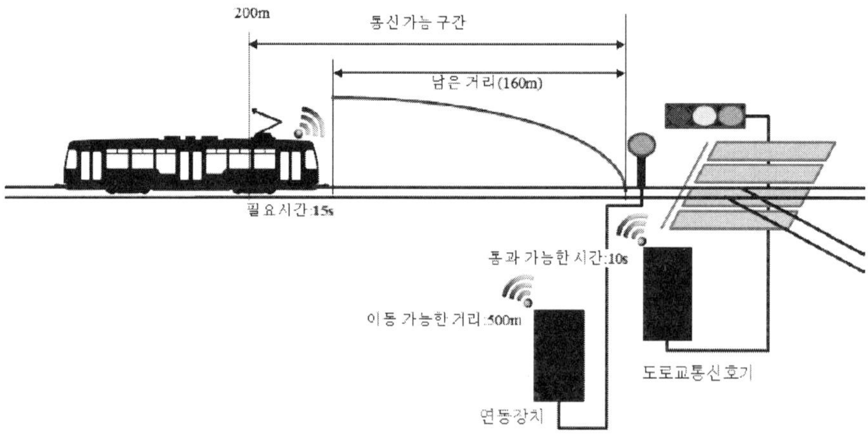

[그림] 믹스존(선로전환기 + 교차로)정차

이동가능한 거리는 500m로 분기기 통과가 가능하지만 도로교통신호기의 통과가능한 시간이 필요시간보다 적기 때문에 혼용구간 앞에 정차하는 속도프로파일을 기관사에게 제공한다.

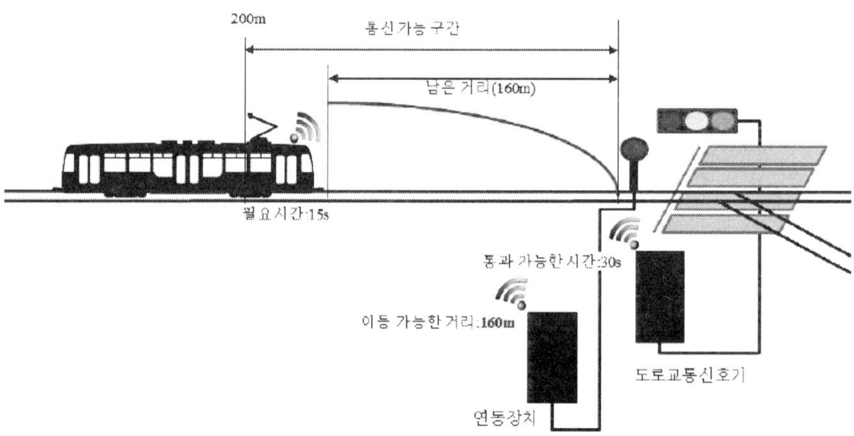

[그림] 믹스존(선로전환기+교차로) 앞 정차

통과가능한 시간이 필요시간보다 많아 교차로 통과가 가능하지만 연동장치의 이동가능한 거리는 160m 이기 때문에 혼용구간 앞에 정차하는 속도프로파일을 기관사에게 제공한다.

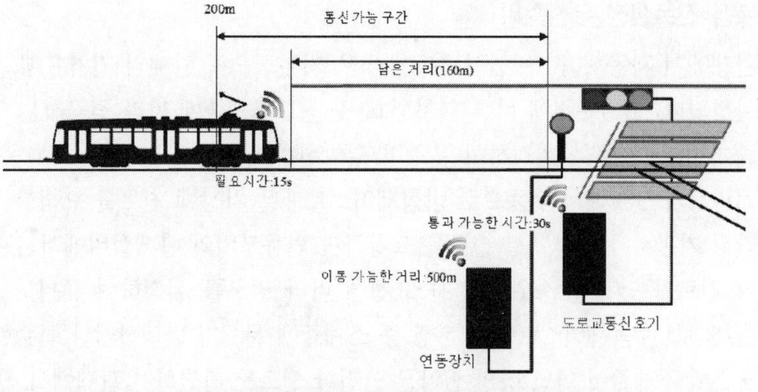

[그림] 믹스존(선로전환기+교차로)통과

통과가능한 시간이 필요시간보다 많고 이동가능한 거리도 500m이기 때문에 혼용구간을 통과하는 속도 프로파일을 기관사에게 제공한다.

◎ 결 론

트램은 기관사에 의한 수동운전을 기반으로 운행하기 때문에 기관사가 판단하기 어려운 교차로나 분기기에 대해 신호시스템이 방호기능을 수행함으로써 트램운행의 안전성과 가용성을 향상시킬 수 있다.

10 **다음 그림을 보고 트램(Tram)교통 운영시스템에서 트램신호 진로설정 제어를 할 수 있는 방법 4가지를 우선순위 별로 설명하시오.**(126－25)

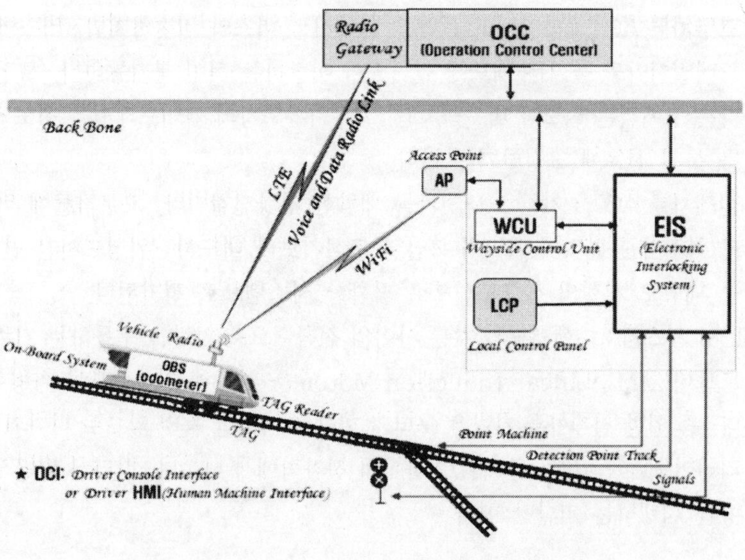

트램 진로설정 우선순위

① **관제에서 자동제어** : 트램의 진로설정은 기본적으로 관제의 열차운행 스케줄에 따라 진로가 설정되며, 일일운전에 따른 열차번호 및 진로스케줄에 따라 접근하는 열차를 확인하고 스케줄에 따라 진로를 설정하여 운행하도록 한다.

② **기관사가 DCI에서 수동으로 방향제어** : 트램은 차상에 진로를 요청할 수 있게 되어있다. 따라서 기관사가 차상에서 진로를 요청하면 연동장치와 관제설비에서는 진로의 안전을 확인하고 진로가 안전할 경우 기관사 요청에 따라 진로를 설정하여 준다.

③ **관제에서 수동제어** : 트램의 운행 중 스케줄에 문제가 발생하거나 특수한 상황이 발생하면 열차운행 스케줄이 아닌 상황에 따른 안전한 진로를 확인하여 관제에서 직접적으로 현장설비를 제어하여 트램의 진로를 설정할 수 있다.

④ **LCP를 이용 기관사가 수동제어** : 관제의 문제가 발생하여 차상의 진로요청제어가 동작하지 못하면 기관사가 직접적인 방법으로 현장에서 제어해야 할 수 있다.
이는 기관사가 현장제어를 통하여 진로를 설정하여 트램을 운영하는 방식이다.

11 도시철도 분류 중 경전철의 종류와 기대효과에 대하여 설명하시오.(132-25)

경전철의 종류

① **노면전차(Tram)** : 트램은 도시 공공 도로의 트램 궤도를 달리는 개별 철도 차량 또는 여러 장치가 결합한 자체 추진 열차로 구성된 도시철도 교통의 한 유형이다. 일부는 분리된 통행권의 구간을 포함한다. 대중교통으로 운영되는 트램 라인 또는 네트워크는 트램 또는 단순히 트램/노면차라고 부른다. 교통이 혼잡한 대도시보다 인구가 적은 중소형 도시에서 적합하다.

② **고무차륜 AGT** : 타이어를 쓴다는 점에서는 버스와 비슷하지만, 버스와는 달리 열차가 가이드레일이라고 불리는 궤도에 걸려있어 이탈하는 것이 불가능하다. 특정한 궤도 위만을 달린다는 점에서는 철도와 비슷하지만, 고무차륜열차의 가이드레일은 철도의 궤도와는 달리 열차를 특정 선로에 고정하기만 한다.

③ **철제차륜 AGT** : 기존 노면전차를 개량한 경량전철이다. 고무차륜에 비해 소음과 진동이 크고 급경사 등판력이 떨어져 복잡한 도심지보다 대도시-위성도시간 연계형 혹은 공항, 항만 등 대규모 시설의 접근노선으로 적합한 시스템으로 평가된다.

④ **LIM 시스템** : 주행궤도와 차륜 사이의 점착력으로 차량을 구동하는 기존 철도와 달리 선형유도모터(LIM : Linear Induction Motor)를 사용해 전자력으로 차량을 구동하는 시스템이다. 즉 일반 철제차륜 차량은 모터의 힘으로 바퀴를 돌려 앞으로 나가지만 림방식의 주행력은 리니어모터와 리액션플레이트 사이의 전자력에서 나온다. 따라서 림방식의 바퀴는 단순히 차량을 지탱하는 역할만 한다.

⑤ **자기부상식 철도** : 전자석으로 차량을 부상시키고 리니어모터로 구동하는 시스템이다. 림방식과 가장 큰 차이는 차체를 지탱하는 차륜이 없다는 점이다. 본래 자기부상열차는 장거리 초고속주행용으로 개발됐으나 소음이 적고 급곡선과 급경사에도 뛰어나 경량전철로도 적합하다는 평가다. 그러나 건설비용 및 운영비, 전력 에너지 소모량 등이 타 경량전철시스템에 비해 월등히 높은 것이 단점이다.

⑥ **모노레일** : 1개의 콘크리트 빔이나 철제 빔을 차량이 감싸 안고 운행하는 방식이다. 빔 위를 달리는 형태를 가 좌식이라 부르고 빔에 매달려 운행하는 방식을 현수식이라고 한다. 모노레일은 단일 궤도로 건설돼 타 경량전철 시스템에 비해 구조물이 단순하고 폭이 작아 슬림한 디자인을 할 수 있다. 시각적인 측면에서는 가장 뛰어나다는 평가를 받는다. 좁은 도심에서 적합하다. 그러나 화재나 탈선 등 비상사태시 대피할 곳이 없다는 것이 최대 약점이다.

기대효과

① 지하철과 버스의 중간 정도로 수송 능력이 우수하다.
② 주로 15~20km 구간의 단거리 도시 구간을 운행한다.
③ 지하철에 비해 건설비를 대폭 절감할 수 있어 중소도시에 적합하다.
④ 가·감속능력과 주행 능력이 우수하므로 역간거리를 축소할 수 있다.
⑤ 소음 및 진동이 없으며, 승차감이 좋다.
⑥ 급곡선이나 급경사에도 운용효율이 높다.
⑦ 이동폐색방식을 적용하므로 운전시격을 단축할 수 있다.
⑧ 완전무인시스템이므로 운전 및 운영비를 절감할 수 있다.
⑨ 노선을 탄력적으로 운용할 수 있으므로 밀집지역과의 순환이 가능하다.

12 도심의 환경문제 및 교통난 해소 목적으로 트램(Tram)을 도입 및 준비 중이다. 트램의 장점 및 단점과 분기기 제어 기술에 관하여 설명하시오.(130－25)

트램의 장점

① 자동차보다 도로 사용 효율성이 매우 높다. (40배)
② 트램차량은 내구성이 매우 뛰어나며 유지보수비용이 적게 든다.
③ 대량수송 이점이 있어 요금이 저렴하다.
④ 건설비가 저렴하여 경제적이다,
⑤ 건설 기간이 짧고 시공이 단순하다.
⑥ 접근성이 좋다.
⑦ 대중교통과 환승이 쉽다,

⑧ 관광 이미지 등 상징성을 갖는다.
⑨ 친환경 교통수단이다.

트램의 단점

① 버스보다 설치비가 많이 든다.
② 트램 트랙은 자전거 타는 사람에게 위험할 수 있다.
③ 날씨 및 환경의 영향을 받는다.
④ 도로와의 혼합 운행으로 교통체증을 유발할 우려가 있다.
⑤ 다양한 사고의 우려가 있다.

분기기 제어 기술 선로전환기

① 선로전환기는 분기기의 방향을 변환시키는 장치를 말한다. 선로전환기는 궤도의 방향 전환으로 인한 사고 위험을 최소화하기 위해 노면전차가 선로전환기에 충분히 가까워졌을 때 작동되도록 하되, 노면전차의 운전자가 진행 방향을 확인하고 멈출 수 있는 거리에 있을 때 작동되도록 설치하여야 한다.
② 선로전환기는 노면전차가 통과하는 중에는 궤도의 방향이 전환되지 않도록 쇄정(쇄정, 전기적 또는 기계적으로 작동되지 아니하도록 잠금장치) 되어야 한다.
③ 자동 선로전환기는 원격으로 제어할 수 있도록 하되, 수동으로도 작동할 수 있도록 하여야 한다.
④ 선로전환기는 노면전차의 구동장치에서 발생하는 전류에 의하여 영향을 받지 않도록 설치하여야 한다.

13 모노레일 시스템에서 과좌식과 현수식에 대하여 설명하시오.(124－25)

개요

① 모노레일은 현수식과 과좌식으로 나뉜다. 현수식은 차체가 궤도에 매달려서 운행 되는 방식으로 과좌식은 궤도 위를 열차가 운행하는 방식이다.
② 현수식과 과좌식은 각각의 장·단점 이 있으므로 딱히 어느 쪽이 좋다고는 할 수 없다. 그러나 도시의 사정에 따라 특정한 방식으로 건설하는 게 유리 할 수 있다

과좌식의 특징

① 과좌식은 현수식보다 고속운행이 가능하며 더 많은 수송이 가능하다.
② 과좌식은 곡선부에 캔트를 건설 할 수 있다.

③ 현수식에서는 진동문제에 대한 배려가 필요하며 열차를 현수하기 때문에 안전설계를 주의해야 하지만, 과좌식은 비교적 안정적으로 운행이 된다.
④ 과좌식은 현수식보다 분기기가 비교적 간단하다.
⑤ 과좌식은 비교적 부지에 여유가 있고 고속주행과 비교적 대규모 수송이 필요할 때 쓰인다. 과좌식은 눈에 의한 영향을 받는다.

현수식의 특징

① 현수식은 과좌식 보다 더 급한 곡선 과좌식의 2배의 구배를 사용할 수 있으며 지지주는 철을 사용할 수 있으므로 점유 면적이 과좌식 보다 작다.
② 건설 기간 역시 과좌식보다 짧으므로 일반적으로 급곡선이 많은 도로가 많을 때 도로의 점유면적을 최소화해야 할 때 건설로 인한 교통체증을 빨리 해소해야 할 때 유리하다. 차체 내에서 바라보는 전망은 현수식 쪽이 좋다.
③ 현수식은 과좌식과 같은 차량 운행 높이를 유지하려면 과좌식보다 지지주를 더 높이 건설해야 하므로 건설비가 높을 것으로 예상된다.
④ 현수식은 곡선부 주행 시 진자작용이 작용하며 강한 돌풍에 영향을 받는다.

모노레일 형식 비교

구분	과좌식 모노레일	현수식 모노레일
곡선 주행성	• 최소곡선반경에 제약이 있음(차량 상판 밑의 공간, 차륜과 궤도, 승차감 등)	• 작은 곡선을 미끄러짐 없이 통과할 수 있음(대차 구동장치에 작동기어 사용)
기후 영향	• 궤도의 주행 면이 노출되어 있기 때문에 기후의 영향을 받음 • 미끄러짐 방지조치 필요	• 주행 면이 덮여있기 때문에 기후 영향 없음 • 강구조 시 기온변화 시 큰 영향이 있음
도로교통에 대한 안전성	• 도로상의 자동차 등에 의한 한계 지장이 없음 • 차량부품이 차체하부에 있기 때문에 부품이 낙하염려 없음	• 건축한계 초과하는 자동차 등과 접촉위험 있음 • 차량부품이 지상으로 낙하하는 일이 없음
시공성	• RC구조, PC형이 주로 사용되며 비용이 적음 • PC형은 플랜트에 제작가능 하나 RC구조는 공기가 많이 소요되며 하부로 통행에 제약이 많음	• 궤도 부, 지주 등은 강구조를 주로 사용, 경비는 고가 • 공장제작, 현지반입이 대부분이며 현장공사는 거치 외는 없음
유지보수성	• 기본적으로 재도장이 필요 없음 주행 면은 열차로부터 육안점검 가능 • 분기는 궤도 본체가 전환하기 때문에 대형이고 보수에 어려움	• 강구조이기 때문에 주기적으로 재 도장 필요 • 점검차로 주행 면 전차선 점검 • 분기기는 소형이지만 보수에 신중함이 필요

14 모노레일 시스템에서 차량고장 시 승객대피 방안에 대하여 설명하시오.(124－10)

승객대피 방안

① **지상탈출장비 탑재** : 고가 궤도에 있는 차량에서 지상으로 바로 탈출할 수 있는 장치로 스파이럴 슈터를 편성당 2개씩 탑재

② **비상 건넘선 탑재 및 비치**
- 열차 전면에 비상문을 설치하여 비상시 후속차량으로 승객대피가 가능하도록 건넘판을 차량당 2개씩 탑재
- 반대편 선로의 차량으로도 대피할 수 있도록 각 정거장에 4개씩의 건넘판을 비치

③ 고가사다리를 이용하여 승객을 지상대피

④ **비상대피 절차 시나리오**

㉠ 보행로를 이용하여 인접역으로 대피
㉡ 사고열차 자체 추진력으로 근접역까지 이동
㉢ 사고열차를 다른 열차가 견인 또는 밀어 가까운 역으로 이동
㉣ 사고열차를 구원차량이 견인 또는 밀어 인접역으로 이동
㉤ 승객들을 구원열차로 옮겨 실은 후 인접역으로 이동(전두부 비상출입문을 이용)
㉥ 승객들을 구원열차로 옮겨 실은 후 인접역으로 이동(측면 출입문을 이용)
㉦ 완강기를 이용해 지상으로 탈출(단일 출입문)
㉧ 완강기를 이용하여 지상으로 탈출 (다수의 출입문 이용)
㉨ 차량에 설치된 스파이럴 슈트를 이용하여 지상으로 탈출
㉩ 구조대가 설치한 스파이럴 슈트를 이용하여 지상으로 탈출
㉪ 수직형 슈트를 이용하여 지상으로 탈출
㉫ 유압 리프트 또는 사다리가 설치된 구조차량을 이용하여 지상으로 탈출

15 모노레일의 특징과 장점 및 단점에 대하여 설명하시오.(115－25)(124－10)

¤ 모노레일 종류별 특성과 장단점에 대하여 설명하시오.

모노레일의 특징

도로와의 평면교차를 피하여 고가 1개의 주행로(궤도거더) 위 또는 아래로 고무타이어 또는 철제 차륜에 의해 주행하는 철로로 주로 고무차륜이 많다.

① 기존 도시철도 시스템에서 사용하는 2개의 철제주행차륜 대신에 1개의 콘크리트 또는 철제 빔 형태의 고가 안내궤도를 따라 주행하는 시스템이다.

② 차량이 걸려서 달리는 방식(과좌식)과 주행로를 달리는 대차에 차체가 매달려 달리는 현수식으로 구분된다.
③ 주행로는 고가이며 운행속도는 30~50km/h이며 최고속도는 80km/h까지 가능
④ 기존 시스템에 비해 정시성, 안전성, 소음·진동, 토지섬유 등에서 효율성이 높으며 도시미관과 조화가 잘 이루어져 진보적이고 효율적인 시스템이다.
⑤ 도시 내부 또는 도시와 위락지 사이를 주로 운행한다.
⑥ 토목구조물 주행로(Beam, 또는 현수지지물)를 고무타이어를 사용하여 주행하는 방식이다. 현재 대구 지하철 3호선에서 ATC/ATO를 장착하여 무인운전 모드로 운행 중이다.
⑦ 급곡선, 급구배 노선에 적합하다.

장점

- 고가도로처럼 높은 곳을 달리므로 다른 교통의 방해를 받지 않는다.
- 도로나 하천 위 등의 공간을 이용하여 건설할 수 있어서 도로교통에 지장이 없다.
- 건설비(지하철의 약 40%)가 싸고 설치할 장소가 덜 드는 이점이 있다.
- 소음공해가 작고, 급경사, 급곡선 운전도 가능하다.

단점

- 주행장치에 수많은 안내차륜을 필요로 하므로 1대차에 고무 타이어 10개 정도를 장착하게 되므로, 차량의 기구가 약간 복잡하여 값이 비싸진다.
- 다른 철도에 비해 고속 운행이 어렵다.
- 고무 타이어로 인해 동력비(動力費)가 비싸며 보통 철도와 궤도방식이 달라서 상호 작동연결이 불가능하다.
- 분기기는 무거운 주행 구조물을 이동시키기 위해 구조가 복잡하여 전환에 약간의 시간이 필요하다.
- 영업운전을 개시한 후에는 선형의 변경이 거의 불가능하다.
- 비상시 승객 대피방안이 복잡하고 어렵다.

16 자기부상열차의 특징 및 원리에 대하여 설명하시오.(115－25)

원리

자기부상열차는 전자력의 힘으로 레일 위를 떠서 운행하는 열차로써 고속용과 저속용이 있으며 흡입식과 반발식이 있다. 경전철에 사용되는 열차는 도시형 자기부상열차로 전자석을 이용한 흡입식이며 중저속구간에 적합하다.

> 전자석에 전력공급 ➡ 전자석에 자기력 발생 ➡ U형 레일면과 전자석간에 흡입력 발생 ➡ 전자석과 레일 간의 간격이 8[mm]가 될 때까지 차량이 부상 ➡ 센서의 Feedback 신호를 이용하여 8[mm] 유지 ➡ 추진은 리니어모터를 사용한다.

특징

① 지하철과 버스의 중간 정도로 수송능력이 우수하다.
② 주로 15~20km 구간의 단거리 도시 구간을 운행한다.
③ 지하철에 비해 건설비를 대폭 절감할 수 있어 중소도시에 적합하다.
④ 가·감속능력과 주행 능력이 우수하므로 역간거리를 축소할 수 있다.
⑤ 소음 및 진동이 없으며, 승차감이 좋다.
⑥ 급곡선이나 급경사에도 운용효율이 높다.
⑦ 이동폐색방식을 적용하므로 운전시격을 단축할 수 있다.
⑧ 완전 무인시스템이므로 운전 및 운영비를 절감할 수 있다.
⑨ 노선을 탄력적으로 운용할 수 있으므로 밀집 지역과의 순환이 가능하다.

17 경전철의 장단점을 중전철과 비교하여 기술하시오.(25)

경전철의 정의 및 특징

경전철은 버스와 중량전철(지하철)의 중간규모 수송수요를 갖는 첨단 궤도교통시스템으로 대도시의 지선형 및 중소 도시의 간선형 교통수단, 대도시와 위성도시의 연계형 노선, 대규모 시설(공항, 항만)의 접근형 및 내부 순환형, 중소도시의 간선형 교통수단, 관광지의 교통수단으로 사용되는 특징을 가지고 있으며, 다음과 같은 장단점을 가지고 있다.

장점

① 건설비절감 (기존 지하철 대비 : 40%~60%)
- 차량의 경량화 (기존 지하철 대비 : 30%)

- 터널, 교각 등 구조물의 슬림화
- 노선배치의 유연성(최소 곡선반경 50m, 최급구배 6%)
- 짧은 시격 : 역사 규모의 최소화

② 운영비용 절감

- 무인자동운전에 의한 인건비 절감(66% ➡ 40%)
- 수송수요에 따른 탄력적 운영

③ 이용자 측면

- 짧은 시격 ➡ 승차대기시간 단축
- 기존 도시철도망에 연결 ➡ 환승용이
- 각종 건축물과의 직결 ➡ 목적지까지의 수송 가능

단점

① 중전철에 비해 수송능력 부족

- 대응책 : 시격 단축

② 시스템 비용이 상대적으로 고가임

- 무인운전을 위한 시스템 구축(각종 감시시스템, 관제설비 보강)
- 안전설비 구축(승객안전, 유지보수 요원 안전)

③ 고가 건설로 인한 미관 및 사생활 침해

- 구조물 경량화 및 미관을 고려한 설계
- 해결책 : Mist Window 채택

④ 민자추진에 따른 행정규제 과다 및 건설기간 장기화(10년)

- 대응책 : 법제도 정비를 통한 규제 간소화
- 건설기간 최소화(지자체 검토(3년), 중앙정부 검토(1년), 설계(6개월), 공사(4년))

18 LIM(Linear Induction Motor) 방식 전철의 특징에 대하여 설명하시오.(10)

개요

철도시스템에 사용되어 오던 기존의 점착구동방식과 달리 리니어 추진시스템은 전자기력을 추진력으로 이용하는 비점착구동 시스템이다. 리니어 전철이란 차량하부에 리니어 모터를 장착하여 차량의 추진력을 리니어 모터로부터 직접 얻는 전철을 말한다.

LIM(선형유도전동기) 방식과 LSM(선형동기전동기) 방식의 두 가지가 있으며, 이 중에서 LIM은 LSM에 비하여 재료비와 설치비를 대폭 절감할 수 있으며, 제작 및 설치가 쉬우므로 막대한 공사비를 요구하는 철도에는 LIM 방식이 적합하다.

◐ 특징

① 탁월한 등판능력
- 힘이 차륜으로 전달되지 않음으로 등판능력 탁월(최대 8%로 회전형의 2배 이상)
- 지하역사를 얕은 곳에 건설 가능, 지하/고가의 진입 구간 길이 단축 가능

② 터널 단면의 획기적 축소
- 리니어 모터를 채용하여 차량 높이가 낮아짐.
- 터널 단면적 최소화로 건설비 저감

③ 급 곡선 주행
- 차륜경 소형화, 고정축거 단축, 자기 조향 대차 채용으로 곡선반경 50m까지 가능
- 노선선정이 자유롭고 접근성이 향상됨.

④ 구조적 우수성
- 회전형 기어장치가 불필요한 우수한 구조적 특징
- 차륜/레일의 마모가 적어 유지보수비 감소

⑤ 우수한 급가속 성능

⑥ 내기후성
- 얼음/눈/비 등 운행 환경조건에 절대적 유리
- 사계절 기후 변화에 무관한 우수한 신뢰성/안전성

⑦ 친환경성
- 자기 조향대차 채용으로 소음 저감
- 제3궤조를 사용하여 도시 미관 수려

19 트램(Tram) 관제시스템의 주요 기능에 대하여 설명하시오.(134－25)

◐ 트램(Tram) 관제시스템의 주요 기능

1. 트램 안전운영

① 트램 운행관리 기능
- 운행계획은 초기 기준정보를 바탕으로 시스템에 의해 작성되며 이를 운영자가 수정하여 사용하는 것을 원칙으로 한다. 다만, 비정상 운행 (시험운행 포함)인 경우 트램 운행스케줄 계획에 따라 시스템 자동운행보다는 관제사 수동취급에 의한 운행을 권장한다.
- 운행계획 작성, 운행계획 적용, 운행계획 수정, 운행실적 정보전송 등의 운행계획 관리 기능을 제공한다.

② 트램 비상대응관리 기능

- 트램 비상대응관리시스템의 세부 체계는 '철도안전법 제7조(안전관리체계의 승인)' 중 비상대응 관련 항목을 준용하여야 하며, 트램 비상대응관리는 비상대응계획 수립과 비상대응 연습·훈련 항목으로 구분할 수 있다.
- 트램은 도로 위를 운행하는 철도시스템이므로 도로교통 관리 기관과 철도교통 관리 기관 사이의 유기적인 협력체계를 구축하여 신속한 비상대응 및 승객 구호의 역할을 수행한다.

③ 집중 원격감시 제어 기능(전력 SCADA)

- 원격장치의 경보 상태에 따라 미리 규정된 동작을 하는 감시시스템의 기능인 경보 기능
- 원격외부 장치를 선택적으로 수동, 자동 또는 수·자동 복합으로 동작 하는 감시 제어 기능
- 원격 장치의 상태 정보를 수신, 표시·기록하는 감시시스템의 지시·표시 기능
- 디지털 펄스 정보를 수신, 합산하여 표시·기록에 사용할 수 있는 기능

2. 연계기능

① 도로교통 신호체계 연동 기능

- 트램 관제실은 노선 내 모든 교차로의 신호현시상태를 감시할 수 있어야 한다.
- 관제실은 트램 신호장치와 도로교통관제센터로부터 교차로 상태정보를 수신하여 현시해야 하며, 도로교통관제센터에 우선신호 요청을 할 수 있어야 한다.
- 따라서 유관기관에서 제공하는 정보연계를 위해 컴퓨터 및 통신시스템을 이용하여 자동화되도록 설계하여야 하며, 이를 위해 관련 시스템의 인터페이스 프로토콜 설계 시 자료의 호환성이 고려되어 데이터 활용성을 향상할 수 있도록 한다.

② 운행정보/환승정보 안내 기능

㉠ **구현 정보의 구성** : 운행정보를 승객에게 효율적으로 제공하기 위해 노선, 요금, 환승 등 정적 이용정보와 함께 트램의 현재 위치정보, 특정 정거장에 대한 도착 예정 시간정보, 돌발상황 등과 같은 동적 정보가 포함된다.

㉡ **정보의 위탁 및 실시간 제공** : 관제실이 직접 정보안내시스템을 갖추거나 정보만을 제공하고 실질적 정보안내시스템은 별도의 기관에서 위탁 제공할 수 있으며, 필요한 정보는 실시간 제공되어야 한다.

㉢ **정보제공의 위치** : 환승정보 안내 기능은 정거장이나 환승센터 등의 환승시설 내에 설치되어 이용승객에게 노선, 이용요금, 환승 정보 등을 제공한다. 이러한 기능은 차내에도 함께 제공되어야 한다.

3. 지원기능

① 비상통신망구축 및 열차비상통신기능

② 요금징수 모니터링 기능

③ 트램 운행정보 가공 기능

④ 불법 운행 단속 기능

20 트램(Tram) 운전구간의 안전확보 방안에 대하여 설명하시오.(134-25)

안전확보 방안

① **도시철도차량(노면전차) 기술기준 중 아래와 같은 필수요구 사항이 만족하여야 한다.**

㉠ 차량한계, 주행안전, 충돌안전, 화재안전, 전기안전, 위험도분석, 철도소프트웨어 등 안전요구사항 관련 조항들이 만족하여야 한다.

㉡ 운행조건, 운행성능 등 성능 요구사항 관련 조항들이 만족하여야 한다.

㉢ 차량-전력계통, 차량-신호제어, 차량-통신, 차량-궤도, 차량-기관사 등 인터페이스 관련 조항들이 만족하여야 한다.

㉣ 운영 및 유지관리 요구사항 관련 조항들이 만족하여야 한다.

㉤ 안전운행, 신뢰성 및 가용성, 보건, 소음, 구원운전 등 운용한계 요구사항 조항들이 만족하여야 한다.

안전대책

① 트램 도입 초기 표준화된 사고DB구축을 통한 안전대책이 필요하다.

트램이 도입된 후 5년이 지나면 사고가 반감되며, 교차로 부근에서 자동차가 회전하는 경우와 정류장 주변의 무단횡단 등으로 인한 사고가 가장 자주 발생하였다. 특히, 트램 정류장 부근에 스마트 기기 사용 등으로 인한 보행자관련 횡단사고는 증가할 것으로 예상된다.

② 트램과 승용차에 대한 구체적인 사고처리 대책이 필요하다.

트램사고의 67%가 승용차와 관련된 사고이기 때문에 사고 시 보상처리에 대한 부분까지도 면밀한 검토가 필요하다.

Memo

제15장

고속철도, 안전설비

01 고속선로를 운행하는 열차 또는 차량은 ATC 기능을 확보하고 차내 신호현시 조건에 따라 운전한다. 다만, 관제사의 승인을 받아 ATC에 의하지 않고 운전하는 경우를 설명(127-10)

02 고속철도 구간에 설치된 차축온도검지장치의 구성과 설치기준 및 열차운행 제한방법에 대하여 설명(115-25)

03 지진감시설비의 구성 및 설치기준과 지진 발생 시 열차운행방법에 대하여 설명(121-10)

04 고속철도 지진감시장치 중에서 지진가속도계측기 설비의 구성과 지진발생 시의 운전 취급 방법에 대하여 설명(114-25)

05 경부고속철도 터널경보장치 완성품의 KRSA-4014-R0 규격에 의한 시험의 종류를 설명(111-10)

06 고속철도에 설치되어 있는 지장물 검지장치를 설명(111-25)

07 경부고속철도에 설치된 지진감시시스템의 경보발령 기준에 대하여 설명(112-10)

08 고속철도에 설치된 폐색구간 안전스위치(CPT) 및 기초보호구역 안전스위치(TZEP)의 구성 및 설치기준에 대하여 설명(114-25)(120-25)

09 경부고속철도의 안전설비 9가지를 설명(120-25)

10 고속철도의 안전설비 중 유지보수자의 안전을 위한 열차접근확인장치에 대하여 설명(115-25)

11 도시철도 시설안전기준 중 신호 및 열차제어설비가 안전기본원칙에 적합하도록 설계, 제작 및 설치할 사항을 5가지 이상 제시(111-10)

12 열차 안전운행을 보조하는 기상검지장치의 종류와 설치위치, 단계별 운행 제한에 대하여 설명(112-25)

13 열차운행선 지장작업을 시행함에 있어 안전시공을 위한 안전관리조치 사항 중 사전에 점검해야 할 내용을 설명(127-10)

14 운행선 인접공사의 안전사고를 예방하기 위한 안전설계 방안에 대하여 설명(115-10)

15 「철도안전법 시행령」제59조(철도안전 전문인력의 구분)에 따른 철도안전 전문인력을 제시하고, 각각의 업무범위에 대하여 설명(114-10)

17 최근 급증하는 철도사고 재발방지를 하고자 국토교통부에서 수립한 '철도안전 강화 대책' 4가지에 대하여 설명(130-10)

18 고속철도 지진감시설비의 구성, 설치기준과 지진발생시 고속열차운행 방법에 대하여 설명(114-25)

제15장

고속철도, 안전설비

01 고속선로를 운행하는 열차 또는 차량은 ATC 기능을 확보하고 차내 신호현시 조건에 따라 운전한다. 다만, 관제사의 승인을 받아 ATC에 의하지 않고 운전하는 경우를 설명하시오.(127－10)

ATC 예외 운전

① 고속선을 운전하는 열차 또는 차량은 열차자동제어장치(이하 'ATC'라 한다)의 차내신호 현시 조건에 따라야 한다. 다만, 다음 각호의 경우에는 **관제사의 승인을 받아 ATC에 의하지 않을 수 있다.**

㉠ 운전 중 ATC 장치에 고장이 발생하였을 경우

㉡ 뒤 운전실 또는 다른 차량을 열차 후부에 연결하고 추진으로 운전할 경우

㉢ 대용폐색방식 또는 전령법으로 운전할 경우

㉣ 사고 등 이례적인 사태 발생으로 이를 복구하기 위하여 공사열차 또는 구원열차를 운행할 경우

② ①항 단서의 경우 속도제어차단장치와 열차속도제한장치를 차단하여야 한다.

02 고속철도 구간에 설치된 차축온도검지장치의 구성과 설치기준 및 열차운행 제한방법에 대하여 설명하시오.(115－25)

설치목적

차축온도검지장치는 고속으로 주행하는 열차의 차축온도가 일정온도 이상으로 과열되면 이를 검지하여 운영자에게 경고를 전송하고, 열차운행을 감속 또는 정지시킴으로써 열차와 승객의 안전을 도모하는 장치이다.

설치위치 선정

① 차축온도검지장치의 설치 간격은 25~30km로 기준으로 하고 있다.

② 열차가 최고속도로 주행하는 구간

③ 상·하행선의 측정장치는 인접한 장소에 설치

④ 정차를 위해 상시 제동하는 구간(인접 선로전환기에서 2,000m 이상), 하구배 지역, 곡선구간(곡선반경 5,000m 이상) 등은 배제하여 설치

⑤ 역 또는 보수기지 진입 10km 전방에 설치

⑥ 중간기계실에 인접한 장소(200m)에 설치

⑦ 터널, 교량, 고가구간 등 보수유지가 어려운 장소는 배제하여 설치

시스템 구성

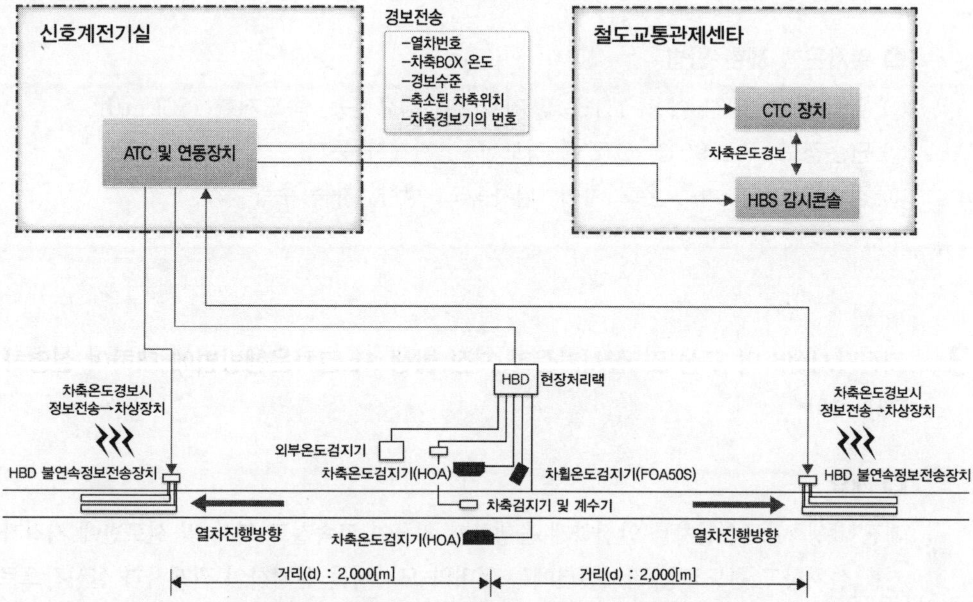

[그림] 고속철도 차축 온도 검지장치(HBD) 구성도

① 차축온도검지장치의 구성은 다음과 같다.
   ㉠ 차축 온도 측정용 센서
   ㉡ 외부 온도 측정용 센서
   ㉢ 차축 검지기
   ㉣ 현장 전자랙
   ㉤ 관제실 표시 및 경보설비
   ㉥ 유지보수 컴퓨터
   ㉦ 프린터

② 열차가 검지기 전방 2개 궤도회로를 동시에 점유했을 때 차축 온도 측정 준비(검지기 셔터 열림)

③ 차량 통과 시 차축검지기와 Scanner에서 차축 온도를 측정·제어함으로써, 데이터를 전송하며, 제어함에서는 측정된 온도와 외기 온도를 보정하여 실제 온도를 측정하여 생성하고, 측정온도에 따라 경보가 발생하도록 한다.
- 단순경보(Simple Alarm) : 70℃ 이상 시
- 위험경보(Danger Alarm) : 90℃ 이상 시

④ 측정된 데이터는 ATC장치와 HBS로 전송되며, HBS에서는 관련 정보를 표시 및 저장하고, 경보와 메시지를 생성하여 CTC에 전송한다.

열차운행 제한 방법

① 위험경보 : 90℃ 이상, CTC 및 기관사에 경보전송, 속도제한 170km/h
② 단순경보 : 70~90℃, CTC에 경보전송, 관제사 통제
③ 검수경보 : 양 차축 온도 차이, 열차속도, 방향, 차축 수량

03 지진감시설비의 구성 및 설치기준과 지진 발생 시 열차운행방법에 대하여 설명하시오. (121 – 10)

개요

지진 발생 시 고속열차를 안전하게 운행하기 위하여 고속철도 역사 및 선로변에 지진가속도계측기를 설치하고 철도교통 관제센터에는 서버와 모니터를 설치하여 관제사가 실시간으로 지진 현황을 감시하여 지진 발생 시 지진 진도에 따라 고속열차 운행을 통제한다.

구성도

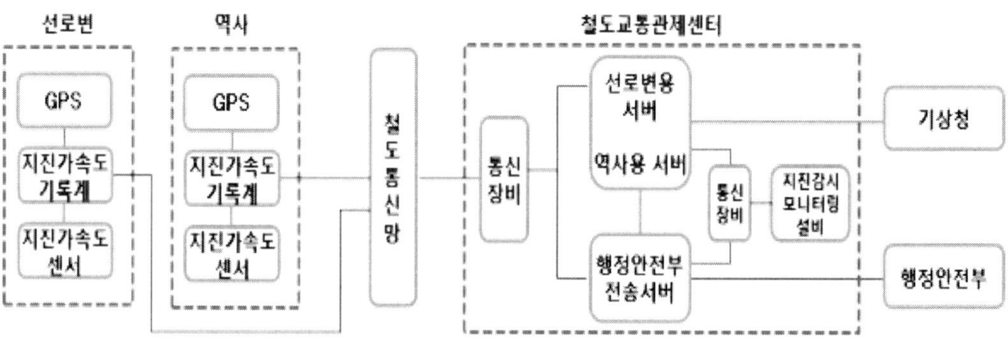

구성 및 설치기준

① 구성 : 센서, 기록계, GPS, 지진감시모니터링설비

② 설치기준

㉠ 자유장 : 선로변 30~50km 간격, 역사 근처 지표면

㉡ 센서

- 교량 : 슬래브, 교각 상부, 교각 하부
- 역사 : 건물 최상층, 최하층

지진 발생 시 열차운행 방법(철도공사 고속철도 운전취급 세칙 제29조)

지진이 발생하면 철도교통 관제센터에 근무하는 관제사는 모니터에 표시된 지진 진동가속도(gal) 값에 따라 다음과 같이 고속열차를 통제한다.

① 지진황색경보(40gal~65gal 미만)

㉠ 지진영향권을 운행하는 열차에 일단 정차 지시

㉡ 인터벌구간의 신호기를 정지 현시

㉢ 지진감시설비를 통해 지진이 지나간 것을 확인 후 90km/h 이하로 주의운전

㉣ 유지보수 소속에서 시설물을 긴급 점검을 지시하여 정상운행 여부 확인

㉤ 최초 열차 기관사가 열차운행에 지장이 없는 것을 확인한 후에는 정상운행

② 지진적색경보(65gal이상)

㉠ 지진영향권을 운행하는 열차에 일단 정차 지시

㉡ 인터벌구간의 신호기를 정지 현시

㉢ 전차선 급전중지

㉣ 유지보수 소속에서 시설물을 긴급 점검을 지시하여 정상운행 여부 확인

㉤ 지진이 지나간 것으로 판단되면 최초열차는 30km/h 이하로 시계운전

㉥ 시설물 점검결과와 최초열차가 지장이 없는 것을 확인하였을 때 후속열차 90km/h 이하로 운행

㉦ 속도단계별로 증속운행(170km/h, 230km/h, 270km/h, 300km/h)

04 고속철도 지진감시장치 중에서 지진가속도계측기 설비의 구성과 지진발생 시의 운전 취급 방법에 대하여 설명하시오.(114－25)

지진감시장치 구성도

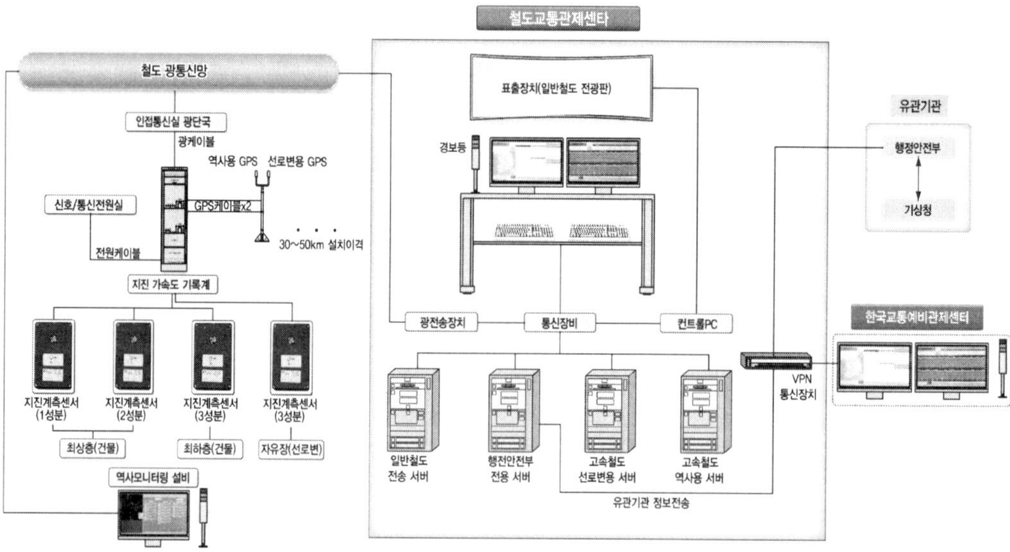

[그림] 지진감시장치 구성도

① 지진가속도기록계는 1성분+2성분+3성분(2대)으로 구성
② 지진감지내용은 지진가속도계를 거쳐 인접통신기계실을 경유하여 철도교통관제센터로 전송
③ 관제센터에서는 이를 화면에 디스플레이하고 행정안전부로 전송

지진발생시 운전취급

전국의 관측소로부터 수신된 지진정보를 기상청을 통해 고속철도 관제실에서 수신하여 규모에 따라 위험경보를 표출하는 장치이다.

① 15 ~ 40[gal] 미만 : 조치사항이 없으며 이벤트 발생을 관제에 알림
② 40[gal] 이상 ~ 65[gal] 미만 : 열차 일단정지 후 최초열차는 30km/h 이하로 주의운전, 지진 통과 시 90[km/h] 이하 운전
③ 65[gal] 이상 : 일단정지 후 지진 통과 시 30[km/h] 이하 시계운전, 후속열차는 90[km/h], 170[km/h] 등으로 단계별 속도 상승

※ gal : 진동가속도 값

05 경부고속철도 터널경보장치 완성품의 KRSA-4014-R0 규격에 의한 시험의 종류를 설명하시오.(111-10)

시험의 종류

① 성능시험

㉠ 통합제어반 및 감시용 PC

ⓐ 220V 전원을 인가하고 각 장치들의 LED 램프와 표시상태 확인

ⓑ 디지털 입력모듈의 입력 단자에 DC 24V를 인가하여 입력모듈의 각 접점 램프 점등 확인

ⓒ 감시용 컴퓨터의 화면에 궤도 점유 정보 확인

ⓓ 전원을 인가한 상태에서 각 장치의 상태를 육안 확인

- 전원부 : 정상 동작 시 녹색 점등
- 디지털 전압·전류계(표시) : 정상 동작시 전압, 전류값 표시
- 중앙처리부 : 정상 동작시 "OK" 표시 점등
- 통신부 : 전원 및 통신상태 정상 동작시 녹색 점등

ⓔ 입력 전압값(AC 220V ± 5%) 확인

ⓕ 감시용 컴퓨터의 화면이 아래 신호에 따라 정상 동작하는지 확인

- 이더넷 통신으로 신호가 들어왔을 때 : 궤도점유 상태 변화 확인
- 터널경보장치에서 입력신호가 들어왔을 때 : 현장 스위치함 조작화면 표시 확인, 경광등/경보기 동작 화면 확인

㉡ 현장제어반 및 현장 스위치함

ⓐ 전원을 인가한 상태에서 각 장치의 상태를 육안으로 확인

- 전원부 : 정상 동작시 녹색 점등
- 디지털 전압·전류계 : 정상 동작 시 전압, 전류값 표시
- 중앙처리부 : 정상 동작시 "OK" 표시 점등
- 통신부 : 전원 및 통신상태 정상 동작시 녹색 점등
- 현장 스위치함 : 정상 동작시 "점검자 없음", "시스템 정상" 램프 점등

ⓑ 열차 운행정보(궤도점유 정보 및 운행방향 정보)는 에뮬레이터 프로그램을 사용한 가상의 운행정보를 통합제어반으로부터 통신으로 전달받아 터널경보장치 현장제어반 프로그램에 의한 동작 확인

ⓒ 궤도점유 정보가 없을 경우(경보시스템 동작 전)현장스위치함의 "점검자 있음" 스위치를 누르면, "점검자 있음" 사각표시등이 점등되고, 경광등/경보기는 동작하지 않는 것을 확인

ⓓ '점검자 있음' 상태에서 장치의 고장 발생 시 모든 경광등이 섬광하여야 한다.

ⓔ 열차운행정보가 입력된 상황에서 아래의 조건에 따라 경광등/경보기의 동작유무와 감시용 PC의 화면표시 확인

ⓕ 경광등/경보기 동작상태 확인

구분		동작상태	성능
경보 시점	경보기	• 터널입구 전방 궤도회로 점유정보 입력 시 경보시작 (열차 최고속도를 기준으로 터널입구 도달 시까지 30초 이상 확보)	• 경광등 : 1분당 60~80회점멸 • 경보기 : 100dB 이상
	경광등		
경보 종점	경보기	• 열차가 터널입구 도달시 경보해제	
	경광등	• 터널 진입 궤도회로 점유정보 입력 시 경보 해제	

ⓖ 테스트 버튼 조작 시 동작상태 확인
- 현장 스위치 함 : 사각램프 점등
- 경광등, 경보기 : 점멸 및 동작 (T1, T2 모두)

② **절연저항 시험**은 아래와 같이 한다.

㉠ 절연저항 측정기를 연결하여 측정한다.

㉡ 시험용 테스트 지점
- 전원 입력단자(A) : 배선회로 중 결선된 입력단자
- 기구부분 접지(M) : 외함 접지볼트 및 접지모선 단자부분

㉢ 시험 통과조건

직류(DC) 전압	시험지점	시험지점	절연저항 허용치
500V	A	M	1000㏁ 이상

③ **절연내력 시험**은 아래와 같이 한다.

㉠ 절연내력 측정기를 연결하여 측정한다.

㉡ 시험용 테스트 지점
- 전원 입력단자(A) : 배선회로 중 결선된 입력단자
- 기구부분 접지(M) : 외함 접지볼트 및 접지모선 단자부분

㉢ 시험 통과조건
- 1분 동안 시험전압을 유지한다.
- 고장, 방전, 섬광이 없으면 절연내력시험을 충족하는 것이다.

교류(AC) 전압	시험지점	시험지점	절연저항 허용치
1,500V	A	M	3㎃

④ **전기자기 적합성(EMC) 시험**은 KRS SG 0067 지상 신호제어설비 시험방법 중 4.3.4항목에 따른다.

⑤ **온도 특성시험**은 KRS SG 0067 지상 신호제어설비 시험방법 중 4.3.3 온도시험 방법에 따른다.

⑥ **방진 및 방수시험**은 KRS SG 0067 지상 신호제어설비 시험방법 중 4.3.7 방진, 방수시험 항목에 따른다.

06 고속철도에 설치되어 있는 지장물 검지장치를 설명하시오.(111－25)

설치목적

열차가 운행되는 선로변의 낙석 또는 토사붕괴 위험개소, 눈사태 등의 자연재해와 철도를 횡단하는 고가차도 또는 교량 등에서 지장물이 선로에 침입하는 것을 검지하여 열차제어설비와 연동시켜 열차를 안전하게 보호하기 위함이다.

기능 및 설치위치

검지선은 병렬 2개선으로 설치되며 지장물 침입 시 단선되는 검지선의 수에 따라 2가지 정보를 CTC에 전송한다.

① 1선 단선 : 경보가 전송되어 **무선으로 기관사에게 주의 운전 유도**한다.
② 2선 단선 : ATC 장치는 자동적으로 상, 하행선 해당 궤도회로에 **정지신호를 전송**하여, 진입하는 열차를 정지시키며 기관사는 지장물 확인 후 지장을 주지 않으면 해제스위치를 조작하여 운행을 재개한다.
③ **구성품** : DC접속함, SDC(보조접속함), 보호해제버튼, 검지선 등으로 구성되어 있다.

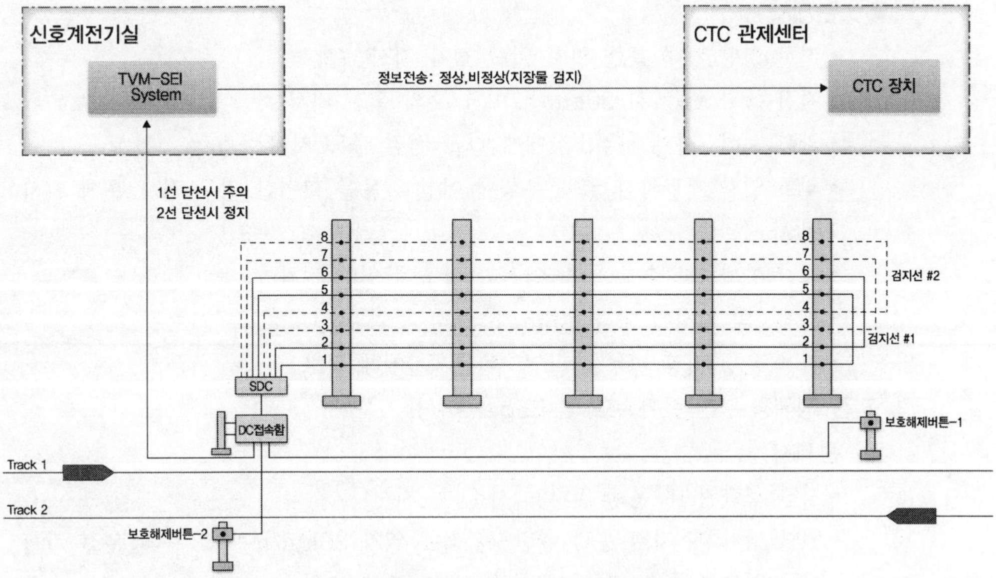

[그림] 지장물검지장치 구성도

설치위치 선정기준

지장물 검지장치의 설치위치 선정기준은 다음과 같다.

- 도로가 인접한 곳으로서 사고자동차의 침입이 우려되는 장소
- 고속철도 위로 횡단하는 도로

- 낙석이 우려되는 산악지역
- 토사붕괴의 위험성이 있는 지역
- 고속철도와 일반철도의 병행구간으로서 일반철도의 탈선이 우려되는 지역
- 터널 입/출구 중 낙석이 우려되는 지역

07 경부고속철도에 설치된 지진감시시스템의 경보발령 기준에 대하여 설명하시오.(112-10)

개요

지진 감시 시스템에서 "40gal 이상" 또는 현장에서 건물이 심하게 흔들려 물건이 넘어지거나 그릇의 물이 넘치는 경우와 기상청에서 규모 5.0 이상의 지진 기상 특보를 발령하여 선로 침수 시 대책을 설명할 수 있다.

경보 발령 기준

① 지진 황색경보(진동 가속도 값 40gal~65gal 미만)

㉠ 관제사

- 지진 영향권 내 운행 열차 일단 정차 지시
- 지진 통과 판단 시 30km/h 이하 주의 운전 지시
- 관련 시설, 전기 사무소장에게 긴급 점검 출동 지시
- 최초 열차 기관사가 열차 운행에 이상 없음을 확인한 경우 정상 운행 지시

㉡ 기관사

- 지진 황색경보 수보 즉시 안전한 장소에 일단 정차
- 관제사의 지시에 따라 30km/h 이하 주의 운전
- 열차 운행 지장 여부를 확인 후 관제사에게 통보

② 지진 적색경보(진동 가속도 값 65gal 이상)

㉠ 관제사

- 지진 영향권 내 운행 열차 즉시 정차 지시
- 일단 정차 후 지진 통과 판단 시 최초 열차 30km/h 이하 주의 운전 지시
- 이상 없으면 후속 열차 65km/h 이하 운행 조치
- 시설, 전기 사업소장의 긴급 점검(열차 순회 또는 도보 순회) 및 안전 점검 출동 지시
- 본진 발생 후 48시간 동안 ①항에서 정한 속도제한을 유지하고, 여진 발생 추이와 시설물 긴급 점검 결과 등을 고려하여 5일 이상 120km/h 이하 운행 지시(일반 선 고속 열차 150km/h 이하)
- 여진 발생 추이와 시설물 안전 점검 결과 등을 종합하여 열차 운행에 이상이 없다고 판단 시 정상 운행 지시

ⓛ 기관사

- 지진 적색경보 수신 즉시 안전한 장소에 열차 정차 후 관제사에게 보고
- 관제사의 지시에 따라 최초 열차 30km/h 이하 시계 운전, 이상 유무를 관제사에게 보고
- 이후 열차 운행 사항은 관제사의 지시에 따름

08 고속철도에 설치된 폐색구간 안전스위치(CPT) 및 기초보호구역 안전스위치(TZEP)의 구성 및 설치기준에 대하여 설명하시오.(114－25)(120－25)

¤ 경부고속철도에 설치된 안전스위치의 구성 및 설치기준에 대하여 설명하시오.

개요

안전스위치는 선로변에서 열차운행의 위험요소가 발견되었을 때, 선로순회자 또는 관계자가 안전스위치를 조작하여 열차를 정지시킴으로써 승객의 안전을 확보하고, 아울러 역 구내에서 승객의 안전상 위험이 발생하였을 때 스위치를 조작하여 진행하는 열차를 정지시켜 안전을 확보하는 장치로서, 현장 유지보수 시 보수자 및 승객의 안전을 확보하기 위하여 설치한다.

역 구내 방호스위치(TZEP)

① 스위치 구성

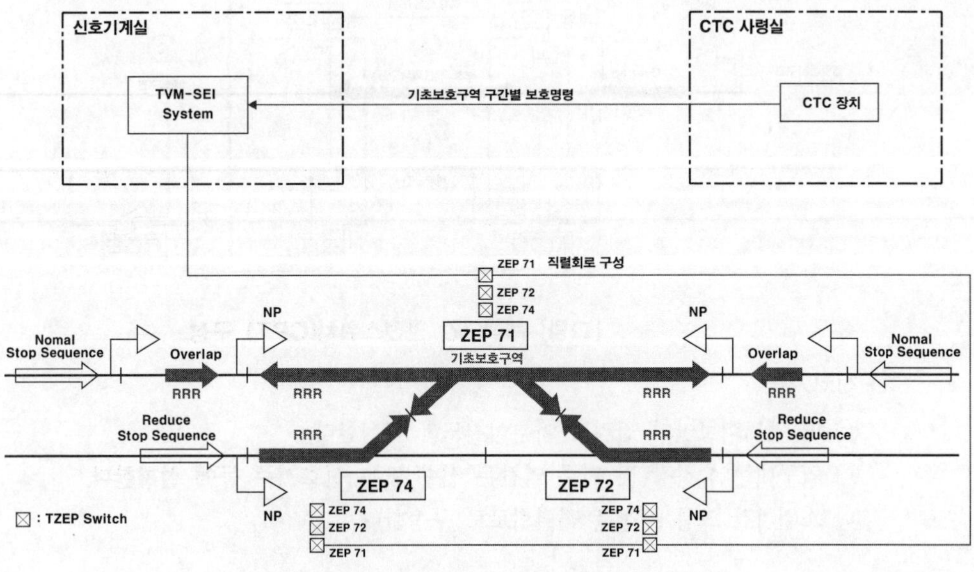

[그림] 기초보호구역 안전스위치(TZEP) 구성

② 설치기준

㉠ 매 궤도회로마다 검지가 이루어지도록 구성한다.

㉡ 역구내는 승강장 및 기주, 역간은 전주 또는 신호기주 등에 설치한다.

㉢ 스위치 간 그룹 구성 조건

- 상·하선 최대 300[m](±30[m]) 허용한계 내에서 1,500[m](±30[m]) 간격으로 구성한다.
- 같은 그룹의 안전스위치를 직렬로 구성한다.

폐색구간 안전스위치(CPT)

고속선의 폐색구간에는 폐색구간 안전스위치를 설치해야 하며, 폐색구간 안전스위치 개소에는 폐색구간 안전스위치 표지를 부착하여야 한다

① 설치구성

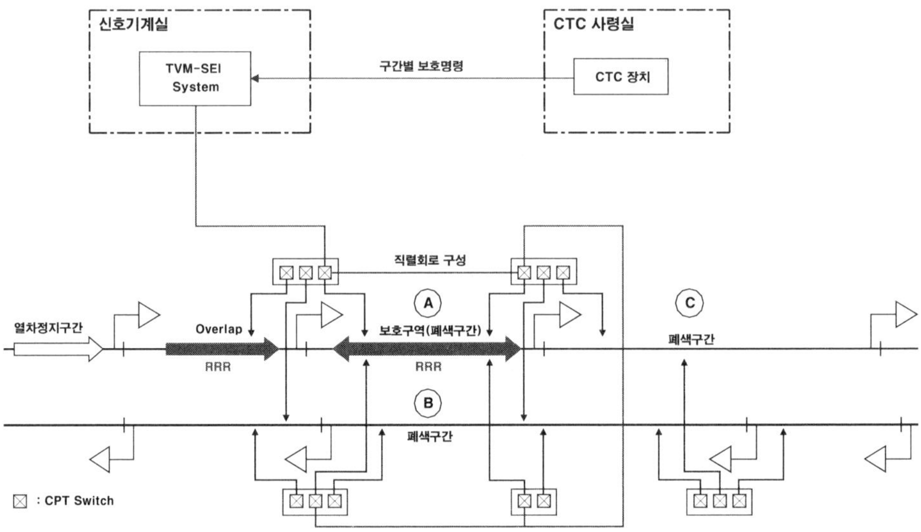

[그림] 폐색구간 안전스위치(CPT) 구성

② 설치기준

㉠ 매 궤도회로마다 검지가 이루어지도록 구성한다.

㉡ 역구내는 승강장 및 기주 역간은 전주 또는 신호기주 등에 설치한다.

㉢ 스위치간 그룹 구성은 직렬회로로 구성한다.

안전스위치 설치장소

① 선로변에 약 250~300m 간격으로 설치한다.

② 신호기계실 및 역 구내와 역 간에 설치한다.

09 경부고속철도의 안전설비 9가지를 설명하시오.(120－25)

¤ 고속선로에서 차량과 작업자 안전을 위해 설치된 안전설비의 종류와 기능에 대하여 설명하시오.(25)

안전설비의 종류와 기능

① **차축온도검지장치(HBD : Hot Box Detector)** : 고속선에 일정 간격으로 설치되어 있으며 통과하는 열차의 차축(베어링) 온도를 측정한다. 일정 온도 이상 검지시 해당 차축번호와 검지된 온도 정보를 열차와 관제실로 전송하여, 열차의 운행을 감속 또는 정지시킴으로써 열차 및 승객의 안전을 확보하는 장치이다.

② **지장물검지장치(Intrusion Detector)** : 고속철도를 횡단하는 과선교, 낙석이나 토사 붕괴가 우려되는 개소, 고속철도와 도로가 인접하여 자동차의 침입이 우려되는 개소에 설치하여 검지사항을 관제실에 경보를 전송하고 신호를 제어하여 사고를 예방하는 장치이다.

③ **끌림검지장치(DD : Dragging equipment Detector)** : 연결선 등 구간에서 열차에 끌려가는 물체를 사전에 검지하여, 고속선 진입신호기를 정지신호를 현시하거나 관제실로 경보를 전송하여 열차를 정지시켜 사고 예방 및 피해를 최소화하는 장치이다.

④ **선로변 지진감시설비(earthquake Alert System)** : 지진이 발생하면 지진규모에 따라 열차를 감속 운행하거나 운행 중지를 하기 위한 검지장치

⑤ **기상검지장치(MD : Meteorological Detector)** : 선로변의 급격한 기상조건 변화(태풍, 집중호우, 폭설)는 고속으로 주행하는 열차에 직접적인 위험요소가 될 수 있으므로, 기상감시설비는 변화하는 기상조건을 검지하여 관련정보를 운영자에게 전송하고, 상황에 따라 열차를 감속 또는 정지하도록 하는 설비로서 강풍검지장치, 강우검지장치 및 강설검지장치가 있다.

⑥ **분기기히팅장치** : 동절기에 강설이나 기온저하로 인하여 기본레일과 분기기레일 사이에 결빙 또는 레일표면의 결빙에 의한 분기기의 전환불량 장애를 방지할 목적으로, 분기부에 전기적으로 히팅장치를 사용하여 강설, 결빙 등에 의한 장애를 미연에 방지하여 열차소통에 지장이 없도록 하는 장치이다.

⑦ **보수자 선로횡단장치(PSC : Pedestrian Staff Crossing)** : 작업자의 선로횡단이 잦은 장소에 별도의 작업자 보호조치 없이 열차의 접근상황을 확인하고 안전하게 선로를 횡단할 수 있도록 하는 장치이다.

⑧ **터널경보장치(TACB : Tunnel Alam Control Box)** : 보수자가 터널 내에서 작업 중 터널에 열차가 일정한 구간에 접근할 때 경보등을 섬광시키고 사이렌으로 경보음을 발생하여 보수자를 안전한 곳으로 대피시키기 위한 설비이다.

⑨ **레일온도검지장치(RTCP : Rail Temperature Control Panel)** : 혹서기에 레일의 장출에 의한 사고를 예방할 목적으로 설치하며, 취약개소에 설치되어 위험온도에 도달하면 관제실에 경보를 전송하여 사고를 예방하는 장치이다.

⑩ **방호스위치** : 선로변 터널, 교량 및 역구내에서 열차운행으로 인한 위험요소가 발견되었을 때, 열차를 정지시켜 보수자 등의 안전을 확보하거나, 승강장에서 승객의 안전상 위험이 발생하였을 때 진입하는 열차를 정지시켜 안전을 확보하는 스위치이다

10 고속철도의 안전설비 중 유지보수자의 안전을 위한 열차접근확인장치에 대하여 설명하시오.(115－25)

보수자 선로횡단장치

보수자 선로횡단장치는 보수자가 지정된 개소에서 선로를 횡단할 경우 접근하는 열차유무를 확인하고 접근열차가 없을 때 한하여 선로를 횡단하도록 하기 위한 장치이다.

설치목적

보수자 선로횡단장치는 보수자의 선로횡단 가능 개소로 지정된 특정지점을 보수자가 선로횡단 시 열차의 접근 유무를 확인한 후 횡단가능여부를 확인하여 선로를 횡단하는 보수자의 안전을 보장하기 위함이다.

시스템구성

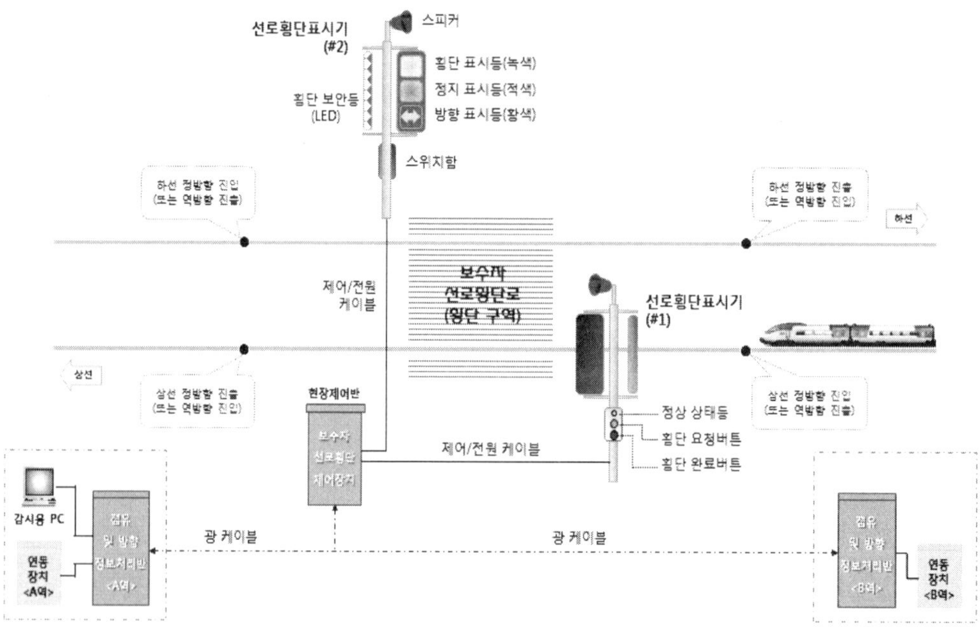

① 동작설명

- 선로횡단개소 신호등 기주에 설치된 확인스위치를 눌러 녹색신호가 현시되면 선로를 신속히 횡단하고, 신호등이 적색 또는 현시되지 않을 시에는 횡단하지 않는다.
- **보수자의 횡단소요시간은 20초를 기준**으로 한다.
- 역구내에서 접근하는 열차는 해당 분기부의 열차통과 제한속도를 기준으로 하여 궤도회로 점유 여부를 검지한다.
- 선로횡단구간의 열차검지구간을 기준으로 하여 제한속도별 검지거리를 충분히 확보하는 전방 궤도회로상의 열차점유 여부를 검지하여 현장신호등으로 신호를 전송한다.

② 설치개소

- 선로횡단 지정 개소
- 장대교량구간 및 터널 시·종점
- 분기기 밀집 개소
- 보수자 선로횡단이 필요한 개소

③ 주요 구성품

- 점유방향 정보처리반
- 감시용 컴퓨터
- 현장제어반
- 선로횡단 표시기

④ 선로횡단시간 기준 : 20초

⑤ 횡단거리 : 11m

11 **도시철도 시설안전기준 중 신호 및 열차제어설비가 안전기본원칙에 적합하도록 설계, 제작 및 설치할 사항을 5가지 이상 제시하시오.**(111－10)

➲ 신호 및 열차제어설비 안전 기본원칙

① 사람과 장치의 안전을 보장할 것

② 진로제어, 속도제어 및 간격제어 등의 조치는 안전하고 정확하게 수행할 것

③ 돌발 상황이나 사람의 실수 등 비정상적인 외적 영향에서도 안전하게 동작하고, 모든 열차방호기능을 정확하게 수행할 것

④ 자체의 상태를 지속해서 감시하여 성능저하의 정도를 확인할 수 있을 것

⑤ 성능이 떨어진 상태에서도 운행 시 열차를 방호할 수 있도록 안전측(안전측) 동작을 할 것

⑥ 주 설비에 이상이 발생하더라도 예비설비를 사용하여 정상적인 동작을 할 수 있도록 이중으로 안전 확보 방안을 마련할 것

⑦ 신호 및 열차제어설비는 전기, 기계 및 환경 등의 비정상적인 외적 영향에서도 안전하게 동작할 것
⑧ 지상신호설비는 차상신호설비와 연계하여 안전하게 동작할 것

12 열차 안전운행을 보조하는 기상검지장치의 종류와 설치위치, 단계별 운행 제한에 대하여 설명하시오.(112－25)

설치목적

기상검지장치는 선로변의 급격한 기상조건(태풍, 집중호우, 폭설) 변화를 검지하고 관련 정보를 운영자에게 전송하여 기상 조건 상황에 따라 열차를 감속 또는 정지하도록 하여 승객과 열차의 안전을 도모하기 위한 장치이다.

종류별 설치 위치

① **강풍검지장치** : 강풍검지장치는 선로변의 풍속을 검지하여 강풍발생 시 열차운행속도 및 운행을 규제할 수 있게 하려면 풍속검지장치의 검지 된 정보를 신호기계실 및 CTC 관제실로 전송하고 표시반에 검지상태를 표시하여 현장설비를 집중감시할 수 있도록 한다. 이때 풍속이 초당 20[m] 이상 시 풍속에 따라 단계적으로 감속운행을 하도록 하고 초당 30[m] 이상 시에는 열차운행을 중지시킨다.

② **강우검지장치** : 선로변의 강우량을 측정하여 집중호우 또는 연속되는 강우로 인한 노반의 침수 및 붕괴사고가 우려되는 선로변에 설치하고, 강우검지장치의 정보를 신호기계실과 CTC 관제실로 전송하여 시간당 강우량이 60[mm] 이상이거나 일일 연속강우량이 250[mm] 이상일 때에는 열차운행을 중지시킨다.

③ **강설검지장치** : 선로변의 적설량을 측정하여 폭설이 발생하면 열차운전 속도를 규제할 수 있게 하려면 설치되는 적설검지장치의 검지정보는 신호기계실과 관제실로 전송하여 표시반에 강설검지정보 상태에 따른 경보표시를 제공하여 현장설비를 집중감시하고, 기관사에게 이를 통보하여 감속운행 등의 조처를 할 수 있도록 한다.

④ 설치위치

㉠ 약 20[km] 간격으로 선로변에 기상설비 설치가 쉬운 장소
㉡ 매년 집중호우 발생 개소
㉢ 연약지반 또는 성토 구간으로 지반침하 및 토사 붕괴 우려 개소
㉣ 수위의 급속한 상승이 우려되는 개소

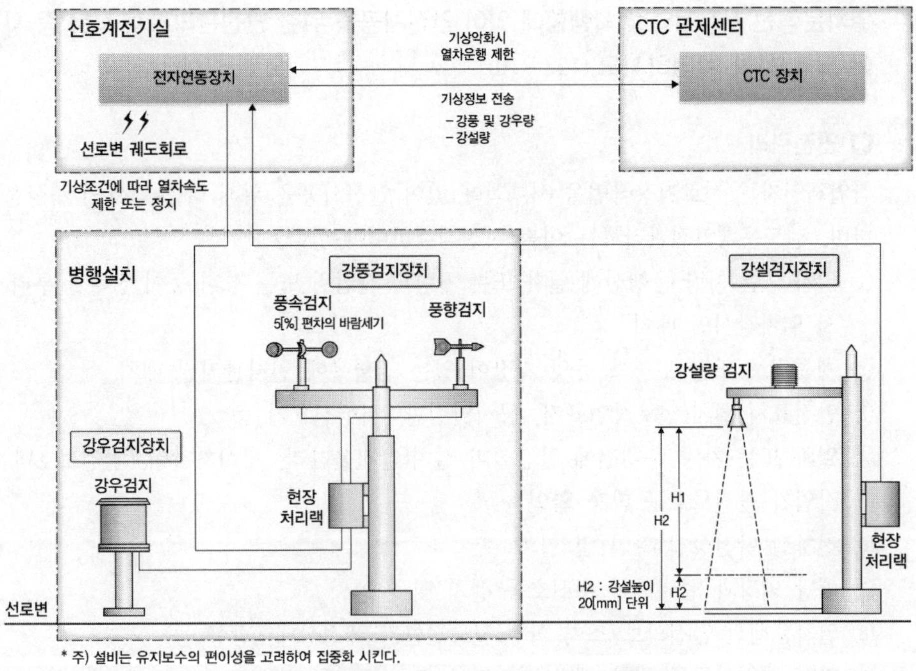

[그림] 고속철도 기상검지장치 시스템 구성도

단계별 운행제한

① 6단계로 표시할 수 있는 강우검지기를 설치하고 검지 데이터를 CTC 관제실로 전송한다.

② N5 이하의 수위에서는 신호에 영향을 주지 않으나 예방보수를 위해 펌프를 동작시키는 등의 조치를 할 수 있다.

③ N5 이상의 수위(플랫폼 아래 지하가 침수될 정도)에서는 90[km] 이하의 속도로 서행할 수 있도록 운전규제를 한다.

④ N6 이상의 수위(레일 하부까지 침수될 정도)에서는 열차를 자동 정지시킨다.

13 열차운행선 지장작업을 시행함에 있어 안전시공을 위한 안전관리조치 사항 중 사전에 점검해야 할 내용을 설명하시오.(127－10)

안전관리

작업책임자는 선로지장작업을 시행함에 있어 안전시공을 위해 다음 각호의 사항을 관리하여야 하며, 철도운행안전관리자는 이를 사전점검하여야 한다.

① 열차 또는 차량 운행선에 열차 또는 차량과 작업원 또는 장비 등이 접촉할 우려가 있는 작업 시 열차감시인 배치
② 계속경보 또는 무경보 등의 지장이 있는 건널목에 임시관리원 배치
③ 안전표지 설치(선로작업표지, 공사알림판, 서행신호기 등)
④ 열차 또는 차량 운행선에 안전설비 설치(안전울타리, 임시차막이, 안전보호망 등)
⑤ 작업자 안전보호구 착용 확인
⑥ 전차선 단전상태 확인 및 협의
⑦ 해당 역장과 협의하여 수신호등 설치 및 확인
⑧ 열차운행선 안전확보 조치 확인(선로전환기 쇄정상태, 방향 등)
⑨ 기타 안전시공을 위한 제반 안전확보 조치

14 운행선 인접공사의 안전사고를 예방하기 위한 안전설계 방안에 대하여 설명하시오.(115－10)

안전설계 방안

① 안전설계는 시공과정에서 안전성이 확보될 수 있도록 작업장에 대한 위험요소를 분석하여 안전관리를 주도하는 설계 기법
② 설계단계에서부터 작업자의 안전성 확보 여부를 검토하도록 △검증 기준·방법·절차 △분야별 설계심사 체크리스트 등 건설현장 안전설계를 위한 전반적인 사항 수록하도록 매뉴얼 제작
③ 특히, 운행선 근접 작업에 대한 정부의 "공공기관 안전관리가 강화"됨에 따라 관계법령에서 반드시 이행해야 할 내용 등을 상세히 담아 효율적으로 업무를 수행할 수 있도록 정리
④ 열차 운행선 인접공사 설계부실에 따른 사고방지 등을 통해 사회적 비용과 인명피해 감소를 줄이기 위한 설계 안전성 검증 제도의 체계적 운영에 많은 도움이 될 것으로 기대

15 「철도안전법 시행령」 제59조(철도안전 전문인력의 구분)에 따른 철도안전 전문인력을 제시하고, 각각의 업무범위에 대하여 설명하시오.(114－10)

철도안전 전문인력 및 업무범위

① 철도운행 안전관리자

㉠ 철도차량의 운행선로나 그 인근에서 철도시설의 건설 또는 관리와 관련한 작업을 수행하는 경우에 작업일정의 조정 또는 작업에 필요한 안전장비·안전시설 등의 점검

㉡ ㉠항의 작업이 수행되는 선로를 운행하는 열차가 있는 경우 해당 열차의 운행 일정 조정

㉢ 열차접근경보시설이나 열차접근감시인의 배치에 관한 계획 수립·시행과 확인

㉣ 철도차량 운전자나 관제업무종사자와 연락체계 구축 등

② **철도안전 전문기술자** : 전기철도, 철도신호, 철도궤도, 철도차량 분야 철도안전 전문기술자로 분류할 수 있으며

㉠ 전기철도, 철도신호, 철도궤도 분야 철도안전 전문기술자는 해당 철도시설의 건설이나 관리와 관련된 설계·시공·감리·안전점검 업무나 레일용접 등의 업무 수행한다.

㉡ 철도차량 분야 철도안전 전문기술자는 철도차량의 설계·제작·개조·시험검사·정밀안전진단·안전점검 등에 관한 품질관리 및 감리 등의 업무 수행한다.

16 최근 급증하는 철도사고 재발방지를 하고자 국토교통부에서 수립한 '철도안전 강화 대책' 4가지에 대하여 설명하시오.(130－10)

철도안전 강화 대책(2023.1.18.)

① **철도현장에서 기본수칙을 반드시 준수하도록 조기 정착** : 철도현장에 기본수칙을 준수하는 안전문화가 뿌리내릴 때까지 민간철도안전 전문위원(100여명), 청년 제보단(100여명) 등을 통해 안전 취약요인을 상시 점검하고, 규정 위반사항은 즉시 시정 조치하는 한편, 불합리한 규정은 적극 개선할 계획

② **안전을 최우선하는 조직관리 시스템으로 탈바꿈** : 국토교통부의 승인 없이 도입된 4조 2교대 근무체계에 대해서는 안전도 평가 등 적법한 절차를 거쳐 4조 2교대로 변경하거나 당초 국토교통부가 승인한 3조 2교대제로 환원하도록 시정명령('22.12.23)을 내린 바 있고, 철도안전법 위반에 대한 과징금을 부과할 예정

③ **첨단 유지보수 체계 구축** : 도보 점검을 원격감시, 검측차량 등으로 단계적으로 대체하는 등 인력 위주의 업무 전반을 자동화 및 첨단화하는'스마트 유지보수 마스터 플랜'을 수립

④ **관제 및 시설유지보수 등 국가 철도안전 기능의 정상화** : 철도사고 및 운행장애 발생 시, 관제가 컨트롤타워 역할을 정상적으로 수행할 수 있도록 코레일 본사, 주요역 등에 흩어진 관제기능을 통합하여 기능을 강화하는 한편, 관제의 전문성도 향상시켜 비상대응 역량을 강화할 예정

17 고속철도 지진감시설비의 구성, 설치기준과 지진발생시 고속열차운행 방법에 대하여 설명하시오.(114-25)

개요

지진발생 시 고속열차, 철도이용객의 안전을 위하여 고속철도 역사 및 선로변에 지진가속도계측기를 설치하고 철도교통관제센터에는 서버와 모니터를 설치하여 관제사가 실시간으로 지진현황을 모니터링하여 지진발생시 진도에 따라 고속열차운행을 통제

구성도

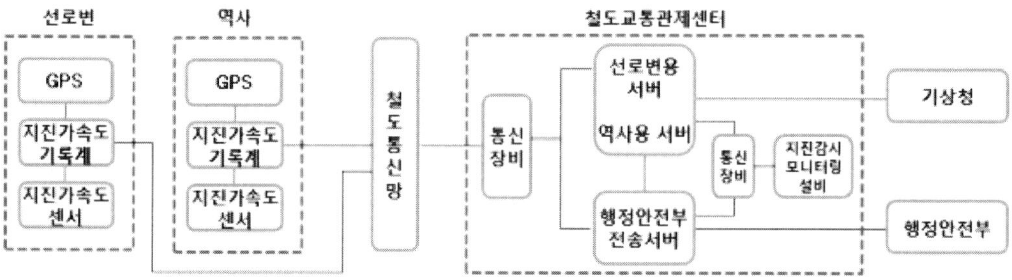

설비구성 및 설치위치

① **설비구성** : 센서, 기록계, GPS, 지진감시모니터링설비

② **설치위치**

- **자유장** : 선로변 30~50km 간격, 역사 근처 지표면
- **센서** : 교량(슬래브, 교각상부, 교각하부), 역사(건물 최상층, 최하층)

지진발생시 열차운행

지진이 발생하면 철도교통관제센터의 관제사는 모니터에 표시된 지진 진동가속도(gal) 값에 따라 다음과 같이 고속열차를 통제한다.

① 지진황색경보(40gal~65gal 미만)

- 지진영향권을 운행하는 열차에 일단 정차지시
- 인터벌 구간의 신호기를 정지신호 현시
- 지진감시설비를 통해 지진이 지나간 것을 확인 후 90km/h 이하로 주의운전
- 유지보수 소속에 시설물 긴급 점검을 지시하여 정상운행 여부를 확인
- 최초열차 기관사가 열차운행에 지장이 없는 것을 확인한 후에는 정상운행

② 지진적색경보(65gal 이상)

- 지진영향권을 운행하는 열차에 일단정차 지시
- 인터벌구간의 신호기를 정지 현시
- 전차선 급전중지
- 유지보수 소속에 시설물 긴급점검을 지시하여 정상 운행여부 확인
- 지진이 지나간 것으로 판단되면 최초열차는 30km/h이하로 시계운전
- 시설물 점검결과와 최초열차가 지장이 없는 것을 확인하였을 때 후속열차 90km/h 이하로 운행
- 속도단계별로 증속운행(170km/h, 230km/h, 270km/h, 300km/h) 시행

제16장

통신 일반

01 5세대 이동통신 5G(IMT 2020)와 LTE(Long Term Evolution)를 비교하여 설명(120-25)
02 5세대 이동통신 개요 및 각세대별(1G~5G) 특징에 대하여 설명(118-25)
03 CAN 통신(Controller Area Network)에 대하여 설명(130-10)
04 IEC 61375-3-4의 열차제어 네트워크의 ECN(Ethernet Consist Network)에 대하여 설명(129-25)
05 고밀도 파장분할 다중화(DWDM : Dense Wavelength Division Multiplex, Dense) WDM 고밀도 파장분할 다중화에 대하여 설명(127-10)
06 광컨버터 원리에 대하여 설명(124-10)
07 국가통합공공망에서 각 공공망간 상호연동 방안 및 LTE-R에서의 주파수 간섭 해소방안에 대하여 설명(25)
08 국토교통부 LTE급 철도통신시스템 구축계획을 설명(118-25)(124-25)
09 근거리무선통신망 RFID(Radio Frequency IDentification) 기술에 대하여 설명(112-25)
10 네트워크 규모에 따른 종류 및 장단점을 설명(117-25)
11 네트워크 설비 L2, L3, L4 및 L7 스위치에 대하여 설명(121-25)
12 네트워크 저장장치인 DAS(Direct attached Storage), NAS(Network attached Storage), SAN(Stroage Area Network)에 대한 개념 및 특징(121-25)
13 네트워크의 QoS에서 우선순위에 대하여 설명(127-10)
14 다중 서비스 지원 플랫폼 통신 시스템(MSPP Multi-service Provisioning Platform) 에 대하여 설명(127-10)
15 데이터를 전송하는 방식 중 직렬전송(Serial Transmission)방식과 병렬전송(Parallel Transmission)방식의 특징을 비교 설명(132-25)
16 데이터통신 네트워크/컴퓨터 네트워크 대하여 설명(25)
17 도시철도 지하터널에서 사고발생 시에 비상 무선방송을 위한 통신기술 요구사항 및 WAVE(Wireless Access in Vehicle Environments)의 적용 가능성에 대하여 설명(114-10)
18 디지털 통신방식에서 디지털 변조의 개요와 변조부 역할을 설명(10)
19 레이저 레이더(Light Detection And Ranging, LIDAR)의 기본구성 및 동작원리를 설명(111-25)
20 철도통합무선망(Long Term Evolution-Railway)에 대하여 설명(112-10)
21 무인운전 철도의 열차제어용 통신에서 산업용, 과학용, 의학용 공용밴드를 사용하는 WiFi 통신에 있어서 주파수 간섭으로 인한 타임아웃 발생 시 열차의 비상정차 장애가 발생하고 있는바, 이에 대한 대책에 대하여 설명(126-25)
22 문자지향 프로토콜, 비트지향프로토콜, 바이트지향프로토콜에 대하여 설명(124-25)
23 서미스터(Thermistor)에 대하여 설명(120-10)
24 신호시스템의 정보처리 방법 중 Static Buffer와 Dynamic Buffer 방식에 대하여 설명(111-10)
25 신호장비 간에 개방형 전송시스템(IEC 62280-2)을 사용하는 경우, 인터페이스의 전송 위협에 대한 방어조치들을 나열(111-10)

26 신호제어장치 통신을 위한 디지털변조방식인 ASK(Amplitude Shift Keying), FSK(Frequency Shift Keying), PSK(Phase Shift Keying)에 대한 정의 및 특징에 대하여 설명(129-25)
27 연산증폭기를 이용한 대역필터(BPF)에 대하여 설명(124-10)
28 열차제어시스템에서 사용되는 통신 프로토콜의 정의, 기능 및 특징에 대하여 설명(118-10)
29 열차제어시스템의 광케이블(Optical Fiber Cable) 적용 설계 시 고려사항을 설명(132-10)
30 열차제어에 사용되는 Protocol에 대하여 설명(132-10)
31 좀비 사물인터넷(Zombie IoT)에 대하여 설명(126-10)
32 증강현실(Augmented Reality)의 구현 요소 및 철도 활용방안에 대하여 설명(121-10)
33 지그비(Zig-Bee) 통신기술의 개념 및 기술적인 특성을 설명(126-10)
34 철도시스템의 통신망 네트워크 구축 시 사용하는 주전송 선로의 전송망 구성 방식에 대하여 설명(118-10)(129-10)
35 철도신호시스템 간 인터페이스를 위한 점대점 전송방식의 메시지 프레임에 대하여 설명(129-25)
36 철도에서 LTE-R 시스템의 전파환경 개선 방법에 대하여 설명(130-25)
37 철도적용-전송시스템(IEC 62280)에서의 안전 필수 통신인 표준 프로토콜(KRS SG0063-17R)의 프레임을 그리고 특징을 설명(127-25)
38 LTE(Long Term Evolution) 기반 철도통신시스템 성능시험 규격에서 정의한 열차제어 데이터 전송 지연시간의 정의, 시험환경, 시험절차, 성능기준에 대하여 설명(129-25)
39 철도통합무선망(Long Term Evolution-Railway)에 대하여 설명(112-10)
40 열차통합무선망(LTE-R)에서 EMS(Element Management System), EMS-R(Element Management System-Radio), EMS-C(Element Management System-Core), EPC(Evolved Packet Core)의 용어를 설명(126-10)
41 현재 우리나라에서 사용하고 있는 철도통합무선망(LTE-R)의 설계시 고려사항 및 설비의 구성, 기능 및 성능요건에 대하여 설명(10)
42 철도통합무선망(LTE-R)의 주파수 대역, 데이터 전송 지연시간 및 통화 신뢰성에 대하여 설명(114-10)
43 철도통합무선망(LTE-R)의 활용방안 및 부가서비스에 대하여 설명(121-10)
44 고속선로 350km/h 운행 환경에서 요구하는 철도통합무선망(LTE-R : Long Term Evolution-Railway)의 열차제어데이터 전송지연의 정의, 서비스 성능목표를 한국정보통신기술협회(TTA) 표준에 따라 설명(127-10)
45 펄스 도플러 레이더 방식과 주파수변조 연속파(FMCW) 도플러 레이더 방식을 각각 비교하여 설명(121-10)
46 IoT 무선기술 중 와이선(Wi-SUN) 기술에 대하여 설명(124-25)
47 LTI(Linear Time Invariant) 시스템에 대하여 설명(120-10)
48 푸리에변환(Fourier Transform)과 푸리에 역변환(Inverse Fourier Transform)에 대하여 설명(120-10)
49 엘리어싱(Aliasing)에 대하여 설명(120-10)
50 LoRa(Long Range) 무선통신 기술의 특징에 대하여 설명(134-10)
51 L2 스위치(Layer2 Switch)와 L3 스위치(Layer3 Switch)에 대하여 기술하고 각각의 차이점을 설명(134-10)

제16장

통신 일반

01 5세대 이동통신 5G(IMT 2020)와 LTE(Long Term Evolution)를 비교하여 설명하시오.(120-25)

세대	시스템	다중접속	Peak data rate	특별효율 (bps/Hz)	이동성	표준기관/년도
1세대	AMPS	FDMA			차량전화	1981
2세대	IS-95	CDMA	9600bps	0.24	3~120kph	1993
	GSM	TDMA	0.104Mbps	0.17	3~120kph	1991
3세대	W-CDMA	CDMA	0.384Mbps	0.51	3~120kph	3GPP 1999
	cdma2000	CDMA	0.153Mbps	0.172	3~120kph	3GPP2 2000
3.5세대	EV-DO	CDMA/TDMA	3.072Mbps	1.3	3~120kph	3GPP2 2002
	HAPA	W-CDMA based	14.4Mbps	2.88	3~120kph	3GPP 2006
	WibRO	OFDMA	DL : 128Mbps UL : 56Mbps	3.7	3~120kph	IEEE802.16e 2004
4세대	LTE	DL : OFDMA UL : SC-FDMA	DL : 100Mbps UL : 50Mbps	2.67	3~120kph 350kph	3GPP 2008
	LTE-A	DL : OFDMA UL : SC-FDMA	DL : 1Gbps UL : 500Mbps	3.7	3~120kph 350kph	3GPP 2010
5세대	-	-	10-50Gbps	5 Times IMT advanced	3~120kph 500kph	

4G와 5G의 차이점

4G와 5G의 가장 큰 차이점은 먼저 속도와 용량이다. 5G 전송속도는 20Gbps로 4G가 1Gbps였던 것에 비하면 20배나 초고속으로 빨라진다. 다운로드 속도도 일반 LTE에 비해 280배 더 빠르다. 또 차이점은 바로 '초연결성'이다.

4G 이동통신(LTE)

IMT－2000보다 전송속도가 수십배 이상 개선된 빠른 통신속도를 바탕으로 동영상 전송, 인터넷방송 등의 다양한 멀티미디어서비스를 지원한다.

수십~수백Mbps의 전송속도로 대용량 데이터를 송수신 할 수도 있다.

4세대 이동통신의 4G서비스는 이동중 100Mbps, 정지중 1Gbps 전송속도를 제공하는 무선통신기술이다. 음성, 영상 데이터가 한꺼번에 처리되는 TPS(Triple Play Service) 서비스가 가능해져 음성전화통화, 고화질 TV시청, 인터넷접속을 동시에 할 수 있게 된다. 휴대폰이 단순히 음성을 전달하는 기능에서 벗어나 모든 기기들을 제어하는 중앙처리장치 기능을 가진다.

5G 이동통신

4G LTE 대비 데이터 용량은 약 1,000배 많고 속도는 200배 빠른 차세대 이동통신이다. IMT2020(International Mobile Telecommunication 2020)은 국제전기통신연합(ITU)에서 2020년 상용화를 목표로 표준화계획에 들어간 5세대 이동통신방식의 정식명칭이다.

LTE와 5G의 주요 차이점

① **속도와 대역폭** : LTE는 고속데이터전송을 위한 향상된 4G 기술이지만 5G는 이를 더욱 발전시킨 제5세대 기술로 속도와 대역폭 측면에서 더욱 높은 성능을 제공한다. 5G는 초고속데이터 전송을 지원하여 초당 수십기가바이트 (Gbps)이상의 전송속도를 제공한다.

② **지연시간** : 5G는 더 낮은 지연시간을 가지며, 이는 지연시간을 밀리초 단위로 감소시킨다. 이는 실시간 응용 프로그램과 연결된 장치들간의 빠른 통신을 가능하게 하며, 자율주행차나 산업 자동화와 같이 신속한 응답시간이 필요한 응용분야에서 매우 중요하다.

③ **연결 가능성** : 5G는 더 많은 연결 가능성을 제공한다. 이는 동시에 더 많은 장치와의 연결을 처리할 수 있고, 인터넷을 통한 모든 것의 연결(lnternet of Things, loT)을 더욱 실현할 수 있다.

④ **네트워크 용량** : 5G는 더 큰 네트워크 용량을 가지며, 이는 더 많은 사용자와 동시에 더 많은 데이터 전송을 지원할 수 있음을 의미한다. 이는 대규모 이벤트나 혼잡한 도시지역과 같이 많은 사용자가 있는 환경에서도 네트워크 성능을 유지할 수 있는 장점을 제공한다－

⑤ **주파수 대역** : 5G는 더 넓은 주파수 대역을 사용할 수 있다. 이는 기존의 무선 통신에서 사용되는 주파수 대역 이외에도 고주파, 중간 주파수 및 저주파 대역을 이용하여 더 많은 데이터를 전송할 수 있게 한다

⑥ **기술적인 향상** : 5G는 LTE보다 더욱 진보한 기술적인 개선을 제공한다. 다중 입력 다중 출력(MIMO)기술과 빔포밍(Beamforming)을 통해 신호의 효율성을 향상시키고, 캐리어 집적화(Carrier Aggregation)와 같은 기술을 사용하여 다양한 주파수 대역을 동시에 이용할 수 있다.

02 5세대 이동통신 개요 및 각세대별(1G~5G) 특징에 대하여 설명하시오.(118－25)

5세대 이동통신 및 개요

5G 네트워크는 광대역을 구현하기 위해서 주로 밀리미터파를 사용한다. 밀리미터파의 직진성으로 인해 장애가 있을 때 충돌 및 분산이 발생할 수 있으며, 5G는 가상현실(VR), 사물인터넷(IoT), 인공지능(AI), 빅데이터(Big data) 등의 모든 전자기기를 연결하는 기술이며 그 특징은 다음과 같다.

① 초고속성

- 5G는 4G보다 무려 20배 이상 빠른 속도를 제공하여 4K UHD 초고화질 영상을 몇 초 안에 내려받을 수 있다.
- 4G에 비해 100배는 넓어진 대용량 파이프라인을 제공하여 데이터들이 기존에 비해 더욱 빨리 움직일 수 있다.

② 초저 지연성

- 5G는 기존 4G에 비해 통신 응답의 지연 속도가 10분의 1 이하로 줄어들게 된다.
- 1m/s까지 빨라지는 응답속도는 실시간으로 들어오는 정보들을 즉각 처리할 수 있도록 만들어 주기 때문에 각종 상황에 정확하고 신속하고 대응할 수 있는 네트워크 기술의 발전을 불러오게 된다.
- 이로 인해 자동차가 실시간으로 교통정보를 분석해 스스로 빠른 길을 찾아가고, 교통신호 시스템은 물론 주변의 위험 요소를 파악해 즉각적으로 반응하는 자동주행차량이 나와 운전자가 안전하고 쾌적하게 이동할 수 있게 된다.

③ 초연결성

- 5G의 발전으로 인해 미래에는 수많은 모바일 기기와 사물인터넷(IoT) 기기들에 센서가 들어가게 된다.
- 가정에만 국한되는 것이 아닌 자동주행차량 같은 교통서비스는 물론, 공공안전 서비스 등 모든 영역이 센서에 반응하고, 5G 기술은 이를 원활하게 연결할 수 있도록 도와줄 수 있다.
- 모든 것이 네트워크로 연결된 다양한 융합 서비스는 엄청난 양의 지식들을 클라우드 플랫폼에 담을 수 있고, 이를 기반한 새로운 서비스들이 활성화 될 수 있다.

각세대별 특징

① 1G 이동통신 (1G, 1980~1990년대) : 음성통화 시대

㉠ analog FM, FDM, FDMA 방식이 특징

- 일반인 대상 최초의 이동통신
- 단지 음성 통화만 가능

② 2G 이동통신(1990년대초 등장) : 문자메시지 전송

㉠ CDMA 및 TDMA 방식에 기초한 디지털 셀룰러 이동통신

ⓐ PCS(개인휴대통신서비스) 등장(무선 이동통신의 일상화 계기)

ⓑ 국내 및 제한적 국제 로밍

ⓒ SMS(단문 메시지 서비스) 구현

ⓓ 음성 위주

- 아날로그 ➡ 디지털(데이터 서비스 가능 그러나 음성 위주)
- 디지털신호처리 기술 본격 도입(음성부호화, 오류정정 부호화 등)

ⓔ 데이터 속도 : 9.6~14.4 kbps

예 유럽 : GSM(TDMA/FDMA),

③ 3G 이동통신(2000년대) : 멀티미디어 시대

㉠ 광대역 CDMA 방식에 기초한 전세계 표준화

ⓐ 데이터 서비스 위주

ⓑ 영상 통신서비스 구현

ⓒ 고 품질의 이동통신 구현 계기

ⓓ 전세계 표준화 및 동일 주파수를 통한 글로벌 로밍 제공

ⓔ 데이터 속도 : 144kbps ~ 2Mbps

- 유럽 : W-CDMA(UMTS, 비동기식 광대역 CDMA)
- 북미 : CDMA 2000 Mx(IS-2000, 동기식 광대역 CDMA)

④ 4G 이동통신(2010년대 ~) : 초고속 시대

㉠ 회선교환 방식의 음성 지원 없이, 패킷 데이터 만을 지원 : 동영상 실시간 통화 가능

㉡ 주파수 선택적 페이딩에 강한 OFDM 기술에 기초함

- ITU-R의 WP8F에서 4세대 이동통신을 「System beyond IMT-2000」이라는 명칭 하에 2010년 이후 상용화 목표
- 데이터 속도 : ~ 1Gbps

예 LTE-Advanced

⑤ 5G 이동통신(2020년대) : IMT-2020 : 모든 것 연결

㉠ 특정 무선접속 기술보다는 광범위하게 응용 가능한 미래 이동통신 서비스를 포괄 지칭함

㉡ 비전 요약

- 초 고용량 : 4G 대비 100~1000배의 데이터 처리 용량
- 초 연결성 : 500km/h 이동 중에도 많은 수의 지속성 있는 연결 가능
- 초 반응성 : 수 ms 이내 연결 수립 가능(저 지연)
- 초 저전력 : 단위 용량 당 소비전력이 1/1000~1/100 이하

철도무선통신의 기술 발전 현황

구 분	1세대	2세대	3세대	4세대
통신방식	VHF	TRS-ASTRO TRS-TETRA GSM-R	CDMA	LTE-R
서비스	음성	음성+단문Text	음성+Data+영상	음성+Data+영상
전송속도	64kbps	9.6~523kbps	144kbps~2Mbps	15~75Mbps
이동성	200km/h이하	350km/h	350km/h	350km/h 이상
활용	일반철도 광역철도 지하철	고속철도 (경부, 호남, 수도권)	-	원주~강릉 이후 전 노선

03 CAN 통신(Controller Area Network)에 대하여 설명하시오.(130-10)

개요

CAN 통신(Controller Area Network)은 차량 내에서 호스트 컴퓨터 없이 마이크로 컨트롤러나 장치들이 서로 통신하기 위해 설계된 표준 통신 규격이다. CAN 통신은 메시지 기반 프로토콜이며 최근에는 차량뿐만 아니라 산업용 자동화기기나 의료용 장비에서도 종종 사용되고 있다. Controller Area Network(CAN)는 각 제어기들 간의 통신을 위해 주로 사용되는 non-host 버스 방식의 메시지 기반 네트워크 프로토콜이다.

데이터 전송

CAN 네트워크에서 데이터를 전송하는 둘 이상의 노드가 있으면 충돌이 발생할 수 있다. CAN 명세서에서는 우성(Dominant) 비트와 열성(Recessive) 비트라는 용어를 사용한다.

우성 비트는 논리적인 비트값 0을 가지며, 예를 들어 전기적으로 신호값을 강제로 Low 상태로 내린다. 열성 비트는 논리적인 비트값 1을 가지며, 예를 들어 전기적으로 high 상태에 머물러 있다.

결론적으로 두 노드가 서로 동시에 0을 보내면 네트워크상에서 0이 지나가며, 둘 다 1이면 1이 지나간다. 그러나, 하나는 0이고 다른 하나는 1이라면 네트워크 상에는 0이 지나가게 된다. 우성 비트가 경쟁에서 이긴다는 뜻이다. 즉 CAN 네트워크는 낮은 CAN ID를 갖는 프레임에게 오류나 지연없이 데이터를 전송할 수 있는 기법을 제공한다.

경쟁에서 진 높은 CAN ID를 갖는 프레임은 우성 메시지의 전송이 끝난 후 6bit를 전송할 수 있는 시간을 추가로 기다린 후 재전송을 자동으로 시작한다. 이러한 충돌 해결 방식 때문에, 자동화 시스템에서 CAN 버스는 실시간 우선순위 기반 통신 시스템으로 사랑받고 있다.

CAN 버스는 40m 이하의 네트워크 길이에서 1Mbps까지 전송할 수 있다. 거리가 멀어지면 전송률은 낮아져서, 500m에서는 125kbps로 전송할 수 있다. 향상된 CAN FD 표준에서는 충돌해결 이후 즉 노드 ID를 전송한 이후에 데이터 부분은 노드 ID 전송속도의 10배 정도까지 빠르게 전송할 수 있다.

CAN 통신의 특징 및 장점

CAN 통신은 여러 개의 ECU를 병렬로 연결하여 데이터를 주고 받는 통신이다. CAN버스를 통해서 통신선 상에 데이터를 띄어 놓고 필요한 데이터에 접근하는 방식이다. 특징과 장점은 다음과 같다.

① 다중 주인(Multi Master) 통신방식 : CAN 버스는 다중 주인방식으로 통신하므로 통신버스를 여러 노드들이 공유하면서 언제든지 버스를 사용할 수 있다.

② 간단한 구조 : CAN_High, CAN_Low 두 개의 신호로 통신하므로 단 2개의 선이 필요하다. 그러므로 많은 모듈이 추가되더라도 추가되는 선의 양이 적다.

③ 잡음에 매우 강함 : CAN버스는 Twist Pair 2선으로 되어 있어 전기적 잡음에 강해 메시지를 보호할 수 있다.

④ ID값을 이용한 우선순위 : ECU들은 고유한 ID를 갖고 있으며, ID값이 낮을수록 우선순위가 높은데 CAN에서는 여과과정을 통해 설정된 ID값을 수신해 우선순위를 결정한다. ID값으로 메시지 내용과 우선순위가 결정되므로 시스템제어 속도와 안전성 향상을 할 수 있다.

⑤ 고속 및 원거리 통신 : CAN통신은 최대 1Mbps에 달하는 고속통신을 제공하며, 보통 통신속도가 500k~1Mbps속도로 CAN통신이 가능하며, 최대 1,000m까지 원거리통신이 가능하다.

⑥ PLUG & PLAY : PLUG & PLAY 기능을 제공해서 CAN제어기를 버스에 간편하게 연결하고 끊을 수가 있어서 여러 장치를 추가하고 제거하기가 매우 쉽다.

04 IEC 61375-3-4의 열차제어 네트워크의 ECN(Ethernet Consist Network)에 대하여 설명하시오.(129-25)

열차제어 네트워크의 ECN

- IEC EN 61375의 이 부분을 Consist Network에 적용하면 국제 교통에서 개방형 열차 내 개별 차량의 상호 운용성이 가능해진다. IEC EN 61375의 이 부분은 구매자와 공급자가 합의하면 밀폐형 열차와 다중 유닛 열차에 추가로 적용된다.
- IEC EN 61375 국제 표준 시리즈의 이 부분에서는 이더넷 기술을 기반으로 하는 Consist Network, 즉 IEC EN 61375-1에 정의된 TCN 아키텍처 내의 ECN(Ethernet Consist Network)과 ECN에 연결할 수 있는 최종 장치를 지정한다. 열차 백본과 ECN 간의 게이트웨이 서비스도 지정된다.
- TCN의 전체 아키텍처는 열차 백본과 비상 네트워크라는 두 가지 수준의 네트워크로 계층 구조를 정의한다. 이러한 계층적 구조는 MVB, CANopen, ECN 등 다양한 기술을 기반으로 단일 열차 백본을 연결하는 차량편성 네트워크를 의미한다. 서로 다른 설계와 구현을 기반으로 하는 ECN은 같은 열차 백본에 인터페이스될 수 있어 서로 다른 애플리케이션을 사용하는 차량편성 네트워크 간의 상호 운용성을 보장할 수 있다는 결론을 내릴 수 있다.
- EUROLAB은 IEC EN 61375-3-4 테스트 준수를 통해 제조업체를 지원한다.

05 고밀도 파장분할 다중화(DWDM : Dense Wavelength Division Multiplex, Dense) WDM 고밀도 파장분할 다중화에 대하여 설명하시오.(127-10)

Dense WDM (DWDM)

일정 파장 대역에 걸쳐 수십, 수백개의 파장의 광신호를 동시에 변조시켜서 하나의 광섬유를 통해 전송하는 WDM의 발전된 기술

DWDM 특징

① 기존 여러 개의 광섬유를 하나의 광섬유로 전송이 가능
- DWDM은 CWDM 보다 다수개의 파장 사이 간격을 더욱 세밀하게 사용하여, 신호의 속도는 그대로 인채 사용하는 파장의 수를 증가시키므로 광섬유 당 총 전송용량을 크게 증가시킴.
- 각기 다른 파장으로 신호를 실는데 각 파장에 2.5GB에서 10TB 정도가 가능

② 사용가능한 파장대는 낮은 손실을 보이는 1,300nm 또는 1,500nm 대 정도
- C 밴드 및 L 밴드 에서 많이 사용

③ **표준** : ITU-T G.692 및 G.694.1 (2002년)
- **DWDM 채널주파수 권고** : 100 GHz(0.8 nm), 50 GHz(0.4 nm), 200 GHz(1.6 nm) 등으로 등간격으로 떨어진 81개의 채널 파장 및 주파수 값을 DWDM 채널주파수로 사용할 것을 권고

DWDM 기술동향

① **사용대역** : C Band (1530~1565nm)
- 점차 C Band에서 L Band (1,565~1,610nm)로 확장 중

② **전송속도** : 10 Gbps 이상

③ **채널 수** : 40 ~ 80 채널

④ **채널 간격** : 50 GHz, 100 GHz, 200 GHz

⑤ **파장 간격** : 0.4 ~ 1.6 nm

06 광컨버터 원리에 대하여 설명하시오.(124-10)

개요

① 음성이나 영상의 데이터 정보를 아날로그 신호 (전기신호)로 바꾸고 이를 변조회로에서 디지털 신호로 바꾸고 발광 소자 (레이저)에서 빛 신호로 바꾼 후 광섬유를 통해 전달하는 장치.

② 광통신 송신용 단말기에서는 전기 신호를 빛 신호로 변환한 후 광섬유를 통해 전송하고, 수신 단말기에서는 빛 신호를 다시 전기신호로 변환한다.

③ 전기신호를 빛 신호로 변환하는 데는 레이저 다이오드를 이용하며, 빛 신호를 전기신호로 바꿀 때는 광전 다이오드 등의 광전소자를 이용한다.

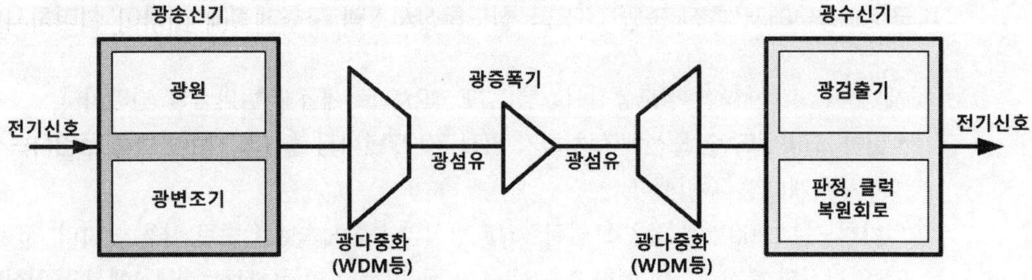

07 국가통합공공망에서 각 공공망간 상호연동 방안 및 LTE-R에서의 주파수 간섭 해소방안에 대하여 설명하시오.(25)

주파수 간섭, 혼선방지 대책

① 특정 주파수 대역의 필터링 처리(BPF 추가설치)
② 송수신 레벨의 최적화
③ 중심주파수 이동설정
④ 보안장치 및 암호화 Triple DES-Key 사용
⑤ 이동통신 다중접속 기술적용(TDMA, CDMA)

LTE-R 주파수 간섭 해소방안

① LTE-R은 고속패킷 전송, 저 지연시간, 넓은 커버리지 등LTE의 주요 장점과 더불어 철도 환경에 필요한 기능을 추가.
② LTE-R은 4세대 이동통신 기술을 철도에 적용.
③ LTE에서는 주파수 대역 간섭이나 혼신이 최소화되고, 주파수 공용기술을 사용하여 높은 주파수 효율을 바탕으로 고속의 데이터 전송을 제공하여야 한다.
④ 350km/h 이상의 고속 환경에서도 데이터 전송이 원활하여 철도제어 분야에서 요구하는 높은 송·수신 신뢰성을 만족시킬 수 있어야 한다.
⑤ 그리고 AII-IP 기반서비스 통화품질 관리기능이 강화되고, 실시간 서비스 제공으로 네트워크 효율성을 높여야 한다.

08 국토교통부 LTE급 철도통신시스템 구축계획을 설명하시오.(118-25)(124-25)

¤ 국토교통부에서 추진 중인 LTE급 철도통신시스템 구축계획에 대하여 설명하시오.(25)

① 세계 최초로 개발한 철도통신시스템(LTE-R)으로 새롭게 탈바꿈할 전망이다.
   - **일반·고속철도 全 노선에 설치하기 위해 2027년까지 총 1조 1천억 원을 투입하는 'LTE-R 구축계획'**을 수립했다.

② 일반철도는 1969년에 최초 도입된 VHF 방식의 통신시스템을 주로 사용 중이며, 고속철도는 TRS 방식의 통신시스템(이하 "TRS")을 2004년부터 미국(모토로라 社)에서 도입하여 사용 중이다.

[철도통신시스템의 종류 및 변화]

VHF	➡	TRS	➡	LTE－R
1 : 1 음성		1 : N 음성 및 저용량 데이터		1 : N 음성, 고용량 데이터
경부선, 호남선 등		경부·호남·수서고속선		경강선(원주~강릉)

③ 첨단화·지능화 되어가는 철도서비스 수요에 대응하기 위해 과기부로부터 **통합공공망 주파수(700Mhz 대역)를 배정받아 LTE－R을 개발***하고 경강선(원주~강릉)에서 검증을 완료함에 따라 본격적으로 확대 설치를 추진한다.

- 2018년 이후 개통되는 신규 노선*과 개량시기가 도래하는 기존 노선에 총 1조 1천억 원을 투입하여 **2027년까지 일반·고속철도의 모든 노선을 LTE－R로 구축**하는 것을 목표로 한다.

④ **재난안전통신망(PS－LTE, 행안부 추진)과 연계**하여 철도사고 등 재난상황발생 시 재난통신망으로 활용될 전망이다.

⑤ 철도통신시스템은 음성통신만 가능한 수준에 머물러 왔지만, 이제 고속에서 대용량 정보전송이 가능한 LTE－R이 구축됨에 따라 무선기반 열차제어 등 첨단 서비스 제공이 가능해지고 철도안전 향상과 해외시장 진출에 기여할 수 있을 것"이라고 밝혔다.

09 근거리무선통신망 RFID(Radio Frequency IDentification) 기술에 대하여 설명하시오.(112－25)

개요

RFID(Radio Frequency IDentification)란 사물에 고유코드가 기록된 전자태그를 부착하고 무선신호를 이용하여 해당 사물의 정보를 인식·식별하는 기술로써 '무선식별', '전자태그', '스마트태그', '전자라벨' 등으로 불리기도 한다.

작동원리

① 목적에 맞는 정보를 입력한 태그(Tag)를 상품에 접촉
② 리더(Reader)에서 안테나를 통해 발사된 무선주파수 태그에 접촉
③ 태그는 주파수에 반응하여 입력된 데이터를 안테나(Antenna)로 전송
④ 안테나는 전송받은 데이터를 디지털신호로 변조하여 리더에 전달
⑤ 리더(Reader)는 데이터를 해독하여 컴퓨터 등으로 전달

장단점

① 장점

- 반영구적 사용
- 대용량의 메모리 내장 이동 중 인식 가능
- 비접촉 인식가능(손을 사용하지 않고도 전자동으로 인식 확인하고, 집계하며, 분류, 추적, 발송 등이 가능하다.)
- 반복 재사용이 가능
- 다수의 Tag/Label 정보를 동시 인식 가능
- 데이터 신뢰도 높음
- 공간 제약이 없이 동작 가능
- 데이터 변환(write) 및 저장이 용이
- 동적 취급의 개선, 창고 보관작업, 자산의 관리업무 등이 보다 신속하게 이루어진다.
- 이동하는 작업 제어의 자동화를 제공한다.
- 운영비와 생산비의 축소
- 다른 자동화 인식 장치들과 비교하여 매우 적은 유지 보수비

② 단점

- 비싼 가격
- 개인 프라이버시 침해 가능성
- 국가별 주파수가 서로 다름
- 전파의 적용 범위 및 대상이 한정됨
- 모든 정보 유출 가능성

10 네트워크 규모에 따른 종류 및 장단점을 설명하시오.(117－25)

네트워크(Network)란 컴퓨터들이 서로 그물망처럼 연결된 통신 형태

종류

① PAN (Personal Area Network) : 가장 작은 규모의 네트워크

PAN은 가장 작은 규모의 네트워크를 말하며 컴퓨터, 전화, 태블릿 PC, 팩스나 프린터와 같은 개인 장치 간의 데이터 전송을 위한 네트워크를 지칭한다. 대표적으로 유선 연결은 USB, 무선 연결은 Bluetooth가 있다.

② LAN (Local Area Network) : 근거리 영역 네트워크

LAN은 근거리 영역 네트워크라고 하며 집이나 학교, 사무실 등 거리가 수 킬로미터 내의

가까운 곳에서 사용되는 네트워크를 말한다. 과거에는 LAN의 속도는 최대 수백 Mbps 정도였으나 현재는 기술의 발전으로 인해 Gbps 이상으로 빨라졌다.

③ MAN(Metropolitan Area Network) : 대도시 영역 네트워크

MAN은 대도시 영역 네트워크로 LAN보다 더 넓은 범위인 도시 규모의 거리에서 사용되는 통신망을 말한다. 일반적으로 여러 개의 LAN으로 구성된 것이 특징이다.

④ WAN(Wide Area Network) : 광대역 네트워크

WAN은 광대역 네트워크를 말하며 국가 규모의 넓은 지역을 연결하는 통신망을 말하며 전용회선을 이용해서 구성된다. 국가 간의 데이터 전송을 위한 네트워크로 전 세계로 연결된다는 장점이 있지만 많은 컴퓨터와 장비로 구성되기 때문에 LAN이나 MAN에 비해 전송 품질이 떨어진다는 단점이 있다.

장단점

① 장점

㉠ **리소스 공유** : 네트워크의 가장 큰 장점은 통신망을 구성해 여러대의 컴퓨터에 프린터, 스캐너 및 웹 하드와 같은 저장 장치 등의 리소스를 공유함으로써 물리적인 공간을 이동하는 시간과 각각의 장치를 구입해야 하는 비용을 절약할 수 있다는 점이다. 예를 들어 모든 컴퓨터마다 전용 프린터를 구성하는 대신 공유 프린터를 사용할 수 있도록 네트워크를 통해 시스템을 구성할 수 있다.

㉡ **커뮤니케이션** : 네트워크를 통해 사용자는 망 내부 이메일, 메신저와 같은 협업 프로그램을 통해 서로 업무 자료를 공유하고 커뮤니케이션할 수 있다. 이는 특히 여러 개의 팀이 같은 프로젝트를 진행할 때 원활한 커뮤니케이션을 통해 생산성을 높일 수 있다.

㉢ **중앙 집중식 관리** : 네트워크를 통해 전산 관리자는 중앙 서버에서 장치와 애플리케이션을 쉽게 관리할 수 있다. 이는 각 장치를 개별적으로 관리하는 것보다 더 인력 투입이나 비용적인 측면에서 더 효율적이다.

㉣ **보안** : 네트워크는 방화벽, 바이러스 백신 등의 보안 소프트웨어를 구현함으로써 허가되지 않는 외부의 사용자로부터 무단 장치에 액세스하거나 데이터 침해로부터 보호함으로써 독립적인 장치를 보호하는 것보다 더 나은 보안 서비스를 제공할 수 있다.

㉤ **확장성** : 네트워크 내부에 더 많은 장치의 설치가 필요하면 이를 수용할 수 있도록 네트워크를 확장할 수 있다.

㉥ **유연성** : 사용자마다 사용 권한을 다르게 설정하거나 재택근무 등을 위한 원격 접속을 구현하는 등 조직의 특정 요구사항을 충족하도록 네트워크를 구성할 수 있다.

㉦ **비용 효율적** : 네트워크는 여러 대의 장치를 설치하는 업무를 줄이고 관리를 단순화함으로써 효율성을 향상해 비용을 절감할 수 있다.

㉧ **데이터 백업 및 복구** : 자동 데이터 백업 및 복구 솔루션을 제공하도록 네트워크를 설정하는 것은 하드웨어 오류 또는 손실된 데이터를 복구하는 데 매우 유용하다.

② 단점

㉠ 보안 위험 : 네트워크의 주요 단점 중 하나는 보안에 취약할 수 있다는 점이다. 해커는 네트워크 내부의 장치에 저장된 중요한 데이터를 무단으로 액세스하여 개인 또는 조직에 심각한 피해를 줄 수 있다. 랜섬웨어, 피싱, 악성코드와 같은 사이버 공격을 통해 데이터 유출 및 손상을 일으킴으로써 재정적 손실로 이어질 수 있다.

㉡ 안정성 문제 : 네트워크는 하드웨어 오류, 소프트웨어 결함 및 네트워크 정체와 같은 다양한 이유로 인해 안정성 문제를 일으킬 수 있다. 네트워크가 다운되면 통신, 데이터 공유 및 협업 시스템이 중단되어 시간적 손실 및 수익 손실이 발생할 수 있다.

㉢ 복잡성 : 네트워크 시스템은 다소 복잡하게 구성될 수 있으며 관리 및 문제를 해결하는 데 있어서 전문 기술과 지식이 필요하다. 네트워크 설정에는 올바른 하드웨어, 소프트웨어 및 프로토콜 선택, 네트워크 주소 구성, 호환성 및 보안 보장이 포함된다. 네트워크를 유지 및 관리하기 위해서는 지속적인 모니터링, 업데이트 및 문제 해결이 필요하며 이는 많은 시간과 비용이 소요될 수도 있다.

㉣ 비용 : 중소기업이나 개인 사용자가 네트워크 설정 및 유지 관리를 하기 위해서는 큰 비용이 들 수 있다. 하드웨어, 소프트웨어 및 라이선스 비용은 매년 증가할 수 있으며 네트워크 관리를 위해 전산 관리자를 고용하는 데에도 상당한 비용이 소요될 수 있다.

㉤ 대역폭 제한 : 네트워크의 대역폭은 주어진 시간에 네트워크 연결을 통해 전송할 수 있는 최대 데이터양을 나타낸다. 네트워크에는 데이터 전송 속도와 품질에 영향을 줄 수 있는 대역폭 제한이 있을 수 있다. 실시간 비디오 스트리밍 및 고사양의 온라인 게임과 같은 고대역폭을 사용하는 애플리케이션은 많은 네트워크 리소스를 소비하여 정체 및 속도 저하를 유발할 수 있는 요인이 된다.

㉥ 인프라에 대한 의존성 : 네트워크는 케이블, 라우터, 스위치 및 서버 등과 같은 물리적 인프라에 의하여 구성된다. 인프라 일부가 손상되면 전체 네트워크에 영향을 미칠 수 있다. 태풍, 홍수, 지진과 같은 자연재해는 네트워크 인프라를 훼손해 심각한 피해를 초래할 수 있다.

㉦ 호환성 문제 : 네트워크 장치와 소프트웨어의 정상적인 작동을 위해서는 서로 호환되어야 한다. 서로 다른 업체의 제품을 사용하거나 하드웨어 또는 소프트웨어의 버전이 다를 경우 호환성 문제가 발생할 수 있다.

11 네트워크 설비 L2, L3, L4 및 L7 스위치에 대하여 설명하시오.(121－25)

네트워크 스위치

- 네트워크를 연결하거나, 패킷을 Routing 하는 통신장비를 말하며, 100M, 1G, 10G, 40G 등 다양한 전송속도를 지원하는 장치이다.
- Full Duplex [전이중] 통신방식을 지원하여, 송신과 수신이 동시에 가능하다.
- 스위치는 OSI 7계층(OSI 7 Layer)에 대응되어 사용되며, 서비스의 인프라 구성 여부에 따라, Layer 2, Layer 3, Layer 4, Layer 7의 스위치를 사용한다.
- 유선 공유기의 경우, 물리적인 연결만[Layer 1영역] 가능하므로, 스위치라고 부르기보다, 허브라고 부른다.

종류

① **L2 스위치** : MAC을 이용한 방식으로 구성. 허브 보다 상위의 장비. 포트별로 대역폭을 부여해, 속도를 보장한다.

② **3 스위치** : IP 주소를 이용한 방식으로, 네트워크 Routing 기능이 추가된 L2 스위치의 상위 장비

③ **4 스위치** : SLB (Load Balancing) 기능이 추가된, L3 스위치의 상위 장비

- L4스위치는 로드배런싱 기능이 지원된다. L4,장비의 VIP(Virtual IP)를 통해 요청받은 작업을 여러 개의 서버로 분산시킬 수 있다.
- Fail over 기능이 지원된다.

④ **L7 스위치** : Application 의 Data를 이용한 방식으로, Layer7 계층의 스위치이며, 가장 상위의 장비

- L7스위치는 L4 스위치가 가진 기능들을 모두 수용하면서 불필요한 트래픽에 대한 차단이나 네트워크에 대한 공격을 완화시켜 준다.
- 높은 레이어 스위치가 가격이 비싸고, 각각의 스위치는 자기보다 낮은 레이어 스위치 기능까지 다 할 수 있다.

12 네트워크 저장장치인 DAS(Direct attached Storage), NAS(Network attached Storage), SAN(Stroage Area Network)에 대한 개념 및 특징을 설명하시오.(121-25)

네트워크 저장장치 개념

① DAS(Direct-Attached Storage) : 직접 연결된 스토리지로, 저장장치가 특정 호스트에 직접 연결되어 있다. DAS는 가장 간단한 스토리지 구성 방식으로, 관리가 쉽고 비용이 저렴하다. 그러나 DAS는 저장장치와 호스트가 물리적으로 연결되어 있으므로, 저장 장치를 추가하거나 이동하는 데 어려움이 있다.

② NAS(Network-Attached Storage) : 네트워크에 연결된 스토리지로, 저장 장치가 네트워크를 통해 여러 호스트에 연결되어 있다. NAS는 DAS보다 복잡한 스토리지 구성 방식이지만, 네트워크를 통해 여러 호스트에서 공유할 수 있는 장점이 있다. 또한, NAS는 파일 서버, 인쇄 서버, 백업 서버 등 다양한 용도로 사용할 수 있다.

③ SAN(Storage Area Network) : 스토리지 영역 네트워크로, 저장장치와 호스트를 독립적인 네트워크로 연결하는 방식이다. SAN은 NAS보다 더 복잡한 스토리지 구성 방식이지만, 매우 높은 성능과 확장성을 제공한다. SAN은 대규모 데이터베이스, 엔터프라이즈 애플리케이션, 영상 처리 등 고성능 스토리지가 필요한 환경에서 주로 사용된다.

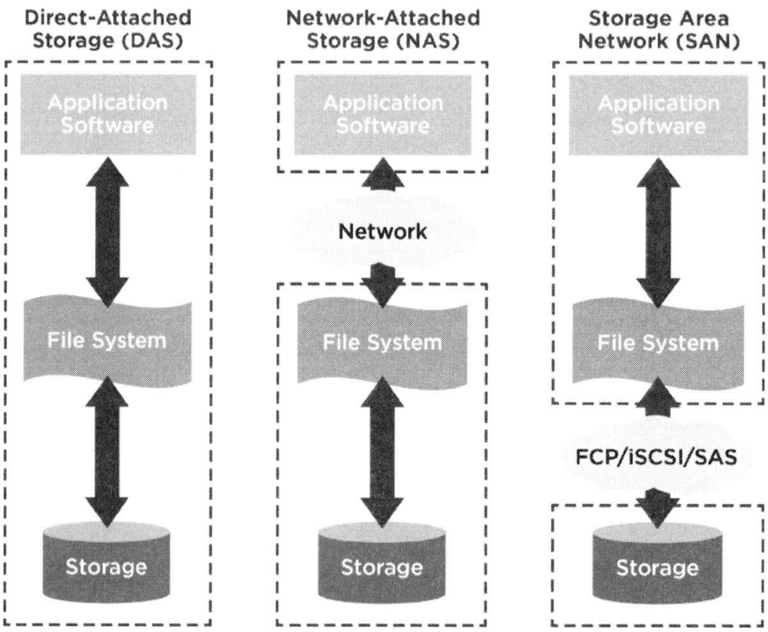

[그림] 저장장치 구조의 차이점

저장장치 특징 비교

저장 유형	DAS	NAS	SAN
주요특징	저장장치가 특정 호스트에 직접 연결되어 있다.	저장장치가 네트워크를 통해 여러 호스트에 연결되어 있다.	저장장치와 호스트를 독립적인 네트워크로 연결한다.
차이점	관리가 쉽고 비용이 저렴하다.	네트워크를 통해 여러 호스트에서 공유할 수 있다.	매우 높은 성능과 확장성을 제공한다.
장점	관리가 쉽고 비용이 저렴하다.	네트워크를 통해 여러 호스트에서 공유할 수 있다.	매우 높은 성능과 확장성을 제공한다.
단점	확장성이 제한적이다.	성능이 DAS보다 떨어진다.	관리가 복잡하고 비용이 비싸다.
사용사례	소규모 기업의 파일 서버, 개인용 컴퓨터의 저장 장치	중소기업의 파일 서버, 워크그룹의 파일 공유, 백업 서버	대규모 데이터베이스, 엔터프라이즈 애플리케이션, 영상처리

13 네트워크의 QoS에서 우선순위에 대하여 설명하시오.(127－10)

QoS 우선순위

데이터 통신 네트워크상에 흐르는 데이터의 중요도를 분류하여, 이를 기반으로 우선순위를 부여한다. 우선순위가 높을수록 빠르고 안전하게 전송이 보장된다.

우선순위가 높은 데이터

① 네트워크 제어 프로토콜
② **음성 통화** : 이에 사용되는 VoIP가 늦게 처리되면, 서로 실시간 전화 통화에 지장을 주게 된다. 만약 중간에 일부 데이터가 소실되더라도 문제가 된다.
③ **IPTV** : TV 데이터가 늦게 가면 버퍼링이 발생하며, 소실되면 화면이 멈추거나 모자이크 증상이 발생한다.

우선순위가 낮은 데이터

① 토렌트 등 일반 파일 전송
② 컴퓨터 바이러스
③ 네트워크 공격성 패킷

14 다중 서비스 지원 플랫폼 통신 시스템(MSPP Multi-service Provisioning Platform)에 대하여 설명하시오.(127-10)

MSPP 이란

모든 서비스를 통합하는 하나의 기술이 아니라, 여러 기술 또는 계층을 단지 하나의 장비에서 통합 구현하는 방식

기술적 특징

① 여러 서비스 및 계층을 하나의 공통 플랫폼으로 통합하는 기능을 수행하는 장비
- 기본적으로 SONET/SDH에 의한 Add/Drop Multiplexing 기능에 기초하여,
- 하나의 단일 새시 공간 안에 OC-3/OC-12/OC-48/OC-192 등 다양한 신호계위에 대해,
- SONET/SDH ADM (분기결합)과 디지털 크로스커넥트 (교차연결) 기능을 통합

② PSTN, IP, SAN 등 모든 신호를 동일 장비(One Box) 내에서 수용이 가능

㉠ 다목적용 장비 : 데이터 서비스 제공을 위해 별도의 이더넷, ATM 기능까지 갖추고 있는 일종의 대역폭 다양화 및 다목적용 장비

㉡ 다양한 인터페이스 지원 : 기존의 동기식 뿐만 아니라, IP 트래픽까지도 처리 가능
- SDH 인터페이스 : STM-1/4/16/64 등 STM-n 또는 OC-n
- PDH 인터페이스 : DS-1/DS1E(T1/E1), DS3 등 DS-n
- 기가비트 이더넷 인터페이스 : GbE
- SAN(Storage Area Network) 인터페이스 : ESCON, FICON, Fiber Channel
- ATM 및 DWDM 인터페이스 등

㉢ 다기능 멀티 박스 형태
- MSPP 관련장비는 다양한 인터페이스 및 고급 관리서비스를 구현해야 되는 고가의 다기능 멀티 박스 형태를 갖춤
- Provisioning, 관리, 전송, 라우팅, 스위칭 기능 등이 통합되고 확장성을 가짐

③ 기존 SDH/SONET 장비의 차세대 후속모델로 기대됨
- 소위 NG-SDH라고도 불리움 (Next Generation SDH/SONET)
- 차세대 SONET/SDH 장비와는 달리 각각의 트래픽 유형에 대한 별도의 스위칭 패브릭들도 제공

장점

① 기존 SDH 망 및 인프라를 그대로 사용하면서 다양한 서비스 제공 : 기존의 동기식뿐만 아니라, 이더넷, SAN, 기업 데이터/음성 전용 회선 등등

② 대역폭을 사용자가 원하는 만큼씩 세분화, 속도의 고속화 제공 가능 : 622Mbps, 2.5 Gbps, 10Gbps 등 N*M Mbps 단위의 세밀한 트래픽 제어관리가 가능

③ 가입자가 원하는 속도 및 서비스를 중단없이 재빨리 구성하여 제공 가능
④ 자동으로 가상망 구성이 가능하며 다양한 형태의 망구성이 가능 : PTP, Ring Type, Multi-Ring, Subtending-Ring 등

MSPP 구분

① Transport-based MSPP (SDH/SONET 기반) : 기존의 SDH/SONET, ADM, OXC 기반의 회선 스위칭 구조
② Data-based MSPP (비 SDH/SONET 기반) : 이더넷을 기반으로 하는 데이터 스위칭 구조

MSPP 특징

① 시스템통합 : 다양한 종류의 서비스를 하나의 시스템으로 통합관리
② 확장성 : 망의 증설 혹은 SDH기반에서 점진적인 통신망 진화 제공
③ 가용성 : 고속데이터 전송률과 높은 가용성 : 50ms
④ 안정성 : BLSR, UPSR 등의 회선복구 알고리즘 사용
⑤ 다중화 : PDH에 비해 단순화된 Single Step 다중화 기법사용
⑥ 집중성 : 구성요소 및 NMS의 집중화를 통한 망 관리비용 절감
⑦ 비용감소 : 불필요한 회선 임대비용 대폭 감소
⑧ 회수기간 단축 : 초기 투자비 절약을 통한 투자비 회수기간 단축
⑨ 능동성 : All IP 통신망에 대비한 능동적인 시스템 구축
⑩ 보장성 : 개별의 대역폭 점유 및 보장
⑪ 편의성 : 대역폭 확장 및 감소의 관리 용이

* SDH : Synchronous Digital Hierarchy 동기 디지털 계층
* PDH : Plesiochronous Digital Hierarchy 유사 동기식 계층
* SONET : Synchronous Optical Network 동기 광 통신망
광 케이블의 WAN 시스템으로서 이론적으로 2.48 Gbps의 전송속도를 가지며 음성, 데이터, 비디오의 정보를 동시에 보낼 수 있다.

15 데이터를 전송하는 방식 중 직렬전송(Serial Transmission)방식과 병렬전송(Parallel Transmission)방식의 특징을 비교 설명하시오.(132-25)

직렬 전송(Serial Transmission)

데이터가 한 비트씩 순차적으로 하나의 통신회선을 통해 비트 단위로 전송되는 방식으로 컴퓨터의 경우 데이터 처리는 병렬로 통신회선을 통한 전송은 직렬로 하게 된다. 따라서
송수신 측에서 병렬과 직렬의 변환 과정이 필요하다. 또한 한 바이트의 데이터를 8개의 비트로 잘라서 차례로 보내고 받는 쪽에서 8개의 비트를 받아 한 바이트로 합성한다.
대부분 가까운 거리의 데이터 전송은 8비트를 한꺼번에 보내는 병렬 전송을 사용하지만 거리가 수십 미터 이상이 되면 병렬전송으로는 케이블 비용(회선설치 비용), 오류 발생 등의 문제점이 있으므로 먼 거리의 전송에는 직렬 전송이 주로 사용된다.
한 비트씩 보내므로 속도는 느리나 전송 도중 모든 비트가 같은 영향을 받게 돼 데이터가 일정한 간격으로 도착하므로 일반 전송에서 많이 사용된다.

- 직렬로 나열, 데이터를 비트로 쪼개서 보냄, 한번에 한개씩(1비트씩), 유선LAN에 쓰임, 통신회선을 통하여 한 번에 한 비트씩 순서대로 전송하는 방식
- 한 비트씩 전송하기 때문에 전송속도는 느리지만 통신회선 비용은 아주 저렴함
- 주로 원거리의 전송에 사용(대부분의 컴퓨터 네트워크)되며, 원거리 통신에 사용, Ethernet, HDMI, RS 232C, SPI, 12C와 같은 인터페이스에 사용됨

병렬 전송(Parallel Transmission)

데이터 전송에서 한 문자의 모든 비트들의 동시에 즉 여러 개의 비트가 한 번에 전송로를 통하여 전송되는 방식이다. 예를 들면 1문자가 8bit로 구성되었을 때 병렬 전송은 8개의 데이터 회선으로 각각의 8bit를 동시에 전송한다. 이때 1 문자전송 후에 다음 전송 문자와 구별되는 수신 측에서 송신 측으로 보내는 신호로서 현재 데이터를 수신 중이므로 전송을 받을 수 없으니 기다려 달라는 신호로 사용한다.
직렬 전송(Serial Transmission)과 반대로 속도가 빠르고 인터페이스의 구성이 단순하다. 그러나 거리가 멀어지면 동시 전송을 위해 다수의 회선이 필요하므로 전송 선로의 비용이 매우 커지고 접속 비용이 많이 소요된다. 주로 컴퓨터와 가까운 주변 장치 사이의 데이터 전송이나 고속이 필요한 장치에만 이용된다.

- 병렬로 나열하여, 한 번에 n 비트 이상(n=라인 개수)
- 여러 개의 전송로를 통하여 동시에 여러 비트를 전송함(멀티플렉서, 디멀티플렉서 불필요) 이러한 병렬 전송은 직렬전승에 비해 전송속도는 빠르나 통신회선을 구축에 큰 비용이 소요됨.
- 근거리 통신에 사용, 컴퓨터 IC, Memory-RAM : ISA, SCSC, PC!

직, 병렬 전송 비교표

구분	직렬 전송	병렬 전송
전송속도	느리다	상대적으로 빠르다.
통신선로의 개수	한 개	여러 개
클럭당 전송되는 비트수	한 비트	통신선로의 개수만큼
비용	적다	높다
채널간 간섭	없음	존재함
시스템 업그레이드	쉽다	어렵다
전송 모드	전이중(Full duplex)	반이중(Half duplex)
전송거리	먼 거리	짧은 거리
고주파수 동작	더 효과적	덜 효과적

16 데이터통신 네트워크/컴퓨터 네트워크 대하여 설명하시오.(25)

개요

원격지의 컴퓨터와 같은 데이터 처리 및 통신장치 상호 간에 통신미디어를 통하여 통신 규칙 protocol에 따라 데이터의 전송, 수신 과정을 포함하는 시스템

데이터 통신 네트워크의 구성요소

- 메세지 : 통신을 하고자 하는 정보로, 텍스트, 숫자, 그림 혹은 비디오 정보 등으로 구성
- 전송장치 : 컴퓨터, 워크스테이션, 전화단말기, 비디오카메라 등과 같은 메시지를 전송하는 장치
- 수신장치 : 메시지를 수신하는 장치
- 전송미디어 : 메시지가 전달되는 실제 전송로
- 프로토콜 : 데이터통신과 관련된 규칙들로 구성

LAN (Local Area Network)

근거리 통신 네트워크로 대학캠퍼스나 건물과 같은 일정지역 내의 네트워크를 구성하는 형태 성형, 버스형, 링형 등이 있다.

MAN(Metropolitan Area Network)

대도시 정도의 넓은 지역을 연결하기 위한 네트워크 구성 형태

컴퓨터 네트워크(computer network)

컴퓨터망은 노드들이 자원을 공유할 수 있게 하는 디지털 전기통신망의 하나이다. 즉, 분산된 컴퓨터를 통신망으로 연결한 것을 말한다. 컴퓨터 네트워크에서 컴퓨팅 장치들은 노드 간 연결(데이터 링크)을 사용하여 서로에게 데이터를 교환한다. 이 데이터 링크들은 유선, 광케이블과 같은 케이블 매체, 또는 와이파이와 같은 무선 매체를 통해 확립된다.

17 도시철도 지하터널에서 사고 발생 시에 비상 무선방송을 위한 통신기술 요구사항 및 WAVE(Wireless Access in Vehicle Environments)의 적용 가능성에 대하여 설명하시오.(114-10)

개요

열차사고 시 단전/단선 등으로 열차 안내방송이 불가한 경우가 증가하고 있어, 어떤 비상상황이 발생해도 열차에 안내방송을 할 수 있는 시스템 구축의 필요성이 대두된다.

본론

① 무선비상방송을 위한 통신기술 요구사항

㉠ 기존 철도에 이용되던 통신기술에 독립적이면서, 주파수 간섭이 심한 ISM 대역의 사용을 제한하며,

㉡ 굴곡이 심한 지하터널과 같은 열악한 전파환경에서도 강건한 수신 성능을 보장하며, 특히 별도의 중계기능 없이 Point-to-Point(200m 이상) 통신이 가능해야한다.

② WAVE(Wireless Access in Vehicle Environments)의 적용성

㉠ WAVE 통신기술은 IEEE 통신표준으로 V2V(Vehicle to Vehicle communication)과 V2I(Vehicle to Infrastructure communication) 통신을 지원하는 개념을 의미한다. WAVE 통신기술은 차량이 고속으로 이동하는 전파환경에서 차량간 또는 차량과 인프라간 패킷 프레임을 100msec 이내 짧은 시간 내에 주고 받을 수 있는 기술이다. WAVE 통신표준은 5.9GHz 전용 주파수 대역을 사용하며, IEEE 802.11p와 IEEE 1609.x 규격으로 구성되어 있다.

㉡ IEEE 802.11p는 무선전송을 위한 물리계층과 MAC 계층을 포함하고, IEEE 1609.x는 IEEE 802.11p 위에 탑재되는 멀티채널 계층, 네트워크 계층, 인증 보안 계층, 응용 서비스 계층을 포함하고 있다.

㉢ WAVE 통신은 200km/h 고속 이동환경에서 최대 27Mbps 데이터 전송속도, 전파 통달거리는 최대 1km, 100msec 이내의 짧은 패킷 Latency와 짧은 무선 링크 접속, 그리고 차량간 통신과 차량과 인프라간 신뢰성 있는 통신이 성능의 기본적인 목표이다.

결론

WAVE의 성능목표를 기반으로 전송률, 수신감도, 패킷오류율 등을 평가지표로 하는 경우, 무선 비상방송을 위한 최선의 적용 가능성을 가진 통신기술이라 할 수 있다.

18 디지털 통신방식에서 디지털 변조의 개요와 변조부 역할을 설명하시오.(10)

디지털 변조의 개요

- 디지털 변조란 디지털 데이터를 아날로그 신호로 변환하는 것을 의미하며, 모뎀(Modem)을 이용한다. 디지털 변조 방식에는 진폭 편이 변조(ASK), 주파수 편이 변조(FSK), 위상편이 변조(PSK), 직교 진폭 변조(QAM)가 있다.
- 디지털 데이터를 그대로 반송파로 변조해서 전송하는 것. 아날로그 전송에 비하여 전송로에 대한 희망하는 신호 대 잡음비(S/N)가 낮아도 되는 것이 특징이다.
- 디지털 데이터는 반송파의 진폭(Amplitude), 위상(Phase), 주파수(Frequency)의 어느 하나 또는 조합에 의해 구별되도록 한다.

변조부의 역할(Modem)

① **장거리 전송** : 전송 매체에 알맞은 변조방식을 사용하면, 장거리 전송이 가능

② **다중화 용이** : 변조가 넓은 주파수대역에 걸치므로, 여러 채널을 그룹화할 수 있는 다중화가 가능

③ **안테나 크기 축소** : 주파수를 높임에 따라, 안테나 길이, 크기의 단축이 가능

④ **높은 주파수 신호수용** : 성능 제고를 위한 신호처리(에러제어 등)를 하여 신호 대역폭이 넓어지면, 그만큼 반송파 주파수를 높여야함 즉, 변조 필요가 생김

⑤ **신호처리 용이** : 필터링 또는 증폭과 같은, 설계 요구사항의 충족이 가능한 주파수대로 전환 필요

⑥ **잡음 내성** : 신호 대역폭을 늘려주어, 잡음 및 간섭에 강인하게 함

19 레이저 레이더(Light Detection And Ranging, LIDAR)의 기본구성 및 동작원리를 설명하시오.(111－25)

LIDAR란?

① 정의 : 레이저 레이다는 **레이저 펄스를 쏘고 반사되어 돌아오는 시간을 측정하여 반사체의 위치좌표를 측정**하는 레이더 시스템으로, 강한 단색성에 의해 빛과 전파의 양면 특징을 가졌기 때문에 통신 이외의 각종 용도에도 사용되고 있다. 항공 또는 위성에 탑재되어 지형측량에 사용되며 속도측정, 자율주행 자동차 등에도 활용된다.

② Light Detection And Ranging (빛을 통한 검출과 거리 측정) : 근적외광 및 가시광, 자외선을 사용하여 대상물에 빛을 비추고, 그 반사광을 광 센서를 통해 검출하여 거리를 측정하는 리모트 센싱 (떨어진 위치에서 센서를 사용하여 검출)하는 방식이다.

③ Light/Laser Imaging Detection And Ranging (레이저 화상 검출과 거리 측정) : 근적외 레이저 광을 펄스 상태로 조사하고 대상물에 닿아 반사될 때까지의 시간차를 계측한다.
- 대상물까지의 거리뿐만 아니라 위치 및 형상까지 정확하게 검출한다.
- 운전자의 개입없이 주변 환경을 인식하고 주행상황을 스스로 판단하여 차량을 제어한다.
- 기본 원리는 레이다 (Radar)와 같으나 주로 905nm 파장의 펄스 레이저를 이용해 거리 정보를 얻는다.
- 레이다 (Radar)보다 정밀한 위치정보를 제공한다.

동작원리

① 빛 (펄스 레이저)이 렌즈를 통과해 목표물에 비춤으로써 사물까지의 거리, 방향, 속도, 온도, 물질분포 및 농도 특성 등을 감지한다.

② 광신호가 장애물 등에서 반사되어 되돌아오는 광 에너지를 분석하여 차량 주변의 3차원 공간 정보를 획득하는 장치이다.

③ 전통적인 차량용 센서인 비전센서 및 레이다 (Radar) 센서와 함께 자율주행을 지원하는 핵심 센서이다.

④ 회전형 905nm 파장을 중심으로 발전하였으나, 비와 안개 등 외부 환경에서의 한계점이 있어 1,550nm (1.5㎛) 파장대로 개발이 이루어지고 있다.

파장대(대역)	장점	단점
905nm	양산이 쉽고 단가가 낮음 소모 전력 낮음	노이즈 현상 높음 탐지거리 낮음
1,550nm	905nm보다 시력 손상 적음 탐지거리 높음	양산이 어렵고 단가 높음 소모 전력 높음

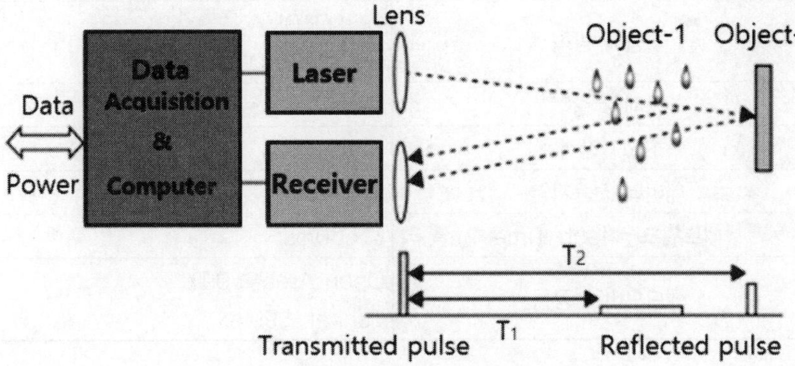

[그림] 라이더 구성도

철도활용 방안

① 열차의 속도 및 위치를 결정하는데 활용할 수 있다.

② 철도건널목 및 스크린도어의 장애물검지 센서로 활용 가능하다.

20 철도통합무선망(Long Term Evolution－Railway)에 대하여 설명하시오.(112－10)

개요

철도통합무선망(LTE－R) 시스템은 철도교통 관제센터, 광 전송망, DU, RRU, 차상 단말 장치와 승무원 휴대 단말기 등으로 구성된다. 열차 운전자는 차상 단말 장치를 이용하여 여러 가지 열차 관제 음성통화 서비스들을 이용할 수 있다. 철도교통 관제센터는 단말의 이동성을 관리하는 MME, HSS, PTT 서버와 EPC와 외부망 패킷전달을 담당하는 P－GW, 보안을 위한 방화벽으로 구성되어 있다.

국내 LTE－R 철도통합 무선시스템은 Release 13으로 3GPP SA1 TR22.889 서비스 및 시스템 요구사항을 적용하였다.

주요사양

[LTE－R 주요사양]

구분	내용
주파수 대역	718～728MHz 773～783MHz
채널 대역폭	10MHz
변조 방식	BPSK/QPSK/16QRM/64QAM

다중화 방식	DL : OFDMA UL : SC-FDMA
프레임 길이	10ms
RRU 간격	1km
데이터 전송지연	≦600ms
네트워크 Attach Time	≦500ms
핸드오버 성공률	Open Area ≥ 99% Tunnel ≥ 99%

21 무인운전 철도의 열차제어용 통신에서 산업용, 과학용, 의학용 공용밴드를 사용하는 WiFi 통신에 있어서 주파수 간섭으로 인한 타임아웃 발생 시 열차의 비상정차장애가 발생되고 있는 바, 이에 대한 대책에 대하여 설명하시오.(126-25)

Wi-Fi란

① Wi-Fi는(Hi-Fi, High Fidelity) 무선 통신 표준 기술 중 하나인 IEEE802.11에 기반으로 하는 무선기술을 접목한 것으로, 서로 다른 장치 간의 고성능 무선통신을 가능하게 하는 무선랜 기술이다.

② 초기 Wi-Fi기술이 나왔을 당시 2.4GHz의 주파수 대역을 사용하고 있으며, 1999년 9월에 무선 LAN 표준으로 승인되었다.

③ 이 기술을 사용하기 위해서는 무선 라우터 또는 공유기 AP(Access Point)가 필요하며 기본 동작은 Access Point에 기반을 둔 일대일 또는 일대다 방식으로 동작을 한다.

④ 2.4GHz 주파수로 인해 대부분 와이파이 무선 네트워크에 장애가 발생한다.

2.4GHZ 주파수와 무선 간섭증상

① 2.4GHz는 반응속도가 빠르고, 신호의 회절성이 강하고 수신거리가 길어서 가장 많이 사용되는 무선 방식이다.

② 한국의 경우 2.4GHz 대역에서 83MHz의 주파수 대역이 할당되고, 다시 이 대역폭에서 20MHz의 대역폭을 갖는 13개의 채널을 할당하여 이용하고 있다.

③ 바로 여기서 나타나는 문제가 같은 채널 안에 다수의 Wi-Fi 기기가 사용되거나 혹은 장치들끼리 인접한 채널을 이용하는 경우 서로 다른 기기들이 통신하는 과정에서 충돌이 발생하는데 이를 간섭(주파수 간섭)이라고 한다.

WIFI 문제에 대한 해결 방법

① Wi-Fi 기기 (공유기/라우터/AP)의 설치 위치를 물리적으로 장애물에 방해를 받지 않는 환경에 설치한다.

② Wi-Fi 기기의 안테나 위치를 조정한다.

③ **물리적인 변화로 채널 변경** : 대체로 5GHz는 2.4GHz에 비해 간섭의 영향이 적고 속도가 빠른 이유로 최근 많이 이용되는 주파수 대역이다.

22 문자지향 프로토콜, 비트지향프로토콜, 바이트지향프로토콜에 대하여 설명하시오.(124-25)

문자지향 프로토콜

- 데이터 프레임의 시작과 끝에 상호 간에 약속된 전송제어절차 문자를 첨가하여 전송하는 방식
- 8비트의 데이터를 전송하는데 사용
- 전송하는 프레임이나 메시지 길이가 8비트 정수배이므로 문자전송에 유리함
- 데이터의 길이에 제한됨
- IBM의 BSC 프로토콜
- 컴퓨팅 장치 간 통신과 저속 네트워크에서 일반적으로 사용된다.
- 전체 데이터 패킷이 아닌 개별 문자의 전송에 중점을 두므로 실시간 정보 전송에 이상적이다.
- 안정성과 효율성이 매우 높아 통신 시스템과 컴퓨터 네트워크의 데이터 전송에 널리 사용된다.

비트지향프로토콜,

- 어떤 길이의 데이터라도 전송할 수 있다.
- 데이터 프레임의 시작과 끝에 약속된 플래그를 사용
- 현재 널리 사용되는 프로토콜
- IBM의 SDLC/ISO의 HDLC/ITU-T의 X.25 프로토콜
- 메시지의 구조에 구애받지 않고 정보를 비트 단위로 주고받는 일을 담당한다.
- 고속 네트워크 및 군용 통신 시스템과 같이 매우 빠르고 효율적인 데이터 전송이 필요한 상황에서 사용된다.
- 메시지 구조를 고려하지 않으므로 데이터 전송 및 수신에 더 큰 유연성이 허용된다.

바이트지향프로토콜

① 데이터 프레임의 시작과 끝에 특수문자, 문자 개수, 제어정보, 블럭검사 등을 포함해 전송하는 방식

- **특수문자** : 메시지의 시작과 끝 알림

- 문자개수 : 정보메시지부를 구성
- 제어정보 : 정보메시지 수신 상태
- 블럭검사 : 오류에 대처

② 8bit의 정수배 길이를 가지므로 문자전송에 유리함

③ 데이터의 길이에 제한됨

④ DEC사의 DDCMP 프로토콜 (Digital's Data Communications Message Protocol)

바이트지향형과 비트지향형 비교

바이트 지향	비트 지향
• 반이중 통신방식 • n : n, 1 : 1 망구성 • 루프 형태 구성은 불가능 • 정지대기 ARQ 방식 사용 • 전파지연이 큰 경우 사용 불가능 • 전송방향이 바뀌면 오버헤드가 커짐 • 비트지향형보다 효율이 나쁨	• 반이중 및 전이중 통신방식 사용 가능 • 모든 형태 망 구성 가능 • 바이트, 문자지향방식 대신 가능 • Go back N ARQ 방식 사용 • 전파지연과는 무관 • 바이트지향형 보다 효율이 좋음

23 서미스터란(Thermistor)에 대하여 설명하시오.(120 – 10)

개요

회로에서 쓰이는 저항, 인덕터와 같은 소자의 일종으로 값이 고정되어 있는 다른 소자와는 달리 온도에 따라 물질 저항의 값이 변화하는 특성을 이용한 특수 소자이다. 다른 이름으로는 열 가변 저항기라고도 불리는 경우가 있고 회로 온도를 감지하거나 전류가 일정 이상으로 오르는 것을 방지하는 목적으로 많이 쓰인다.

재질

서미스터를 이루는 물질은 주로 중합체 또는 세라믹 소재로 이루어져 있고 코발트, 유리, 망간, 니켈 등의 불순물을 첨가하여 만든다.

섭씨 영하 90도~130도 사이에서 사용되기 때문에 아주 높은 정확도로 측정이 가능하다.

서미스터의 종류

서미스터의 종류는 NTC, PTC, CTR 세 가지의 종류가 있다.

① NTC 서미스터

- NTC 서미스터란 부특성 서미스터라는 이름으로도 불린다.

- 온도가 올라감에 따라 저항 계수가 적어진다.
- 바로 돌입 전류를 제한하는 저항의 역할로 회로에 쓰인다. 처음에 온도가 높지 않을 때는 저항 계수가 높아서 전류가 흐르지 못하다가 점차 전류가 안정되고 온도가 높아지기 시작하면서 저항 계수가 작아져 전류가 안정적으로 흐를 수 있게 도움을 준다.
- 온도가 높아지는데 저항이 낮아지는 소자가 있으면 반대로 높아지는 소자도 존재하는데 바로 그 역할을 하는 소자가 PTC 서미스터이다!

② PTC 서미스터

- PTC 서미스터란 정특성 서미스터라는 이름으로 불리는 소자이다. NTC 서미스터와는 반대의 개념으로 온도가 올라감에 따라 저항 계수가 높아지는 역할을 수행한다.
- 보통 온도가 높아지는 것을 제한하는 회로에 많이 쓰인다.
- 주변에서 흔히 볼 수 있는 정수기나 전기장판 같은 제품에 사용되며, 정수기 같은 제품에 주로 쓰이게 된다.
- 물의 온도가 너무 뜨거워지면 제품에 손상이 갈 수 있으므로 특정 온도 될 때 저항이 높아져 더 이상 온도가 높아지지 않게 해 온도가 낮아지면 다시 저항의 계수가 낮아져 온도를 다시 올리고를 반복한다.

③ CTR 서미스터 : 이 소자는 특정한 온도 영역에서 급격하게 저항값이 변화하는 소자인데 넓은 범위에서 온도 측정은 불가능하고 소자 특성상 특정 온도를 판별하는 데 사용된다.

24 신호시스템의 정보처리 방법 중 Static Buffer와 Dynamic Buffer 방식에 대하여 설명하시오.(111－10)

Static Buffers

① 정적 버퍼는 컴파일 시 고정된 크기 사전 설정을 제공하며 프로그램 수명 동안 메모리에 지속해서 상주한다. 이러한 특성을 위해 정적 버퍼 할당 제어는 프로그래머가 아닌 운영 체제에 암시적으로 부여된다. 프로그램 실행 시 운영 체제의 실행 파일 로더는 프로그램의 정적 요구사항을 분석하고 적절한 양의 메모리를 할당한 후 프로그램 종료 시 최종적으로 해당 메모리를 할당 해제한다. 이 접근 방식은 빠르고 단순하며 안정적인 작동을 제공하지만, 프로그래머에게 제어 권한을 거의 주지 않으며 유연성이 떨어진다.

② 함수의 본문 외부에 선언된 모든 C 변수는 기본적으로 정적으로 할당된다. 함수 본문 내에 정적 변수를 할당하려면 선언 앞에 정적 키워드가 붙어야 한다. 목록 1에는 일반적인 정적 버퍼 응용 프로그램이 나와 있다. 함수의 본문 외부에 선언된 변수는 정적 접두사가 앞에 붙은 버퍼로 작업일 수도 있지만, 직관에 따라 할당 요구사항을 지정하지 않고 변수의 기호를 내보낼 수 없다고 가정할 수도 있다.

Dynamic Buffering

① **버퍼 기억 장치에 대한 동적 할당. 즉, 버퍼의 크기나 버퍼 풀의 크기를 도착 데이터의 크기에 따라 가변으로 하는 방법.** 버퍼 사용법의 하나이며, 개개의 회선에는 버퍼를 만들지 않고 회선 모두가 공용할 수 있는 버퍼를 준비한다. 이 버퍼 방식을 실현하기 위하여 버퍼 풀이라는 기억 장치를 블록으로 나누어 사용하는 방법을 채택하고 있다. 이것은 회선으로부터 데이터의 입력이 있었을 경우 그 데이터의 크기에 따라 기억 장치를 블록으로 구분하여 거기에 회선에서 온 데이터를 수용한다. 이 방법을 쓰면 버퍼로 쓰는 영역이 작아져서 기억 장치를 효과적으로 사용할 수 있으나 제어 프로그램이 복잡해진다.

② 시스템에 들어오는 메시지를 다루거나, 프로세스에 들어오는 메시지가 가변 길이, 가변 빈도일 경우를 다루기 위해 사용되는 방법. 메시지를 받기 위하여 버퍼로 배당된 기억 공간이 메시지가 들어옴에 따라 기억 장치를 추가하거나 제거함으로써 확장되거나 축소된다.

25 신호장비 간에 개방형 전송시스템(IEC 62280-2)을 사용하는 경우, 인터페이스의 전송 위협에 대한 방어 조치를 나열하시오.(111-10)

주요 위협 및 방어 대책

주요 위협	방어 대책
• 반복(Repetition)	순서번호 사용, 시간 날인
• 삽입(Insertion)	순서번호 사용, 출처와 도착지 식별자, 귀환 메시지, 식별 일자
• 손상(Corruption)	안전 코드 사용, 암호화 기법 사용
• 순서 재배열(Resequence)	순서번호 사용, 시간 날인
• 삭제(Delete)	순서번호 사용
• 위장(Masquerade)	귀환 메시지, 식별절차, 암호화 기법 사용
• 지연(Delay)	시간 날인, 만기

26 신호제어장치 통신을 위한 디지털변조방식인 ASK(Amplitude Shift Keying), FSK(Frequency Shift Keying), PSK(Phase Shift Keying)에 대한 정의 및 특징에 대하여 설명하시오.(129-25)

ASK(Amplitude Shift Keying)

① 개요

㉠ 디지털 신호 (1, 0)의 정보내용에 따라 반송파의 진폭을 변화시키는 방식

㉡ 단극 NRZ 형태의 2진 데이터에 대응하는 반송파의 진폭을 단속시켜 변조

- 0이면 반송파 송출중단
- 1이면 반송파 송출

㉢ 변조 과정에서 대역폭이 AM과 같이 2배가 되므로 최대 대역폭 효율은 16 bps/Hz

② ASK 시뮬레이션 결과

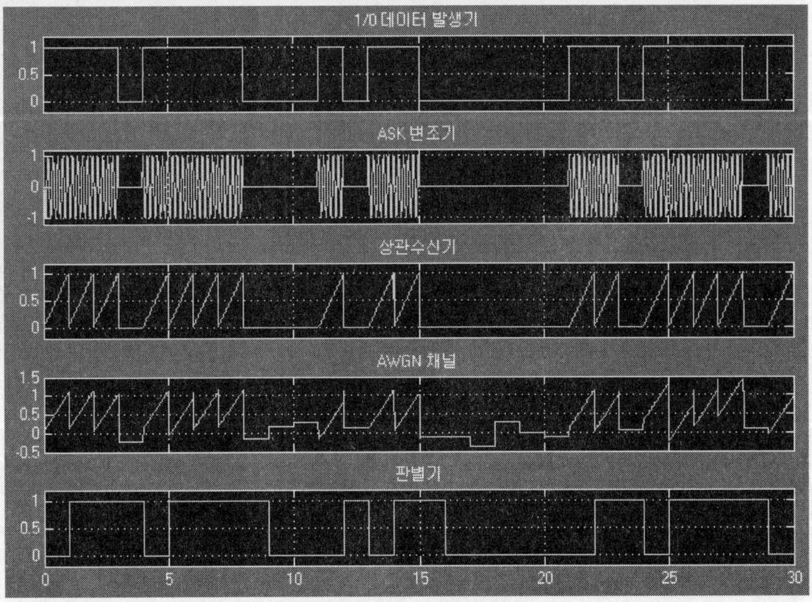

[그림] ASK 시뮬레이션

③ ASK 특징

- 에너지의 이득이 있음(0은 무전력)
- 동기, 비동기 ASK 가능
- 동기검파시 정합 여파기 사용
- 대역폭은 변조과정에서 두 배가 되므로 대역폭 효율이 1 bps/Hz임
- 대역폭은 기저대역 신호의 최대주파수의 2배가 됨
- 매우 간단히 구현 가능

FSK(Frequency Shift Keying)

① **개요** : 디지털 신호인 0과 1bit들을 2종류(저주파, 고주파)의 주파수에 각각 할당하여 전송하는 방식이며, 0을 저주파(lower frequency)에, 1을 고주파(higher frequency)에 각각 대응하고 정보신호가 0일 경우에는 반송주파수보다 낮은 주파수로, 1일 경우는 반송주파수보다 높은 주파수를 발생시켜 전송하는 방식이다.

② FSK 시뮬레이션

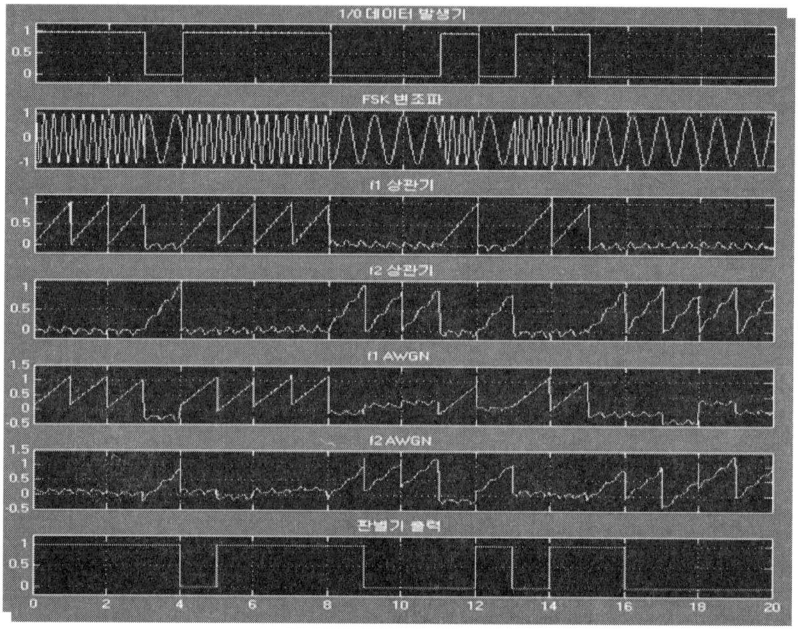

[그림] FSK 시뮬레이션

③ 특징

- FSK는 대역폭은 희생하나 같은 오류 확률의 에너지 측면에서는 성능이 향상되는 변조 방식임
- M진 FSK의 M의 증가에 따라 대역폭은 증가함 즉, M진 FSK는 스펙트럼 효율이 낮으므로 주로 BFSK가 사용됨
- 진폭 편이 변조보다 잡음이나 레벨변동에 강하다.
- 검파방식 – 동기검파 : PLL 이용(곱셈기, LPF, VCO)
  – 비동기 검파 : 포락선 검출기 이용
- 회로가 비교적 간단하며, 2,400 bps 이하 저속, 비동기 모뎀(Asynchronous Modem)에 주로 사용

PSK(Phase Shift Keying)

① 개요 : 전송될 데이터에 따라 반송파의 위상이 변하여 데이터를 전송하고, 위상의 변화량은 데이터에 의해 결정되는 방식으로 일정주파수, 일정 진폭의 반송파 위상을 2등분(180° 위상차), 4등분(90° 위상차), 8등 등분(45° 위상차)으로 나누어 각각 다른 위상에 0 또는 1을 할당하거나 2bit 또는 3bit를 한꺼번에 할당하여 상대방에 보내고 수신측에서는 이를 약속된 원래의 데이터 신호의 상태로 만들어 주는 변조 방식임

- 전송할 데이터가 0일 경우에는 먼저의 신호가 보내진 것과 같은 위상의 신호를 보냄으로써 표현하고 1은 먼저의 신호와 반대 위상의 신호를 보냄으로써 표현된다.
- 네 개의 위상을 갖는 위상편이 변조 시스템에서 각 신호는 두 비트를 부호화한다.

② PSK 시뮬레이션 결과

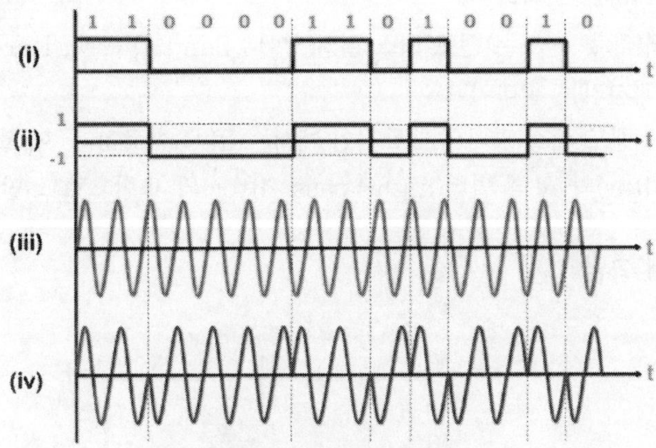

(i) Binary data sequence
(ii) Bipolar NRZ sequence
(iii) Carrier wave
(iv) BPSK waveform

③ 특징

- 점유대역폭은 ASK와 같으나 기준 전압 문제가 해결되므로 같은 S/N 하에서 ASK보다 양호한 에러 특성 지님
- PSK는 동기검파만 사용
- ASK와 같은 신호감도에 대해 잡음의 전압값이 6dB만큼 커져도 에러 확률은 같음.
- BPSK 신호값은 반주성 신호값임
- BPSK를 PRK(Phase Reverse Keying)라고도 함.
- PSK파는 일정한 진폭을 갖는 파형이므로 전송로 등 레벨변동에 영향을 덜 받으며 심볼에러도 우수함

27 연산증폭기를 이용한 대역필터(BPF)에 대하여 설명하시오.(124-10)

개요

저항, 인덕터, 커패시터 등의 수동소자로만 구성된 필터를 수동필터(passive filter)라고 하고, 저항, 커패시터와 증폭기(트랜지스터 또는 연산증폭기, 신호를 증폭시키거나 버퍼(완충, buffer) 목적으로 사용)로 구성된 필터를 능동필터(active filter)라고 한다.

대역필터(Band-pass filter)

① 어떠한 특정주파수대역만을 통과하고 다른 주파수 대역은 차단하는 **필터**를 말한다.

② 저주파만 통과시켰던 LDF와 고주파만 통과시켰던 HPF가 직렬로 만들어진 필터인데 대역통과 필터라고도 한다.

③ **대역필터**(帶域-) 또는 **밴드 패스 필터**(영어 : Band-pass filter)는 특정 주파수 사이의 신호만 통과시키는 필터이다

④ 아날로그 밴드 패스 필터의 대표적인 예시는 RLC 회로이다. 이 필터들은 저역 필터 (low-pass filter)와 고역 필터(high-pass filter)의 조합으로도 만들어질 수 있다.

대역필터 그림

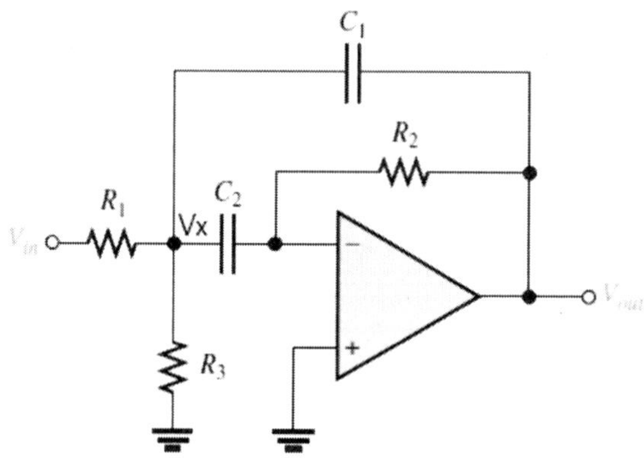

28 열차제어시스템에서 사용되는 통신 프로토콜의 정의, 기능 및 특징에 대하여 설명하시오.(118-10)

개요

프로토콜의 본래 의미는 외교에서 의례 또는 의정서 이지만 네트워크 구조에서는 동일계층 내에서의 표준화된 통신규약으로서 네트워크 기능을 효율적으로 발휘하기 위한 협정이다. 즉 통신을 원하는 두 개체(Entity) 간의 무엇을 어떻게 통신할 것인가를 서로 약속한 규약이다. 요약하면

① 지능이 있는 인간의 의사소통이 아닌 Data 장비가 통신을 위해서는 사전에 약정된 규약이 필요

② 통신 프로토콜이란 통신을 하는 주체가 사람이 아닌 Computer와 Computer, Computer와 Terminal 등 Data 전송장치 상호 간에 미리 약정된 절차와 규칙을 말한다.

③ 인간이 아닌 기계장치들 간의 통신이므로 많은 규정이 필요하며 중요하다.(인간은 융통성이 있어 에러검출/제어, 흐름제어 등이 가능하지만 기계(Computer)는 모두 Programming이 필요하다.

Protocol의 분류

① **연결방식에 의한 분류** : 직접, 간접(교환망 Internet와 같이 다른 Network 통해 연결)

② **계층 방식에 의한 분류** : 단일체(통째 구성), 구조적(Module화)

③ **기능 방식에 의한 분류** : 대칭(대등한 개체간), 비대칭(Client/Server 와 같이 기능의 차이가 있음)

④ **표준화 방식에 의한 분류** : 표준(Open System), 비표준(특정회사 또는 한 국가표준)

Protocol의 기능

① Routing(RIP,OSPF)

② Order Control(전달순서)

③ Transmission Service

④ Connection Control(CO/CL)

⑤ Multiplex

⑥ Addressing

⑦ Link Control

⑧ Fragmentation & Reassembly, Flow Control

⑨ Encapsulation, Error Control

⑩ Synchronization Sequencing

Network Protocol(network Architecture)의 종류

① SNA(System Network Architecture)
- 1974년 IBM에서 발표한 최초의 Protocol
- OSI의 근간이 되는 프로토콜임

② OSI(Open System Interconnection)
- 다양한 회사가 회사별 표준제정 사용에 호환성 문제해결 목적으로 제정
- 1977년 ISO에서 제정한 Reference Model

③ TCP/IP
- 1969년 및 DOD(Department of Defence)에서 개발
- Unix, LAN, Internet 환경으로 급속확산

④ 기타
- ITU-T의 Packet 망 Protocol
- IEEE의 802.x Protocol

29 열차제어시스템의 광케이블(Optical Fiber Cable) 적용 설계 시 고려사항을 설명하시오.(132-10)

설계시 고려사항

① 철도 전 구간에는 간선 케이블로 선로 좌측과 우측에 광케이블(Optical Fiber Cable)을 시설하되 부득이한 경우 감독자와 협의 후 반영한다.

② 광케이블의 종류는 통신선로의 시설 형식 및 용도에 따라 적용한다.

③ 광케이블 시공에 따른 맨홀 및 관로 내의 수분, 허용포설장력, 허용곡율반경 등을 고려하여 적용한다.

④ 광케이블은 정보전송의 원활한 흐름을 위해 다음과 같이 광 코어(Core) 수를 선정하여 적용한다.

㉠ 광케이블의 코어(Core) 선정 : 철도정보통신망에 구축에 필요한 광케이블의 소요 코어(Core) 수는 다음과 같으며, 사업 구간별 회선 소요 등에 따라 코어(Core) 수량은 가감할 수 있다.

㉡ 주 광케이블

ⓐ 기간망 : 4 코어 이상

ⓑ 구간망 : 8 코어 이상

ⓒ 역간 또는 연선망 : 8 코어 이상

ⓓ 영상망 : 2코어 이상

ⓔ 열차무선망(LTE−R) : 4코어 이상

ⓕ 기타 회선

- 광케이블 감시장치용 : 2 코어 이상
- 예비 : 운용회선의 20% 이상

㉢ 보조 광케이블

ⓐ 선로변통합 인터페이스망 : 4 코어 이상

ⓑ 영상감시용(선로변 설비) : 8 코어 이상

ⓒ 기타 회선

- 광케이블 감시장치용 : 2 코어 이상
- 예비 : 운용회선의 20% 이상

ⓓ 열차무선용 광케이블(DU→RRU)

㉣ 상·하선 : 4코어 이상

ⓐ 철도 선로의 특성상 광케이블의 필요 코어(Core)수는 다음과 같은 조건에서 증설할 수 있다.

ⓑ 각 구간의 특성상 역간 또는 구간망, 기간망 등이 중첩되는 개소

ⓒ 전송망 노드 끝단이거나 타 노선의 우회 루트를 고려할 필요가 있는 개소

ⓓ 영상감시설비 또는 정보통신망 설비의 트래픽(Traffic)이 많아 거점 노드와 선형 구성이 필요한 개소

ⓔ 기타 증설 코어(Core)가 필요한 개소

⑤ 광케이블 배선은 장래 증설계획에 따라 탄력적으로 수용할 수 있도록 적정한 배선법을 적용한다.

⑥ 광케이블은 해당구간의 전송방식 및 중계거리 등을 고려하여 광 손실을 만족하는 범위 이내로 한다.

⑦ 광케이블은 지형 및 포설조건, 기타사항(접속, 견인 등) 등에 따라 케이블의 여장을 확보한다.

⑧ 광케이블 접속은 심선접속과 외피접속으로 구분되며, 심선접속은 융착접속을 원칙으로 하며, 외피접속은 심선접속부를 충격이나 습기로부터 보호하기 위해 접속관을 이용하여 접속한다.

⑨ 광케이블은 광분배함에 성단하며, 광 선로의 이상 유무를 확인하기 위해 광측정 장비를 이용하여 각종 손실 및 시험을 측정한다.

⑩ 광케이블의 광학적 특성은 ITU−T G.652 시리즈 최신 버젼을 만족하여야 한다.

⑪ 연속되는 노선에서 주광케이블 코어 용량이 구간마다 다르게 산정될 경우에는 광케이블 사용의 연속성을 위하여 상위용량으로 설계 반영하여야 한다.

⑫ 광케이블 외장용 강대는 침공, 박피 등 결함이 없어야 하고, 그 특성은 아래 기준을 만족하여야 한다.

[광케이블 특성]

종 별		인장강도 (kgf/mm^2)	신장율 (%)	두께(mm)	비고
코폴리머 코팅강대 (한면)	스틸테이프	30 이상	15 이상	0.15±0.025	
	코폴리머 코팅(한면)	–	–	0.038 이상	

30 열차제어에 사용되는 Protocol에 대하여 설명하시오.(132－10)

표준 프로토콜

열차집중제어장치의 통신서버와 LDTS 사이 및 LDTS와 전자연동장치 사이에 이루어지는 통신 규약은'한국철도표준규격(KRS SG 0062) 철도신호시스템 점대점 정보전송방식'에 명확히 정의되어 있는데, 통상 이를 표준 프로토콜이라고 한다.

① **메시지의 전송** : 메시지가 전송되는 절차는 LDTS에 의하여 정기적으로 이루어지는 폴링, 제어 또는 장치정보 메시지에 대하여 EIS가 표시(상태)정보, 명령에 대한 응답, 그리고 EIS의 상태정보 메시지를 송신하는 과정으로 이루어진다.

② **메시지 프레임의 구조**

STX	Data Length	Sequence No.	Message Type	Data	CRC	ETX
1 bytte	1 bytte	1 bytte	1 bytte	N bytte	2 bytte	1 bytte

㉠ STX(Start of Text) : 메시지 프레임의 시작을 알리는 확정된 값이다(0x02).

㉡ Data Length : Message Type과 Data의 길이를 나타내는 값으로, 1Byte(8bit)로 표현할 수 있는 한계($2^8-1=255$) 256 이상일 때에는 Sequence No.의 최상위 비트를 활용하여 총 9bit로 511까지 표현이 가능하나, 규격에서 최대크기를 500byte로 제한하고 있다.

㉢ Sequence No. : 메시지의 전송 순서를 나타냄으로써 메시지의 뒤바뀜 또는 누락 등에 대하여 S/W적으로 최종의 상태나 명령을 처리할 수 있도록 하는 수단을 제공한다.

㉣ Message Type : 전송되는 메시지의 형식을 의미한다. 메시지 형식의 종류는 〈표 1－1〉과 같다. 각 메시지 형식에 대한 상세한 정보는 '한국철도표준규격(KRS SG 0062) 철도신호시스템(점대점 정보전송방식 : Point to Point Protocol for Railroad Signal System)'에 명확하게 기술되어 있으므로 이를 참조하면 될 것이다.

㉤ Data : 실제 전송할 데이터를 의미하며 'Data' 필드의 길이는 전송정보에 따라가면 된다.

ⓗ CRC(순환중복검사) : 순환중복검사(Cyclic Redundancy Check)는 데이터가 전송되는 과정에서 변조되어 잘못된 정보가 전달되는 통신오류를 검출하기 위하여 사용되는 에러 검출방식 중의 하나이다. 데이터를 수신하는 측의 S/W가 에러를 검출하게 되면 수신된 데이터는 버리고 재송신을 요구하게 된다.

ⓢ ETX(End of Text) : 메시지 프레임의 마지막을 알리는 확정된 값이다(0x03).

③ **상세한 정보의 획득** : 표준 프로토콜에 관한 상세한 정보는 '한국철도표준규격(KRS SG 0062) 철도신호시스템(점대점 정보전송방식 : Point to Point Protocol for Railroad Signal System)'에 명확하게 기술되어 있다.

31 좀비 사물인터넷(Zombie IoT)에 대하여 설명하시오.(126－10)

개요

사물인터넷(IoT) 기기를 해킹해 좀비 PC처럼 만들어 전체 네트워크를 마비시키는 악성 IoT 바이러스를 말한다.

좀비 IoT는 동시다발로 네트워크를 공격, 심각한 장애를 유발한다. 해커가 감염 좀비 기기를 이용해 특정 사이트를 마비시키거나 네트워크를 무력화한다. IoT 기기는 악성코드 방지 기능이 없어 악성코드에 감염되기 쉽고, 좀비가 됐는지 확인도 어렵다. 발견하더라도 많은 기기 대상으로 동시에 보안 업데이트를 할 수 없다. 단순히 IoT 기기를 해킹해 오작동을 일으키거나 특정 기능을 차단하는 방식의 이전 해킹 방법과 다르다.

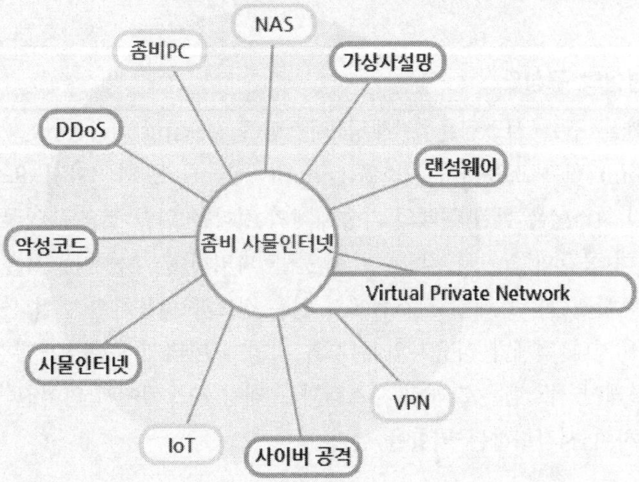

사물인터넷, Internet of Things, IoT

정보 통신 기술을 기반으로 실세계(physical world)와 가상 세계(virtual world)의 다양한 사물들을 연결하여 진보된 서비스를 제공하기 위한 서비스 기반 시설

유비쿼터스 공간을 구현하기 위한 인프라 컴퓨팅 기기들이 환경과 사물에 심겨 환경이나 사물 그 자체가 지능화되는 것부터 사람과 사물, 사물과 사물 간에 지능 통신을 할 수 있는 사물 통신(M2M : Machine to Machine)의 개념을 인터넷으로 확장하여 사물은 물론, 현실과 가상세계의 모든 정보와 상호 작용하는 개념으로 진화했다. 사물인터넷(IoT)의 주요 기술로는 센싱 기술, 유무선 통신 및 네트워크 인프라 기술, 사물인터넷 인터페이스 기술, 사물인터넷을 통한 서비스 기술 등이 있다.

32 증강현실(Augmented Reality)의 구현 요소 및 철도 활용방안에 대하여 설명하시오. (121－10)

증강현실 정의

증강현실(AR)은 컴퓨터 생성 지각 정보로 현실 세계를 향상시키는 대화형 경험이다. AR 안경과 같은 소프트웨어, 앱, 하드웨어를 사용하면 증강현실이 디지털 콘텐츠를 실제 환경과 목표에 중첩시킨다. 이를 통해 사용자 경험이 풍부해지고 즉각적인 환경이 대화형 학습 환경으로 전환되어 제조 및 인더스트리 4.0 프로세스에서 특히 유용하다. 산업 사용자들이 함께 일하는 시스템 및 기계와 '하나'가 되고, 인간의 독창성, 관찰, 창의력으로 기술과 IoT 네트워크를 최적화, 보강할 수 있다.

증강현실의 구성요소

① 증강현실 구현 시스템은 '트래킹 시스템(Tracking System), 그래픽 시스템(Graphics System) 및 디스플레이 시스템(Display System)'의 3가지 요소로 구성된다.
② 트래킹 시스템은 현실 세계와 가상세계의 정합을 위한 것으로 영상 안에서 어떠한 특정 방식을 통해 공간의 크기나 각도, 위치 등을 파악하여 계산하는 기술이다.
③ 그래픽 시스템은 트래킹 시스템에서 얻은 정보를 이용하여 현실 사용자에 겹치게 하며, 가상의 이미지나 객체가 사용자의 위치와 방향에 따라서 표현되도록 한다.
④ 디스플레이 시스템은 그래픽 시스템과 트래킹 시스템에서 얻어진 결과물을 디스플레이 장치를 통하여 시각화하는 역할을 한다.

증강현실 프로세스의 개요

① 스마트 안경, 태블릿 또는 스마트폰과 같은 카메라가 있는 AR 지원 장치는 비디오 피드를 구분 분석하여 물리적 목표나 사용자 주변의 환경(예 기계 또는 창고 레이아웃)을 식별한다.
② 클라우드 오브젝트의 3D 디지털 복제본인 디지털 트윈은 실제 환경과 가상 환경을 연결한다. 물리적 목표와 디지털로부터 정보를 수집한다.
③ 그런 다음 증강현실 장치가 클라우드에서 오브젝트에 대한 정보를 내려받는다. GPS, 가속도계, 방향 및 기압계 센서 등과 같은 마커나 추적기를 사용하여 물체 위에 디지털 정보를 겹쳐 줍니다. 이것은 부분-실제, 부분-디지털 3D 인터페이스를 만든다.
④ 제품에서 유입되는 실시간 데이터 덕분에 사용자는 주위를 이동하고 터치스크린, 음성 또는 제스처를 통해 클라우드로 명령을 전송하여 오브젝트 또는 환경과 상호작용할 수 있다.

가상현실(VR), 증강현실(AR), 혼합현실(MR)의 차이는?

증강현실, 가상현실, 혼합현실 간의 차이는 미묘하지만, 각 유형의 기술은 실제 세계와 가상세계와 다르게 상호작용한다.

① **가상현실** : 가상현실(Virtual Reality) 또는 VR은 사람들이 현실 세계를 떠나 헤드마운트 디스플레이나 헤드셋을 사용하여 가상세계에 완전히 몰입하도록 한다. 그 가상세계의 이미지와 소리에서 사용자는 모든 방향으로 움직이고, 물체를 조작하는 등의 작업을 할 수 있다. VR은 종종 의료, 건축 및 교육에 사용된다.
② **증강현실** : (Augmented Reality) : AR은 디지털 정보로 현실 세계를 강화하거나 보강한다. 증강현실 앱은 스마트폰이나 태블릿과 같은 모바일 기기를 통해 작동하지만, 제조 및 산업 설정에서 사용자가 손을 무료로 사용할 수 있도록 하는 경우 안경이나 헤드셋이 AR 경험에 가장 적합한 게이트웨이이다.
③ **혼합현실** : (Mixed Reality) : MR은 사용자가 현실 세계와 가상 환경을 동시에 보고 상호작용할 수 있도록 상상력과 현실을 혼합한다. 실제 커피를 마시면서 가상 비디오 게임을 플레이하고 게임에서 커피를 제공하는 모습을 생각해 보세요. 현실이 혼합되어 있다.
④ **산업에서 증강현실 사용 용도** : 산업에서는 자산 식별에서 현장 지식 전수에 이르는 모든 작업에 AR을 사용할 수 있다. 사람들의 업무방식을 강화하기 위해 물리적 세계를 가상과 통합함으로써 증강현실은 직원이 작업 중인 제품 또는 기계와 주변 세계에 대한 더 많은 정보와 맥락을 제공한다.

AR은 일반적으로 다음 영역에서 사용된다.

① **설계 및 제품 개발** : 디자이너와 잠재적 사용자가 둘러보고 모든 각도에서 검사할 수 있는 가상 객체를 프로토타입할 수 있다고 상상해 보자. 증강현실, 디지털 트윈, IoT덕분에 제품 디자이너는 제품을 현실에 접목시키고 테스트하며 물리적인 사물을 구축하기 전에 조정할 수 있다.

② **유지보수, 운영 제어 및 안전** : AR을 통해 작업자는 상호 작용하는 모든 기계에 대한 즉각적인 정보를 얻을 수 있다. 최신 사용자 매뉴얼에 액세스하거나 전 세계 어디에서나 전문가와 연락하여 문제를 평가하거나 해결할 수 있다. 이는 지속적인 생산과 중단 없는 성능을 지원한다.

③ **직원과 운영자 교육 및 학습** : 증강현실을 통해 직원은 "온디맨드" 방식으로 모든 기계 또는 장비에 대한 교육을 받을 수 있으며, 즉각적인 환경을 지속적인 학습 플랫폼으로 전환할 수 있다. 또한 직원이 자기 기술을 연마하는 동시에 생산성과 안전을 높일 수 있는 환경과 시나리오를 제공할 수 있다.

④ **품질 관리** : 품질 관리 및 보증에 AR을 통합하면 생산 중 결함을 방지하고, 생산 프로세스를 최적화하며, 출시 기간을 단축할 수 있다. 예를 들어, AR 안경을 착용한 기술자는 제품을 보고 각 부품에 대한 정보를 생성하고 이슈에 대해 경고하는 제품 구성요소에 내장된 IoT 센서로부터 정보를 얻을 수 있다.

증강현실과 철도산업

① **철도산업이 VR/AR기술에 주목하는 이유** : AR은 증강현실(Augmented Reality), VR은 가상현실(Virtual Reality)을 말한다. 한편 현실과 상호작용하는 MR(Mixed Reality), 즉 혼합현실도 최근 주목받고 있다. VR은 가상세계를 진짜처럼 느끼게 하는 시스템이며 AR은 실제 현실 환경에 디지털 정보를 입힌 시스템을 말한다. 모바일 게임 '포켓몬GO'나 영화 '아이언맨' 수트에서 보이는 디지털 화면이 바로 AR기술이다.

실제 차량을 탑승하지 않고도 운전실 구조와 조작 방법을 확인 가능하며, 열차의 하부와 상부 등 접근이 어려운 부분의 유지보수 방법도 쉽게 습득

② **설계와 생산 프로세스를 혁신한다.** : 디지털 목업은 고객에게 열차의 디자인을 빠르게 검토하고 확정할 수 있도록 충분한 인사이트를 제공하며, 이를 통해 고객의 다양한 요구사항을 수렴하고 디자인 검토에 걸리는 시간을 줄이고 실제 설계 및 제작 기간을 확보하는 데에도 도움을 줄 것이다.

③ **철도 유지보수의 전문성을 높인다.** : 열차의 운영 및 유지보수 분야에서도 AR기술을 활용할 계획이다. 실제 보이는 현실에 정보를 덧입히는 AR의 특성상, 생산 작업 시 수많은 케이블의 종류를 식별하거나 여러 장치의 조립 위치나 방향 등을 빠르고 정확하게 확인 가능한데요. 유지보수 콘텐츠를 AR로 제작하게 되면 열차의 고장 등 문제 상황에서 원격으로 해결 방법을 지도하거나, 유지보수자에게 장치의 분해/조립 방법을 정확하게 제공할 수도 있다. 분명한 유지보수성 향상이 기대되는 만큼 적극적으로 AR기술 도입을 추진하는 단계이다.

33 지그비(Zig-Bee) 통신기술의 개념 및 기술적인 특성을 설명하시오.(126-10)

Zig bee 개요

① 지그비는 근거리 저전력 무선통신을 위한 프로토콜을 일컫는다.
② 지그비 통신 또한 여러 개의 노드가 서로 통신하기 위해 만들어진 통신규약.
③ 소형, 저전력 디지털 라디오를 이용해 개인 통신망을 구성하여 통신하기 위한 표준 기술.
④ IEEE 802.15 표준을 기반으로 만들어졌다.
⑤ 지그비 장치는 메시 네트워크 방식을 이용, 여러 중간 노드를 거쳐 목적지까지 데이터를 전송함으로써 저전력임에도 불구하고 넓은 범위의 통신이 가능하다.
⑥ 애드혹 네트워크적인 특성으로 인해 중심 노드가 따로 존재하지 않는 응용 분야에 적합.
⑦ 지그비는 낮은 수준의 전송속도만 필요로 하면서 긴 배터리 수명과 보안성을 요구하는 분야에서 사용된다.
⑧ 초당 250k bit의 전송속도를 가지며, 주기적 또는 간헐적인 데이터 전송이나 센서 및 입력장치 등의 단순 신호 전달을 위한 데이터 전송에 가장 적합하다.
⑨ 응용 분야에는 무선 조명 스위치, 가내 전력량계, 교통 관리 시스템, 그 밖에 근거리 저속통신해야 하는 개인 및 산업용 장치 등이 있다.
⑩ 지그비 표준은 블루투스나 와이파이 같은 다른 WPAN 기술에 비해 상대적으로 더 단순하고 저렴한 기술을 목표로 만들어졌다.
⑪ 지그비 네트워크는 128bit 대칭키 암호화를 이용한 보안을 제공한다.

지그비(Zig-Bee) 소개

① 지그비는 IEEE 802.15.4-2003을 기반으로 한 작고, 저 전력의 디지털 라디오를 사용하는 높은 수준 통신 프로토콜입니다. IEEE 802.15.4-2003은 단거리 라디오 주파수를 사용하는 램프, 전자계량기, 소비자용 전자제품과 같은 근거리 개인 무선통신망의 기준이다.
② 지그비는 낮은 데이터율, 적은 배터리 소모, 네트워크의 안전성을 요구하는 RF 애플리케이션에 주로 사용된다.

지그비 특징

① 저 전력 소모, 간단한 구현
② 한 번의 배터리 충전으로 수개월, 또는 수년간 사용 가능
③ 활성 모드(수신, 송신), 슬립 모드를 가짐.
④ 디바이스, 설치, 유지 등 모두 상대적으로 낮은 비용으로 가능
⑤ 안전성(보안성)
⑥ 신뢰성
⑦ 유연성

⑧ 매우 작은 프로토콜 스택
⑨ 상호호환 가능 및 어느 곳에서나 사용 가능
⑩ 네트워크 당 높은 노트 밀집(지그비의 IEEE 802.15.4 사용은 네트워크에서 많은 장치를 다루는 것을 가능케 함. 이러한 특징으로 방대한 센서 배열과 네트워크의 통제가 가능)
⑪ 간단한 프로토콜, 국제적으로 구현(지그비 프로토콜 스택 코드의 크기는 블루투스나 802.11의 크기에 비해 4분의 1 정도에 불과하다.)

34 철도시스템의 통신망 네트워크 구축 시 사용하는 주전송 선로의 전송망 구성 방식에 대하여 설명하시오.(118 – 10)(129 – 10)

¤ 전송망 구성방식에 대하여 설명하시오
¤ 철도시스템의 통신망 네트워크 구축 시 사용하는 주전송 선로의 전송망 구성 방식 4가지를 상호 비교하여 설명하시오.

점대점(Point To Point) 형

이 구성은 COT 하나의 시스템과 RT 하나의 시스템으로 운용되는 형태로 중소용량 광가입자 전송장치의 대표적인 운용 형태이다.

① 동기식 광전송 시스템은 STM–64, STM–16, STM–4 단국 대 단국의 형태로 구성 될 수 있다. 중계기는 단국과 단국 사이의 장거리 전송을 위해 사용되며 또한 중계기를 사용하지 않고 노드(node)사이의 거리를 연장하기 위해 광 부스터 증폭기(optical booster amplifiers) & 전치증폭기(pre–amplifiers) 유닛을 사용할 수 있다.
② 동기식 광전송 시스템은 STM–N(N = 16, 4) 1 : 1 또는 1+1 MSP 단국 대 단국의 형태로 구성될 수 있다. 이 구성은 ADM 16/1 터미널 셀프에 의해 제공되며 이 터미널들은 각각 서비스와 보호용으로 설정된 두 개의 STM–N 회선을 가지고 있다.

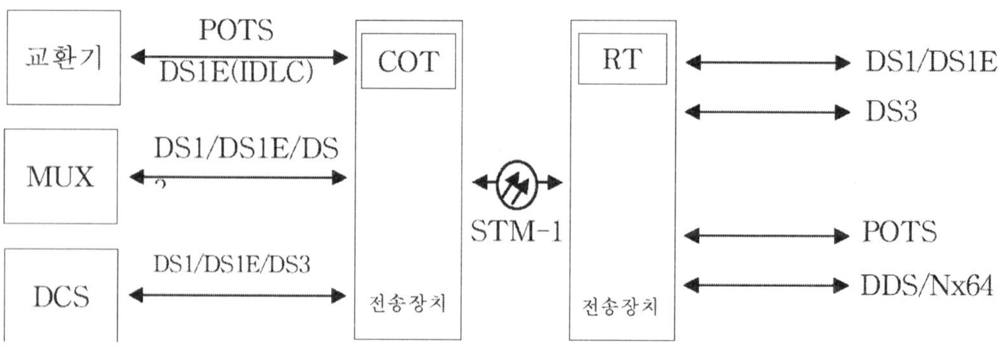

[그림] 점대점형

선(Linear)형

이 구성은 COT 하나의 시스템과 RT 여러 시스템으로 운용되는 형태로 선형분기 삽입(Add-Drop) 구성이 가능하여 필요에 따라 설치 및 운용보존 비용을 절감할 수 있다.

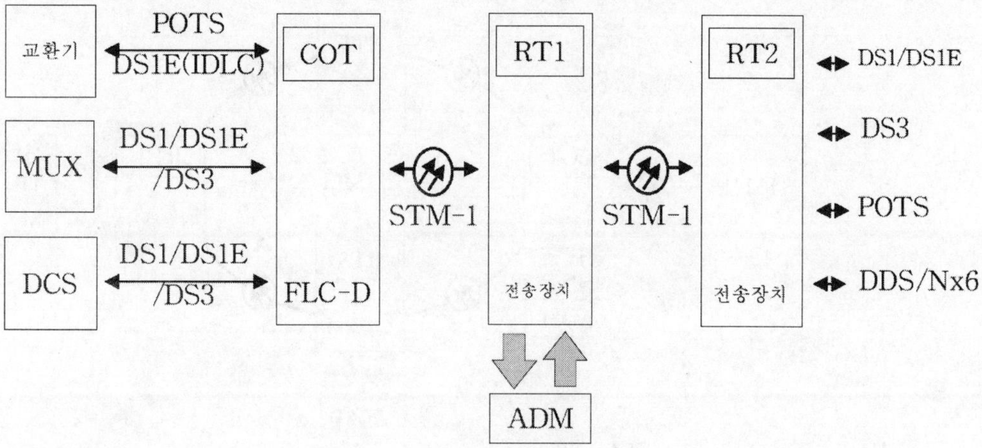

[그림] 선형

링(Ring)형

이 구성은 COT 하나의 시스템과 RT 여러 시스템으로 운용되는 형태로 선형분기 삽입 형태의 구성보다 광케이블의 설치 수요가 적으므로 응용에 따라 설치 및 운용보존 비용을 최소화할 수 있다.

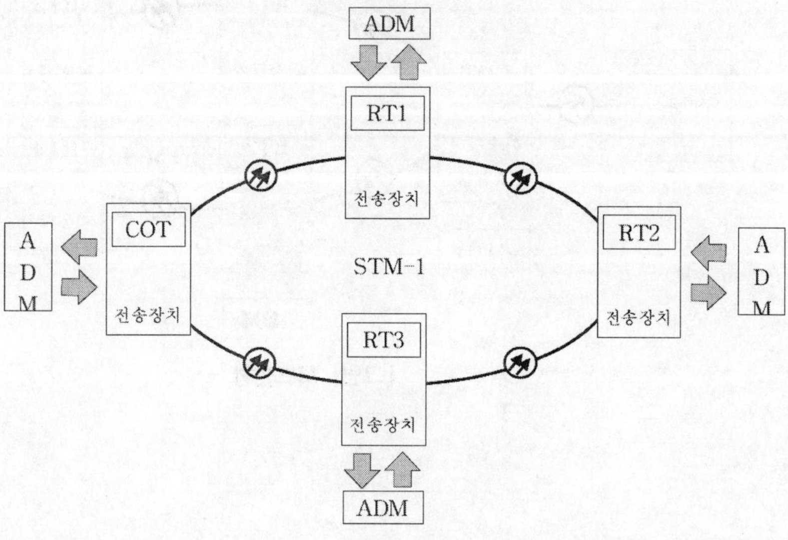

[그림] 링형

허브환형

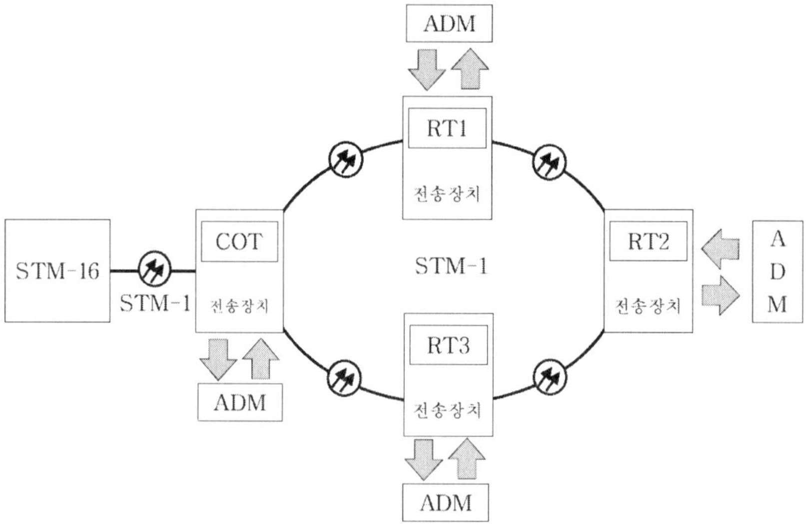

[그림] 허브환형

허브선형

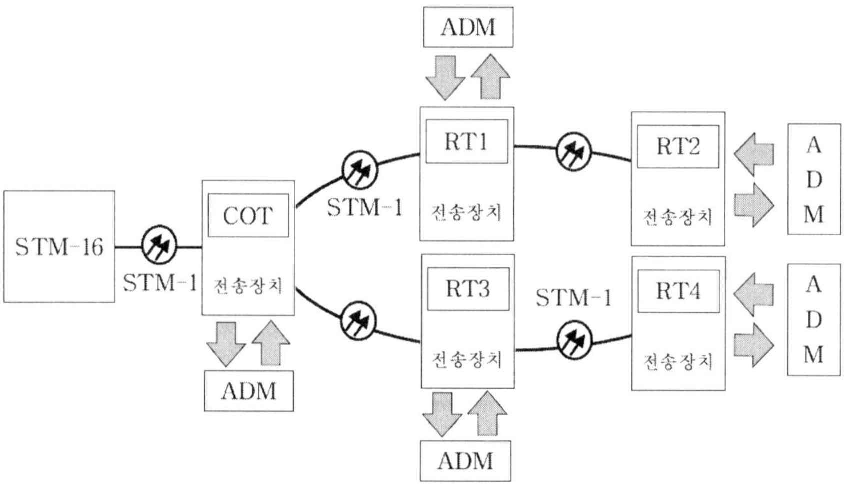

[그림] 허브선형

전송망 방식 비교

구분	선형 ADM 방식	환형ADM 방식	환형FTTx방식
전송망 구조	• 광케이블 : 4코어(Core)	• 광케이블 : 4 코어(Core)	• DS-3급 이하도 별도 장치 필요 없음 • 광케이블 : 4-8 Core
전송망 시설용량 및 확장성	• 링크의 용량에서 확장 가능(구간별 상이) • 구간별 전송용량이 다르고 트래픽 집중구간 발생	• 망내의 트래픽이 동일 • 한 환형 상의 총 트래픽이 링크 용량 결정화 • 링크용량내에서 확장가능	• 환형ADM 방식과 같고 장비선정 시 사양 범위 내에서 확장가능
전송망 신뢰성	• 별도의 이중화 회선 필요 • 전송구간 장애 시 불통 구간 발생	• 환형망으로 자동이중화 및 신뢰성 확보 • 장애 발생 격리화 및노드 외 노드 생존	• 환형ADM 방식과 동일
전송망 관리 및 유지보수	• 통신망 집중관리용이 • 감시제어가 간단 • 중간노드 발생 시 전구간에 영향	• 자체 복구능력으로 신속한 복구 가능 • 자체 환형망에서 타망으로 전환 절체가 복잡	• 환형ADM 방식과 동일 • 전송과 ADM기능의 통합으로 장비관리유지 유리 • 가입자망 위주로 다양하게 개발되어 통신망 통합관리 구현 복잡

전송망 설비와 분야별 설비와의 인터페이스 설비

① 통신분야(전화, 관제전화, 관제방송, 영상감시, 여객안내, 행선안내, 역무자동, 열차무선, 정보통신망, TNMS 등)

② 신호분야(CTC, FEPOL, WCE, CAMS, LDTS, TLDS 등)

③ 전철전력분야(SCADA, RTU, CU, 조명제어, 고장점 표시반 등)

④ 기계설비(터널환기구제어, 집수정모터제어, 공조설비제어 등)

⑤ 노반궤도(터널변위계측, 교량변위계측등)등

35 철도신호시스템 간 인터페이스를 위한 점대점 전송방식의 메시지 프레임에 대하여 설명하시오.(129－25)

전송 프로토콜

1. 전송 프로토콜 작성 기준은 다음과 같다.

① 전송 메시지의 프레임은 시작 및 끝의 검출을 위한 필드를 사용하여야 한다.

② EIS는 CTC가 현장의 변화된 정보를 감시할 수 있도록 EIS에 수용된 현장 신호설비 및 기기의 변화된 상태정보를 주기적으로 전송하여야 한다.

③ 장치의 기동 또는 통신고장에서 회복 등으로 초기화될 경우에는 EIS의 모든 상태정보를 CTC로 전송하여야 한다.

④ 메시지 프레임 구조는 다음과 같다.

[메시지 프레임 구조]

STX	Data Length	Sequence No.	Message Type	Data	DRC	ETX
1 bytte	1 bytte	1 bytte	1 bytte	N bytte	2 bytte	1 bytte

㉠ STX

- **내용** : 메시지 프레임의 시작을 나타낸다.
- **표기** : 0x02

㉡ Data Length

- **내용** : 메시지의 길이를 나타낸다.
- **표기** : 'Message Type' 다음부터 'CRC' 앞까지의 'Data' 필드의 길이를 바이트 단위로 표시한다.

㉢ Sequence No.

- **내용** : 메시지의 전송 순서를 나타낸다
- **표기** : 0x00 ~ 0xFF를 사용하여 한 메시지 프레임의 전송이 성공하면 시퀀스 번호는 하나씩 증가하여야 한다.

㉣ Message Type

- **내용** : 전송되어지는 메시지의 형식을 의미한다.

㉤ Data

- **내용** : 실제 전송할 데이터를 의미하며 'Data' 필드의 길이는 전송정보에 따라 가변된다.
- 데이터 길이는 최대 255 바이트로 제한하며 흐름제어에 사용되는 메시지(ACK, NAK, 폴링)일 경우 데이터 길이는 '0'으로 하여야 한다.

㉥ CRC
- 내용 : 전송 메시지의 에러 검출을 위하여 사용한다.
- 적용 : 'Data Length' 필드부터 'CRC' 필드 바로 앞까지 전송데이터의 에러를 검출하여야 한다.
- CRC(low) 바이트를 먼저 전송하고 그 다음 CRC(high) 바이트를 전송하여야 한다.

㉦ ETX
- 내용 : 메시지 프레임의 마지막을 나타낸다.
- 표기 : 0x03

2. 메시지 흐름 제어

메시지 흐름제어는 기본적으로 정지－대기(Stop－and－wait) 흐름제어방식을 사용하여야 한다.

에러검출

① 메시지 전송도중의 에러검출을 위해서 에러검출 코드를 추가하여야 한다.

② 에러검출을 위해 추가되는 코드는 CRC－16, 32 코드로 이의 다항식 표현은 다음과 같다.
- CRC－16 : X16 + X15 + X2 + 1
- CRC－32 : x32 + x26 + x23 + x22 + x16 + x12 + x11 + x10 + x8 + x7 + x5 + x4 + x2 + x + 1

36 철도에서 LTE－R 시스템의 전파환경 개선 방법에 대하여 설명하시오.(130－25)

음영지역 해소

① 공간파 안테나 방식 : 이 방식은 무선송수신기와 지향성이 강한 공간파 안테나를 설치하여 터널내 전파전파(電波傳播) 특성을 이용하여 무선송수신기와 열차이동국간 무선전송경로를 구성한다.

② 케이블 방사 방식 : 이 방식은 철도연변(지상구간 및 터널구간)을 따라 개방형 케이블을 포설하여 케이블의 전송특성과 안테나 특성을 이용하여 무선송수신기와 열차이동국간 무선전송경로를 구성한다.

③ 케이블안테나 클램 : 케이블 안테나 지지용 클램프는 신호방사가 용이하고 전파반사에 의한 감쇄 및 간섭에 영향을 주지 않는 난연성 플라스틱 재질을 사용 한다.

37 철도적용-전송시스템(IEC 62280)에서의 안전필수 통신인 표준 프로토콜(KRS SG0063-17R)의 프레임을 그리고 특징을 설명하시오.(127-25)

개요

폐쇄형 전송시스템 기반에서 안전한 통신을 위한 철도 신호 제어 통신 방법에 관한 것이다. 이를 위하여 해당 기술은 기존의 열차제어 신호 관련 전달 메시지에 응용 데이터 레벨 CRC(Cyclic Redundancy Checking) 코드를 생성하고 또한 시간 날인 및 송신기 출처 식별자를 만들어 기존의 메시지에 추가하여 전달하고 확인하는 방식으로 폐쇄형 전송시스템 기반에서 안전한 통신을 보장하는 특징이 있다.

특징

① 폐쇄형 전송시스템의 경우 3가지 경우의 안전 위협이 존재한다.
송신기 식별자 오류, CRC 값 오류, 시간 오류(지나치게 오래 지연된 데이터) 등이 국제 표준 중 하나인 IEC(International Electrotechnical Commission)62280-1에서 제시하는 위협들이다.
이러한 보안 위협에 대한 안전 방어 대책으로 표준 프로토콜 프레임에서 보이는 바와 같이 시스템 하위 레벨에서 CRC 검출 기법을 사용 및 확인한다.

Ethernt 정보	IP Header	TCP Header	장치 간 송수신 데이터						Ethernt 정보
			STX	Data Length	Sequence Number	Massage Type	Data	CRC	

② 폐쇄형 전송시스템에서 송수신되는 모든 메시지에 대하여 해당 메시지가 허가된 접속자가 전송한 메시지인지를 파악하고 대응할 수 있도록 기본 전송 프레임의 구조에 1 바이트의 출처 식별자 필드를 생성한다.

③ 폐쇄형 전송시스템에서 송수신되는 메시지는 시간과 밀접하게 관련된 정보도 있으며, 적정 시간이 초과한 경우에는 필요 없거나 유해할 수도 있으므로 이에 대한 대책으로, 기본 전송 프레임의 구조에 1 바이트의 시간 날인 필드를 생성한다.

④ 폐쇄형 전송시스템 기반의 철도 신호 제어 전송에서의 기본 전송 프레임의 구조는 한 번의 오류검출(CRC 코드)에만 의존하여 안전성을 보장하기 때문에 안전 방어 대책이 미흡 부분이 있어 기본 전송 프레임의 구조에 사용자 데이터 레벨의 오류검출(CRC-32) 필드를 생성하는 기능을 응용계층에서 처리하여 전송한다.

⑤ 폐쇄형 전송시스템의 수신기에서 송신기로부터 전송되는 기본 전송 프레임을 수신하면 CRC-16 적용하여 생성된 오류검출(CRC-16) 필드를 우선적으로 검증한 후 응용계층으로 송부하고, 응용계층에서 오류 검출(CRC-32) 필드와 안전점검 차원에서 이행한 시간 날인 필드, 출처 식별자 필드를 점검한 후 데이터를 사용한다.

38 **LTE(Long Term Evolution) 기반 철도통신시스템 성능시험 규격에서 정의한 열차제어 데이터 전송 지연시간의 정의, 시험환경, 시험절차, 성능기준에 대하여 설명하시오.**
(129 – 25)

열차제어 데이터전송 지연시간의 정의

- 음성 통신서비스의 통신 전송 지연시간을 측정한다.
- 전송 지연시간은 300ms 이하이다

시험절차

① **공장시험** : 공장시험은 본 사업을 위해 제작되는 설비의 성능, 규격, 기능 등에 대하여 발주처가 사전에 승인한 검사 및 시험계획서 절차에 따라 실시한다.

② **현장 반입검사** : 설비별 현장 반입검사를 위해 사전에 검사계획서를 제출, 승인을 득하며 반입물품의 수량 및 외관검사를 시행하고 결과보고서를 제출한다.

③ **현장 설치검사** : 주자재 및 기타설비 설치 시 시방서와 설치도면에 따른 시공 여부를 검사하며, 설치 후 기능 및 성능에 대한 시험을 시행하고 이에 대한 보고서를 제출한다.

④ **시험 및 시운전**

㉠ **개별시험** : 설비별 시험, 국소별 또는 기지국 관할별로 구성되는 설비, 장치 등의 조정 및 운용시험을 시행한다.

㉡ **종합시험(시운전)** : 개별시험 완료 후 모든 시스템의 운용조건 아래에서 각 분야와 통합하여 시스템의 최종 검증, 확인시험을 시행한다.

- **정적시험 항목(예시)** : VoLTE 통화시험, PTT 통화시험, VoLTE/PTT 성능시험 등
- **동적시험 항목(예시)** : 기지국 간 핸드오버, 단말 간 동적 통화 등

성능 기준

① LTE－R 단말기의 PTT 버튼은 Hard Key이어야 하며, 긴급통화버튼은 Hard 또는 Soft key로 구성하여야 하고, 무전기 타입의 휴대용 단말기는 물리적 키패드가 있어야 한다.

② LTE－R 단말기의 카메라는 전방 500만 화소, 후방 1,200만 화소 이상이어야 한다.

③ LTE－R 단말기의 방진 방수 등급은 현장의 악조건 속에서의 사용을 고려하여 스마트폰 타입 및 무전기 타입은 최소 IP67 이상 규격이어야 한다.

④ LTE－R 단말기의 휴대용 무선장치의 배터리 사용시간은 음성통화 지속시간은 2시간, 영상통화 지속시간은 30분, 그리고 대기 상태에서 8시간 이상 사용할 수 있어야 한다.

⑤ **환경조건**

㉠ **스마트폰 타입**

- **온도** : －20℃~55℃
- **습도** : 5%~95%에서도 8시간 동안 이상 없이 동작

㉡ 무전기 타입

- 온도 : −30℃~60℃(동작), − 30℃~85℃(보관)
- 습도 : 5%~95%에서도 8시간 동안 이상 없이 동작

⑥ LTE−R 단말기의 주요 기능 및 성능 규격은 다음과 같다.

[LTE-R 단말기 규격]

구분	항목	성능
기능	무선 접속	• LTE(하향 : OFDMA, 상향 : SC-FDMA)
	기저대역신호처리	• 채널코딩, 변복조 및 OFDM 디지털 신호처리
	호처리 및 이동성 지원	• 무선 자원 제어 시그널링 및 패킷호 발/착신 처리 • 섹터 간 기지국 간 핸드오버
	서비스 지원	• 음성호, 영상호, 데이터서비스 접속 처리
	USIM 및 인터페이스 기능	• 사용자 인증, 주변기기와의 인터페이스 기능제공
성능	주파수 대역	• 상향 : 718MHz ~ 728MHz • 하향 : 773MHz ~ 783MHz
	채널 대역폭	• 10MHz
	최대출력	• 23dBm(200mW)
	OS	• 시스템 구성에 따른
	Standard(칩셋)	• LTE 3GPP Rel 12 이상, 두 자리 QCI 지원
	CPU	• Octa core 2.2GHz 동등 이상
	Memory	• RAM 4GB / 내장메모리 64GB 이상, 외장 메모리 확장 가능
	무선연결	• Bluetooth 5.0, WiFi 802.11 a/b/g/n/ac 이상(ON/OFF 기능)
	배터리	• 3,7400mAh 이상
	위치정보	• GPS/GLONASS

39 철도통합무선망(Long Term Evolution−Railway)에 대하여 설명하시오.(112−10)

개요

철도통합무선망(LTE−R) 시스템은 철도교통 관제센터, 광 전송망, DU, RRU, 차상 단말 장치와 승무원 휴대 단말기 등으로 구성된다. 열차 운전자는 차상 단말 장치를 이용하여 여러 가지 열차 관제 음성통화 서비스들을 이용할 수 있다. 철도교통 관제센터는 단말의 이동성을 관리하는 MME, HSS, PTT 서버와 EPC와 외부망 패킷전달을 담당하는 P−GW, 보안을 위한 방화벽으로 구성되어 있다.

국내 LTE-R 철도통합 무선시스템은 Release 13으로 3GPP SA1 TR22.889 서비스 및 시스템 요구사항을 적용하였다.

주요사양

표 LTE-R 주요사양

구분	내용
주파수 대역	718 ~ 728MHz 773 ~ 783MHz
채널 대역폭	10MHz
변조 방식	BPSK/QPSK/16QRM/64QAM
다중화 방식	DL : OFDMA UL : SC-FDMA
프레임 길이	10ms
RRU 간격	1km
데이터 전송지연	≤ 600ms
네트워크 Attach Time	≤ 500ms
핸드오버 성공률	Open Area ≥99% Tunnel ≥99%

40 열차통합무선망(LTE-R)에서 EMS(Element Management System), EMS-R(Element Management System-Radio), EMS-C(Element Management System-Core), EPC(Evolved Packet Core)의 용어를 설명하시오.(126-10)

개요

통신망 장비를 네트워크를 통해 감시 및 제어를 할 수 있는 시스템으로 LTE-R 각 장비(중앙제어센터설비 및 기지국장비, 네트워크장비 등)를 관리 및 제어할 수 있어야 하고, 소프트웨어 로딩, 형상정보, 장애정보, 성능정보, 상태정보, 통계정보 등을 수집, 조회할 수 있는 기능을 제공하여야 하며, 실시간으로 전체 서비스 운영 현황을 감시할 수 있는 기능을 제공하여야 한다.

EMS 특징

① EMS는 관리대상인 통신망 장비(NE, Network Element) 관리의 효율성 및 일관성을 유지해 준다.

② EMS는 주로 동일 기종의 장비 관리에 주안점을 두고 있음

③ EMS는 해당 서브 네트워크를 관리
- 상위계층인 NMS(Network Management System)로부터의 요구를 수행하거나,
- 관리대상인 NE(Network Element) 들을 제어

EMS－R (Element Management System－Radio),

무선접속망 구성설비인 DU 및 RRU의 구성 정보, 상태정보 등을 관리하고 제어하는 장치

EMS－C(Element Management System－Core),

종합관제센터의 EPC(HSS, MME, PCRF, S－GW, P－GW)에 대한 구성정보, 상태정보 및 장애정보 등을 관리 및 제어하는 장치

EPC(Evolved Packet Core)

① 여러 유형의 무선접속망(RAN)들이, 단일한 코어망(CN 즉, EPC)과 함께 운용될 수 있게 한다.

② 주요 기능
- 여러 다양한 무선접속 기술과의 연동성 제고
- 연결성 관리 (End－to－End 차원) : EMM(EPS Mobility Management), ESM (EPS Session Management) 등
- 인증, 과금 등

③ 주요 기능 요소 셋 : P－G/W, S－G/W, MME

EPC 주요 특징

① 전적으로 패킷 단위로만 데이터가 전달되는 네트워크 (Packet－only) : 즉, GSM(Circuit－only), GPRS, UMTS(Circuit/Packet Dual) 과는 다름

② 데이터 구분 처리
- 사용자 데이터(User data), 제어 데이터(Signaling data)의 분리
- 즉, 사용자 평면 및 제어 평면이 철저하게 분리됨

③ 음성 처리 시에 기존 CS 망과의 상호운용성 제공
- LTE 무선은 EPC에 연결되고,
- EPC는 기존 CS 망과 종단 사용자 서비스를 위한 상호연동을 제공하게 됨

네트워크 장비로서 단말기 간에 음성, 데이터(문자메시지 포함), 영상 통화 등의 기능을 제공한다.

EPC 기능요구사항

① 모든 기지국장치(DU, RRU)의 음성, 영상 및 데이터 호를 제어하고, 관리하여야 한다.
② 모든 단말 장치에 대한 이동성 상태를 관리하여 추적, 호출, 로밍, 핸드오버 기능을 제공하여야 한다.
③ LTE−R 망에 등록된 모든 단말 장치의 파라미터와 위치정보를 저장하고, 관리하여야 한다.
④ 기지국장치(DU)의 트래픽을 송수신하고, QoS 제어기능을 제공하여야 한다.
⑤ EPS Bearer 설정, 변경, 해제 등을 관리하여야 한다.
⑥ 시스템을 관리하는 운영자에 대한 인증 및 권한 관리를 위하여 운영자 인증 및 권한 관리 기능을 제공하여야 한다.
⑦ 유·무선 구간에서의 보안 기능을 제공하여야 한다.
⑧ NAS(Non Access Stratum) 신호 기능을 제공하여야 한다.
⑨ 단말장치별로 우선순위, 대역폭 제어 등 다양한 QoS 정책 적용 기능을 제공하여야 한다.
⑩ QoS 관리를 위하여 패킷 분류(Classification) 기능을 제공하여야 한다.
⑪ QoS 관리를 위하여 Bearer binding 기능을 제공하여야 한다.
⑫ QoS 보장을 위하여 End−to−End QoS 기능을 제공하여야 한다.
⑬ EPC는 EMS와 연동하여 시스템 초기화 및 재기동, 형상관리, 장애 및 상태관리, 통계관리, 진단관리, 보안관리 등의 유지보수 기능을 수행하여야 하며, 기 설치운용중인 TNMS에 장애 및 상태정보를 제공하여야 한다.
⑭ 원격지(LTE−R망 내)에서 네트워크를 통한 업그레이드를 할 수 있어야 한다.
⑮ MME(Mobility Management Entity)는 단말기의 이동성 관리(Mobility Management) 및 세션 관리, 단말기의 인증, 핸드오버 제어(Control) 그리고 기지국장비, S−GW와 연동하여 Control Plane을 처리하는 구성요소로 다음 항목들을 제공하여야 한다.
- 시그널 폭주를 고려하여 구현하여야 한다.

EPC 구성

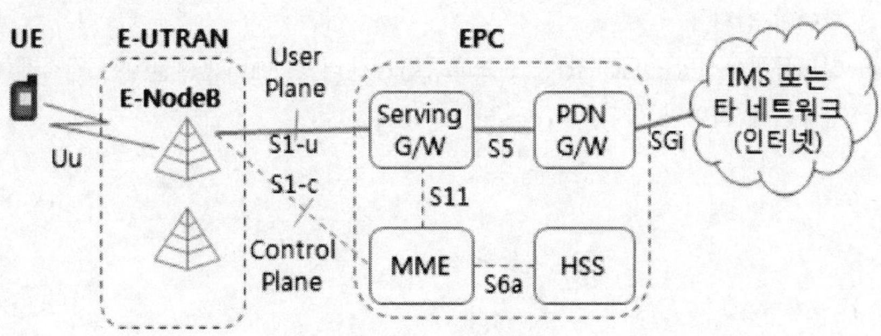

41 현재 우리나라에서 사용하고 있는 철도통합무선망(LTE－R)의 설계시 고려사항 및 설비의 구성, 기능 및 성능요건에 대하여 설명하시오.(10)

고려사항

① 철도통합무선망(LTE－R)의 음성, 데이터 및 영상전송은 끊김이 없어야 한다.
② 데이터 전송 지연시간은 300ms 이내이어야 한다.
③ 서비스 도달 범위는 시간적·공간적으로 연속적이어야 하며, 안정성을 보장하기 위해 98% 이상의 통화 신뢰성을 가져야 한다.
④ 중단 없는 음성, 영상 및 데이터 서비스를 제공하기 위하여 서비스 도달 범위를 중첩으로 구성하여야 한다.
⑤ 필요에 따라 통합공공망간 음성, 영상 및 데이터 등의 정보 공유를 위한 망간의 연동이 가능하여야 한다.
⑥ 셀플랜
- 셀플랜에 의한 기지국 위치선정은 전파환경 및 경로를 분석하여 최적의 위치에 기지국을 배치하여야 한다.
- 트래픽 용량 적정성 분석 및 기지국 위치선정, 기지국별 및 지역별 서비스영역을 확인할 수 있는 서비스 도달 범위 예측도(Coverage Map)를 확보하여 설계하여야 한다.

설비의 구성, 기능 및 성능요건

① 철도통합무선망(LTE－R)은 높은 신뢰성과 가용성을 가진 설비로 구성하여야 한다.
② 철도통합무선망(LTE－R)은 중앙제어장치, 관제조작반, 기지국설비, 단말장치, 네트워크설비, 전원설비, 기타 설비로 구성한다.
③ 관제 조작반은 개별호출, 그룹호출 및 일제 호출이 가능하여야 한다.
④ 기지국 설비는 전차선 유도, 낙뢰, 충격, 진동 등 외부 환경으로부터 영향을 받지 않도록 설계하여야 하며, 전원 및 안테나부에는 서지보호기를 설치하여 외부 서지로부터 설비를 보호하여야 한다.
⑤ 철도통합무선망(LTE－R)은 철도교통관제센터 및 예비관제실에서 원격제어 및 상태 감시가 가능하게 하여야 한다.

42 철도통합무선망(LTE-R)의 주파수 대역, 데이터 전송 지연시간 및 통화 신뢰성에 대하여 설명하시오.(114-10)

- 주파수 대역 : 718 ~ 783MHz

- 데이터 전송 지연시간 : 300ms

- 통화 신뢰성

[CBTC 시스템의 요구사항]

요구 사항	목푯값	확률(%)
연결 설정 지연	< 8.5sec, ≦ 10sec	95 100
연결 설정 에러율	$< 10^{-2}$	–
전환 지연	≦ 0.5sec	99
네트워크 등록 지연	≦ 30sec ≦ 35sec	95 99
수신 신호 전력(RSRP)	≧ −95dBm ≧ −110dBm	98
Hand over 성공률	> 99.5%	–
송신 간섭 주기	< 0.8sec < 1sec	95 99
에러 없음 주기	≧ 20sec ≧ 7sec	95 99
연결 손실률	$< 10^{-2}$/h	–
네트워크 가용률	≧ 99.9984%	–

43 철도통합무선망(LTE-R)의 활용방안 및 부가서비스에 대하여 설명하시오.(121-10)

개요

LTE-R은 VHF, TRS-TATRA, TRS-ASTRO로 구성된 국내 철도통신망을 차세대이동통신인 LTE로 통합하는 철도통합무선통신망이다.

LTE-R 활용방안 및 서비스

① 운영측면
- ㉠ 감시제어데이터 수집,
- ㉡ 무선통신기반 KRTCS 신호제어
- ㉢ 시설물 정보 DB와 연계한 유지보수,
- ㉣ TNMS(통합원격관리시스템)

② 안전 및 보안 측면
- ㉠ 화재 및 지진경보 등 PUSH 메시지 활용한 실시간 안전관리
- ㉡ 철도시설물 변위/변형DB 제공,
- ㉢ 통화그룹 감시 및 녹취 기능
- ㉣ 네트워크 감시 및 재난망 연동

③ 승객서비스 측면
- ㉠ 실시간 영상전송 서비스,
- ㉡ 증강현실(AR) 어플리케이션
- ㉢ 멀티미디어 정보서비스,
- ㉣ E-티케팅, 원격 안내방송
- ㉤ 철도 사물인터넷 플랫폼 구성

44 고속선로 350km/h 운행 환경에서 요구하는 철도통합무선망(LTE-R : Long Term Evolution - Railway)의 열차제어데이터 전송지연의 정의, 서비스 성능목표를 한국정보통신기술협회(TTA) 표준에 따라 설명하시오.(127-10)

① **열차제어를 위한 데이터 서비스** : 열차 상태를 감시하거나 제어를 위해 관제센터와 열차 간의 정보 제공

② **열차제어정보 전송지연 시간** : 폐색센터와 열차이동국 간 무선구간에서 300msec 이내 전달

③ **무선 통신망** : 350km/h 이동환경에서 음성, 데이터 및 영상 정보(최소 SD급) 전송, 열차제어권 정보를 열차 이동국으로 300msec 이내 전송, 데이터 수신 성공률 평균 99% 이상, 핸드오버 절체 시간 300msec 이내

④ **연결 설정 오류율**(Connection establishment error ratio)은 전체 연결 설정시도에 대한 실패율을 의미하며, 10^{-2} 이내여야 한다.

⑤ ETCS(European Train Control System)에서 열차제어를 위한 데이터 전달지연시간(Transfer delay)은 전체 경로에 대하여 0.5초보다 작아야 하며, 등록지연시간(Network registration delay)은 차상 단말이 철도통합무선망에 자신의 단말을 네트워크에 등록하고 등록을 허가하는 응답을 성공적으로 수신하였을 때까지의 시간을 의미하며, 35초 이내에 모든 절차를 마무리하여야 한다.

45 펄스 도플러 레이더 방식과 주파수변조 연속파(FMCW) 도플러 레이더 방식을 각각 비교하여 설명하시오.(121－10)

개요

레이더는 사용하는 전파에 따라 크게 연속파 레이더와 펄스파 레이더로 구분이 된다. 연속파는 특정 주파수의 진폭이 변하지 않는 전파를 연속적으로 방사하는 것을 말하고 펄스파는 특정 주파수에 진폭이 순간 커졌다가 다시 되돌아오는 전파를 단시간 방사하는 것을 말한다. 모두 도플러 시프트의 원리를 이용할 수 있지만 기본적으로 사용하는 전파 자체가 다르다.

사용 전파 종류

- 사용하는 전파의 종류가 다르다. 레이더는 사용하는 전파에 따라 크게 연속파 레이더와 펄스파 레이더로 구분이 된다.
- 연속파는 특정 주파수의 진폭이 변하지 않는 전파를 연속적으로 방사하는 것을 말하고 펄스파는 특정 주파수에 진폭이 순간 커졌다가 다시 되돌아오는 전파를 단시간 방사하는 것을 말한다. 둘다 도플러 시프트의 원리를 이용할 수 있지만 기본적으로 사용하는 전파 자체가 다르다.
- 연속파 레이더는 주파수도 진폭도 같은 전파를 발생시켜서 그 반사파를 검출하는 방식으로 문제는 계속 똑같은 전파가 지속적으로 들어오기 때문에 반사파가 언제 돌아왔는지 측정할 수 없다는 단점이 있다. 그래서 연속파 레이더는 물체 사이의 거리를 측정하기 어렵다.
- 반면에 펄스파를 사용하는 레이더는 일순간 진폭이 다른 파를 방사하기에 언제 반사파가 돌아왔는지 알수 있어 손쉽게 상대까지의 거리를 측정할 수 있다. 마치 잠수함에서 소나로 원 핑 신호로 거리를 측정하는 것과 같은 원리이다. 여기에 도플러 효과를 이용하여 상대의 속도, 고도같은 3차원 정보 뿐만 아니라 지형지물에 의한 노이즈까지 제거할 수 있다. 하지만 고출력의 펄스파를 만드는 것이 어렵기 때문에 기술수준이 높고 때에 따라서는 웜업이 필요로 하며 연속파에 비해 분해능력이 낮다.

펄스 도플러 레이더

① 레이더는 사용하는 전파에 따라 크게 연속파 레이더와 펄스파 레이더로 구분.
② 펄스파는 특정주파수에 진폭이 순간 커져 있다가 다시 돌아오는 전파를 단시간 방사한다.
③ 도풀러 시스트의 원리를 이용, 기본적으로 사용하는 전파자제가 상이하다.
④ 펄스파를 사용하는 레이더는 일순간 진폭이 다른 파를 방사하기에 언제 반사파가 돌아왔는지 알 수 있어 손쉽게 상대까지의 거리를 측정할 수 있다.
⑤ 펄스 도풀러 레이더는 소형 시스템을 구성 할 수 있고, 연속파 레이더에 비해 다량의 정보를 처리를 하지 않아도 되므로,
⑥ 기기의 크기가 작아지고 구성도 간결해지고 에너지 효율성도 높다.
⑦ 항공기의 레이더로써 널리 사용하고 있다.

주파수 변조 연속파(FMCW) 도플러 레이더 방식

① 연속파는 특정주파수의 진폭이 변하지 않는 전파를 연속적으로 방사하는 것.
② 연속파 레이더는 주파수도 진폭도 같은 전파를 발생시켜서 그반사파를 검출하는 방식.
③ 계속 똑같은 전파가 지속해서 들어오기 때문에 반사파가 언제 돌아왔는지 측정할 수 없다는 단점이 있다.
④ 그래서 연속파 레이더는 물체 사이의 거리를 측정하기 어렵다.
⑤ 주파수를 변조시키는 것으로 거리 측정 능력을 향상시킨 것이 주파수 변조 연속파 레이더(FCW 레이더).
⑥ FMCW 도풀러 레이더는 실시간으로 상대방의 위치정보를 얻을 수 있어 고속으로 움직이는 물체를 정밀하게 추적할 수 있어 미사일 같은 유도 무기의 유도에 적합하다.

장단점

① 펄스 도플러 레이더는 소형 시스템을 구성할 수 있다.
② 연속파 레이더에 비해 다량의 정보를 처리하지 않아도 되기에 기기의 크기가 작아지고 구성도 간결해 지고 에너지 효율성도 높아진다. 그래서 항공기의 레이더로써 널리 쓰이고 있다. 하지만 신호를 연속적으로 방사하는 것이 아니기에 전투기의 반 능동 미사일을 유도같이 실시간으로 유도 추적하기 위한 레이더로서는 적합하지 않다. 그리고 일순간 높은 펄스 신호를 만들어내야 하므로 준비 시간이 필요하고 단거리 분해능력이 떨어진다.
③ 반면에 FMCW 도플러 레이더는 실시간으로 상대방의 위치 정보을 얻을 수 있기에 고속으로 움직이는 물체를 정밀하게 추적할 수도 있다. 마찬가지로 분해력이 펄스파 레이더에 비해 우수하며 특히 근거리에 높은 분해력을 가지고 있다. 순간 높은 출력의 펄스를 만들 필요가 없어서 낮은 출력의 레이더의 경우(근거리 수상 레이더 같은) 시스템이 간결하고 기술적 위험도 낮고 준비없이 즉각 대응이 가능하다는 장점이 있다.

46 IoT 무선기술 중 와이선(Wi-SUN) 기술에 대하여 설명하시오.(124-25)

○ 개요

사물인터넷(IoT)의 서비가 확대되면서 와이파이, 블루투스와 같은 근거리무선통신에서 벗어나 장거리, 저전력, 저비용을 목표로 하는 저전력 광역 통신망(Low Power Wide Area Network : LPWAN) 기술이 주목받고 있다. LPWAN기술을 이용하여 대용량데이터를 고속으로 전송하는 것은 부적절하지만 넓은 영역에서 소량의 데이터를 서비스하기 적합해 전력검침, 가로등제어 등의 스마트시티에 주로 쓰이며, 대표적인 기술로는 NB-IoT, LoRa, Wi-SUN 등이 있다.

○ 적용분야

Wi-SUN은 에너지 효율성이 증대됨에 따라 스마트그리드 서비스를 제공하기 위해 개발된 920MHz 대역의 저전력 무선통신기술로, 야외에서도 통신거리가 길고 장애물에 강하며 전파간섭에 강한 장점을 가지고 있다. 미국과 일본을 비롯한 다양한 국가와 기업에서 지능한 원격검침(Advanced Metering Infrastructure : AMI) 배선 자동화 등을 위한 무선통신규격으로 도입하고 있으며 국내에서도 한국전력이 AMI 구축사업에 Wi-SUN을 활용하고 있다.

○ 다른 저전력 통신과 비교

스타 구조의 다른 저전력 통신과 달리 Wi-SUN은 모든 노드들이 그물망처럼 연결되어 양방향 통신이 가능한 메시 구조를 이용한다. 스타 네트워크에서는 전체를 제어하는 중앙 기지국이 파괴되면 노드간 통신이 중단된다. 반면 메시 네트워크에서는 어느 노드에 고장이 발생하여도 다른 라우터를 경유할 수 있어 데이터손실률이 낮다. 또한 조기 구축을 위한 라이선스 비용이 필요없고 엔드포인트들은 이동통신사 망을 이용하지 않아 다른 저전력 통신들에 비해 비용 부담이 적은 편이다.

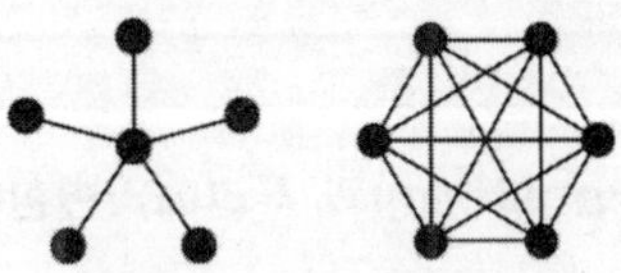

[그림] 스타구조메시구조

47 LTI(Linear Time Invariant) 시스템에 대하여 설명하시오.(120－10)

시스템 분석에서 다른 연구 분야 중에서도 선형 시간 불변(LTI) 시스템은 선형성 및 시간 불변성의 제약을 받는 모든 입력 신호에서 출력 신호를 생성하는 시스템이다.

선형 시간 불변 시스템 이론은 이미지 처리에 사용되며, 여기서 시스템은 시간 차원 대신 또는 시간 차원 외에 공간 차원을 갖는다. 이러한 시스템은 용어에 가장 일반적인 도달 범위를 제공하기 위해 선형 변환 불변이라고 할 수 있다.

LTI 시스템 이론은 전기 회로 분석 및 설계, 신호 처리 및 필터 설계, 제어 이론, 기계 공학, 이미지 처리, 다양한 종류의 측정 기기 설계, NMR 분광학에 직접 적용되는 응용 수학 분야이다.

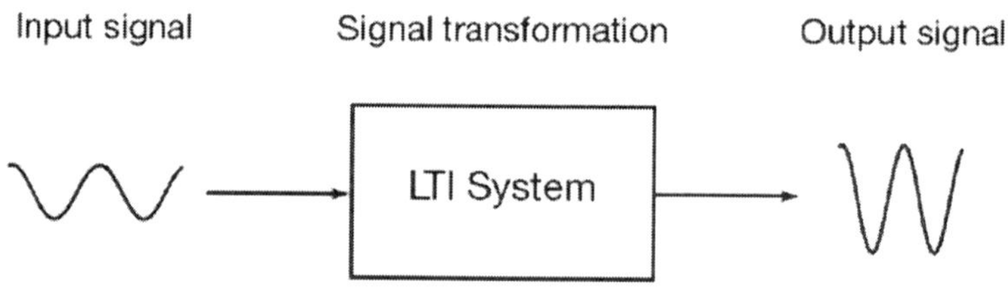

[그림] 선형 시불변(LTI) 시스템의 개략도

LTI시스템의 특징

① 중첩의 원리가 성립됨
② 입출력 관계의 표현이 쉬움
③ 모든 LTI시스템은 인과적임(Casual)
④ 구성요소 간에 교환법칙, 결합법칙, 분배법칙이 성립됨.

48 푸리에변환(Fourier Transform)과 푸리에역변환(Inverse Fourier Transform)에 대하여 설명하시오.(120－10)

푸리에변환(Fourier Transform)

시간의 영역으로 표현된 함수를 주파수의 영역으로 변환시키는 역할

푸리에 변환 : $X(f) = \int_{-\infty}^{\infty} x(t) e^{-j2\pi ft} dt = F[x(t)]$

푸리에 변환(Fourier transform, FT)은 시간이나 공간에 대한 함수를 시간 또는 공간 주파수 성분으로 분해하는 변환을 말한다. 종종 이 변환으로 나타난 주파수 영역에서 함수를 표현한 결과물을 가리키는 용어로도 사용된다.

푸리에역변환(Inverse Fourier Transform)

주파수의 영역으로 표현된 함수를 시간의 영역으로 변환시키는 역할

$$\text{푸리에 역변환} : x(t) = \int_{-\infty}^{\infty} X(f)e^{j2\pi ft}df = F^{-1}[X(f)]$$

각 진동수 성분의 파동진폭과 위상에서 시간 영역의 파형을 합성하는 방법으로 푸리에 변환과는 반대되는 개념이다. 푸리에 합성이라고도 한다.
파장이 가지는 진동수를 이용하여 특정 신호(파동)를 산출하는 방법

49 엘리어싱(Aliasing)에 대하여 설명하시오.(120-10)

① 아날로그 신호를 표본화 할 때 표본화 주파수가 신호의 최대 주파수의 2배보다 작거나 필터링이 부적절하여 인접한 스펙트럼들이 서로 겹쳐 생기는 신호 왜곡 현상.
② PCM 방식 등 샘플링과 복원을 하는 과정에서, 처리 가능한 대역보다 넓은 대역을 갖는 신호를 처리할 때 발생하는 현상
③ 이 현상을 피하기 위해서는 표본화 주파수를 신호의 최대 주파수의 2배 이상으로 높이고, 또한 샘플링하기 전에 저주파 통과 여파기를 사용하여 최대 주파수 이상의 신호들을 제거해야 한다. 영화에서 선풍기의 날개가 천천히 회전하거나 반대로 돌아가는 것처럼 보이는 현상도 표본화 주파수가 부적절하여 느끼게 되는 것이다.

50 LoRa(Long Range) 무선통신 기술의 특징에 대하여 설명하시오.(134-10)

LoRa 통신은 저전력, 장거리 통신의 특성을 활용해 다양한 산업 분야에서 실시간 데이터 수집 및 원격 모니터링을 지원하는 무선통신, IoT 기술의 발전과 함께 농업, 도시, 빌딩, 설비, 환경 등 장거리 통신이 필요한 다양한 응용 분야에서 주목을 받고 있다.
① **Low Energy 저전력** : 배터리 하나로 10년 정도를 버틸 수 있다.
② **Long Range 장거리** : 16km 이상이라고 되어 있다.
③ **다중센서 가능** : 통신을 해주는 단말을 Node라고 표현하는데, 이 Node에 여러 개의 센서를 연결할 수 있다.
④ **암호화 (보안, AES128)** : 기본적으로 AES128을 따르는 보안기능을 제공한다.

51 L2 스위치(Layer2 Switch)와 L3 스위치(Layer3 Switch)에 대하여 기술하고 각각의 차이점을 설명하시오.(134－10)

L2 네트워크 스위치

- OSI 7계층 (OSI 7 Layer) 의 2번째 계층(2 Layer)인 Data Link의 영역이다. 허브의 상위 장비이며,
- L2 스위치는 MAC을 기반으로 Ethernet 영역에서 동작하고, 연결되는 장비들의 IP를 알 수 없다.
- IP를 이해하지 못하기 때문에, 라우팅 기능이 제외된 네트워크 장비이다.
- 기본적인 L2 스위치는 라우팅을 사용하지 않으나, 최근 모델들 중에는 L2 스위치에서 라우팅 기능을 탑재하며 판매하는 예도 있다.

L3 네트워크 스위치

- OSI 7계층 (OSI 7 Layer) 의 3번째 계층(3 Layer)인 Network의 영역이다.
- L2 스위치의 상위 장비로, L2 스위치의 모든 기능을 사용 할 수 있으며, L3 스위치는 IP를 기반으로 네트워크 패킷의 라우팅이 가능하다.
- 네트워크 장비의 라우터가 해당 영역에 속하며, 연결된 네트워크의 패킷이 L3 스위치로 들어오게 되면,
- 목적지의 IP주소를 확인하여, 해당 IP에 연결된 포트로 패킷을 전송한다.

즉, 연결된 장비들의 전송하려는 목적지를 판단하여, 라우팅 기능을 사용하는 네트워크 장비라고 할 수 있다.

Memo

제17장

신호설비계획, SE, 감리, 시공

01 IEC 61508 규격에 따른 기능안전(Functional Safety)의 정의 및 기능안전평가에서 확인하는 일반적인 사항에 대하여 설명(114-10)(118-10)

02 감리업무 수행 시 주요 업무 및 세부 내용에 대하여 설명(111-10)

03 공정관리 기술 중 PERT(Program Evaluation and Review Technique)에 대하여 설명(118-10)

04 공정관리기법 중 PERT(Program Evaluation & Review Technique) 기법과 CPM(Critical Path Method) 기법의 차이점에 대하여 설명(25)

05 국제전기표준위원회(IEC)에서 정한 전기장비의 외함에 대한 IP 등급에 대해 설명(10점)

06 노후화된 도시철도 열차제어시스템을 영업 운영 중단 없이 신규 열차제어시스템으로 안전하게 개량하는 방안 2가지에 대하여 설명(118-25)

07 사회간접자본(SOC) 사업 시 민간투자로 추진하는 방식에 대하여 설명(114-10)

08 「소프트웨어(S/W)사업 기술평가 기준」에 따른 인력투입방식(Man Month)과 기능점수방식(Function Point)의 특징 및 사업비선정 방법에 대하여 비교 설명(110-10)

09 시스템 엔지니어링 활동 중에서 형상관리에 대하여 설명(130-25)

10 시스템 엔지니어링(SE : System Engineering)의 관리조직과 각 조직의 역할 및 책임에 대하여 설명(132-25)

11 시스템엔지니어링(SE : System Engineering)의 개념 및 일반적인 SE 과정과 철도분야의 SE 과정을 비교 설명(10)

12 열차 편성을 위해 입환(차량정리) 업무의 안전한 작업환경을 개선할 목적으로 도입 중인 「무선 차량정리 시스템」에 대하여 설명(130-10)

13 철도 건설에 있어서 CM(Construction Management)의 정의, 개념, 구성 체계 및 업무내용에 대하여 설명(115-25)

14 철도 사업에 있어서 PM(Project Management)의 9가지 지식영역(Knowledge Area)에 대하여 설명(117-10)

15 철도신호제어설비 설치공사 중 공사 진척도가 계획대비 일정 수준 이상 지연되는 경우 감리원이 시행해야 하는 업무에 대하여 설명(130-10)

16 철도용품의 설계가 기술기준에 접합한 지를 검증하기 위해 수행되는 설계적합성검사, 합치성 검사, 용품형식시험에 대하여 설명(10)

17 철도신호제어설비용 케이블 접속 및 단말처리 방법에 대하여 설명(134-10)

18 IP(Ingress Protection) 등급에 대하여 설명(134-10)

19 철도노선 간 연계운행을 위한 철도시설 기술기준에서 철도시설의 필수요건을 설명(134-10)

20 신호제어설비에서 기본설계와 실시설계의 범위에 대하여 설명(134-25)

21 철도건설사업시행절차 중 예비타당성조사에 대하여 설명(134-25)

22 설계VE(Value Engineering) 수행시, 설계자가 제시하여야 할 자료 및 검토자가 수행하는 업무절차를 설명(111-25)

23 운행선 인접공사 차단작업 시행절차에 대하여 설명(118-25)

24 한 노선의 신호시스템 개량시 계획수립에 필요한 요구조건 등 검토사항을 설명(111-25)

25 도시철도 시설안전기준 중 신호 및 열차제어설비가 안전기본원칙에 적합하도록 설계, 제작 및 설치할 사항을 5가지 이상 제시(111-25)

26 철도건설 설계 시 본선의 배선계획 수립에 필요한 주요사항에 대하여 설명(109-25)

27 철도건설사업 추진절차 중 예비타당성조사와 타당성조사의 차이점에 대하여 설명(25)

28 철도안전법에 따른 철도신호장치의 철도용품 형식승인검사 3단계에 대하여 설명(108-25)

29 전력기술관리법에 의한 감리원의 업무 수행에 대하여 설명하시오.(108-25)(99-25)

30 철도신호 공사감리원의 공정관리에 관한 감리업무 중 부진 공정 만회대책에 대하여 설명(103, 106-25)

31 신호제어설비의 설계 시 행하는 기본설계의 단계별 수행계획에 관하여 설명(99-25)

32 열차안전운행을 위한 신호설비의 합리적 발전방안(25)

33 Shift2Rail에 대하여 설명(134-25)

1) 목적

2) 기대효과

3) IP(Innovation Program) 구성

4) IP(Innovation Program)2 연구활동

제17장

신호설비계획, SE, 감리, 시공

01 **IEC 61508 규격에 따른 기능안전(Functional Safety)의 정의 및 기능안전평가에서 확인하는 일반적인 사항에 대하여 설명하시오.**(114-10)(118-10)

¤ IEC 61508 규격의 기능안전(Functional Safety)에 대하여 설명하고, 기능안전평가에서 확인하는 일반적인 사항은 무엇인지 설명하시오

기능안전(Functional Safety)의 정의

기능안전이란 운용자 오류, 하드웨어 및 소프트웨어 고장, 환경적 변화 등에 대한 안전한 관리를 포함, 주어진 입력에 대하여 정확히 동작하는 안전 관련 시스템 (또는 장비)에 의존하는 하나의 시스템 (또는 장비)의 전체적인 안전성의 일환이다.

기능안전은 기존의 제품 안전 평가방법보다 더 높은 수준의 안전 평가로, 기술이 발전하고 복잡해짐에 따라 예기치 않은 위험이 발생할 확률이 커지는 현대 사회에서 안전을 보장하기 위해 사용할 수 있는 대표적인 평가 방법이다. 이로 인해 자동차, 철도, 의료기기, 발전소, 자동화 설비 등 전 산업영역에서 그 중요성이 대두되고 있으며 일부 영역에서는 점차 의무화되고 있다.

철도분야의 기능안전 규격

철도분야의 기능안전 규격은 다음과 같다.

- EN50126(IEC 62278) : RAMS
- EN50128(IEC 62279) : 소프트웨어
- EN50129(IEC 62425) : 시스템 안전

기능안전평가

낮은 수준의 SIL은 기능 안전에 관해 인증받은 사내 전문가가 있는 때에만 업체의 자체평가가 가능하다. 하지만 높은 단계의 SIL은 제3자 평가가 요구된다.

일반적으로, 기능 안전 평가는 몇 가지 점검 사항 평가로 구분된다. 점검 지점별 요구사항이 충족되지 않을 경우, 점검 사항은 되풀이하여 반복될 수 있다. 각 점검 사항에서, 수명주기 문서들이 평가되며, 수명주기 활동 출력 문서 (life cycle activity output documents)를 갖추지 못했을 경우 점검 사항은 반복되어야 한다. **평가에서 확인**하는 일반적인 사항은 아래와 같다.

- **안전 규격 검토 및 안전설계 경영 시스템 심사**
- **Hardware와 Software의 요구 규격 검토 및 시험계획의 타당성 검토 및 검증**

- Hardware 디자인 및 Software 디자인 검토
- Hardware 및 Software 검증시험의 입증시험
- 타당성 검토시험 및 결과의 입증시험

02 감리업무 수행 시 주요 업무 및 세부 내용에 대하여 설명하시오.(111-10)

설계서·계약서의 철저한 검토

① 공사설계서, 지급자재 구매내역 등의 철저한 검토분석을 통해 설계와 시공이 일관성을 유지하고 있는지 검토하고 적정하게 반영되었는지 검토

② 발주자와 시공자간 계약서의 결함, 모순, 누락사항 검토 및 상호 보완대책을 제시

원활한 사업공정 관리

① 사업공정관리 전 분야에 대해 정해진 공기 내에 시방서, 도면 등에 의거하여 소정의 품질을 갖추어 시공될 수 있도록 공정관리 확인

② 감리단 기구 내에 사업관리 운영 등 전 분야에 대해 시공자 및 발주자, 유관기관의 협의 조직 마련

③ 공사의 규모, 공종 등 현장여건을 감안하여 성공적으로 수행할 수 있도록 관리

안전우선 감리업무수행

① 감리원은 안전시공 추진을 위해 안전관련 업무를 수행하여 산업안전보건법의 해당규정에 준수할 수 있도록 관리

감리업무의 연속성, 효율성

① 감리용역 완료시까지 감리의 연속성 제고를 위한 감리인원의 탄력적 배치 운영

② 감리용역의 효율성 및 업무집중도 향상을 위해 공정에 지장 없는 범위 내 작업계획 조정

품질기록 유지 및 생성문서 표준화

① ISO/KSA 9001-2000 품질경영시스템 요건 및 감리업무수행지침서에 따라 감리업무의 수행관리

② 문서 수/발신, 공정관리, 품질관리 업무의 간소화 추진

준공 서류 제출

① 시공사의 준공도서(인수인계 포함) 검토 시 보고 항목이 누락되지 않도록 지속관리

03 공정관리 기술 중 PERT(Program Evaluation and Review Technique)에 대하여 설명하시오.(118-10)

개요

① 계획(혹은 사업) 평가 및 재검토 기술(The Program/Project Evaluation and Review Technique)은 보통 퍼트(PERT)라고 불리며, 프로젝트 관리를 분석하거나, 주어진 완성 프로젝트를 포함한 일을 묘사하는 데 쓰이는 모델이다.

② PERT는 주어진 프로젝트가 얼마나 완성되었는지 분석하는 방법으로, 정확하게 알려지지 않은 세부 요인과 지속 기간에 대해 각각의 작업에 필요한 시간을 계산함으로써 모든 프로젝트를 끝내는 최소시간이 어느 정도인지 알 수 있다.

특징

① 주어진 계획을 완수하기 위하여 각 책임의 모두를 명세화, 사상과 활동을 포함하는 계획공정로(network)로 표시한다. 사상이라 함은 어떤 특수한 시점에서 특정된 계획의 성취를 나타낸다. 그리고 활동이라 함은 어떠한 사상(事象)에서 다음 사상으로 진행하는 데 필요한 시간과 자원을 나타내는 것이다.

② 사상과 행동은 어떤 논리적인 규칙에 따라서 네트워크(network)라는 계획공정으로서 연속되고 있다.

③ 추정 시간, 즉각 활동에서 걸리는 시간은 3가지 방법으로 추정된다. 즉 낙관시간치(optimstic time : to), 정상시간치(most likely time : tm), 비관시간치(pessimistic time : tp)가 이와 관계가 있는 활동을 가장 잘 아는 사람에 의하여 추정되는 것이다.

④ 주공정(Critical Path)이 계산된다. 이것은 완성하기에 가장 긴 예상시간을 요하는 활동과 사상의 연속이라 할 수 있다.

04 공정관리기법 중 PERT(Program Evaluation & Review Technique) 기법과 CPM(Critical Path Method) 기법의 차이점에 대하여 설명하시오.(25)

PERT/CPM정의

① PERT(Program Evaluation & Review Technique)

- 프로그램 평가 검토기법(Program Evaluation And Review Technique)
- 일에 수반되는 모든 작업을 분해하고 각 작업의 상호관계를 표시하는 네트워크를 구성하여 그것에 의하여 공정관리를 하는 방법이다.

- **계획(혹은 사업) 평가 및 재검토 기술**(The Program/Project Evaluation and Review Technique)은 보통 **퍼트**(PERT)라고 불리며, 프로젝트 관리를 분석하거나, 주어진 완성 프로젝트를 포함한 일을 묘사하는 데 쓰이는 모델이다.

② CPM : 임계경로법(Critical Path Method)

- 주로 공업, 기술 또는 상업적인 프로젝트에 응용되는 계획 관리 기술
- 시간적 요소 외에 비용요소를 가미하여 최적의 공기공정을 파악하고저 하는 방법

③ PERT/CPM : 프로그램 평가 검토기법/임계경로법

- 일에 수반되는 모든 공정을 단위공정별로 세분하여 각 공정 간의 상호관계를 고려하고 각 공정에 대한 최소소요일수, 소요시간, 비용 요소, 투입 인원을 고려 각 공정에 대한 선행 공정을 명시, 주공정선에 맞추어 공정관리를 한다.

④ PERT/CPM 장점

- 계획의 기본이 명확
- 목적 달성을 위한 계획이 평가된다
- 현시점에 있어 진행상태의 점검이 쉽다.
- 계획 변경 또는 재계획에 있어 탄력이 있다.

PERT, CPM 비교

① 개요

- 공사는 최고의 품질, 최단의 공기, 최저의 비용을 요구하며, 타 기관 부분과의 업무가 많고 복잡하며 설계변경이 많다.
- 신호공사는 유효적절한 계획과 관리수법이 필요한바 종래에는 가로라인의 공정표가 지표로 사용되었으나 현재는 PERT(Program Evaluation And Technique)과 CPM(Critical Path Method)이 사용되고 있다.

② 효과

㉠ 기본계획 명확.

㉡ 목적 달성으로 각 계획 평가

㉢ 진행상태 점검용이

㉣ 계획변경 또는 재 계획의 탄력성 갖음

㉤ 시간외 가격도 시간에 준해 결부시킴.

PERT와 CPM 비교 및 차이점

구분	PERT	CPM
개발과 응용	1958년 미국군수부 특별계획부 함대미사일 개발에 사용	1957년 미국화학회사 Dupont사 화학 공장 건설에 사용
활용부분	신규 미경험, 비반복 사업	유경험, 반복사업(건설공사 등)
소요공기	사업완료에 3점 추정방법	1점 추정 방법
추정방법	$T=a+4M+b$ (a : 낙관치, b=비관치, M=가능치)	계획이 완료되는데 가장 정확하다고생각되는 예정시간
특징	전부의 작업분해, 상호관계표시 네트워크조립, critical path or bottlence path찾아 계획전체 수정	시간소요에 타비용 요소 가미, 최적 공정 선택 공사비, 공사능력 등 공정상의 무리나 무의미 발견
Network	Event(작업단계, 사건)중심	Activity(활동)중심

05 국제전기표준위원회(IEC)에서 정한 전기장비의 외함에 대한 IP 등급에 대해 설명하시오.(10점)

개요

IP 등급이란 국제전기기술위원회(International Electro technical Commission, IEC)의 IEC 529 규정에 의한 분진과 수분의 침투에 대한 장비의 보호수준을 규정하는 기술 기준 중의 하나로서 72.5 kV 이하의 전기장비에 적용한다. IP 등급은 2개의 숫자로 표기하며, 첫 번째 숫자는 외함체 내에 침투하는 분체를 방지하는 수준을 의미하며,두 번째 숫자는 외함체 내에 침투하는 액체를 방지하는 정도를 규정한다.

① 표시형식 : IP x1 x2
- x1 : 방진(防塵) 보호등급 (粉塵에 대한 보호 등급)
- x2 : 방수(防水) 보호등급 (水分에 대한 보호 등급)

IP 표시 방진에 대한 보호형식

① NO.1 보호정도 및 시험조건

IP0x : 없음

IP1x : 손의 접근으로부터의 보호 직경 30mm이상의 물체가 침투되지 않을 것

IP2x : 손가락의 접근으로부터의 보호 직경 12.5mm이상의 물체가 침투되지 않을 것

IP3x : 공구의 선단 등으로부터의 보호 직경 2.5mm이상의 물체가 침투되지 않을 것

IP4x : WIRE등으로부터의 보호 직경 1.0mm이상의 물체가 침투되지 않을 것

IP5x : 분진으로부터의 보호 정상동작을 방해하는 분진이 침투되지 않을 것

IP6x : 완전한 방진 구조 방진의 침투가 완전하게 보호될 것

IP 표시 방수에 대한 보호형식

① NO.2 보호정도 및 시험조건

IPx0 : 없음

IPx1 : 수직으로 떨어지는 물방울로부터의 보호 200mm의 높이에서 3~5 L/분의 물방울을 10분간 시험

IPx2 : 수직에서 15ㅇ범위에서 떨어지는 물방울로부터의 보호 200mm의 높이에서 15ㅇ범위로 3~5 L/분의 물을 10분간 시험

IPx3 : 수직에서 60ㅇ범위에서 떨어지는 물로부터의 보호 200mm의 높이에서 60ㅇ범위로 10 L/분의 물을 10분간 시험

IPx4 : 전방향으로 비산되는 물로부터의 보호 300~500mm의 거리에서 전방향으로 10 L/분의 물을 10분간 시험

IPx5 : 전방향으로 쏟아지는 물로부터의 보호 3m의 거리로부터 전방향으로 12.5 L/분 30KPa의 물을 3분간 시험

IPx6 : 파도 등의 강력하게 쏟아지는 물로부터의 보호 3m의 거리로부터 전방향으로 30 L/분 100KPa의 물을 3분간 시험

IPx7 : 일정한 조건으로 물에 잠겨서 사용 가능 물밑 1m에서 30분간 시험

IPx8 : 물 속에서 사용 가능 사용자와 제조자측 간의 협의에 의하여 시험

06 노후화된 도시철도 열차제어시스템을 영업 운영 중단 없이 신규 열차제어시스템으로 안전하게 개량하는 방안 2가지에 대하여 설명하시오.(118-25)

개요

① 유럽철도는 현재까지 열차제어시스템을 ETCS 레벨2로 구축하면 기존설비와 혼용하여 운영해 왔으며, 무선관련 인프라가 잘 갖추어져 있는 유럽에서도 보통은 레벨 0, STM에서 ETCS 레벨2로 변경하였다.

② 하지만 한 노선에 운용되는 차상장치가 모두 한꺼번에 개량되지 못함에 따라 ETCS 레벨2 차상장치가 장착되지 않은 차량을 위하여 레벨 0, STM 지상 장치를 철거하지 않고 혼용하여 운영되고 있다.

③ 또한, 대도시 등의 도심구간을 위한 CBTC 시스템과 도시와 도시 간을 운용하는 ETCS 시스템을 혼용 운영하는 방안이 주목받고 있다.

④ IRSE(Institution of Railway Signal Engineers)에서 소개한 영국 Thameslink와 Crossrail 노선을 위해 계획된 열차제어시스템 운영노선의 특성에 맞추어 혼용 운영 방안을 마련한 사례를 알아본다.

CBTC와 ETCS 혼용 운용을 위한 기본 개요

① 열차제어시스템은 역과 본선에서 운행되는 열차의 최적 운행을 돕기 위한 설비를 말한다. 유럽의 ERTMS/ETCS 시스템의 기본적인 목적은 철도운영자에게 방대한 크기의 철도망에서 각기 다른 차량이 함께 운용할 수 있는 상호운용성을 제공하는 것이라 할 수 있다.

② CBTC는 무인운전 기술과, 같은 노선 내 동일 차량을 기반으로 최적의 효율성을 도출함으로써 도심 대중교통 깊이 자리 잡고 있다고 할 수 있다.

③ 물론 각각의 열차제어시스템은 위에서 언급된 도심지 또는 도시와 도시 간 연결노선 적용에 필요조건들은 갖추고 있다.

④ 이러한 주요 필요조건들은 ETCS의 상호운용성과 도심 내 고밀도 상태의 노선에서 기능을 실현할 수 있는 무인자동운전 체계라 할 수있다.

CBTC와 ETCS의 주요 특징

① 차상장치에서의 이동권한에 대한 속도 감시는 두 시스템 모두 유사한 기능이다. 하지만 이동권한을 생성하고 제공하는 방식이 두 시스템의 주요 차이점이라 할 수 있다.

② CBTC는 단(짧은) 처리체계와 통신주기에 최적화되었으며, 그로 인해 선로정보(Track Data)가 시스템을 설정하는 주요 요소가 된다. ETCS는 상호호환성과 국경을 넘나드는 교통수단에 좀 더 초점을 맞추고 있으며, 그로 인해 차량과 지상 간의 유동적이고 포괄적인 통신 용어를 사용하고 있다.

③ 결과적으로, 두 방식의 융합에 대한 수요가 지속해서 증가하고 있으며, 도심을 통과하는 열차제어시스템으로써 제안되고 있다.

④ 또한, PSD 조작을 포함한 ATO의 기능을 통한 ETCS에 보완하는 방식의 실현 가능성은 연구하고 있고, 다수의 시뮬레이션을 통하여 검증되기도 하였다.

⑤ 하지만 CBTC와 ETCS의 혼용은 예상하는 것보다 더 나아간 기능과 성능적 이점을 가져올 것으로 여겨진다.

CBTC와 ETCS 간의 전환

① CBTC와 ETCS 모두 기능적인 측면에서 열차 기능(Dual−fitting)은 특정 편성에 대한 도시철도로서의 성능을 극대화해야 할 때 적용이 가능할 것으로 판단된다.

② 이러한 사례는 도심 외곽에 있는 통근 열차 노선의 역과 도시철도 노선에 추가적인 역을 통하여 연결할 때 적용된다.

③ 역과 열차 간의 간격이 짧은 노선의 중심부는 CBTC가 적합하지만, 일반/고속열차가 운행하는 역간의 길이가 긴 경우에는 ETCS와 국가 고유열차제어시스템이 적합할 것이다.
④ 그러므로 원활한 열차운행을 위해서는 시스템 간 연결구간에서의 전환 절차가 필요하다.
⑤ 대체로 하나의 열차제어시스템으로부터 다른 열차제어시스템으로 원활한 전환 절차를 위해서는 전환 절차 이전에 비활성화 되어 있는 열차제어시스템의 특정한 준비단계가 필요하다.
⑥ 해당 단계 동안, 차상장치는 지상 열차제어정보를 수신하여 열차제어 권한을 필요할 때 넘길 수 있도록 준비해야 한다.
⑦ 실제 적용 시 전환 절차는 운행 중 혹은 열차가 정차해 있을 때 전환이 될 것이다.
⑧ 이는 ETCS가 이미 규정되어있는 전환 절차를 가지고 있으므로 ETCS에서 CBTC로의 전환과 CBTC에서 ETCS로의 전환 절차 모두에 적용이 가능할 것으로 판단된다.
⑨ EVC는 STM의 기준 인터페이스를 통하여 전환 절차를 수행하며 각각의 레벨 전환 발리스를 통하여 절차를 개시하게 될 것이다.
⑩ 하지만 특수한 시나리오 또한 고려해야 한다, 예를 들어, CBTC 체계가 아닌 열차의 기능구현, 자동전환 절차 장애, EVC 장애, CBTC 및 ETCS 구간 내 혹은 두 시스템 체계가 적용되지 않는 구간에서의 전환 절차 시행 등이 있을 것이다.

07 사회간접자본(SOC) 사업 시 민간투자로 추진하는 방식에 대하여 설명하시오.(114-10)

SOC/Infrastructure란 무엇인가?

도로, 철도, 상하수도, 전기, 통신 등 어느 사회의 경제적 생산성을 증진하는데 필요한 재화나 서비스를 일컫는 용어

민간투자사업 사업시행 유형

① BTO(Build-Transfer-Operate) : 사회간접자본시설의 준공과 동시에 당해 시설의 소유권이 국가 또는 지방자치단체에 귀속되며 사업시행자에게 일정 기간의 시설관리운영권을 인정
② BTL(Build-Transfer-Lease) : 사회간접자본시설의 준공 후 일정 기간 사업시행자에게 당해 시설의 소유권이 인정되며 그 기간의 만료시 시설소유권이 국가 또는 지방자치단체에 귀속
③ BOT(Build-Operate-Transfer) : 사회간접자본시설의 준공 후 일정 기간 사업시행자에게 당해 시설의 소유권(운영권)이 인정되며, 그 기간의 만료 시 시설의 운영권이 정부 또는 지방자치단체에 귀속된다.
④ BOO(Build-Own-Operate) : 사회간접자본시설의 준공과 동시에 사업시행자에게 당해 시설의 소유권이 인정

⑤ BLT(Build-Lease-Transfer) : 사업시행자가 사회간접자본시설을 준공한 후 일정 기간 운영권을 정부에 임대하고 임대 기간 종료 후 시설물을 국가 또는 지방자치단체에 이전

08 「소프트웨어(S/W)사업 기술평가 기준」에 따른 인력투입방식(Man Month)과 기능점수방식(Function Point)의 특징 및 사업비선정 방법에 대하여 비교 설명하시오.(110-10)

참여 인원 방식(경험에 의존한 전문가 판단법 적용)

참여 전문가의 경험 수준에 주관적 판단이 적용됨에 따라 근본적인 편차 발생 가능성이 큰 방법이며, 산출된 예산자료의 신뢰성, 논리성, 합리성 확보가 어려움

기능점수 방식(체계적인 절차와 규칙을 적용)

예산수립 시 가용정보의 충실성 여부에 따라 기능점수 산정 결과의 정확도가 달라짐(요구사항 상세화가 된 경우는 기능점수 규칙을 적용하여 결과를 산출 가능함, 반면에 상세화 수준이 낮은 경우는 기능점수 측정자의 주관적 판단 대상이 많아짐에 따라 산출 결과 편차가 발생하며, 또한 기능점수 측정자의 경험 수준에 따라 기능점수 규칙 적용의 정확도가 달라짐에 따른 규모 편차는 발생할 수 있음

비교 평가

① **인력투입 방식** : 공공 정보화 예산 수립 방법으로는 적합하지 않으며, SW정책방향(투입인력의 수가 중요한 게 아니라 정해진 일정표에 따라 고품질의 산출물을 만들어 내는 것이 중요함. 즉 품질관리, 진척관리 등이 중요하다는 의미임)과도 배치되는 방법임

② **기능점수 방식** : 국제공인 기능점수 전문가 자격자에 의한 기능점수 측정 및 검증이 필수적으로 요구됨

구분	인력투입(Man-Month)방식	기능점수(Function Point)방식
설명	프로젝트에 실제로 투입되는 인원을 기준으로 사업비 추정	요구사항을 국제표준에 근거해 구현 난이도(복잡도)에 따라 점수화해 사업비 추정
특징	투입량에 의한 가격 책정	제공 가치에 기초한 가격 책정
사업비 선정	인건비 원단가 × 투입개월	FP단가 × FP수

09 시스템 엔지니어링 활동 중에서 형상관리에 대하여 설명하시오.(130-25)

형상관리

어떠한 문서나 파일이 변경된 경우, 변경된 내용과 그 원인을 기록하였다가 나중에 필요한 경우 찾아볼 수 있도록 하여 관리하는 것을 말한다.

- 목적 : 프로젝트의 생명 주기 동안 제품의 무결성(integrity)과 변경에 대한 추적성(traceability)을 확보하기 위한 활동

형상관리의 구성요소 4가지

① 형상식별(Configuration Identification) : 시스템의 효율적인 개발관리를 위해 형상항목(SCI)을 정의하고 분류하는 활동

② 형상통제(Configuration Control) : 소프트웨어시스템의 각 베이스라인별로 형상을 설정하고 변경하는 일을 체계적인절차(변경통제위원회 CCB)에 의해 통제하고 관리하여 결정하는 절차

③ 형상감사(Configuration Audit) : 형상 항목이 요구사항에 맞도록 잘 변경되었는지 확인하는 것 FCA와 PCA가 있다. 소스코드를 검토하는 FCA는 실제 성능이 기능 기준선(Functional Baseline) 및 할당 기준선(Allocated Baseline)에 명시된 요구조건을 충족하는가를 확인하는 절차 PCA는 검증된 형상품목의 형상이 설계문서와 일치하는지를 판단하고, 제품 기준선(Product Baseline)을 확인하기 위한 절차

④ 형상기록(Configuration Status Accounting) : 앞의 3가지 활동을 자료로 수집하고 기록하며, 결과의 내용을 데이타베이스화 하고 원하는 형태로 다양하게 이용할 수 있도록 하는 활동

10 시스템 엔지니어링(SE : System Engineering)의 관리조직과 각 조직의 역할 및 책임에 대하여 설명하시오.(132-25)

시스템 엔지니어링(Systems Engineering) 관리분야

① 시스템 보증(System Assurance)

② 시스템 통합(System Integration)

③ 시스템 안전성 관리(System Safety Management)

④ RAMS 관리 및 분석(RAMS Management & Analysis)

⑤ 성능 관리(System Performance Management)

⑥ 소프트웨어 관리(Software Management)

⑦ 형상 관리(Configuration Management)
⑧ EMC/EMI 관리(EMC/EMI Management)
⑨ 소음/진동 관리(Noise/Vibration Management)
⑩ 인터페이스 관리(Interface Management)
⑪ 시험 및 시운전 관리(Test & Commissioning Management)
⑫ 설계 관리(Design Management)
⑬ 요구사항 관리(Requirement Management)

11 시스템엔지니어링(SE : System Engineering)의 개념 및 일반적인 SE 과정과 철도분야의 SE 과정을 비교 설명하시오.(10)

① 개요

㉠ 시스템이란? : 시스템이란 서로 다른 구성요소들의 구성 또는 집합체를 말한다. 요소 또는 부품에는 사람, 하드웨어, 소프트웨어, 설비, 정책 등의 시스템 레벨의 결과를 창출하는데 필요한 모든 것을 포함한다. 여기서 시스템 레벨의 결과란 시스템의 품질, 성질, 특성, 기능 등을 의미한다.

㉡ 시스템엔지니어링의 기본개념

- INCOSE(International Council On System Engineering)에서 알려진 시스템엔지니어링이란 "운용상의 요구를 정의된 시스템 형상으로 변환시키기 위하여 과학 및 공학적 노력을 효과적으로 적용하는 일로서 요건분석, 기능분석과 할당, 설계조합, 설계 최적화, 시험 및 평가 등을 하향식으로 반복적으로 진행한다."라고 정의되어 있다. 또한 IEEE STD 1220－1994, Feb 1994에서 "시스템엔지니어링은 고객의 기대를 만족시키고 공공성을 충족시키기 위하여 수명 주기적으로 균형된 시스템 해결책을 도출, 진화 및 검증하는 다분야 학문 간의 공동 접근방법이다."라고 정의한다.
- 시스템엔지니어링이란 일반적으로 규모가 큰 플랜트나 국방산업, 기간산업(철도시스템 등)등의 시스템을 구현할 때, 발주처에서 의도하는 기술적 부분과 성능, 기능부분을 성취할 수 있도록 시스템의 요구사항(SR : System Requirements)을 효율적으로 통합하는 체계적인 기술관리 기법이라고도 할 수 있다. 또한 시스템의 생애주기 동안 고객과 관계자들의 요구를 고품질, 신뢰성, 비용효용성 및 일정 요구를 만족하는 것에 지장이 없도록 부문 상호 간의 공정을 참조하고 수행하는 책임을 갖는 제품 지향적인 기술부문이다.

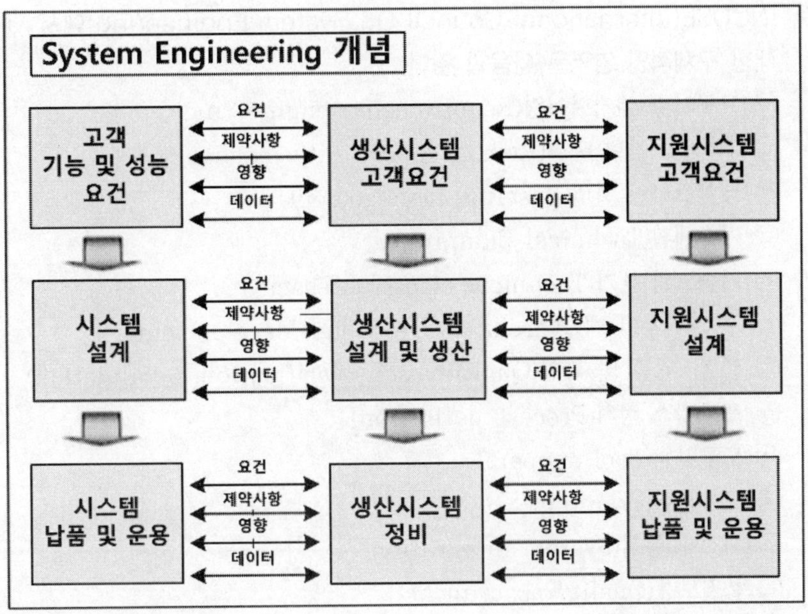

㉢ 시스템엔지니어링 과정

ⓐ SE는 전체적인 관점에서 시스템 하향식 분석과 상향식 통합 접근방법으로 이루어진다.

ⓑ 시스템 설계, 개발, 생산/건설, 분배, 운용, 유지 및 지원, 폐기 및 처분 등 모든 단계에 걸친 요구사항을 초기에 도출하여 획득하고 운용하는 수명주기(Life Cycle) 관점에서 다루어진다.

ⓒ 초기에 시스템 요구사항(SR : System Requirements) 식별에 더 큰 노력을 기울인다. 이러한 요구사항은 특정 설계목표와 적합한 설계기준을 제시하고 설계 프로세스에서 더 빨리 효과적인 방법으로 의사를 결정하고 분석할 수 있도록 미리 식별되어야 한다.

ⓓ 효율적인 시스템 설계 및 개발 프로세스는 다분야 학문분야에 종사하는 전문가들의 협력활동을 통하여 요구시스템의 설계목표에 달성할 수 있다.

② 일반적인 SE 과정과 철도 SE 과정의 비교

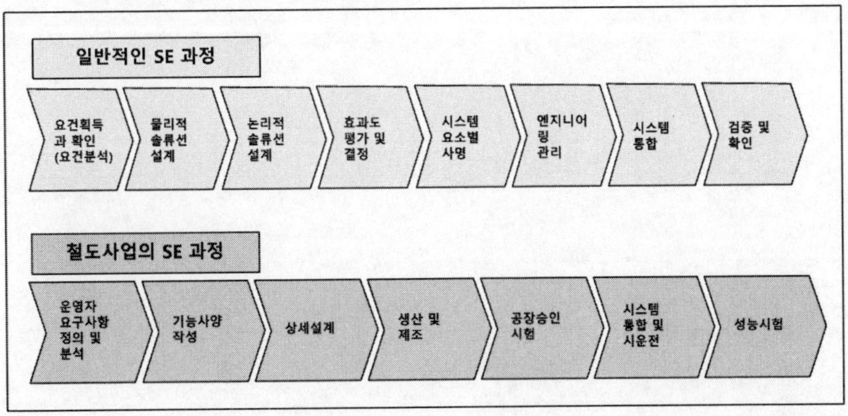

③ INCOSE(International Council On System Engineering)에서 제시하고 있는 SE에 대한 구체적인 영역은 다음과 같다.

㉠ 요구사항 엔지니어링(Requirements engineering)
㉡ 위험 및 기회 관리(Risk & opportunity management)
㉢ 베이스라인 관리(Baseline management)
㉣ 기술계획(Technical planning)
㉤ 기술노력 평가(Technical effort assessment)
㉥ 구조/디자인 개발(Architecture/design development)
㉦ 품질, 검증 및 확인(Qualification, verification & validation)
㉧ 프로세스 정의(Process definition)
㉨ 도구지원(Tool support)
㉩ 교육훈련(Training)
㉪ 시스템 통합(System integration)
㉫ 품질보증(Quality assurance)
㉬ 특수엔지니어링(Speciality engineering)
㉭ 기타(Others)

12 열차 편성을 위해 입환(차량정리) 업무의 안전한 작업환경을 개선할 목적으로 도입 중인 「무선 차량정리 시스템」에 대하여 설명하시오.(130－10)

무선 차량정리(입환)

열차를 편성하기 위해 차량을 분리, 연결, 교환하는 차량정리 작업을 기관사 없이 수송원이 무선 제어기를 통해 차량을 원격으로 이동시키며 작업, 기관사－수송원 간 의사소통 장애로 인한 인적오류 가능성을 원천적으로 차단 가능할 수 있다.

13 철도 건설에 있어서 CM(Construction Management)의 정의, 개념, 구성 체계 및 업무 내용에 대하여 설명하시오.(115-25)

CM(Construction Management)이란?

건설사업의 공사비절감(Cost), 품질향상(Quality), 공기단축(Time)을 목적으로 발주자가 전문지식과 경험을 지닌 건설사업관리자에게 발주자가 필요로 하는 건설사업관리 업무의 전부 또는 일부를 위탁하여 관리하게 하는 새로운 계약 발주방식 또는 전문관리기법으로 전문건설경험과 지식이 부족한 공무원, 공기업 등 발주자를 도와 모든 일에 계약할 수 있도록 조언, 협조하는 것과 계약자들의 계약이행상태 점검 등의 업무와 책임에 대해 조언하는 것을 말한다.

CM(Construction Management)의 개념

① CM(construction management)방식이란,
- 건설사업 전 과정을 보다 효율적이고 경제적으로 수행하기 위하여
- 발주자, 설계자, CM(Construction Manager)도 구성된 팀(Team)이 건설사업의 기획, 계획, 설계, 건설 전 과정을 통한 발주자에게 서비스하는 행위,
- 관리방식으로서의 CM과 계약방식으로서의 CM으로 그 개념을 구분할 수 있다.

② 최근 건설시장의 개방과 구조물의 대형화 추세에 따라, 국내에서도 관리 및 계약방식으로서의 CM 체제 도입이 점차 확대되고 있는 실정

③ 정부에서는 제2차 건설기술진흥 기본계획에서 2000년까지 대형사업의 10% 수준으로 CM 적용공사를 확대해 시행하고, CM 전문업체에 대한 신고제를 도입하는 등 CM 제도에 대한 적극 육성책을 펴고 있다.

구성 체계

① 관리방식으로서의 CM : 프로젝트 전체의 제반 기술, 방법, 절차에 대한 관리체계
  예 견적관리, 계약관리, 품질관리, 공정관리, 장비관리 등

② 계약방식으로서의 CM
- 공사감리만을 수행하는 관리체계
- 제3의 사업관리 방식 : 설계·시공 분리방식, 설계·시공일괄발주방식 등
- 계약방식의 유형 : CM for Free방식, CM at Risk방식

CM의 방법

① ACM(Agency CM)
- CM의 가장 기본적인 형태,
- 프로젝트 전 단계에 대리인으로 고용하여 발주자와 계약을 체결한 설계전문가 집단(CM)이 공사를 수행하는 방식

② XCM(Extended CM)
- CM의 본래 역할 뿐만 아니라,
- 설계자, 시공자, 도급자로서의 복합적인 역활을 수행하는 방식.

③ OCM(Owener CM)
- 발주자 자체의 내부능력을 활용 CM 및 설계업무를 동시에 수행하는 것
- 전문적 수준의 자체 조직을 보유하여야 하므로 운영상 상당한 부담이 될 수 있는 방식.
- 이 방식은 CM방식의 특성을 잃지 않으면서 전통적인 방법에 가까운 방식이다.

CM의 업무내용

① 설계부터 공사관리까지 조언, 감독, 일반적 서비스 제공
② 견적 및 계약관리 업무
③ 자재 구매 관리 업무
④ Cost 관리 업무
⑤ 품질관리 및 공사관리 업무
⑥ 공정관리 업무
⑦ 승인신청 업무
⑧ 건설사업관리 업무수행계획서 작성 운영
⑨ 건설사업관리 절차서 작성 운영
⑩ 작업분류체계 및 사업번호체계 관리
⑪ 사업정보 축적·관리 및 사업정보관리시스템의 운영
⑫ 건설공사 참여자 간의 업무협의 주관
⑬ 건설사업관리 업무관련 각종 보고
⑭ 기타 발주청에서 건설사업관리와 관련하여 요구하는 업무

14 철도 사업에 있어서 PM(Project Management)의 9가지 지식영역(Knowledge Area)에 대하여 설명하시오.(117－10)

PM(Project Management)

프로젝트 발굴에서부터 사후관리까지 Life cycle 전 과정을 통하여 프로젝트 요구사항을 충족하기 위해 프로젝트 범위, 공정, 품질, 비용의 4가지 요소를 체계적으로 기획, 지휘, 조정, 통제하여 정해진 시간 내에, 책정된 예산으로, 요구되는 품질 및 시방에 부합할 수 있도록 관리하는 것을 말한다.

단계별 업무는,

① 통합관리(Project Integration Management) : 프로젝트를 하는데 상호연동이 요구되는 여러 가지 구성요소들을 확보하고 보증하기 위한 영역

② 범위관리(Project Scope Management) : 프로젝트에서 무엇을 포함하고 무엇을 배제할 것인지 결정하는 영역

③ 시간관리(Project Time Management) : 시간적으로 프로젝트 완료를 보증

④ 비용관리(Project Cost Management) : 예산 내에서 프로젝트 완료를 보증

⑤ 품질관리(Project Quality Management) : 요구에 대한 프로젝트 만족을 보증

⑥ 자원관리(Project Human Resource Management) : 프로젝트 참여한 인원에 효과적으로 활용

⑦ 의사소통관리(Project Communication Management) : 프로젝트 성공에 필요한 정보, 의견, 인원들 간에 중요한 연결고리를 관리

⑧ 위험관리(Project Risk Management) : 프로젝트 수행하는 과정에서 발생하는 위험요소에 대한 조치, 분석, 식별 등에 관련된 프로세스

⑨ 조달관리(Project Procurement Management) : 제품 및 서비스 등에 대하여 어떻게 조달할지를 관리

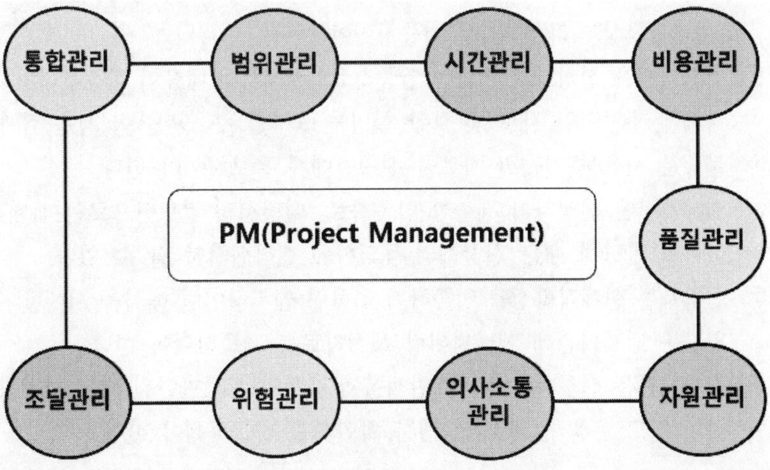

15 철도신호제어설비 설치공사 중 공사 진척도가 계획대비 일정 수준 이상 지연되는 경우 감리원이 시행해야 하는 업무에 대하여 설명하시오.(130－10)

부진공정 만회대책

① 감리원은 공사 진도율이 계획공정 대비 월간 공정실적이 10% 이상 지연되거나, 누계공정 실적이 5% 이상 지연될 때에는 **공사업자에게 부진사유 분석, 만회대책 및 만회공정표를 수립하여 제출하도록 지시**하여야 한다.

② 감리원은 공사업자가 제출한 부진공정 만회대책을 검토·확인하고, 그 이행 상태를 주간단위로 점검·평가하여야 하며, 공사추진회의 등을 통하여 미조치 내용에 대한 필요대책 등을 수립하여 정상 공정으로 회복할 수 있도록 조치하여야 한다.

③ 감리원은 검토·확인한 부진공정 만회대책과 그 이행상태의 점검·평가결과를 감리보고서에 수록하여 발주자에게 보고하여야 한다.

16 철도용품의 설계가 기술기준에 접합한 지를 검증하기 위해 수행되는 설계적합성검사, 합치성 검사, 용품형식시험에 대하여 설명하시오.(10)

방법 및 검사 절차

① **“형식승인검사”** : 「철도안전법 시행규칙」(이하 “규칙”이라 한다) 규정에 따라 철도용품의 설계가 기술기준에 적합한지를 검증하기 위해 수행되는 설계적합성검사, 합치성검사, 용품형식시험을 말한다.

② **“설계적합성검사”** : 형식승인검사의 일부로서 철도용품의 설계가 기술기준에 적합한지를 검증하고 이를 객관적으로 문서로 만드는 것이다.

㉠ 신청자는 형식승인을 받으려는 철도용품의 설계가 형식승인기준에 적합한지의 여부(이하 “설계적합성”이라 한다)를 입증하여야 한다.

㉡ 검사기관은 신청자가 제출한 입증자료, 설명서의 내용이 불충분하다고 판단될 때는 신청자에게 추가적인 자료 및 보완 설명을 요구할 수 있다. 이 경우 검사기관은 신청자에게 불충분 사유를 기술한 자료를 신청자에게 통보하여야 한다.

㉢ 검사기관은 신청자가 제출한 입증자료, 설명서의 검토만으로는 설계적합성의 확인할 수 없다고 판단될 때는 신청자의 동의하에 현장실사를 할 수 있다.

㉣ 신청자는 설계적합성을 입증하기 위하여 엔지니어링 해석을 시행할 수 있다. 이 경우 신청자는 검사기관에 엔니지어링 해석자료를 제출하여야 한다.

㉤ 검사기관은 신청자가 설계적합성을 입증하였다고 판단될 때는 신청자에게 별지 제1호서식의 철도 용품 설계적합성검사 확인서를 발급하여야 한다.

③ **"합치성검사"** : 형식승인검사 일부로서 철도용품이 승인된 설계와 합치하게 제작되었는지를 검증하고 이를 객관적으로 문서로 만드는 것을 말한다.

㉠ 신청자는 부품, 구성품, 완성품에 대해 규정 따라 설계적합성 확인을 받은 철도용품의 설계와의 일치 여부(이하 "합치성"이라 한다)를 입증하여야 한다.

㉡ 신청자는 용품형식 시험의 완성품 시험을 착수하기 전에 부품, 구성품에 대한 합치성 입증을 완료하여야 한다. 다만, 제8조에 따른 형식승인계획서에 반영되었을 때 그러하지 아니하다.

㉢ 신청자는 별도의 서식에 철도용품 합치성검사요청서를 다음 각호의 서류를 첨부하여 합치성 검사의 시작 7일 전까지 검사기관에 제출하여야 한다. 다만, 외국 등에서 검사가 필요한 경우에는 검사기관과 신청자가 협의하여 그 기간을 조정할 수 있다.

- 검사의 실시 일정 및 장소
- 검사의 기준 및 방법
- 설계적합성검사 확인서

㉣ 검사기관은 신청자가 합치성을 입증하였다고 인정될 때는 신청자에게 별지 서식에 의한 서면으로 철도용품 합치성 검사 확인서를 발급하여야 한다.

④ **"용품형식시험"** : 형식승인검사 일부로서 철도용품의 부품단계, 구성품단계, 완성품단계, 시운전단계에서 기술기준에 적합한지를 확인하는 시험을 말한다.

㉠ 신청자는 형식승인을 받으려는 철도용품이 형식승인기준에 적합한지를 입증하여야 한다.

㉡ 용품형식 시험은 부품·구성품·완성품 시험, 현장적용시험으로 구성된다.

㉢ 검사기관은 용품형식 시험 절차서에 따른 시험절차의 준수 여부 및 해당 시험 과정에서 계측장비를 통해 획득한 결과의 유효성을 확인하기 위해 용품형식 시험에 입회할 수 있다.

㉣ 신청자는 별지 제4호서식의 철도용품 형식시험 요청서에 다음 각호의 서류를 첨부하여 용품형식 시험 시작 7일 전까지 검사기관에 제출하여야 한다. 다만, 외국 등에서 검사가 필요한 경우 검사기관과 신청자가 협의하여 그 기간을 조정할 수 있다.

ⓐ 용품형식 시험의 시행 일정 및 장소

ⓑ 규정에 따라 보완이 완료된 용품형식 시험절차서

㉤ 신청자는 검사기관에 다음 각호의 내용이 포함된 용품형식 시험 보고서를 제출하여야 한다.

ⓐ 용품형식 시험 결과가 형식승인기준에 적합한지를 입증하는 분석 자료

ⓑ 용품형식 시험의 시행 경위 및 경과

ⓒ 용품형식 시험 과정에서 참여한 사람에 대한 인적 사항

㉥ 검사기관은 용품 형식시험 결과 해당 용품이 형식승인기준에 적합하다고 판단될 때는 신청자에게 별지 5호서식의 용품형식 시험 결과확인서를 발급하여야 한다.

17 철도신호제어설비용 케이블 접속 및 단말처리 방법에 대하여 설명하시오.(134－10)

① 케이블 접속 및 분기는 단자에서 시행하여야 한다
② 압착단자 및 삽입형 압착단자에 적합한 소정규격의 공구를 사용 완전하게 압착하여야 한다.
③ 전선을 짹 (Jack)판 등에 납땜하여 접속할 때에는 그 부분을 투명비닐 튜브로 씌워야 한다.
④ 납땜하여 단말처리 하는 경우 인접단자에 접촉우려가 없도록 하여야 한다

18 IP(Ingress Protection) 등급에 대하여 설명하시오.(134－10)

개요

IP 등급이란 국제전기기술위원회(International Electro technical Commission, IEC)의 IEC 529 규정에 의한 분진과 수분의 침투에 대한 장비의 보호수준을 규정하는 기술기준 중의 하나로서 72.5 kV 이하의 전기장비에 적용한다.
IP 등급은 2개의 숫자로 표기하며,
첫 번째 숫자－－－방진
두 번째 숫자－－－ 방수

IP 표시 방진에 대한 보호형식

① NO.1 보호정도 및 시험조건
IP0x : 없음
IP4x : WIRE등으로부터의 보호 직경 1.0mm 이상의 물체가 침투되지 않을 것
IP5x : 분진으로부터의 보호 정상 동작을 방해하는 분진이 침투되지 않을 것
IP6x : 완전한 방진 구조 방진의 침투가 완전하게 보호될 것

IP 표시 방수에 대한 보호형식

① NO.2 보호 정도 및 시험조건
IPx0 : 없음
IPx5 : 전방향으로 쏟아지는 물로부터의 보호 3m의 거리로부터 전방향으로 12.5 L/분 30KPa의 물을 3분간 시험
IPx7 : 일정한 조건으로 물에 잠겨서 사용 가능 물밑 1m에서 30분간 시험

19 **철도노선 간 연계운행을 위한 철도시설 기술기준에서 철도시설의 필수요건을 설명하시오.(134-10)**

① 안전성
② 신뢰성 · 가용성
③ 산업안전보건
④ 환경보호
⑤ 기술적 호환성
⑥ 교통약자의 접근성

20 **신호제어설비에서 기본설계와 실시설계의 범위에 대하여 설명하시오.(134-25)**

설계범위

설계범위는 당해 공사구간 및 공사내용에 맞는 신호제어설비의 설치공법, 공종선정, 물량산출, 공사비 산출, 유지보수방안 등을 검토한다.

① 기본설계
　㉠ 궤도 배선의 검토 및 운전곡선도 작성
　㉡ 연동도표작성 및 폐색구간 설계
　㉢ 신호시스템 구성 및 장치 구매시방서 작성
　㉣ 개략공사비 산출 및 예상공정표 작성

② 실시설계
　㉠ 공사내역서, 시공 도면 및 상세 공사시방서 작성
　㉡ 품질보증 관리계획, 상세 공정표 작성 및 관리계획
　㉢ 운전곡선, 시뮬레이션, 최소운전시격, 열차운용계획 검증
　㉣ ATP(ATO) 성능 및 열차제동거리 검증
　㉤ 시운전 계획 수립
　㉥ 유지보수방안, 계획 수립

21 철도건설사업시행절차 중 예비타당성조사에 대하여 설명하시오.(134-25)

개요

- 예비타당성조사는 신규로 착수하는 대형 개발사업의 시행에 앞서 개략적인 조사를 통하여 경제성, 투자 우선순위, 적정 투자시기 및 재원의 조달방법 등 타당성을 검증하는 제도이다.
- 건설사업을 추진하기 위해 건설사업 구상한 자료를 정리하여 기획재정부에 요청하면 예비타당성조사를 시행하고 그 결과에 따라 추진여부와 우선순위를 결정하여 시행하는 절차이다.
- 예비타당성조사는 개략적인 조사
- 예비타당성조사는 종합적인 조사로서 해당 사업과 함께 가능한 모든 대안(후보사업)을 검토
- 예비타당성조사는 경제성 분석 외에 지역경제 파급효과, 지역균형개발 효과, 환경성, 지역의 사업 추진의지까지 정책적 차원에서 분석

수행절차

① 사업의 개요 및 기초자료 분석 등을 통한 사업의 쟁점 파악
② **경제성 분석** : 수요·편익·비용 추정 등
③ **정책성 분석** : 해당 사업과 관련된 사업추진 여건, 정책 효과, 별도평가항목(선택) 등
④ **지역균형발전 분석** : 지역낙후도, 지역낙후도 개선효과, 지역경제 파급효과 등(다만 정보화 사업의 경우에는 기술성 분석으로 대체 가능)
⑤ **종합평가** : 평가항목별 분석결과를 토대로 계층화분석법(이하 “AHP : Analytic Hierarchy Process”라 한다)을 활용하여 도출한 결과 등
⑥ **정책제언** : 예비타당성조사 운용지침 제11조에 따른 분과위원회(이하 “분과위원회”라 한다) 논의 내용을 포함한 기타 정책적 고려사항 등

22 설계VE(Value Engineering) 수행시, 설계자가 제시하여야 할 자료 및 검토자가 수행하는 업무절차를 설명하시오.(111-25)

설계 VE란

“설계VE”란 최소의 생애주기비용으로 시설물의 기능 및 성능, 품질을 향상시키기 위하여 여러 분야의 전문가로 설계VE 검토조직을 구성하고 워크숍을 통하여 설계에 대한 경제성 및 현장 적용의 타당성을 기능별, 대안별로 검토하는 것을 말한다. 다만, 생애주기 비용 관점에서 검토가 불가능한 경우 건설사업비용 관점에서 검토한다.

"생애주기비용"이란

시설물의 내구연한 동안 투입되는 총비용을 말한다. 여기에는 기획, 조사, 설계, 조달, 시공, 운영, 유지관리, 철거 등의 비용 및 잔존가치가 포함된다.

설계자가 제시하여야 할 자료

① 기본설계, 실시설계, 기본 및 실시설계를 수행하는 설계자는 다음 각 호의 자료를 설계 VE 실시 최소 10일 전에 검토조직에 제시하여야 한다.
- ㉠ 설계도 (설계도 작성이 안 된 경우 스케치로 대체)
- ㉡ 지형도 및 지질자료
- ㉢ 주요 설계기준
- ㉣ 표준시방서, 전문시방서, 공사시방서 및 설계업무 지침서
- ㉤ 사업내역서, 공사비산출서
- ㉥ 관련법규 등에 기초한 협의 및 허가수속 등의 진행상황
- ㉦ 기타 검토조직이 필요하다고 인정하여 요구하는 자료

② 설계자는 설계VE 업무 진행과정에서 구조계산서, 원가내역서, LCC 자료 등 추가로 요구되는 자료가 있을 경우 이에 적극 협력하여야 한다.

검토자가 수행하는 업무절차

① 설계VE는 준비단계(Pre-Study), 분석단계(VE Study), 실행단계(Post-Study)로 나누어 실시하며, 각 단계의 구체적인 내용 등에 대하여는 국토교통부장관이 따로 정할 수 있다.

② 준비단계에서는 검토조직의 편성, 설계VE대상 선정, 설계VE기간 결정, 오리엔테이션 및 현장답사 수행, 워크숍 계획수립, 사전정보분석, 관련자료의 수집 등을 하여야 한다.

③ 분석단계에서는 선정한 대상의 정보수집, 기능분석, 아이디어의 창출, 아이디어의 평가, 대안의 구체화, 제안서의 작성 및 발표를 하여야 한다.
- ㉠ 분석단계에서 해당 사업의 설계자로부터 원안설계 내용에 대한 의견을 듣는 것을 원칙으로 한다.
- ㉡ 대안의 구체화 및 제안서 작성은 안전성, 경관성, 내구성 및 기능을 손상하지 않는 범위에서 유지관리비 등을 포함시킨 생애주기비용의 관점에서 행한다. 단, 생애주기 비용의 관점에서 설계VE가 불가능한 경우에는 건설사업비용의 관점에서 행한다.
- ㉢ 당해 사업의 비용배분 및 기능분석을 명확히 할 수 있는 자료를 작성하여야 한다.
- ㉣ 분석단계는 발주청, 설계자와 검토조직이 한 장소에 모여 워크숍 형태로 수행되어야 한다.

④ "실행단계"에서 검토조직은 설계VE 검토에 따른 비용절감액과 검토과정에서 도출된 모든 관련자료를 발주청에 제출하여야 하며, 발주청은 제안이 기술적으로 곤란하거나 비용을 증가시키는 등 특별한 사유가 없는 한 설계에 반영하여야 한다.

23 운행선 인접공사 차단작업 시행절차에 대하여 설명하시오.(118－25)

◆ 열차운행선 인접공사의 개요 및 종류

1. 열차운행선 인접공사의 개요

운행선 인접공사는 열차 또는 차량이 운행되는 선로를 지장하는 "열차운행선 지장공사와 열차운행선과 인접한 철도보호지구에서 시행하는 "열차운행선 인접공사를 총칭.

2. 열차운행선 인접공사의 종류

① 운행선 인접공사는 차단작업, 열차사이 작업, 상례작업 등이 있음

㉠ **차단작업** : 철도시설의 청상취급을 중지하거나 열차 또는 차량의 운행을 중지하면서 시행하는 작업으로 다음과 같다.

ⓐ **시설물 변경 차단작업** : 신설 또는 철거 등으로 철도시설물을 새롭게 변경하는 작업

ⓑ **보수차단작업** : 철도시설물을 유지보수 또는 교체하는 개량작업 등

㉡ **열차 사이 작업** : 실제로 작업을 시행하는 기간을 사전에 설정하지 않고 열차운행상황을 고려하여 열차운행이 없는 시간대에 관제사의 승인에 의해 즉시성 있게 시행하는 차단작업으로, 운전명령 상 각 열차사이차단작업 제한시간 범위 이내에서 부여하여 시행하는 작업

㉢ **상례작업** : 차단작업 및 열차사이 작업 이외에 운전명령 발령에 의하지 않고 열차운행에 지장이 없어 시행하는 작업으로 다음과 같다.

ⓐ 철도차량 운행시설물에 대한 시설분야 검측, 점검 보수 등 작업

ⓑ 신호보안장ㅊ의 일시적인 기능정지가 필요하나 상례적으로 작업에 소요되는 시간이 근소하여 열차운행에 지장이 우려되지 않는 신호보안장치의 부품교체 또는 보수작업

◆ 차단작업 계획 수립

1. 차단작업의 계획 수립

① **연간 차단작업 계획수립**

㉠ 지역본부는 매년 1월 10일까지 당해 연도 연간차단작업 계획서를 작성하여 열차계획처에 통보

㉡ 열차계획처는 지역본부에서제출한 연간차단작업 계획서를 검토 조정 후 1월 20일까지 철도공사 관제처에 통보

㉢ 열차계획처는 1월말까지 철도공사 관제처와 연간계획 공정회의를 통해 차단작업간 경합여부를 종합하여 최종 당해연도 연간계획서 수립 후 지역본부 통보

② **차단작업 월간 계획협의 수립 및 월간작업조정회의 개최**

㉠ 지역본부는 연간차단작업 계획에 의거 월간(익월)계회서를 수립하기 위해 작업조정회의를 개최 7일전까지 철도공사 지역공사에 통보

㉡ 철도공사 지역본부는 공단 월간차단작업 계획서를 검토하여 공단 지역본부에 통보

㉢ 지역본부는 철도공사가 검토 통보한 사항을 반영하여 월간차단작업 계획서를 수립 후작업조정회의 4일전 열차계획처에 통보

㉣ 열차계획처는 지역본부가 제출한 월간 계획서를 종합하여 작업조정회의 개최 2일전 까지 철도공사 관제처에 통보

㉤ 철도공사 관제처는 매월 정기적(또는 필요시)으로 월간작업 조정회의 개최

- **회의내용** : 차단작업 월간계획 조정, 주요작업 설명, 주요작업 순서 및 방법조정, 작업일시 결정, 자료보완, 안전조치 계획 확인, 지장열차 관련사항 협의

2. 작업계획 승인 및 운전명령 요구

① 지역본부는 작업조정회의 결과를 반영한 작업계획서를 작성하여 열차계획처에 작업시작 12일전까지 작업 계회 승인요구

② 열차계획처는 작업계획서를 검토 조정(승인)후 철도공사 관제처에 작업시작 10일전까지 운전명령 요구

③ 관제처는 작업시작일(일반작업－3일전, 주요작업－5일전)전까지 열차계획처에 통보

④ 열차계획처는 철도공사의 운전명령을 지역본부애 통보

⑤ 지역본부 차단작업 시행

차단작업시 준수사항

선로지장공사(작업시)는 공사안전 시공과 열차안전이 동시에 확보되어야 하며, 철저한 안전관리로 작업원 등에 재해가 발생치 않도록 조치하여야 한다.

① 작업책임자는 작업시행 전 작업원에게 당일 시행하는 작업의 순서 및 방법과 개인별 임무, 열차감시원의 근무요령 등과 운행선 인접공사 안전수칙 및 작업인원의 대피요령 등에 대한 교육을 시행에

② 안전시공을 위하여 무 경보 건널목에 임시관리원 배치, 작업원과 열차간 접촉우려가 있는 작업시 열차감시원 배치, 선로작업표지 및 서행신호기 설치, 열차 운행선 안전 울타리(건축한계) 등 안전설비를 완비하여 불미스러운 일이 발생하지 않도록 조치.

③ 선로지장작업 시행시 각 분야별, 작어별로 책임자(책임감리원 포함)를 지정하여 안전이 확보되도록 조치

④ 운행선 변경 작업의 경우 사용개시전에 합동점검을 시행하여 열차안전운행 확보와 안전 시공이 되도록 조치

⑤ 철도무전기를 항시 소지하여 열차의 운행상황 모니터링 및 이례사항 발생시 즉시 보고 체계에 의거 조치

24 한 노선의 신호시스템 개량시 계획수립에 필요한 요구조건 등 검토사항을 설명하시오.(111－25)

개량계획의 의미

- 현재 운행 중에 있는 기존철도를 열차운행속도향상 등 수송능력을 증강하기 위하여 기존철도의 노반, 궤도, 신호, 전기, 통신, 정거장, 차량기지, 역사 등 철도시설의 성능을 개량하는 계획을 기존철도 개량계획이라 하며,
- 기존 철도시설을 개량하기 위해 개량방법을 조사, 검토하고 건설사업계획에 반영하여 사업을 시행할 수 있도록 추진하는 업무를 말한다.

신호시스템

신호보안장치는 본선을 운행하는 열차와 정거장구내 입환을 안전, 신속, 정확하게 하기 위한 장치로서 신호기장치, 연동장치, 선로전환기장치, 폐색장치, 자동열차제어장치, 궤도회로장치, CTC장치. 기타 건널목 보안장치로 구분한다.

개량 추진 방향

- 설비의 안전성 및 신뢰성을 확보할 수 있을 것
- 유지보수 편의성 및 보수인력을 절감할 수 있을 것
- 개량에 따른 시스템의 호환성 및 확장성이 있을 것
- 설치·시공이 용이하며 경제적 타당성이 있을 것

신호시스템 개량 검토사항

- 부분개량과 전면개량의 타당성 검토를 하여야 한다.
- 현재 설비의 노후도와 안전도를 조사하여 개량계획에 반영한다.
- 선로조건, 설계속도 및 운영속도, 단선 또는 복선 등의 선로 형태를 고려하여 신호시스템을 선정한다.
- 노선의 열차 운영계획과 연계노선의 신호제어설비를 고려하여 적합한 신호방식, 폐색방식 및 ATS, ATC, ATP, CBTC, ATO 등의 신호제어설비를 검토하여야 한다.
- 안전성, 신뢰성, 가용성, 경제성, 호환성, 유지보수 편리성 및 확장성 등이 높은 설비로 계획하여야 한다.
- 분기부가 설치되는 정거장 지역의 강우량, 강설량, 기온 등을 조사하여 침수방지 설비 또는 분기기 히팅장치, 냉·난방설비 등을 계획하여야 한다.
- 외부의 낙뢰, 서지, 노이즈 등의 이상 전압으로부터 각종 신호제어설비를 보호하기 위한 안전대책을 제시하여야 한다.
- 신호제어설비공사와 관련된 타 분야 건설계획을 검토하며 합리적인 시공방안을 제시 하여야 한다.
- 신호제어설비의 합리적인 유지보수를 위해 유지보수관리 계획을 제시한다.

- 선로용량 증대와 운전속도 향상이 가능하면서도 열차운행의 안전성과 신뢰성을 보장할 수 있는 시스템이 되도록 한다.
- 등급별 여객열차와 화물열차 등 혼합 열차운행에 적합한 신호 시스템이어야 한다.
- 중요 설비는 다중계화 하여 여분(Redundancy) 기능을 포함하는 시스템을 갖춘다.
- 신호 설비의 고장 발생 시 안전측 동작(Fail-safe)이 가능한 시스템이 되도록 한다.
- 선로용량 증대와 운전속도 향상이 가능하면서도 열차운행의 안전성과 신뢰성을 보장할 수 있는 시스템이어야 한다.
- 외부 기상조건 영향과 노선 제한 최고속도 운행 시를 고려하여 신호인식에 지장을 받지 않는 신호방식을 선정하여야 한다.
- 실시간으로 자기진단 기능을 가져야 하며, 고장발생시 고장정보를 역(Local) 및 관제실 해당 감시설비로 즉시 전송하여야 한다.
- 유지보수의 효율성을 위해 장치별 감시시스템을 구축한다.
- 예산과 공기, 향후 개량을 고려한 합리적인 설비를 구축한다.
- 기존선 개량시 안전하고 신속, 정확한 절체작업 방법을 반영하여야 한다.
- 개량 후 사용개시를 위한 시운전 계획을 수립한다.
- 다른 시스템과의 인터페이스 방법과 요구하는 정보를 고려한다.
- 시스템 보안관리 등 각종 법령에서 정하는 조건을 만족하도록 하여야 한다.
- 열차운행속도 제한설비, 터널경보장치, 열차접근경보장치 등 작업자 안전설비를 고려한다.
- 안전한 열차운행을 위하여 지상설비와 차상설비가 정확하게 인터페이스 되는 설비를 검토한다.
- 차축온도검지장치, 지장물검지장치, 끌림물체검지장치, 지진감시장치, 레일온도검지장치 등 열차안전운행에 필요한 설비를 검토하여야 한다.

결론

신호설비가 갖추어야 할 조건, 열차의 안전운행 및 건설 여건, 유지보수 비용의 최소화 등을 고려하여 최적의 신호시스템이 되도록 개량계획을 수립하여야 한다.

25 도시철도 시설안전기준 중 신호 및 열차제어설비가 안전기본원칙에 적합하도록 설계, 제작 및 설치할 사항을 5가지 이상 제시하시오.(111－25)

안전 기본원칙

신호 및 열차제어설비는 다음 각 호의 안전기본원칙에 적합하도록 설계, 제작 및 설치하여야 한다.

① 사람과 장치의 안전을 보장할 것
② 진로제어, 속도제어 및 간격제어 등의 조치는 안전하고 정확하게 수행할 것
③ 돌발 상황이나 사람의 실수 등 비정상적인 외적 영향에서도 안전하게 동작하고, 모든 열차방호기능을 정확하게 수행할 것
④ 스스로의 상태를 지속적으로 감시하여 성능저하의 정도를 확인할 수 있을 것
⑤ 성능이 떨어진 상태에서도 운행 시 열차를 방호할 수 있도록 안전측(安全側) 동작을 할 것
⑥ 주(主)설비에 이상이 발생하더라도 예비설비를 사용하여 정상적인 동작을 할 수 있도록 이중으로 안전 확보 방안을 마련할 것.
⑦ 신호 및 열차제어설비는 전기, 기계 및 환경 등의 비정상적인 외적영향에서도 안전하게 동작할 것
⑧ 지상신호설비는 차상신호설비와 연계하여 안전하게 동작할 것

26 철도건설 설계 시 본선의 배선계획 수립에 필요한 주요사항에 대하여 설명하시오.(109－25)

개요

수송수요 및 열차운행계획, 수송효율성, 철도이용객의 편리성, 안전성, 경제성 등을 고려하여 배선계획을 수립하여야 한다.

배선계획 수립 시 고려사항

① 열차운행계획에서 제시된 열차속도, 운전시격에 따라 본선 분기기의 제원 및 부본선 설치여부를 결정한다.
② 열차운행계획에서 제시된 최대열차 길이에 따라 본선, 부본선 및 착발선, 인상선의 표준 유효장을 결정한다.
③ 기본계획에서 제시된 화물량에 따라 적하선 연장, 유치선수, 착발선수, 조성선수, 화물 적하선수 등을 결정한다.
④ 교통영향 분석개선대책 결과에 따라 제시된 수송수요에 따라 계획되는 운행열차의 각종 제원, 열차편성 및 정거장을 이용하는 승객수를 근간으로 승강장 폭 및 승강장 길이를 계획, 반영 한다

⑤ 열차운행계획을 근간으로 차량기지의 기능선수를 결정한다.

⑥ 정거장 안의 선로 배선은 열차의 운행 계획, 운전의 효율성 및 안전 확보와 장래의 확장가능성 등을 고려하여야 하며, 다음 각 호의 사항을 반영하여야 한다.

- 구내전반에 걸쳐 투시를 좋게 하고 운전보안상 구내배선은 가급적 직선화
- 본선 상에 설치하는 분기기의 수는 가능한 적게 하고 분기기의 번호는 열차속도를 고려
- 구내작업이 서로 경합됨이 없이 효율적인 입환 작업
- 측선은 가급적 한쪽으로 배치하여 본선 횡단을 최소화
- 유지보수 상 필요한 정거장에는 장비유치선 및 재료 야적장을 설치

27 철도건설사업 추진절차 중 예비타당성조사와 타당성조사의 차이점에 대하여 설명하시오.(25)

예비타당성 조사

- 예비타당성조사는 신규로 착수하는 대형 개발사업의 시행에 앞서 개략적인 조사를 통하여 경제성, 투자 우선순위, 적정 투자시기 및 재원의 조달방법 등 타당성을 검증하는 제도이다.
- 건설사업을 추진하기 위해 건설사업 구상한 자료를 정리하여 기획재정부에 요청하면 예비타당성 조사를 시행하고 그 결과에 따라 추진여부와 우선순위를 결정하여 시행하는 절차이다.

타당성 조사

① 예비타당성조사는 중앙예산기구인 기획예산처가 주관하며, 경제적 타당성을 중심으로 해당 사업의 추진 필요성을 검토하게 된다.

㉠ 사업의 신중한 착수

㉡ 사업에 대한 수요와 경제성의 파악,

㉢ 사업시행 이후에 예기치 않은 사업계획의 변경 및 사업비 증액의 방지,

㉣ 정책적인 측면까지 고려한 재원의 효율적인 배분을 도모하기 위한 것이다

② 타당성조사Feasibility Study)란 기획중이거나 제안된 프로젝트가 기술적 경제적 그리고 상업적으로 가능한가에 대하 여조사하고 검토하는 작업을 말한다.

차이점

① 예비타당성 조사

- 예비타당성조사는 개략적인 조사
- 예비타당성조사는 종합적인 조사로서 해당 사업과 함께 가능한 모든 대안(후보사업)을 검토
- 예비타당성조사는 경제성 분석 외에 지역경제 파급효과, 지역균형개발 효과, 환경성, 지역의 사업 추진의지까지 정책적 차원에서 분석

② 타당성 조사

- 타당성조사는 예비타당성조사를 거쳐 사업의 추진이 확정된 뒤에, 시행부처가 해당 사업을 추진하는 가장 효율적인 방안을 검토하는 제도이다
- 타당성조사는 지질조사와 같은 기술적인 타당성 검토와 함께 경제성도 예비타당성조사 보다 더욱 구체적으로 분석하게 된다.
- 타당성조사는 해당 사업만 대상으로 수행한다.
- 타당성조사에서는 사업의 추진을 전제로 현장실사 위주의 기술적 검토와 경제성 분석에 주안점을 두게 된다.

예비타당성조사와 타당성 조사의 비교

구분	예비타당성 조사	(본)타당성조사
조사의 개념	타당성조사 이전에 예산반영여부 및 투자우선순위 결정을 위한 조사	예비타당성조사 통과 후 본격적인 사업 착수를 위한 조사
조사의 내용		
〈경제성 분석〉 • 수요 및 편익 추정 • 비용 추정 • 경제성/재무성 평가 • 민감도 분석	본격적인 타당성 조사의 필요성 여부를 판단하기 위해 개략적인 수준에서 조사	실제 사업 착수를 위하여 보다 정밀하고 세부적인 수준에서 조사
〈경제성 분석〉 • 지역경제의 파급효과 • 지역균형 개발 • 국고지원의 적합성 • 재원 조달 • 환경성 • 추진의지	경제성 외에 국민경제적 정책적 차원에서 고려할 사항을 분석	검토대상이 아니며, 다만 환경성 등 실제 사업추진과 관련된 일부항목은 면밀히 조사
〈기술적 타당성 평가〉 • 입지 및 공법 분석 • 현장여건 실사	검토대상이 아니며, 필요시 전문가 자문 등으로 대체	토질조사, 공법분석 등 다각적인 기술성 분석
조사 주체	예산당국(관계부처 협의)	사업 주무 부서
조사 비용	5천만~1억원	3억원~20억원
조사 기간	단기간(6개월 이내)	충분한 시간을 투입

28 철도안전법에 따른 철도신호장치의 철도용품 형식승인검사 3단계에 대하여 설명하시오. (108-25)

철도용품 형식승인 검사의 방법

① 설계적합성 검사 : 철도용품의 설계가 철도용품기술기준에 적합한지 여부에 대한 검사

② 합치성 검사 : 철도용품이 부품단계, 구성품단계, 완성품단계에서 제1호에 따른 설계와 합치하게 제작되었는지 여부에 대한 검사

③ 용품형식 시험 : 철도용품이 부품단계, 구성품단계, 완성품단계, 시운전단계에서 철도용품기술기준에 적합한지 여부에 대한 시험

29 전력기술관리법에 의한 감리원의 업무 수행에 대하여 설명하시오.(108-25)

감리용역 계약체결시 업무

- 발주자와 관련업무 협의
- 업무수행준비

공사착공 전 단계 감리업무

- 설계도서 인수 및 검토
- 착수신고서 작성 및 검토
- 설계도서 검토결과 협의 및 보고
- 공사계약문서 인수 및 검토
- 유관자 합동회의 주관 및 참석

공사 시공단계의 감리업무

- 시공관리 및 지도지원
- 확인점검 및 검사
- 품질관리 및 지도·지원
- 공정관리 및 지도·지원
- 안전관리 및 지도·지원
- 기타

준공단계의 감리업무

- 예비준공검사 및 시운전
- 준공검사 및 검사

시설물 및 관련서류 인수·인계

30 철도신호 공사감리원의 공정관리에 관한 감리업무 중 부진 공정 만회대책에 대하여 설명하시오.(103, 106-25)

개요

공사 진척도가 계획대비, 일정수준 이상 지연되고 있을 경우, 감리원 (공정관리자)은지연 만회대책을 수립하도록 시공업체에 지시하여, 작성되어진 계획서를 검토하여 승인을 하여야 합니다. 공사 지연은 정도에 따라 지연공정을 다음과 같은 기준으로 구분할 수 있다.

[등급1]

관리기준공정표를 기준하여 통합공정분석 결과 총 여유 값(Total Float)이 제로였던 주 공정과 단위작업이 마이너스 치로 변한 경우,

[등급2]

일반적인 공사(신호공사)에서 [표준진도율 곡선]의 차이가 10%의 진폭을 표시하거나진도율 보고서에서 10%이상 지연이 발생하는 경우, 지연공정으로 하며 만회대책을 수립하여야 한다.

합동공정회의 요청

대체로 지연이 발생하는 원인은 선행공정과 유관공정의 지연으로 인한 경우가 많음으로 건설 전체의 공정을 관리하는 PM에게 요청하여 관계자 합동회의를 통하여 협조를 공식화하여야 한다.

만회 대책

공사 지연이 발생하는 경우, 신호의 주 공정(CP)을 면밀히 검토하여 단축대상을 찾아내어 CP를 단축하여야 하며, 다음의 조건들이 만족되는 것을 대상으로 한다.

- 작업방법의 변경 여부
- 자원투입의 증대
- 작업장(구간)의 추가
- 돌관 작업

① 작업방법의 생산성 검토
- 투입인원과 장비, 규격의 적정성 및 개선의 여부
- 작업량 대비 단위시간당 장비 능력 및 투입인력
- 현장조건 대비 인원, 장비의 효율검토
- 장비, 인력의 동선 자재수급 방식

② 작업장 수의 확대 검토
- 각 작업장의 동시수행 가능성 검토
- 작업별 인력, 동선 간섭
- 현장조건 대비 작업장 증가 영향검토

③ 돌관 작업(Crashing)의 검토
- 효율성 검토(작업가능시간의 확인)
- 안전 및 환경보전의 검토
  (관련법규, 현장주위 민원, 심야작업, 대규모 소음, 분진, 진동 등에 대한 대책이 검토 수립 되어야 합니다.)

31 신호제어설비의 설계 시 행하는 기본설계의 단계별 수행계획에 관하여 설명하시오.(99－25)

계획단계
- 신호설비 및 타 분야에서 요구되는 각종사항에 대한 분석 및 방안수립
- 설계과업수행계획서 및 착수보고서의 작성
- 설계품질관리계획서 및 품질시스템 절차서 작성
- 설계공정계획서 작성
- 예정공정표 작성

준비단계
- 각종 설계 자료수집 및 분석
- 설계추진공정의 문제점 분석 및 대책 수립
- 타 분야와의 상호협의 및 문제점 해결을 위한 공조체제 구축
- 설계기준작성 및 설계추가요구사항에 대한 검토 및 작성
- 신호설비 기술 동향에 대한 분석 및 적용검토
- 각종 설계도서 작성 관련 절차서 및 기준 작성

실행단계
- 설계의 기본방향, 인터페이스 방안 및 문제점 검토를 위한 비교분석
- 단계별, 상호간 인터페이스 및 문제점 검토를 위한 비교분석
  (기본설계보고서, 기본설계도면, 자재구매시방서, 개략공사비 산출서 등)
- 설계완료 성과물의 항목별 점검 및 비교문석

검증단계
- 사전심사를 위한 관련 설계도서 제출
- 지적사항 수정, 보완 및 납품

32 열차안전운행을 위한 신호설비의 합리적 발전방안을 논하시오.(25)

신호설비의 중요성 제시

- 철도수송에 있어서 3대 안전설비는 "선로, 차량, 신호"
- 고밀도/고속도 운전의 대두로 중대사고 미연방지의 필요성
- 신호설비는 경영개선을 지원 또는 직접수행

기술의 발전 동향

- 최첨단 화(전자연동장치)
- 다중화(2중계, 3중계)
- Software화
- 설비의 원격고장감시 시스템 도입

대책

- 시스템의 기능별 블록화 구성
- 기술인력의 육성 및 국내 업체 육성
- 기술의 토착화(외자재 발주 시 국내 업체참여)

신호제어설비의 계획 시 고려사항

① 선로조건, 설계속도 및 운영속도, 단선 또는 복선 등의 선로 형태, 열차운행방향, 정거장 계획, 궤간, 최소곡선 반경, 선로 최대구배, 분기기 제한속도 등을 검토반영 하여야 한다.

② 노선의 열차 운영계획을 고려하고 연계노선의 신호제어설비를 고려하여 적합한 신호방식, 폐색방식 및 ATS, ATC, ATP, CBTC, ATO 등의 신호제어설비를 검토하여야 한다.

③ 안전성, 신뢰성, 가용성, 경제성, 호환성, 유지보수 편리성 및 확장성 등이 높은 설비로 계획하여야 한다.

신호제어설비의 구성조건

① 안전성과 신뢰성이 입증된 범용 설비로 구성해야 하며, 가용성과 유지보수성 등을 고려하여야 한다.

② 외부 기상조건 영향과 노선 제한 최고속도 운행시를 고려하여 신호인식에 지장을 받지 않는 신호방식을 선정하여야 한다.

③ 궤도회로나 무선 또는 기타 장치를 통하여 열차검지가 가능하여야 한다.

④ 실시간으로 자기진단 기능을 가져야하며, 고장발생시 고장정보를 역(Local) 및 관제실 해당 감시설비로 즉시 전송하여야 한다.

33 Shift2Rail에 대하여 설명하시오.(134-25)

1) 목적 2) 기대효과 3) IP(Innovation Program) 구성
4) IP(Innovation Program)2 연구활동

목적

유럽 인프라 관리자 및 공급망과 긴밀히 협력하여 유럽 전역의 철도 산업에 혜택을 주고 단일 유럽 철도 지역이라는 유럽 연합의 비전을 지원하는 솔루션을 공동으로 개발함으로써 철도 기술 전략의 이행을 가속화하고자 수행한 프로젝트

기대효과

- 새로운 기술 해법 및 개발로 인한 이동성, 사회 및 환경에 대한 영향 평가
- 더 매력적이고, 더 경쟁력 있고, 더 지속 가능한 철도 시스템을 만들기 위해 관련 목표와 요구사항을 제시
- 미래의 애플리케이션 사용 사례를 나타내는 SPD(시스템 플랫폼 시연기) 정의
- 전체 목표 달성을 모니터링하고 평가할 수 있는 핵심 성과 지표를 정의
- 스마트한 유지보수
- 결과를 표준화하기 위한 효율적인 프로세스 준비
- 지능형 모빌리티 관리를 위한 공통 플랫폼 개발

IP 구성

Shift2Rail 프레임워크 내에서 수행되는 작업은 우선 철도 시스템의 다양한 구조적(기술적) 및 기능적(프로세스) 하위 시스템을 포괄하는 다음과 같은 혁신 프로그램으로 구성되어 있다.

① IP1 : 철도차량 및 관련시스템
② IP2 : 고급교통관리 및 제어시스템
③ IP3 : 인프라
④ IP4 : 철도를 위한 IT 솔루션

IP2 연구활동

유연하고 실시간 지능적인 교통관리 및 의사 결정 지원 시스템을 향한 철도 신호 및 자동화 시스템 분야의 혁신을 촉진하기 위해 선정된 핵심 기술을 연구 및 개발하는 것을 목표로 한다.

① **차세대 첨단 철도 자동화 시스템의 기반을 구축**하는 무선통신 시스템을 적용하여 기존 통신 시스템의 한계를 극복
② **ATO(Automatic Train Operation) 시스템과 Moving Block 시스템**을 더 많이 도입하여 사용 가능한 선로 용량을 개선
③ **Moving Block 시스템과 Smart Wayside Objects를 통합**하여보다 분산되고 비용 집약적인 시스템으로 신호 아키텍처를 혁신

④ **ATO(Automatic Train Operation) 시스템의보다 광범위한 사용**을 통해 에너지 소비를 최소화하고 열차 정시성을 개선

⑤ **새로운 랩 테스트 시스템의 아키텍처와 제어, 명령 및 통신시스템의 시뮬레이션을 개발**하여 비용을 절감함으로써 랩 테스트 분야의 혁신성 향상

⑥ **철도 전용의 새로운 사이버 보안 시스템을 개발**하여 모든 연결된 신호 및 제어시스템 중에서 보안을 보장

Memo

제18장

철도 관련법 및 건설단계

제18장

철도 관련법 및 건설단계

01 철도 관련법

- 철도와 관련된 주요 법률로는 기본법의 성격을 가진 철도산업발전기본법, 철도사업, 철도안전법, 철도건설법이 있다.
- 철도운영 및 건설주체를 위한 한국철도시설공단법, 한국철도공사법이 있고,
- 사고조사를 위하여 항공철도조사에 관한 법률이 있다.
- 도시철도에 관한 기본법인 도시철도법이 있다.

철도산업발전 기본법

- 철도산업의 경쟁력을 높이고 발전기반을 조성함으로써 철도산업의 효율성 및 공익성의 향상과 국민경제의 발전에 이바지함을 목적으로 한다.
- 철도산업발전기반의 조성을 위하여 철도산업시책의 수립 및 추진체제, 철도산업의 육성, 철도안전 및 이용자 보호 등에 관해 규정하고 있다.
- 국토교통부장관은 철도사업의 육성과 발전을 촉진하기 위하여 5년 단위로 철도산업발전 기본계획을 수립하여 시행하여야 한다.

철도사업법

- 철도사업에 관한 질서를 확립하고 효율적인 운영여건을 조성함으로써 철도사업의 건전한 발전과 철도 이용자의 편의를 도모하여 국민경제의 발전에 이바지함을 목적으로 한다.
- 이 법에서는 철도사업관리에 관한 면허기준, 요금, 자격기준, 면허취소 등의 사항과 철도 서비스 향상을 위한 평가 및 철도시설의 공동 활용 등에 대하여 규정하고 있다.
- 철도사업을 경영하려는 자는 국토교통부장관의 면허를 받아야 한다.

[철도사업의 면허기준]

① 해당사업의 시작으로 철도교통의 안전에 지장을 줄 염려가 없을 것.
② 해당사업의 운행계획이 그 운행 구간의 철도 수송 수요와 수송력 공급 및 이용자의 편의에 적합할 것
③ 신청자가 해당 사업을 수행 할 수 있는 재정적 능력이 있을 것.
④ 해당 사업에 사용할 철도차량의 대수, 사용 연한 및 규격이 국토교통부령으로 정하는 기준에 맞을 것

철도안전법

- 철도안전을 확보하기 위하여 필요한 사항을 규정하고 철도안전 관리체계를 확립함으로써 공공복리의 증진에 이바지함을 목적으로 한다.
- 국가와 지방자치단체는 국민의 생명·신체 및 재산을 보호하기 위하여 철도안전시책을 마련하여 성실히 추진하여야 한다.
- 철도운영자 및 철도시설관리자는 철도운영이나 철도시설관리를 할 때에는 법령에서 정하는 바에 따라 철도안전을 위하여 필요한 조치를 하고, 국가나 지방자치단체가 시행하는 철도안전시책에 적극 협조하여야 한다.
- 국토교통부장관은 5년마다 철도안전에 관한 종합계획을 하여야 한다.

철도건설법

- 철도망의 신속한 확충과 역세권 개발사업의 활성화를 위하여 철도망 구축계획의 수립, 철도건설, 역세권 개발에 관한 사항을 규정함으로써 철도교통망의 효율적인 확충과 공공복리의 발전에 이바지함을 목적으로 한다.
- 이 법은 철도건설, 철도건설 비용부담, 역세권 개발 등에 대한 사항을 규정하고 있다.
- 철도건설법의 시행령 및 시행규칙에는 건설시행과정과 공사비 비용분담 등에 관한 사항을 세부적으로 규정하고 있다.
- 국토교통부장관은 국가의 효율적인 철도망을 구축하기 위하여 10년 단위로 국가철도망 구축계획을 수립 시행하여야 한다.
- 철도망 계획이 수립된 날부터 5년마다 그 타당성 여부를 검토하여 필요한 경우에는 변경 하여야 한다.

도시철도법

- '도시철도란' 도시교통의 원활한 소통을 위하여 도시교통역권에서 건설·운영하는 철도, 모노레일, 노면전차, 선형유도전동기, 자기부상열차 등 궤도에 의한 교통시설(교통수단)을 말한다.
- 도시철도법은 도시교통권역의 원활한 교통 소통을 위하여 도시철도의 건설을 촉진하고 그 운영을 합리화하며 도시철도차량 등을 효율적으로 관리함으로써 도시교통의 발전과 도시교통 이용자의 안전 및 편의 증진에 이바지함을 목적으로 한다.

[도시철도법은 다음에 따른 도시철도에 적용한다.]

① 도시철도사업 면허를 지방자치단체, 도시철도사업을 위하여 지방공기업에 따라 설립된 지방공사 또는 다른 법인이 이 법에 따라 건설 운영하는 도시철도

② 국가나 지방자치단체로부터 도시철도의 건설과 운영을 위탁받은 법인이 건설 운영하는 도시철도

③ 사업계획의 승인을 받은 자가 그 도시철도사업을 위하여 건설하는 선로가 일반 교통용으로 사용되지 아니할 때도 이 법을 적용한다.

02 철도건설과 운영단계

철도사업은 일반적으로 계획, 건설, 운영의 3단계로 이루어진다.

① **계획단계** : 사업이 필요한 구간을 발굴하여 계략 노선에 대한 투자 가능성을 수립
② **건설단계** : 설계, 조달, 공사, 시운전 점검 등 운영을 준하는 단계
③ **운영단계** : 건설된 시설을 운영하여 편익을 거두어들여 사업의 목적과 수지 목표를 달성하는 단계로 시설운영, 유지관리, 감가상각 등의 업무로 사업의 수지를 결산한다.

1. 계획단계

- 철도운영 시 이용자와 운영자 측면에 적합한 새로운 노선을 구성하는 단계로서, 사업의 타당성을 논리적으로 검증하고 대안수단에 대해 비교 분석하여 투자 우선순위를 정하고 구상하며,
- 개략적인 타당성을 조사하는 단계이다.
- 철도와 같은 대형 투자사업은 예비타당성 조사 ➡ 타당성 조사 ➡ 설계 ➡ 보상 ➡ 착공의 순서로 진행된다.
- 예비타당성 조사결과 사업의 타당성을 확보한 경우 본 타당성 조사 및 기본계획 수립을 위한 예산 반영이 가능하며, 예비타당성 조사 시 일반적으로 경제적 타당성이 있거나 지역 균형발전, 지역 낙후도 등의 정책적 판단사항을 종합하여 사업의 타당성 여부를 판단하게 되며, 이후 산정된 최적의 노선에 대한 세부계획인 기본계획을 수립한다.

2. 건설단계

- 건설단계에서는 계획단계를 거쳐 선정된 노선에 대하여 구체화 하는 단계로 노선이 지나가는 지역에 대한 현지 조사, 지자체와 협의 등을 시행하는 단계로 설계와 시공으로 구분되며, 사업 추진 기간으로 보면 가장 긴 공정이다.
- 설계는 세부적으로 기본설계와 실시설계로 구분된다.
- 일반적으로 건설은 설계 결과를 현장에 시설물을 설치하는 공정으로 문화재, 민원, 행정 협의(각종 인허가), 토지보상, 지장물 등으로 인한 공기지연 요소가 가장 많이 발생하게 된다.
- 주요 공정은 노반, 궤도, 건축, 전력, 신호, 통신과 시운전을 포함한다.
- 철도건설사업의 목표를 달성하기 위하여 사업의 업무범위를 명확히 정의하고 계획된 기간 내에 적절한 비용으로 완료하기 위한 계획공정을 제시한다.
- 향후 기본계획을 변경함에 있어 합리적이고 체계적으로 대비하기 위한 공정관리를 수행한다.

3. 운영단계

- 철도종합시험운행을 위한 사전점검을 실시 후 철도시설의 완공 가능 시기, 개통일정 등이 포함된 개통계획에 따라 개통 전 영업 개시 일정을 결정하고 영업 개시 안을 작성한 후 본격적인 영업운행을 하게 된다.

- 개통이후 열차의 안전과 시설물의 효율적인 관리를 위하여 유지보수용품, 공구류 배치, 영업설비 투입 및 인력투입 등 필요한 조치가 필요하며,
- 건설 완료 후 인수한 시설물에 대하여 하자보수 및 관리를 한다.

철도시스템 건설 추진 흐름도

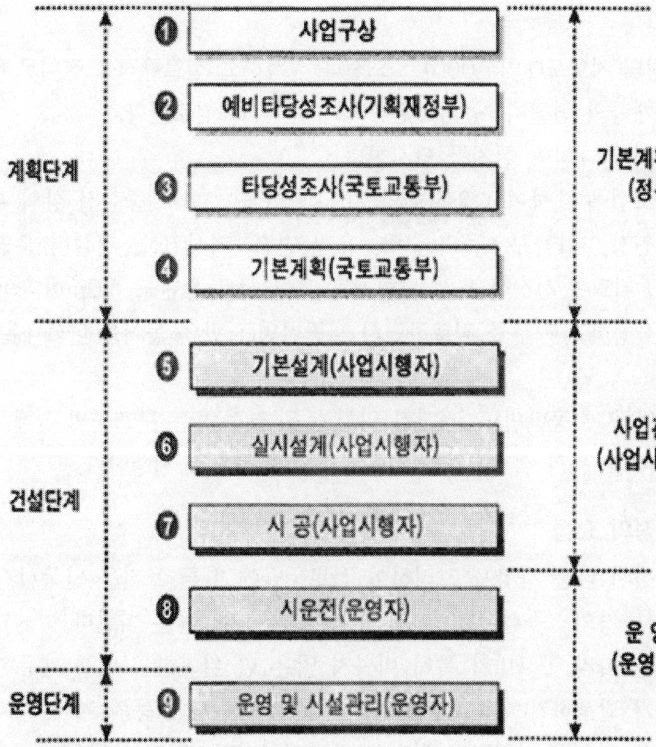

노선 선정과 정거장

03 철도 노선 선정 방법

노선선정의 순서

① 노선의 사명에 따라 항공사진 등을 참고로 하여 주된 통과지점을 먼저 결정한다.

② 노선의 사명 등에 따라 차량의 종류·형식, 최고속도, 통과 톤수를 산정하여 선로의 규격을 결정한다.

③ 도상선정의 지형도(1/25,000)로 노선을 선정하고 선로규격을 전제로 하여 선로 종단도를 작성하여 개략의 건설비, 공기, 운영비 등을 비교 검토한다.

④ 후보 노선에 대하여 현지를 답사한다.

⑤ 선정된 노선에 대하여 1/2,500의 지도를 만들어 선로 중심선 상의 횡단도, 토공량, 교량, 터널의 연장, 기타 구조물의 수량, 용지 면적, 지상건물, 건설비 운영비 등을 산출한다.

⑥ 1/2,500 지도롤 선정한 노선을 현지로 옮겨 선로 종단도, 20m마다의 횡단도, 1/500의 평면도를 작성하고 세부를 검토하면서 시공기면(노반의 높이를 나타내는 기준면) 높이를 결정한다.

⑦ 선로의 위치, 시공단면도, 정거장 위치 등을 결정 후는 구조물의 설계, 정거장의 배선, 신호, 통신 · 건물 등의 설계, 공사 시공계획의 작성으로 진행한다.

노선 선정의 요점

① 노선 선정시 다음 사항을 고려하여 선로등급에 따른 조건을 만족시킨다.

㉠ 작은 반경의 S곡선이나, 이전하기 어려운 지장물은 피한다.

㉡ 지형에 따라 공사비가 특히 비싸지 않은 한 완만한 구배를 채용한다.

㉢ 재해가 발생하기 쉽고 선로보수 상 문제로 산사태 등의 지대는 피한다.

㉣ 교량은 되도록 직선으로 직각이 바람직하지만, 전후의 선형과 종합하여 결정한다.

㉤ 터널은 짧은 것이 바람직하며 사전에 지질을 조사하여 굴착 한다.
운영비 등도 감안하여 종합적으로 결정한다.

㉥ 철도와 도로와의 교차를 원칙으로 한다.

㉦ 정거장은 도로와의 연결을 고려한다.

㉧ 단선의 교행 역, 신호장의 간격은 기다리는 시간을 최소화하기 위하여 소요 운전시간이 가지런한 것이 바람직하다.

도시철도의 노선 선정

- 도시철도는 도시인구를 고속으로 대량 수송하는 교통기관으로 도시 기능 전체에 큰 영향을 미치므로 도시의 장기 발전전망을 예측하여 도시철도망을 계획하여야 한다.
- 전체 도시계획과 도시철도역이 위한 지역사회와 연결 역할을 하므로 도시계획, 교통체계, 도시철도역의 3가지 측면에서 상호 유기적인 관계를 원활히 수행할 수 있도록 선정하여야 한다.

[도시철도 노선 선정 시 유의사항]

① 주택 밀집 지역을 관통하여 도시의 중심부를 통과하게 한다.
② 주요 간선도로를 통과해서 노면교통(도로교통량)이 흡수되도록 한다.
③ 도로나 공공용지의 지하를 이용하고 가능한 사유지를 피하여 민원이 적게 되도록 하여 건설에 따른 용지비를 줄이다.
④ 도시계획과 합치시켜서 장래 도시발전에 대응한다.
⑤ 시종점역 및 중간에서 타 노선과 교차할 때는 환승할 수 있도록 한다.
⑥ 역간거리는 교통 수요가 많은 도심지를 1km/h 내외로 가깝게, 외곽지역은 열차의 표정속도 향상을 위해 다소 길게 하는 것이 좋다.
⑦ 문화재, 학교, 병원, 군부대 등 이설이 곤란한 곳은 피한다.
⑧ 평면상으로 연선의 토지이용계획과 조화를 이루도록 한다.
⑨ 외곽지역의 New Town 및 개발예정지를 경유하고 인구 분산 효과를 갖도록 한다.
⑩ 타 교통기관과 접속 및 연계수송이 원활하도록 한다.

04 철도 정거장(Station)

- 여객의 승객, 화물의 적하, 급수연료의 공급, 열차의 교행과 대피, 차량의 점검과 경미한 수리, 열차의 입환과 조성 등 운전상 필요한 모든 작업행위를 하는 장소를 정거장이라 하며,
- 정거장은 사용 목적상 역, 신호장, 조차장으로 분류한다.

[정거장의 종류와 역활]

종류	정거장의 역활
역	여객, 화물을 취급하기 위해 시설한 여객역, 화물역, 보통역으로 구분
신호장	역간거리가 긴 구간에 선로용량 증가를 위해 열차의 교행 및 대피를 위한장소. 운전취급을 위해 시설한 장소로서 삼각선 연결이 서로 연결되는 운전취급역
조차장	열차의 조성과 입환을 위해 설비된 장소로서 객차조차장, 화차조차장으로 구분
신호소	열차의 통행 및 대피를 위한 시설이 없어 열차의 운행에만 필요한 상치신호기를 취급하여 시설한 장소로서 본선 상에 도중 분기기가 있는 신호기 취급을 위해 설치

정거장의 위치 선정 시 고려사항

① 접객성 및 타 교통과 환승이 양호한 지점을 선정
② 광범위한 지역주민의 이용을 고려
③ 지장물이 없고 지형 지질이 양호한 곳
④ 출입구는 양쪽에 설치하여 건널목 통행에 불편해소
⑤ 타선과의 교차점에는 반드시 역을 설치

⑥ 직선상 기울기가 없는 선형에 선정
⑦ 장래 도시발전에 방해가 되지 않는 곳
⑧ 현장조건에 따라 고가 역, 지하역의 적정 선정

정거장 배선의 기본사항

① 본선과 본선의 평면 교차는 피할 것
② 정거장 구내 투시가 양호할 것
③ 통과열차가 통과하는 본선은 직선 또는 반경이 큰 곡선일 것
④ 본선 상에 설치하는 분기기는 가능한 그 수를 줄이고 배향분기기로 할 것.
⑤ 분기기를 구내에 산재시키지 말고, 가능하면 집중할 것
⑥ 반대방향의 열차가 서로 안전하게 착발하도록 할 것
⑦ 객차와 화차의 입환 또는 기관사 주행에 대해서는 본선을 횡단하지 말도록 할 것
⑧ 장래 역세 확장에 대비할 것.
⑨ 측선은 될 수 있는 한 본선 한쪽에 배치하여 본선 횡단을 적게 할 것
⑩ 사고 발생의 경우를 고려하여 응급연결선을 가능한 설치할 것

[도시철도 승강장의 형태와 특징]

구분	상대식 승강장	섬식 승강장
형태	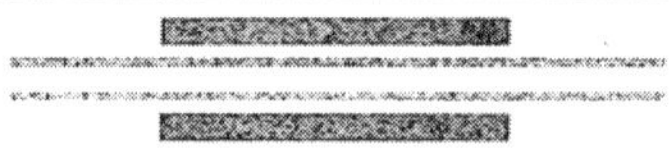	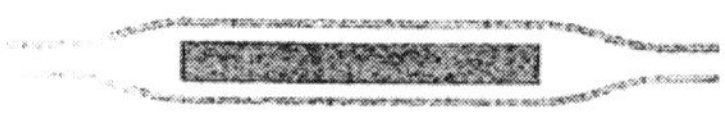
장점	• 단순한 선로구조 • 공간 활용 좋음 • 승강장 폭이나 길이 확장이 쉽다. • 전도주시 시야확보 용이	• 상행과 하행의 시간대 별 이용인원차이가 클 때 승강장을 효율적으로 사용 • 승강장 전후를 회차선 설치 공간으로 활용이 쉽다. • 지하철 구조물의 폭을 줄일 수 있음 • 상, 하행 간 평면환승이 용이
단점	• 상, 하행의 시간대별 이용 인원 차이가 클 때 승강장 이용률 저하 • 종착역일 경우 열차도착선로 선택의 유연성이 떨어짐	• 승강장 전후부에 선로곡선 발생 • 승강장 전후부에 선로에 불필요한 공간이 발생 • 승강장 폭이나 길이 확장 곤란

도시철도망과 도시철도역의 선정시 고려사항

① **도시철도역의 계획** : 교통발생의 현황, 교통량의 배분, 도시개발 계획, 주변 환경, 공사비 등을 감안하여 여객의 이용과 철도의 운전면에서 합리적인 방법으로 선정되어야 한다.
　㉠ 수송수요가 많고 역세권이 양호한 지역이 되어야 한다.
　㉡ 목표 수송수요에 적합한 차량규모 선정 및 시스템이 도입되어야 한다.
　㉢ 부근에 차량기지 확보를 고려(중·경장비)하여야 한다.

Memo

제19장

종합시험, 차상신호시험, 정밀진단

01 5현시 ATS 지상자의 최소 응동거리는 400 mm, 차상 BPM 보드의 주파수 검지시간은 9.6 ms 일 경우 직선부의 열차 최고속도를 산출(121-10)

02 기존선과 연결되는 고속 신선의 신호설비를 신규로 설치한 후, 시행하는 시설물 검증시험에 있어서 신호시험의 종류 및 내용을 설명(111-25)

03 도시철도차량에 설치되는 신호보안장치의 성능시험 항목과 목적에 대하여 13가지를 설명(120-25)

04 "스마트(SMART) 철도안전관리체계 구축 기본계획(2018~2027), 국토교통부"에서 제시된 운행관리분야 및 시설관리분야의 주요내용을 설명(117-25)

05 운행선 인접공사 차단작업 시행절차에 대하여 설명(117-25)

06 철도 건설사업에서 기본방침 결정 후 설계시공 일괄입찰공사방식과 기타 공사방식의 건설사업 시행 흐름도를 설명(124-10)

07 철도건설 및 개량 시 설계와 시공을 위한 신호분야 조사업무(현지답사)에 대하여 설명(111-25)

08 철도건설에 있어서 수송계획에 대하여 설명(117-25)

09 「철도노선 간 연계운행을 위한 철도시설 기술기준」제18조(국토교통부고시 제2019-118호)에서 규정하고 있는 열차제어시스템의 기술요건에 대하여 설명(129-10)

10 철도노선을 새로 건설하거나 기존노선을 개량하고, 영업운행전에 시행하는 종합시험 운행의 절차 및 안전관리책임자의 역할에 대하여 설명(114-25)

11 철도설계기준에서 요구하는 신호제어설비의 일반조건에 대하여 설명(129-10)

12 「철도설계기준」에서 정의된 실시설계 시의 신호제어분야와 통신분야 상호 간에 제공해야 할 인터페이스 사항에 대하여 설명(115-10)

13 철도설계기준에서 제시된 인터페이스처리 기준 및 신호제어분야와 전력분야 상호간에 제공해야할 인터페이스 사항에 대하여 기술(10)

14 철도시설관리자가 시행하는 성능평가 실시계획에 포함되어야 할 사항에 대하여 설명(129-10)

15 철도시설을 건설 또는 개량하고 철도운영자 등이 시행하는 시설물검증시험의 정의와 시설물검증시험계획 수립 방법에 대하여 설명(129-25)

16 "철도시설의 기술기준" 제99조에서 요구하는 철도신호제어 설비의 설치 시 고려사항을 설명(117-10)

17 "철도시설의 기술기준" 제9조에서 정한 철도신호제어설비의 안전성 분석 및 안전대책 검증 시 고려사항을 제시(111-10)

18 철도시설의 기술기준에서 정하는 철도시설의 안전성 분석 관련하여 다음 사항을 설명(126-10)

19 "철도시설의 기술기준"에서 정한 철도신호제어설비의 안전성 분석 수행 절차와 고려사항에 대하여 설명(130-25)

20 철도신호 설계 시 준비, 시행, 준공 단계별 인터페이스 관리업무에 대하여 설명(118-25)

21 신호설비 개량을 위한 실시설계용역 발주에서 준공까지 단계별 시행절차, 현장조사 내용을 설명(127-25)

22 한 노선의 신호시스템 개량시 계획수립에 필요한 요구조건 등 검토사항을 설명(111-25)

23 신호시스템을 신설하고 안전승인을 받기 전에 시행하여야 할 안전평가에 대하여 IEC62425(EN50129) 권고사항을 기준으로 설명(127-25)

24 열차의 안전운행의 중요한 기능을 담당하는 철도신호제어시스템의 설계원칙에 관하여 설명(130-25)

25 열차제어 방식 중 지상신호 방식과 차상신호 방식의 성능 비교 및 신호현시에 따른 속도 패턴을 설명(120-25)

26 신호제어설비 설계 시 기본설계의 범위와 실시설계의 범위에 대하여 설명(134-25)

27 철도신호제어설비를 포함한 철도시설물에 대해 실시하고 있는 정밀진단과 성능평가의 개요와 성능평가에서 시행하는 3가지 평가기준에 관하여 설명(127-25)(130-25)

28 신호제어설비의 설치 시 고려하여야 할 방진 및 공해대책과 환경오염 대책을 설명(117-25)

29 철도안전관리체계의 정의와 승인검사 업무절차에 대하여 설명(124-25)

30 철도의 건설 및 철도시설 유지관리에 관한 법령에 따라 철도시설관리자가 시행하는 철도 신호시설의 정밀진단 실시 시기, 결과보고 내용 및 대상설비에 대하여 설명(127-25)(134-25)

31 「한국철도표준규격 KRS SG 0069 - 15(도시철도용 무선통신기반 열차제어시스템)」에서 정의된 열차제어시스템의 안전설계 원칙에 대하여 설명(129-25)

32 철도차량 기술기준(KRTS - VE - Part 53 - 2018(R1))에서 언급하고 있는 차량시스템과 신호장치(차상, 지상)의 인터페이스에 대하여 설명(114-25)(120-25)

33 「철도차량 기술기준 KRTS - VE - Part81 - 2014(R1)」에서 정의된 차상 신호보안장치의 검사기준에 대하여 설명(114-25)

34 철도종합시험운행 시행지침(국토교통부고시 제2018 - 634호, 2018.10.24)에 의한 신호시설물에 대한 시험항목, 세부시험항목 및 내용에 대하여 일반철도와 고속철도를 구분하여 설명(120-25)

35 철도차량에 적용되는 차상설비인 신호장치, 열차무선장치, 방송/표시기장치, 열차운행정보 전송장치에 대한 설계적합성 또는 형식동등성을 시험으로 입증하는 경우, 지상설비와의 연계동작시험 방법에 대하여 설명(117-25)

36 「철도의 건설 및 철도시설 유지관리에 관한 법률 및 시행령」에 따른 철도시설 정밀 진단 및 성능평가에 대하여 다음 사항을 설명(134-25)

37 노후 신호설비의 잔존수명평가에 대하여 설명(105-25)

제19장

종합시험, 차상신호시험, 정밀진단

01 5현시 ATS 지상자의 최소 응동거리는 400 mm, 차상 BPM 보드의 주파수 검지시간은 9.6ms 일 경우 직선부의 열차 최고속도를 산출하시오.(121－10)

열차의 최고속도 계산

- 지상자와 차상자의 응동특성은 지상자의 Q의 대소, 차상자 결합도의 대소 및 그 외의 수신기의 상황(주위온도, 지상·차상자 케이블 길이의 대소 등)에 의해 변화한다.
- 그러나 위의 조건이 나쁜 경우라도 차상자가 응동 하는 수평거리(L)은 400mm가 필요하며, 열차의 최고속도 계산식은 다음과 같다.

$$\text{열차의 최고속도} = \frac{\text{지상자 최소 응동거리(km)}}{\text{주파수 검지시간(h)}}[\text{km/h}]$$

수식에 맞게 환산하여 계산하면,

$$\text{열차의 최고속도} = \frac{400\times 10^{-6}(\text{km})}{9.6\times\dfrac{10^{-3}}{3600}(\text{h})} = 150[\text{km/h}]$$

➡ 열차 최고속도 : 150[km/h]

02 기존선과 연결되는 고속 신선의 신호설비를 신규로 설치한 후, 시행하는 시설물 검증시험에 있어서 신호시험의 종류 및 내용을 설명하시오.(111－25)

신호시험의 종류 및 내용

① 궤도회로 성능시험
- 전철화구간에서의 귀선전류 확인
- 전기차량운행에 다른 고조파 영향 유무 확인

② 폐색설비 운행시험 : 철도차량의 제동거리확보 및 열차운전시격의 적정성 확인

③ 신호계열시험
- 신호등 투시와 열차운전을 고려한 신호기위치 확인
- 신호계열시험

④ CTC 인터페이스시험
㉠ 관련설비(통신설비, 현장설비, SCADA 등)와의 인터페이스 내용 점검
- 통신망 구성(관련장치 연결, 프로토클 등)
- 현장설비정보 현시 및 현장설비 제어
- 타 설비(SCADA 등)의 정보현시 및 협조

㉡ 원거리 전송시험
- 기존선의 연동장치/CTC 사이
- 기존선 CTC/고속선 CTC사이

⑤ 연동장치 기능시험
- 철도차량운행에 다른 고조파 영향유무 확인
- 연동기능 및 장치간 정보전송이 제대로 이루어지는지 점검

⑥ ATS시험
- 차상자 응동상태 시험
- ATS장치 기능 및 신호기 현시상태 일치여부 확인
- 기존선⇔ 고속선 진출입시 기능전환시험(Arming/Disarming 등)
- 철도차량운행에 다른 고조파 영향유무 확인

⑦ ATC/ATP시험
- 차상자의 응동시험
- ATC/ATP장치 기능 및 속도코드 생성의 적정성
- 기존선⇔ 고속선 진출입시 기능전환시험(Arming/Disarming 등)
- 철도차량운행에 다른 고조파 영향유무 확인

⑧ 신호/전차선/차량 인터페이스 시험
- 절연구간 동작제어 확인(자동예고시스템이 설치된 경우에 한함)
- 차량 주전원 차단장치 자동작동 점검
- 기밀장치 동작시험

03 도시철도차량에 설치되는 신호보안장치의 성능시험 항목과 목적에 대하여 13가지를 설명하시오.(120－25)

성능시험 항목 및 목적

시험은 차상에서의 실제 사용상태와 동등이상의 조건으로 실시하며 관련장치와의 조합으로 실시하여 장치의 구성요소가 적정함을 증명하는데 있다.

No	시험 항목	목적
1	외관구조 및 치수검사	외관 구조 및 치수 검사는 시험품의 구조의 견고성과 규격 만족 여부의 확인
2	전원 변동시험	허용오차 범위 내에서 전원의 변동이 있을 경우에 시험품이 요구되는 성능을 만족하는지의 여부를 시험
3	저온시험	시험품이 저온상태에서 요구되는 성능을 만족하는 지의 여부를 시험
4	고온시험	시험품이 고온상태에서 요구되는 성능을 만족하는 지의 여부를 시험
5	고온 고습시험	시험품이 고온·고습 상태에서 요구되는 성능을 만족하는 지의 여부를 시험
6	과전압, 서지, 정전 방전 시험	시험품이 과전압, 서지, 정전기 방전의 요구조건을 만족하는 지의 여부를 시험
7	과도버스트시험	시험품의 입출력 회로 연결기, 전원선에서 전기장 또는 자기장의 용량성 영향을 시험
8	무선주파수 간섭시험	시험품이 전도성 또는 방사성 무선주파수 영역에서 요구되는 성능을 만족하는 지의 여부를 시험
9	절연시험	시험품의 절연상태를 시험하는 항목이다. 이 시험에는 절연저항 측정 시험 및 내전압시험
10	진동 충격시험	시험품이 진동 충격에 대해 요구되는 성능을 만족하는 지의 여부를 시험
11	방수 시험	시험품의 방수상태를 확인하는 시험
12	온도 사이클링시험	시험품이 온도의 변화에 대해 요구되는 성능을 만족하는 지의 여부를 시험
13	조합시험	시험품의 구성장치간 통신과 시험품과 연계되는 장치들과의 통신이 요구되는 성능을 만족하는 지에 대한 적합성을 시험

04 "스마트(SMART) 철도안전관리체계 구축 기본계획(2018~2027), 국토교통부"에서 제시된 운행관리분야 및 시설관리분야의 주요내용을 설명하시오.(117-25)

운행관리분야

① 관제에서 사물인터넷, LTE 기반으로 선로·차량·설비 등의 상태를 실시간으로 감지하여 긴급복구·경로 변경 등의 의사결정을 지원하고, 실시간 정보 공유를 통해 운전자·작업자 등의 위험을 최소화한다.

② 2022년까지 사물인터넷 기반 센서를 통해 차량 주요 부품, 선로, 신호장치 등 각종 장치의 열차 발열, 열차 하부 끌림 선로상태, 지진 발생, 터널 무단침입 등의 이상 상황을 관제로 전송하여 실시간으로 긴급보수 및 열차운행 중지 등의 관리가 가능하게 된다. 이를 위해 올해부터 시범사업을 시행하고, 성과평가를 통해 확대할 계획이다.

③ 올해부터 스마트폰 앱서비스 등을 통해 열차운행·작업 정보를 관제사·기관사·작업자 등이 실시간 공유하여 위험을 사전에 방지하는 시스템을 통해 선로 작업자의 위험을 최소화할 계획이다.

④ 또한, 사고 발생 시 신속하고 체계적인 대응을 위해 LTE 무선통신을 활용하여 관제사, 기관사, 승무원, 승객 등이 비상 의사소통할 수 있는 재난방송시스템을 시범운영하고 확대해 나간다.

시설관리 분야

① 사물인터넷·드론 등을 활용하여 시설물 상태를 실시간으로 파악하여 첨단 장비들을 통해 유지보수를 시행하고, 각종 센서로부터 수집된 빅데이터를 분석하여 예방적인 시설관리를 구현한다.

② 현재 시범운영 중인 드론을 활용한 시설물 점검 활동을 2022년까지 지속 확대하고, 사물인터넷을 활용한 시설물상태 점검*도 올해 연구개발 추진을 검토하여 향후 시범사업을 통해 이상 상태를 사전에 발견하는 예방적 유지보수를 시행할 수 있도록 개선할 예정이다.

* (사례) 교량·터널·옹벽 등에 센서를 설치하여 균열·손상·파손 등을 실시간 감지, 변압기·장력조정장치 등에 원격진단·제어 가능한 설비를 설치하여 실시간 측정·분석·진단 등

③ 열차가 운행되는 선로에 사람이 직접 투입되어 작업을 하고, 이로 인해 추돌사고가 발생하던 선로 보수도 올해부터 단계적으로 소형 다짐장비 등 보수장비를 도입하고 노후장비도 현대화하여 사고를 감축할 계획이다.

④ 또한 시설 유지보수·개량 이력, 점검결과 등의 정보를 관리하고, 보수계획 수립 등의 의사결정을 지원하는 시설 이력관리시스템도 올해 시스템을 설계하여 2020년까지 구축해 나간다.

05 운행선 인접공사 차단작업 시행절차에 대하여 설명하시오.(117−25)

차단작업의 계획수립

① 연간차단작업 계획 수립

㉠ 지역본부는 매년 1월 10일까지 당해연도 연간차단작업 계획서를 작성하여 열차계획처 통보

㉡ 열차계획처는 지역본부에서 제출한 연간차단작업 계획서를 검토·조정후 1월 20일까지 철도공사 관제처에 통보

㉢ 열차계획처는 1월말 전까지 철도공사 관제처와 연간계획 공정회의를 통해 차단작업간 경합여부를 종합하여 최종 당해연도 연간계획서 수립 후 지역본부 통보

② 차단작업 월간 계획협의·수립 및 월간작업조정회의 개최

㉠ 지역본부는 연간차단작업 계획에 의거 월간(익월)계획서를 수립하기 위해 작업조정회의 개최 7일전까지 철도공사 지역본부에 통보

㉡ 철도공사 지역본부는 공단의 월간차단작업 계획서를 검토하여 공단 지역본부에 통보(지장물 및 작업계획 경합 협의 등)

㉢ 지역본부는 철도공사가 검토·통보한 사항을 반영하여 월간차단작업 계획서를 수립 후 작업조정회의 4일전 열차계획처 통보

㉣ 열차계획처는 지역본부가 제출한 월간 계획서를 종합하여 작업조정회의 개최 2일전까지 철도공사 관제처에 통보

㉤ 철도공사 관제처는 매월 정기적(또는 필요시)으로 월간작업 조정회의 개최[정기회의−매월1일 및 15일 전후, 부정기회의−공단 및 공사 요구시]

- 회의내용 : 차단작업 월간계획 조정, 주요작업 설명, 주요작업 순서 및 방법 조정, 작업일시 결정, 자료보완, 안전조치 계획확인, 지장열차 관련사항 협의

작업계획 승인 및 운전명령 요구

① 지역본부는 작업조정회의 결과를 반영한 작업계획서를 작성하여 열차계획처에 작업시작 12일 전까지 작업계획 승인 요구

② 열차계획처는 작업계획서를 검토·조정(승인)후 철도공사 관제처에 작업시작 10일전까지 운전명령 요구

③ 관제처는 작업시작일(일반작업−3일전, 주요작업−5일전)전까지 열차계획처에 통보

④ 열차계획처는 철도공사의 운전명령을 지역본부에 통보

⑤ 지역본부 차단작업 시행

06 철도 건설사업에서 기본방침 결정 후 설계시공 일괄입찰공사방식과 기타 공사방식의 건설사업 시행 흐름도를 설명하시오.(124－10)

◎ 설계시공 일괄입찰공사방식

"일괄입찰"이라 함은 정부가 제시하는 공사 일괄입찰 기본계획 및 지침에 따라 입찰 시에 그 공사의 설계서 기타 시공에 필요한 도면 및 서류(이하 "도서"라 한다)를 작성하여 입찰서와 함께 제출하는 설계·시공 일괄입찰을 말한다.

◎ 건설사업시행 조직

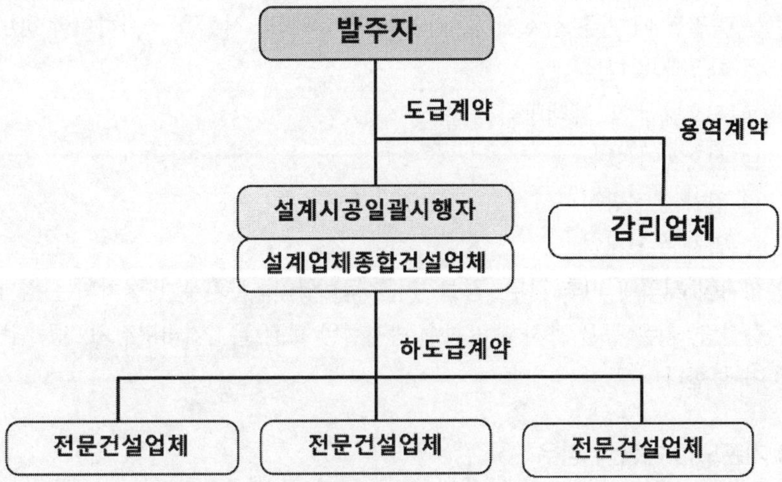

◎ 건설사업 시행 흐름도(설계시공 일괄입찰방식)

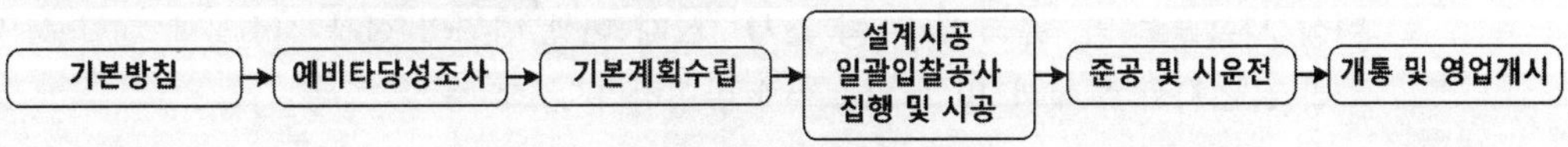

07 철도건설 및 개량 시 설계와 시공을 위한 신호분야 조사업무(현지답사)에 대하여 설명하시오.(111－25)

신설 노선의 경우의 현장 조사

① **현장 조사계획서 작성 :** 현장 조사 수행 시 시작과 종료까지의 절차와 조사할 내용, 조사방법, 준비물 등을 작성한다.

② **정거장 및 본선 위치의 지형 확인 :** 배선도를 근간으로 신설될 정거장과 본선 선로의 위치를 확인하며, 지형적인 이상 유무를 점검(확인)한다.

③ **기존 정거장과의 환승연계 시 인터페이스 사항 확인 :** 신설노선이 기존 정거장과 평면교차 또는 직결될 때 기존 신호제어설비와의 인터페이스 사항을 조사하여야 하며, 인터페이스 사항은 다음과 같다.

㉠ 신호방식 및 폐색방식

㉡ 신호제어설비

㉢ 열차 운전방식

㉣ 열차 운전시격

④ **정거장 지역의 기후(강우, 강설, 기온 등) 확인 :** 분기부가 설치되는 정거장 지역의 강우량, 강설량, 기온 등을 조사하여 침수 방지설비 또는 분기기히팅장치, 냉·난방설비 등을 계획하여야 한다.

기존노선 개량의 경우

① **안전사고 예방을 고려한 현장 조사계획서 작성 :** 운행열차에 대한 열차감시자 배치 및 열차 사이 작업계획을 수립하여 안전사고를 예방할 수 있도록 현장 조사계획서를 작성하여야 한다.

② **현장 시설물 품명, 규격 및 수량 조사 :** 설계 대상 범위의 현장 시설물에 대한 품명, 규격, 수량을 조사하여 이설 및 철거공종에 반영한다.

③ **현장 시설물 설치위치 및 거리 측정 :** 현장 시설물의 설치위치를 기록하고 계전기실~접속함, 접속함~접속함, 접속함~신호기류, 접속함~표지류, 접속함~선로전환기, 접속함~궤도회로설비 간, 레일~설비 간. 설비~설비 간 등의 거리를 측정하여 표기한다.

④ **철거 및 이설(재사용) 대상 시설물로 분류 조사 :** 현장 시설물별로 외관 및 기능 상태를 조사하여 철거 또는 이설(재사용) 대상에 적용한다.

⑤ **현장 시설물의 설치연도(내구연한) 조사 :** 현장 각 시설물의 설치연도(내구연한)를 조사하여 철거 또는 이설 대상에 적용하며 사용가능품과 불용품으로 구분하여 반납하여야 함

⑥ **현장의 환경조건 및 운영조건 조사**

㉠ 현장의 기온, 강우량, 강설량 등 기상조건과 염해, 습도 등 환경조건을 조사하여 과열이나 침수, 설해, 염해, 부식 등에 대비하여야 한다.

㉡ 운전취급방법이나 인접 역 제어 등 운영조건을 조사하여 반영하여야 한다.

08 철도건설에 있어서 수송계획에 대하여 설명하시오.(117-25)

철도수송수요 예측

① 철도 수송수요 예측 목적

㉠ 열차가 주행하는 선로와 각역의 필요 용량을 정하여 필요 차량을 확보하고 열차 다이어그램의 기초하여 열차운영계획을 작성한다.

㉡ 열차운영계획에 따라 필요한 인원 조치, 차량 수용설비, 변전용량의 확보 등을 계획하는데 목적이 있다.

② 수송수요 예측 기법

㉠ 기계열 분석법

㉡ 요인분석법

㉢ 원 단위법

㉣ 중력 모델법

㉤ OD표 작성법

철도 수송능력의 산정

① **열차의 수송능력** : 철도의 수송능력은 일반적으로 1일 최대 설정 가능한 열차횟수를 나타내는 선로용량으로 표시한다.

㉠ 파동 피크시 1시간 또는 1일당 수송인 수, 톤(ton)수를 산정하여 평균승차효율로 차량 정원(고속 70%, 통근열차 150%) 산정

㉡ 적재 톤(ton) 수로부터 수송차량 수를 산정

㉢ 열차편성과 열차 수를 산정

② **선로용량**

㉠ **한계용량** : 기존선 수송능력의 한계판단
임의의 선로구간에서 운전 가능한 최대열차회수, 즉 이론적 한계용량이며 현실적인 선로용량을 계산하는 과정이 필요

㉡ **실용용량** : 한계용량 × 선로이용률
열차운전의 유료시간대, 시설보수기간, 운전취급시간 등을 고려하여 구한 용량으로 일반적인 의미의 선로용량

㉢ **경제용량** : 수송력 증강대책, 선로의 열차회수
열차운전을 원활히 하여 최저의 수송원가를 갖는 1일 최적의 열차운행회수

㉣ **선로용량(1일)** : 단선 70~100회, 복선 120~140회
복선전철(일반열차 혼용) 200~280회, 복선 전차전용선 340~430회

선로용량 선정 시 고려할 사항

① 열차의 운행속도 및 운전시분, 여유시분, 속도 차
② 열차 종별의 순서 및 배열
③ 역간 거리 및 구내 배선
④ 신호시스템의 신호체계 방식
⑤ 선로시설 및 보수시간
⑥ 선로의 유효시간 대 열차운전 여유 시분

선로 이용률에 영향을 주는 조건

① 선로 물동량의 종류
② 주요 도시로부터의 거리와 시간
③ 여객열차와 화물열차의 횟수 비례
④ 열차 시간대 별 집중도
⑤ 열차운전의 여유시분
⑥ 열차횟수 및 인접 역간 운전 시분 차

철도 수송능력 검토 목적

① 철도수송수요의 증가에 대비하여 여객열차와 화물열차의 수송능력과 과부족 현황을 분석하고 이에 따라 수송대책을 수립하고자 하는 것이다.
② 기존철도나 신선철도에 대한 선로용량, 구내용량, 견인정수를 정확하게 분석하여 선로 및 정거장구내 성능개선을 위한 개량계획과 신선철도의 본선구간과 정거장 구내의 철도수송용량을 확보하는 건설계획의 기초자료로 활용하고자 한다.
③ 여객과 화물수송 물동량을 효율적인 수송서비스 수준으로 열차를 설정 운행하도록 하여 철도경영개선에 이바지하고자 한다.
④ 철도수송의 애로는 철도수송능력이 부족하다는 것이며 철도수송능력 부족은 수송장비의 부족 또는 노후화, 선로용량과 정거장 구내용량 부족, 선로 급 기울기로 인한 견인중량의 감소, 급곡선으로 열차 주행속도 저하 등 요인에 있으므로 이러한 요인을 개선하여 철도수송 애로사항을 해소하는데 이바지하고자 한다.
⑤ 철도용량은 철도경영에 미치는 영향이 크므로 일반적으로 다음 사항이 필요할 때 검토한다.
  ㉠ 열차다이어를 작성할 때
  ㉡ 열차운전설비를 계획할 때
  ㉢ 정거장 구내 유효장 확장 등 개량계획 할 때
  ㉣ 교행역 신설을 계획할 때
  ㉤ 기존 철도 선로급기울기, 급곡선, 교량하중 등 개량계획 할 때
  ㉥ 단선을 복선화 또는 복선전철화로 개량계획 할 때

ⓢ 신호시스템과 차량시스템을 개량계획 할 때
ⓞ 신선을 건설계획 할 때
ⓙ 열차 속도 향상과 정거장 구내 통과속도 향상을 위한 개량계획 할 때
ⓒ 운행차량의 종류, 운행 횟수, 영업시간 변경 등

09 「철도노선 간 연계운행을 위한 철도시설 기술기준」제18조(국토교통부고시 제2019-118호)에서 규정하고 있는 열차제어시스템의 기술요건에 대하여 설명하시오.(129-10)

◘ 열차제어시스템의 기술 요건

제7조의 철도시설의 필수요건 충족을 위해 고려해야 할 열차제어시스템의 기술 요건은 다음 각 호와 같다.

① 안전성
② 차상신호장치 기능
③ 지상신호장치 기능
④ 차상통신장치와 지상통신장치 간 무선통신 기능
⑤ 차상신호장치와 지상신호장치 간 무선 인터페이스
⑥ 차상신호장치 인터페이스
⑦ 지상신호장치 인터페이스

10 철도노선을 새로 건설하거나 기존노선을 개량하고, 영업운행전에 시행하는 종합시험 운행의 절차 및 안전관리책임자의 역할에 대하여 설명하시오.(114-25)

◘ 개요

종합시험운행은 철도노선을 새로 건설하거나 기존노선을 개량하고 영업개시 전에 시행하는 시설물 검증시험과 영업시운전을 말한다.

◘ 종합시험운행 절차

① 종합시험운행 계획수립
ⓐ 종합시험운행 계획의 방법 및 절차
ⓑ 평가항목 및 평가기준
ⓒ 종합시험운행 일정
ⓓ 종합시험운행 실시 조직 및 인원

ⓜ 종합시험운행에 사용되는 기기 및 장비
ⓑ 종합시험운행 시행하는 사람에 대한 교육훈련
ⓢ 안전관리 조직 및 안전관리계획
ⓞ 비상대응계획 등

② **시설물 검증시험** : 해당 철도노선에서 허용되는 최고속도까지 단계적으로 차량속도를 증가시키면서 철도시설의 안전상태, 철도차량의 운행적합성이나 철도시설물과의 인터페이스, 철도시설의 정상작동 여부를 확인 점검하는 시험

③ **영업시운전** : 시설물 검증 시험이 끝난 후 영업개시에 대비하기 위하여 열차운행계획에 따른 실제 영업 상태를 가정하고 열차운행체계 및 철도종사자의 업무숙달 등을 점검하는 시험

안전관리책임자 역할

① 산업안전보건법 등 관련 법령에서 정하는 안전조치사항의 점검 및 확인
② 종합시험운행을 실시하기 전의 안전점검 및 종합시험운행 중 안전점검
③ 종합시험운행에 사용되는 철도차량에 대한 안전통제
④ 종합시험운행에 사용되는 안전장비의 점검 및 확인
⑤ 종합시험운행 참여자에 대한 안전교육
⑥ 그 밖에 종합시험운행의 세부적인 절차·방법 등에 관한 필요사항

11 철도설계기준에서 요구하는 신호제어설비의 일반조건에 대하여 설명하시오.(129－10)

신호제어설비 일반조건

① 안전성과 신뢰성이 입증된 범용 설비로 구성한다.
② 선구의 제한 최고속도로 운행 시 신호인식이 가능한 신호방식을 선정한다.
③ 궤도회로나 무선 또는 기타 장치를 통하여 열차검지가 가능하여야 한다.
④ 실시간으로 자기진단 기능을 가져야하며, 고장 발생 시 고장정보를 해당역(Local)과 관제실 해당 감시설비로 즉시 전송한다.
⑤ 신호제어설비의 고장 발생 시 안전측 동작(Fail－Safe)이 가능한 시스템이어야 한다.
⑥ 중요 설비는 2중계화하여 여분(Redundancy) 기능을 포함하는 시스템이어야 한다.

12 **「철도설계기준」에서 정의된 실시설계 시의 신호제어분야와 통신분야 상호 간에 제공해야 할 인터페이스 사항에 대하여 설명하시오.**(115－10)

신호제어－정보통신

① 신호제어분야가 정보통신분야로부터 받아야 할 사항은 다음과 같다.
  ㉠ CTC 제어회선 및 관제 전화 회선
  ㉡ 통신단자함 위치
  ㉢ 공동관로 사용계획

② 신호제어분야가 정보통신분야에 제공하여야 할 사항은 다음과 같다.
  ㉠ DTS 전송망 사용계획
  ㉡ 콘솔데스크 제작사양 및 사용계획
  ㉢ 열차운행정보, 열차스케쥴 정보
  ㉣ CTC 구성 통신회선 및 제어 프로

13 **철도설계기준에서 제시된 인터페이스처리 기준 및 신호제어분야와 전력분야 상호간에 제공해야할 인터페이스 사항에 대하여 기술하시오.**(10)

인터페이스처리 기준

① 분야별 인터페이스 조치사항은 협의(공식문서, 회의록) 결과를 기준으로 정리하는 것을 원칙으로 한다.

② 타 분야와 협의가 어려운 경우(협의기관 미확정, 공정상 분야별 협의가 불가한 사항)에는 보고서에 추가 협의를 할 수 있도록 미협의 내용을 명기한다.

③ 또한, 설계도서에는 해당공종의 관련분야와 협의시공을 할 수 있도록 도면에 표기한다.

전력분야 제공 사항

① 전원구성방안
② 공동관로 사용계획
③ 분전함 위치
④ 공용접지 구성도

신호제어분야 제공 사항

① 신호설비 부하소요량
② 예비전원의 필요성
③ 신호설비 신설계획

14 철도시설관리자가 시행하는 성능평가 실시계획에 포함되어야 할 사항에 대하여 설명하시오.(129－10)

◆ 성능평가 실시계획

① 철도시설관리자는 소관 철도시설에 대한 성능평가를 착수하기 전에 성능평가 실시계획을 수립하여야 한다.

② 제1항에 따른 성능평가 실시계획에는 다음 각호의 사항이 포함되어야 한다.

㉠ 철도시설 성능평가 대상

㉡ 철도시설 성능평가실시자 및 세부 일정

㉢ 철도시설 성능평가 기준 및 평가 방법

㉣ 철도시설에 대한 성능목표 및 관리지표

㉤ 철도시설의 성능목표 달성 방법에 관한 사항

㉥ 결과보고서 작성 등 후속 조치에 관한 사항

15 철도시설을 건설 또는 개량하고 철도운영자 등이 시행하는 시설물검증시험의 정의와 시설물검증시험계획 수립 방법에 대하여 설명하시오.(129－25)

◆ 시설물검증시험계획의 정의

해당 철도노선에서 허용하는 최고속도까지 단계적으로 철도차량의 속도를 증가시키면서 철도시설의 안전상태, 철도차량의 운행적합성 또는 철도시설물 간의 연계성(Interface), 철도시설물의 정상작동 여부 등을 확인·점검하는 시험을 말한다.

◆ 시설물검증시험계획의 수립

① 철도시설관리자는 시설물검증시험계획을 철도운영자와 협의하여 수립하고 전문기관의 승인을 받은 후 시행하여야 한다.

② 철도시설관리자는 제28조 제2항에 따른 검토 결과를 통보받은 후에 시설물검증시험계획을 수립할 수 있다.

③ 제1항의 시설물검증시험계획에는 다음 각호의 내용이 포함되어야 한다.

㉠ 시설물검증시험 개요

- 사업개요
- 시험기간
- 대상구간

㉡ 시설물검증시험의 방법 및 절차

- 주요시험 내용 및 항목

- 항목별 시험조건, 절차, 소요기간, 소요인원 등
- 사전준비, 시험실시, 결과보고 등 시설물검증시험의 상세절차
- 시험기기 및 장비

㉢ 평가항목 및 평가기준 등
- 항목별 평가방법
- 평가기준(체크리스트, 적합/부적합 평가기준 등)

㉣ 시설물검증시험의 일정
- 시험항목별 세부시험 일정
- 시험항목별 결과 취합 및 보고 일정

㉤ 시설물검증시험의 실시 조직 및 소요 인원
- 시설물검증시험팀 구성
- 시설물검증시험팀장, 분야별 시험자 등 시험운행 조직의 임무

㉥ 시험차량 운행계획
- 시험차량의 종류, 구성 및 운행 횟수
- 시험차량 운행속도
- 시험운행열차 운행계획

㉦ 시설물검증시험에 참여하는 사람에 대한 교육훈련계획
- 시험항목, 내용 및 방법 등에 대한 전문교육
- 시설물검증시험과 관련된 안전교육

㉧ 안전관리조직 및 안전관리계획

㉨ 비상대응계
- 시설물검증시험 과정에서 발생할 수 있는 사고유형 분석
- 사고유형별 대응절차 등

㉩ 시설물검증시험 열차 운행안전관리를 위한 운전 및 안전 관련 규정의 조항 및 내용

㉪ 관계기관 협조 사항 및 임무(특히 타 기관과 연계노선이 있는 경우)

㉫ 사전점검 결과 조치현황

㉬ 그 밖에 시설물검증시험의 효율적인 실시와 안전 확보를 위하여 필요한 사항 등

④ 철도시설관리자는 [별표 2], [별표 3]의 시설물검증시험 점검항목을 참조하여 시험항목을 선정하여야 하며, 시험항목을 생략·축소하거나 새로 추가한 경우에는 그 사유와 철도운영자 및 관계기관과 협의한 내용 등을 시설물검증시험계획에 포함하여야 한다. 단, 열차운행과 직접 관련이 없는 설비의 시설물검증시험 점검항목은 안전대책을 마련하여 전문기관과 협의하고, 영업시운전 시험계획에 포함할 수 있다.

⑤ 전문기관은 시설물검증시험 및 시험결과 검토의 효율적 시행을 위하여 필요하다고 판단되는 경우 철도시설관리자에게 시설물검증시험계획의 보완을 요구할 수 있으며, 철도시설관리자는 특별한 사유가 없는 한 이에 응하여야 한다.

⑥ 시설물검증시험팀장은 시설물검증시험 시행 중에 시설물검증시험 일정 등의 변경이 필요한 경우 변경 전에 변경 사유서(변경내용, 사유 등)를 전문기관과 철도운영자 등에게 제출하여야 한다.

⑦ 전문기관은 시설물검증시험계획을 제출받은 경우 다음 각 호의 사항을 확인하여 시설물검증시험계획의 승인여부를 결정하고, 그 결과를 시설물검증시험계획을 제출받은 날(보완을 요구한 경우에는 보완계획이 제출된 날을 기준한다)부터 7일 이내에 철도운영자등에게 통보하여야 한다.
- 시설물검증시험계획의 적정성
- 시설물검증시험 시작 전까지 시설물검증시험 대상 시설물의 완공가능 여부
- 제8조 제3항 제8호 가목에 따른 확인증·증명서·서류 등

⑧ 전문기관은 시설물검증시험 시행 중 시험관련 자료 및 현장 확인이 필요한 경우에는 직접 참여하여 검토·확인할 수 있으며, 전문기관이 자료 요구 또는 현장 확인을 요청하는 경우 철도운영자 등은 특별한 사유가 없는 한 이에 응하여야 한다.

16 "철도시설의 기술기준" 제99조에서 요구하는 철도신호제어 설비의 설치 시 고려사항을 설명하시오.(117-10)

설치 시 고려할 사항

① 철도신호제어설비를 설치하기 위해서는 다음 각 호와 같이 열차에 설치되는 차내 신호제어설비와의 적합성을 확인하여야 한다.

㉠ 열차위치 검지방법 및 성능

㉡ 상용제동을 포함한 여러 가지 제동성능

㉢ 데이터 전송 방법

㉣ 운전석의 신호정보 표시 및 조작

㉤ 스크린도어장치 등 승강장 안전장치와의 연계 등

② 신호기 장치는 다음 각 호를 고려하여 설치하여야 한다.

㉠ 설치위치는 열차 진행 방향 중앙 또는 좌측에 설치하는 것을 원칙으로 하고 충분한 확인거리를 확보할 것

㉡ 데이터 정보를 전송할 때 오류가 없도록 할 것

③ 철도신호제어설비는 설치지역의 환경조건, 작업자의 안전한 이동 및 승객의 안전한 탈출을 고려하여 설치하여야 한다.

④ 철도신호제어설비는 주변에 설치되어 있는 다른 시설물 또는 장치가 안전하게 작동되는 것을 방해하지 아니하여야 하고, 다른 시설물 또는 장치로부터 방해받지 아니하도록 충분한 간격을 두고 설치하여야 한다.

⑤ 케이블을 포함한 철도신호설비는 화재, 열차탈선 및 침입으로 인한 피해를 최소화되도록 설치하여야 한다.

⑥ 철도신호제어설비는 외부인이 임의로 취급할 수 없도록 보호장치를 설치하여야 한다.

17 "철도시설의 기술기준" 제9조에서 정한 철도신호제어설비의 안전성 분석 및 안전대책 검증 시 고려사항을 제시하시오.(111－10)

안전성 분석 및 안전대책 검증 시 고려사항

① 열차제어장치는 연동장치 등과 연계하여 정할 것

② 전체시스템 요구사항을 바탕으로 설정하여 안전요구사항의 달성 기준을 제시할 것

③ 안전성 분석을 수행할 때 최소한 철도시설의 시스템 운영, 환경조건, 적용조건 및 운영조건 등의 위험원을 도출할 것

④ 인적요인에 의하여 철도안전에 영향을 미칠 수 있는 위험원을 도출할 것

⑤ 철도신호제어설비를 구성하는 기본기능, 대상 장치의 내·외부 인터페이스, 운영시나리오 등을 대상으로 위험원을 도출할 것

⑥ 도출된 위험원의 원인분석 및 위험도(위험원으로 인한 사고의 심각도와 발생빈도의 조합을 말한다)를 통하여 철도신호제어설비의 안전성이 허용될 수 있는 안전수준으로 제어되고 있음을 정량적 수치 또는 판단 논리로 입증할 것

18 철도시설의 기술기준에서 정하는 철도시설의 안전성 분석 관련하여 다음 사항을 설명하시오.(126－10)

안전성 분석대상

① 1km 이상의 본선 터널과 지하역 및 철도신호제어설비에 대하여 안전성 분석을 실시하여야 한다. 다만, 이미 안전성 분석을 시행한 철도시설과 규모가 같거나 환경 및 조건 등이 유사할 때에는 이를 생략할 수 있다.

② 제1항 단서 조항에 따라 안전성 분석을 생략하는 경우에는 타당한 사유와 합리적인 근거를 명시하여야 한다.

③ 본선 터널의 길이가 15km 이상인 경우에는 이 기준의 방재 요구 조건이 미흡하다고 판단되면 해당 터널에 적합한 별도의 대책을 수립하여야 한다.

④ 다음 각 호의 터널은 별도의 대책을 수립하여야 한다.
- 하저 및 해저의 터널
- 화물열차 전용터널

⑤ 철도시설관리자는 터널 방재와 관련하여 이 기준에 정하지 아니한 사항은 별도로 세부사항을 정하여 시행하여야 한다.

안전성 분석 수행절차

① 안전성 분석 절차는 다음 각 호에 따라 수행하여야 한다. 다만, 이 절차를 따르지 않는 경우에는 타당한 사유와 합리적인 근거를 명시하여야 한다.

㉠ **잠재위험확인** : 충돌·탈선 및 화재 등의 사고를 유발할 수 있는 잠재적인 위험을 식별하고 식별된 위험에 대하여 시나리오를 작성할 것

㉡ **사고발생 확률계산** : 시나리오의 단계별로 사건의 발생확률을 객관적으로 산정할 것

㉢ **사고영향분석** : 시나리오의 단계별로 사고결과에 따른 피해영향을 분석할 것

㉣ **안전성 분석** : 시나리오별 사고발생 확률과 피해정도를 산출하여 안전성을 정량적으로 평가할 것

㉤ **안전대책 수립** : 안전성 분석 결과에 따라 정한 안전수준에 부합하도록 안전대책을 수립할 것. 다만, 해당 안전수준을 만족하지 못할 경우에는 원인을 규명하고 요구수준에 부합하도록 안전대책을 수립할 것

㉥ **안전성분석 결과에 대한 검증** : 실시설계 준공 이전에 안전성 분석이 적합한 지에 대하여 철도운영자 등을 포함한 5인 이상의 해당 전문가에게 검증·확인을 받을 것

철도신호제어설비의 안전성 분석 및 안전대책 검증 시 고려사항

① 열차제어장치는 연동장치 등과 연계하여 정할 것

② 전체시스템 요구사항을 바탕으로 설정하여 안전요구사항의 달성기준을 제시할 것

③ 안전성 분석을 수행할 경우에는 최소한 철도시설의 시스템운영, 환경조건, 적용조건 및 운영조건 등의 위험원을 도출할 것

④ 인적요인에 의하여 철도안전에 영향을 미칠 수 있는 위험원을 도출할 것

⑤ 철도신호제어설비를 구성하는 기본기능, 대상 장치의 내·외부 인터페이스, 운영시나리오 등을 대상으로 위험원을 도출할 것

19 "철도시설의 기술기준"에서 정한 철도신호제어설비의 안전성 분석 수행 절차와 고려사항에 대하여 설명하시오.(130-25)

안전성 분석 수행 절차

① 안전성 분석 절차는 다음 각호에 따라 수행하여야 한다. 다만, 이 절차를 따르지 않을 때는 타당한 사유와 합리적인 근거를 명시하여야 한다.

㉠ **잠재위험 확인** : 충돌·탈선 및 화재 등의 사고를 유발할 수 있는 잠재적인 위험을 식별하고 식별된 위험에 대하여 시나리오를 작성할 것

㉡ **사고발생 확률계산** : 시나리오의 단계별로 사건의 발생확률을 객관적으로 산정할 것

㉢ **사고 영향분석** : 시나리오의 단계별로 사고 결과에 따른 피해 영향을 분석할 것

㉣ **안전성 분석** : 시나리오별 사고발생 확률과 피해 정도를 산출하여 안전성을 정량적으로 평가할 것

㉤ **안전대책 수립** : 안전성 분석 결과에 따라 정한 안전수준에 부합하도록 안전대책을 수립할 것. 다만, 해당 안전수준을 만족하지 못할 때 원인을 규명하고 요구수준에 부합하도록 안전대책을 수립할 것

㉥ **안전성 분석 결과에 대한 검증** : 실시설계 준공 이전에 안전성 분석이 적합한지에 대하여 철도운영자 등을 포함한 5인 이상의 해당 전문가에게 검증·확인을 받을 것.

고려할 사항

철도신호제어설비의 안전성 분석 및 안전대책을 검증할 때는 다음 각호의 사항을 고려하여 수행하여야 한다.

① 열차제어장치는 연동장치 등과 연계하여 정할 것

② 전체시스템 요구사항을 바탕으로 설정하여 안전 요구사항의 달성 기준을 제시할 것

③ 안전성 분석을 수행할 때 최소한 철도시설의 시스템 운영, 환경조건, 적용조건 및 운영조건 등의 위험원을 도출할 것

④ 인적요인에 의하여 철도안전에 영향을 미칠 수 있는 위험원을 도출할 것

⑤ 철도신호제어설비를 구성하는 기본기능, 대상 장치의 내·외부 인터페이스, 운영시나리오 등을 대상으로 위험원을 도출할 것

⑥ 도출된 위험원의 원인분석 및 위험도(위험원으로 인한 사고의 심각도와 발생빈도의 조합을 말한다)를 통하여 철도신호제어설비의 안전성이 허용될 수 있는 안전수준으로 제어되고 있음을 정량적 수치 또는 판단 논리로 입증할 것

20 철도신호 설계 시 준비, 시행, 준공 단계별 인터페이스 관리업무에 대하여 설명하시오.(118-25)

개요

신호설비는 교통정책에서 제시된 노선계획, 수송수요, 표정속도, 최소운전시격, 차량, 열차운전방식 등의 실현가능성(Feasibility)의 검토를 개시하면서 기본설계, 실시설계, 시공, 시운전, 유지보수체계수립 및 운영 등의 계획을 시행한다.

각 단계별 내용

① 준비단계

- ㉠ 각종 설계 자료수집 및 분석
- ㉡ 설계추진공정의 문제점 분석 및 대책 수립
- ㉢ 타 분야와의 상호협의 및 문제점 해결을 위한 공조체제 구축
- ㉣ 설계기준작성 및 설계추가 요구사항에 대한 검토 및 작성
- ㉤ 신호설비 기술동향에 대한 분석 및 적용 검토
- ㉥ 각종 설계도서 작성 관련 절차서 및 기준 작성

② 기본설계

- ㉠ 궤도 배선의 검토 및 운전곡선도 작성
- ㉡ 연동도표작성 및 폐색구간 설계
- ㉢ 신호시스템 구성 및 장치 구매시방서 작성
- ㉣ 개략공사비 산출 및 예상공정표 작성

③ 실시설계

- ㉠ 공사내역서, 시공 도면 및 상세 공사시방서 작성
- ㉡ 품질보증 관리계획, 상세 공정표 작성 및 관리계획
- ㉢ 운전곡선, 시뮬레이션, 최소운전시격, 열차운용계획 검증
- ㉣ ATP(ATO) 성능 및 열차제동거리 검증
- ㉤ 시운전 계획 수립
- ㉥ 유지보수방안, 계획 수립

④ 시공,

- ㉠ 신호는 운전에 직접 영향을 주므로 공사 때문에 열차를 정지 또는 지연시키는 사례가 없도록 유의해야 한다.
- ㉡ 공사를 하기 전에 상당한 준비와 충분한 협의를 하고 공사종료 시 현장을 확인
- ㉢ 안전교육 및 훈련을 시행 안전관리를 철저히 한다.

⑤ 설계감리

- 구조물의 설치 형태 및 건설공법 선정의 적정성 검토
- 사용재료 선정의 적정성 검토
- 설계내용의 시공 가능성에 대한 사전검토
- 구조계산의 적정성 검토

- 설계공정의 관리
- 공사 기간 및 공사비 적정성 검토
- 설계의 경제성 검토
- 설계도면 및 공사시방서 작성의 적정성 검토
- 설계감리에 대한 결과보고서 작성

⑥ **시공감리**

- 시공계획 및 공정표 검토
- 시공자가 작성한 시공도 검토
- 시공자가 제시하는 시험 성과표 검토
- 공정 및 기성고 사정
- 준공도 검토
- 기본설계 등에 관한 세부 시행기준에서 정하는 사항

⑦ **종합시험운행** : "종합시험운행"이란 철도노선을 새로 건설하거나 기존노선을 개량하여 운영하고자 할 때 철도시설의 설치상태 및 열차운행체계의 점검과 철도종사자의 업무 숙달 등을 위하여 영업개시 전에 시행하는 것을 말하며, 종합시험운행은 시설물 검증시험과 영업시운전으로 구성된다.

㉠ **종합시험 운행의 절차** : 시설물 검증시험

- 시설물의 정상 작동 상태
- 철도시설의 안전상태
- 철도차량의 운행적합성
- 철도시설과 차량 간의 연계성

㉡ **영업시운전** : 시설물 검증시험을 완료한 후에 신설 또는 개량한 철도시설의 전반적인 성능을 확인하고, 운영체계 점검 및 종사자의 업무 숙달 등을 축적하기 위하여 영업서비스 운영을 가정한 영업시운전을 실시하여야 한다.

- **열차운행체계** : 신호, 통신 등 열차제어시스템의 인터페이스 점검 등
- **철도종사자의 업무숙달** : 시운전열차 승무원 운영계획, 철도차량운전자 선로수습, 관제사나 운전취급자의 업무 숙달
- **영업서비스 준비사항** : 운영설비 및 여객 편의 설비점검 등

⑧ **준공검사(1)**

- 공사수량의 검사
- 시설의 목적 여부
- 기능의 양부검사
- 고정재산의 취득
- 도급자와 시행자간의 인도 수수

⑨ **준공검사(2)**

- 공인기관 안전진단 및 사용 허가

• 공사시행의 완벽함을 도모하기 위하여 공사계획관리 및 시행에 대해서 실지 검사를 시행하고 사용 적부를 확인함과 같이 연구개선을 목적으로 함.

⑩ 유지보수체계수립

㉠ 유지보수 조직구성 및 교육계획수립 실시

㉡ 예비품 확보 및 유지보수 매뉴얼 작성.

21 신호설비 개량을 위한 실시설계용역 발주에서 준공까지 단계별 시행절차, 현장조사 내용을 설명하시오.(127－25)

● 단계별 시행절차

① 기본방침

② 기본계획 수립

③ 기본설계

④ 실시설계

⑤ 공사집행 및 시공

감리

설계감리

공사감리

⑥ 준공 및 시운전

⑦ 개통 및 영업개시

● 기존노선 개량의 경우 현장조사

① **안전사고 예방을 고려한 현장 조사계획서 작성** : 운행열차에 대한 열차감시자 배치 및 열차사이 작업계획을 수립하여 안전사고를 예방할 수 있도록 현장 조사계획서를 작성하여야 한다.

② **현장시설물 품명, 규격 및 수량 조사** : 설계대상 범위의 현장시설물에 대한 품명, 규격, 수량에 대한 조사를 하여 이설 및 철거공종에 반영한다.

③ **현장시설물 설치위치 및 거리 측정** : 현장시설물의 설치위치를 기록하고 계전기실~접속함, 접속함~접속함, 접속함~신호기류, 접속함~표지류, 접속함~선로전환기, 접속함~궤도회로설비간, 레일~설비간. 설비~설비간 등의 거리를 측정하여 표기한다.

④ **철거 및 이설(재사용) 대상 시설물로 분류 조사** : 현장시설물별로 외관 및 기능 상태를 조사하여 철거 또는 이설(재사용) 대상에 적용한다.

⑤ **현장시설물의 설치년도(내구연한) 조사** : 현장 각 시설물의 설치년도(내구연한)를 조사하여 철거 또는 이설 대상에 적용하며 사용가능품과 불용품으로 구분하여 반납하여야 함

⑥ **현장의 환경조건 및 운영조건 조사**

㉠ 현장의 기온, 강우량, 강설량 등 기상조건과 염해, 습도 등 환경조건을 조사하여 과열이나 침수, 설해, 염해, 부식 등에 대비하여야 한다.

㉡ 운전취급방법이나 인접 역 제어 등 운영조건을 조사하여 반영하여야 한다

⑦ 타 시설물과의 인터페이스 사항 조사 : 토목(노반), 건축, 궤도, 전철전력, 정보통신, 운전및 영업 등 타 분야와의 인터페이스 사항을 조사하여 설계에 반영하여야 한다

실시설계 흐름도

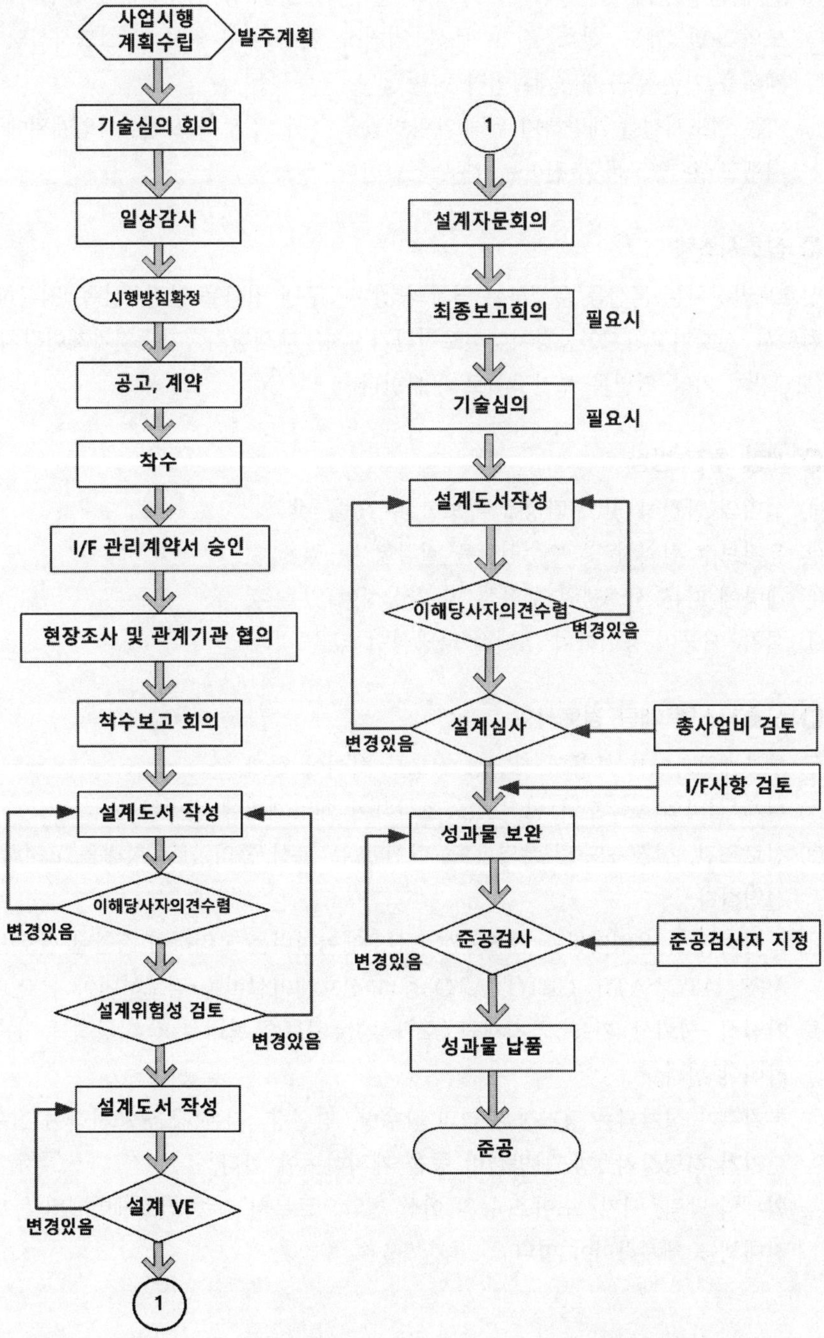

22 한 노선의 신호시스템 개량시 계획수립에 필요한 요구조건 등 검토사항을 설명하시오. (111－25)

개량계획의 의미

① 현재 운행 중에 있는 기존철도를 열차운행속도향상 등 수송능력을 증강하기 위하여 기존 철도의 노반, 궤도, 신호, 전기, 통신, 정거장, 차량기지, 역사 등 철도시설의 성능을 개량하는 계획을 기존철도 개량계획이라 하며,

② 기존 철도시설을 개량하기 위해 개량방법을 조사, 검토하고 건설사업계획에 반영하여 사업을 시행할 수 있도록 추진하는 업무를 말한다.

신호시스템

신호보안장치는 본선을 운행하는 열차와 정거장구내 입환을 안전, 신속, 정확하게 하기 위한 장치로서 신호기장치, 연동장치, 선로전환기장치, 폐색장치, 자동열차제어장치, 궤도회로장치, CTC장치 기타 건널목 보안장치로 구분한다.

개량 추진 방향

① 설비의 안전성 및 신뢰성을 확보할 수 있을 것

② 유지보수 편의성 및 보수인력을 절감할 수 있을 것

③ 개량에 따른 시스템의 호환성 및 확장성이 있을 것

④ 설치·시공이 용이하며 경제적 타당성이 있을 것

신호시스템 개량 검토사항

① 부분개량과 전면개량의 타당성 검토를 하여야 한다.

② 현재 설비의 노후도와 안전도를 조사하여 개량계획에 반영한다.

③ 선로조건, 설계속도 및 운영속도, 단선 또는 복선 등의 선로 형태를 고려하여 신호시스템을 선정한다.

④ 노선의 열차 운영계획과 연계노선의 신호제어설비를 고려하여 적합한 신호방식, 폐색방식 및 ATS, ATC, ATP, CBTC, ATO 등의 신호제어설비를 검토하여야 한다.

⑤ 안전성, 신뢰성, 가용성, 경제성, 호환성, 유지보수 편리성 및 확장성 등이 높은 설비로 계획하여야 한다.

⑥ 분기부가 설치되는 정거장 지역의 강우량, 강설량, 기온 등을 조사하여 침수방지 설비 또는 분기기 히팅장치, 냉·난방설비 등을 계획하여야 한다.

⑦ 외부의 낙뢰, 서지, 노이즈 등의 이상 전압으로부터 각종 신호제어설비를 보호하기 위한 안전대책을 제시하여야 한다.

⑧ 신호제어설비공사와 관련된 타 분야 건설계획을 검토하며 합리적인 시공방안을 제시하여야 한다.
⑨ 신호제어설비의 합리적인 유지보수를 위해 유지보수관리 계획을 제시한다.
⑩ 선로용량 증대와 운전속도 향상이 가능하면서도 열차운행의 안전성과 신뢰성을 보장할 수 있는 시스템이 되도록 한다.
⑪ 등급별 여객열차와 화물열차 등 혼합 열차운행에 적합한 신호 시스템이어야 한다.
⑫ 중요 설비는 다중계화 하여 여분(Redundancy) 기능을 포함하는 시스템을 갖춘다.
⑬ 신호 설비의 고장 발생 시 안전측 동작(Fail-safe)이 가능한 시스템이 되도록 한다.
⑭ 선로용량 증대와 운전속도 향상이 가능하면서도 열차운행의 안전성과 신뢰성을 보장할 수 있는 시스템이어야 한다.
⑮ 외부 기상조건 영향과 노선 제한 최고속도 운행 시를 고려하여 신호인식에 지장을 받지 않는 신호방식을 선정하여야 한다.
⑯ 실시간으로 자기진단 기능을 가져야하며, 고장발생시 고장정보를 역(Local) 및 관제실 해당 감시설비로 즉시 전송하여야 한다.
⑰ 유지보수의 효율성을 위해 장치별 감시시스템을 구축한다.
⑱ 예산과 공기, 향후 개량을 고려한 합리적인 설비를 구축한다.
⑲ 기존선 개량시 안전하고 신속, 정확한 절체작업 방법을 반영하여야 한다.
⑳ 개량 후 사용개시를 위한 시운전 계획을 수립한다.
㉑ 다른 시스템과의 인터페이스 방법과 요구하는 정보를 고려한다.
㉒ 시스템 보안관리 등 각종 법령에서 정하는 조건을 만족하도록 하여야 한다.
㉓ 열차운행속도 제한설비, 터널경보장치, 열차접근경보장치 등 작업자 안전설비를 고려한다.
㉔ 안전한 열차운행을 위하여 지상설비와 차상설비가 정확하게 인터페이스 되는 설비를 검토한다.
㉕ 차축온도검지장치, 지장물검지장치, 끌림물체검지장치, 지진감시장치, 레일온도검지장치 등 열차안전운행에 필요한 설비를 검토하여야 한다.

결론

신호설비가 갖추어야 할 조건, 열차의 안전운행 및 건설 여건, 유지보수 비용의 최소화 등을 고려하여 최적의 신호시스템이 되도록 개량계획을 수립하여야 한다.

23 신호시스템을 신설하고 안전승인을 받기 전에 시행하여야 할 안전평가에 대하여 IEC62425 (EN50129) 권고사항을 기준으로 설명하시오.(127－25)

안전수용 및 승인을 위한 조건

① IEC 62425 규격[1]에서 열차제어시스템의 안전성 승인을 위해서는 시스템의 안전성을 입증할 수 있는 문서(Safety Case : 종합안전대책기술서)를 제시하도록 하고 있고, 이 제시된 문서들의 평가를 통해 열차제어시스템의 안전성을 평가 및 인증하도록 하고 있다.

② 열차제어시스템의 안전성 평가는 적용한 안전성 활동 절차의 적절성과 준수여부의 확인과 시스템에 관련된 리스크가 적절한 수준으로 낮아졌는지를 확인하는 두 가지 모두를 필요로 한다.

③ 우선적으로 안전계획서의 적합성과 안전계획서와의 일치성을 확인 및 검증하는 것이 필요하다. 그러므로 열차제어시스템의 안전성 평가는 계획된 프로젝트 활동이 안전 계획서에 제시된 방식과 절차에 따라 수행되고 있는지, 또 수행되었는지 확인이 되어야 한다.

④ 이러한 안전성 평가를 위한 절차적인 내용을 확인 및 평가하는 것을 안전심사(Safety Audit)라 한다.

⑤ 이 안전성 평가 가이드라인에는 종합안전대책기술서의 상세한 목차 및 내용, 작성지침 및 작성 예 등이 포함될 예정이며, 안전성 평가를 위한 체크리스트의 도출, 문서확인 및 검증과 더불어 그림 3과 같은 추가적인 시험기를 제작하여 보다 효율적이고 충분한 안전성 평가기술이 확립되고 평가체계가 구축되도록 할 예정이다.

24 열차의 안전운행의 중요한 기능을 담당하는 철도신호제어시스템의 설계원칙에 관하여 설명하시오.(130－25)

철도 신호제어시스템의 설계원칙

열차제어시스템은 다음과 같은 안전측 동작(Fail－safe)의 원칙에 의하여 설계·제작되어야 하며, 한 개 또는 여러 개의 부품 또는 모듈, 하부장치에 고장이 발생하거나 입력신호의 손실, 연산오류, 소프트웨어 작성오류 등 언제나 오동작 또는 열차운행에 위험한 출력이 발생하지 않아야 한다.

① 열차제어시스템은 안전하게 반응하고, 정상적인 입력범위, 다른 운영조건 및 환경조건에서 모든 자동열차보호기능을 정확하게 수행하여야 한다.

② 열차제어시스템은 시스템 상태를 계속적으로 감시하여 성능의 이상 유무를 확인할 수 있도록 설계하여야 한다.

③ 단순히 돌발 상황의 수정이나 취급자의 실수에 의하여도 열차제어시스템의 안전이 확보되도록 설계되어야 한다.

④ 열차제어시스템은 비정상적인 시스템 부하, 비정상적인(또는 부적절한) 입력 및 비정상적인 외부영향(전기·기계·환경적 요인) 아래에서도 안전하게 동작하여야 한다.

⑤ 열차제어시스템은 예측 가능한 하드웨어 오작동이 발생하면 안전하게 동작하여야 한다.

⑥ 열차제어시스템은 논리적 처리를 수행하는 부분에 고장이 발생하는 경우, 입·출력이 없는 경우 또는 결정 결과가 불안전 조건을 초래하여도 안전측으로 동작하여야 한다.

25 열차제어 방식 중 지상신호 방식과 차상신호 방식의 성능 비교 및 신호현시에 따른 속도 패턴을 설명하시오.(120－25)

지상신호방식

① 노선의 열차운영계획에 따라 2현시·3현시·4현시·5현시 방식을 적용하며 열차자동정지 장치(ATS)를 보조설비로 취한다.

② 다만, 지상신호방식 구간에서 열차자동방호장치(ATP)를 추가로 설치할 경우 ATP 가변발리스 정보는 기존 신호현시방식 따라 3현시·4현시·5현시 방식으로 사용할 수 있다.

차내신호방식

① 열차자동방호장치(ATP)를 설치할 경우

㉠ 신호기는 다등형 2현시 방식으로 설치하고, ATP 가변발리스 정보는 5현시 방식으로 한다.

㉡ 다만, 노선의 열차운영계획에 따라 신호기는 3현시·4현시·5현시 방식으로 할 수 있고, 이에 따른 ATP 가변발리스 정보를 사용한다.

② 고속철도 및 전동차 전용 운행구간에서는 선로 변에서 속도정보 또는 지상설비 조건을 차내에 전달하는 열차자동제어장치(ATC)를 기본으로,

③ Distance to go(차상거리연산)방식을 사용한다.

지상신호장치와 차상신호장치의 속도패턴비교

① 지상신호 속도패턴

㉠ 지상신호장치가 주체가 되어 열차의 속도를 제어하는 아날로그 방식이다.

㉡ 지상신호방식은 3현시, 4현시, 5현시 방식

- 3현시 방식 : 진행신호(G : Free), 주의신호(Y : 45km/h), 정지신호(R0)
- 4현시 방식 : 진행신호(G : Free), 감속신호(Y/G : 65km/h), 주의신호(Y : 45km/h), 정지신호(R1 : 일단정지 후 25(km/h), 정지신호(R0 : 정지)
- 5현시 방식 : 진행신호(G : Free), 감속신호(Y/G : 105km/h), 주의신호(Y : 65km/h), 경계신호(Y/Y 25km/h), 정지신호(R0 : 정지)

② 차상신호 속도패턴

㉠ 아날로그 방식 : 서울지하철 3, 4, 5, 6, 7, 8호선(7단계 속도코드 방식).

㉡ 디지털 방식 : Distance to Go방식

- 인천지하철 1호선, 대구2호선, 부산지하철 2호선, KTX전용선구간

㉢ MBS 방식 : 열차자신이 자신의 주행위치를 타코메타, 도플러센서와 데이터베이스에 의한 연산과 발리스에 의한 보정 등을 통하여 검지하고 이를 RF송신기 또는 유도무선 방식을 통하여 지상신호장치로 송신하여 후속열차의 속도를 제어하는 방식이다.

- 신분당선, 인천2호선, 부산4호선, 신림선 등

26 신호제어설비 설계 시 기본설계의 범위와 실시설계의 범위에 대하여 설명하시오.(134－25)

설계범위

설계범위는 당해 공사구간 및 공사내용에 맞는 신호제어설비의 설치공법, 공종선정, 물량산출, 공사비 산출, 유지보수방안 등을 검토한다.

기본설계의 범위

① 타당성조사 및 기본계획이 선행됐을 경우 이의 분석·검토

② 현장조사

③ 설계기준 및 법규 등 제 기준의 검토

④ 신호제어설비 선정 검토

⑤ 신호제어설비 구축방안 검토

⑥ 타 분야와의 인터페이스

⑦ 건설계획 검토

⑧ 개략공사비 산출

⑨ 주요자재 및 사용 장비 검토

⑩ 설계도서 작성

실시설계의 범위

① 기본설계 검토 : 기본설계 분석·검토결과 적용사항

② 자문 및 권고사항의 검토 및 적용[설계 VE(Value Engineering) 결정사항 포함]

③ 현장조사

④ 설계기준 및 법규 등 제 기준의 검토

⑤ 신호제어설비 상세 설치방안

⑥ 타 분야와의 인터페이스

⑦ 건설계획 검토
⑧ 공사비 산출
⑨ 설계도서 작성(주요자재 사양서 포함)

27 **철도신호제어설비를 포함한 철도시설물에 대해 실시하고 있는 정밀진단과 성능평가의 개요와 성능평가에서 시행하는 3가지 평가기준에 관하여 설명하시오.**(127-25)(130-25)

개요

「철도시설의 서비스 수준을 유지하기 위하여 요구되는 안전성, 내구성, 사용성 등의 성능을 5년 단위로 종합적인 평가하는 것」을 말한다.

평가기준

① **안전성** : 철도시설 요구조건하에서 인명의 사상, 시설물 손상·손실을 방지하는 성능을 말하며, 다음 사항에 대해 평가한다.
- 절연·열화 등 전기적 특성
- 마모·강도 등 물리적 특성
- 사고 위험 정도 및 영향

② **내구성** : 철도시설의 사용수명 동안 요구되는 기능을 유지시키기 위한 시설물의 성능을 말하며, 다음 사항에 대해 평가한다.
- 내용연수·사용횟수로 인한 피로
- 외부·환경적 요소(염해, 공해 등) 및 부식·균열·누유 등 상태 변화
- 고장, 장애 횟수

③ **사용성** : 철도시설의 사용과 수요 측면에서 적절한 편의와 기능을 제공하는 성능을 말하며, 다음 사항에 대해 평가한다.
- 사용자 편의성
- 운영성(고장, 장애, 작동유무 등)
- 기능성(수요·용량, 유지관리성 등)

28 신호제어설비의 설치 시 고려하여야 할 방진 및 공해대책과 환경오염 대책을 설명하시오. (117-25)

방진 및 공해 대책

① 열차진동이 큰 고가, 교량 등에는 기기를 가능한 한 설치하는 것을 피하고 부득이 설치할 경우는 설치환경에 따른 방진대책을 하여야 한다.

② 공해지구 등의 설비는 단자의 부식, 녹의 방지 및 단자함의 절연열화(絕緣劣化) 방지 등을 위해 녹막이를 바르는 등 대책을 세워야 한다.

③ 볼트 너트에는 너트의 풀림을 방지하기 위한 방지액 또는 스프링와셔 등을 사용하여야 하고 열차 운행선상의 시설물 등에는 너트풀림방지장치 설치를 고려하여야 한다.

① 전철주 빔 및 홈 지붕 등에 첨가하여 부착하는 신호기 취부부품 및 점검대

② 교량, 터널측 벽에 직접 설치하는 신호기 취부 부품, 사다리 및 케이블 지지물

③ 임피던스본드 도선 및 중성판과 2차 측 단자

④ 기타 너트 이완에 의해 열차운전에 지장을 줄 우려가 있는 장소

환경오염 대책

해안의 염분, 도시 또는 공장지대의 매연 등 환경오염지역의 신호제어설비는 적절한 보호대책을 시행한다.

[환경오염대책 적용지역 구분]

중오염지구	계절풍 등의 강풍으로 바닷물이나 파도에 의한 해염이 직접시설물에 가해지는 지역으로 해안선에서 300m 이내로서 오염대책이 필요한 지역
경오염지구	설비의 중요도가 높은 곳으로 선택적으로 내손보호 대책을 필요로하는 지역으로 계절풍 등으로 해염이 설비에 부착할 우려가 있는 해안선으로부터 3km 이내 지역

[시설보호 대책]

시설물	중오염지구	경오염지구
1. 계전기류 및 카드류 2. 기구함 및 신호기기	• 모든 계전기 및 전자소자가 포함된 제품류는 실내에 설비 • 외함은 자주 물로 세척 • 철물은 아연도금, 방염페인트 처리 • 스테인레스 제품 사용	• 옥외 기구함에 설비하는 것은 가급적 피한다.

29 철도안전관리체계의 정의와 승인검사 업무절차에 대하여 설명하시오.(124－25)

철도 안전관리체계

예방적·상시적 철도안전관리를 위하여 철도운영자 및 철도시설관리자가 철도를 운영하거나 철도시설을 관리하기 위하여 갖추어야 하는 인력, 시설, 장비, 운영절차 및 비상대응계획 등 안전관리에 관한 유기적 체계를 말하며, 철도 안전관리시스템(SMS), 열차운행체계 및 유지관리체계로 구성된다.

① 철도안전관리시스템(SMS), 열차운행체계 및 유지관리체계로 구성되고, 철도안전관리시스템(SMS : Safety Management System)"이란 명확하고 체계적으로 사전적·예방적인 철도안전관리 활동을 시행하기 위해 안전관리의 조직구조, 역할과 책임, 절차, 준비, 관리, 경영 및 규정 등에 대한 유기적인 체계를 말한다.

② 열차운행체계란 열차의 안전운행을 위해 열차운행 조직·인력, 열차운행 방법·절차·계획, 승무 및 역무, 철도관제, 철도보호, 질서유지 및 운영기록 등에 대한 유기적인 체계를 말한다.

③ 유지관리체계"란 철도차량 및 철도시설의 안전을 확보하기 위해 철도차량, 노반, 궤도, 건축, 전철전력, 신호, 통신 분야의 점검, 보수, 교체 및 개량 등 유지관리에 대한 유기적인 체계를 말한다.

승인검사 업무절차

① 서류검사
② 현장검사
③ 승인검사 결과 보고
④ 승인판정
⑤ 중대한 사항의 변경승인
⑥ 경미한 사항의 변경신고
⑦ 변경신청 전 사전협의

30 철도의 건설 및 철도시설 유지관리에 관한 법령에 따라 철도시설관리자가 시행하는 철도 신호시설의 정밀진단 실시 시기, 결과보고 내용 및 대상설비에 대하여 설명하시오.

(127－25)(134－25)

정밀진단 실시 시기

철도시설 전체 성능평가의 주기는 설치 후 10년 이상 경과된 시설

정밀진단 실시시기(제28조 1항 관련)

성능등급	정밀진단 실시시기
A 등급	6년마다 1회
B·C 등급	5년마다 1회
D·E 등급	4년마다 1회

제29조(정밀진단 결과보고서의 제출)

철도시설관리자는 법제31조 제3항 전단에 따라 다음 각 호의 사항이 포함된 정밀진단 결과보고서를 정밀진단을 완료한 날부터 30일 이내에 관계 행정기관의 장에게 제출해야 한다.
① 정밀진단 대상 철도시설의 명칭, 위치, 규격 및 성능 등 철도시설의 개요
② 정밀진단 일시 및 정밀진단을 실시한 사람 등 정밀진단 개요
③ 보수·보강, 고장·장애 이력 등에 관한 자료 및 그 분석 결과
④ 현장조사 결과 및 그 분석 등에 관한 사항
⑤ 안전조치 및 보수·보강 방법 등
⑥ 종합의견 및 건의사항

대상설비

① 열차검지장치
② 열차제어장치
③ 선로전환기장치
④ 건널목안전설비
⑤ 안전설비
⑥ 전원장치
⑦ 전선로설비

31 「한국철도표준규격 KRS SG 0069-15(도시철도용 무선통신기반 열차제어시스템)」에서 정의된 열차제어시스템의 안전설계 원칙에 대하여 설명하시오.(129-25)

안전설계 원칙

열차제어시스템은 다음과 같은 안전측 동작(Fail-safe)의 원칙에 의하여 설계·제작되어야 하며, 한 개 또는 여러 개의 부품 또는 모듈, 하부장치에 고장이 발생하거나 입력신호의 손실, 연산오류, 소프트웨어 작성오류 등 어떤 상황에서도 오동작 또는 열차운행에 위험한 출력이 발생하지 않아야 한다.

① 열차제어시스템은 안전하게 반응하고, 정상적인 입력범위, 다른 운영조건 및 환경조건에서 모든 자동열차보호기능을 정확하게 수행하여야 한다.
② 열차제어시스템은 시스템 상태를 계속해서 감시하여 성능의 이상 유무를 확인할 수 있도록 설계하여야 한다.
③ 단순히 돌발 상황의 수정이나 취급자의 실수에 의하여도 열차제어시스템의 안전이 확보되도록 설계되어야 한다.
④ 열차제어시스템은 비정상적인 시스템 부하, 비정상적인(또는 부적절한) 입력 및 비정상적인 외부영향(전기·기계·환경적 요인) 아래에서도 안전하게 동작하여야 한다.
⑤ 열차제어시스템은 예측 가능한 하드웨어 오작동이 발생하면 안전하게 동작하여야 한다.
⑥ 열차제어시스템은 논리적 처리를 수행하는 부분에 고장이 발생하는 경우, 입·출력이 없는 경우 또는 결정 결과가 불안전 조건을 초래하여도 안전측으로 동작하여야 한다.

32 철도차량 기술기준(KRTS-VE-Part 53-2018(R1))에서 언급하고 있는 차량시스템과 신호장치(차상, 지상)의 인터페이스에 대하여 설명하시오.(114-25)(120-25)

지상신호장치와 인터페이스

① 지상신호장치와의 인터페이스

- 해당 선구에 운행하는 모든 도시철도 차량은 사용 중인 지상신호장치들과 상호연계 운영이 가능하여야 한다.
- 지상-차상 신호장치 간 인터페이스 매체는 궤도회로, 무선통신, 유도루프, 고정 지상자(예 발리스)가 있으며, 이들 중 하나 또는 다수를 통해 차량으로 전송되므로, 차량에서는 이 신호를 정상적으로 수신할 수 있어야 한다.
- 지상에 설치된 통신매체와 원활한 통신 인터페이스 구성을 위하여 차량의 적절한 위치에 지상 통신수단과 인터페이스 할 수 있도록 설치되어야 한다.

② 절연구간의 차량 통과

- 차량이 전동차일 때 차량이 안전하게 해당구간을 통과할 수 있어야 한다.
- 지상신호장치로부터 전방의 절연구간 예고 정보를 받은 차량은 차량에 전기적인 무리가 없도록 안전하게 통과할 수 있어야 한다.

차상신호장치와 인터페이스

① 운전실

㉠ 운전실 내부에 설치되는 신호장치는 기관사가 편안하게 보고 작동시킬 수 있는 위치에 배치되어야 한다.

㉡ 무인운전 차량도 수동운전을 고려하여 위의 내용에 따라야 한다.

② 차상신호장치에서 상용 및 비상제동신호 발생에 따라 차량의 제동장치는 즉각 동작하여야 한다.

③ 차상신호장치에서 열차의 안전거리는 열차의 성능, 구배 및 곡선 데이터, 선로 속도제한 속도 등의 정보에 허용오차를 고려하여 계산되어야 한다.

④ 차상신호장치는 열차에 비상제동을 인가할 수 있으며, 열차가 주행 중인 선로의 인프라 정보를 포함하여 안전제동거리에 영향을 주는 다음의 사항을 고려하여 설계되어야 한다.

㉠ 열차의 위치 불확실성

㉡ 열차 길이

㉢ 허용 초과속도

㉣ 속도 검지 오류

㉤ 열차제어 및 제동장치의 반응시간 및 지연시간

㉥ 비상제동 감속도

㉦ 선로의 구배 및 곡선반경

⑤ 새로 적용되는 차상 신호장치의 경우 해당 선구에 운행 중인 차량의 취부공간에 적합하여야 한다.

⑥ 차상신호장치는 다음과 같은 차량과의 주요 인터페이스 사항이 확인되어야 한다.

㉠ 차량의 최소 제동 특성

㉡ 차량 하부의 장치 설치 조건

㉢ 차량 내 전자기 간섭 환경조건

⑦ 차상신호장치의 기능에 장애가 발생하면 적절한 제동이 자동으로 체결되어야 한다.

⑧ 차량 출입문 제어

㉠ 지상신호장치와의 인터페이스를 통해 승객들이 역에서 승하차하는 동안 출입문이 제어되어야 한다. 단, 출입문 관련 차상지상신호장치와의 인터페이스 사항이 없는 경우 적용하지 아니한다.

㉡ 차량 출입문은 자동 및 수동에 의해 차량의 출입문이 개방 및 폐쇄될 수 있어야 한다.

㉢ 최소한 다음의 조건들이 충족되었을 때 지상신호장치와의 인터페이스를 통해 차량의 출입문이 개방되어야 한다.

- 열차가 지정된 허용치 내에서 정차위치에 적절하게 정차하고 있음
- 열차의 출입문 개방 위치는 지정된 정차위치가 있음
- 차량에 의해 제로속도(ZerO Speed) 검지됨

⑨ 차상신호장치는 상태정보 및 고장정보를 종합제어장치로 전송한다. 다만, 종합제어장치가 있는 경우에 한한다.

33 **「철도차량 기술기준 KRTS-VE-Part81-2014(R1)」에서 정의된 차상 신호보안장치의 검사기준에 대하여 설명하시오.**(114-25)

차상신호장치시험

① **적용 범위** : 해당 철도차량에 적용되는 차상신호장치의 설계적합성 또는 형식동등성을 시험으로 입증할 때 적용된다.

② **용어 정의**

시험품 : 시험대상 차상신호장치

③ **시험의 종류 및 목적** : 본 규격은 시험품이 적용될 차량이 완료된 후 완성차 상태에서 차상신호장치의 기능 및 동작 상태를 확인하기 위한 시험으로 다음과 같은 시험이 있다.

㉠ **외관구조 및 치수검사**

- **외관검사** : 차상신호장치의 배선상태, 결선상태, 설치상태 등에 이상이 없는지를 확인하는 시험이다.

• 치수검사 : 차량에 설치된 차상신호장치의 주요 치수가 허용범위를 초과하는 부분 등이 있는지를 확인하기 위한 시험이다.

ⓛ 전원검사 : 차량의 전원으로부터 차상신호장치로 인가되는 전원값을 확인하고, 인가되는 전원이 차상신호장치 각 기기로 정상적으로 인가되는지 확인하는 시험이다.

ⓒ 기능시험 : 차상신호장치에 제어전원을 인가했을 때 장치의 동작상태가 적합한지를 확인하는 시험이다.

④ 시험 방법 및 판정기준

㉠ 외관구조 및 치수검사

ⓐ 외관검사 : 차상신호장치의 배선상태, 결선상태, 설치상태 등을 육안 또는 필요한 도구를 사용하여 규정된 설계도면과 비교하여 검사한다.

ⓑ 치수검사 : 차량에 설치된 차상신호장치의 주요 치수가 허용범위를 초과하는 부분 등이 있는지를 확인하기 위한 시험이다. 또한 지상신호장치와 통신을 위한 차상 안테나의 설치위치가 규정된 상하 높이와 좌우 편향에 적합하게 설치되어 있는지 확인하여야 한다.

ⓛ 전원검사

ⓐ 차량의 전원이 ON된 상태에서 차상신호장치로 인가되는 전원 값을 확인하여 규정된 기준값을 만족하여야 한다.

ⓑ 차상신호장치의 전원이 각 하부 기기로 정상적으로 인가되는지 확인하여 정상적으로 전원이 인가되고 있음을 확인하여야 한다. 확인방법은 차상신호장치 전원을 ON/OFF에 따라 각 하부장치 전원보드의 ON/OFF 되는지 LED 표시로 확인한다.

ⓒ 기능검사

ⓐ 자가 진단시험

• 차상신호장치의 전원을 인가한 후 자기진단이 바르게 수행되는지 확인하여, 이상이 없어야 한다. 단 자가 진단기능이 없는 차상신호장치는 장치의 초기화가 바르게 수행되는지의 검사로 대신할 수 있다.

• 자가진단 기능 수행 후 생성되는 시험결과 파일을 확인하거나, 설계서에 규정된 각 보드의 LED 점멸상태로 정상적으로 수행되었는지 확인한다.

ⓑ 연결상태 확인 시험

• 차상신호장치 제어부와 화면표시장치, 차상 안테나 등과의 연결상태를 확인하는 것으로, 1) 자가진단시험에서 연결상태 확인 항목이 있을 때 시험이 시행된 것으로 간주한다.

• 화면표시장치 또는 설계서에 규정된 각 보드의 LED 점멸상태를 통해 각 장치가 정상적으로 연결되었는지 확인한다.

ⓒ 차량 인터페이스 확인 시험

- 차상신호장치와 차량의 다른 장치들과 연결이 완료된 상태에서 차상신호장치가 적절한 동작을 구현하는지 확인하는 시험이다.
- 차상신호장치를 정상 기동시켜, 장치 각 보드와 기관사 표시장치에 설계서에 규정된 상태로 표시되는지 확인한다.
- 제동장치와 인터페이스 시험 : 차상신호장치의 정상 동작 상태에서 상용/비상제동 명령이 발생할 때 제동장치로 신호가 정상적으로 전달되는지 확인한다.
- 역전기 인터페이스 시험 : 역전기를 중립/전진/후진으로 조작하여 규정된 설계서에 따라 각 보드의 LED 점멸상태 및 기관사 표시장치에 상태가 정상적으로 표시되는지 확인한다.
- 운전실 활성화 인터페이스 시험 : 선두/후부 운전실 선택 및 해제에 따라 정상적으로 상태표시가 되는지 확인한다.
- 종합제어장치와 인터페이스 시험 : 종합제어장치와 장치 간의 통신 에러가 검지 되는지를 확인하고 종합제어장치와 연계한 운전모드별 차상신호장치의 기능 동작을 확인하여 이상이 없어야 한다.

ⓓ **기능확인 시험** : 규정된 설계서에 명시된 차상신호장치의 기능이 정상적으로 수행되는지 각 보드의 LED 점멸상태, 기관사 표시화면 그리고 로그파일을 통해 확인한다.

ⓔ **출발 전 시험** : 출발 전 시험 기능이 있는 차상신호장치의 경우, 출발 전 시험을 시행하여 정상적으로 동작하는지 확인한다.

34 **철도종합시험운행 시행지침(국토교통부고시 제2018-634호, 2018.10.24)에 의한 신호시설물에 대한 시험항목, 세부시험항목 및 내용에 대하여 일반철도와 고속철도를 구분하여 설명하시오.**(120-25)

◆ 일반철도 및 고속철도 시험항목, 세부시험항목

① S1_01 궤도회로 성능시험 및 세부시험 항목 내용

㉠ 전철화 구간에서의 귀선전류 확인

㉡ 전기차량 운행에 따른 고조파 영향 유무 확인

㉢ 전기자량운행에 따른 연속정보 전송 확인

○ 적용구간(일반철도/고속철도)

- 일반철도와 고속철도 같이 적용

② S1_02 폐색설비 운행시험

㉠ 철도차량의 제동거리 확보 및 열차운전시격의 적정성 확인

○ 적용구간(일반철도/고속철도)

- 일반철도와 고속철도 같이 적용

③ S1_03 신호계열 시험

㉠ 신호등 투시와 열차운전을 고려한 신호기 위치 확인

㉡ 신호현시 계열시험

○ 적용구간(일반철도/고속철도)

- 일반철도와 고속철도 같이 적용

④ S1_04 열차집중제어장치(CTC) 인터페이스 시험

㉠ 관련설비(통신설비, 현장설비, SCADA 등)와의 인터페이스 내용점검

- 통신망 구성(관련 장치 연결, 프로토콜 등)
- 현장설비정보 현시 및 현장설비 제어
- 타 설비(SCADA 등)의 정보현시 및 협조

㉡ 원거리 전송시험

- 기존선의 연동장치/CTC 사이
- 기존선 CTC/고속선 CT C사이

○ 적용구간(일반철도/고속철도)

- 일반철도와 고속철도 같이 적용

⑤ S1_05 연동장치 기능시험

㉠ 철도차량 운행에 따른 고조파 영향유무 확인

㉡ 연동기능 및 장치간 정보전송이 제대로 이루어지는 점검

○ 적용구간(일반철도/고속철도)

• 일반철도와 고속철도 같이 적용

⑥ S1_06 자동열차 정지장치 기능시험(ATS)

㉠ 차상자 응동상태 시험

㉡ ATS장치 기능 및 신호기 현시상태 일치여부 확인

㉢ 기존선 ↔ 고속선 진출입시 기능전환 시험(Arming / Disarming 등)

㉣ 철도차량 운행에 따른 고조파 영향 유무 확인

○ 적용구간(일반철도/고속철도)

• 일반철도와 고속철도 같이 적용

⑦ S1_07 자동열차제어장치 기능시험(ATC/ATP)

㉠ 차상자의 응동시험

㉡ ATC/ATP장치 기능 및 속도코드 생성의 적정성

㉢ 기존선 ↔ 고속선 진출입시 기능전환 시험(Arming / Disarming 등)

㉣ 철도차량 운행에 따른 고조파 영향유무 확인

○ 적용구간(일반철도/고속철도)

• 일반철도와 고속철도 같이 적용

⑧ S1_08 철도건널목 기능시험

㉠ 경보시간 등 건널목 제어 기능시험

㉡ 철도차량 운행에 따른 고조파 영향 유무 확인

○ 적용구간(고속철도에 적용)

• 일반철도에서는 미적용

• 고속철도에서만적용

⑨ S1_09 신호/전차선/차량 I/F 시험

㉠ 절연구간 동작제어 확인(자동예고 시스템이 설치된 경우에 한함)

㉡ 차량 주전원차단장치 자동작동 점검

㉢ 기밀장치 동작시험

○ 적용구간(일반철도/고속철도)

• 일반철도와 고속철도 같이 적용

CODE	시험항목	세부시험 항목 및 내용	일반철도		고속철도 (고속화 포함)	비고
			비전철	전철		
SI_01	궤도회로 성능시험	• 전철화구간에서의 귀선전류 확인 • 전기차량운행에 따른 고조파 영향 유무 확인 • 전기차량운행에 따른 연속정보 전송 확인	X	●	●	
SI_02	폐색설비 운행시험	• 철도차량의 제동거리 확보 및 열차운전 시격의 적정성 확인	●	●	●	
SI_03	신호계열 시험	• 신호등 투시와 열차운전을 고려한 신호기위치 확인 • 신호 계열시험	●	●	●	
SI_04	열차집중 제어장치 (CTC) 인터페이스 시험	• 관련설비(통신설비, 현장설비, SCADA 등)와의 인터페이스 내용 점검 – 통신망 구성(관련 장치 연결, 프로토콜 등) – 현장설비정보 현시 및 현장 설비 제어 – 타 설비(SCADA 등)의 정보현시 및 협조 • 원거리 전송시험 – 기존선의 연동장치/CTC 사이 – 기존선 CTC/고속선 CTC 사이	●	●	●	
SI_05	연동장치 기능시험	• 철도차량 운행에 따른 고조파 영향유무 확인 • 연동기능 및 장치 간 정보 전송이 제대로 이루어지는지 점검	●	●	●	
SI_06	자동열차 정지장치 기능시험 (ATS)	• 차상자 응동상태 시험 • ATS장치 기능 및 신호기 현시상태 일치 여부 확인 • 기존선 ↔ 고속선 진출입 시 기능전환 시험(Arming / Disarming 등.) • 철도차량 운행에 따른 고조파 영향유무 확인	●	●	●	

CODE	시험항목	세부시험 항목 및 내용	일반철도		고속철도 (고속화 포함)	비고
			비전철	전철		
SI_07	자동열차 제어장치 기능시험 (ATC/ATP)	• 차상자의 응동 시험 • ATC/ATP장치 기능 및 속도코드 생성의 적정성 • 기존선 ↔ 고속선 진출입 시 기능전환 시험(Arming/Disarming 등) • 철도차량 운행에 따른 고조파 영향유무 확인	X	●	●	
SI_08	철도건널목 기능시험	• 경보시간 등 건널목제어 기능시험 • 철도차량 운행에 따른 고조파 영향유무 확인	●	●	X	
SI_09	신호/전차선 /차량 I/F 시험	• 절연구간 동작제어 확인 (자동예고시스템이 설치된 경우에 한함) • 차량 주전원차단장치 자동작동 점검 • 기밀장치 동작시험	△	●	●	

[관제설비]

CODE	시험항목	세부시험 항목 및 내용	일반철도		고속철도 (고속화 포함)	비고
			비전철	전철		
CTC_01	CTC관제설비 설치시험	• 운영관제실 장치 설치시험 • 신호컴퓨터실 장치 설치시험 • 통신망 장치 설치시험 • 전원장치 인가 시험	●	●	●	
CTC_02	관제실과 현장 연동장치간 Interface	• 운행설비분야 – 시스템 기능 확인 – 열차운행제어관리 기능 확인결과확인 – 스케쥴 기능 확인 – 외부 인터페이스 기능 확인 • 신호설비 분야 – 신호/유지보수 콘솔 기능 확인 – 운용관제실 H/D장비 운용시험 – 시스템별 운용상태 확인	●	●	●	
CTC_03	시스템 기능 (S/W) 시험	• CTC 기본 S/W 기능시험 • 열차운행관리 S/W 기능시험 • 열차운전관리 DB 기능시험 • 업무지원 S/W 기능시험	●	●	●	

CODE	시험항목	세부시험 항목 및 내용	일반철도		고속철도 (고속화 포함)	비고
			비전철	전철		
CTC_04	시스템 제어시험	• 역 모드 전환 제어기능 시험 • 선로전환기 전환 제어기능 시험 • 진로제어(신호기 제어 포함) 기능시험 • L/S에서 열차운행 제어관리 • MMI에서 열차운행 제어관리	●	●	●	
CTC_05	MMI 관련 이상유무 확인	• 스케쥴 및 TG 표시상태 확인 – 온라인 스케쥴 실행 및 변경상태 – T/G 및 스케쥴 관련 인쇄상태 • 실적 출력상태 확인 – 열차운행실적 출력물 상태 – 각종 통계조회 및 보고서 출력상태	●	●	●	
CTC_07	CTC 인터페이스 시험	• 열차행선안내장치 시험 • 전차선 급단전 표시 (SCADA ↔ CTC)	●	●	●	• 비전철 구간은 전차선 급단전 표시 시험 제외
CTC_06	열차운행 제어상태 확인	• 궤도점유상태 확인 • 열차번호 이동기능 및 열차 번호 창 적정 유무 • Line-up 기능 확인 • 자동진로(Auto) 기능 확인 • DLP/LS 표시상태 확인 • 서버기능 확인 • 열차스케쥴 조정시험 • 열차위치 추적시험	●	●	●	
CTC_08	광전송설비	• 각종 유니트 LED 점등상태 • 각종 관제회선 경로 구성 적정성 및 회선 품질상태 • 주요기기 이중화부 동작상태(통신선로 절체 포함)	●	●	●	
CTC_09	종합영상 설비	• 콘솔 및 모니터 동작상태 • 영상저장 및 검색기능 시험 • 카메라 제어 기능 유무	●	●	●	

CODE	시험항목	세부시험 항목 및 내용	일반철도		고속철도 (고속화 포함)	비고
			비전철	전철		
CTC_10	관제전화 설비	• 주장치, 운영장치, 유지보수장치 개별 동작 상태 • 음성저장 및 검색 가능유무	●	●	●	
CTC_11	열차무선 시스템	• 관제실, 역, 열차간 통화상태	●	●	●	
CTC_12	교환설비	• 가입자간 호출, 통화상태 • 유지보수장비 기능상태	●	●	●	
CTC_13	통합망관리 시스템	• 통합망 관리시스템 기능상태 확인 • 설비별 EMS, NMS기능시험 • 설비별 성능관리, 장애기능 확인	●	●	●	
CTC_14	기타	• 열차운행관련 인허가 사항 • 지하역사CCTV, 화재탐지설비연동 및 경보표출확인	●	●	●	
SCA_01	SCADA 설비 기능 시험	• 주컴퓨터 및 통신제어장치 기능 확인 • 원격전력제어기능 확인 • 외부인터페이스 데이터 전송기능 확인 • 운용자 및 유지보수자 콘솔기능 시험 • 계통반 표출기능 확인 • 원격제어소 장치의 자료취득 및 제어기능 확인 • 단로기 원격제어 시험 • 단로기 상태에 따른 급전여부 전송시험 • 전차선 단전구간 진입예방시험	X	●	●	

35 **철도차량에 적용되는 차상설비인 신호장치, 열차무선장치, 방송/표시기장치, 열차운행정보 전송장치에 대한 설계적합성 또는 형식동등성을 시험으로 입증하는 경우, 지상설비와의 연계동작시험 방법에 대하여 설명하시오.**(117－25)

시험 항목

구분	시험 항목	형식시험	전수시험
1	ATC 정지상태시험	◎(주1)	○(주2)
2	ATO 정지상태시험	◎	○
3	TWC 정지상태시험	◎	○
4	출발전시험 및 일상시험	◎	◎
5	ATC 운행시험	◎	◎
6	ATO 운행시험	◎	◎
7	주/보조 ATC 자동절체시험	◎	○
8	ATO 비정상상태시험	◎	○
9	오동작시험	◎	○
10	후진검지 및 제동체결시험	◎	○
11	열차무선장치 지상연계시험	◎	◎
12	방송/표시기장치 지상연계시험	◎	◎

주 1 : 시험항목중 "◎"표시된 시험은 반드시 실시하여야 한다.

주 2 : 시험항목중 "○"표시된 시험은 시험품의 성능확인을 위하여 필요하다고 인정되는 경우에 한하여 실시한다.

36 「철도의 건설 및 철도시설 유지관리에 관한 법률 및 시행령」에 따른 철도시설 정밀 진단 및 성능평가에 대하여 다음 사항을 설명하시오.(134-25)

1) 정밀진단 및 성능평가의 정의, 2) 성능 평가의 실시 시기

정밀진단 및 성능평가의 정의

① 정밀진단의 목적은 시설물의 물리적·기능적 결함을 발견하고, 그에 대한 신속하고 적절한 조치를 하기 위하여 구조적 안전성과 결함의 원인 등을 조사·측정·평가하여 보수·보강 등의 방법을 제시하는 데 있다.

② 성능평가의 목적은 현장조사 및 각종 시험에 의해 철도시설의 성능을 종합적으로 평가하여 철도시설의 객관적인 현재의 상태와 장래의 성능 변화를 파악·예측하고 이를 통해 철도시설 관리자가 보수·개량 등의 최적 시기 결정 등 합리적 유지관리 전략을 마련하는 데 있다.

성능평가의 실시 시기(제28조 1항 관련)

철도시설 전체 성능평가의 주기는 설치 후 10년 이상 경과된 시설

성능등급	성능평가 실시 시기
A 등급	6년마다 1회
B·C 등급	5년마다 1회
D·E 등급	4년마다 1회

37 노후 신호설비의 잔존수명평가에 대하여 설명하시오.(105-25)

개요

잔존수명 평가는 운영 기간 동안 발생된 고장정보를 포함하는 신뢰성 정보가 존재하지 않는 상태에서 노후 신호장치를 부품수준으로 분석하여 장치의 고장률 및 MTBF(Mean Time Between Failure)를 예측하고 운영환경에서 발생되는 전자장비의 고장패턴을 적용하여 잔존수명을 계산한 후 향후 무 고장으로 시스템을 연장 사용하는 것에 대한 신뢰성 시험을 수행하는 것이다.

잔존 수명 평가

① 잔존수명은 장치가 정량적 폐기기준 신뢰도에 도달하는 잔여시간이다.
이때 폐기기준은 신뢰도 함수 및 MTBF 등으로 정의된다. 예를 들어 주기적으로 대상 장치의 신뢰도를 운영시간 및 수량을 고려하여 계산하면 운영시간에 따라 고장률이 증가함을 알 수 있다.

고장률의 증가는 MTBF의 단축을 의미하므로 갱신된 고장정보가 사전에 정의된 MTBF에 도달하면 시스템이 수명을 다한 것으로 판단하거나 고장률이 사용시간에 따라 변하지 않는다고 가정하는 경우에는 신뢰도 함수를 적용하여 시간에 따른 시스템 신뢰도가 50% 이하가 되는 경우 시스템이 수명을 다한 것으로 판단하는 등의 시스템 수명에 대한 기준이 필요하다.

② 전자부품으로 구성된 신호제어장치의 신뢰성은 MTBF와 MTBSF(Mean Time Between Service Failure)로 정량화된다.
MTBF는 장치의 수명 동안 고장이 발생하는 평균시간이며 MTBSF는 장치의 수명동안 서비스고장이 발생되는 평균시간이다.
따라서 MTBF 와 MTBSF의 차이는 고장 정의에 종속된다.
일반적으로 MTBF에서 고장은 장치에 기대된 기능의 상실로 고장을 정의하고 MTBSF에서 서비스 고장은 고장 영향으로 인한 열차 운행지연 발생 유무를 기준으로 정의한다.
이러한 부품고장별 영향분석을 위해 MTBF와 MTBSF 관련 고장률을 분류하는 작업이 FMEA(Failure Mode and Effect Analysis)이다.

③ 노후 신호장치에 대한 잔존수명평가는 장치가 수명한계에 도달하기 이전에 개량 및 유지보수 계획수립을 가능하게 하며 특히 장치고장이 열차의 대규모 지연이나 사고와 밀접하게 관련된 철도신호분야에서는 과학적인 신뢰성 관리에 의한 운영, 유지보수, 개량주기의 계획수립으로 인해 막대한 경제적 이익을 기대할 수 있다.

Memo

제20장

방화벽, 보안, 암호키

01 OSI 보안 구조권고안 X.800에서 정의된 보안공격Security Attack) 중에서 적극적 공격(Active Attack)에 대하여 설명(121-25)

02 네트워크 보안방법 중 방화벽, 침입탐지시스템, 침입방지시스템, VPN(Virtual Private Network)에 대하여 설명(117-25)(129-25)

03 네트워크 보호 대책 중 방화벽, 패킷 필터링(Packet Filtering), 플록시서버 (Proxy Sever)에 대하여 설명(25)

04 무선통신기반 열차제어에서 사용되는 무선통신의 보안 위협 요소들을 설명하고 이를 기반으로 위험도를 분석(114-25)

05 열차제어시스템 구축 시 네트워크 보안에 있어서 암호화의 필요성과 비밀키 암호화와 공개키 암호화 방식에 대하여 설명(126-25)(132-25)

06 열차제어에 사용되는 무선통신의 보안 위협 요소 중에서 손상(Corruption) 및 AP 위장(Masquerade)에 대하여 설명하고, 그에 대한 위험도 분석을 수행(10)

07 철도안전관리체계 기술기준에서 사이버테러 대응계획 및 보완대책에 대하여 설명(123-10)

08 클라우드기반 하드웨어 보안모듈(Cloud based Hardware Security Module)에 대하여 설명(124-25)

09 해킹 등 외부로부터 내부망 접속 및 정보유출을 막기 위한 방화벽(Fire-Wall) 구성방법 중 패킷필터링 방식에 대하여 설명(112-25)

10 암호화의 정의와 대칭키(key) 암호화 방식들과 비대칭키(key) 암호화 방식들에 대하여 설명(25)

11 KTCS Level 2에 사용되는 KMC 키 계층과 암호화/암호해독 절차를 도식화 하여 설명(127-25)

12 철도 비상대응계획 수립에 관한 세부기준에서 제시하는 사이버테러 대응계획 및 보완대책에 대하여 설명(134-25)

13 시스템을 내·외부 사이버 공격으로부터 보호하기 위한 네트워크 보안설비의 종류, 기능, 설치방법 및 보안정책에 대하여 설명(25)

제20장

방화벽, 보안, 암호키

01 OSI 보안 구조권고안 X.800에서 정의된 보안공격(Security Attack) 중에서 적극적 공격(Active Attack)에 대하여 설명하시오.(121 – 25)

X800 보안 시스템

특정 보안 메커니즘(Specific security mechanisms) : 통신 개체가 주장하는 것처럼 정말로 그 당사자인지 확인해주는 것.

① 암호화(Encipherment) : 데이터를 읽을 수 없는 형태로 변환하는 데 수학적 알고리즘을 사용하는 것. 데이터를 변환하고 다시 복구하는 것은 알고리즘과 거기에 사용되는 키에 따라서 달라진다.

② 디지털 서명(Digital Signature) : 데이터 수신자가 데이터 발신자의 무결성을 입증하고 위조를 막도록 데이터에 붙이는 데이터나 데이터 단위의 암호적 변경을 말한다.

③ 접근제어(Access Control) : 자원에 접근할 권한을 제한하는 다양한 메커니즘

④ 데이터 무결성(Data Integrity) : 데이터 단위나 데이터 단위들의 스트림의 무결성을 확신하는 데 사용되는 다양한 메커니즘.

⑤ 인증 교환(Authentication Exchange) : 정보교환을 통해 개체의 신원을 확인하는 데 사용하는 메커니즘.

⑥ 트래픽 패딩(Traffic Padding) : 트래픽 분석 시도를 방해하기 위해서 데이터 스트림 안의 빈 곳에 비트를 채워 넣는 것.

⑦ 경로 제어(Routing Control) : 특정 데이터에 대한 물리적으로 안전한 경로를 선택할 수 있게 한다. 특히 보안 침해가 의심스러운 경우 경로를 바꿀 수 있게 한다.

⑧ 공증(Notarization) : 데이터 교환의 어떤 성질들을 확신하기 위해 신뢰받는 제3자를 이용한다.

공격

① 적극적 공격 : 시스템 리소스를 변경하거나 시스템 운영에 영향을 미친다. 적극적 공격의 예로는 **가장, 다시 보기, 메시지 수정 및 서비스 거부**가 있다.

- 시스템 자원에는 영향을 끼치는 공격이다. (수정, 삭제, 삽입)
- 대부분의 적극적 공격은 수동적 공격을 통해 수집된 정보를 통해서 이루어진다.
- 예방보다는 탐지에 더욱더 신경을 써야 한다.

② **수동적 공격** : 시스템 리소스를 변경하지 않고 시스템의 정보를 활용하려고 시도한다. 수동적 공격의 예로는 **메시지 내용 공개 및 트래픽 분석**이 있다.

- 시스템 자원에는 영향을 끼치지 않는 공격이다. (스누핑, 트래픽 분석)
- 공격자의 목표는 단지 정보를 얻는 것이다.
- 탐지보다는 예방에 더욱더 신경을 써야 한다.

결론

적극적 공격은 소극적 공격과는 상반된 특성을 가진다. 소극적 공격의 경우 탐지가 어렵지만 예방하는 수단을 강구하는 것은 가능하다. 이와는 다르게 적극적 공격을 완벽하게 차단한다는 것은 불가능하다. 그 이유는 모든 통신 설비와 통신 경로를 항상 물리적으로 보호해야 하기 때문이다. 따라서 적극적 공격에 대한 방어목표는 탐지하고 공격으로 인한 재전송이나 피해를 복구하는 것이 될 수밖에 없다. 공격을 탐지하는 것만으로도 공격자에게 공격을 단념시키는 효과가 있으므로 예방에도 이바지한다.

02 네트워크 보안방법 중 방화벽, 침입탐지시스템, 침입방지시스템, VPN(Virtual Private Network)에 대하여 설명하시오.(117－25)(129－25)

¤ 철도용 네트워크 보안방법 중에서 방화벽, 침입방지 시스템, VPN(Virtual Private Network)에 대하여 설명하시오.

개요

네트워크 보안은 컴퓨터 네트워크를 사이버 위협으로부터 보호하는 데 중점을 둔 사이버 보안 분야이다. 네트워크 보안의 세 가지 주요 목표는 네트워크 리소스에 대한 무단 액세스를 방지하고, 진행 중인 사이버 공격과 보안 침해를 탐지 및 차단하고, 인증된 사용자가 필요할 때, 필요한 네트워크 리소스에 안전하게 액세스할 수 있도록 하는 것이다

보안 방법

① **방화벽** : 방화벽은 합법적인 트래픽은 통과시키면서 의심스러운 트래픽이 네트워크에 들어오거나 나가는 것을 차단하는 소프트웨어 또는 하드웨어이다. 방화벽은 네트워크 에지에 배포하거나 내부적으로 사용하여 더 큰 네트워크를 더 작은 하위 네트워크로 나눌 수 있다. 네트워크의 한 부분이 손상되더라도 해커는 나머지 부분으로부터 차단된다.

다양한 기능을 갖춘 다양한 유형의 방화벽이 있다. 기본 방화벽은 패킷 필터링을 사용하여 트래픽을 검사한다. 고급 차세대 방화벽(NGFW)은 침입 방지, AI 및 머신 러닝, 애플리케이션 인식 및 제어, 위협 인텔리전스 피드를 추가하여 보호 기능을 강화한다.

② **네트워크 액세스 제어(NAC)** : 네트워크 액세스 제어(NAC) 솔루션은 게이트키퍼와 같은 역할을 하며, 사용자가 네트워크에 접속할 수 있는 사람과 네트워크 내에서 수행할 수 있는 작업을 결정하도록 사용자를 인증하고 권한을 부여한다. "인증"이란 사용자가 본인임을 인증하는 것을 의미한다. "인증"이란 인증된 사용자에게 네트워크 리소스에 액세스할 수 있는 권한을 부여하는 것을 의미한다.

③ **침입 탐지 및 방지 시스템(IDPS : Intrusion and Prevention System)** : 침입 방지 시스템(IPS)이라고도 하는 침입 탐지 및 방지 시스템(IDPS)을 방화벽 바로 뒤에 구축하여 들어오는 트래픽에서 보안 위협을 검사할 수 있다. 이러한 보안 도구는 검토를 위해 의심스러운 활동에만 플래그를 지정하는 침입 탐지 시스템(IDS)에서 발전했다. IDPS에는 트래픽 차단 또는 연결 재설정과 같은 잠재적 위반에 자동으로 대응하는 기능이 추가되었다. IDPS는 무차별 암호 대입 공격과 DoS(서비스 거부) 또는 DDoS(분산 서비스 거부) 공격을 탐지하고 차단하는 데 특히 효과적이다.

④ **가상 사설망(VPN : Virtual Private Network)** : 가상 사설망(VPN)은 데이터를 암호화하고 IP 주소 및 위치를 마스킹하여 사용자의 신원을 보호한다. VPN을 사용하는 사람은 더 이상 인터넷에 직접 연결하지 않고 자신을 대신하여 인터넷에 연결되는 보안 서버에 연결한다.

VPN을 사용하면 원격 근무자가 커피숍이나 공항과 같은 보안되지 않은 공용 Wi-Fi 연결을 통해서도 기업 네트워크에 안전하게 액세스할 수 있다. VPN은 사용자의 트래픽을 암호화하여 통신을 가로채려는 해커로부터 안전하게 보호한다.

⑤ **애플리케이션 보안** : 애플리케이션 보안은 보안팀이 네트워크 공격자로부터 앱과 애플리케이션 프로그래밍 인터페이스(API)를 보호하기 위해 취하는 단계를 말한다. 오늘날 많은 기업이 주요 비즈니스 기능을 수행하거나 민감한 데이터를 처리하는 데 앱을 사용하기 때문에 앱은 사이버 범죄자들의 일반적인 표적이 되고 있다. 또한 많은 비즈니스 앱이 퍼블릭 클라우드에서 호스팅되기 때문에 해커는 이러한 취약점을 악용하여 비공개 회사 네트워크에 침입할 수 있다.

애플리케이션 보안 조치는 악의적인 행위자로부터 앱을 보호한다. 일반적인 애플리케이션 보안 도구에는 웹 애플리케이션 방화벽(WAF), 런타임 애플리케이션 자체 보호(RASP), 정적 애플리케이션 보안 테스트(SAST) 및 동적 애플리케이션 보안 테스트(DAST)가 포함된다.

03 네트워크 보호 대책 중 방화벽, 패킷 필터링(Packet Filtering), 플록시서버(Proxy Sever)에 대하여 설명하시오.(25)

패킷 필터링(Packet Filtering) 방식

- 가장 초기적인 방화벽 방식으로 네트워크 계층과 전송계층에서 동작하는 방식이다.
- 확실히 금지되지 않은 것은 허가한다는 패킷 필터링 게이트웨이 방식
- 패킷 필터링 방식은 데이터 링크 계층에서 네트워크 계층으로 전달되는 패킷을 가로채서 해당 패킷 안의 주소와 서비스 포트를 검색하여 정의된 보안 규칙에 따라 서비스의 접근 허용 여부를 결정하게 된다.
- 패킷 필터링 방식의 방화벽은 OSI모델에서 네트워크층(IP 프로토콜)과 전송 중(TCP, 프로토콜)에서 패킷의 출발지 및 목적지 IP 주소정보, 각 서비스에 PORT 번호, TCP Sych 비트를 이용한 접속제어를 한다.
- 다른 방식에 비해 속도가 빠른 장점이 있으며, 낮은 단계에서 동작하기 때문에 기존 애플리케이션과 연동이 쉽다.
- 하드웨어에 의존적이지 않으나 강력한 로깅 기능 및 사용자 인증을 기대하기 어렵다. 1세대 방화벽에 속한다.

1. 장점

- 이 방화벽의 장점은 방화벽 기능이 OSI 7 모델에서 제3, 4계층에서 처리되기 때문에 다른 방식에 비해 처리 속도가 빠르고 사용자에게 투명성을 제공한다.
- 기존에 사용하고 있는 응용서비스 및 새로운 서비스에 대해서 쉽게 연동할 수 있는 유연성이 있다.

2. 단점

- TCP/IP 프로토콜의 구조적인 문제 때문에 TCP/IP 패킷의 헤더는 쉽게 조작할 수 있다. 따라서 외부침입자가 이러한 패킷의 정보를 조작한다면 내부시스템과 외부 시스템이 직접 연결된다.
- FTP, Mail에 바이러스가 감염된 파일 전송 시 잠재적으로 위험한 데이터에 대한 분석이 불가능하며 접속제어 규칙의 개수 및 접속제어 규칙 순서에 따라 방화벽에 부하를 많이 줄 수 있다.
- 다른 방식에 비해서 강력한 Logging 및 사용자 인증 기능을 제공하지 않는다.

플로시 서버

- 프록시(Proxy)는 중개인의 개념으로 네트워크에 진입하는 혹은 나가는 패킷을 응용프로그램 수준까지 검토하여 악의적인 정보가 있는지 검사하고 이상이 없다면 그 패킷을 목적지 시스템까지 전달하는 역할을 하는 방화벽이다.
- 프록시 서버는 프록시로 작동하고 응용프로그램 특정 트래픽 (URL 사용)의 흐름을 관리하기 위한 결정을 한다.

04 무선통신기반 열차제어에서 사용되는 무선통신의 보안 위협 요소들을 설명하고 이를 기반으로 위험도를 분석하시오.(114－25)

구분	위협행위	
Wifi LTE－R	무선으로 전송되는 정보의 간섭	차상으로의 정보전달이 무선으로 이루어지기 때문에 강력한 무선송출기에 의한 텔레그램을 교란할 수 있다.
	가짜 텔레그램	공격자는 열차제어정보의 명세, 텔레그램 등에 의해서 정확한 양식으로 정보는 전송할 수 있으며, 그로 인해 차상장치는 잘못된 정보를 인식하지 못한다.
	가짜 차량	가짜 발리스는 진짜 발리스 역할을 할 수 있다.
	열차제어의 구조 및 변수의 노출	
	검지할 수 없는 방법으로 AP 파괴	
	무선 시스템의 비밀 정보 및 상태 정보 추출	
LTE－R	virus, worm 및 spyware를 침투시킬 수 있다.	

CBTC－Wifi		
구분	지상 AP	차상장치
입력정보	Telegram	Telegram
출력정보	Telegram	열차속도
위험원	• 허용속도보다 높은 속도정보 • 속도정보 삭제	• 허용속도보다 높은 속도정보 • 속도정보 삭제
위협행위	• 유도에 의한 가짜정보에 의한허용속도보다 높은 속도정보 • 유도에 의한 속도정보 삭제	유도에 의한 정보 변질
EM 공격	Narrow band	Narrow band
관련 Subsystems	AP	차상안테나
대응 방안	IP 다중화	IP 다중화

LTE-R		
구분	Basic Transceiver Station	차상장치
입력정보	Telegram	Telegram
출력정보	Telegram	열차속도
위험원	• 허용속도보다 높은 속도정보 • 속도정보 삭제	• 허용속도보다 높은 속도정보 • 속도정보 삭제
위협행위	• 유도에 의한 가짜정보에 의한허용속도보다 높은 속도정보 • 유도에 의한 속도정보 삭제	유도에 의한 정보 변질
EM 공격	Narrow band	Narrow band
관련 Subsystems	AP	차상안테나
대응 방안	• IP 다중화 • 무선 채널 다중화	• IP 다중화 • 무선 채널 다중화

05 **열차제어시스템 구축 시 네트워크 보안에 있어서 암호화의 필요성과 비밀키 암호화와 공개키 암호화 방식에 대하여 설명하시오.**(126-25)(132-25)

¤ 네트워크 암호화(Encryption)에 있어서 비밀키(대칭키, Symmetric) 암호화 방식과 공개키(비대칭키, Asymmetric) 암호화 방식을 비교 설명하시오.

◘ 비밀키 암호(secret-key algorithm, symmetric algorithm)

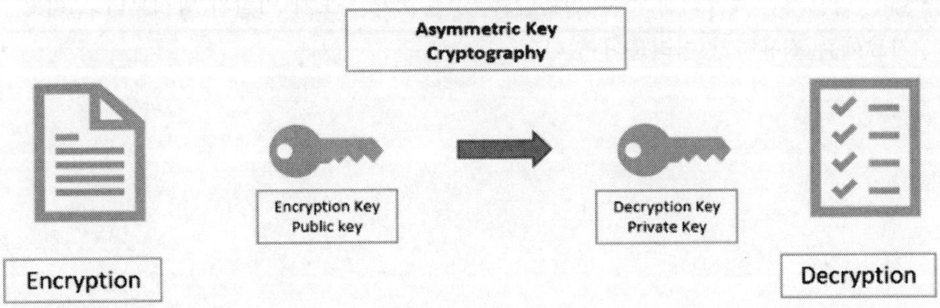

[그림] 비밀키 암호화 방식

• 암호화할 때 사용하는 암호키와 복호화할 때 사용하는 복호키가 같으며, 두 호스트는 같은 키를 공유하면서 하나의 키를 사용하여 암호화하고 복호화라고 한다.
즉, 암호키로 복호화를 하고 복호키로 암호화를 하면 비밀키 암호화 방식이라 한다.

• 암호키와 복호키가 같아 '대칭키'라고 한다.
• 암호키와 복호키가 같으므로 암호화 및 복호화가 빠르며, 다양한 암호화 기법이 개발되어 있음
• 하지만, 복수의 사용자가 사용할 때 키를 상대방에게 안전하게 보내는 데 어려움이 있음(중간에 다른 사람이 가로채거나 엿볼 수도 있다는 의미)

공개키 암호(public-key algorithm, asymmetric algorithm)

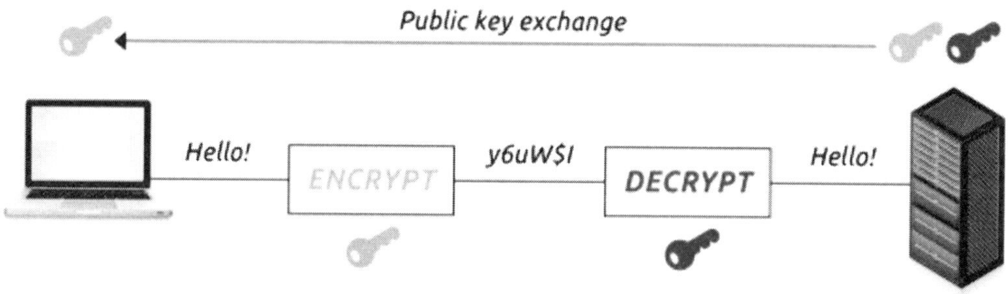

[그림] 공개키 암호화 방식

• 암호키와 복호키가 다르다.
• 암호키를 안다고 하여 복호화할 수 없고 복호키를 안다고 하여 암호화를 할 수 없다.
• 하지만 암호키는 공개되어 있으므로 누구나 암호화가 가능하다. 따라서 암호키를 '공개키'라고 한다.
• 복호키는 개인만 가지기 때문에 '개인키(Private Key)'라고 한다.
• 이 방식은 전송 도중 도청을 당하더라도 개인키(복호키)가 있어야만 볼 수 있으므로 안전하다.
• 공개키 암호화 방식은 보안상 허점이 없다는 것과 정보의 비밀 공유 이외에도 다른 용도로 사용이 가능하다는 장점이 있다.
• 대신 암호키와 복호키가 다르므로 암호 및 복호화 속도가 비밀키 방식보다 느리고, 많은 양의 자료에는 적용하기 어려움이 있다.

06 열차제어에 사용되는 무선통신의 보안 위협 요소 중에서 손상(Corruption) 및 AP 위장(Masquerade)에 대하여 설명하고, 그에 대한 위험도 분석을 수행하시오.(10)

개요

무선통신 보안 위협 요소에는 도청, 삭제, 삽입, 허위, 손상, AP 위장이 있으며 이에 따라서 발생할 수 있는 공격들은 MAC 프레임변조, MAC 프레임위조, 스푸핑(spoofing), AP 위장 후 사용자 정보획득, AP 위장 후 서비스거부공격, 단말 복제가 있다. 각 위협 요소에 따른 열차제어시스템의 위험도(RISK)를 분석하였다.

보안 위협 요소

① 허위(False) : 허위공격은 MAC 프레임의 위조공격을 유발하며, 이 공격을 통해 선로전환기의 오작동을 유도하여 서로 다른 열차 간의 충돌을 유발할 수 있다. 다른 열차와 충돌하면 심각한 인명피해가 발생할 것으로 예상되므로 위험도 등급은 재앙 수준(Catastrophic)으로 설정하였다. 이러한 위험원의 발생 가능성은 있지만, 그 가능성이 낮음으로 발생 가능성 수준을 희박한(Remote) 것으로 설정하였다. 따라서 위험도(RISK)는 발생확률(probability) × 심각도(Severity)에 따라 R3(Undesirable)로 평가되었다. 이 위험도를 줄이기 위해서는 키 관리알고리즘이 주기적으로 신뢰관리(Trust management) 기능을 수행하여 권한이 없는 노드가 허위로 데이터를 보내지 못하도록 확인해주어야 한다.

② 손상(Corruption) : 손상 공격은 MAC 프레임의 변조공격을 유발하며, 이 공격을 통해 건널목차단기의 오작동을 유도하여 열차를 안전하지 못한 선로전환기 구역에 진입시킬 수 있다. 열차가 잘못된 선로전환기 구역으로 진입하면 지형지물과 열차의 충돌 또는 불안전한 선로상태에 따른 열차전복과 같은 사고가 발생할 수 있고, 이것은 심각한 인명피해가 발생할 것으로 예상되므로 위험도 등급은 재앙 수준(Catastrophic)으로 설정하였다. 이러한 위험원의 발생 가능성은 있지만, 그 가능성이 낮음으로 발생 가능성 수준을 희박한(Remote) 것으로 설정하였다. 따라서 위험도(RISK)는 발생확률 × 심각도에 따라 R3(Undesirable)로 평가되었다. 이 위험도를 줄이기 위해서는 키 관리알고리즘이 일정 정도의 침입에 의한 패킷 손상으로부터 복구가 가능한 침입허용치(Intrusion tolerance)를 제공해야 한다.

③ AP 위장(Masquerade) : AP 위장은 공격자가 AP 위장 후 사용자 정보를 획득하여 경로요청에 대한 권한 없이 열차의 잘못된 움직임을 유도할 수 있다. 이로 인해 열차가 잘못된 방향으로 이동하여 심각한 인명피해가 발생할 것으로 예상되므로 위험도 등급은 재앙 수준(Catastrophic)으로 설정하였다. 이러한 위험원의 발생 가능성은 있지만, 그 가능성이 낮음으로 발생 가능성 수준을 희박한(Remote) 것으로 설정하였다.
따라서 위험도는 발생확률 × 심각도에 따라 R3(Undesirable)로 평가되었다. 이 위험도를 줄이기 위해서는 키 관리알고리즘이 인증(Authentication) 기능을 수행하여 AP가 올바른 권한을 가졌는지 확인하여야 한다.

④ **지연(Duration)** : 지연공격은 서비스공격(Deny of Service)을 유발하며, 이 공격을 통해 열차의 무선통신 연결이 의도치 않게 끊길 수 있다. 연결이 끊기게 되어 열차가 통제력을 잃고 열차가 잘못된 방향으로 이동하면 심각한 인명피해가 발생할 것으로 예상되므로 위험도 등급은 재앙수준(Catastrophic)으로 설정하였다. 이러한 위험원의 발생 가능성은 있지만, 그 가능성이 낮음으로 발생 가능성 수준을 희박한(Remote) 것으로 설정하였다. 따라서 위험도(RISK)는 발생확률 × 심각도에 따라 R3(Undesirable)로 평가되었다. 이 위험도를 줄이기 위해서는 키 관리알고리즘이 노드의 지연상황이 발생하더라도 통신하는 노드를 바로 변경시켜 줄 수 있는 Group change 기능을 제공하여야 한다.

⑤ **삽입(Insertion)** : 삽입공격은 MAC 프레임의 중간에 잘못된 정보를 입력하여 스푸핑, MAC 프레임 변조와 같은 공격을 유발하며, 열차가 규정되어 있는 안전을 벗어난 속도로 운행될 수 있도록 할 수 있다. 이로 인해 열차의 탈선, 충돌과 같은 심각한 인명피해가 우려되는 사고가 발생할 수 있으므로 위험도 등급은 재앙수준(Catastrophic)으로 설정하였다. 이러한 위험원의 발생 가능성은 있지만, 그 가능성이 낮음으로 발생 가능성 수준을 희박한(Remote) 것으로 설정하였다. 따라서 위험도(RISK)는 발생확률 × 심각도에 따라 R3(Undesirable)로 평가되었다. 위험도를 줄이기 위해서는 허위공격과 마찬가지로 키 관리알고리즘이 주기적으로 신뢰관리(Trust management) 기능을 수행하여 권한이 없는 노드가 중간에 데이터를 삽입하지 못하도록 하여야 한다.

위험도 분석

위험원	위험 (Hazard)	위험도			대책
		빈도	심각도	수준	
허위 (False)	충돌	D	1	R3	위험관리 (Trust Management)
손상 (Corruption)	탈선	D	I	R3	침입허용 (Intrusion tolerance)
AP 위장 (Masquerade)	충돌, 탈선	D	I	R3	인증 (Authentication)
지연 (Delay)	충돌, 탈선	D	1	R3	Group Change
삽입 (Insersion)	탈선	D	1	R3	침입허용 (Intrusion tolerence)

* 빈도 D 등급 : 드문, 수명주기 동안 한두 차례 발생 가능, 5~10년마다 발생
* 심각도 I : 재난 수준(Catastrophic), 사망 및 다수의 중상
* 위험 수준 R3 : Undesirable

07 철도안전관리체계 기술기준에서 사이버테러 대응계획 및 보완대책에 대하여 설명하시오. (123－10)

◐ 사이버테러 보안대책의 수립

철도운영자 등은 철도운영종합관제시스템에 대한 사이버테러에 대비하기 위하여 신호제어시스템, 통신제어시스템, 전력제어시스템 등 철도운영종합관제시스템에 영향을 줄 수 있는 요소를 사전에 통제하기 위한 보안대책을 수립, 실행 및 유지하여야 한다.

◐ 사이버테러 대응계획

① 사이버테러의 대책 수립·이행 및 지속적인 유지를 위하여 책임과 권한이 부여된 책임자 지정
② 사이버테러 대응조직의 구성 및 전문 인력의 확보
③ 사이버테러로부터 보호되어야 하는 기기, 컴퓨터 또는 통신 등의 구성요소에 대한 식별
④ 사이버테러의 예방·탐지·대응 및 복구를 위한 기술적·관리적 조치의 마련 및 시행
⑤ 사이버테러 대응 교육훈련에 관한사항
⑥ 사이버테러 대응체계에 관한 사항.
⑦ 주기적 취약점 분석·평가방법에 관한 사항

◐ 사이버테러 보완대책

① 안전한 철도시스템 네트워크 구성 방안(유·무선 포함)
② 철도네트워크 연계구간 보호 대책
③ 안전한 철도 감시정보 수집 및 제어 보안대책
④ 철도시스템(PC, 서버 등) 보안대책
⑤ 철도 응용프로그램 보안대책
⑥ 철도 제어기기 보안대책
⑦ 제어시스템 패치/백신 업데이트 대책
⑧ USB 등 이동형 저장장치 보안관리 대책
⑨ 유지보수 인력 보안관리 대책

08 클라우드기반 하드웨어 보안모듈(Cloud based Hardware Security Module)에 대하여 설명하시오.(124－25)

Hardware 보안모듈

① 클라우드 기반 하드웨어 보안 모듈(cloud HSM)은 클라우드 시스템을 사용하면서 필요한 각종 암호키를 보관·관리하고 암호, 인증, 전자서명 등에 필요한 암호 알고리즘을 수행한다.

② 클라우드 시스템 내에서 사용되는 보안 관련 설정부터 암호키 관리, 암호화 서비스 등 모든 보안 관련 사항을 서비스로 제공하기 때문에 서비스형 하드웨어 보안 모듈(HSM as a Service)이라고도 하며, 클라우드 사용자는 다른 클라우드 자원과 마찬가지로 사용료만 지불하고 HSM 기능을 사용할 수 있다.

③ 클라우드 시스템 내의 DB 데이터 암호화 작업 등에 사용하며, 필요한 경우에는 암호키를 외부의 상용 HSM으로 내보낼 수도 있다.

④ Cloud HSM 서비스는 IBM의 'IBM cloud HSM', 구글의 'Google cloud HSM', 아마존의 'AWS cloud HSM' 등 클라우드 서비스 업체에서 일반적으로 같이 제공한다.

⑤ 참고로 cloud HSM 제공자는 암호키를 보관할 때 사용하는 장소와 방법에 따라 FIPS 140－2 Level 3 인증 HSM 보안 등급 규격을 준수해야 한다.

09 해킹 등 외부로부터 내부망 접속 및 정보유출을 막기 위한 방화벽(Fire－Wall) 구성방법 중 패킷필터링 방식에 대하여 설명하시오.(112－25)

패킷 필터링(Packet Filtering) 방식

패킷 필터링(Packet Filtering) 방식은 OSI 7계층 구조에서 전송계층(Transport Layer)와 네트워크 계층(Network Layer)에서 동작하며, 지나가는 패킷의 헤더(Header)안의 IP address 와 Port address만을 단순 검색하여 통제하는 기능이다.

패킷 필터링의 장점 및 단점

① 장점

- TCP/IP 모델에서 IP 계층과 TCP 계층(Transport Layer)에서 동작
- 다른 방식에 비해 처리 속도가 빠름
- 사용자에게 투명성(Transparency)을 제공
- 낮은 계층에서 동작으로 기존 응용 S/W와 연동이 용이

② 단점

- 차단 규칙의 갯수 및 순서에 따라 장비에 부하 증가

- 유닉스의 외부명령어 rcp, rlogin, rdist, rsh 등 명령어 또는 FTP, 이메일에바이러스 감염된 파일전송시에는 제어 불가능
- Stateful Inspection 기능이 없는 경우가 많아서 비연결성 프로토콜인 UDP 및ICMP에 대한 효과적인 제어가 사실상 불가능

10 암호화의 정의와 대칭키(key) 암호화 방식들과 비대칭키(key) 암호화 방식들에 대하여 설명하시오.(25)

암호화의 정의

데이터 암호화는 데이터를 암호화되지 않은 일반 텍스트에서 암호화된 암호 텍스트로 변환하는 방법이다. 사용자는 암호화 키를 사용하여 암호화된 데이터에 액세스하고, 암호 해독 키를 사용하여 해독된 데이터에 액세스할 수 있다.

대칭키 기법

암호화·복호화 할 때 사용하는 키가 같은 경우, 1개의 키 사용 (내가 어떤 키로 암호화했다면 수신자도 같은 키를 갖고 있어야 한다)

전자 문서가 대칭키(열쇠)로 암호화되면 똑같은 대칭키가 있는 상대방만이 이 전자 문서를 복호화할 수 있으며, 누군가가 암호화된 전자문서를 입수하여도 이를 복호화하지 못하기 때문에 입수한 사람에게는 아무 의미가 없는 문서가 된다.

- 하나의 비밀키를 양쪽(Client-Server)이 모두 같이 사용하는 것이 문제이다. (암호화와 복호화에 같은 암호키를 쓰는 알고리즘)
- 해커로부터 안전할 수 없다.
- 알고리즘 방식으로 DES, 3-DES, AES, SEED, ARIA, MASK 등이 있다.

비대칭키(key) 기법

암호화할 때 사용하는 키와 복호화할 때 사용하는 키가 다른 경우를 말한다.

타인에게 절대 노출되어서는 안 되는 개인키(비밀키)를 토대로 만든 공개키가 쌍을 이룬 형태이다. 2개의 키를 사용한다.

- 공개키(Public Key) : 사람들에게 공개된 키이며 정보를 암호화할 수 있다.
- 개인키(Private Key) : 사용자만 알고 있는 암호를 풀 수 있는 키

- 보내야 하는 데이터를 송신자가 수신자의 공개키로 암호화를 걸어 놓고 데이터를 받은 수신자가 자신의 Private Key로 복호화를 하는 방법이다.

• Private Key는 한쪽에만 속해 있으므로 Private Key가 사용된 것으로 나타난 모든 경우 해당 키는 소유자만이 그것을 사용했다고 결론지을 수 있다.
• 한쌍(Public Key + Private Key)의 조합이 필요
• 암호화에 사용된 키와 복호화에 사용된 키가 다름에도 수학적 원리에 의해 해독할 수 있도록 한 방식
• 알고리즘 방식으로 RSA, DSA 등이 있다.

11 KTCS Level 2에 사용되는 KMC 키 계층과 암호화/암호해독 절차를 도식화 하여 설명하시오.(127-25)

키 계층은 이 대칭 키 관리 규격 적용

계층 수준	키 이름	목적
3	K-KMC	KMC 간 KMS 통신 보호에 사용되는 전송 키
	KTRANS	KMC와 지상 또는 인증 키의 설치, 업데이트 또는 삭제를 위한 차상 장비 사이의 KMS 통신을 보호하기 위해 사용되는 전송 키
2	KMAC	두 ETCS 주체 간의 안전한 연결을 확립하기 위해 세션 키 파생에 사용되는 인증 키
1	KSMAC	두 안전 주체 간의 데이터 전송을 보호하는 데 사용되는 세션 키

KMAC 암호화 및 암호 해독 절차

① KMAC의 각 DES 키는 Triple-DES 프로세스에 따라 KTRANS2를 사용하여 암호화되고 해독된다.

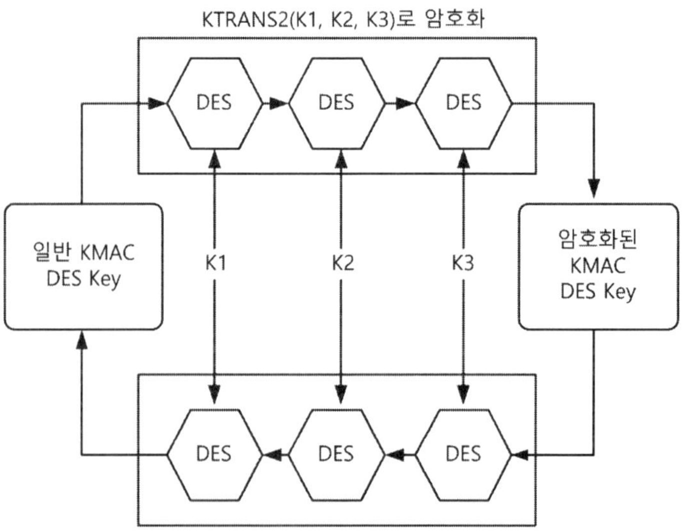

② Triple-DES 알고리즘으로 암호화/암호 해독은 암호화를 위한 암호화-암호화-암호화 순서의 세 가지 DES 작업에 해당한다. KTRANS2의 세 가지 다른 DES 키 K1, K2, K3를 사용하여 암호 해독을 위한 암호 해독-암호 해독-암호해독을 시행한다.

12 철도 비상대응계획 수립에 관한 세부기준에서 제시하는 사이버테러 대응계획 및 보완대책에 대하여 설명하시오.(134-25)

◐ 사이버테러 대응계획

철도운영자등은 사이버테러에 대비하여 철도선로제어설비, 철도신호제어설비, 송변전설비, 전철전력설비, 통신설비 등 철도운전제어시스템에 대한 사이버테러 대응계획을 수립, 실행 및 유지하여야 하며, 사이버테러 대응계획에는 다음 사항을 포함하여야 한다.

① 사이버테러 대책의 수립·이행 및 지속적인 유지를 위하여 책임과 권한이 부여된 책임자 지정
② 사이버테러 대응조직의 구성 및 전문인력의 확보
③ 사이버테러로부터 보호되어야 하는 기기, 컴퓨터 또는 통신 등의 구성요소에 대한 식별
④ 사이버테러의 예방·탐지·대응 및 복구를 위한 기술적·관리적 조치의 마련 및 시행
⑤ 사이버테러 대응 교육훈련에 관한 사항
⑥ 사이버테러 대응체계에 관한 사항
⑦ 주기적 취약점 분석·평가 방법에 관한 사항

◐ 사이버테러 보완대책

철도운영자등은 철도시스템을 안정적으로 운용하기 위하여 사이버테러에 대비한 보안대책을 마련하여야 하며, 보안대책에는 다음 사항을 포함하여야 한다.

① 안전한 철도시스템 네트워크 구성방안 (유·무선 포함)
② 철도 네트워크 연계구간 보호대책
③ 안전한 철도 감시정보 수집 및 제어 보안대책
④ 철도시스템(PC, 서버 등) 보안대책
⑤ 철도 응용프로그램 보안대책
⑥ 철도 제어기기 보안대책
⑦ 제어시스템 패치/백신 업데이트 대책
⑧ USB 등 이동형 저장장치 보안관리 대책
⑨ 유지보수 인력 보안관리 대책

13 시스템을 내·외부 사이버 공격으로부터 보호하기 위한 네트워크 보안설비의 종류, 기능, 설치방법 및 보안정책에 대하여 설명하시오.(25)

네트워크 보안

네트워크 보안은 내부 및 외부 사이버 위협과 사이버 공격으로부터 컴퓨터 네트워크와 시스템을 보호하는 데 중점을 둔 사이버 보안 분야로,

- **네트워크 보안 목표**는 네트워크 리소스에 대한 무단 액세스를 방지하고, 진행 중인 사이버 공격과 보안 침해를 탐지 및 차단하고, 인증된 사용자가 필요할 때, 필요한 네트워크 리소스에 안전하게 액세스할 수 있도록 하는 것이다.

네트워크 보안의 종류

① 방화벽

방화벽은 합법적인 트래픽은 통과시키면서 의심스러운 트래픽이 네트워크에 들어오거나 나가는 것을 차단하는 소프트웨어 또는 하드웨어이다. 방화벽은 네트워크 에지에 배포하거나 내부적으로 사용하여 더 큰 네트워크를 더 작은 하위 네트워크로 분할할 수 있다. 네트워크의 한 부분이 손상되더라도 해커는 나머지 부분으로부터 차단된다.

② 네트워크 액세스 제어(NAC)

네트워크 액세스 제어 솔루션은 게이트키퍼와 같은 역할을 하며, 사용자가 네트워크에 접속할 수 있는 사람과 네트워크 내에서 수행할 수 있는 작업을 결정하도록 사용자를 인증하고 권한을 부여한다. "인증"이란 사용자가 본인임을 인증하는 것을 의미한다. 이는 인증된 사용자에게 네트워크 리소스에 액세스할 수 있는 권한을 부여하는 것을 의미하기도 한다.

③ 침입 탐지 및 방지 시스템(IDPS)

침입 방지 시스템이라고도 하는 침입 탐지 및 방지 시스템을 방화벽 바로 뒤에 구축하여 들어오는 트래픽에서 보안 위협을 검사할 수 있다. 이러한 보안 도구는 검토를 위해 의심스러운 활동에만 플래그를 지정하는 침입 탐지 시스템에서 발전했다. IDPS에는 트래픽 차단 또는 연결 재설정과 같은 잠재적 위반에 자동으로 대응하는 기능이 추가되었다. IDPS는 무차별 암호 대입 공격과 DoS(서비스 거부) 또는 DDoS(분산 서비스 거부) 공격을 탐지하고 차단하는 데 특히 효과적이다.

④ 가상 사설망(VPN)

가상 사설망(VPN)은 데이터를 암호화하고 IP 주소 및 위치를 마스킹하여 사용자의 신원을 보호한다. VPN을 사용하는 사람은 더 이상 인터넷에 직접 연결하지 않고 자신을 대신하여 인터넷에 연결되는 보안 서버에 연결한다.

VPN을 사용하면 원격 근무자가 커피숍이나 공항과 같은 보안되지 않은 공용 Wi-Fi 연결을 통해서도 기업 네트워크에 안전하게 액세스할 수 있다. VPN은 사용자의 트래픽을 암호화하여 통신을 가로채려는 해커로부터 안전하게 보호한다.

⑤ 애플리케이션 보안

애플리케이션 보안은 보안팀이 네트워크 공격자로부터 앱과 애플리케이션 프로그래밍 인터페이스(API)를 보호하기 위해 취하는 단계를 말한다. 오늘날 많은 기업이 주요 비즈니스 기능을 수행하거나 민감한 데이터를 처리하는 데 앱을 사용하기 때문에 앱은 사이버 범죄자들의 일반적인 표적이 되고 있다. 또한, 많은 비즈니스 앱이 퍼블릭 클라우드에서 호스팅되기 때문에 해커는 이러한 취약점을 악용하여 비공개 회사 네트워크에 침입할 수 있다.

보안정책

① 바이러스 및 스파이웨어 차단 정책

바이러스 및 스파이웨어 차단 정책은 다음과 같은 보호 기능을 제공한다.

- 시그니처를 사용하여 바이러스 및 보안 위험 요소를 탐지 및 제거하고 부작용을 복구한다.
- 다운로드 인사이트의 평판 데이터를 사용하여 사용자가 다운로드하려고 시도하는 파일에서 위협 요소를 탐지한다.
- SONAR 지능형 검사와 평판 데이터를 사용하여 의심스러운 동작을 보이는 응용 프로그램을 탐지한다.

바이러스 및 스파이웨어 차단 정책은 SONAR 기술을 통해 동작 변형을 찾는다.

② 방화벽 정책

방화벽 정책은 다음과 같은 보호 기능을 제공란다.

- 무단 사용자가 인터넷에 연결된 시스템이나 네트워크에 액세스하지 못하도록 차단한다.
- 해커의 공격을 탐지한다.
- 원치 않는 네트워크 트래픽 원본을 제거한다.
- 방화벽 정책은 Windows 클라이언트에만 적용할 수 있다.

방화벽 보호 관리

③ 침입 차단 정책

침입 차단 정책은 네트워크 공격과 브라우저에 대한 공격을 자동으로 탐지하여 차단할 뿐만 아니라 응용 프로그램의 취약점을 차단한다.

- 침입 차단 관리

④ 응용 프로그램 및 장치 제어

응용 프로그램 및 장치 제어 정책은 시스템 리소스를 응용 프로그램으로부터 보호하고 시스템에 연결할 수 있는 주변 장치를 관리한다.

- 응용 프로그램 제어 설정
- 응용 프로그램 제어 정책은 Windows 클라이언트에만 적용할 수 있습니다. 장치 제어 정책은 Windows 및 Mac 시스템에 적용된다.

⑤ 호스트 무결성

호스트 무결성 정책은 엔터프라이즈 네트워크 및 데이터를 보호하기 위해 클라이언트 시스템의 보안을 정의, 강제 적용 및 복원하는 기능을 제공한다. 이 정책을 사용하여 네트워크에 액세스하는 클라이언트가 바이러스 차단 소프트웨어, 패치 및 기타 정의된 응용 프로그램 기준을 실행하는지 확인할 수 있다.

- 호스트 무결성 설정

⑥ LiveUpdate 정책

LiveUpdate 컨텐츠 정책 및 LiveUpdate 설정 정책에는 클라이언트 시스템이 LiveUpdate에서 컨텐츠 업데이트를 다운로드하는 방법과 시점을 결정하는 설정이 포함되어 있다. 클라이언트가 업데이트를 확인하기 위해 접촉하는 시스템을 정의하고 클라이언트 시스템이 업데이트를 확인하는 시점과 빈도를 예약할 수 있다.

- 클라이언트에서 컨텐츠 및 정의를 업데이트하는 방법

⑦ 메모리 악용 완화

메모리 악용 완화 정책은 DLL 하이재킹, 힙 스프레이 완화 및 Java 악용 차단 같은 완화 기술을 사용하여 소프트웨어에 대한 취약점 공격을 저지한다.

메모리 악용 완화 정책을 통해 메모리 임의 변경 공격에 대비해 Windows 클라이언트 강화

⑧ 네트워크 트래픽 리디렉션

네트워크 트래픽 리디렉션은 네트워크 트래픽을 Symantec Web Security Service(WSS)로 전송한다. WSS 솔루션은 응용 프로그램 및 웹 사이트를 분류한 다음 정책에 따라 그에 대한 액세스 권한을 허용하거나 거부함으로써 사용자와 조직을 보호한다.

- 네트워크 트래픽 리디렉션 구성

Memo

제21장

스크린 도어(PSD)

01 "철도시설의 기술기준" 제57조에 따른 승강장 안전설비에 대하여 설명(124-10)

제21장 스크린 도어(PSD)

01 “철도시설의 기술기준” 제57조에 따른 승강장 안전설비에 대하여 설명하시오.(124-10)

승강장 안전설비

① 전동차가 운행되는 승강장에는 승객의 안전사고를 방지하기 위하여 안전 펜스 또는 승강장안전문설비를 설치할 것. 다만, 광역철도(광역철도와 연계되는 철도 포함)의 승강장에는 승강장안전문설비를 설치할 것

② 본선 터널의 출구부분, 철도교량의 양끝부분 또는 외부인의 무단침입으로 철도사고의 발생 가능성이 있는 선로 등의 철도시설에는 진입 통제시설을 설치하거나 위험을 알리는 표시를 해야 하며 필요한 경우 승강장의 시점·종점 끝단에 1.5m 높이의 방벽을 설치할 것

③ 승강장의 시점·종점 끝단에는 승객의 안전 확보를 위하여 비상시 이용할 수 있는 0.9m 이상의 통로 및 계단을 설치하여야 하고, 평상시 선로접근을 방지할 수 있는 개폐 시설을 설치할 것

④ 승강장은 노대로부터 안전거리를 확보할 수 있는 경계 표시를 하여야 하며, 무정차 통과 열차 운행 시 열차 속도에 따른 추가 경계선 및 안내표시를 할 것

⑤ 승강장 노대에는 미끄럼 저항기준 40BPN 이상(시험방법은 KS F 2375에 따름)의 미끄럼 방지용 마감재를 사용하여야 하며, 시각장애인이 승강장 가장자리를 감지할 수 있도록 점자블록을 설치할 것

⑥ 승강장에 접한 선로에는 비상시 대피를 위하여 고상 승강장 아래에 적정한 크기의 여유 공간을 마련할 것

⑦ 전동차와 승강장 가장자리의 간격이 0.1m가 넘는 부분에는 안전 발판 등 승객의 실족을 방지하는 설비를 설치할 것

⑧ 화재 등 비상상황이 발생하는 경우 승강장안전문과 안전보호벽은 수동으로 개폐될 수 있도록 할 것

⑨ 승강장과 연결되는 계단은 미끄럼 저항 기준 40BPN 이상(시험방법은 KS F 2375에 따름)의 미끄럼 방지용 마감재를 사용할 것. 다만, 계단 코에 줄눈 넣기를 하거나 불연 미끄럽지 않은 등의 미끄럼 방지재로 마감을 할 때는 그러하지 아니하다.

Memo

제22장 철도기술사 135회 문제풀이

[135회 1교시]

01 철도에서 무절연 가청주파수(AF, Audio Frequency) 궤도회로 장치의 제어거리 및 단락감도에 대하여 설명하시오.(135-10)

02 철도의 정거장에서 열차의 과주에 의해 다른 열차 또는 차량에 지장을 줄 우려가 있는 경우를 대비한 과주보호설비에 대하여 설명하시오.(135-10)

03 신호 제어 설비 계획 시 고려사항에 대하여 설명하시오.(135-10)

04 철도 신호제어설비를 선정할 때 중점 고려사항 중에서 안전성과 신뢰성에 대하여 설명하시오.(135-10)

05 연동장치의 접근 쇄정 및 해정에 대하여 설명하시오.(135-10)

06 연동장치 결선도를 작성할 때 일반적인 작성 원칙에 대하여 설명하시오.(135-10)

07 Platform Screen Door 개폐장치의 구성과 동작 원리에 대하여 설명하시오.(135-10)

08 스마트 메트로 관제(SMCC, Smart Metro Control Center)에 대하여 설명하시오.(135-10)

09 「철도안전법 시행규칙」의 철도용품에 대한 형식승인 신청절차 및 검사방법에 대하여 설명하시오.(135-10)

10 신호설비에 영향을 미칠 수 있는 노이즈의 종류와 방지 대책에 대하여 설명하시오.(135-10)

11 전송망 구성형태인 Linear형, Ring형, Mesh형에 대하여 설명하시오.(135-10)

12 「한국철도표준규격 KRS SG 0069-19(R)(도시철도용 무선통신기반 열차제어시스템)」의 정상 모드(Mode) 달성을 위한 목표성능 범위에 대하여 설명하시오.(135-10)

13 무선 통신 방식인 FHSS(Frequency Hopping Spread Spectrum)방식과 OFDM (Orthogonal Frequency Division Multiplexing)방식의 특징과 장·단점에 대하여 설명하시오.(135-10)

[135회 2교시]

01 고속철도 구간에서 작업책임자가 작업 차량 이동 또는 작업과 관련하여 분기기 수동 취급 시 선로전환기(MJ81형)의 수동전환 방법에 대하여 설명하시오.(135-25) 선로전환기

02 레이저 레이더 건널목 지장물 검지 장치의 기본성능에 대하여 설명하시오.(135-25)

03 ATO(Automatic Train Operation)의 주요 기능과 ATO와 관련된 다음 사항에 대하여 설명하시오.(135-25)

04 고속철도 구간 지진감시설비의 구성 및 설치기준과 지진발생시 열차운행방법에 대하여 설명하시오.(135-25)

05 「한국철도표준규격 KRS SG 0070-22(일반 및 고속철도용 열차제어시스템)」와 관련된 다음 사항의 적합성 평가에 대하여 설명하시오.(135-25)

06 한국형 열차제어시스템(KTCS-2)의 다음 사항에 대하여 설명하시오.(135-25)

[135회 3교시]

01 철도건설사업에서 발주방식 중 「기타 공사방식」에 대한 사업 시행 단계별 추진내용을 설명하시오.(135-25)

02 통신 기반 열차제어장치(CBTC, Communication Based Train Control)의 제어원칙과 지상에서 차내로, 차내에서 지상으로 전송되는 각각의 정보에 대하여 설명하시오.(135-25)

03 네트워크 보안시스템인 Packet Filtering Firewall, Application Gateway, Stateful Packet Inspection에 대하여 각 세대별 네트워크 참조모델 OSI 7계층과 연계하여 설명하시오.(135-25)

04 광전송망 구성 방식 중 MPLS(Multi Protocol Label Switching)에 대하여 설명하시오.(135-25)

05 철도 현장에서 열차 안전 운행과 유지보수자 안전사고 예방을 위하여 설치한 안전설비 현황과 기술 발전 방향에 대하여 설명하시오.(135-25)

06 일반철도 복선구간 A역(신호장)에서 B역으로 반대선 운전(하행 → 상선)을 위한 52 입환신호기의 진행 현시 조건을 순서대로 설명하고, A역에 대한 연동도표를 표기하시오.(135-25)

[135회 4교시]

01 국토교통부의 철도 관제 시스템 고도화 기본계획에 대하여 설명하시오.(135-25)

02 경부고속철도 스마트락(Smart-lock) 전자연동장치의 구성과 기능에 대하여 설명하시오.(135-25)

03 IP(Internet Protocol) 기반 전자연동장치 연동논리부의 부정 출력 차단에 대하여 설명하시오.(135-25)

04 CBTC(Communication Based Train Control) 시스템에서 열차의 위치 검지 방법 중 다음에 대하여 설명하시오.(135-25)

05 주신호기의 종류와 신호기 설치 위치에 대하여 설명하시오.(135-25)

06 네트워크 보안 방법 중 VPN(Virtual Private Network) 및 암호화 방식에 대하여 설명하시오.(135-25)

제22장

철도기술사 135회 문제풀이

135회 1교시 철도기술사 문제풀이

01 철도에서 무절연 가청주파수(AF, Audio Frequency) 궤도회로 장치의 제어거리 및 단락감도에 대하여 설명하시오.(135-10)

철도 신호 시스템에서 무절연 가청주파수(AF, Audio Frequency) 궤도회로는 전기적으로 절연되지 않은 레일을 통해 가청 주파수 대역(보통 500Hz ~ 수 kHz)의 전류를 사용하여 열차의 존재 여부를 감지하는 궤도회로 방식이다. 이 시스템은 고속철도, 도시철도 등에서 널리 사용되며, 기존의 직류 혹은 저주파 궤도회로보다 간섭에 강하고 정보 전송 능력이 우수하다.

이 장치의 성능을 평가하는 중요한 요소 중 제어거리와 단락감도에 대해 설명하면 다음과 같다:

1. 제어거리(Control Length)

- 정의
  궤도회로 내에서 신호 송신기(발진기)로부터 수신기(수신기 또는 릴레이)까지 정상적으로 신호가 전달되어 궤도회로가 기능할 수 있는 최대 거리를 말한다.
- 특징
  - 신호의 세기와 주파수, 레일의 저항과 임피던스, 부하 조건(열차 유무), 접속 방식 등에 따라 달라진다.
  - 무절연 방식이므로 궤간 전 구간이 하나의 전기적 경로로 연결되어 있어, 이론상 제어거리를 길게 할 수 있으나, 신호 감쇄 및 간섭에 의해 실제 제어거리는 제한된다.
  - 일반적으로 수백 미터에서 수 킬로미터까지 제어거리 설정이 가능하며, 1~2km가 보편적인 거리이다.

2. 단락감도(Shunting Sensitivity)

- 정의 : 열차가 궤도회로 구간에 진입했을 때, 차량 바퀴와 레일 사이가 전기적으로 단락되었음을 얼마나 민감하게 감지할 수 있는가를 나타내는 지표이다.

- 중요성
  - 열차 검지의 신뢰성을 좌우하는 핵심 요소이다.
  - 단락감도가 낮을 경우, 차량의 존재를 궤도회로가 인식하지 못하는 "열차 미검지(Miss-shunt)" 현상이 발생할 수 있어 안전성에 중대한 위협이 된다.
- 영향 요인
  - 레일 표면 상태(녹, 오염, 이물질)
  - 차량의 축중 및 차륜 접촉 상태
  - 신호의 주파수와 전압 수준
  - 차량 하부 구조(차축 저항 유무)
- 개선 방법
  - 주파수 선택 최적화(신호 감쇠와 잡음 간 타협)
  - 적절한 전류 크기 설정
  - 차량의 차륜-레일 접촉 상태 유지 관리
- 정리

항목	설명
제어거리	무절연 AF 궤도회로에서 신호가 정상적으로 전달될 수 있는 최대 거리. 일반적으로 1~2km 수준.
단락감도	열차 차륜에 의해 궤도회로가 단락되었을 때 이를 민감하게 감지하는 능력. 안전성에 직결됨.

02 철도의 정거장에서 열차의 과주에 의해 다른 열차 또는 차량에 지장을 줄 우려가 있는 경우를 대비한 과주보호설비에 대하여 설명하시오.(135-10)

철도의 정거장에서 열차가 정지신호를 무시하거나 제동 불능 등의 이유로 정지 위치를 초과해 운행하는 경우를 "과주(過走)"라고 하며, 이러한 상황이 발생할 경우 다른 열차나 차량에 충돌하거나 운행에 지장을 줄 우려가 있다. 이를 방지하기 위해 정거장에는 다양한 과주보호설비가 설치된다. 다음은 과주에 대비한 주요 과주보호설비에 대한 설명이다.

1. 과주방호선(Overrun Protection Track)

- 정의 : 열차가 정지신호를 초과하여 주행할 경우, 본선 또는 타 열차의 운행로와 충돌하지 않도록 하기 위한 별도의 선로.
- 기능 : 열차를 안전한 측선으로 유도하여 본선에서 이탈시킴으로써 충돌 방지.

- 종류
  - 유도선(Catch Siding) : 일부러 비본선 방향으로 유도하여 과주 열차를 분리.
  - 방호측선(Safety Siding) : 경사를 주어 자연 감속 및 정지를 유도.

2. 절연 구간(Dead Section)

- 정의 : 전기차량이 지나갈 경우 전원이 차단되는 구간.
- 설치 위치 : 정지신호기 전방 일정 거리.
- 기능 : 전기 공급을 차단하여 열차가 더 이상 주행하지 못하도록 함.
- 효과 : 전기차량의 자연 정지 유도, 사고 방지.

3. 탈선기(Derailer)

- 정의 : 차량을 선로에서 의도적으로 탈선시키는 장치.
- 기능 : 무단 진입 또는 과주한 열차가 본선에 진입하는 것을 물리적으로 방지.
- 사용 예 : 차량기지 출입선, 정거장 측선 등에 설치.

4. 자동열차정지장치(ATS), 자동열차제어장치(ATC)

- ATS : 정지신호를 지나치거나 제한속도를 초과하는 경우, 자동으로 제동을 걸어 열차를 정지.
- ATC : 운전자가 아닌 시스템이 실시간으로 열차 속도 및 운행을 제어함으로써 과주 상황을 예방.

5. 완충장치 및 충돌방지벽(Buffer Stop, Crash Barrier)

- 정의 : 선로 끝단에 설치된 충격 흡수 장치.
- 기능 : 정지 실패 시 열차의 물리적 충격을 흡수하여 피해 최소화.
- 설치 위치 : 종착역, 측선 끝단, 차량기지 등.

요약

구분	주요 기능
과주방호선	과주 열차를 본선에서 분리, 안전한 곳으로 유도
절연 구간	전기 공급 차단을 통해 전동차 정지 유도
탈선기	무단 진입/과주 차량을 탈선시켜 본선 진입 방지
ATS/ATC	신호 위반 또는 과속 시 자동으로 열차 정지
완충장치	물리적 충격 흡수로 사고 피해 최소화

이러한 과주보호설비들은 정거장 내 열차 운행의 안전성을 확보하고, 다른 열차 및 시설과의 충돌을 예방하기 위해 반드시 필요한 핵심 설비들이다.

03 신호 제어 설비 계획 시 고려사항에 대하여 설명하시오.(135-10)

철도 신호제어설비는 열차의 안전한 운행과 효율적인 교통관리를 위해 필수적인 설비이다. 이를 계획할 때는 다음과 같은 여러 가지 사항을 종합적으로 고려해야 한다.

철도 신호제어설비 계획 시 고려사항

1. 운행 안전 확보

- 열차 간 충돌 및 탈선 방지를 위한 폐색(block) 시스템 구축.
- 정지·주의·진행 등의 신호를 명확히 전달하여 운전자 인식 용이성 확보.
- Fail-safe 원칙 적용 : 고장 시에도 안전한 상태로 자동 복귀.

2. 운행 형태 및 운전 방식

- 열차 종류 및 운행 빈도(여객, 화물, 고속철 등)에 따른 신호방식 적용.
- 단선/복선, 자동운전 여부(ATO), 차내신호(ATC/ATP) 등 운전 조건 고려.
- 교행·추월 가능성을 반영한 분기기 제어 계획.

3. 신호 방식의 선택

- 폐색 방식 : 고정폐색(지상신호) vs 이동폐색(CBTC 등).
- 신호 전달 방식 : 노변신호(Wayside) 또는 차내신호(Cab signal).
- 제어 방식 : 현장제어(Local), 집중제어(Centralized Traffic Control), 자동제어(Automatic Train Control).

4. 제어 시스템 설계

- 연동장치(Interlocking) : 신호기, 분기기, 건널목 간 논리적 연계로 안전 확보.
- 중앙관제 시스템(CTC)과의 연계 가능성 검토.
- 열차 제어 시스템(TMS, SCADA 등)과의 통합 운용 고려.

5. 노선 조건 및 현장 환경

- 선로 구성(직선, 곡선, 분기), 정거장 위치, 차량기지 위치 등을 반영.
- 시야 확보, 지형 조건, 터널·교량 등 특수 구조물 고려.
- 건널목 및 보행자 통로 등의 교차 시설과의 연계.

6. 신호설비 배치 및 시인성 확보

- 신호기의 설치 간격 및 위치 선정은 운전자 시야, 제동거리, 차량속도 등을 기반으로 설정.
- 야간·우천 시에도 인식 가능한 신호장치 적용.

7. 통신 및 전력 설비 연계

- 신호제어장치와 차량 간 실시간 통신 시스템 구축.
- 전력공급 안정성 확보 및 정전 시 대비한 예비전원 설치.

8. 유지관리 및 경제성

- 설비의 표준화 및 모듈화를 통해 유지보수 용이성 확보.
- 예비 부품 공급, 정비 주기, 기술 지원 체계 고려.
- 초기 설치비와 운영·유지 비용의 경제적 타당성 검토.

9. 법규 및 기술 기준 준수

- 「철도안전법」, 「국토교통부 기술기준」, UIC(국제철도연합), IEC 등 국제표준 준수.
- 관제기관 및 운영기관과의 협의를 통한 통합 설계.

10. 미래 확장성과 기술 발전 대응

- 향후 열차 운행 증가 또는 신기술 도입(CBTC, 자동운전 등) 가능성 고려.
- 유연한 시스템 설계로 확장성 확보.

이와 같이 철도 신호제어설비는 단순한 신호기 설치가 아닌, 종합적인 시스템 계획이 필요하며, 안전, 효율성, 기술적 안정성을 중심으로 설계되어야 한다.

04 철도 신호제어설비를 선정할 때 중점 고려사항 중에서 안전성과 신뢰성에 대하여 설명하시오.(135-10)

철도 신호제어설비를 선정할 때 가장 중요한 고려사항 중 하나는 안전성과 신뢰성이다. 이 두 요소는 철도 시스템의 운영 효율성과 더불어 생명과 직결되는 문제이기 때문에 매우 중요하다. 아래에 각각을 설명하면 다음과 같다.

1. 안전성(Safety)

- 정의 : 철도 신호제어설비가 고장이나 오류가 발생하더라도 사고를 예방하고 인명 및 재산 피해를 방지할 수 있는 능력을 의미한다.
- 중점 고려사항
  - 고장 시 안전측 설계(Fail-safe Design) : 시스템이 고장 나더라도 열차가 자동 정지하도록 설계되어야 함.
  - 이중화 및 백업 시스템 : 주요 설비는 이중화(이중 설비 운영)하여 하나의 설비에 문제가 생겨도 전체 시스템에 영향을 주지 않도록 함.

- **국제 표준 및 인증** : SIL(Safety Integrity Level)과 같은 국제 안전등급 기준을 충족해야 함.
- **인적 오류 예방** : 시스템 설계 및 인터페이스가 운전원이나 관제사의 실수를 최소화할 수 있도록 직관적이어야 함.

2. 신뢰성(Reliability)

- **정의** : 철도 신호제어설비가 정상적인 상태에서 일정 시간 동안 고장 없이 안정적으로 작동할 수 있는 능력을 말한다.
- **중점 고려사항**
  - **MTBF(Mean Time Between Failures)** : 고장 간 평균 시간 수치를 높여 시스템의 가동률을 높여야 함.
  - **정기적인 유지보수와 진단 기능** : 설비가 고장나기 전 이상 징후를 감지하고 조치할 수 있는 기능이 필요함.
  - **환경 적응성** : 고온, 저온, 습도, 진동 등 다양한 환경에서도 정상 작동할 수 있어야 함.
  - **예측 가능한 운용성** : 시스템의 반응 속도와 동작 방식이 일정해야 하며, 예측 가능해야 함.

결론

철도 신호제어설비는 단순한 자동화 기기를 넘어서, 수많은 승객의 생명을 책임지는 사회적 안전 인프라이다. 따라서, 안전성은 사고를 방지하는 최소한의 기준, 신뢰성은 운영 효율성과 직결된 지속 가능성의 관점에서 반드시 종합적으로 고려되어야 한다.

05 연동장치의 접근 쇄정 및 해정에 대하여 설명하시오.(135-10)

철도신호시스템에서 연동장치의 접근 쇄정 및 해정은 열차의 안전 운행을 확보하기 위해 필수적인 개념이다. 이를 이해하려면 먼저 연동장치가 무엇인지 알아본 후 접근 쇄정과 접근 해정에 대해 설명하고자 한다.

1. 연동장치란?

연동장치는 철도 신호 및 선로전환기 등의 장치들이 상호 연동되어 열차가 안전하게 운행할 수 있도록 제어하는 장치이다.

예를 들어, 어떤 선로로 열차가 진입할 때 해당 경로에 있는 선로전환기와 신호기가 그에 맞게 설정되어 있어야 하며, 다른 열차나 충돌 가능성이 있는 경로는 자동으로 차단되어야 한다.

2. 접근 쇄정(Approach Locking)

- 정의 : 접근 쇄정이란, 열차가 특정 진로에 접근하고 있을 때, 해당 진로의 신호기가 현시되었다면, 이 진로를 임의로 변경하거나 해제할 수 없도록 쇄정하는 기능이다.
- 목적
  - 열차가 진입 중인 진로를 중간에 변경하면 탈선, 충돌 등의 사고가 발생할 수 있기 때문에,
  - 열차의 접근을 감지하여 해당 진로를 물리적으로나 논리적으로 변경할 수 없게 "쇄정(잠금)"하는 것이다.
- 방법
  - 일반적으로 궤도회로, 궤도회로 단락 또는 열차 검지기를 통해 열차의 접근을 인지한다.
  - 진로가 설정되고 신호가 개방되면, 해당 경로에 열차가 접근하는 시점부터 진로 해정이 불가능해진다.

3. 접근 해정(Approach Releasing)

- 정의 : 열차가 설정된 진로로 진입하지 않은 것이 확인되었을 때, 일정 조건 하에 접근 쇄정을 해제(해정)하는 기능이다.
- 목적
  - 예를 들어, 진로가 설정되어 있었으나 열차가 실제로 진입하지 않고 대기 상태로 머물러 있는 경우,
  - 운전이나 운행의 유연성을 위해 해당 진로를 다시 해제하고 다른 진로를 설정할 수 있도록 해야 한다.
- 조건
  - 일정 시간 이상 열차 접근이 감지되지 않을 때(예 신호개방 후에도 궤도회로에 열차가 나타나지 않음)
  - 또는 신호 취소 버튼, 타이머 또는 운전 취소 명령 등을 통해 운전자가 접근 해정을 수동으로 수행

4. 요약

구분	내용
접근 쇄정	열차가 접근하면 설정된 진로를 변경하거나 해제할 수 없도록 잠그는 기능
접근 해정	설정된 진로에 실제 열차 접근이 없을 경우 진로 해제가 가능하도록 하는 기능
목적	철도 사고 방지 및 운행 안전 확보
관련 장치	연동장치, 궤도회로, 열차 검지기 등

06 연동장치 결선도를 작성할 때 일반적인 작성 원칙에 대하여 설명하시오.(135-10)

철도신호시스템에서 연동장치 결선도를 작성할 때는, 신호 설비의 정확한 동작, 안전성 확보, 유지보수의 용이성 등을 고려하여 다음과 같은 일반적인 작성 원칙을 따라야 한다.

1. 기본 구성 요소의 명확한 표시

- 모든 신호기, 선로전환기, 궤도회로, 구내 장치 등을 기호와 함께 명확히 표시해야 함.
- 각 요소는 약호(예 HG=출발신호기, 1P=1번 포인트)를 사용하여 쉽게 식별 가능해야 함.

2. 전기적 결선의 정확성 확보

- 각 장치 간의 배선 연결 상태를 정확히 표시해야 하며, 실제 시공 시 오류가 없도록 해야 함.
- 접점(릴레이 접점), 코일, 퓨즈, 단자대 등의 연결이 실제 회로 구성과 일치해야 함.

3. 릴레이 접점의 논리적 배열

- 동일한 릴레이의 접점은 가능한 한 수직으로 정렬하여 한눈에 보기 쉽게 구성.
- 릴레이 코일은 왼쪽, 접점은 오른쪽에 배치하는 것이 일반적임.

4. 진로별 구조 표현

- 진로 설정(Setting) 및 해정(Release) 순서가 논리적으로 흐름에 따라 표현되어야 함.
- 진로 구성에 필요한 신호기, 선로전환기, 궤도회로 등이 한눈에 확인 가능하도록 배열.

5. 안전 논리(Interlocking Logic) 구현

- 충돌 방지, 진로 중복 설정 방지, 접근 쇄정 등의 논리를 결선도로 명확히 표현해야 함.
- 연동 조건이 제대로 구현되었는지 확인가능하도록 결선 상태를 도식화.

6. 표준 도면 기호 및 약호 사용

- 철도공사 또는 관련 기관에서 정한 표준 기호 및 약호 체계를 사용해야 함.
- 예 PR(선로전환기 릴레이), HR(신호기 개방 릴레이), TR(궤도회로 점유 감지 릴레이)
- 기호의 일관성을 유지하여 도면 간 해석 혼란을 방지

7. 번호 및 레이블 체계 적용

- 도면의 각 요소는 고유 번호 또는 이름을 부여하여 문서화 및 추적이 용이하게 함.
- 릴레이, 케이블, 단자대 등은 일관된 명명 규칙을 따라야 함.

8. 도면 레이아웃과 가독성 고려

- 도면은 좌 → 우, 상 → 하 방향으로 흐름을 표현하는 것이 일반적.
- 과도한 선 겹침을 피하고, 복잡한 회로는 분할 도면 또는 다단 도면으로 나눠 작성.

9. 검증 가능성 확보

- 결선도는 실제 동작 논리와 부합해야 하며, 시뮬레이션 또는 검토가 가능하도록 작성.
- 테스트 시나리오에 따라 정상/비정상 동작 여부를 판별할 수 있어야 함.

◆ 정리

항목	설명
구성 명확화	신호기, 포인트 등 약호로 명시
결선 정확성	실제 회로와 일치
논리적 배열	릴레이 코일과 접점의 체계적 배치
진로 흐름	설정 → 해정 순서 표현
안전 논리	쇄정, 중복 방지 등 구현
표준 사용	통일된 기호 및 약호 체계
가독성	선 겹침 피하고 흐름에 맞게 배열
검증 가능성	시뮬레이션 및 리뷰 가능해야 함

07 Platform Screen Door 개폐장치의 구성과 동작 원리에 대하여 설명하시오.(135-10)

철도시스템에서 Platform Screen Door(PSD, 승강장 스크린도어)는 열차가 정차할 때 승객의 안전 확보와 열차 운행의 효율성 향상을 위해 사용되는 장치이다.
개폐장치의 구성과 동작 원리는 승강장 스크린도어가 열차 출입문과 정확하게 연동되도록 설계되어 있으며, 다음과 같이 설명할 수 있다.

1. PSD 개폐장치의 구성

Platform Screen Door 시스템의 개폐장치는 크게 기계적 장치와 전기·제어 장치로 나뉘며, 주요 구성은 다음과 같다.

구성 요소	설명
구동 모터(Motor)	스크린도어의 열림 및 닫힘 동작을 물리적으로 수행하는 장치 (대부분 AC 서보모터 또는 DC 모터 사용)
감속기 (Reducer/Gearbox)	모터의 회전 속도를 제어하고 토크를 증폭시켜 도어를 부드럽게 움직이게 함
도어 링크장치 (Link Mechanism)	도어 패널을 선형으로 개폐시키기 위한 슬라이드 레일과 연결 구조

도어 위치 센서 (Position Sensor)	도어의 현재 상태(열림/닫힘 여부)를 감지하여 제어장치에 전달
제어장치 (PSD Controller)	열차의 도어 개폐 신호를 수신하고 PSD의 동작을 제어하는 마이크로프로세서 기반 장치
인터페이스 장치 (Train-to-PSD Interface)	열차와 PSD 시스템 간 통신(주로 신호 동기화)을 담당
비상 개방 장치	정전 시 또는 긴급 상황에서 수동으로 문을 열 수 있는 장치

2. PSD 개폐장치의 동작 원리

PSD 개폐장치는 열차 도어와의 연동을 기반으로 정밀하게 동작하며, 주요 동작 흐름은 다음과 같다.

① 열차 접근 및 정차
- 열차가 승강장에 접근하면 열차 위치 검지 시스템(차륜 센서, 궤도회로 등)이 이를 감지.
- 열차가 정위치에 정차한 경우에만 PSD 제어장치는 개방을 허용.

② 열차 도어 연동 신호 수신
- 열차는 도어 개방 조건 충족 시, 열차 자체에서 PSD 제어기로 "문 열림 요청 신호"를 송신.
- 제어기는 해당 신호를 수신하고 승강장 도어의 개방을 개시.

③ PSD 도어 개방
- 제어기는 모터에 동작 명령을 보내고, 모터는 감속기와 링크장치를 통해 도어를 개방 방향으로 슬라이딩시킴.
- 도어 개방 완료 후 도어 열림 센서가 신호를 피드백하여 정상 동작 여부를 확인.

④ 열차 출발 준비 시 도어 닫힘
- 열차 출발 시 열차 측 제어기에서 "문 닫힘 요청 신호"를 송신.
- PSD 제어기는 신호를 수신하고, 모터를 역방향으로 작동시켜 도어를 닫음.
- 도어 완전 닫힘을 센서로 감지하고, 폐문 상태를 열차 측에 다시 통보.

⑤ 비상 상황 대응
- 정전, 화재, 고장 등 특수 상황에서는 수동 핸들이나 비상 버튼을 통해 도어를 수동 개방 가능.

3. 안전 및 보안 기능

- 문 끼임 감지 센서 : 문이 닫힐 때 장애물을 감지하면 자동으로 재개방
- 이중 제어 시스템 : 열차 도어와 PSD가 모두 닫혀야 출발 가능
- 장애 진단 기능 : 오작동 시 오류 코드 기록 및 원격 감시 시스템과 연동

요약

항목	내용
주요 구성	모터, 감속기, 슬라이딩 링크, 위치 센서, 제어장치, 인터페이스
동작 원리	열차 도어 개방 신호 수신 → PSD 개방 → 열차 도어 닫힘 신호 수신 → PSD 닫힘
연동 조건	열차가 정위치 정차 + 열차와 PSD 간 통신 연동
안전 기능	문 끼임 감지, 비상개방, 자동 점검 등

08 스마트 메트로 관제(SMCC, Smart Metro Control Center)에 대하여 설명하시오. (135-10)

도시철도 신호시스템에서 스마트 메트로 관제(SMCC, Smart Metro Control Center)는 도시철도의 효율적 운행, 안전한 제어, 실시간 상황 대응을 위해 최신 ICT(정보통신기술)와 자동화 기술이 융합된 차세대 통합 관제 시스템이다.

1. SMCC(Smart Metro Control Center)의 정의

SMCC는 도시철도의 열차 운행, 전력, 통신, 설비, 안전 시스템 등을 통합적으로 감시·제어하고, 데이터 기반으로 자동화된 운용 및 의사결정 지원이 가능하도록 설계된 스마트 통합관제센터이다.

2. 구성 요소

SMCC는 다음과 같은 핵심 하부 시스템으로 구성된다.

구성 요소	주요 역할
ATS(자동열차감시장치)	열차 위치 및 운행 상태 감시, 자동 스케줄 운행
CBTC/ATC	열차 간 거리 확보 및 신호 제어(무선 기반 제어 포함)
SCADA	전력, 환기, 조명 등 설비의 원격 감시 및 제어
CCTV·FAS 연동	상황 감시 및 화재, 재난 대응 연동
빅데이터/AI 분석 엔진	운행 정보 분석, 이상 징후 예측 및 최적 운행 지원
통합 UI/운영 인터페이스	관제사가 직관적으로 상황을 인지하고 제어 가능하도록 구성

3. 주요 기능 및 동작 원리

① 통합 운행 관제

- 열차의 위치, 운행 상태, 운행 계획 등을 실시간으로 통합하여 운행 효율화 및 안전성 향상.
- ATS와 연계하여 자동열차운행(ATO) 시스템을 지원.

② 자동화 및 스마트 제어

- 장애, 지연, 혼잡 발생 시 AI 기반 자동 의사결정 지원.
- CBTC 시스템과 연동되어 실시간 무선 통신 기반으로 열차 간격 제어 가능.

③ 설비·시설 통합 감시

- 전력설비, 승강장 스크린도어, 에스컬레이터, 환기설비 등을 SCADA 시스템을 통해 감시 및 제어.
- 에너지 효율 최적화에도 기여.

④ 비상 대응 및 재난 대응 기능

- 열차 고장, 화재, 승객 사고 등 발생 시 자동 알림 및 대응 시나리오 실행.
- CCTV와 연동하여 관제센터에서 실시간 모니터링 가능.

⑤ 데이터 기반 운영 최적화

- 열차 지연 원인, 혼잡 구간, 반복 장애 등의 데이터를 분석하여 운행 전략 개선.
- AI 기반 예지보전(예방 정비) 기능 포함.

4. SMCC의 도입 효과

분야	효과
운행 효율성	실시간 열차 운행 최적화, 지연 최소화
안전성 향상	위험 상황 자동 감지 및 빠른 대응
유지보수 개선	예지보전 도입으로 장비 고장 예방
에너지 절감	전력 및 설비 운영 최적화
운영 비용 절감	자동화 및 통합 운영으로 인력 효율화

요약

항목	내용
정의	도시철도 시스템의 스마트 통합 관제센터
주요 기능	열차, 설비, 안전 등 통합 감시 및 제어
기술 요소	ATS, CBTC, SCADA, CCTV, AI 분석 등
장점	운행 효율성 향상, 안전성 강화, 비용 절감

09 「철도안전법 시행규칙」의 철도용품에 대한 형식승인 신청절차 및 검사방법에 대하여 설명하시오.(135-10)

「철도안전법 시행규칙」에 따른 철도용품의 형식승인 신청절차 및 검사방법은 철도용품이 철도시스템에 안전하고 적합하게 사용될 수 있도록 하기 위한 법적·기술적 절차이다. 이 절차는 국토교통부장관이 지정한 전문기관(예 한국교통안전공단 등)을 통해 수행되며, 철도용품의 안정성, 기능성, 성능을 사전에 검증한다.

1. 형식승인의 정의

형식승인이란, 동일한 구조·성능·기능을 가진 철도용품에 대해 사전에 국토교통부장관이 정한 기술기준 및 안전기준에 적합한지를 심사·검사하여 승인하는 절차이다.
※ 주로 대량 생산되거나 반복 사용되는 장비 및 부품에 적용됨.

2. 형식승인 신청 절차(철도안전법 시행규칙 제83조 등)

① 신청서 제출
- 제조자 또는 수입자가 국토교통부장관에게 형식승인을 신청
- 제출서류
  - 형식승인 신청서
  - 철도용품의 사양서 및 도면
  - 기술 설명서
  - 시험성적서 또는 자체 시험 계획서
  - 유지관리지침서 등

② 서류 심사
- 제출된 서류의 기술적 타당성 및 기준 적합 여부 검토
- 필요한 경우 보완 요청

③ 시험검사 또는 인증
- 국토부 지정 기관(예 한국교통안전공단)에서 기능·성능·내구성 등에 대한 시험 실시
- 제품에 따라 공인시험기관의 시험성적서 인정 가능

④ 기술기준 및 안전기준 적합 여부 판단
- 철도차량, 신호장치, 전력설비 등 각 철도용품별 기술기준에 따른 평가

⑤ 형식승인서 발급
- 검사 및 심사 결과 기준에 적합할 경우 형식승인서 발급
- 승인번호, 용도, 승인일자 등 기재

⑥ 형식승인표시 부착

• 승인된 제품에는 형식승인번호 및 관련 사항을 제품 외부에 표시해야 함

3. 형식승인 검사방법

검사 항목	내용
기능 검사	해당 철도용품이 설계된 기능을 정상적으로 수행하는지 확인
성능 검사	사용 조건(온도, 진동, 전자파 등)에서의 성능 검증
내구성 시험	반복 사용 또는 장시간 운용 시 성능 유지 여부 확인
기술기준 적합성	「철도용품의 기술기준」 및 관련 고시에 따른 요구사항 충족 여부 확인
형상 및 외관 확인	도면과 실제 제작품의 일치 여부 확인
표준 시험 절차	관련 KS, IEC, ISO 등 국제규격에 따라 시험 수행

※ 시험은 제조자가 지정시험기관에 의뢰하거나, 지정 검사기관이 직접 수행할 수 있음.

4. 형식승인의 유효기간 및 사후관리

• 유효기간 : 형식승인은 일반적으로 5년간 유효하며, 변경 시 갱신 필요

• 변경승인 : 주요 사양 변경 시에는 반드시 변경 승인 신청

• 사후검사 : 승인 이후에도 품질유지 여부를 불시점검할 수 있음

요약 정리

항목	내용
형식승인 목적	철도용품의 안전성과 성능 확보
신청자	제조자 또는 수입자
절차	신청 → 서류심사 → 시험검사 → 승인서 발급 → 표시 부착
검사방법	기능, 성능, 내구성, 기술기준 적합성 평가 등
관련기관	국토교통부, 한국교통안전공단 등 지정 검사기관

10 신호설비에 영향을 미칠 수 있는 노이즈의 종류와 방지 대책에 대하여 설명하시오.(135-10)

신호설비에 영향을 주는 노이즈와 방지 대책

신호설비는 정확한 정보 전송이 무엇보다 중요하기에, 미세한 노이즈(잡음)에도 오작동이나 성능 저하가 발생할 수 있다. 이러한 노이즈는 발생 원인과 유입 경로에 따라 크게 유도 노이즈, 전도 노이즈, 방사 노이즈 등으로 나눌 수 있다.

1. 유도 노이즈(Inductive Noise)

전력선이나 주변 회로에서 발생한 전자기장이 신호 케이블에 영향을 주어 전압을 유도하며 발생하는 노이즈이다. 특히 철도 신호설비는 고압의 전차선과 인접해 있어 유도 노이즈의 영향을 받기 쉽다.

종류

① **정전 유도** : 전력선과 신호선 사이의 정전용량(콘덴서처럼 작용) 결합으로 인해 발생한다.

② **전자 유도** : 전력선 전류의 변화로 생긴 자기장이 신호선에 전압을 유기시켜 발생한다.

방지 대책

① **이격거리 확보** : 노이즈 발생원(전력선 등)과 신호 케이블의 거리를 최대한 멀리 이격하여 설치한다.

② **차폐 케이블 사용** : 신호선을 금속 차폐층으로 감싸 외부 전자기장의 영향을 최소화하고, 차폐층을 접지하여 유도된 전류를 대지로 흘려보낸다.

③ **꼬임 케이블(Twisted Pair) 사용** : 두 가닥의 신호선을 서로 꼬아주면 각 선에 유도되는 노이즈가 서로 상쇄되어 감쇄 효과를 얻을 수 있다.

④ **교차 시 직각 교차** : 전력선과 신호선이 부득이하게 교차할 경우, 평행 구간을 최소화하고 직각으로 교차시켜 유도 결합을 줄인다.

2. 전도 노이즈(Conducted Noise)

전원선, 접지선 또는 신호선을 통해 직접 장비 내부로 흘러 들어오는 노이즈이다. 가장 흔하면서도 직접적인 영향을 미친다.

종류

① **서지Surge)** : 낙뢰, 스위치 개폐 시 발생하는 매우 짧고 강력한 임펄스성 노이즈로, 회로를 파손시킬 수 있다.

② **전원 변동** : 전원 공급의 불안정으로 인한 전압 변동이나 리플(Ripple)이 노이즈로 작용한다.

③ **공통 임피던스 노이즈** : 여러 회로가 접지선을 공유할 때, 한 회로의 전류가 공통 접지선을 통해 다른 회로에 영향을 주어 발생한다.

◘ 방지 대책

① **서지 보호기(SPD) 설치** : 전원 및 신호선 입력단에 서지 보호기를 설치하여 과도한 전압이 설비로 유입되는 것을 차단한다.

② **노이즈 필터 및 절연 변압기 사용** : 전원 라인에 필터를 장착하여 특정 주파수의 노이즈를 제거하거나, 절연 변압기(노이즈 컷 트랜스)를 사용하여 노이즈 유입 경로를 물리적으로 차단한다.

③ **안정적인 전원 공급** : 무정전 전원 장치(UPS)나 정전압 안정기(AVR)를 사용하여 깨끗하고 안정적인 전원을 공급한다.

④ **접지 강화 및 분리** : 접지 저항을 낮게 유지하고, 신호용 접지와 전력용 접지를 분리하여 공통 임피던스로 인한 노이즈를 방지한다. (1점 접지, 다점 접지 등 시스템에 맞는 접지방식 적용)

3. 방사 노이즈(Radiated Noise)

인버터, 모터, 무선 통신기기 등 주변 장비에서 발생한 전자파가 안테나처럼 작용하는 케이블이나 회로에 직접 방사되어 유입되는 노이즈이다.

◘ 종류

① EMI(Electromagnetic Interference) : 모터, 인버터 등에서 발생하는 전자기 간섭.

② RFI(Radio Frequency Interference) : 방송, 무전기, 휴대폰 등 무선 통신 기기에서 발생하는 무선 주파수 간섭.

◘ 방지 대책

① **차폐 (Shielding)** : 노이즈 발생원이나 보호가 필요한 신호설비를 금속 케이스로 덮어 전자파를 차단한다.

② **케이블 및 부품 배치 최적화** : 신호선과 전원선을 분리 배선하고, 노이즈에 민감한 아날로그 회로와 디지털 회로를 분리하여 배치한다.

③ **페라이트 코어(Ferrite Core) 사용** : 케이블에 페라이트 코어를 장착하여 고주파 노이즈 성분을 감쇄시킨다.

④ **그라운드 강화** : 그라운드 루프(Ground Loop)가 형성되지 않도록 배선하고, 넓은 면적의 그라운드 평면을 확보하여 노이즈에 대한 내성을 높인다.

11 전송망 구성형태인 Linear형, Ring형, Mesh형에 대하여 설명하시오.(135-10)

선(Linear)형

이 구성은 COT 하나의 시스템과 RT 여러 시스템으로 운용되는 형태로 선형분기 삽입(Add-Drop) 구성이 가능하여 필요에 따라 설치 및 운용보존 비용을 절감할 수 있다.

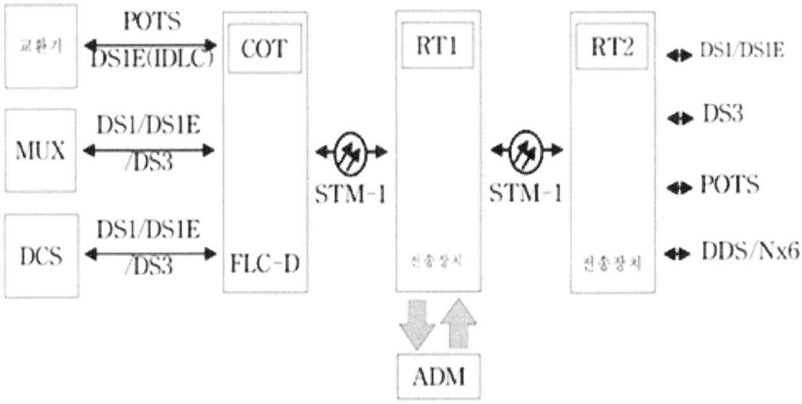

[그림] 선형(Linear) 구성도

링(Ring)형

이 구성은 COT 하나의 시스템과 RT 여러 시스템으로 운용되는 형태로 선형분기 삽입 형태의 구성보다 광케이블의 설치 수요가 적으므로 응용에 따라 설치 및 운용보존 비용을 최소화할 수 있다.

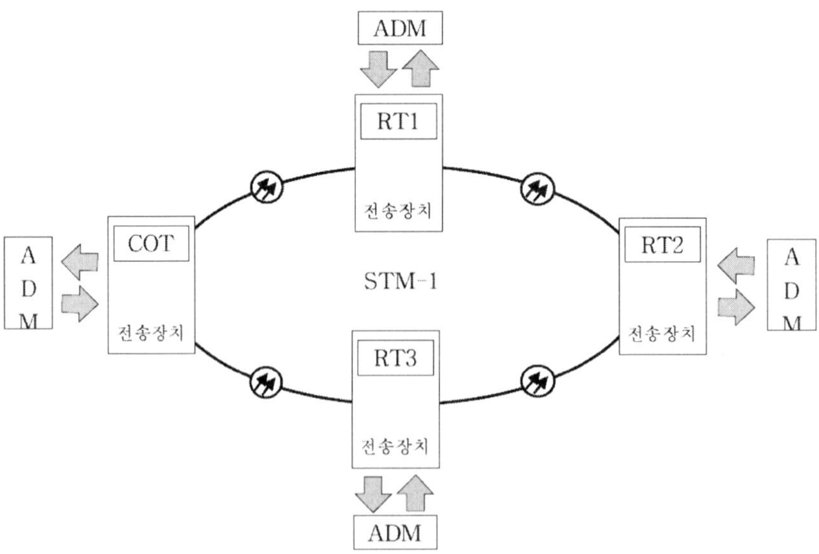

[그림] 링(Ring)형 구성도

Mesh 형

Mesh 형 구성은 각 노드가 인접한 여러 노드들과 직접 연결되어 그물과 같은 복잡한 형태를 이루는 구조이다. 모든 노드가 서로 연결된 전체 망형(Full Mesh)과 일부 중요한 노드들만 여러 경로로 연결된 부분 망형(Partial Mesh)으로 나뉜다.

특정 경로에 장애가 발생해도 다양한 우회 경로를 통해 데이터를 전송할 수 있어 매우 높은 안정성과 신뢰성을 제공한다. 모든 노드를 연결해야 하므로 케이블링이 복잡하고 구축 비용이 매우 높다.

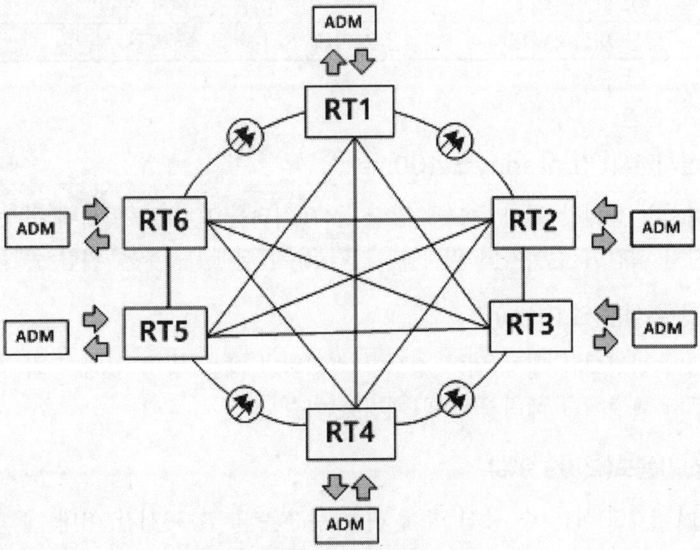

[그림] Mesh 형 구성도

12 「한국철도표준규격 KRS SG 0069-19(R)(도시철도용 무선통신기반 열차제어시스템)」의 정상 모드(Mode) 달성을 위한 목표성능 범위에 대하여 설명하시오.(135-10)

「한국철도표준규격 KRS SG 0069-19(R) (도시철도용 무선통신기반 열차제어시스템, 이하 CBTC 표준)」은 도시철도에서 CBTC 시스템이 안정적으로 작동하기 위한 성능 기준을 제시하고 있다. 이 규격에서는 정상 운행 모드(Normal Mode)를 달성하고 유지하기 위한 무선통신 성능 목표 범위를 명확히 정의하고 있다.

정상 모드(Normal Mode)란?

정상 모드는 CBTC 시스템이 설계된 대로 무선통신 기반으로 열차 간, 열차-지상 간 제어 정보를 실시간으로 교환하여 자동 운전·정지·보호를 수행할 수 있는 상태를 의미한다. 정상 모드가 유지되려면 무선통신의 다음과 같은 성능 지표가 요구 기준치를 만족해야 한다.

목표 성능 범위(KRS SG 0069-19(R) 기준 요약)

항목	목표 성능
통신지연시간(Latency)	100ms 이하(왕복 기준)
패킷 손실률(Packet Loss Rate)	10^{-3} 이하(0.1%)
통신가용도(Availability)	99.9% 이상(연간 기준)
통신 신뢰성(Reliability)	99.999% 이상(한 회 운행 기준)
통신 거리	열차 위치, 주행속도에 따라 100m 이상 안정 수신 가능해야 함
핸드오버 시간	200ms 이하(AP 간 전환 시간)
통신 재접속 시간	2초 이내(일시 단절 후 복구 시간)

주요 설명

1. 통신지연시간(Latency ≤ 100ms)

- 열차의 실시간 위치, 속도, 방향 등 데이터를 100ms 이내에 왕복 전달
- 지연 시간이 길어지면 열차 간 간격 유지 실패 → 추돌 위험 증가

2. 패킷 손실률(≤ 0.1%)

- 제어 명령이나 열차 위치 정보가 손실되면 제동 명령 실패 등의 위험 발생
- 무선 환경에서 에러정정 및 재전송 기술 필수

3. 통신가용도(≥ 99.9%)

- 1년 8,760시간 중 통신 장애 허용 시간은 약 8.76시간 이내
- 시스템은 이중화(Redundancy) 또는 핸드오버 기능으로 고가용성 유지

4. 핸드오버 시간(≤ 200ms)

- 열차가 AP(Access Point) 간 이동 시 무선 연결을 즉시 전환해야 함
- 전환 시간이 길어지면 통신 끊김 → 비정상 모드 진입 가능성

5. 통신 재접속 시간(≤ 2초)

- 간헐적 통신 장애 후 2초 이내 자동 복구되어야 정상 모드 유지 가능
- 이 기준을 넘기면 시스템은 강제로 안전모드로 전환됨

요약 정리

성능 지표	요구 수치	목적
통신 지연 시간	≤ 100ms	실시간 제어 및 반응성 확보
패킷 손실률	≤ 0.1%	명령·데이터 신뢰성 확보
통신 가용도	≥ 99.9%	상시 운행 가능성 유지
통신 신뢰도	99.999%	열차 1회 운행 기준 오류 무발생
핸드오버 시간	≤ 200ms	AP 전환 중 통신 유지
재접속 시간	≤ 2초	통신 끊김 후 빠른 복구

참고사항

- 위 기준은 CBTC 무선통신 시스템(예 Wi-Fi, LTE-R, 5G 기반)의 성능 설계 및 시험 평가 시 핵심 기준으로 활용된다.
- 이 성능을 만족하지 못하면 CBTC 시스템은 정상 모드(Normal Mode)를 유지할 수 없으며, 제한 운행 모드(Restricted Mode) 또는 보호 모드(Protected Mode)로 전환된다.

13 무선 통신 방식인 FHSS(Frequency Hopping Spread Spectrum)방식과 OFDM (Orthogonal Frequency Division Multiplexing)방식의 특징과 장·단점에 대하여 설명하시오.(135-10)

철도신호시스템에서 무선통신은 열차-지상 간 제어 정보를 안정적으로 주고받기 위해 고신뢰, 고속, 저지연의 통신기술이 요구된다. 대표적인 무선통신 방식 중 FHSS(Frequency Hopping Spread Spectrum)과 OFDM(Orthogonal Frequency Division Multiplexing) 방식은 서로 다른 원리와 특징을 가지며, 각각의 장단점과 사용 환경이 다르다.

1. FHSS(주파수 도약 확산 스펙트럼, Frequency Hopping Spread Spectrum)

개요

- 전송 주파수를 짧은 시간 간격으로 주기적으로 바꾸며 송수신하는 방식
- 송신기와 수신기가 동일한 도약 패턴(Frequency Hopping Pattern)을 사용해 통신
- 전파 간섭, 도청, 간섭 회피 능력 향상

장점

장점 항목	설명
간섭 회피	특정 주파수에 간섭이 발생해도 다른 주파수로 전환되므로 안정성이 높다.
보안성 우수	도약 패턴을 모르면 제3자가 도청·간섭하기 어렵다.
간단한 구현	하드웨어 구현이 비교적 간단하며 낮은 대역폭에서도 동작 가능

단점

단점 항목	설명
전송속도 낮음	주파수 도약에 따른 오버헤드로 인해 전송률이 낮음
실시간성 제한	빠른 데이터 전송이나 낮은 지연이 요구되는 환경에는 부적합
대역 활용 비효율	동일 주파수 내 자원 활용도 떨어짐

적용 사례

- 초기 철도 무선통신(예 구형 CBTC 시스템)
- 무선공학에서 산업용, 군사용 보안 통신

2. OFDM(직교 주파수 분할 다중화, Orthogonal Frequency Division Multiplexing)

개요

- 하나의 고속 데이터를 여러 개의 좁은 주파수 대역(서브캐리어)으로 분할하여 동시에 병렬 전송
- 각 서브캐리어는 서로 직교(Orthogonal) 관계이므로 간섭 없이 병렬 사용 가능

장점

장점 항목	설명
고속 전송 가능	병렬 전송 구조로 대용량 데이터를 안정적으로 전송 가능
다중경로에 강함	철도 터널이나 고속 이동 시 발생하는 다중경로 페이딩에 강함
주파수 효율 우수	주파수 간섭 없이 밀집된 서브캐리어 구성 가능 → 스펙트럼 효율이 높다.
실시간성 우수	저지연 통신 가능 → CBTC, 자동운전 시스템에 적합

단점

단점 항목	설명
복잡한 구현	FFT/IFFT 및 동기화 회로 등 고성능 신호처리 필요
주파수 선택성 페이딩 취약	서브캐리어에 간섭이 집중될 경우 성능 저하 가능(대역 확산 필요)
고속 이동 시 도플러 영향	이동체 통신 시 도플러 보정 기술 필요

적용 사례

- 최신 CBTC 시스템, LTE-R, 5G-R 통신
- 철도 관제 및 차량 간 고속 데이터 전송

비교 요약

구분	FHSS	OFDM
원리	주파수 도약 방식	다중 서브캐리어 병렬 전송
전송속도	느림(낮은 대역폭)	빠름(고속 대역폭 활용)
간섭 회피	우수	서브캐리어 간 직교성으로 간섭 최소화
보안성	우수(패턴 기반)	일반적(암호화 방식 연계 필요)
복잡도	낮음(구현 단순)	높음(신호처리 회로 필요)
적합성	저속, 고보안 환경	고속, 고신뢰 도시철도 통신망
적용	과거 CBTC, 군사 통신	LTE-R, 5G-R, 최신 철도 무선망

결론 및 철도 적용 관점

- FHSS는 초기 철도 무선 제어 시스템에 사용되었으며, 간섭 회피성과 보안성 측면에서 강점이 있으나 고속 전송에는 부적합하다.
- OFDM은 최근 도시철도에서 요구하는 실시간성, 대용량 데이터 통신, 신뢰성 있는 제어에 적합하여, CBTC, LTE-R, 5G-R 등의 기반 기술로 채택되고 있다.

135회 2교시 철도기술사 문제풀이

01 **고속철도 구간에서 작업책임자가 작업 차량 이동 또는 작업과 관련하여 분기기 수동 취급 시 선로전환기(MJ81형)의 수동전환 방법에 대하여 설명하시오.**(135-25)

고속철도 구간에서 작업책임자가 작업 차량 이동 또는 작업과 관련하여 분기기 수동 취급 시, 선로전환기(MJ81형)의 수동 전환 방법은 다음과 같다.

MJ81형 선로전환기 수동전환 절차

1. 작업 전 준비 사항

- 해당 구간의 전차선 전원 차단 여부 확인
- 관제 또는 해당 담당자의 승인 및 작업계획에 따른 절차 준수
- 작업책임자는 작업자에게 안전수칙 교육 및 역할 분담 실시

2. 전환기함 개방

- 전환기함(분기기 제어함)의 잠금장치를 해제하고 도어를 개방
- 내부의 수동전환 장비 확인(수동핸들 등)

3. 수동전환 모드 설정

- 전환기 제어장치에서 전환 모드를 '수동(M)'으로 설정
- 일반적으로는 모드 전환 스위치를 통해 '수동'으로 변경

4. 수동 핸들 삽입 및 회전

- 전용 수동 핸들을 선로전환기 수동기어축에 정확히 삽입
- 목표 방향(직선 또는 곡선)에 따라 지정된 회전 방향으로 회전
  - 일반적으로는 회전 횟수는 약 20~30회 내외
  - 전환 완료 시 '딸깍' 소리와 함께 손잡이에 저항이 생김

5. 정위 확인

- 전환기 옆의 지시등 또는 기계적 표시장치를 통해 정위(정상 위치) 확인
- 조정봉 및 크로싱 부위 시각적 확인을 통해 전환 여부 재확인

6. 고정장치 체결 (필요시)

- 일부 전환기는 수동 상태 유지 또는 안전 확보를 위해 고정장치(핀 등) 체결 필요

7. 작업 완료 후 복구

- 수동 핸들을 제거하고 제어함 내 보관
- 전환기 제어 모드를 자동(A)으로 재설정
- 전환기함 도어를 닫고 잠금장치로 잠금

8. 관제에 보고 및 운행 복구 확인

⚠ 유의사항

- 수동전환 작업은 반드시 작업책임자의 지휘 아래 2인 이상이 수행
- 전환기 상태가 완전히 전환되었는지 반드시 육안 및 기기적으로 확인
- 수동 취급 중 열차접근 금지 및 안전표지 설치 필수
- 작업 전후로 관제 및 관련부서에 즉시 통보

02 레이저 레이더 건널목 지장물 검지 장치의 기본성능에 대하여 설명하시오.(135-25)

철도건널목에서 레이저 레이더 건널목 지장물 검지 장치는 건널목 내 지장물(차량, 사람, 장애물 등)의 존재 여부를 검지하여 열차 사고를 예방하는 중요한 안전설비이다. 이 장치의 기본 성능에 대해 아래와 같이 설명할 수 있다.

◆ 레이저 레이더 건널목 지장물 검지 장치의 기본 성능

1. 지장물 검지 정확도

- 건널목 내 지장물(차량, 보행자 등)을 정확히 인식
- 높이 0.5m 이하의 낮은 장애물도 검지 가능
- 어떠한 날씨(비, 안개, 눈)나 조도 환경에서도 안정적인 검지 성능 유지

2. 검지 방식

- 레이저(LiDAR) 기반 거리측정 기술 활용
- 다수의 스캔라인 또는 광선을 발사하여 반사된 신호로 입체적 위치 검출
- 2D 또는 3D 거리 측정을 통해 지장물의 존재 여부 및 위치 판단

3. 빠른 반응속도

- 지장물 발생 시 수 초 이내 실시간 검지 및 경보 출력
- 열차 접근 시간에 맞춰 신속하게 대응 가능

4. 자동 복귀 기능

- 일시적으로 지장물이 발생했다가 해소되면, 자동으로 정상 상태로 복귀
- 오류 상태 지속 시 경보 유지 및 상위 시스템 보고

5. 지능형 판단 기능

- 일시적인 그림자, 날아가는 비닐, 새 등과 같은 비지장물은 오검지 최소화
- 지장물 여부를 AI 알고리즘 또는 필터링 로직으로 분석하여 신뢰성 향상

6. 자체 진단 기능

- 센서의 이상 여부, 이물질 부착, 통신 이상 등을 자동 진단
- 이상 발생 시 중앙제어장치 및 관제에 경보 통보

7. 철도 연동 시스템과 연계

- 건널목 제어장치 및 열차 신호 시스템과 연동
- 지장물 존재 시 차단기 작동 제한 또는 열차 정지 신호 전송

부가 성능(설치 현장에 따라 추가 적용 가능)

- 검지 영역 설정 가능(건널목 전체 또는 지정 구역)
- 이중 검지 시스템 구성 가능(레이더 + 영상 또는 초음파 병행)
- 영상기록 장치와 연동하여 사고 후 분석자료 제공

정리

레이저 레이더 건널목 지장물 검지 장치는 고정밀 거리 측정 기술을 이용하여, 건널목 내 사람이나 차량 등 지장물을 신속하고 정확하게 검지하고, 철도 신호 시스템과 연동하여 열차와의 충돌을 예방하는 핵심 안전설비이다. 고속, 고정밀, 고신뢰성이 요구되는 철도 환경에서 필수적인 기능을 수행한다.

03 ATO(Automatic Train Operation)의 주요 기능과 ATO와 관련된 다음 사항에 대하여 설명하시오.(135-25)

> 1) ATC(Automatic Train Control)
> 2) TWC(Train to Wayside Communication)
> 3) TCMS(Train Control and Monitoring System)

열차제어시스템에서 ATO(Automatic Train Operation)는 열차의 자동 운전 기능을 수행하는 핵심 시스템이다. 다음은 ATO의 주요 기능과 함께 관련 시스템인 ATC, TWC, TCMS에 대한 설명이다.

1 ATO(Automatic Train Operation)의 주요 기능

ATO는 열차의 운행을 자동화하여 운전자의 수동 조작 없이 또는 보조적인 개입만으로 열차가 운행되도록 하는 시스템이다.

주요 기능

1. 자동 출발

- 정해진 정차 시간 이후 자동으로 출발함.

2. 자동 운전 및 운전속도 제어

- ATC로부터 받은 속도 제한 정보를 바탕으로 가감속을 자동 제어.
- 최적의 운행 곡선에 따라 에너지 효율적인 운전 가능.

3. 자동 정차 및 도어 정위치 정차

- 정해진 정차 지점에 정밀하게 정차.
- 승강장과 열차의 도어가 정확히 일치하도록 제어.

4. 운행 패턴 관리

- 시운전, 영업운전, 회송 등 다양한 운행 모드 수행.

5. 비상상황 대응

- 비상 시 운전 정지 및 경고 신호 전송, 수동 제어로 전환 가능.

6. 승객 정보 시스템 연동

- 다음역 안내, 열차 운행 상태 안내 등과 연계 운영.

2 ATC(Automatic Train Control, 자동 열차 제어)

정의

ATC는 ATO의 상위 제어 시스템으로, 열차의 운행을 안전하게 제어하기 위해 다음의 세 가지 기능을 통합한 시스템이다.

- ATS(Automatic Train Supervision) – 열차 감시 및 스케줄 관리
- ATP(Automatic Train Protection) – 열차 간 안전거리 유지 및 충돌 방지
- ATO(Automatic Train Operation) – 자동운전 기능

주요 역할

- 열차에 최고 허용 속도 정보 전송
- 비상 제동, 속도 초과 감시 등 보호기능 수행
- ATO가 안전한 조건에서만 운행 가능하도록 보장

3 TWC(Train to Wayside Communication)

정의

TWC는 열차와 Wayside(선로변 장치, 제어센터 등) 간의 무선 통신 시스템이다.

주요 기능

- 열차와 wayside 간 쌍방향 데이터 통신
- 열차의 위치, 속도, 상태 정보 전송
- wayside로부터 ATO 운행 정보, ATC 제한속도 등 수신
- 장애 발생 시 경보 및 지령 전송 가능

사용 기술

- 무선 LAN, LTE-R, RF통신 등 다양한 무선 기반

4 TCMS(Train Control and Monitoring System)

정의

TCMS는 열차 내 장치들의 제어 및 상태를 실시간으로 감시하고 제어하는 통합 관리 시스템이다.

주요 기능

- 열차 내부 시스템(제동, 추진, 냉방, 도어 등) 통합 제어 및 모니터링
- ATO 시스템과 연동하여 자동운전 중 열차 상태 관리
- 운전실 및 정비 시 운행 로그 및 고장 이력 제공
- 장애 발생 시 경고 및 수동 제어로의 전환 지원

➲ 전체 연계 요약

구성 요소	기능 요약	ATO와의 관계
ATO	자동운전 수행	중심 기능
ATC	안전한 운행을 위한 속도 제한 제공 및 보호	ATO 운행 조건 제공
TWC	열차-지상 간 실시간 통신	ATO에 정보 제공 및 지령 수신 통로
TCMS	열차 내부 시스템 제어 및 감시	ATO 운행 중 차량 상태 통합관리

이 시스템들은 상호 유기적으로 연결되어, 효율적이고 안전한 철도 운행을 가능하게 한다. ATO는 편리함과 효율을, ATC는 안전을, TWC는 통신 기반을, TCMS는 차량 내 통합 관리를 담당한다.

04 고속철도 구간 지진감시설비의 구성 및 설치기준과 지진발생시 열차운행방법에 대하여 설명하시오.(135-25)

고속철도 구간의 지진감시설비 구성 및 설치기준과 지진 발생 시 열차 운행 방법은 아래와 같다.

1. 지진감시설비의 구성

고속철도 구간에서는 지진으로 인한 피해를 최소화하고 열차의 안전한 운행을 확보하기 위해 지진감시설비를 설치이다. 주요 구성 요소는 다음과 같다.

① 지진계(Seismometer 또는 지진감지기)

- 지반의 진동을 감지하여 지진의 발생 여부와 규모를 측정
- 고정밀 센서로 P파(초기파)와 S파(주요파)를 구별
- 고속철도 노선 인근에 일정 간격으로 설치하여 신속한 대응 가능

② 지진정보처리장치

- 지진계로부터 전달된 데이터를 실시간 분석
- 진도(규모), 진앙지, 진폭 등을 판단하여 경보 여부를 결정
- 자동으로 신호제어 시스템 및 관제 시스템에 정보를 전달

③ 지진경보 및 전송시스템

- 관제센터 및 각 열차에 지진 발생 정보를 신속히 전송
- 열차 운행 시스템과 연계되어 자동 제동 명령 가능
- 신호기, 방송 시스템, 전광판 등과 연동하여 경보 발령

④ 관제센터 연동 시스템
- 지진 발생 시 관제센터에서 열차 운행 여부 판단 및 제어
- 전체 노선의 지진 감지 데이터를 통합하여 상황판단 및 대응
- 필요한 경우 즉시 운행 중지, 속도제한, 대피 명령 등 실행

2. 지진감시설비 설치 기준

① 설치 위치 기준
- 활성단층 인근, 지반이 약한 지역 등 위험 지역 중심으로 설치
- 터널, 교량, 고가구조물 등 주요 구조물 주변에 집중 배치
- 대략 20~30km 간격으로 지진계를 분산 설치

② 설치 수량 및 범위
- 고속철도 전 구간을 커버할 수 있도록 다중 지점에 설치
- 1개 지점 이상에서 감지된 경우만 판단하는 중복체계 구축

③ 설비 신뢰도 및 정기 점검
- 정전 시에도 작동 가능한 비상 전원 확보
- 실시간 모니터링과 자동 자가 진단 기능 포함
- 주기적인 유지보수 및 감도 보정 실시

3. 지진 발생 시 열차 운행 방법

지진 발생 시에는 열차의 운행을 단계적으로 통제하여 승객과 설비의 안전을 확보한다.

① 지진 감지 직후(P파 감지 시)
- 자동 제동 명령 : 열차 자동 감속 또는 긴급 정지
- 관제센터 통보 : 해당 구간의 열차에 경보 발송

② 진도 수준에 따른 운행 지침

진도(계측진도)	운행 조치
약한 지진(진도 3 이하)	열차 감속 후 운행 지속 가능. 관제 판단에 따라 정상 복귀 가능
중간 지진(진도 4~5)	열차 **즉시 정지** 및 노선 상태 점검. 문제 없을 경우 저속운행 재개 가능
강한 지진(진도 6 이상)	열차 **운행 중지**, 모든 열차 정지 후 구조물 점검 완료 시까지 운행 금지

③ 점검 후 운행 재개 절차
- 노반, 궤도, 교량, 터널, 전차선 등 구조물 안전 점검
- 이상 없음 확인 후 단계적 속도 제한 운행 → 정상운행 복귀

④ 여객 안내 및 비상대피 절차
- 지진 발생 시 객실 내 방송 및 안내 시스템을 통한 승객 안내
- 정지 후 필요 시 승무원 유도로 대피 유도
- 비상 대응 매뉴얼에 따른 관제센터, 구조대 협조

정리

- 지진감시설비는 지진계, 정보처리장치, 경보시스템, 관제연동 시스템 등으로 구성됨
- 설치 기준은 위험지역 중심, 일정 간격 설치, 중복 감지 체계 확보
- 지진 발생 시 열차 운행은 자동 감속/정지 → 관제 판단 → 구조물 점검 후 재운행

05 「한국철도표준규격 KRS SG 0070－22(일반 및 고속철도용 열차제어시스템)」와 관련된 다음 사항의 적합성 평가에 대하여 설명하시오.(135-25)

(1) 일반원칙	(2) 기능 및 인터페이스
(3) RAMS 요구사항	(4) 환경시험

「한국철도표준규격 KRS SG 0070-22(일반 및 고속철도용 열차제어시스템)」은 열차제어시스템(TCS : Train Control System)이 철도 시스템에서 안정적이고 효율적으로 운용되기 위한 요구사항을 정한 표준이다. 이 표준에 따라 **적합성 평가**는 다음 네 가지 항목에 대해 수행되며, 각각의 평가 내용은 다음과 같다.

1. 일반원칙에 대한 적합성 평가

주요 내용
- 시스템 설계, 개발, 운용, 유지보수 등 전 생애주기에 걸쳐 안전성과 신뢰성이 확보되도록 하여야 함
- 해당 시스템이 **표준에 명시된 목적 및 용도에 부합하는지** 평가
- 설계 및 개발 과정이 명확한 프로세스에 따라 이루어졌는지 검토

적합성 평가 항목
- 요구사항 명세서, 설계문서, 테스트 계획서 등의 **문서화 여부 및 완전성**
- **표준 준수 여부**(KRS SG 0070－22 요구사항 포함)
- 설계와 구현 간의 **일관성 및 추적성 확보 여부**
- 형상관리, 변경관리, 검증 및 검토 절차의 적용 여부

2. 기능 및 인터페이스에 대한 적합성 평가

◘ 주요 내용

- 열차제어시스템이 수행해야 하는 기능(예 열차 감시, 열차 간 거리 계산, 속도제어 등)이 명확하게 구현되어야 함
- 시스템 간 인터페이스(온보드/지상장치, 신호제어장치, 운전제어기기 등) 간의 **호환성 및 상호운용성** 확보

◘ 적합성 평가 항목

- 각 기능별로 요구된 **기능 명세 대비 구현 상태 확인**(기능테스트 수행)
- 다양한 시스템 구성요소 간의 **데이터 송수신, 프로토콜, 전기적 특성, 타이밍** 등 인터페이스 시험
- 인터페이스 정의서, 시험계획서, 시험보고서 등 확인
- 기존 시스템 또는 타 시스템과의 연동 시험 수행 여부

3. RAMS 요구사항에 대한 적합성 평가

RAMS : 신뢰성(Reliability), 가용성(Availability), 유지보수성(Maintainability), 안전성(Safety)

◘ 주요 내용

- 열차제어시스템이 일정 수준 이상의 RAMS 목표치를 만족해야 함
- RAMS 요구사항은 **설계 초기부터 고려되어야 하며**, 측정 가능한 수치로 평가되어야 함

◘ 적합성 평가 항목

- RAMS 목표 설정의 적절성 및 **정량적 지표 확보 여부**
  - 예 MTBF, MTTR, 장애 발생률, 고장 격리 시간 등 RAMS 분석 기법의 적용 여부
  - FMEA(고장모드영향분석), FTA(결함나무분석), HAZOP 등 안전성 평가 결과(Safety Case), SIL 등급 평가(EN 50126/8/9 준용) 유지보수 매뉴얼, 교체 주기 등 유지보수성 관련 문서 확인

4. 환경시험에 대한 적합성 평가

◘ 주요 내용

- 열차제어시스템이 실제 운영 환경에서 발생할 수 있는 **온도, 습도, 진동, 전자파(EMC), 전력변동** 등에 견딜 수 있어야 함
- **현장 환경 조건에 대한 내성 시험 및 검증**이 필요함

적합성 평가 항목

- 환경 시험 규격(예 IEC 61373, EN 50121-4, EN 50155 등)과의 **적합성 검증**
- 시험 항목
  - 고온/저온 시험, 습도 시험
  - 진동 및 충격 시험
  - 전자파 적합성 시험(EMI/EMS)
  - 전원 노이즈, 서지, 절연내력 시험 등

시험성적서, 시험방법, 시험장비 교정 여부 등 확인

요약 정리

항목	적합성 평가 핵심
1. 일반원칙	전 생애주기 관리, 요구사항 정합성, 문서화 및 표준준수 여부 확인
2. 기능 및 인터페이스	기능 구현 검증, 인터페이스 호환성 및 연동성 시험
3. RAMS 요구사항	RAMS 목표치 설정 및 분석, 안전성(SIL 등) 확보 여부
4. 환경시험	실제 운용 환경에 대한 내성시험 실시 및 시험성적서 확인

06 한국형 열차제어시스템(KTCS-2)의 다음 사항에 대하여 설명하시오.(135-25)

(1) 보안 전송 유니트(STU, Security Transmission Unit)의 기능
(2) RBC(Radio Block Center) - 지상 STU간 인터페이스
(3) KVC(Korean Vital Computer) - 차상 STU간 인터페이스

한국형 열차제어시스템 KTCS-2(Korean Train Control System Level 2)는 유럽형 ETCS를 기반으로 국내 실정에 맞게 개발된 **무선 기반 열차제어 시스템**이다. 이 시스템의 보안성과 안정성을 확보하기 위해 보안 전송 유니트(STU, Security Transmission Unit)가 핵심 요소로 포함되어 있으며, 다양한 시스템 간 인터페이스가 규정되어 있다. 이에 대해 항목별로 설명한다.

1 보안 전송 유니트(STU, Security Transmission Unit)의 기능

역할 및 개요

STU는 KTCS-2 시스템에서 **안전하고 신뢰성 있는 통신을 보장하기 위한 보안 장치**이다. KTCS-2는 열차와 지상 시스템 간에 무선통신을 이용하므로, 데이터 위·변조, 오용, 도청 등의 보안 위협에 취약할 수 있다. 이를 방지하고 시스템 생명성(vitality)을 확보하기 위해 STU가 사용된다.

주요 기능

- 데이터 암호화 및 복호화
  - RBC와 KVC 사이에 송수신되는 제어 명령, 열차 위치 정보 등의 중요 데이터를 암호화하여 송신하고 복호화하여 수신
- 전자서명 및 인증
  - 메시지 송수신 시 위·변조 방지를 위한 전자서명 제공
  - 시스템 간 상호 인증 기능(Mutual Authentication)
- 무결성 검증
  - 데이터의 손상, 위조 여부 확인을 위한 해시(Hash) 검사 수행
- 재생 공격 방지
  - 동일 메시지의 반복 전송을 차단(Nonce, Timestamp 활용)
- 생명성 확보
  - 열차제어와 관련된 안전 임무 데이터에 대해 생명 신호 처리(Vital Process) 수행

2 RBC(Radio Block Center) – 지상 STU 간 인터페이스

역할

- RBC는 열차 위치 및 운행 정보를 수신하고, 이를 기반으로 무선 블록 허가(MA : Movement Authority)를 생성하여 열차에 전송하는 KTCS-2의 핵심 지상 제어 장치이다.
- RBC가 생성한 제어 명령은 지상 STU를 통해 보안 처리를 거쳐 열차로 전송된다.

인터페이스 특징

- 데이터 방향 : 양방향(RBC ↔ STU)
- 주고받는 정보
  - RBC → STU : 이동허가(MA), 속도 프로파일, 경보 등 제어 명령
  - STU → RBC : 열차 위치, 열차 상태, 운전 모드 등 보고 데이터
- 통신 프로토콜 : TCP/IP 기반 또는 전용 지상통신망을 활용
- 보안 처리
  - RBC는 비생명 시스템(non-vital)이지만, STU가 이를 생명처리(vital)하여 암호화 후 전송
  - 데이터 서명, 키 관리, 무결성 검증 수행

3 KVC(Korean Vital Computer) – 차상 STU 간 인터페이스

역할

- KVC는 열차 내 생명처리 컴퓨터로, RBC로부터 받은 이동허가(MA)와 궤도 조건 등을 기반으로 열차의 속도, 정지, 출발 등을 제어
- 차상 STU는 지상으로부터 수신한 암호화된 제어 정보를 복호화하여 KVC에 전달하고, KVC의 보고 데이터를 암호화해 지상으로 전송

인터페이스 특징

- 데이터 방향 : 양방향(KVC ↔ 차상 STU)
- 주요 데이터 흐름
  - STU → KVC : 복호화된 RBC 제어 정보(이동허가 등)
  - KVC → STU : 열차 위치, 속도, 운행 상태 등 보고 정보(암호화 필요)
- 통신 방식 : 내부 차량통신망(예 MVB 또는 이더넷)
- 보안 기능
  - STU가 보안 데이터 처리의 경계 장치 역할을 하며, KVC는 생명 처리와 열차 제어 담당
  - 데이터 위변조, 유효성 검증 수행
- 신뢰성 확보
  - KVC는 생명 정보만 처리하며, STU는 보안성과 생명성을 연계하는 역할을 수행
  - 정전, 오류, 통신 지연 발생 시 Fallback 안전모드 전환 가능

요약

항목	설명
(1) STU 기능	암호화, 복호화, 인증, 무결성 검증 등 통신 보안 기능 수행. 생명성 확보 장치
(2) RBC-지상 STU	RBC의 제어 데이터를 암호화하여 열차로 전송, TCP/IP 기반, 생명성 부여
(3) KVC-차상 STU	STU가 복호화한 데이터를 KVC에 전달, 보고 데이터는 STU가 암호화 후 송신

135회 3교시 철도기술사 문제풀이

01 철도건설사업에서 발주방식 중 「기타 공사방식」에 대한 사업 시행 단계별 추진내용을 설명하시오.(135-25)

철도건설사업에서 「기타 공사방식」이란 일반적으로 사용되는 총공사비방식(Turnkey)이나 설계·시공 분리 방식 외에 적용되는 특수 목적이나 상황에 따라 도입되는 발주방식을 의미한다. 대표적인 예로는 민자사업(BTL, BTO), 위·수탁 방식, 직접시행 방식, 사업협약 기반 방식 등이 있다.

이러한 「기타 공사방식」은 일반적인 절차와는 다르게, 사업 성격, 민간 참여 유무, 위험 분담 구조 등에 따라 추진 절차가 다소 상이하며, 다음과 같이 사업 시행 단계별로 구분하여 설명할 수 있다.

1. 「기타 공사방식」 추진 단계별 내용

① 기획·타당성 조사 단계
- 수요 예측, 사업성 분석(경제성 B/C 분석 등)
- 기본적인 사업 개요 및 추진 필요성 검토
- 기타 공사방식 적용 필요성 판단 : 민자 유치, 특수 목적, 복잡도 고려 등
- 사업 추진방식 결정(직접시행, 민간투자, 위·수탁 등) 및 선정 타당성 검토

② 예비타당성조사 및 추진방식 확정
- 기재부 예비타당성조사(PIMAC) 의뢰
- 사업 추진 방식의 적정성, 재정부담 분석 포함
- 필요 시 민간투자사업심의위원회 검토
- 「민간투자법」, 「국가재정법」 등 관련 법령에 따라 검토
- 추진방식 확정 : BTO, BTL, 위·수탁 등으로 구체화

③ 기본계획 수립 및 승인
- 사업 시행주체 확정(예 공공기관, 민간 SPC 등)
- 기본설계 또는 기술제안 요청범위 설정
- 민간사업자 참여 구조(위험 분담, 수익구조 등) 설계
- 관계기관 협의, 주민 의견 수렴 등 포함

④ 실시설계 및 사업자 선정
- 민간사업자 제안서 평가(기술, 재무, 운영계획 등)
- 우선협상대상자 선정 ➡ 협약 체결

- 실시협약 또는 위·수탁 계약 체결
- 실시설계 착수(필요 시 VE 검토 등 병행)

⑤ 시공 및 감리
- 민간 또는 위·수탁 기관에 의한 시공
- 발주기관은 감리 및 감독 기능 수행
- 사업 기간 중 품질·안전·공정 관리
- 중간점검 및 공정 단계별 보고 체계 마련

⑥ 준공 및 운영 단계
- 준공검사 및 인수인계
- BTL, BTO의 경우 운영 및 유지관리 단계로 이행
- 성과기반 성과지표(KPI)에 따라 민간운영 관리
- 운영기간 종료 후 귀속 여부 결정(BTL 등은 자산 귀속)

2. 대표적 기타 공사방식 사례

방식	설명	주요 특징
BTL (Build-Transfer-Lease)	건설 후 정부가 임차	시설 소유권은 국가, 민간은 유지·운영
BTO (Build-Transfer-Operate)	건설 후 소유권 국가, 운영은 민간	민간이 수익 창출(요금 기반)
위·수탁 방식	정부가 시행을 공공기관에 위탁	철도공단 ➡ 철도공사 등
직접시행 방식	발주기관이 직접 관리·시행	공공통제 강화, 속도는 느릴 수 있음

02 통신 기반 열차제어장치(CBTC, Communication Based Train Control)의 제어원칙과 지상에서 차내로, 차내에서 지상으로 전송되는 각각의 정보에 대하여 설명하시오.(135-25)

CBTC(Communication-Based Train Control, 통신 기반 열차제어시스템)는 기존의 궤도회로 기반의 고정 블록 시스템과 달리, 무선 통신을 통해 열차의 정확한 위치를 지속적으로 파악하고, 이동 블록(Moving Block) 개념을 적용하여 더 정밀하고 유연한 열차 제어를 가능하게 하는 첨단 열차제어시스템이다.

1. CBTC의 제어 원칙

① 열차 중심 제어(Train-Centric Control)

- 열차의 위치·속도 정보를 차량이 자체적으로 파악하고, 이를 지상 시스템에 실시간으로 전송
- 지상 장치가 이를 바탕으로 안전한 운행 한계(운행허가 범위)를 계산하여 다시 열차로 전송

② 이동 블록(Moving Block) 방식

- 기존의 고정 블록 구간이 아닌, 열차의 실시간 위치와 속도에 따라 안전 간격을 동적으로 조정
- 열차 간 간격을 최소화하여 운행 간격 단축 및 수송능력 향상

③ 양방향 통신 기반

- 열차와 지상 간 무선통신(보통 Wi-Fi, LTE-R 등)을 이용해 상시 연결
- 양방향 통신을 통해 실시간 제어 명령 및 상태 정보를 주고받음

④ 고신뢰성 자동운전(ATO, ATP 연계)

- CBTC는 ATP(Automatic Train Protection) 및 ATO(Automatic Train Operation)와 통합 운용
- 운전 자동화(무인운전 포함)에 필수적인 기반 시스템

2. 지상 ↔ 차내 정보 흐름

CBTC는 지상-차량 간 정보의 실시간 교환을 기반으로 작동합니다. 이를 나누어 설명하면 다음과 같다.

① 지상 → 차내(Train-Borne)로 전송되는 정보

정보 항목	설명
운행 허가 정보 (Movement Authority)	열차가 이동 가능한 최대 거리(운행 가능 구간)의 한계 지점
목표 속도 정보	현재 구간 내 허용된 최고 운행 속도

노선 정보 / 경로 설정 정보	진입 예정 분기기, 목적지 등 운행 경로 관련 정보
전방 열차 위치 정보(간접적)	안전 간격 계산을 위한 타 열차 위치 및 간격 관련 정보
제한 구간 정보	공사 구간, 정차역, 곡선 등에서의 속도 제한 구간 정보
시스템 상태 및 경보	장애 발생 시 차내 운전제어 시스템에 경보 신호 전송

② 차내 → 지상으로 전송되는 정보

정보 항목	설명
열차의 실시간 위치	온보드 장치가 계산한 열차의 정확한 위치 좌표
현재 속도	열차의 실시간 주행 속도
운행 상태 정보	열차가 정차 중인지, 가속 중인지 등 동작 상태
차량 고장 또는 이상 상태	차내 장치 이상, 센서 이상 등 고장 정보
차량 ID 및 운행 번호	해당 열차를 식별하기 위한 고유 정보
비상 제동 신호 요청 등	비상 상황 발생 시 지상 시스템에 신속 통보

3. 요약 정리

구분	내용
제어 원칙	열차 중심 제어, 이동 블록, 양방향 통신 기반, 자동운전 연계
지상 → 차내	운행 허가, 목표속도, 경로, 제한정보, 시스템 경보 등
차내 → 지상	실시간 위치/속도, 상태, 고장, 운행 정보 등

CBTC 시스템은 특히 **지하철, 도시철도 등 고빈도·고정밀 운행이 필요한 시스템**에 널리 사용되고 있으며, 무인운전(Grade of Automation 4, GoA4)의 필수 요소로 간주 된다.

03 네트워크 보안시스템인 Packet Filtering Firewall, Application Gateway, Stateful Packet Inspection에 대하여 각 세대별 네트워크 참조모델 OSI 7계층과 연계하여 설명하시오.(135-25)

네트워크 보안시스템의 주요 기술인 Packet Filtering Firewall, Application Gateway, Stateful Packet Inspection은 각각 **방화벽 기술의 발전 단계를 나타내며**, 각 기술은 OSI 7계층 모델의 특정 계층과 밀접하게 연관되어 있다.

각 기술의 개요와 OSI 7계층과의 관계를 정리하여 설명하면 다음과 같다.

1. Packet Filtering Firewall(패킷 필터링 방화벽) – 1세대 방화벽

① 개요

- 가장 기본적인 형태의 방화벽
- 패킷의 헤더 정보(IP 주소, 포트 번호, 프로토콜 등)만을 분석하여 허용/차단 결정
- 세션 유지나 내용 파악은 하지 않음

② 관련 OSI 계층

- 네트워크 계층(3계층) : IP 주소 기반 필터링
- 전송 계층(4계층) : TCP/UDP 포트 기반 필터링

③ 특징

- 속도 빠름, 구현 단순
- 상태 정보 추적 불가 → 비연결성
- 내부 공격/복잡한 애플리케이션 공격 탐지 어려움

2. Application Gateway(Proxy Firewall, 응용 게이트웨이) – 2세대 방화벽

① 개요

- 프록시 서버를 통해 애플리케이션 계층 트래픽을 분석
- HTTP, FTP, SMTP 등 애플리케이션 프로토콜의 내용을 검사하여 보안 정책 적용
- 클라이언트와 서버 사이에서 중개자 역할

② 관련 OSI 계층

- 응용 계층(7계층) : 실제 데이터 내용 분석
- 일부 구현은 표현 계층(6) 또는 세션 계층(5)까지 확장 가능

③ 특징

- 높은 수준의 보안(콘텐츠 기반 필터링)
- 사용자 인증, 명령어 수준의 제어 가능
- 속도 느림, 설정 복잡

3. Stateful Packet Inspection(상태기반 패킷 검사) – 3세대 방화벽

① 개요

- 패킷의 상태정보(세션 정보 포함)를 유지하며 분석
- TCP 연결 상태 추적, 세션의 합법성 판단
- 기본적인 패킷 필터링 + 세션 기반 제어 결합

② 관련 OSI 계층

- 전송 계층(4계층) : TCP 세션 추적
- 네트워크 계층(3계층) : IP 분석

• 일부 응용 계층(7계층)의 포맷 분석 가능(간단한 응용 프로토콜)

③ 특징

• 성능과 보안성의 균형
• 연결 상태 기반 제어 → 비정상 트래픽 식별 가능
• Application Gateway보다 속도 빠름

4. 요약 비교표

방화벽 종류	주요 기능	OSI 계층	장점	단점
Packet Filtering	IP/Port 기반 필터링	3계층(네트워크) 4계층(전송)	빠름, 간단함	세션 관리 불가, 낮은 보안
Application Gateway	애플리케이션 수준 트래픽 제어	7계층(응용)	높은 보안, 사용자 인증 가능	느림, 설정 복잡
Stateful Inspection	세션 상태 추적 기반 필터링	3~4계층 중심 (일부 7계층 지원)	세션 보안 가능, 효율적	고급 공격 차단엔 한계

04 광전송망 구성 방식 중 MPLS(Multi Protocol Label Switching)에 대하여 설명하시오.(135-25)

광전송망 구성 방식 중 MPLS (Multi Protocol Label Switching)는 기존 IP 기반 라우팅의 단점을 보완하고, 고속 전송과 효율적인 트래픽 관리를 가능하게 하는 **레이블 기반 패킷 전달 방식**이다. 다음과 같이 자세히 설명할 수 있다.

1. MPLS 개요

• 정의

MPLS는 다중 프로토콜 레이블 스위칭(Multi Protocol Label Switching)의 약자로, OSI 모델의 2계층(데이터링크 계층)과 **3계층(네트워크 계층)** 사이에 위치하여 동작하는 **하이브리드 방식의 라우팅 기술**이다.

- 전통적인 IP 라우팅 방식은 목적지 IP 주소 기반으로 모든 라우터가 경로를 다시 계산해야 하는 반면,
- MPLS는 IP 패킷에 간단한 "레이블"을 부착하고, 이 레이블을 기반으로 패킷을 빠르게 전달한다.

2. 주요 동작 원리

◘ MPLS 패킷 전송 과정

① Label 부여(Label Ingress)

최초 진입 라우터(Edge Router, LER)가 IP 패킷을 받아 **고유한 레이블을 부착**

② Label Switching(Core)

중간 라우터(Label Switch Router, LSR)는 IP를 분석하지 않고, **레이블만 보고 패킷을 전달** ➡ 빠른 전송이 가능

③ Label 제거(Label Egress)

최종 목적지 인근 라우터에서 **레이블 제거 후 일반 IP 라우팅으로 전송**

3. 구성 요소

구성 요소	설명
LER(Label Edge Router)	MPLS 망의 가장자리에서 라벨을 붙이고 제거하는 역할
LSR(Label Switch Router)	MPLS 망 내부에서 라벨을 기반으로 패킷을 전달
FEC (Forwarding Equivalence Class)	같은 경로로 전송할 수 있는 패킷들의 그룹
LSP(Label Switched Path)	MPLS 라벨 기반으로 설정된 전송 경로

4. MPLS의 주요 특징

항목	설명
고속 전달	IP 주소 대신 짧은 고정길이 레이블로 스위칭 처리 ➡ 처리속도 향상
QoS 지원	레이블을 기반으로 서비스 우선순위 지정 가능(음성, 영상 우선)
다중 프로토콜 지원	IP 외에도 ATM, 프레임 릴레이 등 다양한 프로토콜과 호환
VPN 구현 용이	MPLS VPN으로 보안성 있는 논리망 구성 가능(L3 VPN, L2 VPN)
트래픽 엔지니어링	네트워크 병목 구간을 피하는 경로 설정 가능(TE 기능)

5. 광전송망에서의 MPLS 역할

- **고속 백본망 구성** : 대규모 데이터센터나 통신사 코어망에서 **레이블 기반 고속 전송 경로 설정**
- **회선 최적화 및 품질 보장(QoS)** : 트래픽 우선순위 설정으로 실시간 서비스(VoIP, IPTV 등) 품질 보장
- **VPN 및 보안망 구축** : MPLS 기반 VPN으로 기업/기관 간 **논리적으로 독립된 망 구성 가능**

요약 정리

항목	내용
MPLS 정의	IP 패킷에 라벨을 붙여 빠르게 전송하는 방식
작동 계층	OSI 2계층(데이터링크) + 3계층(네트워크)
장점	빠른 전송, QoS, 트래픽 엔지니어링, VPN 구현
적용 사례	광전송망 백본, 기업 VPN, 통신사 코어망 등

05 철도 현장에서 열차 안전 운행과 유지보수자 안전사고 예방을 위하여 설치한 안전설비 현황과 기술 발전 방향에 대하여 설명하시오.(135-25)

철도 현장에서 열차의 안전 운행과 유지보수자(작업자)의 안전사고 예방을 위해 다양한 안전설비가 설치되어 있으며, 이에 대한 기술은 지속적으로 발전하고 있다. 아래에서 현재 설치되어 있는 주요 안전설비와 향후 기술 발전 방향을 단계적으로 설명한다.

1. 안전설비 현황(현재 운영 중인 주요 안전설비)

열차 안전 운행을 위한 설비

구분	주요 안전설비	설명
신호 설비	ATC, ATS, CBTC 등	열차의 운행 경로·속도 제어 및 충돌 방지
선로 설비	궤도회로, 궤도검지기	열차 위치 감지 및 진입 방지 제어
분기기/전철기 안전장치	분기기 고착 검지 센서	분기기 이상 시 열차 진입 차단
지장물 검지 시스템	선로 내 장애물 감지 센서, CCTV	낙석, 침목 파손, 사람·차량 침입 감지
차량 이상 감지 설비	열화상 카메라, 측온 센서	차량 바퀴, 차축, 제동장치 과열 감지
영상감시 설비	선로/역사 CCTV	운행 이상 여부 실시간 모니터링

유지보수자(작업자) 안전을 위한 설비

구분	주요 안전설비	설명
선로작업자 검지 시스템	열차 접근 알림기, Wearable 디바이스	작업자에 진입 열차 실시간 경보 송출
작업자 위치추적 장비	GPS/RTLS 기반 위치 감시	작업자 위치를 제어실에서 실시간 확인
휴대용 열차 경보장치 (HSSD 등)	휴대형 열차 정지 요청 장비	비상 상황 시 열차에 즉시 정지 신호 송신
철도차량 정지장치	작업 구간 열차 자동 정지 시스템	일정 구간에 작업 시 열차 자동 감속·정지
음향/시각 경보장치	사이렌, LED 경고등 등	작업 중 열차 접근 시 현장 알림
이중 점검 시스템	진입 전 현장 승인 확인 절차	이중 안전 확인 후 작업 허용

2. 기술 발전 방향(미래 지향점 및 스마트화 추세)

① 스마트 안전 감시 기술 확대

- AI 영상분석 시스템 도입 → 위험상황 자동 인식(작업자 무단 진입, 낙석 등)
- 드론 기반 선로 감시 → 원격지 고장·지장물 실시간 확인 가능

② IoT 기반 상태 감시 기술 강화

- 센서 융합형 궤도 감시 시스템 → 진동, 하중, 온도 등 이상 징후 사전 감지
- 차량, 선로, 전차선 등에 무선 IoT 센서 부착 → 상태 정보 실시간 수집

③ 웨어러블 디바이스 활용

- 스마트 헬멧/조끼 : 위치, 생체 정보(심박수 등), 위험 경고 연동
- AR 기반 작업 지원 시스템 : 유지보수 중 실시간 매뉴얼/경보 제공

④ 정밀 위치 기반 통신 기술 도입

- RTLS(Real-Time Location System) 또는 UWB 기술 활용 → 작업자 위치 오차 최소화
- 5G/LTE-R 기반 통신망으로 제어실과 실시간 연동

⑤ 통합 관제 시스템 연계

- 열차·작업자·설비의 상태를 중앙관제센터에서 통합 감시/제어
- 디지털 트윈 기반 시뮬레이션으로 위험 예측 및 대응 훈련

요약 정리

항목	현재 설치 설비	향후 기술 발전 방향
열차 안전	CBTC, 분기기 센서, 궤도검지기	AI 분석, IoT 센서, 디지털 트윈
작업자 안전	경고장치, 위치추적기, 정지 요청기	웨어러블, 스마트헬멧, 5G 기반 실시간 연동
공통	CCTV, 음향·시각 경보	통합관제, AR/VR 기술 활용

06 일반철도 복선구간 A역(신호장)에서 B역으로 반대선 운전(하행 → 상선)을 위한 52 입환신호기의 진행 현시 조건을 순서대로 설명하고, A역에 대한 연동도표를 표기하시오.(135-25)

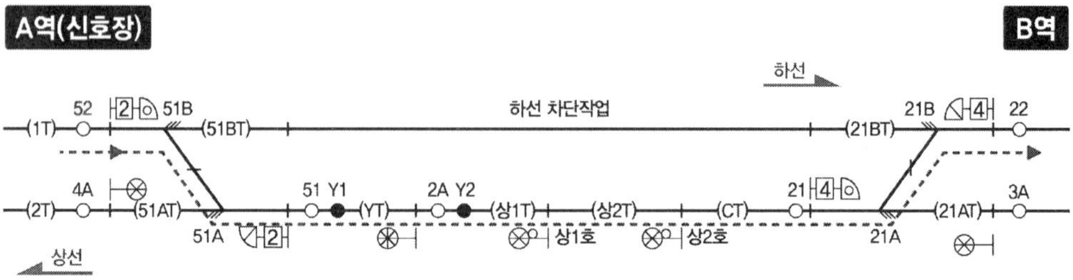

52 입환신호기의 진행 현시 조건(하행 → 상선)

① A역에서 B역으로 반대선 운전(하행 ⇒ 상선) 시 입환신호기(52)의 진행 현시조건은 다음과 같다.

㉠ B역 21 입환신호기 진로 취급

㉡ A역 52 입환신호기 Y2진로 취급

㉢ A역과 B역간 폐색 궤도회로 여자조건 조사(상1T, 상2T, CT)

㉣ B역 출발(입환표지 포함 : 3A, 22)신호기 정지신호현시 조건과 반대선으로 진입 하는 입환표지(21) 현시조건 확인

㉤ 위 ㉢항 및 ㉣항이 동시에 만족 시 폐색신호기(상1호, 상2호) 정지현시
주1) 폐색신호기 정지 현시는 4SBR 여자조건으로 정지

㉥ 위 ㉤항 만족 시 A역의 입환신호기(52)가 진행현시

㉦ A역 입환신호기(52)가 진행현시된 후 열차가 A역을 출발하여 B역의 입환표지(21) 진로로 진입하여 구분진로(21BT)가 해정된 후 B역의 출발신호가(3A) 진행 현시되어야 한다.

㉧ 이 때 A역에서 출발한 열차가 B역 입환신호기(21) 내방에 도착된 것을 확인 후 4SBR이 낙하되어야 한다.

② 연동도표 표기(A역) 방법

명칭	진로방향	취급버튼			쇄정		신호제어	진로(구분) 쇄정	접근 또는 보류쇄정	
		출발점		도착점						
입환신호기	1T → 상1T	52	B역	Y2	(51)	[51][2A]	51BT 51AT YT 4SBR	(51BT)(51AT)(YT)(4SBR)	1T	30초

[진로구성도]

135회 4교시 철도기술사 문제풀이

01 국토교통부의 철도 관제 시스템 고도화 기본계획에 대하여 설명하시오.(135-25)

국토교통부는 철도 운행의 안전성과 효율성을 극대화하기 위해 '제2철도교통관제센터 건설사업 기본계획'을 수립하고, 이를 통해 철도 관제 시스템의 고도화를 추진하고 있다. 이 기본계획은 단순한 시설 확충을 넘어, 최신 디지털 기술을 접목하여 미래형 철도 관제 시스템을 구현하는 것을 목표로 한다.

1. 추진 배경

① **노후화된 기존 관제 시스템** : 현재 운영 중인 구로 철도교통관제센터는 2006년 건설되어 설비 노후화가 진행되고 있으며, 기술 발전에 따른 신기술 적용이 어렵다. 또한, 시스템 장애 발생 시 전국 열차 운행에 큰 차질을 빚을 수 있는 단일 관제체계이다.

② **지속적인 철도망 확장** : 국가철도망이 지속적으로 확장되면서, 기존 관제 시스템으로는 증가하는 열차 운행량을 효율적으로 관리하고 안전을 확보하기 어렵다.

③ **인적 오류 최소화 및 효율 증대** : 관제사의 경험과 수작업에 의존하는 기존 관제 업무는 인적 오류의 가능성을 내포하고 있다. 이를 시스템에 의한 관제로 전환하여 인적 오류를 최소화하고 운행 효율을 제고할 필요성이 있다.

④ **비상시 무중단 운영 체계 구축** : 철도 사고나 재난 발생 시에도 중단 없는 관제 업무를 수행할 수 있는 이중화된 시스템 구축이 필수적이다.

2. 주요 내용

국토교통부의 철도 관제 시스템 고도화 기본계획은 주로 충북 오송에 구축되는 '제2철도교통관제센터'를 중심으로 진행된다.

① 제2철도교통관제센터 건설(이중화 체계 구축)

- **목표** : 국가철도망 확장에 대비하고, 기존 구로 관제센터의 노후화에 대응하여 무중단 운영(이중화) 체계를 구축한다.
- **위치 및 규모** : 충북 오송 국가철도공단 시설장비사무소 내에 지상 4층, 지하 1층 규모의 업무동 및 숙소동을 건설한다.
- **사업 기간 및 예산** : 총사업비 3,366억 원(국고 100%)을 투입하여 2021년부터 2026년까지 건설을 완료하고, 2027년부터 본격 운영할 계획이다.
- **운영 계획** : 4차 철도망까지 고려하여 대전역을 기준으로 구로 관제센터는 대전 이북, 오송 제2관제센터는 대전 이남을 담당한다. 평상시에는 두 센터에서 분담하여 관제 업무를 수행하고, 비상시에는 정상 운영이 가능한 1개 센터에서 전체 구역을 담당하게 된

다. 구로와 오송 간 서버를 동기화하여 모든 관제 정보를 실시간으로 공유하고, 장애 정도에 따라 원격 제어 또는 제어권 이관 조치를 취할 수 있도록 한다. 제2관제센터 구축 이후, 기존 구로 관제센터의 시스템도 제2센터 수준으로 개량하여 상호 동시 운영할 예정이다.

② DNA(Data, Network, AI) 기반 스마트 철도관제시스템 개발

- **AI 및 빅데이터 활용** : 열차 운행 관련 데이터를 지속적으로 학습하고 분석하여 2시간 이내 모든 열차의 운행 상황을 실시간으로 예측한다. 관제사의 경험과 수작업에 의존하던 업무를 시스템에 의한 관제로 전환하여 인적 오류를 최소화한다.
- **열차 운행 최적화** : AI가 열차 운행 데이터를 분석하여 최적의 운행 스케줄을 자동으로 생성하고, 지연 경합 등 실시간 문제를 감지하고 해소 방안을 제시한다.
- **장애 예측 및 진단** : 빅데이터 기반의 실시간 모니터링을 통해 시설물의 이상 징후를 감지하고 고장을 예측하여 관제 장애를 최소화한다.
- **관제운행 보조 시스템** : AI가 관제사에게 다양한 대처 상황을 제시하고, 가장 적절한 대처를 선택할 수 있도록 지원하여 인적 오류를 줄이다.
- **열차집중제어장치(CTC) 및 열차운행관리시스템(TMS) 고도화** : 설비 동작 상태를 실시간으로 감시하고 제어하며, 관제사의 개입 없이 실시간으로 최적의 운행 패턴을 연산한다.
- **통합 관제 시스템** : 현재 전국 108개 역에 분산되어 있는 로컬 관제 기능을 단계적으로 철도교통관제센터로 통합하여 관제 효율을 높이고 비상 대응 역량을 강화할 방침이다.

3. 기대 효과

국토교통부의 철도 관제 시스템 고도화는 다음과 같은 긍정적인 효과를 가져올 것으로 기대된다.

① 철도 안전성 및 신뢰성 향상

- 복수 관제체계 구축으로 단일 관제 시스템 장애로 인한 전국 열차 운행 중단 위험을 해소하고, 비상시에도 중단 없는 관제 업무를 수행할 수 있게 된다.
- AI 및 빅데이터 기반의 예측 및 분석을 통해 열차 운행 장애를 사전에 예측하고, 신속하게 대응하여 철도 사고를 줄일 수 있다.
- 관제사의 인적 오류를 최소화하고, 시스템 기반의 정확하고 효율적인 관제를 통해 전체적인 철도 안전도가 높아진다.

② 열차 운행 효율성 증대

- AI 기반의 열차 운행 최적화 및 실시간 예측 시스템을 통해 열차 지연을 최소화하고 정시 운행률을 높여 철도 이용객의 편의를 증진한다.
- 철도망 확장 및 열차 운행량 증가에 효과적으로 대응할 수 있는 기반을 마련한다.

③ 서비스 품질 향상

- 안정적이고 효율적인 열차 운행으로 국민들에게 더욱 신뢰성 있는 철도 서비스를 제공한다.
- 비상 상황 시 신속한 정보 제공 및 대처로 승객 불편을 최소화한다.

④ 미래 철도 교통 시스템 기반 마련

- DNA 기반의 스마트 관제 시스템은 향후 자율주행 열차 등 미래 철도 기술 도입을 위한 핵심 기반이 된다.
- 철도 분야의 디지털 전환을 가속화하여 세계 최고 수준의 철도 기술 경쟁력을 확보하는 데 기여한다.

국토교통부의 철도 관제 시스템 고도화 기본계획은 안전하고 효율적인 철도 운영을 위한 국가적 노력을 보여주는 중요한 사업이다.

02 경부고속철도 스마트락(Smart-lock) 전자연동장치의 구성과 기능에 대하여 설명하시오.(135-25)

경부고속철도(KTX)의 **스마트락(Smart-lock) 전자연동장치**는 고속철도의 안전하고 효율적인 운행을 위해 필수적인 핵심 신호설비 중 하나로, 철도 신호제어 시스템에서 **열차의 진로를 설정하고 충돌을 방지하는 역할**을 수행한다. 다음은 스마트락 전자연동장치의 구성 요소와 주요 기능에 대한 설명이다.

1. 스마트락 전자연동장치의 개요

스마트락(Smart-lock)은 기존의 기계식·계전기식 연동장치에서 발전한 **전자식 연동장치**이다. 고속철도와 같은 고밀도·고속 운행 환경에 적합하도록 설계되었으며, **컴퓨터 기반 연동 논리 처리, 실시간 데이터 통신, 고신뢰성·이중화 구조**를 특징으로 한다.

2. 주요 구성요소

구성 요소	설명
전자연동서버 (CBI Server)	열차 진로 설정, 신호기·선로전환기 상태 모니터링 및 제어. 이중화 구조로 장애 시 자동 절체
제어/모니터링 단말(HMI)	운전취급원이나 관제사가 사용하는 터미널. 진로 설정, 상태 확인 가능
인터페이스 모듈	현장 설비(신호기, 선로전환기 등)와 디지털 입출력 연계
이중화 네트워크	데이터 통신망. 연동장치와 외부 시스템(KTCS-2 ATP, ATS 등) 간 연결
장치 상태 감시 시스템	고장 진단, 로그 기록, 유지보수 지원 기능 제공

3. 주요 기능

① 진로 설정 및 잠금 기능(Route Locking)

- 열차가 통과할 선로를 설정하고, 설정된 진로 상의 선로전환기(분기기)와 **신호기**를 제어
- 열차가 진입하기 전까지 해당 진로에 대해 잠금(Locking) 처리 ➡ **중복 설정이나 충돌 방지**

② 연동 논리 처리(Interlocking Logic)

- 열차의 위치, 신호기 현시, 분기기 상태 등 다양한 입력조건을 실시간으로 분석
- 안전하게 진로 설정이 가능한 경우에만 **출발 신호 현시** 허용

③ 설비 상태 감시 및 진단

- 분기기, 신호기, 궤도회로 등의 **정상 동작 여부를 실시간 감시**
- 이상 발생 시 경보 및 자동 기록 ➡ **장애 예방과 유지보수 지원**

④ 이중화 및 고가용성

- 주요 구성요소는 **이중화(Redundancy)** 되어 있어 한쪽 시스템 장애 시에도 운행 지속 가능
- 연동서버, 통신망 모두 이중 구성되어 시스템 다운 방지

⑤ KTCS-2와 연계

- 스마트락은 **KTCS-2 신호시스템**과 연동되어 ATP(Automatic Train Protection), RBC(Radio Block Center) 등에 **진로 정보 제공**
- 열차의 위치 정보, 블록 점유 상태, 진로 정보 등을 실시간 교환

4. 스마트락의 특장점

- **고속/대용량 처리 능력** ➡ 고밀도 고속열차 운행에 적합
- **유지보수 용이** ➡ 상태 모니터링 및 장애 진단 기능 강화
- **모듈화 설계** ➡ 확장성과 이식성 용이
- **고신뢰성** ➡ 철도안전법 및 국제안전기준(EN50126/8/9 등) 충족

결론

경부고속철도의 스마트락 전자연동장치는 **열차 진로의 안전한 설정 및 잠금, 신호 및 선로전환기의 제어**, 그리고 **고신뢰성 시스템 운영**을 통해 철도 운행의 안전성과 효율성을 동시에 확보하는 핵심 인프라이다. 특히 **KTCS-2와 통합된 정보처리 구조**를 통해 고속철도의 디지털 기반 신호시스템의 중추 역할을 수행하고 있다.

03 IP(Internet Protocol) 기반 전자연동장치 연동논리부의 부정 출력 차단에 대하여 설명하시오.(135-25)

전자연동장치(Computer-Based Interlocking, CBI)에서 IP(Internet Protocol) 기반 연동논리부의 부정 출력 차단은 철도신호 시스템의 안전성 확보를 위한 핵심 기능 중 하나이다. 이 개념은 연동논리부가 예상치 못한 잘못된 출력(= 부정 출력, unsafe/unintended output)을 철저히 차단하거나 억제하여, 열차 충돌이나 탈선 등 사고를 방지하는 것을 의미한다.

1. 배경 : 연동논리부의 역할

연동논리부는 다음과 같은 역할을 수행한다.

- 열차 운행 진로 설정(선로전환기, 신호기 제어)
- 선로 점유 상태 및 장치 상태 감시
- 운전 조건이 모두 충족될 때만 신호를 현시하고 진로를 설정

연동논리부는 절대적인 안전 보장이 요구되는 철도 시스템에서 잘못된 논리 처리나 오작동으로 인해 위험한 상태가 출력되는 것을 막는 설계가 필요하다.

2. 부정 출력(Unsafe Output)이란?

부정 출력이란 다음과 같은 위험 상태를 유발할 수 있는 오출력을 의미한다.

- 충돌 가능한 이중 진로 설정
- 열차가 접근 중인데도 출발 신호기 현시
- 분기기 방향이 잘못된 상태에서 신호 현시
- 실제 상태와 불일치하는 오경보 또는 오동작

이런 부정 출력은 사고로 직결될 수 있기 때문에 반드시 차단되어야 한다.

3. IP 기반 연동논리부에서의 차단 방식

IP 기반 전자연동장치는 디지털 논리 연산 + 네트워크 통신 기반으로 구성되며, 다음과 같은 방식을 통해 부정 출력을 차단한다.

① 이중화 구조 및 상호 검증
- 연동논리부는 이중 CPU(또는 이중 서버) 구조로 되어 있으며,
- 두 논리 모듈의 출력 결과를 비교하여 불일치 시 차단

➡ "Fail-safe" 원칙 적용(불일치하면 출력을 억제)

② 논리검증 알고리즘 내장
- 진로 설정, 신호 현시 등 모든 논리는 정형화된 안전 논리 모델(예 B 언어 등)을 통해 검증

➡ 논리 설계 단계에서부터 부정 출력이 구조적으로 발생할 수 없음

③ 상태 피드백 기반 제어

- 출력 전에 항상 입력 피드백 확인

  예 궤도 회로 점유 확인, 분기기 정위치 여부, 신호기 상태 등 조건 불일치 시 출력 차단

④ 네트워크 통신 오류 검출 및 무시

- IP 기반 시스템에서 패킷 손실, 지연, 오류 발생 가능

  ➡ CRC, 시퀀스 번호, 타임아웃, 이중 링크를 통해 오류 검출 후 출력 금지

⑤ 감시 시스템을 통한 실시간 이상 탐지

- 상위 시스템(HMI, 진단시스템)과 연계하여 비정상 출력 탐지 및 경보
- 장치 자체에 Watchdog Timer 내장 → 응답 불능 시 즉시 동작 중지

4. 사례 예시

- 예시 1 : 열차가 진입 중인 궤도에 대해 진로 설정을 시도하면, 연동논리부는 궤도 점유 상태를 감지하고 해당 진로 설정 출력을 차단
- 예시 2 : 분기기의 센서가 정상 위치에 도달하지 않은 경우, 신호 현시 출력은 생성되지 않고 강제로 '정지' 상태 유지

5. 결론

IP 기반 전자연동장치 연동논리부의 부정 출력 차단은 철도 시스템의 안전성을 확보하기 위한 핵심 기능으로서,

- 이중화 구조,
- 논리 검증 모델,
- 실시간 상태 피드백,
- 네트워크 오류 감시

이같은 다양한 기법을 통해 잘못된 출력이 발생하거나 전달되지 않도록 설계되어 있다. 이는 철도신호 시스템이 절대적으로 안전한 동작만 허용하도록 하기 위한 철저한 Fail-Safe 설계 철학의 일환이다.

04 **CBTC(Communication Based Train Control) 시스템에서 열차의 위치 검지 방법 중 다음에 대하여 설명하시오.**(135-25)

(1) 발리스 또는 태그	(2) 유도루프	(3) GPS

CBTC(Communication-Based Train Control) 시스템은 통신 기반 열차제어 시스템으로, 열차의 정확한 위치와 속도를 실시간으로 파악하여 열차 간격을 자동 조절하고 안전하게 운행을 관리한다. 이 시스템의 핵심은 열차의 위치 검지이며, 이를 위해 여러 기술이 함께 또는 보조적으로 사용된다.

CBTC에서 사용하는 주요 위치 검지 방식은 다음과 같다.

1. 발리스(Balise) 또는 태그(Tag)

① 정의

- 발리스(Balise) : 선로에 설치되는 비접촉식 무선 송수신 장치로, 열차가 지나갈 때 데이터를 교환함
- RFID 태그라고도 불리며, 고정된 참조 지점으로 사용됨

② 기능 및 사용 방식

- 열차가 발리스 위를 지나갈 때 열차 탑재 장치가 신호를 수신하여 정확한 위치 보정 수행
- 발리스는 절대 위치 기준 제공 ➡ 주행 중 계속 추정되는 열차 위치의 오차를 보정

③ 장점

- 신뢰성 높음(선로에 고정되어 있음)
- 유지보수가 비교적 적음
- 터널·지하 구간에서도 사용 가능

④ 단점

- 설치 간격이 멀면 보정 빈도가 낮아짐
- 연속 위치 검지는 불가능 ➡ 차륜회전수, 가속도계 등과 함께 사용 필요

2. 유도루프(Inductive Loop)

① 정의

- 선로에 설치된 유도 케이블(루프)을 통해 연속적인 자기장 신호를 생성하고,
- 열차가 이 루프를 따라 주행하면서 위치나 속도를 검지하는 방식

② 기능 및 사용 방식

- 선로에 깔린 유도루프의 신호를 열차 수신기가 수신하여 자신의 위치를 루프 상의 상대

좌표로 파악
- 특정 지점에 루프 간의 연결부나 식별 코드가 있어 참조 가능

③ 장점
- 지속적인 위치 검지 가능(발리스보다 연속성 높음)
- 열차 간 간격 제어에 유리(미세 위치 검지 가능)

④ 단점
- 설치 및 유지비용이 상대적으로 높음
- 루프 단선 등 결함 발생 시 위치 인식 실패 가능
- 시공이 복잡(특히 도심·지하구간)

3. GPS(Global Positioning System)

① 정의
- 위성 기반의 위치 측정 시스템으로, 열차에 탑재된 GPS 수신기를 통해 실시간 위치 추적

② 기능 및 사용 방식
- 열차가 위성 신호를 받아 자신의 경도, 위도, 고도 정보를 계산 ➡ 선로상의 위치와 매핑
- 상대 위치 검지 방식과 통합하여 정확도를 향상시킴

③ 장점
- 추가 인프라 없이 위치 측정 가능
- 장거리/광역 노선에서 효과적(예 일반철도, 광역전철)

④ 단점
- 터널, 지하구간에서는 수신 불가 ➡ 단독 사용 어려움
- 신호 정확도는 날씨·도심건물 등에 따라 변화
- 발리스나 IMU와 보완적으로 사용

결론

구분	연속성	절대/상대 위치	주요 활용
발리스/태그	×	절대 위치	위치 보정용 기준점
유도루프	○	상대 위치	도시철도 연속 위치 추적
GPS	○	절대 위치	지상/광역 철도, 지상 CBTC

CBTC 시스템은 보통 이들 방식 중 2개 이상을 조합하여 사용하는 다중센서 융합 방식(Fusion)을 통해 높은 신뢰성과 정밀도를 확보한다.

예 GPS + 발리스 + 가속도계/차륜회전수 보정

05 주신호기의 종류와 신호기 설치 위치에 대하여 설명하시오.(135-25)

철도 신호 시스템에서 주신호기(Main Signal)는 열차의 운행을 제어하는 가장 핵심적인 신호기로서, 열차의 출발, 정지, 진입, 통과 등을 지시하는 기능을 수행한다. 주신호기는 열차가 직접 보고 반응해야 하는 신호이기 때문에 그 종류와 설치 위치는 매우 중요하다.

1. 주신호기의 종류

주신호기는 기능과 역할에 따라 다음과 같이 분류된다.

① 출발신호기(Starting Signal)
- 역에서 출발하는 열차에게 신호를 부여
- 출발 가능 여부를 판단(정지 / 진행)
- 설치 위치 : 승강장 끝 또는 역 구내 출발지점 부근

② 진입신호기(Home Signal)
- 열차가 역에 진입할 때 진로의 안전 여부를 지시
- 역 구내의 선로 상태, 진로 설정 여부에 따라 신호 현시
- 설치 위치 : 역 진입 전 선로 상, 보통 역의 입구 지점

③ 장내신호기(Outer Home Signal)
- 진입신호기보다 앞쪽에 설치되어 열차에 예비 정보를 제공
- 속도 조절 및 제동 준비 유도
- 설치 위치 : 진입신호기 전방 수백 미터에서 수 km 전방

④ 통과신호기(Through Signal / Block Signal)
- 정차하지 않고 통과하는 열차에 대해 블록 구간 진입 가능 여부를 지시
- 열차 간 안전 간격을 유지하기 위한 블록 시스템 구성 요소
- 설치 위치 : 역과 역 사이, 블록 구간의 시작점

⑤ 폐색신호기(Block Signal)
- 폐색(block) 구간 진입 전 열차의 정지 / 진행 판단
- 주로 자동폐색식 열차제어 시스템에서 사용
- 설치 위치 : 폐색 구간의 시작 지점

⑥ 입환신호기(Shunting Signal)
- 입환(분기선 이동, 차량 정렬 등) 시 사용하는 신호기
- 운행신호가 아닌 입환작업용
- 주신호기에 포함되거나 별도로 설치됨
- 설치 위치 : 입환선로, 분기기 부근

2. 주신호기의 설치 위치

주신호기의 설치는 열차가 해당 신호를 명확히 식별하고, 적절히 반응할 수 있는 위치에 하며 다음을 고려한다.

신호기 종류	설치 위치 설명
출발신호기	승강장 끝, 열차 출발점 근처
진입신호기	역의 외부, 진입 지점 선로 상
장내신호기	진입신호기 전방 수백 m ~ 수 km
통과신호기	역과 역 사이 블록 경계
폐색신호기	폐색 블록 시작점
입환신호기	입환선, 측선, 차량 기지 내 분기기 근처

또한 설치 시에는 다음 기준을 준수한다.

- 열차의 정지거리(제동거리) 이상 앞에 설치
- 운전실 시야 확보가 가능한 위치
- 야간이나 악천후에도 식별 가능하도록 신호등 규격 충족

결론

- 주신호기는 철도 시스템의 "신호등"으로, 열차 운행의 생명선 역할을 한다.
- 각 신호기의 종류는 열차의 운행 상태(출발, 진입, 통과 등)에 따라 구분되며,
- 적절한 위치에 설치되어야 열차가 충분히 대응할 수 있어 안전 운행이 확보된다.

06 네트워크 보안 방법 중 VPN(Virtual Private Network) 및 암호화 방식에 대하여 설명하시오.(135-25)

- 네트워크 보안은 외부 위협(해킹, 도청, 위변조 등)으로부터 데이터를 보호하고, 사용자 및 시스템의 신뢰성을 유지하는 핵심 기술이다.
- 그 중에서도 VPN(Virtual Private Network)과 암호화 방식은 데이터 전송 구간의 보안 확보에 가장 많이 사용되는 방법이다.

1. VPN(Virtual Private Network, 가상사설망)

① 정의

VPN은 공용 네트워크(예 인터넷)를 마치 사설 네트워크처럼 안전하게 사용하는 기술이다. 즉, 암호화된 터널(tunnel)을 통해 원격지와 안전하게 통신할 수 있게 한다.

② 핵심 기능

기능	설명
터널링	데이터를 캡슐화(Encapsulation)하여 보안 경로를 생성
암호화	전송되는 데이터를 암호화하여 도청 방지
인증(Authentication)	사용자 또는 장치의 신원 검증
무결성 검사	데이터 위·변조 여부를 확인

㉠ VPN의 주요 구성 요소

- VPN 클라이언트 : 사용자 단말(노트북, 모바일 등)
- VPN 서버 : 터널링과 암호화를 처리하는 네트워크 장비
- VPN 프로토콜 : OpenVPN, IPsec, L2TP, PPTP, SSL/TLS 등 사용

㉡ VPN의 활용 예

- 원격 근무 시 기업 내부망에 안전하게 접속
- 철도 관제, 금융기관 등의 보안 통신망 구축
- 공공 Wi-Fi에서 데이터 보안 강화

2. 암호화 방식

암호화는 네트워크 상의 데이터를 제3자가 이해하지 못하도록 변환하는 보안 기술이다. 암호화 방식은 크게 다음 두 가지로 나뉜다.

① 대칭키 암호화(Symmetric Encryption)

㉠ 개념

- 암호화와 복호화에 같은 키(비밀키) 사용
- 빠르고 효율적이나, 키 분배의 보안 문제가 있음

㉡ 예시 알고리즘

- AES(Advanced Encryption Standard)
- DES, 3DES

㉢ 특징

- 속도 빠름
- VPN 터널 내 데이터 암호화에 주로 사용

② 비대칭키 암호화(Asymmetric Encryption)

㉠ 개념

- 공개키(Encryption)와 개인키(Decryption)를 따로 사용
- 키 교환, 인증 등에 사용

㉡ 예시 알고리즘

- RSA, ECC, DSA 등

㉢ 특징
- 보안성 높지만 처리 속도 느림
- 대칭키를 안전하게 주고받을 때 사용됨(예 SSL/TLS handshake)

③ 해시 함수(Hash Function)

㉠ 개념
- 입력 데이터를 고정된 길이의 무작위 값으로 변환
- 암호화라기보다는 **무결성 확인용**

㉡ 예시
- SHA-256, SHA-3, MD5(현재는 취약)

㉢ 활용
- 전자서명, 메시지 무결성, 패스워드 저장 등

VPN과 암호화의 결합

VPN은 실제로 **암호화 기술을 내장하여 동작**한다.
- 접속 시 비대칭키(RSA)로 대칭키(AES)를 안전하게 교환
- 데이터 전송은 **대칭키로 암호화** (속도 문제 해결)
- 해시함수로 **데이터 무결성 검사**

예 OpenVPN
- 제어 채널 : RSA + TLS
- 데이터 채널 : AES-256-GCM
- 무결성 : SHA-256 사용

결론

구분	VPN	암호화 방식
목적	안전한 통신 터널 생성	데이터 기밀성 및 무결성 확보
작동 방식	터널링 + 암호화 + 인증	대칭, 비대칭, 해시 등 다양한 암호 기법
관계	VPN은 암호화 기술을 **통합적으로 활용**	암호화는 VPN의 **핵심 구성 요소**

RAILWAY SIGNALLING PROFESSIONAL ENGINEER

제23장 철도기술사 137회 문제풀이

[137회 1교시]

01 유럽연합철도신호시스템의 상호운영을 위한 TSI(Technical Specifications for Interoperability)의 정의, 목적 및 CCS TSI(Control Command and Signalling TSI)에 대하여 설명하시오.(137-10)

02 곡선을 운행하는 열차의 안전성 확보를 위한 곡선반경, 완화곡선, 캔트, 슬랙에 대하여 설명하시오.(137-10)

03 철도신호시스템에 적용하는 TCP(Transmission Control Protocol) 및 UDP (User Datagram Protocol)를 기술하고, 패킷 구조에 대하여 설명하시오.(137-10)

04 OLTP(Online Transaction Processing) 서버의 하드웨어 규모 산정을 위한 CPU, 메모리, 디스크, 스토리지에 대하여 설명하시오.(137-10)

05 네트워크 방화벽 중 DMZ(DeMilitarized Zone)에 대하여 설명하시오.(137-10)

06 철도종합관제실CTC(Centralized Traffic Control)의 고장검출기능에 대하여 설명하시오.(137-10)

07 KTCS-2(Korea Train Control System Level 2)에 적용되는 발리스의 설치기준에 대하여 설명하시오.(137-10)

08 CBTC(Communication Based Train Control) 열차제어시스템에 적용되고 있는 위치 검지용 지상자의 기능에 대하여 설명하시오.(137-10)

09 철도신호시스템에 사용되는 프로토콜(Protocol)에 대하여 설명하시오.(137-10)

10 철도신호시스템에 적용되는 접지방법 중 단독접지와 공통접지의 장·단점에 대하여 설명하시오.(137-10)

11 UM71C형 궤도회로장치 중 거리조정기에 대하여 설명하시오.(137-10)

12 「신호설치공사 일반사항(KRACS 47 40 05)」에 따른 철도신호설비 공사관계자 중 감독자와 감리원의 임무에 대하여 설명하시오.(137-10)

13 선로전환장치 설치 시 설치위치, 배선 및 각부 조정에 대하여 설명하시오.(137-10)

[137회 2교시]

01 철도신호시스템 구성방법 중 결함허용 기법의 하드웨어, 소프트웨어 및 정보전송 측면에서 각각 설명하시오.(137-25)

02 TTA(Telecommunications Technology Association, 한국정보통신기술협회) 「정보시스템 재해복구 지침」에 따른 재해복구시스템 복구 수준별 다음 유형에 대하여 설명하시오.(137-25)

03 「철도설계지침 및 편람(KR S-02020, 신호기)」에 따른 정거장 구내에 설치되는 장내 신호기에 대하여 다음 사항을 설명하시오.(137-25)

04 궤도회로의 원리와 회로 구성방법에 대하여 설명하시오.(137-25)

05 고속철도 구간에 적용되고 있는 안전설비에 대하여 설명하시오.(137-25)

06 한국형 열차제어시스템(KTCS-M : Korea Train Control System-Metro)의 구성도를 그리고, 구성요소 중 지상자동열차보호장치(WATP : Wayside Automatic Train Protection)의 기능에 대하여 설명하시오.(137-25)

[137회 3교시]

01 네트워크 저장장치의 DAS(Direct Attached Storage), NAS(Network Attached Storage) 및 SAN(Storage Area Network)에 대하여 개념과 특징을 설명하시오. (137-25)

02 빅데이터(Big Data) 종류 및 처리 절차를 설명하고, 철도분야 활용 방안에 대하여 설명하시오.(137-25)

03 KTCS-2(Korea Train Control System Level 2)의 주요장치 중 폐색정보전송장치 (BITU : Block Information Transmission Unit)에 대하여 설명하시오.(137-25)

04 철도종합시험 운행을 단축하거나 생략할 수 있는 범위에 대하여 설명하시오.(137-25)

05 KTCS-1(Korea Train Control System Level 1) 구간의 역방향 신호설비에 대하여 설명하시오.(137-25)

06 「철도설계지침 및 편람(KR S-06030, 연동도표 작성기준)」에 따른 다음의 용어를 설명하시오.(137-25)

[137회 4교시]

01 Safety case의 구조 중 IEC 62425에서 제시된 기준으로 안전성 관리 보고서(Safety Management Report) 내용에 대하여 설명하시오.(137-25)

02 철도신호시스템 간 인터페이스를 위한 점대점 정보전송방식(Point to Point Protocol)의 메시지 프레임 구조에 대하여 설명하시오.(137-25)

03 고속선 안전설비 중 끌림검지장치(DD : Dragging Detector)에 대하여 설명하시오.(137-25)

04 IP(Internet Protocol) 기반 전자연동장치 연동논리부 연동처리 성능에 대하여 설명하시오.(137-25)

05 「공공 건설공사의 공사기간 산정기준」에 의한 공사기간의 산정에 대하여 다음 사항을 설명하시오.(137-25)

06 자동열차감시장치(ATS : Automatic Train Supervision)에 대하여 설명하시오.(137-25)

제23장 철도기술사 137회 문제풀이

01 유럽연합철도신호시스템의 상호운영을 위한 TSI(Technical Specifications for Interoperability)의 정의, 목적 및 CCS TSI(Control Command and Signalling TSI)에 대하여 설명하시오.(137-10)

[유럽연합 철도신호시스템 상호운영을 위한 TSI 설명서]

1. TSI(Technical Specifications for Interoperability)의 정의

TSI(상호운영기술규격, Technical Specifications for Interoperability)는 유럽연합(EU) 내 철도 시스템의 상호운영성(interoperability) 을 보장하기 위해 제정된 기술 규격이다. 즉, 회원국별로 다른 철도 규격, 신호 시스템, 전력 시스템 등을 하나의 통일된 기준에 맞추어, 열차가 국경을 넘어 자유롭게 운행할 수 있도록 한다.

→ 근거 법령 : EU의 철도 상호운영 지침(Directive (EU) 2016/797 on the interoperability of the rail system within the European Union)

2. TSI의 목적

- 상호운영성 확보 : 국가별로 다른 철도 시스템을 조화시켜 국경 간 원활한 운행 가능.
- 안전성 강화 : 통일된 신호·제어 기준으로 철도 운영의 안전성 향상.
- 효율성 제고 : 운영 및 유지보수 비용 절감, 기술 중복 방지.
- EU 철도 경쟁력 강화 : 국제 물류 및 여객 수송의 경쟁력 확보.
- 표준화 및 혁신 촉진 : 통합된 기준을 바탕으로 산업계의 혁신과 기술 발전 유도.

3. CCS TSI(Control Command and Signalling TSI)

CCS TSI는 TSI 중 철도 제어·지령 및 신호(Control Command and Signalling) 영역을 다루는 규격이다. 이는 유럽 전역에서 열차 운행을 안전하고 효율적으로 관리하기 위한 핵심 규정이다.

주요 내용

- ERTMS(유럽 철도 교통 관리 시스템) 도입 규정
- ETCS(European Train Control System) : 열차 제어/보안 시스템
- GSM-R : 철도 무선통신 시스템

[유럽연합 철도신호시스템 상호운영을 위한 TSI 설명서]

4. 요약

- TSI : EU 철도의 상호운영을 위한 표준화된 기술 규격
- 목적 : 안전, 효율성, 상호운영성, 경쟁력 강화
- CCS TSI : 제어·지령·신호 분야의 규격으로, ERTMS(ETCS + GSM-R)를 중심으로 유럽 철도 신호 시스템의 통일, 지상 및 차상 장비의 표준화
- 열차 차상 장치(ETCS 차상)와 선로측 장치(발리스, RBC 등)의 기술 규격 정의
- 상호운영 시험 및 인증 절차
- 신규 시스템 도입 시 공인기관(notified body)의 적합성 평가 필수
- 기존 시스템과의 호환성
- 국가별 신호 시스템에서 ERTMS로의 단계적 전환 고려

02 곡선을 운행하는 열차의 안전성 확보를 위한 곡선반경, 완화곡선, 캔트, 슬랙에 대하여 설명하시오.(137-10)

➲ 곡선 운행 열차의 안전성 확보 요소 설명서

1. 곡선반경(Curve Radius)

- 정의 : 곡선을 형성하는 원의 반지름으로, 곡선의 굽은 정도를 나타내는 값.
- 의의 : 곡선반경이 클수록 곡선은 완만하여 열차가 안전하고 빠르게 통과할 수 있음. 반대로 곡선반경이 작으면 속도를 낮추어야 하며, 원심력 증가로 승차감과 안전성에 불리함.
- 설계 기준 : 고속철도의 경우 최소 곡선반경은 수천 미터 이상 필요.

2. 완화곡선(Transition Curve, Spiral Curve)

- 정의 : 직선 구간과 원곡선 구간 사이에 설치되는 곡선으로, 곡률이 점진적으로 변하도록 한 곡선.
- 의의 : 열차가 직선에서 곡선으로 진입할 때 발생하는 급격한 원심력 변화를 줄여 승차감을 개선하고 궤도 및 차량에 가해지는 충격을 완화.
- 형태 : 일반적으로 클로소이드(Clothoid) 곡선이 사용됨.

3. 캔트(Cant, Superelevation)

- 정의 : 곡선 구간에서 바깥쪽 레일을 안쪽 레일보다 높게 설치하여 차량에 작용하는 원심력을 상쇄하는 장치.

- 의의
  - 곡선 주행 시 바깥쪽으로 쏠리는 힘을 줄여 차량 전복 위험 방지.
  - 곡선 통과 속도를 높일 수 있으며 승차감 개선.
- 설계 기준 : 선로 설계 시 곡선반경과 열차 운행속도에 따라 적정 캔트 값을 산정.

4. 슬랙(Cant Deficiency / Excess, Track Slack)

- 정의 : 실제 설치된 캔트와 이상적으로 필요한 캔트 간의 차이.
- 구분
  - 캔트 부족(Cant Deficiency) : 설계된 캔트가 부족하여 곡선 주행 시 원심력이 일부 남아 차량이 바깥쪽으로 쏠리는 현상.
  - 캔트 과잉(Cant Excess) : 반대로 캔트가 너무 커서 저속 운행 시 안쪽으로 쏠리는 현상.
- 의의 : 적절한 슬랙 허용 범위를 설정하여 고속·저속 열차 모두 안전하게 곡선을 주행할 수 있도록 함.

03 철도신호시스템에 적용하는 TCP(Transmission Control Protocol) 및 UDP(User Datagram Protocol)를 기술하고, 패킷 구조에 대하여 설명하시오.(137-10)

철도신호시스템에서의 TCP/UDP 적용 및 패킷 구조 설명서

1. 개요

철도신호시스템은 열차의 **안전한 운행 제어, 상태 감시, 관제 통신** 등을 위해 다양한 데이터 통신 방식을 활용한다. 이때, 표준 인터넷 프로토콜인 TCP(Transmission Control Protocol)와 UDP(User Datagram Protocol) 가 주요한 전송 계층 프로토콜로 적용된다.

2. TCP(Transmission Control Protocol)

- 특징
  - 연결 지향형(Connection-oriented)
  - 신뢰성 보장(재전송, 오류검출, 순서제어)
  - 흐름제어 및 혼잡제어 지원
- 철도신호 적용 사례
  - ETCS(유럽 열차제어시스템) RBC ↔ OBU(차상장치) 통신 중 안전 메시지 교환
  - 제어명령, 속도감시 데이터, 상태정보와 같이 **정확성과 순서가 중요한 데이터 전송**
- 장점 : 데이터 손실/중복 없이 정확한 전송 가능
- 단점 : 연결 설정 및 제어 오버헤드로 인해 지연 발생

3. UDP(User Datagram Protocol)

- 특징
  - 비연결형(Connectionless)
  - 신뢰성 보장 없음 (재전송/순서제어 없음)
  - 오버헤드가 적고 전송 지연 최소화
- 철도신호 적용 사례
  - CBTC(통신기반 열차제어) 무선 통신에서 열차 위치, 속도 등 실시간 전송
  - 신호제어 센터 ↔ 열차 간의 지연 최소화가 중요한 실시간 데이터
- 장점 : 빠른 응답성, 실시간 제어 적합
- 단점 : 데이터 손실 가능성 존재

4. TCP 패킷 구조(세그먼트)

TCP 패킷은 IP 패킷의 페이로드(payload)로 전송된다. 주요 필드는 다음과 같다.

필드	설명
Source Port / Destination Port	송수신 포트 번호
Sequence Number	전송 데이터 순서 번호
Acknowledgment Number	수신 확인 번호
Header Length & Flags	TCP 헤더 길이, 제어 플래그(SYN, ACK 등)
Window Size	흐름 제어(수신 버퍼 크기)
Checksum	오류 검출
Urgent Pointer	긴급 데이터 표시
Data(Payload)	실제 전송 데이터

5. UDP 패킷 구조(데이터그램)

UDP는 구조가 간단하며, 최소한의 제어 정보만 포함한다.

필드	설명
Source Port / Destination Port	송수신 포트 번호
Length	헤더 + 데이터 전체 길이
Checksum	오류 검출
Data(Payload)	실제 전송 데이터

6. 종합

- TCP : 신뢰성과 순서를 보장해야 하는 **안전 중요 데이터** 전송에 적합(예 제어명령, 상태보고).
- UDP : 지연 최소화가 필요한 **실시간 제어 및 모니터링 데이터** 전송에 적합(예 위치, 속도 정보).
- 철도신호시스템은 상황에 따라 두 프로토콜을 적절히 병행하여, **안전성과 실시간성**을 동시에 확보한다.

04 OLTP(Online Transaction Processing) 서버의 하드웨어 규모 산정을 위한 CPU, 메모리, 디스크, 스토리지에 대하여 설명하시오.(137-10)

OLTP 서버 하드웨어 규모 산정 설명서

1. 개요

OLTP(Online Transaction Processing) 서버는 **은행, 쇼핑몰, 철도예약, 물류 시스템** 등에서 다수의 사용자가 동시에 **짧고 빈번한 거래(Transaction)**를 처리하는 시스템이다. 안정적이고 빠른 응답성을 보장하기 위해 CPU, 메모리, 디스크, 스토리지 등의 하드웨어 자원 산정이 필요하다.

2. CPU(Central Processing Unit)

- **역할** : 트랜잭션 요청 처리, SQL 실행, 애플리케이션 로직 수행.
- **산정 기준**
  - 동시 사용자 수(Concurrent Users)
  - 초당 트랜잭션 수(TPS : Transactions per Second)
  - 애플리케이션 복잡도
- **권장 사항**
  - 다중 코어, 고클럭 CPU 필요
  - OLTP 환경에서는 **멀티코어 확장성**이 중요

3. 메모리(Memory, RAM)

- **역할** : 데이터 캐싱, SQL 실행 계획 저장, 버퍼 풀 관리, 세션 정보 유지.
- **산정 기준**
  - 데이터베이스 크기 및 활성 데이터셋(Working Set) 크기
  - 캐시 히트율(메모리가 부족하면 디스크 I/O 증가)
- **권장 사항**
  - 가능한 한 활성 데이터셋이 메모리에 적재되도록 충분히 확보
  - OLTP는 **메모리 부족 시 성능 급격히 저하**

4. 디스크(Disk / Local Storage)

- **역할** : 로그 파일, 임시 파일, 인덱스 및 데이터 블록 저장
- **산정 기준**
  - IOPS(Input/Output Operations Per Second) 성능이 중요
  - 순차 쓰기보다 **랜덤 읽기/쓰기** 성능이 관건

- 권장 사항
  - SSD/NVMe 채택 권장
  - 로그 디스크와 데이터 디스크 분리

5. 스토리지(Shared Storage / SAN / NAS)

- 역할 : 대규모 데이터베이스 파일, 백업, 고가용성(HA) 환경에서 공유 저장소 역할
- 산정 기준
  - 데이터베이스 총 크기 + 성장률 + 백업/복제 전략 고려
  - 스토리지 네트워크 대역폭 및 지연(latency) 최소화
- 권장 사항
  - RAID 구성으로 신뢰성 확보 (RAID 10 권장)
  - OLTP 특성상 저지연, 고IOPS 스토리지 필요

6. 종합

은행, 쇼핑몰, 철도예약, 물류 시스템 등에서 다수의 사용자가 동시에 짧고 빈번한 거래(Transaction)를 처리하는 시스템

- CPU : 트랜잭션 동시 처리 성능 → 다중 코어 필요
- 메모리 : 활성 데이터셋 적재 → 충분히 확보해야 I/O 최소화
- 디스크 : 로그 및 데이터 I/O 분산 → SSD/NVMe 권장
- 스토리지 : 대규모 데이터 및 고가용성 → RAID 기반, 고성능 SAN/NAS 필요

05 네트워크 방화벽 중 DMZ(DeMilitarized Zone)에 대하여 설명하시오.(137-10)

➲ 네트워크 방화벽과 DMZ(DeMilitarized Zone) 설명서

1. 개요

DMZ(DeMilitarized Zone, 비무장지대)란 내·외부 네트워크 구간 사이에 위치한 중간지점으로, 침입차단시스템 등으로 접근 제한 등을 수행하지만 외부 네트워크에서 직접 접근이 가능한 영역을 뜻한다.

DMZ network 구조

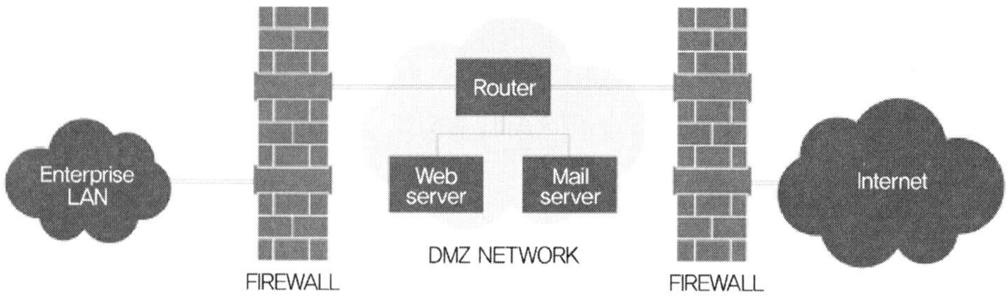

2. 목적

- 내부 네트워크를 직접적으로 외부에 노출하지 않고 보호
- 외부 서비스 제공(웹, 메일 등)과 내부 정보보안 간의 균형 유지
- 보안 침해 발생 시, 피해를 DMZ 영역에 한정하여 내부망 보호

3. 구성 방식

- 외부 방화벽 : 인터넷 ↔ DMZ 사이의 트래픽 제어
- 내부 방화벽 : DMZ ↔ 내부망 사이의 트래픽 제어
- DMZ 서버 : 웹 서버, FTP 서버, 메일 서버 등 외부에 공개가 필요한 시스템

4. 특징

- 외부에서 DMZ 서버에는 접근 가능하나, 내부망에는 직접 접근 불가
- DMZ 내부 시스템이 공격당하더라도, 방화벽이 내부망으로의 확산을 차단
- 3계층 보안 아키텍처(외부망-DMZ-내부망)를 통해 보안성 강화

5. 적용 사례

- 웹 서비스 : 외부 사용자에게 웹 페이지 제공
- 메일 서버 : 외부와 메일 송수신 처리
- DNS 서버 : 외부 도메인 질의 응답

6. 종합

DMZ는 네트워크 보안에서 **외부 서비스 제공과 내부 자산 보호를 동시에 달성**하기 위한 핵심 영역이다. 방화벽과 함께 설계함으로써, 외부 공격이 발생하더라도 내부망을 보호할 수 있는 안전장치로 활용된다.

06 철도종합관제실CTC(Centralized Traffic Control)의 고장검출기능에 대하여 설명하시오.(137-10)

철도종합관제실 CTC 고장 검출 기능 설명서

1. 개요

CTC(Centralized Traffic Control)는 철도 노선 전체를 중앙에서 통합적으로 감시·제어하는 시스템이다.

안전 운행을 위해 신호설비, 선로전환기, 통신설비, 궤도회로 등의 상태를 실시간으로 모니터링하며, 고장 발생 시 이를 신속히 검출·통보하는 기능을 수행한다.

2. 고장 검출 대상

- 신호기 : 점등 불량, 현시 불일치 검출
- 선로전환기(포인트) : 전환 불능, 검지 불일치, 동력장치 고장
- 궤도회로 : 단락·단선, 궤도점유 검출 불능
- 통신설비 : 데이터 전송 장애, 네트워크 단절
- 전원설비 : UPS, 배터리, 전원 차단 여부

3. 고장 검출 방식

- 상태 검지 신호(Feedback Signal) : 현장 장치의 동작 상태를 관제실에 전송하여 명령과 일치 여부 확인
- 이중화(Redundancy) 비교 : 주요 장치의 이중화 구성에서 데이터 불일치 여부로 고장 검출
- 자기진단(Self-diagnosis) : 장치 자체의 전압, 전류, 신호 품질 등을 측정해 이상 탐지
- 통신 모니터링 : 전송 지연, 패킷 손실, 연결 끊김 등을 통해 네트워크 장애 검출

4. 고장 검출 후 조치

- 관제 화면에 경보(Alarm) 및 로그 기록
- 고장 위치 및 장치 정보를 실시간 표시
- 관제사에게 조치 절차 안내(열차 감속, 운행 변경 등)
- 유지보수팀에 자동 통보하여 신속한 복구 지원

5. 의의

- 안전성 확보 : 열차 충돌, 탈선 등 중대 사고 예방
- 신뢰성 향상 : 장애 발생 시 조기 대응 가능
- 효율적 유지보수 : 원격에서 고장 원인 파악 → 현장 대응 시간 단축

07 KTCS-2(Korea Train Control System Level 2)에 적용되는 발리스의 설치기준에 대하여 설명하시오.(137-10)

KTCS-2 발리스 설치 기준 설명서

1. 개요

- 발리스(Balise) : 선로에 설치되는 궤도 장치로, 차상 장치(OBU; On-Board Unit)와 무선으로 통신하여 열차의 위치, 신호 정보를 제공한다.
- 역할 : 열차의 위치 검증, 이동허가 갱신, 속도 정보 제공 등 KTCS-2 운행의 핵심 기반.

2. 설치 위치 기준

- 절대 위치 정보 제공 지점
  역 진입부, 분기기(포인트) 전방, 정지 신호기 위치 등
- 상대 위치 보정 지점
  RBC(무선 블록센터)와 연계하여 이동허가 갱신을 위한 구간 내 주기적 설치
- 속도 전환 지점
  곡선, 경사 구간 진입부 등 속도 제한 개시 위치에 설치

3. 설치 간격

- 고속선 : 약 3~5km 간격으로 주기적 설치(위치 보정용)
- 일반선 : 선로 조건 및 RBC 범위에 따라 조정
- 특별 지점(분기기, 정차역) : 추가 발리스 설치

4. 설치 방식

- 쌍발리스(BoB, Balise group) 구성
  최소 2개 이상을 그룹으로 설치 → 위치 검출 정확성 및 신뢰성 향상
- 중앙선로 설치
  궤도 중심부에 부착, 차량 하부 안테나와 정렬 유지
- 높이/정렬 오차 기준
  직·수평 위치 허용 오차 엄격 관리(cm 단위)

5. 설치 시 고려 사항

- 전파 간섭 방지 : 전차선, 신호 케이블 등 외부 간섭 최소화
- 환경 내구성 : 열차 하중, 기상 조건(비, 눈, 온도)에 견딜 수 있는 내구 설계
- 유지보수성 : 현장 교체 및 점검 용이성 확보

6. 의의

- 발리스는 KTCS-2의 정밀한 위치 검증 장치로서, RBC와 함께 열차제어의 핵심 역할 수행
- 적절한 설치 기준 준수는 안전성, 신뢰성, 유지보수성 확보의 전제 조건

08 CBTC(Communication Based Train Control) 열차제어시스템에 적용되고 있는 위치 검지용 지상자의 기능에 대하여 설명하시오.(137-10)

CBTC 위치 검지용 지상자 기능 설명서

1. 개요

CBTC(Communication Based Train Control)는 열차와 지상 시스템 간 무선통신을 기반으로 실시간 열차 제어를 수행하는 첨단 신호시스템이다.
이때 열차의 정확한 위치 파악을 위해 궤도 상에 지상자(Trackside Transponder, Balise)를 설치하여 차량의 차상 장치와 통신한다.

2. 지상자의 주요 기능

① 절대 위치 정보 제공

- 열차가 지상자를 통과할 때, 해당 지점의 고유 ID(위치 좌표)를 차상 장치에 전달
- 무선통신 기반 상대 위치 정보(속도/거리 적분값) 보정을 위한 기준점 역할

② 위치 보정(Position Update)

- 차상 장치가 주행 중 누적 오차가 발생할 수 있으므로, 지상자 통과 시 이를 교정
- CBTC 시스템의 위치 검지 정확성을 높임

③ 속도·제한 정보 제공

- 특정 지상자는 곡선 구간, 분기기, 정차역 등에서 속도 제한값을 함께 전달
- 차상 ATP(Automatic Train Protection) 장치가 제동 곡선 계산에 활용

④ 운행 조건 전송

- 신호 현시, 진입 가능 여부, 구간 상태(작업 구간, 점유 구간 등)와 같은 운행 제약 조건 전달

3. 설치 기준 및 방식

- 주요 지점 배치 : 분기기, 정차역, 궤도회로 경계, 이동권한 변경 지점 등
- 간격 : 시스템 요구 정밀도 및 무선 통신 품질에 따라 수백 m ~ 수 km 간격으로 설치
- 그룹 설치 : 정확성 향상을 위해 2개 이상 지상자를 그룹으로 구성 (쌍발리스 방식)

4. 의의

- CBTC의 **실시간 열차 제어**는 무선통신 기반 상대 위치 측정에 의존하나, 지상자는 **절대 위치 기준점**을 제공하여 안전성을 보강
- 이를 통해 **정밀한 열차 위치 검지, 안전 확보, 운행 효율성 향상**을 달성할 수 있음

09 철도신호시스템에 사용되는 프로토콜(Protocol)에 대하여 설명하시오.(137-10)

철도신호시스템 프로토콜 설명서

1. 개요

철도신호시스템은 열차의 **안전 운행, 실시간 제어, 상태 감시**를 위해 다양한 데이터 통신이 필요하다. 이때 데이터의 형식, 전송 절차, 오류 검출 방식 등을 정의하는 **통신 규약**(Protocol)이 적용된다.

2. 주요 프로토콜 종류

① 전송 계층 프로토콜

- TCP(Transmission Control Protocol)
  - 연결지향, 신뢰성 보장, 재전송 및 흐름 제어 지원
  - 적용 : ETCS/KTCS RBC ↔ 차상장치 간 안전 메시지 전송
- UDP(User Datagram Protocol)
  - 비연결형, 지연 최소화, 신뢰성은 낮음
  - 적용 : CBTC 무선통신에서 열차 위치·속도 전송

② 철도 전용 프로토콜

- Euroradio
  - ETCS/ERTMS에서 사용되는 열차-지상 무선통신 프로토콜
  - 암호화·인증 기능 포함(안전 중요 메시지 전송 보장)
- Eulynx / RaSTA(Rail Safe Transport Application)
  - 유럽 철도 상호운용성 확보를 위한 안전 프로토콜
  - 신호기, 인터록킹, RBC 간 안전한 데이터 교환 지원
- KRS 표준 프로토콜(한국철도표준)
  - KTCS, ATS, ATC 등 국내 철도신호시스템에 맞춘 통신 규격

③ 산업·통신 기반 프로토콜

- MPLS, IP, Ethernet : 백본망 및 관제센터 통신
- RS-485, CAN, Profibus : 현장 제어 장치 간 데이터 교환
- VPN, TLS : 보안 통신 채널 확보

3. 프로토콜의 핵심 기능

- 데이터 무결성 보장 : 오류 검출 및 재전송
- 실시간성 확보 : 지연 최소화, 우선순위 전송
- 보안 기능 : 암호화, 인증, 무결성 검증
- 상호운용성 지원 : 국가·제조사 간 시스템 연동

4. 의의

철도신호시스템의 프로토콜은 안전(Safety), 신뢰성(Reliability), 실시간성(Real-time), 상호운용성(Interoperability)을 동시에 만족해야 하며, 이는 열차 운행의 안전성과 효율성을 보장하는 핵심 요소이다.

10 철도신호시스템에 적용되는 접지방법 중 단독접지와 공통접지의 장·단점에 대하여 설명하시오. (137-10)

◐ 철도신호시스템 접지방법 설명서

1. 개요

철도신호시스템은 전기·전자 장치가 다수 사용되며, 낙뢰·누전·서지 등으로부터 안전성을 확보하기 위해 접지(Earthing)가 필수적이다.

접지 방식은 크게 단독접지(Independent Earthing)와 공통접지(Common Earthing)로 구분된다.

2. 단독접지(Independent Earthing)

- 정의 : 각 신호설비나 장치를 별도의 접지극에 연결하여 독립적으로 접지하는 방식.
- 장점
  - 장치별 전위가 분리되어 상호 간섭이 적음
  - 특정 장치의 이상 전류가 다른 장치로 전이될 가능성이 낮음
- 단점
  - 접지극을 다수 설치해야 하므로 설치 공간과 비용 증가
  - 접지 간 전위차가 발생할 경우, 장치 간 통신 회로나 신호선에 유도장해 발생 가능
  - 유지보수가 복잡함

3. 공통접지 (Common Earthing)

- 정의 : 여러 장치가 동일한 접지극 또는 접지망을 공유하는 방식.

• 장점
  – 접지 전위가 동일하게 유지되어 장치 간 전위차 문제 감소
  – 접지망 설치를 일원화할 수 있어 공간 효율적, 유지보수 용이
  – 설치 비용 절감 가능

• 단점
  – 한 장치에 이상 전류 발생 시, 동일 접지망을 공유하는 다른 장치에 영향 가능
  – 낙뢰·서지 등 대전류가 유입되면 전체 설비가 동시에 영향을 받을 위험 존재

4. 종합 비교

구분	단독접지	공통접지
안전성	특정 장치 보호에 유리	전체 전위 균일, 장치 간 안정성
간섭 가능성	전위차로 인한 간섭 발생 가능	서지 유입 시 전체 장치에 파급 가능
설치/유지보수	복잡, 비용 증가	순, 비용 절감
적용 사례	고신뢰가 필요한 독립 장치	대부분의 신호·제어설비 접지망

5. 의의

• **단독접지** : 고신뢰가 필요한 특수 장치 보호에 적합
• **공통접지** : 철도신호시스템과 같은 복잡한 장치망에 적합, 유지보수 용이
• 실제 현장에서는 **기본적으로 공통접지를 사용**하되, 필요에 따라 **중요 장치에 보조 단독접지** 병행하는 방식이 적용된다.

11 UM71C형 궤도회로장치 중 거리조정기에 대하여 설명하시오.(137-10)

UM71C형 궤도회로장치 – 거리조정기 설명서

1. 개요

• **UM71C형 궤도회로**는 교류(AC) 궤도회로의 일종으로, 고속철도 및 일반철도에서 열차 점유 여부 검지에 사용되는 장치이다.
• 거리조정기(Adjustment Unit)는 궤도회로의 **전송 거리 및 임피던스 특성**을 보정하여, 안정적인 신호 전송과 검지를 가능하게 하는 핵심 장치이다.

2. 기능

① 회로 길이 조정
  • 궤도회로 구간 길이에 맞게 신호의 전송 특성을 조정
  • 긴 궤도 또는 짧은 궤도에서도 동일한 신호 품질 확보

② 임피던스 매칭

- 송수신기와 레일 간 임피던스 불일치로 발생하는 반사파 및 신호 왜곡을 방지
- 신호 손실 최소화

③ 주파수 특성 보정

- UM71C 궤도회로에서 사용하는 특정 주파수 대역에 맞게 튜닝
- 인접 궤도회로 간 간섭 최소화

3. 설치 위치

- 송신기와 궤도회로의 접속부, 또는 수신기 측 접속부에 설치
- 궤도회로 길이나 선로 조건에 따라 조정기가 단독 또는 여러 개 병렬 구성될 수 있음

4. 의의

- 거리조정기는 UM71C 궤도회로에서 신호의 안정적 전달, 인접 회로 간 간섭 방지, 열차 점유 검지 신뢰성 확보에 필수적인 장치이다.
- 특히 장거리 궤도나 선로 조건이 불균일한 구간에서 성능 저하를 방지하는 중요한 역할을 한다.

12 **「신호설치공사 일반사항(KRACS 47 40 05)」에 따른 철도신호설비 공사관계자 중 감독자와 감리원의 임무에 대하여 설명하시오.**(137-10)

철도신호설비 공사관계자 – 감독자와 감리원 임무 설명서

1. 감독자(Supervisor)

① 개요

- 발주자(철도 운영기관 또는 발주 기관)를 대표하여 공사 수행을 관리하는 사람.
- 공사 진행 상황을 직접 지휘·감독하여, 계약 조건 및 설계도서에 맞게 공사가 진행되도록 책임을 짐.

② 주요 임무

- 공사 계획과 시공 절차 검토 및 승인
- 자재, 장비, 시공 방법의 적합성 확인
- 현장 근로자 안전 관리 지도
- 시공 품질 및 일정 준수 여부 점검
- 시운전 및 시험 결과 확인

2. 감리원(Inspector / Construction Supervisor)

① 개요

- 발주자로부터 위임을 받아 **공사 전반을 독립적으로 감리**하는 기술 전문가.
- 설계도서, 기술기준, 관계 법령에 따라 공사가 적정하게 수행되는지 검증하고, 품질 확보를 위한 조언 및 지도를 담당.

② 주요 임무

- 설계도서 및 시공 도면의 적합성 검토
- 공사 자재, 시공 품질, 안전관리 상태 검사
- 부적합 시공에 대한 시정 지시 및 개선 확인
- 공정 관리 및 준공 검사 참여
- 발주자에게 기술적 자문 및 보고 수행

3. 비교 요약

구분	감독자	감리원
소속/역할	발주기관 소속 또는 지정	발주자로부터 위임받은 독립 기술자
주요 목적	공사 수행 지휘·관리	공사 품질 및 안전 확보 검증
권한	시공사 지휘 및 지시	시공 품질·안전 감리, 시정 요구
관점	"직접 관리·통제"	"독립적 검증·자문"

13 선로전환장치 설치 시 설치위치, 배선 및 각부 조정에 대하여 설명하시오.(137-10)

◆ 선로전환장치 설치 시 주요 사항 설명서

1. 설치 위치

- 정확한 위치 선정
  - 분기기의 기준점(정위치)에 맞추어 설치.
  - 전환기의 **직선측과 곡선측**에서의 레일 변위량을 고려하여 중심선에 정렬.
  - 바퀴의 **윤중(축중)** 하중이 균등하게 분포될 수 있도록 궤도 구조와 지지 상태 확인.
- 장비 간 간섭 방지
  - 인접 기계류, 배선 덕트, 배수 시설과 간섭되지 않도록 이격 거리 확보.

2. 배선(Wiring)

- 전원 및 제어선
  - 신호기기실에서 공급되는 **전원선, 제어선, 검지선**을 전환기에 연결.
  - 전원선은 **전류용량과 전압강하**를 고려한 굵기 선정.

- 배선 경로
  - 케이블 트렌치·덕트 또는 케이블 관로를 통해 매설.
  - 케이블 연결부는 수분 및 기계적 충격에 대비해 절연·방수 처리.

- 접지
  - 낙뢰 및 누전 대비를 위해 신호 접지선에 연결.

3. 각부 조정(Adjustment)

- 전환기 조정
  - 전환 시 완전 전환(End Position)이 확보되도록 스트로크 길이 확인.
  - 전환 동작 시 과부하가 걸리지 않도록 토크 및 스트로크 조정.

- 검지 장치 조정
  - 검지 접점이 정확히 동작하여, 신호기에 정위/반위 현시가 정확히 전달되도록 조정.
  - 접점 간극, 스프링 장력 등을 규정값에 맞춤.

- 기계적 부분 확인
  - 연결봉, 핀, 체결구가 헐겁지 않도록 체결 상태 점검.
  - 동작 시험을 반복하여 궤간 유지, 전환 속도, 동작 소음 등을 확인.

4. 요약

- 설치 위치 : 분기기 기준점에 맞추어 정확히 배치, 간섭 방지.
- 배선 : 전원·제어·검지선의 안전한 연결 및 절연 처리, 접지 확보.
- 각부 조정 : 전환 스트로크, 토크, 검지 접점 조정 및 기계적 체결 상태 확인.

137회 2교시 철도기술사 문제풀이

01 철도신호시스템 구성방법 중 결함허용 기법의 하드웨어, 소프트웨어 및 정보전송 측면에서 각각 설명하시오.(137-25)

1. 서론 : 철도신호시스템 결함허용 기법 설명

철도신호시스템에서 결함허용(Fault-Tolerant) 기법은 시스템 일부에 고장(결함)이 발생하더라도 전체 시스템은 중단 없이 정상적인 기능을 수행하여 열차의 안전성(Safety)과 가용성(Availability)을 확보하는 핵심 기술이다. 이는 '고장 나지 않는 시스템'이 아닌 '고장이 나도 안전하게 동작하는 시스템'을 만드는 것을 목표로 한다.

결함허용 기법은 하드웨어, 소프트웨어, 정보전송 각 측면에서 다층적으로 적용된다.

2. 본론

(1) 하드웨어(Hardware) 측면 결함허용 기법

하드웨어 결함은 물리적인 부품의 고장을 의미한다. 이를 극복하기 위한 핵심 원리는 다중화(Redundancy, 이중화)이다. 같은 기능을 수행하는 하드웨어를 여러 개 준비하여 하나에 문제가 생겨도 다른 것이 즉시 기능을 대체하도록 하는 방식이다.

주요 기법

① **이중계 시스템(Dual System)** : 가장 기본적인 다중화 방식으로, 같은 시스템 2개를 운영한다.

- **동작-대기 (Hot-Standby)** : 2개의 시스템을 동시에 가동하며, 주 시스템(Active)에 결함 발생 시 대기 시스템(Standby)이 즉시 전환되어 제어권을 이어받는다. 전환 시 시스템 중단이 거의 없어 고가용성이 요구되는 시스템에 적합하다.
- **상호비교(Mutual Comparison)** : 2개의 시스템이 같은 연산을 수행하고 그 결과를 지속적으로 비교한다. 결과가 일치하지 않으면 사전에 정의된 안전한 상태(Fail-Safe)로 시스템을 전환시켜 위험을 방지한다.

② **삼중 모듈화 다중표결 시스템(TMR : Triple Modular Redundancy)** : 안전성이 극한으로 요구되는 시스템에 사용된다.

- **동작 방식** : 같은 시스템 3개가 독립적으로 연산을 수행하고, 그 결과를 **다수결(Voting)** 장치에서 비교한다. 3개 중 2개 이상의 결과가 일치하면 그 값을 최종 출력으로 채택한다.
- **장점** : 1개의 모듈에 고장이 발생하더라도 시스템 중단 없이 정상 동작이 가능하며, 어떤 모듈이 고장 났는지 즉시 식별할 수 있다.

◘ 기타 하드웨어 기법

① **전원 공급 장치 이중화** : 주 전원과 예비 전원을 모두 구비하여 정전에 대비한다.

② **I/O 모듈 이중화** : 외부 장치와의 신호를 주고받는 입출력(I/O) 모듈을 이중화하여 신호 단절을 방지한다.

(2) 소프트웨어(Software) 측면 결함허용 기법

소프트웨어 결함은 설계 오류나 코딩 버그 등으로 인해 발생하며, 같은 소프트웨어를 복제하는 것만으로는 해결할 수 없다. (같은 버그가 모든 복제본에 존재하기 때문) 따라서 설계 다중화(Design Diversity) 개념을 도입하여 결함을 극복한다.

◘ 주요 기법

① N-버전 프로그래밍(N-Version Programming)

㉠ **동작 방식** : 하나의 요구 명세서를 가지고 서로 다른 개발팀(N개 팀)이 독립적으로 소프트웨어를 개발한다. 이후 이 N개의 소프트웨어를 동시에 실행하여 그 결과를 TMR과 같은 다수결 로직으로 비교, 최종 결과를 결정한다.

㉡ **기대 효과** : 서로 다른 팀이 같은 논리적 오류를 범할 확률이 매우 낮다는 점을 이용한 기법으로, 소프트웨어의 신뢰도를 크게 향상시킬 수 있다.

② 회복 블록(Recovery Block)

㉠ **동작 방식** : 주(Primary) 모듈과 예비(Alternate) 모듈, 그리고 결과의 타당성을 검사하는 수용 테스트(Acceptance Test)로 구성된다.

㉡ **처리 순서**

ⓐ 주 모듈이 연산을 수행한다.

ⓑ 수용 테스트를 통해 결과값이 논리적으로 타당한지 검사한다.

ⓒ 테스트를 통과하면 결과를 출력하고, 실패하면 예비 모듈을 실행하여 그 결과로 대체한다.

◘ 특징

N-버전 프로그래밍과 달리 순차적으로 동작하며, 예비 모듈은 주 모듈이 실패했을 때만 사용된다.

◘ 기타 소프트웨어 기법

① **감시 타이머(Watchdog Timer)** : 특정 프로그램이 무한 루프 등 비정상적인 상태에 빠졌는지 감시한다. 일정 시간 동안 정상 신호(Heartbeat)가 없으면 시스템을 초기화하거나 안전 상태로 전환시킨다.

② **방어적 프로그래밍(Defensive Programming)** : 예상치 못한 입력값이나 내부 데이터 오류가 발생하더라도 시스템이 치명적인 상태에 빠지지 않도록 사전에 예외 처리 로직을 충실히 구현한다.

(3) 정보전송(Information Transmission) 측면 결함허용 기법

제어 장치 간 또는 장치와 설비 간 주고받는 데이터에 오류가 생기거나 전송이 중단되는 것을 방지하기 위한 기법이다. 데이터의 **무결성**(Integrity)과 **연속성**(Continuity) 확보가 주목표이다.

주요 기법

① **물리적 경로 이중화** : 데이터를 전송하는 통신 케이블(광케이블 등)을 주 경로와 예비 경로, 2개 이상으로 구축한다. 한쪽 경로에 물리적인 단선이나 장애가 발생해도 다른 경로를 통해 통신을 유지한다.

② **오류 검출 및 정정 부호**(Error Detection & Correction Code)

- **순환 중복 검사**(CRC : Cyclic Redundancy Check) : 전송 데이터에 오류가 있는지 **검출**하는 가장 보편적인 방법이다. 데이터 송신 시 약속된 규칙에 따라 계산된 값을 덧붙여 보내고, 수신 측에서 같은 규칙으로 검산하여 데이터의 변조 여부를 확인한다. 오류가 검출되면 데이터 재전송을 요구한다.
- **해밍 코드**(Hamming Code) **등** : 데이터 오류를 검출할 뿐만 아니라, 일부 오류는 스스로 정정할 수 있는 능력을 갖춘 부호화 방식이다. 재전송 없이 즉각적인 오류 수정이 가능하다.

③ **프로토콜 기반 제어**

- **순서 번호**(Sequence Number) : 데이터 패킷마다 고유 번호를 부여하여 데이터의 손실이나 순서 뒤바뀜을 확인한다.
- **응답 및 재전송**(ACK/NAK & Retransmission) : 수신 측은 데이터를 정상적으로 받으면 긍정 응답(ACK)을, 오류가 있으면 부정 응답(NAK)이나 무응답으로 재전송을 요청한다(ARQ : Automatic Repeat reQuest).

3. 결론

위와 같이 철도신호시스템은 하드웨어, 소프트웨어, 정보전송 각 계층에서 유기적으로 결합된 결함허용 기법을 통해, 단일 고장에도 시스템 전체의 안전성과 기능이 유지되는 매우 높은 수준의 신뢰도를 달성한다.

02 **TTA(Telecommunications Technology Association, 한국정보통신기술협회)「정보시스템 재해복구 지침」에 따른 재해복구시스템 복구 수준별 다음 유형에 대하여 설명하시오.** (137-25)

가. Mirror site	나. Hot site
다. Warm site	라. Cold site

1. 서론 : TTA 정보시스템 재해복구 지침에 따른 재해복구시스템 유형별 설명서

TTA(한국정보통신기술협회)의 「정보시스템 재해복구 지침」에서는 재해 발생 시 주센터의 정보시스템을 대체하는 재해복구센터의 복구 수준을 미러사이트, 핫사이트, 웜사이트, 콜드 사이트 4가지 유형으로 분류하고, 각 유형은 복구목표시간(RTO), 복구목표시점(RPO), 그리고 구축 및 운영 비용 측면에서 뚜렷한 차이를 보인다.

2. 본론 : 각 사이트별 내용

① Mirror Site

"거울처럼 실시간으로 같은 상태를 유지하는 최고 수준의 복구 센터"

㉠ 개념 : 주센터와 물리적으로 떨어진 곳에 같은 시스템과 데이터를 실시간으로 복제하여 유지하는 방식이다. 데이터베이스를 포함한 모든 시스템 자원이 실시간 동기화 상태에 있다.

㉡ 특징

- 즉시 복구 가능 : 재해 발생 시 사실상 서비스 중단이 없거나 수 분 내로 복구가 완료된다.
- 실시간 데이터 복제 : 주센터의 데이터가 변경되는 즉시 재해복구센터에도 동일하게 반영된다.
- 고비용 : 같은 시스템을 2세트 운영해야 하므로 구축 및 유지보수 비용이 가장 높다.

㉢ 복구 목표

- RTO(복구 목표 시간) : 수 분(Minute) 이내
- RPO(복구 목표 시점) : 0 또는 수 초(Second) (데이터 손실 거의 없음)

㉣ 적용 대상 : 은행의 금융 거래 시스템, 증권 거래 시스템 등 1분 1초의 서비스 중단도 치명적인 영향을 미치는 핵심 업무(Mission Critical) 시스템에 적합하다.

② Hot Site

"항상 뜨겁게 달궈져 있어 즉시 투입 가능한 복구 센터"

㉠ 개념 : 주센터와 같은 수준의 시스템(HW, SW, 네트워크)을 미리 구축해 두고, 실시간은 아니지만 주기적으로 데이터를 복제하는 방식이다. 시스템은 항상 전원이 켜져 가동 대기 상태를 유지한다.

㉡ 특징
- 신속한 복구 : 재해 발생 시 백업된 최신 데이터만 복원하고 네트워크 경로를 전환하면 바로 서비스를 재개할 수 있다.
- 데이터 최신성 : 미러사이트보다는 데이터 손실이 발생할 수 있지만, 실시간 또는 수분 주기로 데이터를 백업하여 손실을 최소화한다.
- 높은 비용 : 미러사이트보다는 저렴하지만, 시스템을 항상 가동 상태로 유지해야 하므로 비용이 높은 편이다.

㉢ 복구 목표
- RTO(복구 목표 시간) : 수 시간(Hour) 이내
- RPO(복구 목표 시점) : 수 분(Minute) ~ 수 시간(Hour)

㉣ 적용 대상 : 금융권의 기간계 시스템, 대규모 포털 사이트, 통신사 고객 관리 시스템 등 빠른 복구가 중요한 시스템에 적합하다.

③ Warm Site

"따뜻하게 준비되어 있어 약간의 준비 후 투입 가능한 복구 센터"

㉠ 개념 : 주센터와 같거나 유사한 수준의 HW, 네트워크 등 기본 시스템은 확보해 두지만, 평상시에는 시스템을 꺼두거나 최소한으로 운영하는 방식이다. 데이터는 주기적(일/주 단위)으로 백업 테이프 등을 통해 원격지에 소산/보관한다.

㉡ 특징
- 일정 시간 후 복구 : 재해 발생 시 시스템을 가동하고, OS 및 애플리케이션 설치, 백업 데이터 복원 등의 과정을 거쳐야 하므로 복구에 시간이 소요된다.
- 비용 효율성 : 핫사이트에 비해 시스템 운영 비용을 크게 절감할 수 있다.
- 데이터 손실 가능성 : 백업 주기(보통 일 단위)에 따라 최대 하루치 이상의 데이터 손실이 발생할 수 있다.

㉢ 복구 목표
- RTO(복구 목표 시간) : 수 일(Day) 이내
- RPO(복구 목표 시점) : 수 시간(Hour) ~ 1일(Day) 이상

㉣ 적용 대상 : 중요하지만 실시간 복구가 필수는 아닌 업무 시스템, 기업 내부 정보 시스템 등에 적합하다.

④ Cold Site

"가장 기본적인 공간과 설비만 마련해 둔 최소 수준의 복구 센터"

㉠ 개념 : 재해복구를 위한 최소한의 기반 시설(건물, 전력, 통신 회선 등)만 확보하고, 시스템(HW, SW)은 평상시에 갖춰두지 않는 방식이다. 재해 발생 시 장비를 새로 조달하고 설치하여 시스템을 복구한다.

㉡ 특징

- 긴 복구 시간 : 시스템 조달, 설치, 데이터 복원까지 모든 과정을 재해 발생 후에 시작하므로 복구에 가장 오랜 시간이 걸린다.
- 최저 비용 : 평상시에는 장소와 기반 시설 임차료 등 최소한의 비용만 발생하여 가장 경제적이다.
- 높은 데이터 손실 위험 : 데이터 백업 정책에 따라 데이터 손실 규모가 매우 클 수 있다.

㉢ 복구 목표

- RTO(복구목표시간) : 수 주(Week) 또는 수 개월(Month) 이상
- RPO(복구목표시점) : 수 일(Day) 이상

㉣ 적용 대상 : 중요도가 낮거나 복구가 시급하지 않은 개발 서버, 비핵심 업무 시스템 또는 법규 준수를 위한 최소한의 재해복구 체계 구축 시 사용된다.

03 **「철도설계지침 및 편람(KR S-02020, 신호기)」에 따른 정거장 구내에 설치되는 장내 신호기에 대하여 다음 사항을 설명하시오.**(137-25)

가. 설치기준	나. 설치위치 대향, 배향

1. 서론 : 철도설계지침에 따른 장내신호기 설명

「철도설계지침 및 편람(KR S-02020, 신호기)」에 의거, 정거장 구내에 설치되는 장내신호기(Home Signal)는 정거장으로 진입하는 열차의 진입 가부와 진입할 선로를 지시하는 중요한 신호기이다. 그 설치 기준과 위치는 다음과 같다.

2. 본론

① **설치기준** : 장내신호기는 정거장 구내로 진입하는 열차를 제어하기 위해 설치되며, 다음과 같은 핵심 기준을 따른다.

㉠ **설치 목적** : 정거장(구내)의 **방호 구역을 시작**하는 지점에 설치하여, 해당 정거장으로 진입하려는 열차에 진입 가능 여부와 조건을 명확히 지시하는 것을 목적으로 한다.

㉡ **신호 현시** : 열차의 진입 조건에 따라 **정지, 진행, 감속, 경계** 등 필요한 신호를 현시할 수 있어야 한다.

㉢ **폐색과의 연동** : 장내신호기는 해당 역 구내로 진입하는 첫 번째 폐색 구간의 끝을 나타내며, 역 외부의 **폐색신호기와 연동**되어 동작한다.

㉣ **안전거리 확보** : 장내신호기 외방(역 바깥쪽)에는 안전 운행을 위해 열차가 정지 신호를 보고 제동을 시작하여 안전하게 멈출 수 있도록 충분한 **제동거리**와 **안전 여유 거리**가 확보되어야 한다.

㉤ **다중 선로** : 2개 이상의 선로가 합쳐지거나 갈라지는 등 복잡한 구내에서는 각 주 본선마다 장내신호기를 설치해야 한다.

② **설치 위치(대향, 배향)** : 장내신호기의 설치 위치는 열차의 진행 방향과 선로분기기(포인트)의 관계에 따라 대향(Facing)과 배향(Trailing)으로 구분하여 결정된다.

㉠ 대향(對向, Facing) 위치

- 개념 : 열차가 진행하는 방향에서 볼 때, 선로분기기의 **날카로운 끝(텅 레일) 부분을 마주 보고** 진입하는 경우를 '대향'이라고 한다. 즉, 열차가 분기기를 통해 **두 갈래 이상의 경로로 진입**할 수 있는 방향이다.
- 설치 위치
  - 정거장 구내 첫 번째 대향 분기기의 바깥쪽(외방)에 설치하는 것을 원칙으로 한다.
  - 이는 열차가 정거장 구내의 여러 선로 중 어느 곳으로 진입할지 선택하는 분기점을 통과하기 **전**에 신호를 받아 안전하게 경로를 결정하도록 하기 위함이다.
  - 열차는 장내신호기의 지시에 따라 해당 분기기를 통과하여 지정된 선로로 들어가게 된다.

㉡ 배향(背向, Trailing) 위치

- 개념 : 열차가 진행하는 방향에서 볼 때, 선로분기기의 **뭉툭한 끝(크로싱) 부분을 등지고** 통과하는 경우를 '배향'이라고 한다. 즉, **두 갈래 이상의 선로가 하나로 합쳐지는** 방향이다.
- 설치위치
  - 정거장 구내가 배향 분기기로만 구성되어 있을 경우, 장내신호기는 **열차가 완전히 정거장 구역에 들어왔다고 판단되는 지점**에 설치한다.
  - 일반적으로 역의 경계가 되는 **장내경계표지** 또는 **안전상 지장이 없는 최외방 지점**을 기준으로 삼는다.
  - 대향 분기기가 없으므로 진로를 선택할 필요는 없지만, 정거장 진입 자체의 허가를 위해 설치된다.

04 궤도회로의 원리와 회로 구성방법에 대하여 설명하시오.(137-25)

1. 서론

철도 신호 시스템의 궤도회로는 선로를 전기회로로 구성하고, 열차의 금속 차륜과 차축을 이용해 전기회로를 단락하여 선로에 열차 존재 유무를 자동으로 감지하는 원리를 사용한다. 이는 안전한 열차 운행을 위한 가장 기본적이고 중요한 신호 시스템이다.

2. 본론

① **궤도회로의 원리** : 궤도회로의 핵심 원리는 "열차에 의한 궤도 단락(Short-Circuit)" 현상을 이용하는 것이다.

㉠ 열차가 없을 때(궤도 정상)

- 궤도의 한쪽 레일에 송신기(전원)를, 반대쪽 레일에는 수신기(계전기)를 연결한다.
- 두 레일 사이는 침목 등으로 절연되어 있어, 평상시에는 전류가 송신기에서 레일을 따라 수신기까지 흘러간다.
- 수신기에 전류가 흐르면 계전기가 동작하여 "선로에 열차가 없음(점유하지 않음)"이라는 **청색 상태(Clear)** 신호를 시스템에 보낸다.

㉡ 열차가 있을 때(궤도 점유)

- 열차가 해당 궤도회로 구간에 진입하면, 금속 재질의 **차륜(바퀴)**과 **차축**이 두 레일을 전기적으로 연결하는 다리 역할을 한다.
- 이로 인해 전류는 저항이 훨씬 낮은 차축 쪽으로 흐르게 되어 수신기까지 도달하지 못하게 된다. 이를 단락(Short-Circuit) 또는 션트(Shunt)라고 한다.
- 수신기로 전류가 흐르지 않으면 계전기가 떨어져 "선로에 열차가 있음(점유함)"이라는 **적색 상태(Occupied)** 신호를 시스템에 보낸다.

② **회로 구성방법** : 궤도회로는 사용 전원과 구성 방식에 따라 다양하게 분류되며, 기본적인 구성 요소는 다음과 같다.

[구성 요소]

- **전원 장치** : 궤도에 전류를 공급하는 송신기 또는 배터리
- **궤도 계전기(Track Relay)** : 전류의 유무를 감지하여 궤도 점유 상태를 판단하는 수신기
- **레일** : 전류가 흐르는 통로
- **절연이음매(Insulated Joint)** : 각 궤도회로 구간을 전기적으로 분리하여 신호의 간섭을 막는 장치
- **임피던스 본드(Impedance Bond)** : 전기차량의 귀선전류는 통과시키고, 신호전류는 차단하여 궤도회로 구간을 구분하는 장치(전철화 구간에 사용)

㉠ 사용 전원에 따른 분류

ⓐ 직류(DC) 궤도회로

- **구성** : 직류 전원(배터리)과 직류 계전기를 사용한다.
- **특징** : 구조가 간단하고 유지보수가 용이하지만, 전철화 구간에서는 전기차량에서 나오는 귀선전류(직류)의 영향을 받을 수 있어 비전철화 구간에서 주로 사용된다.

ⓑ 교류(AC) 궤도회로

- **구성** : 교류 전원(상용 주파수)과 교류 계전기를 사용한다.
- **특징** : 직류 귀선전류의 영향을 받지 않으므로 **전철화 구간**에 적합하다. 임피던스 본드를 설치하여 신호전류와 귀선전류를 분리한다.

ⓒ 가청주파수(AF, Audio Frequency) 궤도회로

- **구성** : 음성 주파수 대역(수백~수천 Hz)의 교류 신호를 사용한다.
- **특징**
  - 주파수가 다른 여러 신호를 하나의 레일에 동시에 사용할 수 있어, **절연이음매 없이** 궤도회로 구간을 나눌 수 있다(무절연 궤도회로).
  - 고속철도나 도시철도와 같이 복잡하고 정밀한 제어가 필요한 구간에 널리 사용된다.
  - 설치 및 유지보수 비용을 절감할 수 있는 장점이 있다.

㉡ 회로 방식에 따른 분류

ⓐ 폐로식(Closed Circuit)

- **동작** : 평상시(열차 없음)에 회로에 **전류가 흐르는 방식**이다. 위에서 설명한 기본 원리가 바로 폐로식이다.
- **장점(Fail-Safe)** : 전원 공급 중단, 레일 절단, 송/수신기 고장 등 **시스템에 이상이 발생하면 전류가 끊어져** 계전기가 떨어지므로, 열차가 있는 것과 동일한 **점유(적색)** 상태로 전환된다. 이는 안전 측면에서 매우 유리하여 **철도 신호의 기본 원칙**으로 사용된다.

ⓑ 개로식(Open Circuit)

- **동작** : 평상시(열차 없음)에 회로가 **열려 있어 전류가 흐르지 않고**, 열차가 진입하여 차축으로 회로가 구성되면 전류가 흐르는 방식이다.
- **단점** : 전원 고장이나 전선 단선 시 열차가 없다고 판단하는 치명적인 오류를 범할 수 있어 철도 본선 신호용으로는 사용하지 않다. 건널목 제어 등 일부 특수한 경우에 제한적으로 사용될 수 있다.

05 고속철도 구간에 적용되고 있는 안전설비에 대하여 설명하시오.(137-25)

고속철도 구간에 적용된 10가지 주요 안전설비의 기능에 대한 설명과 그에 따른 조치방법을 정리하면 다음과 같다.

1. 지장물검지장치(Obstacle Detector)

◘ 기능 설명

선로에 떨어진 낙석이나 기타 장애물을 레이저 센서 등으로 검지하여 열차와의 충돌 사고를 예방하는 장치이다. 주로 터널 입구나 인접 사면 등 위험 지역에 설치된다.

◘ 상세 조치방법

① **자동 경보** : 지장물 검지 시 즉시 CTC(열차종합제어장치) 관제실에 경보가 울리고, 해당 구간의 신호기에 자동으로 **정지 신호**가 현시된다.

② **관제사 조치** : 관제사는 경보 발생 구간으로 접근하는 모든 열차에 무선으로 즉시 정지를 지시하고, 운행 상황을 파악한다.

③ **현장 확인** : 유지보수 담당자에게 연락하여 신속히 현장에 출동시켜 지장물의 종류와 상태를 확인하고 제거하도록 한다.

④ **운행 재개** : 지장물 제거 및 선로 안전이 완전히 확인된 후, 관제사는 정지 신호를 해제하고 열차 운행을 재개시킨다.

2. 차축온도검지장치(HABD : Hot Axle Box Detector)

◘ 기능 설명

선로변에 설치된 적외선 센서로, 고속으로 통과하는 열차의 차축 베어링(차축 박스) 온도를 측정한다. 과열 상태를 조기에 발견하여 차축 고착이나 탈선 등 대형 사고를 예방한다.

◘ 상세 조치 방법

① **경보 단계별 발령** : 설정된 온도 기준에 따라 1단계(주의), 2단계(경보)로 구분하여 CTC 관제실에 자동으로 경보를 보낸다.

② **1단계(주의) 조치** : 관제사는 해당 열차의 기관사에게 차축 온도 주의 사실을 통보하고, 종착역 도착 후 차량을 정밀 점검하도록 조치한다. 열차는 정상 운행한다.

③ **2단계(경보) 조치** : 관제사는 즉시 해당 열차에 **정지 또는 감속 운행**을 지시한다. 기관사는 다음 정거장 등 안전한 장소에 정차한 후 차량을 점검하고, 이상 확인 시 운행을 중지하고 구원열차를 요청한다.

3. 레일온도검지장치(RTD : Rail Temperature Detector)

◘ 기능 설명

레일에 직접 부착된 센서가 온도를 실시간으로 측정하여 CTC 관제실로 전송한다. 하절기 레일의 과도한 팽창(장출)이나 동절기 수축으로 인한 변형 위험을 사전에 파악한다.

상세 조치방법

① **온도 단계별 감시** : 설정된 온도(예 하절기 55℃ 이상) 도달 시 CTC 화면에 경보가 표시된다.

② **1단계(주의) 조치** : 관제사는 해당 구간에 서행 운전(통상 230km/h 이하)을 지시하고, 선로 유지보수 담당자에게 순회 점검을 요청한다.

③ **2단계(위험) 조치** : 위험 온도(예 64℃ 이상) 도달 시, 관제사는 해당 구간의 **운행 속도를 대폭 제한(통상 70km/h 이하)**하거나 **운행을 일시 중단**시킬 수 있다. 이후 살수 작업 등 레일 온도 저감 조치를 시행한다.

4. 끌림물체검지장치(DED : Dragging Equipment Detector)

기능 설명

열차 하부에서 부품 등이 떨어져 선로를 긁으며 끌려오는 물체를 검지하는 장치이다. 선로에 설치된 검지 자(Bar)를 끌림물체가 충격하면 즉시 경보가 발생한다.

상세 조치방법

① **자동 경보 및 정지 신호** : 검지 즉시 CTC 관제실에 경보가 발생하고, 해당 열차의 진행 방향 다음 신호기에 **정지 신호**가 현시된다.

② **긴급 정차** : 관제사는 해당 열차 기관사에게 즉시 비상 정차를 지시한다.

③ **현장 확인** : 기관사 또는 유지보수 인력이 현장에서 끌림물체의 종류와 차량의 상태를 확인한다.

④ **후속 조치** : 수리가 가능하면 응급조치 후 서행 운전하고, 불가능하면 구원 운전을 요청한다.

5. 기상검지장치(Weather Detector)

기능 설명

선로변에 설치되어 **풍속, 강우량, 강설량** 등을 실시간으로 측정한다. 악천후로 인한 열차 운행 위험에 대비하기 위한 장치이다.

상세 조치방법

① **기준치 초과 시 경보** : 풍속, 강우량 등이 설정된 기준치를 초과하면 CTC에 경보가 발생한다.

② **단계별 속도제한**

- **강풍** : 풍속에 따라 230km/h ➡ 170km/h ➡ 90km/h ➡ 운행중지 등 단계적으로 속도를 제한한다.
- **폭우/폭설** : 강수량/적설량에 따라 서행 운전을 지시한다.

③ **운행 재개** : 기상이 안정되어 경보 기준치 이하로 내려오면, 관제사는 단계적으로 속도 제한을 해제하고 정상 운행을 지시한다.

6. 지진검지장치(Earthquake Detector)

▣ 기능 설명

선로변에 설치된 지진계가 일정 규모 이상의 지진동을 감지하면 즉시 경보를 발령하는 시스템이다.

▣ 상세 조치방법

① **전력 자동 차단 및 경보** : 지진 감지 시 즉시 해당 지역의 전차선 전원을 자동으로 차단하고, CTC 및 인근 모든 열차에 경보를 전송한다.

② **열차 긴급 정지** : 경보를 수신한 모든 열차는 그 자리에 즉시 비상 정차한다.

③ **선로 점검** : 지진 상황이 종료된 후, 유지보수 인력이 선로, 교량, 터널 등 구조물의 안전 이상 유무를 정밀 점검한다.

④ **서행 운전 재개** : 점검 결과 이상이 없다고 확인되면, 관제사는 전원을 복구하고 안전 속도로 서행 운전을 먼저 지시한 뒤 점진적으로 정상 속도로 복귀시킨다.

7. 분기기 히팅장치(Turnout Heating System)

▣ 기능 설명

동절기에 선로 전환기(분기기)가 눈이나 얼음으로 인해 얼어붙어 동작하지 않는 것을 방지하기 위해 레일을 가열하는 장치이다.

▣ 상세 조치방법

① **자동 또는 원격 동작** : 대기 온도가 일정 기준(예 3℃) 이하로 내려가거나 강설이 감지되면 자동으로 작동하거나, CTC에서 원격으로 동작시킨다.

② **상태 감시** : 관제사는 CTC 화면을 통해 히팅 장치의 작동 상태(정상/고장)를 지속적으로 감시한다.

③ **고장 시 조치** : 고장 경보 발생 시 즉시 유지보수 인력에게 통보하여 수리하도록 한다. 수리 전까지 해당 분기기 사용을 중지하거나, 현장 수동 조작으로 전환하여 열차를 운행시킨다.

8. 터널경보장치(Tunnel Alarm System)

▣ 기능 설명

터널 내부에 설치된 화재감지기, 비상전화, 긴급 대피 유도등 등으로 구성되며, 터널 내 화재나 비상상황 발생 시 경보를 울리고 승객의 안전한 대피를 돕는다.

▣ 상세 조치방법

① **경보 발령** : 화재 감지 또는 비상전화 작동 시 CTC와 소방서 등 유관기관에 즉시 경보가 전송된다.

② **열차 진입 통제** : 관제사는 즉시 해당 터널로 진입하려는 모든 열차를 정지시키고 진입을 통제한다.

③ **터널 내 열차 조치** : 터널 내에 정차한 열차의 기관사는 승무원의 안내에 따라 승객들을 비상 대피 유도등을 따라 안전한 출구로 대피시킨다.

④ **구호 활동** : 관제사는 비상 대응 계획에 따라 소방대, 구급대 등과 공조하여 신속한 구호 및 화재 진압 활동을 지원한다.

9. 보수자 선로횡단장치(Track Worker Crossing Alarm)

◘ 기능 설명

선로 보수 작업자가 안전하게 선로를 건널 수 있도록 설치된 장치이다. 작업자가 스위치를 누르면 열차 접근 여부를 확인하고, 안전할 때 녹색등과 음성으로 횡단을 안내한다.

◘ 상세 조치 방법

① **작업자 조작** : 작업자는 횡단 전 반드시 장치의 버튼을 눌러 열차 접근 정보를 확인한다.

② **안전 확인 후 횡단** : "열차가 없습니다. 건너가십시오"와 같은 음성 안내와 녹색등이 켜지면 신속히 횡단한다.

③ **열차 접근 시 경보** : 만약 열차가 접근 중이면 "열차가 접근 중입니다. 기다리십시오"라는 경고와 함께 적색등이 켜지며, 절대 횡단해서는 안 된다.

④ **관제사 통보(오작동 시)** : 장치 고장이나 오작동 시, 작업 책임자는 즉시 관제사에게 무선으로 보고하고 지시에 따라야 한다.

10. 선로변스위치(Lineside Switch/Signal)

◘ 기능 설명

선로변에 설치된 일종의 비상 버튼으로, 선로 이상(레일 파손, 장애물 등)을 최초로 발견한 사람(직원, 일반인)이 조작하여 해당 구간의 열차 운행을 즉시 중단시킬 수 있는 장치이다.

◘ 상세 조치방법

① **스위치 조작** : 비상상황 발견 시 누구나 선로변 스위치의 덮개를 열고 버튼을 누르거나 핸들을 조작한다.

② **자동 정지 신호** : 스위치 조작 즉시 해당 구간 신호기에 **적색 정지 신호**가 현시되고, CTC에 경보가 발생한다.

③ **관제사 대응** : 관제사는 즉시 해당 구간 접근 열차에 정지를 재차 지시하고, 스위치 조작 위치와 원인을 파악하기 위해 유지보수팀 출동을 지시한다.

④ **안전 확인 후 운행 재개** : 현장 출동 직원이 원인을 해결하고 선로 안전을 확인한 후, 관제사에게 보고하면 관제사는 신호를 복귀시키고 운행을 재개한다.

06 한국형 열차제어시스템(KTCS-M : Korea Train Control System - Metro)의 구성도를 그리고, 구성요소 중 지상자동열차보호장치(WATP : Wayside Automatic Train Protection)의 기능에 대하여 설명하시오.(137-25)

한국형 열차제어시스템(KTCS-M)의 구성도와 핵심 장치인 지상자동열차보호장치(WATP)의 기능 설명서는 다음과 같다.

한국형 열차제어시스템(KTCS-M) 구성도

KTCS-M은 LTE-R(철도통합무선망)을 기반으로 열차와 지상 간에 제어 정보를 실시간으로 주고받아 열차의 운행 간격을 단축하고 안전성을 극대화하는 **통신 기반 열차제어(CBTC : Communications-Based Train Control)** 시스템이다.

시스템은 크게 **지상장치, 차상장치, 통신장치**로 구성된다.

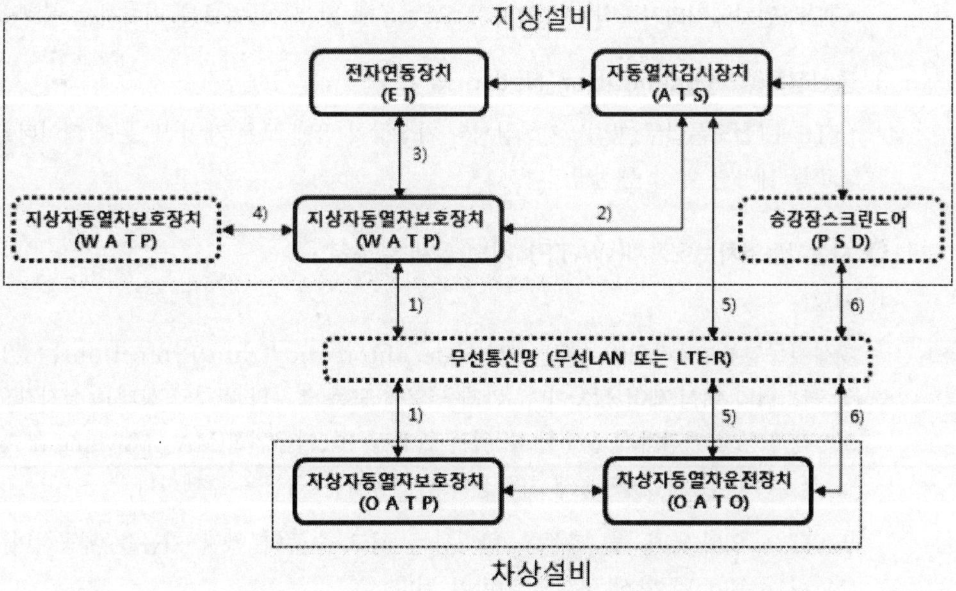

[그림] 열차제어시스템 하부장치간 정보전송도

1. 지상장치(Wayside Equipment)

- CTC(열차종합제어장치) : 중앙 관제실에서 전체 노선의 열차 운행을 감시하고 제어하는 최고 레벨의 시스템이다.
- WATP(지상자동열차보호장치) : 지상 시스템의 핵심 두뇌로, 열차의 이동 권한을 계산하여 무선으로 전송한다. (※ 상세 설명은 다음에 나오는 내용 참조)

- 연동장치(IXL) : 분기기(선로전환기), 신호기 등 선로 장치를 제어하여 열차의 진로를 구성하는 장치이다. WATP와 연동하여 동작한다.
- Balise(지상자) : 선로상에 설치된 수동적인 정보 송신 장치로, 열차가 그 위를 지나갈 때 위치 보정 등 기준 정보를 차상장치에 전달한다.

2. 차상장치(Onboard Equipment)

- OATP(차상자동열차보호장치) : WATP로부터 받은 이동 권한(MA)에 따라 속도 프로파일을 생성하고, 열차가 이를 초과하지 않도록 감시 및 제동을 제어하는 안전 장치이다.
- OATO(차상자동열차운전장치) : OATP의 보호 한계 내에서 열차를 자동으로 출발, 주행, 정지시키는 자동 운전 장치이다.
- MMI(인간-기계 연동장치) : 기관사가 운행 정보(속도, 남은 거리 등)를 확인하고 시스템을 조작하는 디스플레이 장치이다.
- BTM(발리스전송모듈) : 지상의 Balise를 읽어 위치 정보를 CATP에 전달한다.
- TDR(열차데이터기록장치) : 열차의 모든 운행 및 제어 정보를 기록하는 블랙박스이다.

3. 통신장치(Communication Network)

- LTE-R(철도통합무선망) : 지상장치와 차상장치 간에 모든 제어 및 운행 데이터를 주고받는 고속·대용량 무선 통신망이다.

지상자동열차보호장치(WATP) 기능 상세 설명서

1. 개요

지상자동열차보호장치(WATP : Wayside Automatic Train Protection)는 KTCS-M 지상 시스템의 **핵심 제어 장치**이다. 관제구역 내 모든 열차의 위치와 상태를 실시간으로 감시하고, 각 열차가 안전하게 운행할 수 있는 한계점, 즉 이동권한(MA : Movement Authority)을 생성하여 LTE-R을 통해 차상장치로 전송하는 역할을 수행한다.

WATP는 열차 추돌 및 충돌을 방지하는 최고 수준의 안전 기능을 제공하며, 이동폐색(Moving Block) 방식 구현의 기반이 된다.

2. 주요 기능

WATP의 기능은 크게 6가지로 나눌 수 있다.

① **열차 위치 및 상태 감시** : WATP는 관제구역 내 모든 열차의 차상장치(CATP)로부터 LTE-R을 통해 **실시간 위치, 속도, 방향 등의 정보를 주기적으로 수신**한다. 이를 통해 선행 열차의 정확한 꼬리 위치를 파악하고, 후속 열차와의 안전거리를 계산하는 기초 데이터로 활용한다.

② **이동권한(MA) 생성 및 전송** : 이는 WATP의 가장 핵심적인 기능이다. 이동권한(MA)은 열차가 안전하게 나아갈 수 있는 '허가된 최종 지점'을 의미한다.

㉠ MA 생성 원리

- 선행 열차의 실시간 위치를 파악한다.
- 선로의 고정 정보(속도 제한, 분기기, 곡선, 구배 등)를 반영한다.
- 안전 여유 거리를 추가하여 후속 열차가 정지해야 할 최종 한계점을 계산한다.

㉡ **이동폐색 구현** : WATP는 선행 열차가 앞으로 나아감에 따라 후속 열차의 MA를 실시간으로 갱신하여 연속적으로 전송한다. 이로 인해 열차 간 간격이 고정된 폐색 길이에 묶이지 않고 유동적으로 좁혀질 수 있어 **선로 용량과 운행 효율을 극대화**할 수 있다.

③ **선로 정보 관리** : WATP는 관제구역 내 모든 선로의 **고정 및 가변 정보를 데이터베이스 형태로 관리**한다.

㉠ **고정 정보** : 선로의 구배, 곡선 반경, 터널 정보, 구간별 제한속도 등

㉡ **가변 정보** : 분기기의 현재 방향, 임시 속도제한 구간, 작업 구간 정보 등

이러한 정보를 MA 계산 시 종합적으로 반영하여 열차가 항상 가장 안전하고 효율적인 조건으로 운행하도록 한다.

④ **자동 진로 설정 및 제어** : WATP는 CTC로부터 받은 운행 계획(시나리오)에 따라 열차의 진로를 자동으로 구성하기 위해 **연동장치(IXL)와 통신**한다. 열차가 특정 경로로 운행해야 할 때, WATP는 연동장치에 해당 진로에 맞게 분기기를 전환하고 신호를 제어하도록 요청한다.

⑤ **비상상황 대응 및 제어** : 열차 운행 중 예측하지 못한 위험 상황이 발생했을 때 WATP는 즉각적인 안전 조치를 수행한다.

㉠ **비상 정지 명령** : 두 열차 간 거리가 위험 수준으로 가까워지거나, 선로에 장애가 발생했음을 감지하면 즉시 해당 열차에 **MA를 '0'으로 설정**하거나 **긴급 정지 명령**을 전송하여 열차를 강제로 멈추게 한다.

㉠ **PSD 연동** : 승강장안전문(PSD)이 열려있거나 고장 났을 경우, 열차의 진입 및 출발을 통제하는 명령을 내린다.

⑥ **차상장치와의 통신** : WATP는 LTE-R을 통해 다수의 차상장치(CATP)와 **안정적인 양방향 통신 링크를 유지**한다. MA, 선로 정보, 제어 명령 등을 차상으로 전송하고, 차상으로부터는 위치, 속도, 상태 정보를 수신하는 통신 게이트웨이 역할을 수행한다.

137회 3교시 철도기술사 문제풀이

01 네트워크 저장장치의 DAS(Direct Attached Storage), NAS(Network Attached Storage) 및 SAN(Storage Area Network)에 대하여 개념과 특징을 설명하시오. (137-25)

1. DAS(Direct Attached Storage) – 직접 연결 저장장치

① 개념 : 서버나 컴퓨터에 케이블로 직접 1:1 연결하는 가장 전통적이고 기본적인 저장 방식이다. 우리가 흔히 사용하는 컴퓨터의 내장 하드디스크나 USB 외장 하드를 생각하면 이해하기 쉽다. 철도신호시스템에서는 특정 제어장비나 독립적인 로그 서버에 전용 저장 공간을 할당할 때 사용된다.

② 특징

- 연결 방식 : SCSI, SAS, USB 등의 케이블을 통해 서버에 직접 연결된다.
- 데이터 접근 : 서버를 통해서만 접근할 수 있으며, 다른 장비가 스토리지에 직접 접근하거나 공유할 수 없다.
- 장점
  - 빠른 속도 : 네트워크를 거치지 않고 직접 연결되므로 데이터 입출력 속도가 매우 빠르다.
  - 저렴한 초기 비용 : 구축이 간단하고 별도의 네트워크 장비가 필요 없어 초기 도입 비용이 낮다.
  - 안정성 : 구조가 단순하여 안정적이며 장애 발생 지점이 명확하다.
- 단점
  - 확장성 및 공유의 한계 : 연결된 서버가 꺼지면 스토리지 사용이 불가능하며, 다른 서버와 데이터를 공유하기 어렵다. 저장 공간 확장에 제약이 있다.
- 철도신호 적용 예 특정 설비의 이벤트 로그를 독립적으로 기록하는 로거(Logger) 장비, 단독으로 운영되는 현장 제어장치의 운영체제 및 데이터 저장용.

2. NAS(Network Attached Storage) – 네트워크 결합 저장장치

① 개념 : LAN과 같은 일반 IP 네트워크에 연결하여 사용하는 파일 서버 개념의 저장장치이다. NAS 자체에 운영체제(OS)와 IP 주소가 있어 독립적인 장치로 동작한다. 여러 사용자가 네트워크를 통해 파일 단위로 데이터를 공유하고 저장할 수 있다.

② 특징

- 연결 방식 : 이더넷 케이블로 LAN 스위치에 연결된다.

• 데이터 접근 : 네트워크에 연결된 여러 클라이언트(서버, PC 등)가 파일 단위(NFS, CIFS/SMB 프로토콜)로 동시에 접근하고 공유할 수 있다.

• 장점
 – 쉬운 데이터 공유 : 여러 시스템이나 사용자가 동시에 파일을 공유하고 협업하기에 매우 쉽다.
 – 간편한 설치와 관리 : 기존 네트워크에 연결만 하면 되므로 설치가 쉽고 관리가 편리하다.

• 단점
 – 네트워크 의존성 : 데이터 입출력이 LAN 네트워크의 트래픽에 영향을 받아 성능 저하가 발생할 수 있다.
 – DAS/SAN 대비 속도 저하 : 파일 시스템을 거치고 네트워크를 통해 전송되므로 DAS나 SAN에 비해 상대적으로 속도가 느릴 수 있다.

• 철도신호 적용 예 중앙 관제실이나 유지보수 기지에서 열차 운행 이력, 유지보수 기록, 도면 등 공용 파일을 저장하고 공유하는 용도.

3. SAN(Storage Area Network) – 저장 영역 네트워크

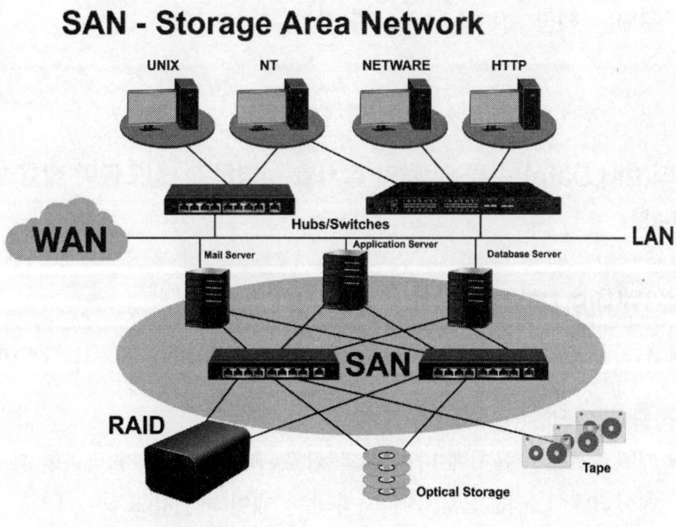

① 개념 : 오직 데이터 저장을 위해서만 구축된 고속의 전용 네트워크이다. 여러 서버가 이 SAN 스위치를 통해 스토리지에 연결되며, 서버들은 스토리지를 마치 자신의 로컬 디스크처럼 블록 단위로 인식하여 사용한다. 대규모 데이터의 고성능 처리가 필요할 때 사용되는 방식이다.

② 특징

- **연결 방식** : 광케이블을 이용한 **파이버 채널(FC) 스위치** 또는 고속 이더넷(iSCSI)으로 구성된 별도의 전용 네트워크를 통해 연결된다.
- **데이터 접근** : 서버가 스토리지의 공간을 **블록 단위**로 직접 할당받아 사용하므로, 마치 DAS처럼 로컬 디스크로 인식하여 매우 빠르게 데이터를 처리한다.
- **장점**
  - **최고의 성능과 확장성** : 고속 전용망을 사용하므로 대용량 데이터도 빠르게 처리할 수 있으며, 스토리지와 서버를 독립적으로 유연하게 확장할 수 있다.
  - **고가용성** : 스토리지, 네트워크 경로 등을 이중화하여 장애 발생 시에도 중단 없는 서비스가 가능하다.
- **단점**
  - **높은 구축 비용** : 파이버 채널 스위치 등 고가의 전용 장비가 필요하여 구축 및 유지보수 비용이 매우 비싸다.
  - **복잡한 구성 및 관리** : 설계와 구성이 복잡하며 전문적인 관리 인력이 필요하다.
- **철도신호 적용 예 열차종합제어(CTC)** 시스템의 메인 서버, 대규모 열차 운행 데이터를 실시간으로 기록하고 분석하는 데이터베이스 서버 등 **최고 수준의 성능과 안정성이 요구되는 핵심 시스템**의 주 저장장치.

02 빅데이터(Big Data) 종류 및 처리 절차를 설명하고, 철도분야 활용 방안에 대하여 설명하시오.(137-25)

1. 빅데이터(Big Data)의 종류

빅데이터는 데이터의 형태에 따라 크게 **정형, 반정형, 비정형 데이터** 세 가지로 분류된다.

① 정형 데이터(Structured Data)

- **개념** : 정해진 규칙에 따라 행과 열로 구성된, 구조가 명확한 데이터를 의미한다. 관계형 데이터베이스(RDBMS)에 저장되는 데이터가 대표적이다.
- **예시** : 열차 운행 시간표, 좌석 예매 기록, 직원 정보, 각종 센서의 측정값 로그.

② 반정형 데이터(Semi-structured Data)

- **개념** : 데이터 내에 스키마나 메타데이터를 포함하고 있어 구조 파악이 가능하지만, 정형 데이터처럼 엄격한 구조를 따르지는 않는 데이터이다.
- **예시** : XML, JSON 형식의 API 데이터, 웹 서버 로그 파일, 열차 진단 시스템에서 생성되는 로그(에러 코드, 타임스탬프 등 포함).

③ 비정형 데이터(Unstructured Data)

- 개념 : 형태나 구조가 정해져 있지 않은 데이터로, 전체 빅데이터의 약 80% 이상을 차지한다.
- 예시 : 역사 및 열차 내 CCTV 영상, 관제실의 음성 녹음 데이터, 이메일, 소셜 미디어 텍스트, 유지보수 작업 보고서(자연어 텍스트).

2. 빅데이터 처리 절차

빅데이터는 '수집 → 저장 → 처리 → 분석 → 시각화' 5단계의 절차를 거쳐 가치 있는 정보로 변환된다.

① 수집(Collection) : 열차, 선로, 역사 등 곳곳에 설치된 센서(IoT), CCTV, 운행 기록 장치, 예매 시스템 등 다양한 소스로부터 데이터를 수집하는 단계이다.

② 저장(Storage) : 수집된 방대한 데이터를 분산 파일 시스템(HDFS 등)이나 NoSQL 데이터베이스 같은 빅데이터용 저장소(Data Lake, Data Warehouse)에 저장한다. 데이터의 종류(정형, 비정형 등)에 따라 적합한 저장 기술을 선택한다.

③ 처리(Processing) : 저장된 원본 데이터(Raw Data)에 포함된 노이즈를 제거하고, 정제 및 가공하여 분석에 적합한 형태로 만드는 단계이다. 실시간 데이터는 스파크(Spark), 플랭크(Fink) 같은 스트리밍 처리 기술을 사용한다.

④ 분석(Analysis) : 처리된 데이터를 바탕으로 통계 분석, 머신러닝, 딥러닝 등의 기법을 사용하여 패턴, 상관관계, 이상 징후 등 의미 있는 인사이트를 도출하는 핵심 단계이다.

⑤ 시각화(Visualization) : 분석 결과를 차트, 그래프, 대시보드 등의 형태로 시각화하여 의사결정권자가 직관적으로 이해하고 활용할 수 있도록 표현하는 마지막 단계이다.

3. 철도 분야 빅데이터 활용 방안

철도 분야는 빅데이터를 활용하여 안전성, 효율성, 편의성을 획기적으로 향상할 수 있다.

① 예지 정비(Predictive Maintenance) 및 안전 강화

- 데이터 활용 : 열차의 차축, 모터, 제동장치 등에 부착된 진동·온도·소음 센서 데이터, 선로 상태 스캔 데이터, 과거 정비 이력 데이터를 수집 및 분석한다.
- 기대 효과
  - 부품 수명 예측 : 머신러닝을 통해 부품의 고장 시점을 사전에 예측하여 선제적으로 정비함으로써 갑작스러운 운행 장애를 예방한다.
  - 선로 위험 감지 : 선로 스캔 데이터와 열차 주행 데이터를 분석하여 레일의 미세한 균열이나 변형 등 위험 요소를 조기에 발견한다.
  - 안전사고 예방 : CCTV 영상을 AI로 분석하여 선로 무단 침입, 승강장 실족 등 위험 상황을 실시간으로 감지하고 경보한다.

② 지능형 관제 및 운행 최적화

- **데이터 활용** : 열차의 실시간 위치(GPS, 신호 데이터), 승객 수 데이터(교통카드, 무게 센서), 기상 데이터, 과거 운행 패턴 데이터를 종합적으로 분석한다.
- 기대 효과
  - **에너지 효율 최적화** : 선로의 경사, 곡선, 운행 간격 등을 고려한 최적의 속도 패턴을 도출하여 전력 소비를 최소화한다.
  - **운행 지연 최소화** : 돌발 상황 발생 시, 전체 노선의 운행 데이터를 기반으로 가장 효율적인 대체 운행 스케줄을 실시간으로 수립하고 전파한다.
  - **탄력적 열차 편성** : 특정 시간대나 이벤트에 따른 승객 수요를 예측하여 열차의 편성을 탄력적으로 조절함으로써 혼잡도를 완화한다.

③ 고객 경험 향상 및 서비스 혁신

- **데이터 활용** : 교통카드 이용 내역, 역사 내 Wi-Fi 접속 기록, 앱 이용 패턴, 소셜 미디어의 민원 및 피드백 데이터를 분석한다.
- 기대 효과
  - **혼잡도 예측 및 안내** : 실시간 승객 데이터를 기반으로 특정 역이나 열차의 혼잡도를 예측하고, 이를 스마트폰 앱 등을 통해 승객에게 안내하여 분산을 유도한다.
  - **맞춤형 정보 제공** : 승객의 이동 패턴을 분석하여 환승 정보, 주변 상권 할인 쿠폰 등 개인화된 맞춤형 서비스를 제공한다.
  - **역사 환경 최적화** : 역사 내 유동인구 데이터를 분석하여 상업 시설이나 편의 시설의 최적 입지를 선정하고 동선을 개선한다.

03 KTCS-2(Korea Train Control System Level 2)의 주요장치 중 폐색정보전송장치(BITU : Block Information Transmission Unit)에 대하여 설명하시오.(137-25)

1. KTCS-2 폐색정보전송장치(BITU) 설명서

폐색정보전송장치(BITU : Block Information Transmission Unit)는 KTCS-2(한국형 열차제어시스템 레벨 2)의 지상 핵심 구성 장치 중 하나이다. 이는 연동장치(IXL)와 열차중앙제어장치(CTC)로부터 받은 선로 및 신호 정보를 열차제어중앙장치(RBC : Radio Block Centre)가 이해할 수 있는 표준화된 정보(Telegram)로 변환하여 전송하는 '중간 인터페이스 장치'이다.

① 주요 기능 : BITU는 서로 다른 제조사의 연동장치와 표준화된 RBC 간의 원활한 정보 교환을 위해 다음과 같은 핵심 기능을 수행한다.

㉠ 정보 수집 및 변환

- 연동장치(IXL)로부터 특정 구간 내 선로의 폐색(Block) 상태, 진로 설정(Route Status), 분기기(선로전환기) 방향 등 실시간 선로 정보를 수집한다.
- 열차중앙제어장치(CTC)로부터는 임시 속도제한(TSR)과 같은 운전 관련 정보를 수신한다.
- 수집된 이 정보들을 KTCS-2 시스템의 표준 프로토콜에 맞는 디지털 데이터 패킷, 즉 텔레그램(Telegram) 형식으로 변환한다.

㉡ RBC로 정보 전송

- 변환된 텔레그램을 이더넷 통신을 통해 RBC로 안전하고 신속하게 전송한다.
- RBC는 이 정보를 받아 열차의 이동권한(MA : Movement Authority)을 생성하는 데 사용한다.

㉢ 상태 감시 및 로깅

- 자체 장치의 동작 상태와 연동장치 및 RBC와의 통신 상태를 지속해서 감시한다.
- 오류 발생 시 경보를 발생시키고, 모든 송수신 데이터와 이벤트 이력을 기록(Logging)하여 장애 추적 및 분석을 쉽게 한다.

2. 역할과 중요성

- KTCS-2는 무선통신(LTE-R)을 기반으로 해서, 열차는 지상의 신호기를 보고 운행하는 것이 아니라 RBC가 무선으로 보내주는 이동권한(MA)을 받아 운행한다.
- 이때 RBC가 정확한 MA를 생성하려면 선로의 상태를 실시간으로 알아야 한다. 하지만 국내에는 다양한 제조사가 만든 연동장치가 존재하여 각기 다른 통신 방식과 데이터 형식을 사용한다.
- BITU는 이러한 다양한 연동장치들의 '언어'를 RBC의 '표준 언어'로 통역해 주는 번역가와 같은 역할을 한다. 이를 통해 시스템의 표준성과 호환성을 확보하고, 특정 제조사에 종속되지 않는 유연한 시스템을 구축할 수 있게 해주는 매우 중요한 장치이다.

04 철도종합시험 운행을 단축하거나 생략할 수 있는 범위에 대하여 설명하시오.(137-25)

1. 법적 근거

철도종합시험운행의 단축 및 생략에 관한 규정은 「철도안전법 시행령」 제65조(종합시험운행 등)에 명시되어 있다. 모든 결정은 철도 안전을 최우선으로 확보하는 원칙으로 이루어진다.

2. 종합시험운행 단축 범위

종합시험운행은 신설 또는 개량된 노선의 안전성을 충분히 검증하기 위해 정해진 시험 항목과 운행 거리를 충족해야 한다. 하지만 아래 같은 경우에는 **국토교통부장관의 승인을 받은 종합시험운행 계획**에 따라 시험 기간이나 거리를 단축할 수 있다.

① 주요 단축 가능 조건

㉠ 성능이 검증된 철도차량을 신설·개량 노선에 투입하는 경우

이미 다른 노선에서 충분한 운행 실적을 통해 안전성과 성능이 입증된 차량을 투입할 때, 차량 자체의 성능 시험보다는 새로운 인프라(선로, 신호, 전력 등)와의 인터페이스 및 연동성 검증에 집중하여 시험을 단축할 수 있다.

㉡ 신규 철도차량을 기존 노선에 투입하는 경우

안전성이 확보된 기존 노선에 새로운 형식의 차량을 운행할 때, 노선 인프라보다는 신규 차량의 주행 안전성 및 기존 시스템과의 호환성 검증에 초점을 맞춰 시험을 단축할 수 있다.

※ **핵심 원칙** : 단축은 임의로 결정하는 것이 아니며, **'왜 단축이 가능한지'**에 대한 명확한 **사유와 안전성이 입증된 계획**을 제출하여 반드시 사전에 **국토교통부장관의 승인**을 받아야 한다.

3. 종합시험운행 생략 범위

종합시험운행의 '생략'은 철도 안전에 미치는 영향이 극히 경미하다고 판단되는 제한적인 경우에만 가능하다.

① 주요 생략 가능 조건

㉠ 안전에 지장을 주지 않는 경미한 노선 변경

- 선로의 일부 구간을 옮겨 설치하거나 변경했으나, 선형, 구배, 분기기 구배 등에 실질적인 변화가 없어 열차의 안전 운행에 전혀 영향을 미치지 않는다고 명확히 판단될 경우.

② 안전과 무관한 철도차량의 구조·장치 변경

- 차량의 주행 장치, 제동 장치, 신호 장치 등 **안전 운행과 직결되는 핵심 장치가 아닌**, 객실 내부 설비(좌석, 조명 등)나 외관 도색 등 경미한 사항을 변경한 경우.

㉠ 시설 변경 없이 운행을 재개하는 경우
- 자연재해 복구나 보수 공사 등으로 인해 일시적으로 운행이 중지되었던 노선을, 시설물의 변경 없이 기존 상태 그대로 운행을 재개하는 경우.

㉡ 기타 국토교통부장관이 고시하는 경미한 변경 사항
- 법령에서 별도로 정하여 고시한, 안전에 미치는 영향이 없다고 인정된 매우 사소한 변경의 경우.

※ 핵심 원칙 : 생략의 대전제는 해당 변경 사항이 열차의 동역학적 특성, 신호 시스템과의 연계, 제동 거리 등 안전 운행의 그 어떠한 측면에도 영향을 주지 않아야 한다는 것이다.

05 KTCS-1(Korea Train Control System Level 1) 구간의 역방향 신호설비에 대하여 설명하시오.(137-25)

KTCS-1 구간의 역방향 신호설비는 정방향 운행을 기본으로 하는 선로에서 유지보수나 장애 등 특수한 상황 발생 시 안전하게 반대 방향으로 열차를 운행하기 위해 설치된 보조적인 신호 시스템이다.

1. 개념 및 목적

정상 운행 방향(정방향)은 자동신호 시스템(ATS)에 의해 촘촘하게 제어되지만, 반대 방향(역방향)으로는 이러한 자동 제어 시스템이 없는 것이 일반적이다. 따라서 역방향 운행 시에는 관제사의 통제와 최소한의 안전설비에 의존해야 한다. 역방향 신호설비는 바로 이 최소한의 안전을 확보하여 충돌이나 추돌 사고를 방지하는 것을 목적으로 한다.

2. 주요 구성요소 및 동작 방식

- **진로표시표지** : 역방향 운행 시 진입할 수 있는 경로(진로)의 상태를 알려주는 표지이다. 일반적으로 백색 또는 황색의 등화선으로 구성되며, 분기기(선로전환기)의 방향에 따라 선로의 형상대로 불이 켜져 기관사에게 진입할 경로를 시각적으로 알려준다.

- **입환표지/입환신호기** : 역방향 운행은 정식 운전이 아닌 '입환(Shunting)'에 준하여 취급된다. 따라서 역방향 진입 지점에는 입환표지나 입환신호기를 설치하여 운행 가능 여부를 지시한다. 관제사가 해당 구간의 안전을 확보한 뒤 진로를 설정하면, 신호기에 진행을 지시하는 신호(백색등 등)가 켜지고 열차는 이를 확인한 후 진입한다.

- **관제사의 통제** : 역방향 운행은 CTC(열차종합제어장치) 관제사의 엄격한 통제하에 이루어진다. 관제사는 무선통신을 통해 기관사와 소통하며 해당 구간에 다른 열차가 없음을 확인하고, 수동으로 진로를 설정한 뒤 운행을 지시한다.

• **폐색 방식** : 역방향 운행 시에는 자동 폐색 시스템이 없으므로, '지도식'이나 '통신식'과 같은 수동 폐색 방식을 적용한다. 이는 관제사가 특정 구간(역과 역 사이)에 **오직 한 대의 열차만** 들어가도록 통제하고 관리하는 방식이다.

3. 요약

결론적으로 KTCS-1 구간의 역방향 신호설비는 자동화된 정방향 시스템과 달리, **관제사의 수동 제어**와 최소한의 시각적 신호 장치(진로표시표지, 입환신호기 등)를 조합하여 비정상 상황에서의 안전 운행을 지원하는 **이례적인 운전 취급 시스템**이라고 할 수 있다.

06 「철도설계지침 및 편람(KR S-06030, 연동도표 작성기준)」에 따른 다음의 용어를 설명하시오.(137-25)

가. 연동도표	나. 정위
다. 신호기의 정위	라. 선로전환기의 정위

가. 연동도표(Interlocking Table / Locking Sheet)

연동도표는 특정 정거장이나 신호소 구내의 **모든 신호 설비(신호기, 선로전환기 등)들의 상호 연관 관계와 동작 조건을 논리적으로 정의한 표**이다. 즉, 열차의 안전한 운행을 위해 "어떤 조건에서 신호기가 작동하고, 어떤 조건에서 선로전환기가 움직여야 하는지"에 대한 모든 규칙을 담은 설계도이자 약속(Rulebook)이다.

이 도표는 신호 시스템 설계의 근간이 되며, **두 개 이상의 열차가 동시에 같은 선로로 진입하여 충돌하는 상황이나 열차가 통과하는 중에 선로전환기가 움직여 탈선하는 상황** 등을 원천적으로 방지하는 논리를 담고 있다.

나. 정위(Normal Position)

정위는 신호설비가 평상시에 유지해야 하는 **기본 상태 또는 초기 상태**를 의미한다. 열차가 운행하지 않거나 특별한 조작이 없을 때, 모든 설비는 이 '정위' 상태로 되돌아가 있어야 한다. 이는 시스템의 기준점이 되며, 예측 가능성과 안전을 확보하는 데 중요한 개념이다. 집을 나섰다가 다시 돌아오는 것처럼, 모든 설비는 사용 후 **원래의 기본 위치**로 돌아온다고 생각할 수 있다.

다. 신호기의 정위(Normal Position of Signal)

신호기의 정위는 열차 운행이 없을 때 신호기가 기본적으로 표시해야 하는 상태로, **'정지**

(Stop) 신호'를 현시하는 것이 원칙이다.

이는 Fail-Safe 원칙에 따른 것으로, 평상시에는 항상 가장 안전한 상태인 '정지'를 유지하다가, 열차 운행이 허가되고 모든 안전 조건이 충족되었을 때만 일시적으로 '진행' 신호를 허용하는 방식이다. 만약 시스템에 이상이 생겨도 신호기는 기본값인 '정지' 상태로 돌아가므로 안전을 확보할 수 있다.

라. 선로전환기의 정위(Normal Position of a Switch/Turnout)

선로전환기(포인트)의 정위는 평상시에 기본적으로 유지해야 하는 방향을 의미한다. 이 방향은 해당 역의 운영 특성에 따라 가장 중요하고, 빈번하게 사용되며, 안전에 유리한 쪽으로 정해진다.

- **주 본선 방향** : 일반적으로 상/하행 열차가 주로 통과하는 주 본선(Main Line) 방향을 정위로 한다.
- **안전 확보 방향** : 만약 부본선(측선)에 차량이 유치되어 있을 경우, 본선으로 굴러 내려와 사고를 유발하는 것을 막기 위해 선로전환기를 안전선이나 탈선시키는 방향으로 미리 열어두는 '개방(Open)' 상태를 정위로 설정하기도 한다.

137회 4교시 철도기술사 문제풀이

01 Safety case의 구조 중 IEC 62425에서 제시된 기준으로 안전성 관리 보고서(Safety Management Report) 내용에 대하여 설명하시오.(137-25)

IEC 62425 표준에서 제시하는 안전성 관리 보고서(Safety Management Report)는 철도 신호 시스템의 전 생명주기(Life Cycle)에 걸쳐 안전성이 어떻게 체계적으로 관리되고 있는지를 입증하는 핵심 문서이다. 이 보고서는 단순히 기술적인 안전성을 나열하는 것을 넘어, 조직의 안전 정책, 절차, 조직 구성 등 안전 관리 시스템(Safety Management System) 전반을 다룬다.

보고서의 목적은 "우리는 안전을 확보하기 위해 이러한 체계와 계획을 갖추고 있으며, 이를 충실히 이행하고 있다"라는 것을 객관적으로 증명하는 것이다.

1. 안전성 관리 보고서의 핵심 내용

IEC 62425의 5.3절(Evidence of safety management)에 따라, 안전성 관리 보고서는 다음과 같은 주요 내용을 포함해야 한다.

① 안전 생명주기(Safety Life-cycle)

- 정의 : 시스템의 개념 구상부터 설계, 개발, 설치, 운영, 유지보수, 그리고 최종적으로 폐기에 이르기까지 전 과정에 걸쳐 수행되는 안전 활동을 정의한 모델이다.
- 내용
  - 조직이 채택한 안전 생명주기 모델을 명확히 기술한다.
  - 단계별로 수행해야 할 주요 안전 활동(위험 분석, 안전 요구사항 명세 등)과 산출물을 정의한다.
  - 이를 통해 안전 활동이 누락 없이 체계적으로 수행되고 있음을 보여준다.

② 안전 조직(Safety Organization)

- 정의 : 프로젝트 내에서 안전 활동을 책임지고 수행하는 조직의 구조와 역할, 책임을 규정한다.
- 내용
  - 안전 관리자(Safety Manager)를 포함한 안전 관련 인력의 역할과 책임을 명시한다.
  - 특히, 안전성 평가를 수행하는 독립 안전성 평가자(Independent Safety Assessor)와 같이, 개발팀으로부터 독립성을 보장해야 하는 역할과 그 독립성을 어떻게 확보하는지 구체적으로 기술한다.
  - 각 인력이 해당 임무를 수행하기에, 충분한 역량과 자격을 갖추었음을 증명하는 내용을 포함한다. (예 경력, 교육 이수 내역)

③ 안전 계획(Safety Plan)

- 정의 : 특정 프로젝트의 전 생명주기 동안 수행될 모든 안전 활동에 대한 구체적인 실행 계획이다.
- 내용
  - 안전 활동의 일정, 담당자, 적용할 절차 및 표준 등을 상세히 기술한다.
  - 위험원 분석 및 위험평가(HARA), 안전 무결성 수준(SIL) 할당, 안전 검증 및 확인(V&V) 등 구체적인 활동 계획을 포함한다.
  - 프로젝트가 진행됨에 따라 안전 계획이 어떻게 유지되고 업데이트되는지에 대한 절차도 명시한다.

④ 위험원 기록부(Hazard Log)

- 정의 : 시스템의 생명주기 동안 식별된 모든 위험원(Hazard)과 관련 정보를 체계적으로 추적하고 관리하는 동적 문서이다.
- 내용
  - 식별된 모든 위험원의 내용, 발생할 수 있는 사고, 위험 등급(Risk Level)을 기록한다.
  - 각 위험원을 완화하거나 제거하기 위해 적용된 안전 조치(Safety Measure)를 명시한다.
  - 해당 위험원이 현재 어떤 상태(예 조치 완료, 진행 중, 잔존 위험) 에 있는지 지속적으로 추적하고 관리하는 과정을 보여준다.

⑤ 안전성 검증 및 확인(Safety Verification and Validation)

- 정의 : 시스템이 안전 요구사항에 따라 올바르게 구현되었는지를 검사(Verification)하고, 최종 시스템이 의도된 운영 환경에서 안전하게 작동하는지를 확인(Validation)하는 활동이다.
- 내용
  - 검토(Review), 분석(Analysis), 시험(Test) 등 안전성을 검증하고 확인하기 위해 수행한 활동의 계획, 절차, 결과를 요약한다.
  - 각 안전 요구사항이 어떤 검증/확인 활동을 통해 충족되었는지를 추적할 수 있는 추적표(Traceability Matrix)를 포함한다.

⑥ 안전 논증(Safety Justification / Safety Argument)

- 정의 : 앞서 제시된 모든 증거들을 종합하여, "해당 시스템이 허용할 수 있는 수준으로 안전하다"라는 것을 논리적으로 주장하고 증명하는 부분이다.
- 내용
  - 수행된 모든 안전 활동과 그 결과(위험 분석 결과, 시험 결과 등)를 요약한다.
  - 이러한 증거들이 어떻게 시스템의 안전 목표(예 SIL 달성)를 만족시키는지를 논리적으로 설명한다.

– 이 부분이 Safety Case의 핵심적인 결론에 해당한다.

이러한 요소들을 통해 안전성 관리 보고서는 철도 신호 시스템이 기술적으로 안전할 뿐만 아니라, 개발 및 운영 조직의 관리 시스템 역시 안전을 보장할 수 있도록 체계적으로 구축되었음을 종합적으로 입증하는 역할을 한다.

02 철도신호시스템 간 인터페이스를 위한 점대점 정보전송방식(Point to Point Protocol)의 메시지 프레임 구조에 대하여 설명하시오.(137-25)

점대점 정보전송방식(PPP)은 철도신호시스템에서 두 장치(예 중앙 제어 장치와 선로변 장치) 간에 1:1로 안정적인 데이터 통신 채널을 설정하기 위해 사용되는 프로토콜이다. PPP는 데이터가 통신 경로를 따라 안전하게 전달될 수 있도록 '프레임(Frame)'이라는 정형화된 구조로 데이터를 포장하여 전송한다.

PPP 메시지 프레임 구조 안내서

PPP 프레임은 마치 우리가 편지를 보낼 때 봉투에 주소, 우표, 내용을 순서대로 넣는 것과 같이, 정해진 규칙에 따라 구성된다. 각 부분은 데이터 전송을 제어하고 보장하는 데 필수적인 역할을 한다.

1. PPP 프레임의 기본 구조

Flag	Address	Control	Protocol	Payload (Data)	FCS	Flag

① 플래그(Flag)

- **크기** : 1바이트(8비트)
- **값** : 01111110 (16진수로는 0x7E)
- **역할** : PPP 프레임의 시작과 끝을 명확하게 알려주는 신호이다. 수신 측은 이 Flag 필드를 보고 어디서부터 새로운 데이터 패킷이 시작되고 끝나는지를 정확히 인지할 수 있다.

② 주소(Address)

- **크기** : 1바이트(8비트)
- **값** : 11111111 (16진수로는 0xFF)
- **역할** : 이 필드는 '모두에게'를 의미하는 브로드캐스트 주소로 항상 고정된다. PPP는 이름 그대로 점대점(1:1) 통신이므로 데이터를 받을 상대가 이미 정해져 있다. 따라서 별도의 주소 지정이 필요 없어 이 필드는 형식적으로만 사용된다.

③ 제어(Control)

- 크기 : 1바이트(8비트)
- 값 : 00000011(16진수로는 0x03)
- 역할 : 프레임의 종류를 나타내지만, PPP에서는 일반적으로 신뢰성 없는 데이터 전송(Unnumbered Information)을 의미하는 값으로 고정된다. 신뢰성 확보는 상위 프로토콜(TCP 등)에서 담당하도록 설계되었기 때문이다.

④ 프로토콜(Protocol)

- 크기 : 2바이트(16비트)
- 역할 : Payload에 실린 실제 데이터가 어떤 종류의 프로토콜인지를 알려주는 매우 중요한 필드이다. 이 필드 덕분에 PPP는 IP, IPX 등 다양한 네트워크 프로토콜의 데이터를 하나의 통로로 전송할 수 있다.
  - 0x0021 : IP(Internet Protocol) 데이터
  - 0x8021 : NCP(Network Control Protocol) – IP 주소 설정 등 네트워크 계층 설정용
  - 0xC021 : LCP(Link Control Protocol) – PPP 링크 설정, 유지, 종료용

⑤ 페이로드(Payload / Data)

- 크기 : 가변적(기본 최대 1,500바이트)
- 역할 : 전송하고자 하는 실제 데이터가 담기는 부분이다. 철도신호시스템에서는 열차 제어 명령, 선로 상태 정보, 고장 진단 데이터 등이 이 페이로드에 포함된다. 프로토콜 필드의 값에 따라 이 페이로드를 해석하는 방식이 결정된다.

⑥ 프레임 검사 시퀀스(FCS – Frame Check Sequence)

- 크기 : 2바이트(16비트) 또는 4바이트
- 역할 : 전송 중에 데이터에 오류가 발생했는지 검출하기 위한 값이다. 송신 측은 Address부터 Payload까지의 데이터를 특정 계산(주로 CRC)하여 FCS 값을 만들어 덧붙이다. 수신 측은 동일한 계산을 수행하여 수신된 FCS 값과 일치하는지 확인하고, 만약 값이 다르면 해당 프레임에 오류가 발생했다고 판단하여 폐기한다. 이는 신호 데이터의 무결성을 보장하는 데 결정적인 역할을 한다.

이처럼 체계적인 프레임 구조 덕분에 PPP는 철도신호시스템과 같이 서로 다른 장치 간에 안정적이고 오류 없는 데이터 교환이 필수적인 환경에서 매우 효과적인 통신 방식으로 사용된다.

03 고속선 안전설비 중 끌림검지장치(DD : Dragging Detector)에 대하여 설명하시오. (137-25)

끌림검지장치는 고속선 선로에 설치되어, 열차 하부에서 발생할 수 있는 부품의 이탈이나 끌림 현상을 자동으로 검지하여 열차를 즉시 정지시키는 핵심 안전설비이다. 열차 하부에 매달린 장치나 이물질이 선로의 주요 설비(선로전환기 등)와 충돌할 경우, 이는 곧바로 대형 탈선 사고로 이어질 수 있기 때문에 이를 미연에 방지하는 역할을 한다.

1. 작동 원리 및 구조

끌림검지장치는 일반적으로 '검지바(Bar)'와 '제어부'로 구성된다.

① **설치 위치** : 차량기지에서 출고되거나 일반선에서 고속선으로 진입하기 전단계의 사고 발생 시 피해가 큰 선로전환기나 분기기 전방에 설치된다.

② **검지 과정**

- **평상시** : 레일과 레일 사이에 설치된 검지바는 정상 상태를 유지한다.
- **이상 발생** : 열차 하부에서 부품이 떨어져 나오거나 이물질이 끌리면서 이 검지바와 충돌한다.
- **신호 전송** : 검지바에 가해진 충격으로 인해 내부 회로가 끊어지거나 변경되면, 이 신호가 즉시 제어부로 전송된다.

③ **조치**

- 제어부는 신호를 수신하는 즉시 해당 구간의 열차 신호를 정지 신호(적색)로 현시한다.
- 동시에 철도 관제 센터에 경보를 울려, 관제사가 후속 열차를 통제하고 비상 조치를 취할 수 있도록 한다.

2. 끌림검지장치의 중요성

- **대형사고 예방** : 선로전환기는 열차의 진로를 바꾸는 매우 중요한 설비로, 이곳이 파손될 경우 열차는 거의 무조건 탈선하게 된다. 끌림검지장치는 이러한 최악의 상황을 원천적으로 차단하는 1차 방어선이다.
- **자동화된 안전 확보** : 기관사가 인지하기 어려운 열차 하부의 문제를 시스템이 자동으로 감지하고 즉각 조치하므로, 인적 오류를 배제하고 신속하게 안전을 확보할 수 있다.
- **고속 운행의 필수 설비** : 시속 300km 이상으로 운행하는 고속열차는 작은 이물질 하나도 큰 사고로 이어질 수 있으므로, 끌림검지장치는 안전한 고속 운행을 위한 필수적인 안전 인프라이다.

04 IP(Internet Protocol) 기반 전자연동장치 연동논리부 연동처리 성능에 대하여 설명하시오.(137-25)

IP 기반 전자연동장치의 연동논리부 성능은 열차 운행 경로를 설정하고 제어하기 위한 안전 로직을 얼마나 빠르고 정확하게 처리하는가를 나타내는 핵심 지표이다. 이는 시스템의 응답 속도와 처리 용량으로 결정된다.

1. 주요 성능 지표

① 응답 시간(Response Time) / 주기 시간(Cycle Time)

연동논리부가 현장 설비의 상태를 입력받아, 안전 조건을 검사(연산)하고, 제어 명령을 출력하기까지 걸리는 시간을 의미한다.

- 주요 내용 : 보통 수백 밀리초(ms) 단위(예 200~500ms)로, 이 시간 안에 모든 연산이 완료되어야 함을 보장해야 한다. 이 시간이 짧을수록 관제사의 제어 명령에 대한 시스템의 반응이 빨라진다.
- 중요성 : 고속으로 열차가 운행되는 환경에서는 아주 짧은 시간의 지연도 안전에 영향을 줄 수 있으므로, 일정하고 예측할 수 있는 응답 시간을 보장하는 것이 매우 중요하다.

② 처리 용량(Processing Capacity)

연동논리부가 동시에 제어하고 처리할 수 있는 설비의 최대 규모를 의미한다.

- 주요 내용 : 제어할 수 있는 선로전환기, 신호기, 궤도회로의 수 등으로 용량을 판단한다. 대규모 역이나 복잡한 구내일수록 더 높은 처리 용량이 요구된다.
- 예시 : "신호기 200대, 선로전환기 150대, 궤도회로 300개 동시 처리 가능"과 같이 명시된다.

2. 성능 결정 요소

IP 기반 시스템의 연동처리 성능은 단순히 CPU의 연산 능력뿐만 아니라 여러 요소에 의해 복합적으로 결정된다.

① 중앙처리장치(CPU) 성능

연동 논리를 직접 연산하는 하드웨어의 성능입니다. CPU의 클록 속도와 코어 수가 높을수록 복잡한 연동 조건을 더 빠르게 처리할 수 있다.

② 네트워크 구성 및 대역폭

IP 기반 시스템의 가장 큰 특징으로, 네트워크 성능이 곧 연동 성능에 직결된다.

- 네트워크 지연(Latency) : 연동논리부와 현장 제어 유닛 간의 데이터 전송 지연 시간이 응답 시간에 직접적인 영향을 준다.
- 대역폭(Bandwidth) : 제어하는 설비가 많아질수록 주고받는 데이터의 양이 늘어나므로, 병목 현상 없는 충분한 네트워크 대역폭 확보가 필수적이다.

- **안정성** : 데이터 패킷의 손실이나 오류는 시스템의 신뢰도를 저하하므로, 이중화된 전용 통신망을 구성하여 안정성을 확보해야 한다.

③ 시스템 아키텍처 및 소프트웨어 최적화

- **아키텍처** : 시스템이 이중화(Redundancy)되어 있는지, 장애 발생 시 전환(Failover)에 걸리는 시간이 얼마나 짧은지가 성능과 안정성에 큰 영향을 준다.
- **소프트웨어** : 연동 로직을 처리하는 소프트웨어 알고리즘이 얼마나 효율적으로 설계되었는지에 따라 동일한 하드웨어에서도 성능 차이가 발생할 수 있다.

결론적으로, IP 기반 전자연동장치의 연동처리 성능은 강력한 CPU, 안정적인 고속 네트워크, 최적화된 시스템 아키텍처라는 세 가지 요소가 결합하여 보장된다. 이를 통해 복잡한 열차 운행 환경에서도 정해진 시간 내에 안전을 확보하는 것을 최종 목표로 한다.

05 「공공 건설공사의 공사기간 산정기준」에 의한 공사기간의 산정에 대하여 다음 사항을 설명하시오.(137-25)

1. 준비기간	2. 비작업일수
3. 작업일수	4. 정리기간

「공공 건설공사의 공사기간 산정기준」에 따른 공사기간은 준비기간, 작업일수, 비작업일수, 정리기간을 합산하여 산정한다. 이는 실제 공사 여건을 반영하여 합리적이고 현실적인 공사기간을 정하기 위함이다.

총 공사기간 = 준비기간 + 작업일수 + 비작업일수 + 정리기간

1. 준비기간

준비기간은 계약 체결 후 실제 본공사를 착수하기 전까지 필요한 준비 활동을 위한 기간이다.

① 주요 활동

- 착공계, 공사 계획서 등 서류 준비 및 제출
- 현장 사무소, 가설 울타리, 임시 동력 등 가설 시설물 설치
- 정확한 시공을 위한 측량 및 현장 조사
- 공사에 필요한 인력, 자재, 장비의 확보 및 투입 계획 수립
- 필요시 하도급 업체 선정 및 계약

② 산정 방법 : 공사의 종류, 규모, 특성을 고려하여 기준에서 제시하는 '표준 준비기간'을 적용하는 것이 일반적이다.

2. 비작업일수

비작업일수는 공사의 특성상 작업이 불가능하거나 법적으로 제한되는 날을 합산한 기간이다.

① 주요 구성

- **법정 공휴일 및 일요일** : 달력상의 공휴일과 일요일.
- **기상 조건으로 인한 작업 불가능일수** : 과거 기상 통계자료를 바탕으로, 해당 지역에서 작업이 불가능한 평균 일수를 산정한다. 기준은 다음과 같다.
  - 강우 : 일 10mm 이상
  - 강설 : 일 5cm 이상
  - 혹서/혹한 : 최고 영상 33℃ 이상 또는 최저 영하 10℃ 이하
  - 강풍 : 10분 평균 풍속이 10m/s 이상

② **법령상 작업 제한일** : 환경(미세먼지, 소음 등) 관련 법규나 기타 법령에 의해 작업이 제한되는 날.

3. 작업일수

작업일수는 실제로 공사를 수행하는 데 필요한 순수 기간으로, 공사기간 산정의 가장 핵심적인 부분이다.

① 산정 방법

- **공종 분할** : 전체 공사를 토공, 철근콘크리트공, 마감공 등 주요 공종으로 나눈다.
- **물량 산출** : 각 공종별로 시공해야 할 총 작업량(물량)을 산출한다.
- **생산성 산출** : 해당 공종의 '일일 평균 작업량'을 결정한다. 이는 표준품셈, 유사 공사 실적, 시공사의 능력 등을 종합적으로 고려한다.
- **일수 계산** : '공종별 작업일수 = 공종별 총 작업량 / 일일 평균 작업량' 공식을 통해 각 공종에 필요한 일수를 계산한다.
- **공정 네트워크(CPM) 적용** : 계산된 공종별 작업일수를 바탕으로 주공정(Critical Path)을 결정하여 전체 순작업일수를 산출한다. 이는 여러 작업이 동시에 진행되는 것을 고려하는 과정이다.

4. 정리기간

정리기간은 주요 공사가 실질적으로 완료된 후, 최종 준공까지 필요한 마무리 활동을 위한 기간이다.

① 주요 활동

- 현장 사무소, 각종 가설 시설물 철거 및 원상 복구

- 건설 폐기물 처리 및 현장 주변 정리
- 준공 도면, 보고서 등 서류 작성 및 제출
- 발주처의 준공 검사 수검 및 시설물 인수인계

② **산정 방법** : 준비기간과 마찬가지로, 공사의 종류와 규모 등을 고려하여 기준에서 제시하는 '표준 정리기간'을 적용한다.

06 자동열차감시장치(ATS : Automatic Train Supervision)에 대하여 설명하시오. (137-25)

자동열차감시장치(ATS)는 열차의 운행을 실시간으로 추적·감시하고, 설정된 운행 계획(다이어그램)에 따라 자동으로 열차의 진로를 제어하는 중앙 집중식 관제 시스템이다.

이 시스템은 철도망의 '교통 관제탑' 역할을 하며 관제사가 효율적이고 안전하게 열차 운행을 관리할 수 있도록 지원한다.

1. 주요 기능

① 열차 추적 및 식별(Train Tracking)

- 종합사령실의 대형 표시반(Display)에 모든 열차의 위치, 열차 번호, 행선지 등 운행 정보를 실시간으로 표시한다.
- 관제사는 이를 통해 전체 노선의 열차 운행 상황을 한눈에 파악할 수 있다.

② 자동 진로 제어(Automatic Route Control)

- 미리 입력된 운행 계획(스케줄)에 따라 시스템이 자동으로 신호를 제어하고 선로전환기를 동작시켜 열차의 경로를 구성한다.
- 관제사가 일일이 수동으로 제어할 필요가 없어 업무 부담을 줄이고 인적 오류를 방지한다.

③ 운행 관리 및 조정(Schedule Management)

- 열차가 계획보다 지연되거나 일찍 운행될 경우, ATS는 이를 감지하여 관제사에게 경고한다.
- 관제사는 ATS가 제공하는 정보를 바탕으로 운행 순서를 변경하거나 대피선으로 열차를 유도하는 등 운행 조정을 통해 지연을 최소화할 수 있다.

④ 운행 기록 및 분석(Data Recording)

- 열차의 출발·도착 시각, 지연 정보, 신호 제어 기록 등 모든 운행 데이터를 자동으로 저장한다.

- 이 데이터는 사고 발생 시 원인 분석이나 향후 운행 계획 개선을 위한 통계 자료로 활용된다.

2. 시스템 구성

ATS는 크게 다음과 같은 요소로 구성된다.

- **중앙 처리 장치** : 전체 시스템의 두뇌 역할을 하는 메인 컴퓨터로, 운행 정보 분석 및 진로 제어 연산을 수행한다.
- **관제사 워크스테이션** : 관제사가 열차 운행을 감시하고 필요시 수동으로 개입할 수 있는 컴퓨터 및 제어반이다.
- **대형 표시반(Centralized Traffic Control Display)** : 관제실 벽면에 설치되어 전체 노선의 운행 상황을 시각적으로 보여주는 화면이다.
- **인터페이스 장치** : 현장의 신호 시스템(전자연동장치)과 데이터를 주고받으며 제어 명령을 전달하고 설비 상태를 수신하는 장치이다.

결론적으로 ATS는 열차 운행의 효율성, 안전성, 정시성을 극대화하는 데 필수적인 시스템으로, 현대 철도 관제의 핵심적인 역할을 담당하고 있다.

부록

부록 1

약어, 용어

약어, 용어

■ AATC(Advanced Automatic Train Control)

샌프란시스코 지역철도 BART(Bay Area Rapid Transit)와 휴즈 항공회사(Hughes Aircraft Company)에서 개발한 무선에 의한 열차제어시스템

■ Access Control(접근 제어)

- 접근 제어는 보안과 관련된 용어로서 시스템 간 상호작용과 커뮤니케이션에 있어 사용자 또는 시스템의 접근 권한을 차단하고 통제하는 것을 말한다.
- A라는 사람은 B라는 데이터를 사용할 수 있으나 C의 데이터는 사용할 수 없다.
- X라는 사람은 Y의 데이터 내용을 변경할 수 없으나 사용할 수는 있다.
- 이와 같은 접근의 권리 유무에 대하여 잘못된 동작을 하지 않도록 제어하는 것.
- 접근 제어는 컴퓨터 시스템, 네트워크, 웹서버, 엑스트라넷 등과 같은 다양한 시스템이나 장비에 대한 접근을 관리하게 된다.

Access

- 메모리 또는 주변장치에 대하여 Data의 전송신호를 보내어 Data를 꺼내는 것 또는 컴퓨터가 파일이나 Data 세트를 참조하는 것을 말한다.
- 주변장치로부터 자료를 얻기도 하고, 기억장치로부터 자료를 검색하기도 하는 과정.
- 마이크로소프트가 판매하는 Window 용의 데이터베이스 소프트웨어.

■ ADL(Adaptive Train Control) : 적응형 열차 제어

■ Agent

Client-Sever 모델에서 Client 또는 Sever 애플리케이션과 정보를 준비하고 교환하는 역할을 하는 시스템 부분이다. 에이전트는 사람이 해야 하는 일의 일부를 대신 해 준다.

■ AIS(Automatic Identification System) : 자동식별장치

■ ALEA(Alarm and incident assistant) : 경보 및 장애 지원

■ AMTRAK(America Travel Track) : 미국 각 주 간의 도시를 운행하는 국영철도회사

■ ANSI(American National Standard Institute)

American National Standard Institute에서 개발된 100Mbps 네트워킹 기술이다.

■ AP(Access Point)

지상무선통신장치 : 외장 안테나를 가지는 무선 허브이며 무선연결을 위해 사용되는 통신장비

- AR & VR

인력교육, 설계 시각화 및 고객 참여 : 교육비용 감소, 승객 만족도와 충성도 향상으로 매출증대

- AR(Augmented Reality, 증강 현실)

실제로 존재하는 환경에 가상의 사물이나 정보를 부가(가상현실이 현실과 접목)

- ARAMIS(Advanced Automation, Management and Information System)

고급자동화, 관리 및 정보시스템

- Architecture

아키텍처는 컴퓨터 시스템의 하드웨어 구조를 말하며 아키텍처는 컴퓨터 시스템을 구성하고 있는 하드웨어 장치인 CPU, 레지스터, 기억장치, 입출력 장치 등과 같은 여러 가지 컴퓨터 구성요소들에 대한 전반적인 기계적인 구조와 이를 설계하는 방법

- ARS(Automatic Route Setting) : 자동진로설정
- Assembling : 어셈블리어로 쓰여진 프로그램을 기계어로 변환하는 것. Assemble Compile.
- ATC 유지보수 컴퓨터(LME)

ATC의 유지보수를 지원하는 컴퓨터를 말하며, 통합연동시스템(SEI)에서는 제39호의 기능을 포함한다.

- ATOS(Autonomous Decentralized Transport Operation Control System)

자율분산형 열차운행관리시스템

- ATS(Automatic Train Supervision) : 자동열차감시
- BcN(Broadband Convergence Network) : 광대역 통합망

Big Data 및 분석 : 철도분야의 빅 데이터 사용은 예측, 분석 등을 통한 인프라의 안전성, 보안 및 신뢰성 향상

- Bridge(브리지)

네트워크 토폴로지, 통신프로토콜, 네트워크 케이블 등이 다른 복수의 네트워크를 신호 접속하는 장치

- BUFFER
  - 완충 기억장치, 완충 기억영역
  - 상호 간에 신호레벨이 다른 장치에서 데이터의 송수신을 조정하는 것에 사용됨
- CBTC(Communication-Based Train Control) : 통신기반 열차제어시스템
- CCR(Centralized Control Center) : 권역별 관제센터(프랑스)

C-DAS(Central-Driver Advisory System) : 관제 - 운전자 조언 시스템

- CENELEC

유럽전자표준위원회(Committee European de Normalisation for Electrical Standardization)

- Client
  - 분산처리 시스템에서 네트워크상의 다른 머신에 서비스를 받을 수 있는 컴퓨터
  - 단말기 사용자, 즉 고객서버와 반대의 개념으로 운영 사령자를 말한다.
  - Client는 사용자가 이용하기 위한 단말기를 일컫는다.

■ COMPILER

컴퓨터가 사용할 수 있는 코드로 변경시켜주는 특수한 용어의 프로그램 Application Source Program을 ROM에 탑재하거나, 프로그램을 실행할 수 있는 실행프로그램을 만드는 프로그램.

■ CPS(Cyber Physical System) : 가상물리시스템

- 로봇, 의료기기 등 물리적인 실제의 시스템과 사이버 공간의 소프트웨어 및 주변 환경을 실시간으로 통합하는 시스템을 일컫는 용어이다.
- 기존 임베디드시스템의 미래지향적이고 발전적인 형태임. 에너지, 건강진료, 수자원 관리시스템, 공공기초 시설, 운송시스템 등 매우 복잡한 핵심인프라가 모두 사이버물리 시스템의 적용대상에 해당된다.

■ CTC(Centralized Traffic Control) : 열차집중제어시스템

■ Debugging

- 주로 컴퓨터의 프로그램 내에 존재하는 오류를 제거하는 작업을 말한다.
- Debugger : 컴퓨터프로그램, 또는 시스템의 H/W 및 S/W의 모든 잘못된 부분을 찾아내고 이를 올바르게 고치는 작업(결함수정)
- BUG : 결함, 컴퓨터의 프로그램이나 시스템의 착오 또는 착오동작, 오류

■ DEC : Digital Equipment Corporation의 약어로 트랜지스터를 이용한 디지털회로

■ DEC－SEVER : LAN의 접속장치로서 변환시켜주는 장치 10Mbps ➡ 9,600bps

■ Distant To Go : 차량 중심의 거리 연산 폐색방식(TCMS)

■ DMI(Driver－Machine Interface) : 기관사 인터페이스 장치

■ EPLRS(Enhanced Position Location Reporting System)

고도위치표정 검지 시스템(미국 군사용으로 개발한 시스템을 CBTC에 이용)

■ ERRI(European Railway Research Institute) : 유럽철도연구소

■ ERTMS(European Rail Traffic Management System)

유럽형 교통망 유럽 철도 운영관리시스템, 유럽철도 교통운영체계

■ ETCS M1 : 새로운 Signaling system의 필요성

- Capacity increase(용량 증대)
- Safety improvement(안전성 향상)
- Better punctuality(더 나은 정시성)
- Maintenance and Operation cost reduction(유지보수 및 운영 비용 감소)
- Interoperability(상호운용성)

■ ETCS M1 : 유럽의 Train Control System

- 20개 이상의 상이하고 상호운용성이 없는 시스템
- 단일 국가내에서도 호환성이 없는 시스템구축 및 운영
- Spot transmission : INDUSI, EBICAB, KVB, ZUB 등
- Continuous : LZB, BACC, LS 등

- ETCS M2 : AWS
  Automatic Warning System(자동경고 시스템) : INDUSI(독일), SIGNUM (스위스)
- ETCS M2 : EBICAB
  - Bombardier EBICAB 900 ATP 시스템은 열차의 운행을 연속적으로 전형적인 ATP 시스템
  - EBICAB900은 프랑스 KVB와 달리 고정정보와 가변정보를 모두 동일한 형태의 지상자를 이용하여 차상으로 전송
  - 각 지상자는 오직 한 개의 Balise정보가 저장되며, 가변정보를 제공하는 지상자는 Encoder와 연결됨에따라, Balise 전송정보는 Encoder 내부의 기억장치에서 차상Antenna로 전송됨
- ETCS M2 : KVB
  - KVB(Control Vitesse par Balise) : Alstom에 의해 개발 및 프랑스 철도망에서 사용하는 Distance-togo 시스템 ə Conventional ATP)
  - 전송매체 : Beacon
- ETCS M2 : LZB 700
  Siemens LZB 700M(Continuous Automatic Train Control) : 고속철도용ATC (ATP/ATO/ATS)
- ETCS M2 : SACEM
  - Alstom의 가장 강력한 ATC 시스템으로 Distance to go 방식을 기본 원리로 적용
  - SACEM은 불어로 운영, 유지보수, 운전시스템을 의미하는 단어의 약자
- ETCS M2 : TPWS
  - Train Protection and Warning System : Crocodile
  - 전송매체 : Loop, Beacon, Balise
- ETCS M2 : TVM 300(TGV 동남선)
  - CSEE(현 Ansaldo)에 의해 개발된 고속선용 ATC : 폐색구간 길이 2,100M, 최고속도 270km/h
  - 프랑스철도(SNCF)의 고속선, Paris-Southeast(TGV-PES) 및Atlantic(TVM-A)을 위한 최초의 신호시스템 : 최소운전시격5분
- ETCS M2 : TVM 430(차세대 TGV)
  - TGV 선로에서 사용하고 있는 가장 진보적인 차상신호장치로 TVM 300의 개량형 : 최고 속도 360km/h, 최소 운전시격 3분
  - TGV선로는 약 1,500m 가량의 고정폐색구간으로 분리
- ETCS M2 : ZUB
  Siemens에서 개발한 가장 대표적인 ATP 장치 : ZUB 100 series, ZUB 200 series
- ETCS M3 : Impact on
  - Performances
    - Train stops at borders, change locos, change driver
    - Low commercial speed

- Costs
  - Unitary cost(통합 비용) of every signalling equipment
  - Training of the drivers for multiple system/operation rules

■ ETCS M3 : International trains need a lot of ATP in

- 6 on a Eurostar train
- 7 on Thalys train
- Specific transition for each boundary

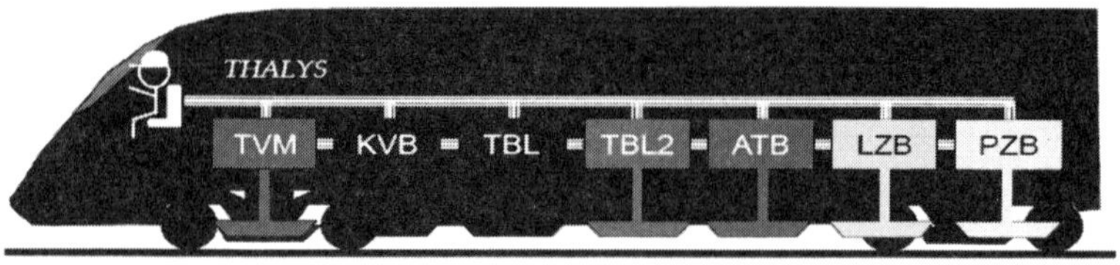

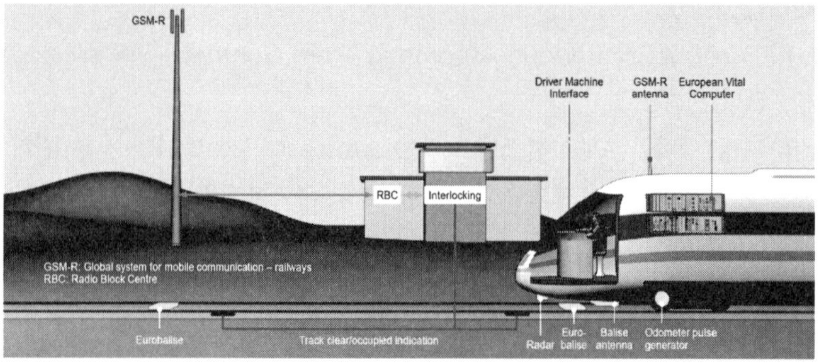

■ ETCS(European Train Control System) : 유럽형 열차제어시스템

■ ETML(European Traffic Management Layer)

■ FCC(Federal Communication Committee) : 미연방 통신위원회

■ FDDI(Fiber distributed data interface)

- 섬유 분산 데이터 인터페이스
- FDDI는 2중화 된 2중 링 구조를 사용하며 최대거리 100km을 통해 500노드를 지원하며, 광섬유 케이블을 이용해서 100Mbps의 고속 데이터 전송을 가능하게 한 LAN용 프로토콜

■ Fire Wall

기업 내 LAN이나 인트라넷 등의 로컬 한 네트워크를 인터넷에 접속할 때 외부로부터의 접근을 감시·제한하여 네트워크의 안전을 도모하는 보안시스템의 총칭.

① **개요** : TCP/IP를 사용한 인터넷 Network에서 가입자의 시스템이나 내부 네트워크(Intra-network)를 불법침입자로부터 보호하기 위하여 인가되지 아니한 접속, 트래픽(Traffic)을 차단하는 것이 방화벽 시스템이다.

② **내용** : 방화벽(Fire Wall)은 외부 인터넷과 내부 네트워크 사이에 또 하나의 컴퓨터 시스템인 Server를 설치하여 네트워크를 통제하여 정당한 사용자(접속자)와 불법 사용자를 구분하여 불법

사용자의 접속을 차단하는 시스템으로서 다음과 같은 방법과 기능을 하고 있다.

㉠ **외부침입에 취약한 서비스의 보호** : 기본적으로 안전하지 않은 서비스를 Filtering 함으로써 선택된 Protocol만이 방화벽을 통과하게 하여 Sub-net 상에 있는 Host의 위험을 감소시킨다.

㉡ **호스트 시스템에 대한 Access 제어** : Host시스템의 Access를 제어함으로써 외부 네트워크에서 내부 네트워크에 있는 호스트로 접속하고자 할 때 원하지 않는 액세스는 차단한다.

㉢ **보안의 집중** : 필요한 호스트에만 방화벽을 설치함으로써 비용을 경감하고 일회용 패스워드 시스템과 추가적인 인증 소프트웨어를 설치한다.

㉣ **프라이버시의 관리** : 필요한 사이트의 Finger와 DNS (Domain Named Service)와 같은 서비스를 차단한다.

㉤ **로깅(Logging)과 통계자료의 제공** : 방화벽을 통과한 Access를 로깅하고 네트워크 사용에 대한 유용한 통계자료를 제공함으로써 부정한 활동에 대한 경고와 침입 여부에 대한 세부사항을 제공한다.

㉥ **정책구현** : 설정된 정책 방향에 의하여 사용자와 서비스에 대한 액세스를 제어할 수 있게 한다.

■ FMCW(Frequency Modulation Continous Wave)

이동폐색 신호시스템의 한 예로 레이더를 이용한 폐색방식

■ FT서버(Fault Tolerant)

모든 하드웨어 부품을 이중화함으로써 장애발생 시에도 순간적인 시스템 중단이 발생하지 않으며, 업무를 중단하지 않고 장애복구가 가능한 가용성이 매우 높은 서버

■ Gateway

- 같은 통신프로토콜, 데이터 포맷 구조, 언어 그리고/혹은 아키텍처를 사용하지 않는 두 개의 시스템 사이에 중개자 역할을 하는 컴퓨터 시스템 혹은 장치.
- 2개의 다른 방식 네트워크를 연결해 주는 컴퓨터
  - 게이트웨이는 사용하는 매체나 프로토콜이 일치하지 않을 때도 게이트웨이의 기능을 통해 통신을 변환하여 통신을 할 수 있게 된다.
  - 게이트웨이는 단순히 네트워크의 중계 기능을 하는 것이 아니라 변환기처럼 존재하는 것으로, 현재 널리 사용되는 형태로는 주 컴퓨터와 다른 네트워크를 접속할 때 사용된다.

■ GPS(Global Position System) : 인공위성을 이용한 위치검지방식

■ GSM(Global System For Mobile Communication)

무선정보전송방식 열차제어시스템, 컴퓨터 및 정보통신망을 확장하여 지구 규모 이동통신시스템

■ GSM-R(Global system for mobile communications-railways)

철도이동통신에 사용되는 GSM 방식의 무선시스템

■ HDLC

고속 데이터 링크 제어(High-level Data Link Control) : 비트위주의 동기 네트워크에서 데이터를 전송하기 위한 링크 계층 프로토콜이다

■ HOT(hub optimization technology) : 허브 최적화 기술

- HRC(High speed Railway Communication) : 고속 철도통신
- Hub
  - LAN에서 여러 전송케이블 한곳에 모아서 접속하기 위한 접선장치.
    최근에는 스위치 기능이나 라우터 기능을 탑재
  - 신호를 여러 다른 선으로 분산시켜 내보낼 수 있는 기기 및 접속장치
  - Transceiver : 트랜시버
    - 신호의 송신과 수신 양쪽을 할 수 있는 장치
    - LAN에서 컴퓨터를 네트워크에 접속하는 장치
- I/F Interface : 인터페이스
- ICT(Information Communication Technology) : 정보와 통신을 이용한 융합기술
- ICT(Information and Communications Technologies)
  하드웨어 및 이들 기기의 운영 및 정보 관리에 필요한 소프트웨어 기술과 이들 기술을 이용하여 정보를 수집, 생산, 가공, 보존, 전달, 활용하는 모든 방법을 의미
- IDSU(Integrated Data Service Unit) : 통합 데이터 서비스 장치
- IEC(International Electrotechnical Commission) : 국제전기 표준협회
- ILTIS(Integrated Control and Information System(지멘스)
- Innovation Map : Railway
  ① Autonomous Trains : 17%
  ② Internet of Things(IoT) : 17%
  ③ Artificial Intelligence(AI) : 12%
  ④ Rail Connectivity : 11%
  ⑤ Decarbonization : 11%
  ⑥ Passenger Experience : 10%
  ⑦ High Speed Rail : 7%
  ⑧ Rail Automation : 7%
  ⑨ Big Data & Analytics : 6%
  ⑩ Augmented & Virtual Reality : 2%
- IoB (Internet of Biometry) : 기계와 사람을 이어주는 생체인터넷
  - 생체인터넷은 몸에 착용 가능한 다양한 기기를 통해 생체정보 데이터를 실시간으로 감지해서 분석결과를 스마트기기로 전송하는데요.
  - 생체인터넷이 감지하는 이용자의 정보는 혈당, 심박동수, 심전도, 수분, 혈압, 영양 혈당, 호흡수, 산소 포화도, 몸무게, 키, 온도와 습도 등입니다.
  - 생체인터넷은 측정한 생체정보를 스마트기기로 전송한다는 점에서 웨어러블 컴퓨팅과도 유사합니다.
- IoE(Internet of Everything) : 만물인터넷

- 사물과 사람, 데이터, 프로세스등 세상에서 연결가능한 모든 것이 인터넷에 연결되어 상호작용하는 것을 의미하는 말이다.
- 2013년 세계경제포럼(WEF)에서는 만물인터넷을 "네트워크와 스마트기기가 결합하면서 촉발시킨 연결작용들이 스마트기술을 토대로 서비스, 산업과 연결되고 결국 비즈니스와 삶의 모습을 바꾸는 기술"이라고 규정했다.
- 사물과 사물을 연결해 데이터를 주고받는다는 점에서 사물지능통신(M2M)이나 사물인터넷(Internet of Things)과 비슷하지만 이들보다는 확장된 개념이라 할 수 있다.
- 그러므로 만물인터넷은 사물지능통신이나 사물인터넷의 상위개념으로, 사물끼리 연결되어있던 것에 사람까지포함해 만물이 연결되는, 초연결시대를 뜻하는 용어인 것이다.

■ IoT : 철도 차량, 궤도, 및 신호장치 등 철도 인프라의 모든 데이터를 수집하기 위한 IoT 센서 개발

■ IoT(Internet of Thing) : 사물인터넷
- 세상의 모든 사물들이 네트워크로 '연결'되어 서로 소통하는 사물인터넷은 인터넷등장 이후 가장 획기적인 변화다.
- 4차 산업혁명은 사물인터넷으로 빅데이터를 얻고, 그것을 클라우드에 저장해, 인공 지능으로 분석하고 활용하는 것이다.
- 사물인터넷은 지능화되어 스마트 자동차, 스마트 홈, 스마트 시티 등 스마트 세계를 만들어 낸다.

■ IoT(Internet of Things) : 사물인터넷 기술

■ IP(Internet Protocol) : 인터넷 프로토콜

■ ISM Band(Industrial Scientific, Medical Band) : 산업, 과학, 의학용 대역.
근거리통신 또는 측정용 주파수대역의 범용으로 별도의 복잡한 인증 과정없이 쉽게 사용할 수 있는 대역 : 2.4GHz

■ ITCS(Incremental Train Control System)
열차제어 증가체계ATP에 의한 고속신호를 ITCS에 의해 차내신호화는 시스템

■ iTMS(i Traffic Management system) : 차세대 ARAMIS 철도관제시스템

■ ITS(Intelligent Transport System) : 첨단 도로교통시스템

■ ITU(International Telecommunication Union) : 국제전기통신연합

■ KROIS(Korean Railroad Operating Information System)
철도운영정보 시스템으로 차량열차, 화물운송, 승무원관리, 운송정보, 차량기계등의 업무를 모듈화하여 각각의 분야별 업무를 처리하고 필요한 운영정보를 산출할 수 있는 전산시스템

■ KRTCS(Korea Radio Based Train Control System) : LTE-R기반의 한국형 열차제어시스템

■ KRTCS-2 : LTE-R 기반 한국형 열차제어시스템

■ KVM(Keyboard VideO Mouse)

■ L/S화면(Line/Station 화면)

■ L4스위치(IP+Port(Session or Connection- 보고 스위칭하는 장치)

■ Laptop 랩톱 : 노트북, 휴대용 개인용 컴퓨터

■ Library(라이브러리)

애플리케이션 개발을 위해 사용되는 함수. 라이브러리는 소스 파일은 공개하지 않고 다른 프로그램에서 호출하여 사용할 수 있도록 목적 파일로 컴파일되어 제공되는 일종의 함수 세트이다.

■ Link : 다른 시점에서 작성되고 컴파일된 둘 이상의 프로그램을 묶어서 하나의 프로그램으로 하는 것.

■ Load : 내부 기억으로부터 레지스터로 또는 레지스터로부터 다른 레지스터로 데이터를 전송하는 것

LTE-R(Long Term Evolution) : 4세대 통신방식

■ Master-Slave

멀티 포인트 접속방식은 하나의 전송로에 다수의 컴퓨터 또는 단말기가 연결되어 운용되는 형태로 전체를 제어하는 Master와 다수의 Slave로 구성

➡ 현 지하철 TTC시스템에서는 CDTS와 LDTS가 1 : N으로 구성되어 있어 CDTS와 LDTS 간의 Data통신에 있어 CDTS가 Master가 되고 LDTS가 SLAVE가 되어 LDTS를 차례로 Polling 한다. 1에서 N 까지 Polling을 마치고 즉시 다시 1에서 N까지 Polling을 반복하는 것을 연속스케닝 이라 한다.

■ Matrix

같은 부품을 여러 종형으로 배열하여 그들을 입력도선과 출력도선에 의해서 망 모양으로 연결하여 구성한 장치로, 다이오드 메트릭스, 자심 메트릭스 등이 있다.

■ MIMO(Multiple Input Multiple Output) : 다중의 입출력이 가능한 안테나 시스템을 이르는 말

■ MISTRAL(Module Informatiques de Signalisation, de Transmission etd'Alarmes)

신호전송 및 경보용 컴퓨터 모듈(프랑스, ATOS)

■ MMI(Man Machine Interface) : 맨 머신 인터페이스

■ Module

모듈이란 개별적으로 이미 알려진 특성을 갖는 기계, 전자기기의 구성단위로서 탈착 가능한 부품집합을 말한다. 모듈은 컴퓨터 등 하드웨어에 있어서는 메모리 보드나 각종 인터페이스 보드, 보조 입력장치와 같은 기능 단위로 되어있기 때문에 쉽게 교환이 가능하도록 되어있다.

■ NODE

• LAN에서 메시지를 작성, 수신, 중계하는 접속 지점

• 통신망에서 경로배정 혹은 교환기능을 가지는 장치

• 노드는 워크스테이션, 서버, 또는 프린터와 같은 네트워크에 연결된 장치들이다.

■ OBB(sterreichische Bundesbahnen) : 오스트리아 연방철도

■ OCC(Operation Control Center) : 운영관제

■ OCI(Operation Center Infrastructure) : 운영 센터 인프라

■ OMC(Operation Management Center) : 운영관리센터

■ PIS(Passenger Information System) : 여객정보시스템

■ PORT

• 마이크로컴퓨터 시스템에서 데이터를 입출력하는 회로

- I/O 기기들과 인터페이스에 사용
- Port는 메모리에 비해 액세스 속도가 느리고, 액세스하는 시간이 길다.

■ POSIX 기준(portable operating system interface(Ansaldo STS SCC 시스템)

■ PSD(platform screen door) : 승강장 안전문

■ PTC(Programmed Traffic Control) : 한신 전기철도 철도관제시스템

■ PTC(Positive Train Control) : 북미열차제어시스템

■ RAMS (Reliability, Availability, Maintainability & Safety)
시스템 설계에 신뢰성, 가용성, 유지보수성 및 안전성의 측면을 시스템 보증 프로그램을 설명한 것

■ RBC(Radio Block Center) : 무선제어센터

■ RCS(Rail Control system) : 스위스, SBB

■ Register
- 일시적인 기억의 장소이므로 일종의 기억장치
- 비트나 문자를 임시로 저장하는 장치
- 컴퓨터에서 레지스터는 마이크로프로세서의 일부분으로서 아주 적은 데이터를 잠시 저장할 수 있는 공간이며 하나의 명령에서 다른 명령어 또는 운영체계가 제어권을 넘긴 다른 프로그램으로 전달하기 위한 장소를 제공한다.

■ Repeater : 리피터
- 중계 장치, 중계기.
- 리피터는 OSI 표준 네트워크 계층의 최하위층인 물리계층 에서의 연결만 담당하는 장치이다.
  ➡ Bridge, Router, Gateway, Hub

■ RETB(Radio Electric Token Block)

■ RF(Radio Frequency) : 무선주파수
가청주파수보다 높은 수만 Hz이상의 주파수로서 공중을 전파하는 전기에너지의 모든 주파수를 일으키는 말

■ RFID(radio frequency identification)
무선방식의 ID 방식 무선인식반도체칩이 내장된 태그, 라벨, 카드등의 저장된 데이터를 무선주파수를 이용하여 비접촉으로 읽어내는 인식시스템

■ RFID(Radio Frequency Identification) : 전파식별
- 무선인식 기술. 소형반도체 칩을 사용해 사물의 정보와 주변 정보를 처리·전송하는 비 접촉식 인식 시스템이다.
- 바코드와 달리 직접 접촉이나 스캐닝이 필요 없는 장점이 있음.
- 교통카드에서 시작한 비접촉식 IC 카드는 전자여권/전자사증, 전자운전 면허증 등의 다양한 응용분야로 확대 적용되고 있다.

■ Roaming : 로밍
- 무선호출 수신기가 기존의 한 지역 밖에서 서비스를 받을 수 없는 한계를 극복하고 전국을 단일권

처럼 서비스를 받을 수 있는 기능.

- 무선호출 교환기와 연계해서 실현이 가능한 기능이며, 가능한 기존 시스템을 변경하거나 추가 시스템을 설치하지 않고 기존 시스템에 간단한 장치를 하여 무선호출 서비스권 전환(Paging Roaming) 기능을 수행할 수 있도록 하는 기능이다.
- 이 로밍 기능의 무선호출은 다채널 수신의 가능한 신시사이저방식의 무선호출단말기가 필요하다.
- 로밍은 네트워크와 연결을 유지하는 동안 허브의 범위를 벗어나 다른 허브의 범위로 이동하는 이동장비를 가진 사용자를 허용한다.
- 이동통신용어로 많이 사용되는 용어로서 단말기가 자신의 현재 통신범위에 접속하는 것을 말한다.

■ Routine(루틴) : 일반적으로 또는 빈번히 사용할 수 있는 프로그램 또는 프로그램 일부를 말한다.

■ SACEM(System For Aid In Driving. Monitoring Operating & Maintenance)
운전 감시 및 운영 유지보수 시스템

■ SBB(Swiss Federal Railways) : 스위스연방철도

■ SCADA(Supervisory Control And Data Acquisition) : 집중원격감시제어시스템

■ SCC(Signaling Connection Control, Ansaldo STS) : 이탈리아 RFI를 위해 개발한 관제시스템

■ SCM(Sensor Conditioning Modules) : 센서 조절 모듈

■ Sever : 분산처리시스템에서 네트워크상의 다른 머신에 서비스를 제공하는 컴퓨터.

■ Sever

- 분산처리 시스템에서 네트워크상의 다른 머신에 서비스를 제공하는 컴퓨터
- LAN을 통하여 여러 개의 단말 컴퓨터에 각종 자원을 하는 장치
- Sever는 데이터베이스와 프린터를 네트워크상에서 공유하기 위한 관리기능을 갖는다.
- 데이터베이스와 프린터를 네트워크상에서 공유하기 위한 관리기능을 갖는다.

■ SIL(Safety Integrity Level) : 안전 무결성 기준

■ Smart Mobility

- **스마트홈**-가전제품을 비롯한 집안의 모든 장치를 연결해 제어하는 기술이 적용된 집
- **스마트 공장** - 설계·개발, 제조, 유통·물류 등 생산 전체 과정에 정보 통신기술 (ICT) 를 적용하여 생산성, 품질, 고객만족도 등을 향상시킬 수 있는 지능형 공장
- **스마트 역사** - 역 내 시설물 및 사용자가 서로 연결되어 정보를 공유하고 스스로 학습하여 진화할 수 있는 지능정보기술이 적용된 역사
- **스마트 시티** - 언제 어디서나 인터넷 접속이 가능하고 영상회의 등 첨단 기술을 자유롭게 사용할 수 있는 미래형 첨단 도시로 실시간 교통정보를 통해 이동거리가 줄고 원격 근무가 가능해지는 등 그린 시티를 의미
- ICBM : IoT, Cloud BigData Mobile
  4차 산업혁명의 정점에는 AI(인공지능)가 있다.
  AI는 컴퓨팅 파워와 데이터 축적을 기반으로 한다.
  ICBM(사물인터넷(IoT), 클라우드 컴퓨팅(Cloud Computing), 빅데이터(Big Data), 모바일

(Mobile))이 4차 산업혁명의 기반으로 평가되는 것도 이 때문이다

✧ 협의- 최첨단 충전동력기술이 융합된 교통시스템

✧ 광의- ICT 기술이 융합된 첨단 교통시스템 및 지능화되고 똑똑해진 새로운 가치 창출이 되는 교통서비스

- SNMP(Simple Network Management Protocol) : 간이 망 관리 프로토콜.
- SSL(Secure Socket Layer) VPN(Virtual Private Network)

  암호화 통신방식의 하나로 SSL은 웹브라우저와 서버간의 통신에서 정보를 암호화해 도중에 해킹을 통해 정보가 유출되더라도 정보의 내용을 보호 할 수 있는 기능을 갖춘 보안 솔루션이다.
- TCMS(Train Control and Monitoring Systems)

  전동차 종합제어장치 차량의 결함을 검지하고, 중요한 기능의 사건기록과 출입문개폐와 같이 중요한 차량의 제어기능, 실내등의 제어와 같은 일반적인 제어를 수행
- TCN(Train Communication Network) : TCMS가 사용하는 데이터통신망
- TCP/IP(Transmission Control Protocol/Internet Protocol)

  인터넷상에서 호스트들을 서로 연결시키는데 사용되는 통신프로토콜
- TCP/IP(Transmission Control Protocol/Internet Protocol)

  TCP/IP : 인터넷상에서 호스트들을 서로 연결하는데 사용되는 통신프로토콜.
- TID(Train Information Display) : 열차정보표시
- TOM시스템(Traffic Operation Monitoring System 한신전기철도)
- Topology

  토폴로지란 데이터링크에 접속된 컴퓨터나 단말기들의 물리적인 배열을 말하는 것으로 Point-Point 방식과 멀티 포인트 링크방식으로 나누어지는 데 포인트 투 포인트 방식은 가장 간단한 방식으로 1 : 1 접속방식이다
- Trafikverket(Swedish Transport Administration) : 스웨덴 운송관리기관
- UIC(Union Internationals des Cheminus de Fer) : 국제철도연맹
- VHF(Very High Frequency) : 30MHz에서 300MHz의 무선주파수 범위
- VR(Virtual Reality) : 가상현실
- VR(Virtual Reality, 가상 현실) : 컴퓨터를 통하여 가상을 현실처럼 체험하는 기술
- Wall Controller

  다양한 형태의 비디오 신호를 입력받아 이를 디지털로 처리하여 WALL 형태의 디스플레이상에 다양한 형태로 구성된 화면을 제어할 수 있는 시스템.
- Workstation
  - 1대의 오피스 컴퓨터에 인라인 또는 온라인으로 접속되는 키보드가 달린 표시장치 또는 시리얼 프린터, 조작 콘솔 WS.
  - 미니컴 정도의 성능으로 그래픽 및 통신 기능을 작업환경

- 주요 구성 환경
  - 기억용량이 크고 LAN 기능지원 32bit
  - OS : UNIX
  - 윈도우 시스템 : X-Window
  - 통신프로토콜 : TCP/IP
- PC와의 차이점

구분	Workstation	PC
H/W	강력한 다중작업	약간의 기능지원
OS	UNIX(다중작업)	DOS(싱글 태스킹)
N/W	기본 사양	선택 사양
용도	기술공학(CAD/CAM 등)	상업, OA용

■ X-terminal

- 엑스 단말 X-Window를 쓸 수 있는 단말로 그래픽 기능이나, 이더넷 등의 네트워크 인터페이스를 갖춘 기능.
- 기종과 관계없이 사용할 수 있는 표준 그래픽 환경 및 윈도우 환경을 지원할 수 있는 프로토콜(X-Window).
- 하드디스크가 없는 워크스테이션과 같은 기능.
- CPU가 없는 터미널 기능.
- Bit-mapped Display, 키보드, 마우스, 디스플레이, Network Interface (Ethernet, RS232C)

■ X-Window

- 유닉스 환경에서 그래픽 사용자 인터페이스를 위한 터미널로 생각할 수 있다.
- 사용자 터미널은 단지 정보를 화면에 키보드 입력만 받아들인다.

■ 가변발리스(CB : Controlled Balise)

열차자동방호장치(ATP)설비 구간에서 신호 현시 조건에 의해 제어되는 정보를 제공하는 발리스

■ 가변발리스(CBC) : 신호현시의 조건에 의해 제어되는 정보를 제공하는 정보전송장치를 말한다.

■ 가상선(LF)

한 선로에서 열차의 운행 방향에 따라 궤도회로 주파수의 송, 수신측이 바뀌게 되는데 궤도회로가 그 방향에 상관없이 항상 일정한 임피던스를 유지하도록 추가하는 전기적인 회로를 말한다.

■ 객차기지

객차를 수용하고 여객열차의 편성, 검수, 정비를 하기 위하여 역으로부터 독립하여 설치한 장소로서 객차조차장 이라고도 한다.

■ 건널목 보안장치

레일과 도로가 교차되는 곳에 설치하여 열차의 접근 및 통과에 따른 전동 차단기, 경보등, 경보종 등의 동작을 자동제어하며 부속장치로 정보분석장치, 지장물검지장치, 출구측차단간검지장치 등을 설치하여 건널목에서의 안전을 극대화시키기 위한 장치를 말한다.

- 검사 : 장치의 상태와 작동이 이상이 없는지를 규정대로 확인하는 것을 말한다.
- 검수선

  기관차, 전동차 또는 객화차의 검사, 수선을 하는 선으로 검사와 수선을 구분하기는 곤란하나 검사를 주체로 하는 선을 검사선, 수선을 주체로 하는 선을 수선선이라 한다. 검수의 종류에 따라 일상검사선, 월상검사선, 임시검사선으로 구분된다.
- 경합 : 열차와 열차 간의 충돌 또는 충돌 위험으로 정의한다.
- 고속철도

  승객 및 화물 운송을 더 효율적이고 고밀도 서비스 제공하며, 1,000km/h hyperloop 열차개발
- 고정발리스(CBF) : 선로조건 등의 변화되지 않는 고정된 정보를 제공하는 정보전송장치를 말한다.
- 고정발리스(FB : Fixed Balise)

  열차자동방호장치(ATP)설비 구간에서 선로조건, 등의 변화지 않는 고정된 정보를 제공하는 발리스
- 공차유치선

  유치선의 일부로 공차를 일시 유치하여 두는 선, 일반적으로 조차장에서는 분별선군의 1~2개선을 공차 유치선으로 지정해 두고 있다.
- 과주여유거리

  열차 또는 차량이 소정의 정지 위치에 정차하지 못하고 그 위치를 지나칠 경우에 사고를 방지하고자 설비한 구역의 거리를 말한다.
- 교행선 : 단선운전구간에서 열차를 교행하기 위하여 설치하는 상하본선
- 궤도회로

  열차의 유무를 검지하거나 연속정보를 차상으로 전송하기 위해 레일을 이용하여 구성한 전기적인 회로를 말한다.
- 궤도회로 기능검지장치(TLDS) : 궤도회로의 정보를 실시간으로 표출, 기록하는 장치를 말한다.
- 기관차 대기선

  기관차가 객차 또는 화차를 연결하여 열차를 조정하기 이전에 일시 대기시킬 목적으로 설치하는 선
- 기기집중역

  ATC설비 구간에서 선로전환기가 설치되어 있지 않은 역에 ATC 궤도회로 장치만을 설비한 역을 말한다.
- 기능적 인퍼페이스사양 규정(FFFIS : Form Fit Functional Interface Specification)

  ERTMS/ETCS의 기능적인 인터페이스 사양에 적합한 규정
- 기상검지장치(MD)

  열차의 안전 운행을 위하여 풍향 및 풍속, 강우량, 적설량을 검지하는 장치를 말한다.
- 기준정보

  설비 유지보수를 위하여 전사적자원관리시스템(KOVIS)에서 관리하는 기능위치, 설비, 자재명세서(BOM), 작업장, 직무리스트, 카탈로그, 측정포인트, 클래스 등을 말한다.

■ 기회선

기관차가 열차 출발선 또는 도착선과 기관차와의 사이를 출입할 때 역 구내 입환 작업에 지장을 주지 않고 왕복할 수 있도록 기관차만 주행 시킬 목적으로 설치하는 선

■ 끌림검지장치(DD)

고속선의 선로상 설비를 보호하기 위해 기지나 기존선에서 진입하는 열차 또는 차량 하부의 끌림물체를 검지하는 장치를 말한다.

■ 대피선 : 대피할 열차를 착발시킬 목적으로 설치하는 선로

■ 대향, 배향

열차가 분기기 전단으로부터 후단으로 진입할 경우를 대향이라 하며 분기기 후단으로부터 전단으로 진입할 때를 배향이라 한다.

■ 데이터 링크 모듈(DLM)

연동장치의 제어 명령을 현장 설비로 전송하고 현장 설비의 표시 정보를 연동장치로 전송하는 모듈을 말한다.

■ 데이터 통신장치 DCS(Data Communication System)

데이터 통신을 하기 위한 시스템으로 무선, 유선 통신을 할 수 있는 장치

■ 도착선 : 열차의 도착에 사용할 목적으로 여객열차 조성역, 화물조차장에 설치하는 선로

■ 등열식 : 둘 이상의 등을 한 개의 조로 하여 신호를 현시하는 방식을 말한다.

■ 라우터/라우팅

- 라우터(Router) : LAN 간 접속장치의 일종
- 네트워크의 사용 환경이 서로 다른 기종 간의 네트워크를 연결하는 역할을 하는 네트워크 장비로 내부 네트워크는 사용되는 컴퓨터의 기종 OS(Operating System), 프로토콜 등을 확실히 알 수 있으므로 네트워크를 최적화를 이룰 수 있다
- 그러나 내부 네트워크를 외부와 연결할 때 외부 네트워크에서 사용하는 프로토콜이나 컴퓨터의 기종을 알 수 없다.
- 이러한 알 수 없는 임의의 네트워크와 내부 네트워크를 접속하는 데 필요로 하는 장비가 라우터이다.
- 라우팅 : 라우터 등에 의해 실현되는 통신 Data의 중계경로 선택기능

■ 레일온도검지장치(RTCP)

혹서기에 레일의 장출에 의한 사고를 예방할 목적으로 설치하여 레일의 온도를 검지하는 장치를 말한다.

■ 링킹(Linking) : 발리스의 위치를 확인하는 방법을 말한다.

■ 무인기계실 원격감시장치

무인 기계실의 출입문에 설치하여 출입자를 감시하고 허가된 자만 출입할 수 있도록 하는 장치를 말한다.

■ 무정지서버(Nonstop Server)

이중화된 중앙 처리 장치(CPU)와 메인 메모리 등 주요 하드웨어를 완전 동기화하여 장애가 발생하더

라도 서버가 멈추지 않도록 하는 고가용성 서버

- 미디어 접근 제어 주소 MACAddress(Media Access Control Address)
  근거리통신망에서 MAC주소는 데이터 링크 계층의MAC계층에 의해 사용되는 주소로서 네트워크 카드의 48bit 하드웨어 주소를 말하며, 이더넷 주소, 또는 토큰링 주소와 같다.
- 밀착검지기 : 선로전환장치에 설치하여 텅레일이 기본레일에 밀착된 것을 확인하는 장치를 말한다.
- 반복선(회차선) : 열차를 반복운전하기 위하여 설치하는 선
- 반위쇄정
  갑과 을의 취급버튼 상호간에서 을의 취급버튼을 반위로 하고 갑의 취급버튼을 반위로 하였을 경우 을의 취급버튼은 반위로 쇄정되고 반대로 을의 취급버튼이 정위에 있을 경우 갑의 취급버튼은 정위로 쇄정되는 것을 말한다.
- 발리스(Balise)
  궤도상에 설치되는 지상자로 가변정보 또는 선로속도나 구배 등 고정정보를 차내로 전송하는 장치
- 발리스(Balise)
  신호현시와 같은 가변정보 또는 선로속도나 구배 등 고정정보를 차상으로 전송하는 장치를 말한다.
- 발리스그룹(Balise Group) : 궤도상에서 동일한 지점에 설치되는 한 조 혹은 그 이상의 발리스
- 발리스링크(Balise Linking)
  하나의 발리스 혹은 발리스 그룹이 자신의 텔레그램 내에서 또 다른 발리스 혹은 발리스그룹의 위치를 해석할 수 있는 방법
- 발리스전송모듈(Balise Transmission Module)
  궤도와 열차간의 불연속정보전송을 위한 차내장치로 발리스를 통해 텔레그램을 수신하는 것
- 방향취급버튼
  열차의 운전방향을 정하기 위해 대향 열차에 대한 폐색구간 양끝의 신호취급소 상호간에 상대적으로 설비하는 취급버튼을 말한다.
- 방호 스위치(TZEP, CPT)
  보수자가 선로상 작업 시 신변의 안전을 확보할 목적으로 작업구역의 속도를 정지로 설정할 수 있는 스위치를 말한다.
- 백본망(Backbone network)
  다양한 네트워크를 상호 연결하는 컴퓨터 네트워크의 일부로서, 각기 다른 LAN이나 부분망 간에 정보를 교환하기 위한 경로를 제공
- 보상콘덴서
  궤도회로 주파수 레벨이 감쇄되는 것을 보상하기 위해 레일 사이에 설치하는 콘덴서를 말한다.
- 보수담당자 : 현업에서 설비의 보수를 담당하는 자를 말한다.
- 보수자 선로횡단장치(PSC)
  특정 지점을 보수자의 선로 횡단 가능 개소로 지정하여 선로 횡단시 열차의 접근 유무를 확인하게 하는 장치를 말한다.

- **보통역** : 여객과 화물을 같이 취급하는 역
- **본선** : 열차의 발착 또는 통과열차를 운전하는데 상용하는 선로선
- **부본선** : 주본선 이외의 중요선로로서 출발선, 도착선, 대피선, 통과선, 교행선 등 이 있음
- **분기기**
  열차 또는 차량을 다른 선으로 안전하게 진입시키기 위한 궤도구조로 포인트, 리드, 크로싱의 3개 부분으로 구성되어 있다
- **분기기히팅장치**
  동절기에 적설이나 결빙으로 인한 선로전환기의 전환불능을 방지하기 위하여 분기기를 예열하는 장치를 말한다.
- **분별선**
  화차를 행선별로 분별하고 열차를 조성하기 위하여 설치한 선으로 큰 조차장에서는 대략 분별을 하는 방향별 분별선과 역별 분별을 하는 역별 분별선을 따로 설치한다.
- **불연속전송(Intermittent Transmission)** : 어느 특정한 지점에서 차내로 전송되는 정보
- **불연속정보전송장치(ITL)**
  특정 지점에 설치하여 열차운행에 부가적으로 필요한 정보를 전송하는 장치를 말한다.
- **사구간** : 궤도회로의 일부분에 열차가 점유하여도 궤도계전기가 작동되지 않는 구간을 말한다.
- **산업, 과학, 의학용 대역 ISM (Industrial Scientific Medical)**
  근거리 통신이나 측정용 주파수 대역으로서 별도의 복잡한 인증과정 없이 쉽게 사용 할 수 있는 대역
- **상시쇄정** : 평상시 장치를 전기 또는 기계적으로 쇄정하여 두는 것을 말한다.
- **상호호환성 기술사양(TSI : Technical Specification for Interoperability)**
  ERTMS/ETCS의 상호호환성 기술 요구조건
- **색등식** : 색에 따라 신호를 현시하는 방식을 말한다.
- **선로변 기능 모듈(TFM)**
  선로전환기, 진입허용표시등, 쇄정 해제스위치(LCS) 등 현장 설비를 직접 제어하는 모듈을 말한다.
- **선로변제어유니트(LEU : Line side Electronic Unit)**
  신호설비의 상태를 검지하여 조건에 맞는 텔레그램을 발리스(Balise)에 전송하는 장치
- **선로변제어유니트(LEU)**
  신호설비의 상태를 검지하여 조건에 맞는 텔레그램을 발리스(Balise)에 전송하는 장치를 말한다.
- **선로전환기 쇄정장치**
  선로전환기를 정위 또는 반위로 전환한 후 첨단레일이 기본레일에 밀착된 것을 조사하여 이를 그 위치에 쇄정하는 것을 말한다.
- **선로전환장치** : 선로전환기를 정위 또는 반위로 전환과 쇄정을 하는 장치를 말한다.
- **세그먼트**
  LAN의 범위를 나타내는 단위. LAN에서 여러 단말기로부터 Data 충돌(콜리전)을 알리는 신호가 전달되는 범위

- 세척선
  차량을 세척할 목적으로 설치하는 선으로 급수설비, 세척대가 병설되어 있고 오물수거 시설을 병행하는 경우도 있다
- 속도제한장치 : 고속철도구간에서 어느 일정구간 열차속도를 제어하기 위한장치
- 속도제한판넬
  신호기계실에 설치되어 일정 구역을 정해진 속도로 제한하는 SLP와 LCP 및 CTC에 설치된 원격속도제어장치(ESLP)를 말한다.
- 쇄정
  신호기 또는 선로전환기 등 신호설비를 필요에 따라 전기적 또는 기계적으로 일정한 절차에 의하지 아니하고는 임의로 조작할 수 없도록 하는 것을 말하며 세부적인 용어는 다음과 같다.
- 쇄정 해제 스위치(LCS)
  취급하고자 하는 진로 내의 구분진로가 단락 등의 사유로 쇄정되어 있을 때 현장에서 레일의 이상 없음을 확인한 후 진로설정 가능 정보를 연동장치로 전송할 수 있는 스위치를 말한다.
- 수수선
  어떤 선 또는 선군에서 다른 선 또는 다른 선군에 차량을 이동할 때 그 차량을 일시 유치하여 두는 선으로 수도선이라고도 한다.
- 승강장
  여객이 열차를 타고 내리기 위해 설치한 장소를 말하며, 전동차용, 일반여객 열차용으로 나눈다.
- 승강장 비상정지버튼
  수도권 전철구간 역 구내 승강장에서 승객의 선로추락 등 위급상황 발생 시 승강장을 향하여 진행하는 열차 또는 차량에 대하여 경고등을 현시하고, 비상 정지시킬 수 있는 승강장 안전설비를 말한다.
- 승강장 비상정지버튼
  승강장에서 비상상황발생시 승강장에 설치된 비상버튼을 취급하여 열차를 승강장에 진입하지 못하도록하는 장치
- 승객 경험 : 승객 경험을 개선하기 위한 자동발권, 도난방지 비디오 감시, 탑승, 서비스 등 제공
- 승객정보시스템 PIS(Passenger Information System)
  열차 자동운행감시설비로부터 수신한 승객 정보메시지를 안내해주는 안내게시기.
- 시 분할 다중 접속방식 TDMA(Time Division Multiple Access)
  시간분할 다중화 방식을 이용하여 동시에 데이터를 송수신하는 통신용량을 늘리는 기술.
- 시리얼통신 : Serial : 전기 통신과 컴퓨터 과학 분야에서 직렬 통신
- 시스템 요구사양(SRS : System Requirements Specification)
  ERTMS/ETCS의 시스템 요구사양
- 시운전 : 장치의 신설이나 개량 시에 사용에 앞서 종합적인 기능을 시험하는 것을 말한다.
- 신호기의 방호구역 : 해당 신호기에 의해 열차 또는 차량이 운전할 수 있는 구역을 말한다.
- 신호부속기 : 주신호기에 설치하여 그 신호기의 지시조건을 보완하는 장치를 말한다.

- **신호장** : 여객이나 화물 취급 등 영업활동은 하지 않고 열차의 교행, 대피를 위하여 설치한 장소
- **신호정보분석장치**
  설비의 작동상태를 현재시간으로 기록하고 고장을 판단하여 보수담당자에게 경보로 알려주는 설비를 말한다.
- **신호제어설비**
  신호기장치, 선로전환기장치, 궤도회로장치, 폐색장치, 연동장치, 건널목보안장치, 열차자동정지장치(ATS), 열차자동제어장치(ATC), 통합연동시스템(SEI), 열차집중제어장치(CTC), 신호원격제어장치(RC), 열차자동방호장치(ATP), 통신기반열차제어시스템(CBTC), 고속철도신호설비, 고속철도 안전설비 등을 말하며, 열차 또는 차량의 안전운행과 수송능력 향상을 목적으로 설치한 종합적인 시설을 말한다.
- **신호표지**
  폐색구간의 경계 지점에 설치하는 허용신호표지와 절대신호표지, 입환신호표지 등 설비에 종속된 선로변 표지를 말한다.
- **안전계전기(NS1)**
  궤도계전기, 선로전환기 표시계전기 등 열차의 안전운행과 직접 연결되는 정보를 취급하는 계전기를 말한다.
- **안전무결성 4등급(SIL4 : Safety Integrity Level 4)**
  국제표준인 IEC 61508 규격의 안전무결성 수준
- **안전측선**
  정거장내에서 2개 이상의 열차 또는 차량이 동시에 진입 또는 진출할 때에 과주로 인한 충돌 등의 사고를 방지하기 위하여 설치하는 선
- **알스톰(Alstom)** : 1928년 설립된 프랑스의 다국적 운송 및 발전 설비 제조 업체
- **여객역** : 여객만을 주로 취급하는 역
- **여객통로**
  역사와 승강장 또는 승강장 상호간에 여객이 통행하기 위한 통로를 말하며 평탄통로와 지하도, 구름다리(과선교)등의 입체 통로가 있다.
- **역**
  열차를 출발하고 여객 화물 등을 취급하기 위하여 설치한 장소를 말하며 보통역, 여객 역, 화물 역 등으로 구분
- **역 정보처리장치(FEPOL, CC-RTU)**
  CTC와 LCP의 제어명령을 연동장치와 ATC 등에 전송하고 현장 설비의 표시 정보를 CTC와 LCP로 전송하는 장치를 말한다.
- **역 제어 센터 STC(Station Controller Subsystem)**
  Local에 신호장치 들이 집중 설비되는 기계실 (신호기계실)

- **역 조작판 장치(LCP)**

관할구역 내의 현장 설비를 제어하고 설비의 상태를 확인하며 열차의 운행 상태를 파악하기 위해 각 역에 설치된 장치를 말한다.

- **역사**

역에서 여객이 열차를 대기하고 화주가 소화물이나 화물을 탁송하며 철도가 이에 필요한 여객업무나 화물 수송 업무를 하기 위하여 설치한 건물을 말한다

- **연동장치**

신호기, 선로전환기, 궤도회로 등의 제어 또는 조작을 일정한 순서에 따라 상호 쇄정하는 장치를 말한다.

- **열차번호인식기**

열차의 행선지에 따라 정당한 방향으로 신호를 현시할 수 있도록 열차번호와 행선지를 운전취급자에게 알려주는 설비를 말한다.

- **열차속도제어 알고리즘**

① 운행 중인 열차는 선로에 25m 간격으로 설치된 트랜스 폰더 태그를 인식하여 열차운행 위치를 보정하면서 자신의 위치를 정확히 연산한다.

② 지상제어장치는 무선통신을 이용하여 차상제어장치에 주행허가(이동권한) 폐색정보를 전송한다.

③ 차상제어장치는 수신한 정보를 TDS(Target Speed Decision System)에서 분석하여 목표속도를 결정하고 현재속도와 차이 값을 가속도 산출기(CAS)에 전송한다.

④ CAS는 TDS로부터 수신한 속도차이 정보를 근거로 열차가 현재 적용해야 할 최적의 가속도 값을 계산한다.

⑤ 실제로 열차속도제어기에 입력되는 값은 현재 열차의 가속도와 CAS에서 결정된 가속도와의 차이 값이다.

열차속도제어기는 이 차이 값이 0이 되도록 열차에 힘을 가하는 역할을 한다.

그 과정에서 Jerk를 초과하는 힘은열차에 가하지 않는다.

⑥ 비상상황을 체크하는 시스템(ECS)이 열차의 현재 상태에 대한 정보를 분석하여 위급상황을 감시하고 열차속도제어기에 돌발 상황 신호를 보낸다.

- **열차운전감시반** : 운행중인 열차위치를 집중시켜 열차의 운전상태를 감시하는 설비를 말한다.
- **열차자동방호장치(ATP : Automatic Train Protection)**

열차의 안전운행을 확보하기 위한 설비로써 열차간격조정, 열차속도조정, 열차제동을 자동으로 제어하는 장치

- **열차자동방호장치(ATP)**

열차운행에 필요한 각종 정보를 발리스를 통해 차상으로 전송하면 차상의 컴퓨터가 열차의 속도를 감시하여 일정속도 이상 초과하여 운행 시 자동으로 감속, 제어하는 장치를 말한다.

- **열차자동속도제어(ASC)**

열차속도를 자동으로 조절해 주는 제어기법

■ 열차자동운전 장치(ATO)
열차운전자가 수행하는 기본적인 운전사항을 제어하며, ATP가 부여한 범위 내에서 그 기능을 수행하는 것

■ 열차자동운행 감시 장치(ATS)
시스템 상태를 감시하며, 열차운전지시를 위한 제어기능을 제공하고, 트랙픽 흐름을 유지하며, 열차지연으로 인한 영향을 최소화하고, 중앙 집중적인 전송 인터페이스를 제공

■ 열차자동제어 장치(ATC)
열차 이동의 안전 제어기능과 안전한 열차 간 이격기능을 제공하며 열차자동운전, 열차자동방호, 열차자동운행감시의 기능을 수행

■ 영국철도기술개발 계획(The Rail Technical Strategy Capability Deliverry Plan : (RTS CDP)) – RSSB

■ 예비차선
부속편성에 필요한 차량이나 수선하기 위하여 운휴차 하는 대신에 사용 할 예비차를 수용, 유치하여 두는 선

■ 외란(Disturbance) : 자동 제어계의 상태를 바꾸려고 하는 외적 작용

■ 운행제어실 OCC(Operation Control Center)
일반적인 영업운전 기능들을 수행할 수 있는 운행제어실

■ 월상검사 : 월간 단위로 주요부분에 대해서 시행하는 검사

■ 유럽교통제어시스템(ETCS : European Traffic Control System)
유럽철도망에서의 국경 없는 열차운행을 위해 현재 유럽에 존재 하는 약 15개의 상이한 신호시스템을 열차운행 안전에 기본을 두고 통합하는 시스템으로 기능적인 단계로 Level 1, Level 2, Level 3로 분류

■ 유럽열차운행관리시스템(ERTMS : European Railway Traffic Management System)
유럽열차운행의 관리시스템의 표준화를 목적으로 차세대열차 시스템인 ETCS와 무선정보전송방식인 GSM–R을 구축하는 시스템

■ 유지보수
기존 설비의 현상유지 및 성능향상을 위한 점검·보수·교체·개량 등 일상적인 활동을 말한다.

■ 유지보수 컴퓨터 시스템(CAMS)
유지보수 컴퓨터 보조시스템(CAMZ)과 보수자 단말기(TT)로 구성되어 연동장치의 유지보수를 지원하는 시스템을 말한다.

■ 유지보수담당자
지역본부의 전기처(사업소를 포함한다), 철도교통관제센터의 전기운용부, 전기사무소에 소속된 직원을 말한다.

■ 유치선
수용선이라고도 하며, 전동차나 객차, 화차를 수용, 유치하는 선으로 운용차를 수용하는 선로, 도착선,

출발선, 세척선, 검사선, 기회선 등을 제외한 선로를 말한다

- 유효장 : 다른 선로에 지장 없이 열차를 수용할 수 있는 길이를 말한다.
- 이더넷(Ethernet) : 가장 대표적인 버스 구조 방식의 근거리통신망(LAN)
- 이동권한 작성방법
  - 이동권한은 각 열차에 전송되어 적절한 운행속도와 접근거리에 따른 무인운행 제어는 물론 ATO 자동화에 의하여 역 승강장에서 정위치 정차와 자동출발, 출입문제어, 가감속제어 등 부가기능을 수행한다.
  - 이동권한 열차의 주행을 허가하는 폐색제어로서 이와같이 중앙제어센터에서의 열차의 이동권한을 작성하는방법에는 무궤도를 이용하여 연산하는 방법과 가상궤도를 바탕으로 작성하는 방법이 있다.
- 이동권한(MA)
  - 이동권한(MA : Movement Authority)은 지상에서 선행열차 위치, 선로구간정보를 통하여 열차가 이동할 수 있는 안전거리를 계산하여 차상으로 전송하는 정보이다.
  - 열차가 운행 중에 이동권한의 전송 시점의 제약을 없애기 위해 열차와 지상 신호시스템의 연속적인 통신이 필요하다.
  - 통신은 차상과 지상간 양방향 무선 통신으로 이루어지며 지상으로부터 제한속도(Speed Limit)가 포함된 이동 권한 정보를 수신한 차상 제어장치는 동적 속도 프로파일을 생성하고 이에 따라 자동으로 제어된다.
  - 열차 제어 시스템은 승객의 안전을 보장해야 하며 영업운행을 위해 ETCS 신호시스템은 안전 무결성 수준인 SIL4(Safety Integrity Level 4)를 만족해야 한다.
  - 신호시스템의 ATP 속도 프로파일 기능은 RBC(Radio Block Center) 지상시스템으로부터 수신된 제한속도값 증가 중 제한적인 값을 MRSP로 설정하고 차상의 속도검지장치로부터 열차 현재 속도와 비교하여 속도 초과 시 제동체결을 통해 열차 방호기능을 수행한다.
  - 수신되는 제한속도 값종류는 열차 운행 구간별, 구간에서 설정한 축 중 별, ETCS모드 별로 정해질 수 있다. 제동 체결 상태 정보는 기관사가 인지할 수 있도록 DMI (Driver−Machine Interface)에 현시된다.
- 이동권한(MA : Movement Authority) 절차 및 내용
  - ① 이동 폐색식 내에 2편성 이상의 열차가 운행함.
  - ② 열차는 이동권한이 통지된 후에 이동하여 열차위치를 전송
  - ③ 열차에서 이동권한을 요구하는 경우 : 주기적인 열차위치 보고
  - ④ 이동권한의 종단까지 선로정보, 속도제한, 구배, 전방진로 등을 활용
  - ⑤ 이동권한은 현재 위치에서 특정 위치까지 주행할 수 있는 거리
  - ⑥ 열차는 새로운 이동권한이 주어지기 전에 이동권한을 주기적 요청
  - ⑦ 이동권한은 여러 섹션으로 분할되며 여러 개의 폐색을 포함
  - ⑧ 이동권한은 선행열차 후미에 있는 최소 안전마진을 초과하지 못함
- 인공지능(AI) : 딥 러닝 알고리즘과 신경망을 이용한 열차 스케줄 최적화 및 지연 최소화

■ 인상선

차량을 전선하기 위하여 인상하는 선으로 선구가 병렬로 배치되어 있는 경우나 열차를 다단으로 조성하는 경우 반드시 필요한 선이다.

■ 인증코드(CRC : Cyclic Redundary Check) : 승인된 텔레그램의 식별을 위해 생성되는 코드

■ 인필 정보(Infill Information)

주신호기가 설치되지 않은 지점에서 열차의 운행 효율을 증대시켜 주기 위해 지상에서 열차로 정보를 제공

■ 일상검수 : 매일 주요부의 상태 및 작용상태를 시행하는 검수를 말 한다

■ 입환(Shunting)

차량의 분리, 결합, 전선(轉線 : 차량이 선로를 바꾸는 것) 등을 하는 작업을 입환 작업(入換作業)이라고 한다.

■ 자동구간

자동폐색장치를 설비한 구간, "비자동구간"이란 그 외의 구간을 말하며 연동 및 통표 폐색구간으로 구분한다.

■ 자율주행 열차 : 정시성 및 신뢰성 향상, 용량 최적화를 위한 효율적인 솔루션

■ 작업책임자

현업에서 설비의 보수를 담당하는 단위소속의 책임자[전기사업소장(신호팀장 포함), 신호제어사업소장, 선임전기장, 전기장, 철도교통관제센터의 전기운용부장이 지정한자를 포함]를 말한다.

■ 재밍 Jamming

- 희망하는 신호내용을 불분명하게 하기위하여 별도의 전파를 발사하여 희망하는 신호의 수신을 고의로 방해하는 것.
- 다른 신호의 수신을 교란하기 위하여 방해 무선신호를 고의로 송신하는 것

■ 적재정규선

화물의 적재상태가 차량한계 초과여부를 검사하기 위한 선, 대규모 화물역 화차조차장, 화차기지 등에 배치한다.

■ 적하장

화물을 화차로부터 적재 및 하화함과 동시에 트럭 등의 수송차량에 화물을 옮겨 싣고 내리는 장소

■ 전기설비기술지원시스템 : 분야별, 장치별로 개별데이터를 집중화하여 종합적으로 관리하는 시스템

■ 전반검사

소정의 주기로 대차, 주전동기, 동력전달장치, 스프링장치 등 주요부분을 해체하여 세부적으로 정비창(중수선 공장)에서 시행하는 검사

■ 전자연동장치 : 연동장치를 전자식으로 모듈화한 장치를 말한다.

■ 전자파 간섭 : EMI(Electro Magnetic Interference)

■ 전자파 내성 : EMS(Electro Magnetic Susceptibility)

■ 전자파 적합성 : EMC (Electro Magnetic Compatibility)

- 절대신호 표지
  신호를 취급하지 않았을 때 닫힘상태로 열차의 진입을 불허하고 신호를 취급하여 진로가 설정되었을 때 열림(개방) 상태가 되어 열차의 진입을 허용하는 것으로써 역 조작판에서 색에 의해 그 상태를 확인할 수 있는 마커를 말한다.
- 정거장
  여객의 승강, 화물의 적하 등의 영업을 행하고 열차의 조성, 차량의 유치, 청소, 검수, 차량의 입환, 열차의 대피, 교행 등의 운전 및 보안상의 필요한 시설을 갖춘 장소를 말하며 역, 신호장, 객차기지, 조차장, 전동차기지, 등으로 구분
- 정기검사 : 소정의 주기로 주요부분에 대하여 시행하는 검사를 말한다.
- 정위
  각종 신호용 취급버튼 또는 리버(전자연동장치에서 키보드 또는 마우스를 포함한다. 이하 "취급버튼"이라 한다)로 해당 신호설비를 취급하기 전의 상태를 말하며 그 반대인 경우를 "반위"라 한다.
- 정위, 반위 : 분기기가 상시 개통하고 있는 방향을 정위라 하고 반대방향을 반위라 한다.
- 정위쇄정
  갑과 을의 취급버튼 상호간에서 갑의 취급버튼을 반위로 하였을 때 을의 취급버튼은 정위로 쇄정되고, 반대로 을의 취급버튼을 반위로 하였을 때 갑의 취급버튼은 정위로 쇄정되는 것을 말한다.
- 정지정위의 신호기
  그 신호기의 방호구역에 열차가 없을 때 상시 정지신호를 현시하는 신호기를 말한다.
- 정지정위의 신호기 : 그 신호기의 방호구역에 열차가 없을 때 상시 정지신호를 현시하는 신호기를 말한다.
- 조건부 쇄정
  갑과 을의 취급버튼 상호간에 갑의 취급버튼을 반위로 하였을 경우 을의 취급버튼은 다른 취급버튼의 어떠한 조건이 충족되었을 때만 쇄정되고 그 조건이 충족되지 않으면 쇄정되지 않는 것을 말한다.
- 조성선
  여객열차의 편성을 조성하기 위하여 사용하는 선으로 유치선을 그대로 사용하는 경우도 있고 조성차의 유치선 및 해방차의 유치선외에 1개선만 길게(열차길이에 여유를 봄) 따로 설치하는 경우도 있다.
- 조차장 : 열차의 조성 또는 차량의 입환을 하기 위하여 설치한 장소
- 종합사령실 SMC(System Management Center)
  전체 철도시스템을 관장하는 사령장비가 모여 있는 곳(시스템 관리 센터)
- 주신호기
  일정한 방호구역을 가지고 있는 신호기를 말하며, "종속신호기"라 함은 주신호기가 현시하는 신호의 확인거리를 보충하기 위해 그 외방에 설비하는 신호기를 말한다.
- 주체의 신호기 : 종속신호기 또는 신호부속기 등이 있을 때 그에 대한 주신호기를 말한다.
- 주파수 도약방식 FHSS(Frequency Hopping Spread Spectrum)
  주파수 확산대역 방식의 일환으로 일정한 범위 내의 주파수 대역에서 약속된 순서대로 주파수 채널을 변화시키면서 보안성을 유지하는 전송방식.

- 지능형 열차제어시스템 : MBS(Moving Block Train Control System)
  - 고정폐색방식을 무선통신을 이용한 이동폐색방식으로 개량하여 운전시격단축, 유지보수비용절감, 운영유용성증대, 수송용량증대를 할 수 있는철도시스템.
  - CBTC(Communication Based Train Control) : 통신기반열차제어시스템과 동일
- 지상무선통신설비 WRU(Wayside Radio Unit)

  중앙, 지상, 차상 서브시스템들 사이에 무선통신을 제공하는 장치로서 1차 채널은 차상 장비와 Vital 양방향 통신기능을 제공하며 2차 채널은 논-바이털 양방향 채널을 ATS시스템과 차상 시스템 사이의 통신을 제공하는 장치
- 지상무선통신장치 AP(Access Point)

  외장 안테나를 가지는 무선 허브이며 무선연결을 위해 사용되는 통신장비
- 지상파

  지상파의 통로를 크게 지상파와 공간파로 구분, 송신 점에서 수신점에 직접 도달하는 초단파(VHF)대에서 이용되는 직접파, 반사파, 지표파, 회절파 등을 가리키는 말
- 지역제어기 WCU(Wayside Control Unit)

  지상설비 가운데 가장 중요한 역할을 하는 장치로서 지상 ATP장치의 연동기능과 선로전환기 제어 및 감시기능을 수행하는 장치
- 지장물검지장치(ID)

  선로 내에 열차의 안전운행을 지장하는 낙석, 토사, 차량 등의 물체가 침범하는 것을 감지하기 위해 설치한 장치를 말한다.
- 지진감시시스템

  지진이 발생한 경우 지진규모에 따라 선로에 미치는 최대 지반가속도 값에 따라 열차를 감속 운행하거나 운행을 중지하기 위한 장치를 말한다.
- 지축 : 정거장 내에 시설물을 설치하기 위하여 조성하는 부지를 말한다.
- 지축수로 : 지축내의 표면수를 처리하기 위하여 설치하는 배수로를 말한다.
- 지축폭 : 정거장내에 제반 시설물을 설치하기 위하여 조성한 부지의 양어깨 간의 거리를 말한다.
- 직접 확산 방식 DSSS(Direct Sequence Spread Spectrum)

  주파수 확산대역방식의 하나로 디지털신호에 PN코드라는 빠른 변화율의 신호를 곱하여 전송함으로서 수신하는 측에서 PN코드를 모르면 데이터를 수신할 수 없도록 하는 전송방식
- 진로예고표시기

  연결선구간의 장내·출발신호기의 외방에 설치하여 주체 신호기의 진로표시기가 현시하는 진로현시상태를 예고하는 장치를 말한다.
- 진입허용표시등

  입환 신호표지와 절대신호표지에 첨장되어 해당 진로 내로의 진입여부를 지시 하는 신호등을 말한다.

- 진폭위상 변조(ASK : Amplitude Shift Keying)
  디지털정보1 또는 0 값에 따라 반송파 진폭을 변화시키는 디지털변조방식
- 진행정위의 신호기
  그 신호기의 방호구역에 열차가 없을 때 상시 진행신호를 현시하는 신호기를 말한다.
- 차량기지
  각종 차량의 청소, 검사, 수선, 정비, 유치 등을 하는 시설의 종합기능을 수행하는 장소로서 기관차, 전동차, 여객차, 화차기지로 구분하며 열차를 운전하는 승무원의 거점이다.
- 차상 인터페이스 장치 IRU(Interface Relay Unit) : 열차의 인터페이스를 관리하는 장치
- 차상무선통신장치 DCU(Data Communication Unit) : 차상에 장착되는 무선 통신설비
- 차상무선통신장치 OBRU(On Board Radio Unit)
  차상에 설치하여 지상 무선장치와 무선 통신하는 장치, 차상RF장치와 안테나를 포함.
- 차상안테나(CAU : Compact Antenna Unit)
  공극을 통해 발리스 기동신호를 송신하고 발리스로부터 텔레그램을 수신하는 안테나 역할
- 차상제어장치 VOBC(Vehicle On Board Controller)
  차상장치에 장착되어 있는 장치로서 회전속도계, 트랜스폰더 조회기, 열차출입문, 비상제동장치, 기타 차량 내 시스템을 제어, 관리하는 시스템(VCC와 동일함)
- 차축온도검지장치(HBD) : 운행하는 열차의 차축 온도를 검지하는 장치를 말한다.
- 착발선 : 열차의 착발에 사용할 목적으로 설치하는 선로
- 철도 연결성 : 5G 이동통신 기술에 의한 짧은 지연시간, 높은 성능 및 철도 인프라의 신뢰성 제공
- 철도산업 동향 Top 10
  철도분야 스타트업 및 스케일업 회사 분석을 통한 철도산업 동향 분석 : StartUs insights, IoT, 생체정보, 인공지능, 클라우드 컴퓨팅 등을 결합한 다양한 솔루션 확장
- 철도자동화 : 자산 효율성, 모니터링 및 유지보수를 최적화하여 승객에게 개선된 경험, 신뢰성 제공
- 철도중심의 Modal Shift
  기존의 도로(트럭)를 통해 운송하던 여객 또는 화물을 친환경 운송수단인 철도 또는 연안 해운으로 운송수단을 전환하는 것.
- 총괄책임자
  지역본부장(전기처장), 철도교통관제센터장(전기운용부장), 전기사무소장을 말한다. 이하 “지역본부장”이라 한다.
- 출발선 : 열차의 출발에 사용할 목적으로 설치하는 선로
- 출입고선 : 차량이 기지를 출입하기 위한 전용의 통로선
- 측선
  열차의 운전에 상용하는 선로 이외의 선로로서 유치선, 조성선, 인상선, 적하선, 예비차선, 검사선, 분별선, 기회선 등 본선 외의 선로를 말한다.

■ 컨버전스(Convergence)
IT기술의 발달로 하나의 기능을 갖고 있는 단말기 또는 기기가 또 다른 기기의 기능을 흡수하거나 멀티기능을 가지게 되는 현상

■ 코드 분할 다중 접속방식 CDMA(Code Division Multiple Access)
스펙트럼 확산기술을 사용한 휴대용 전화기의 미국표준

■ 쿼리(query) : 정보수집에 대한 요청에 쓰이는 컴퓨터 언어

■ 클라이언트/서버형
- PC 워크스테이션(WS)등 주로 소형컴퓨터를 네트워크로 접속하여 데이터를 분산처리 하는 시스템의 방식을 말한다.
- Client는 사용자가 이용하기 위한 단말기를 말한다.
- 일반적으로 Sever는 워크스테이션, Client에는 PC를 사용하는 경우가 많다.

■ Client－Sever방식
- 일반적으로 서버의 자원을 Client에서 공유
- 장점 : 고성능, 중앙집중식 관리, 확장성
- 단점 : 설치비
- 안전장치(NOS)
  - Disk Mirroring : 한 채널에 두 개의 디스크를 사용해 서로 같은 내용을 기록
  - Disk Duplexing : 두 채널을 사용해 한 채널을 실시간 백업
  - Backup Sever
  - UPS Monitoring

■ 클러스터 : 하드디스크 드라이브 위에 파일을 저장하는 논리적 단위

■ 탈탄소화 : 이산화탄소 배출량을 최소화하기 위한 재생 에너지 사용

■ 터널경보장치(TACB)
터널 내의 보수자를 보호하기 위해 열차가 일정구역에 진입시 경보하는 장치를 말한다.

■ 텔레그램
지상의 각종 정보를 차상에 전달하는 수단으로 하나의 헤더와 다수의 패킷 및 오류 검지코드로 구성된 파일을 말한다.

■ 텔레그램(Telegram)
지상의 각종 정보를 차내에 전달하는 수단으로 하나의 헤더와 다수의 패킷 및 오류검지 코드로 구성된 파일. 선로와 열차간의 통신에 사용되는 표준화된 전송 메세지 형식

■ 통과선 : 통과열차의 운전에 사용할 목적으로 설치하는 선로

■ 통로선 : 어느 선군에서 다른 선군으로 차량 또는 차량 열을 이동할 때 그 사이에 통로로 사용되는 선

■ 통합감시장치 : 신호제어설비의개별감시기능을통합하여종합적으로감시하는설비

■ 트랜스폰더(Transponder) : 선로 변을 따라 설치되어있는 장치로서 열차위치 정보를 제공

- 팩시밀리(facsimile)

그림, 문자, 도표 등의 이미지를 전기적인 신호로 변환하여 전화선을 통해 전송하고, 이를 다시 원래의 복원하는 장치

- 페이딩(Fading)

무선 수신 단에서 같은 신호가 서로 다른 여러 크기와 위상을 가지고 수신되는 것을 의미한다.

- 편쇄정

갑과 을의 취급버튼 상호간에 갑의 취급버튼을 반위로 하였을 때 을의 취급버튼은 정위 또는 반위 중 한쪽에만 쇄정되며 정위에 쇄정되는 것은 반위, 반위에 쇄정되는 것은 정위에서 쇄정되지 않으며 갑의 취급버튼은 을의 취급버튼이 정위 또는 반위 어느 위치에서나 쇄정되지 않는 것을 말하며, 정위로 쇄정되는 것을 정위 편쇄정, 반위로 쇄정되는 것을 반위 편쇄정이라 한다.

- 폐색구간

2이상의 열차를 동시에 운전시키지 않기 위하여 정한 구간을 말하며, 자동구간에서는 신호기 상호간, 비자동구간에서는 장내신호기와 인접역 장내신호기 간을 말한다.

- 폐색취급버튼 : 폐색을 취급하기 위해 신호 취급소 상호간에 상대적으로 설비하는 취급버튼을 말한다.
- 프로파일(Profile) : 열차가 준수해야 할 속도제한 곡선
- 핸드오버(Hand Over)
  - 핸드오버란(Handover, 동기식에서는 핸드오프 Handoff), 통화 중 기지국과 기지국 사이를 이동하는 단말의 통화가 원활하게 유지되도록 지원하는 절차를 말한다.
  - 통화하던 기존 회선을 먼저 끊은 뒤, 새로운 기지국으로 연결하는 방식인 하드 핸드오버(Hard Hand-over)와 동시에 두 개의 기지국과 회선을 유지할 수 있는 기능인 소프트 핸드오버(Soft Hand-over)도 지원한다.
- 핸드오프(Hand Off),
  - 이동통신 가입자가 소유한 이동 단말이 서비스 중인 기지국 or 섹터 영역을 벗어나 인접한 다른 기지국이나 다른 섹터로 이동할 때, 통화를 끊임없이 계속해서 유지하기 위하여 이동한 기지국 or 셀로 바꾸어 주는 기술을 말한다.
  - 이동 전화 가입자가 한 구역에서 다른 구역으로 이동해 갈 때, 현 통화 채널을 다른 구역의 통화 채널로 자동으로 전환해 줌으로써 통화가 계속되게 하는 기능을 말한다. 아날로그 셀룰러 방식, 즉 AMPS에서의 통화 채널 전환 방법은 통화 채널의 수신 전계강도(RSSI)를 측정하여 규정 레벨 이하로 떨어지기 시작하면, 그 기지국이 교환기에 경보 신호를 주고, 교환기는 미리 지정된 근접 그룹 목록 상의 가용 채널을 찾아 통화를 연결하게 된다.
  - 핸드오프는 사용 중인 기지국의 음성 채널로부터 인접된 다른 기지국의 음성 채널로 전환해 주는 기지국 간 통화 채널 전환과, 기지국 내에서의 음성 채널 전환을 해주는 기지국 내 통화 채널 전환의 2종류가 있다. 핸드오프의 기준이 되는 수신 전계 강도의 기준 레벨은, 잡음이 제한된 시스템에서는 약 -100dBm, 간섭이 제한된 시스템에서는 -95dBm 정도이며, 채널 전환 시간은 150ms 정도이다.

- 햅틱(Haptic) : 컴퓨터의 기능 가운데 촉각과 힘, 운동감 등을 느끼게 하는 기술
- 호핑채널(Hopping Channel)
  FHSS전송법에서 주파수를 도약하여 데이터를 전송하고 있을 때의 주파수 범위
- 화물역 : 화물을 주로 취급하는 역
- 화물적하선 : 화물의 적하작업을 목적으로 하여 설치하는 선으로 화물 적하장에 연하여 설치한다.
- 화차기지 : 화차의 편성을 정리하고 화물열차의 조성을 하는 장소로서 화차 조차장 이라 한다.
- 확인거리
  신호기에 접근하는 열차 또는 차량에 승차한 기관사가 어느 일정 지점에서 전방 신호기의 신호 현시 상태를 정확히 확인할 수 있는 거리를 말한다.

컴퓨터, 통신, 전기, 기타용어

약어	원어	해설
AC	Alternating Current	교류 : 보통 상용 60Hz를 말한다.
ADPCM	Adaptive Differential Pulse Code Modulation(적응차분 펄스부호 변조)	PCM방식의 일종으로 24채널을 전송용량의 T1급 회선에 48개 채널을 전송하는 방식으로 경부선 광단국에 일부 채용
AFC	Automatic Fare Collection System	역무자동화 설비, 여객의 개, 집찰 및 매표업무 등 역 업무를 자동으로 운용토록 하는 장치
AM	Amplitude Modulation	진폭변조
APSK	Amplitude Phase Shift Keying	진폭위상 편이변조, 디지털 통신에서 일반 통신회선을 이용하여 다중통신을 가능케 하기 위한 변조방식으로 ASK(진폭편이변조)와 PSK(위상편이변조)의 조합
ASK	AmplitudeShift Keying	진폭 편이 변조, 컴퓨터 통신용 접속모뎀 등에 사용하며 디지털신호에 따라 진폭이 편이 되는 변조 방식
ASYNC	Asynchronous	비동기
AVR	Automatic Voltage Regulator	자동전압조정기 : 전압변동이 있는 전원을 안정된 전원으로 만들어준다.
AUI	Attachment Unit Interface	IEEE802.3 10BASE-5규격에 트랜시버와 LAN 어댑터 간의 Cable을 통하여 접속
Batch	Batch Processing Mode	일괄처리방식
BCC	Block Check Code	블록 단위로 오류를 검사하는 코드
BCD	BinaryCode Decimal	2진화 10진 코드
BDM	Background Deberg Mode	오류 검출 모드의 배경 프로그램
BER	Bit Error Rate	비트전송오율, 디지털통신에 전송된 정보가 파형왜곡, 지연 등으로 인하여 발생하는 오차율
Bipolar	Bipolar	쌍극성, 전자 정공 모두가 캐리어로 작용. 보통 접합용 트랜지스터
Bit	BinaryDigit	이진수, 기계어
Boolean	Boolean	영국의 수학자 조지불(GeorgeBoole)이 창안한 불대수의 이론과 규칙에 따른 연산
BPI	Bits Per Inch	자기테이프의 치당 기록할 수 있는 비트수
BSC	Binary Synchronous Communication	2진 동기화 통신 1968년 IBM에서 컴퓨터 정보통신을 위해 만든 것
CAD	Computer Aided Design	컴퓨터 이용 설계
CAI	Computer Aided Instruction	컴퓨터 지원교육
CB	Circuit Breaker	회로 차단기 : 과부하시 기기의 소손을 막기 위해 전원을 차단한다.
CAM	Computer Aided Manufacturing	제조공장의 동정 자동화
Carrier	반송파	통신에서 정보 송신을 위해 사용하는 기본 주파수

약어	원어	해설
CB	Circuit Breaker	회로 차단기, 과부하시 기기의 소손을 막기 위해 전원을 차단한다.
CBIT	Continuous Built-In Test	연속 설치 시험
CBX	Computer Controlled Business Communications Exchange	컴퓨터 교환기
CCTV	Closed Circuit Television	폐쇄회로 감시모니터
CKP	Check point	체크 포인트
CICN	Common Impedance Coupling Noise	접지선이 고주파에서 임피던스를 갖기 때문에 생기는 잡음
CPFSK	Continuous Phase Frequency Shift Keying	연속 위상 주파수 편이 방식
CRC Code	Cyclic Redundancy Check Code	순환 중복 오류 검사 코드
CRT	Cathode Ray Tube	텔레비전 수상기와 같은 역할
CVCF	Constant Voltage Constant Frequncy	정전압 정주파수 방식
DBM	Database Manager	정보관리S/W
dBm	Milli decibel	600Ω 의 내부저항을 가진 전원이 600Ω 의 부하에 600 Ω 의 부하에 1mW의 전력을 송출할때의 감도
DC	Direct Current	직류
DC-DC Converter	DC-DC Converter	직류전압 변환기
DCE	Data Communication Equipment	데이터 통신장비
DIL	Dual in Line	2중 라인 IC소자 배치 방식
DPSK	Differential Phase Shift Keying	차동위상편이변조, ASK 또는 PSK는 전송속도에 한계가 있으며 일반전화 회선을 이용하여 다양한 전송속도를 구사하기 위한 ASK+PSK 통합변조방식
DRAM	Dynamic Random Access Memory	동적 휘발성 메모리
DSU	Data Service Unit	옥내 데이터 회선 종단장치, 모뎀(Modem)은 아날로그 통신회선을 이용한 컴퓨터간, DSU는 컴퓨터와 디지털 회선을 구성하기 위한 통신설비
DEC NET	Digital Equipment Ciroiratuib Network	DEC사 고유통신 회선망 방식
DwellTime	DwellTime	현장의 Dwell Lamp를 작동시키는 시간, 열차 정차시간 조정이 가능하다.

약어	원어	해설
E1	E1	2.048Mbps의 대역폭을 갖는 통신회선으로 64Kbps의 채널 32개를 제공
EDI	Electric Data Interchange 전자정보교환	거래당사자가 인편이나 우편에 의존하는 종이 서류 대신 컴퓨터가 읽을 수 있는 합의된 표준전자문서를 정보통신망을 이용하여 컴퓨터 상호간에 교환하는 새로운 정보처리 방식
EEPROM	Electrically Erasable Programmable Read Only Memory	프로그램 가능 ROM
EIE	ElectronicInterlocking Equipment	전자연동장치
EMI	Electro Magnetic Interferecne	전자기파 간섭
EMC	Electro Magnetic Compatibility	전자기파 적합성(내성시험)
EN50121	Railway Applications : Safety related electronic systems for signalling	EMC관련 유럽표준
EN50124		Insulation 관련 유럽표준
EN50126		철도신호의 RAMS관련 유럽표준
EN50128		철도신호의 소프트웨어 관련 유럽표준
EN50129		• 철도신호분야에서 안전성과 관련된 전자 • 시스템의 수용과 승인에 관한 요구사항들을 정의하는 유럽 표준
Ethernet	Ethernet	근거리 통신망에 쓰이는 정보전송 통신방식
FDD	FloppyDisk Driver	컴퓨터 자료 저장 용량인 Floppy Disk를 구동시키는 장치
FDM	FrequencyModulation	주파수변조
FRP	Fiber Grass Reinforced Plastic	유리섬유 합성수지
FSK	Frequency Shift Keying	주파수 편이 방식, 상이한 편이방식, 상이한 주파수의 조합으로 데이터를 전송하는 방식
FSP	FrontSystem Processor	선별처리장치, 역 단위전산기와 중앙전산기간의 데이터를 전송하는 기기
Full Duplex	Full Duplex	데이터 송수신방법 중 송신과 수신을 동시에 주고받는 통신방법
Half Duplex	Half Duplex	데이터 통신 방법 중 송신과 수신을 교대로 행하는 장치(반이중방식)
HDLC	High Level Data Link Control	고 수준 데이터 전송제어 프로토콜
HSSL	HighSpeed Serial Link	고속 직렬 유닛

약어	원어	해설
IC	Integrated Circuit	여러 부품을 극소형화 하여 조그마한 칩속에 여러가지 전자회로를 구성하는 전자부품
IDP	Identity Device Programmer	기기 프로그래머의 확인
IP	Internet Protocol	LAN 및 개별 시스템 간 통신 프로토콜
LAN	Local Area Network	근거리통신망, 통신은 주로 기업내/빌딩 등의 내부간의 통신이 가장 활발함. 한정된 구역 내에서 사무능률을 높이기 위하여 컴퓨터 등을 통합 구성하여 통신비용을 절감하고 효율을 향상시키기 위한 통신망을 말함.
LCD	Liquid Crystal Display	액정표시기
LCX	Leakage Coexial Sheath Cable	동축케이블
LED	Light Emitting Diode	발광다이오드
MagneticDisk	Magnetic Disk	원반위에 자성체를 입힌 컴퓨터 기록매체로 테이프보다 방대한 용량으로 PC의 하드디스크가 여기에 속한다.
MCA	Multi Channel Access	주파수 공용 방식, 무선기기가 널리 보급되어 공동자원인 주파수가 고갈되고 상호 간섭 등으로 통신 한계에 따라 다수 사용자의 원활한 통신을 위하여 채용된 무선통신방식 무전기의 출력을 낮추고 지역을 세분하는 방식
MCCB	Main Current Cut off Breaker	주차단기
MFC	Main Frame Computer	중앙전산기, 선별처리장치 및 역 단위전산기를 제어하는 컴퓨터로서 역의 회계관리 및 각종 통계자료를 생산하는 기기
MIPS	Million Instruction Per Second	백만 명령/초, 컴퓨터 처리속도 단위
Modem	Modem	변복조장치로 데이터를 송수신할 때 전화선을 이용하여 사용한다.
MSK	MinimumShift Keying	최소 편이 방식
Multi-Drop	Multi-Drop	다중연결, 하나의 컴퓨터나 통신기기에 통신선이 문어발식으로 연결되어 있는 것
Multi-Processing	Multi-Processing	다중처리, 컴퓨터 네트워크에 의해 복수의 프로그램이 실행되는 것
Multi-Programming	Multi-Programming	다중 프로그램, 하나의 컴퓨터를 사용하여 외견상으로 복수의 프로그램을 실행하는 것
Multi-Tasking	Multi-Tasking	하나의 컴퓨터에 두 개 이상의 터미널을 병행하여 작업을 하는 것
MUX	Multiplexer	다중화기
NMS	Network Management System	망 관리 시스템

약어	원어	해설
OS	Operating System	컴퓨터 운영프로그램, 컴퓨터를 이용할 수 있도록 해주는 기본적인 프로그램, 이 프로그램 없이는 컴퓨터는 동작할 수 없다.
OSI	Open Systems Interconnection	개방형 시스템간 상호 접속, 근래의 통신장비(컴퓨터)는 상호 호환성을 요구하고 있으며, 생산자는 이에 부응한 설비를 생산하려 한다. OSI는 상호접속을 위한 기계적/전기적 기능에 대하여 규정된 체계/규약을 의미한다.
Parallel	Parallel	데이터전송방법중 여러회선을 이용하는 통신방법
Parity Check	Parity Check	에러체크코드
PC	Personal Computer	개인용 컴퓨터
PCB	Printed Circuit board	인쇄회로 기판, 전선을 이용한 배선에 비해 외관상 깨끗하며 부피가 작다.
PCI	Peripheral Communications Interface	주변기기 통신 연결
PCM	Plus Code(or Count) Modulation	펄스 Code변조방식
PCMCIA	Personal Computer Memory Card International Association - an industry standard PC Media Card interface for card memory	PC 카드 슬롯
RS-422	Recommended Standard	최대속도 10Mbit/s. DTE-DCE 간에 12.2km 구간에 접속 가능 컴퓨터와 주변 장치 또는 데이터 단말 장치(DTE)와 데이터 회선 종단 장치(DCE)를 상호 접속하기 위한 인터페이스 표준. 미국 전자 공업 협회(EIA) 권고 표준의 하나
RTS	Request To Send	데이터 통신에서 송신허가 요구코드
RTU	Remote Terminal Unit	인터페이스 종류
RX	Receive/Receiver	수신기
RXD	ReceiveData	데이터통신에서 수신중
S/N	Signal-to-Noiseratio	신호대잡음(비)
S/W	Software	컴퓨터에서 기계부분을 움직이게 하고 어떤 문제를해결하도록 시키는 무형의 프로그램 또는 데이터를 말함
SAM	Sequential Access Method	순간 액세스 방식, 순차적 접근 방식
SCADA	SupervisoryControl And Data Acquisition System	집중원방감시 장치, 변전소, 구분소, 역소 등의 원격지를 통신망으로 연결하여 원격지의 각종 기기를 제어하고 자료를 취득, 처리하며 경보 등을 발생시키는 컴퓨터설비

약어	원어	해설
SCR	SiliconControlled Rectifier	실리콘제어정류기
Serial	Serial	데이터 전송방법중 소수의 선을 이용하여 데이터를 순차적으로 송수신 하는 방식
SLIP	SerialLine Internet Protocol	Dial-up사용자가 네트워크를 사용하도록 하는 프로토콜
SNMP	SystemNetwork Management Protocol	네트워크 관리를 위한 프로토콜
SS	Sub-Station	변전소
STP	ShieldedTwisted-Pair Wire	내 잡음성을 위해 보호피복 있는 피복이중 와선
TC	TrainCab	열차 차량의 선. 후두 부분의 운전실
TCC	Train Control Computer	종합열차운행체제, 여러 역의 열차운행, 여객업무, 운수업무 등 모든 정보를 한 장소에서 일괄 통제 감시하는 장치
TCP	Transmission Control Protocol	네트워크정보 번역 프로토콜
TCP/IP	TCP/IP	통신 제어 규약/ 인터넷 규약
UPS	Uninterrupted Power Source(Supply)	무 정전 전원공급 장치, 중요한 전기기기의 전원을 무 순단으로 공급하는 장치
UTP	Unshielded Twisted-Pair Wire	내 잡음성을 위한 보호 피복있는 무복이중 와선
VAN	Value Added Network	부가 가치통신망
VHF	Very High Frequency	초단파
VVVF	Variable Voltage Variable Frequency	가변전압 가변주파수 방식의 열차 제어 방식
WAN	WideArea Network	초고속 원거리 통신망

케이블 용어

약어	원어	해설
ACSR	Aluminium Conductor Steel Reinforced	강심 알루미늄 연선
CPEV	Polyethylene Insulated Poyvinyl ChlorideSheathed Pair Cable for Telephon	폴리에칠렌 절연비닐쉬이즈 시내 쌍케이블
CV	XLPE Insulated PVC Sheathed Cable(600V～275KV)	케이블 가교비닐절연비닐쉬이즈 (가교포리에칠렌절연비닐쉬이즈)
CVV	PVC Insulated PVC Sheathed Control Cable	케이블 제어(제어용 비닐절연 비닐쉬이즈케이블) 외피 : PVC, 심선 : PVC
CVVS	PVC InsulatedPVC Sheathed ControlCable(S : Shiedle ➡ Coper Tape)	차폐용케이블제어 : 동박테이프차폐층 케이블
EV	PE Insulated PVC Sheathed Cable(600V)	케이블포리에칠렌 절연전력 (포리 에칠렌 절연비닐절연쉬이즈)
GV	PVC Insulated Grounding Wire	접지용 비닐절연전선
HIV	Heat-resistant In-Door PVC InsulatedWire	600V 2종 내열성 비닐절연 전선
IV	In-Door PVC Insulated Wire	옥내용 비닐절연 전선
KIV	600V Grade In-Door PVC Insulated Wire	전기기배선용 비닐절연 전선 (가용성 우수, 소선 0.18～0.45mm)
OW	Out-Door PVC InsulatedWire	옥외용 비닐절연 전선
PEF	PolyethyleneForamed	시외케이블 포말포리에칠렌수지 차폐방법 (스탈페이스, 웰만텔)
SVV	PVC Insulated PVC Sheathed Signal Cable	케이블 신호(신호용 비닐절연 비닐쉬이즈 케이블)
VCT	PVC Cabtyre Cable	비닐 캡타이어 케이블
VF	PVC Insulated Flexible Wire	비닐코오드선 : 기기배선용(가요성, 절연성)
M	Messener Wire	조가선
T	Trolley Wire	전차선
LCX	Leakage Coexial Sheath Cable	동축케이블
STP	Shield Twist Pair	실드사용 케이블
UTP	Unshield Twist Pair	
FOC	Fiber Optic Cable	광케이블

선로 곡선 용어

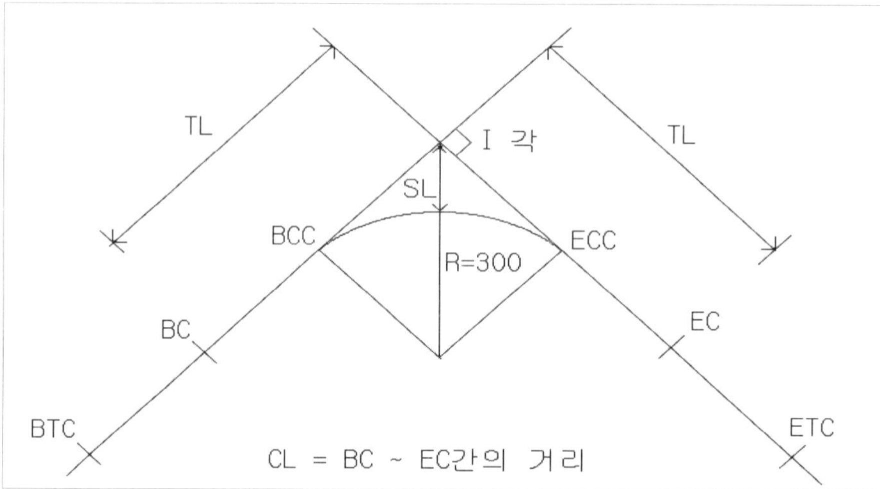

B. C :	Beginning	Curve	곡선시점
E. C :	End	Curve	곡선종점
BTC :	Beginning	Transition Curve	완화곡선 시점
BCC :	Beginning	Circular Curve	원곡선 시점
ECC :	End	Circular Curve	원곡선 종점
	Vertical	Slope	종구배
G. H :	Ground	Hight	지반고
R. L :	Rail	Level	레일고
F. L :	Formation	Elevation	계획고
	Excavation	Elevation	굴착고
	Horizontal	Curve	곡선
N :	Normal		N레일
P. S :	Pennsylvania	Standard	P.S레일
C.W.R :	Continuous	Welding Rail	장대레일
S.C.O :	Scissors	Cross Over	시서스
S.S.S :	Single	Slip Switch	싱글스립 스위치
D.S.S :	Double	Slip Switch	더블스립 스윗치
P.C.T :	Prestressed	Concrete Tie	P.C 침목
R.C.T :	Reinforced	Concrete Tie	R.C 침목
W.T :	Wooden	Tie	목침목

부록 2

문제 풀이 정의

단답형(Short-Answer Question)

정해진 답안만을 간략하게 적어 내는 방식. 논리 전개나 풀이 과정을 보지 않고 오직 답만을 보기 때문에 부분 점수를 부여할 수 없다는 특징이 있다. 다만 여러 개의 답을 적으라는 문제에서 일부만 적어 냈을 때는 부여 가능

단답형 주관식의 경우 논리나 서술 과정이 아니라 지식의 단순 암기 혹은 정해진 하나의 답을 묻는 문제 유형이 대부분이며, 답안지는 문장이나 수식이 아니라 단어나 숫자로 적는다. 서답형이라는 단어도 쓴다.

Q1) 세포소기관을 3개 이상 적으시오.

A1) 미토콘드리아, 리소좀, 리보솜

Q2) 컴퓨터의 주요 기능 3가지를 적으시오

A2) 메모리 접근, 연산, 순서 제어

논술형/논문형

제목이나 주제만 제시하고 그에 대하여 자유롭게 자기 생각을 말 그대로 논문 쓰듯이 작성하게 하는 형식이다. 대표적으로 영재학교 입학시험, 대입 논술고사, 행정고시, 기술사 2~4교시 시험, 변호사시험, 변리사시험, 초등임용시험 교직논술, 중등임용시험 교육학논술 등이 있다.

해당 문제에 대한 지식수준뿐만 아니라 창의력이나 문제 해결 능력, 논리력, 문장력 등 전반적인 풀이 능력을 평가하는 유형이다. 답안은 **서론-본론-결론**의 **구조**를 갖춰야 하는 논문 형식으로 이루어진다. 사람마다 생각하는 것이 모두 다르듯이 논문형은 모범 답안이 존재하지 않기 때문에 논리력과 문장력, 창의력이 우수하고 출제자와 채점자의 주관적 견해와 비슷하게 일치하는 답안이 좋은 점수를 받을 수 있는 경우가 매우 많다.

부록 3

기술사 효율적인 시험준비 방법

1. 기출문제 풀이와 예상문제를 통하여 새로운 문제에 대한 답안작성 능력을 배양

• 기출문제 중 예상되는 문제를 선정하여 풀이하고 연습하여 자신의 능력을 배양한다.

• 처음 내는 문제에 대해 답안작성 능력이 있어야 합격할 수 있다.

2. 자신에게 맞는 서적과 매회 업데이트가 가능한 서적을 선택

• 나에게 맞는 서적을 선택하여 준비한다.

• 요점이론보다는 논술형 서적으로 준비하는 것이 유리하다.

• 서적은 최신판을 선택하는 것이 흐름을 읽기에 유리하다.

3. 단기간에 합격하도록 집중하여 준비

단기간에 집중적으로 준비한다.

4. 그룹형 준비보다 혼자 준비하는 것이 유리

기초가 필요하면 그룹으로 준비하는 것이 필요하지만 그 단계가 지나면 혼자 준비하는 것이 유리하다.

5. 단순 암기 위주 공부보다 내용을 이해하는 암기가 중요

문제에 대한 이해가 있으면 응용문제를 쉽게 해결할 수 있다.

부록 4

출제기준

출제기준(필기)

직무 분야	전기·전자	중직무 분야	전기	자격 종목	철도신호기술사	적용 기간	2023.1.1.~2026.12.31
○ 직무내용 : 철도신호장치에 관한 오랜 실무경험과 고도의 이론적 전문지식을 바탕으로 철도신호설비의 계획과 설계, 시공, 감리, 운영, 유지보수와 기타 철도신호설비에 관한 기술자문 및 기술지도를 수행하는 직무이다.							

검정방법	단답형/주관식 논문형	시험시간	400분(1교시당 100분)

필기 과목명	주요항목	세부항목
철도신호전기설비의 계획과 설계, 시공, 감리, 및 그 밖에 철도신호보안 전기설비에 관한 사항	1. 철도신호일반	1. 선로, 차량, 전기철도, 정보통신, 운전분야의 철도신호에 관한 이론 2. 신호설비 설계, 시공, 감리, 시험, 운영, 유지관리 – 철도신호제어설계·감리 – 철도신호제어시공 – 철도신호제어시설물유지보수 3. 전원장치, 이상전압, 접지 4. 철도 건널목에 관한 기술 5. 철도신호 관련 법령, 규칙, 규정, 기준 등
	2. 철도신호계획	1. 철도건설 및 철도경영합리화 방안 2. 철도운전 및 운영계획 – 선로용량 자료분석 및 산정 – 운전선도 데이터 조사 및 작성 – 표준운전시간 데이터 조사 및 책정 3. 열차운행 수송 및 안전계획 – 수송계획 수립 4. LCC(Life Cycle Cost) 분석 5. 공정관리 기술(PERT/CPM) 6. 토목, 궤도, 건축, 전기철도, 철도통신, 철도차량분야 신호 관련 인터페이스 – 철도설계 시스템 인터페이스 7. 신호설비의 신설 및 개량

철도신호전기설비의 계획과 설계, 시공, 감리, 및 그 밖에 철도신호보안 전기설비에 관한 사항	3. 연동장치	1. 연동기준 및 연동논리 2. 연동도표 3. 양방향 제어기술 4. 기타 철도신호의 연동
	4. 열차제어 관련기술	1. ATS, ATC, ATO, ATP, CTC, TTC 시스템 2. CBTC 및 ERTMS 3. 열차추적, 진로설정 알고리즘 4. 폐색방식 및 기타 열차제어 기술 5. 열차검지 기술
	5. 철도관제	1. 관제시스템 계획 및 운영 2. 열차운행 정보수집, 감시 및 스케줄 관리 3. 열차운행선 지장작업 계획 및 관리 4. 관제설비 유지관리
	6. 안전성 관련 기술 (1 : 3)	1. 철도 RAMS 2. 위험도 분석 및 Fail Safe, Fault Tolerant 3. 시스템 안전성 향상 및 신뢰도 4. IEC, IEEE, CENELEC, UIC 규격 5. 철도 안전설비 기술
	7. 통신, 전자, 제어, 컴퓨터 관련 기술 (3 : 7)	1. 유무선 통신 시스템 및 네트워크 구축 2. 통신방식(프로토콜, 변·복조 등) 3. 암호화기술 등 해킹 방지 관련 기술 4. 통신, 전자, 제어, 컴퓨터 중 철도신호 관련 신기술 5. 신교통시스템 관련 기술
	기출문제 : 3	

출제기준(면접)

직무분야	전기·전자	중직무분야	전기	자격종목	철도신호기술사	적용기간	2023.1.1.~2026.12.31
○ 직무내용 : 철도신호장치에 관한 오랜 실무경험과 고도의 이론적 전문지식을 바탕으로 철도신호설비의 계획과 설계, 시공, 감리, 운영, 유지보수와 기타 철도신호설비에 관한 기술자문 및 기술지도를 수행하는 직무이다.							

검정방법	구술형 면접시험	시험시간	15~30분 내외

필기 과목명	주요항목	세부항목
철도신호전기설비의 계획과 설계, 시공, 감리, 및 그 밖에 철도신호보안 전기설비에 관한 전문지식/기술	1. 철도신호일반	1. 선로, 차량, 전기철도, 정보통신, 운전분야의 철도신호에 관한 이론 2. 신호설비 설계, 시공, 감리, 시험, 운영, 유지관리 - 철도신호제어설계·감리 - 철도신호제어시공 - 철도신호제어시설물유지보수 3. 전원장치, 이상전압, 접지 4. 철도 건널목에 관한 기술 5. 철도신호 관련 법령, 규칙, 규정, 기준 등
	2. 철도신호계획	1. 철도건설 및 철도경영합리화 방안 2. 철도운전 및 운영계획 - 선로용량 자료분석 및 산정 - 운전선도 데이터 조사 및 작성 - 표준운전시간 데이터 조사 및 책정 3. 열차운행 수송 및 안전계획 - 수송계획 수립 4. LCC(Life Cycle Cost) 분석 5. 공정관리 기술(PERT/CPM) 6. 토목, 궤도, 건축, 전기철도, 철도통신, 철도차량 분야 신호 관련 인터페이스 - 철도설계 시스템 인터페이스 7. 신호설비의 신설 및 개량

<table>
<tr><td rowspan="5">철도신호전기설비의 계획과 설계, 시공, 감리, 및 그 밖에 철도신호보안 전기설비에 관한 전문지식/기술</td><td>3. 연동장치</td><td>1. 연동기준 및 연동논리
2. 연동도표
3. 양방향 제어기술
4. 기타 철도신호의 연동</td></tr>
<tr><td>4. 열차제어 관련기술</td><td>1. ATS, ATC, ATO, ATP, CTC, TTC 시스템
2. CBTC 및 ERTMS
3. 열차추적, 진로설정 알고리즘
4. 폐색방식 및 기타 열차제어 기술
5. 열차검지 기술</td></tr>
<tr><td>5. 철도관제</td><td>1. 관제시스템 계획 및 운영
2. 열차운행 정보수집, 감시 및 스케줄 관리
3. 열차운행선 지장작업 계획 및 관리
4. 관제설비 유지관리</td></tr>
<tr><td>6. 안전성 관련 기술</td><td>1. 철도 RAMS
2. 위험도 분석 및 Fail Safe, Fault Tolerant
3. 시스템 안전성 향상 및 신뢰도
4. IEC, IEEE, CENELEC, UIC 규격
5. 철도 안전설비 기술</td></tr>
<tr><td>7. 통신, 전자, 제어, 컴퓨터 관련 기술</td><td>1. 유무선 통신 시스템 및 네트워크 구축
2. 통신방식(프로토콜, 변·복조 등)
3. 암호화기술 등 해킹 방지 관련 기술
4. 통신, 전자, 제어, 컴퓨터 중 철도신호 관련 신기술
5. 신교통시스템 관련 기술</td></tr>
<tr><td>품위 및 자질</td><td>8. 기술사로서 품위 및 자질</td><td>1. 기술사가 갖추어야 할 주된 자질, 사명감, 인성
2. 기술사 자기개발과제</td></tr>
</table>

〈저자 약력〉

저자 **서석철(徐石喆)**

• 학력
 - 서울과학기술대 철도전문대학원
• 자격
 - 철도신호기술사, 공학박사
• 경력
 - 철도청/서울메트로
 - 서울특별시 도시철도공사 기술연구소장
 - (주)대림산업 기술고문
 - 현 (주)경인기술 전무이사
• 위원참여
 - 서울특별시 설계기술 심의위원
 - 인천/광주/대구광역시 기술자문위원
 - 한국철도공사 기술자문위원
 - 국가철도공단 기술자문위원
 - 국토건설기술평가원 미래철도기술위원

〈감수 약력〉

저자 **윤한훈(尹漢訓)**

• 학력
 - 충남대학교 산업대학원
• 자격
 - 철도신호기술사
• 경력
 - 철도청/서울지방철도청 서울제어
 - 국가철도공단 신호통신처장
 - LS산전(주) 수도권고속철도 사업관리단장
 - (주)에이알텍 건설부문 사장
 - (주)비전시그텍 사장
 - 현 (주)경인기술 상임고문
• 위원참여
 - 철도신호기술협회 신호설비 표준품셈 심의 실무위원
 - 국가철도공단 기술자문위원
 - 용인경전철 기술자문위원

철도신호기술사

1판 1쇄 발행　　2024년 10월 30일
2판 1쇄 발행　　2025년 11월 10일

저자 서석철
펴낸이 박 용
펴낸곳 도서출판 세화
주소 경기도 파주시 회동길 325-22(서패동469-2)
영업부 (031)955-9331~2
편집부 (031)955-9333
FAX (031)955-9334
등록 1978년 12월 26일 제1-338호

인지

ISBN 978-89-317-1357-2 (13530)
정가 **60,000원**

독자 여러분의 의견을 기다립니다.
잘못된 책은 교환하여 드립니다.